수치해석학 바이블

Numerical Mathematics and Computing

7th edition

Ward Cheney, David Kincaid 지음
이병준, 한희재 옮김
강명주 감수

한빛아카데미
Hanbit Academy, Inc.

Numerical Mathematics and Computing, International Edition, 7th Edition

E. Ward Cheney
David R. Kincaid

Original edition © 2013 Brooks Cole, a part of Cengage Learning.
Numerical Mathematics and Computing, International Edition 7th Edition
by E. Ward Cheney and David R. Kincaid
ISBN: 9781133491811

This edition is translated by license from Brooks Cole, a part of Cengage Learning, for sale in Korea only.

ISBN-13: 979-11-5664-401-9

Cengage Learning Korea Ltd.
14F YTN Newsquare 76 Sangamsan-ro
Mapo-gu Seoul 03926 Korea
Tel: (82) 2 1533 7053
Fax: (82) 2 330 7001

Printed in Korea
Print Number: 02 Print Year: 2023

수치해석학 바이블

Numerical Mathematics and Computing

7th edition

Ward Cheney, David Kincaid 지음
이병준, 한희재 옮김
강명주 감수

Cengage

Australia • Brazil • Canada • Mexico • Singapore • United Kingdom • United States

지은이 Ward Cheney

고인이 된 워드 체니는 리하이 대학교에서 학사 과정을 마치고 캔자스 대학교에서 박사 학위를 받았다. 텍사스 대학교 오스틴 캠퍼스에서 수학과 교수로 재직했으며 수치해석학, 근사이론의 선구자 중 한명이다. 그의 유명한 저서로는 『An Introduction to Approximation Theory』, 『Numerical Analysis : Mathematics of Scientific Computing』 등이 있다.

지은이 David Kincaid

데이비드 킨케이드는 텍사스 대학교 오스틴 캠퍼스에서 석사, 박사 학위를 받았으며 현재 동대학교 수학과 교수로 재직 중이다. 그의 주요 연구 분야는 수치해석학, 병렬 컴퓨팅, 수학 소프트웨어 개발이다. 그의 유명한 저서로는 『Numerical Analysis : Mathematics of Scientific Computing』, 『Linear Algebra : Theory and Application』 등이 있다.

옮긴이 이병준

서울대학교 수학교육과에서 학사 과정을 마친 뒤 동대학교 수리과학부에서 이학석사, 이학박사를 취득하였다. 현재 가톨릭대학교 수학전공 교수로 재직 중이며 대한수학회(KMS), 한국산업응용수학회(KSIAM), 한국전산유체공학회(KSCFE) 회원으로 활동 중이다. 관심 연구 분야는 전산유체역학, 표면 재구성, 수치해석기법 개발이다. 주요 저서로는 『데이터 과학을 위한 기초수학 with 파이썬』(한빛아카데미, 2021), 『머신러닝을 위한 수학 : 핵심 알고리즘 3가지로 배우는 최적화』(한빛아카데미, 2022)가 있다.

옮긴이 한희재

서울대학교 수리과학부에서 학사 과정을 마친 뒤, 현재 동대학교 동학부에서 수치계산 및 영상해석 연구실 소속으로 석박사 통합 과정을 수료하였다. 서울대학교 수리과학부 3학년 수업인 수치선형대수, 수치해석개론, 과학계산개론, 고속 프로그래밍 방법 및 실습의 강의 조교를 담당하였다. 관심 연구 분야는 전산유체역학, 경계면 추적 기법, 표면 재구성 등이다.

감수 강명주

서울대학교 자연과학대학 수리과학부 교수로 재직 중이며, 학부장을 역임하였다. 한국산업응용수학회(KSIAM) 등의 대표 회원으로 활동 중이며 여러 기업 및 정부와 지속적인 연구 프로젝트를 통해 산업 수학의 발전을 이끌고 있다. 주요 연구 분야는 수치해석, 영상분석 및 딥러닝 분야이다.

수치해석학 바이블

초판발행 2018년 9월 28일
2쇄발행 2023년 2월 2일

지은이 Ward Cheney, David Kincaid / **옮긴이** 이병준, 한희재 / **감수** 강명주 / **펴낸이** 전태호
펴낸곳 한빛아카데미(주) / **주소** 서울시 서대문구 연희로2길 62 한빛아카데미(주) 2층
전화 02-336-7112 / **팩스** 02-336-7199
등록 2013년 1월 14일 제2017-000063호 / **ISBN** 979-11-5664-401-9 93410
책임편집 김은정 / **기획** 고지연 / **편집** 고지연, 강다인, 김희진 / **진행** 윤세은
디자인 김연정 / **전산편집** 임희남
영업 김태진, 김성삼, 이정훈, 임현기, 이성훈, 김주성 / **마케팅** 길진철, 김호철, 주희

이 책에 대한 의견이나 오탈자 및 잘못된 내용에 대한 수정 정보는 아래 이메일로 알려주십시오.
잘못된 책은 구입하신 서점에서 교환해 드립니다. 책값은 뒤표지에 표시되어 있습니다.

홈페이지 www.hanbit.co.kr / **이메일** question@hanbit.co.kr

지은이 머리말

수치해석을 공부하는 목적을 이루길 바라며

이 책의 기본 목표는 과학 및 공학을 공부하는 학생들이 컴퓨터를 사용하여 자신의 직업에서 만나게 될 수치 문제를 해결할 수 있는 잠재력을 익히게 하는 것이다. 두 번째 목표는 학생들에게 컴퓨터 프로그래밍 및 문제 해결 능력을 연마할 기회를 제공하는 것이다. 마지막 목표는 학생들이 과학 계산에서 필연적으로 발생하는 오류가 중요한 문제임을 이해하고, 오류의 감지, 예측 및 제어 방법을 익히도록 돕는 것이다.

오늘날 대부분의 과학 분야는 수학 소프트웨어 시스템에 기반을 둔 복잡한 계산과 연관되어 있다. 사용자들은 이 문제–풀이 환경에 내재되어 있는 수치 알고리즘에 대해 잘 알지 못할 수도 있다. 이 문제를 해결하기 위해 수치 방법들을 공부함으로써 더 많은 정보를 얻는 사용자가 될 수 있고, 이를 통해 결과의 정확도를 더욱 잘 판단하고 평가할 수 있다.

학생들은 수치 방법들이 어떻게 작동하는지 뿐만 아니라 어떻게 실패하는지를 이해하기 위해 수치 알고리즘을 공부해야 한다. 또한 학생들이 비판적 사고와 끊임없는 의구심을 갖기를 바란다. 최신 소프트웨어로 광범위한 수치 실험을 수행했다고 하더라도 별도의 검증이 필요할 수도 있다.

수학 및 컴퓨터 과학에 대해 고급 수준의 교육을 받지 못한 학생들을 위해 이 책은 가급적 기초적인 표현을 사용하고자 했다. 또한 우리는 수많은 예제와 그림들을 제시하였고 컴퓨터 알고리즘의 비공식적 표현인 유사코드들을 일부 제시하였다.

많은 학생들이 수치해석과 계산의 목적에 대한 조사가 필요할 것이라 생각하여 이 책에 과학 계산에서 중요한 역할을 차지하는 (다소 고급 주제를 포함한) 매우 다양한 주제들을 제시하였다.

이 책을 공부하기 위해서 독자는 적어도 1년 과정의 미분적분학 지식과 더불어 행렬, 벡터, 그리고 미분방정식의 기본 지식을 갖추기를 추천한다.

지은이 **Ward Cheney, David Kincaid**

미리보기

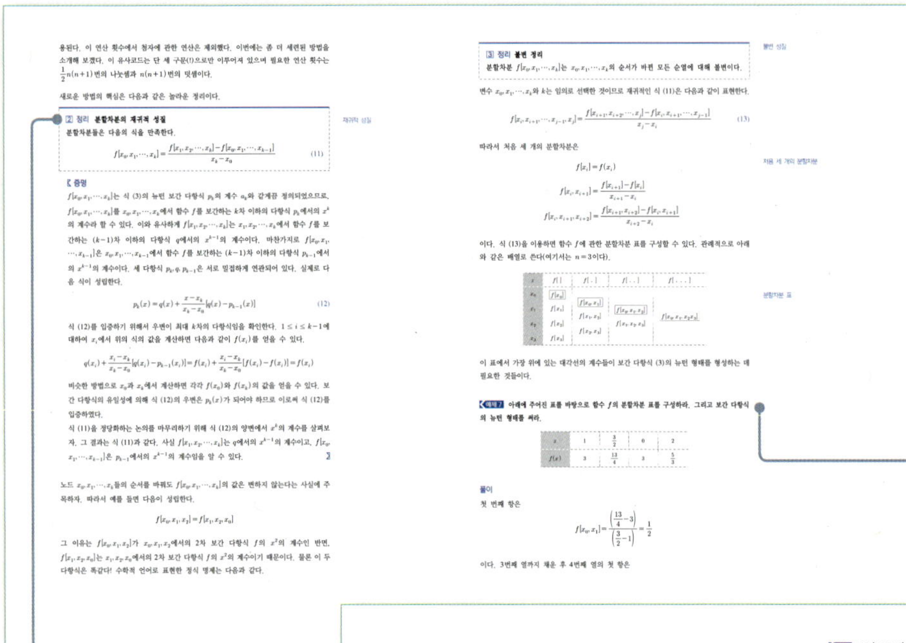

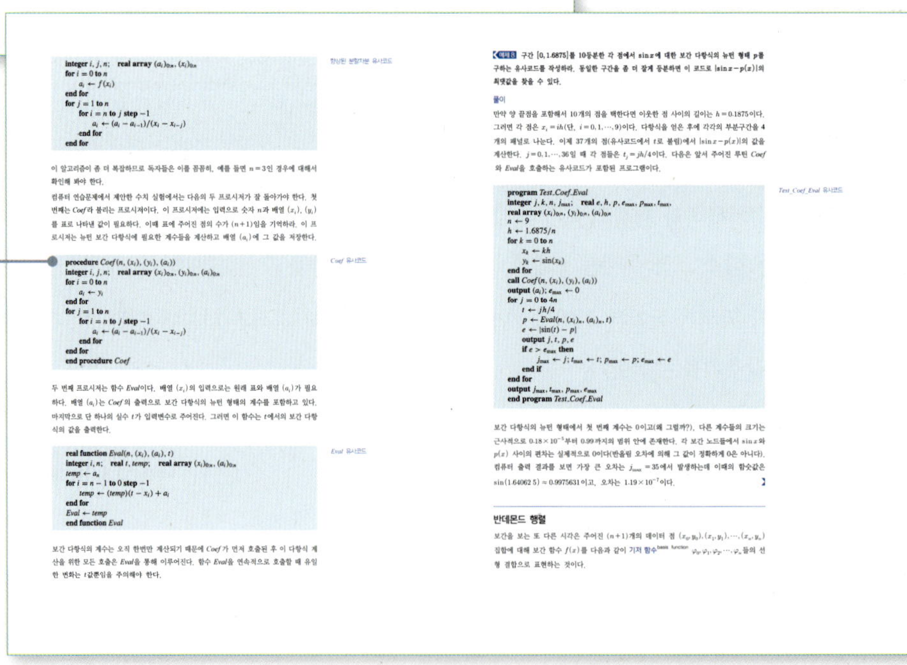

예제 및 풀이

본문에서 다룬 개념들을 적용한 문제와 그에 대한 상세한 풀이를 담았다.

정리 및 증명

해당 주제에서 기억해 두어야 할 공식과 증명 과정을 간단히 보여준다.

유사코드

본문에서 다룬 수치 알고리즘을 구현하는 코드를 제시한다.

요약

해당 절이 끝날 때마다 본문의 내용을 요약하여 보여준다.

정답이 주어지는 문제

번호가 파란색으로 표시된 문제들은 웹사이트에서 정답을 제공한다.

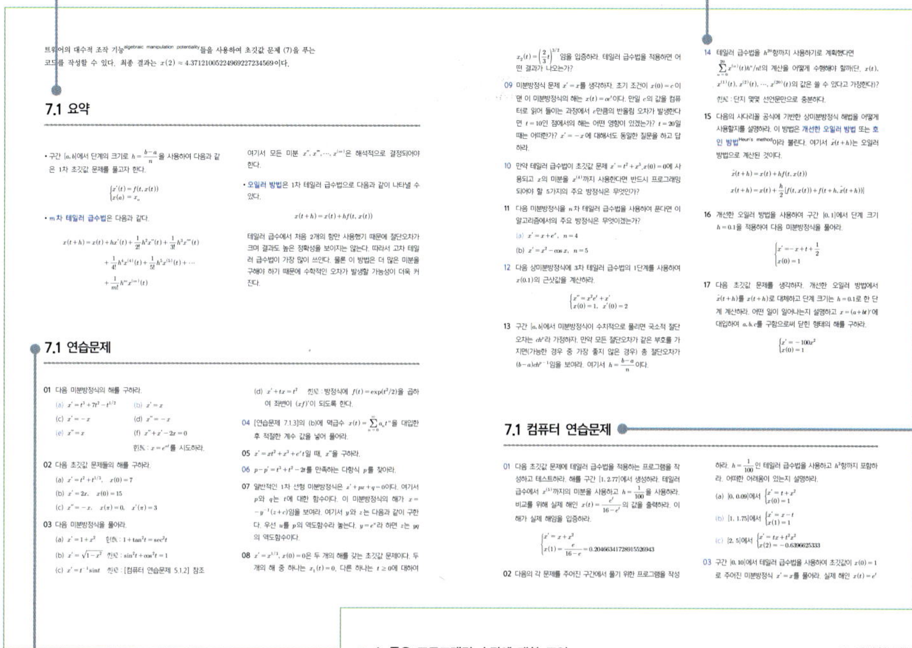

컴퓨터 연습문제

Maple, Mathematica, MATLAB과 같은 수학 소프트웨어 툴을 사용하여 본문에서 익힌 알고리즘들을 문제를 통해 정리한다.

연습문제

해당 절이 끝날 때마다 본문에서 익힌 내용을 문제를 통해 정리한다.

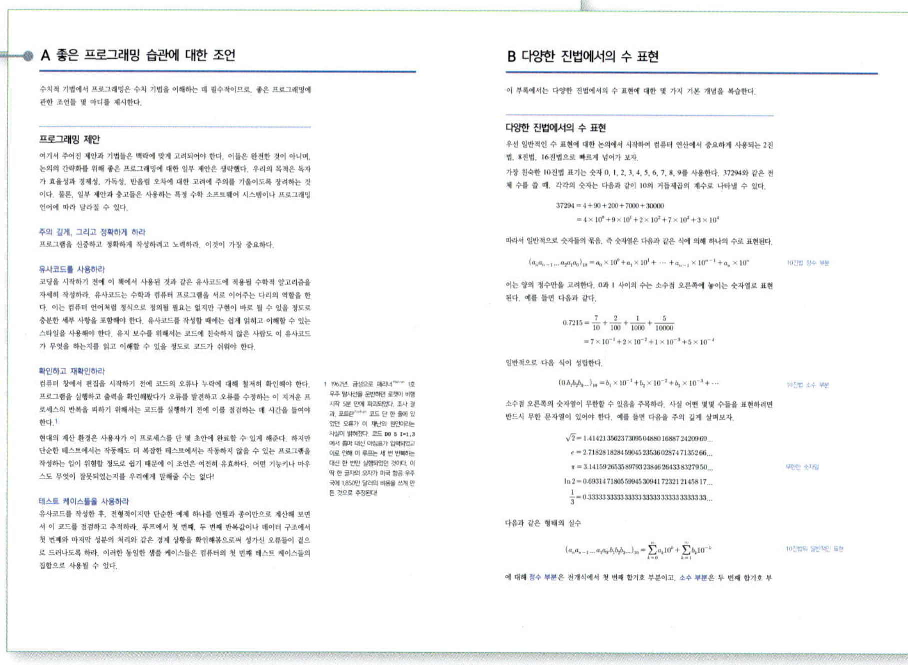

부록

기본 개념에 대한 복습이나 추가적인 내용들을 소개한다.

강의자용 : 강의보조자료 다운받기 한빛출판네트워크 접속(http://www.hanbit.co.kr) → [교수전용] 클릭 → [강의자료] 클릭

학습자용 : 연습문제 정답 다운받기 한빛출판네트워크 접속(http://www.hanbit.co.kr) → [SUPPORT] 클릭 → [자료실] 클릭

옮긴이 머리말

수치해석의 기본과 다양한 응용이 담긴 백과사전

워드 체니Ward Cheney와 데이비드 킨케이드David Kincaid가 집필한 이 책은 학과에서 일반적으로 가르치는 전통적인 수치해석 내용뿐만 아니라 실제 자연과학, 공학, 의학, 사회과학 등의 분야에서 적용되는 수많은 응용까지 제시하고 있는 '수치해석 백과사전'이다.

많은 수치해석학 교재들은 이론적인 부분을 지나치게 강조하여 학생들이 수치해석 이론이 실무에서 어떻게 쓰이는지 알기 어렵게 되어 있거나, 반대로 실용적 측면을 지나치게 강조하여 다양한 수치 알고리즘의 이론적 배경에 대해서는 간과하기 쉽게 만들기도 한다. 그러나 이 책은 수치해석에서 중요한 대부분의 이론을 분명하고 정확하게 알기 쉬운 용어로 서술하였다. 또한 내용을 단순히 기술하는 데 그치지 않고 수치해석의 개념을 그림 및 도표를 활용하여 제시하였고, 학생들이 이를 구현하여 실무에 적용해 볼 수 있도록 유사코드와 다양한 응용 예제 및 연습문제를 제공하였다. 이를 통해 학생들이 수치 알고리즘의 수학적 본질을 이해하고 컴퓨터 프로그래밍 언어를 통해 이를 효율적으로 구현하여 실제 문제에 적용해볼 수 있도록 친절히 돕는다.

오늘날 자연과학 및 공학, 사회과학 문제는 수치해석 이론에 기반을 둔 컴퓨터 프로그래밍으로 접근하는 경우가 많다. 현재 학생들이 어떤 전공을 공부하든 앞으로 가지게 될 직업에서 수치 알고리즘을 마주하게 될 가능성은 아주 높다. 이 책을 통해 다양한 수치 방법들과 그 배경 이론들을 공부함으로써 미래 사회의 필수 능력으로 손꼽히는 컴퓨터 프로그래밍 및 문제 해결 능력을 연마할 기회가 되기를 바란다.

이 책을 번역하면서 다음과 같은 점들에 특히 주의를 기울였다.

첫째, 최대한 원문에 충실하게 번역한다.
둘째, 원문의 수학 용어는 대한수학회 용어집을 활용하여 가능한 한 공식적인 용어로 번역한다.
셋째, 학생들의 이해를 돕기 위하여 문장은 최대한 짧고 간결하게 번역한다.
넷째, 다양한 응용 예제를 제시한다는 저자의 의도를 왜곡하지 않도록 각 장의 연습문제는 최대한 원문의 모든 번호를 수록한다(다만 필요에 따라 일부는 생략하였다).

끝으로 이 책의 기획에서 출간까지 수고를 아끼지 않은 한빛아카데미㈜ 관계자분과 김태헌 사장님께 감사드린다.

옮긴이 **이병준, 한희재**

목차

목차

1장 수학적 기초 및 부동소수점 표현

Mathematical Preliminaries and Floating-Point Representation

자연로그natural logarithm $\ln(1+x)$의 원점을 기준으로 한 테일러 급수에 $x=1$을 대입하면

$$\ln 2 = 1 - \frac{1}{2} + \frac{1}{3} - \frac{1}{4} + \frac{1}{5} - \frac{1}{6} + \frac{1}{7} - \frac{1}{8} + \cdots$$

을 얻을 수 있다. 위에 표현한 8개의 항을 모두 더하면 $\ln 2 \approx 0.63452$[1]가 되는데, 이는 실제 값인 $\ln 2 = 0.69315\cdots$에 대한 근삿값으로는 그다지 좋지 않다. 반면 $\ln \frac{1+x}{1-x}$의 원점을 기준으로 한 테일러 급수에 $x = \frac{1}{3}$을 대입하면 다음을 얻는다.

$$\ln 2 = 2\left(3^{-1} + \frac{3^{-3}}{3} + \frac{3^{-5}}{5} + \frac{3^{-7}}{7} + \cdots\right)$$

괄호 속 4개의 항을 더하고 그 값에 2를 곱하면 $\ln 2 \approx 0.69313$을 얻을 수 있다. 위의 두 예는 급수 전개의 기준점 근처에서는 테일러 급수가 빠르게 수렴하는 모습을 기대할 수 있지만 기준점에서 먼 곳에서는 그렇지 않다는 사실을 보여주고 있다. $x = \frac{1}{3}$에서 $\ln \frac{1+x}{1-x}$에 대한 급수를 계산하는 것은 급수 전개의 기준점 근처에서 $\ln 2$를 구하기 위한 하나의 방법이다. 또한 이 예는 함수의 성질을 활용하여 더욱 빠르게 수렴하는 급수를 얻을 수 있음을 보여주고 있다. 테일러 급수와 테일러 정리Taylor's Theorem는 이 장에서 다룰 두 가지 주요 주제이다. 이 두 주제는 수치해석 전반에 걸쳐 등장한다.

1 기호 $\approx$는 '대략 같다' 또는 '근삿값이다'라는 의미이다.

보통의 컴퓨터는 실수를 저장하거나 계산할 때 10진법을 사용하지 않는다. 한 진법에서 유한한 개수의 숫자로 표현되는 수라 하더라도 다른 진법에서는 끝없이 이어지는 숫자들로 표현될 수 있다. 이러한 현상은 친숙한 10진법 수인 $\frac{1}{10}$을 2진법으로 변환했을 때 볼 수 있다.

$$(0.1)_{10} = (0.0\,0011\,0011\,0011\,0011\,0011\,0011\,0011\,0011\cdots)_2$$

이 장에서는 부동소수점 수체계floating-point number system에 대해 설명하고, 반올림 오차roundoff error에 대한 기초적 내용들을 살펴본다. 이 외에 거의 크기가 비슷한 두 수의 차를 구할 때 발생하는 유효성의 손실loss of significance 현상에 대해서도 알아본다. 이러한 유효성의 손실은 다양한 프로그래밍 기법들을 활용하여 피할 수 있다는 것도 알아본다.

1.1 책을 시작하며

목적

이 책의 목적은 독자들이 컴퓨터를 사용하여 과학적인 문제들을 해결하기 위한 수많은 방법 중 일부를 이해하는 데 도움을 주는 것이다. 다만 이 책에서는 자연과학 및 공학, 기술 분야에서 등장하는 전형적인 문제들만을 제한적으로 다룰 것이다. 즉 이 책에서는 회계나 사회과학 분야의 모델링, 정보 검색, 인공지능 등의 다른 분야의 문제들에 대해서는 논하지 않는다.

일반적으로 우리는 모든 문제를 해당 학문의 근본적 관점부터 접근하여 다루지는 않을 것

이다. 왜냐하면 그러한 접근은 우리를 주제와는 너무나 동떨어진 물리학이나 공학, 화학과 같은 영역으로 끌고 갈 것이기 때문이다. 그 대신에 우리는 어느 정도 표준화한 수학적 형태로 정리되어 있는 문제들만을 다룰 것이다. 따라서 우리가 선택한 주제들이 실제 과학적 계산scientific computing에서 중요한 문제들이라는 것을 독자들이 믿고 받아들여주길 바란다.

다양한 주제를 살펴보기 위하여 일부 주제는 피상적인 방식으로 다룰 수밖에 없었다. 그러나 독자들이 그러한 주제에 대한 개략적인 틀을 이해함으로써 수치해석numerical analysis에 대한 더 깊은 연구의 초석을 다지길 바란다.

실제로 어떤 컴퓨팅 상황에서 어떤 계산 방법을 적용할지를 선택하는 일에는 상당한 고민이 필요하다. 이 책에 제시한 대부분의 방법들이 유용하고 중요한 것들이지만 특정 문제에 대해서는 최적의 해결책이 아닐 수 있다. 분석가나 프로그래머는 어떤 문제의 해결에 사용 가능한 여러 방법 중 하나를 선택할 때에는 항상 최신 자료들을 참고해야 한다.

한계

기본적인 수치 방법론의 한계를 모른 채 이를 익히는 건 무모한 짓이다. 수치 계산은 거의 언제나 오류에 의해 왜곡되기 마련이다. 이러한 오류의 근원과 전달 양상, 크기, 증가율을 이해하는 것이 중요하다. 단순하게 근사적인 답만을 제공하는 수치적 방법보다는 근삿값과 그 오차의 어림값을 제공하는 수치적 방법이 더 가치가 있다. 우리는 현대 컴퓨터의 속도와 정확도에 분명 깊은 인상을 받을 수밖에 없다. 하지만 회의적 태도를 가지고 우리의 경외심을 억눌러야 한다. 저명한 수치해석학자 칼 에릭 프뢰베리Carl-Erik Fröberg는 다음과 같이 말한 적이 있다.

> 인류 역사상 이렇게나 빠르게, 이렇게나 많은 오답을 만들어 낸 적이 없었다!

따라서 독자들이 이러한 회의적인 관점을 가지고 오류를 찾아내고 그 크기를 추정하며 그것을 제어할 수 있는 여러 방법을 습득할 수 있도록 돕는 것이 이 책의 목적 중 하나이다.

프로그래밍

독자들은 프로그래밍의 기초에 익숙할 것이다. 알고리즘algorithm은 유사코드pseudocode로 제공된다. 여기에는 특정 프로그래밍 언어가 적용되어 있지 않다. 유사코드는 컴퓨터에서 코딩coding, 실행running, 디버깅debugging하기 전에 교재에 제시한 알고리즘을 컴퓨터 언어로 번역하는 중요한 중간 단계이다.

수치적 방법론에 관련한 주요 이슈로는 수치 오차의 본질, 수치 오차의 전달, 관련 계산의 효율성, 연산수, 연산수의 축소 가능 여부 등이 있다.

많은 학생들이 그래프를 보여주는 계산기를 갖고 있으며, 최소의 노력으로 복잡한 수치 문제에 대한 답을 얻을 수 있는 수학 소프트웨어 시스템에 접근할 수 있다. 수치해석 과목의 목적은 수치 문제들의 근본적인 알고리즘 기술을 살펴봄으로써 어떻게 소프트웨어나 계산기가 답을 찾는지를 학생들이 알게 하려는 것이다. 이런 방식으로 학생들은 그러한 시스템으로 작업할 때 예상되는 정확도의 내재적 한계에 대해 더 많이 이해하게 될 것이다.

전략

많은 수치적 방법론의 기본적인 전략 중 하나는 어려운 문제 하나를 여러 개의 단순한 문제의 연속으로 바꾸어 생각하는 것이다. 반복적인 과정을 통해 단순한 문제의 답을 조합하여 원래의 어려운 문제의 답을 찾아낸다. 이러한 전략은 **선형 시스템** linear system 풀기나(2장, 8장) 함수의 근root [2] 찾기(3장), **보간법** interpolation(4장), 수치 적분(5장) 등의 문제에 성공적으로 쓰인다.

2 (옮긴이) 함수 f의 근은 다음 방정식 $f(x)=0$의 근을 의미하며, 함수 f의 영점이라 불리기도 한다.

일반적으로 컴퓨터, 과학, 수학을 전공하는 학생들은 물론이고 공학 및 기타 과학을 전공하는 학생들도 자신들이 흔히 접하는 문제를 해결하는 데 수치적 방법이 필요함을 잘 안다. 하지만 과학 계산이 공학이나 자연과학 이외에 경제학과 같은 분야에 등장하는 문제의 해결에도 꽤나 중요하다는 사실은 잘 알려져 있지 않은 듯하다. 예를 들어 함수의 근을 찾는 문제는 대출이나 이자, 지불 일정에 대한 수식을 사용하는 문제들에서 등장할 수 있다. 또한 주식 시장과 같은 분야에 관련한 문제들은 **최소 제곱법** least-squares(9장)을 필요로 할 수도 있다. 실제로 전산 금융 분야에서는 상당히 복잡한 수학적 문제들을 막대한 계산력을 들여 풀어야 한다. 경제 모델에서는 수천 개의 미지수가 있는 선형 연립방정식을 분석하는 일이 아주 흔하다.

정확한 유효숫자 : 예들

유효숫자significant digit는 하나의 수에서 가장 왼쪽의 0이 아닌 숫자부터 시작하여 정확하다고 간주되는 가장 오른쪽의 숫자까지를 말한다. 이때 뒤쪽의 0들도 정확한 값이면 유효숫자에 포함한다.

예제 1 한 기술자가 산업용 레이저 절단기를 사용하여 가로 3m, 세로 2m의 직사각 철판을 2개의 동일한 삼각 철판으로 자르려고 한다. 이때 각 삼각 철판의 빗변의 길이를 측정한 값은 얼마인가? 이 두 조각들을 약간 변형하여 두 빗변의 길이를 정확히 3.6m가 되도록 할 수 있을까?

풀이

조각이 직사각형이므로 피타고라스 정리를 사용할 수 있다. [그림 1.1]의 대각선 d는 $2^2+3^2=d^2$ 을 만족한다. 이 식에서 다음을 얻을 수 있다.

$$d=\sqrt{4+9}=\sqrt{13}=3.605551275$$

마지막 수는 휴대용 계산기를 이용하여 구한 값이다. 위에 주어진 d값의 정확도는 $(3.605551275)\times(3.605551275)=13$으로 확인할 수 있다.

이 대각선 길이를 진지하게 받아들일 수 있을까? 그렇지 않다. 우선 주어진 직사각 철판의 크기가 정확히 가로 3m, 세로 2m이지는 않을 것이다. 만일 그 길이가 1mm 단위까지 정확하다면, 직사각 철판의 크기는 최대 가로 3.001m, 세로 2.001m일 수도 있는 것이다.

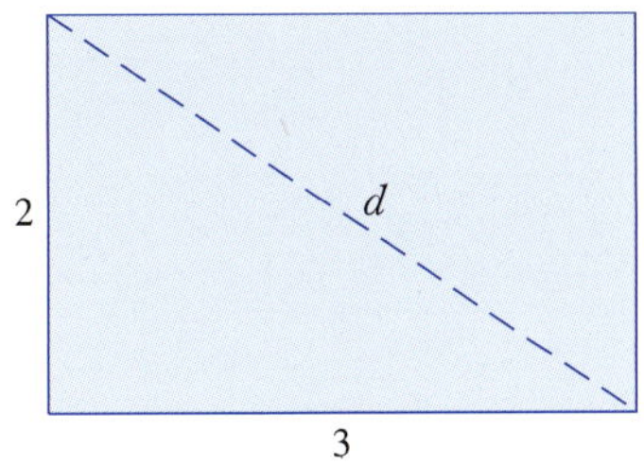

[그림 1.1] 직사각 철판

이 경우에 다시 피타고라스 정리를 사용하면 그 대각선 길이는 다음과 같다.

$$d = \sqrt{2.001^2 + 3.001^2} = \sqrt{4.004001 + 9.006001} = \sqrt{13.01002} \approx 3.6069$$

비슷한 논리로 d는 최소 3.6042일 수 있다. 이 두 수치는 측정 오차가 최대인 경우를 가정한 것이다. 따라서 다음과 같은 결론을 내릴 수 있다.

$$3.6042 \le d \le 3.6069$$

이 대각선 길이에 대해 이보다 더 높은 정확도를 요구할 수는 없다.

만약 대각선 길이가 정확하게 3.6이길 바란다면 다음의 식이 필요하다.

$$(3-c)^2 + (2-c)^2 = 3.6^2$$

위 방정식을 정리하면

$$c^2 - 5c + 0.02 = 0$$

이다. 이차방정식의 근의 공식quadratic formula을 활용하면 두 근 중 작은 근의 값은 다음과 같다.

$$c = 2.5 - \sqrt{6.23} \approx 0.00400$$

즉 직사각 철판의 가로와 세로를 각각 4mm씩 잘라내어 밑변이 2.996m, 높이가 1.996m인 삼각형 조각을 만든다. 확인해보면 $(1.996)^2 + (2.996)^2 \approx 3.6^2$이다.

계산에 사용한 유효숫자 개수의 효과를 알아보기 위해 선형 연립방정식의 해를 구하는 문제를 살펴보자.

예제 2 **다음의 2변수 선형 연립방정식linear system of equations에서 변수 y값을 구해 보자. 우선 3개의 유효숫자만을 가지고 계산을 진행해 보자. 그 다음엔 4개의 유효숫자로 전체 계산을 반복해 보자. 마지막으로 10개의 유효숫자를 사용해 보자.**

$$\begin{cases} 0.1036x + 0.2122y = 0.7381 \\ 0.2081x + 0.4247y = 0.9327 \end{cases} \tag{1}$$

풀이

1단계 : 우선 원래 문제의 모든 수를 소수점 아래 3자리까지 반올림하고, 이 수들로 행해지는 모든 계산에서도 **유효숫자가 3개**만 남도록 반올림을 해야 한다. 첫 번째 방정식에 **곱하는 수**multiplier α를 곱한 후, 두 번째 방정식에서 앞의 식을 뺌으로써 두 번째 방정식에서 x항을 소거한다.

이때 곱하는 수는 $\alpha = 0.208/0.104 \approx 2.00$이다. 따라서 두 번째 방정식에서 x항의 새로운 계수는 $0.208-(2.00)(0.104) \approx 0.208-0.208=0$이고, y항의 새로운 계수는 $0.425-(2.00)(0.212) \approx 0.425-0.424=0.001$이다. 이때 우변은 $0.933-(2.00)(0.738) \approx 0.933-1.48=-0.547$이다. 따라서 다음을 얻을 수 있다.

$$y=-0.547/0.001 \approx -547$$

2단계 : 이번에는 **유효숫자를 4개**로 유지하면서 전체 계산을 반복해 보자. 곱하는 수는 $\alpha = 0.2081/0.1036 \approx 2.009$이다. 두 번째 방정식에서 x항의 새로운 계수는 $0.2081-(2.009)(0.1036) \approx 0.2081-0.2081=0$, y항의 새로운 계수는 $0.4247-(2.009)(0.2122) \approx 0.4247-0.4263=-0.001600$이다. 이때 새로운 우변은 $0.9327-(2.009)(0.7381) \approx 0.9327-1.483 \approx -0.5503$이다. 따라서 다음을 얻을 수 있다.

$$y=-0.5503/(-0.001600) \approx 343.9$$

답이 -547에서 343.9로 바뀌었다는 사실은 정말 충격적이다. 너무 큰 차이가 아닌가!

3단계 : 위 과정을 **유효숫자 10개**를 사용하여 반복하면 심지어 343.9라는 값도 정확하지 않음을 알 수 있다. 새로운 결과는 $y \approx 356.2907199$이다.

컴퓨터를 사용하면 다음을 얻을 수 있다.

$$y \approx 3.5629074421513 24 \times 10^2$$

이 예제에서 알 수 있는 것은, 정확하다고 여겨지는 데이터는 완전한 정확도를 유지한 채로 다루어져야 하며[3] 각 계산 과정 전에 반올림해서는 안 된다는 것이다.

3 (옮긴이) 완전한 정확도를 유지한다는 말은 유효숫자를 최대로 유지한다는 의미이다.

[그림 1.2]는 2개의 미지수를 가지는 2개의 방정식을 푸는 상황에서 어떤 일이 발생할 수 있는지를 기하학적으로 표현한 것이다. 두 직선(실선)의 교점이 정확한 해이다. 측정 오차나 반올림으로 인한 오차 때문에 어느 정도의 **불확실성**uncertainty이 발생할 수 있는데 이는 점선으로 표시되었다. 따라서 명확히 정의되는 하나의 점 대신 가능한 수많은 해들이 존재하는 작은 사다리꼴 영역이 나타난다. 그런데 두 직선이 거의 평행하면 해가 존재할 수 있는 영역이 극적으로 커진다! 이러한 내용은 **좋은 조건**well-conditioned 및 **나쁜 조건**ill-conditioned의 선형 연립방정식과 관련 있다. 이는 8장에서 좀 더 논의될 것이다.

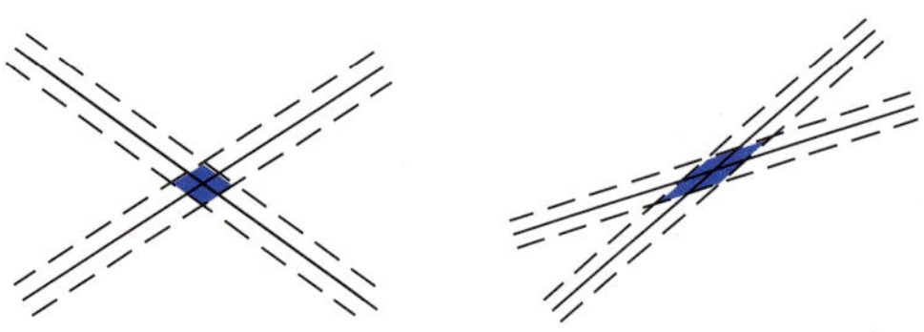

[그림 1.2] 2차원에서 좋은 조건 및 나쁜 조건의 선형 연립방정식

대부분의 컴퓨터에서 산술 연산은 저장한 수치들의 2배의 정확도를 보여주는 **2배 길이 누산기**double-length accumulator[4]에서 수행한다. 하지만 이런 연산에서조차 정확도의 손실을 피할 수 없다. 정확도의 손실은 반올림 오차나 거의 같은 크기의 두 수의 차처럼 다양한 경우에서 발생할 수 있다. 정밀도의 손실은 1.4절과 2장의 선형 시스템 풀이에서 다룰 것이다.

4 (옮긴이) 누산기는 CPU 내에서 계산의 중간 결과를 저장하는 레지스터를 가리킨다. 만약 누산기가 없다면 덧셈, 곱셈, 자리 이동 등과 같은 각 계산의 결과를 주기억장치에 기록하고 필요한 경우에는 그것들을 다시 읽어와야 한다. 누산기는 ALU로 직접 통하는 통로를 가지고 있기 때문에 주기억장치에 읽고 쓰는 것보다 훨씬 빠르다.

오차 : 절대오차와 상대오차

두 수 α, β에 대하여 하나가 다른 하나의 근삿값이라고 가정해 보자. α의 근삿값인 β의 **오차**error는 $\alpha-\beta$이다. 즉 오차는 참값에서 근삿값을 뺀 값이다. α의 근삿값인 β의 **절대오차**absolute error는 다음과 같다.

$$|\alpha-\beta|$$

α의 근삿값인 β의 **상대오차**relative error는 다음과 같다.

$$\frac{|\alpha-\beta|}{|\alpha|}$$

절대오차 계산에서는 α와 β의 비중이 동일하다. 상대오차 계산에서는 두 수 중 어느 것이 참값인지를 구별하는 일이 필수라는 점을 주의해야 한다($\alpha=0$일 때에는 상대오차가 정의되지 않는다는 점을 조심하자). 실용적인 이유로 대개 절대오차보다 상대오차가 더 의미있게 다루어진다.

요약하면 다음이 성립한다.

오차

$$(\text{절대오차}) = |(\text{참값}) - (\text{근삿값})|$$

$$(\text{상대오차}) = \frac{|(\text{참값}) - (\text{근삿값})|}{|\text{참값}|}$$

여기서 '참값'은 실제 값이거나 또는 가장 잘 알려진 값일 수 있다.

예제 3 $\alpha_1=1.333$, $\beta_1=1.334$, $\alpha_2=0.001$, $\beta_2=0.002$**이다.** α_i**의 근삿값인** β_i**의 절대오차와 상대오차를 구하라.**

풀이

α_i의 근삿값인 β_i의 절대오차는 두 경우 모두 10^{-3}으로 동일하다. 하지만 α_i의 근삿값인 β_i의 상대오차는 각각 $\frac{3}{4}\times10^{-3}$과 1이다. 상대오차로 보자면 β_1은 α_1의 좋은 근삿값이지만 β_2는 α_2의 좋은 근삿값으로 보기 어렵다.

예제 4 $x = 0.00347$을 $\tilde{x} = 0.0035$로 반올림하고, $y = 30.158$을 $\hat{y} = 30.16$으로 반올림하였다고 하자. 각 경우에 대하여 유효숫자의 개수, 절대오차, 상대오차는 어떤 값인가? 구한 결과를 해석하라.

풀이

경우 1 : $\tilde{x} = 0.35 \times 10^{-2}$은 2개의 유효숫자를 가지며, 절대오차는 0.3×10^{-4}, 상대오차는 0.865×10^{-2}이다.

경우 2 : $\hat{y} = 0.3016 \times 10^{2}$은 4개의 유효숫자를 가지며, 절대오차는 0.2×10^{-2}, 상대오차는 0.66×10^{-4}이다.

분명 유효숫자의 개수를 나타내는 지표로는 상대오차가 절대오차보다 더 나은 지표이다.

정확도와 정밀도

소수점 아래 n자리까지 정확하다는 말은 소수점 오른쪽의 n자리 숫자까지를 신뢰할 수 있다는 뜻이다. **n개의 유효숫자까지 정확하다**는 말은 가장 왼쪽의 0이 아닌 숫자부터 시작하여 전체 n개의 숫자가 의미 있는 숫자로 신뢰할 수 있다는 뜻이다.

길이를 측정하는 데 1mm 단위로 눈금이 새겨진 자를 사용한다고 하자. 이때 길이의 측정값은 1mm, 즉 0.001m까지 정확하다. 12.345m와 같은 측정값은 소수점 아래 3자리까지 정확한 값이다. 하지만 12.3456789m와 같은 측정값은 무의미하다. 그 자로는 단지 소수점 아래 3자리까지만 측정할 수 있다. 따라서 측정값은 12.345m 또는 12.346m이어야 한다. 만일 측정값 12.345m에서 5개의 숫자가 신뢰할 만하다면 이 측정값은 5개의 유효숫자까지 정확한 것이다. 한편, 0.076m와 같은 측정값은 2개의 유효숫자밖에 가지지 못한다.

연구실의 실험에서 계산기나 컴퓨터를 사용할 때 실험자는 실제 데이터가 보증하는 것보다 더 높은 정밀도를 가진다고 착각할 수 있다. 예를 들어 다음 식

$$(1.2) + (3.45) = 4.65$$

의 계산 결과는 실제로 단지 2개의 유효숫자만을 가진다. 왜냐하면 1.2의 2번째 숫자가 1.24에서 4를 버리거나 1.16에서 6을 올려서 유효숫자 2개로 나타낸 효과일 수 있기 때문이다. 따라서 좌변은

$$(1.249) + (3.454) = (4.703)$$

만큼 클 수도, 다음과 같이 작을 수도 있다.

$$(1.16) + (3.449) = (4.609)$$

실제 답에서는 오직 2개의 유효숫자만이 존재한다! 덧셈이나 뺄셈의 결과는 전체 계산 과정에서 사용한 수들의 유효숫자 개수 중 가장 작은 수만큼의 정확도를 가진다. 위의 예시에서는 첫 번째 항 1.2가 2개의 유효숫자를 가지므로 최종 계산 결과의 셋째 자리 숫자는 불확실성을 가진다.

곱셈이나 나눗셈의 결과는 훨씬 더 많은 오해를 불러일으킨다. 예를 들어 계산기로 다음과 같은 계산을 해보자.

$$(1.23)(4.5) = 5.535, \qquad (1.23)/(4.5) = 0.273333333$$

아마 두 계산의 결과가 각각 4개와 9개의 유효숫자를 포함하고 있다고 착각할 수 있지만 실제로는 2개밖에 없다! 경험에 따르면 계산 과정에 포함한 수 중 가장 정확도가 낮은 수의 유효숫자 개수를 계산 과정 중의 유효숫자 개수로 유지해야 한다.

반올림과 버림

반올림rounding은 수의 유효숫자 개수를 감소시킨다. 반올림의 결과는 원래 수와 크기상으로는 비슷하지만 0이 아닌 숫자의 수가 줄어들어 길이가 더 짧은 수가 된다. 반올림에는 조금씩 규칙이 다른 여러 방식들이 존재한다. **짝수 올림법**round-to-even은 통계학자의 반올림법 또는 은행원의 반올림법이라고도 불리는 방법이다. 이 방법은 아래에 설명되어 있다. 큰 데이터 집합을 전체적으로 봤을 때, 짝수가 되도록 올리는 규칙은 반올림으로 수를 올리거나 버리는 비율이 (평균적으로) 같기 때문에 전체 반올림 오차를 줄이는 경향이 있다.

수 x를 n자리 수로 버림한다는 말은 n번째 자리까지의 숫자들은 그대로 유지한 채 n번째 자리 이후의 모든 숫자는 버린다는 것이다. 반대로 **수 x를 n자리 수로 반올림한다**는 말은 x를 x와 가장 가까운 n자리 수로 대체함을 의미한다.

5로 끝나는 $(n+1)$자리 수를 반올림할 때 올릴 것인지 버릴 것인지에 대한 문제는 항상 n번째 숫자가 짝수가 되도록 반올림하여 n자리 수를 선택하는 게 가장 좋은 해법인 듯하다. 이러한 방식이 처음에는 이상하게 보일 수 있으나 놀랍게도 컴퓨터에서 표준 부동소수점 연산을 할 때 반올림 계산에서 컴퓨터가 반드시 실행하는 방식이 바로 이 방식이다(이 주제는 1.3절에서 다룰 것이다)!

예제 5 **소수점 아래 3자리의 수를 소수점 아래 2자리의 수로 반올림하는 예를 들어보라.**

풀이

반올림한 결과는 다음과 같다.

$$0.217 \approx 0.22, \quad 0.365 \approx 0.36, \quad 0.475 \approx 0.48, \quad 0.592 \approx 0.59$$

반면 위의 수들을 버림한 결과는 다음과 같다.

$$0.217 \approx 0.21, \quad 0.365 \approx 0.36, \quad 0.475 \approx 0.47, \quad 0.592 \approx 0.59$$

때로는 컴퓨터 사용자가 컴퓨터에서 진행되는 모든 산술 연산에서 버림을 적용할지 아니면 반올림을 적용할지를 선택할 수 있다. 물론 보통은 후자의 선택이 더 선호된다!

π의 계산

π 계산의 역사

π의 계산에는 풍부하고 다채로운 역사가 있다. 기원전 1650년에 쓰인 고대 이집트의 린드 파피루스Rhind Papyrus에는 다음과 같은 π 근삿값에 대한 수치 알고리즘이 기록되어 있다.

$$\pi\left(\frac{9}{2}\right)^2 \approx 8^2 \Rightarrow \pi \approx \frac{256}{81} \approx 3.1605$$

기원전 287~212년에 아르키메데스는 반지름이 $\frac{1}{2}$인 원에 내접하는 다각형의 둘레의 길이와 같은 원에 외접하는 다각형의 둘레의 길이 사이에 π 값이 있다는 사실에서 다음과 같은 결론을 내렸다.

$$3.1408 \approx \frac{223}{71} < \pi < \frac{22}{7} \approx 3.142$$

1700년경에는 존 마친John Machin이 다음과 같은 관계식을 발견하여 π의 값을 소수점 아래 100자리까지 계산하였다.

$$\pi = 16\tan\frac{1}{5} - 4\tan\frac{1}{239}$$

1973년에는 π의 값이 소수점 아래 일백만 자리까지 계산되었다. 그 이후로도 π를 계산하기 위해 더욱 다양하고 세련된 방법들이 개발되었다.

축소곱셈법과 호너 알고리즘

우선 다항식을 효율적으로 계산하는 방법과 실수에 대한 반올림 및 버림에 대한 이야기에서 시작해 보자. 다음과 같은 다항식

$$p(x) = a_0 + a_1x + a_2x^2 + \cdots + a_{n-1}x^{n-1} + a_nx^n \qquad (2)$$

을 계산하기 위해 다항식의 각 항을 묶어 다음과 같이 **축소곱셈법**nested multiplication의 형태로 표현한다.

$$p(x) = a_0 + x(a_1 + x(a_2 + \cdots + x(a_{n-1} + x(a_n))\cdots))$$

$p(x)$의 값을 계산하기 위한 유사코드[5]는 가장 안쪽의 괄호부터 시작하여 바깥 방향으로 계산하여 나간다. 그 유사코드는 다음과 같다.

5 **유사코드**Pseudocode는 프로그래밍 언어의 규칙을 사용하지만 자세한 구문은 생략한 알고리즘을 비공식적이고 간결하게 기술한 것이다. 필요에 따라 유사코드는 자연 언어natural language로 확장될 수도 있다. 대개 유사코드 작성은 특정 프로그래밍 언어로 실제 코딩을 수행하기 전에 수학적 알고리즘을 체계화하는 좋은 방법이다.

축소곱셈법을 구현한 유사코드

```
integer i, n; real p, x
real array (a_i)_{0:n}
p ← a_n
for i = n − 1 to 0
    p ← a_i + xp
end for
```

여기서 정수 변수인 n과 실변수 x, 계수 $a_0, a_1, \cdots, a_n$에 여러 수치들이 할당되어 있다고 가정해 보자. 이들은 실수 선형 배열로 저장되어 있다(이 책 전체에서 공간을 절약하기 위해 **선언문**declarative statement 사이에 세미콜론을 사용하였다). **왼쪽을 향하는 화살표**(←)는 오른쪽에 있던 값이 왼쪽 위치에 저장됨을 의미한다(즉 오른쪽 값을 왼쪽에 덮어쓰는 것이다). for-루프loop의 첨자 i는 거꾸로 진행되는 형태로 $n-1, n-2, \cdots, 0$의 값을 취한다. 최종적인 p의 값이 x에서의 다항식의 값이다. 이러한 축소곱셈법 절차를 **호너 알고리즘**Horner's algorithm 또는 **조립제법**synthetic division[6]이라 한다.

앞의 유사코드에서 루프가 한 번 시행될 때마다 정확하게 한 번의 덧셈과 한 번의 곱셈이 이루어지고 있다. 따라서 호너 알고리즘을 사용하면 단지 n번의 덧셈과 n번의 곱셈만으로 다항식을 계산할 수 있다. 이 횟수는 가능한 연산 중에서 가장 적은 값이다.

고지식하게 다항식을 계산하려면 더욱 많은 연산이 필요하다.

예제 6 **다항식 $p(x)=5+3x-7x^2+2x^3$이 어떻게 계산되어야 하는지를 설명하라.**

풀이

주어진 x값에 대하여

$$p(x)=5+x(3+x(-7+x(2)))$$

의 형태로 정리한다. 축소곱셈법의 형태를 활용하여 모든 지수 연산을 피했다!

식 (2)의 다항식은 **합**sum을 나타내는 수학적 기호인 $\sum$와 **곱**product을 나타내는 기호인 $\prod$를 활용하여 다음과 같이 다른 형태로 나타낼 수 있다.

수학적 표기법

$$p(x)=\sum_{i=0}^{n} a_i x^i=\sum_{i=0}^{n}\left(a_i \prod_{j=1}^{i} x\right)$$

이때 $n \le m$이면 다음과 같이 나타낼 수 있음을 상기하자.

$$\sum_{k=n}^{m} x_k = x_n + x_{n+1} + \cdots + x_m$$

$$\prod_{k=n}^{m} x_k = x_n x_{n+1} \cdots x_m$$

관례상 $m<n$이면 다음과 같이 정의한다.

---

6 (옮긴이) 여기서 언급된 조립제법이라는 용어는 고교 교육과정에서 배웠던 조립제법과 본질적으로 동일한 것이다. 아래의 조립제법 과정은 $p(x)=a_0+a_1x+\cdots+a_nx^n$을 $(x-\alpha)$에 대해 전개할 때의 계수 $b_0, b_1, \cdots, b_n$을 찾기 위한 과정이다. 즉 $p(x)=b_0+(x-\alpha)(b_1+(x-\alpha)(b_2+\cdots+(x-\alpha)(b_{n-1}+b_n(x-\alpha))\cdots))$을 만족하는 계수는 다음과 같이 찾을 수 있다.

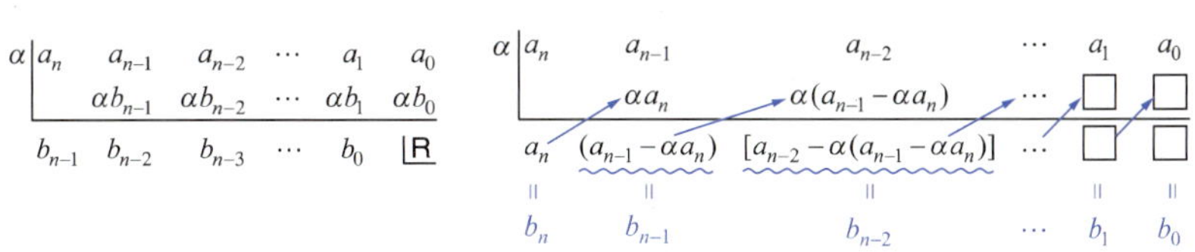

이 과정을 보면 호너 알고리즘과 매우 유사함을 알아차릴 수 있을 것이다.

$$\sum_{k=n}^{m} x_k = 0, \qquad \prod_{k=n}^{m} x_k = 1$$

호너 알고리즘은 다항식의 **축소**deflation 과정에도 사용될 수 있다. 다항식의 축소 과정은 다항식의 1차 인수를 제거해 가는 과정이다. 만일 r이 다항식 p의 **근**이라면, $(x-r)$은 다항식 p의 인수이다. p의 남은 근들은 아래와 같이 다항식 q의 $(n-1)$개 근이다. 다항식 q의 차수는 p의 차수보다 하나 낮다. 축소

$$p(x) = (x-r)q(x) + p(r) \quad \text{또는} \quad p(x) = (x-r)q(x) \tag{3}$$

이때 $q(x)$는 다음과 같다.

$$q(x) = b_0 + b_1 x + b_2 x^2 + \cdots + b_{n-1} x^{n-1} \tag{4}$$

호너 알고리즘에 대한 유사코드는 다음과 같이 나타낼 수 있다.

조립제법 유사코드

```
integer i, n; real r
real array (a_i)_{0:n}, (b_i)_{0:n-1}
b_{n-1} ← a_n
for i = n - 1 to 0
    b_{i-1} ← a_i + r b_i
end for
```

이 유사코드에서 $b_{-1} = p(r)$임을 주목하자. 만일 f가 정확한 근이라면 $b_{-1} = p(r) = 0$이다.

만일 호너 알고리즘의 계산을 직접 손으로 한다면 다음과 같은 배열이 주로 이용된다.

$$\begin{array}{r|cccccc} & a_n & a_{n-1} & a_{n-2} & \cdots & a_1 & a_0 \\ r) & & rb_{n-1} & rb_{n-2} & \cdots & rb_1 & rb_0 \\ \hline & b_{n-1} & b_{n-2} & b_{n-3} & \cdots & b_0 & b_{-1} \end{array}$$

예제 7 **다항식 p가 다음과 같을 때, 호너 알고리즘을 사용하여 $p(3)$을 계산하라.**

$$p(x) = x^4 - 4x^3 + 7x^2 - 5x - 2$$

풀이

위에서 언급한 대로 계산을 한다.

$$\begin{array}{r|ccccc} & 1 & -4 & 7 & -5 & -2 \\ 3) & & 3 & -3 & 12 & 21 \\ \hline & 1 & -1 & 4 & 7 & \boxed{19} \end{array}$$

따라서 $p(3) = 19$를 얻을 수 있으며 $p(x)$는 다음과 같이 나타낼 수 있다.

$$p(x) = (x-3)(x^3 - x^2 + 4x + 7) + 19$$

다항식의 **축소 과정**에서 r이 다항식 p의 근이라면 $(x-r)$은 p의 인수이고 그 역도 성립한다. 이때 p의 다른 근들은 $q(x)$의 $(n-1)$개의 근들이다.

예제 8 앞의 예제의 다항식 p를 축소하라. 단, 2가 다항식 p의 근 중 하나라는 사실을 이용하라.

풀이

앞서 설명한 대로 동일한 계산 배열을 이용하면 다음과 같다.

$$
\begin{array}{r|rrrrr}
 & 1 & -4 & 7 & -5 & -2 \\
2 & & 2 & -4 & 6 & 2 \\
\hline
 & 1 & -2 & 3 & 1 & \boxed{0}
\end{array}
$$

따라서 $p(2)=0$이며, 다음과 같이 나타낼 수 있다.

$$x^4-4x^3+7x^2-5x-2=(x-2)(x^3-2x^2+3x+1)$$

호너 알고리즘을 활용하여 다항식의 미분도 계산할 수 있다. 식 (3)에서 다항식 p는 다음과 같이 나타낼 수 있다.

$$p(x)=(x-r)q(x)+p(r)$$

여기서 $q(x)$는 식 (4)로 주어진다. 위 식의 양변을 미분하면 다음과 같다.

$$p'(x)=q(x)+(x-r)q'(x)$$

따라서 다음을 얻을 수 있다.

$$p'(r)=q(r)$$

호너 알고리즘을 활용하여 $p(r)$과 $p'(r)$의 값을 계산하는 유사코드는 다음과 같다.

호너 알고리즘 유사코드

```
integer i, n; real p, r
real array (a_i)_{0:n}, (b_i)_{0:n-1}
α ← a_n; β ← 0
for i = n − 1 to 0
    β ← α + rβ
    α ← a_i + rα
end for
```

알고리즘의 최종 결과가 $\alpha=p(r)$, $\beta=p'(r)$임에 주목하라.

만일 앞의 호너 알고리즘(조립제법)의 계산을 직접 손으로 한다면 주로 다음과 같은 배열을 써서 계산한다.

$$
\begin{array}{r|llllll}
 & a_n & a_{n-1} & a_{n-2} & \cdots & a_2 & a_1 & a_0 \\
r & & rb_{n-1} & rb_{n-2} & \cdots & rb_2 & rb_1 & rb_0 \\
\hline
 & b_{n-1} & b_{n-2} & b_{n-3} & \cdots & b_1 & b_0 & \boxed{b_{-1}}=p(r) \\
 & & rc_{n-2} & rc_{n-3} & \cdots & c_2 & rc_1 & \\
\hline
 & c_{n-2} & c_{n-3} & c_{n-4} & \cdots & c_0 & \boxed{c_{-1}}=p'(r) &
\end{array}
$$

예제 9 다음과 같은 다항식 p에 대하여 조립제법을 사용하여 $p(3)$과 $p'(3)$의 값을 찾아라.

$$p(x) = x^4 - 4x^3 + 7x^2 - 5x - 2$$

풀이

앞서 설명한 대로 다음과 같은 계산 배열을 이용하면 다음과 같다.

$$\begin{array}{r|rrrrrl}
 & 1 & -4 & 7 & -5 & -2 & \\
3) & & 3 & -3 & 12 & 21 & \\
\hline
 & 1 & -1 & 4 & 7 & \boxed{19} & = p(3) \\
 & & 3 & 6 & 30 & & \\
\hline
 & 1 & 2 & 10 & \boxed{37} & = p'(3) &
\end{array}$$

따라서 다음을 얻을 수 있다.

$$x^4 - 4x^3 + 7x^2 - 5x - 2 = (x-3)(x^3 - x^2 + 4x + 7) + 19$$

따라서 $p(x) = (x-3)q(x) + 19$, $p'(x) = q(x) + (x-3)q'(x)$이다. 단, $q(x) = x^3 - x^2 + 4x + 7$이다. 결론적으로 $p(3) = 19$, $p'(3) = q(3) = 37$이다.

쌍으로 나타나는 쉬운/어려운 문제들

때때로 과학 계산에서 문제들이 쌍을 이루어 나타나는 경우가 있다. 서로 역관계인 한 쌍의 문제인데, 둘 중 하나는 쉬운 문제이나 다른 하나는 어려운 문제인 것이다. 이는 **암호학** cryptology의 주요 아이디어이다. 예를 들어 두 수를 곱하는 건 상당히 쉬운 일이지만 그 반대의 문제(큰 수로 인수분해하기)는 불가능에 가깝다!

이와 같은 현상을 **다항식**에서도 찾아볼 수 있다. 다항식의 근이 주어지면 식 (2)와 같은 거듭제곱 꼴의 다항식을 쉽게 구할 수 있다. 하지만 주어진 거듭제곱 꼴의 다항식에서 근을 계산하는 것은 어려운 문제일 수 있다(또는 이 문제가 나쁜 조건일 수도 있다). [컴퓨터 연습문제 1.1.24]에서는 거듭제곱 꼴의 다항식의 계수들을 근을 통해 계산하는 코드를 작성해 본다. 이 코드는 간단한 수식으로 구성한 do-루프로 매 루프마다 하나의 인수 $(x-r)$을 곱해준다. 선형대수학에서도 이러한 문제를 쉽게 찾아볼 수 있다. $\boldsymbol{b} = A\boldsymbol{x}$를 계산하기는 너무나 쉽지만 그 역과정인 A와 $\boldsymbol{b}$에서 $\boldsymbol{x}$를 찾아내는 문제는 어렵다(2.1절 참조).

이러한 현상은 **두 점 경곗값 문제** two-point boundary value problem에서도 나타난다. f가 주어진 함수, D가 미분 연산자일 때, Df, $f(0)$, $f(1)$을 계산하는 문제는 쉽다. 하지만 Df, $f(0)$, $f(1)$가 주어졌을 때 f를 알아내는 문제는 어렵다(9.1절 참조).

쌍으로 나타난 예제

마찬가지로 행렬의 **고윳값** eigenvalue과 **고유벡터** eigenvector를 계산하는 일도 어려운 문제다. $n \times n$ 행렬의 고윳값이 $\lambda_1, \lambda_2, \cdots, \lambda_n$이고, 대응하는 고유벡터가 $\boldsymbol{v}_1, \boldsymbol{v}_2, \cdots, \boldsymbol{v}_n$이라고 하자. A를 얻기 위해서는 고윳값이 대각성분을 이루는 대각행렬 D와 고유벡터들이 열벡터를 구성한 행렬 V를 만든 후, A에 대하여 $AV = VD$를 풀면 된다. 하지만 A 자체에서 λ_i와 $\boldsymbol{v}_i$를 구하는 것은 쉽지 않다(8.2절 참조).

아마 이 외의 다른 예들도 떠올릴 수 있을 것이다.

정수를 인수분해할 때의 복잡성과 앞에서 언급된 다른 문제들의 복잡성 사이에 엄청난 간극이 있을 수 있음을 지적할 필요가 있다. 후자는 대개 **다항 시간** polynomial time[7] 내에 모두 풀 수 있는 것들이다. 또한 분야에 따른 문화적 차이가 있을 수도 있다. 수치 분석가에게 일반적으로 '어렵다' 라는 말은 '문제를 다항 시간 안에 풀 수는 있지만 다항식의 차수가 너무 높다'를 의미한다. 복잡성 이론가에게 '어렵다'라는 말은 '내가 아는 한 이 문제는 다항 시간 안에 풀리지 않는다'이다. 한편으로는 **외판원 문제** traveling salesman problem, TSP와 같이 수치 분석가들의 취향에 맞는 NP-hard 문제들도 존재한다.

7 (옮긴이) 하나의 연산을 수행하는 데 고정된 시간이 걸린다고 가정하자. 어떤 문제를 풀기 위한 알고리즘에 소요되는 시간은 알고리즘의 총 연산 수를 세어 예측할 수 있다. 즉 어떤 알고리즘이 다항 시간 내에 문제를 풀 수 있다는 뜻은 알고리즘의 총 연산수가 입력변수의 크기에 대한 다항식으로 표현되는 경우를 뜻한다.

첫 프로그래밍 실험

수치 계산이 있는 짧은 프로그래밍 실험을 제시하며 이 절을 마무리하려 한다. 미적분학에서 익숙한 연산인 함수의 미분을 계산적 관점에서 살펴보자. 한 점 x에서 함수 f의 **도함수** derivative는 다음과 같은 식으로 정의된다.

도함수 공식

$$f'(x) = \lim_{h \to 0} \frac{f(x+h) - f(x)}{h}$$

컴퓨터는 다음과 같은 h의 수열을 사용하여 극한 연산을 모방한다.

$$h = 4^{-1}, 4^{-2}, 4^{-3}, \cdots, 4^{-n}, \cdots$$

이 수열은 확실히 빠르게 0으로 수렴한다! 물론 다른 단순한 수열들, 예를 들면 $1/n$, $1/n^2$, $1/10^n$과 같은 수열도 가능하다. 하지만 수열 $1/4^n$은 2진 컴퓨터에서 선호하는 **머신 넘버** machine number들로 구성되어 있으므로 32비트 컴퓨터에서 이루어지는 이 실험의 경우 n이 10일 때 충분히 0에 가까운 값이 된다.

$f(x) = \sin x$일 때 $x = 0.5$에서 $f'(x)$의 값을 계산하는 유사코드는 다음과 같다.

First 유사코드

```
program First
integer i, imin, n ← 30
real error, y, x ← 0.5, h ← 1, emin ← 1
for i = 1 to n
    h ← 0.25h
    y ← [sin(x + h) − sin(x)]/h
    error ← |cos(x) − y|;
    output i, h, y, error
    if error < emin then
        emin ← error;   imin ← i
    end if
end for
output imin, emin
end program First
```

우리는 이 수치 실험의 목적을 설명하지도 또 유사코드의 결과를 보여주지도 않았다. 독자들이 컴퓨터에 유사코드를 코딩하고 실행해봄으로써 이 질문의 답을 직접 찾아보길 바란다([컴퓨터 연습문제 1.1.1~1.1.3] 참조).

수학 소프트웨어

이 책의 알고리즘 및 프로그래밍 문제들은 다양한 방식으로 코딩 및 테스트 되었다. 일부 문제들은 C나 C++, Fortran과 같은 과학적 프로그래밍 언어 또는 적절한 정밀도로 계산할 수 있는 다른 언어를 사용하여 코딩해 보는 것이 가장 좋을 수 있다. 때로는 MATLAB, Maple, Mathematica, Octave와 같이 문제 해결 절차가 내장되어 있는 수학적 소프트웨어를 활용하는 것도 좋다. 또한 상황에 따라 접근할 수 있는 IMSL, NAG, 기타 수학 프로그램 라이브러리를 활용할 수도 있다. 일부 수치 라이브러리들은 Intel, AMD와 같은 특정 프로세서에 최적화되어 있다. 소프트웨어 시스템은 그래픽 결과를 얻을 때뿐만 아니라 어려운 문제를 풀기 위해 다양한 수치적 방법을 실험해 볼 때 특히 유용하다. 특히 Maple, Mathematica, Macsyma와 같이 수학적 기호 조작이 가능한 수학 소프트웨어 패키지들은 수치적 해뿐만이 아니라 정확한 해를 구할 때 특히 유용하다. 컴퓨터 연습문제를 풀 때 학생들은 문제에 관한 통찰력을 얻고, 관련한 수치 방법을 보다 잘 이해하는 데 초점을 맞추어야 한다. 이 책의 부록 A에서는 과학 계산을 위한 컴퓨터 프로그래밍에 대한 조언을 제공하고 있다. 이 조언은 특정 언어 사용과 무관하다.

웹사이트

월드 와이드 웹 World Wide Web과 같은 인터넷을 통해 좋은 수학 소프트웨어를 쉽게 찾고 사용할 수 있게 되었다. 브라우저 및 검색 엔진, 웹사이트를 이용하여 특정 관심 분야에 적용할 수 있는 소프트웨어를 찾을 수 있다. 수학 소프트웨어 컬렉션은 크고 종합적인 것부터 퍼스널 컴퓨터용의 소형 버전까지 다양하다. 이 중 일부는 쌍방향 통신이 가능하다. 또한 컴퓨터 프로그램에 대한 참고자료나 **루틴**routine 모음은 여러 책과 기술 보고서 등에서 찾을 수 있다.

1.1 요약

• 절대오차와 상대오차는 다음과 같다.

$$(\text{절대오차}) = |(\text{참값}) - (\text{근삿값})|$$

$$(\text{상대오차}) = \frac{|(\text{참값}) - (\text{근삿값})|}{|\text{참값}|}$$

• 다항식을 효율적으로 계산하기 위해 **축소곱셈법**을 이용한다.

$$\begin{aligned} p(x) &= a_0 + a_1x + a_2x^2 + \cdots + a_{n-1}x^{n-1} + a_nx^n \\ &= a_0 + x(a_1 + x(a_2 + \cdots + x(a_{n-1} + x(a_n))\cdots)) \end{aligned}$$

위 과정을 수행하는 유사코드의 일부분은 다음과 같다.

```
p ← a_n
for k = 1 to n
    p ← xp + a_{n-k}
end for
```

• 다항식 $p(x)$를 축소한다는 것은 $p(x)$의 선형 인수를 제거한다는 의미이다.

$$p(x) = (x-r)q(x) + p(r)$$

이때 $q(x) = b_0 + b_1x + b_2x^2 + \ldots + b_{n-1}x^{n-1}$이다.

다항식의 축소 과정을 수행하는 **호너 알고리즘**의 유사코드는 다음과 같다.

$b_{n-1} \leftarrow a_n$
for $i = n-1$ **to** 0
  $b_{i-1} \leftarrow a_i + rb_i$
end for

따라서 $b_{-1} = p(r)$을 얻을 수 있다.

1.1 연습문제

01 몇몇 학생들은 $\frac{22}{7}$가 π의 실제 값 또는 받아들일 만한 근삿값이라고 생각할 수 있다. 절대오차 및 상대오차의 어떤 관점에서 보더라도 $\frac{22}{7}$보다 $\frac{355}{113}$가 π의 더 나은 근사임을 보여라. 또한 π를 근사하는 단순한 형태의 또 다른 유리수 $\frac{n}{m}$을 찾아라. 예를 들면 $\left|\pi - \frac{n}{m}\right| < 10^{-9}$을 만족하는 간단한 분수를 찾아라.

힌트 : [연습문제 1.1.4]를 참조하라.

02 실수 x가 0.6032라는 근삿값으로 표현되며 이 근삿값의 상대오차가 0.1%라고 한다. x는 어떤 값인가?

주의 : 두 개의 답이 있다.

03 4.9997을 5.000으로 반올림했을 때 발생하는 상대오차는 얼마인가?

04 컴퓨터에서 π의 값은 다음의 대입문을 통해 거의 최대 머신 정밀도로 계산될 수 있다. 당신의 컴퓨터 시스템에 있는 기본 함수들을 사용하여 π를 계산하는 다른 방법을 적어도 4가지 이상 제시하라.

$$pi \leftarrow 4.0 \arctan(1.0)$$

05 주어진 이중 배열 $(a_{ij})_{n\times n}$은 다양한 순서로 더할 수 있다. 다음의 각 부분을 수행하는 유사코드의 세그먼트segment를 작성하라. 어떤 방법이 가장 좋은가?

(a) $\sum_{i=1}^{n}\sum_{j=1}^{n} a_{ij}$ (b) $\sum_{j=1}^{n}\sum_{i=1}^{n} a_{ij}$

(c) $\sum_{i=1}^{n}\left(\sum_{j=1}^{i} a_{ij} + \sum_{j=1}^{i-1} a_{ji}\right)$ (d) $\sum_{k=0}^{n-1}\sum_{|i-j|=k} a_{ij}$

(e) $\sum_{k=2}^{2n}\sum_{i+j=k}^{n} a_{ij}$

06 축소곱셈법을 사용하여 다항식을 계산할 때 포함되는 연산의 횟수를 카운트하라(단, 첨자는 연산 횟수로 세지 않는다).

07 x가 충분히 작을 때 종종 $(1+x)^2$이 $(x+2)x+1$보다 더 높은 정확도로 계산될 수 있음을 보이고 이를 설명하라. 이 식을 계산하기 위해 사용될 수 있는 다른 표현으로는 어떤 것이 있는가?

08 다음 (a)~(d)의 다항식이 어떻게 효율적으로 계산될 수 있을지 설명하라.

(a) $p(x) = x^{32}$

(b) $p(x) = 3(x-1)^5 + 7(x-1)^9$

(c) $p(x) = 6(x+2)^3 + 9(x+2)^7 + 3(x+2)^{15} - (x+2)^{31}$

(d) $p(x) = x^{127} - 5x^{37} + 10x^{17} - 3x^7$

09 지수함수 $\exp(x)$를 사용하여 선언문 $y = 5e^{3x} + 7e^{2x} + 9e^x + 11$에 대한 효율적인 유사코드 세그먼트를 작성하라.

10 다음 표현을 계산하기 위한 유사코드 세그먼트를 작성하라. 여기서 $(a_1, a_2, \cdots, a_n)$과 $(b_1, b_2, \cdots, b_n)$은 특정 값이 주어진 일차원 배열이다.

$$z = \sum_{i=1}^{n} b_i^{-1} \prod_{j=1}^{i} a_j$$

11 다음 표현들을 효율적으로 계산하기 위한 유사코드 세그먼트를 작성하라.

(a) $p(x) = \sum_{k=0}^{n-1} kx^k$ (b) $z = \sum_{i=1}^{n}\prod_{j=1}^{i} x^{n-j+1}$

(c) $z = \prod_{i=1}^{n}\sum_{j=1}^{i} x_j$ (d) $p(t) = \sum_{i=1}^{n} a_i \prod_{j=1}^{i-1}(t - x_j)$

12 합과 곱의 기호를 사용하여 다음의 유사코드 세그먼트가 나타내는 수식을 적어라.

(a)
```
integer i, n; real v, x
real array (a_i)_{0:n}
v ← a_0
for i = 1 to n
    v ← v + x a_i
end for
```

(b)
```
integer i, n; real v, x
real array (a_i)_{0:n}
v ← a_n
for i = 1 to n
    v ← vx + a_{n−i}
end for
```

(c)
```
integer i, n; real v, x
real array (a_i)_{0:n}
v ← a_0
for i = 1 to n
    v ← vx + a_i
end for
```

(d)
```
integer i, n; real v, x, z
real array (a_i)_{0:n}
v ← a_0
z ← x
for i = 1 to n
    v ← v + z a_i
    z ← xz
end for
```

(e)
```
integer i, n; real v
real array (a_i)_{0:n}
v ← a_n
for i = 1 to n
    v ← (v + a_{n−i})x
end for
```

13 다음의 유사코드 세그먼트에서의 최종적인 z값을 괄호가 없는 수식으로 나타내라.

```
integer k, n; real z
real array (b_i)_{0:n}
z ← b_n + 1
for k = 1 to n − 2
    z ← z b_{n−k} + 1
end for
```

14 다음 유사코드 세그먼트를 실행했을 때 수행되는 곱셈은 몇 번인가?

```
integer i, j, n; real x
real array (a_ij)_{0:n×0:n}, (b_ij)_{0:n×0:n}
x ← 0.0
for j = 1 to n
    for i = 1 to j
        x ← x + a_ij b_ij
    end for
end for
```

15 다음 유사코드 세그먼트의 문제점을 지적하고 개선된 버전의 유사코드를 작성하라.

(a)
```
integer i, n; real x, z; real array (a_i)_{0:n}
for i = 1 to n
    x ← z^2 + 5.7
    a_i ← x/i
end for
```

(b)
```
integer i, j, n
real array (a_ij)_{0:n×0:n}
for i = 1 to n
    for j = 1 to n
        a_ij ← 1/(i + j − 1)
    end for
end for
```

(c)
```
integer i, j, n; real array (a_ij)_{0:n×0:n}
for j = 1 to n
    for i = 1 to n
        a_ij ← 1/(i + j − 1)
    end for
end for
```

16 (a) [예제 1.1.2]를 최대 정밀도로 풀어라.

(b) 2개의 미지수 x, y와 2개의 식이 있는 연립방정식에 대한 확대 행렬에 대하여 (a)를 반복하라.

$$\left[\begin{array}{cc|c} 3.5713 & 2.1426 & 7.2158 \\ 10.714 & 6.4280 & 1.3379 \end{array}\right]$$

(c) (a), (b)에서 데이터의 작은 변화가 각각의 해에 큰 변화를 불러올 수 있는가?

17 $\sqrt{2}$에 대한 60진법 근사(기원전 1750년 경)는 다음과 같다. 이 근사가 얼마나 정확한지 구하라.

$$\sqrt{2} \approx 1 + \frac{24}{60} + \frac{51}{60^2} + \frac{10}{60^3}$$

18 호너 알고리즘을 사용하여 다음 다항식을 주어진 각각의 점에서 계산하라.

(a) $x=-6$에서 $2x^4+9x^2-16x+12$

(b) $x=2$에서 $2x^4-3x^3-5x^2+3x+8$

(c) $x=4$에서 $3x^5-38x^3+5x^2-1$

1.1 컴퓨터 연습문제

01 27쪽에 제시한 유사코드 *First*를 작성하고 실행하라. 그런 후 그 결과를 해석하라.

02 함수 f와 한 점 x를 선택하여 본문에서와 같은 컴퓨터 실험을 수행하고 그 결과를 해석하라. 너무 간단한 형태의 함수를 골라서는 안 된다. 예를 들면 $\frac{1}{x}$나 $\log x$, e^x, $\tan x$, $\cosh x$, x^3-23x와 같은 함수를 생각할 수 있을 것이다.

03 유사코드 *First*에 대한 컴퓨터 실험에서 봤듯이 수치적 미분 공식의 정확도는 한 단계의 크기 h가 줄어듦에 따라 악화될 수 있다. 다음의 **중앙차분 공식**central difference formula에 대하여 $h\to 0$으로 갈 때 이를 살펴보라. 4.3절에서 우리는 이 공식에 대한 **절단오차**truncation error가 구간 $(x-h,\ x+h)$ 내의 어떤 ξ에 대하여 $-\frac{1}{6}h^2 f'''(\xi)$임을 살펴볼 것이다. 유사코드 *First* 실험에서 반올림 오차를 근사하고 절단오차를 계산하도록 코드를 수정하고 실행하라. 하나의 그래프에 반올림 오차, 절단오차, 총 오차(두 오차의 합)에 대한 그래프를 로그 스케일을 활용하여 그려라. 즉 그래프의 축은 각각 $\log_{10}h$와 $-\log_{10}|$오차$|$이다. 그 결과들에 대해 분석하라.

$$f'(x)\approx \frac{f(x+h)-f(x-h)}{2h}$$

04 다음 극한 $e=\lim_{n\to\infty}\left(1+\frac{1}{n}\right)^n$은 미적분학의 상수 e에 대한 정의이다. $n=8, 8^2, 8^3, \cdots, 8^{10}$에 대하여 이 값을 계산하여 e의 값을 추정하라. $e\leftarrow \exp(1.0)$을 실행하여 얻은 결과와 앞에서 구한 추정값을 비교하여 그 결과를 해석하라.

05 다음 수들 $p_n=\int_0^1 x^n e^x\,dx$이 부등식 $p_1>p_2>p_3>\cdots>0$을 만족한다는 것은 어렵지 않게 보일 수 있다. 이 사실을 증명하라. 그 다음으로 부분적분을 활용하여 $p_{n+1}=e-(n+1)p_n$과 $p_1=1$을 보여라. 컴퓨터에서 이 점화식을 활용하여 첫 20개의 p_n값을 찾고 앞에서 보인 부등식이 왜 성립하지 않는지 그 이유를 설명하라. 아래 첨자 변수는 사용하지 않는다.

06 $p_{20}=\frac{1}{8}$일 때 앞 컴퓨터 문제의 공식을 활용하여 p_{19}, p_{18}, $\cdots$, p_2, p_1을 계산하라. 이 계산한 수 p_n들은 부등식 $1=p_1>p_2>p_3>\cdots>0$을 만족하는가? 이 두 프로시저의 차이점을 설명하라. 같은 절차를 $p_{20}=20$ 또는 $p_{20}=100$에 대하여 반복하라. 어떤 일이 일어나는지 설명하라.

07 실수 $a_1, a_2, \cdots, a_n$을 입력 받아 다음을 계산하는 효율적인 루틴을 작성하라. 이 루틴을 여러분이 선택한 데이터 집합에 테스트하라.

산술 평균 $\quad m=\frac{1}{n}\sum_{k=1}^{n}a_k$

분산 [8] $\quad v=\frac{1}{n-1}\sum_{k=1}^{n}(a_k-m)^2$

표준 편차 $\quad \sigma=\sqrt{v}$

08 분산에 대한 또 다른 공식이 다음과 같음을 보여라. v에 대한 두 공식 중 컴퓨터에서 더 정확한 건 어느 공식인가? 컴퓨터에서 한 데이터 집합을 활용하여 입증하라.

분산 $\quad v=\frac{1}{n-1}\left[\sum_{k=1}^{n}a_k^2-nm^2\right]$

힌트 : 데이터 집합으로는 절댓값이 아주 작은 실수부터 매우 큰 실수까지 포함하면서 원소의 개수가 많은 실수 집합을 택하라.

09 a_1이 주어졌을 때 $1\le n\le 1000$에 대하여 다음의 값을 계산하기 위한 프로그램을 작성하고 $a_{100}, a_{200}, \cdots, a_{1000}$을 출력하라. 아래 첨자 변수는 사용하지 않는다. a_n은 어떤 값이어야

8 (옮긴이) 엄밀히 말하자면 표본 분산sample variance의 개념이다. 보통 '분산'이라고 하면 $(n-1)$이 아닌 n으로 나눈 값, 즉 모분산이라 불리는 개념을 말하는 것으로, 모분산과 표본 분산은 엄연히 다르다.

하는가? 이론과 실제의 차이를 설명하라. 컴퓨터에서 계산한 값이 이론과 달라지도록 하는 a_1의 값 네 개를 정하라.

$$b_n = na_{n-1}, \qquad a_n = b_n/n$$

힌트 : 아주 작거나 큰 수를 고려하여 최대 머신 정밀도로 출력하라.

10 컴퓨터에서는 $x \neq 0$이어도 $a+x=a$일 수 있다. 그 이유를 설명하라. 컴퓨터에서 $1+2^{-n}=1$이 되는 n의 집합을 찾아라. 이 현상을 설명하기 위한 적절한 프로그램을 작성하고 실행하라.

11 $t \leftarrow t+h$과 $t \leftarrow t_0+ih$의 비교 계산에서 반올림 오차와 관련한 프로그래밍 제안을 테스트하기 위한 프로그램을 작성하라. 예를 들어 $h=\frac{1}{10}$로 하고, 단정밀도의 정확한 t값에 대하여 배정밀도로 $t \leftarrow t+h$를 계산하라. 이 계산에서의 결과값과 앞의 두 프로시저에서 얻은 결과값의 차이를 절댓값으로 출력하라. h가 $h=\frac{1}{128}$과 같은 2진 컴퓨터(저장 단위가 워드당 7비트 이상)에서의 머신 넘버일 때 테스트 결과는 어떠한가?

12 러시아의 수학자 P. L. **체비셰프**Chebyshev, 1821-1894는 자신의 이름을 Qebywev로 썼다. 그의 이름은 키릴 문자에서 라틴어 알파벳까지 다양한 음역으로 표현할 수 있다. *Cheb*는 Ceb나 Tscheb, Tcheb로 나타낼 수 있으며 *y*는 i로 나타낼 수 있다. 또한 *Shev*는 schef나 cev, cheff, scheff로 나타낼 수 있다. 이러한 변형 표현을 모두 조합하여 '체비셰프'라는 소리를 나타내는 가능한 모든 스펠링을 출력하는 프로그램을 작성하라.

13 로그, 정수 연산, 배정밀도의 부동소수점 연산을 사용하여 $n!$을 계산하라. 각 방법에 대하여 $0 \le n \le 30$일 때의 값을 표로 출력하고 가장 정확한 값을 구하라.

14 주어진 실수 배열 $v=(v_1, v_2, \cdots, v_n)$과 정수 $1, 2, \cdots, n$의 순열permutation 배열 $p=(p_1, p_2, \cdots, p_n)$에 대하여 새로운 순열 배열 $v=(v_{p_1}, v_{p_2}, \dots, v_{p_n})$을 메모리에 다른 배열을 포함하지 않고 v에 덮어써서 만들 수 있는가? 그렇다면 이를 수행하는 코드를 작성하고 테스트하라. 아니라면 추가적인 새 배열을 사용하고 테스트하라. 다음 경우들을 고려하라.

경우 1. $v=(6.3, 4.2, 9.3, 6.7, 7.8, 2.4, 3.8, 9.7)$,
$p=(2, 3, 8, 7, 1, 4, 6, 5)$

경우 2. $v=(0.7, 0.6, 0.1, 0.3, 0.2, 0.5, 0.4)$,
$p=(3, 5, 4, 7, 6, 2, 1)$

15 수학 소프트웨어(예를 들어 Maple, Mathematica, MATLAB 등)를 사용하여 $\sqrt{10}$을 소수점 아래 200자리까지 출력하라.

16 (a) 유효 자릿수의 손실에 관한 [예제 1.1.1]을 반복하되, 수를 반올림하기 전에 두 배의 정밀도로 계산을 수행하라. 이러한 방법이 도움이 되는가?

(b) 정밀도의 자릿수를 설정할 수 있는 Maple이나 다른 수학 소프트웨어 시스템을 사용하라.

힌트 : Maple에서는 `Digits`를 사용하라.

17 1706년 마친Machin은 다음 공식을 사용하여 π의 소수점 아래 100자리까지 계산하였다. 이 공식을 유도하라. 적절한 소프트웨어를 사용하여 마친의 계산을 재현하라.

$$\pi = 16\arctan\left(\frac{1}{5}\right) - 4\arctan\left(\frac{1}{239}\right)$$

힌트 : $\tan\theta = \frac{1}{5}$일 때 삼각함수 공식을 활용하라.

18 Maple, Mathematica, MATLAB, Macsyma와 같은 기호 조작 프로그램[9]을 사용하여 다음 작업을 수행하라. `diary`나 `script`와 같은 명령어를 사용하여 작업을 기록하라.

(a) 함수 $(\tan x)^2$의 테일러 급수를 x^{10}항까지 구하라(단, 점 x_0로 0을 사용한다).

(b) $(\cos x)^{-4}$의 부정적분을 구하라.

(c) 정적분 $\int_0^1 \log|\log x|\,dx$의 값을 구하라.

(d) 27448보다 큰 첫 번째 소수를 찾아라.

(e) $\int_0^1 \sqrt{1+\sin^3 x}\,dx$의 수치 값을 찾아라.

(f) 미분방정식 $y' + y = (1+e^x)^{-1}$의 해를 찾아라.

(g) 함수 $f(x, y) = 9x^4 - y^4 + 2y^2 - 1$를 정의하자. 여기서 $f(40545, 70226)$의 값을 구하려 한다. $x=40545$와 $y=70226$을 $f(x, y)$의 정의에 직접 대입하여 처음엔 6자리, 그 다음엔 7자리, 8자리, $\cdots$, 24자리의 정밀도[10]로 구하라. 그 다음으로 아래의 식을 기초적인 연산으로 증명하라. 이 공식을 활용하여 같은 점에서의 $f(x, y)$ 값을 계산하되 6자리의 정밀도부터 24자리의 정밀도까지 다양한 정밀도로 그 함숫값을 구하라. 이 과정에서 무엇을 배울 수 있었는지 설명하라. 계산 과정에서 컴퓨터가 정수 연산 대신 부동소수점 연산을 수행하도록 하기 위해 수를 9.0, 40545.0 등의 형식으로 적어야 한다.

$$f(x, y) = (3x^2 - y^2 + 1)(3x^2 + y^2 - 1)$$

9 (옮긴이) 기호 조작 프로그램(symbol-manipulating program)이란 다항식 간의 연산과 같이 변수를 다룰 수 있는 소프트웨어를 말한다.

10 (옮긴이) 여기서 n자리의 정밀도라는 것은 유효숫자가 n개가 되도록 구하라는 뜻이다.

19 다음의 유사코드 세그먼트를 생각해 보자. 각 프로그램의 목적과 그 목적이 달성되었는지를 설명하라. 각 유사코드를 코딩하고 실행하여 앞에서 얻은 결론을 입증하라.

(a)

```
integer i; real x, y, z
for i = 1 to 20
    x ← 2 + 1.0/8^i
    y ← arctan(x) − arctan(2)
    z ← 8^i y
    output x, y, z
end for
```

(b)

```
real epsi ← 1
while 1 < 1 + epsi
    epsi ← epsi/2
    output epsi
end while
```

20 대입문과 관련한 다음의 몇몇 실수들을 살펴보자.

(a) 다음의 두 대입문의 차이는 무엇인가? 이 두 대입문을 포함하는 코드를 작성하고 $x = y$일 때와 $x \neq y$일 때를 보여주는 구체적인 예를 들어 코드를 설명하라.

```
integer m, n; real x, y
x ← real(m/n)
y ← real(m)/real(n)
output x, y
```

(b) 다음 코드에서 n에는 어떤 값이 입력되는가?

```
integer n;   real x, y
x ← 7.4
y ← 3.8
n ← x + y
output n
```

만약 위 코드의 마지막 선언문이 다음과 같이 바뀌면 어떤 일이 발생하는가?

```
n ← integer(x) + integer(y)
```

21 다음과 같은 대입문을 정확하게 포함하는 컴퓨터 코드를 작성하고 그 결과를 분석하라.

(a) 우선 디폴트 포맷default format을 사용하여 다음 코드의 결과를 출력한 다음 매우 큰 포맷 필드format field를 사용하여 출력하라.

```
real p, q, u, v, w, x, y, z
x ← 0.1
y ← 0.01
z ← x − y
p ← 1.0/3.0
q ← 3.0p
u ← 7.6
v ← 2.9
w ← u − v
output x, y, z, p, q, u, v, w
```

(b) 다음 코드가 실행되었을 때 x, y, z값으로 어떤 값이 출력되는가?

```
integer n; real x, y, z
for n = 1 to 10
    x ← (n − 1)/2
    y ← n^2/3.0
    z ← 1.0 + 1/n
    output x, y, z
end for
```

(c) 다음의 대입문을 통해 어떤 값이 생성되는가?

```
integer i, j; real c, f, x, half
x ← 10/3
i ← integer(x + 1/2)
half ← 1/2
j ← integer(half)
c ← (5/9)(f − 32)
f ← 9/5c + 32
output x, i, half, j, c, f
```

(d) 다음 유사코드 세그먼트에서 무엇이 잘못되었는지를 논하라.

```
real area, circum, radius
radius ← 1
area ← (22/7)(radius)^2
circum ← 2(3.1416)radius
output area, circum
```

22 $\lim_{x\to 0} \arctan(|x|)/x$를 계산하기 위한 다음의 유사코드를 비판하라. 이 유사코드를 코딩하고 실행해서 어떤 일이 발생하는지 살펴보아라.

```
integer i; real x, y
x ← 1
for i = 1 to 24
    x ← x/2.0
    y ← arctan(|x|)/x
    output x, y
end for
```

23 부록 A에 있는 프로그래밍 제안을 설명하거나 테스트하기 위한 몇몇 컴퓨터 실험을 수행하라. 이러한 실험에는 다음의 특정 주제들이 포함될 수 있다.

(a) 배열 사용을 언제 피해야 하는가?

(b) 반복을 언제 그만해야 하는가?

(c) 부동소수점 등식 검토

(d) 동일한 부동소수점 단계를 취하는 방법

(e) 함수를 계산하기 위한 다양한 방법들

힌트 : 단정밀도와 배정밀도에서의 결과를 비교해보는 것이 도움이 될 것이다.

24 (**쉬운/어려운 한 쌍의 문제**) 다항식의 근으로부터 다항식의 거듭제곱 꼴을 얻기 위한 컴퓨터 프로그램을 작성하라. 근이 $r_1, r_2, \cdots, r_n$이라 하자. 이때 다항식은 다음과 같은 곱의 형태로 표현한다(단, 최고차항의 계수가 1일 때는 제외한다).

$$p(x) = (x - r_1)(x - r_2) \cdots (x - r_n)$$

다음 전개에서 계수를 찾아라.

$$p(x) = \sum_{j=0}^{n} a_j x^j$$

작성한 코드를 [컴퓨터 연습문제 3.1.10]과 [컴퓨터 연습문제 3.3.9]의 **윌킨슨 다항식**Wilkinson polynomial에 테스트하라. 왜 다항식의 거듭제곱 꼴을 찾는 문제는 아주 자명한 반면 거듭제곱 꼴에서부터 근을 찾는 역 문제는 아주 어려운지 설명하라.

25 **소수**prime number는 자기 자신과 1 외에 다른 양의 약수가 없는 양의 정수이다. 개구간 $(1, 40), (1, 80), (1, 160), (1, 2000)$에 각각 몇 개의 소수가 존재하는가? 모든 수 중에서 소수의 비율이 몇 퍼센트를 차지할지에 대해 추측하라.

26 Maple, Mathematica, MATLAB과 같은 수학 소프트웨어 시스템은 수치 계산과 기호 조작이 모두 가능하다. 일반적인 10차 다항식에 대하여 중첩한 곱셈이 옳음을 기호를 사용하여 입증하라.

27 MATLAB에서 `rat` 함수는 주어진 부동소수점 수에 대한 합리적인 분수 근삿값(분자와 분모)을 특정 허용오차 내로 찾아준다. 예를 들어 `[a,b]=rat(pi, 8000e-6)`은 `a=22`와 `b=7`을 반환한다. 하지만 $\frac{19}{6}$와 π 간의 상대오차는 포맷 `long` 하에서 0.007981306248670으로 이는 허용오차 0.008 이내의 값이다. 여기서 어떤 일이 벌어지고 있는 것일까? 절대오차와 상대오차의 관점에서 π의 근사로 $\frac{19}{6}$와 $\frac{22}{7}$ 중 어느 것이 더 좋은 근사인가?

28 [예제 1.1.2]의 세 개의 해를 수학 소프트웨어를 사용하여 다시 구하라.

힌트 : MATLAB에서 명령어 `str2nun(num2str(x,4))`는 수를 `format long` 뿐만 아니라 4개의 유효숫자를 가지도록 반올림한다.

29 `format long`을 가진 MATLAB과 같은 수학 소프트웨어를 사용하여 다음 유사코드를 코딩하고 실행한 후 그 결과를 설명하라.

```
integer k; real dt, s, t
t ← 0;   s ← 1
dt ← 0.1
for k = 1 to 10
    t ← t + dt
    s ← s * dt
    output k, t, s
end for
```

힌트 : 그 결과의 소수점 아래 자릿수가 매우 큰 수가 되도록 결과를 출력하라.

30 함수 $\ln x$와 $\ln[(1+x)/(1-x)]$의 그래프를 그려서 두 그래프가 모두 $\ln 2$라는 함숫값을 가짐을 보여라. 이처럼 함숫값이 같은 다른 경우가 있는가?

1.2 수학적 기초

미적분학의 과정에서 대부분의 학생들은 무한급수(특히 테일러 급수)의 개념을 정확히 이해하지 못했을 것이다. 이 절은 수치해석에서 특히 중요한 부분이므로 철저하게 공부하길 바란다.

일단 테일러 급수와 **평균값 정리**Mean-Value Theorem, **교대급수**alternating series(모두 이 절에 등장

하는 주제들이다)뿐만 아니라 컴퓨터의 수 표현방식(1.3절)까지도 잘 이해하고 있어야 이를 바탕으로 수치해석 방법론의 기초에 대한 공부로 나아갈 수 있다. 이 내용들에 대해 준비가 잘 되어있는 학생들은 이 절의 일부 내용을 건너뛰어도 좋다.

테일러 급수

자주 쓰이는(그리고 유용한) 테일러 급수의 예는 다음과 같다.

일반적인 테일러 급수

$$e^x = 1 + x + \frac{x^2}{2!} + \frac{x^3}{3!} + \cdots = \sum_{k=0}^{\infty} \frac{x^k}{k!} \quad (|x| < \infty) \tag{1}$$

$$\sin x = x - \frac{x^3}{3!} + \frac{x^5}{5!} - \cdots = \sum_{k=0}^{\infty} (-1)^k \frac{x^{2k+1}}{(2k+1)!} \quad (|x| < \infty) \tag{2}$$

$$\cos x = 1 - \frac{x^2}{2!} + \frac{x^4}{4!} - \cdots = \sum_{k=0}^{\infty} (-1)^k \frac{x^{2k}}{(2k)!} \quad (|x| < \infty) \tag{3}$$

$$\frac{1}{1-x} = 1 + x + x^2 + x^3 + \cdots = \sum_{k=0}^{\infty} x^k \quad (|x| < 1) \tag{4}$$

$$\ln(1+x) = x - \frac{x^2}{2} + \frac{x^3}{3} - \cdots = \sum_{k=1}^{\infty} (-1)^{k-1} \frac{x^k}{k} \quad (-1 < x \leq 1) \tag{5}$$

각 경우마다 테일러 급수는 주어진 함수를 나타내며, 특정 구간에서 수렴한다. (1)~(5)의 급수는 $c = 0$을 기준으로 한 테일러 급수이다.

$c = 1$을 기준으로 전개한 테일러 급수는 다음과 같다.

$$\ln(x) = (x-1) - \frac{(x-1)^2}{2} + \frac{(x-1)^3}{3} - \cdots = \sum_{k=1}^{\infty} (-1)^{k-1} \frac{(x-1)^k}{k}$$

단, $0 < x \leq 2$이다. 여기서 **계승**[factorial]의 정의를 상기해보자.

$$n! = 1 \cdot 2 \cdot 3 \cdot 4 \cdot \cdots \cdot n$$

이때 $n \geq 1$이며, 특별히 $0! = 1$로 정의한다.

이러한 유형의 급수는 특정한 점에서 복잡한 함수의 좋은 근삿값을 얻어내는 데 종종 쓰인다.

예제 1 $\ln(1+x)$의 테일러 급수 전개식 (5)의 첫 5개 항을 사용하여 $\ln(1.1)$을 근사하라.

풀이

$\ln(1+x)$에 $x = 0.1$을 대입하여 첫 5개 항을 계산하면 다음과 같다.

$$\ln(1.1) \approx 0.1 - \frac{0.01}{2} + \frac{0.001}{3} - \frac{0.0001}{4} + \frac{0.00001}{5} = 0.0953103333\cdots$$

여기서 $\approx$는 **'거의 같다'**는 의미이다. 근삿값은 소수점 아래 6자리까지 정확하다.

급수를 사용해서 항상 이렇게 좋은 결과를 얻을 수 있는 것은 아니다.

예제 2 e^x의 테일러 급수 전개식 (1)을 활용하여 e^8을 계산하라.

풀이

그 결과는 다음과 같다.

$$e^8 = 1 + 8 + \frac{64}{2} + \frac{512}{6} + \frac{4096}{24} + \frac{32768}{120} + \cdots$$

어느 정도 타당한 정확도로 e^8을 계산하려면 수많은 항이 필요하다는 점이 명백해 보인다. e를 계속해서 제곱해 보면 $e^2 \approx 7.389056$, $e^4 \approx 54.5981500$, $e^8 \approx 2980.957987$인데 위 급수의 첫 6개 항에서 얻어낸 근삿값은 570.066665에 불과하다.

위 두 예제에서 다음의 일반 규칙을 알 수 있다.

> **규칙 경험 규칙** rule of thumb
> 테일러 급수는 전개의 기준점 근처에서는 빠른 속도로 수렴하고, 기준점에서 먼 점에서는 느린 속도로 수렴한다(또는 수렴하지 않는다).

테일러 급수의 일부 부분합을 그래프로 표현해 보면 이 현상에 대해 설명할 수 있다. [그림 1.3]에서 함수

$$y = \sin x$$

와 식 (2)의 $\sin x$ 급수에서 얻은 부분합 함수는 다음과 같다.

sin$x$에 대한 부분합

$$S_1 = x$$
$$S_3 = x - \frac{x^3}{6}$$
$$S_5 = x - \frac{x^3}{6} + \frac{x^5}{120}$$

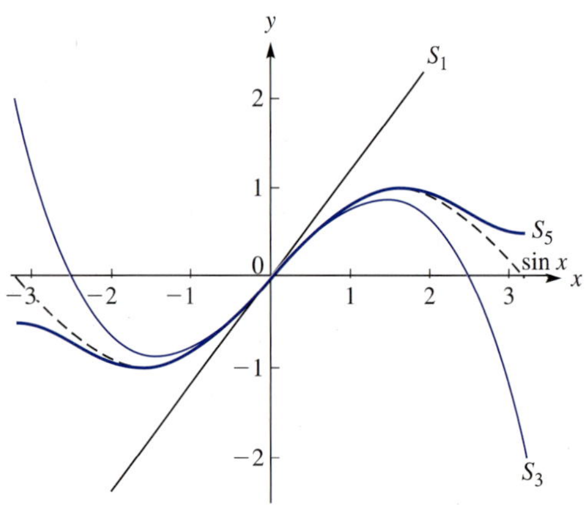

[그림 1.3] $\sin x$에 대한 근사

S_1은 $x \approx 0$일 때 $\sin x$의 근사로 받아들여질 만하며, S_3나 S_5의 그래프는 원점을 중심으로 한 좀 더 넓은 구간에서 $\sin x$의 그래프와 잘 맞는 모습을 보여준다.

지금까지 설명한 모든 급수는 다음과 같은 일반적인 급수의 예였다.

1 정리 c를 기준점으로 전개한 f의 테일러 급수

$$f(x) \sim f(c) + f'(c)(x-c) + \frac{f''(c)}{2!}(x-c)^2 + \frac{f'''(c)}{3!}(x-c)^3 + \cdots$$

$$f(x) \sim \sum_{k=0}^{\infty} \frac{f^{(k)}(c)}{k!}(x-c)^k \tag{6}$$

위에서 = 대신 ~을 사용한 것은 함수 $f(x)$를 우변의 급수와 같다고 가정해서는 안 되기 때문이다. 이 순간 우리가 알고 있는 것이라고는 점 $x=c$에서 함수 f의 도함수들인 $f', f'', f''', \cdots$이 줄줄이 존재할 때, 함수 f를 특정한 급수로 나타낼 수 있다는 것뿐이다. 급수 (6)을 **점 $x=c$에서의 함수 f의 테일러 급수**Taylor series of f at the point c라고 부른다. 특히 $c=0$인 경우의 테일러 급수 (6)을 **매클로린 급수**Maclaurin series라 부른다.

$$f(x) \sim f(0) + f'(0)x + \frac{f''(0)}{2!}x^2 + \frac{f'''(0)}{3!}x^3 + \cdots$$

$$f(x) \sim \sum_{k=0}^{\infty} \frac{f^{(k)}(0)}{k!}x^k \tag{7}$$

여기서 $k=0$일 때 첫째 항은 $f(0)$이다.

예제 3 점 $c=2$에서 다음 함수의 테일러 급수를 구하라.

$$f(x) = 3x^5 - 2x^4 + 15x^3 + 13x^2 - 12x - 5$$

풀이

테일러 급수의 각 항의 계수를 구하기 위해서는 $f^{(k)}(2)(k \geq 0)$의 값들을 알아야 한다. 다음은 그 계산을 상세히 나열한 것이다.

$$\begin{aligned}
f(x) &= 3x^5 - 2x^4 + 15x^3 + 13x^2 - 12x - 5 &\Rightarrow&\quad f(2) = 207 \\
f'(x) &= 15x^4 - 8x^3 + 45x^2 + 26x - 12 &\Rightarrow&\quad f'(2) = 396 \\
f''(x) &= 60x^3 - 24x^2 + 90x + 26 &\Rightarrow&\quad f''(2) = 590 \\
f'''(x) &= 180x^2 - 48x + 90 &\Rightarrow&\quad f'''(2) = 714 \\
f^{(4)}(x) &= 360x - 48 &\Rightarrow&\quad f^{(4)}(2) = 672 \\
f^{(5)}(x) &= 360 &\Rightarrow&\quad f^{(5)}(2) = 360 \\
f^{(k)}(x) &= 0 &\Rightarrow&\quad f^{(k)}(2) = 0 \quad (k \geq 6)
\end{aligned}$$

따라서 다음을 얻을 수 있다.

$$\begin{aligned}
f(x) \sim\ & 207 + 396(x-2) + 295(x-2)^2 \\
& + 119(x-2)^3 + 28(x-2)^4 + 3(x-2)^5
\end{aligned}$$

위 예제에서는 ~기호를 =로 바꾸어도 아무 지장이 없음을 쉽게 알 수 있다. 테일러 급수의 모든 항을 전개하여 같은 차수끼리 모아보면, 바로 함수의 원래 형태를 얻을 수 있기 때문이다. 곧 논의할 테일러 정리를 사용하면, 다른 어떠한 작업 없이도 이 결론을 이끌어 낼 수 있다.

매클로린 급수 (7)의 몇 개의 항만을 택하여 점 $x=a$에서 함수 $f(x)$를 얼마나 잘 근사하는지를 살펴보는 것은 상당히 흥미로운 문제이다. 세 가지 경우를 통해 이를 살펴보도록 하자. 첫 항만을 택한 경우는 원래의 함수를 상수함수로 근사한 것이다($f(a) \approx f(0)$). 첫 2개의 항을 택한 경우는 $x=0$에서의 접선의 기울기를 고려한 것으로 $f(0)$에서 $f(a)$까지를 잇는 직선이다. 즉 $x=a$일 때 $f(a) \approx f(0)+f'(0)x$로 보는 것이다. 첫 3개의 항을 택한 경우는 $f''(0)$으로 인한 곡률이 들어옴으로써 포물선을 얻을 수 있다. 즉 $x=a$일 때 $f(a) \approx f(0)+f'(0)x+\frac{1}{2}f''(0)x^2$이다. 매 단계마다 추가되는 항은 $f(a)$에 대한 근사의 정확도를 높여준다. [그림 1.4]는 $f(x)=e^x$, $x=a=1$일 때, 매클로린 급수 (7)에서의 부분합 일부를 나타내었다.

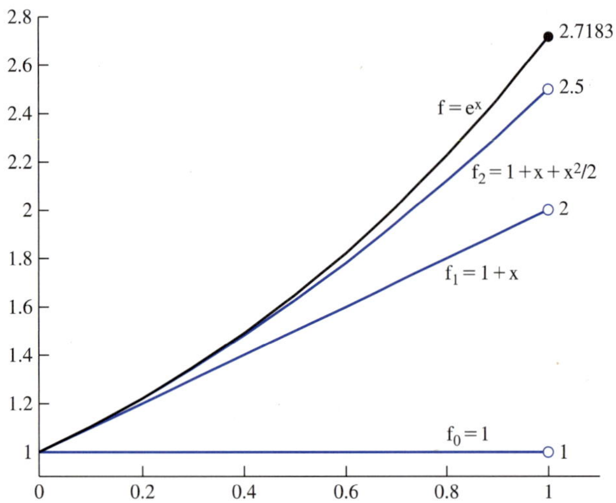

[그림 1.4] e^x에 대한 근사

완전한 호너 알고리즘

호너 알고리즘을 응용하면 어떤 점에서든 다항식의 테일러 급수를 구할 수 있다. 1.1절의 식 (2)처럼 n차 다항식 $p(x)$와 그 계수 a_k들이 주어져 있다고 하자. 이때 다음 식을 만족하는 계수 c_k를 구하려고 한다.

$$\begin{aligned} p(x) &= a_n x^n + a_{n-1}x^{n-1} + \cdots + a_0 \\ &= c_n(x-r)^n + c_{n-1}(x-r)^{n-1} + \cdots + c_1(x-r) + c_0 \end{aligned}$$

물론 테일러 정리에 의하면 $c_k = p^{(k)}(r)/k!$이겠지만, 우리는 좀 더 효율적인 알고리즘을 고안하고자 한다. $p(r)=c_0$임에 주목하자. 이 계수는 점 r에서 호너 알고리즘을 다항식 p에 적용하여 얻어낸 값이다. 또한 호너 알고리즘으로 다음의 다항식을 얻을 수 있다.

$$q(x)=\frac{p(x)-p(r)}{x-r}=c_n(x-r)^{n-1}+c_{n-1}(x-r)^{n-2}+\cdots+c_1$$

위 식에서 두 번째 계수인 c_1은 점 r에 대하여 다항식 q에 호너 알고리즘을 시행하면 얻을 수 있음을 알 수 있다. $c_1=q(r)$이기 때문이다. 앞에서 언급한 호너 알고리즘을 적용한 예에서는 위와 같은 q를 볼 수 없었다. 대신 x에 대한 다항식의 합으로 표현했었다(1.1절의 식 (3), (4) 참조). 이러한 과정은 모든 계수 c_k를 찾을 때까지 반복한다.

위와 같은 알고리즘을 **완전한 호너 알고리즘** complete Horner's algorithm이라 부른다. 호너 알고리즘을 실행하기 위한 유사코드는 계수 c_k가 입력계수 a_k를 **덮어쓰도록** overwrite 배치되어 있다.

완전한 호너 알고리즘 유사코드

```
integer n, k, j;
real r; real array (a_i)_{0:n}
for k = 0 to n − 1
    for j = n − 1 to k
        a_j ← a_j + r a_{j+1}
    end for
end for
```

이 프로시저는 다항식의 근을 찾는 방법인 뉴턴법 Newton's method을 수행할 때 사용할 수 있다. 이는 3장에서 다룰 것이다. 또한 이 과정은 복소수 계수나 복소수 근을 가지는 다항식을 다루기 위한 복소수 연산에도 사용될 수 있다.

예제 4 **완전한 호너 알고리즘을 사용하여 점 $r=3$에 대한 다음 다항식의 테일러 전개를 구하라.**

$$p(x)=x^4-4x^3+7x^2-5x+2$$

풀이

다음 과정을 통해 계산할 수 있다.

	1	−4	7	−5	2
3)		3	−3	12	21
	1	−1	4	7	[23]
		3	6	30	
	1	2	10	[37]	
		3	15		
	1	5	[25]		
		3			
	[1]	[8]			

위 결과에서 다음을 알 수 있다.

$$p(x)=(x-3)^4+8(x-3)^3+25(x-3)^2+37(x-3)+23$$

$(x-c)$에 대한 항으로 기술한 테일러 정리

2 정리 $f(x)$에 대한 테일러 정리

함수 f가 닫힌구간 $I=[a,b]$에서 연속적인 $0,1,2,\cdots,(n+1)$차 도함수를 가질 때, 구간 I에 속하는 어떠한 x와 c에 대해서도 다음이 성립한다.

$$f(x)=\sum_{k=0}^{n}\frac{f^{(k)}(c)}{k!}(x-c)^k+E_{n+1} \tag{8}$$

여기서 오차항 E_{n+1}은 다음과 같은 형태로 주어질 수 있다.

$$E_{n+1}=\frac{f^{(n+1)}(\xi)}{(n+1)!}(x-c)^{n+1}$$

이때 ξ는 c와 x 사이의 어떤 점으로 c와 x에 의존하는 값이다.

테일러 급수를 활용해 실제 계산을 수행할 때에는 무한 번의 덧셈을 수행할 수 없으므로 대개 급수의 뒷부분을 **절단할**truncate 필요가 있다. 급수에서 특정 항 이후의 모든 항을 무시할 때, 급수를 **절단했다**고 한다. 따라서 e^x의 급수 (1)의 7개 항 이후를 절단하면 그 결과는 다음과 같다.

$$e^x\approx 1+x+\frac{x^2}{2!}+\frac{x^3}{3!}+\frac{x^4}{4!}+\frac{x^5}{5!}+\frac{x^6}{6!}$$

e^x 급수

잘린 급수는 $x=0$일 때를 제외하고는 더 이상 e^x와 일치하지 않는다. 하지만 절단된 급수는 e^x를 근사시킨다. 이것이 바로 테일러 정리가 필요한 이유이다. 테일러 정리 덕분에 함수 $f(x)$와 절단된 테일러 급수 간의 차이를 평가해 볼 수 있다.

테일러 정리에서 명시적인 가정은 $f(x)$, $f'(x)$, $f''(x),\cdots$, $f^{(n+1)}(x)$가 모두 구간 $I=[a,b]$에서 연속 함수라는 것이다. 식 (8)의 마지막 항인 E_{n+1}은 **나머지**remainder 또는 **오차항**error term이라 불린다. E_{n+1}에 대해 주어진 식은 $f^{(n+1)}$이 열린 구간 (a,b)의 각 점에서 존재한다는 가정 하에 유효한 식이다. 오차항은 앞의 항들과 비슷한 형태이지만, $f^{(n+1)}$의 값이 c가 아닌 다른 점에서 계산됨에 주의해야 한다. 이 점 ξ는 x에 의존하며 열린 구간 (c,x) 또는 (x,c)에 속하는 점이다. 나머지는 다른 형태로 쓸 수도 있는데, 여기서 제시한 형태는 **라그랑주 형태**Lagrange's form이다(여기서 테일러 정리를 증명하지는 않는다).

예제 5 **$c=0$에서 e^x의 테일러 급수를 유도하고, 테일러 정리를 활용하여 급수가 e^x로 수렴함을 증명하여라.**

풀이

$f(x)=e^x$일 때, $k\geq 0$에 대하여 $f^{(k)}(x)=e^x$이다. 따라서 모든 k에 대하여 $f^{(k)}(c)=f^{(k)}(0)=e^0=1$이다. 식 (8)에서 다음을 얻을 수 있다.

$$e^x=\sum_{k=0}^{n}\frac{x^k}{k!}+\frac{e^{\xi}}{(n+1)!}x^{n+1} \tag{9}$$

이제 원점을 중심으로 하는 어떤 대칭적인 구간 내의 모든 x값을 고려해 보자. 예를 들어 $-s \le x \le s$라 하면, $|x| \le s$이고 $|\xi| \le s$, $e^{\xi} \le e^{s}$이다. 따라서 나머지 항은 다음 부등식을 만족한다.

$$\lim_{n\to\infty}\left|\frac{e^{\xi}}{(n+1)!}x^{n+1}\right| \le \lim_{n\to\infty}\frac{e^{s}}{(n+1)!}s^{n+1}=0$$

따라서 식 (9)의 양변에서 $n\to\infty$로 극한을 취하면 다음과 같다.

$$e^{x}=\lim_{n\to\infty}\sum_{k=0}^{n}\frac{x^{k}}{k!}=\sum_{k=0}^{\infty}\frac{x^{k}}{k!}$$

위 예제는 특별한 경우에 테일러 급수 (6)이 실제로 함수를 대표한다는 사실을 어떻게 입증할 수 있는지를 보여주고 있다. 이번에는 테일러 급수가 함수를 대표하지 못하는 다른 경우를 살펴보도록 하자.

예제 6 **$c=0$에서 $f(x)=\ln(1+x)$의 테일러 급수를 구하고, 이 급수가 $f(x)$를 대표할 수 있는 양수 x의 범위를 정하라.**

풀이

$k \ge 1$일 때 $f^{(k)}(x)$와 $f^{(k)}(0)$의 값을 알아야 한다. 다음은 그 과정을 나타낸 것이다.

$$\begin{array}{lcl}
f(x)=\ln(1+x) & \Rightarrow & f(0)=0 \\
f'(x)=(1+x)^{-1} & \Rightarrow & f'(0)=1 \\
f''(x)=-(1+x)^{-2} & \Rightarrow & f''(0)=-1 \\
f'''(x)=2(1+x)^{-3} & \Rightarrow & f'''(0)=2 \\
f^{(4)}(x)=-6(1+x)^{-4} & \Rightarrow & f^{(4)}(0)=-6 \\
\vdots & \Rightarrow & \vdots \\
f^{(k)}(x)=(-1)^{k-1}(k-1)!(1+x)^{-k} & \Rightarrow & f^{(k)}(0)=(-1)^{k-1}(k-1)!
\end{array}$$

따라서 테일러 정리에 의해 다음을 얻는다.

$$\begin{aligned}
\ln(1+x) &= \sum_{k=1}^{n}(-1)^{k-1}\frac{(k-1)!}{k!}x^{k}+\frac{(-1)^{n}n!(1+\xi)^{-n-1}}{(n+1)!}x^{n+1} \\
&= \sum_{k=1}^{n}(-1)^{k-1}\frac{x^{k}}{k}+\frac{(-1)^{n}}{n+1}\left(\frac{x}{1+\xi}\right)^{n+1} \qquad (10)
\end{aligned}$$

이 무한급수가 $\ln(1+x)$를 나타내기 위한 필요충분조건은 오차항이 $n\to\infty$일 때 0으로 수렴해야 한다는 것이다. $0 \le x \le 1$이라 가정해 보자. 이때 $0 \le \xi \le x$이므로(왜냐하면 0이 전개의 기준점이기 때문이다) $0 \le x/(1+\xi) \le 1$이다. 따라서 이 경우에 오차항은 0으로 수렴한다. 만일 $x>1$이라면 급수의 항들이 0으로 수렴하지 않기 때문에 급수도 수렴하지 않는다. 따라서 이 급수는 $0 \le x \le 1$에서는 $\ln(1+x)$를 대신할 수 있지만, $x>1$일 때는 그렇지 못하다(또한 이 급수는 $-1<x<0$일 때에도 $\ln(1+x)$를 대신할 수 있으나 $x \le -1$에서는 그렇지 못하다).

평균값 정리

테일러 정리에서 $n=0$인 특수한 경우는 **평균값 정리**Mean-Value Theorem로 알려져 있다. 그러나 평균값 정리는 일반적으로 다음과 같이 조금 더 명확한 형태로 표현된다.

3 정리 평균값 정리

만일 f가 닫힌 구간 $[a,b]$에서 연속이고, 열린 구간 (a,b)의 각 점에서 미분 가능하면, (a,b) 내에 있는 어떤 ξ에 대하여 다음이 성립한다.

$$f(b)=f(a)+(b-a)f'(\xi)$$

따라서 평균변화율 $[f(b)-f(a)]/(b-a)$는 a와 b 사이에 있는 어떤 점 ξ에서의 f의 미분값과 같다. 즉 어떤 $\xi\in(a,b)$에 대하여 다음이 성립한다.

$$f'(\xi)=\frac{f(b)-f(a)}{b-a}$$

우변은 구간 (a,b)에 속한 모든 x에서 $f'(x)$의 근삿값으로 사용될 수 있다. 미분의 근사는 4.3절에서 심도 있게 다룰 것이다.

h로 기술한 테일러 정리

종종 다른 형태의 테일러 정리가 유용할 때가 있다. 다음의 테일러 정리는 식 (8)을 변수치환하여 얻은 것이다.

따름정리 함수 $f(x+h)$에 대한 테일러 정리

닫힌 구간 $I=[a,b]$에서 함수 f가 연속적인 $0,1,2,\cdots,(n+1)$차 도함수를 가진다면, 구간 I에 속하는 어떠한 x에 대해서도 다음이 성립한다.

$$f(x+h)=\sum_{k=0}^{n}\frac{f^{(k)}(x)}{k!}h^k+E_{n+1} \tag{11}$$

여기서 h는 $x+h$가 구간 I에 속하게 되는 어떠한 값이든 가능하며, E_{n+1}은 다음과 같이 주어진다.

$$E_{n+1}=\frac{f^{(n+1)}(\xi)}{(n+1)!}h^{n+1}$$

이때 ξ는 x와 $x+h$ 사이의 어떤 값이다.

식 (11)은 식 (8)에서 x 대신 $x+h$를, c 대신 x를 대입하면 얻을 수 있다. h는 양수일 수도 음수일 수도 있기 때문에 ξ에 주어진 조건은 $h>0$이면 $x<\xi<x+h$, $h<0$이면 $x+h<\xi<x$가 된다는 점을 주의해야 한다.

오차항 E_{n+1}은 h에 두 가지 방식으로 의존한다. 첫째로, h^{n+1}이 식에 명시적으로 포함되어 있다. 둘째, 일반적으로 ξ 역시 h에 의존하는 값이다. h가 0으로 수렴할 때, E_{n+1}은 h^{n+1}이 0으로 수렴하는 속도와 본질적으로 같은 속도로 0으로 수렴한다.[11] n이 크면 이 속도는

11 (옮긴이) 이 문장이 성립하려면 '$|f^{(n+1)}(\xi)|$의 값이 h가 0으로 수렴할 때 어느 값 이상으로 커지지 않는다면'이라는 조건이 추가되어야 한다. 여기서는 이 조건이 충족되었다고 간주하자.

아주 빠르다. 이러한 정성적인 사실을 표현하기 위해 다음과 같은 표기법을 사용한다.

$$E_{n+1} = \mathcal{O}(h^{n+1}) \quad (\text{단, } h \to 0)$$

빅 오 표기법

이 표기법은 **빅 오 표기법**big O notation이라 부르고, 다음의 부등식으로 나타낼 수 있다. 여기서 C는 상수이다.

$$|E_{n+1}| \le C|h|^{n+1}$$

현재 상황에서 상수 C는 초기에 주어진 구간 I에 속하는 모든 t에 대하여 $|f^{(n+1)}(t)|/(n+1)! \le C$를 만족하는 어떠한 수도 될 수 있다. $E_{n+1} = \mathcal{O}(h^{n+1})$이 의미하는 바를 대략적으로 말하자면 E_{n+1}의 행동이 그보다 훨씬 단순한 표현인 h^{n+1}과 비슷하다는 뜻이다. 꼭 알아야 할 중요한 점은 식 (11)이 각각의 n값에 대하여 테일러 정리의 전체 급수의 항 하나하나가 대응한다는 것이다. 예를 들면 $n=0, 1, 2$일 때 다음과 같이 표현할 수 있다.

$$\begin{aligned} f(x+h) &= f(x) + f'(\xi_1)h \\ &= f(x) + \mathcal{O}(h) \end{aligned}$$

$$\begin{aligned} f(x+h) &= f(x) + f'(x)h + \frac{1}{2!}f''(\xi_2)h^2 \\ &= f(x) + f'(x)h + \mathcal{O}(h^2) \end{aligned}$$

$$\begin{aligned} f(x+h) &= f(x) + f'(x)h + \frac{1}{2!}f''(x)h^2 + \frac{1}{3!}f'''(\xi_3)h^3 \\ &= f(x) + f'(x)h + \frac{1}{2!}f''(x)h^2 + \mathcal{O}(h^3) \end{aligned}$$

테일러 정리에서 오차항은 매우 중요하다. 앞으로 여러 장에 걸쳐 수치적 과정의 오차를 추정하는 데 테일러 정리를 사용하는 수많은 사례를 볼 수 있을 것이다. 기본적인 몇몇 예제들을 살펴보자.

예제 7 **$\sqrt{1+h}$를 h에 대한 거듭제곱 꼴로 전개하여라. 그 다음으로 $\sqrt{1.00001}$과 $\sqrt{0.99999}$를 계산하라.**

풀이

$f(x) = x^{1/2}$이라 하자. 이때 $f'(x) = \frac{1}{2}x^{-1/2}$, $f''(x) = -\frac{1}{4}x^{-3/2}$, $f'''(x) = \frac{3}{8}x^{-5/2}\cdots$이다. 이제 식 (11)에 $x=1$을 대입하자. 설명을 위해 $n=2$의 경우를 보면 다음과 같다.

$$\sqrt{1+h} = 1 + \frac{1}{2}h - \frac{1}{8}h^2 + \frac{1}{16}h^3\xi^{-5/2} \tag{12}$$

여기서 ξ은 미지수이지만 $h>0$이면 $1<\xi<1+h$를 만족한다. 여기서 중요한 점은 예제에서 사용한 함수 $f(x) = \sqrt{x}$는 $x>0$인 모든 점에서 모든 차수의 도함수가 존재한다는 것이다.

식 (12)에서 $h = 10^{-5}$이라 하면 다음을 얻는다.

$$\sqrt{1.00001} \approx 1 + 0.5 \times 10^{-5} - 0.125 \times 10^{-10} = 1.000004999987500$$

급수 전개식에서 h 대신에 $-h$를 대입하면 다음과 같다.

$$\sqrt{1-h} = 1 - \frac{1}{2}h - \frac{1}{8}h^2 - \frac{1}{16}h^3\xi^{-5/2}$$

따라서 다음을 얻을 수 있다.

$$\sqrt{0.99999} \approx 1 - 0.5\times 10^{-5} - 0.125\times 10^{-10} = 0.999994999987500$$

$1<\xi<1+h$이므로 절대오차는 최대

$$\frac{1}{16}h^3\xi^{-5/2} < \frac{1}{16}10^{-15} = 0.0000000000000000625$$

를 넘지 않는다. 이러한 $\sqrt{1.00001}$ 과 $\sqrt{0.99999}$ 의 두 근삿값은 소수점 아래 15자리까지 정확하다.

교대급수

급수의 수렴을 증명하거나 절단된 급수의 오차 추정에 유용한 미적분학의 또 다른 정리가 있다. 이 정리에서 나오는 교대급수에 대한 다음의 중요한 원칙을 먼저 소개한다.

원칙 만일 교대급수 항들의 크기가 단조 감소하면서 0으로 수렴한다면, 급수를 절단해 생긴 오차는 맨 처음 생략한 항의 크기보다 결코 크지 않다.

교대급수 원칙

이 원칙은 오직 **교대급수**alternating series, 즉 인접한 두 항의 부호가 양과 음이 교대로 나타나는 급수에만 적용한다.

4 정리 교대급수

만일 모든 n에 대하여 $a_1 \geq a_2 \geq \cdots \geq a_n \geq \cdots \geq 0$이고 $\lim_{n\to\infty} a_n = 0$이면, 다음의 교대급수

$$a_1 - a_2 + a_3 - a_4 + \cdots$$

는 수렴한다. 즉 다음이 성립한다.

$$\sum_{k=1}^{\infty}(-1)^{k-1}a_k = \lim_{n\to\infty}\sum_{k=1}^{n}(-1)^{k-1}a_k = \lim_{n\to\infty}S_n = S$$

여기서 S는 교대급수의 합, S_n은 n번째 항까지의 부분합이다. 또한 모든 n에 대하여 다음 부등식이 성립한다.

$$|S - S_n| \leq a_{n+1}$$

예제 8 만일 sin에 대한 테일러 급수를 이용하여 sin1의 값을 $\frac{1}{2}\times 10^{-6}$ 이내의 오차로 근사하려고 할 때 몇 개의 항이 필요하겠는가?

풀이

급수 식 (2)에서 다음을 얻을 수 있다.

$$\sin 1 = 1 - \frac{1}{3!} + \frac{1}{5!} - \frac{1}{7!} + \cdots$$

만일 이 급수를 $\frac{1}{(2n-1)!}$ 항까지만 구한다면 오차는 처음으로 무시되는 항인 $\frac{1}{(2n+1)!}$ 의 크기를 넘지 못한다. 따라서 다음 식을 만족하는 n을 택한다.

$$\frac{1}{(2n+1)!} < \frac{1}{2}\times 10^{-6}$$

부등식의 양변에 10을 밑으로 하는 로그를 취하면, $\log((2n+1)!) > \log 2 + 6 = 6.3$을 얻는다. 계산기로 $\log n!$을 계산해보면 $\log 10! \approx 6.6$을 얻을 수 있다. 따라서 $n \geq 5$이면 오차가 허용할 만한 수준이다.

예제 9 만일 로그에 대한 테일러 급수 식 (5)를 활용하여 ln 2의 값을 $\frac{1}{2}\times 10^{-6}$ 이내의 오차로 근사하려고 할 때, 몇 개의 항이 필요하겠는가?

풀이

ln 2를 계산하기 위해 급수에 $x=1$을 대입하면 다음 식을 얻을 수 있다. 기호 ≈는 근사적으로 같음을 의미한다.

$$S = \ln 2 \approx 1 - \frac{1}{2} + \frac{1}{3} - \frac{1}{4} + \cdots + \frac{(-1)^{n-1}}{n} = S_n$$

교대급수 정리에 의해 위 급수의 n항 이후를 자르면 오차는

$$|S - S_n| \leq \frac{1}{n+1}$$

을 만족한다. 따라서 다음 식을 만족하는 n을 택한다.

$$\frac{1}{n+1} < \frac{1}{2}\times 10^{-6}$$

이를 계산해보면 2백만 개 이상의 항이 필요하다! 따라서 이 방법은 ln 2를 계산하기 위한 방법으로 실용적이지 않다고 결론지을 수 있다(ln 2를 근사하기 위한 다른 방법에 대해서는 [연습문제 1.2.10~1.2.12]를 참조하라).

앞에서 $(n+1)$번째 항의 크기가 특정 허용오차보다 작다는 조건을 들어서 급수에서 사용할 항의 수를 계산하는 기술을 설명했는데, 이때 주의할 점이 있다. 위 과정은 항의 크기가 점점 0으로 작아지는 교대급수에 대해서만 유효하지만, 다른 경우에서도 대략적인 추정치를 얻는 데에 간혹 사용되곤 한다. 한 예로, 교대급수가 아닌 급수 중 느리게 수렴하는 급수를 이 과정을 통해 식별할 수 있다. 이러한 과정을 사용할 수 없는 급수의 경우에는 급수에서 잘린 버려진 항들의 한계 범위를 구해야 하는데, 이러한 한계를 결정짓는 일은 다소 주의

어려울 수 있다.

예제10 **π가 다음 식을 만족한다는 사실이 알려져 있다.**

$$\frac{\pi^4}{90} = 1^{-4} + 2^{-4} + 3^{-4} + \cdots$$

$\frac{\pi^4}{90}$을 $\frac{1}{2} \times 10^{-6}$ 이내의 오차로 근사하려고 할 때 몇 개의 항이 필요하겠는가?

풀이

단순한 접근법은 다음 식을 계산하는 것이다.

$$1^{-4} + 2^{-4} + 3^{-4} + \cdots + n^{-4}$$

이때 n의 값으로는 그 다음 항인 $(n+1)^{-4}$이 $\frac{1}{2} \times 10^{-6}$보다 작게 되는 n을 선택한다. 이 부등식을 만족하는 최소의 n은 37이다. 그러나 이는 오답이다. 왜냐하면 실제로 부분합

$$S_{37} = \sum_{k=1}^{37} k^{-4}$$

은 $\frac{\pi^4}{90}$과의 오차가 대략 6×10^{-6}정도이기 때문이다. 우리가 해야 할 일은 버려진 모든 항을 더해도 그 값이 $\frac{1}{2} \times 10^{-6}$ 이하가 되는 n을 찾는 것이다. 즉 다음이 성립해야 한다.

$$\sum_{k=n+1}^{\infty} k^{-4} < \frac{1}{2} \times 10^{-6}$$

미적분학에서 자주 사용했던 방식([그림 1.5] 참조)을 사용하면 다음을 얻는다.

$$\sum_{k=n+1}^{\infty} k^{-4} < \int_n^{\infty} x^{-4} dx = \left. \frac{x^{-3}}{-3} \right|_n^{\infty} = \frac{1}{3n^3}$$

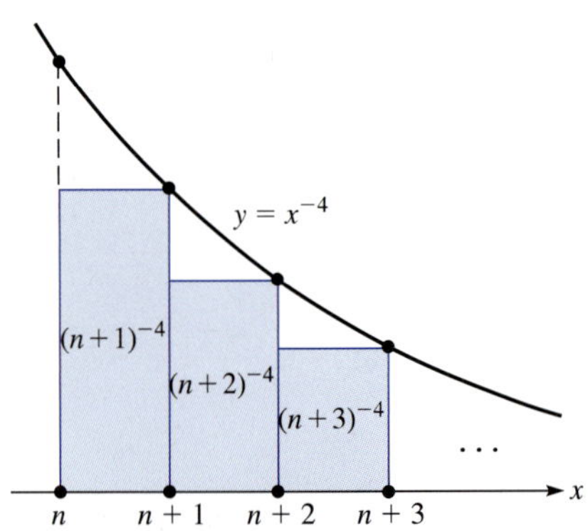

[그림 1.5] [예제 10]에 대한 그림

따라서 $\frac{1}{3n^3} < \frac{1}{2} \times 10^{-6}$, 즉 $n \geq 88$을 만족하는 n을 선택하면 충분하다(더 정교하게 분석하면 더 좋은 결과를 얻을 수도 있다).

1.2 요약

• 완전한 호너 알고리즘은 다음과 같다.

```
for k = 0 to n − 1
    for j = n − 1 to k
        a_j ← a_j + r a_{j+1}
    end for
end for
```

• 점 c에서 함수 $f(x)$에 대해 전개한 테일러 급수는 다음과 같다.

$$f(x)=\sum_{k=0}^{n}\frac{f^{(k)}(c)}{k!}(x-c)^k+E_{n+1}$$

이때 오차항은 다음과 같이 주어진다.

$$E_{n+1}=\frac{f^{(n+1)}(\xi)}{(n+1)!}(x-c)^{n+1}$$

이보다 더 유용한 형태인 $f(x+h)$에 대한 **테일러 급수 전개**는 다음과 같이 주어진다.

$$f(x+h)=\sum_{k=0}^{n}\frac{f^{(k)}(x)}{k!}h^k+E_{n+1}$$

이때 오차항은 다음과 같다.

$$E_{n+1}=\frac{f^{(n+1)}(\xi)}{(n+1)!}h^{n+1}=\mathcal{O}(h^{n+1})$$

• **교대급수** $S=\sum_{k=1}^{\infty}(-1)^{k-1}a_k$는 항 a_k가 0으로 수렴할 때 수렴한다. 또한 부분합 S_n과 S의 차이는 다음의 범위를 만족한다.

$$|S-S_n|\le a_{n+1}$$

1.2 연습문제

01 $(1+x)^n$의 매클로린 급수는 **이항 급수**라고도 알려져 있으며 그 형태는 아래와 같다. 이 급수를 유도하라. 그 다음으로 $n=2,\ n=3,\ n=\frac{1}{2}$일 때 합의 형태로 표현한 특수한 식을 얻어내라. 또한 마지막 식을 활용하여 $\sqrt{1.0001}$을 소수점 아래 15자리까지(반올림) 정확한 값으로 구하라.

$$(1+x)^n=1+nx+\frac{n(n-1)}{2!}x^2+\cdots\qquad(x^2<1)$$

02 앞 문제의 급수를 활용하여 급수 (4)를 유도하라. 덧셈과 곱셈만이 가능한 연산으로 내장된 컴퓨터에서 $\frac{x}{y}$를 계산하는 데 이 급수가 어떻게 쓰일 수 있을까?

03 앞 문제를 활용하여 $(1+x^2)^{-1}$에 대한 급수 전개를 구하라.

04 다음 함수들이 $x=0$에서 테일러 급수 전개를 가지지 않는 이유는 무엇인가?

(a) $f(x)=\sqrt{x}$ (b) $f(x)=|x|$

(c) $f(x)=\arcsin(x-1)$ (d) $f(x)=\cot x$

(e) $f(x)=\log x$ (f) $f(x)=x^{\pi}$

05 원점에 대한 $\cosh x$의 테일러 급수를 구하라. $\cosh 0.7$의 값을 네 개의 항을 합하여 구하라. 구한 값을 실제 값과 비교하라.

06 다음 함수에 대해 원점을 기준으로 하는 급수 전개에서 0이 아닌 첫 두 항을 구하라.

(a) $e^{\cos x}$ (b) $\sin(\cos x)$

(c) $(\cos x)^2(\sin x)$

07 $x=m$을 기준으로 하는 $(x-1)^{1/2}$의 테일러 급수를 고려할 때 음이 아닌 가장 작은 정수 m의 값을 구하라. 급수의 각 항의 계수를 구하라.

08 e^x에 대한 급수 (1)을 활용하여 e의 값을 소수점 아래 15자리까지(반올림) 정확하게 구하기 위해서는 몇 개의 항이 필요한가?

09 앞 문제에서 $x<0$일 때 급수의 각 항의 부호는 무엇인가? 이 급수를 사용함에 있어 유효숫자의 손실은 심각한 문제가 될 수

있다. 공식 $e^{-x} = \frac{1}{e^x}$이 이 오차를 줄이는 데 도움이 될 수 있는가? 이에 대해 설명하라. 높은 정밀도의 컴퓨터 연산을 사용하여 부동소수점 오차가 얼마나 나쁠 수 있는지 확인하라.

10 급수 (10)을 활용하여 $\ln 2$를 계산할 때 간단한 식 $\ln 2 = \ln\left[e\left(\frac{2}{e}\right)\right]$가 계산 속도를 높이는 데 어떻게 사용될 수 있는지를 설명하라.

11 $\ln(1-x)$에 대한 급수는 무엇인가? $\ln\left[\frac{1+x}{1-x}\right]$에 대한 급수는 무엇인가?

12 $\ln\left[\frac{1+x}{1-x}\right]$에 대한 급수에서 만일 $\ln 2$의 값을 계산하고 싶다면 어떤 x값을 사용해야 할지 정하라. 10자리(반올림)의 정확도를 얻기 위해 필요한 항의 개수를 추정하라. 이 방법은 실용적인가?

13 교대급수 정리를 활용하여 급수 (5)를 사용해서 오차 범위 $\frac{1}{2}\times 10^{-8}$ 이내로 $\ln 1.1$을 근사하기 위하여 필요한 항의 수를 정하라.

14 $x=2$를 기준으로 하는 함수 $f(x)=x^3-2x^2+4x-1$의 테일러 급수를 써라. 즉 $f(2+h)$에 대한 공식을 써라.

15 다음 함수들에 대하여 원점을 기준으로 한 급수 전개에서 0이 아닌 첫 4개 항을 구하라. 이러한 근사에 대한 정확도를 각종 표나 계산기를 활용하여 구한 값과 비교하라.

(a) $f(x)=(\sin x)+(\cos x)$ 또한 $f(0.001)$의 근삿값을 구하라.

(b) $g(x)=(\sin x)(\cos x)$ 또한 $g(0.0006)$의 근삿값을 구하라.

16 다음의 테일러 급수를 유도하여 이 급수가 구간 $-e < x \le e$에서 수렴함을 증명하라.

$$\ln(e+x) = 1 + \frac{x}{e} - \frac{x^2}{2e^2} + \frac{x^3}{3e^3} - \frac{x^4}{4e^4} + \cdots$$
$$= 1 + \sum_{k=1}^{\infty} \frac{(-1)^{k-1}}{k}\left(\frac{x}{e}\right)^k$$

17 급수 (3)에서 $|x| < \frac{1}{2}$일 때 $\cos x$를 반올림하여 소수점 아래 12자리까지 정확하게 근사하려면 몇 개의 항이 필요한가?

18 함수 f는 다음 급수로 정의한다. $f(1)$을 오차 범위 10^{-8}이내로 계산하기 위하여 필요한 최소 항의 개수를 구하라.

$$f(x) = \sum_{k=1}^{\infty} (-1)^k \left(\frac{x^k}{k^4}\right)$$

19 e^x에 대한 급수 (1)에서 부분합 $s_k = \sum_{i=0}^{k} \frac{x^i}{i!}$을 귀납적으로 $s_k = s_{k-1} + t_k$ (단, $s_0=1$, $t_1=x$, $t_k=\frac{x}{k}t_{k-1}$)로 나타낼 수 있음을 입증하라.

20 $(1-2h)^{1/2}$의 테일러 급수의 다섯 번째 항은 무엇인가?

21 만일 $E=\mathcal{O}(h^n)$이면 $m \le n$인 음이 아닌 정수 m에 대하여 $E=\mathcal{O}(h^m)$임을 보여라. 여기서 $h \to 0$이다.

22 함수 $p(x)=6(x+3)+9(x+3)^5-5(x+3)^8-(x+3)^{11}$이 어떻게 효율적으로 계산될 수 있는지 설명하라.

23 $x=4.25$를 기준으로 전개한 $\sqrt[4]{4x-1}$의 테일러 급수에서 두 번째 항은 무엇인가?

24 $1 \le n \le 1000$에 대하여 $\log n!$의 값을 나열한 표를 계산하려면 어떻게 하는가?

25 작은 x의 경우에는 $\sin x \approx x$로의 근사를 종종 사용한다. 이 근사의 상대적인 정확도가 $\frac{1}{2}\times 10^{-14}$보다 좋아지는 x의 범위는 무엇인가?

26 함수 $3x^2-7+\cos x$(x에 대한 거듭제곱 꼴로 전개되어 있다)의 테일러 급수에서 x^2의 계수는 무엇인가?

27 $x=\frac{\pi}{4}$를 기준으로 한 함수 $\sin x + \cos x$의 테일러 급수에서 0이 아닌 세 번째 항을 찾아라.

28 테일러 정리를 활용하여 $|x| < \frac{1}{2}$인 모든 x에 대하여 $|\cos x - (1-x^2/2)|$가 어떤 특정한 값 이하임을 보장할 수 있는가?

29 $f(x)=\sin x$(단, $x=\frac{\pi}{4}$, $c=0$, $n=4$)에 대하여 테일러 정리를 만족하는 ξ의 값을 찾아라.

30 테일러 정리를 활용하여 $x=\frac{5\pi}{6}$ 근처에서 $\cos x$를 가장 잘 근사하는 일차함수를 찾아라.

31 $a_0 > a_1 > \cdots > 0$을 만족하는 교대급수 $S_n = \sum_{k=0}^{n} (-1)^k a_k$에 대하여 귀납법을 사용하여 $S_0 > S_2 > S_4 > \cdots$, $S_1 < S_3 < S_5 \cdots$, $0 < S_{2n} - S_{2n+1} = a_{2n+1}$을 보여라.

32 함수 $f(x)=3+7x-1.33x^2+19.2x^4$에 대한 매클로린 급수는 무엇인가? $c=2$에서의 이 함수의 테일러 급수는 무엇인가?[12]

33 본문에서 $\sum_{k=0}^{6} x^k/k!$은 오직 $x=0$에서만 e^x의 값을 나타낸다고 하였다. 이를 증명하라.

34 변수 h에 관하여 e^{x-h}의 테일러 급수의 첫 세 항을 구하라.

---

12 (옮긴이) 이 책에서 '$c=2$에서의 테일러 급수'라는 표현은 '$x=2$를 기준으로 한 테일러 급수'를 말한다.

항을 활용하면 상수 C에 대하여 $e^{0.999} \approx Ce$를 얻을 수 있다. C를 구하라.

35 다음 급수에서 π를 반올림하여 3.14로 계산하는 데 필요한 최소 항의 개수를 구하라.

$$\pi = 4 - \frac{4}{3} + \frac{4}{5} - \frac{4}{7} + \cdots$$

36 h에 대한 테일러 급수 전개를 사용하여 $e^{\sin(x+h)}$에 대한 급수에서 첫 세 개의 항을 구하라. $e^{\sin 90.01^\circ}$를 상수 C에 대하여 소수점 아래 10자리까지 정확한 Ce의 값으로 계산하라.

37 $\ln(3-2h)$에 대하여 h에 대한 테일러 급수에서의 첫 두 항과 그 오차를 구하라.

38 $\cos(\pi/3+h)$를 표현하는 테일러 급수를 구하라. $\cos(60.001^\circ)$를 소수점 아래 8자리까지 반올림하여 계산하라.

힌트 : π라디안은 180°와 같다.

39 $\sin(\pi/4+h)$를 표현하는 테일러 급수를 구하라. $\sin(45.0005^\circ)$를 소수점 아래 9자리까지 반올림하여 계산하라.

40 $\csc(\pi/6+h)$의 테일러 급수의 첫 세 개 항을 찾아라. $\csc(30.00001^\circ)$를 주어진 데이터와 같은 정확도로 계산하라.

41 다음 식에 대하여 h에 대한 테일러 급수를 구하라.

(a) e^{x+2h}

(b) $\sin(x-3h)$

(c) $\ln[(x-h^2)/(x+h^2)]$

42 $(x-h)^m$에 대하여 h에 대한 테일러 급수의 첫 세 개 항을 구하라. 여기서 m은 상수이자 정수이다.

43 주어진 급수에 대하여 소수점 아래 네 자리(버림)의 정확도를 얻으려면 몇 개의 항이 필요하겠는가?

$$-1 + 2^{-4} - 3^{-4} + 4^{-4} - \cdots$$

44 $x^2 < 1$일 때 $\operatorname{arccot} x$를 소수점 아래 12자리(반올림)까지 정확하게 계산하기 위해서는 다음 급수에서 몇 개의 항이 필요하겠는가?

$$\operatorname{arccot} x = \frac{\pi}{2} - x + \frac{x^3}{3} - \frac{x^5}{5} + \frac{x^7}{7} - \cdots$$

45 $\sinh(x+h)$를 표현하는 테일러 급수의 첫 세 개 항을 구하라. 이 급수를 이용하여 $\sinh(0.0001)$을 소수점 아래 20자리(반올림)까지 계산하라.

46 상수 C에 대하여 C^{x+h}를 표현하는 테일러 급수를 구하라. 이 급수를 이용하여 $10^{1.0001}$에 대한 소수점 아래 5자리(반올림)까지의 근삿값을 찾아라.

47 **스털링 공식**Stirling's formula은 $n!$이 $\sqrt{2\pi n}\, n^n e^{-n}$보다 크지만 두 값이 매우 가깝다는 것을 말해준다. 이를 이용하여 $1/n! < \frac{1}{2} \times 10^{-14}$인 n을 찾아라.

48 $\ln[1-(h/2)]$에 대하여 h의 거듭제곱 꼴로 표현된 테일러 급수에서 0이 아닌 첫 두 개 항과 오차항을 구하라. 이 두 개의 항을 이용하여 $\ln(0.9998)$을 근사하라.

49 **로피탈의 법칙**L'Hôpital's rule은 적당한 조건 하에서 $\lim_{x\to a} \frac{f(x)}{g(x)} = \frac{f'(a)}{g'(a)}$이 성립한다는 법칙이다. 예를 들어 f와 g가 a를 포함하는 어떤 열린 구간에서 연속인 도함수를 갖고, $f(a) = g(a) = 0 \neq g'(a)$일 때 위 식이 성립한다. 평균값 정리를 활용하여 로피탈의 법칙을 증명하라.

50 다음 극한을 수치적으로 계산하고 앞 문제를 활용하여 증명하라.

(a) $\lim_{x\to 0} \frac{\sin x}{x} = 1$

(b) $\lim_{x\to 0} \frac{\arctan x}{x} = 1$

(c) $\lim_{x\to \pi} \frac{\cos x + 1}{\sin x} = 0$

51 $\sin x$에 대한 급수 (2)에서 $x^{2n-1}/(2n-1)!$ 항까지만 취하고 $|x| < \sqrt{6}$이면 오차가 $|x|^{2n+1}/(2n+1)!$을 넘지 않음을 증명하라. $\sin 23$을 최대 10^{-8}이내의 오차로 계산하기 위해서는 몇 개의 항이 필요한가? 급수를 활용하여 $\sin 23$을 계산할 때 어떤 문제가 예상되는가? $\sin 23$을 계산할 때 주기성을 어떻게 사용할지를 설명하라. 간단한 산술 계산으로 급수의 각 항을 이전 항들로부터 얻을 수 있음을 보여라.

52 **오차 함수**error function $\operatorname{erf}(x) = \frac{2}{\sqrt{\pi}} \int_0^x e^{-t^2} dt$를 지수함수의 급수 및 적분을 사용하여 급수로 전개하라. 원점을 기준으로 한 $\operatorname{erf}(x)$의 테일러 급수를 직접 구하라. 이 두 급수는 같은가? 급수의 처음 네 개 항을 더하여 $\operatorname{erf}(1)$을 계산하고 그 값을 소수점 아래 네 자리까지 정확한 값인 $\operatorname{erf}(1) \approx 0.8427$과 비교하라.

힌트 : **미적분학의 기본정리**로부터 $\frac{d}{dx} \int_0^x f(t)dt = f(x)$임을 상기하라.

53 테일러 급수의 타당성을 입증하라. 만약 소수점 아래 10자리(반올림)의 정확도로 $\arctan(1)$을 계산해야 한다면 이 급수를 직접 이용하는 것이 실용적이겠는가? 급수에서 몇 개의 항이

필요한가? 유효성 손실이 일어날까?

$$\arctan x = \sum_{k=1}^{\infty} (-1)^{k+1} \frac{x^{2k-1}}{2k-1} \quad (-1 \le x \le 1)$$

힌트 : $\frac{1}{1+x^2}$에 대한 급수로부터 시작하여 항 별로 적분하라. 이 과정은 단지 형식적인 것이다. 결과적인 급수의 수렴성은 고급 미적분학의 일부 정리들을 빌어 증명할 수 있다.

54 아래의 공식을 활용하여 π를 계산하는 방식에 대해 수치적 관점에서 논의하라. 소수점 아래 10자리(반올림)의 정확도로 계산하기 위해 필요한 항의 개수는 몇 개인가?

$$\pi = 4 - 8\sum_{k=1}^{\infty} (16k^2 - 1)^{-1}$$

55 c를 기준으로 전개한 $f(x)$의 테일러 정리는 다음과 같다. 이를 이용하여 e를 오차 범위 10^{-10} 이내로 계산하기 위해 e^x의 급수에서 필요한 항의 개수를 구하라.

$$f(x) = f(c) + (x-c)f'(c) + \frac{1}{2}(x-c)^2 f''(c) + \cdots + \frac{1}{n!}(x-c)^n f^{(n)}(\xi)$$

힌트 : $n!$에 대한 다음 근삿값을 사용하라.

$$9! = 3.6\times 10^5,\ 11! = 4.0\times 10^7,\ 12! = 4.8\times 10^8,$$
$$13! = 6.2\times 10^9,\ 14! = 8.7\times 10^{10},\ 15! = 1.3\times 10^{12}$$

56 이 절에서 다룬 주제에 대한 이해를 높이기 위해 다음을 수행하라.

(a) 완전한 호너 알고리즘을 사용하여 [예제 1.2.3]을 다시 풀어라.

(b) 다항식 $p(x)$의 테일러 급수를 사용하여 [예제 1.2.6]을 다시 풀어라.

1.2 컴퓨터 연습문제

01 이차방정식 $ax^2 + bx + c = 0$의 근의 공식 $\frac{-b \pm \sqrt{b^2 - 4ac}}{2a}$은 잘 알려져 있다. 손으로, 또 컴퓨터를 이용하여 근의 공식으로 $c = 1$ 및 10^8일 때 방정식 $x^2 + 10^8 x + c = 0$을 풀어라. 그 결과를 해석하라.

02 컴퓨터 대수 시스템을 활용하여 다음 급수의 첫 항부터 다섯 번째 항까지의 부분합의 그래프를 구하라.

$$\arctan x = \sum_{k=1}^{\infty} (-1)^{k+1} \frac{x^{2k-1}}{2k-1}$$

03 그래픽 컴퓨터 패키지를 사용하여 [그림 1.3]의 그래프를 다시 그려라. 그 다음 두 개의 부분합, 즉 S_4와 S_5도 그리고 그 결과를 분석하라.

04 컴퓨터 대수 시스템을 활용하여 (1)~(5)로 주어진 테일러 급수를 구하라. 모든 미분계수를 표시하지 말고 급수의 최종적인 형태로 바로 구하라.

05 두 개 또는 그 이상의 컴퓨터 대수 시스템을 활용하여 [예제 1.2.6]을 소수점 아래 50자리까지 사용하여 계산을 수행하라. 그 결과는 서로 같은가? 또 얻어낸 모든 숫자들은 정확한가? 이를 $\sqrt{x}$를 $x_0 = 1$을 기준으로 전개한 식에 반복하라.

06 컴퓨터 대수 시스템을 활용하여 [예제 1.2.7]과 [예제 1.2.9]의 결과를 입증하라.

07 컴퓨터에서 x^y의 계산을 확인할 수 있는 실험을 설계하고 수행하라.

힌트 : $32^{2.5}$과 $81^{1.25}$과 같은 몇몇 예들을 정확한 값과 비교하라. 다양한 경우에 대해 단정밀도 결과와 배정밀도 결과를 비교함으로써 보다 정교한 테스트를 수행할 수 있다.

08 $x^y = e^{y \ln x}$임을 증명하라. 컴퓨터에서 이 두 표현이 달라지는 x 및 y의 값을 찾아라. 그 결과를 해석하라.

09 다음의 공식에 대하여 앞의 컴퓨터 문제를 반복하라.

$$\cos(x-y) = (\cos x)(\cos y) + (\sin x)(\sin y)$$

10 n개의 서로 다른 물체 중 한 번에 m개를 택하는 조합의 수는 다음과 같은 **이항계수**로 주어진다. 여기서 m, n은 정수로 $0 \le m \le n$이다. 이때 $\binom{n}{0} = \binom{n}{n} = 1$임을 상기하자.

$$\binom{n}{m} = \frac{n!}{m!(n-m)!}$$

(a) $\binom{n}{m}$을 위 정의에 따라 계산하는 다음 함수를 작성하라.

integer function $ibin(n, m)$

(b) 이항계수를 계산하는 공식을 증명하라. 이 공식을 바탕으로 하는 다음의 함수를 작성하라.

$$\binom{n}{m} = \prod_{k=1}^{\min(m, n-m)} \left[\frac{n-k+1}{k}\right]$$

integer function $jbin(n, m)$

(c) 다음 공식(**파스칼의 삼각형**Pascal's triangle)을 증명하라. 파스칼의 삼각형을 이용하여 이항계수를 계산하고 배열 $(a_{ij})_{n\times n}$의 하삼각 부분에 저장하라.

$$\begin{cases} a_{i0} = a_{ii} = 1 \ (0 \le i \le n) \\ a_{ij} = a_{i-1,j-1} + a_{i-1,j} \ (2 \le i \le n, 1 \le j \le i-1) \end{cases}$$

배열의 각 성분을 우선 할당하여 계산한 후 배열을 검색하는 다음 함수를 작성하라.

$$\binom{i}{j} = a_{i,j} \quad (0 \le i, j \le n)$$

integer function $kbin(n, m)$

11 **단위 반원**의 곡선 부분의 길이는 π이다. 삼각형과 기초적인 수학을 사용하여 π를 근사하자. 그림 (a)와 같이 호가 양분된 반원에서 직각삼각형의 빗변은 $\sqrt{2}$이다. 따라서 π에 대한 대략적인 근삿값은 $2\sqrt{2} \approx 2.8284$로 주어진다. 그림 (b)에서 반원의 $1/k$에 해당하는 각인 θ를 고려한다. 그림에서 현의 길이는 $2\sin(\theta/2)$이므로 π의 근삿값은 $2k\sin(\theta/2)$이다. 삼각함수 공식에 의해 다음을 얻는다.

$$\sin^2\frac{1}{2}\theta = \frac{1}{2}(1-\cos\theta) = \frac{1}{2}(1-\sqrt{1-\sin^2\theta})$$
$$= \frac{\sin^2\theta}{2+2\sqrt{1-\sin^2\theta}}$$

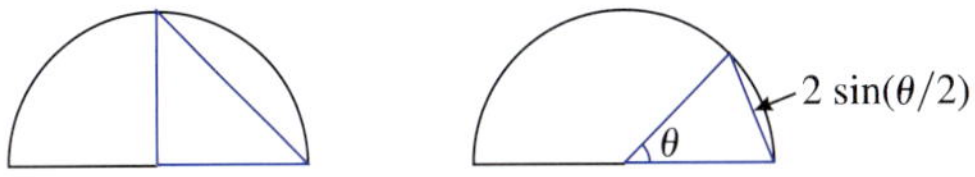

(a) (b)

이제 반원 호를 2^{n-1}개로 나눈 각도를 θ_n이라고 하고 $S_n = \sin^2\theta_n$ 및 $P_n = 2^n\sqrt{S_{n+1}}$이라 하자. 이때 $S_{n+1} = S_n/(2+2\sqrt{1-S_n})$이고 P_n이 π의 근사임을 보여라. $S_2 = 1$과 $P_1 = 2$에서 시작하여 $2 \le n \le 20$에 대하여 S_{n+1}과 P_n을 재귀적으로 구하라.

12 **무리수** π는 다음과 같이 기술되는 수열 $p_1, p_2, \cdots$의 극한으로 단위원의 면적을 근사하여 계산할 수 있다. 먼저 단위원을 2^n개의 부분으로 나눈다(다음 그림은 $n=3$인 경우를 보여준다).

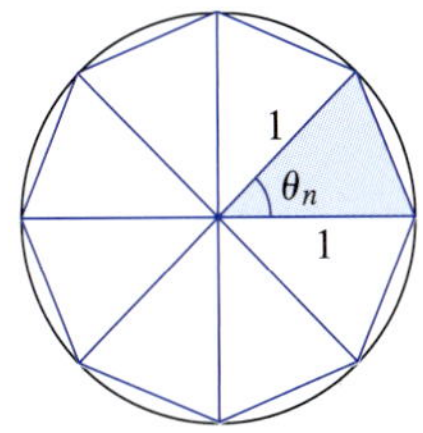

이어서 각 부분의 넓이를 이등변삼각형의 넓이로 근사한다. 각 θ_n은 $2\pi/2^n$이다. 따라서 삼각형의 넓이는 $\frac{1}{2}\sin\theta_n$이다. 이를 증명하라. 이때 π에 대한 n번째 근사는 $p_n = 2^{n-1}\sin\theta_n$이다. 잘 알려져 있는 삼각함수 공식을 이용하여 $\sin\theta_n = \frac{\sin\theta_{n-1}}{\{2[1+(1-\sin^2\theta_{n-1})^{1/2}]\}^{1/2}}$임을 증명하라. 이 점화식을 사용하여 $\sin\theta_2 = 1$에서 시작하여 $\sin\theta_n$과 $p_n\,(3 \le n \le 20)$의 수열을 생성하라. 계산값 $4.0\arctan(1.0)$과 앞의 결과를 비교하라.

13 π를 앞의 컴퓨터 문제와 비슷한 방법으로 계산하라(단, 단위원의 면적은 다음 그림과 같이 일련의 사다리꼴들에 의하여 근사한다).

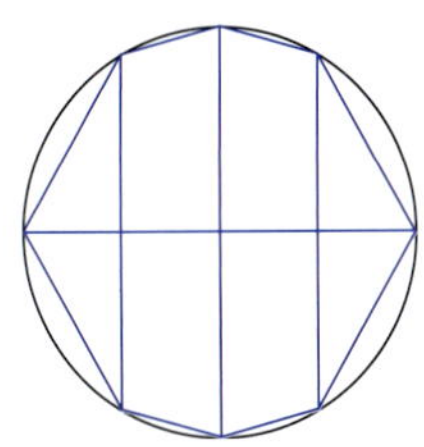

14 π를 계산하기 위한 다음 알고리즘을 배정밀도나 롱-더블long-double 정밀도로 구현하는 루틴을 작성하라. f와 g 중 어느 것이 더 빠르게 수렴하는가? 최종 값들은 얼마나 정확한가? 또한 배정밀도 또는 롱-더블 정밀도로 계산한 $4.0\arctan(1.0)$의 값과도 비교하라.

integer k; **real** a, b, c, d, e, f, g
$a \leftarrow 0$
$b \leftarrow 1$
$c \leftarrow 1/\sqrt{2}$
$d \leftarrow 0.25$
$e \leftarrow 1$

(계속)

```
for k = 1 to 5
    a ← b
    b ← (b + c)/2
    c ← √(ca)
    d ← d − e(b − a)^2
    e ← 2e
    f ← b^2/d
    g ← (b + c)^2/(4d)
    output k, f, |f − π|, g, |g − π|
end for
```

힌트 : 36자리까지 정확한 π의 값은 다음과 같다.

$$3.141592653589793238462643383279502 88$$

참고 : 1970년대 초에 π를 계산하기 위한 새로운 공식이 발견되었다. 이 알고리즘은 그 새로운 공식에 기초한 것이다. 이 공식은 150년 넘게 이미 알려져 왔던 타원 적분과 르장드르[Legendre]의 타원 적분 간의 관계식을 계산하기 위해 가우스가 개발한 한 방법으로부터 직접적으로 얻은 결과이다. 오차 분석에 따르면 π의 계산에서 빠른 수렴이 나타나며 매 단계마다 유효숫자의 개수가 2배가 된다고 한다.

15 보웨인[Borwein]과 보웨인[Borwein]에 의해 π를 계산하는 또 다른 방법인 **이차적 수렴**[quadratically convergent] 방식이 발견되었다[1984]. 수치적으로 $|x-\pi| \le 10^{-2k}$임을 입증하라.

```
integer k; real a, b, t, x
a ← √2
b ← 0
x ← 2 + √2
for k = 1 to 5
    t ← √a
    b ← t(1 + b)/(a + b)
    a ← ½(t + 1/t)
    x ← xb(1 + a)/(1 + b)
    output k, x, |x − π|
end for
```

참고 : 뤼돌프 판 쾰런[Ludolf van Ceulen, 1540-1610]은 π를 36자리까지 계산할 수 있었다. 이제는 MATLAB, Maple, Mathematica와 같은 현대적인 수학 소프트웨어로 누구든지 쉽게 π를 수만 자리까지 몇 초만에 계산할 수 있게 되었다!

16 **피보나치 수열** $1, 1, 2, 3, 5, 8, 13, 21, \cdots$ 은 다음과 같은 선형 점화식에 의하여 정의한다.

$$\begin{cases} \lambda_1 = 1, & \lambda_2 = 1 \\ \lambda_n = \lambda_{n-1} + \lambda_{n-2} & (n \ge 3) \end{cases}$$

n번째 **피보나치 수**에 대한 공식은

$\lambda_n = \dfrac{1}{\sqrt{5}}\left\{\left[\dfrac{1}{2}(1+\sqrt{5})\right]^n - \left[\dfrac{1}{2}(1-\sqrt{5})\right]^n\right\}$이다.

점화식과 공식 모두를 활용하여 $\lambda_n\,(1 \le n \le 50)$을 계산하라. 정수, 단정밀도, 배정밀도 연산 각각을 활용하는 세 개의 프로그램을 작성하라. 각 n에 대하여 정수, 단정밀도, 배정밀도 포맷을 활용한 각각의 결과를 출력하라.

17 다음 점화식으로 주어진 수열을 사용하여 앞의 실험을 반복하라.

$$\begin{cases} \alpha_1 = 1, & \alpha_2 = \dfrac{1}{2}(1+\sqrt{5}) \\ \alpha_n = \alpha_{n-1} + \alpha_{n-2} & (n \ge 3) \end{cases}$$

이 수열에 대한 일반항[13]은 다음과 같다.

$$\alpha_n = \left[\frac{1+\sqrt{5}}{2}\right]^n$$

18 $+\sqrt{5}$를 $-\sqrt{5}$로 바꾸어 앞 문제의 α_n의 계산을 반복하고 그 결과를 설명하라.

19 **베셀 함수**[Bessel function] J_n은 다음과 같이 정의한다. $|J_n(x)| \le 1$임을 입증하라.

$$J_n(x) = \frac{1}{\pi}\int_0^\pi \cos(x\sin\theta - n\theta)\,d\theta$$

(a) 점화식 $J_{n+1}(x) = 2nx^{-1}J_n(x) - J_{n-1}(x)$가 알려져 있다. 이 식을 활용하여 $J_0(1), J_1(1), \cdots, J_{20}(1)$을 계산하라. 이때 알려져 있는 값 $J_0(1) \approx 0.7651976865$ 및 $J_1(1) \approx 0.4400505857$에서 시작하자. 여기서 왜 부등식 $|J_n(x)| \le 1$이 성립하지 않는지를 설명하라.

(b) 다른 점화식 $J_{n-1}(x) = 2nx^{-1}J_n(x) - J_{n+1}(x)$을 살펴보자. 알려져 있는 값 $J_{20}(1) \approx 3.873503009 \times 10^{-25}$ 및 $J_{19}(1) \approx 1.548478441 \times 10^{-23}$에서 시작하라. 위 식을 이용하여 $J_{18}(1), J_{17}(1), \cdots, J_1(1), J_0(1)$을 계산하고 그 결과를 분석하라.

20 미적분학을 배우는 한 학생이 $\lim_{n\to\infty}\left(\dfrac{100^n}{n!}\right)$을 구하려고 한다. 그래서 $x_0, x_1, x_2, \cdots, x_n$을 계산하는 프로그램을 다음과 같이

---

13 (옮긴이) 이 '일반항'은 원문의 'closed form formula'를 번역한 것으로 원래는 폐쇄형 공식 등으로 번역된다. 이때 'closed'의 의미는 외부의 다른 정보를 필요로 하지 않고 n만 대입하면 바로 값을 구할 수 있다는 의미이다. 여기서는 이러한 용어가 오히려 독자의 혼란을 초래한다고 판단하여 이 문맥에 어울리는 '일반항'으로 번역하였다.

작성했다. 출력되는 숫자들이 점점 커졌기 때문에 이 학생은 $\lim_{n\to\infty} x_n = \infty$라 결론 내렸다. 여기서의 교훈은 무엇인가?

```
integer parameter n ← 100
integer i; real x; x ← 1
for i = 1 to n
    x ← 100x/i
    output i, x
end for
```

21 (**매클로린 급수 함수의 근사**) n계 도함수까지 연속인 함수 $f(x)$는 절단한 매클로린 급수를 사용하여 다음의 n차 다항식으로 근사할 수 있다. 여기서 $c_i = \dfrac{f^{(i)}(0)}{i!}$이다.

$$f(x) \approx p_n(x) = \sum_{i=0}^{n} c_i x^i$$

(a) $f(x) = e^x$와 다항식 $p_2(x)$, $p_3(x)$, $p_4(x)$, $p_5(x)$에 대해 컴퓨터로 그래프를 그리고 서로 비교하라. 높은 차수의 다항식이 낮은 차수의 다항식보다 원점을 포함하는 증가하는 구간에서 지수함수 e^x를 만족스럽게 근사하는가?

(b) $g(x) = \ln(1+x)$에 대하여 반복하라.

22 **파데 유리 근사**Padé rational approximation는 주어진 차수의 유리함수에 의한 근사로 함수의 가장 좋은 근사법으로 알려져 있다. 이 근사법은 종종 테일러 급수를 절단한 것보다 더 좋은 근사를 주며 심지어 테일러 급수가 수렴하지 않는 경우에도 사용 가능할 때도 있다! 결론적으로 파데 유리 근사는 $\sin x$와 같은 기초적인 함수의 컴퓨터 계산에도 자주 사용된다. 높은 차수의 다항식을 사용하기보다 낮은 차수 다항식의 비를 사용한다. 이를 **유리 근사**rational approximation라 한다. 다음 식을 생각하자.

$$f(x) \approx \frac{p_m(x)}{q_k(x)} = \frac{\sum_{i=0}^{m} a_i x^i}{\sum_{j=0}^{k} b_j x^j} = R_{m,k}(x)$$

여기서 $b_0 = 1$, $b_0 \neq 0$에 대하여 정규화하였고 m과 k의 값은 그다지 크지 않다. 이때 $R_{m,k}$에서 k개의 계수 b_j와 $(m+1)$개의 계수 a_i를 고정된 점 $x=0$에서 f의 함숫값 및 f의 특정 차수까지의 미분계수들과 같도록 선택한다. 우선 절단한 매클로린 급수 $\sum_{i=0}^{n} c_i x^i$를 만든다. 여기서 $c_i = \dfrac{f^{(i)}(0)}{i!}$이고, $c_i = 0$ (단, $i<0$)이다. 그 다음으로 $x=0$에서 $R_{m,k}$의 x에 대한 처음 $(m+k+1)$개의 미분값이 계수 c_i의 처음 $(m+k+1)$개의 값과 일치하도록 한다. 이로 인해 다음과 같은 방정식을 얻는다. $b_0 = 1$이므로 $b_1, b_2, \cdots, b_k$에 대한 $k\times k$ 연립방정식을 풀어야 한다(선형 연립방정식을 수치적으로 푸는 법은 2장에서 논의할 것이다).

$$\begin{bmatrix} c_m & c_{m-1} & \cdots & c_{m-(k-2)} & c_{m-(k-1)} \\ c_{m+1} & c_m & \cdots & c_{m-(k-3)} & c_{m-(k-2)} \\ \vdots & \vdots & \ddots & \vdots & \vdots \\ c_{m+(k-2)} & c_{m+(k-3)} & \cdots & c_m & c_{m-1} \\ c_{m+(k-1)} & c_{m+(k-2)} & \cdots & c_{m+1} & c_m \end{bmatrix} \times \begin{bmatrix} b_1 \\ b_2 \\ \vdots \\ b_{k-1} \\ b_k \end{bmatrix} = \begin{bmatrix} -c_{m+1} \\ -c_{m+2} \\ \vdots \\ -c_{m+(k-1)} \\ -c_{m+k} \end{bmatrix}$$

마지막으로 $a_0, a_1, \cdots, a_m$에 대한 $(m+1)$개의 식을 계산해야 한다.

$$a_j = \sum_{l=0}^{j} c_{j-l} b_l \qquad (j = 0, 1, \cdots, m)$$

$j > m$에 대하여 $a_j = 0$, $j > k$에 대하여 $b_j = 0$임을 주목하라. 또한 $k = 0$이면 $R_{m,0}$은 f의 절단한 매클로린 급수이다. 게다가 파데 근사는 특이점을 포함할 수 있다.[14]

(a) **유리 함수** $R_{1,1}(x)$와 $R_{2,2}(x)$를 구하라. $f(x) = e^x$와 $R_{1,1}$, $R_{2,2}$에 대해 컴퓨터로 그래프를 그리고 비교하라. 이러한 낮은 차수의 유리 함수는 $[-1, 1]$에서 지수함수 e^x를 만족스럽게 근사하는가? 이 결과를 앞 문제의 절단된 매클로린 다항식과 비교했을 때는 어떤가?

(b) 함수 $g(x) = \ln(1+x)$에 대하여 $R_{2,2}(x)$와 $R_{3,1}(x)$를 사용하여 앞의 과정을 반복하라.

23 매클로린 급수가 $1 - x^2 + \dfrac{x^4}{4} - \dfrac{x^6}{36} + \cdots = \sum_{i=0}^{\infty} (-1)^i \left(\dfrac{x^i}{i!}\right)^2$으로 주어지는 **베셀 함수** $J_0(2x)$에 대하여 앞의 과정을 반복하라. $R_{2,2}(x)$, $R_{4,3}(x)$, $R_{2,4}(x)$를 결정하고 그 그래프를 비교하라.

24 이 장의 처음에 제시된 예의 세부적인 계산을 다음 과정을 통해 수행하라. 우선 $\ln(1+x)$에 대한 테일러 급수를 유도하고, 처음 8개의 항을 사용하여 $\ln 2 \approx 0.63452$를 계산한다. 그 다음으로 $\ln[(1+x)/(1-x)]$의 급수를 유도하고, 주어진 항들을 활용하여 $\ln 2 \approx 0.69313$을 계산하라. 각 답에 대한 절대오차 및 상대오차를 구하라.

14 (옮긴이) 따라서 매클로린 급수로의 근사와 달리 파데 근사는 특이점을 포함한 함수도 근사할 수 있다.

25 컴퓨터로 [그림 1.3]에 S_4에 대한 그래프를 추가하여 다시 그려 보라.

26 기호 조작이 가능한 Maple이나 Mathematica와 같은 수학 소프트웨어 시스템을 사용하여 다음을 수행하라.

(a) [예제 1.2.3] (b) [예제 1.2.6]

27 다음 수치 결과들을 얻을 수 있겠는가? 이 답들이 제시되어 있는 모든 자리까지 정확한가?

$$\sqrt{1.00001} \\ = 1.00000499998750006249960937773437500000$$

$$\sqrt{0.99999} \\ = 0.99999499998749993749960937226562500000$$

28 때로는 테일러 급수의 값은 쉽게 재구성될 수 없다. 15개의 x값 $x = 1, 0.1, 0.01, \cdots$에 대하여 다음을 비교하라.

(a) $(-1+e^x)/x$과 절단된 테일러 급수에서의 8개의 항

(b) $(1-\cos x)/x^2$과 $\sin^2 x/[x^2+\cos x]$

1.3 부동소수점 표현

음이 아닌 실수를 십진법으로 표현하는 가장 표준적인 방법은 **정수 부분**integer part과 **소수 부분**fractional part 사이에 **소수점**decimal point을 찍어 다음과 같이 표현하는 방식이다.

$$37.21829, \qquad 0.002271828, \qquad 3000527.11059$$

표준적인 또 다른 표현 방법으로 **정규화한 과학적 표기법**normalized scientific notation이 있다. 이 방법은 소수점을 옮긴 후 그 수에 적절한 10의 거듭제곱을 곱한 표현이다. 앞의 세 수를 이 방식으로 표현하면 다음과 같다.

$$37.21829 = 0.3721829 \times 10^2$$

$$0.002271828 = 0.2271828 \times 10^{-2}$$

$$3000527.11059 = 0.300052711059 \times 10^7$$

정규화한 과학적 표기법에서는 주어진 수를 소수에 10의 거듭제곱을 곱한 형태로 표현하는데, 이때 소수 첫째 자리 수가 0이 되지 않도록 한다(단, 0을 표기할 때는 예외로 한다). 따라서 79325는 0.079325×10^6이나 7.9325×10^4 등과 같은 방식이 아니라 0.79235×10^5으로 표기한다.

정규화한 부동소수점 표현

컴퓨터 과학 분야에서 정규화한 과학적 표기법은 **정규화한 부동소수점 표현**normalized floating-point representation이라 불리곤 한다. 10법에서 (0이 아닌) 모든 실수 x는 정규화한 부동소수점 표현으로 다음과 같이 나타낼 수 있다.

$$x = \pm 0.d_1 d_2 d_3 \cdots \times 10^n$$

여기서 $d_1 \neq 0$이고, n은 정수(양의 정수, 음의 정수, 또는 0)이다. 각 숫자 $d_1, d_2, d_3, \cdots$은 10진법의 숫자로 0, 1, 2, 3, 4, 5, 6, 7, 8, 9이다. 이를 다른 방식으로 표현하면 0이 아닌 모든 실수 x는 정규화한 부동소수점 표현으로 다음과 같이 나타낼 수 있다.

$$x = \pm r \times 10^n \qquad \left(\frac{1}{10} \le r < 1\right)$$

위 표현은 세 부분, 즉 +나 − 부호, 구간 $\left[\frac{1}{10}, 1\right)$에 속하는 실수 r, 지수가 정수인 10의 거듭제곱으로 구성되어 있다. 여기서 r을 **정규화한 가수**normalized mantissa라 하고, n을 **지수**exponent라 한다.

2진법에서의 정규화한 부동소수점 표현도 일부 방식에서 10진법과 크게 다르지 않다. 0이 아닌 모든 실수 x는 다음과 같이 표현한다.

$$x = \pm q \times 2^m \qquad \left(\frac{1}{2} \le q < 1\right)$$

가수 q는 $q = (0.b_1 b_2 b_3 \cdots)_2$와 같이 숫자 0과 1의 수열의 형태로 표현될 수 있다(단, $b_1 \ne 0$). 따라서 $b_1 = 1$이므로 반드시 $\frac{1}{2} \le q < 1$일 수 밖에 없다.

컴퓨터에서 사용하는 부동소수점 수체계는 2진법의 정규화한 부동소수점 표현과 유사하지만 한 가지 중요한 차이가 있다. 모든 컴퓨터는 유한한 워드 길이와 유한한 저장 공간을 갖고 있기 때문에 유한한 자릿수의 수만 표현할 수 있다는 점이다. 단정밀도single precision 모드에서 하나의 수는 오직 한 워드의 저장 공간에만 할당된다(배정밀도double precision 또는 롱-더블 정밀도long-double precision에서는 두 워드 이상의 저장 공간이 할당된다). 어떤 경우든 정확도는 엄격하게 제한된다. 당연히 무리수는 표현될 수 없을뿐더러 유리수라도 컴퓨터가 제한하는 유한한 형식에 적합하지 않은 수는 표현될 수 없다. 또한 너무 큰 수나 너무 작은 수 역시 표현 불가능할 수 있다. 컴퓨터에서 표현 가능한 수들을 일컬어 **머신 넘버**machine number라고 부른다.

컴퓨터에서 계산에 사용되는 수들은 반드시 컴퓨터 시스템에서 지정하는 형식에 맞추어 표현되므로 유한한 자릿수를 가질 수밖에 없다. 끝없이 숫자가 나열되는 수는 정확하게 인식할 수가 없다. 한편 한 진법 체계에서 **유한한 전개**finite expansion를 보여주는 수라도 다른 진법 체계에서는 유한하지 않을 수 있다. 이 점을 보여주는 좋은 예가 이 장의 도입부에서 제시되었던 다음의 단순한 분수이다.

$$\begin{aligned}\frac{1}{10} = (0.1)_{10} &= (0.06314\,6314\,6314\,6314 \cdots)_8 \\ &= (0.0\,0011\,0011\,0011\,0011\,0011\,0011\,0011\,0011 \cdots)_2\end{aligned}$$

여기서 중요한 사실은 대부분의 실수가 컴퓨터에서 정확하게 표현될 수 없다는 것이다(다양한 진법 체계로 수를 표현하는 문제에 대해서는 부록 B를 참조하라).

다음 예제를 통해 컴퓨터에 적합한 효과적인 수 체계가 연속적이지 않은, 매우 독특한 이산 구조를 가지고 있음을 살펴보자.

예제 1 다음의 형태로 표현될 수 있는 부동소수점 수들을 모두 나열해 보라.

$$x = \pm (0.b_1 b_2 b_3)_2 \times 2^{\pm k}$$

여기서 b_1, b_2, b_3, k는 모두 0 또는 1의 값만을 가질 수 있다. 그 다음으로 정규화한 부동소수점

표현만을 허용한다고 하고 문제를 다시 풀어 보라. 즉 모든 수(0 제외)는 다음과 같은 형태를 가져야 한다.

$$x = \pm(0.1b_2b_3)_2 \times 2^{\pm k}$$

풀이

부호는 ± 2가지, b_1, b_2, b_3도 각각 2가지, 지수는 3가지를 선택할 수 있다. 따라서 우선

$$2 \times 2 \times 2 \times 2 \times 3 = 48$$

가지의 수 표현을 생각해 볼 수 있다. 예를 들어 이 체계에서 표현할 수 있는 음이 아닌 모든 수는 다음과 같다.

$$\begin{array}{lll}
(0.000)_2 \times 2^{-1} = 0 & (0.000)_2 \times 2^{0} = 0 & (0.000)_2 \times 2^{1} = 0 \\
(0.001)_2 \times 2^{-1} = \frac{1}{16} & (0.001)_2 \times 2^{0} = \frac{1}{8} & (0.001)_2 \times 2^{1} = \frac{1}{4} \\
(0.010)_2 \times 2^{-1} = \frac{1}{8} & (0.010)_2 \times 2^{0} = \frac{1}{4} & (0.010)_2 \times 2^{1} = \frac{1}{2} \\
(0.011)_2 \times 2^{-1} = \frac{3}{16} & (0.011)_2 \times 2^{0} = \frac{3}{8} & (0.011)_2 \times 2^{1} = \frac{3}{4} \\
(0.100)_2 \times 2^{-1} = \frac{1}{4} & (0.100)_2 \times 2^{0} = \frac{1}{2} & (0.100)_2 \times 2^{1} = 1 \\
(0.101)_2 \times 2^{-1} = \frac{5}{16} & (0.101)_2 \times 2^{0} = \frac{5}{8} & (0.101)_2 \times 2^{1} = \frac{5}{4} \\
(0.110)_2 \times 2^{-1} = \frac{3}{8} & (0.110)_2 \times 2^{0} = \frac{3}{4} & (0.110)_2 \times 2^{1} = \frac{3}{2} \\
(0.111)_2 \times 2^{-1} = \frac{7}{16} & (0.111)_2 \times 2^{0} = \frac{7}{8} & (0.111)_2 \times 2^{1} = \frac{7}{4}
\end{array}$$

여기엔 중복되는 수가 너무 많다! 결국 우리가 얻을 수 있는 음이 아닌 수는 $\frac{1}{16}, \frac{3}{16}, \frac{5}{16}, \frac{7}{16}, \frac{1}{8}, \frac{3}{8}, \frac{5}{8}, \frac{7}{8}, \frac{1}{4}, \frac{3}{4}, \frac{5}{4}, \frac{7}{4}, \frac{1}{2}, \frac{3}{2}$과 0, 1뿐이다. 전체적으로 이 체계에는 서로 구별되는 31개의 수가 존재한다. 앞에서 구한 음이 아닌 수들을 [그림 1.6]의 직선 위에 점으로 표시해놓았다.

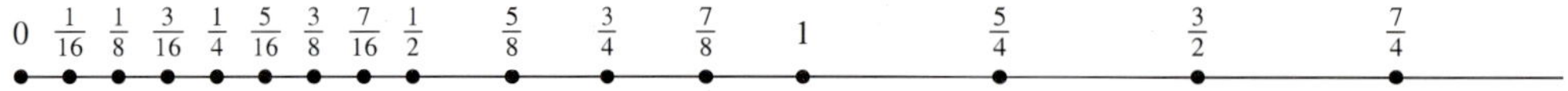

[그림 1.6] [예제 1] : 음이 아닌 머신 넘버들

머신 넘버들의 분포를 살펴보면 0에 대해 대칭적이지만 불규칙하게 분포되어 있다.

이제 정규화한 부동소수점 표현만을 허용하여 0이 아닌 수(위의 수들 중 $b_1 = 1$인 것)를 보면 $\frac{1}{16}, \frac{1}{8}, \frac{3}{16}$은 표현할 수 없다. 따라서 서로 다른 수는 총 25개만 존재한다. 음이 아닌 머신 넘버들을 [그림 1.7]에 표시해놓았다.

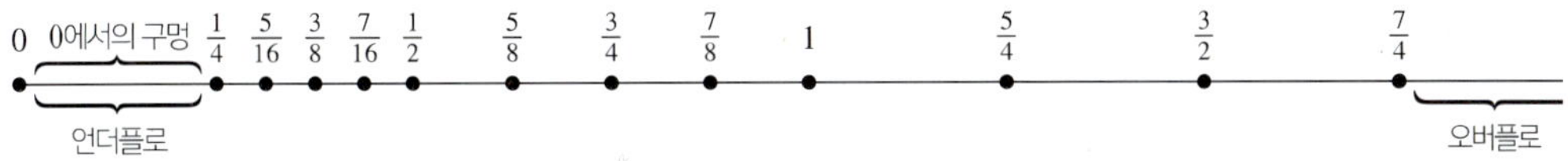

[그림 1.7] [예제 1]: 음이 아닌 정규화한 머신 넘버들

만일 계산 과정에서 컴퓨터가 허용하는 범위를 넘어서는 수 x가 생성되면 이를 **오버플로**overflow가 발생했다고 하거나, x가 **컴퓨터의 범위 밖에 있다**고 한다. 일반적으로 오버플로는 치명적인 오류(즉 **예외**exception적인 오류)를 초래하기 때문에 정상적인 프로그램의 실행이 중지된다! 반면 대부분의 컴퓨터에서는 **언더플로**[15] underflow가 발생했을 때, 프로그램을 중단시키지 않고 경고 메시지도 없이 x를 0으로 만들어서 자동적으로 그 상황을 처리한다.

[예제 1]과 같은 형태로 제한한 부동소수점 표현을 사용하는 컴퓨터에서는 $\frac{1}{4}$보다 0에 가까운 수들은 모두 언더플로가 발생하여 0으로 처리하며, -1.75보다 작거나 1.75보다 큰 수는 오버플로가 되어 각각 $\pm\infty$로 처리한다. 0과 가장 작은 양의 머신 넘버인 $(0.100)_2 \times 2^{-1} = \frac{1}{4}$ 사이에 비교적 큰 간극이 있음을 주목하라. 이러한 현상을 **0에서의 구멍**hole at zero이라고 부른다. [그림 1.7]에 [예제 1]에서 등장한 0에서의 구멍이나 언더플로 및 오버플로와 같은 개념들을 나타내었다.

[예제 1]에서와 같이 정규화한 부동소수점 표현 형식을 가지는 수는 5비트 컴퓨터에 저장할 수 있다. 첫 비트는 수의 부호를 나타내고, 두 비트는 지수, 그 다음 두 비트는 가수에 할당된다.

$\pm$	e_1	e_2	b_2	b_3

정규화한 부동소수점 표현으로 나타낼 수 있는 모든 양수의 조합은 다음과 같다.

$$(0.1b_2b_3)_2 \times 2^m = \left\{ \begin{array}{l} (0.100)_2 = \frac{1}{2} \\ (0.101)_2 = \frac{5}{8} \\ (0.110)_2 = \frac{3}{4} \\ (0.111)_2 = \frac{7}{8} \end{array} \right\} \times 2^{-1,0,1} = \left\{ \begin{array}{lll} \frac{1}{4}, & \frac{1}{2}, & 1 \\ \frac{5}{16}, & \frac{5}{8}, & \frac{5}{4} \\ \frac{3}{8}, & \frac{3}{4}, & \frac{3}{2} \\ \frac{7}{16}, & \frac{7}{8}, & \frac{7}{4} \end{array} \right.$$

단정밀도를 가지는 부동소수점 표현 하에서의 머신 넘버는 다음과 같은 형태이다.

$$(-1)^s q \times 2^m = (-1)^s \times 2^{c-1} \times (1.b_2b_3)_2$$

여기서 지수는 $m = c - 1$으로 정하였다(8비트를 지수에 할당하는 32비트 컴퓨터에서는 $m = c - 127$이다. 왜 그럴까?). 특수한 경우로 $\pm 0, \pm\infty$ 등이 있다.

부동소수점 표현

1980년대 초 부동소수점 연산에 대한 표준(IEEE-754)이 정립되기 전에는 컴퓨터에서 서로 다른 수많은 형태의 부동소수점 표현이 사용되었다. 워드 길이word length와 표현의 형식,

15 (옮긴이) 계산 과정에서 컴퓨터가 표현할 수 있는 절댓값이 가장 작은 수보다 더 작은 수가 등장하는 경우를 '언더플로underflow가 발생했다'고 한다.

연산 과정에서 사용되는 반올림 방식들이 서로 달랐던 것이다! 현재는 전 세계 거의 모든 하드웨어 및 소프트웨어 제조업체에서 IEEE-754를 수용하고 있다. IEEE-754는 컴퓨터에서 사용되는 부동소수점 수체계를 정의하고, 또한 정확도에 무엇보다 큰 영향을 끼치는 여러 반올림 체계를 제공한다. 대부분의 컴퓨터에서는 부동소수점 수의 정밀도가 보통 3가지 수준으로 존재한다. 다음 표에 각 요소에 할당되는 비트 수를 나타내었다.

정밀도	비트	부호	지수	가수
단정밀도	32	1	8	23
배정밀도	64	1	11	52
롱-더블 정밀도	80	1	15	64

부동소수점 표현을 사용하는 컴퓨터의 경우, 유한한 워드 길이에 의한 한계를 제외하고는 앞서 설명한 방식대로 수를 표현한다. 수많은 2진법 기반 컴퓨터들은 32비트 또는 64비트(2진수)의 워드 길이를 사용한다. 광범위하게 사용되고 있는 수많은 워크스테이션 및 퍼스널 컴퓨터와 흡사한 특징을 가진 이러한 유형의 머신들에 대해 살펴보자. 수와 그 저장 공간을 표현하는 내부 방식을 **표준 부동소수점 형식**standard floating-point form이라 부르는데, 이러한 표준은 거의 모든 컴퓨터에서 사용되고 있다. 몇 가지 세부적인 내용과 특징들에 대한 논의는 생략하였다. 다행히 컴퓨터에서 사용되는 부동소수점 연산 시스템을 똑똑하게 잘 써먹기 위해 이에 대한 상세한 내용을 알아야 할 필요는 없다. 그렇지만 우리의 컴퓨터에서 사용되는 수에 대한 표현을 기본적으로 이해하는 것이 프로그램의 디버깅에 도움이 될 것이다.

단정밀도 부동소수점 수라 함은 컴퓨터에서 표준 단정밀도 부동소수점 연산 형식을 사용하여 표현할 수 있는 모든 수용 가능한 수를 의미한다(이 논의에서는 그러한 컴퓨터가 32비트 워드를 사용하여 수를 저장한다고 가정한다). 단정밀도 부동소수점 수의 집합은 실수의 유한한 부분집합으로, 이 부분집합에는 ± 0과 $\pm\infty$, 정상 및 비정상 단정밀도 부동소수점 수, 심지어는 Not a Number(`NaN`) 수치도 포함되어 있다(이 주제에 대한 좀 더 자세한 내용은 부록 C를 참조하라).

대부분의 실수(모든 무리수와 유리수 일부)는 부동소수점 수로 정확하게 표현되지 않는다는 점을 상기하자. 왜냐하면 이들의 10진수 또는 2진수 표현이 유한한 자릿수로 끝나지 않기 때문이다. 예를 들면 $\pi, e, \frac{1}{3}, 0.1$ 등과 같은 수들이 이에 해당한다.

32비트의 워드 길이 때문에 가능한 한 많은 정규화한 부동소수점 수

$$\pm q \times 2^m$$

가 32비트에 저장되어야 한다. 32비트를 다음과 같이 할당할 수도 있다.

q의 부호	1비트
정수 $\lvert m \rvert$	8비트
수 q	23비트

m의 부호에 대한 정보는 정수 $|m|$에 할당된 8비트에 포함되어 있다. 이러한 체계에서는 $|m|$과 함께 실수를 $2^7 - 1 = 127$까지 표현할 수 있다. 표현할 수 있는 지수의 범위는 -127부터 128까지이다.

단정밀도 부동소수점 형식

이제 **표준 단정밀도 부동소수점** 표현 하에서 다음과 같은 형식의 머신 넘버를 살펴보자.

$$(-1)^s \times 2^{c-127} \times (1.f)_2$$

가장 왼쪽의 비트는 가수의 부호를 저장하는 데 사용되는데, $s=0$은 +인 경우를, $s=1$은 −인 경우를 나타낸다. 그 다음의 8개의 비트는 2^{c-127}의 지수인 c의 값을 나타내는 데 사용되는데, 이는 *익세스-127 코드*excess-127 code로 설명된다. 마지막의 23개의 비트는 $(1.f)_2$의 1-플러스 형식1-plus form에서 가수의 소수 부분에 위치한 f를 나타낸다. 각각의 부동소수점 단정밀도 워드는 [그림 1.8]과 같이 분할되어 있다.

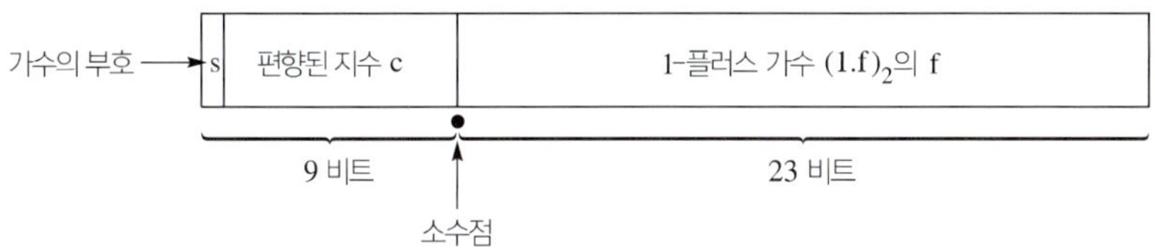

[그림 1.8] 분할한 부동소수점 단정밀도 컴퓨터 워드

0이 아닌 부동소수점 수의 정규화한 표현에서 가수의 첫 번째 비트는 항상 1이므로 굳이 이 비트를 저장할 필요는 없다. 0이 아닌 부동소수점 수의 정규화한 표현은 2진법에서의 소수점을 이동하여 1-플러스 형식 $(1.f)_2$을 만듦으로써 가능하다. 가수는 가장 오른쪽의 23비트로 [그림 1.8]처럼 표시된 위치에 2진법의 소수점을 가지는 f를 포함하고 있다. **숨겨진 비트**hidden bit [16]가 존재하기 때문에 실제로 가수significand는 24자리로 구성한 2진수에 대응한다(단, 중요한 예외가 수 ±0이다).

이제 실수 x를 표현하는 과정에 대하여 개략적으로 살펴보자. 만일 x가 0이라면 부호 비트만 제외하고 0비트의 전체 워드로 표현한다. x가 0이 아니라면 우선 x에 대한 부호 비트를 할당한 후 $|x|$에 대하여 살펴본다. $|x|$의 정수부와 소수부를 10진법 표현에서 2진법 표현으로 바꾼다. 그런 다음 $(|x|)_2$를 1-플러스 형식으로 정규화하기 위해 2진법 소수점을 움직여 2진법 소수점 왼쪽의 첫 번째 비트가 1이 되도록 한다. 이 1의 왼쪽에 있는 모든 비트는 0이다. 2진법 소수점의 이동을 보완하기 위해 2의 지수를 조정한다. 즉 적당한 2의 거듭제곱을 곱한다. 그 결과 2진법에서 1-플러스 형식으로 정규화한 24비트의 가수를 찾아낸다. 이제 c를 결정하려면 현재의 2의 지수가 $c-127$과 일치하도록 정해야 한다. 그 다음으로 c를 10진법에서 2진법으로 변환하고 가수의 부호 비트를 $(c)_2, (f)_2$와 결합시킨다. 마지막으로 x에 대한 32비트의 표현을 8자리의 16진수 숫자로 나타낸다.

단정밀도 부동소수점 수 표현에서 c의 값은 다음의 부등식에 의해 제한된다.

$$0 < c < (11\,111\,111)_2 = 255$$

0과 255 값은 각각 ±0과 ±∞과 같은 특별한 경우에 따로 할당되어 있다. 따라서 실제 지수의 범위는 다음의 부등식에 의해 제한된다.

16 (옮긴이) 가수의 첫 번째 비트를 종종 숨겨진 비트라고 부른다.

$$-126 \le c-127 \le 127$$

마찬가지로 0이 아닌 각각의 수의 가수는 다음의 부등식에 의해 제한된다.

$$1 \le (1.f)_2 \le (1.111\,111\,111\,111\,111\,111\,111\,11)_2 = 2-2^{-23}$$

따라서 표현될 수 있는 가장 큰 수는 $(2-2^{-23})2^{127} \approx 2^{128} \approx 3.4\times 10^{38}$이며, 가장 작은 양수는 $2^{-126} \approx 1.2\times 10^{-38}$이다.

이진 머신 부동소수점 수인 $\varepsilon = 2^{-24}$는 단정밀도를 사용하였을 때의 **머신 엡실론**machine epsilon이라고 불린다. 이 수는 가장 작은 양(+)의 머신 넘버 ε으로 $1+\varepsilon \ne 1$을 만족한다. $2^{-24} \approx 5.96\times 10^{-8}$이므로 간단한 계산에서 대략 7개의 정확한 유효숫자가 단정밀도에서 얻어진다고 추측할 수 있다. 가수 및 숨겨진 비트에 23비트가 할당된다는 점을 기억해야 한다.

배정밀도 부동소수점 형식

더 높은 정확도가 필요할 때에는 **배정밀도**double precision 형식을 사용할 수 있다. 이 형식에서는 각각의 배정밀도 부동소수점 수를 메모리에 2개의 컴퓨터 워드로 저장한다. 배정밀도에서는 가수에 52비트를 할당한다. 배정밀도 **머신 엡실론**은 $\varepsilon = 2^{-53} \approx 1.11\times 10^{-16}$이므로 대략 **15자리 정도의 유효숫자**15 significant decimal digits의 정확도가 가능하다. 지수에는 11비트가 할당되어 있는데, 이 값은 1023만큼 편향되어 있다. 지수는 -1022부터 1023까지의 수를 나타낼 수 있다. **표준 배정밀도 부동소수점 형식**에서의 머신 넘버는 다음에 대응한다.

$$(-1)^s \times 2^{c-1023} \times (1.f)_2$$

가장 왼쪽의 비트는 가수의 부호를 저장하기 위한 비트로 $s=0$은 +인 경우를, $s=1$은 −인 경우를 나타낸다. 그 다음의 11개의 비트는 2^{c-1023}에 대응하는 지수 c값을 나타내는 데 사용된다. 마지막 52개의 비트는 1-플러스 형식인 $(1.f)_2$에서 가수의 소수 부분에 위치한 f를 나타낸다.

배정밀도 부동소수점 수 표현에서 c의 값은 다음의 부등식에 의해 제한된다.

$$0 < c < (1\,111\,111\,111)_2 = 2047$$

단정밀도의 경우와 마찬가지로 위 구간의 양 끝값들은 특수한 값들에 할당되어 있다. 따라서 실제 지수의 범위는 다음의 범위로 제한된다.

$$-1022 \le c-1023 \le 1023$$

각각의 0이 아닌 수의 가수는 다음의 부등식으로 제한된다는 사실이 밝혀졌다.

$$1 \le (1.f)_2 \le (1.111\,111\,111 \cdots 111\,111\,111\,1)_2 = 2-2^{-52}$$

$2^{-52} \approx 2.2\times 10^{-16}$이므로 배정밀도로 수행한 단순한 계산에서 대략 15자리의 유효숫자 정

확도를 얻을 수 있음을 추측할 수 있다.

가수에 52비트가 할당된다는 점을 상기하면 가장 큰 배정밀도 머신 넘버는 $(2-2^{-52})\times 2^{1023}\approx 2^{1024}\approx 1.8\times 10^{308}$이고, 가장 작은 배정밀도 머신 넘버는 $2^{-1022}\approx 2.2\times 10^{-308}$이다. 64비트 컴퓨터에서의 단정밀도는 32비트 컴퓨터에서의 배정밀도와 비교할 만하나, 64비트 컴퓨터에서의 배정밀도는 32비트 컴퓨터에서 얻을 수 있는 정밀도의 4배에 이른다.

단정밀도에서는 한 정수에 대하여 31비트를 사용할 수 있다. 왜냐하면 부호에 오직 1비트만 필요하기 때문이다. 결과적으로 $-(2^{31}-1)$에서 $(2^{31}-1)=2147483647$까지가 정수의 범위이다. 배정밀도에서는 정수에 대해 63비트의 사용이 가능하므로 $-(2^{63}-1)$에서 $(2^{63}-1)$까지가 정수의 범위이다. 정수 연산으로 정밀한 계산을 수행해 보면, 단정밀도에서는 대략 9자리, 배정밀도에서는 18자리의 숫자를 얻을 수 있다! 높은 정확도를 위해서는 대부분의 계산을 배정밀도 부동소수점 연산으로 수행해야 한다.

이 시점에서 수를 다른 진법으로 표현하는 방법을 복습하고 싶은 독자는 부록 B를 참조하기 바란다.

예제 2 10진법으로 표현한 수 −52.234375를 단정밀도 및 배정밀도 머신 표현으로 나타내어라.

풀이

우선 정수부분을 2진법으로 바꾸면 $(52.)_{10}=(64.)_8=(110100.)_2$이다. 다음으로 소수 부분을 2진법으로 바꾸면 $(.234375)_{10}=(.17)_8=(.001111)_2$이다. 따라서 다음과 같다.

$$(52.234375)_{10}=(110100.001111)_2=(1.101000011110)_2\times 2^5$$

이는 52.234375를 2진법에서의 1−플러스 형태로 표현한 것이다. $(.101000011110)_2$는 저장한 가수에 해당한다. 그 다음으로 2의 지수가 $(5)_{10}$이므로 $c-127=5$에서 $(132)_{10}=(204)_8=(10000100)_2$가 저장한 지수라는 것을 즉시 알 수 있다. 따라서 −52.234375를 단정밀도 머신 표현으로 나타내면 다음과 같다.

$$[1100\ 0010\ 0101\ 0000\ 1111\ 0000\ 0000\ 0000]_2=[\text{C250F000}]_{16}$$

단정밀도 부동소수점 형태로 32비트 공간에 저장한 −52.234375의 비트 패턴은 다음 그림과 같다.

배정밀도에서 지수 $(5)_{10}$의 경우 $c-1023=5$라 하면 $(1028)_{10}=(2004)_8=(10\ 000\ 000\ 100)_2$이므로 이 값이 저장한 지수이다. 따라서 −52.234375를 배정밀도 머신 표현으로 나타내면 다음과 같다.

$$\begin{aligned}&[1100\ 0000\ 0100\ 1010\ 0001\ 1110\ 0000\cdots 0000]_2\\&=[\text{C04A1E0000000000}]_{16}\end{aligned}$$

이때 $[\cdots]_k$는 부동소수점 형태로 표현된 k진법의 수를 나타내는 머신 워드machine word의 비트 패턴이다. 배정밀도 부동소수점 형태로 64비트 공간에 저장된 -52.234375의 비트 패턴은 다음 그림과 같다.

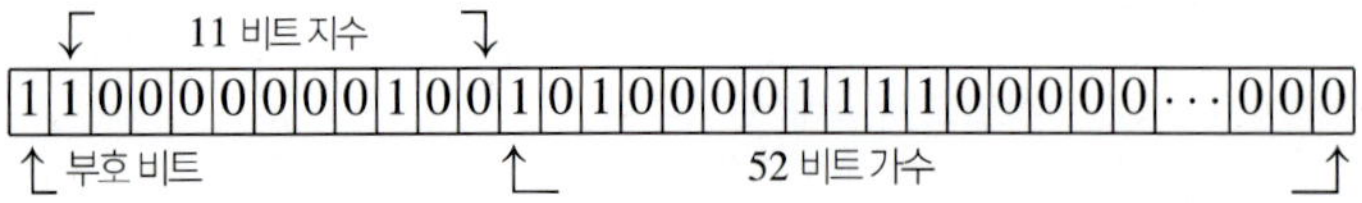

수학 소프트웨어들을 컴퓨터에서 표현 가능한 수의 범위를 알아보는 데 사용할 수 있다. MATLAB에서는 `realmin('single')`과 `realmax('single')` 명령어를 통해 가장 작거나 가장 큰 단정밀도 부동소수점 수를 알아볼 수 있다. 배정밀도의 경우도 마찬가지로 실행해 볼 수 있다. 다음 표에 정규화한 부동소수점 수의 범위와 0에서의 구멍을 나타내었다. 여기에 표현한 수 범위는 연속적이지 않으므로 여러 곳에 수많은 구멍과 틈(불연속)이 있다.

	범위
단정밀도	$-2^{128} \approx -3.4\times10^{38} \le x \le -1.2\times10^{-38} \approx -2^{-126}$
	0
	$2^{-126} \approx 1.2\times10^{-38} \le x \le 3.4\times10^{38} \approx 2^{128}$
배정밀도	$-2^{1024} \approx -1.8\times10^{318} \le x \le -2.2\times10^{-308} \approx -2^{-1022}$
	0
	$2^{-1022} \approx 2.2\times10^{-308} \le x \le 1.8\times10^{308} \approx 2^{1024}$

예제 3 다음 머신 워드에 대응하는 10진수를 구하라.

$$[45DE4000]_{16} \qquad [BA390000]_{16}$$

풀이

첫 번째 수의 2진법 표현은

$$[0100\ 0101\ 1101\ 1110\ 0100\ 0000\ 0000\ 0000]_2$$

이므로 저장한 지수는 $(10\ 001\ 011)_2=(213)_8=(139)_{10}$이므로 $139-127=12$이다. 가수는 양수이며 다음과 같은 수를 나타낸다.

$$\begin{aligned}(1.101\ 111\ 001)_2\times2^{12} &= (1\ 101\ 111\ 001\ 000.)_2\\ &=(15710.)_8\\ &=0\times1+1\times8+7\times8^2+5\times8^3+1\times8^4\\ &=8(1+8(7+8(5+8(1))))\\ &=7112\end{aligned}$$

마찬가지로 두 번째 머신 워드의 2진법 표현은

$$[1011\ 1010\ 0011\ 1001\ 0000\ 0000\ 0000\ 0000]_2$$

이다. 저장한 지수는 $(01110100)_2 = (164)_8 = (116)_{10}$이므로 $116 - 127 = -11$이다. 가수는 음수이며 다음의 부동소수점 수에 대응한다.

$$\begin{aligned}-(1.011\ 100\ 100)_2 \times 2^{-11} &= -(0.000\ 000\ 000\ 010\ 111\ 001)_2 \\ &= -(0.000271)_8 \\ &= -2 \times 8^{-4} - 7 \times 8^{-5} - 1 \times 8^{-6} \\ &= -8^{-6}(1 + 8(7 + 8(2))) \\ &= -\frac{185}{262144} \approx -7.0571899 \times 10^{-4}\end{aligned}$$

수 표현 과정에서 발생하는 컴퓨터 오차

이제 컴퓨터에서 주어진 실수 x를 표현할 때 발생하는 오차에 대하여 살펴보겠다. 32비트의 워드 길이를 적용하는 컴퓨터를 모델로 생각해 보자. 우선 $x = 2^{5321697}$ 또는 $x = 2^{-32591}$이라 하자. 이 수의 지수들은 (앞의 설명에 따르면) 머신의 한계를 훨씬 넘어서고 있다. 따라서 이 수들은 각각 오버플로 및 언더플로가 될 것이며, x를 가장 가까운 머신 넘버로 근사하는 과정에서 발생하는 상대오차는 매우 클 것이다. 이러한 수들은 32비트 워드 길이의 컴퓨터의 범위를 넘어서는 수이다.

이제 정규화한 부동소수점 형태로 표현한 양의 실수 x를 생각해 보자.

$$x = q \times 2^m \quad \left(\frac{1}{2} \le q < 1,\ -125 \le m \le 128\right)$$

x를 가장 가까운 머신 넘버로 대체하는 과정을 **올바른 반올림** correct rounding이라 부르며, 이 과정에서 발생하는 오차를 **반올림 오차** roundoff error라 한다. 반올림 오차가 얼마나 될지 살펴보자. q가 정규화한 이진법 표현으로 되어있다면 다음과 같이 나타낼 수 있다.

$$x = (0.1b_2b_3b_4 \cdots b_{24}b_{25}b_{26} \cdots)_2 \times 2^m$$

컴퓨터에서는 가수의 저장에 23비트만을 할당하기 때문에, 가장 가까운 머신 넘버는 잘라버리거나 rounding down 초과한 비트 $b_{25}b_{26} \cdots$ 부분을 그냥 누락시키면 얻을 수 있다. 그렇게 얻은 머신 넘버는 다음과 같다.

$$x_- = (0.1b_2b_3b_4 \cdots b_{24})_2 \times 2^m$$

이 수는 실수축 상에서 x보다 왼쪽에 위치한다. 또 다른 머신 넘버 x_+는 실수축 상에서 x의 바로 오른쪽에 위치하는 수로, x를 반올림으로 올려서 얻은 수이다. 이 수는 x_-의 표현에서 b_{24}에 한 단위를 더하여 얻어지며 그 결과는 다음과 같다.

$$x_+ = [(0.1b_2b_3b_4 \cdots b_{24})_2 + 2^{-24}] \times 2^m$$

x_-와 x_+ 중 x와 더 가까운 수를 x를 나타내는 머신 넘버로 선택한다.

[그림 1.9] x_-, x_+, x 사이에 가능한 관계

두 가지 상황이 [그림 1.9]에 단순한 그림으로 나타나 있다. 만일 x가 x_+보다 x_-에 가깝다면 다음이 성립한다.

$$|x-x_-| \le \frac{1}{2}|x_+-x_-| = 2^{-25+m}$$

이 경우 상대오차는 다음과 같이 제한된다.

$$\left|\frac{x-x_-}{x}\right| \le \frac{2^{-25+m}}{(0.1b_2b_3b_4\cdots)_2 \times 2^m} \le \frac{2^{-25}}{1/2} = 2^{-24} = u$$

여기서 $u=2^{-24}$는 표준 부동소수점 연산을 사용하는 32비트 이진 컴퓨터에서의 **단위 반올림 오차**unit roundoff error이다.

수학 소프트웨어를 이용하여 컴퓨터의 정밀도를 확인할 수 있다. 예를 들어 MATLAB에서 `eps('single')` 명령을 실행하면 1.0에서부터 그 다음으로 가장 큰 단정밀도 부동소수점 수까지의 거리를 반환한다. 배정밀도의 경우도 마찬가지이다.

정밀도	범위
단정밀도	$2^{-23} \approx 1.2 \times 10^{-7}$
배정밀도	$2^{-52} \approx 2.2 \times 10^{-16}$

머신 엡실론이 $\varepsilon = 2^{-24}$이었던 것을 상기하면 $u=\varepsilon$이다. 또한 $u=2^{-k}$이다. 이때 k는 가수를 표현할 때 사용한 2진법 자릿수의 개수로, 숨겨진 비트를 포함한다(단정밀도에서는 $k=24$, 배정밀도에서는 $k=53$이다). 한편 x가 x_-보다 x_+에 가까운 경우

$$|x-x_+| \le \frac{1}{2}|x_+-x_-|$$

이 성립하므로 동일한 분석을 통해 상대오차가 $2^{-24}=u$를 절대 넘지 않는다는 것을 확인할 수 있다. 따라서 가장 가까운 머신 넘버로 반올림하는 경우 그 상대오차는 u를 넘을 수 없다. 참고로 컴퓨터에서 모든 초과 자릿수 또는 비트를 버리는 과정을 **버림**chopping이라고 부른다. 만일 32비트 워드 길이의 컴퓨터가 수를 버리도록 설정되어 있다면 상대오차의 한계는 2배가 될 것이다.

머신 엡실론(ε)과 **단위 반올림 오차**(u)는 서로 번갈아 가며 쓰인다. 컴퓨터 계산에서 실제 발생하는 오차는 매우 복잡하기 때문에, 반올림 오차의 효과를 분석하는 데 머신 엡실론이 사용되기도 한다. 프로그램 라이브러리는 머신 엡실론과 단위 반올림 오차 같은 표준 수량에 대한 사전 계산값을 제공한다.

종종 머신 엡실론의 값을 대략적으로 계산하라는 연습문제를 접할 때가 있을 것이다. 이러한 문제는 단위 반올림 오차가 아닌, 1에서의 부동소수점 수의 간격이라는 관점에서 접근해야 한다. 다음 유사코드는 머신 엡실론에 대한 근삿값(2배 이내)을 계산한다.

```
epsi ← 1.0
while (1.0 + epsi > 1.0)
    epsi ← epsi/2.0
end while
epsi ← 2.0 * epsi
```

머신 엡실론 유사코드

모든 컴퓨터 계산 결과가 그러하듯이, 출력되는 머신 엡실론의 값은 사용한 컴퓨터의 플랫폼이나 프로그래밍 언어, 사용한 부동소수점 형식(단정밀도, 배정밀도, 롱-더블 정밀도 등) 및 실행시간 라이브러리runtime library에 따라 다를 수 있다.

fl(x)표현과 후진 오차backward error[17] 해석

이제 기본 연산 실행 과정에서 발생하는 오차에 대하여 살펴보자. 그 원리를 설명하기 위해 소수점 아래 다섯 자리를 취급하는 컴퓨터에서 수를 더하는 상황을 생각해 보자. 정규화한 부동소수점 형식으로 표현한 다음의 전형적인 두 머신 넘버를 고려해 보자.

$$x = 0.37218 \times 10^4, \qquad y = 0.71422 \times 10^{-1}$$

많은 컴퓨터들이 기본 연산을 2배 길이의 작업 영역에서 수행하므로, 이 컴퓨터가 10자리까지 다룰 수 있는 누산기라고 생각할 수 있다. 우선 둘 중 작은 수의 지수가 큰 수의 지수와 같아지도록 조정한다. 그 후 누산기에서 덧셈이 진행되고 반올림한 결과가 컴퓨터 워드에 저장된다.

$$\begin{aligned} x &= 0.3721800000 \times 10^4 \\ y &= 0.0000071422 \times 10^4 \\ \hline x + y &= 0.3721871422 \times 10^4 \end{aligned}$$

계산 결과와 가장 가까운 머신 넘버는 $z = 0.37219 \times 10^4$이므로 이 컴퓨터의 덧셈 결과에 포함한 상대오차는 다음과 같다.

$$\frac{|x+y-z|}{|x+y|} = \frac{0.0000028578 \times 10^4}{0.3721871422 \times 10^4} \approx 0.77 \times 10^{-5}$$

이 상대오차 값은 이처럼 낮은 수준의 정확도를 가진 머신에서는 허용될 만한 수치이다. 이러한 오차 해석을 용이하게 진행하기 위해 실수 x에 대응하는 **부동소수점 머신 넘버**floating-point machine number를 나타내는 기호 $\mathrm{fl}(x)$를 소개하겠다. 물론 이 함수 fl도 사용하는 컴퓨터에 따라 값이 달라진다. 앞서 가정했던 소수점 아래 다섯 자리 머신은 다음의 결과를 보여준다.

$$\mathrm{fl}(0.3721871422 \times 10^4) = 0.37219 \times 10^4$$

32비트 워드 길이 컴퓨터에서 x가 컴퓨터의 허용 범위 안에 있는 실수일 경우에 다음이 성립함을 앞에서 이미 살펴보았다.

17 (옮긴이) 'backward error'는 후진 오차 또는 역방향 오류라고 불리는데, 역방향 오류는 통신 분야의 용어에 가까우므로 이 책에서는 후진 오차로 번역하였다.

$$\frac{|x-\mathrm{fl}(x)|}{|x|} \leq u \qquad (u = 2^{-24}) \tag{1}$$

여기서 그 이후에도 항상 올바른 반올림이 사용된다고 가정한다. 위 식은 더 유용한 형태인 다음과 같은 식으로도 표현된다.

$$\mathrm{fl}(x) = x(1+\delta) \qquad (|\delta| \leq 2^{-24})$$

위 두 식이 동치임을 보이기 위하여 단순하게 $\delta = [\mathrm{fl}(x) - x]/x$라 하자. 그러면 부등식 (1)에 의해 $|\delta| \leq 2^{-24}$이며, $\mathrm{fl}(x)$에 대하여 풀면 $\mathrm{fl}(x) = x(1+\delta)$를 얻는다.

덧셈 $1+\varepsilon$의 세부 과정을 살펴보면 $\varepsilon \geq 2^{-24}$인 경우에는 $\mathrm{fl}(1+\varepsilon) > 1$이지만, $\varepsilon < 2^{-24}$이면 $\mathrm{fl}(1+\varepsilon) = 1$임을 알 수 있다. 결론적으로 **머신 엡실론**이 다음과 같이 가장 작은 양(+)의 머신 넘버라고 하면,

$$\mathrm{fl}(1+\varepsilon) > 1$$

머신 엡실론

$\varepsilon \approx 2^{-24}$이다. 가끔은 프로그램에 머신 엡실론을 제공해야 할 필요가 있다. 머신 엡실론은 머신에 의존하는 상수이기 때문에 이를 찾기 위해서는 시스템 루틴[system routine]을 호출하거나 컴퓨터에서 $1+x>1$이 되는 $x=2^m$ 꼴의 가장 작은 양수를 찾는 간단한 프로그램을 작성해야 한다[18].

18 (옮긴이) 앞의 유사코드를 참조하라.

기호 ⊙가 +, −, ×, ÷ 중 하나의 연산을 나타낸다고 하자. 32비트 워드 길이 컴퓨터가 2개의 머신 넘버 x, y에 대한 연산을 수행할 때, $x \odot y$ 대신 $\mathrm{fl}(x \odot y)$를 계산하도록 설계되어 있다고 하자. 처음에 $x \odot y$가 정확하게 형성된 후, 정규화 과정을 거치고 반올림되어 하나의 머신 넘버로 도출되는 과정을 상상해 볼 수 있다. 이 가정 하에서 앞서 해석했던 바에 따르면 상대오차는 2^{-24}을 넘을 수 없다.

$$\mathrm{fl}(x \odot y) = (x \odot y)(1+\delta) \qquad (|\delta| \leq 2^{-24})$$

물론 이 식의 특별한 예로 다음과 같은 식들이 있다.

fl 속성

$$\begin{aligned} \mathrm{fl}(x \pm y) &= (x \pm y)(1+\delta) \\ \mathrm{fl}(xy) &= xy(1+\delta) \\ \mathrm{fl}\left(\frac{x}{y}\right) &= \left(\frac{x}{y}\right)(1+\delta) \end{aligned}$$

이 식에서 δ는 변수이지만 $-2^{-24} \leq \delta \leq 2^{-24}$을 만족한다. 우리가 앞서 했던 32비트 워드 길이 모델 컴퓨터에 대한 가정들이 실제 컴퓨터에서는 맞지 않을 수 있다. 예를 들면 x, y가 머신 넘버일지라도 $x \odot y$는 오버플로 또는 언더플로가 될 수 있기 때문이다. 그럼에도 불구하고 위 가정들은 대부분의 연산 머신들에서 현실적인 것으로 받아들여져야 한다.

위 식들은 다양한 방식으로 표현될 수 있으며 그중 일부는 반올림에 대한 다른 해석을 제시한다. 예를 들면 다음과 같이 표현할 수 있다.

$$\mathrm{fl}(x+y) = x(1+\delta) + y(1+\delta)$$

이는 두 머신 넘버 x, y를 더한 결과가 일반적인 $x+y$가 아니라, $x(1+\delta)$와 $y(1+\delta)$의 합이라는 것을 의미한다. $x(1+\delta)$는 x를 미세하게 교란perturb한 값으로 생각될 수 있다. 따라서 $x+y$의 머신 버전, 즉 $\mathrm{fl}(x+y)$는 미세하게 교란된 x와 미세하게 교란된 y의 정확한 합이다. 연습문제의 예제들에서 이와 유사한 해석을 적용해볼 수 있을 것이다.

이러한 해석은 **후진 오차 해석**backward error analysis의 한 예로 볼 수 있다. 이 해석 방법은 원래 데이터에 어떤 교란을 가해야 컴퓨터가 교란된 문제에 대하여 정확한 결과를 낼 수 있는지를 결정하는 방식이다. 반면에 **직접 오차 해석**direct error analysis[19]은 동일한 데이터에 기초하여 계산한 결과가 정확한 답과 어느 정도의 차이가 나는지를 해석하는 방법이다. 이런 과학적 계산 측면에서 보면 컴퓨터가 계산상의 오류를 보는 새로운 방식을 불러일으켰다 할 수 있다.

19 (옮긴이) 직접 오차 해석은 후진 오차 해석의 반대 개념으로 보아 전진 오차 해석forward error analysis라고 부르기도 한다.

머신 넘버의 집합은 유한하기 때문에 몇몇 기본적인 수학적 연산들이 잘 정의되지 않거나, 부동소수점 연산에서 계산 불가 상황이 나타날 수도 있다. 예를 들어 다음을 살펴보자.

$$\mathrm{fl}(x) = x(1+\epsilon)$$

여기서 $|\epsilon| \le \epsilon_m$이다. ϵ_m은 **머신 엡실론**으로, $\mathrm{fl}(1+\epsilon_m) \ne 1$을 만족하는 가장 작은 수이다. 또한 다음을 얻을 수 있다.

$$\mathrm{fl}(x \odot y) = (x \odot y)(1+\epsilon_{\odot})$$

여기서 $|\epsilon_{\odot}| \le \epsilon_m$이며 연산자 $\odot = +, -, \times, /$이다. 단,

$$\mathrm{fl}(x \odot y) = \mathrm{fl}(y \odot x)$$

는 연산자 $\odot = +, \times$에 대하여서만 성립한다.

예제 4 **만일 x, y, z가 32비트 워드 길이 컴퓨터에서의 머신 넘버라면, $z(x+y)$의 계산값에 대한 상대 반올림 오차의 상한**upper bound**은 무엇인가?**

풀이

우선 컴퓨터에서 $x+y$을 계산한다. 이 연산의 결과는 $\mathrm{fl}(x+y)$로, 이 값은 반올림으로 인해 $(x+y)$값과는 다르다. 앞서 정립했던 원칙에 따라 다음과 같은 δ_1이 존재한다.

$$\mathrm{fl}(x+y) = (x+y)(1+\delta_1) \qquad (|\delta_1| \le 2^{-24})$$

z를 머신 넘버인 $\mathrm{fl}(x+y)$에 곱하면 그 결과는 머신 넘버 $\mathrm{fl}[z\,\mathrm{fl}(x+y)]$이다. 왜냐하면 z가 이미 머신 넘버이기 때문이다.[20] 이 결과 역시 정확한 참값과 다르며 다음 식을 만족하는 적당한 δ_2가 존재한다.

$$\mathrm{fl}[z\ \mathrm{fl}(x+y)] = z\ \mathrm{fl}(x+y)(1+\delta_2) \qquad (|\delta_2| \le 2^{-24})$$

20 (옮긴이) 만일 z가 머신 넘버가 아니었다면 $z(x+y)$의 머신에서의 계산값은 $\mathrm{fl}(\mathrm{fl}(z)\,\mathrm{fl}(x+y))$일 것이다.

위 두 식을 종합하면 다음을 얻는다.

$$\begin{aligned}
\mathrm{fl}\,[z\ \mathrm{fl}\,(x+y)] &= z(x+y)(1+\delta_1)(1+\delta_2)\\
&= z(x+y)(1+\delta_1+\delta_2+\delta_1\delta_2)\\
&\approx z(x+y)(1+\delta_1+\delta_2)\\
&= z(x+y)(1+\delta) \qquad (|\delta| \le 2^{-23})
\end{aligned}$$

이 계산에서 $|\delta_1\delta_2| \le 2^{-48}$이므로 이 항은 무시하였다. 또한 $\delta=\delta_1+\delta_2$라 할 때 $|\delta|=|\delta_1+\delta_2| \le |\delta_1|+|\delta_2| \le 2^{-24}+2^{-24}=2^{-23}$이다.

예제 5 **두 실수 x, y의 합을 계산할 때 상대 반올림 오차가 발생한다. 이를 추정하는 다음의 시도를 분석하라. 32비트 워드 길이의 컴퓨터에서의 계산 결과는 다음과 같다.**

$$\begin{aligned}
z &= \mathrm{fl}\,[\,\mathrm{fl}\,(x)+\ \mathrm{fl}\,(y)]\\
&= [x(1+\delta)+y(1+\delta)](1+\delta)\\
&= (x+y)(1+\delta)^2\\
&\approx (x+y)(1+2\delta)
\end{aligned}$$

그러므로 상대오차의 범위는 다음과 같이 한정한다.

$$\left|\frac{(x+y)-z}{(x+y)}\right| = \left|\frac{2\delta(x+y)}{(x+y)}\right| = |2\delta| \le 2^{-23}$$

왜 이러한 계산이 옳지 않은지 설명하라.

풀이

이러한 계산에서 발생하는 양 δ는 일반적으로 서로 동일하지 않다[21]. 정확한 계산은 다음과 같다.

21 (옮긴이) [예제 5]의 계산 방식의 오류는 실제 수를 가장 가까운 머신 넘버로 반올림할 때 발생하는 상대오차 δ들이 수마다 전부 같다고 가정한 점이다.

$$\begin{aligned}
z &= \mathrm{fl}\,[\,\mathrm{fl}\,(x)+\ \mathrm{fl}\,(y)]\\
&= [x(1+\delta_1)+y(1+\delta_2)](1+\delta_3)\\
&= [(x+y)+\delta_1 x+\delta_2 y](1+\delta_3)\\
&= (x+y)+\delta_1 x+\delta_2 y+\delta_3 x+\delta_3 y+\delta_1\delta_3 x+\delta_2\delta_3 y\\
&\approx (x+y)+x(\delta_1+\delta_3)+y(\delta_2+\delta_3)
\end{aligned}$$

따라서 상대 반올림 오차는 다음과 같다.

$$\begin{aligned}
\left|\frac{(x+y)-z}{(x+y)}\right| &= \left|\frac{x(\delta_1+\delta_3)+y(\delta_2+\delta_3)}{(x+y)}\right|\\
&= \left|\frac{(x+y)\delta_3+x\delta_1+y\delta_2}{(x+y)}\right|\\
&= \left|\delta_3+\frac{x\delta_1+y\delta_2}{(x+y)}\right|
\end{aligned}$$

이 값은 유한하지 않다. 그 이유는 두 번째 항의 분모인 $(x+y)$가 0에 가깝거나 0일 수 있기 때문이다. 만일 x와 y가 머신 넘버였다면 δ_1과 δ_2는 0이고, 결과적으로 유용한 한계 범위인 δ_3를 얻는다[22]. 하지만 이를 굳이 계산할 필요는 없다! 왜냐하면 머신 넘버가 사칙 연산으로 결합되어 있을 때, (32비트 워드 길이 컴퓨터에서) 상대 반올림 오차의 크기가 2^{-24}을 넘지 않는다고 이미 가정했었기 때문이다.

22 (옮긴이) 즉 위 식의 결과는 $|\delta_3|$가 되고 오차의 한계는 2^{-24}이다.

역사적 사건들

수치적 계산의 잘못된 예들

1991년 걸프전Gulf War에서 발생한 패트리어트 미사일 방어 시스템의 실패는 소프트웨어 변환 오류로 인한 결과임이 밝혀졌다. 이 시스템의 시계는 1/10초 단위로 시간을 측정하는데, 이를 24비트 부동소수점 수로 저장하면서 반올림 오차가 유발되었다. 이 방어 시스템이 이라크 측에서 발사한 스쿼드Scud 미사일 요격에 실패하면서 사우디아라비아 다란에 위치한 미국 측 병영에서 28명의 미군 사망자가 발생하였다(현장 데이터에 의하면 방어 시스템은 구동 시작 후 20시간이 지나면 재부팅이 필요한 것으로 밝혀졌는데, 그 당시 방어 시스템은 100시간 연속으로 구동 중이었다고 한다!).

1994년 토마스 나이슬리Thomas. R. Nicely 교수는 인텔 펜티엄의 부동소수점 프로세서가 특정 나눗셈 연산에 대해 잘못된 결과를 도출한다는 사실을 발견했다. 예를 들어 0001/824633702441.0의 계산 결과에서 8번째 유효숫자 이후의 모든 자리의 숫자들이 잘못 계산되었다. 처음에는 이 문제가 다수의 사용자에게 영향을 미치지 않을 거라고 선언했지만 인텔은 결국 이 문제를 해결하기 위하여 4억 2천만 달러를 써야 했고, 원하는 모든 사용자에게 프로세서를 교환해 주어야 했다!

1996년에는 유럽 우주국European Space Agency : ESA에서 제작한 로켓인 아리안 5호[23]가 프랑스령 기아의 쿠루에서 발사된 지 40초 만에 폭발하였다. 조사 결과 로켓의 수평방향 속도가 64비트 부동소수점 수에서 16비트의 부호가 있는 정수의 형태로 변환되어야 하는데, 그 숫자가 메모리에 저장될 수 있는 가장 큰 수인 32,767을 넘어서면서 시스템이 오류를 일으킨 것으로 밝혀졌다. 로켓 및 각종 화물의 가치는 5억 달러 정도였다.

23 (옮긴이) 아리안 5호의 폭발 사건은 수치해석계에서 매번 언급되는 실패 사례로, 이 부분의 번역에 http://www-users.math.umn.edu/~arnold/disasters/ariane.html을 참조하였다.

위 사건들에 대한 더 자세한 내용은 인터넷 검색을 통해 찾을 수 있을 것이다. 특히 부동소수점 연산을 사용하는 데 있어서 좀 더 신중히 컴퓨터 프로그래밍을 했다면 막을 수 있었을 참사들에 대해서는 흥미로운 이야기들이 많다.

1.3 요약

- 32비트 워드 길이 컴퓨터에서 표준 부동소수점 형식으로 표현한 **단정밀도 부동소수점 수**는 하나의 워드에 다음과 같은 비트 패턴으로 저장된다.

$$b_1b_2b_3\cdots b_9b_{10}b_{11}\cdots b_{32}$$

이는 다음과 같은 실수로 해석한다.

$$(-1)^{b_1}\times 2^{(b_2b_3\cdots b_9)_2}\times 2^{-127}\times(1.b_{10}b_{11}\cdots b_{32})_2$$

- 32비트 워드 길이 컴퓨터에서 표준 부동소수점 형식으로 표현한 **배정밀도 부동소수점 수**는 2개의 워드에 다음과 같은 비트 패턴으로 저장된다.

$$b_1b_2b_3\cdots b_9b_{10}b_{11}b_{12}b_{13}\cdots b_{32}b_{33}b_{34}b_{35}\cdots\cdots b_{64}$$

이는 다음과 같은 실수로 해석한다.

$$(-1)^{b_1}\times 2^{(b_2b_3\cdots b_{12})_2}\times 2^{-1023}\times(1.b_{13}b_{14}\cdots b_{64})_2$$

- 실수 x와 **부동소수점 머신 넘버** $\mathrm{fl}(x)$ 사이에는 다음과 같은 관계가 있다.

$$\mathrm{fl}(x)=x(1+\delta) \qquad (|\delta|\le 2^{-24})$$

만일 $\odot$이 사칙연산 중 하나를 나타낸다면 다음이 성립한다.

$$\mathrm{fl}(x\odot y)=(x\odot y)(1+\delta)$$

이 식에서 δ는 x, y에 의존하는 값이다.

1.3 연습문제

01 다음 10진수에 대하여 32비트 워드 길이 컴퓨터에서의 단정밀도 표현으로 표현하라.

(a) 2^{-30} (b) 64.015625

(c) -8×2^{-24}

02 다음 10진수들을 32비트 워드 길이 컴퓨터에서의 단정밀도 및 배정밀도로 표현하라.

(a) $0.5, -0.5$ (b) $0.125, -0.125$

(c) $0.0625, -0.0625$ (d) $0.03125, -0.03125$

03 다음 수 중 머신 넘버는 무엇인가?

(a) 10^{403} (b) $1+2^{-32}$

(c) $1/5$ (d) $1/10$

(e) $1/256$

04 다음 10진수들을 단정밀도 및 배정밀도로 표현하라.

(a) $1.0, -1.0$ (b) $+0.0, -0.0$

(c) -9876.54321 (d) 0.234375

(e) 492.78125 (f) 64.37109375

(g) -285.75 (h) 10^{-2}

05 다음과 같은 비트 열bit string에 대응하는 부동소수점 수를 찾아라.

(a) `0 00000000 00000000000000000000000`

(b) `1 00000000 00000000000000000000000`

(c) `0 11111111 00000000000000000000000`

(d) `1 11111111 00000000000000000000000`

(e) `0 00000001 00000000000000000000000`

(f) `0 10000001 01100000000000000000000`

(g) `0 01111111 00000000000000000000000`

(h) `0 01111011 10011001100110011001100`

06 다음의 비정상 수[24]들에 대한 비트-열 머신 표현은 무엇인가?

(a) $2^{-127}+2^{-128}$ (b) $2^{-127}+2^{-150}$

(c) $2^{-127}+2^{-130}$ (d) $\sum_{k=127}^{150} 2^{-k}$

07 다음 머신 표현을 가지는 10진수를 구하라.

(a) $[3F27E520]_{16}$ (b) $[3BCDCA00]_{16}$

(c) $[BF4F9680]_{16}$ (d) $[CB187ABC]_{16}$

08 다음 머신 표현을 가지는 10진수를 구하라.

(a) $[CA3F2900]_{16}$ (b) $[C705A700]_{16}$

(c) $[494F96A0]_{16}$ (d) $[4B187ABC]_{16}$

(e) $[45223000]_{16}$ (f) $[45607000]_{16}$

(g) $[C553E000]_{16}$ (h) $[437F0000]_{16}$

09 다음은 머신 표현인가? 왜 그런가 또는 왜 그렇지 않은가?

(a) $[4BAB2BEB]_{16}$ (b) $[1A1AIA1A]_{16}$

(c) $[FADEDEAD]_{16}$ (d) $[CABE6G94]_{16}$

10 변수 Δ와 연관한 컴퓨터 워드는 $[7F7FFFFF]_{16}$으로 표현되며 이는 단정밀도 부동소수점으로 나타낼 수 있는 가장 큰 수이다. Δ의 10진법 값은 무엇인가? 변수 ε은 $[00800000]_{16}$으로 표현되며, 이는 단정밀도 부동소수점으로 나타낼 수 있는

24 (옮긴이) 비정상 수subnormal number는 0 근처의 머신 넘버들을 일컫는다.

가장 작은 양수이다. ε의 10진법 값은 무엇인가?

11 다음과 같은 조건에서 $\pm(0.b_1b_2)\times 2^k$의 2진 표현을 갖는 부동소수점 수 체계에서의 수 집합을 열거하라.

(a) $k\in\{-1, 0\}$

(b) $k\in\{-1, 1\}$

(c) $k\in\{-1, 0, 1\}$

12 2^m의 바로 왼쪽과 오른쪽에 위치한 머신 넘버는 무엇인가? 이들 각각은 2^m으로부터 얼마나 떨어져 있는가?

13 일반적으로 여러 개의 부동소수점 수들을 더할 때, 크기가 작은 수부터 크기순으로 더하면 반올림 오차가 덜 발생한다. 이 원리를 설명할 수 있는 몇 가지 예를 들어라.

14 앞 문제의 원리는 보편적으로 유효하지는 않다. 가수에 두 자리의 10진수가 할당된 10진수 머신을 생각하자. 네 개의 수 0.25, 0.0034, 0.00051, 0.061을 증가하는 크기순으로 더하지 않아도 더 적은 반올림 오차로 계산할 수 있음을 보여라.

15 머신 언더플로가 일어날 때 수 x를 0으로 대체함으로써 발생하는 상대오차는 얼마인가?

16 β진법으로 작동하며 부동소수점 수 체계의 가수로 n자리를 갖는 컴퓨터를 생각하자. 실수 x를 가장 가까운 머신 넘버 $\tilde{x}$로 반올림하는 경우의 상대오차가 많이 잡아도 $\frac{1}{2}\beta^{1-n}$임을 보여라.

힌트 : 본문의 논법을 모방하라.

17 다섯 자리가 가수로 할당되는 10진수 머신을 생각하자. 오버플로 또는 언더플로의 경우를 제외하고, 실수 x와 그에 가장 가까운 머신 넘버 $\tilde{x}$ 간에 가능한 상대오차가 가장 큰 값이 되는 경우의 예를 들어라.

18 수를 가장 가까운 머신 넘버로 올바르게 반올림하는 5자리 머신[25]에서 $\mathrm{fl}(1.0+x)=1.0$의 성질을 갖는 실수 x는 무엇인가?

19 β진법으로 작동하는 컴퓨터를 생각하자. 이 컴퓨터가 수를 올바르게 반올림하는 대신 버림한다고 가정하자. 만일 부동소수점 수 체계가 n자리의 가수를 사용한다면, 실수를 머신 형식으로 저장하면서 발생하는 상대오차는 얼마나 클까?

20 $2^{-1}+2^{-25}$를 머신 넘버로 표현할 때 반올림 오차는 얼마인가?

주의 : 여기서는 상대오차가 아닌 절대오차를 의미한다.

21 $2^{-1}+2^{-26}$을 가장 가까운 머신 넘버로 반올림할 때, 상대 반올림 오차는 얼마인가?

22 실수 x가 32비트 워드 길이 컴퓨터의 표현 가능 범위 내에 있고 반올림되어 컴퓨터에 저장된다고 하자. x^2을 계산할 때, 어떤 일이 일어날 수 있는가? $\mathrm{fl}[\mathrm{fl}(x)\,\mathrm{fl}(x)]$와 $\mathrm{fl}(x\times x)$의 차이를 설명하라.

23 각 부동소수점 수의 소수 부분에 30비트를 할당하는 이진 머신은 가장 가까운 부동소수점 수를 얻기 위해 수를 올바르게 반올림하여 올리거나 내릴 수 있도록 설계되어 있다. 이 반올림 과정에서 상대오차에 대한 어떤 간단한 상한값을 지정할 수 있겠는가?

24 부동소수점 표현에 15자리를 사용하는 십진 머신이 수를 버림하도록 설계되어 있다. 만일 x가 이 머신의 표현 가능 범위에 있는 수이고, $\hat{x}$이 x의 머신 표현일 때, $|x-\hat{x}|/|x|$의 상한값은 어떻게 주어질 수 있을까?

25 만일 실수 x와 y가 32비트 워드 길이 컴퓨터의 표현 가능 범위 내에 있고 xy도 표현 가능 범위에 있다면, xy의 계산에서 상대오차는 어떤 값이 될까?

힌트 : 컴퓨터에서의 계산 결과는 $\mathrm{fl}[\mathrm{fl}(x)\,\mathrm{fl}(y)]$이다.

26 x와 y는 머신 넘버가 아닌 양의 실수로, 32비트 워드 길이 컴퓨터의 지수 범위 내의 수이다. $x+y^2$의 머신 표현에서 가능한 최대 상대오차는 얼마인가? 머신에서 수를 얻는 과정에서 발생하는 오차와 연산에서의 오차를 모두 포함하라.

27 만일 x와 y가 10진수 표현에서 첫 n자리가 같은 양의 실수라면, y는 x를 10^{1-n} 이내의 상대오차로 근사함을 보여라. 그 역은 참인가?

28 n개의 머신 넘버가 32비트 워드 길이 컴퓨터에서 곱해질 때, 상대 반올림 오차의 대략적인 한계가 $(n-1)2^{-24}$임을 증명하라.

29 x와 y가 양의 머신 넘버이고, $x<y\times 2^{-25}$이면, 32비트 워드 길이 컴퓨터에서 $\mathrm{fl}(x+y)=y$임을 보여라.

30 만일 32비트 워드 길이 컴퓨터에서 1000개의 0이 아닌 머신 넘버가 더해지면 결과에서 상대 반올림 오차의 상한은 어떤 값이 될 수 있는가? 계산 결과에서 몇 개의 자리를 신뢰할 수 있는가?

31 $a_i\in\{-1,0,1\}$에 대하여 양수 x를 $x=\sum_{i=1}^{n}a_i2^{-i}$로 나타낼 수

25 (옮긴이) 이 '5자리 머신five-decimal machine'은 가수로 5자리를 할당하는 머신인 것으로 보인다.

있다고 하자. 이 x를 $b_i \in \{0,1\}$에 대하여 $x = \sum_{i=1}^{n} b_i 2^{-i}$와 같은 형태로도 표현할 수 있음을 보여라.

32 만일 x와 y가 32비트 워드 길이 컴퓨터에서의 머신 넘버이고 $\mathrm{fl}(x/y) = x/[y(1+\delta)]$라면 $|\delta|$의 상한은 얼마로 둘 수 있는가?

33 32비트 워드 길이 컴퓨터에서 0에서의 구멍은 얼마나 큰가?

34 32비트 길이의 컴퓨터에서 머신 넘버는 몇 개인가(오직 정규화한 부동소수점 수만을 생각하라)?

35 n비트가 가수에 할당되고, m비트가 지수에 할당된 2진 머신에서 정규화한 부동소수점 수는 몇 개인가? 32비트 길이 컴퓨터에서와 같이 두 개의 추가 비트는 부호를 나타내는 데 사용되었다고 가정하라.

36 컴퓨터 계산에서 $a+(b+c)$가 $(a+b)+c$와 다를 수 있음을 예를 들어 설명하라.

37 부동소수점 수가 13자리로 표현되는 10진 머신을 생각하자. 수들은 가장 가까운 머신 넘버로 반올림되어 올바르게 올려지거나 내려진다고 가정한다. 언더플로나 오버플로가 일어나지 않았을 때, 반올림 오차에 대한 최적의 한계를 구하라. 당연히 상대오차를 사용한다. 만약 수들이 항상 버림되는 경우라면 어떠한가?

38 다섯 자리의 10진법 수를 사용하는 컴퓨터를 생각하자. $\mathrm{fl}(x)$는 x에 가장 가까운 부동소수점 머신 넘버를 나타낸다. 만일 $x = 0.5321487513$, $y = 0.5321304421$이면 연산 $\mathrm{fl}(x) - \mathrm{fl}(y)$은 큰 상대오차를 가짐을 보이고 그 상대오차를 계산하라.

39 32비트 워드 길이 컴퓨터가 머신 넘버가 아닌 두 수 x와 y를 읽었다. 컴퓨터는 xy^2을 계산한다. 어떠한 종류의 상대오차가 예상되는가? 언더플로나 오버플로는 일어나지 않는다고 가정한다.

40 x, y, z가 32비트 워드 길이 컴퓨터에서의 세 개의 머신 넘버라고 하자. 최악의 경우로 상대오차를 분석하여 $(xy)z$를 계산할 때 어느 정도의 반올림 오차를 예상해야 하는지를 구하라.

41 x와 y가 32비트 워드 길이 컴퓨터에서의 머신 넘버라 하자. $x+y$의 계산에서 어느 정도의 상대 반올림 오차를 예상해야 하는가? 만일 x가 30 근처의 값이고 y가 250 근처의 값이면 $x+y$의 계산에서 얼마의 절대오차를 예상해야 하는가?

42 32비트 워드 길이 컴퓨터에서의 모든 머신 넘버는 실수의 어떤 구간 전체에서 올바른 머신 표현으로 해석할 수 있다. 머신 넘버 $q \times 2^m$에 대하여 이 구간을 구하라.

43 32비트 워드 길이 컴퓨터에서의 모든 머신 넘버는 두 개의 다른 머신 넘버의 평균인가? 만일 아니라면 평균이 아닌 수들을 설명하라.

44 x와 y를 32비트 워드 길이 컴퓨터에서의 머신 넘버라고 하자. u와 v는 32비트 워드 길이 컴퓨터의 표현 가능 범위 내에 있지만 머신 넘버는 아닌 실수라 하자. u와 v를 컴퓨터에서 읽은 다음 $\dfrac{x+y}{uv}$를 계산하는 데 사용할 때 현실적인 상대 반올림 오차의 상한을 구하라. 늘 그렇듯 2^{-24}만큼 크기가 작은 두 개 또는 그 이상의 수들의 곱은 무시하라. 이 계산에서 오버플로나 언더플로는 일어나지 않는다고 가정한다.

45 다음을 해석하라.

(a) $\mathrm{fl}(x) = x(1-\delta)$

(b) $\mathrm{fl}(xy) = [x(1+\delta)]y$

(c) $\mathrm{fl}(xy) = x[y(1+\delta)]$

(d) $\mathrm{fl}(xy) = (x\sqrt{1+\delta})(y\sqrt{1+\delta})$

(e) $\mathrm{fl}\left(\dfrac{x}{y}\right) = \dfrac{x(1+\delta)}{y}$

(f) $\mathrm{fl}\left(\dfrac{x}{y}\right) = \dfrac{x\sqrt{1+\delta}}{y/\sqrt{1+\delta}}$

(g) $\mathrm{fl}\left(\dfrac{x}{y}\right) \approx \dfrac{x}{y(1-\delta)}$

46 x와 y는 32비트 워드 길이 컴퓨터에서 머신 넘버가 아닌 실수로 머신에서 값을 얻기 위해 반올림되어야 하는 수이다. 머신에서 그 반올림한 값을 얻을 때, 오버플로나 언더플로가 발생하지 않는다고 가정하자(즉 이 수들은 머신 넘버는 아니지만 32비트 워드 길이 컴퓨터의 표현 가능한 범위 내에 있다). x^2y^3의 계산에 대한 상대오차의 대략적인 상한을 찾아라.
힌트 : $(1+\delta_1)(1+\delta_2) \approx 1+\delta_1+\delta_2$ 및 유사한 근사를 사용할 수 있기에 대략적인 상한이라 하였다. 수의 값을 머신에서 받을 때 발생하는 오차와 산술 연산에서 발생하는 오차를 반드시 모두 포함하라.

47 (**학생 연구 과제**) 다음 내용에 대한 추가적인 세부 사항을 포함하여 표준 부동소수점 수 체계에 대한 연구 보고서를 작성하라.

(a) 반올림의 유형

(b) 비정상 부동소수점 수

(c) 롱-더블 정밀도

(d) 예외적인 상황의 처리

1.3 컴퓨터 연습문제

01 정수 및 실수를 포함한 다양한 수를 8진수 형태로 출력하고, 컴퓨터에서 사용되고 있는 수 표현 체계를 설명하라. 예를 들어 $(0.1)_{10}$을 살펴보고, 이 장의 처음에 제시된 결과와 비교하라.

02 컴퓨터를 사용하여 다음과 같이 정의한 세 함수 f, g, h의 표를 구성하라. 1에서 50까지의 각 정수에 대하여 $f(n)=1/n$이라 하자. 그 다음으로 $g(n)$은 그 자신에 $f(n)$을 $(n-1)$번 더하여 계산한다. 마지막으로 $h(n)=nf(n)$으로 설정한다. 이 계산에서는 반올림 오차의 영향을 살펴보려고 한다. real(n) 함수를 사용하여 정수 변수 n을 실수 (부동소수점) 형식으로 변환하라. (단정밀도 모드에서) 컴퓨터에서 가능한 모든 정밀도로 표를 출력하라.

03 컴퓨터에서 $\sqrt{2}$를 단정밀도로 계산하였을 때 어떤 값을 출력할지 예측하고 실행하라. 배정밀도 또는 롱-더블 정밀도로도 반복해 보고 그 결과를 설명하라.

04 단정밀도와 배정밀도, 롱-더블 정밀도에서 2배 이내로 머신 엡실론 ε을 결정하는 프로그램을 작성하라.

05 $\mathcal{A}$는 10진수 표현에서 0을 포함하지 않는 양의 정수 집합을 나타낸다. $\mathcal{A}$의 원소의 역수의 합은 23.10345로 알려져 있다. 이를 수치적으로 입증할 수 있는가?

06 실수 x의 10진법 표현에서 0이 아닌 n번째 숫자를 반환하는 다음의 컴퓨터 코드를 작성하라.

```
integer function nDigit(n, x)
```

07 **조화급수** $1+\frac{1}{2}+\frac{1}{3}+\frac{1}{4}+\cdots$ 는 $+\infty$로 발산한다고 알려져 있다. n번째 부분합은 $\ln(n)$과 같은 비율로 $+\infty$로 접근한다. **오일러 상수** Euler's constant는 다음과 같이 정의한다. 만일 컴퓨터로 다음의 유사코드를 기반으로 한 프로그램을 1주 동안 실행할 경우, 얻을 수 있는 s의 최댓값은 무엇이겠는가? 오일러 상수를 추정하기 위해 5000단계의 루프를 사용하는 프로그램을 작성하고 테스트하라. 매 100단계마다 중간 결과를 출력하라.

$$\gamma=\lim_{n\to\infty}\left[\sum_{k=1}^{n}\frac{1}{k}-\ln(n)\right]\approx 0.57721$$

```
real s, x
x ← 1.0;
s ← 1.0
repeat
      x ← x + 1.0;
      s ← s + 1.0/x
end repeat
```

08 앞 컴퓨터 문제의 **오일러 상수** γ를 다음 형태로도 표현할 수 있음을 증명하라. 이 공식에 따라 $m=1,2,3,\cdots,5000$을 사용하여 γ를 계산하는 프로그램을 작성하고 테스트하라. 이번에는 앞 컴퓨터 문제보다 더 빠른 속도로 수렴해야 한다.

$$\gamma=\lim_{m\to\infty}\left[\sum_{k=1}^{m}\frac{1}{k}-\ln\left(m+\frac{1}{2}\right)\right]$$

09 $\frac{1}{3}$의 이진 표현을 구하라. 32비트 워드 길이 컴퓨터에서 단정밀도로 정확하게 반올림한 머신 표현은 무엇인가? 다음 지시문을 사용하여 실제 컴퓨터에서의 답을 확인하라. 출력문에 대해서는 16자리의 롱 포맷을 사용하라.

```
x ← 1.0/3.0; output x
```

10 자체 중력에 의해 지구는 우주 먼지, 운석 및 혜성을 끌어당기기 때문에 시간이 지남에 따라 서서히 그 무게와 부피가 증가한다. 지구가 구형이라 할 때, 1900년 1월 1일의 지구 반경을 $r_a=7000$(킬로미터)라 하고, 2000년 12월 31일의 지구 반경을 r_b라고 하자. $r_b=r_a+0.000001$로, 지구 반경이 1밀리미터 증가했다고 가정하자. 컴퓨터를 사용하여 다음과 같이 명확하게 주어진 세 절차에 따라 지난 세기 동안 지구의 부피와 표면적이 얼마나 증가했는지 계산하라. 우선 단정밀도를 사용한 후, 배정밀도를 사용하라. 결과를 비교하고 분석하라.

(a) **구의 부피**의 차이

$$V_a=\frac{4}{3}\pi r_a^3,\quad V_b=\frac{4}{3}\pi r_b^3,\quad \delta_1=V_b-V_a$$

(b) **구의 부피**의 차이

$$\delta_2=\frac{4}{3}\pi(r_b-r_a)(r_b^2+r_br_a+r_a^2)$$

(c) **구의 표면적**의 차이

$$h=r_b-r_a,\quad \delta_3=4\pi r_a^2h$$

11 (**학생 연구 과제**) 부동소수점 연산에 대한 최근의 발전에 대해 탐구하라. 특히 실수와 정수뿐만 아니라 복소수에 대한 롱-더블 정밀도에 관하여 연구하라.

12 당신의 컴퓨터에서 다룰 수 있는 가장 큰 정수는 무엇인가?

13 MATLAB 또는 다른 수학 소프트웨어 패키지나 프로그래밍 언어를 사용하여 다음 각각의 유사코드를 프로그래밍하라. 각 프로그램의 목적은 무엇인가? 각 프로그램을 컴퓨터에서 실행했을 때 어떤 일이 일어나는가? 결과에 대해 (만일 있다면) 중요한 점을 설명하라. 예를 들면 프로그램이 멈추기까지 몇 번의 반복이 있었는지, 최종적인 값이 무엇인지와 같은 것들을 설명하라.

(a)

```
x = 0.0
while x ≠ 0
    x = x + 0.1
end while
output x
```

(b)

```
x = 1.0
while (x + 1.0) > 1.0
    x = x/2.0
end while
y = 2.0*x
output y
```

(c)

```
x = 1.0
while x > 0.0
    y = x
    x = x/2.0
end while
output y
```

14 MATLAB의 `dec2bin`과 `bin2dec`은 각각 10진수를 2진수 또는 그 역(2진수를 10진수로)으로 바꾸어 주는 함수이며, `hex2dec`과 `dec2hex`은 각각 16진수를 10진수 또는 그 역(10진수를 16진수로)으로 바꾸어 주는 함수이다. 다음 수들에 대하여 이 명령어들을 테스트하라.

(a) $(11)_{10}$ (b) $(197)_{10}$

(c) $(0.625)_{10}$ (d) $(0.2)_{10}$

1.4 유효성의 손실

이 절에서는 뺄셈에서 발생하는 유효성[significance]의 손실 현상을 다양한 기법을 통해 어떻게 감소시키거나 제거하는지 살펴볼 것이다. 그러한 기법으로는 유리화, 테일러 급수, 삼각함수, 로그함수의 성질, 배정밀도, 범위 축소가 있다. 이러한 기법들은 계산의 정밀도 저하를 줄일 때 사용할 수 있는 기술들이다. 물론 긴 계산 과정에서 유효성의 손실이 언제 발생했는지를 항상 알 수 있는 건 아니지만, 가능한 한 유효성의 손실이 일어날 가능성을 주의하고 이를 피할 수 있는 조치를 취해야 할 것이다.

유효숫자

우선 수에서 **유효숫자**[significant digits]의 개념에 대해 다루어 보자. 실수 x가 10진법의 정규화한 부동소수점 형식으로 다음과 같이 표현되었다고 하자.

$$x = \pm r \times 10^n \qquad \left(\frac{1}{10} \le r < 1\right)$$

예를 들어 x는 다음과 같은 수가 될 수 있다.

$$x = 0.3721498 \times 10^{-5}$$

유효숫자의 예

이때 r을 표현하는 데 사용한 숫자 3, 7, 2, 1, 4, 9, 8은 모두 같은 중요성을 갖고 있는 게 아니다. 왜냐하면 이들이 각기 다른 10의 지수를 나타내기 때문이다. 따라서 숫자 3을 가장 중요한 숫자라고 부르며, 숫자의 중요성은 왼쪽에서 오른쪽으로 갈수록 감소한다. 이 예에서는 8이 가장 덜 중요한 숫자이다.

만일 x가 수학적으로 정확한 실수라면, 이 수를 근사하는 10진수 형태에 원하는 만큼의 유효숫자를 사용할 수 있다. 예를 들면

$$\frac{\pi}{10} \approx 0.314159265358979$$

와 같이 쓸 수 있으며, 주어진 모든 숫자는 정확한 것이다. 그러나 만일 x가 측정한 값이라면 상황은 매우 달라진다. 모든 측정값은 측정 기기의 특성에 따라 결정되는 오차를 포함하기 때문이다. 만일 미터자를 쓰면서 1 mm 보다 더 높은 정확도로 길이를 잰다는 것은 이치에 맞지 않다. 유리창의 길이를 미터자로 재면서, 그 길이를 2.73594 m 로 측정해서는 안 된다는 것이다. 이는 왜곡이다! 정확하다고 여겨지거나, 많아봤자 측정 단위로 몇 개 정도의 오차만을 포함한 숫자들만이 측정값으로 기록되어야 한다. 측정한 수치에서 최하위의 유효숫자가 측정 단위 5개 이내의 오차를 가져야 한다는 것이 과학적 관례이다. 즉 측정 결과는 올바르게 반올림한 것이어야 한다. 측정값의 예

이러한 논리는 측정값에서 계산한 다른 양에도 그대로 적용한다. 예를 들어 정사각형의 한 변의 길이가 $s = 0.736$ m 로 측정되었다면, 오차는 소수점 아래 셋째 자리에서 몇 단위 이상을 넘지 않을 것이다. 따라서 이 정사각형의 대각선의 길이가

$$s\sqrt{2} \approx 0.1040861182 \times 10^1$$

이라 하더라도 0.1041×10^1 또는 (좀 더 보수적으로) 0.104×10^1으로 기록되어야 한다. $\sqrt{2}$에 가능했던 무한한 정밀도

$$\sqrt{2} \approx 1.414213562373095 \cdots$$

도 $s\sqrt{2}$ 값의 정밀도를 이미 존재하는 s의 정밀도 이상으로 향상시켜 주지는 못한다.

컴퓨터로 인한 유효성의 손실

어쩌면 컴퓨터 내에서 유효성의 손실이 발생할 수 있다는 사실이 놀라울 수도 있다. 그렇지만 컴퓨터에서 나온 수치적 결과물을 맹목적으로 신뢰하지 않도록 이러한 손실이 발생하는 과정을 필수적으로 알아야 한다. 정밀도 저하가 일어나는 가장 흔한 원인 중 하나는 어떤 수에서 그 수와 거의 크기가 같은 다른 수를 빼는 경우이다. 이 효과는 잠재적으로 매우 심각하며 치명적일 수 있다. 두 수가 서로 가까울수록 정밀도 저하 효과는 더욱 뚜렷이 나타난다.

이 현상을 살펴보기 위해 다음과 같은 대입문^assignment statement^을 살펴보자. $x - \sin(x)$ 계산에서의 유효성의 손실

$$y \leftarrow x - \sin(x)$$

또한 적절한 때에 컴퓨터에서 $x=\frac{1}{15}$로 명령을 실행한다고 가정하자. 그리고 이 컴퓨터는 소수점 아래 10자리까지 표현 가능한 부동소수점 수를 사용한다고 하자. 그러면 다음과 같이 나타낼 수 있다.

$$\begin{aligned} x &\leftarrow 0.6666666667\times 10^{-1} \\ \sin(x) &\leftarrow 0.6661729492\times 10^{-1} \\ x-\sin(x) &\leftarrow 0.0004937175\times 10^{-1} \\ x-\sin(x) &\leftarrow 0.4937175000\times 10^{-4} \end{aligned}$$

마지막 단계에서 그 결과는 정규화한 부동소수점 형식으로 변환되었다. 이 과정에서 최하위 3자리에 3개의 0이 들어간다. 이러한 0들을 **가짜 0** spurious zeros이라고 부른다. 가짜 0은 유효숫자가 아니다. 실제로 유효숫자 10개까지 표현한 참값은 다음과 같다.

$$\frac{1}{15}-\sin\left(\frac{1}{15}\right)\approx 0.4937174327\times 10^{-4}$$

이 현상에 대한 또 다른 해석을 살펴보자. $x-\sin(x)$의 마지막 자리의 수는 x와 $\sin(x)$의 소수점 아래 10번째 자리 수에서 도출한 것이다. 만일 x 또는 $\sin(x)$의 소수점 아래 11번째 자리의 수가 5, 6, 7, 8, 9라면, 이 값들은 10번째 자리로 반올림되어 10번째 자릿수를 1만큼 증가시켰을 수 있다. 이 10번째 자리의 수에 오류가 있을 수 있으므로 $x-\sin(x)$의 마지막 자릿수도 틀린 숫자일 수 있다. 실제로도 그렇다!

예제 1 **$x=0.3721448693$이고 $y=0.3720214371$일 때, 10진법으로 소수점 아래 다섯 자리의 정확도를 가지는 컴퓨터에서 $x-y$를 계산하면, 상대오차는 얼마인가?**

풀이

우선 두 수 x, y가 각각 $\tilde{x}=0.37214$, $\tilde{y}=0.37202$로 반올림될 것이다.

따라서 $\tilde{x}-\tilde{y}=0.00012$이다. 그러나 실제 정확한 답은 $x-y=0.0001234322$이다. 따라서 상대오차는 다음과 같다.

$$\frac{|(x-y)-(\tilde{x}-\tilde{y})|}{|x-y|}=\frac{0.0000034322}{0.0001234322}\approx 3\times 10^{-2}$$

이 상대오차의 크기는 $\tilde{x}, \tilde{y}$ 각각의 상대오차에 비하여 매우 큰 것이다($\tilde{x}, \tilde{y}$의 상대오차는 간단히 추정해 봐도 $\frac{1}{2}\times 10^{-4}$을 넘지 못하며, 이 예제로 한정하면 실제로 대략 1.3×10^{-5} 정도이다).

이러한 논의는 다음의 연산

$$\mathrm{fl}(x-y)\leftarrow x-y$$

에 적용되는 것이 아니라, 다음의 연산에 적용되는 것임을 유의하자.

$$\text{fl}[\text{fl}(x) - \text{fl}(y)] \leftarrow x - y$$

전자의 경우의 반올림 오차는 다음 식으로 표현한다.

$$\text{fl}(x-y) = (x-y)(1+\delta)$$

이때 32비트 워드 길이 컴퓨터에서는 $|\delta| \le 2^{-24}$이고, 앞 예제의 소수점 아래 다섯 자리 컴퓨터에서는 $|\delta| \le \frac{1}{2} \times 10^{-4}$이다.

위의 [예제 1]에서 계산한 차인 0.00012에는 오직 2개의 유효숫자만 있지만 일반적으로는 이러한 컴퓨터에서의 수와 연산 결과는 5개의 유효숫자를 가질 것으로 예상한다.

이러한 어려움을 해결하는 방법은 우선 발생할 수 있는 일들을 예상한 후 다시 프로그램을 짜는 것이다. 가장 간단한 기술은 일부 계산을 배정밀도 또는 롱-더블long-double 정밀도 연산(대략 2배의 유효숫자를 가짐)으로 수행하는 것이지만 종종 공식에 조금씩 변화가 필요하다. 이러한 방식에 대한 일부 설명이 앞으로 등장할 것이며 추가적인 예시들은 연습문제에서 찾아볼 수 있다.

다시 [예제 1]을 살펴보자. 이번에는 x, y 및 $x-y$의 계산을 배정밀도 체계에서 수행한 다음 단정밀도 연산을 사용해 보자. 컴퓨터에서 x, y 및 $x-y$의 모든 10자리는 유지되지만, 최종적으로 $x-y$는 다섯 자리 형식인 0.12343×10^{-3}으로 반올림한다.[26] 이 답에는 우리가 원하는 대로 5개의 유효숫자가 있다. 당연히 프로그래머나 해석가는 계산 과정에 배정밀도 연산이 필요한 곳을 미리 알고 있어야 한다. 필요하지 않은데도 모든 것을 배정밀도 연산으로 처리하는 것은 상당한 낭비일 수 있다. 하지만 이러한 접근법에는 또 다른 문제가 있다. 배정밀도마저도 도움이 되지 않을 정도로 유효숫자가 심각하게 손실되는 경우가 있을 수도 있기 때문이다!

26 (옮긴이) 다시 말해 컴퓨터에서 x, y 및 $x-y$를 배정밀도로 표현하면 소수점 아래 10자리의 정확한 근삿값을 얻는다. 이를 단정밀도 체계로 저장하면 최종적으로 $x-y$는 소수점 아래 다섯 자리의 형태인 0.12343×10^{-3}로 저장한다.

정밀도 손실 정리

이러한 문제를 피하기 위한 다른 방법들을 살펴보기 전에 우선 다음 질문에 대답해 보자.

> x가 y에 아주 가까울 때, $x-y$를 시행함으로써 상실되는 2진법 유효숫자는 정확하게 몇 개일까?

x와 y가 얼마나 가까운지는 $|1-(y/x)|$를 통해 편리하게 계산할 수 있다. 그 결과는 다음과 같다.

정리 정밀도 손실 정리loss of precision theorem

x와 y가 정규화한 부동소수점 머신 넘버로서 $x > y > 0$을 만족한다고 하자. 만일 어떤 양의 정수 p, q에 대하여 $2^{-p} \le 1-(y/x) \le 2^{-q}$이면, 뺄셈 $x-y$의 계산에서 최소 q개, 최대 p개의 2진법 유효 비트가 상실된다.

증명

여기서는 이 정리의 두 번째 부분만을 증명하고, 첫 번째 부분은 연습문제로 남기겠다.

우선 $x=r\times 2^n$, $y=s\times 2^m$으로 쓰자. 여기서 $\frac{1}{2}\le r, s<1$이다(이 형태는 정규화한 2진 부동소수점 표현이다). $y<x$이므로 컴퓨터는 뺄셈을 계산하기 전에 y의 2진법 소수점을 옮겨 y의 지수를 x의 지수와 동일하게 맞춰야만 한다. 따라서 $y=(s2^{m-n})\times 2^n$이고, 다음이 성립한다.

$$x-y=(r-s2^{m-n})\times 2^n$$

이 수의 가수 부분은 다음을 만족한다.

$$r-s2^{m-n}=r\left(1-\frac{s2^m}{r2^n}\right)=r\left(1-\frac{y}{x}\right)<2^{-q}$$

따라서 $x-y$를 정규화하기 위해 최소 q개의 비트만큼 2진법 소수점을 오른쪽으로 옮길 필요가 있다. 즉 q개의 가짜 0이 가수 표현의 오른쪽 끝에 생긴다. 이는 최소 q개의 2진법 유효 비트가 상실된다는 의미이다.

예제 2 37.593621 − 37.584216의 뺄셈에서 몇 개의 유효 비트가 상실되는가?

풀이

x를 첫 번째 수, y를 두 번째 수라 하자. 그러면 다음이 성립한다.

$$1-\frac{y}{x}=0.0002501754$$

이 수는 $2^{-12}(=0.000244)$와 $2^{-11}(=0.000488)$ 사이에 놓여있다. 따라서 최소 11개, 그러나 12개는 넘지 않는 비트가 상실된다.

10진법의 한 예제를 살펴보자.

예제 3 $x=0.6353$에서 $y=0.6311$을 뺄 때, 몇 개의 유효숫자가 상실되는가?

풀이

두 숫자는 충분히 가까우며 $1-\frac{y}{x}=0.00661<10^{-2}$이다. 뺄셈을 하면 $x-y=0.0042$이므로 2개의 유효숫자가 있다. 한편 x, y에는 4개의 유효숫자가 있었다.

뺄셈에서 유효성 손실을 피하는 방법

이제 뺄셈에서 발생할 수 있는 유효성 손실을 피하기 위한 다양한 기법을 살펴본다.

예제 4 x가 0 근처의 값일 때, 다음 함수를 조사하라.

$$f(x)=\sqrt{x^2+1}-1 \tag{1}$$

풀이

$x\approx 0$일 때 $\sqrt{x^2+1}\approx 1$이므로 식 자체의 뺄셈에서 유효성 손실이 발생할 가능성이 있음을 알 수 있다. 그러나 이 함수는 분자의 **유리화**rationalizing, 즉 분자에서 근호를 제거함으로

써 다음과 같은 형태로 다시 나타낼 수 있다.

$$f(x)=(\sqrt{x^2+1}-1)\left(\frac{\sqrt{x^2+1}+1}{\sqrt{x^2+1}+1}\right)=\frac{x^2}{\sqrt{x^2+1}+1} \tag{2}$$

유리화를 통하여 일부 항을 상쇄시킴으로써 뺄셈을 없애버린 것이다. 예를 들어 다섯 자리 10진수 연산을 사용한다면, $x=10^{-3}$일 때 원래 식으로 $f(x)$의 값을 구할 경우에는 0으로 잘못 계산되지만 바뀐 식으로 계산하면 $\frac{1}{2}\times 10^{-6}$의 결과가 나온다. 배정밀도로 원래 식을 계산하면 이 문제가 개선되기는 하지만 완전히 피할 수는 없다. 예를 들어 배정밀도에서도 $x=10^{-6}$이면 동일한 문제가 발생한다.

예제 5 다음 함수의 값을 $x=0$ 근처에서 정확하게 구하려면 어떻게 해야 할까?

$$f(x)=x-\sin x \tag{3}$$

풀이

부주의한 프로그래머는 심각한 유효성 손실이 일어난다는 점을 깨닫지 못한 채 식 (3) 형태의 함수를 그대로 코딩할 수 있다. 미적분학에서 다음의 극한 식을 떠올려보면 $x\approx 0$일 때 $\sin x\approx x$이다.

$$\lim_{x\to 0}\frac{\sin x}{x}=1$$

이 문제의 해결법은 $\sin x$에 대한 테일러 급수를 활용하는 것이다.

$$\sin x = x-\frac{x^3}{3!}+\frac{x^5}{5!}-\frac{x^7}{7!}+\cdots$$

이 급수는 모든 실수 x에 대하여 $\sin x$로 수렴함이 알려져 있다. 특히 x가 0 근처일 때는 아주 빠르게 수렴한다. 이 급수를 활용하면 함수 f를 다음과 같이 쓸 수 있다.

$$f(x)=x-\left(x-\frac{x^3}{3!}+\frac{x^5}{5!}-\frac{x^7}{7!}+\cdots\right)=\frac{x^3}{3!}-\frac{x^5}{5!}+\frac{x^7}{7!}-\cdots \tag{4}$$

이 식에서 원래의 어려움이 어디서 발생하는지를 볼 수 있다. 작은 x값에 대하여 사인 급수의 x항이 $\frac{x^3}{3!}$보다 훨씬 크기 때문에 훨씬 더 중요한 비중을 차지한다. 하지만 $f(x)$에서서는 지배적인 x항이 사라지고, 이보다 작은 항들만 남게 되었다. x가 작을 때에는 $\frac{x^3}{3!}$으로 시작하는 급수가 $f(x)$ 계산에 매우 효과적이다.

[예제 5]에서 급수 (4)를 사용해야 하는 범위와, 계산식 (3)을 사용할 수 있는 범위를 결정하려면 추가 해석이 필요하다[27]. 정밀도 손실 정리를 이용하면 $\frac{1}{2}\le 1-\frac{\sin x}{x}$를 만족하도록 x의 범위를 제한함으로써 계산식 (3)의 뺄셈에서 비트의 손실을 1개 이하로 제한시킬 수 있음을 알 수 있다(여기서는 $\sin x>0$인 경우만 다룬다고 가정한다). 계산기를 활용하면 x가 최소 1.9 이상이어야 함을 쉽게 알 수 있다. 따라서 $|x|<1.9$이면 급수 (4)의 처음 몇 개 항을 사용하고, $|x|\ge 1.9$이면 $f(x)=x-\sin x$를 사용한다. 최악의 경우($x=1.9$)에는 급수의 10개 항을 사용하면 $f(x)$의 값을 10^{-16} 이내의 오차로 구할 수 있음을 확인

27 (옮긴이) [예제 5]에서 급수 (4)를 사용하여 f의 값을 계산할 것인지 또는 원래의 식 (3)을 사용하여 f의 값을 직접 계산할 것인지는 x의 범위에 따라 달라진다.

할 수 있을 것이다(이 오차는 32비트 워드 길이 컴퓨터의 경우에도 충분히 좋은 수치이다). 이제 $f(x)=x-\sin x$를 계산하는 함수 프로시저를 만들고 이를 유사코드로 표현할 수 있다. 급수의 각 항이 다음과 같은 귀납적인 알고리즘으로 계산될 수 있음에 주목하자.

$$\begin{cases} t_1 = \dfrac{x^3}{6} \\ t_{n+1} = \dfrac{-t_n x^2}{(2n+2)(2n+3)} & (n \geq 1) \end{cases}$$

이때 부분합은 귀납적으로 다음과 같이 구할 수 있다.

$$\begin{cases} s_1 = t_1 \\ s_{n+1} = s_n + t_{n+1} & (n \geq 1) \end{cases}$$

따라서 다음과 같다.

$$s_n = \sum_{k=1}^{n} t_k = \sum_{k=1}^{n} (-1)^{k+1} \left[\frac{x^{2k+1}}{(2k+1)!} \right]$$

[예제 5]의 함수 $f(x)=x-\sin x$의 계산에 적합한 유사코드는 다음과 같다.

$f(x)=x-\sin x$ 함수 유사코드

```
real function f(x)
integer i, n ← 10;   real s, t, x
if |x| ≧ 1.9 then
    s ← x − sin x
    else
    t ← x³/6
    s ← t
    for i = 2 to n
        t ← −tx²/[(2i + 2)(2i + 3)]
        s ← s + t
    end for
end if
f ← s
end function f
```

예제 6 다음 함수의 값을 $x=0$ 근처에서 어떻게 정확하게 구해야 할까?

$$f(x)=e^x-e^{-2x}$$

풀이

$x=0$일 때 $e^x=e^{-2x}=1$이다. 즉 x가 0에 가까울 때 뺄셈에서 유효성 손실이 발생한다. 적당한 테일러 급수를 대입하면 다음을 얻을 수 있다.

$$\begin{aligned} f(x) &= \left(1+x+\frac{x^2}{2!}+\frac{x^3}{3!}+\cdots\right)-\left(1-2x+\frac{4x^2}{2!}-\frac{8x^3}{3!}+\cdots\right) \\ &= 3x-\frac{3}{2}x^2+\frac{3}{2}x^3-\cdots \end{aligned}$$

다른 접근방식으로 다음과 같이 식을 변형할 수도 있다.

$$\begin{aligned} f(x) &= e^{-2x}(e^{3x}-1) \\ &= e^{-2x}\left(3x+\frac{9}{2!}x^2+\frac{27}{3!}x^3+\cdots\right) \end{aligned}$$

정밀도 손실 정리에 의해 $x>0$과 $\frac{1}{2} \le 1-e^{-3x}$를 만족하면 $e^{3x}-1$의 뺄셈에서 기껏해야 1개의 비트가 손실됨을 알 수 있다.

이 부등식은 $x \ge \frac{1}{3}\ln 2 \approx 0.23105$일 때 유효하다. $x<0$일 때 비슷한 논리로, $x \le -0.23105$일 때 최대 1개의 비트가 손실된다. 따라서 $|x|<0.23105$에서는 위의 급수가 반드시 사용되어야 한다.

예제 7 다음 대입문을 평가하라.

$$y \leftarrow \cos^2(x)-\sin^2(x)$$

풀이

$\cos^2(x)-\sin^2(x)$를 계산할 때, $x=\pi/4$(와 다른 점들)에서 유효성의 손실이 발생한다. 다음의 삼각함수의 배각 공식

$$\cos 2\theta = \cos^2\theta - \sin^2\theta$$

을 사용하면, 대입문을 다음과 같이 대체할 수 있다.

$$y \leftarrow \cos(2x)$$

예제 8 다음 대입문을 평가하라.

$$y \leftarrow \ln(x)-1$$

풀이

식 $\ln x-1$이 e 근처의 x값에 사용되면 자릿수의 상실과 정밀도의 손실이 발생한다. 로그함수의 기본 성질을 사용하면 이러한 문제를 극복할 수 있다. $y=\ln x-1=\ln x-\ln e=\ln\left(\frac{x}{e}\right)$이므로 적절한 대입문은 다음과 같다.

$$y \leftarrow \ln\left(\frac{x}{e}\right)$$

범위 축소

유효성 손실은 다양한 라이브러리 함수들을 큰 변수 값으로 계산할 때도 나타날 수 있다. 이 문제는 앞에서 언급한 문제보다 더욱 미묘하다. 여기서는 사인 함수를 예로 들어 설명한다. 사인 함수의 기본적인 성질은 다음과 같은 **주기성**periodicity이다.

$$\sin x = \sin(x+2n\pi)$$

이때 x는 모든 실수, n은 모든 정수이다. 고정한 2π 길이의 구간에서 $\sin x$의 값을 알고 있으면 주기성 덕분에 모든 x에 대하여 $\sin x$의 값을 계산할 수 있다. 컴퓨터가 $\sin x$를 계산할 때 이러한 성질을 활용하는데, 이를 소위 **범위 축소**range reduction라 부른다.

예제 9 **$\sin(12532.14)$의 값을 계산할 때, 입력 변수의 값에서 2π의 정수배를 빼 계산하는 방법에 대하여 논하라. 소수점 아래 두 자리의 정밀도만 유지한다면 이 값이 $\sin(3.47)$과 같음을 보여라.**

풀이

$\sin(12532.14)=\sin(12532.14-2k\pi)$이므로 $12532=2k\pi$, 즉 $k=12532/2\pi\approx 1994$를 계산에 쓸 수 있다. 결과적으로 $12532.14-2(1994)\pi=3.47$이므로 $\sin(12532.14)\approx\sin(3.47)$이다. 따라서 원래 입력변수인 12532.14에는 7개의 유효숫자가 있었지만, 축소한 변수에는 3개밖에 없다. 3988π를 빼는 과정에서 나머지 유효숫자들이 손실되었기 때문이다. 따라서 3.47은 3개의 유효숫자만을 가지므로, $\sin(12532.14)$의 계산값도 3개 이상의 유효숫자를 가지지 못한다. 이러한 정밀도의 감소는 입력변수의 정밀도를 높이지 않는 한 피할 수 없다. 만일 원래의 입력변수 12532.14가 더 많은 유효숫자를 가질 수 있다면 축소한 변수 3.47에서도 추가적인 유효숫자가 나타나게 될 것이다. 이런 경우에는 배정밀도나 롱-더블 정밀도로 프로그램을 짜는 것이 도움이 될 수 있다.

예제 10 **함수 $\sin x$에 대하여 구간 $[0,2\pi)$로 범위를 축소할 때 얼마나 많은 2진법 유효숫자의 손실이 발생하는가?**

풀이

$x>2\pi$인 입력변수에 대하여 $0\le x-2n\pi<2\pi$를 만족하는 정수 n을 정해야 한다. 기초적인 삼각함수의 계산에서 $\sin x=\sin(x-2n\pi)$를 활용하자. 뺄셈 $x-2n\pi$에서 유효숫자의 손실이 발생한다. 정밀도 손실 정리에 의하여 다음 부등식을 만족하면 최소 q개의 비트가 손실된다.

$$1-\frac{2n\pi}{x}\le 2^{-q}$$

다음 부등식에 의해

$$1-\frac{2n\pi}{x}=\frac{x-2n\pi}{x}<\frac{2\pi}{x}$$

$2\pi/x\le 2^{-q}$이면 최소 q개의 비트가 손실된다고 결론지을 수 있다. 다시 말하자면, $2^q\le x/2\pi$를 만족할 때 최소 q개의 비트가 손실된다.

1.4 요약

- 뺄셈에서의 유효성 손실을 피하기 위해 유리화나 급수 전개, 또는 여러 수학 공식들을 활용하여 계산할 식의 표현을 바꿔야 할 수도 있다.

- 만일 x, y가 정규화한 양(+)의 부동소수점 머신 넘버로서 다음 부등식

$$2^{-p} \le 1 - \frac{y}{x} \le 2^{-q}$$

을 만족하면, $x-y$를 계산할 때 최소 q개, 최대 p개의 2진법 유효 비트가 손실된다.
주의 : 이는 $x > y$라는 가정을 빼도 성립한다.

1.4 연습문제

01 x가 작을 때 함수 $f(x) = \sqrt{x+4} - 2$의 값을 어떻게 정확히 계산할 수 있는가?

02 함수 $f(x) = e^x - x - 1$에 대하여 $f(10^{-2})$를 계산하라. 답은 5개의 유효숫자를 가지고 있으며, 연필과 종이만으로 쉽게 얻을 수 있어야 한다. $e^{0.01} \approx 1.0101$을 사용하여 직접적으로 계산한 $f(10^{-2})$의 값과 앞에서 얻은 결과를 비교하라.

03 함수 $f(x) = e^x - e$의 값을 최대 머신 정밀도로 계산해야 할 때 좋은 계산 방법은 무엇인가?
주의 : $x = 1$일 때 약간의 문제가 있다.

04 다음 대입문은 어떤 문제를 일으킬 수 있는가? 가능하다면 테일러 급수를 사용하지 않는 방법을 찾아라.

$$y \leftarrow 1 - \sin x$$

05 쌍곡 사인 함수는 $\sinh x = \frac{1}{2}(e^x - e^{-x})$로 정의된다. 함수의 값을 이 공식을 통해 얻을 때 어떠한 문제가 있을 수 있겠는가? $|x| \le \frac{1}{2}$일 때 $\sinh x$의 값을 최대 머신 정밀도로 계산하기 위해서는 어떻게 해야 하는가?

06 함수 $f(x) = \dfrac{\tan x - \sin x}{x - \sqrt{1+x^2}}$의 원점을 기준으로 한 전개에서 0이 아닌 처음 두 개의 항을 구하라. $f(0.0125)$의 근삿값을 구하라.

07 x가 작을 때 유효성 손실은 피하면서 $y \leftarrow \frac{1}{x}(\sinh x - \tanh x)$를 계산할 수 있는 방법을 찾아라. 테일러 급수를 사용하지 않고 이 문제를 해결할 적절한 관계식을 찾아라.

08 다음 함수의 정확한 값을 계산할 방법을 찾아라. 또한 $\lim_{x \to 0} f(x)$를 구하라.

$$f(x) = \frac{\sqrt{1+x^2} - 1}{x^2} - \frac{x^2 \sin x}{x - \tan x}$$

09 어떤 x값에 대하여 대입문 $y \leftarrow 1 - \cos x$에서 문제가 발생한다. 그 문제가 무엇이며 어떤 x값이 포함되는가? 그리고 어떤 해결책을 제시할 수 있는가?

10 어떤 x값은 함수 $f(x) = \sqrt{x^2+1} - x$를 이용해서는 정확히 계산할 수 없다. 이를 설명하고 이 어려움을 피하는 방법을 찾아라.

11 역쌍곡 사인 함수는 $f(x) = \ln(x + \sqrt{x^2+1})$로 주어진다. $f(x)$를 계산함에 있어 x가 음수일 때 유효성 손실을 피하는 방법을 설명하라.
힌트 : $f(x)$와 $f(-x)$ 사이의 관계를 찾아 활용하라.

12 대부분의 컴퓨터에서는 $\cos x$에 대한 고도의 정확한 계산 루틴이 제공된다. 이는 공식 $\sin x = \pm\sqrt{1 - \cos^2 x}$에서 $\sin x$에 대한 루틴을 기반으로 제안된 것이다. (효율성이 아닌) 정밀도의 관점에서 어떤 문제가 예측되는가? 또한 $\cos x$에 대한 계산 루틴을 계속 사용하기로 한다면 그 문제를 어떻게 피할 수 있겠는가?

13 다음 대입문을 평가하고 다시 작성하라(단, z는 0에 가까운 x에 대해 필요할 때가 있다고 가정한다).

$$z \leftarrow \sqrt{x^4 + 4} - 2$$

14 x가 클 때 함수 $f(x)=\sqrt{x+2}-\sqrt{x}$의 값을 정확하게 계산하기 위해서는 어떻게 해야 하는가?

15 양수 x에 대하여 함수 $f(x)=\sqrt[4]{x+4}-\sqrt[4]{x}$의 정확한 값을 계산하는 함수를 작성하라.

16 다음 함수를 정확하게 계산하는 방법을 찾아라. 반올림하여 소수점 아래 10번째 자리까지 정확하도록 $f(0.008)$의 값을 구하라.

$$f(x)=(\cos x-e^{-x})/\sin x$$

17 급수를 사용하지 않고 유효성 손실을 피하면서 다음 함수의 값을 어떻게 계산할 수 있을까?

$$f(x)=\frac{\sin x}{x-\sqrt{x^2-1}}$$

18 쌍곡 탄젠트 함수의 값을 모든 x값에 대하여 정확하게 반환하는 함수 프로시저를 작성하라. $|x|<\frac{1}{2}$일 때의 어려움에 주의하라.

$$\tanh x=\frac{e^x-e^{-x}}{e^x+e^{-x}}$$

19 0 근처의 x에 대하여 $\sin x+\cos x-1$을 계산하기 위한 좋은 방법을 찾아라.

20 0 근처의 x에 대하여 $\arctan x-x$를 계산하기 위한 좋은 방법을 찾아라.

21 $|x|<\frac{1}{10}$이라 가정하였을 때 테일러 급수를 사용하여 $|\sin x-x|$의 상한을 찾아라.

22 0 근처에서의 유효성 손실을 피하기 위해서는 $(e^{2x}-1)/(2x)$을 어떻게 계산해야 하는가?

23 임의의 $x_0>-1$에 대하여 다음과 같이 재귀적으로 정의한 수열 x_n은 $\ln(x_0+1)$로 수렴한다. 유효성 손실을 피할 수 있게 이 점화식을 조정하라.

$$x_{n+1}=2^{n+1}\left(\sqrt{1+2^{-n}x_n}-1\right)\quad(n\geq 0)$$

24 유효숫자 손실을 피하기 위해 계산을 조정하는 데 다음 수식들을 어떻게 유용하게 활용할 수 있는지를 설명하라.

(a) $\sin x-\sin y=2\sin\frac{1}{2}(x-y)\cos\frac{1}{2}(x+y)$

(b) $\log x-\log y=\log(x/y)$

(c) $e^{x-y}=e^x/e^y$

(d) $1-\cos x=2\sin^2(x/2)$

(e) $\arctan x-\arctan y=\arctan\left(\frac{x-y}{1+xy}\right)$

25 0 근처의 x에 대하여 $\tan x-x$를 계산하는 좋은 방법은 무엇인가?

26 다음 함수들을 유효숫자의 심각한 손실 없이 계산할 수 있는 방법을 찾아라.

(a) $e^x-\sin x-\cos x$

(b) $\ln(x)-1$

(c) $\log x-\log(1/x)$

(d) $x^{-2}(\sin x-e^x+1)$

(e) $x-\mathrm{arctanh}\,x$

27 다음과 같은 세 함수를 생각하자. $x=0$ 근처에서 $b(x)$가 $a(x)$와 동일하다는 사실과 $c(x)$가 $a(x)$를 근사함을 보여라.

$$a(x)=\frac{1-\cos x}{\sin x},\quad b(x)=\frac{\sin x}{1+\cos x},\quad c(x)=\frac{x}{2}+\frac{x^3}{24}$$

28 당신의 컴퓨터에서 최대 머신 정밀도로 $\frac{\sin x}{x}\approx 1$이 되는 x의 범위를 구하라.

힌트 : 테일러 급수를 사용하라.

29 이차방정식의 근의 공식 $x=\frac{1}{2a}(-b\pm\sqrt{b^2-4ac})$는 이차방정식 $x^2-10^5x+1=0$을 8개의 10진수 자리만을 이용하는 머신에서 풀려고 할 때 문제를 일으킨다. 이 예를 조사하고 문제점을 살펴본 다음 그 해결책을 제시하라.

힌트 : 본문의 예와 비슷하다.

30 어떤 이차방정식의 근에 대한 정확한 값이 요구될 때, $b^2\approx 4ac$이면 유효성의 손실이 일어날 수 있다. 컴퓨터 루틴을 작성할 때 이러한 문제를 극복하기 위해 무엇을 할 수 있을까?

31 본문의 함수 $f(x)=x-\sin x$에 대한 논의를 참조하여, $0<x<1.9$일 때 식 (3)에서 뺄셈으로 인한 과도한 유효성의 손실이 나타나지 않음을 보여라.

32 $\tan(10^{100})$을 계산하는 문제에 대하여 논하라.

33 x와 y를 정규화한 이진 부동소수점 머신 넘버라 하고, $x=q\times 2^n, y=r\times 2^{n-1}$, $\frac{1}{2}\leq r$, $q<1$, $2q-1\geq r$이라 가정하자. 뺄셈 $x-y$에서 어느 정도의 유효숫자 손실이 일어나는가? 또한 $2q-1<r$일 때 같은 질문에 답하라. 유효숫자 손실 정리가 이 연습문제를 정확히 풀 수 있을 만큼 충분히 강력하지 않음을 관찰하라.

34 유효숫자 손실 정리의 첫 번째 부분을 증명하라.

35 만일 x가 32비트 컴퓨터에서의 머신 넘버이며, 부등식 $x > \pi 2^{25}$을 만족하면, $\sin x$의 계산 결과에 유효숫자가 없음을 보여라.

36 x와 y를 32비트 컴퓨터에서의 정규화한 부동소수점 머신 넘버라고 하자. $x = q \times 2^m$, $y = r \times 2^n$ (단, $\frac{1}{2} \leq r$, $q < 1$)이라 놓자. 만일 $n = m$이면 뺄셈 $x - y$에서 적어도 1비트의 유효숫자 손실이 일어남을 보여라.

37 **(학생 연구 과제) 소거 오차** cancellation error [28]와 **나쁜 알고리즘** bad algorithm, **나쁜 조건의 문제** ill-conditioned problem 간의 차이에 대하여 자료를 읽어보고 논의하라.

제안 : 이차방정식이 하나의 예가 될 수 있다.

38 세 개의 유효숫자를 사용하는 컴퓨터에서 $\sqrt{9.01} - 3.00$을 가능한 최대의 정확도로 계산하라.

1.4 컴퓨터 연습문제

01 실계수 a, b, c를 갖는 이차방정식 $f(x) = ax^2 + bx + c = 0$의 두 근 x_1, x_2를 계산하고 $f(x_1)$과 $f(x_2)$를 계산하는 루틴을 작성하라. 반올림 오차를 줄이는 식과 코드를 효율적으로 작성하라. 작성한 절차를 다음 (a, b, c) 값들에 대하여 테스트하라.

$$(0, 0, 1),\ (0, 1, 0),\ (1, 0, 0),\ (0, 0, 0),\ (1, 1, 0),$$
$$(2,\ 10,\ 1),\ (1,\ -4,\ 3.99999),\ (1,\ -8.01,\ 16.004),$$
$$(2 \times 10^{17},\ 10^{18},\ 10^{17}),\ (10^{-17},\ -10^{17},\ 10^{17}).$$

02 복소수 근을 가질 수 있는 이차방정식을 푸는 루틴을 작성하고 테스트하라.

03 본문에서 $x - \sin x$를 계산하기 위해 작성한 유사코드를 급수 계산을 위한 축소곱셈법을 사용하도록 수정하고, 이를 테스트하라.

04 본문에서 예로 들었던 함수 $f(x) = e^x - e^{-2x}$에 대한 루틴을 작성하라.

05 구간 $[0, 1]$에서 $f(x) = \cos(10^4 x)$를 배정밀도 또는 그 이상의 정밀도로 계산하는 코드를 작성하라. $f(x)$에 몇 개의 유효숫자가 있는지를 구하라.

06 $f(x) = \sin x - 1 + \cos x$를 계산하기 위한 프로시저를 작성하라. 이 루틴은 구간 $\left[0, \frac{\pi}{4}\right]$에 속하는 모든 x에 대하여 거의 최대 머신 정밀도를 보여야 한다.

힌트 : 삼각함수 공식 $\sin^2\theta = \frac{1}{2}(1 - \cos 2\theta)$가 유용할 수 있다.

07 임의의 x, y에 대하여 $f(x,y) = \int_1^x t^y dt$를 계산하는 프로시저를 작성하라.

주의 : 예외적인 경우인 $y = -1$일 때 및 그 근처에서 발생하는 수치적인 문제들을 주의해야 한다.

08 0에 가까운 x값에 대하여 $f(x) = (x - \sin x)/x^3$를 계산하자.

(a) 이 함수에 대한 루틴을 작성하라. $f(x)$를 16번 계산하라. 처음에는 $x \leftarrow 1$이라 하고, $x \leftarrow \frac{1}{10}x$를 15번 시행하라. 그 결과를 설명하라.

참고 : 로피탈의 법칙에 의하여 $f(x)$는 $\frac{1}{6}$로 접근한다. 이 코드를 테스트하라.

(b) 모든 x에 대하여 $f(x)$의 더 정확한 값을 주는 함수 프로시저를 작성하라. 그 코드를 테스트하라.

09 $x = 0$부터 1까지 0.01 간격으로 함수 $f(x) = 5 - \sqrt{25 + x^2}$의 값을 표로 출력하는 프로그램을 작성하라. 그 프로그램이 최대 머신 정밀도의 결과를 내도록 하되, 배정밀도로 프로그래밍하지는 않도록 하라. 그 결과를 설명하라.

10 e^x의 테일러 급수에서 $(n+1)$번째 항 t가 $|t| < \varepsilon = 10^{-6}$이 될 때까지 그 앞의 n개의 항을 더하여 e^x을 계산하는 루틴을 작성하라. 음수인 x값에 대해서는 e^x의 역수를 활용하라. 데이터 $0, +1, -1, 0.5, -0.123, -25.5, -1776, 3.14159$에 대하여 테스트하라. 각각의 경우에 대한 상대오차, 절대오차, n을 계산하되 참값으로는 당신의 컴퓨터 시스템에서 제공하는 지수함수 값을 사용하라. 25개의 항 이상은 더하지 않도록 한다.

11 e^x의 계산은 $|u| < (\ln 2)/2$에 대해서만 e^u를 계산하는 것으로

28 (옮긴이) 부호가 다르며 절댓값이 매우 비슷한 두 수를 컴퓨터에서 더할 때 발생하는 오차

축소될 수 있다. 이 알고리즘은 2의 거듭제곱을 제거하고, 급수가 아주 빠르게 수렴하는 범위에서 e^u를 계산한다. 이 알고리즘은 다음과 같이 주어진다. m과 u는 다음 단계들에 의하여 계산된다. 여기서 $x<0$인 경우에는 $z<0$이므로 $(-)$ 부호가 사용된다. 이러한 범위 축소 기술을 앞에서 작성한 코드와 결합시켜라.

$$e^x = 2^m e^u$$

$z \leftarrow x/\ln 2;\ m \leftarrow$ integer $(z \pm \frac{1}{2})$
$w \leftarrow z - m;\ u \leftarrow w \ln 2$

12 범위 축소 $e^x = 2^m e^u$를 사용하고, e^u을 **가우스 연분수** Gaussian continued fraction의 짝함수 부분, 즉 $e^u = \dfrac{s+u}{s-u}$, $s = 2+u^2\left(\dfrac{2520+28u^2}{15120+420u^2+u^4}\right)$을 이용하여 계산하는 루틴을 작성하라. 이를 [컴퓨터 연습문제 1.4.10]에 주어진 데이터에 대하여 테스트하라.

참고 : 이 절의 컴퓨터 연습문제 중 일부는 대형 메인프레임 컴퓨터에서 실제로 사용되는 함수에 대응하는 다양한 내장 함수를 계산하기 위한 다소 복잡한 알고리즘을 포함한다. 이러한 함수 및 기타 유사한 라이브러리 함수에 대한 설명은 컴퓨터 시스템의 지원 설명서에서 찾아볼 수 있다.

13 많은 수치 계산에서 복소수 $z=a+bi$의 절댓값 $|z|$를 정확하게 계산하는 일은 상당히 중요하다. 다음 세 가지 방법을 비교하기 위한 컴퓨터 실험을 설계하고 수행하라. 여기서 $v=\max\{|a|,|b|\}$이고, $w=\min\{|a|,|b|\}$이다. 실험에 절댓값의 크기가 아주 작거나 큰 복소수를 사용하라.

(a) $|z| = (a^2+b^2)^{1/2}$

(b) $|z| = v\left[1+\left(\dfrac{w}{v}\right)^2\right]^{1/2}$

(c) $|z| = 2v\left[\dfrac{1}{4}+\left(\dfrac{w}{2v}\right)^2\right]^{1/2}$

14 $(e^x-1)/2x \approx 0.5$를 15자리까지 정확하게 근사하기 위한 x의 범위는 무엇인가? 이 정보를 활용하여 구간 $[-10, 10]$에서 $(e^x-1)/2x$를 15자리의 정확도로 계산하는 함수 프로시저를 작성하라.

15 푸리에 급수 이론에서는 **르벡 상수** Lebesgue constant라 알려진 몇 개의 수들이 하나의 역할을 담당하고 있다. 르벡 상수에 대한 공식은 다음과 같이 주어진다.

$$\rho_n = \frac{1}{2n+1} + \frac{2}{\pi}\sum_{k=1}^{n}\frac{1}{k}\tan\frac{\pi k}{2n+1}$$

$\rho_1, \rho_2, \cdots, \rho_{100}$을 8자리의 정확도로 계산하는 프로그램을 작성하고 실행하라. 그 후, 다음 부등식의 타당성을 테스트하라.

$$0 \le \frac{4}{\pi^2}\ln(2n+1)+1-\rho_n \le 0.0106$$

16 다음 수를 배정밀도 또는 그 이상의 정밀도로 계산하라. 이 문제의 핵심은 무엇이겠는가?

$$x = \left[\frac{1}{\pi}\ln(640320^3+744)\right]^2$$

17 다음과 같이 라디안 단위로 주어진 x에 대하여 $\sin x$를 계산하는 루틴을 작성하라. 우선 사인 함수의 성질을 이용하여 범위를 $-\pi/2 \le x \le \pi/2$로 축소한다. 그 다음 만일 $|x|<10^{-8}$이면 $\sin x \approx x$로 설정한다. 또는 $|x|>\pi/6$이면 $u=x/3$로 놓고, 아래와 같은 식으로 $\sin u$를 계산한 후 $\sin x \approx [3-4\sin^2 u]\sin u$로 설정한다. 한편 $|x| \le \pi/6$이면 $u=x$로 놓고, $\sin u$를 다음과 같이 계산한다. 당신의 컴퓨터 시스템에서 사인 함수가 이 알고리즘을 사용하는지를 구하라.

$$\sin u \approx u\left[\frac{1-\left(\dfrac{29593}{207636}\right)u^2+\left(\dfrac{34911}{7613320}\right)u^4-\left(\dfrac{479249}{11511339840}\right)u^6}{1+\left(\dfrac{1671}{69212}\right)u^2+\left(\dfrac{97}{351384}\right)u^4+\left(\dfrac{2623}{1644477120}\right)u^6}\right]$$

참고 : 이 식은 사인 함수에 대한 **파데 유리 근사**이다.

18 이 문제에서 설명하는 $\ln x$에 대한 **망원 유리식** telescoped rational과 **가우스 연분수**에 기반을 둔 알고리즘으로 자연 로그를 계산하는 루틴을 작성하고, 몇몇 x값에 대하여 테스트하라. 우선 $x=1$인지와 $x=1$이라면 0을 반환하는지를 확인하라.

$x = r\times 2^n$ (단, $\frac{1}{2}\le r<1$)을 만족하는 n과 r을 구하여 x의 범위를 축소하라. 그 다음으로 $u=(r-\sqrt{2}/2)/(r+\sqrt{2}/2)$로 놓고, $\ln\dfrac{(1+u)}{(1-u)}$를 다음의 근사를 통해 계산하라.

$$\ln\left(\frac{1+u}{1-u}\right) \approx u\left(\frac{20790-21545.27u^2+4223.9187u^4}{10395-14237.635u^2+4778.8377u^4-230.41913u^6}\right)$$

이는 $|u|<3-2\sqrt{2}$에서 유효하다. 마지막으로 다음과 같이 설정한다.

$$\ln x \approx \left(n-\frac{1}{2}\right)\ln 2 + \ln\left[\frac{1+u}{1-u}\right]$$

19 다음 알고리즘을 사용하여 라디안 단위의 x에 대하여 $\tan x$를 계산하는 루틴을 작성하라. x의 범위에 따라 작성한 루틴

을 테스트하라. 우선, π의 배수를 더하거나 빼서 독립변수 x를 $|x| \le \frac{\pi}{2}$로 축소한다. 만일 $0 \le |x| < 1.7 \times 10^{-9}$이면 $\tan x \approx x$로 놓는다. 만일 $|x| > \pi/4$이면 $u = \pi/2 - x$로 놓고, 그렇지 않으면 $u = x$로 놓는다. 이제 다음 근사를 계산한다.

$$\tan u \approx u\left(\frac{135135 - 17336.106u^2 + 379.23564u^4 - 1.0118625u^6}{135135 - 62381.106u^2 + 3154.9377u^4 - 28.17694u^6}\right)$$

마지막으로 $|x| > \pi/4$이면 $\tan x \approx 1/\tan u$로 놓고, $|x| \le \pi/4$이면 $\tan x \approx \tan u$로 놓는다.

참고 : 이 알고리즘은 탄젠트 함수의 **망원 유리식**과 **가우스 연분수**로부터 얻어진 것이다.

20 아크사인[arcsin] 함수에 대한 망원 다항식을 이용하고 다음 알고리즘에 기반하여 $\arcsin x$를 계산하는 루틴을 작성하라. 만일 $|x| < 10^{-8}$이면 $\arcsin x \approx x$로 놓는다. 한편 $0 \le x \le \frac{1}{2}$이면 $u = x$, $a = 0$, $b = 1$로 놓는다. 만일 $\frac{1}{2} < x \le \frac{1}{2}\sqrt{3}$이면 $u = 2x^2 - 1$, $a = \frac{\pi}{4}$, $b = \frac{1}{2}$로 놓는다. 만일 $\frac{1}{2}\sqrt{3} < x \le \frac{1}{2}\sqrt{2+\sqrt{3}}$이면 $u = 8x^4 - 8x^2 + 1$, $a = 3\pi/8$, $b = \frac{1}{4}$로 놓는다. 만일 $\frac{1}{2}\sqrt{2+\sqrt{3}} < x \le 1$이면 $u = \sqrt{\frac{1}{2}(1-x)}$, $a = \frac{\pi}{2}$, $b = -2$로 놓는다. 이제 다음 근사를 계산한다.

$$\begin{aligned}\arcsin u \approx u(&1.0 + \tfrac{1}{6}u^2 + 0.075u^4 + 0.04464286u^6\\ &+ 0.03038182u^8 + 0.022375u^{10}\\ &+ 0.01731276u^{12} + 0.01433124u^{14}\\ &+ 0.009342806u^{16} + 0.01835667u^{18}\\ &- 0.01186224u^{20} + 0.03162712u^{22})\end{aligned}$$

마지막으로 $\arcsin x \approx a + b\arcsin u$로 놓는다. 이 루틴을 다양한 x값에 대하여 테스트하라.

21 라디안 단위의 x에 대하여 $\arctan x$를 다음과 같이 계산하는 루틴을 작성하고 테스트하라. 만일 $0 \le x \le 1.7 \times 10^{-9}$이면 $\arctan x \approx x$로 놓는다. 만일 $1.7 \times 10^{-9} < x \le 2 \times 10^{-2}$이면 다음의 급수 근사를 사용하라. 위 범위에 해당하지 않는다면 $0 \le x \le 1$일 때 $y = x$, $a = 0$, $b = 1$로 놓는다. 만일 $x > 1$이면 $y = 1/x$, $a = \pi/2$, $b = -1$로 놓는다. 그 다음으로 $0 \le y \le \sqrt{2} - 1$이면 $c = \pi/16$, $d = \tan c$로 놓고, $\sqrt{2} - 1 < y \le 1$이면 $c = 3\pi/16$, $d = \tan c$로 놓는다.

$$\arctan x \approx x - \frac{x^3}{3} + \frac{x^5}{5} - \frac{x^7}{7}$$

$u = (y-d)/(1+dy)$와 다음 근사를 계산하라.

$$\arctan u \approx u\left(\frac{135135 + 171962.46u^2 + 52490.4832u^4 + 2218.1u^6}{135135 + 217007.46u^2 + 97799.3033u^4 + 10721.3745u^6}\right)$$

마지막으로 $\arctan x \approx a + b(c + \arctan u)$로 놓는다.

참고 : 이 알고리즘은 **망원 유리식**과 **가우스 연분수**를 사용한 것이다.

22 구간 $(0, 1]$에 속하는 x에 대해 $\arctan x$를 n비트 정확도로 계산하는 빠른 알고리즘을 소개한다. 우선 $a = 2^{-n/2}$, $b = x/(1+\sqrt{1+x^2})$, $c = 1$, $d = 1$로 놓는다. 그 후 이 변수들을 다음 식을 통해 반복적으로 업데이트한다(순서는 왼쪽에서 오른쪽, 위에서 아래로 진행된다). 각 단계마다 $f = c\ln[(1+b)/(1-b)]$를 출력하라. $1 - a \le 2^{-n}$일 때 실행을 멈춘다. 이 알고리즘을 배정밀도로 수행하는 루틴을 작성하고, 다양한 x의 값에 대하여 테스트하라. 당신의 컴퓨터 시스템의 아크탄젠트 함수로부터 얻어지는 값들과 이 결과를 비교하라.

real a, b, c, d

$$c \leftarrow \frac{2c}{1+a}\;;\quad d \leftarrow \frac{2ab}{1+b^2}\;;\quad d \leftarrow \frac{d}{1+\sqrt{1-d^2}}$$

$$d \leftarrow \frac{b+d}{1-bd};\quad b \leftarrow \frac{d}{1+\sqrt{1+d^2}};\quad a \leftarrow \frac{2\sqrt{a}}{1+a}$$

참고 : 이 빠른 다중 정밀도 알고리즘은 **타원 적분**[elliptic integral] 이론을 따른 것으로, 산술-기하 평균 반복[arithmetic-geometric mean iteration]과 **오름 랜던 변환**[ascending Landen transformation]을 이용한 것이다.

23 단정밀도 하에서 컴퓨터에 20자리의 10진수를 입력하면, 6자리의 정확도만 얻을 수 있음을 보여라. 모든 작업이 배정밀도로 수행될 때에만 배정밀도가 효과가 있음을 보여라. 예를 들어 `pi = 3.14` 또는 `pi = 22/7`를 사용하면 배정밀도를 사용함으로써 얻었던 모든 정밀도를 잃게 될 것이다. 중요한 건 최종 결과에서의 유효숫자의 개수라는 점을 기억하자!

24 Java나 C++과 같은 몇몇 프로그래밍 언어에서 혼합 모드 연산은 `pi`가 부동소수점 수일 때, `(4/3)*pi=pi`와 같은 결과를 도출할 수 있음을 보여라. 이는 괄호 안의 분수가 정수 모드로 계산되었기 때문이다.

25 (**학생 연구 과제**) 정확도가 보장된 결과를 얻는 것을 목표로 하는 구간 연산[interval arithmetic]에 대하여 조사하라.

26 방정식 $f(x)=x^2+2px-q=0$의 근 중 절댓값이 작은 근은 $y_1=-p+\sqrt{p^2+q}$ 또는 $y_2=\dfrac{q}{p+\sqrt{p^2+q}}$를 통해 계산될 수 있다. p가 양수이고 q에 비하여 매우 크다면 심각한 소거 오차가 일어날 수 있음을 보여라. 이 계산을 단계별로 진행하는 다음 유사코드를 프로그래밍하고 테스트하라. $p=10^4$, $q=1$일 때와 $p=-\left(1+\dfrac{1}{2}10^{-8}\right)$, $q=-(1+10^8)$일 때를 생각하라. 원래의 방정식에 거꾸로 대입하여 결과를 확인하고 그 결과를 설명하라.

```
s = p^2
t = s + q
u = √t
y1 = −p + u
v = p + u
y2 = q/v
```

2장 선형 시스템

Linear Systems

[그림 2.1]과 같이 하나의 전력(배터리)과 다수의 저항으로 이루어진 간단한 전기 회로망이 있다. 키르히호프의 법칙Kirchhoff's law과 옴의 법칙Ohm's law을 이용하면 이 회로를 나타내는 선형 연립방정식을 얻을 수 있다. 그림에서와 같이 x_1, x_2, x_3, x_4가 각 루프에서의 전류라고 하면, 다음과 같은 선형 연립방정식이 성립한다.

$$\begin{cases} 15x_1 - 2x_2 - 6x_3 = 300 \\ -2x_1 + 12x_2 - 4x_3 - x_4 = 0 \\ -6x_1 - 4x_2 + 19x_3 - 9x_4 = 0 \\ -x_2 - 9x_3 + 21x_4 = 0 \end{cases}$$

이 장에서 설명할 방법을 이용하면 위와 같은 연립방정식을, 심지어 수백 개의 미지수가 있어도 풀 수 있다. 위 선형 시스템의 답은 다음과 같다.

$$x_1 = 26.5,\ x_2 = 9.35,\ x_3 = 13.3,\ x_4 = 6.13$$

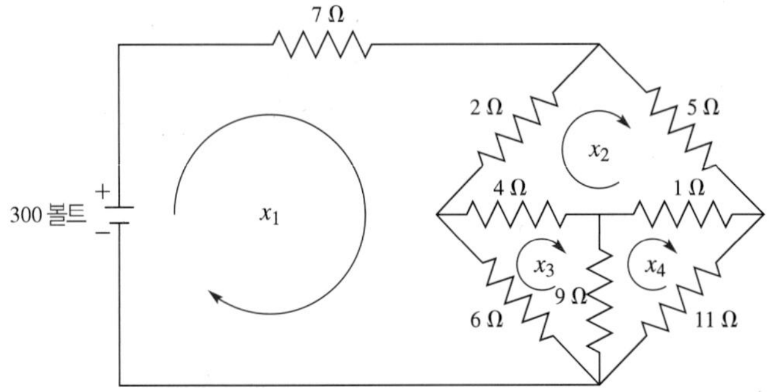

[그림 2.1] 전기 회로망

2.1 순수 가우스 소거법

수많은 과학 및 공학 응용 분야에서의 가장 기본적인 문제 중 하나는, 계수 행렬 $\boldsymbol{A}$와 우변의 벡터 $\boldsymbol{b}$가 알려져 있을 때, 다음의 선형 대수 시스템을 풀어서 미지의 벡터 $\boldsymbol{x}$를 구하는 것이다.

$$\boldsymbol{Ax} = \boldsymbol{b}$$

다양한 응용 분야에서 비선형 방정식을 선형 방정식으로 근사할 때 또는 미분방정식을 대수 방정식으로 근사할 때, 자연스럽게 위와 같은 선형 시스템이 등장한다. 선형 시스템을 정확하고 효율적으로 푸는 것이 바로 다양한 실용 계산 문제를 해결하는 수많은 수치적 방법들의 기본이라고 할 수 있다. 선형 대수 연립방정식 $\boldsymbol{Ax} = \boldsymbol{b}$는 해를 가질 수도, 가지지 않을 수도 있으며 선형 시스템이 해를 가진다 하더라도 그 해가 유일하지 않을 수도 있다. 가우스 소거법은 컴퓨터나 계산기로 선형 시스템을 푸는 표준적인 방법으로 분명 대다수의 독자들에게는 친숙한 방식일 것이다. 가우스 소거법이 손으로 직접 선형 방정식을 푸는 가장 쉬운 방법이기 때문이다. 시스템의 해가 없을 때는 9장에서 소개할 선형 최소 제곱법

linear least square과 같은 다른 접근 방법을 사용한다. 이 장에서는 계수 행렬 $\boldsymbol{A}$가 $n \times n$이고, 그 역행렬이 존재한다(정칙행렬nonsingular matrix)고 가정하자.

순수 수학적 측면에서 $\boldsymbol{Ax} = \boldsymbol{b}$의 해는 다음과 같이 간단히 구할 수 있다.

$$\boldsymbol{x} = \boldsymbol{A}^{-1}\boldsymbol{b}$$

여기서 $\boldsymbol{A}^{-1}$은 $\boldsymbol{A}$의 **역행렬**inverse matrix이다. 하지만 대부분의 응용 문제에서는 역행렬을 명시적으로 계산하기보다는 미지의 벡터 $\boldsymbol{x}$에 대해 직접적으로 시스템을 푸는 게 바람직하다.

응용 수학 및 수많은 응용 분야에서 가장 크고 빠른 컴퓨터라 하더라도 수천 또는 수백만 개의 미지수가 포함된 극도로 큰 시스템을 정확하게 푸는 일은 벅찬 일일 수 있다. 몇 가지 중요한 질문들을 던져보자.

중요한 질문들

- 그렇게 큰 시스템을 컴퓨터에 어떻게 저장할 것인가?
- 계산된 답이 맞는지는 어떻게 알 수 있는가?
- 계산된 결과의 정확도는 얼마인가?
- 알고리즘이 실패할 수 있는가?
- 답을 계산하는 데 드는 시간은 얼마인가?
- 알고리즘의 점근적 연산 카운트asymptotic operation count는 무엇인가?
- 알고리즘이 특정 시스템에서 불안정할 가능성이 있는가?
- 불안정성이 피벗팅에 의해 조정될 수 있는가(행렬의 행의 순서를 바꾸는 것을 **피벗팅**pivoting이라 부른다)?
- 어떤 피벗팅 전략이 사용되어야 하는가?
- 행렬이 나쁜 조건을 가지고 있는지 또는 답이 정확한지를 어떻게 알 수 있는가?

가우스 소거법은 선형 시스템을 상삼각행렬upper triangular matrix 형태로 바꾸어서 시스템을 풀기 쉽게 만든다. 결국 이 과정은 다음 식과 같이 $\boldsymbol{A}$를 주대각성분이 모두 1인 하삼각행렬lower triangular matrix $\boldsymbol{L}$과 상삼각행렬 $\boldsymbol{U}$의 곱으로 **분해**factorization하는 것과 같다.

분해

$$\boldsymbol{A} = \boldsymbol{LU}$$

이러한 분해는 계수 행렬이 같고 우변은 다른 여러 선형 시스템을 풀 때 특히 유용하다. 많은 응용 분야에서 이러한 경우를 만나게 될 것이다.

계수 행렬 $\boldsymbol{A}$가 대칭행렬이거나 양의 정부호positive definite 행렬, 삼각행렬, 밴드 행렬, 블록 행렬, 성긴sparse 행렬 등과 같이 특수한 구조를 지닌 행렬일 때 일반적인 접근 방식인 부분 피벗팅을 적용한 가우스 소거법은 수정되거나 시스템별 맞춤 방식으로 바뀌어야 한다. 만약 계수 행렬의 대부분의 성분이 0일 때, 즉 시스템이 **희박**sparse할 때에는 반복법이 가우스 소거법보다 컴퓨터 메모리를 훨씬 적게 사용한다. 이번 장과 8장에서 이 주제에 대한 내용을 많이 다루어 볼 것이다.

이 장에서의 우리의 목표는 n개의 미지수를 가진 n개의 선형 연립방정식을 푸는 좋은 컴퓨터 프로그램을 개발하는 것이다.

$$
\begin{cases}
a_{11}x_1 + a_{12}x_2 + a_{13}x_3 + \cdots + a_{1n}x_n = b_1 \\
a_{21}x_1 + a_{22}x_2 + a_{23}x_3 + \cdots + a_{2n}x_n = b_2 \\
a_{31}x_1 + a_{32}x_2 + a_{33}x_3 + \cdots + a_{3n}x_n = b_3 \\
\quad\vdots \qquad \vdots \qquad \vdots \qquad\qquad \vdots \quad \vdots \\
a_{i1}x_1 + a_{i2}x_2 + a_{i3}x_3 + \cdots + a_{in}x_n = b_i \\
\quad\vdots \qquad \vdots \qquad \vdots \qquad\qquad \vdots \quad \vdots \\
a_{n1}x_1 + a_{n2}x_2 + a_{n3}x_3 + \cdots + a_{nn}x_n = b_n
\end{cases}
\tag{1}
$$

일반적인 선형 시스템

시스템 (1)은 다음과 같이 간단한 형태로 나타낼 수 있다.

$$\sum_{j=1}^{n} a_{ij}x_j = b_i \qquad (1 \le i \le n)$$

이 방정식들에서 a_{ij}와 b_i는 주어진 실수(데이터)이고 미지수 x_j가 우리가 구해야 하는 값이다. a의 아래 첨자에서는 명확하게 구분할 필요가 있을 때에만 콤마를 사용한다. 예를 들면 $a_{32,75}$에는 콤마를 쓰고, a_{ij}에는 콤마를 쓰지 않는다.

좀 더 큰 수치 예제

이 절에서는 가장 단순한 형태의 가우스 소거법에 대해 설명할 것이다. '순수한naive'이라는 형용사를 사용하는 이유는 필수적인 보정을 하지 않는 한 이러한 형태는 자동 계산에 적합하지 않기 때문이다(2.2절에서 소개). 4개의 미지수와 4개의 방정식을 가진 특정한 예 하나를 통해 순수 가우스 소거법naive Gaussian elimination을 설명해보자.

$$
\begin{cases}
6x_1 - 2x_2 + 2x_3 + 4x_4 = 16 \\
12x_1 - 8x_2 + 6x_3 + 10x_4 = 26 \\
3x_1 - 13x_2 + 9x_3 + 3x_4 = -19 \\
-6x_1 + 4x_2 + x_3 - 18x_4 = -34
\end{cases}
\tag{2}
$$

간단한 선형 시스템

가우스 소거법의 1단계는 x_1을 없애기 위해 2번째, 3번째, 4번째 방정식에서 첫 번째 방정식에 적당한 수를 곱한 변형된 첫 번째 방정식을 빼는 것이다. 그러면 첫 번째 방정식의 x_1 아래에 있는 모든 x_1의 계수(여기서는 $12, 3, -6$)을 0으로 만들 수 있다. 우선 첫 번째 방정식에 2를 곱한 후, 2번째 방정식에서 이를 뺀다(**곱하는 수**multiplier는 간단히 비율 $\frac{12}{6}$이다). 마찬가지로 첫 번째 방정식에 $\frac{1}{2}$을 곱한 후, 3번째 방정식에서 이를 뺀다(이때 **곱하는 수**는 $\frac{3}{6}$이다). 마지막으로 첫 번째 방정식에 -1을 곱한 식을 4번째 방정식에서 뺀다. 이 모든 과정의 결과는 다음과 같다.

전진 소거

$$
\begin{cases}
6x_1 - 2x_2 + 2x_3 + 4x_4 = 16 \\
\qquad - 4x_2 + 2x_3 + 2x_4 = -6 \\
\qquad - 12x_2 + 8x_3 + x_4 = -27 \\
\qquad\quad 2x_2 + 3x_3 - 14x_4 = -18
\end{cases}
\tag{3}
$$

다른 방정식들의 계수를 0으로 만드는 데 첫 번째 방정식이 사용되었음에도 불구하고 첫 번째 방정식은 이 과정 동안 전혀 변하지 않았음에 주목하라. 이 책에서는 이러한 방정식을 **피벗 방정식**pivot equation이라 부르기로 한다.

여기서 시스템 (2)와 (3)이 수학적 의미에서 동일하다는 점을 주목해야 한다. (2)의 모든 근은 (3)의 근이며 그 역도 참이다. 이는 등호를 중심으로 양변에 같은 수를 더해도 양변의 결과는 여전히 같다는 사실에서 바로 알 수 있다. 예를 들어 시스템 (3)의 2번째 방정식에 첫 번째 방정식의 2배를 더하면 시스템 (2)의 2번째 식을 다시 얻을 수 있다.

소거법의 2단계에서는 첫 번째 방정식과 1열의 계수들을 마음속으로 무시한다. 그러면 3개의 미지수를 가진 3개의 연립방정식이 남는다. 이제 이 작아진 시스템의 첫 번째 방정식을 새로운 피벗 방정식으로 두고 동일한 과정을 반복한다. 즉 2번째 방정식에 3을 곱한 후 이를 3번째 방정식에서 빼는 계산부터 시작한다(**곱하는 수**는 $\frac{-12}{-4}$ 이다). 그리고 2번째 방정식의 $-\frac{1}{2}$ 배를 4번째 방정식에서 뺀다. 이러한 계산 후 다음을 얻을 수 있다.

전진 소거

$$\begin{cases} 6x_1 - 2x_2 + 2x_3 + \ \ 4x_4 = \ \ 16 \\ \quad\ \ - 4x_2 + 2x_3 + \ \ 2x_4 = \ -6 \\ \qquad\qquad\quad\ \ 2x_3 - \ \ 5x_4 = \ -9 \\ \qquad\qquad\quad\ \ 4x_3 - 13x_4 = -21 \end{cases} \tag{4}$$

마지막 단계는 3번째 방정식에 2를 곱한 후, 이를 4번째 방정식에서 빼는 일이다. 결과는 다음과 같다.

$$\begin{cases} 6x_1 - 2x_2 + 2x_3 + 4x_4 = \ 16 \\ \quad\ \ - 4x_2 + 2x_3 + 2x_4 = -6 \\ \qquad\qquad\quad\ \ 2x_3 - 5x_4 = -9 \\ \qquad\qquad\qquad\quad\ - 3x_4 = -3 \end{cases} \tag{5}$$

단순 상삼각 시스템의 예

이러한 시스템을 **상삼각**upper triangular 형태라고 부른다. 이는 시스템 (2)와 동치이다.

이로써 가우스 알고리즘의 첫 번째 과정(**전진 소거**forward elimination)이 완료되었다.

두 번째 과정(**역대입**back substitution)에서는 시스템 (5)의 아래에서부터 시작해서 미지수를 구한다. 따라서 4번째 방정식에서 마지막 미지수를 얻는다.

역대입

$$x_4 = \frac{-3}{-3} = 1$$

3번째 방정식에 $x_4 = 1$을 넣으면 다음과 같이 3번째 미지수를 구할 수 있다.

$$2x_3 - 5 = -9 \qquad \therefore\ x_3 = \frac{-4}{2} = -2$$

이 과정을 반복하면 해는 다음과 같다.

$$x_1 = 3, \quad x_2 = 1, \quad x_3 = -2, \quad x_4 = 1$$

진짜 해

알고리즘

논의를 단순화하기 위해 시스템 (1)을 행렬-벡터 형태로 써보자. 계수 성분들 a_{ij}는 $n \times n$ 정사각 배열, 즉 행렬을 구성한다. 미지수 x_i와 우변의 성분 b_i는 $n \times 1$ 배열, 즉 벡터[1]를 형성한다(선형 대수학의 개념과 기호에 대해서는 부록 D를 참조하라). 따라서 다음과 같이

1 공간을 절약하기 위해 종종 열벡터를 $[x_1, x_2, \cdots, x_n]^T$로 표기할 것이다. 여기서 T는 **전치**transpose를 의미한다. 이는 주어진 벡터가 $1 \times n$이 아닌 $n \times 1$인 벡터임을 말해준다. 전치 기호가 없다면 주어진 벡터는 $1 \times n$이다.

$$
\begin{bmatrix} a_{11} & a_{12} & a_{13} & \cdots & a_{1n} \\ a_{21} & a_{22} & a_{23} & \cdots & a_{2n} \\ a_{31} & a_{32} & a_{33} & \cdots & a_{3n} \\ \vdots & \vdots & \vdots & & \vdots \\ a_{i1} & a_{i2} & a_{i3} & \cdots & a_{in} \\ \vdots & \vdots & \vdots & & \vdots \\ a_{n1} & a_{n2} & a_{n3} & \cdots & a_{nn} \end{bmatrix} \begin{bmatrix} x_1 \\ x_2 \\ x_3 \\ \vdots \\ x_i \\ \vdots \\ x_n \end{bmatrix} = \begin{bmatrix} b_1 \\ b_2 \\ b_3 \\ \vdots \\ b_i \\ \vdots \\ b_n \end{bmatrix} \tag{6}
$$

일반적인 행렬-벡터 형태의 $n \times n$ 선형 시스템

또는 $\boldsymbol{Ax} = \boldsymbol{b}$로 나타낼 수 있다.

이러한 표현에서 방정식 간의 연산은 행렬의 행들 간의 연산으로 대응된다. 우리는 이 두 용어('방정식'과 행렬의 '행')를 구분 없이 쓸 것이다.

1단계

이제 n개의 미지수와 n개의 방정식을 포함하는 일반적인 시스템에 대한 순수 가우스 소거법 알고리즘을 구성해 보자. 이 알고리즘에서 원래의 데이터는 새로 계산된 수치로 덮어씌워진다. 이 프로세스에서 전진 소거 과정은 $(n-1)$개의 주요 단계들로 이루어져 있다. 이 중 첫 번째 단계에서는 첫 번째 방정식을 이용하여 첫 번째 방정식을 제외한 나머지 방정식의 모든 $(n-1)$개의 x_1의 계수를 0으로 만든다. 이는 첫 번째 방정식에 적절한 상수를 곱한 식을 다른 방정식에서 빼는 과정을 통해 이루어진다. 과정에서 우리는 첫 번째 방정식을 **피벗 방정식**pivot equation, a_{11}을 첫 번째 **피벗 성분**pivot element이라 부른다. 남은 방정식 $(2 \le i \le n)$에 대해서 다음을 계산할 수 있다.

$$
\begin{cases} a_{ij} \leftarrow a_{ij} - \left(\dfrac{a_{i1}}{a_{11}}\right) a_{1j} & (1 \le j \le n) \\ \\ b_i \leftarrow b_i - \left(\dfrac{a_{i1}}{a_{11}}\right) b_1 \end{cases}
$$

여기서 기호 $\leftarrow$는 **대체**replacement를 의미한다. 따라서 a_{ij}에 저장되어 있던 메모리 내용이 $a_{ij} - \left(\dfrac{a_{i1}}{a_{11}}\right) a_{1j}$로 대체되며, 다른 성분들에 대해서도 이러한 과정이 똑같이 진행된다. 이는 다음과 같은 유사코드를 통해 수행된다.

$$
a_{ij} \leftarrow a_{ij} - \left(\frac{a_{i1}}{a_{11}}\right) a_{1j}
$$

여기서 $\dfrac{a_{i1}}{a_{11}}$가 **곱하는 수**라는 점을 주목하자. $a_{i1} - \left(\dfrac{a_{i1}}{a_{11}}\right) a_{11} = 0$이므로 i번째 방정식의 x_1의 새로운 계수는 0이 된다.

2단계

1단계 후 주어진 시스템은 다음과 같은 형태가 된다.

$$
\begin{bmatrix} a_{11} & a_{12} & a_{13} & \cdots & a_{1n} \\ 0 & a_{22} & a_{23} & \cdots & a_{2n} \\ 0 & a_{32} & a_{33} & \cdots & a_{3n} \\ \vdots & \vdots & \vdots & & \vdots \\ 0 & a_{i2} & a_{i3} & \cdots & a_{in} \\ \vdots & \vdots & \vdots & & \vdots \\ 0 & a_{n2} & a_{n3} & \cdots & a_{nn} \end{bmatrix} \begin{bmatrix} x_1 \\ x_2 \\ x_3 \\ \vdots \\ x_i \\ \vdots \\ x_n \end{bmatrix} = \begin{bmatrix} b_1 \\ b_2 \\ b_3 \\ \vdots \\ b_i \\ \vdots \\ b_n \end{bmatrix}
$$

지금부터 우리는 첫 번째 방정식과 x_1의 계수는 변형하지 않을 것이다(곱하는 수에 0을 곱한 후 0에서 뺀 값은 여전히 0이기 때문이다). 따라서 우리는 마음속으로 1행과 1열을 무시하고, 이 프로세스를 작아진 시스템에서 반복해야 한다. 2번째 방정식을 **피벗 방정식**으로 두고, 남은 각각의 방정식을 다음과 같이 계산할 수 있다($3 \le i \le n$).

$$\begin{cases} a_{ij} \leftarrow a_{ij} - \left(\dfrac{a_{i2}}{a_{22}}\right) a_{2j} & (2 \le j \le n) \\ b_i \leftarrow b_i - \left(\dfrac{a_{i2}}{a_{22}}\right) b_2 \end{cases}$$

k번째 전진 소거 단계 직전의 시스템은 다음과 같다. k번째 단계

$$\begin{bmatrix} a_{11} & a_{12} & a_{13} & \cdots & & \cdots & & \cdots & a_{1n} \\ 0 & a_{22} & a_{23} & \cdots & & \cdots & & \cdots & a_{2n} \\ 0 & 0 & a_{33} & \cdots & & \cdots & & \cdots & a_{3n} \\ \vdots & \vdots & \vdots & \ddots & & & & & \vdots \\ 0 & 0 & 0 & \cdots & a_{kk} & \cdots & a_{kj} & \cdots & a_{kn} \\ \vdots & \vdots & \vdots & \vdots & \vdots & & \vdots & & \vdots \\ 0 & 0 & 0 & \cdots & a_{ik} & \cdots & a_{ij} & \cdots & a_{in} \\ \vdots & \vdots & \vdots & \vdots & \vdots & & \vdots & & \vdots \\ 0 & 0 & 0 & \cdots & a_{nk} & \cdots & a_{nj} & \cdots & a_{nn} \end{bmatrix} \begin{bmatrix} x_1 \\ x_2 \\ x_3 \\ \vdots \\ x_k \\ \vdots \\ x_i \\ \vdots \\ x_n \end{bmatrix} = \begin{bmatrix} b_1 \\ b_2 \\ b_3 \\ \vdots \\ b_k \\ \vdots \\ b_i \\ \vdots \\ b_n \end{bmatrix}$$

여기서 계수 0들이 **쐐기꼴**wedge로 형성되었고, 처음 k개의 방정식은 이미 소거법이 진행된 상태이므로 이제부터는 고정된다. k번째 방정식을 **피벗 방정식**으로 두고, 계수 a_{kk} 아래에 있는 계수들을 0으로 만들기 위해 곱하는 수를 선택한다.

$$\begin{cases} a_{ij} \leftarrow a_{ij} - \left(\dfrac{a_{ik}}{a_{kk}}\right) a_{kj} & (k \le j \le n) \\ b_i \leftarrow b_i - \left(\dfrac{a_{ik}}{a_{kk}}\right) b_k \end{cases}$$

물론 이 알고리즘에서 다른 수를 나누는 모든 수는 당연히 0이 아니라고 가정한다. 유사하게 남은 i번째 피벗 방정식으로 각각의 성분들을 0으로 계산할 수 있다($k+1 \le i \le n-1$).

유사코드

이제 전진 소거에 관한 유사코드를 생각해 보자. 계수의 배열은 $n \times n$의 이중 아래 첨자 배열 (a_{ij})에 저장된다. 연립방정식의 우변은 $n \times 1$의 단일 아래 첨자 배열 (b_i)에 저장되고, 계산된 해는 $n \times 1$의 단일 아래 첨자 배열 (x_i)에 저장된다. 다음 유사코드의 라인들이 순수 가우스 소거법의 **전진 소거 과정**을 나타내고 있음을 쉽게 알 수 있을 것이다.

```
integer i, j, k;   real array (a_ij)_1:n×1:n, (b_i)_1:n
for k = 1 to n − 1
    for i = k + 1 to n
        for j = k to n
            a_ij ← a_ij − (a_ik/a_kk)a_kj
        end for
        b_i ← b_i − (a_ik/a_kk)b_k
    end for
end for
```

전진 소거 유사코드

곱하는 수 a_{ik}/a_{kk}는 j에 의존하지 않기 때문에 이 값은 j 루프 바깥으로 빼낼 수 있다. 또한 적어도 이론적으로는 $j=k$일 때

$$a_{ik} \leftarrow a_{ik} - (a_{ik}/a_{kk})a_{kk}$$

핵심 단계

이므로 이 값이 0이 되리라 예상할 수 있다. 따라서 이 값을 굳이 계산할 필요는 없다. 0이 만들어지는 공간은 곱하는 수를 저장하기에 좋은 공간이다. 이러한 내용을 코드에 반영하면 유사코드는 다음과 같은 형태가 된다.

```
integer i, j, k;   real xmult;   real array (a_ij)_1:n×1:n, (b_i)_1:n
for k = 1 to n − 1
    for i = k + 1 to n
        xmult ← a_ik/a_kk
        a_ik ← xmult
        for j = k + 1 to n
            a_ij ← a_ij − (xmult)a_kj
        end for
        b_i ← b_i − (xmult)b_k
    end for
end for
```

향상된 전진 소거 유사코드

여기서 곱하는 수는 LU 분해 과정의 일부로 여러 응용계산에 사용되므로 공간을 할애하여 저장한다. 이는 8.1절에서 논의할 것이다.

역대입 과정의 시작점에서 선형 시스템은 다음과 같은 형태이다.

$$\begin{cases} a_{11}x_1 + a_{12}x_2 + a_{13}x_3 + \cdots & \cdots + \quad a_{1n}x_n = b_1 \\ \qquad a_{22}x_2 + a_{23}x_3 + \cdots & \cdots + \quad a_{2n}x_n = b_2 \\ \qquad\qquad a_{33}x_3 + \cdots & \cdots + \quad a_{3n}x_n = b_3 \\ \qquad\qquad\qquad \ddots & \vdots \qquad\quad \vdots \\ \qquad\qquad\qquad a_{ii}x_i + a_{i,i+1}x_{i+1} + & \cdots + \quad a_{in}x_n = b_i \\ \qquad\qquad\qquad\qquad \ddots & \vdots \qquad\quad \vdots \\ & a_{n-1,n-1}x_{n-1} + a_{n-1,n}x_n = b_{n-1} \\ & \qquad a_{nn}x_n = b_n \end{cases}$$

일반적인 상삼각 시스템

여기서 a_{ij}와 b_i는 시스템 (6)에서의 원래 계수들이 아니고 소거법 프로세스에서 변형된 계수들이다.

역대입은 n번째 방정식을 풀어서 x_n을 얻는 것에서 시작한다.

$$x_n = \frac{b_n}{a_{nn}}$$

그 후 $(n-1)$번째 방정식을 이용해서 x_{n-1}을 얻어낸다.

$$x_{n-1} = \frac{1}{a_{n-1,n-1}}(b_{n-1} - a_{n-1,n}\, x_n)$$

이 방법을 위쪽 방정식에 순차적으로 적용하면 x_i에 대한 다음과 같은 공식을 얻을 수 있다.

$$x_i = \frac{1}{a_{ii}}\left(b_i - \sum_{j=i+1}^{n} a_{ij}x_j\right) \qquad (i = n-1, n-2, \cdots, 1) \tag{7}$$

역대입 공식

이를 유사코드로 나타내면 다음과 같다.

역대입 유사코드

```
integer i, j, n;   real sum;   real array (a_ij)_1:n×1:n, (x_i)_1:n, (b_i)_1:n
x_n ← b_n/a_nn
for i = n − 1 to 1
    sum ← b_i
    for j = i + 1 to n
        sum ← sum − a_ij x_j
    end for
    x_i ← sum/a_ii
end for
```

이제 하나의 프로시저를 구성하기 위해 앞의 부분적인 유사코드들을 하나로 합쳐보자. 이 합쳐진 유사코드는 *Naive_Gauss*라고 불리는데, 이는 순수 가우스 소거법으로 n개의 미지수를 가진 n개의 가역 선형 연립방정식을 풀도록 고안된 것이다. 이 유사코드는 단지 교육용으로 만들어진 것임을 밝혀둔다. 좀 더 강력한 유사코드는 다음 절에서 만들어 볼 것이다.

Naive_Gauss 유사코드

```
procedure Naive_Gauss(n, (a_ij), (b_i), (x_i))
integer i, j, k, n;   real sum, xmult
real array (a_ij)_1:n×1:n, (b_i)_1:n, (x_i)_1:n
for k = 1 to n − 1
    for i = k + 1 to n
        xmult ← a_ik/a_kk
        a_ik ← xmult
        for j = k + 1 to n
            a_ij ← a_ij − (xmult)a_kj
        end for
        b_i ← b_i − (xmult)b_k
    end for
end for
x_n ← b_n/a_nn
for i = n − 1 to 1
    sum ← b_i
    for j = i + 1 to n
```

(계속)

```
            sum ← sum − a_ij x_j
        end for
        x_i ← sum/a_ii
    end for
    end procedure Naive_Gauss
```

테스트 예제를 살펴보기 전에 우리의 유사코드에서 가장 중요한 계산 부분인 대체 연산이 포함된 3중 중첩 for-루프를 살펴보자.

핵심 루프

```
    for k .........
        for i .........
            for j .........
                a_ij ← a_ij − (a_ik/a_kk)a_kj
            end for
        end for
    end for
```

여기서 우리는 모든 수치가 반올림 오차로 오염될 수 있음을 반드시 예상할 수 있어야 한다. a_{kj}에 존재하는 반올림 오차는 분수 (a_{ik}/a_{kk})에 곱해진다. 피벗 성분의 $|a_{kk}|$ 값이 $|a_{ik}|$ 값보다 상대적으로 작을 때 그 분수 값은 크게 나타난다. 따라서 우리는 작은 피벗 성분이 곱하는 수를 크게 만들고 이로 인해 반올림 오차는 더 악화된다고 잠정적으로 결론지을 수 있다.

유사코드 검증

유사코드를 검증하는 좋은 방법 중 하나는 해가 이미 알려져 있는 인위적 문제에 유사코드를 적용해보는 것이다. 때로는 테스트 문제에 난이도를 조절할 수 있는 변수가 포함되곤 한다. 다음이 바로 그러한 예이다.

고정된 n값에 대해 다음의 다항식을 정의하자.

다항식의 예

$$p(t) = 1 + t + t^2 + \cdots + t^{n-1} = \sum_{j=1}^{n} t^{j-1}$$

이 다항식의 모든 계수는 1이다. 우리는 이 알려진 다항식의 계수를 다항식의 서로 다른 n개의 값에서 구해볼 것이다. 정수 $t = 1 + i$ (단, $i = 1, 2, \cdots, n$)에서의 $p(t)$의 값을 사용한다. 만약 다항식의 계수를 $x_1, x_2, \cdots, x_n$로 표시하면 다음을 얻을 수 있다.

$$\sum_{j=1}^{n} (1+i)^{j-1} x_j = \frac{1}{i}\left[(1+i)^n - 1\right] \qquad (1 \leq i \leq n) \tag{8}$$

여기서 다음과 같은 **등비급수의 합** sum of a geometric series의 공식을 위 우변에 사용했다.

$$p(1+i) = \sum_{j=1}^{n} (1+i)^{j-1} = \frac{(1+i)^n - 1}{(1+i) - 1} = \frac{1}{i}\left[(1+i)^n - 1\right] \tag{9}$$

식 (8)에서 $a_{ij}=(1+i)^{j-1}$, $b_i=[(1+i)^n-1]/i$이라 하면, 선형 시스템 $\boldsymbol{Ax}=\boldsymbol{b}$를 얻는다.

예제 1 다양한 n값에 대해 식 (8)의 시스템을 푸는 테스트 유사코드를 작성하라.

풀이

순수 가우스 소거법 프로시저인 *Naive_Gauss*을 사용할 것이므로 필요한 건 호출 프로그램 calling program뿐이다. 이 예제에서는 $n=4,5,6,7,8,9,10$을 사용해 보자. 다음은 적절한 유사코드의 한 예이다.

Test_NGE 유사코드

```
program Test_NGE
integer parameter m ← 10
integer i, j, n;   real array, (a_ij)_1:m×1:m, (b_i)_1:m, (x_i)_1:m
for n = 4 to 10
    for i = 1 to n
        for j = 1 to n
            a_ij ← (i + 1)^(j−1)
        end for
        b_i ← [(i + 1)^n − 1]/i
    end for
    call Naive_Gauss(n, (a_ij), (b_i), (x_i))
    output n, (x_i)_1:n
end for
end program Test_NGE
```

약 7자리 수까지 정확성을 가지는 머신에서 이 유사코드를 실행하면, n이 9에 도달하기 전까지는 거의 완전한 정밀도를 가진 해를 얻을 수 있다. 하지만 그 다음으로 계산된 해는 가치가 없다. 한 성분이 16,120%의 상대오차를 보이기 때문이다(이 결과를 확인하기 위해 직접 코드를 짜고 실행해 보라).

실패!

이 선형 시스템의 계수 행렬은 나쁜 조건의 행렬의 예로 잘 알려져 있는 **반데몬드 행렬** Vandermonde matrix이다. 위 예제는 순수 가우스 소거법으로는 이러한 시스템을 정확히 풀 수 없다는 사실을 보여준다. 놀라운 점은 문제가 너무나 갑작스레 발생한다는 사실이다. $n\geq 9$일 때 x_i 계산에서 발생하는 반올림 오차가 역대입 과정을 거치면서 점점 확대되고 증가하면서 대부분의 x_i의 계산값들이 쓸모없는 값들이 된 것이다. 코드 중간에 프린트 명령을 삽입하면 여기서 무슨 일이 일어나는지를 직접 확인해 볼 수 있다.

나쁜 조건의 반데몬드 행렬

잔차 벡터와 오차 벡터

선형 시스템 $\boldsymbol{Ax}=\boldsymbol{b}$의 진짜 해를 $\boldsymbol{x}$, 계산된 해를 $\tilde{\boldsymbol{x}}$라 할 때, 다음을 정의한다.

오차/잔차 벡터

$$e=\tilde{x}-x \qquad \text{(오차 벡터)}$$
$$r=A\tilde{x}-b \qquad \text{(잔차 벡터)}$$

오차 벡터 error vector와 잔차 벡터 residual vector 간의 관계를 보여주는 중요한 관계식이 바로

$$\boldsymbol{Ae} = \boldsymbol{r}$$

이다. 두 학생이 다른 컴퓨터 시스템을 이용해서 동일한 선형 시스템 $\boldsymbol{Ax} = \boldsymbol{b}$를 푼다고 가정해 보자. 각 학생이 어떤 알고리즘을 사용하고 어떤 정확도를 사용했는지는 모른다. 각 학생들은 자신이 정확한 답을 얻었다고 강력하게 주장하지만, 두 컴퓨터에서 계산된 $\tilde{\boldsymbol{x}}$와 $\hat{\boldsymbol{x}}$는 완전히 다르다! 그러면 우리는 어떤 답이 정확한지 어떻게 결정할 수 있을까?

계산된 해를 원래 시스템에 대입함으로써 이 해를 검토해 볼 수 있다. 이는 **잔차 벡터**를 계산하는 것과 동일한 과정이다.

$$\tilde{\boldsymbol{r}} = \boldsymbol{A}\tilde{\boldsymbol{x}} - \boldsymbol{b}, \qquad \hat{\boldsymbol{r}} = \boldsymbol{A}\hat{\boldsymbol{x}} - \boldsymbol{b}$$

물론 계산된 값은 반드시 어느 정도의 반올림 오차를 가지고 있기 때문에 정확하지 않다. 그래서 우리는 잔차 벡터가 더 작은 해를 선택하려 한다. 그러나 정확한 해 x를 알고 있다면, 단지 계산된 해를 정확한 해에 비교해 보기만 해도 된다. 이는 **오차 벡터**의 계산과 동일하다.

$$\tilde{\boldsymbol{e}} = \tilde{\boldsymbol{x}} - \boldsymbol{x}, \qquad \hat{\boldsymbol{e}} = \hat{\boldsymbol{x}} - \boldsymbol{x}$$

이제 계산된 해 중 더 작은 오차 벡터를 가지는 해가 더 좋은 해라고 거의 확신할 수 있다!

실제 응용에서는 대개 정확한 해가 알려져 있지 않기 때문에 계산된 해 중에서 더 작은 잔차 벡터를 가지는 해를 정확한 해로 받아들이는 경향이 있다. 그러나 원래의 문제가 반올림 오차에 민감하다면, 즉 나쁜 조건에서는 이 해가 최선이 아닐 수 있다. 사실 선형 시스템의 계산된 해가 좋은 해인지 아닌지에 대한 물음은 굉장히 어려운 문제로 이 책의 수준을 넘어선다. 몇 개의 연습문제를 통해 선형 시스템의 계산된 해의 정확도 평가가 어려운 일이라는 것을 일부 이해할 수 있을 것이다.

2.1 요약

- 기본적인 **전진 소거** 프로시저는 $1 \le k \le n-1$의 값에 대해서 다음과 같이 나타낼 수 있다.

$$\begin{cases} a_{ij} \leftarrow a_{ij} - \left(\dfrac{a_{ik}}{a_{kk}}\right) a_{kj} & (k+1 \le i \le n,\ k+1 \le j \le n) \\ b_i \leftarrow b_i - \left(\dfrac{a_{ik}}{a_{kk}}\right) b_k & \end{cases}$$

여기서 $a_{kk} \neq 0$이라 가정한다.

- 기본적인 **역대입** 프로시저는 $x_n = b_n / a_n$을 사용해서 다음과 같이 나타낼 수 있다.

$$x_i = \frac{1}{a_{ii}}\left(b_i - \sum_{j=i+1}^{n} a_{ij} x_j\right) \qquad (i = n-1, n-2, \cdots, 1)$$

- 선형 시스템 $\boldsymbol{Ax} = \boldsymbol{b}$를 풀 때 방정식의 진짜 또는 정확한 해를 $\boldsymbol{x}$라 하고, 근사 또는 계산된 해를 $\tilde{x}$라 할 때 중요한 값들은 다음과 같다.

$$e = \tilde{x} - x \qquad \textbf{(오차 벡터)}$$
$$r = A\tilde{x} - b \qquad \textbf{(잔차 벡터)}$$

2.1 연습문제

01 다음과 같은 연립방정식은 $\alpha=0$일 때 유일한 해를 가지고, $\alpha=-1$일 때는 해가 없으며, $\alpha=1$일 때는 해가 무수히 많음을 보여라. 또한 우변의 수들이 모두 0으로 바뀌었을 때 각 α 값에 대응하는 상황을 조사하라.

$$\begin{cases} x_1+4x_2+\ \ \alpha x_3=6 \\ 2x_1-\ \ x_2+2\alpha x_3=3 \\ \alpha x_1+3x_2+\quad x_3=5 \end{cases}$$

02 다음 시스템에 대해 순수 가우스 소거법을 썼을 때 어떤 α값이 엄청난 오차를 발생시키는가? 컴퓨터에서 일어난 일을 설명하라.

$$\begin{cases} x_1+x_2=2 \\ \alpha x_1+x_2=2+\alpha \end{cases}$$

03 다음 예제들에 순수 가우스 소거법을 적용하여 그 실패 결과에 대해 설명하라. 가능하면 다른 방법으로 아래의 시스템들을 풀어라.

(a) $\begin{cases} 3x_1+\ \ 2x_2=4 \\ -x_1-\dfrac{2}{3}x_2=1 \end{cases}$ (b) $\begin{cases} 6x_1-3x_2=\ \ 6 \\ -2x_1+\ \ x_2=-2 \end{cases}$

(c) $\begin{cases} 0x_1+2x_2=4 \\ x_1-\ \ x_2=5 \end{cases}$ (d) $\begin{cases} x_1+x_2+2x_3=4 \\ x_1+x_2+0x_3=2 \\ 0x_1+x_2+\ \ x_3=0 \end{cases}$

04 각 계산 단계에서 유효숫자를 4개로 유지하면서 다음 연립방정식을 풀어라. 또, 8개의 유효숫자를 유지하면서 다시 한번 풀어본 후, 두 해를 비교하라(각 계산에서 반올림하거나 버림하되 일관성을 유지해야 한다).

$$\begin{cases} 0.1036x_1+0.2122x_2=0.7381 \\ 0.2081x_1+0.4247x_2=0.9327 \end{cases}$$

05 다음과 같은 행렬과 벡터들을 생각하자. 잔차 벡터 $\tilde{\boldsymbol{r}}=\boldsymbol{A}\tilde{\boldsymbol{x}}-\boldsymbol{b}$와 $\hat{\boldsymbol{r}}=\boldsymbol{A}\hat{\boldsymbol{x}}-\boldsymbol{b}$를 계산하고, $\tilde{\boldsymbol{x}}$와 $\hat{\boldsymbol{x}}$ 중 어느 쪽이 더 좋은 해인지 구하라. 이제 정확한 해가 $\boldsymbol{x}=[1,-1]^T$일 때, 오차 벡터 $\tilde{\boldsymbol{e}}=\tilde{\boldsymbol{x}}-\boldsymbol{x}$와 $\hat{\boldsymbol{e}}=\hat{\boldsymbol{x}}-\boldsymbol{x}$를 계산하라. 이 예제가 알려주는 바가 무엇인지 설명하라.

$$\boldsymbol{A}=\begin{bmatrix} 0.780 & 0.563 \\ 0.913 & 0.659 \end{bmatrix}, \quad \boldsymbol{b}=\begin{bmatrix} 0.217 \\ 0.254 \end{bmatrix}$$

$$\tilde{\boldsymbol{x}}=\begin{bmatrix} 0.999 \\ -1.001 \end{bmatrix}, \quad \hat{\boldsymbol{x}}=\begin{bmatrix} 0.341 \\ -0.087 \end{bmatrix}$$

06 다음 시스템을 생각하자. 여기서 $b_1\neq 0$, $b_2\neq 0$이다. 이 시스템의 해는 다음과 같다.

$$\begin{cases} 10^{-4}x_1+x_2=b_1 \\ \qquad\ \ x_1+x_2=b_2 \end{cases}$$

$$x_1=\frac{-b_1+b_2}{1-10^{-4}}, \qquad x_2=\frac{b_1-10^{-4}b_2}{1-10^{-4}}$$

(a) $b_1=1$, $b_2=2$로 놓자. 순수 가우스 소거법으로 (반올림하여) 3자리까지 계산하여 이 시스템의 근사 해를 구하고 이를 이 시스템의 정확한 해인 $x_1=1.00010\cdots$, $x_2=0.999899\cdots$와 비교하라.

(b) 두 방정식의 순서를 바꾼 후 (a)를 반복하라.

(c) 원래 시스템에서 순수 가우스 소거법이 형편없는 답을 주지 않는 b_1과 b_2의 값을 찾아라.

07 순수 가우스 소거법(즉 전진 소거와 역대입)을 이용하여 다음 시스템을 각각 풀어라(단, 유효숫자 4개로 계산하라).

(a) $\begin{cases} 3x_1+4x_2+3x_3=10 \\ x_1+5x_2-\ \ x_3=\ \ 7 \\ 6x_1+3x_2+7x_3=15 \end{cases}$

(b) $\begin{cases} 3x_1+2x_2-5x_3=0 \\ 2x_1-3x_2+\ \ x_3=0 \\ x_1+4x_2-\ \ x_3=4 \end{cases}$

(c) $\begin{bmatrix} 1 & -1 & 2 & 1 \\ 3 & 2 & 1 & 4 \\ 5 & 8 & 6 & 3 \\ 4 & 2 & 5 & 3 \end{bmatrix}\begin{bmatrix} x_1 \\ x_2 \\ x_3 \\ x_4 \end{bmatrix}=\begin{bmatrix} 1 \\ 1 \\ 1 \\ -1 \end{bmatrix}$

(d) $\begin{cases} 3x_1+2x_2-\ \ x_3=\ \ 7 \\ 5x_1+3x_2+2x_3=\ \ 4 \\ -x_1+\ \ x_2-3x_3=-1 \end{cases}$

(e) $\begin{cases} x_1+3x_2+2x_3+\ \ x_4=-2 \\ 4x_1+2x_2+\ \ x_3+2x_4=\ \ 2 \\ 2x_1+\ \ x_2+2x_3+3x_4=\ \ 1 \\ x_1+2x_2+4x_3+\ \ x_4=-1 \end{cases}$

(f) $\left[\begin{array}{cccc|c} 2 & 4 & -2 & -2 & -4 \\ 1 & 2 & 4 & -3 & 5 \\ -3 & -3 & 8 & -2 & 7 \\ -1 & 1 & 6 & -3 & 7 \end{array}\right]$

2.1 컴퓨터 연습문제

01 [예제 1]을 프로그래밍하여 실행하고, 프린트 명령어를 통해 무슨 일이 일어나는지 확인하라.

02 행렬의 열을 기준으로 프로시저 *Naive_Gauss* 를 다시 쓰고 테스트하라. 즉, a_{ij}의 첫 번째 인덱스가 가장 안쪽 루프에서 돌아가게끔 바꿔라.

03 $n \times n$ 행렬 $\boldsymbol{A}$의 각 성분이 $a_{ij} = i + j$의 식을 만족하도록 $\boldsymbol{A}$를 정의하고 $\boldsymbol{b}$는 $b_i = i + 1$로 정의한다. 프로시저 *Naive_Gauss*를 이용하여 $\boldsymbol{Ax} = \boldsymbol{b}$를 풀어라. $\boldsymbol{x}$는 어떤 벡터인가?

04 $n \times n$ 배열의 성분을 $a_{ij} = -1 + 2\min\{i, j\}$로 정의한다. 그리고 시스템 $\sum_{j=1}^{n} a_{ij}x_j = b_i \ (1 \le i \le n)$의 해가 $x_j = 1 (1 \le j \le n)$이 되도록 배열 (b_i)를 정의한다. 적당한 n값, 예를 들면 $n = 15$에서 이 시스템에 대하여 프로시저 *Naive_Gauss*를 테스트하라.

05 다음을 만족하는 *Naive_Gauss* 버전을 작성하고 테스트하라.

(a) 0으로 나누려는 시도가 있으면 오류 신호를 출력한다.

(b) 배열 (b_i)에 해 $\boldsymbol{x}$를 대체하여 넣는다.

06 복소수를 나타내는 변수와 코드에 필요한 다른 변화들을 반영하여 복소 계산 버전의 *Naive_Gauss* 를 작성하고 실행하라. 행렬 $\boldsymbol{A}$가 다음과 같을 때, 복소 선형 시스템 $\boldsymbol{Az} = \boldsymbol{b}$를 생각하자.

$$\boldsymbol{A} = \begin{bmatrix} 5+9i & 5+5i & -6-6i & -7-7i \\ 3+3i & 6+10i & -5-5i & -6-6i \\ 2+2i & 3+3i & -1+3i & -5-5i \\ 1+i & 2+2i & -3-3i & 4i \end{bmatrix}$$

이 시스템을 다음의 벡터 $\boldsymbol{b}$에 대해서 4번 풀어라. 여기서 구한 해 $\boldsymbol{z}$들이 어떤 스칼라 λ에 대해서 $\boldsymbol{z} = \lambda^{-1}\boldsymbol{b}$임을 확인하라. 이때 숫자 λ를 행렬 $\boldsymbol{A}$의 **고윳값**eigenvalue, 벡터 $\boldsymbol{z}$를 $\boldsymbol{A}$의 **고유벡터**eigenvector라 부른다. 대개 $\boldsymbol{b}$ 벡터는 알려져 있지 않으며 $\boldsymbol{Az} = \lambda\boldsymbol{z}$의 해는 선형 방정식 풀이법으로 구할 수 없다.

$$\begin{bmatrix} -10+2i \\ -5+i \\ -5+i \\ -5+i \end{bmatrix}, \begin{bmatrix} 2+6i \\ 4+12i \\ 2+6i \\ 2+6i \end{bmatrix}, \begin{bmatrix} 7-3i \\ 7-3i \\ 0 \\ 7-3i \end{bmatrix}, \begin{bmatrix} -4-8i \\ -4-8i \\ -4-8i \\ 0 \end{bmatrix}$$

07 전기공학에서 흔히 볼 수 있는 문제는 전기회로의 전류를 계산하는 것이다. 예를 들어 다음 그림과 같이 R_i(옴ohm), C_i(패럿farad), L(헨리henry), w(헤르츠hertz, Hz)가 포함된 회로가 있다.

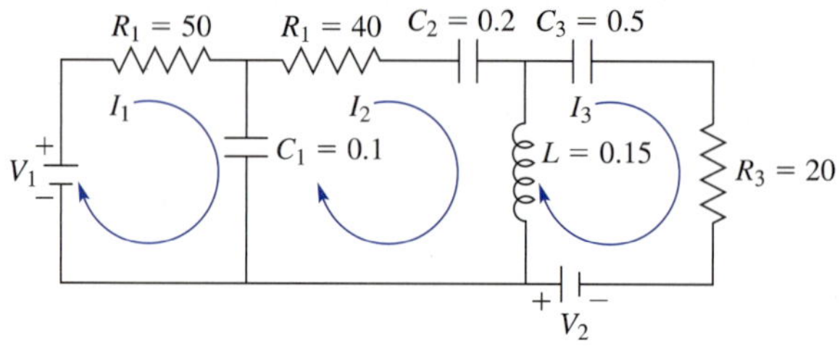

이 회로는 다음과 같은 복소 선형 시스템을 만족한다. $V_1 = 100\text{V}$, $w = 1\text{Hz}$로 놓고, 복소 계산 버전의 *Naive_Gauss*를 이용해서 다음의 2가지에 대해 이 시스템을 풀어라.

$$\begin{cases} (50-10i)I_1 + (10i)I_2 = V_1 \\ (10i)I_1 + (40+3i)I_2 - (15i)I_3 = 0 \\ -(15i)I_2 + (20+10i)I_3 = -V_2 \end{cases}$$

(a) 두 전압의 위상이 같다. 즉, $V_2 = V_1$이다.

(b) 두 번째 전압이 첫 번째 전압보다 $\frac{1}{4}$ 주기만큼 앞선다. 즉 $V_2 = iV_1$이다.

08 적당한 n값을 선택한 후, 난수 발생기를 이용하여 임의의 $n \times n$ 배열 a를 만든다. 그리고 다음 시스템의 해가 $x_j = j$ $(1 \le j \le n)$가 되도록 배열 b를 정의한다. 이 시스템에 순수 가우스 소거법 알고리즘을 테스트하라.

$$\sum_{j=1}^{n} a_{ij}x_j = b_i \quad (1 \le i \le n)$$

힌트 : (a_{ij}) 배열의 성분을 임의로 생성하기 위해 10장에서 논의되는 *Random* 함수를 사용할 수도 있다.

09 본문에서 설명한 프로시저 *Naive_Gauss* 에 대한 테스트를 방정식 순서를 역으로 바꿔서 실행해라.

힌트 : 코드에서 일부 i를 $n-i+1$로 바꾸는 것만으로 충분하다.

10 이 장의 시작 부분에 소개된 예제를 *Naive_Gauss*를 이용해서 풀어라.

11 MATLAB, Maple, Mathematica와 같이 루틴들이 내장되어 있는 수학 소프트웨어를 이용해서 선형 시스템 (2)를 직접 풀어라.

2.2 비례 조정 부분 피벗팅을 사용한 가우스 소거법

순수 가우스 소거법은 실패할 수 있다

순수 가우스 소거법 알고리즘이 만족스럽지 않은 이유를 확인하기 위해 다음의 시스템을 생각해 보자.

$$\begin{cases} 0x_1 + x_2 = 1 \\ x_1 + x_2 = 2 \end{cases} \tag{1}$$

2×2 시스템의 예

2.1절에서 만든 유사코드는 2번째 방정식에서 첫 번째 방정식의 적절한 상수 배를 뺌으로써 2번째 방정식의 x_1의 계수를 0으로 만들기 위한 것이다. 이는 물론 불가능하다. 왜냐하면 $a_{11} = 0$이어서 알고리즘이 제대로 돌아가지 못하기 때문이다.

만약 실제로 수치적 프로시저의 작동이 일부 데이터 값에서 실패하면, 실패한 값 근처의 데이터에 대해서도 그 프로시저를 신뢰할 수 없게 된다. 이를 확인하기 위해 다음과 같은 시스템을 생각해보자.

$$\begin{cases} \varepsilon x_1 + x_2 = 1 \\ x_1 + x_2 = 2 \end{cases} \tag{2}$$

여기서 ε은 0이 아닌 작은 숫자이다. 이제는 2.1절의 순수 가우스 소거법을 적용할 수 있다. 전진 소거법을 적용하면 다음과 같은 시스템을 얻는다.

$$\begin{cases} \varepsilon x_1 + \qquad\quad x_2 = 1 \\ \qquad (1-\varepsilon^{-1})x_2 = 2-\varepsilon^{-1} \end{cases} \tag{3}$$

역대입 계산 결과는 다음과 같다.

$$x_2 = \frac{2-\varepsilon^{-1}}{1-\varepsilon^{-1}} \approx 1, \qquad x_1 = \varepsilon^{-1}(1-x_2) \approx 0$$

그러나 ε^{-1}은 매우 큰 수일 수 있다! 만약 고정된 워드 길이의 컴퓨터가 이 계산을 한다면, ε과 같은 작은 숫자에 대해 $(2-\varepsilon^{-1})$나 $(1-\varepsilon^{-1})$은 $-\varepsilon^{-1}$로 계산할 것이다. 예를 들어 16자리 누산기를 갖고 있는 8자리 머신에서 $\varepsilon = 10^{-9}$일 때, $\varepsilon^{-1} = 10^9$이다. 뺄셈을 위해 컴퓨터는 수들을 다음과 같이 해석해야 한다.

$$\begin{aligned} \varepsilon^{-1} = 10^9 = 0.10000000 \times 10^{10} &= 0.1000000000000000 \times 10^{10} \\ 2 = 0.20000000 \times 10^1 &= 0.0000000002000000 \times 10^{10} \end{aligned}$$

8자리 계산 가능 컴퓨터에서

따라서 $(\varepsilon^{-1}-2)$는 처음에는 $0.0999999998000000 \times 10^{10}$으로 계산되지만 이후에 $0.10000000 \times 10^{10} = \varepsilon^{-1}$로 반올림된다.

즉 0에 충분히 가까운 ε에 대해서 컴퓨터는 x_2를 1로, x_1을 0으로 계산한다고 결론내릴 수 있다. 정확한 해는

$$x_1 = \frac{1}{1-\varepsilon} \approx 1, \qquad x_2 = \frac{1-2\varepsilon}{1-\varepsilon} \approx 1$$

이므로 계산된 해 x_1의 상대오차는 100%로 매우 큰 값을 보인다.

실제로 순수 가우스 소거법 알고리즘은 다음과 같이 시스템 (1), (2)에서 우선적으로 방정식의 순서를 바꿨을 때 효과가 좋다.

$$\begin{cases} x_1 + x_2 = 2 \\ 0x_1 + x_2 = 1 \end{cases} \quad \text{그리고} \quad \begin{cases} x_1 + x_2 = 2 \\ \varepsilon x_1 + x_2 = 1 \end{cases}$$

재정렬한 2×2 시스템의 예

시스템 (1)의 해는 $x_2 = 1, x_1 = 2 - x_2 = 1$로 쉽게 얻을 수 있다. 한편 시스템 (2)는 전진 소거 후 다음과 같이 바뀐다.

$$\begin{cases} x_1 + \qquad x_2 = 2 \\ \qquad (1-\varepsilon)x_2 = 1 - 2\varepsilon \end{cases}$$

그 후 역대입을 통해 해를 다음과 같이 계산할 수 있다.

$$x_2 = \frac{1-2\varepsilon}{1-\varepsilon} \approx 1, \qquad x_1 = 2 - x_2 \approx 1$$

시스템의 방정식을 재정렬할 필요가 없었다는 사실에 주목하자. 여기서 유일하게 필요했던 일은 다른 피벗 행[pivot row]을 선택하는 것 뿐이었다. 시스템 (2)에서의 어려움은 단지 ε이 작다는 것 때문이 아니라, 같은 행의 다른 계수보다 ε이 상대적으로 작다는 것 때문이다. 이를 확인하기 위해 다음 시스템을 생각해 보자.

$$\begin{cases} x_1 + \varepsilon^{-1} x_2 = \varepsilon^{-1} \\ x_1 + \qquad x_2 = 2 \end{cases} \tag{4}$$

변경한 2×2 시스템의 예

시스템 (4)는 수학적으로 (2)와 동일하다. 순수 가우스 소거법은 여기서 실패한다! 순수 가우스 소거법은 다음의 삼각 시스템을 만든다.

$$\begin{cases} x_1 + \qquad \varepsilon^{-1} x_2 = \varepsilon^{-1} \\ \qquad (1-\varepsilon^{-1})x_2 = 2 - \varepsilon^{-1} \end{cases}$$

이어지는 역대입 단계에서 다음과 같은 잘못된 결과가 도출된다.

$$x_2 = \frac{2-\varepsilon^{-1}}{1-\varepsilon^{-1}} \approx 1, \qquad x_1 = \varepsilon^{-1} - \varepsilon^{-1} x_2 \approx 0$$

이 상황은 시스템 (4)의 두 방정식의 순서를 바꿈으로써 해결할 수 있다.

$$\begin{cases} x_1 + \qquad x_2 = 2 \\ x_1 + \varepsilon^{-1} x_2 = \varepsilon^{-1} \end{cases}$$

또 다른 2×2 시스템의 예

이제 순수 가우스 소거법 알고리즘을 적용할 수 있으며 결과적인 시스템은 다음과 같다.

$$\begin{cases} x_1 + x_2 = 2 \\ (\varepsilon^{-1} - 1)x_2 = \varepsilon^{-1} - 2 \end{cases}$$

이 시스템의 해는 다음과 같다.

$$x_2 = \frac{\varepsilon^{-1} - 2}{\varepsilon^{-1} - 1} \approx 1, \qquad x_1 = 2 - x_2 \approx 1$$

이는 정확한 해다!

부분 피벗팅과 완전 피벗팅

부분/완전 피벗팅

부분 피벗팅 partial pivoting을 사용하는 가우스 소거법은 축소된 부분 행렬에서 첫 번째 열의 성분 중 절댓값이 가장 큰 성분을 포함하는 행을 피벗 행으로 선택하는 방법이다. 선택된 행이 피벗 행의 위치로 가도록 행의 순서를 바꾼다. **완전 피벗팅** full 또는 complete pivoting을 사용하는 가우스 소거법은 부분 행렬의 모든 성분 중 가장 큰 성분을 포함한 행을 피벗 행으로 선택하는 방법이다(이는 일을 더 복잡하게 만들 수 있다. 왜냐하면 일부 미지수도 재배열되기 때문이다). 이를 위해서는 행과 열 모두의 순서를 서로 바꿔야 한다. 실제로 부분 피벗팅은 효과면에서는 완전 피벗팅만큼 좋은 방식이면서도 작업량은 완전 피벗팅보다 훨씬 적다. 비록 증명은 없지만 **성장요소** growth factor에 관한 완전한 피벗팅 해석을 제공했다. 사실 수학적으로 부분 피벗팅을 정당화하는 이론은 매우 적은 편이며, 그 대부분도 경험적인 이론들뿐이다.

부분 피벗팅에서처럼 간단히 절댓값이 가장 큰 숫자를 선택하는 것이 효과적일 수 있다. 이 경우에는 행을 비례 조정 scaling하는 게 큰 역할을 하지 않는다. 한 행에서 성분들 간의 상대적인 크기는 고려되지 않기 때문이다. 크기가 상당히 다른 계수들을 가진 방정식들로 이루어진 시스템은 문제를 발생시킬 수 있으므로, 이런 경우에는 의심의 눈으로 살펴봐야 한다. 때로는 비례 조정 전략이 이 문제를 개선시킬 수 있다. 우리는 비례 조정 부분 피벗팅을 사용하는 가우스 소거법을 제시할 것이다. 그 유사코드에는 암묵적 implicit 피벗팅 체계가 포함되어 있다.

단순한 부분 피벗팅 전략

어떤 상황에서는 단순한 부분 피벗팅 전략을 사용한 가우스 소거법이 틀린 해를 도출해낼 수 있다. 다음과 같은 붙임행렬 augmented matrix을 생각해 보자.

$$\left[\begin{array}{cc|c} 2 & 2c & 2c \\ 1 & 1 & 2 \end{array}\right]$$

여기서 c는 매우 큰 값일 수 있는 변수이고, 변수는 x와 y이다. 1열에서 가장 큰 숫자를 포함한 1행을 피벗 행으로 선택한다. 곱하는 수가 1/2이므로 행 축소 과정의 첫 번째 단계의 결과는 다음과 같다.

$$\left[\begin{array}{cc|c} 2 & 2c & 2c \\ 0 & 1-c & 2-c \end{array}\right]$$

이제 제한된 워드 길이의 컴퓨터로 계산한다고 가정해 보자. 그러면 이 컴퓨터로는 $1-c \approx -c$, $2-c \approx -c$를 얻는다. 결과적으로 이 컴퓨터는 다음 수들을 결과로 보여준다.

$$\left[\begin{array}{cc|c} 2 & 2c & 2c \\ 0 & -c & -c \end{array}\right]$$

따라서 $y=1, x=0$의 해를 얻을 수 있다. 그러나 정확한 해는 $x=y=1$이다.

반면 비례 조정 부분 피벗팅을 사용하는 가우스 소거법에서는 2행이 피벗 행으로 선택된다. 비례 조정 상수는 $(2c, 1)$이다. $\{2/(2c), 1\}$에서 피벗 행을 선택하는 데, 2개의 비율 중 더 큰 것은 2행이다. 이때 곱하는 수는 2이고 행 축소 과정의 한 단계 후 결과는 다음과 같다.

$$\left[\begin{array}{cc|c} 0 & 2c-2 & 2c-4 \\ 1 & 1 & 2 \end{array}\right]$$

제한된 워드 길이의 컴퓨터에서는 $2c-2 \approx 2c$, $2c-4 \approx 2c$를 얻을 수 있다. 결과적으로 컴퓨터는 다음 값들을 보여준다.

$$\left[\begin{array}{cc|c} 0 & 2c & 2c \\ 1 & 1 & 2 \end{array}\right]$$

이제야 정확한 해인 $y=1, x=1$을 얻었다.

비례 조정 부분 피벗팅을 사용한 가우스 소거법

이 절의 간단한 예제들을 통해 방정식을 다루는 순서가 컴퓨터에서 소거 알고리즘의 정확도에 얼마나 큰 영향을 끼치는지를 분명하게 확인했을 것이다. 순수 가우스 소거법 알고리즘에서 우리는 첫 번째 방정식을 다른 방정식들의 x_1을 없애는 데 사용하고 2번째 방정식을 그 다음으로 오는 방정식들의 x_2를 제거하는 데 사용하였다. 그리고 이 과정을 반복했다. 주어진 방정식을 피벗 방정식으로 사용한 순서는 **자연스러운**natural 순서인 $\{1, 2, \cdots, n\}$이다. 이때 마지막 방정식(n번째 방정식)은 자연스러운 순서에 의해 다른 방정식을 제거하는 데 사용되지 않았음을 주목해 보자. 즉 순수 알고리즘에서는 다른 방정식에서 마지막 방정식의 상수 배를 빼는 과정이 없다.

앞의 예제들에서 가우스 소거법의 각 단계에서 새로운 피벗을 택할 때 전략이 필요함을 분명히 확인하였다. 아마도 최선의 접근법은 **완전 피벗팅**일 것이다. 이 방식은 부분 행렬의 모든 성분 중에서 절댓값이 가장 큰 성분을 찾은 후, 행과 열을 서로 교환하면서 그 성분을 피벗 위치로 이동시키는 것이다. 이 과정에는 막대한 양의 데이터 이동과 검색이 포함되기 때문에 상당히 많은 시간이 걸린다. 그러나 각 단계에서 부분 행렬의 1열을 조사하는 것만으로도 필요한 거의 모든 것을 달성할 수 있다(단, 너무 작거나 0인 피벗은 피한다). 이 방법이 바로 **부분 피벗팅**으로 가장 보편적인 접근법이다. 이 방법은 열의 성분들만을 조사하기 때문에 행의 성분들에 대한 조사는 하지 않는다. 우리는 행 벡터를 먼저 비례 조정한 후, 열에서 상대적으로 큰 성분을 피벗 성분으로 택하는 전략을 지지한다. 또한 원하는 성분을 피벗 성분 위치로 옮기기 위해 행을 맞교환하기보다는 인덱스 배열을 이용해서 데이터의 이동을 피한다. 이 프로시저는 완전 피벗팅처럼 부담스럽지 않으며 부분 피벗팅에 원래 행렬의 모든 성분 조사를 추가한 것으로 볼 수 있다. 물론 피벗 성분을 선택하는 데에 다른 전략을 사용할 수도 있다. 피벗팅의 유형

앞에서 설명한 가우스 소거법 알고리즘은 실제 시스템을 풀면서 결정되는 순서대로 방정식을 사용한다. 예를 들면 소거 알고리즘으로 시스템 (1)이나 (2)를 풀면, 피벗 방정식으로 사용되는 방정식의 순서는 자연스러운 순서 $\{1,2\}$가 아닌 $\{2,1\}$이 될 것이다. 이 순서는 컴퓨터 프로그램에 의해서 자동적으로 결정된다. 방정식이 사용되는 순서는 행 벡터 $[\ell_1, \ell_2, \cdots, \ell_n]$으로 표시한다. 단, ℓ_n은 전진 소거 과정에서 실제로 사용되지 않는다. 여기서 ℓ_i는 1에서 n 사이의 자연수로, 다양한 순서로 나타날 수 있다. $\boldsymbol{\ell}=[\ell_1, \ell_2, \cdots, \ell_n]$을 **인덱스 벡터**index vector라고 부르자. 이제부터 묘사할 인덱스 벡터를 결정하는 전략은 **비례 조정 부분 피벗팅**scaled partial pivoting(SPP)이라 불린다.

비례 조정 부분 피벗팅

우선 **비례 조정 요소**scale factor가 시스템의 각 방정식에 대하여 계산되어야 한다. 2.1절의 기호를 써서 다음과 같이 정의한다.

$$s_i = \max_{1 \le j \le n} |a_{ij}| \qquad (1 \le i \le n)$$

비례 조정 벡터

이 n개의 숫자들은 **비례 조정 벡터**scale vector $\boldsymbol{s}=[s_1, s_2, \cdots, s_n]$에 기록된다. 전진 소거 과정의 시작점에서 첫 번째 방정식을 무조건적으로 피벗 방정식으로 사용하지 않는다. 대신에 $\dfrac{|a_{i,1}|}{s_i}$의 비율이 가장 큰 방정식을 사용한다. ℓ_1을 이 비율이 가장 큰 방정식에 붙인 첫 번째 인덱스로 놓는다. 이제 다른 방정식에서 ℓ_1 방정식의 적절한 상수 배를 빼서, 피벗 방정식을 제외한 나머지 방정식의 모든 x_1의 계수를 0으로 만든다.

인덱스를 추적하는 가장 좋은 방법은 다음과 같다. 우선 인덱스 벡터 $\boldsymbol{\ell}$을 $[\ell_1, \ell_2, \cdots, \ell_n] = [1, 2, \cdots, n]$으로 정의한다. 1단계에서 j를 다음의 집합에서 가장 큰 비율을 가지는 식에 대응하는 첫 번째 인덱스로 선택한다.

비례 조정 부분 피벗팅을 사용한 가우스 소거법

$$\left\{ \frac{|a_{\ell_i 1}|}{s_{\ell_i}} : 1 \le i \le n \right\}$$

1단계

이제 인덱스 벡터 $\boldsymbol{\ell}$에서 ℓ_j와 ℓ_1의 자리를 서로 바꾼다. 그 다음 곱하는 수

$$\frac{a_{\ell_i 1}}{a_{\ell_1 1}}$$

을 ℓ_1 행에 곱하고, ℓ_i 방정식$(2 \le i \le n)$에서 이를 뺀다. 여기서 중요한 것은 $\boldsymbol{\ell}$의 성분들만 서로 자리를 바꿨고, 실제 방정식들은 움직이지 않았다는 점이다. 이 방법은 시간 소모를 줄이고 컴퓨터 메모리상에서 방정식의 계수들을 이동시키는 불필요한 과정을 없앤다.

2단계에서는 비율

$$\left\{ \frac{|a_{\ell_i, 2}|}{s_{\ell_i}} : 2 \le i \le n \right\}$$

2단계

을 조사한다. 만약 j가 가장 큰 비율을 가진 식의 첫 번째 인덱스 벡터라면 $\boldsymbol{\ell}$에서 ℓ_j와 ℓ_2의 자리를 바꾼다. 그리고 ℓ_2 방정식에 곱하는 수

$$\frac{a_{\ell_i 2}}{a_{\ell_2 2}}$$

를 곱한 후, $\ell_i(3 \le i \le n)$ 방정식에서 이를 뺀다.

k번째 단계에서는 j를 다음 집합

$$\left\{ \frac{|a_{\ell_i k}|}{s_{\ell_i}} : k \le i \le n \right\}$$

k단계

에서 가장 큰 비율에 대응하는 첫 번째 인덱스로 선택하고, 인덱스 벡터 $\boldsymbol{\ell}$에서 ℓ_j와 ℓ_k의 자리를 바꾼다. 그리고 ℓ_k 피벗 방정식에 곱하는 수 $\dfrac{a_{\ell_i k}}{a_{\ell_k k}}$를 곱한 후, $\ell_i(k+1 \le i \le n)$ 방정식에서 이를 뺀다.

각 피벗팅 단계 후에도 비례 조정 요소는 변하지 않았음에 주목하라. 직관적으로 생각했을 때에는, 가우스 알고리즘의 각 단계 후 남은(수정된) 계수들은 기존의 비례 조정 상수를 사용하는 대신 새로운 비례 조정 요소를 계산하는 데 사용되어야 할 것처럼 느껴진다. 물론 그렇게 진행할 수도 있으나 일반적으로 이러한 프로시저와 관련된 추가 계산은 선형 시스템 전반에 걸쳐서 의미 없는 계산이라 여겨진다. 독자들도 이 문제에 대하여 생각해 보길 바란다([컴퓨터 연습문제 2.2.16]을 참조하라).

예제 1 다음 선형 연립방정식을 피벗팅을 사용하지 않을 경우, 부분 피벗팅을 사용할 경우, 비례 조정 부분 피벗팅을 사용할 경우 각각에 대해 차례로 풀어라. 유한한 유효숫자의 정밀도와 반올림 오차가 어떻게 계산에 영향을 미치는지를 살펴보기 위해 최대 5개의 유효숫자의 정밀도(반올림)로 계산을 수행하라.

$$\begin{cases} 0.0001x + y = 1 \\ \qquad\quad x + y = 2 \end{cases}$$

풀이

직접 대입을 통해 진짜 해가 5개의 유효숫자의 정밀도로 $x = 1.0001$, $y = 0.99990$임을 쉽게 확인할 수 있다.

피벗팅을 사용하지 않은 경우

피벗팅을 사용하지 않을 경우 원래 시스템의 첫 번째 방정식이 피벗 방정식이고, 곱하는 수는 $\text{xmult} = 1/0.0001 = 10000$이다.[2] 이 곱하는 수를 첫 번째 방정식에 곱한 후 그 결과를 2번째 방정식에서 빼면, 필요한 계산은 다음과 같다.

2 (옮긴이) 여기서 xmult는 코드 상의 변수이다.

$$(10000)(0.0001) - 1 = 0,\ (10000)(1) - 1 = 9999,\ (10000)(1) - 2 = 9998$$

따라서 새로운 연립방정식은 다음과 같다.

$$\begin{cases} 0.0001x + y = 1 \\ \qquad 9999y = 9998 \end{cases}$$

두 번째 방정식에서 $y = 9998/9999 \approx 0.99990$을 얻는다. 이 결과와 첫 번째 방정식에서 $0.0001x = 1 - y = 1 - 0.999900 = 0.0001$, $x = 0.0001/0.0001 = 1$임을 알 수 있다. 여기서

주목해야 할 점은 정확한 해 x의 가장 오른쪽 자릿수를 잃어버렸다는 것이다.

이제 원래 시스템에 **부분 피벗팅**을 사용하여 위 과정을 반복하자. x 계수들의 1열인 $(0.0001, 1)$을 조사하면 2번째 숫자가 더 크다는 걸 알 수 있다. 따라서 피벗 방정식은 2번째 방정식이어야 한다. 두 방정식의 순서를 바꾸면 다음과 같다. 부분 피벗팅

$$\begin{cases} x+y=2 \\ 0.0001x+y=1 \end{cases}$$

곱하는 수는 xmult$=0.0001/1=0.0001$이다. 첫 번째 방정식에 이 곱하는 수를 곱한 후, 2번째 방정식에서 이를 뺀다. 이때 필요한 계산은 $(-0.0001)(1)+0.0001=0$, $(0.0001)(1)-1=0.99990$, $(0.0001)(2)-1=0.99980$이다. 그 결과 새로운 연립방정식은

$$\begin{cases} x+y=2 \\ 0.99990y=0.99980 \end{cases}$$

이다. 여기서 $y=0.99980/0.99990\approx 0.99990$을 얻는다. 이제 2번째 방정식과 이 값을 사용하면 $x=2-y=2-0.99990=1.0001$을 얻을 수 있다. 계산한 x, y값 모두 5개의 유효숫자까지 정확하다.

이번에는 원래의 시스템에 **비례 조정 부분 피벗팅**을 사용하여 해를 구해 보자. 비례 조정 상수는 $s=[1, 1]$이고, 피벗 방정식을 결정하는 비율은 $(0.0001/1, 1/1)$이므로 이번에는 2번째 식이 피벗 방정식이다. 실제로 방정식의 순서를 바꾸지는 않지만, 대신 2번째 방정식을 첫 번째 피벗 방정식으로 사용하라고 알려주는 인덱스 배열 $\ell=[2, 1]$을 사용하여 작업한다. 나머지 계산은 부분 피벗팅과 동일하며 그 결과 역시 5개의 유효숫자까지 정확하다. 비례 조정 부분 피벗팅

모든 경우에서 비례 조정 부분 피벗팅이 부분 피벗팅보다 낫다고 이야기할 수는 없지만 일부 명백한 장점은 있다. 예를 들어 원래 시스템에서 첫 번째 방정식을 강제적으로 피벗 방정식으로 설정한다고 가정하고, 20000과 같은 큰 수를 곱하면 다음과 같다.

2×2 시스템의 예

$$\begin{cases} 2x+20000y=20000 \\ x+y=2 \end{cases}$$

부분 피벗팅은 첫 번째 방정식의 계수들의 자릿수가 다르다는 사실을 무시하고 첫 번째 방정식을 피벗 방정식으로 선택한다. 하지만 비례 조정 부분 피벗팅은 비례 조정 상수 $(20000, 1)$을 사용하고, 피벗 방정식을 결정하는 비율은 $(2/20000, 1/1)$이다. 비례 조정 부분 피벗팅에서는 2번째 방정식을 피벗 방정식으로 선택한다!

좀 더 큰 수치 예제

우리는 아직 유사코드를 작성할 준비가 되어있지 않다. 우선 다음의 구체적인 예를 생각해 보자.

$$\begin{bmatrix} 3 & -13 & 9 & 3 \\ -6 & 4 & 1 & -18 \\ 6 & -2 & 2 & 4 \\ 12 & -8 & 6 & 10 \end{bmatrix} \begin{bmatrix} x_1 \\ x_2 \\ x_3 \\ x_4 \end{bmatrix} = \begin{bmatrix} -19 \\ -34 \\ 16 \\ 26 \end{bmatrix} \qquad (5)$$

4×4 시스템의 예

처음에 인덱스 벡터는 $\boldsymbol{\ell}=[1,2,3,4]$이다. 비례 조정 벡터는 $\boldsymbol{s}=[13, 18, 6, 12]$로 전체 프로시저동안 변하지 않는다.

첫 번째 피벗 행을 결정하기 위해 다음의 4개의 비율을 살펴보자. 1단계

$$\left\{\frac{|a_{\ell_i,1}|}{s_{\ell_i}}: i=1,2,3,4\right\}=\left\{\frac{3}{13}, \frac{6}{18}, \frac{6}{6}, \frac{12}{12}\right\}\approx\{0.23, 0.33, 1.0, 1.0\}$$

가장 큰 비율 값을 가지는 첫 번째 존재로 인덱스 j를 선택한다. 이 예제에서 비율이 가장 큰 값은 $j=3$이다. 따라서 소거 과정의 $k=1$인 단계에서 3행이 피벗 방정식이다. 인덱스 벡터 $\boldsymbol{\ell}$에서 성분 ℓ_k와 ℓ_j의 위치를 교환하면 새로운 인덱스 벡터 $\boldsymbol{\ell}$은 $\boldsymbol{\ell}=[3,2,1,4]$이다. 따라서 피벗 방정식은 ℓ_k번째 방정식이며, 이때 $\ell_1=3$이다. 이제 3번째 방정식에 적절한 상수 배를 한 후 다른 방정식에서 이를 빼서 그 방정식들의 x_1의 계수를 0으로 만든다. 자세하게 살펴보면 1행에서 3행의 $\frac{1}{2}$배를 빼고, 2행에서는 3행의 -1배를 뺀다. 그리고 4행에서 3행의 2배를 빼면 그 결과는 다음과 같다.

$$\begin{bmatrix} 0 & -12 & 8 & 1 \\ 0 & 2 & 3 & -14 \\ 6 & -2 & 2 & 4 \\ 0 & -4 & 2 & 2 \end{bmatrix}\begin{bmatrix} x_1 \\ x_2 \\ x_3 \\ x_4 \end{bmatrix}=\begin{bmatrix} -27 \\ -18 \\ 16 \\ -6 \end{bmatrix}$$

$k=2$인 단계에서는 인덱스 벡터 $\boldsymbol{\ell}=[3,2,1,4]$를 이용해서 2행, 1행, 4행의 관련 비율을 조사하고, 그중 가장 큰 값을 찾는다. 2단계

$$\left\{\frac{|a_{\ell_i,2}|}{s_{\ell_i}}: i=2, 3, 4\right\}=\left\{\frac{2}{18}, \frac{12}{13}, \frac{4}{12}\right\}\approx\{0.11, 0.92, 0.33\}$$

여기서 가장 큰 값은 2번째 비율이므로 $j=3$으로 놓고, 인덱스 벡터에서 ℓ_k와 ℓ_j의 자리를 바꾼다. 그러면 $\boldsymbol{\ell}=[3,1,2,4]$이다. 소거법의 2번째 단계에서 피벗 방정식은 현재 1행이며 $\ell_2=1$이다. 다음으로 2번째와 4번째 방정식에서 첫 번째 방정식의 적당한 상수 배를 뺀다. 적절한 곱하는 수는 각각 $-\frac{1}{6}$과 $\frac{1}{3}$이다. 그 결과는 다음과 같다.

$$\begin{bmatrix} 0 & -12 & 8 & 1 \\ 0 & 0 & 13/3 & -83/6 \\ 6 & -2 & 2 & 4 \\ 0 & 0 & -2/3 & 5/3 \end{bmatrix}\begin{bmatrix} x_1 \\ x_2 \\ x_3 \\ x_4 \end{bmatrix}=\begin{bmatrix} -27 \\ -45/2 \\ 16 \\ 3 \end{bmatrix}$$

마지막 $k=3$ 단계에서 2행과 4행에 대응하는 비율을 살펴보면 다음과 같다. 3단계

$$\left\{\frac{|a_{\ell_i,3}|}{s_{\ell_i}}: i=3, 4\right\}=\left\{\frac{13/3}{18}, \frac{2/3}{12}\right\}\approx\{0.24, 0.06\}$$

이때 인덱스 벡터는 $\boldsymbol{\ell}=[3,1,2,4]$이다. 가장 큰 값은 첫 번째 값이므로 $j=3$이다. 현재는 $k=3$인 단계이므로 인덱스 벡터에서 ℓ_k와 ℓ_j를 바꾸는 것이 인덱스 벡터에 아무런 변화를 주지 않는다. 즉 $\boldsymbol{\ell}=[3,1,2,4]$이다. 피벗 방정식은 2행이며 $\ell_3=2$이다. 그리고 4번째 방정식에서 2번째 방정식의 $-\frac{2}{13}$배를 뺀다.

따라서 전진 소거 과정은 다음의 최종 시스템로 귀결된다.

$$\begin{bmatrix} 0 & -12 & 8 & 1 \\ 0 & 0 & 13/3 & -83/6 \\ 6 & -2 & 2 & 4 \\ 0 & 0 & 0 & -6/13 \end{bmatrix} \begin{bmatrix} x_1 \\ x_2 \\ x_3 \\ x_4 \end{bmatrix} = \begin{bmatrix} -27 \\ -45/2 \\ 16 \\ -6/13 \end{bmatrix}$$

전진 소거 결과

피벗 방정식이 선택되었던 순서는 최종 인덱스 벡터인 $\boldsymbol{\ell} = [3, 1, 2, 4]$에 나타나 있다.

이제 인덱스 벡터의 성분들을 마지막부터 첫 번째까지 거꾸로 읽음으로써 역대입의 실행 순서를 알 수 있다. $\ell_4 = 4$ 방정식의 근을 통해 x_4를 얻고, $\ell_3 = 2$ 방정식에서 x_3를 얻는 등의 계산 과정을 통해 다음을 얻을 수 있다.

$$x_4 = -\frac{1}{6/13}[-6/13] = 1$$

$$x_3 = \frac{1}{13/3}[(-45/2) + (83/6)(1)] = -2$$

$$x_2 = -\frac{1}{12}[-27 - 8(-2) - 1(1)] = 1$$

$$x_1 = \frac{1}{6}[16 + 2(1) - 2(-2) - 4(1)] = 3$$

역대입 결과

따라서 해는 다음과 같다.

$$x = [3 \quad 1 \quad -2 \quad 1]^T$$

해

유사코드

프로그래밍한 알고리즘은 계수 소거 과정을 계수 배열 (a_{ij})에만 적용한다. 우변 벡터 (b_i)는 역대입 과정에서 다룰 것이다. 풀어야 할 시스템이 배열 (a_{ij})는 같고, 배열 (b_i)는 다를 때에는 이 방법이 효율적이기 때문에 이 방법을 선택한다. (b_i)는 나중에 다루려고 하므로, 인덱스 배열뿐만 아니라 사용한 다양한 곱하는 수들도 저장할 필요가 있다. 이 곱하는 수들은 편의상 생성한 0 성분들이 저장되는 위치에서 배열 (a_{ij})에 저장할 것이다. 이러한 곱하는 수들은 8.1절에서 소개할 행렬 $\boldsymbol{A}$의 $\boldsymbol{LU}$ 분해를 구성할 때도 유용하다.

우리는 이제 비례 조정 부분 피벗팅을 사용하는 전진 소거 과정을 기술할 준비가 되었다. 비례 조정과 인덱스 배열을 도입함으로써 2.1절의 *Naive_Gauss* 프로시저를 변경하는 방향이 우리의 접근방식이다. 정사각 배열 (a_{ij})에 비례 조정 부분 피벗팅을 사용한 가우스 소거법 프로시저를 *Gauss*라 부른다. 이 함수의 호출 순서는 $(n, (a_{ij}), (\ell_i))$이다. 여기서 (a_{ij})는 $n \times n$ 계수 행렬이고 (ℓ_i)는 인덱스 배열 ℓ이다. 유사코드에서 (s_i)는 비례 조정 배열 s이다.

Gauss 프로시저 유사코드

```
procedure Gauss(n, (a_ij), (ℓ_i))
integer i, j, k, n;   real r, rmax, smax, xmult
real array (a_ij)_1:n×1:n, (ℓ_i)_1:n;   real array allocate (s_i)_1:n
for i = 1 to n
```

(계속)

```
        ℓ_i ← i
        smax ← 0
        for j = 1 to n
            smax ← max(smax, |a_ij|)
        end for
        s_i ← smax
    end for
    for k = 1 to n − 1
        rmax ← 0
        for i = k to n
            r ← |a_{ℓ_i,k} / s_{ℓ_i}|
            if (r > rmax) then
                rmax ← r
                j ← i
            end if
        end for
        ℓ_j ↔ ℓ_k
        for i = k + 1 to n
            xmult ← a_{ℓ_i,k} / a_{ℓ_k,k}
            a_{ℓ_i,k} ← xmult
            for j = k + 1 to n
                a_{ℓ_i,j} ← a_{ℓ_i,j} − (xmult)a_{ℓ_k,j}
            end for
        end for
    end for
    deallocate array (s_i)
    end procedure Gauss
```

이 프로시저에 대해 자세히 설명해 보면, 먼저 첫 번째 루프에서 $\ell_i = i$로 인덱스 배열 초기 형태가 성립한다. 그리고 비례 조정 상수 배열 (s_i)가 계산된다.

유사코드에 대한 논의

구문 **for** $k=1$ **to** $n-1$은 주요 바깥 루프를 시작하는 구문이다. 인덱스 k는 배열 (a_{ij})에서 계수가 0이 될 변수들의 아래 첨자이다. 즉, k는 새로운 0들이 생성되는 열의 첨자이다. 이때 배열 (a_{ij})에서 0들이 실제로 나타나지는 않음을 기억해야 한다. 그 저장 위치가 곱하는 수들을 위해 사용되었기 때문이다. 이는 배열 (a_{ij})에서 $xmult$가 저장되는 프로시저 라인에서 확인할 수 있다(왜 이처럼 처리하는지 알기 위해서는 $\boldsymbol{A}$의 $\boldsymbol{LU}$ 분해를 다루는 8.1절을 참조하라).

일단 k가 설정되면 첫 번째 할 일은 $i=k, k+1, \cdots, n$에 대해 $\dfrac{|a_{\ell_i k}|}{s_{\ell_i}}$를 계산함으로써 정확한 피벗 행을 결정하는 것이다. 유사코드의 다음 라인에 나올 내용은 루틴 중에서 *rmax*라고 불리는 가장 큰 비율을 계산하는 일과 이때 발생하는 인덱스 j를 계산하는 일이다. 그 다음으로는 배열 (ℓ_i)에서 ℓ_k와 ℓ_j의 순서를 바꾼다.

$\ell_{k+1}, \ell_{k+2}, \cdots, \ell_n$행에서 ℓ_k행의 상수 배를 뺌으로써 발생한 배열 (a_{ij})에서의 산술적 변화는 모두 마지막 라인에서 이뤄진다. 우선 곱하는 수를 계산하고 저장한다. 그 후에 루프 안에서 뺄셈을 수행한다.

경고

주의 : *Gauss* 프로시저에서 결과로 얻어지는 출력값 output (a_{ij}) 배열의 성분들은 입력값 input (a_{ij}) 배열과 같지 않다. 만약 원래 배열을 남겨두어야 한다면, 다른 배열에 이를 복사해서 저장해야 한다.

2.1절에서 소개했던 순수 가우스 소거법을 실행하는 *Naive_Gauss* 프로시저에서 우변 벡터 $\boldsymbol{b}$는 전진 소거 과정동안 변형된다. 하지만 *Gauss* 프로시저에서는 이러한 변형이 일어나지 않는다. 따라서 역대입 과정을 고려하기 전에 우변 벡터 $\boldsymbol{b}$의 정보를 업데이트 update 해야 한다. 간단하게 설명하기 위해 우선 순수 가우스 소거법에서 벡터 $\boldsymbol{b}$의 업데이트에 대해 논의해 보자. *Naive_Gauss*의 **전진 소거** 과정 중 배열 (b_i)을 포함하는 부분의 유사코드를 떼어내 보면 다음과 같다.

우변에 대한 순수 전진 소거

```
for k = 1 to n − 1
    for i = k + 1 to n
        b_i = b_i − a_ik b_k
    end for
end for
```

이 과정은 (a_{ij}) 배열에서 저장한 곱하는 수를 기반으로 한 (b_i) 배열의 업데이트 과정이다. *Gauss* 프로시저와 같이 전진 소거 과정에서 비례 조정 부분 피벗팅이 실행될 때, 각 단계의 곱하는 수는 (a_{ij}) 배열 안의 다른 성분 아래에 있는 것이 아니라 무질서하게 위치한다. 이 상황을 해결하기 위해서 해야 할 일은 인덱스 배열 (ℓ_i)를 유사코드에 도입하는 것이다.

우변에 대한 개선된 전진 소거

```
for k = 1 to n − 1
    for i = k + 1 to n
        b_{ℓ_i} = b_{ℓ_i} − a_{ℓ_i k} b_{ℓ_k}
    end for
end for
```

전진 소거 과정에서 배열 b를 처리한 후 **역대입** 과정이 진행된다. 이 과정은 다음의 방정식을 푸는 것에서 시작된다.

$$a_{\ell_n,n}x_n = b_{\ell_n} \tag{6}$$

여기서 $x_n = \dfrac{b_{\ell_n}}{a_{\ell_n,n}}$이다. 그 후 다음 방정식

$$a_{\ell_{n-1},n-1}x_{n-1} + a_{\ell_{n-1},n}x_n = b_{\ell_{n-1}}$$

을 풀어서 다음과 같은 x_{n-1}을 얻는다.

역대입 프로세스

$$x_{n-1} = \frac{1}{a_{\ell_{n-1},n-1}}\left(b_{\ell_{n-1}} - a_{\ell_{n-1},n}x_n\right)$$

$x_n, x_{n-1}, \cdots, x_{i+1}$이 결정된 후 x_i는 다음 방정식에서 얻어낼 수 있다.

$$a_{\ell_i,i}x_i + a_{\ell_i,i+1}x_{i+1} + \cdots + a_{\ell_i,n}x_n = b_{\ell_i}$$

이 방정식의 해는

$$x_i = \frac{1}{a_{\ell_i,i}}\left(b_{\ell_i} - \sum_{j=i+1}^{n} a_{\ell_i,j}x_j\right) \tag{7}$$

이다. 인덱스 배열 ℓ_i의 존재를 빼면 이 식은 2.1절에서 순수 가우스 소거법을 통해서 얻은 역대입 공식 (7)과 비슷하다.

배열 b를 처리하고 **역대입** 과정을 수행하는 프로시저는 다음과 같이 주어진다.

Solve 프로시저 유사코드

```
procedure Solve (n, (a_ij), (ℓ_i), (b_i), (x_i))
integer i, k, n;    real sum
real array (a_ij)_{1:n×1:n}, (ℓ_i)_{1:n}, (b_i)_{1:n}, (x_i)_{1:n}
for k = 1 to n − 1
    for i = k + 1 to n
        b_{ℓ_i} ← b_{ℓ_i} − a_{ℓ_i,k} b_{ℓ_k}
    end for
end for
x_n ← b_{ℓ_n} / a_{ℓ_n,n}
for i = n − 1 to 1
    sum ← b_{ℓ_i}
    for j = i + 1 to n  do
        sum ← sum − a_{ℓ_i,j} x_j
    end for
    x_i ← sum / a_{ℓ_i,i}
end for
end procedure Solve
```

첫 번째 루프에서는 *Gauss* 프로시저에서 얻어진 배열 (a_{ij})와 (ℓ_i)를 이용하여 배열 (b_i)에 전진 소거 과정을 실행한다. 그 다음 라인은 식 (6)의 해를 구하는 과정이다. 마지막 부분은 식 (7)을 풀고 있다. 변수 *sum*은 괄호 안에 있는 값들을 더한 임시 변수이다.

이 책 대부분의 유사코드처럼 이 장에 소개한 유사코드들도 좋은 수학 소프트웨어의 가장 기본적인 요소들만을 포함하고 있다. 이 유사코드들은 여러 이유로 상용[production] 코드로는 적합하지 않다. 예를 들면 최적화 코드를 위한 프로시저는 무시되었다. 게다가 이 프로시저는 0으로 나눌 때와 같이 문제가 발견되었을 때 경고를 출력하지 않는다! 범용 소프트웨어는 **견고**해야 한다. 즉 가능한 모든 상황을 예측하고 이를 미리 규정한 방법으로 다룰 수 있어야 한다는 것이다([컴퓨터 연습문제 2.2.11]을 참조하라).

긴 연산 카운트

규모가 큰 선형 방정식 시스템을 푸는 건 컴퓨터 시간이라는 관점에서 봤을 때 비용이 많이 드는 일일 수 있다. 왜 그런지를 이해하기 위해 코드가 이미 주어진 두 알고리즘에서 연산 카운트를 실행해 보자. 우리는 오직 곱셈과 나눗셈(긴 연산)만 카운트할 것이다. 왜냐하면 나눗셈과 곱셈이 덧셈, 뺄셈에 비해 훨씬 시간이 오래 걸리기 때문이다. 나눗셈은 곱셈보다 더 느리지만 곱셈과 나눗셈을 하나로 묶었다. 현대의 컴퓨터에서는 모든 부동소수점 연산이 하드웨어에서 이뤄지므로 긴 연산이 그렇게 중요하지 않을 수도 있다. 하지만 이는 여전히 가우스 소거법의 연산 비용을 나타내는 지표로 사용되고 있다.

우선 *Gauss* 프로시저를 생각해보자. 1단계에서 피벗 성분을 선택하기 위해서는 n개의 비율을 계산해야 한다. 즉 n개의 나눗셈이 필요하다는 이야기이다. 그러고 나서 행 $\ell_2, \ell_3, \cdots, \ell_n$에 대해 우선 곱하는 수를 계산하고, ℓ_1 방정식에 곱하는 수를 곱한 후 ℓ_i 방정식에서 이를 뺀다. 이 과정에서 만들어지는 0은 계산하지 않는다. 따라서 소거 과정에서는 각 행마다 $n-1$개의 곱셈이 필요하다. 만약 곱하는 수의 계산까지 포함하면, 각 행마다 n개의 긴 연산들(나눗셈과 곱셈)이 존재하는 셈이다. 총 $n(n-1)$개의 연산이 처리되어야 할 $n-1$개의 행들이 존재한다. 만약 비율을 계산하는 비용을 더한다면 총 n^2개의 연산이 1단계에서 필요하다.

2단계는 ℓ_1 방정식이 영향을 받지 않는 점과 1단계에서 곱하는 수들의 열이 만들어지고 저장되지 않는다는 점을 제외하고는 1단계와 비슷하다. 따라서 2단계에서는 $(n-1)^2$개의 곱셈 또는 나눗셈이 필요하다. 그러한 연산들이 ℓ_1행과 1열을 제외한 시스템에서 실행되기 때문이다. 이러한 이유로 *Gauss* 프로시저에서 긴 연산의 총 횟수를 다음과 같이 계산할 수 있다(이 식의 유도는 [연습문제 2.2.16]에 개략적으로 소개되어 있다).

$$n^2+(n-1)^2+(n-2)^2+\cdots+4^2+3^2+2^2=\frac{n}{6}(n+1)(2n+1)-1\approx\frac{n^3}{3}=\mathcal{O}(n^3)$$

Gauss 연산량 카운트

위 과정 내 긴 연산의 횟수는 지배적인 항인 $\frac{n^3}{3}$만큼 크다는 사실을 주목하자.

이제 *Solve* 프로시저를 생각해보자. (b_i) 배열의 **전진 프로세싱**forward processing은 $n-1$ 단계를 포함한다. 1단계는 $(n-1)$개의 곱셈을, 2단계는 $(n-2)$개의 곱셈을 포함하는 식으로 다른 단계에서도 이어진다. (b_i) 배열의 전진 프로세싱의 총 연산 횟수는 다음과 같다([연습문제 2.2.15]를 참조하라).

$$(n-1)+(n-2)+\cdots+3+2+1=\frac{n}{2}(n-1)$$

Solve 연산량 카운트

역대입 프로시저에서는 긴 연산 하나가 1단계에 포함되고, 2단계에는 긴 연산 2개가 포함되는 식으로 이어진다. 나머지 과정도 비슷한 방법으로 계산하면 총 연산 횟수는 다음과 같다.

$$1+2+3+\cdots+n=\frac{n}{2}(n+1)=\mathcal{O}(n^2)$$

따라서 *Solve* 프로시저는 총 n^2개의 긴 연산을 포함한다. 요약하면 다음의 정리를 얻는다.

1 정리 긴 연산에 관한 정리

비례 조정 부분 피벗팅을 사용한 가우스 소거법 알고리즘의 전진 소거 과정을 $n\times n$ 계수 배열에 적용하면, 그 과정에는 대략 $n^3/3$번의 긴 연산(곱셈이나 나눗셈)이 포함된다. x를 푸는 데에는 추가적으로 n^2번의 긴 연산이 필요하다.

직관적으로 이 결과를 생각하는 방법은 가우스 소거법 알고리즘이 삼중 중첩 for-루프를 포함한다는 사실이다. 따라서 $\mathcal{O}(n^3)$ 알고리즘 구조가 소거 과정을 이끌어가며 그 결과는 n(방정식의 미지수의 개수)의 세제곱에 크게 영향을 받는다.

수치적 안정성

수치 알고리즘의 **수치적 안정성**numerical stability은 프로시저의 정확도와 관련이 있다. 알고리즘은 다양한 수준으로 수치적 안정성을 가질 수 있다. 왜냐하면 많은 계산이 대수적으로는 동일한 다양한 방법으로 이루어질지라도 서로 다른 결과를 도출할 수 있기 때문이다. 높은 수준의 수치적 안정성을 지닌 견실한 수치적 알고리즘이 이상적이다. 가우스 소거법은 시스템의 행렬이 대칭 양의 정부호definite 행렬이거나 엄격한 대각 지배strictly diagonally dominant 행렬에 대해서 수치적으로 안정하다(행렬의 이러한 성질들은 2.3절과 8장에서 각각 소개될 것이다). 일반적인 꽉 찬 구조를 가진 행렬에 부분 피벗팅을 사용한 가우스 소거법은 실제로 대개 수치적으로 안정하다. 그럼에도 불구하고 가우스 소거법이 실패할 수도 있는 불안정하고 비정상적인 예들이 존재한다.

수치적 안정성에서 주목해야 할 점

가우스 소거법의 초기 버전은 중국 수학책(구장산술[3])에서 발견되었다. 이 책에서는 2개에서 5개의 방정식으로 이루어진 18개의 문제를 통해 가우스 소거법이 소개되어 있다. 이 책에 대한 최초의 기록은 서기 179년에 있었으며 이 책의 일부분은 약 기원전 150년에 작성한 것으로 보인다. 유럽에서는 여러 방정식들을 동시에 푸는 아이작 뉴턴Isaac Newton의 노트가 1707년에 출판되었다. 1816년에 가우스Carl Friedrich Gauss는 대칭 소거에 관한 개념을 고안하였다. 역사적으로 이 방법의 출처에 대한 혼란 때문에 1950년대에야 비로소 이 방법은 가우스의 이름을 따서 가우스 소거법으로 명명되었다.

가우스 소거법의 간단한 역사

3 (옮긴이) 구장산술은 고대 중국의 수학서로 산수서 다음으로 오래된 수학서이다. 저자는 알려져 있지 않으며 소재가 다양하고 내용의 수학적 수준이 높아 당나라 이전의 가장 훌륭한 수학서로 알려져 있다. (위키피디아)

비례 조정

독자들은 가우스 소거법에서의 비례 조정scaling (이 표현은 사용하지 않길 권한다)과 비례 조정 부분 피벗팅의 내용을 혼동하면 안 된다.

비례 조정scaling이라는 단어는 많은 의미를 내포하고 있다. 실제로 이 단어는 각 행을 절댓값이 가장 큰 성분으로 나누는 것을 의미하기도 한다. 그러나 이 책에서는 이런 의미로는 쓰지 않는다. 다른 말로 하자면 우리는 행렬의 비례 조정을 절대 추천하지 않는다! 우리는 비례 조정 배열을 계산하고, 그 배열을 이용해서 가우스 소거법에서 비례 조정 부분 피벗팅을 사용한 피벗 성분을 선택한다. 이때 실제로 행을 비례 조정한 게 아니다. 우리는 단지 '행의 무한 노름row infinite norm', 즉 각 행에서 최대 절댓값을 가지는 성분의 벡터를 유지시켰을 뿐이다. 이와 더불어 피벗 행을 계속 추적하기 위해 필요한 인덱스 벡터가 알고리즘을 다소 복잡하게 하지만, 이는 어느 정도의 견고한 프로시저를 만들기 위해 반드시 필요한 과정이다.

비례 조정에 관한 논의

식 (2), (4)에서의 간단한 2×2 시스템은 비례 조정이 좋은 피벗 행을 선택하는 데 도움이 되지 않는다는 것을 보여준다. 이 예제에서는 비례 조정이 전혀 쓸모가 없었다. 행의 비례 조정은 [연습문제 2.2.23]과 [컴퓨터 연습문제 2.2.17]에 소개되어 있다. 이 프로시저에는 적어도 n^2개의 산술 연산이 필요하다는 것에 주목하자. 다시 한번 말하지만 범용 코드에는 이를 추천하지 않는다.

일부 코드는 실제로 행을 저장소로 이동시킨다. 실제로는 이러한 행의 이동이 일어나지 않아야 하며, 한편으로는 혼동을 줄 수 있기 때문에 우리는 코드 안에서 행을 이동시키지 않았다. 또한 일반 독자들의 혼동을 피하기 위해 (2.1절에서) 초기 알고리즘을 미숙하다는 의미로 순수Naive 알고리즘이라고 불렀다. 누구도 초기 알고리즘을 믿을만한 코드라고 오해하는 일은 없길 바란다.

가우스 소거법의 변형

가우스 소거법을 보는 방식에는 다음과 같이 4가지가 있다.

가우스 소거법의 변형

- 선형 시스템에서 변수 소거법
- 선형 시스템의 행 연산
- 기본적인 하삼각행렬을 이용하여 삼각 형태의 행렬로 변환
- 한 행렬을 상삼각행렬과 하삼각행렬의 곱으로 분해

이러한 각 접근방식들은 서로 연관되어 있으므로 그 방식에 따라 가우스 소거법 알고리즘의 변형된 형태들이 등장한다. 각 변형들은 특정 응용 사례에 따라 고유의 장점과 단점들을 보여준다.

피벗/피벗팅

앞에서 살펴봤듯이 가우스 소거법에 피벗팅을 포함시키는 건 쉬운 일이다. 사용되는 몇 가지 표준 용어들을 정리해 보겠다. 알고리즘의 k번째 단계에서 성분 a_{kk}를 **피벗 성분**pivot element, 또는 간단히 **피벗**pivot이라고 부른다. 행이나 열을 교환하는 과정을 **피벗팅**pivoting이라 부르며, 이 과정에서 **피벗**이 새로 설정된다.

피벗 성분을 설정하는 과정에는 두 가지 측면, 즉 '피벗 성분이 어디서 왔는지, 피벗 성분이 어떻게 선택되는지'가 있다. 피벗팅의 세부 내용은 사용한 알고리즘과 응용 분야에 따라 달라진다. 원래 행렬에서 행과 열에 필요한 모든 교환을 먼저 실행하여 나온 행렬인 피벗팅을 사용하는 가우스 소거법과 피벗팅 없이 가우스 소거법을 적용하는 방법이 동치라는 사실은 기억해 둘 필요가 있다. 이는 이론적으로는 깔끔해 보이지만 실제로는 말처럼 쉽지 않다!

기본적인 가우스 소거법 알고리즘은 0으로 나누는 나눗셈이 등장할 때 실패하므로 이러한 문제를 피하기 위해 행 또는 열의 교환, 즉 피벗팅을 적용해야 한다. 피벗팅은 단순한 아이디어지만, 어떤 성분을 피벗 성분으로 사용할 것인지를 결정하는 일은 중요한 문제이다. 모든 피벗팅 전략 중에서 가장 보편적인 방법은 **크기 기준 부분 피벗팅**partial pivoting for size이다. 이는 후보 집합에서 크기가 가장 큰 성분을 피벗 성분으로 택하는 방식을 의미한다(이해하기 힘든 행렬을 다룰 때에는 크기 기준 피벗팅을 표준으로 사용하는 게 자연스럽다). 사실 가우스 소거법과 그 변형 방법들은 계산 수학에서 가장 자주 사용되는 알고리즘 중 하나이다.

크기 기준 부분 피벗팅

가우스 소거법의 주요 장점은 성긴 행렬이나 밴드 행렬과 같은 특별한 구조를 가진 행렬에 적용하기 좋다는 것이다. 0의 자리에 0이 아닌 성분을 채우는 것을 **채움**fill-in이라고 한다. 큰 희소 선형 시스템을 포함한 수많은 응용 상황에서는 0 성분들이 현저하게 많은 계수 행렬을 자주 만난다. 분명한 것은 피벗 성분의 선택이 채움의 양에 영향을 미친다는 것이다. 성긴 행렬에 대한 대부분의 알고리즘은 **희소성 기준 피벗팅**pivoting for sparsity이라 불리는 채움을 줄이는 피벗팅 전략을 사용한다. 불행하게도 크기와 희소성 기준 피벗팅은 서로 잘

희소성 기준 피벗팅

어울릴 수 없는 관계이다!

고전적인 가우스 소거법은 선형 시스템의 계수 행렬 A를 LU로 분해하던 방식의 확장으로 볼 수 있다. [그림 2.2]에서 음영 처리한 부분이 LU 분해 부분으로 L과 U는 이미 계산되어 있으며, 대각선에 의해 구분되어 있다. 수평 방향의 얇은 직사각형 부분은 U에서 계산될 다음 부분 행을 의미한다. 한편 수직 방향의 얇은 직사각형 부분은 대응하는 L의 부분 열 성분들을 나타낸다. 이 두 사각형이 일부 겹쳐지는데 이는 L의 대각성분이 1임을 반영한 것이며 이 1들은 저장되지 않는다(8.1절에서 LU 분해에 대해 좀 더 논의할 것이다). 주어진 행렬에 대한 고전적인 가우스 소거법 연산은 잘 알려져 있다. 그러나 이 연산들을 어떻게 상호 배치할지는 상당히 자유롭게 선택할 수 있다. 게다가 상호 배치하는 각각의 스타일에서 기본 알고리즘의 변형이 만들어진다.

고전적인 가우스 소거법

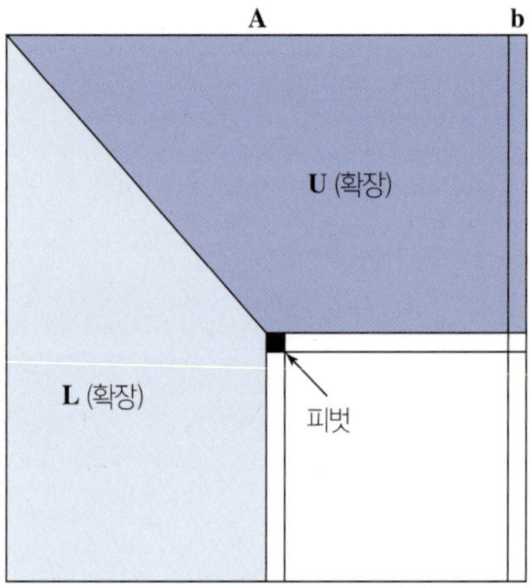

[그림 2.2] 고전적인 가우스 소거법 $A = LU$ (피벗팅 없음)

부분 피벗팅은 행 교환을 포함한다. 반올림 오차를 최소화하기 위해 가장 큰 피벗 성분을 대각선 위치로 옮기는 행을 선택한다. 피벗 성분은 [그림 2.3]의 왼쪽의 얇은 수직 사각형 영역에서 선택한다. 그리고 행렬 A의 전체적인 행의 교환은 정해진 피벗 행을 통해 이루어진다(그림에서 화살표로 표시).

부분 피벗팅

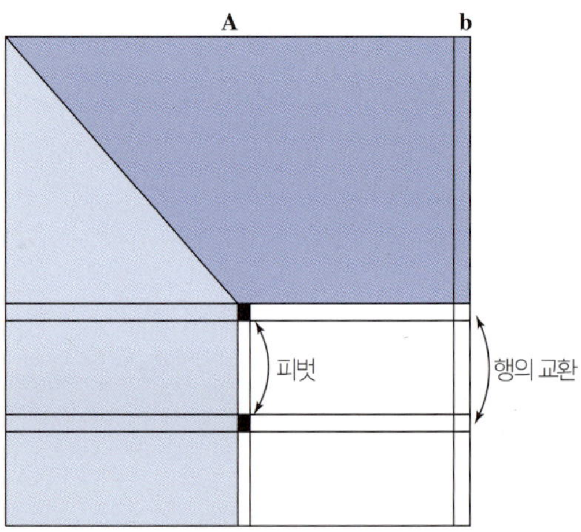

[그림 2.3] 부분 피벗팅을 사용한 가우스 소거법

비례 조정 부분 피벗팅

비례 조정 부분 피벗팅은 부분 피벗팅의 다소 영리한 변형이라 할 수 있다. 이 방식은 각각의 행에서 성분의 상대적인 크기에 대한 정보를 포함하고 있는 인덱스 벡터와 비례 조정 벡터를 이용하여 완전 피벗팅인 것처럼 보이게 한다.

완전 피벗팅

완전 피벗팅은 행과 열의 교환을 모두 포함하며 그 결과로 미지수의 순서도 바뀌는 좀 더 복잡한 방법이다. 안정성을 향상시키기 위해 가능한 한 가장 큰 피벗을 찾아야 하므로 [그림 2.4]와 같이 모든 부분 행렬에서 이를 찾는 조사가 이루어진다. 완전 피벗팅은 반올림 오차에 덜 민감하다. 그러나 이러한 수치적 안정성의 개선 효과는 피벗 검색 관련 연산량 및 연관 데이터 이동량의 증가에 따른 비용으로 되돌아온다. 완전 피벗팅에 대한 일반적인 느낌은 추가 노력에 비해 얻는 이득이 적다는 것이다!

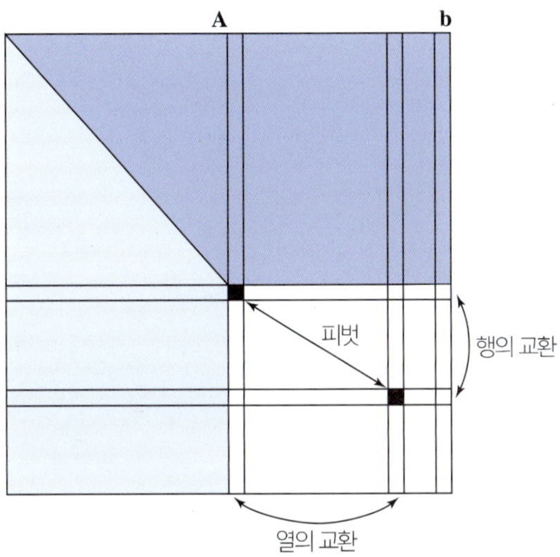

[그림 2.4] 완전 피벗팅을 사용한 가우스 소거법

후방 안정

실제적으로 부분 피벗팅과 역대입을 사용하는 가우스 소거법은 인근 nearby 문제에 대한 정확한 해를 준다. 즉 거의 정확한 질문에는 정확한 답을 준다는 것이다! 이러한 알고리즘을 **후방 안정**backward stable하다고 한다. 일반적인 계수 행렬 $\boldsymbol{A}$를 갖는 선형 시스템에 부분 피벗팅이 없는 가우스 소거법을 적용한 것은 후방 안정하지 않지만, $\boldsymbol{A}$가 대칭적인 양의 정부호 행렬인 경우에는 후방 안정하다.

1810년 가우스는 현재 '고전적인 가우스 소거법'이라 알려져 있는 알고리즘의 첫 번째 레이아웃을 소개했다. 이는 대각성분의 비례 조정까지도 고려한 것이었다. '부분 피벗팅'과 '완전 피벗팅'이라는 용어는 윌킨슨Wilkinson에 의해서 소개되었다[1965]. 고전적인 가우스 소거법에는 4가지 또는 그 이상의 변형 알고리즘들이 존재한다.

조건수

보통 수학적 선형 시스템을 푸는 수학 소프트웨어에서는 근사적인 해 뿐만 아니라 선형 시스템의 **조건수**condition number를 출력하여 알려준다. 다음의 규칙들을 사용해서 그 결과들을 해석할 수 있다.

규칙 경험 규칙

1. **조건수** $\kappa(\boldsymbol{A})$는 $\boldsymbol{A}$가 얼마나 수치적으로 특이[singular]행렬(역행렬이 존재하지 않는 행렬)에 가까운지를 나타내는 지표이다.
2. 실제적으로 부분 피벗팅과 역대입의 변형을 이용한 가우스 소거법을 적용하여 $\boldsymbol{Ax}=\boldsymbol{b}$를 풀면 조건수 $\kappa(\boldsymbol{A})$는 크더라도 **잔차 벡터** $\boldsymbol{r}=\boldsymbol{b}-\boldsymbol{A}$는 작은 수치 해를 얻을 수 있다.
3. 조건수 $\kappa(\boldsymbol{A})$가 크면 $\boldsymbol{A}$는 **나쁜 조건**을 가진 행렬이다. 이는 아무리 좋은 수치 알고리즘을 통해 얻은 해라도 그 해가 진짜 해와 가깝다는 보장을 할 수 없다는 말이다.
4. $\boldsymbol{A}$와 $\boldsymbol{b}$가 머신 정밀도 ε_m에 저장되었다면 가우스 소거법의 어떠한 변형에 의해서든 $\boldsymbol{Ax}=\boldsymbol{b}$를 풀었을 때의 수치적 해는 $d=|\log_{10}\varepsilon_m|-\log\kappa(\boldsymbol{A})$개 숫자까지 정확하다.

이 주제들에 대한 자세한 내용은 8.4절을 참조하라.

MATLAB에서의 역슬래시 연산자

MATLAB 역슬래시

연립방정식 $\boldsymbol{Ax}=\boldsymbol{b}$는 공식적인 해 $\boldsymbol{x}=\boldsymbol{A}^{-1}\boldsymbol{b}$를 갖는다. MATLAB 표현으로 이 시스템은 역슬래시[backslash] 명령을 가진 `x=A\b`로 풀 수 있다. MATLAB은 이 시스템을 가장 적은 횟수의 연산과 최소의 반올림 오차를 보이는 방법으로 풀려고 시도할 것이다. $\boldsymbol{A}$가 $n\times n$ 행렬일 때, MATLAB은 $\boldsymbol{A}$가 다음을 만족하는지를 조사한다.

1. 이 행렬이 삼각 시스템의 순열[permutation]인가? 만약 그렇다면 적절한 삼각 풀이법을 사용하라.
2. 주어진 행렬이 대칭적이면서 양의 정부호행렬로 보이는가? 그렇다면 촐레스키 분해[Cholesky factorization]를 하고, 삼각 풀이법을 두 번 시도하라.
3. 촐레스키 분해가 실패했거나 $\boldsymbol{A}$가 대칭이 아닌 듯이 보일 경우에는 $\boldsymbol{LU}$ 분해를 하고, 삼각 풀이법을 두 번 시도하라.

만약 A가 $n\times m$ 행렬이면($n\neq m$) MATLAB은 적절한 알고리즘을 이용해서 시스템을 풀려고 할 것이다. 그 일부 과정은 후에 살펴볼 것이다.

Maple이나 Mathematica와 같은 다른 수학 소프트웨어들도 비슷한 멀티 알고리즘 프로시저나 하이브리드[hybrid] 체계들을 가지고 있다.

2.2 요약

- 가우스 소거법을 실행할 때, 0 피벗이나 작은 피벗을 피하기 위해 부분 피벗팅을 강력히 추천한다. 비례 조정 부분 피벗팅을 사용한 가우스 소거법에서는 **비례 조정 벡터** $\boldsymbol{s}=[s_1,s_2,\cdots,s_n]^T$와 **인덱스 벡터** $\boldsymbol{\ell}=[\ell_1,\ell_2,\cdots,\ell_n]$를 사용한다. 이때

$$s_i=\max_{1\le j\le n}|a_{ij}|\qquad(1\le i\le n)$$

이고, 인덱스 벡터의 초깃값은 $\boldsymbol{\ell}=[1, 2, \cdots, n]$으로 설정한다. 비례 조정 벡터는 알고리즘의 시작 단계에서 한 번만 설정한다. 행렬 $\boldsymbol{A}$의 행들을 교환하는 대신 인덱스 벡터의 성분들을 교환하는데, 이는 데이터 이동량을 상당히 줄여준다. 피벗팅 프로시저에 가장 중요한 핵심 단계는 집합

$$\left\{\frac{|a_{\ell_i k}|}{s_{\ell_i}} : k \le i \le n\right\}$$

에서 가장 큰 비율을 보이는 성분과 관련지어 첫 번째 인덱스를 j로 설정하고, 인덱스 배열 $\boldsymbol{\ell}$에서 ℓ_j와 ℓ_k를 서로 바꾸는 것이다. 그 후 곱하는 수

$$\frac{a_{\ell_i k}}{a_{\ell_k k}}$$

를 ℓ_k 행에 곱한 후, ℓ_i 행$(k+1 \le i \le n)$에서 이를 뺀다.

- ℓ_i 방정식$(\ell_{k+1} \le \ell_i \le \ell_n)$에서 **전진 소거**는 다음과 같은 알고리즘이다.

$$\begin{cases} a_{\ell_i j} \leftarrow a_{\ell_i j} - (a_{\ell_i k}/a_{\ell_k k})a_{kj} & (\ell_k \le \ell_j \le \ell_n) \\ b_{\ell_i} \leftarrow b_{\ell_i} - (a_{\ell_i k}/a_{\ell_k k})b_{\ell_k} \end{cases}$$

우변 벡터 $\boldsymbol{b}$가 포함되어 있는 이 단계는 역대입 과정 바로 직전에 독립적으로 이루어진다. 이 단계는 우변을 **업데이트**한다고 일컫기도 한다.

- **역대입**은 다음과 같다.

$$x_i = \frac{1}{a_{\ell_i i}}\left(b_{\ell_i} - \sum_{j=i+1}^{n} a_{\ell_i j} x_j\right) \qquad (i = n, n-1, n-2, \cdots, 1)$$

- $n \times n$ 선형 연립방정식 $\boldsymbol{Ax}=\boldsymbol{b}$에서 비례 조정 부분 피벗팅을 사용한 가우스 소거법의 전진 소거 과정에는 대략 $n^3/3$개의 긴 연산(곱셈 또는 나눗셈)이 포함되는 반면, 역대입에서는 단지 n^2개의 긴 연산만이 실행된다.

2.2 연습문제

01 비례 조정 부분 피벗팅을 사용한 가우스 소거법이 다음 행렬 $\boldsymbol{A}$에 어떻게 적용되는지 보여라.

$$\begin{bmatrix} 2 & 3 & -4 & 1 \\ 1 & -1 & 0 & -2 \\ 3 & 3 & 4 & 3 \\ 4 & 1 & 0 & 4 \end{bmatrix}$$

02 다음 시스템을 비례 조정 부분 피벗팅을 사용한 가우스 소거법을 이용해서 풀어라. 각 단계에서 나오는 중간 과정의 행렬을 보여라.

$$\begin{bmatrix} 1 & -1 & 2 \\ -2 & 1 & -1 \\ 4 & -1 & 2 \end{bmatrix}\begin{bmatrix} x_1 \\ x_2 \\ x_3 \end{bmatrix} = \begin{bmatrix} -2 \\ 2 \\ -1 \end{bmatrix}$$

03 비례 조정 부분 피벗팅을 사용한 가우스 소거법을 다음 행렬에 적용하라. 중간 과정의 행렬을 보여라.

$$\begin{bmatrix} 1 & 0 & 3 & 0 \\ 0 & 1 & 3 & -1 \\ 3 & -3 & 0 & 6 \\ 0 & 2 & 4 & -6 \end{bmatrix}$$

04 다음 행렬을 생각하자. 순수 가우스 소거법, 부분 피벗팅을 사용한 가우스 소거법(단, 비례 조정 벡터는 $[1, 1, 1, 1]$), 비례 조정 부분 피벗팅을 사용한 가우스 소거법(단, 비례 조정 벡터는 $[987.6543, 46.79, 256.29, 1.096]$)의 각각의 경우에 대해서 다음 피벗 성분으로 사용될 성분을 확인하라.

$$\begin{bmatrix} -0.0013 & 56.4972 & 123.4567 & 987.6543 \\ 0.0000 & -0.0145 & 8.8990 & 833.3333 \\ 0.0000 & 102.7513 & -7.6543 & 69.6869 \\ 0.0000 & -1.3131 & -9876.5432 & 100.0001 \end{bmatrix}$$

05 *Gauss* 프로시저로 다음의 배열을 처리한 후, 컴퓨터를 사용하지 않고 마지막 배열 (a_{ij})의 성분들을 구하라. 곱하는 수는 밑줄로 표시하라.

$$\begin{bmatrix} 1 & 3 & 2 & 1 \\ 4 & 2 & 1 & 2 \\ 2 & 1 & 2 & 3 \\ 1 & 2 & 4 & 1 \end{bmatrix}$$

06 다음 행렬에 비례 조정 부분 피벗팅을 사용한 가우스 소거법 알고리즘을 적용했을 때, 비례 조정 벡터는 무엇인가? 그리고

두 번째 피벗 행은 무엇인가?

$$\begin{bmatrix} 4 & 7 & 3 \\ 1 & 3 & 2 \\ 2 & -4 & -1 \end{bmatrix}$$

07 다음 예제에 비례 조정 부분 피벗팅을 사용한 가우스 소거법 알고리즘을 적용했을 때, 어떤 행이 3번째 피벗 행으로 선택될까?

$$\begin{bmatrix} 8 & -1 & 4 & 9 & 2 \\ 1 & 0 & 3 & 9 & 7 \\ -5 & 0 & 1 & 3 & 5 \\ 4 & 3 & 2 & 2 & 7 \\ 3 & 0 & 0 & 0 & 9 \end{bmatrix}$$

08 비례 조정 부분 피벗팅을 사용한 가우스 소거법을 이용하여 다음 시스템을 풀어라. 각 단계의 중간 결과를 보여라. 특히 비례 조정 벡터와 인덱스 벡터를 보여라.

$$\begin{cases} 2x_1 + 4x_2 - 2x_3 = 6 \\ x_1 + 3x_2 + 4x_3 = -1 \\ 5x_1 + 2x_2 = 2 \end{cases}$$

09 다음 선형 시스템을 생각하자. 비례 조정 부분 피벗팅을 사용한 가우스 소거법을 사용해 x_1, x_2, x_3을 구하라. 중간 과정의 행렬과 벡터들을 보여라.

$$\begin{cases} 2x_1 + 3x_2 = 8 \\ -x_1 + 2x_2 - x_3 = 0 \\ 3x_1 + 2x_3 = 9 \end{cases}$$

10 다음의 선형 연립방정식을 생각하자. 비례 조정 부분 피벗팅을 사용한 가우스 소거법을 이용해서 이 연립방정식을 풀어라. 모든 중간 단계를 보이고 각 단계에서의 인덱스 벡터를 써라.

$$\begin{cases} -x_1 + x_2 - 3x_4 = 4 \\ x_1 + 3x_3 + x_4 = 0 \\ x_2 - x_3 - x_4 = 3 \\ 3x_1 + x_3 + 2x_4 = 1 \end{cases}$$

11 다음 계수 행렬에 비례 조정 부분 피벗팅을 사용한 가우스 소거법을 적용한 상황을 생각하자. 여기서 각각의 #들은 0이 아닌 서로 다른 성분들이다. 곱하는 수가 저장되는 성분의 위치에 동그라미로 표시하고, 채움이 발생하는 위치에 f를 표시하라. 마지막 인덱스 벡터는 $\boldsymbol{\ell} = [2, 3, 1, 5, 4]$이다.

$$\begin{bmatrix} \# & \# & \# & \# & 0 \\ \# & \# & \# & 0 & \# \\ 0 & \# & \# & \# & 0 \\ 0 & \# & 0 & \# & 0 \\ \# & 0 & 0 & \# & \# \end{bmatrix}$$

12 [연습문제 2.1.6]의 (a) 문제를 비례 조정 부분 피벗팅을 사용한 가우스 소거법을 이용해 반복하여 풀어라.

13 다음 각각의 시스템을 비례 조정 부분 피벗팅을 사용한 가우스 소거법으로 풀어라. 유효숫자 4개로 계산을 실행하라. 각 예제의 각 단계에서 인덱스 벡터는 무엇인가?

(a) $\begin{cases} 3x_1 + 4x_2 + 3x_3 = 10 \\ x_1 + 5x_2 - x_3 = 7 \\ 6x_1 + 3x_2 + 7x_3 = 15 \end{cases}$

(b) $\begin{cases} 3x_1 + 2x_2 - 5x_3 = 0 \\ 2x_1 - 3x_2 + x_3 = 0 \\ x_1 + 4x_2 - x_3 = 4 \end{cases}$

(c) $\begin{bmatrix} 1 & -1 & 2 & 1 \\ 3 & 2 & 1 & 4 \\ 5 & 8 & 6 & 3 \\ 4 & 2 & 5 & 3 \end{bmatrix} \begin{bmatrix} x_1 \\ x_2 \\ x_3 \\ x_4 \end{bmatrix} = \begin{bmatrix} 1 \\ 1 \\ 1 \\ -1 \end{bmatrix}$

(d) $\begin{cases} 3x_1 + 2x_2 - x_3 = 7 \\ 5x_1 + 3x_2 + 2x_3 = 4 \\ -x_1 + x_2 - 3x_3 = -1 \end{cases}$

(e) $\begin{cases} x_1 + 3x_2 + 2x_3 + x_4 = -2 \\ 4x_1 + 2x_2 + x_3 + 2x_4 = 2 \\ 2x_1 + x_2 + 2x_3 + 3x_4 = 1 \\ x_1 + 2x_2 + 4x_3 + x_4 = -1 \end{cases}$

14 비례 조정 부분 피벗팅을 사용하여 컴퓨터가 다음 연립방정식을 어떻게 푸는지 보여라. 비례 조정 벡터가 무엇인지, 피벗 행이 어떻게 선택되는지를 설명하면서 계산을 수행하라. 각 단계에서 인덱스 벡터가 무엇인지도 보여라. 피벗 성분을 선택하기 위해 계산하는 일부 비율을 제외하면 정확한 답에는 분수가 없다. 계산 과정에 시스템의 우변 벡터를 포함해야 한다는 점을 제외하면, 반드시 정확하게 비례 조정 피벗팅 코드를 따라야 한다.

$$\begin{cases} 2x_1 - x_2 + 3x_3 + 7x_4 = 15 \\ 4x_1 + 4x_2 + 7x_4 = 11 \\ 2x_1 + x_2 + x_3 + 3x_4 = 7 \\ 6x_1 + 5x_2 + 4x_3 + 17x_4 = 31 \end{cases}$$

15 다음 식을 유도하라.

$$\sum_{k=1}^{n} k = \frac{n}{2}(n+1)$$

힌트 : $S = \sum_{k=1}^{n} k$로 놓고 다음을 관찰하자.

$$\begin{aligned} 2S &= (1+2+\cdots+n) + [n+(n-1)+\cdots+2+1] \\ &= (n+1)+(n+1)+\cdots \end{aligned}$$

또는 수학적 귀납법을 사용하라.

16 다음 식을 유도하라.

$$\sum_{k=1}^{n} k^2 = \frac{n}{6}(n+1)(2n+1)$$

힌트 : 수학적 귀납법이 아마 가장 쉬운 방법일 것이다.

17 다음의 유사코드에서 연산의 횟수를 세라.

```
real array (a_ij)1:n×1:n, (x_ij)1:n×1:n
real z;   integer i, j, n
for i = 1 to n
    for j = 1 to i
        z = z + a_ij x_ij
    end for
end for
```

18 *Gauss* 프로시저에서의 나눗셈 및 곱셈의 횟수를 세어 보라. 덧셈 또는 뺄셈의 횟수도 세어 보자. 마이크로초 단위의 실행 시간(곱셈 1, 나눗셈 2.9, 덧셈 0.4, 뺄셈 0.4)을 이용하여 각각의 산술 연산에 걸린 시간을 n의 함수로 나타내라.

19 긴 연산만을 고려하여 모든 긴 연산에 1마이크로초의 실행 시간이 걸린다고 하자. $n = 10, 10^2, 10^3, 10^4$일 때 *Gauss* 프로시저의 대략적인 계산 비용과 실행 시간을 계산하라. 연산 횟수를 셀 때 지배적인 항만을 사용한다. 시간당 500달러로 생각했을 때 비용을 계산하라.

20 비례 조정 부분 피벗팅을 사용하는 가우스 소거법으로 2000개의 연립방정식을 푼다면 얼마나 많은 시간이 걸릴까? 또 얼마의 비용이 드는가? 연산 시간에 기반하여 대략적인 예측값을 계산하라.

21 *Gauss* 프로시저로 행렬 $\boldsymbol{A}$를 처리한 결과를 연립방정식 $\boldsymbol{A}^T\boldsymbol{x} = \boldsymbol{b}$를 푸는 데 어떻게 사용할 수 있는가?

22 만약 나눗셈이 곱셈보다 훨씬 느리다면 *Gauss* 프로시저를 좀 더 효율적으로 만들기 위해 어떤 점을 개선해야 할까?

23 행렬 $\boldsymbol{A} = (a_{ij})_{n\times n}$이 다음 식을 만족하도록 비례 조정되었을 때, 이 행렬은 **행 평형**row-equilibrated 되어있다고 한다. 연립방정식 $\boldsymbol{Ax} = \boldsymbol{b}$를 풀 때 i번째 방정식을 $\max_{1\le j\le n}|a_{ij}|$로 나누어서 원래의 시스템과 수학적으로 동일한 행 평형 행렬 시스템을 만들 수 있다.

$$\max_{1\le j\le n} |a_{ij}| = 1 \qquad (1 \le i \le n)$$

(a) 비례 조정 부분 피벗팅을 사용한 가우스 소거법을 이용하여 다음 연립방정식을 풀어라.

$$\begin{bmatrix} 1 & 1 & 2\times10^9 \\ 2 & -1 & 10^9 \\ 1 & 2 & 0 \end{bmatrix}\begin{bmatrix} x_1 \\ x_2 \\ x_3 \end{bmatrix} = \begin{bmatrix} 1 \\ 1 \\ 1 \end{bmatrix}$$

(b) 행 평형을 적용한 순수 가우스 소거법을 이용해서 위 문제를 풀어라. 두 답이 같은가? 같다면 혹은 다르다면 그 이유는 무엇일까?

24 다음의 각 시스템을 부분 피벗팅 및 비례 조정 부분 피벗팅을 사용하여 유효숫자 4개로 풀고 진짜 해도 구하라.

(a) $\begin{cases} 0.004000x + 69.13y = 69.17 \\ 4.281x - 5.230y = 41.91 \end{cases}$

(b) $\begin{cases} 40.00x + 691300y = 691700 \\ 4.281x - 5.230y = 41.91 \end{cases}$

(c) $\begin{cases} 0.003000x + 59.14y = 59.17 \\ 5.291x - 6.130y = 46.78 \end{cases}$

(d) $\begin{cases} 30.00x + 591400y = 591700 \\ 5.291x - 6.130y = 46.78 \end{cases}$

(e) $\begin{cases} 0.7000x + 1725y = 1739 \\ 0.4352x - 5.433y = 5.278 \end{cases}$

(f) $\begin{cases} 0.8000x + 1825y = 2040 \\ 0.4321x - 5.432y = 7.531 \end{cases}$

2.2 컴퓨터 연습문제

01 순수 가우스 소거법 알고리즘과 비례 조정 부분 피벗팅을 사용한 가우스 소거법을 이용하여 본문의 수치 예제 (5)를 테스트하라.

02 다음의 붙임행렬을 생각하자. 이 시스템을 프로시저 *Gauss*와 *Solve*를 이용하여 비례 조정 부분 피벗팅을 사용한 가우스 소거법으로 풀어라.

$$\left[\begin{array}{cccc|c} 0.4096 & 0.1234 & 0.3678 & 0.2943 & 0.4043 \\ 0.2246 & 0.3872 & 0.4015 & 0.1129 & 0.1550 \\ 0.3645 & 0.1920 & 0.3781 & 0.0643 & 0.4240 \\ 0.1784 & 0.4002 & 0.2786 & 0.3927 & 0.2557 \end{array}\right]$$

03 [컴퓨터 연습문제 2.2.2]의 계수 행렬에서 오타로 인해 한 성분이 0.3645에서 0.3345로 숫자 하나가 잘못 입력되었다고 하자. 이 시스템을 다시 풀고 이 조그만 변화가 끼치는 영향을

관찰하고 설명하라.

04 n차 **힐버트 행렬**Hilbert matrix은 아래와 같이 정의한다. 이 행렬은 **나쁜 조건**의 성질 때문에 종종 테스트 목적으로 사용된다. $b_i = \sum_{j=1}^{n} a_{ij}$를 정의하자. 그러면 연립방정식 $\sum_{j=1}^{n} a_{ij}x_j = b_i$ (단, $1 \le i \le n$)의 해는 $x = [1, 1, \cdots, 1]^T$이다. 이를 확인하라. $2 \le n \le 15$ 범위의 n을 하나 선택하여 *Gauss*와 *Solve* 프로시저를 이용해서 x에 대한 연립방정식을 풀고, 그 결과가 예측한 바와 같은지 확인하라. $n=2$인 경우에 대하여 손으로 직접 계산해 보고 컴퓨터에서 어떤 문제가 발생하는지 관찰하라.

$$a_{ij} = (i+j-1)^{-1} \qquad (\text{단}, \ 1 \le i, \ j \le n)$$

05 행렬의 성분이 $a_{ij} = -1 + 2\max\{i, j\}$인 $n \times n$ 배열 (a_{ij})를 정의하자. 시스템 $\boldsymbol{Ax} = \boldsymbol{b}$의 해가 $x_i = 1 \ (1 \le i \le n)$이 되도록 (b_i)를 설정한다. $n = 30$과 같은 적당한 n값에 대해 *Gauss*와 *Solve* 프로시저를 이 시스템에 테스트하라.

06 적당한 n값, 예를 들어 $5 \le n \le 20$ 중에서 한 값을 선택한 후 $a_{ij} = (i-1)^{j-1}$, $b_i = i-1$로 놓자. 컴퓨터로 $\boldsymbol{Ax} = \boldsymbol{b}$를 풀어라. 출력값을 보고 이 방정식의 정확한 해가 무엇일지 추측하라. 대수적으로 그 추측이 옳다는 것을 입증하고 계산한 해의 오차를 설명하라.

07 2에서 4까지 고정한 값 n에 대해서 $a_{ij} = (i+j)^2$, $b_i = ni(i+n+1) + \frac{1}{6}n(1+n(2n+3))$으로 놓자. 벡터 $\boldsymbol{x} = [1, 1, \cdots, 1]^T$가 $\boldsymbol{Ax} = \boldsymbol{b}$의 해임을 보여라. *Gauss*와 *Solve* 프로시저를 이용해서 $n = 2, 3, 4$일 때 이 시스템을 정확하게 계산할 수 있는지를 테스트하라. 무슨 일이 일어나는지 설명하라.

08 2에서 9까지의 각각의 값들을 이용해서 $n \times n$ 시스템 $\boldsymbol{Ax} = \boldsymbol{b}$를 풀어라. 여기서 $\boldsymbol{A}$와 $\boldsymbol{b}$는 다음과 같이 정의한다.

$$a_{ij} = (i+j-1)^7, \ \ b_i = p(n+i-1) - p(i-1)$$

이때 $p(x) = \frac{x^2}{24}(2 + x^2(-7 + n^2(14 + n(12 + 3n))))$이다. 무슨 일이 일어나는지 설명하라.

09 다음의 붙임행렬을 *Gauss*와 *Solve* 프로시저를 이용해서 풀어라. 그런 후 *Naive_Gauss* 프로시저를 이용해서 풀고 그 결과를 비교하고 설명하라.

$$\left[\begin{array}{cccc|c} 0.0001 & -5.0300 & 5.8090 & 7.8320 & 9.5740 \\ 2.2660 & 1.9950 & 1.2120 & 8.0080 & 7.2190 \\ 8.8500 & 5.6810 & 4.5520 & 1.3020 & 5.7300 \\ 6.7750 & -2.2530 & 2.9080 & 3.9700 & 6.2910 \end{array}\right]$$

10 변수 목록을 변화시키지 않고, 전진 소거와 역대입을 둘 다 실행할 수 있게끔 *Gauss* 프로시저를 다시 쓰고 테스트하라. 배열 (a_{ij})의 크기를 증가시키고 우변 벡터 (b_i)를 (a_{ij})의 $(n+1)$열에 저장하라. 그리고 이 열을 해로 출력하라.

11 *Gauss*와 *Solve* 프로시저가 더 견고해지도록 개선시켜라. 여기서 제안하는 2가지 개선점은 다음과 같다.

(i) $a_{\ell_i k} = 0$일 때는 소거 단계를 생략하라.

(ii) 변수 목록에 오류 변수 $ierr$을 추가하고 오류 검사를 하라(예를 들면 0으로 나누는 일이나 0으로 이루어진 행에 오류 검사를 한다). 다양한 크기의 선형 시스템에 대해 개선된 코드를 테스트하라.

12 *Gauss*와 *Solve* 프로시저가 열을 기준으로 실행되도록 다시 써라. 이는 모든 안쪽 루프가 (a_{ij})의 첫 번째 첨자를 변화시키도록 해야 한다는 의미이다. 일부 컴퓨터 시스템에서는 이러한 실행 방법을 통해 빠른 속도와 2차 메모리 사이의 교환 및 페이징paging [4]을 피할 수 있다. 또한 이러한 방식은 큰 행렬에서 더 효율적이다.

13 계수 행렬이 대칭인 경우 서로 다른 저장 모드를 사용함으로써 컴퓨터 메모리 사용을 줄일 수 있다. $n \times n$ 대칭행렬 $\boldsymbol{A} = (a_{ij})$는 $a_{ij} = a_{ji}$를 만족하는 행렬로 주대각 위아래에 길이가 $\frac{n(n+1)}{2}$인 벡터로 저장된다. 행렬 $\boldsymbol{A}$의 성분들은 벡터 $\boldsymbol{v} = (v_k)$에 a_{11}, a_{21}, a_{22}, a_{31}, a_{32}, a_{33}, $\cdots$, a_{nn}의 순서로 저장된다. 이렇게 행렬을 저장하는 방식을 **대칭 저장 모드** symmetric storage mode라 부른다. 이 모드는 $\frac{n(n-1)}{2}$의 메모리 공간을 절약할 수 있다.

이때 $a_{ij} = v_k$, $k = \frac{1}{2}i(i-1) + j$ (단, $i \ge j$)이다. 앞의 내용들을 확인하라.

1차원 배열 (v_i)에서 대칭 저장 모드에 계수 행렬이 저장된다는 점과 시스템의 해가 배열 (b_i)에서 출력된다는 점을 제외하면 *Gauss*와 *Solve* 프로시저와 유사한 다음 프로시저를 작성하고 테스트하라.

$$Gauss\_Sym(n, (v_i), (\ell_i))$$
$$Solve\_Sym(n, (v_i), (\ell_i), (b_i))$$

14 정사각행렬의 **행렬식**determinant은 *Gauss* 프로시저를 통해 쉽게 계산될 수 있다. 행렬식의 계산을 위해서는 3가지 사실이 필요하다. 첫째, 삼각행렬의 행렬식은 삼각행렬의 대각성분들

4 (옮긴이) 페이징 기법은 컴퓨터가 메인 메모리를 사용하기 위해 2차 기억 장치로부터 데이터를 저장하고 검색하는 메모리 관리 기법이다.

의 곱과 같다. 둘째, 한 행의 상수 배에 다른 행을 더하는 것은 행렬식에 영향을 주지 않는다. 셋째, 행렬의 2행의 위치가 바뀌면 행렬식의 부호가 바뀐다. *Gauss* 프로시저는 행들의 위치를 서로 바꾸고 한 행의 상수 배를 다른 행에 더함으로써, 주어진 행렬을 삼각행렬로 변형하는 프로시저로 해석할 수 있다. $n \times n$ 행렬의 행렬식을 구하는 $\mathrm{Det}(n, (a_{ij}))$ 함수를 작성하라. 이 함수는 *Gauss* 프로시저를 호출 후, 그 결과로 얻어진 배열 (a_{ij})와 (ℓ_i)를 사용한다. 다음의 테스트 행렬들을 사용하여 몇몇의 n값에 대해 함수 Det를 수치적으로 확인하라.

(a) $a_{ij} = |i-j| \quad \mathrm{Det}(\boldsymbol{A}) = (-1)^{n-1}(n-1)2^{n-2}$

(b) $a_{ij} = \begin{cases} 1 & j \ge i \\ -j & j < i \end{cases} \quad \mathrm{Det}(\boldsymbol{A}) = n!$

(c) $\begin{cases} a_{ij} = a_{j1} = n^{-1} & j \ge 1 \\ a_{ij} = a_{i-1,j} + a_{i,j-1} & i, j \ge 2 \end{cases} \quad \mathrm{Det}(\boldsymbol{A}) = n^{-n}$

15 앞 문제의 프로시저에 의한 행렬식 계산과정 중에 오버플로나 언더플로가 발생할 수 있다. 이를 피하기 위해 $\log|a_{\ell_i i}|$의 합으로 $\log|\mathrm{Det}(\boldsymbol{A})|$를 계산한 후 마지막에 지수함수를 사용한다. 이 아이디어를 이용해 [컴퓨터 연습문제 2.2.14]의 수치 실험들을 반복하라.

16 전진 소거 과정의 각 단계(각각의 새로운 k값)에서 비례 조정 벡터가 새로 계산한 변경된 *Gauss* 프로시저를 테스트하라. 이 프로시저가 고정된 비례 조정 벡터와 함께 책에서 소개한 비례 조정 부분 피벗팅 방법보다 반올림 오차를 적게 발생시킨다는 예제를 찾아보라. 일반적으로 대부분의 선형 시스템에서는 이러한 프로시저를 포함한 추가 계산이 별 가치가 없다고 여겨진다.

17 원래 시스템이 초기에 행 평형이 되게끔 *Gauss* 프로시저를 변경하고 테스트하라. 즉, 각 행에서 가장 큰 성분의 크기가 1이 되도록 크기를 조정해야 한다.

18 *Gauss*와 *Solve* 프로시저가 비례 조정 완전 피벗팅을 실행하게끔 프로시저들을 변경하고 테스트하라. 즉 부분 행렬의 k열에서만이 아닌 부분 행렬의 모든 성분에서 피벗 성분을 선택해야 한다는 말이다. 또 다른 인덱스 벡터로 해의 배열에서의 미지수의 순서를 계속 추적하라. 왜냐하면 미지수의 순서가 $x_n, x_{n-1}, \cdots, x_1$의 순서로 결정되지 않기 때문이다.

19 다음의 5×5 계수 행렬을 가지는 두 선형 시스템의 계산된 수치 해를 비교하라.

$$\begin{bmatrix} 1 & 1/2 & 1/3 & 1/4 & 1/5 \\ 1/2 & 1/3 & 1/4 & 1/5 & 1/6 \\ 1/3 & 1/4 & 1/5 & 1/6 & 1/7 \\ 1/4 & 1/5 & 1/6 & 1/7 & 1/8 \\ 1/5 & 1/6 & 1/7 & 1/8 & 1/9 \end{bmatrix}$$

$$\begin{bmatrix} 1.0 & 0.5 & 0.333333 & 0.25 & 0.2 \\ 0.5 & 0.333333 & 0.25 & 0.2 & 0.166667 \\ 0.333333 & 0.25 & 0.2 & 0.166667 & 0.142857 \\ 0.25 & 0.2 & 0.166667 & 0.142857 & 0.125 \\ 0.2 & 0.166667 & 0.142857 & 0.125 & 0.111111 \end{bmatrix}$$

이 두 시스템의 우변 벡터는 $\boldsymbol{b} = [1, 0, 0, 0, 0]^T$이다. 두 시스템을 비례 조정 부분 피벗팅을 사용한 단일 정밀도 가우스 소거법을 이용해 풀어라. 각 시스템에서 **잔차 벡터** $\tilde{\boldsymbol{r}} = \boldsymbol{A}\tilde{\boldsymbol{x}} - \boldsymbol{b}$와 **오차 벡터** $\tilde{\boldsymbol{e}} = \tilde{\boldsymbol{x}} - \boldsymbol{x}$의 ℓ_2 노름 $\|\boldsymbol{u}\|_2 = \sqrt{\sum_{i=1}^{n} u_i^2}$ 을 계산하라. 여기서 $\tilde{\boldsymbol{x}}$는 계산된 해, $\boldsymbol{x}$는 정확한 진짜 해이다. 첫 번째 시스템의 정확한 해는 $\boldsymbol{x} = [25, -300, 1050, -1400, 630]^T$이고, 2번째 시스템의 유효숫자 6개 해는 $\boldsymbol{x} = [26.9314, -336.018, 1205.11, -1634.03, 744.411]^T$이다. 2번째 시스템에서 더 많은 수를 얻기 위해 입력 데이터를 변화시켜서는 안 된다. 결과를 분석하라. 무엇을 배울 수 있었는가?

20 앞의 컴퓨터 연습문제에서 각 시스템을 풀기 전에 다음과 같이 설정을 변경하고 다시 풀어라.

$$a_{ij} \leftarrow 7560 a_{ij}; \qquad b_i \leftarrow 7560 b_i$$

21 특정 변수를 복소수 변수로 나타내고, 코드에 필요한 변화들을 가미해 *Gauss*와 *Solve* 프로시저를 복소수 연산 표현으로 작성하라. [컴퓨터 연습문제 2.1.6]에 주어진 복소 선형 시스템에 이를 테스트하라.

22 [컴퓨터 연습문제 2.1.7]에 주어진 복소 선형 시스템을 풀어라.

23 앞의 두 문제는 복소 선형 방정식의 해를 구하는 문제들이었다. 이를 보고 무조건 복소수 표현의 *Gauss* 및 *Solve* 프로시저를 만들어야겠다고 생각할지도 모르겠다. 하지만 반드시 그렇지만은 않다. 복소 시스템 $\boldsymbol{Ax} = \boldsymbol{b}$는 다음과 같이 $2n \times 2n$ 실수 시스템$(1 \le i \le n)$으로도 나타낼 수 있다.

$$\sum_{j=1}^{n} [\mathrm{Re}(a_{ij})\mathrm{Re}(x_j) - \mathrm{Im}(a_{ij})\mathrm{Im}(x_j)] = \mathrm{Re}(b_i)$$

$$\sum_{j=1}^{n} [\mathrm{Re}(a_{ij})\mathrm{Im}(x_j) + \mathrm{Im}(a_{ij})\mathrm{Re}(x_j)] = \mathrm{Im}(b_i)$$

이 아이디어와 이 절의 두 프로시저를 이용하여 위의 두 문제를 반복하여 풀어라(여기서 Re는 실수 부분, Im은 허수 부분을 나타낸다).

24 (**학생 연구 프로젝트**) **가우스-휴어드 알고리즘**Gauss-Huard algorithm은 꽉 찬 선형 시스템을 푸는 **가우스-조단 알고리즘**Gauss-Jordan algorithm의 변형이다. 두 알고리즘 모두 주어진 시스템을 수학적으로 동치인 대각 시스템으로 축소하는 것이다.

그러나 가우스-조단법은 가우스 소거법보다 부동소수점 연산이 더 필요한 반면 가우스-휴어드법은 그렇지 않다. 가우스-휴어드법은 안정성을 보장하기 위해 행렬의 열을 교환하는 피벗팅 전략을 받아들였다. 가우스-휴어드법이 적절한 피벗팅 전략을 쓴 가우스-조단 소거법만큼 안정하다는 것은 오차 분석을 통해 알 수 있다. 일부 꽉 찬 선형 시스템에 대하여 가우스-조단 알고리즘 및 가우스-휴어드 알고리즘을 프로그램하고 테스트하는 수치 실험을 수행하라.

25 MATLAB, Maple, Mathematica에서 찾아볼 수 있는 가우스 소거법에 기초한 수학 소프트웨어 루틴들을 사용해서 시스템 (5)를 풀어라. 선형 시스템을 풀기 위한 수많은 컴퓨터 프로그램과 소프트웨어 패키지들이 존재하며 이들은 조금씩 다른 피벗팅 전략을 사용하곤 한다.

2.3 3중 대각 시스템과 밴드 시스템

나중에 소개할 몇몇 문제들을 포함한 수많은 응용 문제에서 우리는 **밴드** 구조를 가진 굉장히 큰 선형 시스템을 만난다. 밴드 행렬banded matrix은 상미분 또는 편미분방정식을 풀 때 종종 등장한다. 이러한 선형 시스템에 맞게 특별히 고안한 컴퓨터 코드를 개발해 놓으면 상당히 편리할 수 있다. 왜냐하면 그러한 코드가 저장소의 사용량을 줄여주기 때문이다.

실제적으로 중요한 예가 바로 **3중 대각 시스템**tridiagonal system이다. 이 시스템에서 계수 행렬의 0이 아닌 모든 성분들은 주대각선, 또는 주대각선 바로 위나 아래 대각선에 위치한다(이를 각각 **초대각선**superdiagonal과 **부대각선**subdiagonal이라 부른다).

$$\begin{bmatrix} d_1 & c_1 & & & & & \\ a_1 & d_2 & c_2 & & & & \\ & a_2 & d_3 & c_3 & & & \\ & & \ddots & \ddots & \ddots & & \\ & & & a_{i-1} & d_i & c_i & & \\ & & & & \ddots & \ddots & \ddots & \\ & & & & & a_{n-2} & d_{n-1} & c_{n-1} \\ & & & & & & a_{n-1} & d_n \end{bmatrix} \begin{bmatrix} x_1 \\ x_2 \\ x_3 \\ \vdots \\ x_i \\ \vdots \\ x_{n-1} \\ x_n \end{bmatrix} = \begin{bmatrix} b_1 \\ b_2 \\ b_3 \\ \vdots \\ b_i \\ \vdots \\ b_{n-1} \\ b_n \end{bmatrix} \tag{1}$$

삼중 대각 $n \times n$ 시스템

(계수 행렬에서 표시되지 않은 모든 성분은 0이다.) **삼중대각행렬**은 '$|i-j| \geq 2$일 때 $a_{ij}=0$'이라는 조건으로 특징지을 수 있다. 일반적으로 어떤 행렬에서 $|i-j| \geq k$에서 항상 $a_{ij}=0$을 만족시키는 $k(<n)$가 존재할 때, 이 행렬은 **밴드 구조**band structure를 가진다고 한다. 이때 **밴드 두께**bandwidth는 $2k-1$이다.

밴드 행렬에 필요한 저장 공간은 동일한 크기의 일반 행렬보다 작다. 따라서 $n \times n$ **대각행렬**은 컴퓨터에서 오직 n개의 메모리 공간만을 필요로 하며, **삼중대각행렬**은 $(3n-2)$개의 메모리 공간만을 필요로 한다. 매우 큰 차수의 밴드 행렬을 사용할 때에는 이 사실이 중요하다.

밴드 행렬의 경우, 피벗팅이 필요하지 않는다는 사실을 미리 안다면 가우스 소거법 알고리즘이 매우 효율적일 수 있다. 이러한 상황은 특별한 프로시저의 필요성을 정당화하기에 충분할 정도로 자주 발생한다. 여기서 우리는 3중 대각 시스템용 코드를 개발하고, 더 나아가 **5중 대각**pentadiagonal 시스템($|i-j| \geq 3$일 때 $a_{ij}=0$)을 위한 목록도 제공할 것이다.

3중 대각 시스템

이제 *Tri*라 불리는 프로시저를 설명해보자. 이 프로시저는 방정식 (1)과 같은 n개의 미지수를 가진 n개의 연립방정식을 풀기 위해 고안되었다. 전진 소거 단계와 역대입 단계 모두 같은 프로시저 안에 포함되어 있으며 피벗팅은 사용되지 않는다. 즉, 피벗 방정식은 자연스러운 순서인 $\{1, 2, \cdots, n\}$에 의해 주어진다는 것이다. 따라서 순수 가우스 소거법이 사용된다.

1단계에서는 2행에서 1행의 a_1/d_1배를 뺀 후, a_1 위치에 0을 만든다. 이 단계에서는 d_2와 b_2만 바뀌었다. 여기서 c_2는 바뀌지 않았음을 확인하라.

2단계에서는 새로운 2행을 피벗 행으로 사용하여 위 과정을 반복한다. 각 단계에서 d_i와 b_i는 다음과 같이 바뀐다.

$$\begin{cases} d_2 \leftarrow d_2 - \left(\dfrac{a_1}{d_1}\right) c_1 \\ \\ b_2 \leftarrow b_2 - \left(\dfrac{a_1}{d_1}\right) b_1 \end{cases}$$

일반적으로 다음이 성립한다.

전진 소거

$$\begin{cases} d_i \leftarrow d_i - \left(\dfrac{a_{i-1}}{d_{i-1}}\right) c_{i-1} \\ \\ b_i \leftarrow b_i - \left(\dfrac{a_{i-1}}{d_{i-1}}\right) b_{i-1} \qquad (2 \le i \le n) \end{cases}$$

전진 소거 과정이 끝난 후 시스템의 형태는 다음과 같다.

상 2중 대각 $n \times n$ 시스템

$$\begin{bmatrix} d_1 & c_1 & & & & & & \\ & d_2 & c_2 & & & & & \\ & & d_3 & c_3 & & & & \\ & & & \ddots & \ddots & & & \\ & & & & d_i & c_i & & \\ & & & & & \ddots & \ddots & \\ & & & & & & d_{n-1} & c_{n-1} \\ & & & & & & & d_n \end{bmatrix} \begin{bmatrix} x_1 \\ x_2 \\ x_3 \\ \vdots \\ x_i \\ \vdots \\ x_{n-1} \\ x_n \end{bmatrix} = \begin{bmatrix} b_1 \\ b_2 \\ b_3 \\ \vdots \\ b_i \\ \vdots \\ b_{n-1} \\ b_n \end{bmatrix}$$

물론 위의 b_i와 d_i들은 이 과정을 시작할 때의 모습이 아니다. 하지만 c_i들은 시작할 때의 값과 동일하다.

역대입 과정으로 $x_n, x_{n-1}, \cdots, x_1$을 다음과 같이 푼다.

$$x_n \leftarrow \frac{b_n}{d_n}$$
$$x_{n-1} \leftarrow \frac{1}{d_{n-1}}(b_{n-1} - c_{n-1}x_n)$$
$$\vdots$$
$$x_1 \leftarrow \frac{1}{d_1}(b_1 - c_1x_2)$$

역대입

일반적으로 다음을 얻는다.

$$x_n \leftarrow b_n/d_n$$
$$x_i \leftarrow \frac{1}{d_i}(b_i - c_ix_{i+1}) \qquad (i = n-1, n-2, \cdots, 1)$$

해

3중 대각 시스템용인 *Tri* 프로시저에서 계수 행렬의 대각성분들은 $n \times 1$ 1차원 배열 $(a_i), (d_i), (c_i)$에 저장되고, 우변 벡터는 $n \times 1$ 배열 (b_i)에 저장된다. 그리고 시스템의 해는 $n \times 1$ 배열 (x_i)에 저장된다.

Tri 프로시저 유사코드

```
procedure Tri(n, (a_i), (d_i), (c_i), (b_i), (x_i))
integer i, n;   real xmult
real array (a_i)_1:n, (d_i)_1:n, (c_i)_1:n, (b_i)_1:n, (x_i)_1:n
for i = 2 to n
    xmult ← a_{i-1}/d_{i-1}
    d_i ← d_i − (xmult)c_{i-1}
    b_i ← b_i − (xmult)b_{i-1}
end for
x_n ← b_n/d_n
for i = n − 1 to 1
    x_i ← (b_i − c_i x_{i+1})/d_i
end for
end procedure Tri
```

여기서 배열 (d_i)와 (b_i)의 원래 데이터는 수정되었음에 주목하라.

6장에서 소개할 3차 스플라인spline 및 여러 곳에서 대칭 3중 대각 시스템이 등장한다. 일반적인 **대칭 3중 대각**symmetric tridiagonal 시스템은 다음과 같은 형태를 갖는다.

$$\begin{bmatrix} d_1 & c_1 & & & & & & \\ c_1 & d_2 & c_2 & & & & & \\ & c_2 & d_3 & c_3 & & & & \\ & & \ddots & \ddots & \ddots & & & \\ & & & c_{i-1} & d_i & c_i & & \\ & & & & \ddots & \ddots & \ddots & \\ & & & & & c_{n-2} & d_{n-1} & c_{n-1} \\ & & & & & & c_{n-1} & d_n \end{bmatrix} \begin{bmatrix} x_1 \\ x_2 \\ x_3 \\ \vdots \\ x_i \\ \vdots \\ x_{n-1} \\ x_n \end{bmatrix} = \begin{bmatrix} b_1 \\ b_2 \\ b_3 \\ \vdots \\ b_i \\ \vdots \\ b_{n-1} \\ b_n \end{bmatrix} \tag{2}$$

대칭 $n \times n$ 삼중 대각 시스템

여기서 우변 벡터 $\boldsymbol{b}$를 해 벡터 $\boldsymbol{x}$로 덮어씌울 수 있다. 따라서 대칭 선형 시스템은 다음과 같은 형태의 프로시저 호출을 통해 풀 수 있다.

$$\textbf{call}\ \ Tri(n, (c_i), (d_i), (c_i), (b_i), (b_i))$$

핵심 프로시저 호출

이는 선형 배열의 개수를 5개에서 3개로 줄이는 프로시저이다.

엄격한 대각 지배

프로시저 Tri는 피벗팅을 포함하지 않기 때문에 실패하기 쉽지 않을까 하는 의문이 들 수 있다. 방정식 (1)에서 계수 행렬이 역행렬을 가질지라도 0으로 나누려는 시도 때문에 실패하는 간단한 예를 쉽게 찾을 수 있다. 반면에 이 알고리즘의 성공을 보장하는 가장 약한 행렬의 조건을 찾는 것은 쉽지 않다. 쉽게 확인해 볼 수 있고 흔히 마주칠 수 있는 한 가지 성질에 만족하기로 하자. 만약 3중 대각 계수 행렬에서 대각이 지배적이라면 프로시저 Tri에서는 0으로 나누는 경우가 나타나지 않을 것이다.

엄격한 대각 지배

1 정의 엄격한 대각 지배

일반적인 행렬 $\boldsymbol{A} = (a_{ij})_{n \times n}$이 다음 조건

$$|a_{ii}| > \sum_{\substack{j=1 \\ j \neq i}}^{n} |a_{ij}| \qquad (1 \leq i \leq n)$$

을 만족할 때, 행렬 $\boldsymbol{A}$는 **엄격한 대각 지배**strictly diagonally dominant 성질을 가진다.

3중 대각 시스템의 예

방정식 (1)의 3중 대각 시스템의 경우 엄격한 대각 지배는 간단하게 다음을 의미한다(단, $a_0 = a_n = 0$이다).

$$|d_i| > |a_{i-1}| + |c_i| \qquad (1 \leq i \leq n)$$

이제 프로시저 Tri의 전진 소거 과정이 엄격한 대각 지배 성질을 보존함을 확인해 보자. 가우스 소거법에 의해서 생성한 새로운 계수 행렬은 a_i의 원래 위치에 새로운 0 성분을 갖게 되며, 새로운 대각성분들은 다음과 같이 귀납적으로 정의된다.

$$\begin{cases} \hat{d}_1 = d_1 \\ \hat{d}_i = d_i - \left(\dfrac{a_{i-1}}{\hat{d}_{i-1}}\right) c_{i-1} & (2 \leq i \leq n) \end{cases}$$

여기서 $\hat{d}_i$는 새로운 대각성분이며 c_i 성분들은 변하지 않았다. 이제 $|d_i| > |a_{i-1}| + |c_i|$를 가정했을 때 $|\hat{d}_i| > |c_i|$임을 확인해 보자. $i = 1$일 때에는 $\hat{d}_1 = d_1$이므로 이는 명백히 사실이다. 만약 인덱스 $i-1$에 대해서 이 말이 참이라면(즉 $|\hat{d}_{i-1}| > |c_{i-1}|$) 이는 인덱스 i에 대해서도 참이다. 그 이유는 다음과 같다.

$$
\begin{aligned}
|\hat{d}_i| &= \left| d_i - \left(\frac{a_{i-1}}{\hat{d}_{i-1}} \right) c_{i-1} \right| \\
&\geq |d_i| - |a_{i-1}| \frac{|c_{i-1}|}{|\hat{d}_{i-1}|} \\
&> |a_{i-1}| + |c_i| - |a_{i-1}| = |c_i|
\end{aligned}
$$

완전한 행렬에 가우스 소거법을 적용할 때 긴 연산의 횟수는 $\mathcal{O}(n^3)$ 개이지만, 삼중대각행렬에서는 $\mathcal{O}(n)$ 개밖에 되지 않는다. 또한 엄격한 대각 지배 삼중대각행렬에 대해서는 비례 조정 피벗팅 전략이 필요 없다.

5중 대각 시스템

프로시저 Tri로 설명한 원리는 0이 아닌 성분들로 이루어진 밴드의 폭이 더 넓은 행렬에도 적용할 수 있다. 다음의 5중 대각 시스템을 푸는 프로시저로 $Penta$라고 불리는 프로시저를 소개하겠다.

5중 대각 $n\times n$ 시스템

$$
\begin{bmatrix}
d_1 & c_1 & f_1 & & & & & & & \\
a_1 & d_2 & c_2 & f_2 & & & & & & \\
e_1 & a_2 & d_3 & c_3 & f_3 & & & & & \\
 & e_2 & a_3 & d_4 & c_4 & f_4 & & & & \\
 & & \ddots & \ddots & \ddots & \ddots & \ddots & & & \\
 & & & e_{i-2} & a_{i-1} & d_i & c_i & f_i & & \\
 & & & & \ddots & \ddots & \ddots & \ddots & \ddots & \\
 & & & & & e_{n-4} & a_{n-3} & d_{n-2} & c_{n-2} & f_{n-2} \\
 & & & & & & e_{n-3} & a_{n-2} & d_{n-1} & c_{n-1} \\
 & & & & & & & e_{n-2} & a_{n-1} & d_n
\end{bmatrix}
\begin{bmatrix} x_1 \\ x_2 \\ x_3 \\ x_4 \\ \vdots \\ x_i \\ \vdots \\ x_{n-2} \\ x_{n-1} \\ x_n \end{bmatrix}
=
\begin{bmatrix} b_1 \\ b_2 \\ b_3 \\ b_4 \\ \vdots \\ b_i \\ \vdots \\ b_{n-2} \\ b_{n-1} \\ b_n \end{bmatrix}
$$

유사코드에서 해 벡터는 $n\times 1$ 배열 (x_i)에 저장된다. 또한 이 루틴은 $n \leq 4$일 때 사용해서는 안 된다(왜 그럴까?).

Penta 프로시저 유사코드

```
procedure Penta(n, (e_i), (a_i), (d_i), (c_i), (f_i), (b_i), (x_i))
integer i, n;   real r, s, xmult
real array (e_i)_1:n, (a_i)_1:n, (d_i)_1:n, (c_i)_1:n, (f_i)_1:n, (b_i)_1:n, (x_i)_1:n
r ← a_1
s ← a_2
t ← e_1
for i = 2 to n − 1
    xmult ← r/d_{i−1}
    d_i ← d_i − (xmult)c_{i−1}
    c_i ← c_i − (xmult)f_{i−1}
    b_i ← b_i − (xmult)b_{i−1}
    xmult ← t/d_{i−1}
    r ← s − (xmult)c_{i−1}
    d_{i+1} ← d_{i+1} − (xmult)f_{i−1}
    b_{i+1} ← b_{i+1} − (xmult)b_{i−1}
    s ← a_{i+1}
    t ← e_i
```

(계속)

```
end for
xmult ← r/d_{n-1}
d_n ← d_n − (xmult)c_{n-1}
x_n ← (b_n − (xmult)b_{n-1})/d_n
x_{n-1} ← (b_{n-1} − c_{n-1}x_n)/d_{n-1}
for i = n − 2 to 1
    x_i ← (b_i − f_i x_{i+2} − c_i x_{i+1})/d_i
end for
end procedure Penta
```

같은 코드와 최소의 저장 공간을 이용해서 대칭 5중 대각 시스템을 풀기 위해 배열들에 정보를 덮어쓰우기보다는, 변수 r, s, t를 사용하여 일부 정보를 임시로 저장하기로 한다. 따라서 다음과 같은 형태의 프로시저 호출을 통해 대칭 5중 대각 시스템을 풀 수 있다.

대칭 *Penta* 핵심 호출

call $Penta(n, (f_i), (c_i), (d_i), (c_i), (f_i), (b_i), (b_i))$

이 방법은 선형 배열의 개수를 7개에서 4개로 줄인다. 물론 이 배열 일부의 원래 데이터들은 변경되었을 것이다. 계산한 해는 배열 (b_i)에 저장될 수 있다. 여기서 유사코드에서 배열의 차원을 넘어서지 않기 위해 모든 선형 배열의 수가 n개가 되게끔 0으로 채웠다고 가정하자.

블록 3중 대각 시스템

많은 수학 문제들이 블록 구조를 가진 행렬을 포함하고 있다. 많은 경우 수치 해에 블록 구조를 활용하는 게 좋다. 특히 12.3절에서와 같은 편미분방정식을 풀 때 블록 구조의 진가가 드러난다.

블록 3중 대각 시스템으로 5중 대각 시스템을 생각해 보자.

블록 3중 대각 $n \times n$ 시스템

$$\begin{bmatrix} D_1 & C_1 & & & & & \\ A_1 & D_2 & C_2 & & & & \\ & A_2 & D_3 & C_3 & & & \\ & & \ddots & \ddots & \ddots & & \\ & & & A_{i-1} & D_i & C_i & \\ & & & & \ddots & \ddots & \ddots \\ & & & & A_{n-2} & D_{n-1} & C_{n-1} \\ & & & & & A_{n-1} & D_n \end{bmatrix} \begin{bmatrix} X_1 \\ X_2 \\ X_3 \\ \vdots \\ X_i \\ \vdots \\ X_{n-1} \\ X_n \end{bmatrix} = \begin{bmatrix} B_1 \\ B_2 \\ B_3 \\ \vdots \\ B_i \\ \vdots \\ B_{n-1} \\ B_n \end{bmatrix}$$

이때 각 성분들은 다음과 같다.

$$D_i = \begin{bmatrix} d_{2i-1} & c_{2i-1} \\ a_{2i-1} & d_{2i} \end{bmatrix}, \quad A_i = \begin{bmatrix} e_{2i-1} & a_{2i-1} \\ 0 & e_{2i} \end{bmatrix}, \quad C_i = \begin{bmatrix} f_{2i-1} & 0 \\ c_{2i} & f_{2i} \end{bmatrix}$$

여기서 n을 짝수, 즉 $n = 2m$이라고 가정하자. 만약 n이 짝수가 아니라면 행의 개수가 짝수가 되게끔 방정식 $x_{n+1} = 1$을 추가해서 시스템의 방정식의 개수를 짝수로 만든다.

블록 3중 대각 시스템을 풀기 위한 알고리즘은 3중 대각 시스템을 푸는 알고리즘과 비슷하다. 따라서 다음과 같은 **전진 소거** 과정을 실행한다.

전진 소거

$$\begin{cases} \boldsymbol{D}_i \leftarrow \boldsymbol{D}_i - \boldsymbol{A}_{i-1}\boldsymbol{D}_{i-1}^{-1}\boldsymbol{C}_{i-1} \\ \boldsymbol{B}_i \leftarrow \boldsymbol{B}_i - \boldsymbol{A}_{i-1}\boldsymbol{D}_{i-1}^{-1}\boldsymbol{B}_{i-1} \qquad (2 \le i \le m) \end{cases}$$

그리고 **역대입** 과정에서는 다음을 수행한다.

역대입

$$\begin{cases} \boldsymbol{X}_n \leftarrow \boldsymbol{D}_n^{-1}\boldsymbol{B}_n \\ \boldsymbol{X}_i \leftarrow \boldsymbol{D}_i^{-1}(\boldsymbol{B}_i - \boldsymbol{C}_i\boldsymbol{X}_{i+1}) \qquad (m-1 \le i \le 1) \end{cases}$$

여기서

$$\boldsymbol{D}_i^{-1} = \frac{1}{\triangle}\begin{bmatrix} d_{2i} & -c_{2i-1} \\ -a_{2i-1} & d_{2i-1} \end{bmatrix}$$

이고, $\triangle = d_{2i}d_{2i-1} - a_{2i-1}c_{2i-1}$이다.

이 블록 프로시저를 사용한 5중 대각 시스템을 푸는 코드는 [컴퓨터 연습문제 2.3.21]로 남겨둔다. 블록 3중 대각 코드에서 얻은 결과는 반올림 오차를 제외하면 *Penta* 프로시저의 결과와 같다. 또한 이 프로시저는 대칭 5중 대각 시스템을 푸는 데에도 사용될 수 있다(대칭 5중 대각 시스템에서는 부대각선과 초대각선이 같다).

12.3절에서는 이차원 타원형 편미분방정식에 대해 논의할 것이다. 예를 들면 [그림 2.5]와 같이 자연스러운 순서(왼쪽에서 오른쪽, 그리고 위쪽)로 배열이 정해진 단위 정사각형 구역을 고려해보자. **라플라스 방정식**Laplace equation은 이러한 3×3 격자점에서 정의된다.

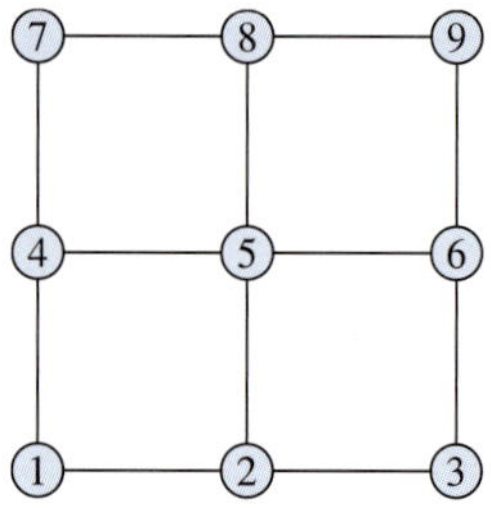

[그림 2.5] 자연스러운 순서로 정해진 격자점

라플라스 방정식에서는 이계 편미분이 2차 중심 유한차 공식centered finite difference formula에 의해서 근사된다. 이를 통해 다음 그림처럼 0이 아닌 성분 패턴을 보이는 희박 계수 행렬을 가진 9×9 선형 시스템을 얻을 수 있다.

희박 9×9 시스템의 예

$$
\boldsymbol{A} = \left[\begin{array}{ccc|ccc|ccc}
\times & \times & & \times & & & & & \\
\times & \times & \times & & \times & & & & \\
& \times & \times & & & \times & & & \\
\hline
\times & & & \times & \times & & \times & & \\
& \times & & \times & \times & \times & & \times & \\
& & \times & & \times & \times & & & \times \\
\hline
& & & \times & & & \times & \times & \\
& & & & \times & & \times & \times & \times \\
& & & & & \times & & \times & \times
\end{array}\right]
$$

여기서 0이 아닌 성분들은 ×로 표시하고, 0인 성분들은 빈칸으로 표시했다. 이 행렬은 블록 삼중대각행렬이며, 각각의 0이 아닌 블록은 삼중대각행렬이거나 대각행렬이다. 격자점에서 다른 순서를 택하면 다른 패턴의 성긴 행렬을 얻을 수 있다.

2.3 요약

- 많은 응용 문제에서 3중 대각, 5중 대각, 기타 밴드 시스템은 피벗팅이 없는 가우스 소거법을 사용한 특수 알고리즘을 통해 푼다. 삼중 대각 선형 시스템을 위한 **전진 소거** 프로시저 $\boldsymbol{A} = \text{Tridiagonal}[(a_i), (d_i), (c_i)]$는 다음과 같다.

$$
\begin{cases}
d_i \leftarrow d_i - \left(\dfrac{a_{i-1}}{d_{i-1}}\right) c_{i-1} \\
b_i \leftarrow b_i - \left(\dfrac{a_{i-1}}{d_{i-1}}\right) b_{i-1}
\end{cases} \qquad (2 \le i \le n)
$$

역대입 프로시저는 다음과 같다.

$$
x_i \leftarrow \frac{1}{d_i}(b_i - c_i x_{i+1}) \qquad (i = n-1,\ n-2,\ \ldots,\ 1)
$$

- **엄격한 대각 지배** 행렬 $\boldsymbol{A} = (a_{ij})_{n \times n}$은 한 행의 대각성분의 크기가 그 행의 다른 성분들의 크기의 합보다 더 큰 행렬이다. 즉 다음이 성립한다.

$$
|a_{ii}| > \sum_{\substack{j=1 \\ j \ne i}}^{n} |a_{ij}| \qquad (1 \le i \le n)
$$

엄격한 대각 지배 성질을 가진 삼중대각 계수 행렬은 부분 피벗팅이 필요없다. 계산 과정 중에 0으로 나누는 경우가 나타나지 않기 때문이다.

- 5중 대각 선형 시스템을 풀기 위한 전진 소거 및 역대입 프로시저 $\boldsymbol{A} = \text{Pentadiagonal}[(e_i), (a_i), (d_i), (c_i), (f_i)]$는 3중 대각 시스템을 푸는 프로시저와 유사하다.

2.3 연습문제

01 부분 피벗팅을 사용한 가우스 소거법으로 3중 대각 시스템 (1)을 풀면 어떤 일이 일어나는가? 일반적으로 밴드 시스템에서는 어떤 일이 일어나는가?

02 다음의 프로시저에 포함된 긴 산술 연산의 횟수를 세라.

(a) *Tri* (b) *Penta*

03 계수 행렬이 $|i-j| \ge k+1$일 때 $a_{ij} = 0$을 만족하는 밴드 구

조를 가진 행렬인 경우, n개의 선형 연립방정식을 풀기 위해 얼마나 많은 저장 공간이 필요한가?

04 피벗팅 없이 풀 수 없는 3중 대각 형태의 선형 연립방정식 시스템의 예를 들어라.

05 다음의 조건에서 행렬 $\boldsymbol{A}$의 성분이 $a_{ij}=0$을 만족한다고 할 때, 행렬 $\boldsymbol{A}$는 어떻게 생겼을까?

(a) $j<i-2$ (b) $j>i+1$

06 $i>j+1$일 때 성분들이 $a_{ij}=0$을 만족하는 엄격한 대각 지배 행렬 $\boldsymbol{A}$를 생각하자. 피벗팅이 없는 가우스 소거법은 엄격한 대각 지배 성질을 보존하는가? 그렇다면 또는 그렇지 않다면 그 이유는 무엇인가?

07 (1)번 형태의 행렬 $\boldsymbol{A}$가 $1 \le i \le n-1$에 대해서 $a_i c_i > 0$을 만족한다고 하자. $\boldsymbol{D}^{-1}\boldsymbol{A}\boldsymbol{D}$가 대칭행렬이 되게끔 하는 대각행렬 $\boldsymbol{D}=\mathrm{Diag}(\alpha_i)$의 일반적인 형태를 찾아라(단, $\alpha_i \ne 0$이다). $\boldsymbol{D}^{-1}\boldsymbol{A}\boldsymbol{D}$의 일반적인 형태는 무엇인가?

2.3 컴퓨터 연습문제

01 *Tri* 프로시저를 오직 4가지 배열 (a_i), (d_i), (c_i), (b_i)만을 이용해서 다시 작성하라. 여기서 시스템의 해는 (b_i) 배열에 저장한다. 대칭 및 비대칭 3중 대각 시스템에 대해서 이 코드를 테스트하라.

02 *Penta* 프로시저를 위한 앞의 컴퓨터 연습문제를 6개의 배열 (e_i), (a_i), (d_i), (c_i), (f_i), (b_i)를 사용하여 다시 작성하라. 이 장의 맨 처음에 소개되었던 예제를 이용해서 이 코드를 테스트하라.

03 모든 i에 대해서 $a_i=c_i=1$을 만족하는 3중 대각 시스템을 푸는 특별한 프로시저를 작성하고 테스트하라.

04 *Tri* 프로시저를 이용해서 다음의 방정식으로 이루어진 100개의 시스템을 풀어라. 수치적으로 얻어진 해를 정확한 해와 비교하라.

$$\begin{cases} x_1 + 0.5x_2 = 1.5 \\ 0.5x_{i-1} + x_i + 0.5x_{i+1} = 2.0 \qquad (2 \le i \le 99) \\ 0.5x_{99} + x_{100} = 1.5 \end{cases}$$

05 $n=100$일 때 다음 시스템을 *Tri* 프로시저를 이용해 풀어라.

$$\begin{cases} 4x_1 - x_2 = -20 \\ x_{j-1} - 4x_j + x_{j+1} = 40 \qquad (2 \le j \le n-1) \\ -x_{n-1} + 4x_n = -20 \end{cases}$$

06 $\boldsymbol{A}$를 다음의 50×50 삼중대각행렬이라 하자. 다음과 같은 형태를 가진 50개의 서로 다른 $\boldsymbol{b}$에 대해서 $\boldsymbol{Ax}=\boldsymbol{b}$ 문제를 생각하자. 이 문제를 푸는 효율적인 코드를 작성하고 테스트하라.

$$\begin{bmatrix} 5 & -1 & & & & \\ -1 & 5 & -1 & & & \\ & -1 & 5 & -1 & & \\ & & \ddots & \ddots & \ddots & \\ & & & -1 & 5 & -1 \\ & & & & -1 & 5 \end{bmatrix}$$

$$[1, 2, \cdots, 49, 50]^T,\ [2, 3, \cdots, 50, 1]^T,\ [3, 4, \cdots, 50, 1, 2]^T, \cdots$$

힌트 : *Tri* 프로시저를 다시 작성하라.

07 비례 조정 부분 피벗팅을 사용한 가우스 소거법을 수행하도록 프로시저 *Tri*를 다시 작성하고 테스트하라.

힌트 : 추가적인 임시 저장 배열이 필요할 수 있다.

08 비례 조정 부분 피벗팅을 사용한 가우스 소거법을 수행하도록 프로시저 *Penta*를 다시 작성하고 테스트하라. 이렇게 해보는 것이 가치 있는 일인가?

09 *Penta*에서 묘사하는 아이디어를 이용하여 7중 대각 시스템을 푸는 프로시저를 작성하라. 그러한 몇몇 시스템에 대해서 이 프로시저를 테스트하라.

10 다음의 연립방정식을 생각하자($n=7$).

$$\begin{bmatrix} d_1 & & & & & & a_7 \\ & d_2 & & & & a_6 & \\ & & d_3 & & a_5 & & \\ & & & d_4 & & & \\ & & a_3 & & d_5 & & \\ & a_2 & & & & d_6 & \\ a_1 & & & & & & d_7 \end{bmatrix} \begin{bmatrix} x_1 \\ x_2 \\ x_3 \\ x_4 \\ x_5 \\ x_6 \\ x_7 \end{bmatrix} = \begin{bmatrix} b_1 \\ b_2 \\ b_3 \\ b_4 \\ b_5 \\ b_6 \\ b_7 \end{bmatrix}$$

홀수 n에 대해서 이러한 형태의 교차 시스템에 적용할 수 있

는 다음의 가우스 소거법에서의 전진 소거 과정

procedure $X\_Gauss(n,(a_i),(d_i),(b_i))$

과 역대입 과정을 작성하고 테스트하라(이 프로시저는 비례 조정 부분 피벗팅을 사용하지 않는다).

procedure $X\_Solve(n,(a_i),(d_i),(b_i),(x_i))$

11 $i<j$일 때 $a_{ij}=0$을 만족하는 행렬 $\boldsymbol{A}=(a_{ij})$에 대해 $n\times n$ 하삼각 시스템 $\boldsymbol{Ax}=\boldsymbol{b}$를 생각하자.

(a) (수학적인 언어로) 전진 소거법을 이용하여 $\boldsymbol{x}$를 푸는 알고리즘을 작성하라.

(b) 이 알고리즘을 사용하는 다음의 프로시저를 작성하라.

procedure $Forward\_Sub\ (n,(a_i),(b_i),(x_i))$

(c) $\boldsymbol{x}$를 구하는 이 알고리즘에서 사용된 나눗셈, 곱셈, 덧셈(또는 뺄셈)의 횟수를 구하라.

(d) 이러한 시스템을 풀 때 부분 피벗팅을 사용한 가우스 소거법을 사용해야 하는가?

12 (**정규화한 3중 대각 알고리즘**) 피벗팅을 사용하지 않는 정규화한 가우스 소거 프로시저를 사용하여 3중 대각 시스템을 다루는 알고리즘을 만들어보자. 이 과정에서 한 행의 상수 배를 바로 다음 행에서 빼기 전에 각각의 피벗 행은 그 자신의 대각성분으로 나눠진다. 전진 소거 과정에 포함된 방정식들을 쓰고, 위쪽 대각성분들은 배열 (c_i)에, 우변 벡터에 있는 성분들은 배열 (b_i)에 다시 저장하라. 역대입 과정에 대한 방정식들을 쓰고, 시스템의 해를 배열 (b_i)에 저장하라. 이 프로시저의 코드를 작성하고 테스트하라. 이 알고리즘의 장점과 단점은 무엇인가?

13 $(2n)\times(2n)$ 3중 대각 시스템에 대해서 다음과 같이 진행되는 프로시저를 작성하고 테스트하라. 전진 소거 과정에서 루틴이 위에서부터 중간까지의 부대각선의 성분과 아래서부터 중간까지의 초대각선의 성분을 동시에 제거한다. 역대입 과정에서는 중간부터 바깥쪽으로 한 번에 2개씩의 미지수가 결정된다.

14 일반적인 $n\times n$ 삼중대각행렬에 대해 앞의 컴퓨터 연습문제를 다시 작성하고 테스트하라.

15 다음의 프로시저는 [컴퓨터 연습문제 2.3.12]의 정규화한 가우스 소거법 알고리즘을 수행하며,

procedure $Tri\_Normal(n,(a_i),(d_i),(c_i),(b_i),(x_i))$

이 프로시저는 [컴퓨터 연습문제 2.3.13]에서 대략적으로 제시한 알고리즘을 수행한다고 가정하자.

procedure $Tri\_2n(n,(a_i),(d_i),(c_i),(b_i),(x_i))$

컴퓨터에 내장된 시간을 재는 함수를 이용해서 다음의 3중 대각 시스템을 풀 때, Tri, Tri_Normal, Tri_2n의 3개의 프로시저를 비교하여 어느 알고리즘이 가장 빠른지를 구하라(단, n은 큰 짝수이다).

$$\begin{cases} a_i=i(n-i+1), & c_i=(i+1)(n-i-1), \\ d_i=(2i+1)n-i-2i, & b_i=i \end{cases}$$

주의 : 수학적 알고리즘은 병렬 컴퓨터나 벡터 컴퓨터에서는 다르게 작동할 수 있다. 일반적으로 말해 병렬 계산은 무엇이 최고이며 가장 효율적인지에 대한 통념을 완전히 바꾸어 버린다.

16 0이 아닌 대각성분들을 가지는 다음과 같은 특별한 형태의 2중 대각 선형 시스템을 생각하자(여기서는 $n=7$로 표현되어 있다).

$$\begin{bmatrix} d_1 & & & & & & \\ a_1 & d_2 & & & & & \\ & a_2 & d_3 & & & & \\ & & a_3 & d_4 & a_4 & & \\ & & & & d_5 & a_5 & \\ & & & & & d_6 & a_6 \\ & & & & & & d_7 \end{bmatrix}\begin{bmatrix} x_1\\x_2\\x_3\\x_4\\x_5\\x_6\\x_7 \end{bmatrix}=\begin{bmatrix} b_1\\b_2\\b_3\\b_4\\b_5\\b_6\\b_7 \end{bmatrix}$$

홀수인 n에 대해서 n차의 이러한 일반적인 시스템을 푸는 프로시저를 작성하고 테스트하라.

procedure $Bi\_Diagonal(n,(a_i),(d_i),(b_i))$

시스템의 해는 배열 b에 저장되고 모든 배열의 길이는 n이라 가정한다. 전진 소거법을 사용하지 않고도 이 시스템을 쉽게 풀 수 있으므로 전진 소거법은 사용하지 않는다.

17 피벗팅을 사용하지 않는 가우스 소거법을 이용해서 다음의 3중 역대각 선형 방정식 시스템을 푸는 프로시저를 작성하고 테스트하라.

procedure $Backward\_Tri(n,(a_i),(d_i),(c_i),(b_i),(x_i))$

$$\begin{bmatrix} & & & a_1 & d_1 \\ & & a_2 & d_2 & c_1 \\ & a_3 & d_3 & c_2 & \\ \iddots & \iddots & \iddots & & \\ a_{n-1} & d_{n-1} & c_{n-1} & & \\ d_n & c_{n-1} & & & \end{bmatrix}\begin{bmatrix} x_1\\x_2\\x_3\\\vdots\\x_{n-1}\\x_n \end{bmatrix}=\begin{bmatrix} b_1\\b_2\\b_3\\\vdots\\b_{n-1}\\b_n \end{bmatrix}$$

18 상 **헤센버그 행렬**hessenberg matrix은 다음과 같은 형태를 갖는다. 이러한 시스템을 푸는 프로시저를 작성하고 10개 또는 더 많은 수의 방정식을 가지는 시스템에 대해서 테스트하라.

$$\begin{bmatrix} a_{11} & a_{12} & a_{13} & \cdots & a_{1n} \\ a_{21} & a_{22} & a_{23} & \cdots & a_{2n} \\ & a_{32} & a_{33} & \cdots & a_{3n} \\ & & \ddots & \ddots & \vdots \\ & & & a_{n,n-1} & a_{nn} \end{bmatrix} \begin{bmatrix} x_1 \\ x_2 \\ x_3 \\ \vdots \\ x_n \end{bmatrix} = \begin{bmatrix} b_1 \\ b_2 \\ b_3 \\ \vdots \\ b_n \end{bmatrix}$$

19 ℓ개의 부대각선과 m개의 초대각선을 가지는 $n \times n$ 밴드 계수 행렬은 $n \times (\ell+m+1)$ 배열에 **밴드 저장 모드**banded storage mode로 저장될 수 있다. 이 행렬은 행과 대각선 구조를 보존하게끔 저장되며, 행렬 대부분의 0 성분들은 저장되지 않는다. 만약 원래의 $n \times n$ 밴드 행렬이 왼쪽 그림과 같은 구조를 가진다면, 밴드 저장 모드에서 이 $n \times (\ell+m+1)$의 배열은 오른쪽 그림과 같다. 주대각선은 새로운 배열의 $(\ell+1)$열이 될 것이다. 밴드 저장 모드에 저장한 계수 행렬을 가진 선형 시스템을 푸는 프로시저를 작성하고 테스트하라.

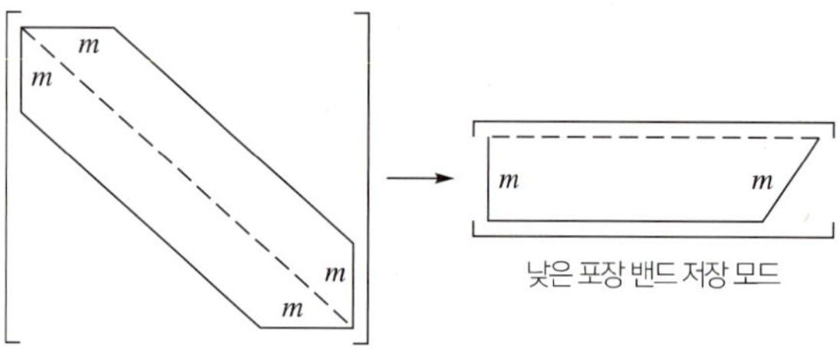

대칭 밴드 배열

낮은 포장 밴드 저장 모드

20 m개의 부대각선과 m개의 초대각선을 가진 $n \times n$ 대칭 밴드 계수 행렬은 $n \times (m+1)$ 배열의 **대칭 밴드 저장 모드**symmetric banded storage mode에 저장될 수 있다. 오직 주대각선과 부대각선들만 저장되므로 주대각선은 새로운 배열의 마지막 열이 된다. 대칭 밴드 저장 모드에 저장한 계수 행렬을 가진 선형 시스템을 푸는 프로시저를 작성하고 테스트하라.

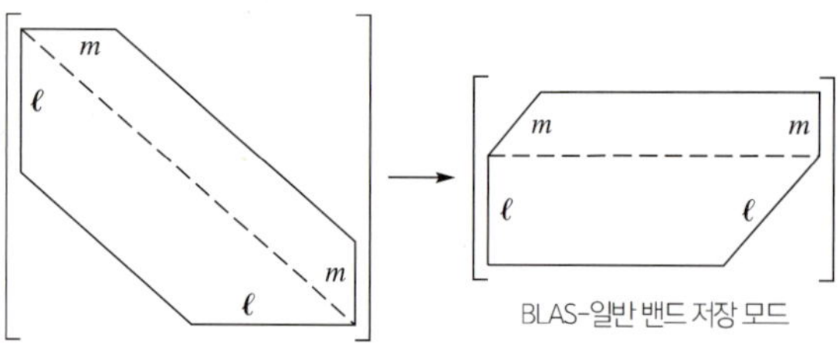

밴드 배열

BLAS-일반 밴드 저장 모드

21 블록 5중 대각 시스템을 푸는 코드를 작성하고 블록 부분행렬을 가진 시스템에 이 코드를 테스트하라. 대칭 및 비대칭 시스템을 사용한 *Penta*와 앞에서 작성한 코드를 비교하라.

22 (**비주기적 스플라인 필터**) 비주기 스플라인 필터의 필터 방정식은 다음과 같이 $n \times n$ 시스템으로 주어진다.

$$(I + \alpha^4 \boldsymbol{Q})\boldsymbol{w} = z$$

여기서 행렬 $\boldsymbol{Q}$는

$$\boldsymbol{Q} = \begin{bmatrix} 1 & -2 & 1 & & & & \\ -2 & 5 & -4 & 1 & & & \\ 1 & -4 & 6 & -4 & 1 & & \\ & \ddots & \ddots & \ddots & \ddots & \ddots & \\ & & 1 & -4 & 6 & -4 & 1 \\ & & & 1 & -4 & 5 & -2 \\ & & & & 1 & -2 & 1 \end{bmatrix}$$

이다. 여기서 변수 $\alpha = 1/[2\sin(\pi \triangle x/\lambda_c)]$는 샘플링 간격에서의 프로파일[5]과 차원, 파장의 측정값과 관련이 있다. 이 시스템의 해 $\boldsymbol{w}$는 장파 성분의 프로파일 값을 주며, $z - \boldsymbol{w}$는 단파 성분의 프로파일 값을 준다. 이 시스템을 사용하여 다양한 α 값에 대해 *Penta* 코드를 테스트하라.

힌트 : 테스트 시스템에서 적당한 n값에 대해 간단한 해 벡터 $\boldsymbol{w} = [1, -1, 1, -1, \cdots, 1]^T$를 선택한다. 그리고 행렬-벡터 곱인 $z = (I + \alpha^4 \boldsymbol{Q})\boldsymbol{w}$를 이용하여 우변을 계산한다.

23 (**주기적 스플라인 필터**) 주기적 스플라인 필터의 필터 방정식은 다음과 같은 $n \times n$ 시스템으로 주어진다.

$$(I + \alpha^4 \hat{\boldsymbol{Q}})\hat{\boldsymbol{w}} = \hat{z}$$

여기서 행렬 $\hat{\boldsymbol{Q}}$는

$$\hat{\boldsymbol{Q}} = \begin{bmatrix} 6 & -4 & 1 & & & 1 & -4 \\ -4 & 6 & -4 & 1 & & & 1 \\ 1 & -4 & 6 & -4 & 1 & & \\ & \ddots & \ddots & \ddots & \ddots & \ddots & \\ & & 1 & -4 & 6 & -4 & 1 \\ 1 & & & 1 & -4 & 6 & -4 \\ -4 & 1 & & & 1 & -4 & 6 \end{bmatrix}$$

이다. 주기적 스플라인 필터는 닫힌 프로파일을 필터링에 사용한다. 주어진 행렬이 대칭적이라는 점을 이용해서 이 시스템을 다룰 수 있도록 *Penta* 프로시저를 개선하여 코드를 작성하고 테스트하라.

24 MATLAB, Maple, Mathematica와 같은 수학 소프트웨어를 사용하여 3중 대각 시스템을 만들어 풀어라. 한 예로 우변 벡터 $\boldsymbol{b} = [1, 4, 9, 16, 25]^T$와 5×5 3중 대각 시스템 $\boldsymbol{A} = \text{Band_Matrix}(-1, 2, 1)$을 사용하라.

5 (옮긴이) 여기서 프로파일은 움직임의 형태를 의미한다.

3장 비선형 방정식

Nonlinear Equations

100m 떨어진 두 송전탑에 전력 케이블이 (같은 높이로) 연결되어 있다. 전력 케이블은 중앙에서 수직 방향으로 10m까지 늘어뜨릴 수 있다고 한다. 이때 전력 케이블의 길이는 얼마인가?

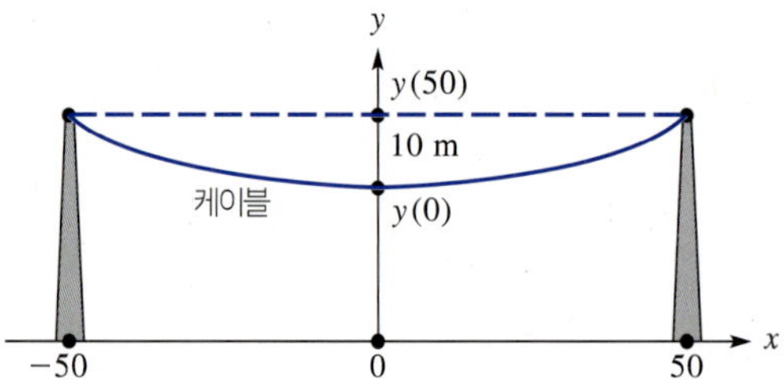

이 허공에 매달린 전력 케이블이 만드는 곡선은 **현수선**catenary으로 알려져 있다. 전력 케이블의 가장 낮은 지점을 y축이 지나가도록 하면, 이 현수선의 길이 공식은 $y(x)=\lambda\cosh\left(\frac{x}{\lambda}\right)$의 형태라 가정할 수 있다. 여기서 λ는 문제의 조건인 $y(50)=y(0)+10$에 의해 결정되는 매개변수이다. 따라서 다음과 같은 식을 얻을 수 있다.

$$\lambda\cosh\left(\frac{50}{\lambda}\right)=\lambda+10$$

이 장에서 배울 방법을 이용하면 $\lambda=126.632$임을 알 수 있다. 구한 λ값을 현수선의 길이 공식에 대입하면 현수선의 길이는 102.619m이다([컴퓨터 연습문제 5.1.4] 참조).

3.1 이분법

도입

f를 실수나 복소수 값을 가지는 실변수 또는 복소변수 함수라 하자. 방정식 $f(r)=0$을 만족시키는 실수나 복소수 r을 f의 **근**root 또는 **영점**zero이라 부른다. 예를 들어 함수

$$f(x)=6x^2-7x+2$$

샘플 예제

는 $\frac{1}{2}$과 $\frac{2}{3}$를 근으로 가진다. 이는 직접 대입해 보거나 f를 다음과 같이 인수분해된 형태로 써 봄으로써 확인할 수 있다.

$$f(x)=(2x-1)(3x-2)$$

또 다른 예로 함수

$$g(x)=\cos 3x-\cos 7x$$

는 명백히 근 $x=0$을 가질 뿐만 아니라, $\frac{\pi}{5}$와 $\frac{\pi}{2}$의 모든 정수배도 근으로 가진다. 이러한 결과는 다음과 같은 삼각함수의 합, 차 공식에서

$$\cos A - \cos B = 2\sin\left(\frac{A+B}{2}\right)\sin\left(\frac{B-A}{2}\right)$$

다음과 같이 $g(x)$를 변형할 수 있기 때문이다.

$$g(x) = 2\sin(5x)\sin(2x)$$

방정식의 근의 위치를 찾는 것이 왜 중요할까?

종종 어떤 과학적 문제에 대한 답은 그것이 몇몇 방정식을 만족한다는 사실 외에 정보가 거의 없는 '수'일 때가 많다. 모든 방정식은 한 변에는 함수의 형태가, 다른 한 변에는 0이 오도록 정리할 수 있으므로 구하려는 수는 그 함수의 근이어야 한다. 따라서 함수의 근을 찾는 다양한 방법들을 알아둔다면 그러한 문제들을 잘 해결할 수 있을 것이다.

문제의 답이 방정식의 근으로 나타나는 구체적인 공학 문제를 통해 이를 살펴보자. 어떤 전기회로에서 전압 V와 전류 I는 다음 두 관계식을 만족한다.

$$\begin{cases} I = a(e^{bV}-1) \\ c = dI + V \end{cases}$$

공학 문제

여기서 a, b, c, d는 상수이며, 이 상수값들은 알려져 있다고 하자. 이 방정식에서 I를 소거하여 합치면 그 결과는 다음의 식 하나로 도출된다.

$$c = ad(e^{bV}-1) + V$$

구체적인 사례에서 위 식은 다음과 같은 식이 될 수 있다.

$$12 = 14.3(e^{2V}-1) + V$$

이제 이러한 방정식을 풀어 V의 값을 구해야 한다(이 경우 $V \approx 0.299$로 구할 수 있다).

방정식의 근을 찾아야 하는 문제가 주어졌을 때 휴대용 계산기를 사용하여 필요한 계산을 수행할 수도 있을 것이다. 하지만 다음과 같은 복잡한 함수의 근은 어떻게 찾아야 할까?

$$\begin{aligned} f(x) &= 3.24x^8 - 2.42x^7 + 10.34x^6 + 11.01x^2 + 47.98 \\ g(x) &= 2^{x^2} - 10x + 1 \\ h(x) &= \cosh(\sqrt{x^2+1} - e^x) + \log|\sin x| \end{aligned}$$

추가 샘플 함수

이러한 문제를 해결하기 위해서는 각 함수들의 특성에 의존하지 않는 범용적인 수치해석 방법이 필요하다. 물론 연속성과 미분 가능성이 특수한 성질로 여겨질 수도 있지만, 대개 자주 다루는 함수들의 일반적 특성이기도 하다. 범용 코드에서 쉽게 이용할 수 없는 특별한 종류의 성질로는 앞서 언급한 삼각함수의 공식이 대표적이다.

함수의 근을 찾는 데 수백 가지 방법을 적용할 수 있지만 이 책에서 다룰 가장 유용한 세 가지 방법은 이분법 bisection method, 뉴턴법 Newton's method, 할선법 secant method이다.

함수 f가 어떤 구간에서 연속이며 구간의 양 끝점에서 서로 다른 부호의 함숫값을 가진다고 하자. 이를 달리 표현하면 $a < b$와 $f(a)f(b) < 0$이다. 그러면 f는 구간 (a, b)에서 근

을 가진다. 두 조건 $a < r < b$와 $f(r) = 0$을 만족하는 실수 r이 반드시 존재한다는 뜻이다. 어떻게 이런 결론에 도달했을까? 여기서 우리는 **사잇값(중간값) 정리**Intermediate-Value Theorem[1]를 떠올려야 한다. x가 구간 $[a, b]$에서 움직일 때, $f(x)$의 값들은 $f(a)$와 $f(b)$ 사이의 구간을 빠짐없이 채운다. 어떤 사잇값도 비어있는 채로 건너뛰는 일은 발생하지 않는다. 이런 상황에서 $f(a)$와 $f(b)$의 부호가 반대이기 때문에 함수 f는 구간 (a, b) 내 어딘가에서 반드시 0이 되어야 한다.

1 만일 함수 f가 폐구간 $[a, b]$에서 연속이고, $f(a) \le y \le f(b)$ 또는 $f(b) \le y \le f(a)$일 때, $a \le c \le b$이며 $f(c) = y$인 실수 c가 존재한다.

이분법 알고리즘

방법 설명

이분법bisection method은 앞서 설명한 연속함수의 이런 속성을 활용한 것이다. 이 알고리즘의 각 단계에서 구간 $[a, b]$와 $u = f(a)$, $v = f(b)$의 값이 주어진다. 이때 u와 v는 $uv < 0$을 만족한다. 다음으로 이 폐구간의 중점인 $c = \frac{1}{2}(a+b)$를 정하고, $w = f(c)$를 구한다. 우연하게도 $f(c) = 0$이라면 이 알고리즘의 목적은 달성한 셈이지만, 대개의 경우에는 $w \neq 0$이고 $wu < 0$이거나 $wv < 0$이다(왜 그럴까?). 만일 $wu < 0$이라면 f의 근이 구간 $[a, c]$ 사이에 존재함을 확신할 수 있을 것이다. 결과적으로 c의 값을 b에, w의 값을 v에 저장한다. 한편 $wu > 0$이라면 f의 근이 구간 $[a, c]$ 사이에 존재하는지의 여부를 알 수 없게 된다. 그러나 $wv < 0$이므로 $[c, b]$에 f의 근이 반드시 존재한다. 이때에는 c의 값을 a에, w의 값을 u에 저장한다. 둘 중 어느 경우이건 이제 마지막 상황은 최종적인 구간의 길이가 처음 구간의 길이의 절반이라는 점을 제외하고는 첫 시작 상황과 완전히 똑같다. 이러한 단계를 구간의 크기가 원하는 정도로 줄어들 때까지(예를 들면 $|b-a| < \frac{1}{2} \times 10^{-6}$) 반복할 수 있다. 이때 가장 합리적인 근의 추정치는 $\frac{a+b}{2}$가 될 것이다. 여기서 $[a, b]$는 프로시저의 마지막 구간이다.

유사코드

이제 앞서 설명한 프로시저를 구현하기 위한 유사코드를 만들어 보자. 우리는 다양한 부가 기능이 덧붙여진 고성능의 소프트웨어를 만들려는 게 아니라 일반적으로 사용할 수 있는 프로시저procedure 형태로 유사코드를 작성하려는 것이다. 이를 통해 어떻게 메인 프로그램과 하나 또는 그 이상의 프로시저들이 연결되는지를 살펴볼 수 있을 것이다.

일반적으로 임의로 주어진 함수의 근을 찾는 프로그램을 구현할 때는 불필요한 함수의 계산은 피하는 것이 좋다. 왜냐하면 그 함수를 계산할 때 컴퓨터 시간의 관점에서 많은 시간이 소요될 수 있기 때문이다. 따라서 나중에 필요할 수 있는 함숫값은 이후에 다시 계산하기보다는 저장해 놓아야 한다. 부주의하게 이분법을 프로그래밍하면 이러한 원칙을 어길 수 있다.

만들어질 프로시저는 임의의 함수 f에 대해 작동한다. 구간 $[a, b]$도 특정되며 실행할 단계의 횟수 $nmax$도 주어진다. 이분법 알고리즘의 $nmax$ 단계를 수행하는 유사코드는 다음과 같다.

Bisection 유사코드

```
procedure Bisection(f, a, b, nmax, ε)
integer n, nmax;   real a, b, c, fa, fb, fc, error
fa ← f(a)
fb ← f(b)
if sign(fa) = sign(fb) then
    output a, b, fa, fb
    output "function has same signs at a and b"
    return
end if
error ← b − a
for n = 0 to nmax
    error ← error/2
    c ← a + error
    fc ← f(c)
    output n, c, fc, error
    if |error| < ε then
        output "convergence"
        return
    end if
    if sign(fa) ≠ sign(fc) then
        b ← c
        fb ← fc
    else
        a ← c
        fa ← fc
    end if
end for
end procedure Bisection
```

여기에는 유사코드를 향상시키기 위한 변경 사항들이 많이 포함되어 있다. 예를 들면 기억하기 좋게 u, v, w라는 표기 대신 fa, fb, fc를 각각 사용하였다. 또한 구조화 프로그래밍 방법에 더하여 수렴 판정법과 같은 다른 대체 기법들도 제시하였다. 예를 들어 만일 u, v, w가 0에 아주 가까운 값이라면 uv나 wu에서 언더플로 현상이 발생할 수 있다. 마찬가지로 오버플로 현상 역시 발생할 수 있다. 이러한 어려움들을 피하기 위해 내장함수 *sign*을 활용한 테스트를 해볼 수 있다. $\text{sign}(u) \neq \text{sign}(v)$인지 아닌지를 판단하는 테스트가 그러한 테스트 중 하나이다. 위의 유사코드는 반복횟수가 $nmax$를 초과하거나 오차한계(이 절 후반부에서 논의됨)가 ε보다 작은 경우에 종료되도록 구현되어 있다. 독자들은 루틴의 각 단계를 꼼꼼히 따라가면서 의도한 대로 구현되었는지 확인해야 한다!

수치 예제

이제 이분법 유사코드가 어떻게 쓰이는지를 살펴보자. 다음과 같이 주어진 두 함수에 대하여 각각 주어진 구간에서 근을 찾는다고 가정하자.

함수 f와 g 각각의 근 찾기

$$f(x) = x^3 - 3x + 1 \qquad (\text{구간 } [0, 1] \text{에서})$$
$$g(x) = x^3 - 2\sin x \qquad (\text{구간 } [0.5, 2] \text{에서})$$

우선 $f(x)$와 $g(x)$의 함수값을 계산하기 위한 두 개의 프로시저 함수를 작성한다. 그 다음 초기 구간 및 메인 프로그램에서 이분법을 수행할 횟수를 입력한다. 지금은 주어진 함수가 다소 단순한 예이므로 이러한 정보는 프로그램으로 읽어오기보다는 메인 프로그램에서 직접적으로 할당하거나 서브프로그램[subprogram]에서 선언문[statement]을 통해 할당할 수 있다. 또한 사용하는 컴퓨터 언어에 따라 이분법 프로시저에서 사용한 매개변수 f가 수치적으로 표시되는 값을 가진 일반적인 변수가 아니라 메인 프로그램 외부에 정의한 함수 프로시저의 이름이라는 것을 컴파일러에 알려주는 외부 선언문 또는 인터페이스 선언문이 필요하다. 이 예제에는 2개의 함수 프로시저와 이분법 프로시저에 대한 2번의 호출이 존재한다.

메인 프로그램은 이러한 함수 각각에 대한 이분법 루틴을 호출하는 다음과 같은 과정을 따른다.

Test_Bisection 유사코드

```
program Test_Bisection
integer n, nmax ← 20
real a, b, ε ← ½10^−6
external function f, g
a ← 0.0
b ← 1.0
call Bisection (f, a, b, nmax, ε)
a ← 0.5
b ← 2.0
call Bisection (g, a, b, nmax, ε)
end program Test_Bisection

real function f(x)
real x
f ← x^3 − 3x + 1
end function f

real function g(x)
real x
g ← x^3 − 2 sin x
end function g
```

다음은 컴퓨터로 $f(x)$에 대하여 반복적으로 이분법을 시행했을 때 각 단계에서의 결과이다.[2]

2 (옮긴이) 다음 표는 함수 f에 대한 이분법 결과를 반복횟수(n), 각 반복횟수에서의 중점(c_n), 중점에서의 함숫값($f(c_n)$), 해당 반복횟수에서 멈출 경우 실제 근과의 최대 오차[error]로 표현한 것이다.

$f(x)$의 결과

n	c_n	$f(c_n)$	오차
0	0.5	-0.375	0.5
1	0.25	0.266	0.25
2	0.375	-7.23×10^{-2}	0.125
3	0.3125	9.30×10^{-2}	6.25×10^{-2}
4	0.34375	9.37×10^{-3}	3.125×10^{-2}
⋮			
19	0.347296 7	-9.54×10^{-7}	9.54×10^{-7}
20	0.347296 2	3.58×10^{-7}	4.77×10^{-7}

또한 $g(x)$에 대한 결과는 다음과 같다.

n	c_n	$g(c_n)$	오차
0	1.25	5.52×10^{-2}	0.75
1	0.875	-0.865	0.375
2	1.0625	-0.548	0.188
3	1.15625	-0285	9.38×10^{-2}
4	1.203125	-0.125	4.69×10^{-2}
⋮			
19	1.2361827	-4.88×10^{-6}	1.43×10^{-6}
20	1.2361834	-2.15×10^{-6}	7.15×10^{-7}

$g(x)$의 결과

이 결과들을 확인하기 위해 MATLAB이나 Mathematica, Maple과 같은 수학 소프트웨어의 정교한 프로시저를 사용하여 f와 g의 근을 구해보니, 각각 0.3472963553과 1.236183928이라는 값을 얻었다. f는 다항함수이므로 다항함수의 모든 근사적 해를 찾는 루틴routine을 사용할 수 있다. 하지만 다항함수가 아닌 더 복잡한 함수에 대해서는 모든 근을 찾는 체계적인 방법이 없는 경우가 일반적이다. 이러한 경우 루틴을 사용하여 (한 번에 하나의) 근을 찾을 수 있지만 탐색을 시작할 출발점을 지정해야 한다. 출발점이 다르면 도출되는 근이 같을 수도, 또는 다를 수도 있다. 특히 행동 패턴이 알려지지 않은 함수의 모든 근을 찾는 건 상당히 번거로운 일일 수 있다.

수학적 소프트웨어

수렴성 분석

이제 함수의 근을 찾는 이분법의 정확도에 대해 살펴보자. f가 구간 $[a_0, b_0]$의 양 끝에서 서로 다른 부호의 함숫값을 갖는 연속함수라고 가정하자. 그러면 $[a_0, b_0]$ 내에 한 근 r이 존재한다. 중점 $c_0=(a_0+b_0)/2$를 근 r의 근삿값으로 잡으면 [그림 3.1]에서 설명한 것처럼 다음과 같은 부등식을 얻을 수 있다.

$$|r-c_0|\le\frac{b_0-a_0}{2}$$

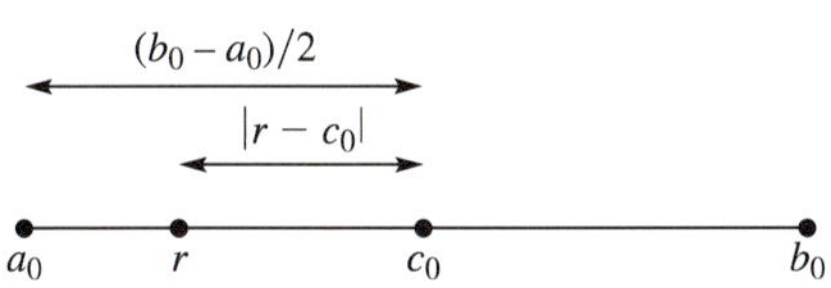

[그림 3.1] 이분법 : 오차 상한upper bound에 대한 설명

이분법 알고리즘을 적용하여 계산한 값들을 $a_0, b_0, c_0, a_1, b_1, c_1, \cdots$으로 표기하면 위와 같은 방법으로

$$|r-c_n|\le\frac{b_n-a_n}{2}\qquad(n\ge0)$$

을 얻을 수 있다. 각 단계마다 구간의 길이가 절반으로 줄어들기 때문에 최종적으로 다음과 같은 부등식을 얻을 수 있다.

$$|r - c_n| \le \frac{b_0 - a_0}{2^{n+1}} \tag{1}$$

오차한계

요약하면 다음과 같은 정리로 나타낼 수 있다.

> **정리 이분법 정리**
> 구간 $[a, b]$에서 $f(a)f(b) < 0$인 연속함수 f에 이분법 알고리즘을 적용하면, n단계 후에 얻어진 근사 근의 오차는 최대 $(b-a)/2^{n+1}$로 계산된다.

만약 허용오차가 미리 규정되어 있다면 이분법에서 반복해야 할 단계의 횟수를 결정할 수 있다. 다음의 조건

$$|r - c_n| < \varepsilon$$

을 만족하길 원한다면 n에 대한 다음의 부등식을 풀어야 한다.

$$\frac{b-a}{2^{n+1}} < \varepsilon$$

양변에 로그를 취하면(밑은 적절한 수로 선택함) 다음 결과를 얻는다.

$$n > \frac{\log(b-a) - \log(2\varepsilon)}{\log 2} \tag{2}$$

예제 1 **$a = 16$, $b = 17$인 경우 32비트 워드 길이 컴퓨터에서 f의 근을 최대 머신 정밀도의 단정밀도로 계산하기 위해 필요한 이분법 알고리즘의 반복 단계 횟수는 얼마인가?**

풀이

구하려는 근은 두 2진수 $a = (10000.0)_2$와 $b = (10001.0)_2$ 사이에 있다. 이로부터 우리는 2진법으로 표기한 근의 앞 다섯 자리를 이미 알 수 있다. 총 24비트만을 사용할 수 있으므로 남은 19비트를 결정해야 한다. 마지막 자릿수가 정확하기를 원하므로 (보수적으로 잡아) 오차가 2^{-19}이나 2^{-20} 미만이 되도록 해야 한다. 32비트 워드 길이 컴퓨터는 24비트의 가수를 가지므로 답이 2^{-20}의 정확도를 가질 것으로 예상한다. 위의 식에서 다음의 관계식이 성립하길 원한다.

$$(b-a)/2^{n+1} < \varepsilon$$

이때 $b - a = 1$이고 $\varepsilon = 2^{-20}$이므로 $1/2^{n+1} < 2^{-20}$이다. 역수를 취하면 $2^{n+1} > 2^{20}$, 즉 $n \ge 20$을 얻는다.

다른 방법으로 부등식 (2)를 이용할 수도 있다. 이 경우에는

$$n > \frac{\log 1 - \log 2^{-19}}{\log 2}$$

이다. 로그의 기본 성질($\log x^y = y \log x$)을 사용하면 $n \ge 20$임을 알 수 있다. 이 예제에서

알고리즘의 각 단계가 수행될 때마다 근의 2진법 자릿수가 추가적으로 하나씩 더 정확하게 결정된다.

수열 $\{x_n\}$에 대해서

$$|x_{n+1}-x| \le C\,|x_n-x| \qquad (n \ge 1) \tag{3}$$

선형 수렴성

를 만족하는 상수 C가 구간 $[0,1)$에 존재할 때, 수열 $\{x_n\}$은 극한값 x로 **선형적으로 수렴**linear convergence한다고 말한다. 만약 이 부등식이 모든 n에 대해서 성립하면

$$|x_{n+1}-x| \le C|x_n-x| \le C^2|x_{n-1}-x| \le \cdots \le C^n|x_1-x|$$

이다. 따라서 선형 수렴성에서 다음이 성립한다.

$$|x_{n+1}-x| \le AC^n \qquad (0 \le C < 1) \tag{4}$$

오차한계(선형 수렴성)

부등식 (1)에 의해 이분법으로 생성되는 수열은 부등식 (4)를 만족한다. 하지만 이 수열이 부등식 (3)을 만족할 필요는 없다.

이분법은 비선형 방정식 $f(x)=0$을 푸는 가장 쉬운 방법이다. 이 방법은 근이 존재하는 범위를 제한하고, 그 범위를 점차 줄이다가 결국 굉장히 좁은 범위를 만들어 근에 도달한다. 이분법은 각 단계에서 구간의 크기를 절반씩 줄이기 때문에 원하는 만큼의 정확도로 근을 찾는 데 시간이 얼마나 걸릴지를 정확히 예측할 수 있다. 이분법에서는 모든 추측이 이전 단계의 추측보다 근에 가깝다고 볼 수는 없다. 왜냐하면 이분법이 각 함수 자체의 고유한 성질을 사용하지 않기 때문이다. 종종 이분법은 다른 빠른 방법으로 전환하기 전에 근에 가깝게 접근하기 위한 용도로 사용한다(이분법을 통해 근을 찾는 방식은 자료 구조에서 배우는 **이진 검색**binary search과 동일한 아이디어를 사용한다).

가위치법

가위치법false position method은 이분법의 핵심적인 특징을 그대로 가지고 있다. 즉 점점 범위가 축소되고 있는 구간에 근이 잡혀있다는 것이다. 다만 가위치법에서는 각 구간의 중점을 택하기보다는 **할선**secant line이 x축과 만나는 점을 이용한다.

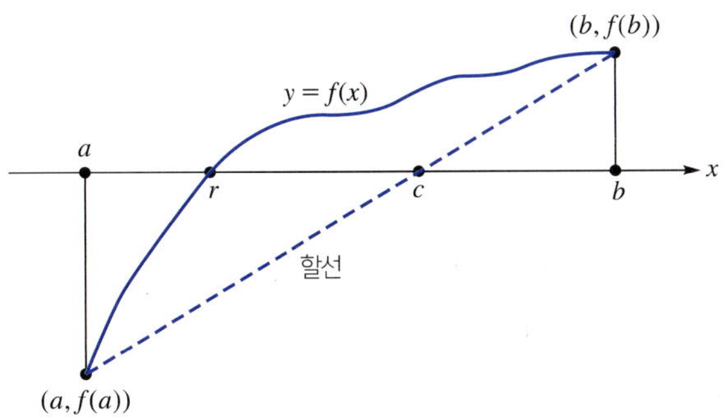

[그림 3.2] 가위치법

[그림 3.2]에서 구간 $[a,b]$를 가로지르는 할선은 점 $(a,f(a))$와 점 $(b,f(b))$를 양 끝점으로 갖는 현이다. 그림에서 두 직각삼각형은 서로 닮은꼴이므로 다음 관계식이 성립한다.

$$\frac{b-c}{f(b)}=\frac{c-a}{-f(a)}$$

이를 통해

$$c=b-f(b)\left[\frac{a-b}{f(a)-f(b)}\right]=a-f(a)\left[\frac{b-a}{f(b)-f(a)}\right]=\frac{af(b)-bf(a)}{f(b)-f(a)}$$

를 쉽게 얻을 수 있다. $f(c)$를 계산했을 때 $f(a)f(c)<0$이면 다음 단계의 구간으로 $[a,c]$를 잡고, $f(c)f(b)<0$이면 구간 $[c,b]$에서 다음 단계를 진행한다.

일반적인 경우 **가위치법**은 근을 포함한 구간 $[a_0,b_0]$에서 시작한다. 이때 $f(a_0)$과 $f(b_0)$은 서로 다른 부호를 가진다. 가위치법은 이분법과 거의 같은 방법으로 근을 포함한 구간 $[a_k,b_k]$를 사용한다. 하지만 가위치법은 주어진 구간의 중점을 찾는 대신에 $(a_k,f(a_k))$와 $(b_k,f(b_k))$를 잇는 할선의 x절편을 찾고, 이 점을 구간의 새로운 끝점으로 선택한다. k번째 단계에서 가위치법은 다음의 값을 계산한다.

가위치법에 대한 설명

$$c_k=\frac{a_kf(b_k)-b_kf(a_k)}{f(b_k)-f(a_k)}$$

만약 $f(a_k)$와 $f(b_k)$가 같은 부호를 가지면 $a_{k+1}=c_k$, $b_{k+1}=b_k$로 둔다. 그렇지 않은 경우에는 $a_{k+1}=a_k$, $b_{k+1}=c_k$로 둔다. 이러한 과정을 충분히 정확한 근을 구할 때까지 반복한다.

개선된 가위치법

어떤 함수의 경우에는 가위치법을 적용했을 때 반복적으로 동일한 끝점이 선택되는 상황이 발생하곤 한다. 이런 과정은 선형 수렴성을 저하시킬 수 있다. 이를 개선하기 위한 여러 접근법들이 있다. 예를 들어 **개선된 가위치법**modified false position method은 같은 끝점이 두 번 선택되면 다음 식을 사용한다.

개선된 가위치법에 대한 설명

$$c_k^{(m)}=\begin{cases}\dfrac{a_kf(b_k)-2b_kf(a_k)}{f(b_k)-2f(a_k)} & (\text{단, } f(a_k)f(b_k)<0)\\[2ex] \dfrac{2a_kf(b_k)-b_kf(a_k)}{2f(b_k)-f(a_k)} & (\text{단, } f(a_k)f(b_k)>0)\end{cases}$$

개선된 가위치법은 보통의 가위치법처럼 근과 같은 편에 있는 점들을 선택하기보다는 직선의 기울기를 변화시켜서 직선을 근에 더 가깝게 접근시킨다. 다음의 [그림 3.3]을 보자.

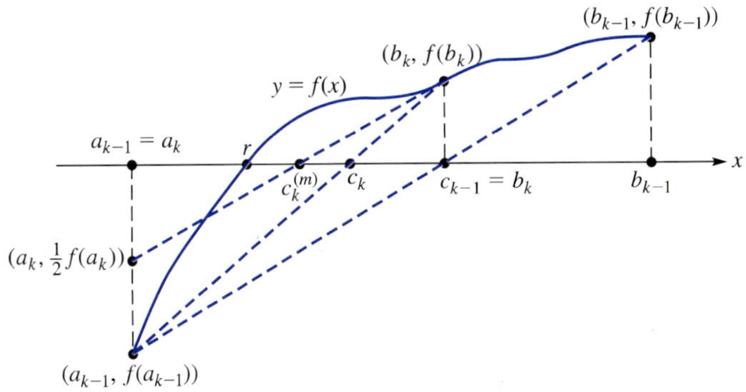

[그림 3.3] 개선된 가위치법

이분법은 새로운 각 구간 $[a, b]$에 대해서 $f(a)f(b) < 0$이라는 정보만을 이용하지만, 가위치법은 $f(a)$와 $f(b)$의 값을 이용한다. 이는 하나의 알고리즘에 정보를 추가하여 더 나은 알고리즘을 만드는 방법을 보여주는 한 예다. 다음 절에서 배우는 뉴턴법에서는 함수뿐만 아니라 그 함수의 1계 도함수까지 이용한다.

개선된 가위치법의 몇몇 변형한 방법들은 초선형 수렴성superlinear convergence을 가진다. 이는 3.3절에서 다룰 것이다. 또 다른 개선된 가위치법은 가위치법을 적용하여 얻어낸 반복값이 이전 반복값과 근을 기준으로 반대쪽에 위치할 때까지 기울기가 더 작은 직선으로 할선을 대체한다. 개선된 가위치법의 초기 버전들은 중국(기원전 200년~서기 100년)과 인도(기원전 3년)의 수학 문헌까지 거슬러 올라간다.

3.1 요약

- 구간 $[a, b]$에서 주어진 연속함수 f의 근 r을 찾기 위해 이분법의 n번째 단계에서는 구하고자 하는 함수의 근을 포함하는 구간 수열 $[a, b] = [a_0, b_0], [a_1, b_1], [a_2, b_2], \cdots, [a_n, b_n]$을 생성한다. 각 구간의 중점들 $c_0, c_1, c_2, \cdots, c_n$은 근에 대한 근삿값의 수열을 이룬다. 단, $c_i = \frac{1}{2}(a_i + b_i)$이다. 각 구간 $[a_i, b_i]$에서 오차 $e_i = r - c_i$는 다음 부등식을 만족한다.

$$|e_i| \le \frac{1}{2}(b_i - a_i)$$

n단계를 반복하면 다음과 같은 부등식을 얻는다.

$$|e_n| \le \frac{1}{2^{n+1}}(b_0 - a_0)$$

- $|e_n| < \varepsilon$을 만족하는 허용오차 ε에 대하여 필요한 단계의 수 n은 다음 부등식에서 얻을 수 있다.

$$n > \frac{\log(b-a) - \log 2\varepsilon}{\log 2}$$

- 구간 $[a_k, b_k]$에서 **가위치법**의 k번째 단계에서의 c_k를 다음과 같이 정한다.

$$c_k = \frac{a_k f(b_k) - b_k f(a_k)}{f(b_k) - f(a_k)}$$

$f(a_k)f(c_k) > 0$이면 $a_{k+1} = c_k$, $b_{k+1} = b_k$로 두고 그렇지 않은 경우에는 $a_{k+1} = a_k$, $b_{k+1} = c_k$로 둔다.

3.1 연습문제

01 $e^x - 3x = 0$의 근을 찾아서 두 그래프 $y = 3x$와 $y = e^x$의 교점을 구하라. 이때 소수점 아래 넷째 자리까지 정확하게 구하라.

02 방정식 $\tan x = x$가 무한히 많은 근을 가짐을 그래프를 이용하여 설명하라. 수많은 근 중에서 한 개의 근을 정확히 구하고, 다른 하나의 근의 근삿값을 그래프를 활용하여 구하라.

힌트 : 앞 문제와 같은 접근 방법을 사용한다.

03 방정식 $50\pi + \sin x = 100 \arctan x$가 무한히 많은 근을 가짐을 그래프를 활용하여 설명하라.

04 비선형 방정식 $\ln(x+1) + \tan(2x) = 0$의 모든 근에 대한 근삿값을 그래프를 활용하여 구하라.

05 이분법이 선형적으로 수렴하지 않는 함수의 예를 하나 들어라.

06 불연속 함수이지만 이분법이 수렴하는 함수의 그래프를 그려라. 또한 불연속 함수이면서 이분법이 발산하는 함수의 그래프도 그려라.

07 부등식 (1)을 증명하라.

08 만일 $a = 0.1, b = 1.0$일 때 근의 근삿값을 최대 $\frac{1}{2} \times 10^{-8}$ 이내의 오차로 찾기 위해서는 얼마나 많은 이분법 단계가 필요한가?

09 $f(x) = \cos x - \cos 3x$의 모든 근을 찾아라. 서로 다른 두 가지 방법을 사용하라.

10 $\ln \frac{(1+x)}{(1-x^2)} = 0$의 모든 근을 찾아라.

11 만일 f가 역함수를 가진다면 방정식 $f(x) = 0$의 해를 단순하게 $x = f^{-1}(0)$으로 표현할 수 있다. 이러한 관점이 방정식의 근을 찾는 문제를 모두 해결해 주는가? 방정식 $\sin x = \frac{1}{\pi}$을 예로 들어 이를 설명하라.

12 이분법의 각 단계마다 정확한 2진수 자리의 숫자를 얼마나 더 얻을 수 있는가? 또 정확한 10진수 자리의 숫자를 하나 더 얻기 위해서는 이분법 몇 단계가 더 필요한가?

13 확실하게 상대오차 ε 이내로 근을 찾기 위한 이분법의 중단 조건을 생각하라.

14 이분법에서 생성한 일련의 구간들을 $[a_0, b_0], [a_1, b_1], [a_2, b_2], \cdots$와 같이 표기하고, 다음이 성립함을 보여라.

(a) $a_0 \le a_1 \le a_2 \le \cdots$, $b_0 \ge b_1 \ge b_2 \ge \cdots$

(b) $b_n - a_n = 2^{-n}(b_0 - a_0)$

(c) 모든 n에 대하여 $a_n b_n + a_{n-1} b_{n-1} = a_{n-1} b_n + a_n b_{n-1}$이다.

15 $a_0 = a_1 = a_2 = \cdots$이 가능한가?

16 $c_n = \frac{(a_n + b_n)}{2}$로 놓고 다음 식이 성립함을 보여라.

$$\lim_{n \to \infty} c_n = \lim_{n \to \infty} a_n = \lim_{n \to \infty} b_n$$

17 이분법에서 처음 시작 구간을 $[a_0, b_0]$이라 하자. 이분법을 10단계 시행한 후 다음이 성립함을 보여라. 또한 근의 근삿값이 소수점 아래 6자리(반올림)까지 정확하기 위해 필요한 반복 단계의 횟수를 찾아라.

$$\left| \frac{1}{2}(a_{10} + b_{10}) - \frac{1}{2}(a_9 + b_9) \right| = 2^{-11}(b_0 - a_0)$$

18 (**참/거짓 문제**) 만약 이분법으로 구간 $[a_0, b_0], [a_1, b_1], \cdots$이 생성될 때 계산하려는 근 r에 대해 다음 중 어떤 부등식이 참인가? 각 부등식에 대하여 증명을 하거나 반례를 들어라.

(a) $|r - a_n| \le 2|r - b_n|$

(b) $|r - a_n| \le 2^{-n-1}(b_0 - a_0)$

(c) $\left| r - \frac{1}{2}(a_n + b_n) \right| \le 2^{-n-2}(b_0 - a_0)$

(d) $0 \le r - a_n \le 2^{-n}(b_0 - a_0)$

(e) $|r - b_n| \le 2^{-n-1}(b_0 - a_0)$

19 (**참/거짓 문제**) 본문의 표기법을 따를 때 다음 주장들이 일반적으로 참인지 거짓인지 구하라.

(a) $|r - c_n| < |r - c_{n-1}|$

(b) $a_n \le r \le c_n$

(c) $c_n \le r \le b_n$

(d) $|r - a_n| \le 2^{-n}$

(e) $|r - b_n| \le 2^{-n}(b_0 - a_0)$

20 $|c_n - c_{n+1}| = 2^{-n-2}(b_0 - a_0)$을 증명하라.

21 만일 이분법의 처음 시작 구간이 $[a, a+1]$이고 $a = 2^m$(단, $n \ge 24 - m$)일 때, 32비트 워드 길이의 컴퓨터에서 최대 머신 정밀도로 근을 계산하기 위해 필요한 최적의 반복 단계의 횟수는 얼마인가?

22 만일 이분법의 처음 시작 구간이 $[2^m, 2^{m+1}]$일 때(단, m은 음 또는 양의 정수) 32비트 워드 길이 컴퓨터에서 최대 머신 정밀도로 근을 계산하기 위해서는 얼마나 많은 단계가 실행되는가?

23 모든 n차 다항식은 복소평면에서 n개의 근(중근 포함)을 가진다. 모든 n차 실계수 다항식은 n개의 실근을 가지는가? 모든 무한 차수의 다항식 $f(x)=\sum_{n=0}^{\infty} a_n x^n$은 무한개의 근을 가지는가?

3.1 컴퓨터 연습문제

01 이분법을 사용하여 두 곡선 $y=x^3-2x+1$과 $y=x^2$의 교점을 구하라.

02 이분법을 사용하여 구간 $[0,1]$에서 다음 방정식의 근을 찾아라.

$$9x^4+18x^3+38x^2-57x+14=0$$

03 이분법을 사용하여 구간 $[4,5]$에서 방정식 $\tan x = x$의 근을 찾아라. 구간 $[1,2]$에서는 어떤 일이 일어나는가?

04 이분법을 사용하여 구간 $[-1,1]$에서 방정식 $6(e^x-x)=6+3x^2+2x^3$의 근을 찾아라.

05 이분법을 사용하여 이 장의 도입부에서 다루었던 방정식 $\lambda\cosh(50/\lambda)=\lambda+10$의 근을 찾아라.

06 이분법을 재귀 프로시저recursive procedure로 프로그래밍하고 이를 본문에 있는 한두 개의 예제들에 테스트하라.

07 이분법을 활용하여 다음 함수들의 근을 각각 주어진 구간 안에서 찾아라(단, 한 번의 코드 실행으로 세 함수의 근을 모두 찾도록 프로그램하라). 각각의 근을 최대 머신 정밀도로 찾아라. 최소한 대략적으로라도 필요한 횟수만큼의 단계를 반복하라. 가위치법을 사용하여 전체 과정을 반복하라.

$$\begin{cases} f(x)=x^3+3x-1 & ([0,1]\text{에서}) \\ g(x)=x^3-2\sin x & ([0.5,2]\text{에서}) \\ h(x)=x+10-x\cosh(50/x) & ([120,130]\text{에서}) \end{cases}$$

08 $a=1, b=2$일 때 $f(x)=x^3+2x^2+10x-20$에 대하여 3회의 이분법 루틴을 테스트하라. 근은 1.368808108이다. 이 다항함수를 프로그래밍할 때 축소곱셈법을 사용하라. 수정된 가위치법을 사용하여 전체 과정을 반복하라.

09 다음과 같은 방식으로 함수 f의 근을 찾는 프로그램을 작성하라. 각 단계마다 구간 $[a,b]$가 주어지고 $f(a)f(b)<0$을 만족한다. 이때 a와 b에서 f의 함숫값과 일치하는 일차함수의 근으로 c가 계산된다.[3] $f(a)f(c)<0$ 또는 $f(c)f(b)<0$ 중 어느 것이 성립하는지에 따라 새로운 구간을 $[a,c]$ 또는 $[c,b]$로 정한다. 몇몇 함수에 대하여 작성한 프로그램을 테스트하라.

10 각자의 프로그램 라이브러리에서 다항함수를 풀기 위한 루틴 하나를 선택하여 다음 방정식의 근을 찾아라. 다음 방정식의 정확한 근은 정수 $1,2,\cdots,8$이다. 그 후 방정식의 x^7항의 계수만 -37로 바뀐 방정식을 풀어라. 계수의 작은 변동이 근에 큰 변화를 일으키는 현상을 관찰해보라. 따라서 이 방정식의 근은 계수에 관한 **불안정한**unstable 함수이다(프로그램을 짤 때 복소수 근을 허용해야 한다는 점을 꼭 유념하라).

$$x^8-36x^7+546x^6-4536x^5+22449x^4-67284x^3 \\ +118124x^2-109584x+40320=0$$

수학사적 참고사항 : 이 문제는 **윌킨슨 다항식**Wilkinson's polynomial을 단순화한 버전으로 [컴퓨터 연습문제 3.3.9]에서도 이를 다룬다.

11 **원형 금속 샤프트**cireular metal shaft는 동력을 전달하는 데 사용된다. 특정한 임계 각속도 w에서는 회전 중에 샤프트가 조금만 흔들려도 샤프트에 변형이나 비틀림이 발생한다는 것이 알려져 있다. 그러면 원심력이 증가하여 샤프트가 부서질 수 있기 때문에 위험하다. 이 임계 각속도 w를 찾기 위해서는 우선 다음 방정식을 만족하는 x를 계산해야 한다. 다음 방정식의 근 x가 w를 구하는 공식에 쓰인다. x를 찾아라(단, $x>0$).

$$\tan x+\tanh x=0$$

12 MATLAB, Mathematica, Maple과 같은 수학 소프트웨어 시스템에 내장된 루틴을 활용하여 구간 $[0,1]$에서 $f(x)=x^3-3x+1$과 구간 $[0.5,2]$에서 $g(x)=x^3-\sin x$의 근을 본문에서 제시한 정확도보다 더 높은 정확도의 자릿수로 구하라.

3 (옮긴이) 점 $(a, f(a))$와 $(b, f(b))$를 잇는 할선의 x절편을 c로 정하겠다는 의미이다.

13 (**공학 문제**) 비선형 방정식은 공학의 거의 모든 분야에서 등장한다. 예를 들어 주어진 과제가 $f(x)=0$의 꼴로 표현되고 이 조건을 만족하는 x를 찾는 것이 목적이라고 가정하자. 때로는 실제 해를 구하는 게 어렵기 때문에 수학 소프트웨어의 도움을 받아 근사적인 해를 찾는다. 다음 함수의 해를 찾고 x의 범위 $[-3.5, 3.5]$와 $y=f(x)$의 범위 $[-0.5, 0.5]$에서 이 함수의 그래프를 그려라.

$$f(x)=\frac{1}{\sqrt{2\pi}}e^{(-1/2)x^2}+\frac{1}{10}\sin(\pi x)$$

14 (**회로 문제**) 저항 R과 전기용량이 C인 축전기가 전압 V의 전지에 직렬로 연결되어 있는 단순한 회로에서 $Q=CV[1-e^{-T/(RC)}]$가 성립한다. 여기서 Q는 축전기에 저장된 전하량, T는 전하량을 얻는 데 걸리는 시간이다. 이 방정식을 미지수 C에 대하여 풀고자 한다. 예를 들어 다음 예제를 풀어라. 그런 후 곡선의 그래프를 그려라.

$$f(x)=[10x(1-e^{-0.004/(2000x)})-0.00001]$$

힌트 : 원한다면 $y=10^5 f(x)$을 사용하여 y축을 확대하여 그려볼 수 있다.

15 (**공학 다항식**) 공학 문제에서는 다음과 같은 형태의 방정식이 등장한다. 수학 소프트웨어를 활용하여 다음 방정식의 하나 또는 그 이상의 근을 찾고 그 그래프를 그려라.

$$A+Bx^2e^{Cx}=0$$
$$A+Bx+Cx^2+Dx^3+Ex^4=0$$

(a) $2-x^2e^{-0.385x}=0$

(b) $1-32x+160x^2-256x^3+128x^4=0$

16 (**강화 콘크리트**) 압력에 관련한 강화 콘크리트 설계에서 다음과 같은 이차방정식을 풀어야 한다고 하자. 이 방정식의 근의 근삿값을 구하라.

$$2414707.2x[450-0.822x(225)]-265000000=0$$

17 (**복도를 가로지르는 보드**) 어떤 건물에서 다음 그림과 같이 폭이 각각 $w_1=9$피트이고, $w_2=7$피트인 두 교차하는 복도가 각 $\alpha=125°$로 만나고 있다. 이차원 상황이라 가정하였을 때 이 복도를 돌아 지나갈 수 있는 가장 긴 보드의 길이는 얼마인가? 보드의 두께는 무시하라. 각 θ와 보드의 길이 $\ell=\ell_1+\ell_2$ 사이에는 $\ell_1=w_1\csc(\beta)$, $\ell_2=w_2\csc(\gamma)$, $\beta=\pi-\alpha-\gamma$, $\ell=w_1\csc(\pi-\alpha-\gamma)+w_2\csc(\gamma)$의 관계가 있다. 복도를 돌아 지나갈 수 있는 보드의 최대 길이는 ℓ을 γ의 함수로 보았을 때 ℓ의 최솟값이다. 미분한 후 $d\ell/d\gamma=0$으로 놓으면 다음 방정식을 얻을 수 있다. 문제에 주어진 값을 대입하여 이 비선형 방정식을 수치적으로 풀어라.

$$w_1\cot(\pi-\alpha-\gamma)\csc(\pi-\alpha-\gamma)-w_2\cot(\gamma)\csc(\gamma)=0$$

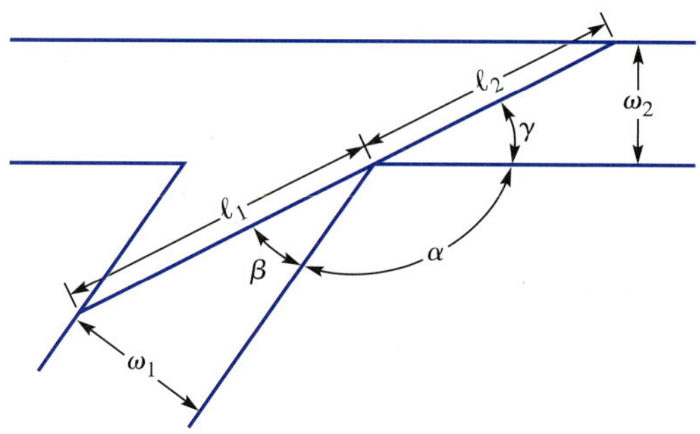

18 $0\le x\le\pi/2$일 때 $(0,0), (x,0), (x,\cos x), (0,\cos x)$의 네 꼭짓점을 가지는 직사각형의 최대 면적을 구하라.

19 가위치법을 프로그래밍하고 본문 또는 컴퓨터 예제의 비선형 방정식 예제들과 같은 몇몇 예제에 테스트하라. 그리고 그 결과를 이분법으로 얻어낸 결과와 비교하라.

20 개선된 가위치법을 프로그램하고 몇몇 샘플 함수들에 대하여 테스트하라. 그리고 그 결과를 가위치법의 결과와 비교하라.

3.2 뉴턴법

뉴턴법(Newton's Method)이라 알려져 있는 프로시저는 **뉴턴-랩슨 반복법**(Newton-Raphson iteration)이라고도 불린다. 이 방법은 이 책에 제시한 형태보다는 더 일반적인 형태를 가지며, 그 일반적인 형태는 연립방정식의 해를 찾는 데 사용될 수 있다. 실제로 뉴턴법은 수치해석 분야에서 상당히 중요한 방법 중 하나로 미분방정식 및 적분방정식까지도 확장하여 적용할 수 있다. 여기서는 뉴턴법을 $f(x)=0$과 같은 형태의 단일 방정식에 적용할 것이다. 이전과 마찬가지로 함수 f의 값이 0이 되는 하나 또는 그 이상의 점을 찾아보자.

뉴턴법에 대한 해석

접선 접근법

뉴턴법에서는 우선 함수 f가 미분 가능하다고 가정한다. 이는 함수 f의 그래프가 각 점에서 명확한 기울기를 가진다는 뜻으로, 유일한 **접선**을 가진다는 것이다. 이제 다음과 같은 간단한 아이디어를 따라가 보자. f의 그래프 위의 한 점 $(x_0, f(x_0))$에 접선이 존재하면 이 접선은 접점 근처의 함수의 곡선에 대한 꽤 좋은 근사가 된다. 해석적으로 풀이하자면 이는 x_0 근방에서 다음과 같은 선형함수가 주어진 함수 f에 가깝다는 뜻이다.

$$\ell(x) = f'(x_0)(x - x_0) + f(x_0)$$

x_0에서 두 함수 ℓ과 f의 값은 일치한다. 따라서 f의 근에 대한 근사로 ℓ의 근을 택한다. ℓ의 근은 다음과 같이 쉽게 찾을 수 있다.

$$x_1 = x_0 - \frac{f(x_0)}{f'(x_0)}$$

따라서 (찾으려는 근의 근삿값으로 해석될 수 있는) 점 x_0에서 시작하여 위 공식에서 새로운 점 x_1을 얻어낼 수 있다. 자연스럽게 이 과정을 반복하여 다음과 같은 순서대로 점들을 구할 수 있다.

$$x_2 = x_1 - \frac{f(x_1)}{f'(x_1)}, \quad x_3 = x_2 - \frac{f(x_2)}{f'(x_2)}, \quad \cdots$$

적절한 조건에서 이러한 점들의 수열은 f의 근으로 수렴한다.

기하학적 접근

[그림 3.4]에 뉴턴법이 기하학적으로 표현되어 있다. 직선 $y = \ell(x)$는 x_0에서 곡선 $y = f(x)$의 접선이다. 이 $\ell(x)$의 기울기는 $f'(x_0)$이며 이 접선은 x축과 x_1에서 만난다.

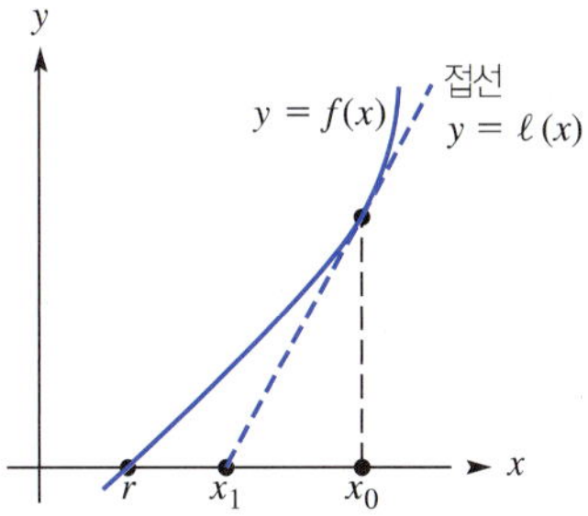

[그림 3.4] 뉴턴법

테일러 급수 접근법

뉴턴법을 다른 방식으로 해석해 볼 수도 있다. 다시 한번 x_0를 f의 근에 대한 초기 근삿값이라고 가정해 보자. 그러면 다음과 같이 질문해 볼 수 있다.

> 근을 정확히 얻기 위해서는 초기 근삿값 x_0에 얼마만큼의 보정 h가 더해져야 할까?

명백하게 우리가 원하는 바는 다음 식이 성립하는 것이다.

$$f(x_0+h)=0$$

만일 f가 충분히 다루기 쉬운 함수라면 x_0에서 테일러 급수가 존재할 것이다(1.2절의 식 (11) 참조). 따라서 다음과 같이 쓸 수 있다.

$$f(x_0)+hf'(x_0)+\frac{h^2}{2}f''(x_0)+\cdots=0$$

물론 위 식에서 h를 결정하는 것은 쉽지 않다. 그러므로 단번에 진짜 근에 도달할 수 있다는 기대는 포기하고 h에 대한 근삿값만 구해 보자.

위 급수에서 첫 두 항만 제외하고 모두 무시해 버리면 h의 근삿값을 얻을 수 있다.

$$f(x_0)+hf'(x_0)=0$$

위 식을 만족하는 h는 $f(x_0+h)=0$을 만족시키지는 않지만 다음과 같이 쉽게 계산할 수 있는 값이다.

$$h=-\frac{f(x_0)}{f'(x_0)}$$

따라서 우리의 새로운 근삿값은 다음과 같다.

$$x_1=x_0+h=x_0-\frac{f(x_0)}{f'(x_0)}$$

이러한 과정을 계속 반복할 수 있다. 돌이켜 생각해 보면 위 논의에서 테일러 급수의 첫 두 항만을 사용하였기 때문에 결국 테일러 급수가 반드시 필요한 것은 아니었다. 하지만 앞으로의 분석에서 f''이 근 근처에서 연속이라고 가정한다. 이러한 가정은 위 과정에서 발생하는 오차를 추정할 수 있게 해준다.

뉴턴법을 수열 $x_0, x_1, \ldots$의 형태로 쓴다면 다음과 같이 **재귀적인** 또는 **귀납적인** 정의가 성립한다.

뉴턴법 공식

$$x_{n+1}=x_n-\frac{f(x_n)}{f'(x_n)}$$

이제 자연스럽게 다음이 성립하는가 하는 흥미로운 질문이 떠오를 것이다.

$$\lim_{n\to\infty}x_n=r$$

여기서 r은 찾고자 하는 f의 근이다.

예제 1 만일 $f(x)=x^3-x+1$, $x_0=1$이면 뉴턴 반복법에서 x_1과 x_2의 값은 무엇인가?

풀이

기본 공식에서 $x_1=x_0-f(x_0)/f'(x_0)$이다. $f'(x)=3x^2-1$이므로 $f'(1)=2$이다. 또한 $f(1)=1$이므로 $x_1=1-\frac{1}{2}=\frac{1}{2}$이다. 마찬가지로 $f\left(\frac{1}{2}\right)=\frac{5}{8}$, $f'\left(\frac{1}{2}\right)=-\frac{1}{4}$이므로 $x_2=3$이다.

유사코드

뉴턴법에 대한 유사코드 프로시저는 다음과 같이 작성될 수 있다.

Newton 유사코드

```
procedure Newton(f, f', x, nmax, ε, δ)
integer n, nmax;    real x, fx, fp, ε, δ
external function f, f'
fx ← f(x)
output 0, x, fx
for n = 1 to nmax
    fp ← f'(x)
    if |fp| < δ then
        output "small derivative"
        return
    end if
    d ← fx/fp
    x ← x − d
    fx ← f(x)
    output n, x, fx
    if |d| < ε then
        output "convergence"
        return
    end if
end for
end procedure Newton
```

x의 초깃값을 시작점으로 사용하여 뉴턴법을 최대 $nmax$회 반복 수행한다. 프로시저들이 두 외부함수 $f(x)$와 $f'(x)$에 대하여 반드시 적용되어야 한다. 매개변수 ε, δ는 수렴성을 조절하기 위해 사용되었는데 이 변수들은 원하는 근의 정확도 또는 사용하는 컴퓨터의 정밀도와 관련 있다.

예시

이제 $x^3+x=2x^2+3$의 근의 위치를 찾아봄으로써 뉴턴법을 설명하려 한다. 뉴턴법을 함수 $f(x)=x^3-2x^2+x-3$에 적용하는데 그 시작점은 $x_0=3$이다. 물론 $f'(x)=3x^2-4x+1$이다. 계산을 효율적으로 하기 위해 $f(x)$와 $f'(x)$를 축소곱셈법의 형태로 표현한다.

샘플 문제

$$f(x)=((x-2)x+1)x-3$$
$$f'(x)=(3x-4)x+1$$

뉴턴법의 빠른 수렴성을 좀 더 자세히 살펴보기 위해 프로그램에서 흔히 사용하는 정밀도의 두 배로 연산을 진행하였으며, 그 결과는 다음과 같다.

n	x_n	$f(x_n)$
0	3.0	9.0
1	2.4375	2.04
2	2.2130327224731445	2.56×10^{-1}
3	2.1755549386143684	6.46×10^{-3}
4	2.1745601006550714	4.48×10^{-6}
5	2.1745594102932841	1.97×10^{-12}

컴퓨터의 최대 정밀도에 도달할 때까지 x에서 $f(x)$의 정확도가 두 배가 되었음에 주목하자. [그림 3.5]는 이 예제에 대하여 뉴턴법을 세 번 반복한 컴퓨터 도표를 보여주고 있다.

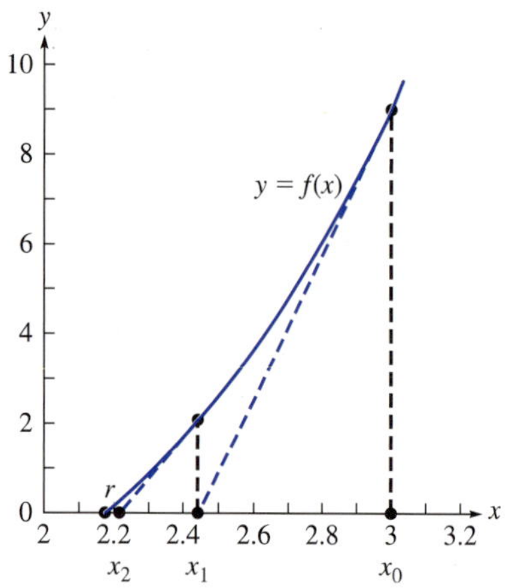

[그림 3.5] $f(x) = x^3 - 2x^2 + x - 3$에 대한 뉴턴법의 세 단계

MATLAB, Maple, Mathematica와 같이 복소수 근까지 찾아주는 수학 소프트웨어를 활용하면, 이 다항함수가 하나의 실근 2.17456과 두 개의 켤레복소수 근 $-0.0872797 \pm 1.17131i$을 가짐을 알 수 있다. 수학 소프트웨어

수렴성 분석

뉴턴법을 시도해본 사람이라면 (예를 들어 이 절의 예제를 뉴턴법으로 풀어봤다면) 일련의 결과값들이 근으로 수렴하는 속도가 놀라울 정도로 빠르다는 점을 느낄 수 있었을 것이다. 이러한 현상은 바로 앞의 예제에서도 눈에 띄는 특징이었다. 대개 답의 정확한 숫자의 수가 매 단계마다 거의 두 배가 되고 있다! 실제로 바로 앞의 예제에서는 각 뉴턴 반복법에서 처음에는 0, 그 다음엔 1, 1, 3, 5, 12, ⋯ 개의 정확한 숫자가 있다. 대체로 근을 구할 때 다섯 번이나 여섯 번 정도만 뉴턴법을 반복 시행하면 최대 머신 정밀도가 충족된다. 이러한 극적인 성과에 대해서는 이론적인 근거가 존재한다. 이제 이를 살펴보자.

근을 찾으려는 함수 f가 각각 연속인 도함수 f'과 2계 도함수 f''을 갖는다고 하고, f의 근을 r이라 하자. 또한 r이 **단일근**simple zero, 즉 $f'(r) \neq 0$이라고 가정하자. 이때 r과 충분히 가까운 위치에서 시작한 뉴턴법은 r에 **이차적으로 수렴한다**. 이는 각 반복 단계에서의 오차가 다음 형태의 부등식을 만족한다는 뜻이다.

$$|r-x_{n+1}| \leq c|r-x_n|^2$$

오차한계의 이차 수렴성

곧 이 사실을 입증해 보이겠지만 그 전에 위 부등식의 의미를 간단히 살펴보는 것이 도움이 될 것이다.

편의상 $c=1$이라 가정하자. 또한 x_n이 근 r의 근삿값으로 실제 근과의 오차가 기껏해야 소수점 아래 k번째 자리에서 한 단위 정도 난다고 가정하자. 이는 다음의 식이 성립한다는 의미이다.

$$|r-x_n| \leq 10^{-k}$$

비공식적인 해석

위의 두 부등식을 종합하면 다음과 같다.

$$|r-x_{n+1}| \leq 10^{-2k}$$

다른 말로 하자면 x_{n+1}과 실제 근 r 간의 오차가 소수점 아래 $(2k)$번째 자리에서 기껏해야 한 단위 정도 난다고 볼 수 있다. 따라서 x_{n+1}은 x_n에 비해 정확한 숫자가 2배 정도 더 많다! 이것이 앞서 언급한 근삿값의 유효숫자가 두 배가 된다는 말의 의미이다.

정리 뉴턴법 정리

만일 f, f', f''이 f의 근 r 근처에서 연속이고 $f'(r) \neq 0$이면, 다음 성질을 만족하는 양수 δ가 존재한다.

뉴턴법의 시작점 x_0가 $|r-x_0| \leq \delta$를 만족하면 이후 차례로 얻어지는 점 x_n도 동일한 부등식을 만족하며, r로 이차적으로 수렴한다. 즉 다음이 성립한다.

$$|r-x_{n+1}| \leq c(\delta)|r-x_n|^2$$

여기서 $c(\delta)$는 식 (2)에 의해 주어진다.

증명

뉴턴법의 이차적 수렴성을 증명하기 위해 $e_n = r - x_n$이라 놓자. 수열 $\{x_n\}$을 정의하는 식에서 다음을 얻는다.

$$e_{n+1} = r - x_{n+1} = r - x_n + \frac{f(x_n)}{f'(x_n)} = e_n + \frac{f(x_n)}{f'(x_n)}$$
$$= \frac{e_n f'(x_n) + f(x_n)}{f'(x_n)}$$

테일러 정리(1.2절 참조)에 의해 x_n과 r 사이에 다음 식을 만족하는 점 ξ_n이 존재한다(여기서 ξ_n의 아래첨자 n은 ξ_n이 x_n에 의존하는 값임을 강조하기 위한 것이다).

$$0 = f(r) = f(x_n + e_n) = f(x_n) + e_n f'(x_n) + \frac{1}{2}e_n^2 f''(\xi_n)$$

이 식을 정리하면

$$e_n f'(x_n) + f(x_n) = -\frac{1}{2}e_n^2 f''(\xi_n)$$

이다. 이 식을 앞서 본 e_{n+1}에 대한 방정식에 사용하면 그 결과는 다음과 같다.

$$e_{n+1} = -\frac{1}{2}\left(\frac{f''(\xi_n)}{f'(x_n)}\right)e_n^2 \quad (1)$$

오차 벡터 점화식

이 식은 적어도 정성적으로는 우리가 원하던 수식의 형태이다. 분석을 좀 더 진행하기 위해 다음과 같은 함수를 정의하자.

$$c(\delta) = \frac{1}{2}\frac{\max_{|x-r|\le\delta}|f''(x)|}{\min_{|x-r|\le\delta}|f'(x)|} \quad (\delta > 0) \quad (2)$$

$c(\delta)$의 정의에 의해 근 r에서 δ의 거리 내에 있는 임의의 점 x, ξ에 대하여 부등식 $\frac{1}{2}|f''(\xi)/f'(x)| \le c(\delta)$이 성립함을 주장할 수 있다. 이제 $\delta c(\delta) < 1$이 성립하도록 충분히 작은 δ를 선택한다. 이러한 δ를 선택할 수 있는 이유는 δ가 0으로 접근할 때 $c(\delta)$가 $\frac{1}{2}|f''(r)/f'(r)|$로 수렴하므로 $\delta c(\delta)$는 0으로 수렴하기 때문이다. 여기서 우리가 $f'(r) \ne 0$이라고 가정했음을 상기하자. $\rho = \delta c(\delta)$라 놓고, 이어질 논의에서는 $\delta, c(\delta), \rho$를 고정값으로 생각할 것이다. 단, $\rho < 1$이다.

이제 어떤 반복값 x_n이 근 r에서 δ 이내의 거리에 있다고 하면 다음이 성립한다.

$$|e_n| = |r - x_n| \le \delta, \quad |\xi_n - r| \le \delta$$

$c(\delta)$의 정의에 의하여 $\frac{1}{2}|f''(\xi_n)|/|f'(x_n)| \le c(\delta)$이다. 이제 식 (1)에서 다음을 얻을 수 있다.

$$|e_{n+1}| = \frac{1}{2}\left|\frac{f''(\xi_n)}{f'(x_n)}\right|e_n^2 \le c(\delta)\,e_n^2 \le \delta c(\delta)|e_n| = \rho|e_n|$$

결과적으로 x_{n+1} 역시 근 r에서 δ 이내의 거리에 있게 되는데 그 이유는

$$|r - x_{n+1}| = |e_{n+1}| \le \rho|e_n| \le |e_n| \le \delta$$

이기 때문이다. 만일 시작점 x_0를 근 r에서 δ 이내의 거리로 잡으면,

$$|e_n| \le \rho|e_{n-1}| \le \rho^2|e_{n-1}| \le \cdots \le \rho^n|e_0|$$

이 성립한다. $0 < \rho < 1$이므로 $\lim_{n\to\infty}\rho^n = 0$, $\lim_{n\to\infty}e_n = 0$이다. 다르게 표현하면 다음과 같다.

$$\lim_{n\to\infty} x_n = r$$

이 과정에서 다음을 도출할 수 있다.

$$|e_{n+1}| \le c(\delta)\,e_n^2 \quad ∑$$

오차한계(이차적 수렴성)

뉴턴법에 대한 논의

뉴턴법을 사용할 때에는 적절한 시작점을 선택하기 위해 깊이 고민해야 한다. 일반적으로 함수의 그래프가 어떤 형태일지에 대한 약간의 통찰력은 있어야 한다. 때로는 대략적인 그래프라도 충분할 수 있지만, 어떤 경우에는 근 근처의 점을 찾기 위해 여러 점에서 단계적

으로 함숫값을 계산해야 할 수도 있다. 종종 몇 단계의 이분법을 적용하여 적절한 시작점을 찾기도 한다. 이를 통해 뉴턴법은 더 빠르게 수렴한다.

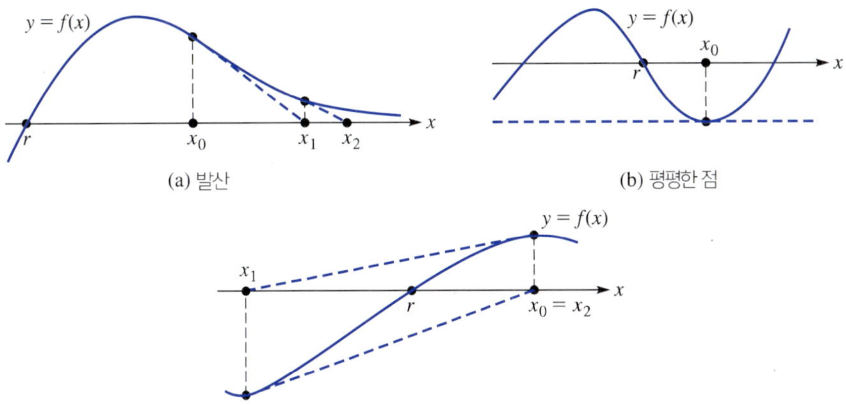

(a) 발산　(b) 평평한 점　(c) 순환

[그림 3.6] 나쁜 시작점으로 인한 뉴턴법의 실패

나쁜 x_0 선택

뉴턴법은 정말 경이로울 정도의 착상이지만 그 수렴성은 사전에 검증하기 어려운 가정들에 의존한다. 뉴턴법을 적용할 때 어떤 상황들이 일어날 수 있는지 보여주는 몇 가지 그림들을 살펴보자. [그림 3.6(a)]에서 x_0에서의 함수 f의 그래프의 접선이 근 r과 멀리 떨어진 곳에서 x축과 만나면서 이후 뉴턴법의 반복으로 얻어지는 일련의 점들 역시 r로 수렴하기는커녕 r에서 멀어지고 있다. 이 곤란한 상황은 시작점 x_0의 선택이 좋지 않았기 때문에 발생한 일일 수 있다. 시작점이 r에 충분히 가깝지 않았던 것이다. [그림 3.6(b)]에서는 곡선의 접선이 x축과 평행하기 때문에 $x_1 = \pm\infty$, 즉 컴퓨터에서 이 수치가 무한대에 할당된다. [그림 3.6(c)]에서는 $x_2 = x_0$이기 때문에 반복값이 순환하고 있다. 컴퓨터에서는 반올림 오차나 정밀도의 제한으로 인해 결과적으로 이런 상황이 발생한다. 뉴턴법을 반복할수록 나선형 안쪽으로 수렴하거나 나선형 바깥쪽으로 발산하면서 상황이 불안정해지는 것이다.

다중근

뉴턴법의 이차적 수렴성을 분석하다 보면 또 다른 가정인 $f'(r) \neq 0$도 문제를 일으킨다는 사실이 드러난다. 만일 $f'(r) = 0$이면 r은 f와 f'의 근이 된다. 이러한 근을 f의 **다중근** multiple zero이라 한다(이 경우에는 최소한 이중근이다). f의 다중근에 대해 뉴턴법을 반복 적용하면 오직 선형적으로만 수렴한다! 보통은 찾으려는 근이 다중근인지 아닌지를 미리 알 수는 없다. 하지만 근이 m중근임을 알고 있다면, 뉴턴법을 아래와 같이 수정하여 수렴을 가속화할 수 있다.

수정된 뉴턴법

$$x_{n+1} = x_n - m\frac{f(x_n)}{f'(x_n)}$$

여기서 m은 찾으려는 근의 **중복도** multiplicity이다. 근 r의 중복도는 $f^{(k)}(r) = 0$(단, $0 \le k < m$)을 만족하는 최소의 m이다. 단, $f^{(m)}(r) \neq 0$이다([연습문제 3.2.35] 참조).

[그림 3.7]에서 볼 수 있듯이 방정식 $p_2(x)=x^2-2x+1=0$은 $x=1$에서 중복도 2의 근을 가지며, 방정식 $p_3(x)=x^3-3x^2+3x-1=0$은 $x=1$에서 중복도 3의 근을 가진다. 이 곡선들을 그려보는 게 도움이 될 것이다. 근에서는 두 곡선 모두 다소 평평한데, 이 때문에 보통 뉴턴법의 수렴 속도가 느려진다. 또한 이 그림들은 중근을 갖는 두 개의 비선형 함수의 곡선과 더불어 곡선에 대한 불확실한 영역도 보여준다. 따라서 계산한 해는 x축 상에 표시된 구간 내 어느 곳에든 존재할 수 있다. 중근을 갖는 비선형 함수에서 정확한 근을 찾는 게 얼마나 어려운지를 이 그림이 여실히 나타내고 있다.

특수한 경우

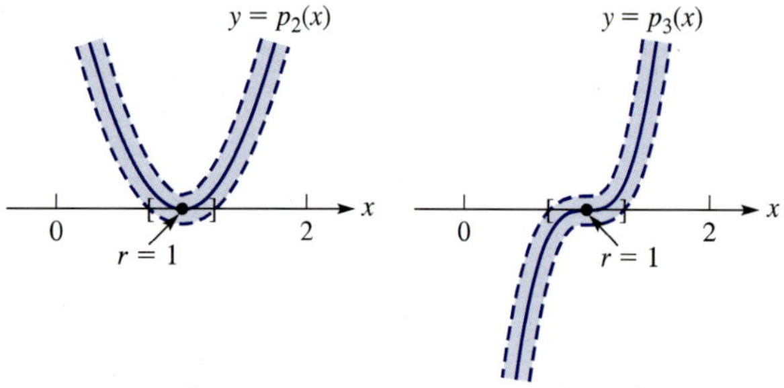

(a) $p_2(x) = x^2 - 2x + 1$ (b) $p_3(x) = x^3 - 3x^2 + 3x - 1$

[그림 3.7] 중복도 2와 3을 가진 곡선 p_2와 p_3

비선형 연립방정식

일부 물리학 문제들에서는 N개의 미지수를 갖는 N개의 비선형 연립방정식의 해를 구해야 하는 경우가 있다. 접근법 중 하나는 **선형화**하고 **풀기**를 반복하는 것이다.[4] 이는 뉴턴법에서 비선형 방정식 하나를 풀기 위해 사용한 전략과 동일한 것이다. 당연히 뉴턴법을 비선형 연립방정식으로 자연스럽게 확장할 수 있다. 비선형 연립방정식을 다루기 위해서는 행렬 및 역행렬에 대해 어느 정도 알고 있어야 한다.

4 (옮긴이) 비선형 시스템을 상대적으로 해를 찾기 쉬운 선형 시스템으로 근사한 후 그 선형 방정식을 푸는 과정을 반복한다는 뜻이다.

일반적인 경우 N개의 미지수 x_i가 있는 N개의 비선형 연립방정식은 다음과 같은 형태로 나타낼 수 있다.

$N\times N$ 비선형 시스템

$$\begin{cases} f_1(x_1, x_2, \cdots, x_N) = 0 \\ f_2(x_1, x_2, \cdots, x_N) = 0 \\ \qquad\vdots \\ f_N(x_1, x_2, \cdots, x_N) = 0 \end{cases}$$

벡터 표기법을 사용하면 이 연립방정식을 다음과 같이 좀 더 우아한 형태로 표현할 수 있다.

$$\mathbf{F}(\mathbf{X}) = 0$$

이때 위에 사용한 열벡터들은 다음과 같이 정의한다.

$$\mathbf{F} = [f_1, f_2, \cdots, f_N]^T$$
$$\mathbf{X} = [x_1, x_2, \cdots, x_N]^T$$

비선형 시스템으로의 뉴턴법의 확장은

$$\mathbf{X}^{(k+1)} = \mathbf{X}^{(k)} - [\mathbf{F}'(\mathbf{X}^{(k)})]^{-1}\mathbf{F}(\mathbf{X}^{(k)})$$

이다. 여기서 $\mathbf{F}'(\mathbf{X}^{(k)})$은 곧 정의하게 될 **야코비 행렬**Jacobian matrix이다. 야코비 행렬은 $\mathbf{X}^{(k)} = [x_1^{(k)}, x_2^{(k)}, \cdots, x_N^{(k)}]^T$에서 계산한 $\mathbf{F}$의 편도함수들로 구성되어 있다. 위 공식을 이전 뉴턴법의 식과 비교해 보면, 미분한 항이 분모에 있지 않고 분자에 역행렬의 형태로 있다는 점을 제외하고는 서로 유사하다. 이 공식을 계산하는 과정에서 $\mathbf{X}^{(0)} = [x_1^{(0)}, x_2^{(0)}, \cdots, x_N^{(0)}]^T$는 초기의 근사 벡터로 비선형 연립방정식의 해에 가깝게 선택된 것이다. 야코비 행렬의 역행렬은 직접 계산하지 않는 대신 그와 연관한 변형 연립방정식을 푼다.[5]

5 (옮긴이) $\mathbf{Y} = [\mathbf{F}'(\mathbf{X}^{(k)})]^{-1}\mathbf{F}(\mathbf{X}^{(k)})$을 계산함에 있어, $\mathbf{F}'(\mathbf{X}^{(k)})\mathbf{Y} = \mathbf{F}(\mathbf{X}^{(k)})$을 풀어 $\mathbf{Y}$를 구하겠다는 뜻이다.

3개의 비선형 방정식을 이용하여 이 과정을 살펴보자.

3×3 비선형 시스템

$$\begin{cases} f_1(x_1, x_2, x_3) = 0 \\ f_2(x_1, x_2, x_3) = 0 \\ f_3(x_1, x_2, x_3) = 0 \end{cases} \tag{3}$$

$i = 1, 2, 3$에 대하여 삼변수 테일러 전개를 상기해 보면 다음과 같다.

$$f_i(x_1 + h_1, x_2 + h_2, x_3 + h_3) = f_i(x_1, x_2, x_3) + h_1 \frac{\partial f_i}{\partial x_1} + h_2 \frac{\partial f_i}{\partial x_2} + h_3 \frac{\partial f_i}{\partial x_3} + \cdots \tag{4}$$

여기서 모든 편도함수는 점 (x_1, x_2, x_3)에서 계산된 것이다. 위 테일러 전개에서는 (x_1, x_2, x_3)에서 각 x_i축으로 h_i만큼 나아간 일차항들만 표시하였다. 이제 벡터 $\mathbf{X}^{(0)} = (x_1^{(0)}, x_2^{(0)}, x_3^{(0)})^T$가 식 (3)의 근사 해라고 가정하고, $\mathbf{H} = [h_1, h_2, h_3]^T$는 초기 추측에서 계산된 **보정**correction이라고 하자. 그러면 $\mathbf{X}^{(0)} + \mathbf{H} = [x_1^{(0)} + h_1,\ x_2^{(0)} + h_2,\ x_3^{(0)} + h_3]^T$가 식 (3)에 대한 더 좋은 근사 해가 된다. 테일러 전개 (4)에서 고차항을 무시하면 벡터 표기법으로 다음과 같이 나타낼 수 있다.

$$\mathbf{0} \approx \mathbf{F}(\mathbf{X}^{(0)} + \mathbf{H}) \approx \mathbf{F}(\mathbf{X}^{(0)}) + \mathbf{F}'(\mathbf{X}^{(0)})\mathbf{H} \tag{5}$$

이때 **야코비 행렬** $\mathbf{F}'(\mathbf{X}^{(0)})$은 다음과 같이 정의한다.

야코비 행렬

$$\mathbf{F}'(\mathbf{X}^{(0)}) = \begin{bmatrix} \dfrac{\partial f_1}{\partial x_1} & \dfrac{\partial f_1}{\partial x_2} & \dfrac{\partial f_1}{\partial x_3} \\ \dfrac{\partial f_2}{\partial x_1} & \dfrac{\partial f_2}{\partial x_2} & \dfrac{\partial f_2}{\partial x_3} \\ \dfrac{\partial f_3}{\partial x_1} & \dfrac{\partial f_3}{\partial x_2} & \dfrac{\partial f_3}{\partial x_3} \end{bmatrix}$$

여기서 모든 편도함수는 다음과 같이 $\mathbf{X}^{(0)}$에서 계산된 것이다.

$$\frac{\partial f_i}{\partial x_j} = \frac{\partial f_i(\boldsymbol{X}^{(0)})}{\partial x_j}$$

또한 야코비 행렬 $\mathbf{F}'(\mathbf{X}^{(0)})$는 정칙행렬nonsingular matrix[6], 즉 역행렬이 존재한다고 가정한다. 식 (5)에서 보정 $\mathbf{H}$에 대하여 풀면 다음을 얻는다.

6 (옮긴이) 가역행렬 또는 비특이 행렬이라고도 불린다.

$$\mathbf{H} \approx -[\mathbf{F}'(\mathbf{X}^{(0)})]^{-1}\mathbf{F}(\mathbf{X}^{(0)})$$

이제 $\mathbf{X}^{(1)}=\mathbf{X}^{(0)}+\mathbf{H}$를 보정해 더 좋은 근삿값이라 하자. 드디어 우리는 비선형 연립방정식에 대한 뉴턴법의 첫 번째 반복 단계에 도달한 것이다.

$$\mathbf{X}^{(1)}=\mathbf{X}^{(0)}-[\mathbf{F}'(\mathbf{X}^{(0)})]^{-1}\mathbf{F}(\mathbf{X}^{(0)})$$

일반적으로 뉴턴법은 다음과 같은 반복 형태를 사용한다.

$$\mathbf{X}^{(k+1)}=\mathbf{X}^{(k)}-[\mathbf{F}'(\mathbf{X}^{(k)})]^{-1}\mathbf{F}(\mathbf{X}^{(k)})$$

실제로 뉴턴법으로 계산할 때에는 야코비 행렬의 역행렬을 구하지 않고 다음과 같은 **야코비 선형 시스템**을 푼다.

$$[\mathbf{F}'(\mathbf{X}^{(k)})]\mathbf{H}^{(k)}=-\mathbf{F}(\mathbf{X}^{(k)}) \tag{6}$$

야코비 선형 시스템

뉴턴법에서 다음 단계 반복 후의 근사 벡터는 다음과 같다.

$$\mathbf{X}^{(k+1)}=\mathbf{X}^{(k)}+\mathbf{H}^{(k)} \tag{7}$$

비선형 시스템에 대한 뉴턴법

이 식이 **비선형 시스템에 대한 뉴턴법**이다. 선형 시스템 (6)은 2장에서 언급한 바 있는 *Gauss*나 *Solve* 프로시저로 풀 수 있다. 차수order가 2인 작은 선형 시스템의 경우[7]는 특히 쉽게 풀 수 있다([연습문제 3.2.39] 참조).

7 (옮긴이) 차수 2는 미지수와 식의 개수가 2개씩이라는 의미이다.

예제 2 하나의 예시로 식 (6)과 식 (7)에 주어진 뉴턴법의 변형을 활용하여 다음의 비선형 연립방정식을 풀기 위한 유사코드를 작성하라.

$$\begin{cases} x+y+z=3 \\ x^2+y^2+z^2=5 \\ e^x+xy-xz=1 \end{cases} \tag{8}$$

풀이

유심히 들여다보면 독자들은 이 연립방정식의 해가 $x=0, y=1, z=2$가 된다는 것을 쉽게 알 수 있을 것이다. 그러나 대부분의 현실적인 문제에서는 해가 이렇게 명백하게 드러나지 않는다. 그러므로 해를 찾기 위한 수치적인 프로시저를 개발하려 한다. 그 유사코드는 다음과 같다.

$\mathbf{X}=[0.1,\ 1.2,\ 2.5]^T$
for $k=1$ **to** 10
$\quad \mathbf{F}=\begin{bmatrix} x_1+x_2+x_3-3 \\ x_1^2+x_2^2+x_3^2-5 \\ e^{x_1}+x_1x_2-x_1x_3-1 \end{bmatrix}$
$\quad \mathbf{J}=\begin{bmatrix} 1 & 1 & 1 \\ 2x_1 & 2x_2 & 2x_3 \\ e^{x_1}+x_2-x_3 & x_1 & -x_1 \end{bmatrix}$
$\quad$ **solve JH = F**
$\quad \mathbf{X}=\mathbf{X}-\mathbf{H}$
end for

컴퓨터에서 이 코드를 프로그래밍하고 실행해 보면 결과가 $x=(0,1,2)$로 수렴함을 알 수 있을 것이다. 그러나 시작 벡터를 $(1,0,1)$로 바꾸면 결과는 다른 근인 $(1.2244, -0.0931, 1.8687)$로 수렴한다(왜 그럴까?).

비선형 연립방정식 (8)을 풀기 위해 MATLAB, Maple, Mathematica와 같은 수학 소프트웨어 및 그에 포함된 프로시저들을 사용할 수 있다.

3.2 요약

• 연속이고 미분 가능한 함수 f의 근을 찾기 위한 **뉴턴법**은 다음과 같이 주어진다.

$$x_{n+1}=x_n-\frac{f(x_n)}{f'(x_n)} \qquad (n \ge 0)$$

이때 초기 시작값 x_0가 주어져야 하며 매 반복 단계마다 두 가지 함숫값의 계산(f와 f')이 필요하다.

• 뉴턴법의 오차는

$$e_{n+1}=-\frac{1}{2}\left(\frac{f''(\xi_n)}{f'(x_n)}\right)e_n^2$$

으로 주어지며 이로부터 다음 부등식을 얻는다.

$$|e_{n+1}| \le c|e_n|^2$$

이 부등식은 근 r에 충분히 가까운 x_0에 대하여 뉴턴법이 **이차적으로 수렴함**을 나타낸다.

• $N \times N$ 비선형 연립방정식 $\mathbf{F}(\mathbf{X})=\mathbf{0}$에 대하여 **뉴턴법**을 다음과 같이 나타낼 수 있다.

$$\mathbf{X}^{(k+1)}=\mathbf{X}^{(k)}-[\mathbf{F}'(\mathbf{X}^{(k)})]^{-1}\mathbf{F}(\mathbf{X}^{(k)}) \qquad (k \ge 0)$$

여기에는 **야코비 행렬** $\mathbf{F}'(\mathbf{X}^{(k)})=\mathbf{J}=\left[\left(\frac{\partial f_i(\mathbf{X}^{(k)})}{\partial x_j}\right)\right]_{N\times N}$ 이 포함되어 있다. 실제적으로 다음의 **야코비 선형 시스템**

$$[\mathbf{F}'(\mathbf{X}^{(k)})]\mathbf{H}^{(k)}=-\mathbf{F}(\mathbf{X}^{(k)})$$

를 가우스 소거법으로 푼 후, 그 다음 반복값을 아래 식을 통해 구한다.

$$\mathbf{X}^{(k+1)}=\mathbf{X}^{(k)}+\mathbf{H}^{(k)}$$

3.2 연습문제

01 뉴턴법을 이용하여 (방정식 $x^2=R$을 풀어서) $\sqrt{R}$을 계산할 때, 반복 과정의 수열이 다음과 같이 정의됨을 보여라.

$$x_{n+1}=\frac{1}{2}\left(x_n+\frac{R}{x_n}\right)$$

02 수열 $\{x_n\}$이 앞의 문제와 같이 정의될 때 다음을 보여라. 이 식을 이차 수렴성의 관점에서 해석하라.

$$x_{n+1}^2-R=\left[\frac{x_n^2-R}{2x_n}\right]^2$$

03 양수의 제곱근의 역수를 계산하기 위해 뉴턴법을 단순화한 형태로 써라. 뉴턴법을 2회 반복 시행하여 $\pm\frac{1}{\sqrt{5}}$을 근사적으로 계산하라. 이때 $x_0=1$과 $x_0=-1$을 시작점으로 뉴턴법을 시작한다.

04 $x^4+2x^3-7x^2+3$의 네 개의 근 중 두 개는 양수이다. 이 두 개의 근을 유효숫자가 2개가 되도록 정확하게 뉴턴법을 활용하여 찾아라.

05 방정식 $x-Rx^{-1}=0$은 $x=\pm R^{1/2}$을 해로 가진다. 이 상황에 대한 뉴턴 반복법을 단순화한 형태로 만들어라. $R=25$, $x_0=1$에 대하여 다섯 번의 반복 단계를 시행하라.

06 계산기를 활용하여 $f(x)=(x-1)^m$ (단, $m=8$ 또는 12)의 경우에서 뉴턴법의 수렴이 완만하게 일어남을 확인하라. 이를 이론과 일치시켜라. 이때 $x_0=1.1$을 사용한다.

07 $x=\dfrac{\pi}{4}$ 근처에서 $f(x)=\sin x$를 가장 잘 근사하는 선형 함수 $y=ax+b$는 무엇인가? 이 문제가 뉴턴법과 어떻게 연관될까?

08 [연습문제 1.2.10~1.2.12]에서 $\ln 2$의 값을 계산하는 여러 방법이 제안되었다. 그 방법들을 방정식 $e^x=2$에 적용한 뉴턴법과 비교하라.

09 수열 x_n을 $x_{n+1}=x_n-\tan x_n$, $x_0=3$으로 정의하자. $\lim_{n\to\infty} x_n$의 값은 얼마인가?

10 R이 양의 상수일 때 어떤 함수 $f(x)$에 뉴턴법을 적용하여 점화식 $x_{n+1}=x_n-(\cos x_n)(\sin x_n)+R\cos^2 x_n$이 얻어졌다고 한다. $f(x)$는 무엇인가? 또 이 점화식은 어떤 상황에서 유용하게 쓰일 수 있을까?

11 함수 $f(x)=xR-x^{-1}$에 대해 x의 역수를 포함하지 않는 단순화된 형태의 뉴턴 반복법을 만들어라. $R=4$와 $x_0=-1$을 적용하여 이 프로시저를 세 단계 시행하라.

12 다음 프로시저를 생각하자. 이 프로시저들은 0이 아닌 임의의 시작점에 대하여 수렴하는가? 그렇다면 그 수렴값은 무엇인가?

(a) $x_{n+1}=\dfrac{1}{3}\left(2x_n-\dfrac{r}{x_n^2}\right)$

(b) $x_{n+1}=\dfrac{1}{2}x_n+\dfrac{1}{x_n}$

13 R이 양의 실수일 때 다음의 주어진 함수들은 모두 $\sqrt[3]{R}$을 근으로 갖는다. 각 함수에 대한 뉴턴법의 점화식과 x_0의 선택에 필요한 제한조건을 구하라.

(a) $a(x)=x^3-R$

(b) $b(x)=1/x^3-1/R$

(c) $c(x)=x^2-R/x$

(d) $d(x)=x-R/x^2$

(e) $e(x)=1-R/x^3$

(f) $f(x)=1/x-x^2/R$

(g) $g(x)=1/x^2-x/R$

(h) $h(x)=1-x^3/R$

14 함수 $f(x)=x-e/x$의 근을 찾기 위한 뉴턴법의 공식을 구하라. 반복값들은 어떻게 움직이는가?

15 시작점 $x_0=1$로 $f(x)=x^3-x+1$에 뉴턴법을 사용했을 때 x_1은 어떤 값이 될까?

16 $f(x)=e^{-x}-\cos x$의 근 중 $\dfrac{\pi}{2}$에 가장 가까운 근을 찾아라.

17 $f(x)=x^5-x^3+3$에 뉴턴법을 적용하였을 때 $x_n=1$이라면 x_{n+1}은 얼마인가?

18 0이 아닌 정수 N, M에 대하여 $\dfrac{N}{M}$의 세제곱근을 계산하기 위한 뉴턴법의 점화식을 찾아라.

19 함수 f가 $f(x)=x^2/(1+x^2)$일 때 뉴턴법이 수렴하기 위한 시작점을 구하라.

20 뉴턴법을 함수 $f(x)=2x^3-9x^2+12x+15$에 적용할 때 $x=3$, $x<3$, $x>3$에서 시작한다면 각각 어떤 일이 발생할지 분석하라.

21 $x<0$, $x>0$에서 시작하여 $f(x)=\sqrt{|x|}$에 대한 뉴턴법을 반복하라.

22 $x=\sqrt[3]{R}$을 계산하기 위하여 방정식 $x^3=R$을 뉴턴법으로 풀 수 있다. 초기 근삿값 $x_0=R$에서 시작하여 이 과정을 수행하는 루프를 작성하라.

23 실수 R의 역수를 나눗셈 없이 계산하는 방법으로 다음의 점화식을 이용할 수 있다. 적당한 $f(x)$에 대하여 뉴턴법을 적용하여 이 관계식을 도출하라. 이 규칙을 적용하여 $x_0=0.2$에서 시작하여 4의 역수를 소수점 아래 6자리 또는 그 이상의 정확도로 계산하라. 각 단계의 오차를 표로 나타내고 이차 수렴성을 확인하라.

$$x_{n+1}=x_n(2-x_nR)$$

24 현대의 일부 컴퓨터에서는 48비트의 가수를 가지는 부동소수점 표현을 사용한다. 또한 부동소수점 하드웨어는 덧셈, 뺄셈, 곱셈 및 역수를 취하는 연산은 수행할 수 있지만 나눗셈은 수행할 수 없다. 안타깝게도 역수를 계산하는 하드웨어가 내는 결과의 정확도는 최대 정밀도에 미치지 못한다고 한다. 반면 다른 연산

은 최대 부동소수점 정밀도로 정확한 결과를 산출한다.

(a) 함수 $f(x)=1-\frac{1}{ax}$의 근을 찾는 데 뉴턴법이 쓰일 수 있음을 보여라. 이 과정을 통해 $\frac{1}{a}$의 근삿값을 최대 부동소수점 정밀도로 정확하게 얻어낼 수 있다고 할 때, 몇 번의 반복이 필요하겠는가?

(b) $\frac{b}{a}$의 근삿값을 최대 부동소수점 정밀도로 얻어내기 위한 방법을 제시하라.

25 $\sqrt{R}$을 찾기 위한 뉴턴법이 아래와 같이 주어진다. $\sqrt{2}$를 계산하기 위한 이 뉴턴법을 $x_0=1$에서 시작하여 세 번 반복 시행하고, $\sqrt{2}$에 대한 이분법도 구간 $[1,2]$에서 시작하여 세 번 시행하라. 각 방법에서 10^{-6}의 정확도를 얻기 위해 필요한 반복 횟수는 얼마인가?

$$x_{n+1}=\frac{1}{2}\left(x_n+\frac{R}{x_n}\right)$$

26 $R=AB$일 때, $\sqrt{R}$을 찾기 위한 뉴턴법은 다음 근사를 제공한다. 만일 $x_0=A$이거나 $x_0=B$이면 이러한 근사를 얻기 위해서는 두 번의 뉴턴법 반복이 필요하지만, $x_0=\frac{1}{2}(A+B)$이면 단 한 번으로도 충분함을 설명하라.

$$\sqrt{AB}\approx\frac{A+B}{4}+\frac{AB}{A+B}$$

27 $\sqrt[m]{R}$을 구하기 위해 x^m-R과 $1-(R/x^m)$에 뉴턴법을 적용한 결과가 유사하지만 서로 다른 2개의 점화식으로 나타남을 보여라(단, $R>0$, $m\geq 2$). 어떤 점화식이 더 나은지 이유를 들어 설명하라.

28 휴대용 계산기를 활용하여 $f(x)=3x^3+x^2-15x+3$에 $x_0=1$을 시작점으로 뉴턴법을 세 번 수행하라.

29 $f(x)=\arctan x$에 $x_0=2$를 시작점으로 뉴턴법을 반복 적용하면 어떤 일이 일어나는가? 또 이 뉴턴법이 수렴하려면 어떤 시작점을 잡아야 할까([컴퓨터 연습문제 3.2.7] 참조)?

30 뉴턴법은 다음과 같이 해석될 수 있다. $f(x+h)=0$이라고 가정하자. 그러면 $f'(x)\approx\frac{[f(x+h)-f(x)]}{h}=\frac{-f(x)}{h}$이다. 이 논리를 계속 이어서 진행하라.

31 함수 $F(x)=\frac{f(x)}{f'(x)}$에 대한 뉴턴법 점화식을 구하라. 여기서 $f(x)$는 중근을 가지지 않으며 세 번 미분 가능하고 삼계 도함수는 연속이다. 앞서 구한 뉴턴법이 최소한 이차적으로 $f(x)$의 근 r로 수렴함을 보여라.

힌트 : 본문의 결과를 F에 적용하라. 단, F가 결과를 적용하는 데 필요한 특성들을 가지고 있는지 꼭 확인하라.

32 함수 f에 대한 테일러 급수는 다음과 같이 주어진다. $f(x)$, $f'(x)$, $f''(x)$가 쉽게 계산된다고 가정하자. 테일러 급수의 세 항을 사용하는 뉴턴법과 비슷한 알고리즘을 생각하라. 이 알고리즘은 근의 근삿값을 입력값으로 받아 더 좋은 근삿값을 출력해야 한다. 생각한 알고리즘이 3차적으로 수렴함을 보여라.

힌트 : $e_n=e_{n+1}-h$를 사용하되 e_{n+1}^2항은 충분히 작다고 생각하고 무시하라.

$$f(x+h)=f(x)+hf'(x)+\frac{h^2}{2}f''(x)+\frac{h^3}{6}f'''(x)+\cdots$$

33 뉴턴법의 각 단계에서의 미분 계산을 피하기 위하여 $f'(x_n)$을 $f'(x_0)$로 대체하는 방법을 사용해왔다. 이 방법의 수렴 속도 rate of convergence를 구하라.

34 뉴턴법에 대한 본문 내용을 참조하여 다음을 증명하라. 뉴턴법이 이차적으로 수렴하는지를 테스트하는 데 실제적으로 이 식이 어떻게 쓰일 수 있겠는가? $r, f'(r), f''(r)$이 모두 알려져 있는 예를 하나 생각하여 수치적으로 $e_{n+1}e_n^{-2}$의 수렴을 테스트하라.

$$\lim_{n\to\infty}(e_{n+1}e_n^{-2})=-\frac{1}{2}\left[\frac{f''(r)}{f'(r)}\right]$$

35 근이 중복도 m을 가지는 경우 **수정된 뉴턴법**이 이차적으로 수렴함을 보여라.

$$x_{n+1}=x_n-m\frac{f(x_n)}{f'(x_n)}$$

힌트 : $f(r+e_n)$과 $f'(r+e_n)$ 각각에 대한 테일러 급수를 활용하라.

36 방정식 $f(x)=0$을 풀기 위한 **스테펜슨의 방법** Steffensen's method은 다음의 점화식을 사용한다. 여기서 $g(x)=\{f[x+f(x)]-f(x)\}/f(x)$이다. 이 방법은 뉴턴법과 마찬가지로 이차적으로 수렴한다. 각 반복 단계마다 몇 번의 함숫값 계산이 필요한가? 테일러 급수를 활용하여 만약 $f(x)$가 작다면 $g(x)\approx f'(x)$이고, 따라서 스테펜슨 반복법이 뉴턴법과 연관이 있음을 보여라. 스테펜슨의 방법이 가지는 장점이 무엇인가? 이 방법의 이차적 수렴성을 증명하라.

$$x_{n+1}=x_n-\frac{f(x_n)}{g(x_n)}$$

37 **일반화된 뉴턴법**으로 제안된 식은 다음과 같다. 여기서 상수 ω는 수렴 속도를 높이기 위해 선택되는 가속인자이다. $f(x)$

의 단일근 r이 끌어당기는 점point of attraction이 되려면 ω가 어떤 범위에 있겠는가? 이는 어떤 범위의 ω에서 $g(x) = x - \omega f(x)/f'(x)$에 대해 $|g'(r)| < 1$이 성립하는지를 묻는 것이다. 이 방법은 오직 $\omega = 1$일 때만 이차적으로 수렴하는데 이는 $\omega \neq 1$일 때 $g'(r) \neq 0$이기 때문이다.

$$x_{n+1} = x_n - \omega \frac{f(x_n)}{f'(x_n)}$$

38 r이 $f(x) = 0$의 이중근이라 하자. 즉 $f(r) = f'(r) = 0$이지만 $f''(r) \neq 0$이다. 또한 f와 f', f''이 r 근처에서 연속이라 가정하자. 뉴턴법에서 $e_{n+1} \approx \frac{1}{2} e_n$임을 보이고 그 결과 이중근 근처에서 뉴턴법의 수렴 속도가 선형적임을 입증하라(만일 근의 중복도가 m이라면 $e_{n+1} \approx [(m-1)/m]e_n$이다).

39 (**동시 비선형 방정식**Simultaneous Nonlinear Equations) 이변수 (x, y)에 대한 테일러 급수는 다음과 같다. 여기서 $f_x = \partial f/\partial x$, $f_y = \partial f/\partial y$이다.

$$f(x+h, y+k) = f(x, y) + h f_x(x, y) + k f_y(x, y) + \cdots$$

이 테일러 급수를 이용하여 다음의 두 개의 동시 비선형 방정식을 풀기 위한 뉴턴법이

$$\begin{cases} f(x, y) = 0 \\ g(x, y) = 0 \end{cases}$$

다음과 같은 공식으로 주어짐을 보여라. 여기서 함수 f, f_x 등은 모두 (x_n, y_n)에서 계산된 값이다.

$$\begin{cases} x_{n+1} = x_n - \dfrac{f g_y - g f_y}{f_x g_y - g_x f_y} \\ y_{n+1} = y_n - \dfrac{f_x g - g_x f}{f_x g_y - g_x f_y} \end{cases}$$

40 $f(z)$가 복소변수 $z = x + iy$ (x, y는 실수)에 대하여 정의한 해석함수analytic function이고 $g(x, y)$와 $h(x, y)$는 모든 x, y에 대한 실함수일 때, 식 $f(z) = g(x,y) + ih(x,y)$에 대한 뉴턴법을 정의할 수 있다. $f(z)$의 도함수 $f'(z)$는 $f'(z) = g_x + ih_x = h_y - ig_y$로 주어진다. 이는 **코시-리만 방정식**Cauchy-Riemann equation $g_x = h_y$, $h_x = -g_y$이 성립하기 때문이다. 여기서 편미분은 $g_x = \partial g/\partial x$, $g_y = \partial g/\partial y$ 등으로 정의한다. $f(z)$에 대한 뉴턴법이 다음과 같은 형태로 표현될 수 있음을 보여라. 여기서 모든 함수는 $z_n = x_n + iy_n$에서 계산되었다.

$$z_{n+1} = z_n - \frac{f(z_n)}{f'(z_n)}$$

$$\begin{cases} x_{n+1} = x_n - \dfrac{gh_y - hg_y}{g_x h_y - g_y h_x} \\ y_{n+1} = y_n - \dfrac{hg_x - gh_x}{g_x h_y - g_y h_x} \end{cases}$$

41 알고리즘의 한 단계가 뉴턴법의 두 단계로 이루어진 알고리즘을 생각하자. 이 알고리즘의 수렴 차수는 얼마일까?

42 앞 연습문제의 아이디어를 이용하여 $f(x) = 0$을 풀기 위한 임의의 높은 차수의 방법을 어떻게 만들어 낼 수 있을지 설명하라. 왜 어떤 방법의 수렴 차수가 그 방법의 장점을 평가할 때 고려해야 할 유일한 기준이 아닐까?

43 뉴턴법을 사용하여 방정식 $2 - x = e^x$을 풀고자 할 때, 코딩되어야 하는 방정식과 함수는 무엇인가? 이 과정을 수행하는 유사코드를 작성하라. 적당한 시작점과 반복 중단 조건을 포함하라.

44 방정식 $x^2 = 2$에 뉴턴법을 적용하여 (명백하고도 직접적인 방식으로) $\sqrt{2}$를 계산하려 한다고 가정하자. 시작점이 $x_0 = \frac{7}{5}$일 때 x_1을 구하기 위해 x_0에 더해야 하는 보정값은 얼마인가?

힌트 : 정수의 비를 활용하면 계산이 상당히 쉬운 편이다.

45 다음과 같이 주어진 $f(x)$에 대하여 방정식 $f(x) = 0$에 뉴턴법을 적용하라. 이때 어떤 일이 일어나는지를 확인하고 그 이유는 무엇인지 설명하라.

(a) $f(x) = e^x$ (b) $f(x) = e^x + x^2$

46 뉴턴법 $x_{n+1} = x_n - f(x_n)/f'(x_n)$을 생각해 보자. '이 수열이 수렴하면 그 극한점은 해가 된다.'라는 명제에 대한 참, 거짓을 판정하고, 그 이유를 설명하라.

3.2 컴퓨터 연습문제

01 프로시저 *Newton* 과 단일 컴퓨터 실행을 사용하여 예제 $f(t) = \tan t - t$(단, $x_0 = 7$)와 $g(t) = e^t - \sqrt{t+9}$ (단, $x_0 = 2$)에 대하여 직접 작성한 코드로 테스트하라. 각 반복값과 그에 대응하는 함숫값을 출력하라.

02 방정식 $x^3 + 2x^2 + 10x = 20$에 $x_0 = 2$를 시작점으로 뉴턴법을 적용하는 간단하고 독립적인 프로그램을 구현하라. 적당한 $f(x)$와 $f'(x)$를 정해서 계산을 수행하되 축소곱셈법을 사용하라. 연속적으로 얻은 두 점의 차가 $\frac{1}{2} \times 10^{-5}$이거나 사용하는 컴퓨터의 성능에 가까운 어떤 편리한 허용오차만큼일 때 계산을 중단하라. 모든 중간 반복점과 함숫값을 출력하라. 최대 반복 횟수는 10회로 제한한다.

03 위 문제를 배정밀도 하에서 더 많은 단계를 반복 시행하여 풀어라.

04 배정밀도로 뉴턴법을 사용하여 구간 $[0, 1]$에서 방정식 $2x(1 - x^2 + x)\ln x = x^2 - 1$의 근을 찾아라. 각 반복 단계마다 정확한 자리의 개수를 보여주는 표를 만들어라.

05 1685년 존 월리스John Wallis는 『대수학Algebra』이라는 책을 출간하였다. 이 책에서 그는 뉴턴이 방정식을 풀기 위해 고안했던 방법을 설명했다. 1690년 조셉 랩슨Joseph Raphson도 이 방법을 조금 수정한 형태로 출간하였다. 이 형태가 현재 뉴턴법 또는 뉴턴-랩슨법으로 불리는 방법이다. 뉴턴 자신은 1669년에 이 방법에 대해 논의하였고 방정식 $x^3 - 2x - 5 = 0$을 예로 들어 이를 설명하였다. 월리스도 같은 예제를 사용하였다. 이 방정식의 근을 배정밀도로 찾아라. 이를 통해 수치해석을 공부하는 모든 학생들이 이 유서 깊은 방정식을 풀어봐야 한다는 전통을 이어가도록 하자.

06 천체 역학에서는 **케플러의 방정식**Kepler's equation이 중요하다. 케플러의 방정식은 $x = y - \varepsilon \sin y$로 표현되는데 여기서 x는 행성의 평균 근점이각mean anomaly, y는 이심 근점이각eccentric anomaly, ε은 궤도의 이심률eccentricity이다. $\varepsilon = 0.9$일 때 구간 $0 \le x \le \pi$를 30등분한 후, 각 x값에 대한 y값을 구하여 표로 작성하라. 각각의 y값을 구하는 데 뉴턴법을 사용한다. 어떤 x에 대응하는 y의 값은 x가 조금 변했을 때 반복 시작점으로 쓰일 수 있다.

07 뉴턴법에서는 매 반복 단계마다 주어진 점 x에서 새로운 점 $x - h$로 진행하며 이때 $h = f(x)/f'(x)$이다. 좀 더 세련되고 쉽게 프로그래밍할 수 있는 방법을 소개한다. $|f(x-h)|$가 $|f(x)|$보다 작지 않다면 h값 대신 $h/2$를 사용하는 것이다. 이 방법을 테스트하라.

08 뉴턴법을 활용하여 방정식 $x^3 = x^2 + x + 1$의 근을 계산하는 간단한 프로그램을 작성하라. 적당한 시작점 선택에 주의를 기울여야 한다.

09 간단한 뉴턴법 프로그램을 활용하여 구간 $[0, 1]$에서 방정식 $5(3x^4 - 6x^2 + 1) = 2(3x^5 - 5x^3)$의 근을 찾아라.

10 다음의 각 방정식에 대하여 양수 근을 찾기 위해 8회 뉴턴법을 반복 계산하여 그 결과를 출력하는 간단한 프로그램을 작성하라.

(a) $x = 2\sin x$

(b) $x^3 = \sin x + 7$

(c) $\sin x = 1 - x$

(d) $x^5 + x^2 = 1 + 7x^3$ (단, $x \ge 2$)

11 뉴턴법에 대한 재귀 프로시저를 작성하고 테스트하라.

12 *Newton* 프로시저가 캐릭터 함수character function[8]이면서 '`iterating`, `success`, `near-zero`, `max-iteration`'과 같은 키워드를 반환하도록 다시 작성하고 테스트하라. 결과를 출력하는 데 case 구문case statement이 사용될 수 있다.

13 0.55887766이라는 수가 계산 결과로 나오는 것을 보고 싶은가? 방정식 $10 + x^3 - 12\cos x = 0$에 대해 $x_0 = 1$일 때 뉴턴법을 세 단계 반복 시행하라.

14 구간 $[0, 4]$에서 방정식 $e^{-x^2} = \cos x + 1$의 근을 찾기 위한 간단한 프로그램을 작성하라. $x_0 = 0$ 또는 $x_0 = 1$에서 뉴턴법을 시작하면 어떤 현상이 발생하는가?

15 $x_0 = 1$을 시작점으로 뉴턴법을 사용하여 방정식 $\frac{1}{2}x^2 + x + 1 - e^x = 0$의 근을 구하라. 반복값의 느린 수렴 현상을 설명하라.

16 $f(x) = x^5 - 9x^4 - x^3 + 17x^2 - 8x - 8$과 $x_0 = 0$을 사용하여 뉴턴법의 진행 양상을 조사하고 설명하라.

힌트 : 반복값들이 처음에는 주기적이다.

8 (옮긴이) 캐릭터 함수는 함수의 반환값이 문자character를 포함한다는 뜻이다.

17 $f(x)=x-\tan x$의 근 중 99 rad(라디안)에 가장 가까운 근을 이분법과 뉴턴법을 사용하여 각각 구하라.

힌트 : 이 함수에 대해서는 극도로 정확한 반복 시작점이 필요하다. 컴퓨터를 사용하여 99 근처에서의 함숫값을 표로 만들어 이 함수의 성질을 살펴봐야 한다.

18 이분법을 사용하여 방정식 $2x(1+x^2)^{-1}=\arctan x$의 양수 근을 찾아라. 이 근을 x_0로 놓고, 함수 $\arctan x$에 뉴턴법을 적용하라. 그 결과를 해석하라.

19 만일 $f(x)=0$의 근이 이중근이면 뉴턴법은 다음 식을 통해 가속될 수 있다. 알려진 이중근을 갖는 함수에 이 방법과 뉴턴법을 각각 적용한 후 그 수렴을 수치적으로 비교하라.

$$x_{n+1}=x_n-2\frac{f(x_n)}{f'(x_n)}$$

20 [연습문제 3.2.36]에 제시한 스테펜슨의 방법을 프로그래밍하고 테스트하라.

21 다음 비선형 시스템을 생각해보자. 2차원 플로팅 plotting을 제공하는 소프트웨어 패키지를 사용하여 $f(x,y)$, $g(x,y)$를 그려봄으로써 이 시스템을 풀 때 어떤 일이 발생하는지를 설명하고, 두 함수의 교점을 (x,y)평면에 그려라. 그래프 결과에서 이 방정식의 근사적인 근을 구하라.

$$\begin{cases} f(x,y)=x^2+y^2-25=0 \\ g(x,y)=x^2-y-2=0 \end{cases}$$

22 다음의 동시 비선형 방정식 쌍을 풀어라. 우선 y를 소거한 후, 남은 x에 대한 방정식을 뉴턴법으로 푼다. 시작점은 $x_0=1.0$으로 한다.

$$\begin{cases} x^3-2xy+y^7-4x^3y=5 \\ y\sin x+3x^2y+\tan x=4 \end{cases}$$

23 식 (6)과 (7)을 활용하여 비선형 시스템에 대한 뉴턴법을 코딩하라. 다음 시스템 중 하나나 그 이상을 푸는 데 당신의 프로그램을 테스트하라.

(a) [컴퓨터 연습문제 3.2.21]에 주어진 시스템

(b) [컴퓨터 연습문제 3.2.22]에 주어진 시스템

(c) 본문에 주어져 있는 시스템 (8). 시작점으로 $(0,0,0)$을 사용한다.

(d) 시작점을 $\left(\frac{3}{4},\frac{1}{2},-\frac{1}{2}\right)$로 하여 다음을 풀어라.

$$\begin{cases} x+y+z=0 \\ x^2+y^2+z^2=2 \\ x(y+z)=-1 \end{cases}$$

(e) 시작점을 $(-0.01,-0.01)$로 하여 다음을 풀어라.

$$\begin{cases} 4y^2+4y+52x-19=0 \\ 169x^2+3y^2+111x-10y-10=0 \end{cases}$$

(f) 시작점을 선택하여 다음을 풀어라.

$$\begin{cases} \sin(x+y)=e^{x-y} \\ \cos(x+6)=x^2y^2 \end{cases}$$

24 실계수 다항식의 복소수 근을 찾는 뉴턴법에서 반복값의 움직임을 조사하라. 예를 들면 다항식 $p(x)=x^2+1$은 켤레복소수 근 $\pm i$를 가지며, 그 뉴턴법은 $x_{n+1}=\frac{1}{2}(x_n-1/x_n)$이다. 우선 실수 시작점 및 실수 연산을 사용하여 이 방법을 프로그래밍하라. 두 번째로 복소수 연산을 사용하지만 여전히 실수 시작점만을 사용하여 첫 프로그램을 수정한다. 마지막으로 복소수를 시작점으로 사용한다. 각각의 경우에 반복값의 행동이 어떤지를 관찰하라.

25 [연습문제 3.2.40]을 활용하여 다음 방정식의 복소수 근을 찾아라.

(a) $z^3-z-1=0$

(b) $z^4-2z^3-2iz^2+4iz=0$

(c) $2z^3-6(1+i)z^2-6(1-i)=0$

(d) $z=e^z$

힌트 : (d)의 경우 오일러(Euler)의 공식 $e^{iy}=\cos y+i\sin y$를 사용하라.

26 $f(x)=0$의 근을 찾기 위한 뉴턴법에서 x_0를 시작점으로 하고 공식 $x_{n+1}=x_n-f(x_n)/f'(x_n)$을 사용하여 수열 $x_1, x_2, \cdots$를 계산한다. 각 반복 단계에서 미분 계산을 피하기 위하여 매 단계의 $f'(x_n)$을 $f'(x_0)$로 대체하는 방법이 제시되어 왔다. 또한 뉴턴법의 미분 계산을 하나 걸러 한 단계마다 진행하는 방식 역시 제안되어 왔다. 이 방법은 아래와 같이 주어진다. 근이 알려져 있는 여러 간단한 함수에 대하여 위에 제안한 두 방법을 뉴턴법과 수치적으로 비교하라. 매 반복 단계마다 각 방법의 오차를 출력하여 수렴 정도를 확인하라. 제안한 방법들은 얼마나 잘 작동하는가?

$$\begin{cases} x_{2n+1}=x_{2n}-\dfrac{f(x_{2n})}{f'(x_{2n})} \\ x_{2n+2}=x_{2n+1}-\dfrac{f(x_{2n+1})}{f'(x_{2n})} \end{cases}$$

27 다음 알고리즘으로 실변수(양의 실수) x의 제곱근을 계산하는 **실함수** $Sqrt(x)$를 작성하라. 우선 $x=2^{2m}r$ (단, $\frac{1}{4}\leq r<1$)을 만족하는 실수 r과 정수 m을 찾아 x의 범위를 축소한다.

$x_{n+1} = \frac{1}{2}\left(x_n + \frac{r}{x_n}\right)$과 같은 뉴턴 점화식을 세 번 반복 적용하여 x_2를 계산한다. 이때 특수한 초기 근삿값은 $x_0 = 1.27235367 + 0.242693281\,r - \frac{1.02966039}{1+r}$이다. 그 다음으로 $\sqrt{x} \approx 2^m x_2$로 설정한다. 다양한 x값에 대하여 이 알고리즘을 테스트하라. 컴퓨터 시스템에서 제곱근 함수의 코드 목록을 살펴보아라. 코드의 주석을 읽고 제곱근 함수가 어떤 알고리즘을 사용하는지 확인하라.

28 $\sqrt{R}$을 계산하기 위한 다음 방법은 삼차 수렴성third-order convergence을 가진다. 이 방법과 앞 27번 문제의 방법을 활용하여 수치적 실험을 진행하고 수렴성에 차이가 있는지를 관찰하라. 이때 시작점 근사와 범위 축소에 관한 시작 프로시저는 두 방법에서 동일하게 사용한다.

$$x_{n+1} = \frac{x_n(x_n^2 + 3R)}{3x_n^2 + R}$$

29 다음 절차에 따라 실변수 x의 세 제곱근을 계산하는 **실함수** $CubeRoot(x)$를 구현하라. 우선 $x = r2^{3m}$ (단, $\frac{1}{8} \le r < 1$)을 만족하는 실수 r과 정수 m을 결정한 후 다음의 뉴턴 점화식을 네 번 적용하여 x_4를 계산한다.

$$x_{n+1} = \frac{2}{3}\left(x_n + \frac{r}{2x_n^2}\right)$$

여기서 특수한 시작점으로 다음 값을 사용한다. 이제 $\sqrt[3]{x} \approx 2^m x_4$로 설정한다. 이 알고리즘을 다양한 x값에 대하여 테스트하라.

$$x_0 = 2.502926 - \frac{8.045125(r + 0.3877552)}{(r + 4.612244)(r + 0.3877552) - 0.3598496}$$

30 MATLAB, Maple, Mathematica에 있는 수학 소프트웨어를 활용하여 $f(x) = x^3 - 2x^2 + x - 3$에 대해 $x_0 = 0$을 시작점으로 뉴턴법을 10번 적용한 결과를 계산하라. 아홉 번의 반복 후 소수점 아래 100번째 자리까지의 정확도로 x를 구했을 때, 그 값이 다음과 같음을 보여라.

2.174559410292980074202318988695653925675948725337082498336733920302364764792757606611528969388320640

각 반복값에서의 함숫값이 9.0, 2.0, 0.26, 0.0065, 0.45×10^{-5}, 0.22×10^{-11}, 0.50×10^{-24}, 0.27×10^{-49}, 0.1×10^{-98}, 0.1×10^{-98}임을 보여라. 뉴턴법에서 반복값이 근과 충분히 가까울 때 정확한 자리의 개수가 대략 매 반복 단계마다 2배씩 늘어남을 다시 한번 주목하라.

31 MATLAB, Maple, Mathematica를 활용하여 위 문제의 근이 정확하게 다음과 같음을 보여라. 분명 수치 방법론의 연구에 있어서는 이와 같은 형태보다는 소수점으로 표현한 결과값이 더욱 관심을 받는다.

$$\sqrt[3]{\frac{79}{54} + \frac{1}{6}\sqrt{77}} + \frac{1}{9\sqrt[3]{\frac{79}{54} + \frac{1}{6}\sqrt{77}}} + \frac{2}{3}$$

32 앞 문제의 함수에 대하여 복소수 근을 포함한 모든 근을 찾아라.

33 수치적으로 다음 비선형 연립방정식의 모든 근을 찾아라. 또한 그 결과를 입증하는 그래프를 그려라.

(a) $y = 2x^2 + 3x - 4,\ y = x^2 + 2x + 3$

(b) $y + x + 3 = 0,\ x^2 + y^2 = 17$

(c) $y = \frac{1}{2}x - 5,\ y = x^2 + 2x - 15$

(d) $xy = 1,\ x + y = 2$

(e) $y = x^2,\ x^2 + (y-2)^2 = 4$

(f) $3x^2 + 2y^2 = 35,\ 4x^2 - 3y^2 = 24$

(g) $x^2 - xy + y^2 = 21,\ x^2 + 2xy - 8y^2 = 0$

34 다음 테스트 문제들에 대하여 뉴턴법을 적용하라.

(a) $f(x) = x^2$

힌트 : 근에서 함수의 미분값이 0이므로 이차 수렴이 아닐 수 있다.

(b) $f(x) = x + x^{4/3}$

힌트 : 근에서 함수의 2계 도함수 값이 존재하지 않으므로 이차 수렴이 안 될 수 있다.

(c) $f(x) = x + x^2\sin(2/x)$(단, $x \ne 0$, $f(0) = 0$),
$f'(x) = 1 + 2x\sin(2/x) - 2\cos(2/x)$
(단, $x \ne 0$, $f'(0) = 1$)

힌트 : 근에서 함수의 도함수가 연속적이지 않으므로 뉴턴법이 수렴하지 않을 수 있다.

35 $\boldsymbol{F(X)} = \begin{bmatrix} x_1^2 - x_2 + c \\ x_2^2 - x_1 + c \end{bmatrix} = \begin{bmatrix} 0 \\ 0 \end{bmatrix}$이라 하자. 각 성분 방정식 $f_1(x) = 0$과 $f_2(x) = 0$은 포물선의 방정식을 나타낸다. 두 포물선이 만나는 모든 점 (x^*, y^*)이 이 비선형 연립방정식의 해이다. 비선형 연립방정식에 대한 뉴턴법을 활용하여 각 매개변수 $c = \frac{1}{2}, \frac{1}{4}, -\frac{1}{2}, -1$에 대한 해를 찾아라. 각각의 경우에 대한 야코비 행렬을 구하라. 또한 각 값에 대하여 교점이 잘 보이도

록 결과적인 포물선을 그려라.

36 $F(X) = \begin{bmatrix} x_1^2 + 2x_2 - 2 \\ x_1 + 4x_2^2 - 4 \end{bmatrix} = \begin{bmatrix} 0 \\ 0 \end{bmatrix}$이라 하자. 이 비선형 시스템을 $X^{(0)} = (1, 2)$에서 시작하여 풀고 야코비 행렬을 구하라. 또한 교점이 잘 보이도록 결과적인 포물선을 그려라.

37 뉴턴법을 활용하여 $f(z) = z^3 - z$의 근을 $z^{(0)} = 1 + 1.5i$, $1 + 1.1i$, $1 + 1.2i$, $1 + 1.3i$을 시작점으로 하여 찾아라.

38 (GPS Global Positioning System **프로젝트**) GPS가 사용될 때마다 다음과 같은 형태의 비선형 연립방정식을 수신자의 좌표 (x, y, z)에 대하여 풀어야 한다.

$$\begin{cases} (x-a_1)^2 + (y-b_1)^2 + (z-c_1)^2 = [C(t_1 - D)]^2 \\ (x-a_2)^2 + (y-b_2)^2 + (z-c_2)^2 = [C(t_2 - D)]^2 \\ (x-a_3)^2 + (y-b_3)^2 + (z-c_3)^2 = [C(t_3 - D)]^2 \\ (x-a_4)^2 + (y-b_4)^2 + (z-c_4)^2 = [C(t_4 - D)]^2 \end{cases}$$

각각의 위성 i에 대하여 (a_i, b_i, c_i)는 위성의 위치이며 t_i는 위성에서 동기화된 전송시간이다. 또한 C는 광속, D는 동기화된 위성 시간과 지구 표면의 수신자 시간 간의 차이다. 세 개의 구의 교점은 두 개의 점뿐이지만 (그중 하나를 원하는 위치로 결정할 수 있다) 네 번째 구(위성)는 지구상의 저렴한 수신기가 가진 시간의 부정확성을 해결하기 위해 반드시 사용되어야 한다. 이와 같은 비선형 시스템을 풀기 위한 다양한 방법을 탐구하라.

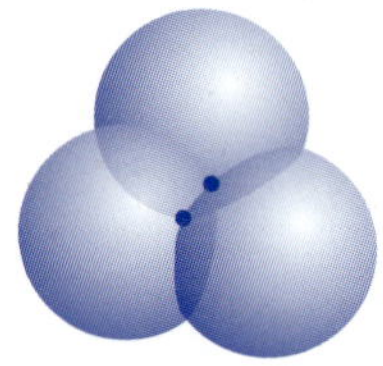

39 MATLAB, Maple, Mathematica와 같은 수학 소프트웨어와 그 속에 내장된 프로시저들을 활용하여 [예제 2]의 비선형 연립방정식 (8)을 풀어라. 또한 주어진 곡면과 구한 해를 그래프로 그려라.

힌트 : 야코비 행렬이 역행렬을 가지지 않는 경우를 피하기 위해 약간 벗어난 시작점 $(0.5, 1.5, 0.5)$를 사용할 수 있다.

3.3 할선법

이제 거의 뉴턴법만큼 빠르게 수렴하는 범용적인 새로운 방법을 소개해 보자. 이 방법은 뉴턴법을 모방하면서도 미분 계산은 피하고 있다. 뉴턴법의 점화식은 다음 공식을 통해 x_n에 대한 식에서 x_{n+1}을 정의했음을 상기해 보자.

방법에 대한 설명

$$x_{n+1} = x_n - \frac{f(x_n)}{f'(x_n)} \tag{1}$$

할선법 secant method에서는 공식 (1)의 $f'(x_n)$을 쉽게 계산할 수 있는 근삿값으로 바꾼다. 도함수가 다음과 같이 정의되므로

$$f'(x) = \lim_{h \to 0} \frac{f(x+h) - f(x)}{h}$$

아주 작은 h에 대하여 다음이 성립한다.

$$f'(x) \approx \frac{f(x+h) - f(x)}{h}$$

(4.3절에서 이 주제에 대하여 다시 살펴볼 때 위 근사가 1차 미분에 대한 유한차분 근사 finite difference approximation라는 것을 배울 것이다.) 특히 $x = x_n$이고 $h = x_{n-1} - x_n$인 경우, 다음

이 성립한다.

$$f'(x_n) \approx \frac{f(x_{n-1}) - f(x_n)}{x_{n-1} - x_n} \tag{2}$$

이 근사를 식 (1)에 대입하면 그 결과가 바로 **할선법**의 정의이다.

$$x_{n+1} = x_n - \left(\frac{x_n - x_{n-1}}{f(x_n) - f(x_{n-1})}\right) f(x_n) \tag{3}$$

할선법 공식

할선법은 (뉴턴법과 마찬가지로) 연립방정식을 푸는 데 사용될 수 있다.

할선법이란 이름은 식 (2)의 우변이 f의 그래프에서 할선의 기울기와 같기 때문에 붙여진 이름이다([그림 3.8] 참조). 물론 좌변은 f의 그래프에서 접선의 기울기와 같다(이와 비슷하게 뉴턴법은 '접선법tangent method'이라 부를 수 있을 것이다).

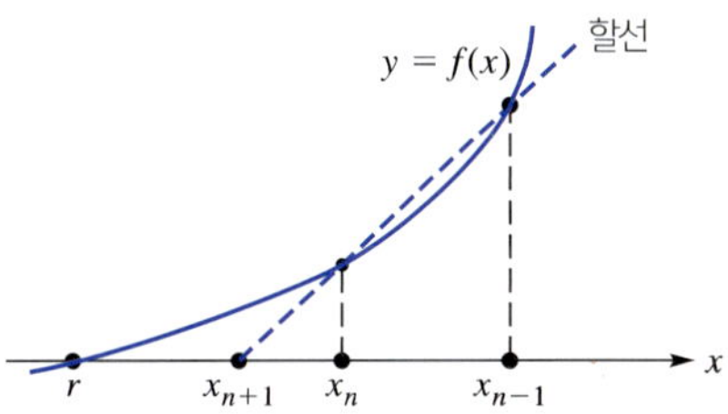

[그림 3.8] 할선법

식 (3)에 대한 몇 가지 논점이 있다. 분명히 x_{n+1}은 이 수열에서 이전의 두 항[9]에 의해 결정된다. 따라서 할선법을 시작하려면 두 점 x_0, x_1이 주어져야 한다. 그 후 식 (3)을 통해 $x_2, x_3, \cdots$을 구할 수 있다. 할선법을 프로그래밍할 때 $f(x_n) - f(x_{n-1})$의 값을 계산하고 테스트해 볼 수 있는데, 만일 이 값이 거의 0에 가깝다면 식 (3)에서 언더플로가 발생할 수 있다. 물론 할선법이 계속 이어진다면 점 x_n은 f의 근에 가까워질 것이다. 따라서 (f가 연속이라 가정하면) $f(x_n)$의 값은 0으로 수렴할 것이다. 또한 $f(x_{n-1})$의 값도 0으로 수렴할 것이므로 $f(x_n) - f(x_{n-1})$ 역시 더더욱 0에 가까워진다. 만일 $f(x_n)$과 $f(x_{n-1})$이 같은 부호를 갖는 경우 뺄셈에서 추가적인 유효숫자가 상쇄되어 버린다. 따라서 $\frac{1}{2} \times 10^{-6}$과 같은 특정 허용오차 δ에 대하여 $|f(x_n) - f(x_{n-1})| \le \delta |f(x_n)|$일 때, 반복을 중지해야 할 수도 있다([컴퓨터 연습문제 3.3.18] 참조).

9 (옮긴이) x_{n-1}과 x_n을 말한다.

할선법 알고리즘

구간 $[a, b] = [x_0, x_1]$에서 시작하여 함수 f에 적용한 할선법을 $nmax$단계 시행하는 프로시저 유사코드는 다음과 같다.

Secant 유사코드

```
procedure Secant(f, a, b, nmax, ε)
integer n, nmax;   real a, b, fa, fb, ε, d
external function f
fa ← f(a)
fb ← f(b)
if |fa| > |fb| then
    a ⟷ b
    fa ⟷ fb
end if
output 0, a, fa
output 1, b, fb
for n = 2 to nmax
    if |fa| > |fb| then
        a ⟷ b
        fa ⟷ fb
    end if
    d ← (b − a)/(fb − fa)
    b ← a
    fb ← fa
    d ← d · fa
    if |d| < ε then
        output "convergence"
        return
    end if
    a ← a − d
    fa ← f(a)
    output n, a, fa
end for
end procedure Secant
```

여기서 $\leftrightarrow$ 기호는 두 값을 서로 바꾸어 대입한다는 의미이다. 두 끝점 $[a, b]$는 필요에 따라 $|f(a)| \leq |f(b)|$가 유지되도록 서로 교환될 수 있다. 결과적으로 함수의 절댓값은 증가하지 않는다. 즉 $n \geq 1$에 대하여 $|f(x_n)| \geq |f(x_{n+1})|$을 만족한다.

예제 1 $x_0 = -1, x_1 = 1$일 때 할선법을 $p(x) = x^5 + x^3 + 3$에 시행하였다면 x_8의 값은 무엇인가?

풀이

이 할선법 유사코드에 대응하는 컴퓨터 프로그램의 출력 결과는 다음과 같다(계산에는 32비트 워드 길이의 컴퓨터를 사용하였다).

n	x_n	$p(x_n)$
0	-1.0	1.0
1	1.0	5.0
2	-1.5	-7.97
3	-1.05575	0.512
4	-1.11416	-9.991×10^{-2}
5	-1.10462	7.593×10^{-3}
6	-1.10529	1.011×10^{-4}
7	-1.10530	2.990×10^{-7}
8	-1.10530	2.990×10^{-7}

수학 소프트웨어를 활용하면 하나의 실근 -1.1053과 두 쌍의 켤레복소수근 $-0.319201\pm 1.35008i$와 $0.871851\pm0.806311i$를 찾을 수 있다.

수렴성 분석

할선법은 (첫 단계 이후) 매 단계마다 단 한 번의 함숫값 계산만 필요하기 때문에(반면 뉴턴법에서는 2회의 함숫값 계산이 필요하다) 거의 뉴턴법만큼이나 빠르게 수렴한다는 장점이 있다. 식 (3)에 정의된 기본 할선법이 다음과 같은 형태의 식을 만족한다는 것을 보일 수 있다.

$$e_{n+1}=-\frac{1}{2}\left(\frac{f''(\xi_n)}{f'(\zeta_n)}\right)e_ne_{n-1}\approx-\frac{1}{2}\left(\frac{f''(r)}{f'(r)}\right)e_ne_{n-1} \tag{4}$$

오차 벡터 근사

여기서 ξ_n와 ζ_n은 r과 x_n, x_{n-1}을 포함하는 가장 작은 구간 안에 속하는 수이다. 따라서 비율 $\dfrac{e_{n+1}}{e_ne_{n-1}}$은 $-\dfrac{1}{2}\dfrac{f''(r)}{f'(r)}$으로 수렴한다. 할선법의 수렴 속도는 대체로 이분법과 뉴턴법 사이이다.

식 (4)의 두 번째 부분을 증명하기 위하여 할선법의 점화식 (3)과 오차의 정의에서 시작해 보자.

$$\begin{aligned}
e_{n+1}&=r-x_{n+1}\\
&=r-\frac{f(x_n)x_{n-1}-f(x_{n-1})x_n}{f(x_n)-f(x_{n-1})}\\
&=\frac{f(x_n)e_{n-1}-f(x_{n-1})e_n}{f(x_n)-f(x_{n-1})}\\
&=\left[\frac{x_n-x_{n-1}}{f(x_n)-f(x_{n-1})}\right]\left[\frac{\dfrac{f(x_n)}{e_n}-\dfrac{f(x_{n-1})}{e_{n-1}}}{x_n-x_{n-1}}\right]e_ne_{n-1}
\end{aligned} \tag{5}$$

테일러 정리에 의해 다음이 성립한다.

$$f(x_n)=f(r-e_n)=f(r)-e_nf'(r)+\frac{1}{2}e_n^2f''(r)+\mathcal{O}(e_n^3)$$

$f(r)=0$이므로 이로부터 다음을 얻는다.

$$\frac{f(x_n)}{e_n}=-f'(r)+\frac{1}{2}e_n f''(r)+\mathcal{O}(e_n^2)$$

첨자를 $n-1$로 바꾸면 다음과 같다.

$$\frac{f(x_{n-1})}{e_{n-1}}=-f'(r)+\frac{1}{2}e_{n-1}f''(r)+\mathcal{O}(e_{n-1}^2)$$

위의 두 식 간에 뺄셈을 하면 다음 식을 도출할 수 있다.

$$\frac{f(x_n)}{e_n}-\frac{f(x_{n-1})}{e_{n-1}}=\frac{1}{2}(e_n-e_{n-1})f''(r)+\mathcal{O}(e_n^2)-\mathcal{O}(e_{n-1}^2)$$

이때 $x_n-x_{n-1}=e_{n-1}-e_n$이므로 다음 식을 얻는다.

$$\frac{\dfrac{f(x_n)}{e_n}-\dfrac{f(x_{n-1})}{e_{n-1}}}{x_n-x_{n-1}}\approx-\frac{1}{2}f''(r)$$

식 (5)의 첫 번째 대괄호 부분은

$$\frac{x_n-x_{n-1}}{f(x_n)-f(x_{n-1})}\approx\frac{1}{f'(r)}$$

로 쓸 수 있다. 따라서 식 (4)의 두 번째 부분을 증명하였다. 방정식 (4)의 첫 번째 부분의 증명은 4장에서 다룰 내용과 관계가 있기에 연습문제로 남긴다([연습문제 3.3.18] 참조).

식 (4)에서 할선법의 수렴 차수는 다음과 같은 부등식의 형태로 표현할 수 있다.

$$|e_{n+1}|\le C|e_n|^{\alpha} \tag{6}$$

오차한계(초선형 수렴성)

여기서 $\alpha=\frac{1}{2}(1+\sqrt{5})\approx 1.62$는 **황금비율**golden ratio이다. $\alpha>1$이므로 이러한 수렴을 **초선형**superlinear 수렴이라고 말한다. 부등식 (6)이 참이라고 가정하면 할선법이 특정 조건하에서 수렴함을 보일 수 있다.

$c=c(\delta)$를 3.2절의 식 (2)와 같이 정의하자. 만일 일부 근 r에 대하여 $|r-x_n|\le\delta$와 $|r-x_{n-1}|\le\delta$가 성립한다면 식 (4)에서 다음을 얻을 수 있다.

$$|e_{n+1}|\le c|e_n||e_{n-1}| \tag{7}$$

시작점 x_0와 x_1이 충분히 r에 가까워서 어떤 $D<1$에 대하여 $c|e_0|\le D$와 $c|e_1|\le D$가 성립한다고 하면 다음과 같다.

$$\begin{aligned}
&c|e_1|\le D,\quad c|e_0|\le D\\
&c|e_2|\le c|e_1|c|e_0|\le D^2\\
&c|e_3|\le c|e_2|c|e_1|\le D^3
\end{aligned}$$

$$c|e_4| \le c|e_3|c|e_2| \le D^5$$
$$c|e_5| \le c|e_4|c|e_3| \le D^8$$
$$\vdots$$

따라서 일반적으로 다음 식을 만족한다.

$$|e_n| \le c^{-1} D^{\lambda_{n+1}} \tag{8}$$

여기서 λ_n은 귀납적으로 다음과 같이 정의한 수열이다.

$$\begin{cases} \lambda_1 = 1, \quad \lambda_2 = 1 \\ \lambda_n = \lambda_{n-1} + \lambda_{n-2} \ \ (n \ge 3) \end{cases} \tag{9}$$

이 식은 그 유명한 **피보나치 수열** Fibonacci sequence 1, 1, 2, 3, 5, 8, ⋯을 생성하는 점화식이다. 이 수열이 놀랍게도 다음과 같은 명쾌한 공식으로 표현됨을 입증할 수 있다.

피보나치 수열

$$\lambda_n = \frac{1}{\sqrt{5}}(\alpha^n - \beta^n) \tag{10}$$

여기서 $\alpha = \frac{1}{2}(1+\sqrt{5})$이고 $\beta = \frac{1}{2}(1-\sqrt{5})$이다. $D<1$, $\lambda_n \to \infty$이므로 부등식 (8)에서 $e_n \to 0$이 된다. 따라서 $n \to \infty$일 때 $x_n \to r$이며, x_0, x_1이 근 r에 충분히 가까우면 할선법은 근 r로 수렴한다.

다음으로 부등식 (6)이 실제로 합리적임을 설명해 보겠다(엄밀한 증명은 아니다). 부등식 (7)에서 이제 다음을 얻을 수 있다.

$$\begin{aligned} |e_{n+1}| &\le c|e_n||e_{n-1}| \\ &= c|e_n|^{\alpha}|e_n|^{1-\alpha}|e_{n-1}| \\ &\approx c|e_n|^{\alpha}(c^{-1}D^{\lambda_{n+1}})^{1-\alpha}(c^{-1}D^{\lambda_n}) \\ &= |e_n|^{\alpha}c^{\alpha-1}D^{\lambda_{n+1}(1-\alpha)+\lambda_n} \\ &= |e_n|^{\alpha}c^{\alpha-1}D^{\lambda_{n+2}-\alpha\lambda_{n+1}} \end{aligned}$$

위 과정에서 부등식 (8)에 대한 근사를 사용하였다. 마지막 줄에서는 점화식 (9)를 사용하였다. 이제 $\lambda_{n+2} - \alpha\lambda_{n+1}$은 0으로 수렴한다([연습문제 3.3.6] 참조). 따라서 $c^{\alpha-1}D^{\lambda_{n+2}-\alpha\lambda_{n+1}}$은 유계 bounded 이다. 상한을 n의 함수인 C라고 하면 다음을 얻는다.

오차 벡터의 근사

$$|e_{n+1}| \approx C|e_n|^{\alpha}$$

이 식은 부등식 (6)에 대한 합리적인 근사이다.

할선법의 수렴 차수는 일반적인 점화식을 이용한 다른 방법(약간의 손 계산)으로 유도될 수도 있다. 식 (4)에서 다음을 얻는다.

또 다른 수렴성 분석

$$e_{n+1} \approx K e_n e_{n-1}$$

여기서 $K = -\frac{1}{2}f''(r)/f'(r)$이다. 위 식을 다른 형태로 표현하면

$$|Ke_{n+1}| \approx |Ke_n||Ke_{n-1}|$$

이다. 이제 $z_i = \log|Ke_i|$라 놓으면 z_n에 대한 다음 점화식을 얻는다.

$$z_{n+1} = z_n + z_{n-1}$$

여기서 z_0와 z_1은 임의의 값이다. 이 식은 상수 계수를 갖는 선형 점화식으로 이를 피보나치 수열 (9)와 비교해 보면, 두 초깃값 z_0, z_1이 주어져 있지 않다는 점만 제외하면 두 식이 유사하다. 이 점화식의 해는 다음과 같은 형태를 가진다.

$$z_n = A\alpha^n + B\beta^n \tag{11}$$

여기서 $\alpha = \frac{1}{2}(1+\sqrt{5})$이고 $\beta = \frac{1}{2}(1-\sqrt{5})$이다. α, β는 이차방정식 $\lambda^2 - \lambda - 1 = 0$의 두 근이다. $|\alpha| > |\beta|$이므로 $A\alpha^n$ 항이 지배적이다. 따라서 어떤 상수 A와 충분히 큰 자연수 n에 대하여 다음이 성립한다고 할 수 있다.

$$z_n \approx A\alpha^n$$

결론적으로 다음 식을 얻을 수 있다.

$$|Ke_n| \approx 10^{A\alpha^n}$$

따라서 이로부터

$$|Ke_{n+1}| \approx 10^{A\alpha^{n+1}} = (10^{A\alpha^n})^\alpha = |Ke_n|^\alpha$$

이므로, 적당한 상수 C와 큰 n에 대하여

$$|e_{n+1}| \approx C|e_n|^\alpha \tag{12}$$

오차 벡터 근사

이 성립한다. 또 다시 부등식 (6)이 본질적으로 입증되었다! 부등식 (6)에 대한 엄밀한 수학적 증명은 지루하고 장황하다.

여러 방법 간의 비교

이분법, 뉴턴법, 할선법의 장단점

이 장에서는 방정식 $f(x) = 0$을 풀기 위한 기본적인 방법을 3가지 제시하였다. 이분법은 신뢰할 만하지만 수렴 속도가 느리다. 뉴턴법은 수렴이 빠르지만 이는 시작점이 근과 가까울 때에만 그러하며 f'의 값도 필요하다. 할선법은 뉴턴법과 비슷한 정도로 빠르며, 일반적으로 아예 구할 수 없거나 계산에 시간이 많이 들어가는 도함수 f'에 대한 정보를 필요로 하지 않는다. 이분법을 사용할 때에는 f의 함숫값의 부호가 서로 다른 두 점을 찾아야 하며, 이때 함수 f는 연속이기만 하면 된다. 뉴턴법을 사용할 때에는 근 근처에서 시작점을 잡아야 하며 f가 미분 가능한 함수여야 한다. 할선법에서는 두 개의 좋은 시작점이 필요하다. 뉴턴법의 과정은 '선형화하고 풀기^linearize and solve^'라는 방식으로 요약되는

두 단계 절차를 반복하는 것으로 설명할 수 있다. 이러한 전략은 수많은 다른 수치 문제들에도 적용 가능하며 그 중요성은 정말 강조할 만하다. 뉴턴법과 할선법은 둘 다 근을 묶지는 못한다.[10] 수정된 가위치법은 두 방법(이분법 및 뉴턴법-할선법)의 장점을 모두 가지고 있다.

10 (옮긴이) 근을 묶는다라는 표현은 이분법에서 반복 구간이 $[a, b]$일 때 $f(a)$와 $f(b)$가 서로 반대 부호인 성질을 갖는 것을 말한다.

비선형 함수의 근을 근사할 때 종종 할선법이 이분법이나 가위치법보다 더 빠른 경우가 있다. 이분법이나 가위치법과는 달리 할선법에서는 구간 $[a_k, b_k]$가 근을 중심으로 서로 반대쪽에 위치할 필요도 없고, 함숫값에 부호 변화가 있을 필요도 없다. 게다가 할선의 기울기가 아주 작아질 수 있으므로 단 한 번의 단계만으로 현재 점에서 멀리 이동해 버릴 수도 있다. 그러나 할선법은 근 근처에서 아주 작은 기울기를 가지는 비선형 함수의 근을 찾는 경우에는 실패할 가능성이 있는데, 이는 할선의 x절편이 큰 폭으로 바뀔 수 있기 때문이다.

좋은 함수에 비교적 근과 가깝게 추정값을 정했다면 대부분의 방법은 상대적으로 적은 횟수로 반복하여 근에 가깝게 접근할 수 있다. 그러나 이들 중 어떤 방법을 쓰든 문제를 일으킬 수 있는 말썽꾸러기 함수들이 존재한다. 주어진 비선형 문제의 해법을 선택할 때 함수의 움직임, $f(a)f(b) < 0$을 만족하는 구간 $[a, b]$, 함수의 1계 도함수, 원하는 근에 대한 좋은 초기 근삿값 등 알고 있는 다양한 정보들을 고려해야 한다.

하이브리드 방식

결합 방식

주어진 함수의 근을 찾기 위한 최적의 알고리즘을 구하려는 노력으로 다양한 하이브리드 방법들이 개발되어 왔다. 그러한 과정 중 일부는 이분법(초기 수차례의 반복에만 사용)에 할선법, 또는 뉴턴법을 결합하였다. 또한 반복 과정을 모니터링하고 중단 규칙을 실행하기 위한 적응적 방법들도 사용되었다.

고정점 반복법 fixed-point iteration

또 다른 접근법

비선형 방정식 $f(x) = 0$에서 우리는 f의 그래프가 x축$(y = 0)$과 교차하는 지점을 찾았다. 다른 접근법으로 이 문제를 f와 관련한 비선형 함수 g에 대해 $x = g(x)$인 고정점을 찾는 문제로 바꾸어 생각하는 방법이 있다. 고정점 문제에서는 g의 그래프가 대각선인 $y = x$와 교차하는 점을 찾는다. $x = g(x)$를 만족하는 x값을 g의 **고정점**fixed point이라 부른다. 함수 g가 x에 적용되어도 x값이 변하지 않기 때문이다. 비선형 방정식 $f(x) = 0$을 푸는 수많은 반복 알고리즘들은 다음과 같은 고정점 반복법에 기반을 두고 있다.

$$x^{(n+1)} = g(x^{(n)})$$

이때 g는 $f(x) = 0$의 해인 고정점을 갖는다. 초기 시작값 $x^{(0)}$를 선택한 후 반복값이 충분히 수렴할 때까지 반복법을 되풀이하여 적용한다.

예제 2 비선형 함수 $f(x)=x^2-x-2$의 근을 계산하기 위해 고정점 프로시저를 적용하라. 이때 $g(x)=1+\dfrac{2}{x}$이며 $x^{(0)}=1$에서 시작한다. 그래프 상으로 수렴 과정을 추적하라.

풀이

고정점 반복법은 다음과 같다.

$$x^{(n+1)}=1+\frac{2}{x^{(n)}}$$

반복 알고리즘을 8단계 시행한 결과는 $x^{(0)}=1$, $x^{(1)}=3$, $x^{(2)}=5/3$, $x^{(3)}=11/5$, $x^{(4)}=21/11$, $x^{(5)}=43/21$, $x^{(6)}=85/43$, $x^{(7)}=171/85$, $x^{(8)}=341/171\approx 1.99415$이다. [그림 3.9]에서 각 단계들이 고정점 2를 향해 나선형으로 움직이는 모습을 볼 수 있다.

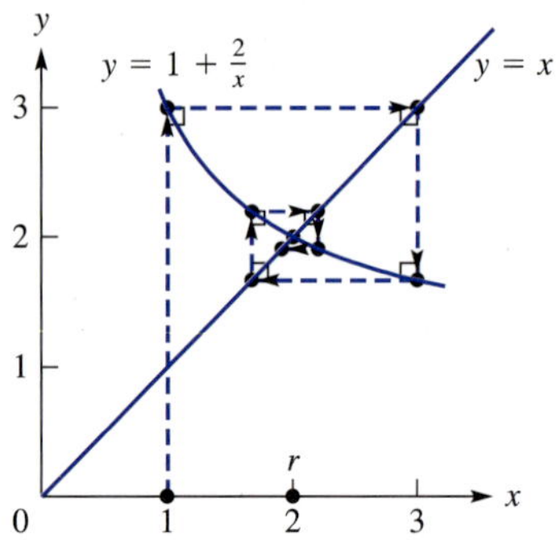

[그림 3.9] $f(x)=x^2-x-2$에 대한 고정점 반복법

국소적 수렴성

주어진 비선형 방정식 $f(x)=0$에 대하여 이 방정식과 동치인 고정점 문제 $x=g(x)$가 많이 존재할 수 있다. 이때 g는 각기 다른 함수일 수 있으며 어떤 것은 다른 것들보다 더 나은 함수일 수 있다. 반복법의 움직임을 묘사하는 간단한 방법은 $x^*=g(x^*)$이고 $|g'(x^*)|<1$인 경우에 $x^{(n+1)}=g(x^{(n)})$이 x^*에 대해 국소적으로 수렴[locally convergent]한다고 말하는 것이다. 국소적으로 수렴한다는 의미는 x^*를 포함하는 적당한 구간이 있어서 그 구간에 속하는 임의의 시작값 $x^{(0)}$에 대하여 고정점 반복법이 수렴함을 의미한다. 만일 $|g'(x^*)|>1$이면 고정점 반복법은 x^*를 제외한 임의의 시작값 $x^{(0)}$에 대하여 발산한다. 고정점 반복법은 많은 과학 및 공학 문제 해결에 표준적인 해법으로 사용되고 있다. 사실 고정점 이론을 이용하면 뉴턴법의 수렴성 증명을 단순화할 수 있다.

3.3 요약

- 함수 $f(x)$의 근 r을 찾기 위한 **할선법**은 $n \ge 1$에 대해 다음과 같이 나타낼 수 있다.

$$x_{n+1} = x_n - \left(\frac{x_n - x_{n-1}}{f(x_n) - f(x_{n-1})}\right) f(x_n)$$

여기서 두 개의 초깃값 x_0와 x_1이 필요하다. 첫 단계 이후부터는 매 단계마다 딱 한 번씩만 함숫값 계산을 하면 된다.

- 할선법의 $(n+1)$단계 이후 반복법의 오차 $e_i = r - x_i$는 다음 식을 만족한다.

$$e_{n+1} = -\frac{1}{2}\left(\frac{f''(\xi_n)}{f'(\zeta_n)}\right) e_n e_{n-1}$$

위 식에서 다음 근사를 얻는다.

$$|e_{n+1}| \approx C|e_n|^{(1+\sqrt{5})/2} \approx C|e_n|^{1.62}$$

따라서 할선법은 **초선형 수렴성** 움직임을 보인다.

3.3 연습문제

01 $x_0 = 3$, $x_1 = 2$일 때 할선법 한 단계를 적용하여 $4^{3/4}$의 근삿값을 계산하라.

02 $x_0 = 0$, $x_1 = 1$일 때 $f(x) = x^3 - 2x + 2$에 할선법을 적용하면 x_2의 값은 얼마인가?

03 $x_{n-2} = 0$, $x_{n-1} = 1$일 때 $f(x) = x^5 + x^3 + 3$에 할선법을 적용하면 x_n의 값은 얼마인가?

04 $x_0 = 0$, $x_1 = 1$일 때 $x_{n+1} = x_n + \dfrac{(2 - e^{x_n})(x_n - x_{n-1})}{(e^{x_n} - e^{x_{n-1}})}$이라면 $\lim_{n\to\infty} x_n$의 값은 얼마인가?

05 이분법, 뉴턴법, 할선법을 사용하여 방정식 $x^3 - 5x + 3 = 0$의 가장 큰 양수 근을 소수점 아래 셋째 자리까지 정확한 값으로 구하라(이 방정식의 모든 근은 구간 $[-3, +3]$에 속한다).

06 본문의 할선법에 대한 첫 번째 분석에서 $\lambda_{n+1} - \alpha\lambda_n$이 $n \to \infty$일 때 0으로 수렴함을 증명하라.

07 식 (10)을 증명하라.

08 점화식을 사용하여 할선법의 수렴 차수를 유도하라. 즉 식 (11)의 상수 A, B를 찾고 식 (12)에 도달하기까지의 과정을 완성하라.

09 할선법으로 양수의 제곱근을 찾기 위한 점화식은 무엇인가([연습문제 3.2.1] 참조)?

10 할선법의 점화식이 다음과 같이 표현될 수 있음을 보여라. 컴퓨터 프로그램에서 이 점화식과 식 (3) 중 어느 것이 더 높은 정확도를 나타내면서 수치적으로 안정적인지 살펴보라.

$$x_{n+1} = \frac{x_{n-1} f(x_n) - x_n f(x_{n-1})}{f(x_n) - f(x_{n-1})}$$

11 뉴턴법의 반복점이 r로 수렴하고 $f'(r) \ne 0$이면 $f(r) = 0$임을 설명하라. 할선법에 대해서도 같은 주장을 증명하라.

힌트 : 뒷부분을 증명할 때는 미적분학의 평균값 정리가 유용할 것이다. 평균값 정리는 테일러 정리에서 $n = 0$인 경우이다.

12 주어진 함수 f의 근을 찾는 다음과 같은 방법을 생각해 보자. 근에 대한 초기 근삿값으로 x_0, x_1을 선택하고 x_0를 고정한 채로 다음을 반복한다. 이 점화식은 f에 대한 특정 조건하에서 f의 근으로 수렴한다. 특정 조건하에서 단일근으로 수렴하는 비율이 선형적임을 증명하라.

$$x_{n+1} = x_n - \left(\frac{x_n - x_0}{f(x_n) - f(x_0)}\right) f(x_n)$$

13 다양한 수렴 유형(예를 들면 선형적, 초선형적, 이차적)을 보여주는 다음의 수열들을 테스트하라. 여기서 $n = 1, 2, 3 \cdots$이다.

(a) $x_n = n^{-2}$ (b) $x_n = 2^{-n}$

(c) $x_n = 2^{-2^n}$

(d) $a_0 = a_1 = 1$일 때 $x_n = 2^{-a_n}$과 $a_{n+1} = a_n + a_{n-1}$ (단, $n \ge 2$)

14 이번 문제 및 다음 세 개의 문제는 **함수 반복법**functional iteration에 대한 문제이다. 함수 반복법은 임의의 x_0에서 시작하여 $x_{n+1} = f(x_n)$을 정의하는 것으로, 여기서 $n = 0, 1, 2 \cdots$이다. 만일 f가 연속이고 수열 $\{x_n\}$이 수렴하면 수열의 극한값이 f의 고정점임을 보여라.

15 만일 f가 실수 전체에서 정의된 함수로, 그 도함수가 1보다 작은 어떤 상수 c에 대하여 $|f'(x)| \le c$를 만족할 때, 함수 반복법이 f의 고정점을 생성함을 보여라.

힌트 : 이를 증명하는 데 1.2절의 평균값 정리를 사용하는 것이 도움이 될 것이다.

16 계산기로 $x_0 = 1$을 시작점으로 하여 $f(x) = \frac{x}{2} + \frac{1}{x}$에 함수 반복법을 시행하라. 결과적인 수열의 극한값은 얼마인가?

17 함수 반복법을 사용하여 방정식 $10 - 2x + \sin x = 0$이 근을 가짐을 증명하라. 그래프를 그려 근의 대략적인 위치를 확인하라. 또 구한 근의 근삿값을 반복의 시작값으로 하여 함수 반복법을 시행하여 근을 정확하게 구하라. 이때 계산기를 사용하라.

힌트 : 주어진 방정식을 $x = 5 + \frac{1}{2}\sin x$의 꼴로 써라.

18 식 (4)의 첫 번째 부분을 식 (5)를 이용하여 증명하라.

힌트 : 4.3절의 분할차분과 미분의 관계를 활용하라.

3.3 컴퓨터 연습문제

01 할선법을 사용하여 -0.5 근처의 $f(x) = e^x - 3x^2$의 근을 찾아라. 이 함수는 4 근처에서도 근을 가진다. 이 양수 근을 뉴턴법으로 찾아라.

02 $f(x) = 0$을 풀기 위해 할선법을 사용하여 다음과 같은 프로그램을 작성하라. 입력변수들을 차례로 살펴보자. f는 주어진 함수의 이름이며 $x1, x2$는 근의 초기 근삿값이다. $epsi$는 할선법의 연속된 두 반복값이 이 값보다 작은 경우에 반복을 중단하는 양수 허용오차이다. $delta$는 함숫값이 이 값보다 작은 경우 반복을 중단하는 양수 허용오차이다. $maxf$는 양의 정수로 허용된 함숫값의 계산 횟수를 제한한다. 이번에는 출력변수들을 살펴보자. x는 근의 최종 추정값이다. $ierr$은 정수형 오차 플래그 변수로 허용오차 테스트를 위배했는지를 나타내는 값이다. 이 루틴을 [컴퓨터 연습문제 3.3.1]의 함수를 이용하여 테스트하라. 근의 최종 추정값과 그 점에서의 함숫값을 출력하라.

Procedure *Secant*(f, $x1$, $x2$, *epsi*, *delta*, *maxf*, x, *ierr*)

03 이 장의 도입 부분에 소개된 여러 함수들 중 하나를 골라 이 절에 제시된 방법 중 하나를 적용하여 근을 찾아라.

04 할선법에 대한 재귀 프로시저를 작성하고 테스트하라.

05 3.3절의 할선법 예제를 $x_0 = 0$, $x_1 = 1$을 시작점으로 하여 다시 실행하라. 비정상적인 결과에 대하여 설명하라.

06 다음 각각의 함수에 대하여 근을 찾을 때 할선법과 뉴턴법을 비교하는 간단한 프로그램을 작성하라. 할선법의 두 번째 시작점으로 뉴턴법에서 얻은 x_1값을 사용하라. 각 방법에 대하여 매 반복 단계마다 결과를 출력하라.

(a) $x^3 - 3x + 1,\ x_0 = 2$

(b) $x^3 - 2\sin x,\ x_0 = \frac{1}{2}$

07 할선법의 시작점을 $x_0 = 2$, $x_1 = 1$로 하여 $f(x) = x^3 + 2x^2 + 10x - 20$의 근을 찾는 간단한 프로그램을 작성하라. 최대 20단계를 반복 시행하고 중단 테스트도 포함하라. 여기서 필요한 단계의 횟수를 뉴턴법에서 필요한 횟수와 비교하라. 수렴은 이차적인가?

08 다음 함수 집합 $f_k(x) = 2e^{-k}x + 1 - 3e^{-kx}$ (단, $k = 1, 2, 3, \cdots, 10$)에 할선법을 테스트하라. 각각의 경우에 반복 시작점은 0과 1을 사용하라.

09 윌킨슨Wilkinson은 다항식에서 계수의 미세한 변화가 그 다항식의 근에 아주 큰 영향을 미칠 수 있음을 예를 들어 보여주었다. 아래의 식을 살펴보자. 이 식은 **윌킨슨 다항식**이라 알려져 있다. f의 근은 당연히 정수 $1, 2, \cdots, 20$이다. 함수가 $f(x) - 10^{-8}x^{19}$으로 바뀌었을 때 근 $r = 20$에 무슨 일이 생기는지 살펴보라.

$$f(x) = (x-1)(x-2)\cdots(x-20)$$

힌트 : 배정밀도에서 할선법을 사용하면 구간 $[20, 21]$에서 근을 찾을 수 있다.

10 r과 $f'(r)$, $f''(r)$이 미리 알려져 있는 함수 f에 대하여 할선법을 테스트하라. 비율 $\dfrac{e_{n+1}}{(e_n e_{n-1})}$이 $-\dfrac{1}{2}\dfrac{f''(r)}{f'(r)}$으로 수렴하는지를 살펴보라. 이 테스트에는 함수 $f(x) = \arctan x$가 적당하다.

11 함수를 하나 선택하여 다음 반복법이 단일근에는 삼차적으로 수렴하지만 중근에는 선형적으로만 수렴함을 수치적으로 확인하라.

$$x_{n+1} = x_n - \frac{f(x_n)}{\sqrt{[f'(x_n)]^2 - f(x_n)f''(x_n)}}$$

12 다음과 같이 주어지는 **올버법**Olver's method이 삼차적으로 f의 근에 수렴함을 수치적으로 테스트하라. 올버법이 삼차적으로 수렴함을 증명하라.

$$x_{n+1} = x_n - \frac{f(x_n)}{f'(x_n)} - \frac{1}{2}\frac{f''(x_n)}{f'(x_n)}\left[\frac{f(x_n)}{f'(x_n)}\right]^2$$

13 다음의 **할레이법**Halley's method에 대하여 12번 문제를 반복하라.

$$x_{n+1} = x_n - \frac{1}{a_n} \quad \left(단,\ a_n = \frac{f'(x_n)}{f(x_n)} - \frac{1}{2}\left[\frac{f''(x_n)}{f'(x_n)}\right]\right)$$

14 (**몰러-모리슨 알고리즘**Moler-Morrision algorithm) $\sqrt{x^2+y^2}$에 대한 근사를 계산할 때, 제곱근을 사용할 필요가 없다. 이는 다음과 같이 수행될 수 있다. 이 알고리즘을 $(x, y) = (3, 4)$, $(-5, 12)$, $(7, -24)$와 같은 간단한 몇몇 경우에 테스트하라. 또한 함수 $f(x, y)$를 사용하여 벡터 $x = (x_1, x_2, \cdots, x_n)$의 **유클리드 노름**Euclidean norm을 근사하는 루틴을 작성하라. 여기서 벡터 x의 유클리드 노름이란 음이 아닌 수 $\|x\| = (x_1^2 + x_2^2 + \ldots + x_n^2)^{1/2}$을 의미한다.

```
real function f(x, y)
integer n;   real a, b, c, x, y
f ← max {|x|, |y|}
a ← min {|x|, |y|}
for n = 1 to 3
    b ← (a/f)^2
    c ← b/(4 + b)
    f ← f + 2cf
    a ← ca
end for
end function f
```

15 구간 $[0, 2]$에 있는 x_0의 초깃값에서 시작하여 $x_{n+1} = F(x_n)$을 반복 시행할 때, 다음의 함수 F에 대하여 반복값이 어떤지 살펴보라. 우선 계산기를 사용하여 계산해 본 후 컴퓨터를 사용하고 그 결과를 설명하라.

(a) **텐트 함수**tent function를 사용하라.

$$F(x) = \begin{cases} 2x & (2x < 1) \\ 2x - 1 & (2x \geq 1) \end{cases}$$

(b) 다음 함수를 사용하여 반복하라.

$$F(x) = 10x \ (\text{modulo } 1)$$[11]

힌트 : 무질서한 거동에 놀라지 마라.

16 [컴퓨터 연습문제 3.2.21 ~ 3.2.23]과 같은 연립방정식을 푸는 데 어떻게 할선법이 사용될 수 있는지를 설명하라.

17 (**학생 연구 프로젝트**) **뮬러법**Muller's method은 $f(x) = 0$의 근을 계산하기 위한 알고리즘이다. 이 방법은 국소적으로 f를 간단한 함수로 대체한 후 그 함수의 근을 찾는다는 점에서 할선법과 유사하다. 자연스럽게 이러한 단계를 반복한다. 뮬러법에서 선택하는 단순한 함수는 2차 다항식 p로, p는 가장 최근의 반복점 3개에서 f를 보간하는 다항식이다. p를 정하고 p의 근을 찾은 후 두 근 중 하나를 다음 반복값으로 고른다. 이차함수는 복소수 근을 가질 수도 있으므로 알고리즘을 구현할 때는 이 점을 반드시 염두에 두어야 한다. 세 점 x_{n-2}, x_{n-1}, x_n이 계산되었다고 가정하자. 이때 $p(x) = a(x-x_n)(x-x_{n-1}) + b(x-x_n) + c$로 놓고 a, b, c는 p가 앞서 언급했던 세 개의 점에서 f를 보간하도록 찾는다. 그 다음으로 p의 근을 찾고 x_n에 가까운 p의 근을 x_{n+1}로 택한다. 맨 처음에는 반복 시작값 3개가 사용자에 의해 제공되어야 한다. 복소수까지 허용하여 뮬러법을 프로그래밍하라. 다음의 예에 대해 작성한 프로그램을 테스트하라.

$$f(x) = x^3 + x^2 - 10x - 10$$

만일 처음 세 점이 $1, 2, 3$이라면 다항식이

$$p(x) = 7(x-3)(x-2) + 14(x-3) - 4$$

이고, $x_4 = 3.17971086$임을 알 수 있을 것이다. 그 다음 작성한 코드를 복소수 근을 갖는 실계수 다항식에 테스트하라.

18 본문에 기술된 중단 조건을 포함한 할선법 알고리즘에 대한 코드를 프로그래밍하고 테스트하라.

19 MATLAB, Mathematica, Maple과 같은 수학 소프트웨어를 사용하여 다항식 $p(x)=x^5+x^3+3$의 실근을 찾아라. 본문의 [예제 1]에서 제시된 해보다 정확한 자릿수가 더 많은 근을 얻어라.

20 복소수 근을 허용하는 수학 소프트웨어를 사용하여 앞 문제의 다항식의 모든 근을 찾아라.

21 본문에 예제로 주어진 여러 비선형 방정식들을 풀기 위한 하이브리드 방법 하나를 프로그램하고 주어진 결과와 직접 구한 결과를 비교하라.

22 다음 각 함수들의 고정점을 찾아라.

(a) e^x+1 (b) $e^{-x}-x$

(c) $x^2-4\sin x$ (d) $x^3+6x^2+11x-6$

(e) $\sin x$

23 1과 2를 근으로 가지는 비선형 방정식 $f(x)=x^2-x-2=0$에 대하여 이 방정식과 동치인 네 개의 고정점 문제 $x=g(x)$를 써라. 이들 모두의 g의 그래프를 그리고, 그 그래프 모두가 직선 $x=y$와 만남을 보여라. 또한 각 고정점 반복의 매 수렴 단계를 시작점 $x^{(0)}$를 바꾸어가며 그려라. 이러한 고정점 방식에서의 반복값의 움직임이 느린 수렴, 빠른 수렴, 발산과 같이 크게 달라질 수 있음을 보여라.

---

11 (옮긴이) $F(x)=10x\,(\mathrm{modulo}\,1)$은 $10x$를 1로 나눈 나머지를 의미한다. 예를 들어 $F(0.1)=0,\ F(1.23)=0.3$이다.

4장 보간법과 수치 미분

Interpolation and Numerical Differentiation

다음 표와 같이 서로 다른 온도에서의 실험을 통해 물의 점성을 얻을 수 있다.

온도(℃)	0	5	10	15
점성(mm^2/s)	1.792	1.519	1.308	1.140

이 표에서 온도 8℃에서의 합리적인 점성의 값을 어떻게 추측할 수 있을까?

4.1절에서 논의할 다항식 보간법을 사용하면 표의 수치들을 추정하는 3차 다항식을 만들 수 있다. 그 다항식은 표에 나타나지 않은 중간값들을 그럴듯하게 제공해야 한다. 그 다항식에서 8℃일 때의 값은 1.386이다.

4.1 다항식의 보간법

들어가는 말

우리는 이번 장과 6장(스플라인spline 관련), 9장(최소 제곱법 관련)에서 이 주제를 나타내는 함수의 표현과 관련한 세 가지 문제를 제기할 것이다.

첫 번째로 함수의 값들이 다음의 표로 주어졌다고 가정하자.

문제 1

x	x_0	x_1	$\cdots$	x_n
y	y_0	y_1	$\cdots$	y_n

주어진 점을 정확히 재현하는 간단하고 편리한 식을 찾을 수 있는가?

문제 2

두 번째 문제는 위와 비슷하지만 표에 주어진 수치들이 오차에 의해 오염되었다고 가정한다. 이러한 상황은 물리 실험에서 얻어진 값들에서 종종 발생한다. 이제 우리는 데이터를 (근사적으로) 표현하면서도 가능한 한 오차를 제거한 식을 찾아야 한다.

문제 3

마지막 문제로 (아마 컴퓨터 프로시저 형태로) 주어진 함수 f에 대하여 이 함수에서 계산해야 할 계산량이 크다고 하자. 이러한 경우 f에 대한 합리적인 근삿값을 생산하면서도 계산하기는 훨씬 쉬운 다른 함수 g를 찾아야 한다. 이런 문제에서 때로는 g가 최대 머신 정밀도로 f를 근사하는 함수여야 할 수도 있다.

간단한 함수

앞의 모든 문제들에서 주어진 표나 함수 f를 근사하거나 표현하는 간단한 함수 p를 구할 수 있다. 다른 형태의 간단한 함수가 다양하게 사용될 수도 있지만, p라는 표기는 항상 다항식이 되도록 선택한다. 일단 간단한 함수 p를 구하면 p는 많은 상황에서 f의 대체함수로 사용될 수 있다. 예를 들면 f의 적분은 p의 적분을 통해 추정될 수 있으며, 후자가 일반적으로 계산하기 더 쉬워야 한다.

앞에서 언급한 문제들에 대한 해답으로 얻은 다항식이 실제적 관점에서 보면 불만족스러운 경우가 많기 때문에 다른 범주의 함수들도 고려해야 한다. 이 책에서는 스플라인 함수(6장 참조)라는 다른 범주의 다용도 함수에 대해 논의할 것이다. 하지만 이번 장에서는 오직 다항식에 관해서만 살펴볼 것이다. 9장에서 일반적인 선형 함수들을 다루게 되는데 그중 중요한 예로는 스플라인과 다항식들이 있다.

높은 차수의 다항식

이전 문제들에서 다항식이 실제적인 해법이 되지 못한 명백한 이유는 다항식의 차수가 터무니없이 높을 수 있기 때문이었다. 예를 들어 표에 1000개의 항이 있다면 이 표를 표현하기 위해 999차 다항식이 필요할 수도 있다. 또한 다항식은 크게 진동한다는 놀라운 결점을 가질 수도 있다. 만약 주어진 표가 다항식 p에 의해 정확하게 표현된다면 $0 \le i \le n$에서 $p(x_i) = y_i$일 것이다. 그러나 $p(x)$가 주어진 x_i를 제외한 나머지 점들에서는 표의 정보를 잘 표현하지 못하는 나쁜 함수일 수 있다. 룽게 함수Runge function와 관련한 4.2절의 예가 그러한 현상을 잘 보여준다.

다항식 보간법

다음의 표에서 시작해 보자.

다항식 보간표

x	x_0	x_1	$\cdots$	x_n
y	y_0	y_1	$\cdots$	y_n

여기서 x_i들이 서로 다른 $(n+1)$개의 점들의 집합을 이룬다고 가정하자. 이 표는 데카르트 평면에서 $(n+1)$개의 점을 나타내고 우리는 그 모든 점을 지나는 다항식 곡선을 찾으려고 한다. 따라서 모든 x에 대해 정의되고 표의 $(n+1)$개의 x_i에서 각각에 대응하는 y_i값을 취하는 다항식을 구해야 한다. 다항식 p가 $0 \le i \le n$에서 $p(x_i) = y_i$를 만족할 때, 이 다항식 p가 주어진 표를 **보간한다**interpolate고 한다. 점 x_i들은 **노드**node [1]라고 불린다.

1 (옮긴이) 노드는 절점으로, 선의 끝점처럼 위상학적으로 중요한 점을 의미한다.

상수인 경우

가장 쉬운 첫 번째 경우인 $n=0$을 고려해 보자. 이 경우에는 상수 함수가 이 문제의 해법이다. 다시 말해 $p(x) = y_0$로 정의되는 0차 다항식 p는 한 개의 노드로 이루어진 표를 재현한다.

다음으로 쉬운 경우는 $n=1$일 때이다. 직선은 두 점을 지나기 때문에 선형 함수가 이 문제의 해법이다. 명백하게 다음과 같이 정의한 다항식 p는 (최대) 1차 다항식으로 주어진 표를 따른다.

선형인 경우

$$p(x) = \left(\frac{x - x_1}{x_0 - x_1}\right) y_0 + \left(\frac{x - x_0}{x_1 - x_0}\right) y_1 = y_0 + \left(\frac{y_1 - y_0}{x_1 - x_0}\right)(x - x_0)$$

이는 (이 경우에서) $p(x_0) = y_0$, $p(x_1) = y_1$을 만족하다는 의미로 위 식에서 쉽게 확인할 수 있다. 여기서 p는 **선형 보간법**linear interpolation을 사용한 것이다.

예제 1 다음 표를 보간하는 최소 차수의 다항식을 찾아라.

x	1.4	1.25
y	3.7	3.9

풀이

선형인 경우의 식에 의해 해당 다항식을 다음과 같이 구할 수 있다.

$$\begin{aligned} p(x) &= \left(\frac{x-1.25}{1.4-1.25}\right)3.7+\left(\frac{x-1.4}{1.25-1.4}\right)3.9 \\ &= 3.7+\left(\frac{3.9-3.7}{1.25-1.4}\right)(x-1.4) \\ &= 3.7-\frac{4}{3}(x-1.4) \end{aligned}$$

이 장에서 볼 수 있듯이 보간 다항식은 라그랑주 형태 Lagrange form 나 뉴턴 형태를 포함한 다양한 형태로 표현될 수 있다. 뉴턴 형태가 아마도 가장 편리하고 편한 방법일 것이다. 그러나 개념적으로는 라그랑주 형태가 몇 가지 장점을 지니고 있다. 라그랑주 형태가 이해하기 더 쉬울 수 있으므로 라그랑주 형태부터 시작해 보자.

보간 다항식 : 라그랑주 형태

고정한 노드 $x_0, x_1, \cdots, x_n$의 집합에서 임의의 함수를 보간한다고 가정해 보자. 우선 보간 이론에서 $(n+1)$개의 n차 다항식(**기수 다항식** cardinal polynomial 으로 알려져 있다)으로 이루어진 시스템을 정의하자. 이 다항식들은 $\ell_0, \ell_1, \cdots, \ell_n$으로 표현되며, 다음의 성질을 가진다.

$$\ell_i(x_j)=\delta_{ij}=\begin{cases}0 & (i\neq j\text{일 때})\\ 1 & (i=j\text{일 때})\end{cases}$$

크로네커 델타의 성질

이러한 다항식들을 얻을 수만 있다면 어떠한 함수 f라도 다음의 **보간 다항식의 라그랑주 형태**로 보간할 수 있다.

$$p_n(x)=\sum_{i=0}^{n}\ell_i(x)f(x_i) \tag{1}$$

라그랑주 형태

다항식 ℓ_i의 선형 결합인 함수 p_n은 그 자체로 최대 차수가 n차인 다항식이다. 게다가 x_j에서 p_n의 값을 계산하면 $f(x_j)$를 얻을 수 있다.

$$p_n(x_j)=\sum_{i=0}^{n}\ell_i(x_j)f(x_i)=\ell_j(x_j)f(x_j)=f(x_j)$$

따라서 p_n은 노드 $x_0, x_1, \cdots, x_n$에서 함수 f를 보간하는 다항식이다. 이제 남은 것은 기수 다항식 ℓ_i의 식을 쓰는 것이며 이는 다음과 같다.

$$\ell_i(x) = \prod_{\substack{j \neq i \\ j=0}}^{n} \left(\frac{x - x_j}{x_i - x_j} \right) \qquad (0 \leq i \leq n) \tag{2}$$

기수 다항식

이 식은 $\ell_i(x)$가 n개의 선형 요소들의 곱임을 보여준다(분모는 그냥 수이다. 변수 x는 분자에만 등장한다).

$$\ell_i(x) = \left(\frac{x - x_0}{x_i - x_0} \right) \left(\frac{x - x_1}{x_i - x_1} \right) \cdots \left(\frac{x - x_{i-1}}{x_i - x_{i-1}} \right) \left(\frac{x - x_{i+1}}{x_i - x_{i+1}} \right) \cdots \left(\frac{x - x_n}{x_i - x_n} \right)$$

확장한 형태

따라서 ℓ_i는 n차 다항식이다. $x = x_i$에서 $\ell_i(x)$를 계산하면 이 식의 각 요소들이 1이 됨을 주목하라. 그러므로 $\ell_i(x_i) = 1$이다. 하지만 다른 노드, 예를 들어 x_j에서 $\ell_i(x)$를 계산하면 앞 식의 요소 중 하나가 0이 되므로 $i \neq j$일 때 $\ell_i(x_j) = 0$이다.

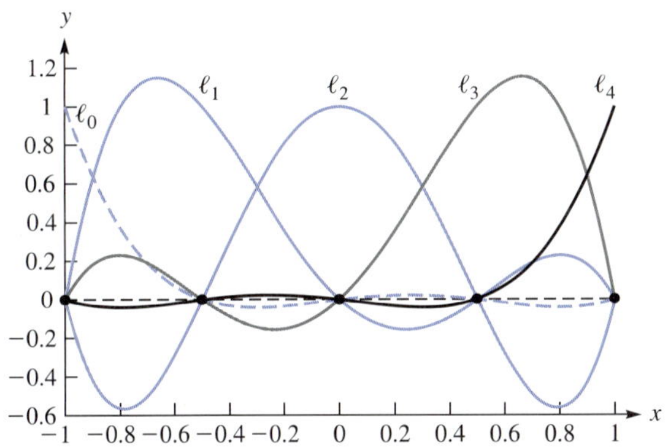

[그림 4.1] 처음 몇 개의 라그랑주 기수 다항식

[그림 4.1]은 처음 5개의 라그랑주 기수 다항식 $\ell_0(x)$, $\ell_1(x)$, $\ell_2(x)$, $\ell_3(x)$, $\ell_4(x)$를 보여준다.

예제 2 **다음 표를 보간하는 문제에 적합한 기수 다항식을 써라. 그리고 보간 다항식의 라그랑주 형태를 구하라.**

x	$\frac{1}{3}$	$\frac{1}{4}$	1
$f(x)$	2	−1	7

풀이

식 (2)를 사용하면 다음을 얻는다.

$$\ell_0(x) = \frac{\left(x - \frac{1}{4}\right)(x-1)}{\left(\frac{1}{3} - \frac{1}{4}\right)\left(\frac{1}{3} - 1\right)} = -18\left(x - \frac{1}{4}\right)(x-1)$$

$$\ell_1(x)=\frac{\left(x-\frac{1}{3}\right)(x-1)}{\left(\frac{1}{4}-\frac{1}{3}\right)\left(\frac{1}{4}-1\right)}=16\left(x-\frac{1}{3}\right)(x-1)$$

$$\ell_2(x)=\frac{\left(x-\frac{1}{3}\right)\left(x-\frac{1}{4}\right)}{\left(1-\frac{1}{3}\right)\left(1-\frac{1}{4}\right)}=2\left(x-\frac{1}{3}\right)\left(x-\frac{1}{4}\right)$$

따라서 라그랑주 형태의 보간 다항식은 다음과 같다.

$$p_2(x)=-36\left(x-\frac{1}{4}\right)(x-1)-16\left(x-\frac{1}{3}\right)(x-1)+14\left(x-\frac{1}{3}\right)\left(x-\frac{1}{4}\right)$$

보간 다항식의 존재

라그랑주 보간식은 어떠한 값의 표에 대해서도 보간 다항식이 존재함을 입증한다. 이 사실을 증명하는 다른 건설적인 방법이 존재하며 이 방법은 다른 형태의 식을 제공한다.

표의 일부[part]를 재현하는 다항식 p를 찾는 데 성공했다고 가정하자. 즉 $0 \le i \le k$에 대해서 $p(x_i)=y_i$라 가정한다. 표의 다른 항들을 재현하는 새로운 다항식을 얻기 위해 다른 항을 p에 더하려고 한다. 다음을 고려해 보자. *$p(x)$의 존재*

$$p(x)+c(x-x_0)(x-x_1)\cdots(x-x_k)$$

여기서 c는 결정되어야 할 상수이며, 이 식은 당연히 다항식이다. 또한 이 식은 표에서의 처음 k개의 점들을 재현하는데, 이는 p 자체가 그렇게 하고 있는데다가 더해진 부분이 $x_0, x_1, \cdots, x_k$에서 0이기 때문이다(이러한 형태는 바로 이 이유 때문에 선택한 것이다). 이제 x_{k+1}에서 새로운 다항식의 값이 y_{k+1}이 되게끔 변수 c를 조정한다. 이 조건을 적용하여 다음을 얻는다.

$$p(x_{k+1})+c(x_{k+1}-x_0)(x_{k+1}-x_1)\cdots(x_{k+1}-x_k)=y_{k+1}$$

$0 \le i \le k$에 대해서 어떤 요소 $x_{k+1}-x_i$도 0이 아니기 때문에 위 식에서 적절한 c값을 얻을 수 있다. x_i들이 서로 모두 다르다는 원래 가정을 기억하자.

이 분석은 귀납적 추론의 한 예이다. 우리는 이 과정이 시작될 수 있고 또 계속될 수 있음을 보였다. 따라서 다음의 공식적인 진술은 부분적으로 그 정당성이 입증되었다. *귀납적 추론*

> **I 정리 보간 다항식의 존재에 관한 정리**
> 점 $x_0, x_1, \cdots, x_n$이 서로 다르다면 임의의 실수 $y_0, y_1, \cdots, y_n$에 대해 $0 \le i \le n$에서 $p(x_i)=y_i$를 만족하는 최대 n차의 유일한 다항식 p가 존재한다.

이 공식 진술에서 여전히 입증되어야 하는 부분이 두 가지 있다. 첫 번째는 다항식의 차수가 귀납적 과정의 각 단계마다 기껏해야 1씩 증가한다는 점이다. 처음의 차수는 최대 0이었으므로 마지막 차수는 최대 n이다. *$p(x)$의 차수*

두 번째는 다항식 p의 유일성을 확인하는 것이다. 또 다른 다항식 q가 p의 역할을 수행하는 다항식이라 가정하자. 즉 q의 차수도 최대 n차이고 $0 \le i \le n$에서 $q(x_i) = y_i$를 만족한다. 그러면 다항식 $p-q$는 최대 n차의 차수를 보이며 $x_0, x_1, \cdots, x_n$에서 0의 값을 가진다. 그러나 0이 아닌 n차 다항식은 최대 n개의 근을 가진다는 사실을 상기하라. 따라서 $p=q$라는 결론을 내릴 수 있다. 이로써 p의 유일성을 입증했다.

$p(x)$의 유일성

보간 다항식 : 뉴턴 형태

[예제 2]에서 보간 다항식의 라그랑주 형태를 구했었다.

$$p_2(x) = -36\left(x-\frac{1}{4}\right)(x-1) - 16\left(x-\frac{1}{3}\right)(x-1) + 14\left(x-\frac{1}{3}\right)\left(x-\frac{1}{4}\right)$$

이 다항식은 다음과 같이 간단하게 표현될 수 있다.

$$p_2(x) = -\frac{79}{6} + \frac{349}{6}x - 38x^2$$

이제 이 다항식이 축소한 뉴턴 형태[nested Newton form]라 불리는 다른 형태로 쓰일 수 있음을 배워 보자.

$$p_2(x) = 2 + \left(x-\frac{1}{3}\right)\left[36 + \left(x-\frac{1}{4}\right)(-38)\right]$$

$p_2(x)$의 축소한 뉴턴 형태

이 식은 최소 횟수의 산술 연산을 포함하므로 $p_2(x)$ 계산에 이 식을 사용하는 게 좋다. 뉴턴 형태와 라그랑주 형태가 정확하게 같은 다항식에서 유도한 두 개의 서로 다른 표현이라는 점은 매우 중요하다. 뉴턴 형태는 데이터 점들을 추가할 때 쉽게 확장할 수 있다는 장점을 가지고 있다.

지금까지 보간 다항식을 구성하는 방법을 제시했다. 이 방법은 **뉴턴 알고리즘**이라고 알려진 방법으로, 그 결과로 얻어진 다항식은 **보간 다항식의 뉴턴 형태**이다.

예제 3 **뉴턴 알고리즘을 사용해서 다음 표를 보간하는 최소 차수의 보간 다항식을 찾아라.**

x	0	1	-1	2	-2
y	-5	-3	-15	39	-9

풀이

구성에 있어서 다섯 개의 연속적인 다항식이 등장한다. 이 다항식들을 p_0, p_1, p_2, p_3, p_4라 하자. 다항식 p_0는 다음과 같이 정의한다.

$$p_0(x) = -5$$

다항식 p_0, p_1, p_2, p_3, p_4

다항식 p_1은 다음과 같은 형태를 갖는다.

$$p_1(x) = p_0(x) + c(x - x_0) = -5 + c(x-0)$$

p_1에서의 보간 조건은 $p_1(1) = -3$이다. 따라서 $-5+c(1-0) = -3$이다.

그러므로 $c=2$이고, $p_1(x) = -5+2x$이다. 다항식 p_2는 다음의 형태로 쓸 수 있다.

$$p_2(x) = p_1(x) + c(x-x_0)(x-x_1) = -5+2x+cx(x-1)$$

p_2에서의 보간 조건은 $p_2(-1) = -15$이다. 따라서 $-5+2(-1)+c(-1)(-1-1) = -15$이다. 이를 통해 $c=-4$를 얻으므로 그 결과

$$p_2(x) = -5+2x-4x(x-1)$$

을 얻는다. $p_3(x)$를 구하는 나머지 단계들도 비슷하다. 최종 결과는 다음과 같은 보간 다항식의 뉴턴 형태이다.

$$p_4(x) = -5+2x-4x(x-1)+8x(x-1)(x+1)+3x(x-1)(x+1)(x-2)$$

나중에 우리는 뉴턴 보간 다항식을 구성하는 더 좋은 알고리즘을 개발할 것이다. 그럼에도 방금 설명한 방법은 매우 적은 계산량을 필요로 하는 체계적인 방식이다. 주목해야 할 특징은 알고리즘에서의 새로운 다항식은 이전 다항식에 새로운 항을 추가해서 얻어진다는 점이다. 따라서 최종적으로 얻어진 다항식은 이전의 모든 다항식을 구성요소로 지니고 있다.

새로운 항 추가

축소형

계속 진행하기 전에 효율적인 계산을 위해 보간 다항식의 뉴턴 형태를 다시 써 보자.

예제 4 **[예제 3]의 다항식 p_4를 축소형으로 다시 쓰고 이를 이용하여 $p_4(3)$의 값을 구하라.**

풀이

p_4를 다음과 같이 쓸 수 있다.

$$p_4(x) = -5+x(2+(x-1)(-4+(x+1)(8+(x-2)3)))$$

축소형의 $p_4(x)$

따라서 다음을 얻을 수 있다.

$$p_4(3) = -5+3(2+2(-4+4(8+3))) = 241$$

또 다른 해는 축소형으로 다음과 같다.

$$p_4(x) = -5+x(4+x(-7+x(2+3x)))$$

이 경우에는 다음을 얻는다.

$$p_4(3) = -5+3(4+3(-7+3(2+3\cdot 3))) = 241$$

$p_4(x)$에서의 축소곱셈법

이러한 형태는 원래 다항식을 확장하고 체계적으로 인수 분해함으로써 얻을 수 있다. 이는 **축소형** nested form 으로 알려져 있으며, **축소곱셈법** nested multiplication 을 통해 계산한다.

정식으로 축소곱셈법을 묘사하기 위해(이로부터 유사코드로 표현될 수 있도록) 다음과 같은 뉴턴 형태의 일반적인 다항식을 생각해 보자.

$$p_n(x) = a_0 + a_1(x - x_0) + a_2(x - x_0)(x - x_1) + \cdots \\ + a_n(x - x_0)(x - x_1)\cdots(x - x_{n-1})$$

$p_n(x)$의 축소형은

$$p_n(x) = a_0 + (x - x_0)(a_1 + (x - x_1)(a_2 + \cdots + (x - x_{n-2})(a_{n-1} + (x - x_{n-1})(a_n))\cdots))$$

이다. **뉴턴 보간 다항식**은 다음과 같이 간결하게 나타낼 수 있다.

$$p_n(x) = \sum_{i=0}^{n} a_i \prod_{j=0}^{i-1}(x - x_j) \tag{3}$$

뉴턴 보간 다항식

여기서 $\prod_{j=0}^{-1}(x - x_j)$는 1로 해석한다. 또한 이를 다음과 같이 쓸 수 있다.

$$p_n(x) = \sum_{i=0}^{n} a_i \pi_i(x)$$

이때

$$\pi_i(x) = \prod_{j=0}^{i-1}(x - x_j) \tag{4}$$

뉴턴 다항식

이다. [그림 4.2]는 처음 6개의 뉴턴 다항식 $\pi_0(x)$, $\pi_1(x)$, $\pi_2(x)$, $\pi_3(x)$, $\pi_4(x)$, $\pi_5(x)$을 보여준다.

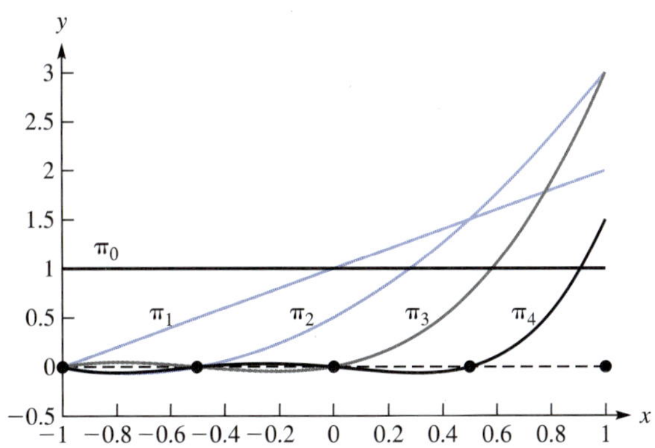

[그림 4.2] 처음 몇 개의 뉴턴 다항식

주어진 t값에 대해 $p(t)$를 계산할 때 자연스럽게 가장 안쪽에 있는 괄호부터 시작해서 연속적으로 다음의 값들을 형성한다.

$$
\begin{aligned}
v_0 &= a_n \\
v_1 &= v_0(t-x_{n-1})+a_{n-1} \\
v_2 &= v_1(t-x_{n-2})+a_{n-2} \\
&\vdots \\
v_n &= v_{n-1}(t-x_0)+a_0
\end{aligned}
$$

이제 v_n이 $p(t)$이다. 다음의 유사코드에서 v_i를 위한 첨자 변수는 필요하지 않다. 그 대신 다음과 같이 쓸 수 있다.

보간 다항식을 계산하는 유사코드

```
integer i, n;   real t, v;   real array (a_i)_0:n, (x_i)_0:n
v ← a_n
for i = n − 1 to 0 step −1
    v ← v(t − x_i) + a_i
end for
```

여기서 배열 $(a_i)_{0:n}$은 최대 n차인 보간 다항식의 뉴턴 형태 (3)의 $(n+1)$개의 계수를 포함하며, 배열 $(x_i)_{0:n}$은 $(n+1)$개의 노드 x_i를 포함한다.

분할차분을 이용한 계수 a_i의 계산

이제 계수 $a_0, a_1, \cdots, a_n$을 효율적으로 결정하는 문제를 생각해 보자. 다시 한번 함수 f의 값들로 이루어진 표에서 시작하자.

x	x_0	x_1	x_2	$\cdots$	x_n
$f(x)$	$f(x_0)$	$f(x_1)$	$f(x_2)$	$\cdots$	$f(x_n)$

점 $x_0, x_1, \cdots, x_n$들은 서로 다른 점이라 가정될 뿐, 이 점들의 위치에 대해서는 아무런 제한이 없다.

유일한 다항식 p_n

- p_n의 차수는 최대 n차이다.
- $i=0, 1, \cdots, n$에 대하여 $p_n(x_i)=f(x_i)$이다.

앞에서 각각의 $n=0, 1, \cdots$에 대해 다음을 만족하는 유일한 다항식 p_n이 있음을 입증했다. p_n은 뉴턴 형태로 다음과 같이 표현될 수 있다.

$$
\begin{aligned}
p_n(x) = a_0 + a_1(x-x_0) + a_2(x-x_0)(x-x_1) + \cdots \\
+ a_n(x-x_0)\cdots(x-x_{n-1})
\end{aligned}
$$

p_n에 관한 중요한 관찰 사실 중 하나는 계수 $a_0, a_1, \cdots, a_n$이 n에 의존하지 않는다는 것이다. 다시 말하면 p_{n-1}에 항 하나를 추가함으로써 p_n을 얻을 수 있는데, 이때 p_{n-1} 자체에

이미 존재하던 계수들은 변하지 않는다. 이는 애초에 p_n이 다음과 같은 형태

$$p_n(x) = p_{n-1}(x) + a_n(x - x_0)\cdots(x - x_{n-1})$$

한 번에 한 항씩 추가하기

로 표현되길 기대하면서 시작하기 때문이며, 실제로 이것이 가능하다는 사실을 밝힌 바 있다. 미지의 계수 $a_0, a_1, \cdots, a_n$을 체계적으로 결정하는 방법은 뉴턴 형태 (3)에서 x를 $x_0, x_1, \cdots, x_n$으로 대체하고 그 결과식을 쓰는 것이다.

$$\begin{cases} f(x_0) = a_0 \\ f(x_1) = a_0 + a_1(x_1 - x_0) \\ f(x_2) = a_0 + a_1(x_2 - x_0) + a_2(x_2 - x_0)(x_2 - x_1) \\ \quad\vdots \end{cases} \tag{5}$$

식 (5)를 압축한 형태는 다음과 같다.

$$f(x_k) = \sum_{i=0}^{k} a_i \prod_{j=0}^{i-1}(x_k - x_j) \qquad (0 \le k \le n) \tag{6}$$

식 (5)는 a_0부터 시작해서 차례대로 a_i들을 풀어낸다. 그러면 a_0는 $f(x_0)$에 의존하고, a_1은 $f(x_0)$과 $f(x_1)$에 의존하는 등의 방식을 확인할 수 있다. 일반적으로 a_k는 $f(x_0)$, $f(x_1), \cdots, f(x_k)$에 의존한다. 다시 말하면 a_k는 노드 $x_0, x_1, \cdots, x_k$에서의 함수 f의 값에 의존한다. 전통적인 기호로 표기하면 다음과 같다.

$$a_k = f[x_0, x_1, \cdots, x_k] \tag{7}$$

k차 분할차분 a_k

이 식은 $f[x_0, x_1, \cdots, x_k]$를 정의한다. 여기서 $f[x_0, x_1, \cdots, x_k]$는 f에 대한 **k차 분할차분**이라 불린다. 계수 $a_0, a_1, \cdots, a_k$는 시스템 (6)에 의해 유일하게 결정된다는 점에 주목하자. $a_0 = f(x_0)$가 a_0에 대한 유일한 선택이다. 이와 비슷하게 a_1도 $\dfrac{[f(x_1) - a_0]}{(x_1 - x_0)}$가 유일한 선택이며, 다른 계수들도 마찬가지이다. 식 (5)를 이용하면 처음 몇 개의 분할차분을 다음과 같이 쓸 수 있다.

$$a_0 = f(x_0)$$

$$a_1 = \frac{f(x_1) - a_0}{x_1 - x_0} = \frac{f(x_1) - f(x_0)}{x_1 - x_0}$$

$$a_2 = \frac{f(x_2) - a_0 - a_1(x_2 - x_0)}{(x_2 - x_0)(x_2 - x_1)} = \frac{\dfrac{f(x_2) - f(x_1)}{x_2 - x_1} - \dfrac{f(x_1) - f(x_0)}{x_1 - x_0}}{x_2 - x_0}$$

분할차분 a_0, a_1, a_2

예제 5 다음 표에 대해 $f[x_0]$, $f[x_0, x_1]$, $f[x_0, x_1, x_2]$를 결정하라.

x	1	-4	0
$f(x)$	3	13	-23

풀이

이 구체적인 예에 대해 식 (5)의 시스템을 다음과 같이 쓸 수 있다.

$$\begin{cases} 3 = a_0 \\ 13 = a_0 + a_1(-5) \\ -23 = a_0 + a_1(-1) + a_2(-1)(4) \end{cases}$$

해는 $a_0 = 3$, $a_1 = -2$, $a_2 = 7$이다. 따라서 이 함수에서 $f[1] = 3$, $f[1, -4] = -2$, $f[1, -4, 0] = 7$이다.

이 새로운 표기법을 사용하면 **보간 다항식의 뉴턴 형태**는 다음과 같은 형태를 취한다.

$$p_n(x) = \sum_{i=0}^{n} \left\{ f[x_0, x_1, \cdots, x_i] \prod_{j=0}^{i-1} (x - x_j) \right\} \tag{8}$$

보간 다항식의 뉴턴 형태

여기서 관행에 따라 $\prod_{j=0}^{-1}(x - x_j) = 1$이다. x^n항은 $\prod_{j=0}^{n-1}(x - x_j)$에서만 생기므로 p_n에서 x^n의 계수는 $f[x_0, x_1, \cdots, x_n]$임을 주목하라. 이로부터 f가 $(n-1)$차 이하의 다항식이면 $f[x_0, x_1, \cdots, x_n] = 0$이다.

이제 필요한 분할차분 $f[x_0, x_1, \cdots, x_k]$를 어떻게 계산할 것인지에 대한 질문으로 돌아가자. 식 (5)나 (6)에서 이 계산이 재귀적으로 이루어질 수 있다는 점은 분명하다. a_k에 대하여 식 (6)을 다음과 같이 간단히 풀어 보자.

$$f(x_k) = a_k \prod_{j=0}^{k-1} (x_k - x_j) + \sum_{i=0}^{k-1} a_i \prod_{j=0}^{i-1} (x_k - x_j)$$

이를 정리하면 다음과 같다.

$$a_k = \frac{f(x_k) - \sum_{i=0}^{k-1} a_i \prod_{j=0}^{i-1} (x_k - x_j)}{\prod_{j=0}^{k-1} (x_k - x_j)}$$

식 (7)을 이용해서 다음을 얻는다.

$$f[x_0, x_1, \cdots, x_k] = \frac{f(x_k) - \sum_{i=0}^{k-1} f[x_0, x_1, \cdots, x_i] \prod_{j=0}^{i-1} (x_k - x_j)}{\prod_{j=0}^{k-1} (x_k - x_j)} \tag{9}$$

알고리즘 f의 분할차분 계산

- $f[x_0]=f(x_0)$로 설정한다.
- $k=1,2,\cdots,n$에 대해서 식 (9)를 이용하여 $f[x_0,x_1,\cdots,x_n]$을 계산한다. (10)

예제 6 알고리즘 (10)을 이용해 $f[x_0]$, $f[x_0,x_1]$, $f[x_0,x_1,x_2]$, $f[x_0,x_1,x_2,x_3]$의 분할차분식을 써라.

풀이

처음 4개의 분할차분

$$f[x_0]=f(x_0)$$

$$f[x_0,x_1]=\frac{f(x_1)-f[x_0]}{x_1-x_0}$$

$$f[x_0,x_1,x_2]=\frac{f(x_2)-f[x_0]-f[x_0,x_1](x_2-x_0)}{(x_2-x_0)(x_2-x_1)}$$

$$f[x_0,x_1,x_2,x_3]=\frac{f(x_3)-f[x_0]-f[x_0,x_1](x_3-x_0)-f[x_0,x_1,x_2](x_3-x_0)(x_3-x_1)}{(x_3-x_0)(x_3-x_1)(x_3-x_2)}$$

알고리즘 (10)은 쉽게 프로그래밍할 수 있다. 분할차분 $f[x_0]$, $f[x_0,x_1]$, $\cdots$, $f[x_0,x_1,\cdots,x_n]$을 계산할 때, $\frac{1}{2}n(3n+1)$번의 덧셈과 $(n-1)(n-2)$번의 곱셈, n번의 나눗셈이 사용된다. 이 연산 횟수에서 첨자에 관한 연산은 제외했다. 이번에는 좀 더 세련된 방법을 소개해 보겠다. 이 유사코드는 단 세 구문(!)으로만 이루어져 있으며 필요한 연산 횟수는 $\frac{1}{2}n(n+1)$번의 나눗셈과 $n(n+1)$번의 덧셈이다.

연산 횟수

새로운 방법의 핵심은 다음과 같은 놀라운 정리이다.

2 정리 분할차분의 재귀적 성질

재귀적 성질

분할차분들은 다음의 식을 만족한다.

$$f[x_0,x_1,\cdots,x_k]=\frac{f[x_1,x_2,\cdots,x_k]-f[x_0,x_1,\cdots,x_{k-1}]}{x_k-x_0} \tag{11}$$

증명

$f[x_0,x_1,\cdots,x_k]$는 식 (3)의 뉴턴 보간 다항식 p_k의 계수 a_k와 같게끔 정의되었으므로, $f[x_0,x_1,\cdots,x_k]$를 $x_0,x_1,\cdots,x_k$에서 함수 f를 보간하는 k차 이하의 다항식 p_k에서 x^k의 계수라 할 수 있다. 이와 유사하게 $f[x_1,x_2,\cdots,x_k]$는 $x_1,x_2,\cdots,x_k$에서 함수 f를 보간하는 $(k-1)$차 이하의 다항식 q에서 x^{k-1}의 계수이다. 마찬가지로 $f[x_0,x_1,\cdots,x_{k-1}]$은 $x_0,x_1,\cdots,x_{k-1}$에서 함수 f를 보간하는 $(k-1)$차 이하의 다항식 p_{k-1}에서 x^{k-1}의 계수이다. 세 다항식 p_k, q, p_{k-1}은 서로 밀접하게 연관되어 있다. 실제로 다음 식이 성립한다.

$$p_k(x)=q(x)+\frac{x-x_k}{x_k-x_0}[q(x)-p_{k-1}(x)] \tag{12}$$

식 (12)를 입증하기 위해서 우변이 최대 k차의 다항식임을 확인한다. $1 \le i \le k-1$에 대하여 x_i에서 위의 식의 값을 계산하면 다음과 같이 $f(x_i)$를 얻을 수 있다.

$$q(x_i)+\frac{x_i-x_k}{x_k-x_0}[q(x_i)-p_{k-1}(x_i)]=f(x_i)+\frac{x_i-x_k}{x_k-x_0}[f(x_i)-f(x_i)]=f(x_i)$$

비슷한 방법으로 x_0과 x_k에서 계산하면 각각 $f(x_0)$와 $f(x_k)$의 값을 얻을 수 있다. 보간 다항식의 유일성에 의해 식 (12)의 우변은 $p_k(x)$가 되어야 하므로 이로써 식 (12)를 입증하였다.

식 (11)을 정당화하는 논의를 마무리하기 위해 식 (12)의 양변에서 x^k의 계수를 살펴보자. 그 결과는 식 (11)과 같다. 사실 $f[x_1, x_2, \cdots, x_k]$는 q에서 x^{k-1}의 계수이고, $f[x_0, x_1, \cdots, x_{k-1}]$은 p_{k-1}에서 x^{k-1}의 계수임을 알 수 있다. ☒

노드 $x_0, x_1, \cdots, x_k$들의 순서를 바꿔도 $f[x_0, x_1, \cdots, x_k]$의 값은 변하지 않는다는 사실에 주목하자. 따라서 예를 들면 다음이 성립한다.

$$f[x_0, x_1, x_2]=f[x_1, x_2, x_0]$$

그 이유는 $f[x_0, x_1, x_2]$가 x_0, x_1, x_2에서의 2차 보간 다항식 f의 x^2의 계수인 반면, $f[x_1, x_2, x_0]$는 x_1, x_2, x_0에서의 2차 보간 다항식 f의 x^2의 계수이기 때문이다. 물론 이 두 다항식은 똑같다! 수학적 언어로 표현한 정식 명제는 다음과 같다.

불변 성질

3 정리 불변 정리

분할차분 $f[x_0, x_1, \cdots, x_k]$는 $x_0, x_1, \cdots, x_k$의 순서가 바뀐 모든 순열에 대해 불변이다.

변수 $x_0, x_1, \cdots, x_k$와 k는 임의로 선택한 것이므로 재귀적인 식 (11)은 다음과 같이 표현한다.

$$f[x_i, x_{i+1}, \cdots, x_{j-1}, x_j]=\frac{f[x_{i+1}, x_{i+2}, \cdots, x_j]-f[x_i, x_{i+1}, \cdots, x_{j-1}]}{x_j-x_i} \tag{13}$$

따라서 처음 세 개의 분할차분은

처음 세 개의 분할차분

$$f[x_i]=f(x_i)$$

$$f[x_i, x_{i+1}]=\frac{f[x_{i+1}]-f[x_i]}{x_{i+1}-x_i}$$

$$f[x_i, x_{i+1}, x_{i+2}]=\frac{f[x_{i+1}, x_{i+2}]-f[x_i, x_{i+1}]}{x_{i+2}-x_i}$$

이다. 식 (13)을 이용하면 함수 f에 관한 분할차분 표를 구성할 수 있다. 관례적으로 다음과 같은 배열로 쓴다(여기서는 $n=3$이다).

x	$f[\,]$	$f[\,,\,]$	$f[\,,\,,\,]$	$f[\,,\,,\,,\,]$
x_0	$f[x_0]$			
		$f[x_0, x_1]$		
x_1	$f[x_1]$		$f[x_0, x_1, x_2]$	
		$f[x_1, x_2]$		$f[x_0, x_1, x_2, x_3]$
x_2	$f[x_2]$		$f[x_1, x_2, x_3]$	
		$f[x_2, x_3]$		
x_3	$f[x_3]$			

분할차분 표

이 표에서 가장 위에 있는 대각선의 계수들이 보간 다항식 (3)의 뉴턴 형태를 형성하는 데 필요한 것들이다.

예제 7 **아래에 주어진 표를 바탕으로 함수 f의 분할차분 표를 구성하라. 그리고 보간 다항식의 뉴턴 형태를 써라.**

x	1	$\frac{3}{2}$	0	2
$f(x)$	3	$\frac{13}{4}$	3	$\frac{5}{3}$

풀이

첫 번째 항은

$$f[x_0, x_1] = \frac{\left(\frac{13}{4} - 3\right)}{\left(\frac{3}{2} - 1\right)} = \frac{1}{2}$$

이다. 3번째 열까지 채운 후 4번째 열의 첫 항은

$$f[x_0, x_1, x_2] = \frac{f[x_1, x_2] - f[x_0, x_1]}{x_2 - x_0} = \frac{\frac{1}{6} - \frac{1}{2}}{0 - 1} = \frac{1}{3}$$

이다. 완성한 표는 다음과 같다.

x	$f[\,]$	$f[\,,\,]$	$f[\,,\,,\,]$	$f[\,,\,,\,,\,]$
1	3			
		$\frac{1}{2}$		
$\frac{3}{2}$	$\frac{13}{4}$		$\frac{1}{3}$	
		$\frac{1}{6}$		-2
0	3		$-\frac{5}{3}$	
		$-\frac{2}{3}$		
2	$\frac{5}{3}$			

분할차분 표 예

따라서 다음의 결과를 얻을 수 있다.

$$p_3(x) = 3 + \frac{1}{2}(x-1) + \frac{1}{3}(x-1)\left(x - \frac{3}{2}\right) - 2(x-1)\left(x - \frac{3}{2}\right)x$$

알고리즘과 유사코드

이제 알고리즘으로 넘어가 보자. 점 $x_0, x_1, \cdots, x_n$에서 함수 f값의 표가 주어져 있고, 모든 분할차분 $a_{ij} \equiv f[x_i, x_{i+1}, \cdots, x_j]$를 계산해야 한다고 가정하자. 이는 다음의 유사코드를 통해 해결할 수 있다.

분할차분 유사코드

```
integer i, j, n;   real array (a_ij)_{0:n×0:n}, (x_i)_{0:n}
for i = 0 to n
    a_i0 ← f(x_i)
end for
for j = 1 to n
    for i = 0 to n − j
        a_ij ← (a_{i+1, j−1} − a_{i, j−1})/(x_{i+j} − x_i)
    end for
end for
```

보간 다항식 (3)의 계수들이 배열 $(a_{ij})_{0:n \times 0:n}$의 첫 번째 행에 저장되고 있음을 확인하자. 만약 분할차분들이 단지 보간 다항식의 뉴턴 형태

$$p_n(x) = \sum_{i=0}^{n} a_i \prod_{j=0}^{i-1} (x - x_j)$$

를 구성하기 위해서만 계산되었다면(여기서 $a_i = f[x_0, x_1, \cdots, x_i]$), 그 수치들을 모두 저장할 필요는 전혀 없다. 오직 $f[x_0]$, $f[x_0, x_1]$, $\cdots, f[x_0, x_1, \cdots, x_n]$만 저장하면 된다.

1차원 배열 $(a_i)_{0:n}$을 사용할 때, 결국엔 원하는 계수만 남도록 마지막 저장 공간에서 역방향으로 분할차분을 매번 겹쳐 쓴다. 이 경우 계산량은 이전 상황과 같지만 필요한 저장 공간은 훨씬 적다(왜 그럴까?). 이를 수행하는 유사코드는 다음과 같다.

향상된 분할차분 유사코드

```
integer i, j, n;   real array (a_i)_{0:n}, (x_i)_{0:n}
for i = 0 to n
    a_i ← f(x_i)
end for
for j = 1 to n
    for i = n to j step −1
        a_i ← (a_i − a_{i−1})/(x_i − x_{i−j})
    end for
end for
```

이 알고리즘이 좀 더 복잡하므로 이를 꼼꼼히, 예를 들면 $n=3$인 경우에 대해서 확인해봐야 한다.

컴퓨터 연습문제에서 제안한 수치 실험에서는 다음의 두 프로시저가 잘 돌아가야 한다. 첫 번째는 *Coef*라 불리는 프로시저이다. 이 프로시저에는 입력으로 숫자 n과 배열 (x_i), (y_i)를 표로 나타낸 값이 필요하다. 이때 표에 주어진 점의 수가 $(n+1)$임을 기억하라. 이 프로시저는 뉴턴 보간 다항식에 필요한 계수들을 계산하고 배열 (a_i)에 그 값을 저장한다.

```
procedure Coef(n, (x_i), (y_i), (a_i))
integer i, j, n;   real array (x_i)_{0:n}, (y_i)_{0:n}, (a_i)_{0:n}
for i = 0 to n
    a_i ← y_i
end for
for j = 1 to n
    for i = n to j step −1
        a_i ← (a_i − a_{i−1})/(x_i − x_{i−j})
    end for
end for
end procedure Coef
```

Coef 유사코드

두 번째 프로시저는 함수 *Eval*이다. 배열 (x_i)의 입력으로는 원래 표와 배열 (a_i)가 필요하다. 배열 (a_i)는 *Coef*의 출력으로 보간 다항식의 뉴턴 형태의 계수를 포함하고 있다. 마지막으로 단 하나의 실수 t가 입력변수로 주어진다. 그러면 이 함수는 t에서의 보간 다항식의 값을 출력한다.

```
real function Eval(n, (x_i), (a_i), t)
integer i, n;   real t, temp;   real array (x_i)_{0:n}, (a_i)_{0:n}
temp ← a_n
for i = n − 1 to 0 step −1
    temp ← (temp)(t − x_i) + a_i
end for
Eval ← temp
end function Eval
```

Eval 유사코드

보간 다항식의 계수는 오직 한번만 계산되기 때문에 *Coef*가 먼저 호출된 후 이 다항식 계산을 위한 모든 호출은 *Eval*을 통해 이루어진다. 함수 *Eval*을 연속적으로 호출할 때 유일한 변화는 t값뿐임을 주의해야 한다.

예제 8 **구간 $[0, 1.6875]$를 10등분한 각 점에서 $\sin x$에 대한 보간 다항식의 뉴턴 형태 p를 구하는 유사코드를 작성하라. 동일한 구간을 좀 더 잘게 등분하면 이 코드로 $|\sin x - p(x)|$의 최댓값을 찾을 수 있다.**

풀이

만약 양 끝점을 포함해서 10개의 점을 택한다면 이웃한 점 사이의 길이는 $h = 0.1875$이다. 그러면 각 점은 $x_i = ih$(단, $i = 0, 1, \cdots, 9$)이다. 다항식을 얻은 후에 각각의 부분구간을 4개의 패널로 나눈다. 이제 37개의 점(유사코드에서 t로 불림)에서 $|\sin x - p(x)|$의 값을 계산한다. $j = 0, 1, \cdots, 36$일 때 각 점들은 $t_j = jh/4$이다. 다음은 앞서 주어진 루틴 *Coef*와 *Eval*을 호출하는 유사코드가 포함된 프로그램이다.

```
program Test_Coef_Eval
integer j, k, n, j_max;   real e, h, p, e_max, p_max, t_max,
real array (x_i)_0:n, (y_i)_0:n, (a_i)_0:n
n ← 9
h ← 1.6875/n
for k = 0 to n
    x_k ← kh
    y_k ← sin(x_k)
end for
call Coef(n, (x_i), (y_i), (a_i))
output (a_i); e_max ← 0
for j = 0 to 4n
    t ← jh/4
    p ← Eval(n, (x_i)_n, (a_i)_n, t)
    e ← |sin(t) − p|
    output j, t, p, e
    if e > e_max then
        j_max ← j; t_max ← t; p_max ← p; e_max ← e
    end if
end for
output j_max, t_max, p_max, e_max
end program Test_Coef_Eval
```

Test_Coef_Eval 유사코드

보간 다항식의 뉴턴 형태에서 첫 번째 계수는 0이고(왜 그럴까?), 다른 계수들의 크기는 근사적으로 0.18×10^{-5}부터 0.99까지의 범위 안에 존재한다. 각 보간 노드들에서 $\sin x$와 $p(x)$ 사이의 편차는 실제적으로 0이다(반올림 오차에 의해 그 값이 정확하게 0은 아니다). 컴퓨터 출력 결과를 보면 가장 큰 오차는 $j_{\max}=35$에서 발생하는데 이때의 함숫값은 $\sin(1.64062\,5)\approx0.9975631$이고, 오차는 1.19×10^{-7}이다.

반데몬드 행렬

보간을 보는 또 다른 시각은 주어진 $(n+1)$개의 데이터 점 $(x_0, y_0), (x_1, y_1), \cdots, (x_n, y_n)$ 집합에 대해 보간 함수 $f(x)$를 다음과 같이 **기저 함수**basis function $\varphi_0, \varphi_1, \varphi_2, \cdots, \varphi_n$들의 선형 결합으로 표현하는 것이다.

$$f(x)\approx c_0\varphi_0(x)+c_1\varphi_1(x)+c_2\varphi_2(x)+\cdots+c_n\varphi_n(x)$$

기저 함수들을 이용한 $f(x)$의 근사

여기서 계수 $c_0, c_1, c_2, \cdots, c_n$들은 결정해야 할 값들이다. 우리는 함수 f가 데이터 (x_i, y_i)를 보간하기를 원한다. 이는 다음 형태의 선형 방정식이 성립함을 의미한다.

$$f(x_i)=c_0\varphi_0(x_i)+c_1\varphi_1(x_i)+c_2\varphi_2(x_i)+\cdots+c_n\varphi_n(x_i)=y_i$$

여기서 $i=0, 1, 2, \cdots, n$이다. 이 식은 다음과 같은 선형 연립방정식이다.

$$\mathrm{Ac}=\mathrm{y}$$

선형 시스템

여기서 계수 행렬 **A**의 원소들은 $a_{ij} = \varphi_j(x_i)$로 주어지는데 이는 i번째 데이터 점에서 계산한 j번째 기저 함수의 값이다. 우변 벡터 **y**는 알려진 데이터 값 y_i로 이루어져 있으며 벡터 **c**의 성분은 미지의 계수 c_i이다. 선형 연립방정식은 2장과 8장에서 논의된다.

다항식은 가장 간단하고 일반적인 기저 함수이다. $\mathbb{P}_n$에 대한 자연스러운 기저들은 **단항**monomial들로 이루어져 있다.

$$\varphi_0(x) = 1,\ \ \varphi_1(x) = x,\ \ \varphi_2(x) = x^2,\ \ \cdots,\ \ \varphi_n(x) = x^n$$

단항

[그림 4.3]은 처음 몇 개의 단항들 1, x, x^2, x^3, x^4을 보여주고 있다.

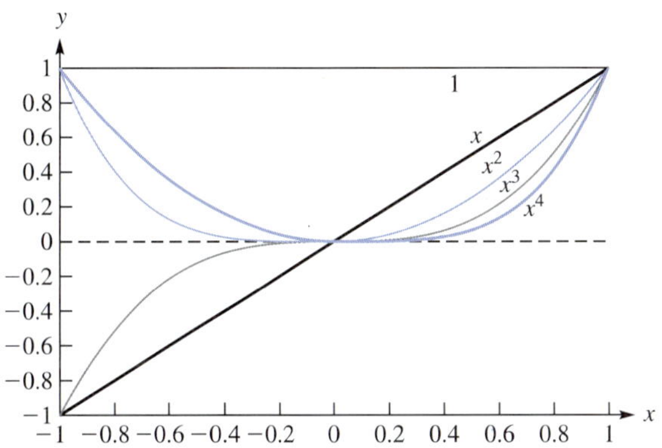

[그림 4.3] 처음 몇 개의 단항들

결과적으로 주어진 다항식 p_n은 다음의 형태를 갖는다.

$$p_n(x) = c_0 + c_1x + c_2x^2 + \cdots + c_nx^n$$

이에 대응하는 선형 시스템 **Ac** = **y**는 다음과 같은 형태를 보인다.

$$\begin{bmatrix} 1 & x_0 & x_0^2 & \cdots & x_0^n \\ 1 & x_1 & x_1^2 & \cdots & x_1^n \\ 1 & x_2 & x_2^2 & \cdots & x_2^n \\ \vdots & \vdots & \vdots & \ddots & \vdots \\ 1 & x_n & x_n^2 & \cdots & x_n^n \end{bmatrix} \begin{bmatrix} c_0 \\ c_1 \\ c_2 \\ \vdots \\ c_n \end{bmatrix} = \begin{bmatrix} y_0 \\ y_1 \\ y_2 \\ \vdots \\ y_n \end{bmatrix}$$

반데몬드 행렬 선형 시스템

이 계수 행렬은 **반데몬드 행렬**Vandermonde matrix이라 불린다. 점 x_0, x_1, $x_2, \cdots$, x_n이 서로 다르다면 이 행렬이 역행렬을 가진다는 것을 보일 수 있다. 따라서 이론적으로 다항 보간 함수에 대해 이 시스템을 풀 수 있다. 반데몬드 행렬은 역행렬을 가지지만 n이 증가할수록 나쁜 조건을 가지는 행렬이다. 큰 n에 대해서는 [그림 4.3]에서 확인할 수 있듯이 단항식들을 서로 구별하기가 조금 어려워진다. 게다가 이 경우에 반데몬드 행렬의 열들은 거의 선형 종속이다. 높은 차수의 다항식들은 종종 거칠게 진동하며 데이터의 조그만 변화에도 매우 민감하게 반응한다.

[그림 4.1~4.3]에서 기저 함수로 가능한 세 가지 선택지, 즉 라그랑주 기수 다항식 $\ell_i(x)$, 뉴턴 다항식 $\pi_i(x)$, 단항식에 대해서 논의했다. 그런데 이들보다 더 좋은 기저 함수들이

존재한다는 사실이 밝혀졌다. 한 예로 체비셰프 다항식은 훨씬 바람직한 성질들을 가지고 있다.

수학에서 **체비셰프 다항식**Chebyshev polynomial은 중요한 역할을 한다. 왜냐하면 $i=2,3,4,\cdots$에 대해 다음의 점화식과 같은 특별한 성질들을 지니고 있기 때문이다.

$$\begin{cases} T_0(x)=1, & T_1(x)=x \\ T_i(x)=2xT_{i-1}(x)-T_{i-2}(x) \end{cases}$$

체비셰프의 재귀적 관계

따라서 처음 6개의 체비셰프 다항식들은 다음과 같다.

$$T_0(x)=1,\ \ T_1(x)=x,\ \ T_2(x)=2x^2-1,\ \ T_3(x)=4x^3-3x$$
$$T_4(x)=8x^4-8x^2+1,\ \ T_5(x)=16x^5-20x^3+5x$$

처음 6개의 체비셰프 다항식

[그림 4.4]에서 알 수 있듯이 이 다항식들의 곡선은 서로 매우 다르다.

체비셰프 다항식은 대개 구간 $[-1,1]$에서 사용한다. 변수 변환을 통해 이들을 어떤 구간에서든 사용할 수 있지만 그 결과는 다소 복잡해질 것이다.

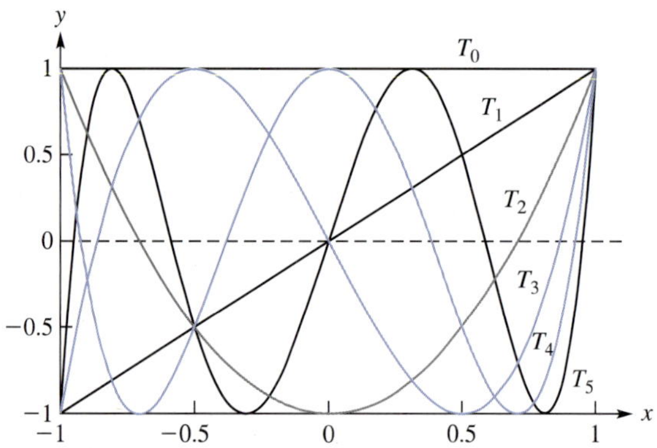

[그림 4.4] 처음 몇 개의 체비셰프 다항식들

체비셰프 다항식의 중요한 성질 중 하나는 **동등한 진동성**equal oscillation property이다. [그림 4.4]에서 연달아 나타나는 체비셰프 다항식의 극점들을 살펴보면 그 크기는 같고 부호는 교대로 바뀌고 있음에 주목하자. 이 성질로 인해 체비셰프 다항식을 기저 함수로 사용했을 때에는 오차가 균일하게 분배되는 경향이 있다. 연속 함수를 보간하는 다항식에서는 보간점들을 함수의 근이나 체비셰프 다항식의 극점으로 잡는 게 특히 좋다. 이를 통해 보간 구간 전체에서의 최대 오차를 최소화시킬 수 있다. 이러한 예를 4.2절에서 살펴볼 것이다. 9.2절에서는 체비셰프 다항식에 대해 좀 더 자세히 논의할 것이다.

역보간

역보간inverse interpolation이라 불리는 과정은 종종 역함수를 근사할 때 사용한다. $y_i=f(x_i)$ 값이 $x_0, x_1, \cdots, x_n$에서 계산되었다고 가정하자. 다음의 표

역보간

y	y_0	y_1	$\cdots$	y_n
x	x_0	x_1	$\cdots$	x_n

를 사용하여 보간 다항식을 만들 수 있다.

$$p(y) = \sum_{i=0}^{n} c_i \prod_{j=0}^{i-1} (y - y_j)$$

원래 관계인 $y = f(x)$는 특정 조건 하에서 함수를 가진다. 이 역함수는 $x = p(y)$로 근사한다. *Coef*에 대한 호출 시퀀스sequence에서 x와 y의 순서를 바꿈으로써 *Coef*와 *Eval*을 사용하여 역보간을 수행할 수 있다.

역보간은 주어진 함수 f의 근 또는 영점의 위치를 찾는 데 사용될 수 있다. 이는 방정식 $f(x) = 0$을 반전시키는 것을 의미한다. $(f(x_i), x_i)$의 표를 구성하고 다항식 p를 보간함으로써 그러한 변환을 수행할 수 있다. 따라서 $p(y_i) = x_i$를 얻는다. 점 x_i는 알려지지 않은 근 r에 가깝게 선택되어야 한다. 그러면 근사적인 근은 $r \approx p(0)$으로 주어진다. $y = f(x)$와 $r = g(0)$에서 근을 가지는 역함수 $x = g(y)$의 예는 [그림 4.5]에서 확인할 수 있다. 근 찾기

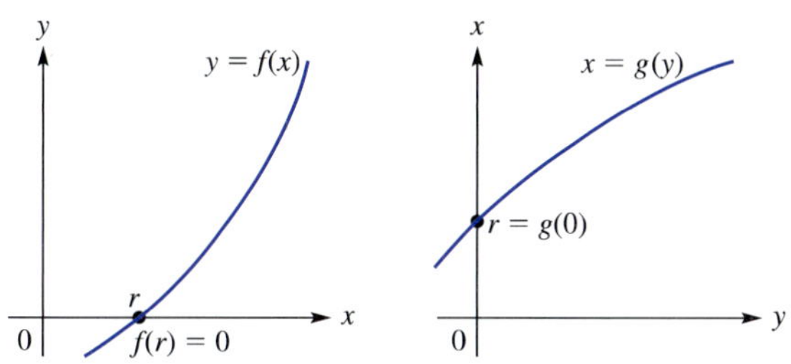

[그림 4.5] 함수 $y = f(x)$와 역함수 $x = g(y)$

예제 9 **구체적인 예로 다음과 같은 수치를 가진 표가 주어졌다고 하자. 역보간 다항식을 찾아라.**

y	-0.5789200	-0.3626370	-0.1849160	-0.0340642	0.0969858
x	1.0	2.0	3.0	4.0	5.0

풀이

이 문제에서 노드들은 표에서 y행의 점들이고 보간한 함숫값은 x행의 점들이다. 결과적인 다항식은 다음과 같다.

$$p(y) = 0.25y^4 + 1.2y^3 + 3.69y^2 + 7.39y + 4.247470086$$

역보간 다항식

여기서 $p(0) = 4.247470086$이다. 마지막 계수만 모든 자릿수를 이용해서 나타나 있다. 이 값이 바로 이 문제에서 유일하게 필요한 정보이다.

네빌의 알고리즘Neville's algorithm을 통한 다항식 보간법

다음과 같이 주어진 값들의 표에서

x	x_0	x_1	$\cdots$	x_n
y	y_0	y_1	$\cdots$	y_n

보간 다항식을 얻는 또 다른 방법이 네빌에 의해 소개되었다. 이 방법은 뉴턴 알고리즘처럼 단계별로 다항식을 만든다. 각 구성 다항식들은 그 자신만의 보간 특성을 지니고 있다. 노드들의 수열 $x_a, x_b, \cdots, x_s$에서 주어진 데이터를 보간하는 다항식을 $P_{a,b,\cdots,s}(x)$라 하고 상수 다항식 $P_i(x) = f(x_i)$에서 시작해 보자. $i > j$인 두 노드 x_i와 x_j를 선택하고 재귀적으로 다음을 정의한다.

$$P_{u,\cdots,v}(x) = \left(\frac{x - x_j}{x_i - x_j}\right) P_{u,\cdots,j-1,j+1,\cdots,v}(x) + \left(\frac{x_i - x}{x_i - x_j}\right) P_{u,\ldots,i-1,i+1,\ldots,v}(x)$$

네빌 : 첫 번째 점화식

이 식을 반복적으로 사용하면 다음의 다항식 배열을 만들 수 있다.

$$\begin{array}{c|lllll}
x_0 & P_0(x) & & & & \\
x_1 & P_1(x) & P_{0,1}(x) & & & \\
x_2 & P_2(x) & P_{1,2}(x) & P_{0,1,2}(x) & & \\
x_3 & P_3(x) & P_{2,3}(x) & P_{1,2,3}(x) & P_{0,1,2,3}(x) & \\
x_4 & P_4(x) & P_{3,4}(x) & P_{2,3,4}(x) & P_{1,2,3,4}(x) & P_{0,1,2,3,4(x)}
\end{array}$$

여기서 각각의 연속적인 다항식은 이전 열에 위치한 두 개의 인접한 다항식에서 결정된다. 이러한 표기는

$$S_{ij}(x) = P_{i-j,i-j+1,\ldots,i-1,i}(x)$$

로 표현함으로써 간소화할 수 있다. 여기서 $S_{ij}(x)$(단, $i \geq j$)는 $(j+1)$개의 노드 x_{i-j}, $x_{i-j+1}, \cdots, x_{i-1}, x_i$에서의 j차 보간 다항식을 의미한다. 이제 위 점화식을 다음과 같이 다시 쓸 수 있다.

$$S_{ij}(x) = \left(\frac{x - x_{i-j}}{x_i - x_{i-j}}\right) S_{i,j-1}(x) + \left(\frac{x_i - x}{x_i - x_{i-j}}\right) S_{i-1,j-1}(x)$$

네빌 : 두 번째 점화식

따라서 표시되는 배열은 다음과 같이 변한다.

$$\begin{array}{c|lllll}
x_0 & S_{00}(x) & & & & \\
x_1 & S_{10}(x) & S_{11}(x) & & & \\
x_2 & S_{20}(x) & S_{21}(x) & S_{22}(x) & & \\
x_3 & S_{30}(x) & S_{31}(x) & S_{32}(x) & S_{33}(x) & \\
x_4 & S_{40}(x) & S_{41}(x) & S_{42}(x) & S_{43}(x) & S_{44}(x)
\end{array}$$

일부 이론적 결과를 증명하기 위해 다항식의 차수를 위 첨자로 표현하게끔 표기를 바꿔 보자. 우선 $0 \leq i \leq n$에 대해서 상수 다항식(0차 다항식)을 $P_i^0(x) = y_i$로 정의한다. 그런 후 다음의 식을 정의한다.

$$P_i^j(x) = \left(\frac{x - x_{i-j}}{x_i - x_{i-j}}\right) P_i^{j-1}(x) + \left(\frac{x_i - x}{x_i - x_{i-j}}\right) P_{i-1}^{j-1}(x) \qquad (14)$$

네빌 : 세 번째 점화식

이 식에서 위 첨자는 지수가 아닌 단순 첨자이다. j의 범위는 $1 \le j \le n$인 반면 i의 범위는 $j \le i \le n$이다. 식 (14)는 6.3절의 B 스플라인 이론에서 조금 다른 형태로 다시 만나게 될 것이다.

이러한 다항식들의 보간 성질은 다음의 결과에 나와 있다.

4 정리 보간 성질

위에서 정의한 P_i^j는 다음과 같이 보간한다.

$$P_i^j(x_k) = y_k \qquad (0 \le i-j \le k \le i \le n) \qquad (15)$$

증명

j에 대해 귀납법을 사용해 보자. $j=0$일 때 식 (15)의 주장은 다음과 같이 나타낼 수 있다.

$$P_i^0(x_k) = y_k \qquad (0 \le i \le k \le i \le n)$$

다른 말로 하면 $P_i^0(x_i) = y_i$이다. 이것은 P_i^0의 정의에 의해 참이다.

이제 귀납법 가정으로 어떤 $j \ge 1$에 대해 다음이 성립한다고 하자.

$$P_i^{j-1}(x_k) = y_k \qquad (0 \le i-j+1 \le k \le i \le n)$$

식 (15)에서 다음을 증명하기 위해 k에 대한 극단적인 두 경우, 즉 $k=i-j$, $k=i$에 대한 확인부터 시작해 보자. 식 (14)에 의해 다음을 얻는다.

$$P_i^j(x_{i-j}) = \left(\frac{x_i - x_{i-j}}{x_i - x_{i-j}}\right) P_{i-1}^{j-1}(x_{i-j}) = P_{i-1}^{j-1}(x_{i-j}) = y_{i-j}$$

마지막의 등호는 귀납법 가정에 의해 정당화된다. 이때 $0 \le i-1-j+1 \le i-j \le i-1 \le n$을 준수해야 한다. 같은 방법으로 다음을 계산할 수 있다.

$$P_i^j(x_i) = \left(\frac{x_i - x_{i-j}}{x_i - x_{i-j}}\right) P_i^{j-1}(x_i) = P_i^{j-1}(x_i) = y_i$$

여기서 귀납법 가정을 사용할 때 $0 \le i-j+1 \le i \le i \le n$을 준수한다.

이제 $i-j < k < i$라 하자. 그러면 다음이 성립한다.

$$P_i^j(x_k) = \left(\frac{x_k - x_{i-j}}{x_i - x_{i-j}}\right) P_i^{j-1}(x_k) + \left(\frac{x_i - x_k}{x_i - x_{i-j}}\right) P_{i-1}^{j-1}(x_k)$$

이 식에서 $0 \le i-j+1 \le k \le i \le n$이므로 귀납법 가정에 의해 $P_i^{j-1}(x_k) = y_k$이다. 이와 비슷하게 $0 \le i-1-j+1 \le k \le i-1 \le n$이므로 $P_{i-1}^{j-1}(x_k) = y_k$이다. 따라서 다음을 얻는다.

$$P_i^j(x_k) = \left(\frac{x_k - x_{i-j}}{x_i - x_{i-j}}\right) y_k + \left(\frac{x_i - x_k}{x_i - x_{i-j}}\right) y_k = y_k$$

수치표가 주어졌을 때 $P_n^n(t)$를 계산하는 알고리즘이 다음의 유사코드로 주어져있다.

$P_n^n(t)$를 계산하는 유사코드

```
integer i, j, n;   real array (x_i)_{0:n}, (y_i)_{0:n}, (S_ij)_{0:n×0:n}
for i = 0 to n
    S_ii ← y_i
end for
for k = 1 to n
    for j = k to n
        i = j − k
        S_ij ← [(x_j − x)S_{i,j−1} + (x − x_i)S_{i+1,j}] / (x_j − x_i)
    end for
end for
return S_0n
```

이 알고리즘은 계산이 이루어질 점 t에 가장 가까운 노드를 찾는 것부터 시작한다. 일반적으로 이 과정을 통하면 보간이 더 정확해진다.

이변수 함수의 보간

앞에서 논의했던 일변수 함수를 다항식으로 보간하는 방법은 특정 상황에서 이변수 또는 다변수 함수로 확장될 수 있다. 중요한 상황 하나는 함수 $(x, y) \mapsto f(x, y)$가 사각 격자 rectangle 상에서 근사될 때이다. 이것이 소위 말하는 **텐서곱 보간** tensor-product interpolation 이다.

사각 격자가 두 구간의 데카르트 곱, 즉 $[a, b] \times [\alpha, \beta]$라 가정하자. 이때 변수 x와 y는 구간 $[a, b]$와 $[\alpha, \beta]$에 각각 존재한다. $[a, b]$에서 n개의 노드 x_i를 선택하고 **라그랑주 다항식**을 정의한다.

$$\ell_i(x) = \prod_{\substack{j \neq i \\ j=1}}^{n} \frac{x - x_j}{x_i - x_j} \qquad (1 \leq i \leq n)$$

위와 비슷하게 $[\alpha, \beta]$에서 m개의 노드 y_i를 선택하고 다음을 정의한다.

$$\overline{\ell}_i(y) = \prod_{\substack{j \neq i \\ j=1}}^{m} \frac{y - y_j}{y_i - y_j} \qquad (1 \leq i \leq m)$$

그러면 함수

$$P(x, y) = \sum_{i=1}^{n} \sum_{j=1}^{m} f(x_i, y_j) \ell_i(x) \overline{\ell}_j(y)$$

텐서곱 보간

는 격자점 grid point (x_i, y_j)에서 f를 보간하는 이변수 다항식이다. 따라서 그러한 보간하는 점들이 nm개 존재한다.

이 보간 성질의 증명은 매우 쉽다. $\ell_i(x_q) = \delta_{iq}$와 $\overline{\ell}_j(y_p) = \delta_{jp}$이기 때문이다. 결과적으로 다음을 얻을 수 있다.

$$P(x_q, y_p) = \sum_{i=1}^{n}\sum_{j=1}^{m} f(x_i, y_j)\ell_i(x_q)\overline{\ell}_j(y_p)$$
$$= \sum_{i=1}^{n}\sum_{j=1}^{m} f(x_i, y_j)\delta_{iq}\delta_{jp} = f(x_q, y_p)$$

스플라인 보간 함수에도 (또는 어떤 다른 유형의 함수에도) 같은 프로시저를 적용할 수 있다.

4.1 요약

- 보간 다항식의 **라그랑주 형태**는 다음과 같다.

$$p_n(x) = \sum_{i=0}^{n} \ell_i(x) f(x_i)$$

여기서 **기수 다항식**

$$\ell_i(x) = \prod_{\substack{j \neq i \\ j=0}}^{n} \left(\frac{x - x_j}{x_i - x_j}\right) \qquad (0 \le j \le n)$$

은 다음의 **크로네커 델타 식**Kronecker delta equation을 만족한다.

$$\ell_i(x_j) = \delta_{ij} = \begin{cases} 0 & (i \neq j \text{일 때}) \\ 1 & (i = j \text{일 때}) \end{cases}$$

- 보간 다항식의 **뉴턴 형태**는 다음과 같다.

$$p_n(x) = \sum_{i=0}^{n} a_i \prod_{j=0}^{i-1} (x - x_j)$$

여기서 **분할차분**은 다음과 같다.

$$a_i = f[x_0, x_1, \cdots, x_i] = \frac{f[x_1, x_2, \cdots, x_i] - f[x_0, x_1, \cdots, x_{i-1}]}{x_i - x_0}$$

$0 \le i \le n$에서 $(n+1)$개의 순서쌍 점들 $(x_i, f(x_i))$의 표를 보간하는 유일한 n차 다항식은 두 가지의 서로 다른 형태로 표현된다.

- $n=2$인 경우에 대하여 아래의 작은 표를 통해 이를 설명할 수 있다.

x	x_0	x_1	x_2
$f(x)$	$f(x_0)$	$f(x_1)$	$f(x_2)$

라그랑주 보간 다항식은 다음과 같다.

$$p_2(x) = \frac{(x-x_1)(x-x_2)}{(x_0-x_1)(x_0-x_2)} f(x_0) + \frac{(x-x_0)(x-x_2)}{(x_1-x_0)(x_1-x_2)} f(x_1) + \frac{(x-x_0)(x-x_1)}{(x_2-x_0)(x_2-x_1)} f(x_2)$$

$p_2(x_0) = f(x_0)$, $p_2(x_1) = f(x_1)$, $p_2(x_2) = f(x_2)$이다. 다음으로 분할차분 표를 다음과 같이 만들 수 있다.

x_0	$f(x_0)$		
		$f[x_0, x_1]$	
x_1	$f(x_1)$		$f[x_0, x_1, x_2]$
		$f[x_1, x_2]$	
x_2	$f(x_2)$		

맨 위의 대각선에서부터 분할한 차분 항을 사용하면 다음을 얻는다.

$$p_n(x) = f(x_0) + f[x_0, x_1](x - x_0) + f[x_0, x_1, x_2](x - x_0)(x - x_1)$$

다시 한번 $p_2(x_0) = f(x_0)$, $p_2(x_1) = f(x_1)$, $p_2(x_2) = f(x_2)$임을 쉽게 보일 수 있다.

- $1 \le i \le n$일 때 (x_i, y_i) 값의 표에서 방정식 $f(x) = 0$의 근 r의 근삿값을 찾는다면 **역 다항식 보간법**을 사용할 수 있다. 이때 표의 수치들이 함수 f의 근 근처에서의 값이라고 가정한다. 표의 값들을 뒤집고 $p_n(y)$라 불리는 보간 다항식을 결정하기 위해 뒤집어진 표의 값 (y_i, x_i)을 사용한다. 이제 0에서의 값을 계산하여 우리가 원하는 근의 근삿값을 찾을 수 있다. 즉, $r \approx p_n(0)$, $f(p_n(0)) \approx f(r) = 0$이다.

- 다른 고급 다항식 보간법으로 **네빌의 알고리즘**과 **이변수 함수 보간법**을 논의했다.

4.1 연습문제

01 라그랑주 보간 프로세스를 사용하여 다음의 값들을 가지는 최소 차수의 다항식을 구하라.

x	0	2	3	4
y	7	11	28	63

02 앞 문제의 표에서 점들을 재배열하고 보간 다항식의 뉴턴 형태를 찾아라. 서로 형태는 다르더라도 구한 다항식들이 동일함을 보여라.

03 4개의 보간 점 $-1, 1, 3, 4$에 대해 라그랑주 보간 프로시저에서 필요한 ℓ_i 함수 (2)는 무엇인가? 그러한 4개의 함수의 본질적인 특징을 보여주는 그래프를 그려라.

04 다음 다항식들이 표의 데이터를 보간함을 확인하고, 왜 이것이 보간 다항식의 존재에 관한 정리의 유일성 부분을 위반하지 않는지를 설명하라.

$$p(x) = 5x^3 - 27x^2 + 45x - 21$$
$$q(x) = x^4 - 5x^3 + 8x^2 - 5x + 3$$

x	1	2	3	4
y	2	1	6	47

05 다음 다항식들이 모두 아래의 표에 대한 보간 다항식임을 입증하고, 왜 이것이 보간 다항식에 대한 존재 정리에서 유일성을 위반하지 않는지를 설명하라.

$$p(x) = 3 + 2(x-1) + 4(x-1)(x+2)$$
$$q(x) = 4x^2 + 6x - 7$$

x	1	-2	0
y	3	-3	-7

06 $p(0) = 2,\ p(2) = 4,\ p(3) = -4,\ p(5) = 82$의 값을 가지는 최소 차수의 다항식 p를 구하라. 정확한 다항식을 얻기 위해 분할차분들을 사용하라. 이 다항식을 전형적인 형태인 $a_0 + a_1 x + a_2 x^2 + \cdots$로 쓸 필요는 없다.

07 다음의 분할차분 표를 완성하고, 이 표를 이용하여 제시한 함숫값들을 보간하는 3차 다항식을 구하라. 최종 다항식을 계산에 가장 효율적인 형태로 써라.

(a)

x	$f[\ ]$	$f[\ ,\ ]$	$f[\ ,\ ,\ ]$	$f[\ ,\ ,\ ,\ ]$
-1	2			
1	-4		2	
3	6			
		2		
5	10			

(b)

x	$f[\ ]$	$f[\ ,\ ]$	$f[\ ,\ ,\ ]$	$f[\ ,\ ,\ ,\ ]$
-1	2			
1	-4			
3	46			
		53.5		
4	99.5			

08 다음 표를 보간하는 다항식을 찾아라.

x	1	2	2.5	3	4
y	-1	$-\frac{1}{3}$	$\frac{3}{32}$	$\frac{4}{3}$	25

09 주어진 데이터에 대하여 다음을 수행하라.

x	0	1	2	4	6
$f(x)$	1	9	23	93	259

(a) 분할차분 표를 작성하라.

(b) 뉴턴 보간 다항식을 사용하여 $f(4.2)$의 근삿값을 구하라.

힌트 : 93으로 시작하고 인수 $(x-4)$를 포함한 다항식을 이용하라.

10 (a) 다음에 주어진 데이터에 대해 뉴턴 보간 다항식을 구하라.

x	0	2	3	4
y	7	11	28	63

(b) 단순화하지 말고 쉬운 계산을 위해 축소형으로 앞에서 구한 다항식을 써라.

11 인구 조사 데이터에 따르면, 1950년에 미국의 대략적인 인구는 1억 5070만 명, 1960년에는 1억 7930만 명, 1970년에는 2억 330만 명, 1980년에는 2억 2650만 명, 1990년에는 2억 4960만 명이었다. 이 데이터에 뉴턴 보간 다항식을 사용하여 2000년 인구의 근삿값을 찾아라. 그리고 앞의 데이터와 앞서

구한 다항식을 이용하여 1920년의 인구를 추정하라. 어떤 결론이 도출되는가?

12 다항식 p와 q는 다음과 같은 값들을 가진다. $p(x)=x^4-x^3+x^2-x+1$일 때 다항식 q를 구하라.

x	-2	-1	0	1	2	3
$p(x)$	31	5	1	1	11	61

x	-2	-1	0	1	2	3
$q(x)$	31	5	1	1	11	30

힌트 : 아주 조금만 계산하면 이 문제를 풀 수 있다.

13 분할차분 방법을 이용하여 다음의 수치들에 잘 맞는 최소 차수의 다항식을 구하라.

(a)

x	0	1	2	-1	3
y	-1	-1	-1	-7	5

(b)

x	1	3	-2	4	5
y	2	6	-1	-4	2

14 주어진 데이터를 보간하는 다항식을 찾아라.

x	1.0	2.0	2.5	3.0	4.0
$f(x)$	-1.5	-0.5	0.0	0.5	1.5

15 다음의 표는 3차 다항식에서 얻어진 것으로 의심된다. 이를 어떻게 테스트할 수 있을지 설명하라.

x	-2	-1	0	1	2	3
y	1	4	11	16	13	-4

16 0과 1 사이(0, 1도 포함)에서 한 값(이를 α_0이라 하자)을 제외한 모든 α에 대하여 $p(0)=0,\ p(1)=1, p'(\alpha)=2$인 2차 또는 그 이하 다항식 $p(x)$가 유일하게 하나 존재한다. α_0의 값을 구하고 $\alpha \neq \alpha_0$일 때의 이 다항식을 구하라.

17 점 $(0,1.1)$, $(1,2)$, $(2,4.2)$를 지나는 2차 또는 그 이하의 다항식을 두 가지 방법으로 구하라. 두 가지 방법으로 구한 다항식이 서로 같음을 확인하라.

18 주어진 데이터에서 분할차분 표를 구하라. 보간 다항식을 쓰고 단순화 없이 빠른 계산을 위해 식을 재배열하라(단, $f[1,3,2,5]=-7$이다).

x	0	1	3	2	5
$f(x)$	2	1	5	6	-183

19 $f(x)=x^3+2x^2+x+1$이라 하자. $x=-2,\ -1,\ 0,\ 1,\ 2$에서 f의 값을 보간하는 4차 다항식을 찾아라. $x=-1,\ 0,\ 1$에서 f의 값을 보간하는 2차 다항식을 찾아라.

20 분할차분 표를 사용하지 않고 다음 값을 추정하는 최소 차수의 다항식을 유도하고, 이를 간단히 하라.

x	-2	-1	0	1	2
y	2	14	4	2	2

21 앞 문제의 수치들을 만족하면서 $x=3$에서 10의 값을 가지는 다항식을 찾아라.

힌트 : 이전 문제의 $p(x)$에 적절한 다항식을 더한다.

22 다음 값들을 가지는 최소 차수의 다항식을 찾아라.

x	1.73	1.82	2.61	5.22	8.26
y	0	0	7.8	0	0

힌트 : 0이 아닌 y의 값이 표에서 맨 마지막에 오도록 재배열하라. 또는 더 좋은 방법을 생각해 보라.

23 아래의 표에 대해 분할차분 표를 만들고 무슨 일이 일어나는지 설명하라.

x	1	2	3	1
y	3	5	5	7

24 2차원에서 간단한 다항식 보간이 항상 가능한 것은 아니다. 예를 들면 다음의 데이터들이 x와 y에 대한 1차 다항식 $p(t)=a+bx+cy$로 나타난다고 가정하자. 여기서 $t=(x,y)$이다. 이것이 가능하지 않음을 보여라.

t	$(1,1)$	$(3,2)$	$(5,3)$
$f(t)$	3	2	6

25 $f(2)=1.5713,\ \ f(3)=1.5719,\ \ f(5)=1.5738,\ \ f(6)=1.5751$인 함수 $f(x)$를 생각하자. 2차 보간 다항식과 3차 다항식을 이용하여 $f(4)$를 추정하라. 4자리 숫자만 남게끔 최종 결과를 반올림하라. 여기서 3차 다항식을 이용할 때 어떤 이점이 있는가?

26 아래의 표에 주어진 f 값을 바탕으로 $f(x)=0$을 만족하는 x의 근삿값을 역보간을 사용하여 찾아라. 무슨 일이 일어나는지 확인하고 결론을 도출하라.

x	-2	-1	1	2	3
$f(x)$	-31	5	1	11	61

27 $p(0)=1,\ p(1)=0,\ p'(0)=0,\ p'(-1)=-1$인 최대 3차의 다항식 $p(x)$를 찾아라.

28 다음 로그표에서 지정한 점에서의 $\log x$ 값들을 얻을 수 있다. 이 값들을 바탕으로 한 분할차분 표를 구하라. 뉴턴 형태의 3차 보간 다항식을 사용해 $\log 2.4$와 $\log 1.2$를 보간하라.

x	1	1.5	2
$\log x$	0	0.17609	0.30103
x	3	3.5	4
$\log x$	0.47712	0.54407	0.60206

29 분할차분들이 선형 사상임을, 즉 다음 식이 성립함을 보여라.

$$\begin{aligned}&(\alpha f+\beta g)[x_0, x_1, \cdots, x_n]\\&=\alpha f[x_0, x_1, \cdots, x_n]+\beta g[x_0, x_1, \cdots, x_n]\end{aligned}$$

힌트 : 귀납법을 이용하라.

30 가로축 $x_0, x_1, \cdots, x_n$에서 $y_0, y_1, \cdots, y_n$의 값을 가지는 최대 n차 다항식의 다른 형태가 다음과 같음을 보여라.

$$\sum_{i=0}^{n} f[x_n, x_{n-1}, \cdots, x_{n-i}] \prod_{j=0}^{i-1}(x-x_{n-j})$$

31 보간 다항식의 유일성을 이용하여 다음을 증명하라.

$$\sum_{i=0}^{n} f(x_i)\ell_i(x)=\sum_{i=0}^{n} f[x_0, x_1, \cdots, x_i]\prod_{j=0}^{i-1}(x-x_j)$$

32 다음의 명시적인 식이 분할차분들에서 유효함을 보여라.

$$f[x_0, x_1, \cdots, x_n]=\sum_{i=0}^{n} f(x_i)\prod_{\substack{j\neq i\\ j=0}}^{n}(x_i-x_j)^{-1}$$

힌트 : 두 다항식이 같다면 각각의 x^n의 계수도 같다.

33 $n=1$일 때 다음이 성립함을 직접 증명하라. 그 다음으로 임의의 n에 대한 결과를 도출하라.

$$\sum_{i=0}^{n} \ell_i(x)=1$$

34 $x_0<x_1<x_2$인 점 x_0, x_1, x_2에서 $f(x)$를 보간하는 최대 2차 보간 다항식의 라그랑주 형태 (1)을 써라.

35 보간 다항식의 뉴턴 형태인 $p_2(x)$를 작성하고 이 다항식이 라그랑주 형태와 동치임을 보여라.

36 직접적으로 다음을 보여라.

$$p_2''(x)=2f[x_0, x_1, x_2]$$

37 균일한 간격 $h=x_1-x_0=x_2-x_1$에 대해서 직접적으로 다음을 보여라. 여기서 $\triangle f_i=f_{i+1}-f_i$, $\triangle^2 f_i=\triangle f_{i+1}-\triangle f_i$, $f_i=f(x_i)$이다.

$$f[x_0, x_1]=\frac{\triangle f_0}{h}, \quad f[x_0, x_1, x_2]=\frac{\triangle^2 f_0}{2h^2}$$

38 균일한 간격으로 $x=x_0+sh$에서 다음 보간 다항식의 **뉴턴 전진-차분**Newton's forward-difference 형태를 도출하라. 여기서 $\binom{s}{m}$은 이항 계수 $\frac{[s!]}{(s-m)!m!}$이다. s는 어떤 실수도 될 수 있고 m은 정수이므로 $m!$은 일반적인 정의와 같기 때문에 $\frac{s!}{(s-m)!}=s(s-1)(s-2)\cdots(s-m+1)$이다.

$$p_2(x)=f_0+\binom{s}{1}\triangle f_0+\binom{s}{2}\triangle^2 f_0$$

39 다음 $\ln x$의 수치표에서 보간 다항식의 뉴턴 전진-차분 형태를 이용하여 $\ln 2.352$와 $\ln 2.387$의 값을 보간하여 구하라. 정확하게 반올림한 값인 $\ln 2.352\approx 0.85527$과 $\ln 2.387\approx 0.87004$를 이용해서 전진-차분 형태는 표의 맨 위에 가까울 때가 바닥에 가까울 때보다 더 정확하다는 것을 보여라.

x	$f(x)$	$\triangle f$	$\triangle^2 f$
2.35	0.85442		
		0.00424	
2.36	0.85866		−0.00001
		0.00423	
2.37	0.86289		−0.00002
		0.00421	
2.38	0.86710		−0.00002
		0.00419	
2.39	0.87129		

40 $(n+1)$개의 점을 가진 분할차분 표의 생성에서 행해지는 덧셈/뺄셈, 곱셈, 나눗셈의 연산 횟수를 세어라.

41 임의의 서로 다른 세 점 x_0, x_1, x_2에 대해서 $f[x_0, x_1, x_2]=f[x_2, x_0, x_1]=f[x_1, x_2, x_0]$이 성립함을 직접 증명하라. 이 주장을 본문에 제시한 내용과 비교하라.

42 p가 n차 다항식이라고 하자. $p[x_0, x_1, \cdots, x_{n+1}]$은 무엇인가?

43 f가 구간 $[x_0, x_1]$에서 연속이고 미분가능하다면 (x_0, x_1)의 어떤 c에 대해서 $f[x_0, x_1]=f'(c)$임을 보여라.

44 f가 n차 다항식일 때 f에 대한 분할차분 표에서 n번째 열이 하나의 상수값만 가짐을 보여라. 여기서 n번째 열은 $f[x_i, x_{i+1}, \cdots, x_{i+n}]$을 포함하는 열이다.

45 다음 주장이 참인지 거짓인지 판단하라. $x_0, x_1, \cdots, x_n$이 서로 다를 때 임의의 실수 $y_0, y_1, \cdots, y_n$과 모든 $i=0, 1, \cdots, n$에 대

해 $p_{n+1}(x_i)=y_i$를 만족하는 $(n+1)$차 이하 다항식 p_{n+1}은 단 하나만 존재한다.

46 함수 g가 $x_0, x_1, \cdots, x_{n-1}$에서 함수 f를 보간하고, 함수 h는 $x_1, x_2, \cdots, x_n$에서 함수 f를 보간한다면 $g(x)+\left(\dfrac{x_0-x}{x_n-x_0}\right)[g(x)-h(x)]$는 $x_0, x_1, \cdots, x_n$에서 함수 f를 보간함을 보여라.

47 (반데몬드 행렬식) $f_i=f(x_i)$를 사용하여 다음을 보여라.

(a) $f[x_0, x_1]=\dfrac{\begin{vmatrix}1 & f_0\\ 1 & f_1\end{vmatrix}}{\begin{vmatrix}1 & x_0\\ 1 & x_1\end{vmatrix}}$

(b) $f[x_0, x_1, x_2]=\dfrac{\begin{vmatrix}1 & x_0 & f_0\\ 1 & x_1 & f_1\\ 1 & x_2 & f_2\end{vmatrix}}{\begin{vmatrix}1 & x_0 & x_0^2\\ 1 & x_1 & x_1^2\\ 1 & x_2 & x_2^2\end{vmatrix}}$

4.1 컴퓨터 연습문제

01 본문에 소개한 보간 다항식의 뉴턴 형태를 결정하는 프로시저를 테스트하라. 예를 들어 다음의 표를 보고 보간 다항식을 찾아 $p(-1)=12$임을 확인하라.

x	1	2	3	−4	5
y	2	48	272	1182	2262

02 구간 $[1, 6]$을 균등 분할한 11개의 점에서 함수 $\arctan x$를 보간하는 10차 다항식을 찾아라. 이 다항식의 뉴턴 형태에서의 계수들을 출력하라. 구간 $[0, 8]$을 균등 분할한 33개의 점에서 함수와 다항식 간의 차이를 계산하고 출력하라. 어떤 결론을 도출할 수 있는가?

03 프로시저 *Coef*를 이용하여 $[0, 2]$에서 10차 다항식으로 e^x를 보간한 후 이 다항식과 exp 함수를 100개의 점에서 비교하는 간단한 프로그램을 작성하라.

04 현재 살고 있는 동네에서 최근 5년간 각 연도의 연간 강수량을 프로시저 *Coef*의 입력 데이터로 사용하라. 함수 *Eval*을 사용하여 이번 연도의 강수량을 예측하라. 예측한 답이 합리적인가?

05 $0\le i\le 100$에 대해 $x_i=\dfrac{i}{10}$인 점에서 함수 f값들이 표에 주어져 있다. 자동적으로 그래프를 그려주는 프로그램의 도움을 받아 f의 그래프를 그리기 위해서는 $0\le i\le 200$에 대해 $z_i=\dfrac{i}{20}$인 점에서의 f의 값들이 필요하다. $\dfrac{1}{2}(x_{i+1}+x_{i+2})$에서의 f값을 계산하기 위해 노드 x_i, x_{i+1}, x_{i+2}, x_{i+3}을 사용한 3차 보간 다항식을 사용하여 위의 동작을 실행하는 프로시저를 작성하라. z_1과 z_{199}의 경우에는 각각 z_3과 z_{197}에 관련한 3차 다항식을 사용하라. 주어진 함수에 대해 이 루틴을 *Coef* 와 비교하라.

06 보간 다항식의 라그랑주 형태를 사용하여 *Coef*, *Eval*과 유사한 루틴을 작성하라. 이를 이 절에서 주어진 예제로 간격이 $\dfrac{h}{2}$인 20개의 점에서 테스트하라. 라그랑주 형태는 뉴턴 형태와 비교하여 어떤 장점이 있는가?

07 구간 $[x_0, x_n]$ 전체의 값에서 보간 다항식의 뉴턴 형태 및 라그랑주 형태의 정확도를 비교하는 수치 실험을 설계하고 수행하라.

08 배열 (a_i)가 사용되지 않도록 루틴 *Coef*와 *Eval*을 재작성하고 테스트하라.

힌트 : 배열 (y_i)의 성분들이 더 이상 필요하지 않을 때, 위치에 분할차분들을 저장하라.

09 $f(x)=0$ 형태의 방정식을 풀기 위해 역보간법을 수행하는 프로시저를 작성하라. 이 장의 시작 부분에 소개된 예제에 이를 테스트하라.

10 [예제 8]에서 스스로 작성한 코드에서 나온 결과를 책에서 소개한 결과와 비교하라. 이를 등간격에 위치한 10개의 점에 기초한 선형 보간법을 사용하여 다시 수행하라. 중간의 점을 사용했을 때와 오차를 어떻게 비교할 수 있겠는가? 선형 보간법과 높은 차수의 다항식을 이용한 보간법 간의 차이를 시각적으로 보기 위해 곡선을 그려라.

11 MATLAB, Maple, Mathematica와 같은 수학 소프트웨어를 사용하여 점 $(0, 0)$, $(1, 1)$, $(2, 2.001)$, $(3, 3)$, $(4, 4)$, $(5, 5)$에

대한 보간 다항식을 찾아라. $x=14$ 또는 $x=20$에서 이 다항식의 값을 계산함으로써 데이터에서의 작은 반올림 오차가 보외법extrapolation에서 굉장히 의심스러운 결과를 가져올 수 있음을 보여라.

12 MATLAB, Maple, Mathematica와 같은 기호 수학 소프트웨어를 이용해서 [예제 3]에 있는 데이터 점들에 대한 보간 다항식을 생성하라. 다항식과 데이터 점들의 그래프를 그려라.

13 [예제 7]을 이용해서 위 과정을 반복하라.

14 데이터 점들과 보간 다항식의 곡선을 그리는 컴퓨터 프로그램을 작성함으로써 [예제 8]에 있는 세부 내용들을 수행하라.

15 [예제 9]를 이용해서 위 과정을 반복하라.

16 수학 소프트웨어를 사용해서 이 장의 도입 부분에 소개한 예제의 세부 내용들을 수행하고 그 결과를 확인하라.

17 **(파데Padé 보간법)** $x_0=1,\ x_1=2,\ x_2=3$에서 함수 $f(x)=\arctan(x)$를 보간하는 다음과 같은 형태의 유리함수를 찾아라. 같은 평면상에 점선과 실선을 사용하여 f와 g의 그래프를 각각 그려라.

$$g(x)=\frac{a+bx}{1+cx}$$

4.2 보간 다항식에서의 오차

서론

구간 $[a,b]$에서 보간 다항식 p를 이용해 함수 f를 근사했을 때 보간의 각 노드에서 f와 p의 차이는 (이론적으로) 0이다. 자연스럽게 예상할 수 있는 것은 함수 f가 모든 중간점에서 잘 근사될 것이고, 특히 노드의 숫자가 증가하면 f와 p가 훨씬 더 일치하게 될 것이라는 점이다.

그러나 수치 수학의 역사에서 이러한 예상이 근거가 없음을 깨달았을 때 이는 굉장한 충격이었다! 심지어 근사 함수가 연속일 필요가 없다면 노드들을 제외하고는 모든 $p(x)$와 $f(x)$가 전혀 일치하지 않을 수 있는 것이다.

예제 1 **다음의 다섯 개의 데이터 점 $(0,8)$, $(1,12)$, $(3,2)$, $(4,6)$, $(8,0)$을 생각하자. 양 끝의 두 점을 사용하여 보간 다항식을 구하고 그래프를 그려라. 모든 점들이 포함될 때까지 한 점씩 추가하면서 이 과정을 반복하라. 어떠한 결론을 도출할 수 있는가?**

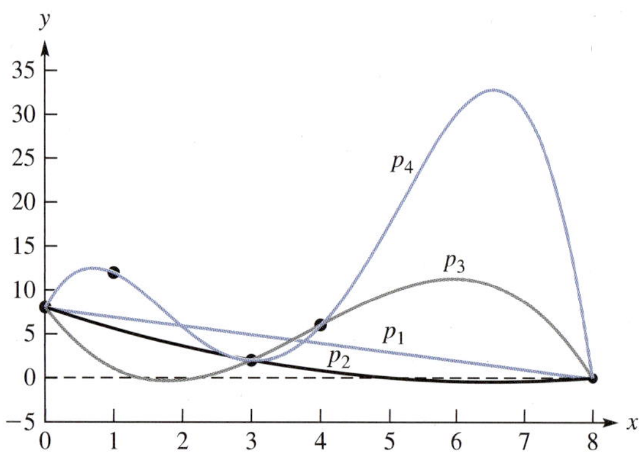

[그림 4.6] 데이터 점들을 보간하는 다항식

풀이

첫 번째 보간 다항식은 양 끝점인 $(0,8)$과 $(8,0)$사이를 잇는 직선이다. 그 다음으로 $(3,2),(4,6),(1,12)$를 차례로 추가하면서 각 추가한 점에 대한 곡선을 그린다. 이렇게 해서 그려진 모든 다항식은 [그림 4.6]에 나와 있다. 우리는 큰 요동 없이 이 점들을 지나는 부드러운 곡선을 원했지만 그런 일은 일어나지 않았다(왜일까?). 직관에 반하는 일인 듯 보이지만, 점을 더 추가할수록 상황은 좋아지기는커녕 더 나빠진다!

형편없는 맞춤 다항식

그 이유는 높은 차수의 다항식 본연의 성질 때문이다. n차 다항식은 n개의 근을 가진다. 만약 이 모든 근이 실수라면 곡선은 x축과 n번 교차한다. 이러한 현상이 일어나기 위해서는 곡선이 수없이 많이 방향 전환을 해야 하며 그 결과 거친 진동이 발생하는 것이다. 6장에서는 데이터 점들을 스플라인 곡선에 맞추는 방법을 다룰 것이다.

디리클레 함수

특이한 예로 소위 **디리클레 함수**Dirichlet function라 불리는 함수 f를 생각할 수 있다. 이 함수는 무리수인 점에서는 1의 값을, 유리수인 점에서는 0의 값을 가진다. 만약 유리수를 노드로 선택한다면 모든 유리수인 값 x에 대해서는 $p(x)\equiv 0$, $f(x)-p(x)=0$이지만, 모든 무리수 값 x에 대해서는 $f(x)-p(x)=1$이다.

디리클레 함수 수치 실험

그러나 만약 함수 f가 잘 행동하는 함수라면 보간 노드의 숫자가 클 때 $|f(x)-p(x)|$의 차이가 작다고 가정할 수 없을까? 그 답은 여전히 '아니다'이다. 이는 심지어 구간 내에서 모든 차수의 연속적인 도함수를 가진 함수에 대해서도 성립한다!

룽게 함수

이 주목할 만한 현상의 특수한 한 예가 **룽게 함수**Runge function이다.

룽게 함수

$$f(x)=(1+x^2)^{-1} \tag{1}$$

이때의 구간은 $[-5,5]$이다. 끝점을 포함하여 구간 $[-5,5]$에 위치한 $(n+1)$개의 등간격의 점에서 이 함수를 보간하는 다항식을 p_n이라고 하자. 그러면 다음이 성립한다.

룽게 함수 수치 실험

$$\lim_{n\to\infty}\max_{-5\le x\le 5}|f(x)-p_n(x)|=\infty$$

따라서 점점 더 많은 점에서 f와 p_n의 값을 일치시켜야 한다는 조건의 효과는 노드가 아닌 점에서의 오차를 증가시키고, 결국 전체 오차는 실제로 모든 한계를 넘어 증가한다!

이 예제의 교훈은 많은 노드를 사용하는 높은 차수의 보간 다항식은 위험한 연산이라는 것이다. 노드의 집합을 극도로 신중하게 선택하지 않으면 결과적인 다항식이 함수를 나타내는 표현으로 매우 만족스럽지 못할 수도 있다는 것이다.

이러한 현상은 이 장에서 이미 소개한 유사코드를 이용해 쉽게 관찰할 수 있다. 제안한 수치 실험에 대해서는 [컴퓨터 연습문제 4.2.1]을 보라. 이 주제에 대한 여러 깊은 연구에서는 다항식이 발산하는 원인의 많은 경우가 노드들이 균등하게 구분되어 있기 때문이라고 한다. 다시 말하지만 우리의 직관과는 달리 균등 분할한 노드를 사용하는 것은 보통 보간법에서 매우 나쁜 선택이다. $[-1,1]$에서 $(n+1)$개의 노드의 선택으로 훨씬 나은 방식은 **체비셰프 노드**들의 집합이다.

체비셰프 노드

$$x_i = \cos\left[\left(\frac{2i+1}{2n+2}\right)\pi\right] \qquad (0 \le i \le n)$$

임의의 구간 $[a,b]$에서 이에 대응하는 노드들의 집합은 선형 사상에서 얻을 수 있다.

체비셰프 다항식을 통한 더 나은 맞춤 노드

$$x_i = \frac{1}{2}(a+b) + \frac{1}{2}(b-a)\cos\left[\left(\frac{2i+1}{2n+2}\right)\pi\right] \quad (0 \le i \le n)$$

이 노드들은 오른쪽에서 왼쪽으로 번호가 매겨졌음에 주목하라. 이 이론은 노드들의 특정한 순서에 의존하지 않기 때문에 이는 전혀 문제가 되지 않는다.

간단한 그래프로 이 현상을 가장 잘 표현할 수 있다. 다시 한번 구간 $[-5,5]$에서 식 (1)을 생각해 보자. 우선 9개의 균등한 간격으로 분할한 노드들을 선택하고 루틴 *Coef*와 *Eval*을 이용하여, 자동적으로 그래프를 그려주는 프로그램을 통해 p_8의 그래프를 그린다. 결과로 얻어진 곡선은 [그림 4.7]에서 볼 수 있듯이 음의 값이 존재한다고 가정하지만 물론 $f(x)$는 음의 값을 가지고 있지도 않다! 균등한 간격으로 분할한 더 많은 점들을 추가함으로써 더 높은 차수의 다항식을 얻으려는 행위는 더 난폭한 진동을 만들면서 상황을 더 나쁘게 만들 뿐이다. [그림 4.8]에서는 9개의 체비셰프 노드가 사용되었고 그 결과 얻어진 다항식 곡선이 더 부드럽다. 그러나 (6.2절에서 소개될) 3차 스플라인이 훨씬 더 좋은 맞춤 곡선을 제공한다.

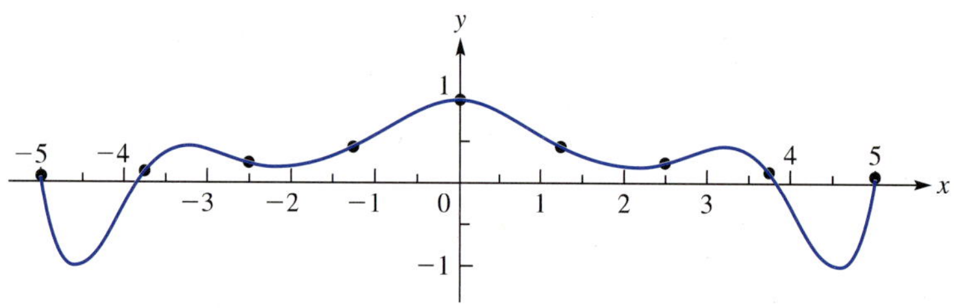

[그림 4.7] 9개의 균등 분할한 노드들에서의 다항식 보간

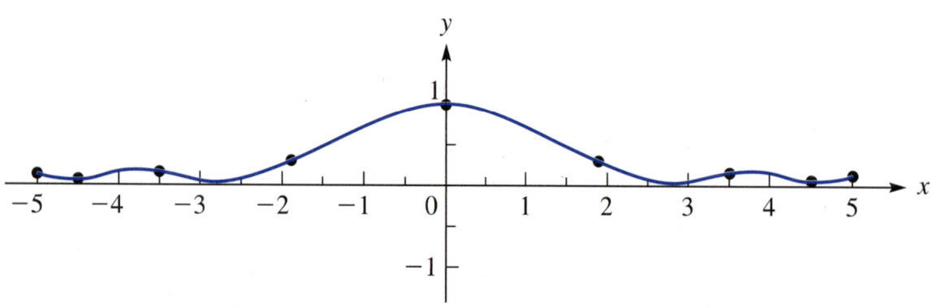

[그림 4.8] 9개의 체비셰프 노드들에서의 다항식 보간

T_7의 체비셰프 노드들은 [그림 4.9]와 같이 반원을 균등하게 분할하여 얻은 점들을 수평축에 투영시켜서 얻는다.

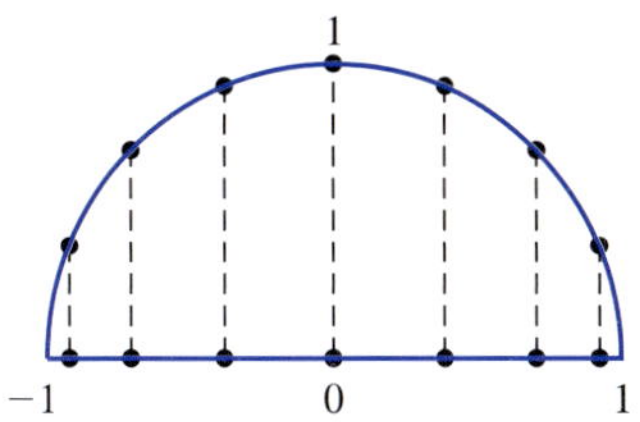

[그림 4.9] T_7의 체비셰프 노드

보간 오차에 관한 정리들

보간하고자 하는 함수의 $(n+1)$차 미분을 포함하는 식을 통해 보간 오차를 평가하는 일이 가능하다. 다음은 이에 대한 공식적인 정리이다.

정리 첫 번째 보간 오차 정리

만약 구간 $[a, b]$에 속하는 서로 다른 $(n+1)$개의 노드 $x_0, x_1, \cdots, x_n$에서 f를 보간하는 최대 n차의 다항식을 p라고 하고 $f^{(n+1)}$이 연속이면 $[a, b]$에서의 어떤 x에 대해 (a, b) 내에 다음을 만족하는 ξ가 존재한다.

$$f(x)-p(x)=\frac{1}{(n+1)!}f^{(n+1)}(\xi)\prod_{i=0}^{n}(x-x_i) \tag{2}$$

증명

우선 식 (2)는 x가 노드 x_i 중 하나일 때에는 무조건 성립하는데 이는 식의 양변이 0이 되기 때문이다. 만약 x가 노드가 아니라면 이 논의의 남은 부분에서 x를 고정하고 다음을 정의한다.

$$w(t)=\prod_{i=0}^{n}(t-x_i) \qquad \text{(변수 } t\text{에 대한 다항식)}$$

$$c=\frac{f(x)-p(x)}{w(x)} \qquad \text{(상수)} \tag{3}$$

$$\varphi(t)=f(t)-p(t)-cw(t) \qquad \text{(변수 } t\text{에 대한 함수)}$$

여기서 $w(x)\neq 0$(x는 노드가 아니다)이므로 c는 잘 정의되어 있다. 또한 φ도 $(n+2)$개의 점들 x_0, x_1, $\cdots$, x_n, x에서 0이다. 이제 **롤의 정리** Rolle's Theorem [2]를 적용하자. 롤의 정리는 φ의 어떠한 두 근 사이에서 φ'이 반드시 근 하나를 가져야 한다는 정리이다. 그러면 φ'는 적어도 $(n+1)$개의 근을 가진다. 비슷한 이유로 φ''는 적어도 n개의 근을, φ'''는 적어도 $(n-1)$개의 근을 가지며 나머지도 마찬가지다. 최종적으로 $\varphi^{(n+1)}$은 적어도 하나의 근을 가진다고 추론할 수 있다. ξ를 $\varphi^{(n+1)}$의 한 근이라고 하자. 이 논의에서 고려되는 모든 근들은 (a, b) 내에 존재한다. 따라서 다음을 얻을 수 있다.

$$0=\varphi^{(n+1)}(\xi)=f^{(n+1)}(\xi)-p^{(n+1)}(\xi)-cw^{(n+1)}(\xi)$$

2 함수 f가 $[a, b]$에서 연속이고 (a, b)에서 미분 가능하다고 하자. 만약 $f(a)=f(b)=0$이면 (a, b) 내의 어떤 점 c에 대해서 $f'(c)=0$이다.

이 식에서 p는 n차 이하 다항식이므로 $p^{(n+1)}(\xi)=0$이다. 또한 $w(t)=t^{n+1}+(t$의 낮은 차수들로 이루어진 항)이므로 $w^{(n+1)}(\xi)=(n+1)!$이다. 따라서 다음을 얻는다.

$$0=f^{(n+1)}(\xi)-c(n+1)!=f^{(n+1)}(\xi)-\frac{(n+1)!}{w(x)}[f(x)-p(x)]$$

이 식은 식 (2)를 재배열한 것이다. ◁

종종 등장하는 특별한 경우는 보간 노드들의 간격이 균일할 때이다.

보조정리 상계 보조정리 Upper Bound Lemma

$i=0,1,\cdots,n$에 대해 $x_i=a+ih$, $h=(b-a)/n$이라 가정하자. 그러면 어떠한 $x\in[a,b]$에 대해서도 다음이 성립한다.

$$\prod_{i=0}^{n}|x-x_i|\le\frac{1}{4}h^{n+1}n! \tag{4}$$

▷ 증명

이 부등식이 성립함을 보이기 위해 x를 고정하고 $x_j\le x\le x_{j+1}$를 만족하는 j를 선택한다. 다음 식을 유도하는 일은 미적분학 연습문제로 남겨두겠다([연습문제 5.2.2]).

$$|x-x_j||x-x_{j+1}|\le\frac{h^2}{4} \tag{5}$$

식 (5)를 이용하면 다음을 얻을 수 있다.

$$\prod_{i=0}^{n}|x-x_i|\le\frac{h^2}{4}\prod_{i=0}^{j-1}(x-x_i)\prod_{i=j+2}^{n}(x_i-x)$$

균일한 간격으로 놓여있는 노드들의 전형적인 경우를 보여주는 [그림 4.10]이 도움이 될 것이다.

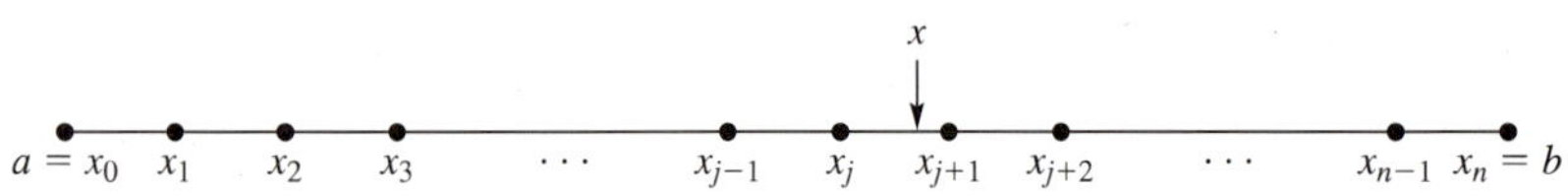

[그림 4.10] 등간격으로 놓인 노드들에서 전형적인 x의 위치

$x_j\le x\le x_{j+1}$이므로 더 나아가 다음을 얻을 수 있다.

$$\prod_{i=0}^{n}|x-x_i|\le\frac{h^2}{4}\prod_{i=0}^{j-1}(x_{j+1}-x_i)\prod_{i=j+2}^{n}(x_i-x_j)$$

이제 $x_i=a+ih$를 이용하자. 그러면 $x_{j+1}-x_i=(j-i+1)h$, $x_i-x_j=(i-j)h$이다. 따라서 다음이 성립한다.

$$\begin{aligned}\prod_{i=0}^{n}|x-x_i|&\le\frac{h^2}{4}h^jh^{n-(j+2)+1}\prod_{i=0}^{j-1}(j-i+1)\prod_{i=j+2}^{n}(i-j)\\&\le\frac{1}{4}h^{n+1}(j+1)!(n-j)!\le\frac{1}{4}h^{n+1}n!\end{aligned}$$

마지막 단계에서 $0\le j\le n-1$이면 $(j+1)!(n-j)!\le n!$임을 활용했다. 이 역시 연습문제로 남겨둔다(연습문제 5.2.3). 따라서 부등식 (4)를 증명했다. ◁

이제 우리는 보간 오차의 한계를 정할 수 있다.

2 정리 두 번째 보간 오차 정리

$[a, b]$에서 $f^{(n+1)}$이 연속이고 $|f^{(n+1)}(x)| \le M$을 만족하는 함수 f가 있다고 하자. 구간 $[a, b]$에서 끝점을 포함하여 등간격으로 놓인 $(n+1)$개의 노드에서 f를 보간하는 n차 이하 다항식을 p라 하자. 그러면 $[a, b]$에서

$$|f(x) - p(x)| \le \frac{1}{4(n+1)} M h^{n+1} \tag{6}$$

이 성립한다. 여기서 $h = \dfrac{(b-a)}{n}$는 노드들 사이의 간격이다.

증명

보간 오차에 관한 정리 1과 보조정리에서의 부등식 (4)를 사용한다.

이 정리는 서로 다른 n값에 대해 보간 오차에 대한 느슨한 상계를 준다. 다른 방법을 이용하면 작은 n값에 대한 좀 더 엄밀한 상계를 찾을 수 있다([연습문제 4.2.5 참조]). 만약 노드들이 균등하게 분할되어 있지 않다면 체비셰프 노드를 이용해서 좀 더 좋은 한계를 찾을 수 있다.

예제 2 $[0, 1.6875]$에서 **10개의 등간격으로 놓인 노드들을 이용해 얻은 보간 다항식으로 $\sin x$를 대체했을 때, 그 오차를 평가하라(4.1절의 [예제 8] 참조).**

풀이

$f(x) = \sin x$, $n = 9$, $a = 0$, $b = 1.6875$를 택하고, 두 번째 보간 오차 정리를 사용하자. $f^{(10)}(x) = -\sin x$이므로 $|f^{(10)}(x)| \le 1$이다. 따라서 식 (6)에서 $M = 1$로 둘 수 있다. 그 결과는 다음과 같다.

$$|\sin x - p(x)| \le 1.34 \times 10^{-9}$$

따라서 $p(x)$는 주어진 구간에서 기껏해야 소수점 아래 아홉 째 자리의 두 단위의 오차를 보이며 $\sin x$를 표현한다. 그러므로 구간 $[0, 1.6875]$에서 등간격으로 놓인 10개의 노드들로 얻은 보간 다항식은 적어도 소수점 아래 여덟 째 자리의 정확도로 $\sin x$를 근사한다. 사실 컴퓨터로 자세히 관찰해보면 다항식이 좀 더 많은 자리까지 정확함을 확인할 수 있다(왜 그럴까?).

보간 다항식에서의 오차는 분할차분으로도 표현할 수 있다.

3 정리 세 번째 보간 오차 정리

노드 $x_0, x_1, \cdots, x_n$에서 함수 f를 보간하는 n차 다항식이 p라면 노드가 아닌 임의의 점 x에 대해 다음이 성립한다.

$$f(x) - p(x) = f[x_0, x_1, \cdots, x_n, x] \prod_{i=0}^{n} (x - x_i)$$

증명

t는 노드가 아닌 임의의 점으로 t에서 $f(t)$가 정의되어 있다. q는 $x_0, x_1, \cdots, x_n, t$에서 f를 보간하는 $(n+1)$차 이하 다항식이라고 하자. 보간 식의 뉴턴 형태(4.1절의 식 (8))에 의해 다음을 얻을 수 있다.

$$q(x) = p(x) + f[x_0, x_1, \cdots, x_n, t] \prod_{i=0}^{n} (x - x_i)$$

$q(t) = f(t)$이므로 단번에 다음을 얻는다.

$$f(t) = p(t) + f[x_0, x_1, \cdots, x_n, t] \prod_{i=0}^{n} (t - x_i)$$

다음 정리는 분할차분과 도함수 사이에 어떤 관계가 있는지를 보여준다.

4 정리 분할차분과 도함수

$f^{(n)}$이 $[a, b]$에서 연속이고 $x_0, x_1, \cdots, x_n$이 $[a, b]$에서 서로 다른 $(n+1)$개의 임의의 점일 때, (a, b) 내의 어떤 ξ에 대해 다음이 성립한다.

$$f[x_0, x_1, \cdots, x_n] = \frac{1}{n!} f^{(n)}(\xi)$$

증명

p가 $x_0, x_1, \cdots, x_{n-1}$에서 f를 보간하는 $(n-1)$차 이하 다항식이라고 하자. 첫 번째 보간 오차 정리에 의해 다음을 만족하는 점 ξ가 존재한다.

$$f(x_n) - p(x_n) = \frac{1}{n!} f^{(n)}(\xi) \prod_{i=0}^{n-1} (x_n - x_i)$$

세 번째 보간 오차 정리에 의해 다음을 얻을 수 있다.

$$f(x_n) - p(x_n) = f[x_0, x_1, \cdots, x_{n-1}, x_n] \prod_{i=0}^{n-1} (x_n - x_i)$$

이 정리의 중간 결론으로 다항식의 모든 높은 차수의 분할차분이 0이라는 점을 알 수 있다.

따름정리 분할차분 따름정리

f가 n차 다항식이면 $i \ge n+1$인 모든 분할차분 $f[x_0, x_1, \cdots, x_i]$는 0이다.

예제 3 다음 값을 가지는 3차 다항식이 있는가?

x	1	−2	0	3	−1	7
y	−2	−56	−2	4	−16	376

풀이

그러한 다항식이 존재한다면 이 다항식의 4차 분할차분 $f[\ ,\ ,\ ,\ ,\ ]$는 모두 0이어야 한다. 이러한 가능성을 확인하기 위해 분할차분 표를 만들자.

x	$f[\,]$	$f[\,,\,]$	$f[\,,\,,\,]$	$f[\,,\,,\,,\,]$	$f[\,,\,,\,,\,,\,]$
1	-2				
		18			
-2	-56		-9		
		27		2	
0	-2		-5		0
		2		2	
3	4		-3		0
		5		2	
-1	-16		11		
		49			
7	376				

분할차분 표 예

4차 분할차분 $f[\,,\,,\,,\,,\,]$이 0이므로 주어진 데이터는 3차 다항식으로 표현될 수 있다. 보간 다항식의 뉴턴 형태에서 다음의 다항식을 얻는다.

$$p_3(x) = -2 + 18(x-1) - 9(x-1)(x+2) + 2(x-1)(x+2)x$$

뉴턴 보간 다항식

4.2 요약

- 구간 $[-5, 5]$에서 **룽게 함수** $f(x) = 1/(1+x^2)$은 높은 차수의 보간 다항식과 등간격의 노드들이 만족스러운 결과를 가져오지 않을 수도 있음을 보여준다. 구간 $[a, b]$에서의 **체비셰프 노드**는 다음과 같이 주어진다.

$$x_i = \frac{1}{2}(a+b) + \frac{1}{2}(b-a)\cos\left[\left(\frac{2i+1}{2n+2}\right)\pi\right]$$

- 차분과 미분 사이에는 다음의 관계가 있다.

$$f[x_0, x_1, \cdots, x_n] = \frac{1}{n!} f^{(n)}(\xi)$$

- 보간 다항식의 오차는 다음과 같이 표현한다.

$$f(x) - p(x) = \frac{1}{(n+1)!} f^{(n+1)}(\xi) \prod_{i=0}^{n} (x - x_i)$$

$$f(x) - p(x) = f[x_0, x_1, \cdots, x_n, x] \prod_{i=0}^{n} (x - x_i)$$

- $(n+1)$개의 등간격으로 놓인 노드들에 대해 오차의 상계는 다음과 같이 주어진다.

$$|f(x) - p(x)| \le \frac{M}{4(n+1)} \left(\frac{b-a}{n}\right)^{n+1}$$

여기서 M은 $a \le x \le b$에서 $|f^{(n+1)}(x)|$의 상계이다.

- f가 n차 다항식일 때 $i \ge n+1$에 대해 모든 분할차분 $f[x_0, x_1, \cdots, x_i]$는 0이다.

4.2 연습문제

01 분할차분 표를 사용하여 3차 다항식으로 다음 데이터를 표현할 수 있음을 보여라.

x	-2	-1	0	1	2	3
y	1	4	11	16	13	-4

02 부등식 (5)를 증명함으로써 부등식 (4)의 증명 세부 내용을 채워라.

03 $0 \le j \le n-1$일 때 $(j+1)!(n-j)! \le n!$을 보임으로써 부등식 (4)의 증명에서 또 다른 세부 내용을 채워라. 귀납법과 대칭 논의를 사용해도 좋다.

04 $h = \max_{1 \le i \le n}\{(x_i - x_{i-1})\}$일 때 불균등한 간격으로 놓인 노드들 $a = x_0 < x_1 < \cdots < x_n = b$에 대해 부등식 (4)가 참임을 보여라.

05 정리 1을 사용하여 최대 보간 오차가 다음의 표현들로 한정됨을 직접적으로 보이고, 정리 2에 주어진 한계값과 비교하라.

(a) 선형 보간법에서 $\frac{1}{8}h^2M$이다. 여기에서 $h = x_1 - x_0$, $M = \max_{x_0 \le x \le x_1}|f''(x)|$이다.

(b) 이차 보간법에서 $\frac{1}{9\sqrt{3}}h^3M$이다. 여기에서 $h = x_1 - x_0 = x_2 - x_1$, $M = \max_{x_0 \le x \le x_2}|f'''(x)|$이다.

(c) 삼차 보간법에서 $\frac{3}{128}h^4M$이다. 여기에서 $h = x_1 - x_0 = x_2 - x_1 = x_3 - x_2$, $M = \max_{x_0 \le x \le x_3}|f^{(4)}(x)|$이다.

06 $h = 0.01$일 때 $[0, 2]$ 내의 x에 대해서 선형 보간법으로 얼마나 정확하게 $\sin x$값을 결정할 수 있는가? $\sin x$ 표에서 소수점 아래 10자리까지 고려하라.

07 주어진 데이터에 대해 선형 보간법을 이용해서 $\sin 0.705$와 $\cos 0.702$의 근삿값을 찾아라. 오차는 얼마인가?

x	$\sin x$	$\cos x$
0.70	0.6442176872	0.7648421873
0.71	0.6518337710	0.7583618760

08 함숫값들의 표에서 **선형 보간법**은 다음을 의미한다. 만약 $y_0 = f(x_0)$와 $y_1 = f(x_1)$가 표에 있는 값이고 $x_0 < x < x_1$이면, $f(x)$의 보간한 값은 4.1절의 초반부에 설명했던 것처럼 $y_0 + \frac{(y_1 - y_0)}{(x_1 - x_0)}(x - x_0)$이다. $[0, \pi]$에서의 임의의 x에 대해서 선형 보간법이 소수점 아래 다섯 자리까지의 정확도를 얻기 위해서는 $\cos x$ 값들의 표가 필요하다. 표의 값들이 등간격으로 분할되었다고 가정하고 이 표에 필요한 숫자들의 최소 개수를 구하라.

09 구간 $[0, 2]$에서 20차 보간 다항식을 이용하여 e^{-x}를 근사할 수 있다. 얼마나 정확할까? (주어진 구간의 끝점을 포함하여 등간격의 21개의 노드들을 사용하라. 정리 1과 2를 이용하여 결과들을 비교하라)

10 함수 $f(x) = \ln x$를 구간 $[1, 2]$에서 등간격 10개의 점을 이용해 9차 보간 다항식으로 근사했다고 가정하자. 오차의 한계는 무엇인가?

11 보간 오차에 대한 첫 번째 정리에서 $x_0 < x_1 < \cdots < x_n$이고 $x_0 < x < x_n$이면, $x_0 < \xi < x_n$임을 보여라.

12 정리 1에서 ξ를 x의 함수로 생각했을 때, $f^{(n)}[\xi(x)]$가 x에 대한 연속 함수임을 보여라.

주의 : $\xi(x)$가 x에 대한 연속 함수일 필요는 없다.

13 구간 $[0, 1]$에서 등간격으로 놓인 $(n+1)$개의 노드들을 이용해 n차 보간 다항식으로 $\cos x$를 근사했다고 가정하자. 이 근사는 얼마나 정확한가(답을 n으로 표현하라)? $n = 9$일 때는 얼마나 정확한가? n이 어떤 값일 때 오차가 10^{-7}보다 적은가?

14 어떤 구간에서 $n+1$개로 균등 분할한 노드들로 보간할 때, $x_i = a + (2i+1)h/2$를 사용할 수 있다. 이때 $0 \le i \le n-1$이고 $h = (b-a)/n$이다. 이 경우 $a \le x \le b$일 때 $\prod_{i=0}^{n}|x - x_i|$에 대한 경계는 무엇인가?

주의 : 구간의 끝점이 노드일 필요는 없다.

15 식 (3)을 이용하여 다음을 보여라.

$$w'(t) = \sum_{i=0}^{n}\prod_{\substack{j \ne i \\ j=0}}^{n}(t - x_j)$$

$$w'(x_i) = \prod_{\substack{j \ne i \\ j=0}}^{n}(x_i - x_j)$$

16 최대 차수가 n인 모든 다항식 p는 다음 식을 만족하는가? 그 이유를 설명하라.

$$p(x) = \sum_{i=0}^{n} p[x_0, x_1, \cdots, x_i]\prod_{j=0}^{i-1}(x - x_j)$$

힌트 : 보간 다항식의 유일성을 사용하라.

17 $p(1) = 3$, $p(2) = 1$, $p(0) = -5$ 값을 갖는 다항식 p를 찾아라. 여기에 어떤 방법을 사용해도 좋다. 다항식이 표준적인 형태인 $\sum_{k=1}^{n} c_k x^k$일 필요도 없다. 어떠한 형태든 편리한 대로 다항식을 표현하라. 그 다음으로 위의 세 값과 $q(3) = 7$을 만족하는 새로운 다항식 q를 찾아라.

18 $n = 2$인 경우에 대하여 정리 4와 따름정리를 직접적으로 증명하라.

4.2 컴퓨터 연습문제

01 구간 $[-5, 5]$에서 등간격으로 놓인 21개의 노드를 사용해서 함수 $f(x)=(x^2+1)^{-1}$의 20차 보간 다항식 p를 찾아라. 41개의 등간격 점에서 $f(x)$와 $p(x)$의 값을 노드들을 포함하여 출력하라. $f(x)$와 $p(x)$ 간에 큰 차이가 나타나는 현상을 관찰하라.

02 $0 \le i \le 20$에서 체비셰프 노드 $x_i = 5\cos\left(\frac{i\pi}{20}\right)$와 $x_i = 5\cos\left[\frac{(2i+1)\pi}{42}\right]$를 사용하여 앞의 컴퓨터 연습문제에서의 실험을 수행하고 그 결과를 기록하라.

03 본문에 있는 유사코드에 대응하는 프로시저를 이용하여 구간 $[-1, 1]$에서 $f(x)=\arctan x$를 보간하는 13차 다항식을 찾아라. 100개의 점을 선택하여 이 다항식 근사가 얼마나 정확한지를 수치적으로 테스트하라.

04 앞의 컴퓨터 연습문제의 다항식을 사용하여 $\arctan x$에 대한 함수를 작성하라. 만약 x가 범위 $[-1, 1]$에 속하지 않는다면 식 $\frac{1}{\tan\theta} = \cot\theta = \tan\left(\frac{\pi}{2}-\theta\right)$를 사용하라.

05 구간 $[-1/\sqrt{2}, 1/\sqrt{2}]$에서 15차 보간 다항식을 사용하여 $\arcsin x$를 근사하라. 수치 테스트를 통해 이 근사가 얼마나 정확한지를 구하라. 등간격으로 분할한 노드들을 사용하라.

06 앞의 컴퓨터 연습문제의 다항식을 사용하여 $\arctan x$에 대한 함수를 작성하라. 만약 $|x| > 1/\sqrt{2}$일 때 $\sin(\pi/2-\theta) = \cos\theta = \sqrt{1-\sin^2\theta}$를 이용하라.

07 $f(x)=\max\{0, 1-x\}$라 하자. 함수 f를 그려라. 등간격의 노드들을 사용하여 구간 $[-4, 4]$에서 f를 보간하는 2차, 4차, 8차, 16차, 32차 보간 다항식 p들을 구하라. 등간격으로 분할한 128개의 점에서 $f(x)-p(x)$를 출력하라. 그리고 체비셰프 노드를 이용하여 이 문제를 다시 풀어라.

08 *Coef*와 *Eval* 및 자동 그래프 프로그램을 사용하여 다음 데이터에 적합한 다항식을 찾아라. 결과로 나온 곡선이 적합하고 좋은 근사 다항식으로 보이는지를 설명하라.

x	0.0	0.60	1.50	1.70	1.90
y	−0.8	−0.34	0.59	0.59	0.23
x	2.1	2.30	2.60	2.8	3.00
y	0.1	0.28	1.03	1.5	1.44

09 구간 $[-1, 1]$의 11개의 등간격의 점에서 $|x|$를 보간하는 10차 이하 다항식 p를 찾아라. 41개의 등간격으로 분할한 점에서 $|x|-p(x)$를 출력하라. 똑같은 작업을 체비셰프 노드에 대해서도 수행하고 두 결과를 비교하라.

10 왜 다항식 보간에서 체비셰프 노드가 등간격으로 분할한 노드보다 일반적으로 더 좋을까? 그 답은 오차식 속의 $\prod_{i=0}^{n}(x-x_i)$ 항에 들어 있다. 만약 $x_i = \cos\left[\frac{(2i+1)\pi}{(2n+2)}\right]$라면 $[-1, 1]$ 안에 포함한 모든 x에 대해서 아래의 식이 성립한다. $n=3, 7, 15$에 대해 다음 부등식을 테스트하기 위한 수치 실험을 수행하라.

$$\left|\prod_{i=0}^{n}(x-x_i)\right| \le 2^{-n}$$

11 (**학생 연구 프로젝트**) 지구 물리학 및 다른 분야에서 다변수 분산 데이터의 보간법을 주제로 탐구하라.

12 MATLAB, Maple, Mathematica와 같은 수학 소프트웨어를 사용하여 [그림 4.7~4.8]을 다시 그려라.

13 MATLAB, Maple, Mathematica와 같은 기호 수학 소프트웨어를 사용하여 [예제 2]의 데이터 점에 대한 보간 다항식을 생성하라. 데이터 점들과 다항식의 그래프를 그려라.

14 그래픽 소프트웨어를 이용해서 엄청난 진동을 보여주는 보간 다항식을 생성할 만한 4개의 점이나 5개의 점을 그려라. 이 소프트웨어는 마우스로 3개 또는 4개의 점을 클릭했을 때, 그 점을 지나는 시각적으로 부드러운 곡선을 그려 보일 수 있어야 한다. 다음으로는 뉴턴 보간 다항식을 이용해 이 점들을 지나는 곡선을 그려라. 그리고 곡선에서 다소 떨어진 점 하나를 추가하고, 모든 점을 지나는 곡선을 다시 그려라. 또 다른 점을 추가하면서 이 과정을 반복한다. 이런 식으로 몇 개의 점을 추가하다 보면 다항식이 심하게 진동할 수 있다는 증거를 찾게 될 것이다.

4.3 미분의 근사와 리처드슨 보외법

1.1절에서 소개한 수치 실험은 점 x에서 함수 f의 미분값을 결정하는 게 시시한 수치 문제가 아니라는 것을 보여주었다. 특히 $f(x)$의 계산이 n자리의 정확도로만 가능하다면 $f'(x)$를 n자리의 정확도로 계산하는 것은 어려운 일이다. 이 어려움은 거의 같은 수 간의 뺄셈에서 기인한다. 이 절에서 $f'(x)$와 $f''(x)$의 수치 계산에 대한 몇 가지 대안을 소개한다.

테일러 급수를 이용한 일차 미분식

우선 $f'(x)$의 정의를 기초로 한 당연한 방법을 다시 생각해 보자. 이 방법에는 하나 또는 몇 개의 매우 작은 값 h를 선택하는 과정이 포함되어 있으며, 다음과 같이 쓸 수 있다.

$$f'(x) \approx \frac{1}{h}[f(x+h)-f(x)] \tag{1}$$

$f'(x)$의 근사

이 식에 포함된 절단오차 truncation error는 무엇인가?

이를 확인하기 위해 테일러 정리를 이용한다.

$$f(x+h)=f(x)+hf'(x)+\frac{1}{2}h^2f''(\xi)$$

이 식을 다시 배열하면 다음과 같다.

$$f'(x)=\frac{1}{h}[f(x+h)-f(x)]-\frac{1}{2}hf''(\xi) \tag{2}$$

오차항을 포함한 $f'(x)$의 전진 차분 법칙

따라서 식 (1)의 근사는 오차항 $-\frac{1}{2}hf''(\xi)=\mathcal{O}(h)$를 갖는다. 여기서 ξ는 구간 $[x, x+h]$ 내에 존재하는 값이다.

일반적으로 $h\to 0$일 때 식 (2)는 $f'(x)$와 그 근삿값 $h^{-1}[f(x+h)-f(x)]$의 차가 h와 같은 비율로 (즉 $\mathcal{O}(h)$가) 0에 가까워진다는 것을 보여준다. 물론 $f''(x)=0$이면 오차항은 $\frac{1}{6}h^2f'''(\gamma)$이다. 이는 $\mathcal{O}(h^2)$에서 다소 더 빠르게 0에 수렴한다. 하지만 보통 $f''(x)$는 0이 아니다.

식 (2)는 이 수치 프로시저에 대한 **절단오차**, 즉 $-\frac{1}{2}hf''(\xi)$을 알려준다. 이 오차는 심지어 계산기가 무한대의 정확도를 가질 때에도 존재한다. 이는 수학에서의 극한과정을 근사식으로 모방하여 표현하기 때문이다. 유한 워드 길이의 컴퓨터로 계산을 수행할 때에는 여기에 더하여 추가적인(게다가 더 나쁜) 오차가 반드시 발생하리라는 점을 예상해야 한다.

오차 분석

예제 1 1.1절에서 *First*라 불리는 프로그램이 전진 차분forward difference 규칙 (1)을 이용해서 $x=0.5$에서 $f(x)=\sin x$의 일차 미분값을 근사했다. $n=50$과 같은 많은 반복 실행 후에 무슨 일이 일어나는지 설명하라.

풀이

이 예제에서 모든 유효숫자의 총 손실을 확인할 수 있다! 컴퓨터가 출력하는 값을 자세히 살펴보면, 실제로 좋은 근삿값인 $f'(0.5)\approx 0.87758$을 얻었지만 프로세스가 계속 진행됨에 따라 이 값이 엉망이 되어 버림을 알 수 있다. 이러한 결과는 거의 같은 두 값 $f(x+h)$과 $f(x)$ 간의 뺄셈에서 온다. 이는 유효숫자의 손실을 초래할 뿐 아니라 작은 값 h로 나누면서 이 효과가 더 증폭되고 있다. 따라서 우리는 이 과정의 반복을 더 빨리 멈춰야 한다! 수치 알고리즘에서 언제 반복 프로세스를 멈춰야 하는가는 보편적인 질문이다. 이 경우에는 언제 값이 안정되는지, 즉 수열에서 연속된 두 항의 차이가 언제 미리 규정된 허용오차보다 작아지는지를 결정하기 위해 반복 프로세스를 모니터해야 한다. 다른 대안으로는 절단오차 항을 사용할 수 있다. 만약 6자리의 유효숫자 정확도를 가진 결과를 원한다면 $|f''(\xi)|<1$, $h=1/4^n$이므로 다음을 설정할 수 있다.

$$\left|-\frac{1}{2}hf''(\xi)\right| \le \frac{1}{2}4^{-n} < \frac{1}{2}10^{-6}$$

여기서 $n>6/\log 4\approx 9.97$을 얻는다. 따라서 프로세스 중 약 10번째 단계에서 멈춰야 한다(최소 오차인 3.1×10^{-9}은 14번째 반복 단계에서 얻어진다).

뉴턴법(3.2절)에서 이미 살펴봤고, 롬베르크법(5.2절)에서 살펴보겠지만 수치 과정의 수렴은 0에 가까워지는 어떤 값의 높은 차수의 거듭제곱으로 이뤄지는 것이 유리하다. 현재 상황에서는 $f'(x)$의 근삿값의 오차가 $\mathcal{O}(h^2)$처럼 행동하기를 바란다. 이러한 근사는 다음의 두 테일러 급수를 통해서 쉽게 얻을 수 있다.

$$\begin{cases} f(x+h)=f(x)+hf'(x)+\dfrac{1}{2!}h^2f''(x)+\dfrac{1}{3!}h^3f'''(x)+\dfrac{1}{4!}h^4f^{(4)}(x)+\cdots \\ f(x-h)=f(x)-hf'(x)+\dfrac{1}{2!}h^2f''(x)-\dfrac{1}{3!}h^3f'''(x)+\dfrac{1}{4!}h^4f^{(4)}(x)-\cdots \end{cases} \tag{3}$$

두 식을 변끼리 빼면 다음을 얻는다.

$$f(x+h)-f(x-h)=2hf'(x)+\frac{2}{3!}h^3f'''(x)+\frac{2}{5!}h^5f^{(5)}(x)+\cdots$$

이를 통해 $f'(x)$의 근사에 대한 다음과 같은 매우 중요한 식을 얻을 수 있다.

$$f'(x)=\frac{1}{2h}[f(x+h)-f(x-h)]-\frac{h^2}{3!}f'''(x)-\frac{h^4}{5!}f^{(5)}(x)-\cdots \tag{4}$$

달리 표현하면 다음과 같다.

$$f'(x)\approx\frac{1}{2h}[f(x+h)-f(x-h)] \tag{5}$$

$f'(x)$의 중심차분 법칙

이때 오차항의 첫째항은 $-\frac{1}{6}h^2 f'''(x)$이다. 이를 통해 근사오차가 $\mathcal{O}(h^2)$임을 안다. 오차항과 함께 테일러 정리를 적용하면 다음과 같은 두 표현식을 얻을 수 있다.

$$\begin{cases} f(x+h) = f(x) + hf'(x) + \frac{1}{2}h^2 f''(x) + \frac{1}{6}h^3 f'''(\xi_1) \\ f(x-h) = f(x) - hf'(x) + \frac{1}{2}h^2 f''(x) - \frac{1}{6}h^3 f'''(\xi_2) \end{cases}$$

위의 두 식을 변끼리 빼면 다음을 얻는다.

$$f'(x) = \frac{1}{2h}[f(x+h) - f(x-h)] - \frac{1}{6}h^2\left[\frac{f'''(\xi_1) + f'''(\xi_2)}{2}\right]$$

여기서 오차항은 다음과 같은 이유로 간단하게 나타낼 수 있다. $\frac{1}{2}[f'''(\xi_1) + f'''(\xi_2)]$이라는 표현은 구간 $[x-h, x+h]$에서 f'''의 두 값의 평균이므로 만약 f'''가 이 구간에서 연속이라면 이 평균값은 어떤 값 ξ에서의 값이라고 가정할 수 있다. 따라서 오차항을 포함한 식을 다음과 같이 나타낼 수 있다.

$$f'(x) = \frac{1}{2h}[f(x+h) - f(x-h)] - \frac{1}{6}h^2 f'''(\xi)$$

오차항을 포함한 $f'(x)$의 중심차분 법칙

이 식은 f'''이 $[x-h, x+h]$에서 연속이라는 유일한 가정에 근거한 식이다. 수치 미분을 위한 이 식은 특정 미분방정식의 수치적 해를 구할 때 매우 유용하다는 게 판명되었다. 11장(경계값 문제)와 12장(편미분방정식)에서 이를 살펴볼 것이다.

예제 2 **$x=0.5$에서의 $f(x)=\sin x$의 첫 번째 미분값을 중심차분식 (5)를 이용해서 근사하도록 1.1절의 *First* 유사코드 프로그램을 수정하라. 오차가 $\frac{1}{2}10^{-6}$보다 작아지려면 몇 번의 반복이 필요한지 결정하라.**

풀이

중심차분식 (5)의 절단오차 항을 사용하면 다음과 같이 설정할 수 있다.

$$\left|-\frac{1}{6}h^2 f'''(\xi)\right| \le \frac{1}{6}4^{-2n} < \frac{1}{2}10^{-6}$$

즉 $n > \frac{(6-\log 3)}{\log 16} \approx 4.59$를 얻는다. 이 높은 차수의 식을 통해 약 다섯 번 반복 후에 좋은 근삿값을 얻을 수 있다(3.6×10^{-12}라는 최소 오차는 9번째 단계에서 나타난다).

리처드슨 보외법

이제 식 (4)로 돌아가 보면 이 식을 다음과 같이 좀 더 간단한 형태로 쓸 수 있다.

$$f'(x) = \frac{1}{2h}[f(x+h) - f(x-h)] + a_2h^2 + a_4h^4 + a_6h^6 + \cdots \tag{6}$$

오차 급수를 포함한 $f'(x)$의 중심차분 법칙

여기서 상수 $a_2, a_4, \cdots$는 f와 x에 의해서 결정된다. 어떤 수치 프로세스에 대해 이러한 정보가 주어졌을 때 근사법의 정확도를 높이는 강력한 도구로 알려진 리처드슨 보외법을 사용할 수 있다. 여기서는 식 (6)을 모델로 간주하고 이 과정을 설명하고자 한다.

f와 x를 고정한 후 h에 대한 함수를 다음의 식으로 정의한다.

$$\varphi(h) = \frac{1}{2h}[f(x+h) - f(x-h)] \tag{7}$$

$\varphi(h)$ 식

식 (6)에서 $\varphi(h)$가 오차가 감소하는 비율이 $\mathcal{O}(h^2)$인 $f'(x)$의 근사임을 알 수 있다. 우리의 목표는 $\lim_{h\to 0}\varphi(h)$를 계산하는 것인데, 이 값이 처음 위치에서 우리가 원하던 $f'(x)$의 값이기 때문이다. 함수 f를 선택하고 $h = 1, \frac{1}{2}, \frac{1}{4}, \frac{1}{8}, \cdots$에 대해 $\varphi(h)$의 그래프를 그리면 그래프를 하나 얻을 수 있다([컴퓨터 연습문제 4.3.5]). 식 (7)에 의하면 φ의 값을 실제로 계산할 수 없는 0 근처에서 φ는 근사적으로 h에 대한 2차 함수인데 이는 식 (6)의 높은 차수의 항들은 무시할 수 있기 때문이다. 리처드슨 보외법은 0 근처에서의 $\varphi(h)$의 일부 계산한 값들에서 0에서의 극한값을 근사하는 방법이다. 분명 0으로 수렴하는 어떤 편리한 수열 h_n을 선택한 후 식 (7)에서 $\varphi(h_n)$을 계산하면 이 값들을 $f'(x)$의 근삿값으로 사용할 수 있다.

하지만 좀 더 영리한 방법이 있다. 어떤 h에 대해서 $\varphi(h)$를 계산한 후 $\varphi\left(\frac{h}{2}\right)$를 계산한다고 가정하자. 식 (6)에 의해 다음이 성립한다.

$$\varphi(h) = f'(x) - a_2h^2 - a_4h^4 - a_6h^6 - \cdots$$
$$\varphi\left(\frac{h}{2}\right) = f'(x) - a_2\left(\frac{h}{2}\right)^2 - a_4\left(\frac{h}{2}\right)^4 - a_6\left(\frac{h}{2}\right)^6 - \cdots$$

오차 급수를 포함한 $\varphi(h)$

간단한 산술 연산을 통해 이 오차 급수에서 지배적인 항들을 제거할 수 있다. 두 번째 식에 4를 곱한 후 첫 번째 식에서 이를 변끼리 빼면 다음의 결과를 얻는다.

$$\varphi(h) - 4\varphi\left(\frac{h}{2}\right) = -3f'(x) - \frac{3}{4}a_4h^4 - \frac{15}{16}a_6h^6 - \cdots$$

이 식의 양변을 -3으로 나누고 정리하면 다음을 얻을 수 있다.

φ의 선형 결합

$$\varphi\left(\frac{h}{2}\right) + \frac{1}{3}\left[\varphi\left(\frac{h}{2}\right) - \varphi(h)\right] = f'(x) + \frac{1}{4}a_4h^4 + \frac{5}{16}a_6h^6 + \cdots$$

이는 놀라운 발견이다. 간단하게 $\varphi\left(\frac{h}{2}\right)$에 $\frac{1}{3}[\varphi(h/2) - \varphi(h)]$을 더함으로써 명백하게 향상된 정확도의 $\mathcal{O}(h^4)$를 얻는 것이다. 이는 이 새로운 조합으로 얻어진 오차의 급수가 $\frac{1}{4}a_4h^4$로 시작하기 때문이다. h가 작을 때 정확도는 극적으로 향상된다!

다음과 같이 설정하고 이 과정을 반복할 수 있다.

$$\Phi(h) = \frac{4}{3}\varphi\left(\frac{h}{2}\right) - \frac{1}{3}\varphi(h)$$

$\Phi(h)$ 식

그러면 이전의 유도 과정에서 다음을 얻는다.

$$\Phi(h) = f'(x) + b_4 h^4 + b_6 h^6 + \cdots$$
$$\Phi\left(\frac{h}{2}\right) = f'(x) + b_4\left(\frac{h}{2}\right)^4 + b_6\left(\frac{h}{2}\right)^6 + \cdots$$

다음과 같이 이 식들을 결합하여 오차 급수의 첫 번째 항을 제거할 수 있다.

$$\Phi(h) - 16\Phi\left(\frac{h}{2}\right) = -15f'(x) + \frac{3}{4}b_6 h^6 + \cdots$$

따라서 다음을 얻을 수 있다.

Φ의 선형 결합

$$\Phi\left(\frac{h}{2}\right) + \frac{1}{15}\left[\Phi\left(\frac{h}{2}\right) - \Phi(h)\right] = f'(x) - \frac{1}{20}b_6 h^6 + \cdots$$

이는 $\mathcal{O}(h^6)$로의 또 다른 명백한 정확도 향상을 보여준다. 게다가 오차 급수에서 더 높은 항들을 제거하기 위해 위와 같은 과정을 계속 반복할 수 있다는 점에 주목하자. 이 과정이 바로 **리처드슨 보외법** Richardson extrapolation 이다.

근본적으로 비슷한 상황이 5.2절에서 소개할 롬베르크 알고리즘의 유도에서도 등장한다. 이제 이 과정에 대한 일반적인 논의를 시작해 보자. 양쪽 상황을 모두 포함하는 방정식에서 출발하자. φ를 다음과 같은 함수로 정의한다.

$\varphi(h)$의 성질

$$\varphi(h) = L - \sum_{k=1}^{\infty} a_{2k} h^{2k} \tag{8}$$

여기서 a_{2k}는 알려지지 않은 계수들이다. 식 (8)을 φ의 정의로 해석하기보다는 φ가 가진 성질을 나타낸 식이라고 보는 게 좋다. 여기서 $\varphi(h)$는 임의의 $h > 0$에서 계산 가능하며, 우리의 목표는 φ를 이용해서 정확하게 L을 근사하는 것이라고 가정하자.

적당한 h를 선택하고 다음의 수들을 계산한다.

$D(n, 0)$ 식

$$D(n,0) = \varphi\left(\frac{h}{2^n}\right) \qquad (n \geq 0) \tag{9}$$

식 (8)에 의해 다음을 얻을 수 있다.

$$D(n,0) = L + \sum_{k=1}^{\infty} A(k,0)\left(\frac{h}{2^n}\right)^{2k}$$

보외 식 $D(n, m)$

여기서 $A(k,0) = -a_{2k}$이고, $D(n,0)$은 미지수인 $L = \lim_{x\to 0}\varphi(x)$의 대략적인 근삿값이다. 좀 더 정확한 근삿값은 리처드슨 보외법을 통해 얻을 수 있다. 보외법 공식은 다음과 같다.

$$D(n,m) = \frac{4^m}{4^m - 1}D(n, m-1) - \frac{1}{4^m - 1}D(n-1, m-1) \qquad (1 \leq m \leq n) \tag{10}$$

정리 리처드슨 보외법 정리

리처드슨 보외법 과정 식 (10)에서 정의한 $D(n,m)$은 다음 방정식을 만족한다.

$$D(n,m) = L + \sum_{k=m+1}^{\infty} A(k,m)\left(\frac{h}{2^n}\right)^{2k} \qquad (0 \le m \le n) \tag{11}$$

증명

$m=0$일 때 식 (11)은 가정에 의해 참이다. 귀납적 증명을 위해 우리는 임의의 값 $m-1$에 대해 식 (11)이 성립한다고 가정한 후, m에 대해 식 (11)이 성립함을 증명할 것이다. 고정한 값 m에 대해 식 (10)과 (11)에서 다음의 식을 얻을 수 있다.

$$\begin{aligned} D(n,m) = &\frac{4^m}{4^m-1}\left[L + \sum_{k=m}^{\infty} A(k,m-1)\left(\frac{h}{2^n}\right)^{2k}\right] \\ &- \frac{1}{4^m-1}\left[L + \sum_{k=m}^{\infty} A(k,m-1)\left(\frac{h}{2^{n-1}}\right)^{2k}\right] \end{aligned}$$

위 식을 간단히 정리하면 다음과 같다.

$$D(n,m) = L + \sum_{k=m}^{\infty} A(k,m-1)\left(\frac{4^m-4^k}{4^m-1}\right)\left(\frac{h}{2^n}\right)^{2k} \tag{12}$$

따라서 다음을 정의할 수 있다.

$$A(k,m) = A(k,m-1)\left(\frac{4^m-4^k}{4^m-1}\right)$$

동시에 $A(m,m)=0$임을 알 수 있다. 따라서 식 (12)를 다음과 같이 나타낼 수 있다.

$$D(n,m) = L + \sum_{k=m+1}^{\infty} A(k,m)\left(\frac{h}{2^n}\right)^{2k}$$

$D(n,m)$ 식

식 (11)이 m에 대해 참이므로 귀납법 증명이 완료되었다.

식 (11)에서 중요한 부분은 덧셈의 시작점이 $\left(\frac{h}{2^n}\right)^{2m+2}$ 항이라는 점이다. $\frac{h}{2^n}$이 작기 때문에 수 $D(n,m)$은 L에 매우 빠르게 접근한다. 즉 다음이 성립한다.

$$D(n,m) = L + \mathcal{O}\left(\frac{h^{2(m+1)}}{2^{2n(m+1)}}\right)$$

$D(n,m)$의 수렴 법칙

실제로 이 값들을 다음과 같은 2차원의 삼각 배열로 배열할 수 있다.

$$\begin{array}{lllll} D(0,0) & & & & \\ D(1,0) & D(1,1) & & & \\ D(2,0) & D(2,1) & D(2,2) & & \\ \vdots & \vdots & \vdots & \ddots & \\ D(N,0) & D(N,1) & D(N,2) & \cdots & D(N,N) \end{array} \tag{13}$$

2차원 삼각 배열

이러한 배열을 생성하는 핵심 방법은 다음과 같다.

알고리즘 리처드슨 보외법

1. φ에 대한 함수를 작성한다.
2. 적절한 값으로 N과 h를 결정한다.
3. $i=0,1,\cdots,N$에 대해서 $D(i,0)=\varphi\left(\dfrac{h}{2^i}\right)$를 계산한다.
4. $1\le i\le j\le N$에 대해서 다음을 계산한다.

$$D(i,j)=D(i,j-1)+(4^j-1)^{-1}[D(i,j-1)-D(i-1,j-1)]$$

이 알고리즘에서 $D(i,j)$의 계산은 식 (10)을 따랐지만 수치적 특성을 향상시키기 위해 재배열하였다는 점에 주목하라.

예제 3 식 (5)와 리처드슨 보외법을 이용해서 한 점에서 함수의 미분값을 계산하는 프로시저를 작성하라.

풀이

이 프로시저의 입력은 함수 f, 특정한 점 x, h값, 배열 (13)에서 얼마나 많은 행을 계산할 것인지를 알려주는 수 n이며 출력은 배열 (13)이다. 다음은 적절한 유사코드이다.

Derivative 유사코드

```
procedure Derivative(f, x, n, h, (d_ij))
integer i, j, n;   real h, x;   real array (d_ij)_{0:n×0:n}
external function f
for i = 0 to n
    d_i0 ← [f(x + h) − f(x − h)]/(2h)
    for j = 1 to i
        d_i,j ← d_i,j−1 + (d_i,j−1 − d_i−1,j−1)/(4^j − 1)
    end for
    h ← h/2
end for
end procedure Derivative
```

이 유사코드를 테스트하기 위해 함수 $f(x)=\sin x$를 선택한다. 이때 $x_0=1.2309594154$, $h=1$이다. 그러면 $f'(x)=\cos x$이고 $f'(x_0)=\dfrac{1}{3}$이다. 유사코드는 다음과 같이 쓸 수 있다.

Test_Derivative 유사코드

```
program Test_Derivative
real array (d_ij)_{0:n×0:n};   external function f
integer n ← 10;   real h ← 1;   x ← 1.23095 94154
call Derivative(f, x, n, h, (d_ij))
output (d_ij)
end program Test_Derivative

real function f(x)
real x
f ← sin(x)
end function f
```

유사코드를 직접 컴퓨터로 프로그래밍하고 실행해 보라. 컴퓨터 출력은 $0\le j\le i\le 10$의 인덱스를 가진 삼각 배열 (d_{ij})이다. 가장 정확한 값은 $(d_{4,1})=0.3333333433$이다.

어떤 보외법도 적용하지 않고 오직 식 (7)과 (9)에서만 얻어진 값인 d_{i0}는 정확한 자릿수가 4개를 넘지 않으므로 정확하다고 할 수 없다. ■

기호로 구한 미분

최근 몇몇 수학 소프트웨어로 대수적 조작이 가능해졌다. 이 소프트웨어들을 사용하면 꽤 많은 종류의 함수에 대해 기호로 미분값을 찾는 컴퓨터 프로그램을 작성할 수 있다. 아마도 대부분의 함수들은 미적분 수업에서 접한 적이 있을 것이다. 예를 들면 우리는 정확하게 미분을 구한 후 $\arccos\left(\frac{1}{3}\right) \approx 1.23095941543$이므로 수치적인 답 $\cos(1.2309594154) \approx 0.3333333355$를 계산함으로써 수치적 결과들을 확인할 수 있다. 물론 이 절에서 소개한 프로시저들은 정확히 계산될 수 없는 미분값들을 근사하기 위한 것이었다.

보간 다항식을 통한 일차 미분식

중요하고도 일반적인 한 전략을 미분값 근사에 사용해 보자(물론 이 근사법은 적분 및 다른 값에도 적용 가능하다). 우선 함수 f는 $f \approx p$를 만족하는 다항식 p로 근사한다. 그 후 결과적으로 단순하게 $f'(x) \approx p'(x)$로 근사한다. 물론 이 전략을 구사할 때는 매우 조심해야 한다. 왜냐하면 보간 다항식이 진동할 수 있기 때문이다.

실제로 근사 다항식 p는 종종 몇 개의 점에서의 보간을 통해 결정한다. 예를 들면 다항식 p가 두 노드 x_0, x_1에서 함수 f를 보간하는 최대 1차의 다항식이라 가정하자. 그러면 4.1절의 식 (8)에서 $n=1$일 때 다음의 다항식을 얻는다.

$$p_1(x) = f(x_0) + f[x_0, x_1](x - x_0)$$

결과적으로 다음과 같다.

$$f'(x) \approx p_1'(x) = f[x_0, x_1] = \frac{f(x_1) - f(x_0)}{x_1 - x_0} \tag{14}$$

$f'(x)$의 유한차분 근사

만약 $x_0 = x$이고 $x_1 = x + h$일 때([그림 4.11] 참조) 이 식은 앞서 살펴봤던 식 (1)이다.

$$f'(x) \approx \frac{1}{h}[f(x+h) - f(x)] \tag{15}$$

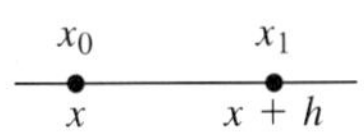

[그림 4.11] 전진 차분 : 두 개의 노드

만약 $x_0 = x - h$, $x_1 = x + h$라면([그림 4.12] 참조) 결과는 식 (5)이다.

$$f'(x) \approx \frac{1}{2h}[f(x+h) - f(x-h)] \tag{16}$$

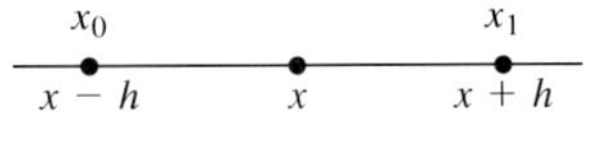

[그림 4.12] 중심차분 : 두 개의 노드

이제 세 점 x_0, x_1, x_2의 세 노드를 이용한 보간을 생각해 보자. 4.1절의 식 (8)에서 다음의 보간 다항식을 얻을 수 있다.

$$p_2(x) = f(x_0) + f[x_0, x_1](x - x_0) + f[x_0, x_1, x_2](x - x_0)(x - x_1)$$

그리고 이 다항식의 미분은 다음과 같다.

$$p_2'(x) = f[x_0, x_1] + f[x_0, x_1, x_2](2x - x_0 - x_1) \tag{17}$$

여기서 우변은 두 항으로 구성되어 있다. 첫 번째 항은 식 (14)에서의 예전 근삿값이고, 두 번째 항은 개선 항 또는 보정항이다.

만약 식 (16)처럼 $x = \frac{1}{2}(x_0 + x_1)$에서 $f'(x)$의 값을 계산하는데 식 (17)을 사용하면, 식 (17)에서의 보정항은 0이다. 따라서 이 때는 다른 경우보다 훨씬 첫 번째 항이 정확하다. 왜냐하면 보정항이 아무 것도 더하지 않기 때문이다. 이것이 식 (16)이 식 (15)보다 더 정확한 이유이다.

이 일반적인 프로시저에 관한 오차 분석은 다음과 같이 진행한다. 우선 p_n이 노드 $x_0, x_1, \cdots, x_n$에서 함수 f를 보간하는 최소 차수의 다항식이라고 가정하자. 그러면 4.2절의 첫 번째 보간 오차 정리에 의해 다음을 얻는다.

$$f(x) - p_n(x) = \frac{1}{(n+1)!} f^{(n+1)}(\xi) w(x)$$

여기서 ξ는 x에 의해 결정되고 $w(x) = (x - x_0)(x - x_1) \cdots (x - x_n)$이다. 위 식을 미분하면

$$f'(x) - p_n'(x) = \frac{1}{(n+1)!} w(x) \frac{d}{dx} f^{(n+1)}(\xi) + \frac{1}{(n+1)!} f^{(n+1)}(\xi) w'(x) \tag{18}$$

이다. 여기서 우리는 $f^{(n+1)}(\xi)$가 x에 대한 함수로서 미분 가능하다고 가정하는데 이 가정은 $f^{(n+2)}$가 존재하고 연속이라면 참이다.

식 (18)의 오차 식에서의 첫 번째 관찰 포인트는 $w(x)$가 각 노드에서 사라진다는 점이다. 따라서 만약 노드 x_i에서 계산이 이루어진다면 결과 식은 다음과 같이 더 단순해진다.

$$f'(x_i) = p_n'(x_i) + \frac{1}{(n+1)!} f^{(n+1)}(\xi) w'(x_i)$$

예를 들어 두 개의 점 x_0, x_1만을 택하면 $n = 1$과 $i = 0$일 때 다음을 얻는다.

$$\begin{aligned} f'(x_0) &= f[x_0, x_1] + \frac{1}{2} f''(\xi) \frac{d}{dx}[(x - x_0)(x - x_1)]\bigg|_{x = x_0} \\ &= f[x_0, x_1] + \frac{1}{2} f''(\xi)(x_0 - x_1) \end{aligned}$$

이는 $x_0 = x$, $x_1 = x + h$일 때의 식 (2)의 변형이다. $n = 1$과 $i = 1$일 때 비슷한 결과들을 얻을 수 있다.

식 (18)의 두 번째 관찰 포인트는 $w'(x) = 0$을 만족하는 점으로 x를 택하면 식 (18)이 훨

씬 단순해진다는 점이다. 예를 들어 $n=1$일 때 w는 두 노드 x_0, x_1에서 사라지는 이차함수이다. 포물선은 포물선의 축에 대해 대칭적이므로 $w'\left[\frac{x_0+x_1}{2}\right]=0$이다. 따라서 결과식은 다음과 같다.

유한차분식을 포함한 $f'\left(\frac{x_0+x_1}{2}\right)$

$$f'\left(\frac{x_0+x_1}{2}\right)=f[x_0,x_1]-\frac{1}{8}(x_1-x_0)^2\frac{d}{dx}f''(\xi)$$

마지막 예로 네 개의 보간점 x_0, x_1, x_2, x_3을 생각해 보자. 4.1절의 식 (8)에서 $n=3$일 때의 보간 다항식은

$$\begin{aligned} p_3(x) = f(x_0)+f[x_0,x_1](x-x_0)+f[x_0,x_1,x_2](x-x_0)(x-x_1) \\ +f[x_0,x_1,x_2,x_3](x-x_0)(x-x_1)(x-x_2) \end{aligned}$$

이고 그 미분값은 다음과 같다.

$$\begin{aligned} p_3'(x) = f[x_0,x_1]+f[x_0,x_1,x_2](2x-x_0-x_1) \\ +f[x_0,x_1,x_2,x_3]((x-x_1)(x-x_2) \\ +(x-x_0)(x-x_2)+(x-x_0)(x-x_1)) \end{aligned}$$

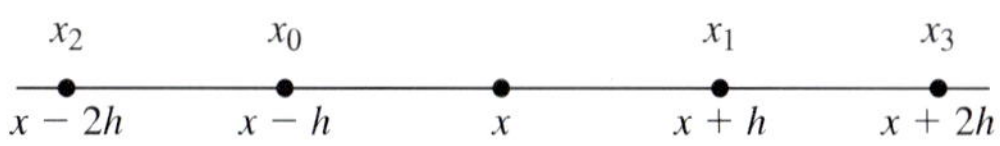

[그림 4.13] 중심차분 : 4개의 노드

자주 사용되는 특수한 경우는 $x_0=x-h$, $x_1=x+h$, $x_2=x-2h$, $x_3=x+2h$일 때이다([그림 4.13] 참조). 그 결과 식은 다음과 같다.

$$f'(x)\approx-\frac{2}{3h}[f(x+h)-f(x-h)]-\frac{1}{12h}[f(x+2h)-f(x-2h)]$$

이 식은 주요 항에 개선항 또는 보정항을 더한 형태로 아래와 같이 다시 쓸 수 있다.

4개의 노드에서의 $f'(x)$의 유한차분식

$$\begin{aligned} f'(x)\approx \frac{1}{2h}[f(x+h)-f(x-h)] \\ -\frac{1}{12h}\{f(x+2h)-2[f(x+h)-f(x-h)]-f(x-2h)\} \end{aligned} \quad (19)$$

오차항은 $-\frac{1}{30}h^4f^{(5)}(\xi)=\mathcal{O}(h^5)$이다.

테일러 급수를 통한 이차 미분식

미분방정식의 수치적 근을 구할 때 종종 이차 미분값을 근사해야 할 경우가 있다. 이를 위한 매우 중요한 식을 유도할 것이다. 간단하게 $f(x+h)$와 $f(x-h)$에 대한 두 테일러 급수 (3)을 더해 보라. 그 결과는 다음과 같다.

$$f(x+h)+f(x-h)=2f(x)+h^2f''(x)+2\left[\frac{1}{4!}h^4f^{(4)}(x)+\cdots\right]$$

이 식을 정리하면 다음을 얻을 수 있다.

$$f''(x)=\frac{1}{h^2}[f(x+h)-2f(x)+f(x-h)]+E$$

여기서 오차 급수는 다음과 같다.

$$E=-2\left[\frac{1}{4!}h^2f^{(4)}(x)+\frac{1}{6!}h^4f^{(6)}(x)+\cdots\right]$$

나머지에 관한 테일러 정리를 적용하여 동일한 프로세스를 진행해 보면 구간 $(x-h, x+h)$의 어떤 ξ에 대하여 E가 다음과 같이 주어짐을 알 수 있다.

$$E=-\frac{1}{12}h^2f^{(4)}(\xi)=\mathcal{O}(h^2)$$

따라서 $\mathcal{O}(h^2)$의 오차를 갖는 다음의 근삿값을 구할 수 있다.

$$f''(x)\approx\frac{1}{h^2}[f(x+h)-2f(x)+f(x-h)] \tag{20}$$

$f''(x)$의 중심차분식과 오차항

예제 4 식 (20)의 중심차분식을 이용하여 [예제 2]를 반복함으로써 주어진 점 $x=0.5$에서 함수 $f(x)=\sin x$의 이차 미분을 근사하라.

풀이

절단오차 항을 사용하면 다음과 같이 설정할 수 있다.

$$\left|-\frac{1}{12}h^2f^{(4)}(\xi)\right|\le\frac{1}{12}4^{-2n}<\frac{1}{2}10^{-6}$$

이를 통해 $n>(6-\log 6)/\log 16\approx 4.34$를 얻는다. 따라서 수정한 프로그램 *First*는 약 4번의 반복 후에 좋은 근삿값인 $f''(0.5)\approx -0.47942$를 구한다(3.1×10^{-9}의 최소 오차는 6번 반복에서 나타난다).

높은 차수의 미분식의 근삿값은 체비셰프 노드와 같이 간격이 비균등한 점들을 이용하여 얻을 수 있다. 최근에는 컴퓨터 프로그램으로 표현할 수 있는 함수의 미분을 자동으로 구해주는 소프트웨어 패키지가 개발되었다. 이 프로그램들은 근사오차^discretization error^는 없고 오직 반올림 오차만 가지는 진짜 미분값을 구해준다.

계산상의 잡음

흥미로운 질문 하나는 함숫값의 계산상의 잡음^noise^이 표준적인 근사식을 사용한 미분값의 계산에 어떤 영향을 주는가이다.

미분값의 근사식은 어떠한 점에서도 완전한 정확도로 함숫값 계산이 가능하다는 기대를 바탕으로 나온다. 이 식으로 근사한 미분값과 실제 미분값과의 차이가 **오차항**이라고 불리는 양인데 이는 샘플 점들 간의 간격과 함수의 일부 고차 미분과 관련이 있다.

만약 함숫값에 오차(**잡음**)가 존재한다면 이들이 전체 과정을 손상시킬 수 있다! 이러한 오차들은 식 자체에 내재한 오차들을 압도한다. 내재한 오차는 테일러 급수에서 일부 항만을 남겨 놓고 그 이후의 항들은 버려서 근사식을 유도한다는 사실에서 발생한다. 이 오차가 바로 **절단오차**라 불리는 값이다. 이 오차는 필요한 샘플 점들에서의 함숫값이 절대적으로 정확해도 발생한다.

잡음과 절단오차

예를 들어 다음의 식을 생각해 보자.

$$f'(x) = \frac{f(x+h) - f(x-h)}{2h} - \frac{h^2}{6} f'''(\xi)$$

오차항을 포함한 $f'(x)$의 중심차분식

여기서 h^2과 관련한 항은 오차항이며 점 ξ는 근처의 점(미지수)이다. 만약 $f(x+h)$와 $f(x-h)$의 오차가 최대 d라면 위 식에 의해 계산한 $f'(x)$의 오차는 $\dfrac{d}{h}$임을 알 수 있다. 이 값은 h가 작을 때 커진다. d가 크면 잡음은 이 과정을 완전히 망친다.

구체적인 수치 예로 $h = 10^{-2}$, $|f'''(s)| \le 6$이라 가정하자. 그러면 절단오차 E는 $|E| \le 10^{-4}$을 만족한다. 완전한 정확도로 위 식에서 미분값을 계산하면 실제 미분값과의 오차는 10^{-4}이다. 하지만 $f(x \pm h)$의 값에서 크기가 $d = h$인 잡음이 존재한다고 가정하자. 정확한 값 $[f(x+h) - f(x-h)]/(2h)$는 잡음이 추가한 값 $(2d)/(2h) = 1$만큼 다를 수 있다.

4.3 요약

- 전진 차분식 $f'(x) \approx \dfrac{1}{h}[f(x+h) - f(x)]$의 오차항은 $-\dfrac{1}{2}hf''(\xi)$이다.

- 중심차분식 $f'(x) \approx \dfrac{1}{2h}[f(x+h) - f(x-h)]$의 오차는 $-\dfrac{1}{6}h^2 f'''(\xi) = \mathcal{O}(h^2)$이다.

- 보정항을 가지는 중심차분식

$$f'(x) \approx \frac{1}{2h}[f(x+h) - f(x-h)] - \frac{1}{12h}[f(x+2h) - 2f(x+h) + 2f(x-h) - f(x-2h)]$$

의 오차항은 $-\dfrac{1}{30}h^4 f^{(5)}(\xi) = \mathcal{O}(h^4)$이다.

- $f''(x)$에 대한 중심차분식 $f''(x) \approx \dfrac{1}{h^2}[f(x+h) - 2f(x) + f(x-h)]$의 오차항은 $-\dfrac{1}{12}h^2 f^{(4)}(\xi)$이다.

- $\varphi(h)$가 오차 급수 $a_2h^2 + a_4h^4 + a_6h^6 + \cdots$을 갖는 어떤 식들 중 하나라면 다음과 같은 **리처드슨 보외법**을 적용할 수 있다.

$$\begin{cases} D(n, 0) = \varphi(h/2^n) \\ D(n, m) = D(n, m-1) \\ \qquad\qquad + [D(n, m-1) - D(n-1, m-1)]/(4^m - 1) \end{cases}$$

여기서 오차항은 다음과 같다.

$$D(n, m) = L + \mathcal{O}\left(\frac{h^{2(m+1)}}{2^{2n(m+1)}}\right)$$

4.3 연습문제

01 다음 식의 오차항을 구하라.

$$f'(x) \approx \frac{1}{4h}[f(x+3h)-f(x-h)]$$

02 테일러 급수를 이용해서 다음 식의 오차항을 구하라.

$$f'(0) \approx \frac{1}{2h}[f(2h)-f(0)]$$

03 다음 근사식을 유도하고 이 근사식의 오차항이 $\frac{1}{3}h^2 f'''(\xi)$의 형태임을 보여라.

$$f'(x) \approx \frac{1}{2h}[4f(x+h)-3f(x)-f(x+2h)]$$

04 함수 f에 대하여 오직 두 개의 함숫값을 이용해서 오차항이 $\mathcal{O}(h^3)$인 $f'(x)$의 근사식을 구할 수 있는가? 이를 증명하거나 이것이 틀렸음을 입증하라.

05 각각의 오차항이 $\mathcal{O}(h)$인 전진 차분식 $f'(x) \approx \dfrac{f(x+h)-f(x)}{h}$와 후진 차분식 $f'(x) \approx \dfrac{f(x)-f(x-h)}{h}$의 평균을 내보니, 그 결과가 오차항이 $\mathcal{O}(h^2)$인 중심차분식 $f'(x) \approx \dfrac{f(x+h)-f(x-h)}{2h}$라고 한다. 왜 그런지 보여라.

힌트 : 적어도 각 식의 오차 급수의 첫째 항은 계산하라.

06 테일러 공식에 의해 다음을 얻는다.

$$f(x+h)-f(x) = hf'(x)+\frac{h^2}{2}f''(x)+\frac{h^3}{6}f'''(\xi)$$

$$f(x-h)-f(x) = -hf'(x)+\frac{h^2}{2}f''(x)-\frac{h^3}{6}f'''(\xi)$$

위 두 식을 더하면 다음과 같은 $f''(x)$의 정확한 표현을 얻는다. 이 분석을 비판하라.

$$f(x+h)+f(x-h)-2f(x) = h^2 f''(x)$$

07 테일러 공식에 의해 다음을 얻는다.

$$f(x+h)-f(x) = hf'(x)+\frac{h^2}{2}f''(x)+\frac{h^3}{6}f'''(\xi_1)$$

$$f(x-h)-f(x) = -hf'(x)+\frac{h^2}{2}f''(x)-\frac{h^3}{6}f'''(\xi_2)$$

따라서 다음이 성립한다.

$$\frac{1}{h^2}[f(x+h)-2f(x)+f(x-h)]$$

$$=f''(x)+\frac{h}{6}[f'''(\xi_1)-f'''(\xi_2)]$$

따라서 f''의 근사식의 오차는 $\mathcal{O}(h)$이다. 이 분석을 비판하라.

08 다음 두 식을 유도하라. 이 두 식을 이용하여 오차항에 대한 식을 구하라.

(a) $f'(x) \approx \dfrac{1}{4h}[f(x+2h)-f(x-2h)]$

(b) $f''(x) \approx \dfrac{1}{4h^2}[f(x+2h)-2f(x)+f(x-2h)]$

09 다음의 미분값 근사 법칙을 유도하고 각각의 오차항을 계산하라. 어떤 식이 더 정확한가?

(a) $f'''(x) \approx \dfrac{1}{2h^3}[f(x+2h)-2f(x+h)+2f(x-h)-f(x-2h)]$

(b) $f^{(4)}(x) \approx \dfrac{1}{h^4}[f(x+2h)-4f(x+h)+6f(x)-4f(x-h)+f(x-2h)]$

힌트 : $D(h) \equiv f(x+h)-f(x-h)$와 $S(h) \equiv f(x+h)+f(x-h)$의 테일러 급수를 고려한다.

10 $x_1-x_0=h$, $x_2-x_1=\alpha h$일 때 불균등 간격으로 분할한 점들 $x_0<x_1<x_2$를 사용하여 다음 식을 아래의 두 가지 방법으로 유도하라. 이 식은 $\alpha=1$일 때 표준 중심차분식 (20)으로 줄어드는 것에 주의한다.

$$f''(x) \approx \frac{2}{h^2}\left[\frac{f(x_0)}{(1+\alpha)}-\frac{f(x_1)}{\alpha}+\frac{f(x_2)}{\alpha(\alpha+1)}\right]$$

(a) $f(x)$를 2차 보간 다항식의 뉴턴 형태를 이용하여 근사하라.

(b) $f''(x) \approx Af(x_0)+Bf(x_1)+Cf(x_2)$에서 미정계수 A, B, C를 계산하라. 이때 이 식이 세 다항식 $1, x-x_1, (x-x_1)^2$에 대해 정확하도록 계산한다. 그러면 차수가 2 이하인 모든 다항식에 대해 정확하다.

11 테일러 급수를 사용하여 다음을 보여라. $f'(x_1)$을 $\dfrac{[f(x_2)-f(x_0)]}{(x_2-x_0)}$으로 근사할 때의 오차항은 x_1이 x_0과 x_2의 중점일 때에는 $\mathcal{O}(h^2)$, 그 외의 경우에는 $\mathcal{O}(h)$임을 확인하라.

$$f'(x_1)=\frac{f(x_2)-f(x_0)}{x_2-x_0}+(\alpha-1)\frac{h}{2}f''(x_1)+\mathcal{O}(h^2)$$

12 어떤 계산에서는 $f'(x)+f''(x)$의 근사식이 필요하다. 다음과 같은 표현은 얼마나 잘 근사하는가? 이 근사식을 유도하고 그 오차항을 계산하라.

$$\left(\frac{2+h}{2h^2}\right)f(x+h)-\left(\frac{2}{h^2}\right)f(x)+\left(\frac{2-h}{2h^2}\right)f(x-h)$$

13 함수 f의 값이 세 점 x_0, x_1, x_2에서 주어져 있다. 만약 $x=\frac{1}{2}(x_0+x_1)$에서 $f'(x)$를 근사하기 위해 2차 보간 다항식을 사용한다면 결과 식은 무엇인가?

14 식 (19)를 생각하자.

(a) 이 식의 유도 과정의 세부 과정을 채워라.

(b) 테일러 급수를 이용하여 오차항을 유도하라.

15 리처드슨 보외법이 식 (20)에 어떻게 작용하는지를 보여라.

16 $\varphi(h)=L-c_1h-c_2h^2-c_3h^3-\cdots$일 때 $\varphi(h)$와 $\varphi\left(\frac{h}{2}\right)$의 어떤 결합이 L을 정확히 근사하는가?

17 앞 문제와 같은 상황에서 리처드슨 보외법 정리와 유사한 정리를 쓰고 이를 증명하라.

18 $\varphi(h)=L-c_1h^{1/2}-c_2h^{2/2}-c_3h^{3/2}-\cdots$일 때 $\varphi(h)$와 $\varphi\left(\frac{h}{2}\right)$의 어떤 결합이 L을 정확히 근사하는가?

19 리처드슨 보외법이 h의 어떠한 두 값에 대해서도 적용 가능하다는 것을 보여라. 따라서 만약 $\varphi(h)=L-\mathcal{O}(h^p)$라면 $\varphi(h_1)$과 $\varphi(h_2)$에서 L의 좀 더 정확한 근사는 다음의 식으로 주어진다.

$$\varphi(h_2)+\frac{h_2^p}{h_1^p-h_2^p}[\varphi(h_2)-\varphi(h_1)]$$

20 $\lim_{h\to 0}\varphi(h)=L$이고 어떤 상수 c에 대해 $L-\varphi(h)\approx ce^{-1/h}$인 함수 φ를 생각하자. $\varphi(h)$, $\varphi\left(\frac{h}{2}\right)$, $\varphi\left(\frac{h}{3}\right)$의 결합을 통해 L의 정확한 근사값을 찾아라.

21 다음의 근사식을 고려하자. 이 식의 오차항을 계산하라. 이 근사식이 의미 있기 위해서는 함수 f가 미분 가능해야 하는가?

$$f'(x)\approx\frac{3}{2h^3}\int_{-h}^{h}tf(x+t)dt$$

힌트 : 이 식은 수치적 미분의 새로운 방식이다. **란조스**[Lanczos] **의 일반화한 미분**에 관해서 더 조사해 보라.

22 $D(3,0)$, $D(3,1)$, $D(3,2)$, $D(3,3)$의 오차항을 유도하라.

23 미분과 적분은 상호 역과정이다. 미분은 데이터에서의 조그만 변화가 결과에서 큰 변화를 가져오므로 본질적으로 민감한 문제이다. 적분은 일종의 평탄하게 만드는 과정으로 본질적으로 안정적이다. 매우 다른 미분값을 가지지만 동일한 정적분 값을 가지는 두 함수를 보이고 그 반대의 경우의 두 함수도 보여라.

24 다음 법칙들에서 오차항들을 유도하라.

(a) $f'''(x)\approx\frac{1}{2h^3}[3f(x+h)-10f(x)+12f(x-h)$
$-6f(x-2h)+f(x-3h)]$

(b) $f'(x)+\frac{h}{2}f''\approx\frac{1}{h}[f(x+h)-f(x)]$

(c) $f^{(iv)}(x)\approx\frac{1}{h^4}\left[\frac{4}{3}f(x+3h)-6f(x+2h)+12f(x+h)\right]$

(단, $f(x)=f'(x)=0$)

4.3 컴퓨터 연습문제

01 주어진 각 점에서 다음의 함수들에 프로시저 *Derivative*를 단 한 번의 컴퓨터 실행으로 테스트하라. 그 결과를 설명하라.

(a) $f(x)=\cos x$ $(x=0)$

(b) $f(x)=\arctan x$ $(x=1)$

(c) $f(x)=|x|$ $(x=0)$

02 리처드슨 보외법을 반복해서 $f''(x)$를 계산하는 *Derivative*와 비슷한 프로시저를 작성하고 테스트하라.

03 다음의 유사코드에 대응하는 함수와 수치적 미분 방법만을 이용해서 $f'(0.25)$의 값을 가능한 한 정확하게 계산하라.

```
real function f(x)
integer i;   real a, b, c, x
a ← 1; b ← cos(x)
for i = 1 to 5
    c ← b
    b ← √(ab)
    a ← (a + c)/2
end for
f ← 2 arctan(1)/a
end function f
```

04 미분값을 정확하게 계산할 수 있는 함수 f에 대해서 식 (5)와 식 (19)의 정확도를 비교할 수 있는 수치 실험을 수행하라. h 값은 $0 \leq n \leq 12$에서 4^{-n}과 같은 수열로 택하라.

05 리처드슨 보외법의 기하학적 해석에 관한 논의를 활용하여 $\varphi(h)$가 h의 2차 함수와 비슷하다는 것을 그래프를 통해 보여라.

06 MATLAB, Maple, Mathematica와 같은 기호 수학 소프트웨어를 사용해서 식 (19)의 오차 급수의 첫 번째 항을 구하라.

07 MATLAB, Maple, Mathematica와 같은 수학 소프트웨어를 이용해서 [예제 1]을 다시 풀어라.

5장 수치 적분

Numerical Integration

전기장 이론에서 원형 루프 전선에 흐르는 전류에 의해 유도되는 자기장의 세기는

$$H(x) = \frac{4Ir}{r^2 - x^2} \int_0^{\frac{\pi}{2}} \left[1 - \left(\frac{x}{r}\right)^2 \sin^2\theta\right]^{1/2} \mathrm{d}\theta$$

로 주어진다. 여기서 I는 전류, r은 루프의 반지름, x는 루프의 중심에서부터 자기장의 세기가 계산되는 지점까지의 거리$(0 \le x \le r)$이다. I, r, x가 주어지면 우리는 계산하기 어려운 만만치 않은 적분을 만난 셈이다. 이 적분은 **타원 적분**elliptic integral이며 친숙한 함수들로 표현할 수 없다. 하지만 H는 이 장에서 소개할 방법으로 정확하게 계산할 수 있다. 예를 들어 $I = 15.3$, $r = 120$, $x = 84$라면 소수점 아래 9자리까지 정확한 결과인 $H = 1.355661135$를 구할 수 있다.

5.1 사다리꼴 방법[1]

적분은 기초 미적분학의 핵심이자 주요 수학적 과정 중 하나이다. 이 장에서는 적분을 수치적 관점에서 살펴볼 것이다.

1 (옮긴이) 일반적으로 'trapezoid rule'이란 용어를 많이 쓴다. 우리말로는 사다리꼴 법칙 또는 사다리꼴 공식으로 주로 불린다.

정적분과 부정적분

관습적으로 적분은 정적분과 부정적분의 두 가지 유형으로 구별한다. 함수의 **부정적분**indefinite integral은 또 다른 '함수'나 함수류인 반면 특정 구간에서 함수의 **정적분**definite integral은 하나의 '수'이다. 예를 들어 다음을 살펴보자.

부정적분/정적분

$$\text{부정적분}: \int x^2 dx = \frac{1}{3}x^3 + C$$

$$\text{정적분}: \int_0^2 x^2 dx = \frac{8}{3}$$

사실 하나의 함수는 수많은 부정적분을 가진다. 각 부정적분들은 서로 상수만큼의 차이를 보인다. 따라서 앞의 예에서 C의 값은 임의의 상수가 되고 그 결과는 여전히 원래 함수의 부정적분이다. 기초 미적분학에서 부정적분의 개념은 **역도함수**antiderivative의 개념과 동일하다. 함수 f의 역도함수는 $F' = f$를 만족하는 임의의 함수 F이다.

정적분과 부정적분은 **미적분학의 기본정리**Fundamental Theorem of Calculus[2]에 의해 서로 연결된다. 이 정리는 f의 역도함수 F를 우선 찾은 후 $F(b) - F(a)$를 계산함으로써 $\int_a^b f(x)dx$의 값을 구할 수 있다는 것이다. 따라서 전통적인 표기법으로 다음과 같이 나타낼 수 있다.

2 만일 f가 구간 $[a, b]$에서 연속이고 F가 f의 역도함수이면 다음이 성립한다.

$$\int_a^b f(x)dx = F(b) - F(a)$$

$$\int_1^3 (x^2 - 2)dx = \left(\frac{x^3}{3} - 2x\right)\Bigg|_1^3 = \left(\frac{27}{3} - 6\right) - \left(\frac{1}{3} - 2\right) = \frac{14}{3}$$

미적분학의 기본정리의 다른 예로 다음을 살펴보자.

$$\int_a^b F'(x)dx = F(b) - F(a)$$

미적분학의 기본정리의 예

$$\int_a^x F'(t)dt = F(x) - F(a)$$

만일 두 번째 방정식을 x에 대하여 미분하면 그 결과는 다음과 같다(여기서 $f = F'$으로 놓는다).

$$\frac{d}{dx}\int_a^x f(t)dt = f(x)$$

적분의 미분

이 마지막 식은 $\int_a^x f(t)dt$가 f의 역도함수(부정적분)이어야 함을 보여준다.

정적분의 계산법으로 앞에서 설명한 방법은 사실상 기초 미적분학에서 강조된 유일한 방법이다. 그러나 함수의 정적분은 함수의 그래프 아래 면적의 넓이로 해석될 수 있다. 따라서 역도함수를 찾는 데 분명한 한계를 가진 우리의 역량에 $\int_a^b f(x)dx$의 수치적인 값의 존재 여부를 논리적으로 의존해서는 안 된다. 예를 들면 적분

$$\int_0^1 e^{x^2}dx$$

역도함수와 곡선 아래의 면적

은 $F'(x) = e^{x^2}$을 만족하는 초등함수elementary function F가 없음에도 불구하고 정확한 값을 가진다. 앞서 언급했듯이 e^{x^2}은 역도함수를 가지며 그중 하나는 다음과 같다.

$$F(x) = \int_0^x e^{t^2}dt$$

그러나 이러한 형태의 F는 구하려는 적분값을 결정하는 데 아무런 도움이 되지 않는다.

사다리꼴 공식 : 비균등 간격

사다리꼴 공식trapeziod rule은 사다리꼴들을 사용하여 곡선 아래의 면적을 추정하는 방식을 기본으로 한다. 또한 이 공식은 다음 절에서 다룰 롬베르크 알고리즘Romberg algorithm의 중요한 요소이기도 하다. $\int_a^b f(x)dx$ 값을 추정하기 위하여 우선 구간 $[a, b]$를 다음과 같이 분할partition P에 따라 부분구간subinterval들로 나눈다.

$$P = \{a = x_0 < x_1 < x_2 < \cdots < x_n = b\}$$

비균등 분할

구간의 분할 각각에 대하여(분할점 x_i들이 등간격으로 떨어져 있을 필요는 없다) 사다리꼴 공식을 이용하여 적분의 추정값을 얻을 수 있다. 이 추정값을 $T(f; P)$로 표시한다.

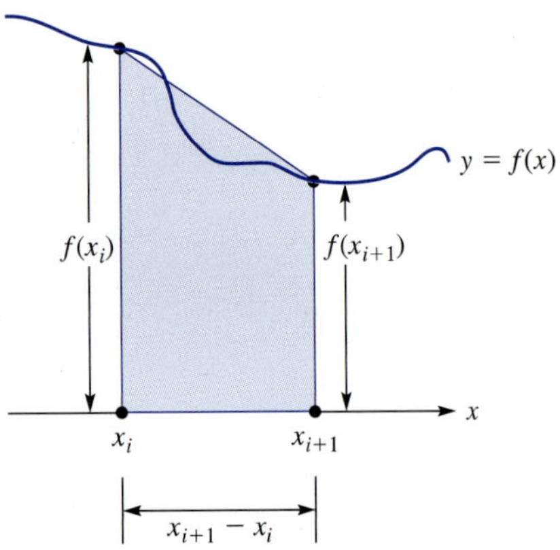

[그림 5.1] 전형적인 사다리꼴

[그림 5.1]은 부분구간 $[x_i, x_{i+1}]$을 사다리꼴의 높이로 하고, 밑변이 수직인 두 변 $f(x_i)$와 $f(x_{i+1})$인 전형적인 사다리꼴을 나타내었다. 사다리꼴의 면적은 밑변에 평균 높이를 곱한 값과 같으므로, 다음과 같은 부분구간 $[x_i, x_{i+1}]$에서의 **기본 사다리꼴 공식**basic trapezoid rule을 얻을 수 있다.

$$\int_{x_i}^{x_{i+1}} f(x)dx \approx \frac{1}{2}(x_{i+1} - x_i)[f(x_i) + f(x_{i+1})]$$

기본 사다리꼴 공식

따라서 모든 사다리꼴의 총 면적은 다음과 같다.

$$\int_a^b f(x)dx \approx \frac{1}{2}\sum_{i=0}^{n-1}(x_{i+1} - x_i)[(f(x_i) + f(x_{i+1})]$$

복합 사다리꼴 공식

이 공식은 **복합 사다리꼴 공식**composite trapezoid rule으로 불리며, 쉽게 이해할 수 있는 식이다. 각 부분구간에서 개별적으로 기본 사다리꼴 공식을 적용한 값들을 합한 값이기 때문이다([그림 5.2] 참조).

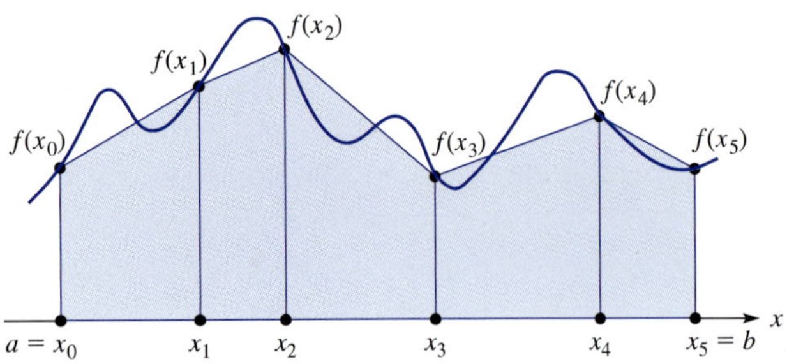

[그림 5.2] 비균등 간격의 복합 사다리꼴 공식

복합 사다리꼴 공식 : 등간격

실제로, 그리고 (다음 절에서 논의될) 롬베르크 알고리즘에서 사다리꼴 공식은 등간격으로 분할한 구간에서 사용된다. 이는 분할점 x_i들이 일정한 간격으로 떨어져 있다는 뜻이다.

따라서 $h=\frac{(b-a)}{n}$, $0 \le i \le n$일 때 $x_i = a+ih$로 나타낼 수 있다. 이때 h를 이 계산 절차에서 한 단계의 크기로 생각할 수 있다.[3] 이 경우에 $x_{i+1}-x_i = h$이기 때문에 $T(f;P)$에 대한 공식은 다음과 같이 더 간단한 형태로 나타낼 수 있다.

3 (옮긴이) h는 인접한 두 분할점 사이의 간격이다.

$$T(f;P) = \frac{h}{2}\sum_{i=0}^{n-1}[f(x_i)+f(x_{i+1})]$$

계산량을 줄이기 위해 선호되는 바람직한 **복합 사다리꼴 공식**은 다음과 같다.

$$\int_a^b f(x)dx \approx T(f;P) = \frac{h}{2}[f(x_0)+f(x_n)] + h\sum_{i=1}^{n-1} f(x_i) \tag{1}$$

등간격에서의 복합 사다리꼴 공식

이 공식은 합을 전개한 후 새로운 급수의 형태로 동류항끼리 모아서 정리한 것이다.

유사코드

방금 설명한 과정은 컴퓨터에서 쉽게 실행해 볼 수 있다. 이를 보이기 위해 함수 $f(x) = e^{-x^2}$과 구간 $[0,1]$을 선택하고 다음 적분을 고려해 보자.

$$\int_0^1 e^{-x^2} dx \tag{2}$$

적분 예

이 함수는 통계학에서 매우 중요한 함수이지만 기초 미적분학의 기술들만으로는 이 함수의 부정적분을 구할 수 없다. 분할은 구간 $[0,1]$에서의 등간격 점들로 택하겠다. 따라서 P_n에 n개의 부분구간들이 존재할 때 $P_n = \{x_0, x_1, \ldots, x_n\}$으로 정의한다. 여기서 $0 \le i \le n$, $h = \frac{1}{n}$에 대해 $x_i = ih$이다.

다음은 $n=60$, $f(x)=e^{-x^2}$일 때 적분 (2)에 복합 사다리꼴 공식 (1)을 사용하기 위한 유사코드이다.

Trapezoid 유사코드

```
program Trapezoid
integer i;   real h, sum, x
integer n ← 60;   real a ← 0, b ← 1
h ← (b − a)/n
sum ← ½[f(a) + f(b)]
for i = 1 to n − 1
    x ← a + ih
    sum ← sum + f(x)
end for
sum ← (sum)h
output sum
end Trapezoid

real function f(x)
real x
f ← 1/e^(x^2)
end function f
```

이 적분의 근삿값에 대한 컴퓨터 출력값은 0.74681이다.

이 유사코드에 대한 몇 가지 설명이 도움이 될 것이다. 첫째로 점 x_i에 대해 첨자 변수는 필요치 않다. 각 점은 x로 표시되어 있다. x값이 정의되고 사용한 후에는 저장할 필요가 없기 때문이다. 다음으로 만일 다른 n값이 요구될 경우 이 유사코드에서는 코드의 한 줄만 바꾸면 된다는 점을 확인해 보자.

이 시점에서 직접 이 실험 또는 이와 유사한 상황에 대한 프로그램을 작성해 보길 바란다. 이 실험은 컴퓨터가 리만 적분의 추상적인 정의를 어떻게 모방할 수 있는지를 보여준다. 실험에서 도출할 수 있는 또 다른 결론은 어떤 정의를 컴퓨터 알고리즘으로 직접 옮길 때 높은 정밀도가 요구될 수 있다는 것이다. 곧 더 정교한 알고리즘(예를 들면 롬베르크 알고리즘)이 이러한 상황을 극적으로 향상시킬 수 있다는 것을 알게 될 것이다.

적분 $\int_0^1 e^{-x^2}dx$의 좋은 근사는 이 적분이 다음의 **오차 함수**[error function]와 관련이 있다는 사실로부터 구할 수 있다.

$$\text{erf}(x) = \frac{2}{\sqrt{\pi}}\int_0^x e^{-t^2}dt$$

오차 함수 $\text{erf}(x)$

적절한 수학 소프트웨어를 사용하면 다음을 얻을 수 있다.

$$\int_0^1 e^{-x^2}dx = \frac{1}{2}\sqrt{\pi}\,\text{erf}(1) \approx 0.7468241330$$

Maple, Mathematica, MATLAB과 같은 수학 소프트웨어 시스템에는 오차 함수가 들어 있다. 하지만 우리는 오직 수치적으로만 계산할 수 있는 적분을 근사하는 알고리즘을 학습하는 데 관심이 있다.

예제 1 다음 적분 $\int_0^1 \frac{\sin x}{x}dx$를 등간격의 6개 점에 대한 복합 사다리꼴 공식을 사용하여 계산하라.

풀이

각 점에서의 함숫값은 다음 표와 같이 주어진다.

x_i	$f(x_i)$
0.0	1.00000
0.2	0.99335
0.4	0.97355
0.6	0.94107
0.8	0.89670
1.0	0.84147

$x=0$에서 $\frac{\sin x}{x}=1$인 것에 주목하라. 그러면 다음이 성립한다.

$$\begin{aligned} T(f;P) &= 0.2\sum_{i=1}^{4} f(x_i) + (0.1)[f(x_0)+f(x_5)] \\ &= (0.2)(3.80467) + (0.1)(1.84147) = 0.94508 \end{aligned}$$

5개의 부분구간들만이 사용되었기 때문에 예상대로 이 결과에 표시한 모든 숫자들이 정확하지는 않다. 주어진 적분은 **사인 적분**sine integral 값 Si(1)이다.

수학 소프트웨어를 사용하면 $\text{Si}(1) \approx 0.9460830704$를 얻을 수 있다([컴퓨터 연습문제 5.1.9] 참조). 나중에 사다리꼴 공식을 사용하여 원하는 정확도를 얻기 위해 적합한 n값을 어떻게 결정하는지를 알아볼 것이다.

사인 적분

오차 분석

다음에 할 일은 적분을 근사하기 위하여 사다리꼴 공식을 사용하였을 때 발생하는 오차를 분석하는 것이다. 다음 결과를 입증해 보자.

[1] 정리 복합 사다리꼴 공식의 정밀도에 대한 정리

만일 f''이 구간 $[a,b]$에서 존재하고 연속이며, 적분 $I=\int_a^b f(x)dx$를 근사하기 위해 균등한 h 간격의 분할로 복합 사다리꼴 공식 T가 사용되었다면 구간 (a,b)에 속하는 어떤 ζ에 대하여 다음이 성립한다.

$$I-T=-\frac{1}{12}(b-a)h^2f''(\zeta)=\mathcal{O}(h^2)$$

증명

분석의 첫 단계는 $a=0$, $b=1$, $h=1$일 때 위 결과를 증명하는 것이다. 이 경우 다음을 보여야 한다.

$$\int_0^1 f(x)dx-\frac{1}{2}[f(0)+f(1)]=-\frac{1}{12}f''(\zeta) \tag{3}$$

이는 다항식 보간에 대한 오차 공식을 통해 쉽게 입증할 수 있다(4.2절의 첫 번째 보간 오차 정리 참조). 이 공식을 사용하기 위해 0과 1에서 f를 보간하는 1차 다항식을 p라고 하자. 그러면 p는 다음과 같이 주어진다.

$$p(x)=f(0)+[f(1)-f(0)]x$$

따라서 다음을 얻는다.

$$\begin{aligned}\int_0^1 p(x)dx&=f(0)+\frac{1}{2}[f(1)-f(0)]\\&=\frac{1}{2}[f(0)+f(1)]\end{aligned}$$

다항식 보간에 대한 오차 공식(4.2절의 식 (2))으로부터 다음을 얻는다(여기서는 물론 $n=1$, $x_0=0$, $x_1=1$이다).

$$f(x)-p(x)=\frac{1}{2}f''[\xi(x)]x(x-1) \tag{4}$$

이때 $\xi(x)$는 구간 $(0,1)$ 내의 x에 의존하는 값이다. 식 (4)로부터

$$\int_0^1 f(x)dx - \int_0^1 p(x)dx = \frac{1}{2}\int_0^1 f''[\xi(x)]x(x-1)\,dx$$

를 얻을 수 있다. $f''[\xi(x)]$가 연속이라는 것은 식 (4)를 $f''[\xi(x)]$에 관하여 풀어내고 그 연속성을 증명함으로써 보일 수 있다([연습문제 5.2.12] 참조). $x(x-1)$의 부호가 구간 $[0,1]$에서 바뀌지 않음에 유의하자. 따라서 **적분에 관한 평균값 정리**Mean-Value Theorem for Integrals 4에 의해 $\xi=\xi(s)$인 점 $x=s$가 존재하여 다음이 성립한다.

4 f가 구간 $[a,b]$에서 연속이고, g가 $[a,b]$에서 리만 적분이 가능하다고 가정하자. $[a,b]$에서 $g(x)\geq 0$이면, $a\leq\xi\leq b$이면서 $\int_a^b f(x)g(x)dx = f(\xi)\int_a^b g(x)dx$인 점 ξ가 존재한다.

$$\begin{aligned}\int_0^1 f''[\xi(x)]x(x-1)dx &= f''[\xi(s)]\int_0^1 x(x-1)dx \\ &= -\frac{1}{6}f''(\zeta)\end{aligned}$$

이 모든 식들을 모아 정리하면 식 (3)을 얻을 수 있다. 그런 다음 변수 치환을 통해 오차항을 포함한 **기초 사다리꼴 공식**을 얻는다.

오차항을 포함한 기초 사다리꼴 공식

$$\int_a^b f(x)dx = \frac{b-a}{2}[f(a)+f(b)] - \frac{1}{12}(b-a)^3 f''(\xi) \tag{5}$$

이에 대한 세부 내용은 다음과 같다. $g(t)=f(a+t(b-a))$ 및 $x=a+(b-a)t$라 놓자. t가 구간 $[0,1]$을 움직일 때, x는 구간 $[a,b]$를 움직인다. 또한 $dx=(b-a)dt$, $g'(t)=f'[a+t(b-a)](b-a)$, $g''(t)=f''[a+t(b-a)](b-a)^2$이다. 따라서 식 (3)에 의하여 다음과 같이 나타낼 수 있다.

$$\begin{aligned}\int_a^b f(x)dx &= (b-a)\int_0^1 f[a+t(b-a)]dt \\ &= (b-a)\int_0^1 g(t)dt \\ &= (b-a)\left\{\frac{1}{2}[g(0)+g(1)] - \frac{1}{12}g''(\zeta)\right\} \\ &= \frac{b-a}{2}[f(a)+f(b)] - \frac{(b-a)^3}{12}f''(\xi)\end{aligned}$$

이 식은 단 하나의 부분구간(즉 구간 전체)을 사용하였을 때 구간 $[a,b]$에서의 사다리꼴 공식과 오차항을 나타낸다. 따라서 오차항은 $\mathcal{O}(h^3)$이다. 이때 $h=b-a$, ξ는 (a,b)에 속한다.

이제 구간 $[a,b]$가 점 $x_0, x_1, \cdots, x_n$에 의해 간격이 h인 n개의 동일한 부분구간들로 나누어졌다고 하자. 식 (5)를 부분구간 $[x_i, x_{i+1}]$에 적용하면 다음과 같다.

$$\int_{x_i}^{x_{i+1}} f(x)dx = \frac{h}{2}[f(x_i)+f(x_{i+1})] - \frac{1}{12}h^3 f''(\xi_i) \tag{6}$$

여기서 $x_i < \xi_i < x_{i+1}$이다. 이 결과를 구간 $[a,b]$ 전체에 걸쳐 사용하면 다음과 같은 **복합 사다리꼴 공식**을 얻을 수 있다.

오차항을 포함한 복합 사다리꼴 공식

$$\begin{aligned}\int_a^b f(x)dx &= \sum_{i=0}^{n-1}\int_{x_i}^{x_{i+1}} f(x)dx \\ &= \frac{h}{2}\sum_{i=0}^{n-1}[f(x_i)+f(x_{i+1})] - \frac{h^3}{12}\sum_{i=0}^{n-1}f''(\xi_i) \end{aligned} \tag{7}$$

식 (7)의 마지막 항이 오차항이며 이 항은 다음 방식을 통해 단순화할 수 있다. $h = \frac{b-a}{n}$ 이므로 복합 사다리꼴 공식의 오차항은 다음과 같다.

$$-\frac{h^3}{12}\sum_{i=0}^{n-1} f''(\xi_i) = -\frac{b-a}{12}h^2\left[\frac{1}{n}\sum_{i=0}^{n-1} f''(\xi_i)\right] = -\frac{b-a}{12}h^2 f''(\zeta) = \mathcal{O}(h^2)$$

복합 사다리꼴 공식 오차항

여기서 평균 $\frac{1}{n}\sum_{i=0}^{n-1} f''(\xi_i)$가 구간 (a, b)에서 f''의 최솟값과 최댓값 사이에 있음을 추론할 수 있다. 따라서 그 평균값은 **사잇값 정리**Intermediate-Value Theorem 5에 의하여 (a, b)에 속하는 어떤 ζ에 대해 $f''(\zeta)$와 같다. 이로부터 오차 공식에 대한 증명이 끝났다.

5 만일 함수 g가 구간 $[a, b]$에서 연속이면 $g(a)$와 $g(b)$ 사이의 임의의 c에 대하여 $[a, b]$에 속하면서 $g(\xi) = c$를 만족하는 ξ가 존재한다.

예제 2 **테일러 급수를 사용하여 기초 사다리꼴 공식 (5)의 오차를 무한급수로 표현하라.**

풀이

식 (5)는 다음과 같이 나타낼 수 있다.

$$\int_a^{a+h} f(x)dx = \frac{h}{2}[f(a) + f(a+h)] - \frac{1}{12}h^3 f''(\xi)$$

이제

$$F(t) = \int_a^t f(x)dx$$

라 하자. F의 테일러 급수는 다음과 같다.

$$F(a+h) = F(a) + hF'(a) + \frac{h^2}{2}F''(a) + \frac{h^3}{3!}F'''(a) + \cdots$$

미적분학의 기본정리에 의하여 $F' = f$이다. 또한 $F(a) = 0$, $F'' = f'$, $F''' = f''$, ⋯ 임을 알 수 있다. 따라서 다음을 얻는다.

$$\int_a^{a+h} f(x)dx = hf(a) + \frac{h^2}{2}f'(a) + \frac{h^3}{3!}f''(a) + \cdots$$

f에 대한 테일러 급수는 다음과 같다.

$$f(a+h) = f(a) + hf'(a) + \frac{h^2}{2}f''(a) + \frac{h^3}{3!}f'''(a) + \cdots$$

$f(a)$를 이 식의 양변에 더하고 $\frac{h}{2}$를 곱하면 다음과 같다.

$$\frac{h}{2}[f(a) + f(a+h)] = hf(a) + \frac{h^2}{2}f'(a) + \frac{h^3}{4}f''(a) + \cdots$$

두 식에서 각각 변끼리 빼면 다음을 얻을 수 있다.

$$\int_a^{a+h} f(x)dx - \frac{h}{2}[f(a) + f(a+h)] = -\frac{h^3}{12}f''(a) + \cdots$$

오차항의 적용

방금 유도한 오차항을 어떻게 사용할 수 있을까? 첫 번째 응용으로 사다리꼴 공식에서 특정한 정확도를 얻기 위하여 h가 얼마나 작아야 할지 예측해 보자.

예제 3 **다음의 적분 $\int_0^1 e^{-x^2}dx$의 계산에 복합 사다리꼴 공식이 사용되었다면, 최대 $\frac{1}{2}\times 10^{-4}$ 이하의 오차를 얻기 위해 몇 개의 점이 사용되어야 하겠는가?**

풀이

오차 공식은 다음과 같다.

$$-\frac{b-a}{12}h^2 f''(\zeta)$$

이 예제에서 $f(x)=e^{-x^2}, f'(x)=-2xe^{-x^2}, f''(x)=(4x^2-2)e^{-x^2}$이다. 따라서 구간 $[0,1]$에서 $|f''(x)|\le 2$이고 오차의 절댓값은 $\frac{1}{6}h^2$을 넘지 않는다. 최대 $\frac{1}{2}\times 10^{-4}$ 이내의 오차를 얻기 위해서는 다음이 요구된다.

$$\frac{1}{6}h^2 \le \frac{1}{2}\times 10^{-4} \qquad \therefore h \le 0.01732$$

$h=\frac{1}{n}$이므로 $n \ge 58$이어야 한다. 따라서 원하는 정확도를 얻기 위해서는 반드시 59개 이상의 점이 필요하다.

예제 4 **다음 적분 $\int_0^\pi e^{\cos x}dx$를 등간격으로 분할한 복합 사다리꼴 공식을 사용하여 절대오차 $\frac{1}{2}\times 10^{-3}$ 이내로 계산하기 위해서는 몇 개의 부분구간이 필요하겠는가?**

풀이

피적분함수 $f(x)=e^{\cos x}$는 $[0,\pi]$에서 감소함수이다. P는 등간격의 점들로 이루어진 $[0,\pi]$의 분할로 $0=x_0<x_1<\cdots<x_{n-1}<x_n=\pi$라 하자. 그러면 n개의 부분구간이 존재하며 각 구간의 폭은 모두 $h=\pi/n$이다. 여기서 $f(x)=e^{\cos x}$, $f'(x)=-(\sin x)e^{\cos x}$, $f''(x)=(\sin^2 x-\cos x)e^{\cos x}$이다. 따라서 구간 $[0,\pi]$에서 오차항의 절댓값이 다음을 만족하도록 해야 한다.

$$\begin{aligned}\left|\frac{b-a}{12}h^2 f''(\zeta)\right| &\le \frac{\pi}{12}h^2|\sin^2 x-\cos x|e^{\cos x}\\ &= \frac{\pi}{12}h^2|-\cos^2 x-\cos x+1|\,e^{\cos x} \text{ [6]}\\ &\le \frac{5\pi e}{48}h^2 \le \frac{1}{2}\times 10^{-3}\end{aligned}$$

$h=\frac{\pi}{n}$이므로 $\sqrt{\frac{5e(10\pi)^3}{24}}\le n$을 얻는다. 계산기를 사용하여 n이 적어도 133이어야 한다고 결정할 수 있다.

6 (옮긴이) 이 수식단에서는 $f(t)=|-t^2-t+1| = \left|\frac{5}{4}-\left(t+\frac{1}{2}\right)^2\right|$의 구간 $[-1,1]$에서의 최댓값이 $\frac{5}{4}$임을 사용하여 전개한 것이다.

예제 5 적분 $\int_0^1 \frac{\sin x}{x} dx$를 복합 사다리꼴 공식을 사용하여 오차가 $\frac{1}{2} \times 10^{-5}$을 넘지 않도록 근사하기 위해서는 몇 개의 부분구간이 필요하겠는가? 여기서 피적분함수 $f(x) = x^{-1}\sin x$는 $x=0$에서 1로 정의한다.

풀이

$[0,1]$에 있는 x에 대하여 $f''(x)$ 값의 한계 범위를 설정하고자 한다. 각 미분이 x의 음의 지수를 포함하고 있으므로 일반적인 미분법으로 이 함수의 미분을 구하는 것은 좋지 않으며, $|f''(x)|$의 상한을 찾기도 어렵다. 그러나 테일러 급수를 사용하면 다음을 얻는다.

$$f(x) = 1 - \frac{x^2}{3!} + \frac{x^4}{5!} - \frac{x^6}{7!} + \frac{x^8}{9!} - \cdots$$

$$f'(x) = -\frac{2x}{3!} + \frac{4x^3}{5!} - \frac{6x^5}{7!} + \frac{8x^7}{9!} - \cdots$$

$$f''(x) = -\frac{2}{3!} + \frac{3 \times 4x^2}{5!} - \frac{5 \times 6x^4}{7!} + \frac{7 \times 8x^6}{9!} - \cdots$$

따라서 구간 $[0,1]$에서 $|f''(x)|$는 $\frac{1}{2}$을 초과할 수 없다. 왜냐하면

$$\frac{2}{3!} + \frac{3 \times 4}{5!} + \frac{5 \times 6}{7!} + \frac{7 \times 8}{9!} + \cdots < \frac{1}{3} + \frac{1}{10} + \frac{1}{24}\left(\frac{1}{2} + \frac{1}{4} + \frac{1}{8} + \cdots\right) < \frac{1}{2}$$

이기 때문이다. 따라서 오차항 $|(b-a)h^2 f''(\zeta)/12|$는 $\frac{h^2}{24}$을 넘지 못한다. 이 값이 $\frac{1}{2} \times 10^{-5}$보다 작기 위해서는 $h < \sqrt{1.2} \times 10^{-2}$ 또는 $n > (1/\sqrt{1.2})10^2 = 91.3$이면 충분하다. 그러므로 이 분석을 통해 92개의 부분구간을 택해야 함을 알 수 있다.

재귀 사다리꼴 공식

다음 절에서는 구간 $[a,b]$를 균등 분할한 2^n개의 부분구간으로 나눴을 때의 복합 사다리꼴 공식이 필요하다. 복합 사다리꼴 공식 (1)에 의해 다음이 성립한다.

$$\begin{aligned} T(f;P) &= h\sum_{i=1}^{n-1} f(x_i) + \frac{h}{2}[f(x_0) + f(x_n)] \\ &= h\sum_{i=1}^{n-1} f(a+ih) + \frac{h}{2}[f(a) + f(b)] \end{aligned}$$

만일 n을 2^n으로 대체하고 $h = (b-a)/2^n$을 사용하면 위 식은 다음과 같이 바뀐다.

$$R(n,0) = h\sum_{i=1}^{2^n-1} f(a+ih) + \frac{h}{2}[f(a) + f(b)] \tag{8}$$

여기서 5.2절의 롬베르크 알고리즘에서 사용할 표기법 $R(n,0)$을 도입하였다. 이 값은 2^n개의 동일한 부분구간으로 복합 사다리꼴 공식을 적용한 결과를 나타낸다.

롬베르크 알고리즘에서 f에 대한 불필요한 계산 없이 $R(n-1,0)$으로부터 $R(n,0)$을 계산할 수 있는 수단이 필요하다. 예를 들어 $R(2,0)$의 계산에서는 5개의 점, 즉 a, $a+(b-a)/4$, $a+2(b-a)/4$, $a+3(b-a)/4$, b에서의 f의 값이 활용된다. $R(3,0)$의 계산에서는 이 5개의 점뿐만 아니라 새로운 4개의 점($a+(b-a)/8$, $a+3(b-a)/8$, $a+5(b-a)/8$, $a+7(b-a)/8$)에서의 f의 값도 필요하다([그림 5.3] 참조). 그 계산에는 이전에 계산했던 결과를 이용해야 한다. 그 방법이 아래에 설명되어 있다.

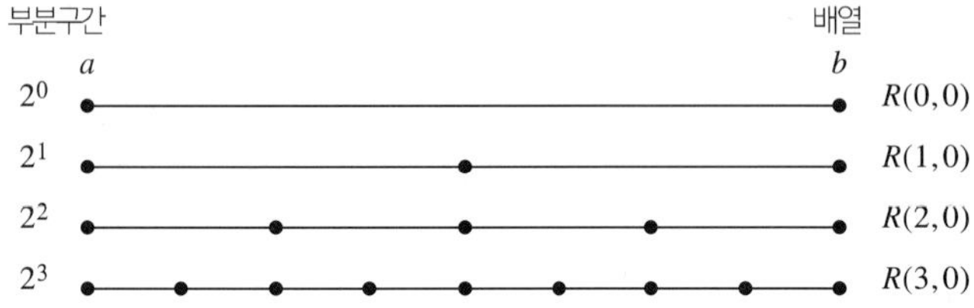

[그림 5.3] 등간격으로 놓인 2^n 개의 부분구간

만일 $R(n-1,0)$이 이미 계산되어 있고, $R(n,0)$을 계산해야 한다면 다음 등식을 활용한다.

$$R(n,0)=\frac{1}{2}R(n-1,0)+\left[R(n,0)-\frac{1}{2}R(n-1,0)\right]$$

추가 작업을 최소로 하여 대괄호 안의 식을 계산하는 것이 바람직할 것이다. 분석을 위해 $h=(b-a)/2^n$를 고정하고 $C=\frac{h}{2}[f(a)+f(b)]$로 놓으면, 식 (8)로부터 다음을 얻는다.

$$R(n,0)=h\sum_{i=1}^{2^n-1}f(a+ih)+C \tag{9}$$

$$R(n-1,0)=2h\sum_{j=1}^{2^{n-1}-1}f(a+2jh)+2C \tag{10}$$

$R(n-1,0)$의 부분구간들의 폭이 $R(n,0)$의 부분구간의 2배라는 점을 주의해서 보자. 이제 식 (9)와 (10)으로부터 다음을 얻는다.

$$\begin{aligned}R(n,0)-\frac{1}{2}R(n-1,0)&=h\sum_{i=1}^{2^n-1}f(a+ih)-h\sum_{j=1}^{2^{n-1}-1}f(a+2jh)\\&=h\sum_{k=1}^{2^{n-1}}f[a+(2k-1)h]\end{aligned}$$

여기서 첫 번째 합의 짝수 i에 대응하는 항이 두 번째 합의 각 항에 의해 소거됨을 이용하였다. 그 결과 홀수 i에 대응하는 항만 남았다.

요약하면 재귀 사다리꼴 공식recursive trapezoid formula은 다음과 같다.

2 정리 재귀 사다리꼴 공식

$R(n-1,0)$을 구할 수 있을 때 $R(n,0)$은 다음 식으로 계산할 수 있다.

$$R(n,0)=\frac{1}{2}R(n-1,0)+h\sum_{k=1}^{2^{n-1}}f[a+(2k-1)h] \qquad (n\geq 1) \tag{11}$$

여기서 $h=(b-a)/2^n$, $R(0,0)=\frac{1}{2}(b-a)[f(a)+f(b)]$이다.

이 공식 덕분에 이전에 피적분 함수의 값을 계산했던 점에서 함숫값을 다시 계산할 필요 없이 사다리꼴 공식을 사용하여 정적분을 근사하는 수열을 계산할 수 있게 되었다.

다중차원 적분

여기서 **다중차원 수치 적분**multidimensional numerical integration에 대해 간략히 설명하려 한다. 단순화하기 위해 구간 $[0,1]$에서 $(n+1)$개의 등간격 점을 사용하는 사다리꼴 공식을 활용하여 설명하겠다. 이때 각 부분구간의 폭은 $h=1/n$이다. 그러면 복합 사다리꼴 공식은 다음과 같다.

$$\int_0^1 f(x)dx\approx\frac{1}{2n}\left[f(0)+2\sum_{i=1}^{n-1}f\left(\frac{i}{n}\right)+f(1)\right]$$

이 식을 다음과 같은 형태로 써 보자.

$$\int_0^1 f(x)dx\approx\sum_{i=0}^{n}C_i f\left(\frac{i}{n}\right)$$

이때 C_i는 다음과 같다.

$$C_i=\begin{cases}1/(2n) & (i=0)\\ 1/n & (0<i<n)\\ 1/(2n) & (i=n)\end{cases}$$

연속인 2계 도함수를 갖는 함수에 대하여 오차는 $\mathcal{O}(h^2)=\mathcal{O}(n^{-2})$이다.

만일 **단위 정사각형 상에서 2차원 적분**을 수행해야 한다면 사다리꼴 공식이 두 번 적용될 수도 있다.

$$\begin{aligned}\int_0^1\int_0^1 f(x,y)dxdy &\approx \int_0^1\sum_{\alpha_1=0}^{n}C_{\alpha_1}f\left(\frac{\alpha_1}{n},y\right)dy\\ &=\sum_{\alpha_1=0}^{n}C_{\alpha_1}\int_0^1 f\left(\frac{\alpha_1}{n},y\right)dy\\ &\approx\sum_{\alpha_1=0}^{n}C_{\alpha_1}\sum_{\alpha_2=0}^{n}C_{\alpha_2}f\left(\frac{\alpha_1}{n},\frac{\alpha_2}{n}\right)\\ &=\sum_{\alpha_1=0}^{n}\sum_{\alpha_2=0}^{n}C_{\alpha_1}C_{\alpha_2}f\left(\frac{\alpha_1}{n},\frac{\alpha_2}{n}\right)\end{aligned}$$

여기에서의 오차는 여전히 $\mathcal{O}(h^2)$이다. 왜냐하면 2번 적용한 사다리꼴 공식들이 각각 $\mathcal{O}(h^2)$의 오차를 가져오기 때문이다.

같은 방식으로 k변수 함수를 적분할 수 있다. 독립변수에 대한 적절한 표기법은 벡터 $x=(x_1, x_2, \cdots, x_k)^T$이다. 적분 영역은 이제 k차원의 입방체k-dimensional cube $[0,1]^k \equiv [0,1] \times [0,1] \times \cdots \times [0,1]$이 된다. 여기서 다음과 같은 **다중차원 수치 적분 공식**을 얻을 수 있다.

$$\int_{[0,1]^k} f(\boldsymbol{x})\,d\boldsymbol{x} \approx \sum_{\alpha_1=0}^{n} \sum_{\alpha_2=0}^{n} \cdots \sum_{\alpha_k=0}^{n} C_{\alpha_1} C_{\alpha_2} \cdots C_{\alpha_k} f\left(\frac{\alpha_1}{n}, \frac{\alpha_2}{n}, \cdots, \frac{\alpha_k}{n}\right)$$

f가 연속인 2계 편도함수 $\dfrac{\partial^2 f}{\partial x_i^2}$를 갖는다는 조건 하에 오차는 여전히 $\mathcal{O}(h^2)=\mathcal{O}(n^{-2})$이다.

내재한 오차 외에 원하는 수준의 정확도를 얻기 위해 필요한 노력, 즉 계산량을 고려해야 한다. 1변수의 경우 계산량은 $\mathcal{O}(n)$이고, 2변수의 경우 $\mathcal{O}(n^2)$이며, k변수의 경우는 $\mathcal{O}(n^k)$이다.[7] 오차는 이제 점의 개수 $N=n^k$의 함수로 다음과 같이 표현된다.

$$\mathcal{O}(h^2) = \mathcal{O}(n^{-2}) = \mathcal{O}((n^k)^{-2/k}) = \mathcal{O}(N^{-2/k})$$

따라서 변수의 수 k가 증가함에 따라 적분의 수치적 근삿값의 질은 급격히 나빠진다. 다른 말로 하자면 변수의 수 k가 증가하는 동안 일정한 정확도의 차수를 유지하려면 필요한 점의 개수도 n^k과 같이 증가해야 한다. 이러한 점들은 왜 수치 적분에 대한 몬테카를로 방법Monte Carlo method이 고차원 적분에서 더 매력적인 방법인지를 보여준다(이 주제는 10장에서 다루어진다).

7 (옮긴이) 계산량이라고 하는 것은 적분을 근사하기 위해 합해야 하는 항의 개수와 동일하다.

비고

역사적인 이유로 정적분을 근사하는 공식, 예를 들어 사다리꼴 공식 및 다른 많은 공식들을 '**공식**rule'이라 불러왔다. 이 중 일부는 이 책의 연습문제 및 이어지는 장에서 볼 수 있을 것이다. 1930년대 대공황 기간에 미국 연방 정부의 한 공적 연구 프로젝트에서 만들어진 아브레모위츠Abramowitz와 스테군Stegun의 *Standard Mathematical Tables*[1964]에서 이러한 **구적 공식**quadrature rules들을 상당량 찾을 수 있을 것이다.

구적이란 용어는 수학 및 천문학에서 여러 의미를 가지고 있다. 사전적으로 구적의 첫 번째 수학적 의미는 주어진 곡선으로 둘러싸인 영역과 동일한 면적을 갖는 정사각형을 찾는 과정이다. 일반적으로 구적의 수학적 의미는 곡면, 특히 곡선으로 둘러싸인 영역의 넓이를 구하는 과정을 말한다. 이 책에서 구적은 수치 적분에서 곡선 아래 부분의 면적에 대한 근사를 나타내는 의미로 주로 쓰인다.

이 장의 연습문제들에서는 수치 적분을 설명하기 위하여 잘 알려진 다양한 적분들을 사용하였다. 이러한 적분의 대부분들은 완벽히 연구되었고, 그 결과가 표로 작성되어 있다. 그러한 적분의 예로서는 타원 적분, 사인 적분, 프레넬 적분Fresnel integral, 로그 적분[8], 오차 함수, 베셀 함수Bessel function[9] 등이 있다. 어려운 적분에 맞닥뜨렸을 때 그 적분이 이미 연구되어 있는지, 그 결과가 표로 작성되어 있지는 않는지를 우선 질문해야 한다. 가장 먼저 찾아볼 곳은 인터넷 웹사이트나 관련 도서들이다. MATLAB, Maple, Mathematica와 같은 소프트웨어 패키지에는 이러한 적분 관련 공식들이 이미 준비되어 있기 때문에 현대의

8 (옮긴이) $\mathrm{li}(x) = \int_0^x \frac{dt}{\ln t}$

9 (옮긴이) $x^2y'' + xy' + (x^2 - \nu^2)y = 0$ 꼴의 방정식을 베셀 방정식이라 한다. 여기서 ν는 음이 아닌 실수이며 이 방정식의 해를 베셀 함수라 한다.

과학 계산에서 이러한 표는 제한적으로 사용된다. 그럼에도 불구하고 수학 소프트웨어를 현명하게 사용하기 위해서는 수치적 방법에 대한 기본적인 이해가 필요하다.

5.1 요약

- $\int_a^b f(x)dx$를 추정하기 위하여 구간 $[a, b]$를 분할 $P=\{a=x_0 < x_1<x_2<\cdots<x_n=b\}$에 따라 부분구간들로 나눈다.
- 부분구간 $[x_i, x_{i+1}]$에서의 **기본 사다리꼴 공식**은 다음과 같다.

$$\int_{x_i}^{x_{i+1}} f(x)dx \approx A_i = \frac{1}{2}(x_{i+1}-x_i)[f(x_i)+f(x_{i+1})]$$

여기서 오차는 $-\frac{1}{12}(x_{i+1}-x_i)^3 f''(\xi_i)$이다.

- **비균등 간격의 복합 사다리꼴 공식**은 다음과 같다.

$$\int_a^b f(x)dx \approx T(f;P)=\sum_{i=0}^{n-1}A_i = \frac{1}{2}\sum_{i=0}^{n-1}(x_{i+1}-x_i)[f(x_i)+f(x_{i+1})]$$

여기서 오차는 $-\frac{1}{12}\sum_{i=0}^{n-1}(x_{i+1}-x_i)^2 f''(\xi_i)$이다.

- 구간 $[a, b]$에 등간격으로 놓인 점들에 대하여 $x_i=a+ih$라 하자. 여기서 $h=(b-a)/n$이고, $0\le i\le n$이다. **등간격의 복합 사다리꼴 공식**은 다음과 같다.

$$\int_a^b f(x)dx \approx T(f;P)=\frac{h}{2}[f(x_0)+f(x_n)]+h\sum_{i=1}^{n-1}f(x_i)$$

여기서 오차는 $-\frac{1}{12}(b-a)h^2 f''(\zeta)$이다.

- 구간 $[a, b]$에서 2^n개의 부분구간을 보이며 등간격으로 놓인 점들에 대하여 $h=(b-a)/2^n$이라 하면 다음을 얻는다.

$$\begin{cases} R(0,0)=\frac{1}{2}(b-a)[f(a)+f(b)] \\ R(n,0)=h\sum_{i=1}^{2^n-1}f(a+ih)+\frac{h}{2}[f(a)+f(b)] \end{cases}$$

- 배열의 첫 번째 열 $R(n, 0)$을 **재귀 사다리꼴 공식**에 의하여 계산할 수 있다.

$$R(n,0)=\frac{1}{2}R(n-1,0)+h\sum_{k=1}^{2^{n-1}}f[a+(2k-1)h]$$

- **단위 정사각형에서의 이차원 적분**에 대하여 사다리꼴 공식이 두 번 적용될 수 있다.

$$\int_0^1\int_0^1 f(x,y)dxdy \approx \sum_{\alpha_1=0}^{n}\sum_{\alpha_2=0}^{n} C_{\alpha_1}C_{\alpha_2}f\left(\frac{\alpha_1}{n}, \frac{\alpha_2}{n}\right)$$

이때 오차는 $\mathcal{O}(h^2)$이다. k차원 입방체 $[0,1]^k\equiv[0,1]\times[0,1]\times\cdots\times[0,1]$에 대하여 **다중차원 수치 적분 공식**은 다음과 같다.

$$\int_{[0,1]^k} f(\boldsymbol{x})\,d\boldsymbol{x} \approx \sum_{\alpha_1=0}^{n}\sum_{\alpha_2=0}^{n}\cdots\sum_{\alpha_k=0}^{n} C_{\alpha_1}C_{\alpha_2}\cdots C_{\alpha_k}f\left(\frac{\alpha_1}{n}, \frac{\alpha_2}{n}, \dots, \frac{\alpha_k}{n}\right)$$

이때 오차는 $\mathcal{O}(h^2)=\mathcal{O}(n^{-2})$이다.

5.1 연습문제

01 분할 $P=\left\{0, \frac{1}{2}, 1\right\}$로 사다리꼴 공식을 사용하여 적분 $\int_0^1 (x^2+2)^{-1}dx$의 근삿값을 추정할 때, 그 결과는 얼마인가?

02 분할 $P=\left\{1, \frac{3}{2}, 2\right\}$로 사다리꼴 공식을 사용하여 적분 $\int_1^2 x^{-1}dx$의 근삿값을 추정할 때, 그 결과는 얼마인가?

03 $\alpha=10^{-4}$인 경우 $\int_0^\alpha [(e^x-1)/x]dx$의 근삿값을 (반올림하여) 소수점 아래 14번째 자리까지 정확하게 계산하라.

힌트 : 테일러 급수를 사용하라.

04 만약 f가 $[a,b]$에서 강단조증가함수strictly increasing function[10] 이고 $\alpha=f(a)$ 및 $\beta=f(b)$일 때, $\alpha\le x\le\beta$에서 $f^{-1}(x)$가 잘 정의된다. $\int_a^b f(x)dx$와 $\int_\alpha^\beta f^{-1}(x)dx$ 간의 관계식을 찾아라.

05 $\theta_i\ge 0$, $\sum_{i=0}^n\theta_i=1$이면 $\sum_{i=0}^n\theta_i a_i$의 값이 a_i의 최솟값과 최댓값 사이에 놓임을 보여라.

06 적분을 추정하기 위한 다음의 **복합 중점 공식**composite midpoint rule을 유도하라.

$$\int_a^b f(x)dx\approx\sum_{i=0}^{n-1}(x_{i+1}-x_i)f\left[\frac{1}{2}(x_{i+1}+x_i)\right]$$

07 부분구간의 폭이 균일한 상태에서 **복합 중점 공식**이 다음과 같이 주어짐을 증명하라. 여기서 $h=(b-a)/n$, $x_i=a+ih$, $0\le i\le n$이다.

$$\int_a^b f(x)dx\approx h\sum_{i=0}^{n-1}f\left(x_i+\frac{1}{2}h\right)$$

08 점 $1, \frac{4}{3}, 2$를 써서 역수 함수 $f(x)=x^{-1}$에 복합 사다리꼴 공식을 적용하여 얻은 값은 얼마인가?

09 3개의 점을 활용한 복합 사다리꼴 공식을 사용하여 적분 $\int_0^1(x^2+1)^{-1}dx$의 근삿값을 계산하고 적분의 실제 값과 비교하라. 그 다음으로 오차 공식을 결정하고 그 오차의 상한을 수치적으로 구하라.

10 앞 문제에서 $R(1,0)$을 계산하였으므로 재귀 사다리꼴 공식 (11)을 활용하여 $R(2,0)$을 계산하라.

11 101개의 균일한 간격으로 놓인 점들에 복합 사다리꼴 공식을 적용하여 적분 $\int_0^6\sin x^2dx$를 계산했을 때, 절대 오차의 상한을 구하라.

12 $h=0.01$로 복합 사다리꼴 공식을 사용하여 적분 $\int_{-1}^2\sin x\,dx$을 계산할 때, 현실적인 오차의 한계를 제시하라.

13 구간 $[-1,1]$에서 함수 $f(x)=|x|$를 생각하자. $\int_{-1}^1 f(x)dx$를 근사하기 위해 복합 사다리꼴 공식을 적용하였을 때의 결과들을 계산하라[11]. 그 결과들의 차이에 대하여 설명하고 실제 답과 비교하라.

14 적분 $\int_0^\pi\sin x dx$를 10^{-12} 이내의 오차로 추정하기 위하여 복합 사다리꼴 공식 (1)을 적용할 때, n이 얼마나 커야 할까? 추정한 n의 값이 너무 크거나 너무 작지 않을까?

15 구간 $[0,1]$에서 $(n+1)$개의 균등 간격의 점들을 사용하여 $f(x)=x^2$에 복합 사다리꼴 공식을 적용할 때, 얻을 수 있는 식은 무엇인가? $1^2+2^2+3^2+\cdots+n^2=\frac{1}{6}n(2n+1)(n+1)$임을 활용하여 계산 결과를 단순하게 정리하라. $n\to\infty$일 때 사다리꼴 공식의 추정값이 참값인 $\frac{1}{3}$로 수렴함을 보여라.

16 만약 함수가 위로 볼록하면 사다리꼴 공식은 이 적분의 값을 지나치게 작은 값으로 근사함을 증명하라.

17 $h=\frac{1}{2}$로 복합 사다리꼴 법칙을 사용하여 적분 $\int_1^2 dx/x^2$의 근삿값을 계산하라.

18 적분 $\int_1^2 dx/x^3$을 생각하자. 분할점 $1, \frac{3}{2}, 2$로 복합 사다리꼴 법칙을 사용한 결과는 무엇인가?

19 $\int_2^5\sin x dx$를 계산하기 위해 $h=0.01$인 복합 사다리꼴 공식을 사용한다면, 그 오차가 초과하지 않을 수치 값은 얼마인가 (오차의 절댓값을 사용하라)? 오차 공식에 근거하여 가장 좋은 답을 제시하라.

20 $h=\frac{1}{2}$과 복합 사다리꼴 공식을 사용하여 적분 $\int_0^2 2^x dx$를 근사하라.

21 적분 $\int_0^1 dx/(x^2+2)$를 생각하자. 분할점으로 $0, \frac{1}{2}, 1$을 사용하여 복합 사다리꼴 공식을 사용한 결과는 무엇인가?

22 (끝점을 포함하여) 균일한 간격으로 놓인 201개의 점들을 사용하여 적분 $\int_0^4\cos x^3dx$에 복합 사다리꼴 공식을 사용할 때, 합리적인 오차의 한계는 얼마인가?

23 다음 표에 주어진 값을 갖는 함수에 대하여 적분 $\int_1^2 f(x)dx$를 근사하려 한다. 복합 사다리꼴 공식을 활용하여 그 추정값을 계산하라.

x	1	$\frac{5}{4}$	$\frac{3}{2}$	$\frac{7}{4}$	2
$f(x)$	10	8	7	6	5

10 (옮긴이) 강단조증가함수는 $a<b$일 때 $f(a)<f(b)$를 만족하는 함수 f를 의미한다. 단순히 급격하게 증가한다는 의미와는 다르다. 이 조건은 '강단조'여야 역함수 $f^{-1}(x)$가 정의되기 때문에 주어진 조건이다.

11 (옮긴이) 단계 크기 h를 바꾸어가며 복합 사다리꼴 공식으로 적분의 근삿값을 계산하라.

24 적분 $I(h) \equiv \int_a^{a+h} f(x)dx$를 생각하자. 다음 각각의 규칙에 대하여 오차항에 대한 표현을 구하라. 균등한 간격으로 분할하였을 때(즉 $0 \le i \le n$에서 $x_i = a+ih$, $h=(b-a)/n$일 때), 각 규칙에 대해 적분 $\int_a^b f(x)dx$를 구하기 위해 그에 합당한 일반 법칙과 오차항을 구하라.

(a) $I(h) \approx hf(a+h)$

(b) $I(h) \approx hf(a+h) - \frac{1}{2}h^2 f'(a)$

(c) $I(h) \approx hf(a)$

(d) $I(h) \approx hf(a) + \frac{1}{2}h^2 f'(a)$

25 **중점 법칙**에 대한 다음 오차항의 표현을 유도하라. 여기서 $h_i = x_{i+1} - x_i$, $h = \frac{b-a}{n}$이다. 중점 법칙은 [연습문제 5.1.6] 및 [연습문제 5.1.7]에서 도입되었다.

(a) 하나의 부분구간에서 :

$$\int_a^{a+h} f(x)dx \approx hf\left(a+\frac{1}{2}h\right)$$

(b) n개의 비균등 간격의 부분구간에서 :

$$\int_a^b f(x)dx \approx \sum_{i=0}^{n-1} h_i f\left(x_i + \frac{1}{2}h_i\right)$$

(c) n개의 균등 간격의 부분구간에서 :

$$\int_a^b f(x)dx \approx h\sum_{i=0}^{n-1} f\left[a+\left(i+\frac{1}{2}\right)h\right]$$

26 n차 이하의 모든 다항식 p에 대하여 다음 식을 만족하는 $x_0, x_1, \cdots, x_n$ 및 a, b에 의존하는 계수 $w_0, w_1, \cdots, w_n$이 존재함을 보여라.

$$\int_a^b p(x)dx = \sum_{i=0}^{n} w_i p(x_i)$$

힌트 : 4.1절의 라그랑주 형태의 보간 다항식을 사용하라.

27 균등 간격의 점들을 활용한 복합 사다리꼴 공식을 적용하여 적분 $\int_a^b e^x dx$를 근사할 때, 상대 오차가 정확히 $1-(h/2)-[h/(e^h-1)]$임을 보여라.

28 f가 연속 함수이고 $n=0, 1, \cdots$에 대하여 P_n은 $[a, b]$의 분할로, P_n에서 가장 큰 부분구간의 폭이 $n \to \infty$일 때 0으로 수렴한다고 하자. 이때 $T(f; P_n)$이 $n \to \infty$일 때 $\int_a^b f(x)dx$로 수렴함을 보여라.

힌트 : 이전 연습문제와 상합과 하합에 관하여 알려진 사실들을 활용하라.

29 $T(f; P)$가 $R(n, 0)$보다 적분 $\int_a^b f(x)dx$에 대한 더 나은 근사일 수 있는 함수 f와 분할 P의 예를 찾아라.

30 어떤 함수에서 임의의 두 점을 잇는 직선보다 그 두 점 사이의 그래프가 아래에 위치할 때, 그 함수는 **볼록하다** convex 고 한다. 그러한 함수에 대하여 $T(f; P)$와 $\int_a^b f(x)dx$ 간의 관계식을 찾을 수 있겠는가?

31 만약 적분 $\int_0^2 e^{-x^2} dx$를 10^{-6}을 넘지 않는 오차로 근사하기 위해 균등 간격의 부분구간에 대하여 복합 사다리꼴 공식을 사용한다면 n은 얼마나 커야 하는가? 우선 오차 공식을 활용하여 대략적인 n값을 찾은 후, 가능한 한 작은 n값을 구하라.

32 다음을 보여라.

$$\int_a^b f(x)dx - \frac{b-a}{2}[f(a)+f(b)] = -\sum_{k=3}^{\infty} \frac{k-2}{2\times k!}(b-a)^k f^{(k-1)}(a)$$

33 수치 적분에 대한 **비균등 간격의 (좌측) 복합 직사각형 법칙**은 $\int_a^b f(x)dx \approx \sum_{i=0}^{n-1}(x_{i+1}-x_i)f(x_i)$와 같다. 여기서 분할은 $P=\{a=x_0<x_1<x_2<\cdots<x_n=b\}$이다. $n \to \infty$일 때 이 직사각형 법칙이 적분값으로 수렴함을 보여라.

34 **균등 간격의 복합 직사각형 법칙**은 다음과 같다. 여기서 $h=\frac{(b-a)}{n}$, $0 \le i \le n$에 대하여 $x_i = a+ih$이다. 이 공식에 포함된 오차의 표현식을 구하라.

$$\int_a^b f(x)dx \approx h\sum_{i=0}^{n-1} f(x_i)$$

35 앞의 두 문제로부터 단일 구간에 대한 기본 직사각형 법칙은 다음과 같이 주어진다. 구간 $[a, b]$가 폭 h의 균등 간격의 2^n개의 부분구간들로 나누어져 있을 때, 직사각형 법칙과 오차항을 구하고 결과를 단순하게 정리하라.

$$\int_a^b f(x)dx = (b-a)f(a) + \frac{1}{2}(b-a)^2 f'(\zeta)$$

36 복합 사다리꼴 공식에서 간격이 균등할 필요는 없다. 다음 식을 유도하라. 여기서 $h_i = x_{i+1} - x_i$, $a = x_0 < x_1 < x_2 < \cdots < x_n = b$이다.

$$\int_a^b f(x)dx \approx \frac{1}{2}\sum_{i=1}^{n-1}(h_{i-1}+h_i)f(x_i) + \frac{1}{2}[h_0 f(x_0) + h_{n-1}f(x_n)]$$

37 **비균등 간격의 복합 사다리꼴 공식**에 대한 다음의 오차 공식을 증명하라. 여기서 $\xi \in (a, b)$, $h_i = x_{i+1} - x_i$이며, $\min_i h_i \le h \le \max_i h_i$이다(비균등 간격의 복합 사다리꼴 공식은 앞 문제에서 제시되었다).

$$\int_a^b f(x)dx = \sum_{i=0}^{n-1} \frac{h_i}{2}[f(x_i) + f(x_{i+1})] - \frac{1}{12}(b-a)h^2 f''(\xi)$$

38 참값과의 차이가 10^{-6} 이내가 되도록 적분 $\int_0^1 e^{x^2}dx$에 대한 근삿값을 계산하기 위해 사다리꼴 공식을 사용한다고 할 때, 몇 개의 점을 사용해야 하는가?

힌트 : 사다리꼴 공식에 대한 오차식 $-\frac{1}{12}h^2(b-a)f''(\xi)$을 상기하라. $2 < e < 3$과 같은 거친 추정을 사용하여도 좋다. 어떤 과정을 거쳐 진행되는지를 설명하라. 최종적으로 적절한 점의 개수 n의 값을 구하고자 한다.

5.1 컴퓨터 연습문제

01 동일한 간격의 n개의 부분구간에 대해 복합 사다리꼴 공식을 사용하여 $\int_a^b f(x)dx$를 계산하는 다음 함수를 작성하라.

real function *Trapezoid_Uniform*(f, a, b, n)

02 앞 컴퓨터 연습문제에서 작성한 코드를 다음 함수에 테스트하라. 각각의 경우에서 그 결과와 참값과 비교하라.

(a) $\int_0^{\pi} \sin x\,dx$ (b) $\int_0^1 e^x dx$

(c) $\int_0^1 \arctan x\,dx$

03 $c\int_a^b dx/(1+x^2)$ 형태의 적분을 사용하여 π를 계산하라.

04 적분 $\int_0^{0.8} (\sin x/x)dx$에 대한 근삿값을 계산하라.

05 다음 적분들을 수치 방법을 적용하여 계산하라(단, 적분 범위의 상한과 하한으로는 충분히 큰 값과 작은 값들을 사용하라[12]). 그런 다음 우선 주어진 변수 치환을 적용한 후 적분들을 계산하라.

(a) $\int_0^{\infty} e^{-x^2}dx = \sqrt{\frac{\pi}{2}}$ ($x = -\ln t$로 치환)
(가우스 확률 적분)

(b) $\int_0^{\infty} x^{-1}\sin x\,dx = \frac{\pi}{2}$ ($x = t^{-1}$로 치환)
(사인 적분)

(c) $\int_0^{\infty} \sin x^2\,dx = \frac{1}{2}\sqrt{\frac{\pi}{2}}$ ($x = \tan t$로 치환)
(프레넬 사인 적분)

이 문제 및 다른 문제들에서 우리는 수치 적분 기법을 테스트하기 위해 널리 알려진 다양한 적분들을 예로 사용해 왔다. 이러한 적분 중 일부는 표로 정리되어 있다.

06 수학 소프트웨어 시스템에서의 수치 적분 프로시저를 활용하여 사인 적분 $\int_0^1 (\sin x/x)dx$에 대한 근삿값을 찾아라. 만약 이 소프트웨어 시스템이 이 함수를 포함하고 있다면, 얻어낸 근삿값과 $\text{Si}(1)$의 값을 비교하라. 피적분 함수의 그래프를 그려라.

07 59개의 부분구간을 사용한 복합 사다리꼴 공식을 사용하여 계산된 근삿값이 [예제 3]에서의 결과와 일치함을 수치적으로 입증하라.

08 수학 소프트웨어 시스템을 사용하여 이 장의 도입부에 제시된 타원 적분에 대한 수치적 근사를 증명하라.

09 정적분 $\int_0^1 x^{-1}\sin x\,dx$의 값을 해당 구간 내의 800개의 점을 사용하는 사다리꼴 공식으로 계산하여 추정하라. 피적분 함수는 $x = 0$에서 1로 정의한다. 이 함수는 감소함수이며 이는 미적분학으로 보여야 한다(감소함수 f에 대하여 $f' < 0$이다).

12 (옮긴이) 본문에서 다룬 수치 적분법들은 유한한 구간 $[a, b]$의 분할을 사용해야 한다. 그러나 문제에서 주어진 구간은 유한한 구간이 아니므로 적분의 상한이 ∞인 경우 ∞ 대신 충분히 큰 값을 사용하라는 의미이다. 또한 (b)에서 주어진 피적분함수의 경우 적분의 하한인 $x = 0$에서 함수값이 정의가 되지 않으므로 0 대신 충분히 작은 양수를 분할의 시작점으로 선택하라는 의미이다.

참조 : 다음 함수 $\mathrm{Si}(x) = \int_0^x t^{-1}\sin t\,dt$는 **사인 적분**sine integral으로 알려진 중요하고도 특별한 함수이다. 이 함수는 모든 실수나 복소수 x에 대하여 수렴하는 테일러 급수로 표현될 수 있다. 이 급수를 얻는 가장 쉬운 방법은 $\sin t$에 대한 급수로부터 시작하여, 이를 t로 나눈 후 각각의 항별로 적분하는 것이다.

이 급수는 빠르게 수렴한다. 예를 들어 아래에 표시된 항만을 고려했을 때, Si(1)은 0.9460827로 계산되는데 이는 기껏해야 마지막 자릿수에서 4단위의 오차를 보일 뿐이다.

$$\begin{aligned}\mathrm{Si}(x) = \int_0^x t^{-1}\sin t\,dt &= \int_0^x \sum_{n=0}^{\infty}(-1)^n \frac{t^{2n}}{(2n+1)!}dt \\ &= \sum_{n=0}^{\infty}(-1)^n \frac{x^{2n+1}}{(2n+1)!(2n+1)} \\ &= x - \frac{x^3}{18} + \frac{x^5}{600} - \frac{x^7}{35280} + \cdots\end{aligned}$$

10 **로그 적분**logarithmic integral은 다음 식으로 정의되는 특수한 함수이다. 큰 x값에 대하여 x보다 작거나 같은 소수의 개수는 $\mathrm{li}(x)$에 의하여 가깝게 근사될 수 있다. 예를 들어 200보다 작은 소수는 46개가 존재하는데, li(200)은 대략 50개 정도이다. 복합 사다리꼴 공식을 사용하여 li(200)의 값을 유효숫자 3개로 구하라. 프로그램을 실행하기 전에 필요한 분할 점의 개수를 구하라.

$$\mathrm{li}(x) = \int_2^x \frac{dt}{\ln t}$$

11 미적분학에 의하면 곡선의 길이는 다음과 같다. 여기서 f는 구간 $a \le x \le b$에서의 함수의 그래프가 곡선인 함수이다.

$$\int_a^b \sqrt{1+[f'(x)^2]}\,dx$$

(a) 타원 $y^2 + 4x^2 = 1$의 길이를 구하라. 타원의 대칭성을 활용하라.

(b) 3장 도입부의 예제에서 호의 길이에 대해 주어진 수치 근사를 입증하라.

12 오차 함수error function erf를 포함하고 있는 수학 소프트웨어 시스템을 사용하여 적분 $\int_0^1 e^{-x^2}dx$에 대한 최대 정밀도의 수치 근삿값을 찾아라. 또한 오차 함수를 그려라.

13 MATLAB, Maple, Mathematica와 같은 수학 소프트웨어의 수치 적분 프로시저를 사용하여 적분 $\int_0^1 e^{-x^2}dx$를 계산하라. 그 결과들을 앞서 얻은 결과들과 비교하라.

5.2 롬베르크 알고리즘

설명

롬베르크 알고리즘Romberg algorithm은 수의 삼각배열을 생성하며 이 배열의 모든 수들은 정적분 $\int_a^b f(x)dx$에 대한 수치적 근삿값이다. 이 배열은 다음과 같은 표기법으로 표시한다.

롬베르크 배열

$$\begin{array}{llllll} R(0,0) & & & & & \\ R(1,0) & R(1,1) & & & & \\ R(2,0) & R(2,1) & R(2,2) & & & \\ R(3,0) & R(3,1) & R(3,2) & R(3,3) & & \\ \vdots & \vdots & \vdots & \vdots & \ddots & \\ R(n,0) & R(n,1) & R(n,2) & R(n,3) & \cdots & R(n,n) \end{array}$$

이 표의 첫째 열에는 재귀 사다리꼴 공식에서 부분구간의 길이를 줄여가며 얻은 적분의 추정치가 있다. $R(n,0)$은 등간격인 2^n개의 부분구간에 사다리꼴 공식을 적용한 결과이며, 그중 첫 번째인 $R(0,0)$은 단 하나의 사다리꼴로 얻어진 값이다.

$$R(0,0)=\frac{1}{2}(b-a)[f(a)+f(b)]$$ $R(0,0)$

이와 유사하게 $R(1,0)$는 두 개의 사다리꼴로 얻어진 값이다.

$$\begin{aligned}R(1,0)&=\frac{1}{4}(b-a)\left[f(a)+f\left(\frac{a+b}{2}\right)\right]+\frac{1}{4}(b-a)\left[f\left(\frac{a+b}{2}\right)+f(b)\right]\\&=\frac{1}{4}(b-a)[f(a)+f(b)]+\frac{1}{2}(b-a)f\left(\frac{a+b}{2}\right)\\&=\frac{1}{2}R(0,0)+\frac{1}{2}(b-a)f\left(\frac{a+b}{2}\right)\end{aligned}$$ $R(1,0)$

이 공식들은 앞 절에서 유도한 바와 일치한다. 특히 5.1절의 식 (11)을 사용하면 $R(n,0)$가 다음과 같이 $R(n-1,0)$으로부터 쉽게 얻어질 수 있음에 주목한다.

$$R(n,0)=\frac{1}{2}R(n-1,0)+h\sum_{k=1}^{2^{n-1}}f[a+(2k-1)h] \qquad (1)$$ $R(n,0)$

여기서 $h=\dfrac{b-a}{2^n}$이고 $n\geq 1$이다.

롬베르크 배열의 둘째 열부터 이어지는 열들은 다음 보외법 공식에 의해 생성된다.

$$R(n,m)=R(n,m-1)+\frac{1}{4^m-1}[R(n,m-1)-R(n-1,m-1)] \qquad (2)$$ $R(n,m)$

여기서 $n\geq 1$, $m\geq 1$이다. 이 공식은 4.3절의 리차드슨 보외법의 이론을 사용하여 차후에 유도해 볼 것이다.

예제 1 **만일 $R(4,2)=8$, $R(3,2)=1$이라면 $R(4,3)$의 값은 무엇인가?**

풀이

식 (2)로부터 다음을 얻는다.

$$\begin{aligned}R(4,3)&=R(4,2)+\frac{1}{63}[R(4,2)-R(3,2)]\\&=8+\frac{1}{63}(8-1)=\frac{73}{9}\end{aligned}$$

유사코드

이제 목적은 **롬베르크 알고리즘**의 계산식을 개발하는 것이다. 식 (2)에서 n을 i, m을 j로 대체하면 $i\geq 1$ 및 $j\geq 1$에 대하여 다음을 얻는다.

$$R(i,j)=R(i,j-1)+\frac{1}{4^j-1}[R(i,j-1)-R(i-1,j-1)]$$

$$R(i,0)=\frac{1}{2}R(i-1,0)+h\sum_{k=1}^{2^{i-1}}f[a+(2k-1)h]$$

시그마 기호의 첨자 범위는 $1 \le k \le 2^{i-1}$이다. 따라서 $1 \le 2k-1 \le 2^i - 1$이다.

롬베르크 배열을 생성하는 한 가지 방법은 첫째 열($R(0,0)$부터 $R(n,0)$까지)에서 적절한 수의 항을 계산한 다음 보외법 공식 (2)를 사용하여 1, 2, ⋯, n열을 순서대로 구성하는 것이다. 또 다른 방법은 행별로 차례차례 배열을 계산하는 것이다. 예를 들어 $R(1,1)$은 $R(1,0)$과 $R(0,0)$을 알면 보외 공식을 활용하여 계산될 수 있다. 아래의 프로시저 *Romberg*는 함수 f와 주어진 구간 $[a,b]$에 대하여 롬베르크 배열의 n행 및 n열을 행별로 순서대로 계산한 것이다.

Romberg 유사코드

```
procedure Romberg(f, a, b, n, (r_ij))
integer i, j, k, n;   real a, b, h, sum;   real array (r_ij)_0:n×0:n
external function f
h ← b − a
r_00 ← (h/2)[f(a) + f(b)]
for i = 1 to n
    h ← h/2
    sum ← 0
    for k = 1 to 2^i − 1 step 2
        sum ← sum + f(a + kh)
    end for
    r_i0 ← (1/2) r_i−1,0 + (sum)h
    for j = 1 to i
        r_ij ← r_i,j−1 + (r_i,j−1 − r_i−1,j−1)/(4^j − 1)
    end for
end for
end procedure Romberg
```

이 프로시저는 메인 프로그램과 (f의 함숫값을 계산하기 위한) 함수 프로시저를 함께 사용한 것이다. 메인 프로그램과 어쩌면 *Romberg* 프로시저에서도 첫 번째 입력 변수가 외부 함수임을 나타내기 위해 몇몇 언어 관련 인터페이스가 포함되어야 할 것이다. 앞서 설명한 롬베르크 알고리즘에서 부분구간의 수가 2^n이었음을 기억하자. 따라서 적당한 n값(예를 들어 $n=5$)을 선택해야 한다. 보다 정교한 프로그램에서는 오차가 사전 지정한 오차의 한계에 도달하는 즉시 계산을 종료시키는 자동 중단 테스트가 포함될 수 있다.

예를 들어 $n=5$로 프로시저 *Romberg*를 사용함으로써 다음 적분의 수치 근삿값을 구하여 π의 값을 어림할 수 있다.

샘플 적분

$$\int_0^1 \frac{4}{1+x^2}\,dx$$

그 결과는 다음과 같다.

```
3.0000000000000
3.0999999046326   3.1333332061768
3.1311764717102   3.1415686607361   3.1421177387238
3.1389884948730   3.1415925025940   3.1415941715240   3.1415858268738
3.1409416198730   3.1415927410126   3.1415927410126   3.1415927410126   3.1415927410126
```

오일러-매클로린 공식

여기에서는 롬베르크 배열의 연속된 열들을 구성하는 데 사용된 식 (2)의 기원을 설명한다. 우선 2^{n-1}개의 부분구간에서의 사다리꼴 공식의 오차를 표현하는 다음 공식에서부터 시작하자.

$$\int_a^b f(x)dx = R(n-1,0) + a_2h^2 + a_4h^4 + a_6h^6 + \cdots \tag{3}$$

여기서 $h=(b-a)/2^{n-1}$이고, 계수 a_i는 f에는 의존하지만 h에는 의존하지 않는다. 이 방정식은 **오일러-매클로린 공식** Euler-Maclaurin formula의 한 형태로 여기에서는 증명 없이 제시하겠다. 이 방정식에서 $R(n-1,0)$은 롬베르크 배열에서 첫째 열의 일반적인 원소를 나타낸다. 따라서 이는 사다리꼴을 이용한 적분 추정값 중 하나이다. 특히 오차가 h^2의 거듭제곱으로 표현되며 오차 급수가 $\mathcal{O}(h^2)$이라는 점에 주목하라. 우리의 목적을 위해 계수를 알 필요는 없지만, 사실 계수들은 f와 f의 도함수들로 분명하게 표현될 수 있다. 이 이론이 원활히 작동하도록 f가 구간 $[a,b]$에서 모든 차수의 도함수를 가진다고 가정하자.

이 순간에 4.3절에서 살펴봤던 리차드슨 보외법 이론을 상기해야 한다. 그 이론은 식 (3) 때문에 적용 가능하다. 4.3절의 식 (8)에서 $L=\phi(h)+\sum_{k=1}^{\infty} a_{2k}h^{2k}$이다. 여기서 L은 적분값, $\phi(h)$는 폭이 h인 부분구간에서 사다리꼴을 이용하여 얻은 L의 추정치 $R(n-1,0)$이다. 4.3절의 식 (10)이 근사적인 보외법 공식을 제공했는데 이 상황에서는 그것이 바로 식 (2)이다.

이 과정을 간략히 다시 살펴보자. 식 (3)에서 n을 $n+1$, h를 $h/2$로 대체하면 다음과 같다.

$$\int_a^b f(x)dx = R(n,0) + \frac{1}{4}a_2h^2 + \frac{1}{16}a_4h^4 + \frac{1}{64}a_6h^6 + \cdots \tag{4}$$

식 (3)에서 식 (4)의 4배를 빼면 다음이 성립한다.

$$\int_a^b f(x)dx = R(n,1) - \frac{1}{4}a_4h^4 - \frac{5}{16}a_6h^6 - \cdots \tag{5}$$

여기서 $R(n,1)$은 다음과 같다.

$$R(n,1) = R(n,0) + \frac{1}{3}[R(n,0) - R(n-1,0)] \qquad (n \geq 1)$$ $R(n,1)$

이 식이 보외법 공식 (2)의 첫 번째 경우($m=1$)라는 점에 주목하자. 오차 공식이 h^4 항으로 시작하기 때문에 $R(n,1)$은 $R(n,0)$이나 $R(n-1,0)$보다는 훨씬 더 정확할 것이다. 따라서 이제 오차 급수는 $\mathcal{O}(h^4)$이다. 이 과정을 급수 (5)의 시작점을 약간 수정하여 반복할 수 있다. 즉 n을 $n-1$, h를 $2h$로 바꾼다. 그런 다음 두 방정식을 적절히 결합하여 h^4 항을 제거한다. 그 결과는 롬베르크 배열의 2열로부터 얻은 새로운 원소들의 조합이다.

$$\int_a^b f(x)dx = R(n,2) + \frac{1}{4^3}a_6h^6 + \frac{21}{4^5}a_8h^8 + \cdots \tag{6}$$

여기서

$$R(n,2)=R(n,1)+\frac{1}{15}[R(n,1)-R(n-1,1)] \quad (n\geq 2)$$ $R(n,2)$

로서 식 (2)에서 $m=2$인 경우와 일치한다. 따라서 $R(n,2)$는 오차 급수가 $\mathcal{O}(h^6)$이므로 훨씬 더 정확한 적분 근삿값이다.

이 모든 분석이 의존하고 있는 기본 가정은 식 (3)이 적분하려는 함수 f에 대하여 성립한다는 것이다. 물론 실제로는 롬베르크 알고리즘에서 적당한 수의 행을 사용하며 식 (3)에서는 단지 그 수만큼의 항만 필요하다. 다음은 이 상황에 적용되는 정리이다.

1 정리 오일러-매클로린 공식과 오차항

만일 $f^{(2m)}$이 구간 $[a,b]$에서 존재하면서 연속이면 다음과 같이 쓸 수 있다.

$$\int_a^b f(x)dx=\frac{h}{2}\sum_{i=0}^{n-1}[f(x_i)+f(x_{i+1})]+E$$

여기서 $h=\dfrac{b-a}{n}$, $0\leq i\leq n$에 대하여 $x_i=a+ih$이다. 그리고 구간 (a,b)에 속한 어떤 ξ에 대하여 다음이 성립한다.

$$E=\sum_{k=1}^{m-1}A_{2k}h^{2k}[f^{(2k-1)}(a)-f^{(2k-1)}(b)]-A_{2m}(b-a)h^{2m}f^{(2m)}(\xi)$$

이 정리에서 A_k는 상수(**베르누이 수**Bernoulli number와 관련 있다)이고, ξ는 구간 (a,b)에 속하는 어떤 점이다. A_k를 다음 식으로 정의할 수 있음이 밝혀져 있다.

$$\frac{x}{e^x-1}=\sum_{k=0}^{\infty}A_kx^k \tag{7}$$

오일러-매클로린 공식에서 우변에 사다리꼴 공식과 오차항 E가 포함되어 있음을 알 수 있을 것이다. 게다가 E는 h^2의 오름차순 거듭제곱 꼴들의 유한 합으로 표현될 수 있다. 이 정리는 식 (3)에 대한 공식적인 정당화 논리(및 세부 내용)를 제공한다.

만일 피적분함수 f가 다수의[13] 도함수를 가지지 않지만 적어도 리만 적분이 가능한 경우, 롬베르크 알고리즘은 다음과 같은 관점에서 여전히 수렴한다. 배열에서 각 열의 극한은 적분과 같다.

13 (옮긴이) 정리 1에서 언급한 횟수인 $(2m)$차까지를 말한다.

$$\lim_{n\to\infty}R(n,m)=\int_a^b f(x)dx \qquad (m\geq 0)$$

첫째 열의 수렴은 상합upper sum과 하합lower sum을 참조하면 쉽게 증명할 수 있다([연습문제 5.2.28] 참조). 첫째 열의 수렴을 증명한 후, 나머지 열의 수렴은 식 (2)를 사용하여 증명할 수 있다([연습문제 5.3.24]~[연습문제 5.3.25] 참조).

실제로 적분하려는 함수 f가 이 이론이 상정하고 있는 매끄러움smoothness[14]의 기준을 만족시키는지의 여부를 알지 못할 수도 있다. 그러면 식 (3)이 f에 대하여 유효한지의 여부도 알 수 없다. 롬베르크 알고리즘의 과정에서 이를 테스트하는 한 가지 방법은 다음의 비율

14 (옮긴이) 매끄러움이란 주어진 함수가 얼마나 미분가능한지, 그 도함수가 연속인지를 나타내는 척도이다.

$$\frac{R(n,m)-R(n-1,m)}{R(n+1,m)-R(n,m)} \approx 4^{m+1} \qquad (\text{단, } h \to 0)$$ 비율

을 계산하고, 이 비율이 4^{m+1}에 가까운지를 보는 것이다. 적어도 $m=0$의 경우에 대하여 식 (3)을 만족하는 함수의 이 비율이 4에 가까움을 입증해 보자.

만일 식 (4)에서 식 (3)을 빼면 그 결과는 다음과 같다.

$$R(n,0)-R(n-1,0)=\frac{3}{4}a_2h^2+\frac{15}{16}a_4h^4+\frac{63}{64}a_6h^6+\cdots \tag{8}$$

만일 그 다음 n값에 대해 동일한 식을 적는다면, 그 식의 h는 식 (8)에서 사용된 h의 반값이다. 따라서 다음을 얻는다.

$$R(n+1,0)-R(n,0)=\frac{3}{4^2}a_2h^2+\frac{15}{16^2}a_4h^4+\frac{63}{64^2}a_6h^6+\cdots \tag{9}$$ 비율 $(m=0)$

이제 앞서 언급한 비율을 표현하기 위해 식 (8)과 (9)를 사용한다.

$$\frac{R(n,0)-R(n-1,0)}{R(n+1,0)-R(n,0)}=4\left[\frac{1+\frac{5}{4}\left(\frac{a_4}{a_2}\right)h^2+\frac{21}{16}\left(\frac{a_6}{a_2}\right)h^4+\cdots}{1+\frac{5}{4^2}\left(\frac{a_4}{a_2}\right)h^2+\frac{21}{16^2}\left(\frac{a_6}{a_2}\right)h^4+\cdots}\right]$$

$$=4\left[1+\frac{15}{4^2}\left(\frac{a_4}{a_2}\right)h^2+\cdots\right]\approx 4 \qquad (\text{단, } h\to 0)$$

h가 작은 값을 가질 때, 위 식의 값은 4에 가깝다.

일반적인 보외법

끝으로 롬베르크 알고리즘의 핵심인 보외법 과정을 다시 살펴보자. 이 과정은 4.3절에서 논의한 적이 있는 리차드슨 보외법이다. 이는 어떤 과정의 오류에 대해 알게 된 것이 있다면 그 지식은 그 과정을 개선하는 데 활용될 수 있다는 수치 수학의 격언의 한 예이다.

지금까지(4.3절과 이 절에서) 설명한 유일한 보외법 유형은 리차드슨 보외법이다. 이 방법은 오차 급수가 다음과 같은 형태인 수치적 과정에 적용될 수 있다.

$$E=a_2h^2+a_4h^4+a_6h^6+\cdots$$

이 경우 h가 0으로 다가감에 따라 오차는 $\mathcal{O}(h^2)$처럼 행동한다. 하지만 리차드슨 보외법의 기본 아이디어는 훨씬 더 넓은 적용 가능성을 갖고 있다. 예를 들어 오차 급수가 다음과 같이 주어지는 경우에도 보외법을 적용할 수 있다.

$$E=ah^{\alpha}+bh^{\beta}+ch^{\gamma}+\cdots$$

단, $0<\alpha<\beta<\gamma<\cdots$이어야 한다. 이후의 진행 과정이 비슷할 것이기 때문에 오차 전개의 첫째 항을 어떻게 제거하는지만 봐도 충분할 것이다.

따라서 다음과 같이 가정하자.

$$L = \varphi(h) + ah^{\alpha} + bh^{\beta} + ch^{\gamma} + \cdots \tag{10}$$

여기서 L은 어떤 수학적인 양으로, h에 의존하는 식 $\varphi(h)$에 의해 근사되며 오차 급수는 $ah^{\alpha} + bh^{\beta} + ch^{\gamma} + \cdots$로 주어진다. 이때 다음이 성립한다.

$$L = \varphi\left(\frac{h}{2}\right) + a\left(\frac{h}{2}\right)^{\alpha} + b\left(\frac{h}{2}\right)^{\beta} + c\left(\frac{h}{2}\right)^{\gamma} + \cdots$$

따라서 이 식에 2^{α}를 곱하면 다음을 얻는다.

$$2^{\alpha}L = 2^{\alpha}\varphi\left(\frac{h}{2}\right) + ah^{\alpha} + 2^{\alpha}b\left(\frac{h}{2}\right)^{\beta} + 2^{\alpha}c\left(\frac{h}{2}\right)^{\gamma} + \cdots \tag{11}$$

식 (11)에서 (10)을 빼서 h^{α} 항을 제거할 수 있다.

$$(2^{\alpha} - 1)L = 2^{\alpha}\varphi\left(\frac{h}{2}\right) - \varphi(h) + (2^{\alpha-\beta} - 1)bh^{\beta} + (2^{\alpha-\gamma} - 1)ch^{\gamma} + \cdots$$

이를 정리하면 다음과 같다.

$$L = \frac{2^{\alpha}}{2^{\alpha} - 1}\varphi\left(\frac{h}{2}\right) - \frac{1}{2^{\alpha} - 1}\varphi(h) + \tilde{b}h^{\beta} + \tilde{c}h^{\gamma} + \cdots \tag{12}$$

따라서 다음과 같은 특수한 선형 결합

$$\frac{2^{\alpha}}{2^{\alpha} - 1}\varphi\left(\frac{h}{2}\right) - \frac{1}{2^{\alpha} - 1}\varphi(h) = \varphi\left(\frac{h}{2}\right) + \frac{1}{2^{\alpha} - 1}\left[\varphi\left(\frac{h}{2}\right) - \varphi(h)\right] \tag{13}$$

은 $\varphi(h)$나 $\varphi(h/2)$보다 L에 대해 더 정확한 근사여야 한다. 왜냐하면 오차 급수(식 (10)과 식 (12))가 $h \to 0$, $\beta > \alpha > 0$일 때 $\mathcal{O}(h^{\alpha})$에서 $\mathcal{O}(h^{\beta})$로 향상되었기 때문이다. $\alpha = 2$일 때 식 (13)에서의 결합식이 롬베르크 배열의 둘째 열인 $R(n, 1)$에 이미 사용한 식이라는 사실을 주의 깊게 살펴보자.

동일한 유형의 보외법을 다음 설명(그리고 연습문제)처럼 훨씬 더 일반적인 상황에서도 사용할 수 있다.

예제 2 만일 φ가 다음과 같은 특성을 갖는 함수라면 리차드슨 보외법을 사용하여 L을 어떻게 추정할 수 있을까?

$$\varphi(x) = L + a_1x^{-1} + a_2x^{-2} + a_3x^{-3} + \cdots$$

풀이

명백히 $L = \lim_{x \to \infty} \varphi(x)$이다. 따라서 계속 커지는 x값들에 대해 $\varphi(x)$를 계산함으로써 L을 추정할 수 있다. 보외법을 사용하기 위해 다음과 같이 써 보자.

$$\varphi(x) = L + a_1 x^{-1} + a_2 x^{-2} + a_3 x^{-3} + \cdots$$
$$\varphi(2x) = L + 2^{-1} a_1 x^{-1} + 2^{-2} a_2 x^{-2} + 2^{-3} a_3 x^{-3} + \cdots$$
$$2\varphi(2x) = 2L + a_1 x^{-1} + 2^{-1} a_2 x^{-2} + 2^{-2} a_3 x^{-3} + \cdots$$
$$\psi(x) = 2\varphi(2x) - \varphi(x) = L - 2^{-1} a_2 x^{-2} - 3 \cdot 2^{-2} a_3 x^{-3} - \cdots$$

$\varphi(x)$와 $\varphi(2x)$를 계산하면 새 함수 $\psi(x)$를 계산할 수 있다. 그 오차 급수가 x^{-2}로 시작하고 $x \to \infty$이면 $\mathcal{O}(x^{-2})$이므로 $\psi(x)$는 L에 대해 더 나은 근사여야 한다. 이 과정은 롬베르크 알고리즘에서와 같이 반복될 수 있다.

앞의 예를 구체적으로 표현해 보자. 다음 수치 표로부터 $\lim_{x\to\infty} \varphi(x)$의 값을 추정하려 한다.

x	1	2	4	8	16	32	64	128
$\varphi(x)$	21.1100	16.4425	14.3394	13.3455	12.8629	12.6253	12.5073	12.4486

잠정적인 가설은 φ가 앞의 예와 같은 형태를 가졌다는 것이다. $\psi(x) = 2\varphi(2x) - \varphi(x)$의 값을 계산하여 새로운 표를 얻는다.

x	1	2	4	8	16	32	64
$\psi(x)$	11.7750	12.2363	12.3516	12.3803	12.3877	12.3893	12.3899

$\lim_{x\to\infty} \varphi(x)$의 값이 대략 12.3899라 믿는 것은 합리적으로 보인다. 만일 한 번 더 보외법을 수행하면 $\theta(x) = [4\psi(2x) - \psi(x)]/3$을 계산해야 한다. 이 값들의 표는 다음과 같다.

x	1	2	4	8	16	32
$\theta(x)$	12.3901	12.3900	12.3899	12.3902	12.3898	12.3901

주어진 데이터의 정밀도에서 구하고자 하는 값은 반올림 오차 내에서 $\lim_{x\to\infty} \varphi(x) = 12.3900$라 결론지을 수 있다.

5.2 요약

• 재귀 사다리꼴 공식을 사용하면 **롬베르크 알고리즘**의 첫째 열이 다음과 같음을 알 수 있다.

$$R(n, 0) = \frac{1}{2} R(n-1, 0) + h \sum_{k=1}^{2^{n-1}} f[a + (2k-1)h]$$

여기서 $h = \dfrac{b-a}{2^n}$, $n \geq 1$이다. 리차드슨 보외법 식에 의해 롬베르크 배열의 둘째 열부터는 다음과 같다.

$$R(n, m) = R(n, m-1) + \frac{1}{4^m - 1}[R(n, m-1) - R(n-1, m-1)]$$

여기서 $n \geq 1$, $m \geq 1$이다. 첫째 열에 대한 오차는 $\mathcal{O}(h^2)$이며, 둘째 열에 대해서는 $\mathcal{O}(h^4)$, 셋째 열에 대해서는 $\mathcal{O}(h^6)$ 등이다. 알고리즘이 작동하는지의 여부를 테스트하기 위해서는 다음 비율을 확인한다.

$$\frac{R(n,m)-R(n-1,m)}{R(n+1,m)-R(n,m)} \approx 4^{m+1} \qquad (\text{단, } h \to 0)$$

• 만일 표현식 L이 $\varphi(h)$로 근사되고, 이 값들이 다음의 오차 급수

$$L = \varphi(h) + ah^{\alpha} + bh^{\beta} + ch^{\gamma} + \cdots$$

에 의해 서로 연결될 때 보다 정확한 근삿값은 다음과 같다.

$$L \approx \varphi\left(\frac{h}{2}\right) + \frac{1}{2^{\alpha}-1}\left[\varphi\left(\frac{h}{2}\right) - \varphi(h)\right]$$

이때 오차는 $\mathcal{O}(h^{\beta})$이다.

5.2 연습문제

01 롬베르크 알고리즘에서 $R(5,2)=12$, $R(4,2)=-51$이면 $R(5,3)$의 값은 무엇인가?

02 만약 $R(3,2)=-54$, $R(4,2)=72$라면 $R(4,3)$의 값은 무엇인가?

03 $R(3,0)=R(4,0)=8$, $R(5,0)=-4$로부터 $R(5,2)$를 계산하라.

04 $f(x)=2^x$라 하자. 분할점 $0, 2, 4$를 이용한 사다리꼴 법칙으로 $\int_0^4 f(x)dx$를 근사하라. 이 과정을 분할점 $0, 1, 2, 3, 4$를 사용하여 반복하라. 이제 롬베르크 보외법을 적용하여 더 좋은 근사를 얻어라.

05 롬베르크 알고리즘으로 $R(1,1)$을 계산하여 $\int_0^2 \frac{4}{1+x^2}dx$를 근사하라.

06 롬베르크 기법을 활용하여 다음 근사에 대한 수치 값을 유도하라. 근삿값을 소수점 아래 세 자리까지만 정확하게 계산하라.

$$\int_0^1 e^{-(10x)^2}dx \approx R(1,1)$$

07 $\int_0^1 \sqrt{x}\cos x\,dx$를 추정하기 위해 롬베르크 방법을 사용하려 한다. 이 방법이 효과가 있을지, 그리고 이 방법이 잘 작동할지 설명하라.

08 분할 $P=\{-h, 0, h\}$에 대해 $R(0,0)$과 $R(1,0)$을 조합하여 $R(1,1)$을 구하라.

09 미적분학에서 치환 적분 기법이 개발되었다. 예를 들어 치환 $x=z^2$이 적분 $\int_0^1 (e^x/\sqrt{x})dx$에 적용되면 그 결과는 $2\int_0^1 e^{z^2}dz$이다. 이를 입증하고 이 예를 수치적 관점에서 논하라. 어떤 형태의 적분이 롬베르크 방법에서 더 정확한 답을 낼 것으로 예상되는가?

10 만일 n개의 행과 n개의 열을 가진 롬베르크 배열이 만들어지기 위해서는 피적분 함수의 계산이 몇 번이나 필요하겠는가?

11 다음 그림에는 롬베르크 알고리즘에서 사용하는 계수들이 표시되어 있다. 식 (2)를 사용하여 다음 그림의 비어있는 원들을 채워라.

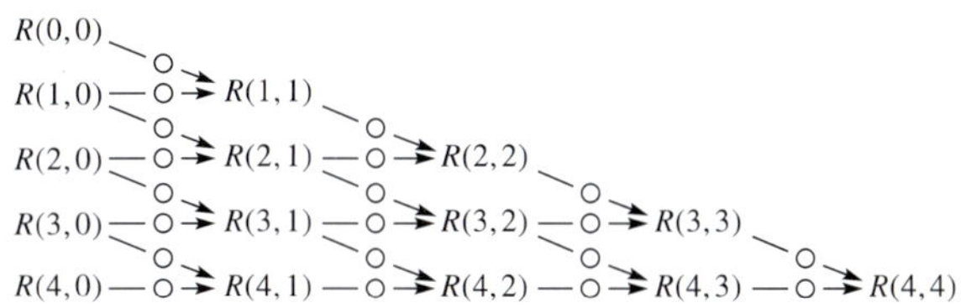

12 $h=\frac{b-a}{2}$일 때 분할점 a, $a+h$, $a+2h$에서 계산한 함수 f로 표현된 $R(1,1)$에 대한 구적법 공식을 유도하라. $h=\frac{b-a}{2^n}$일 때의 $R(n,1)$에 대해서도 똑같은 과정을 진행하라.

13 $h=\frac{b-a}{4}$일 때 분할점 $a, a+h, a+2h, a+3h$ 및 b에서 계산된 f값으로 표현한 $R(2,2)$에 대한 구적법 공식을 유도하라.

14 $X=\lim_{n\to\infty} S_n$을 계산하려고 할 때 두 수 $u=S_{10}$, $v=S_{30}$은 이미 계산한 상태이다. $X=S_n+Cn^{-3}$임이 알려져 있을 때, X를 u와 v로 나타내면 무엇인가?

15 $Z=\lim_{h\to 0} f(h)$를 추정하기 위해 $f(1), f(2^{-1}), f(2^{-2}), f(2^{-3}), \cdots, f(2^{-10})$을 계산했다고 가정하자. 또한 $Z=f(h)+ah^2+bh^4+ch^6$임이 알려져 있다고 가정하자. 이미 계산한 11개의 수로부터 개선한 Z의 추정값을 어떻게 얻을 수 있는지 보여라. 11개의 계산한 수 중 임의의 4개의 수로부터 어떻게 Z를 정확히 결정할 수 있는지 보여라.

16 수열 $x_1, x_2, x_3, \ldots$은 $n\to\infty$일 때 L로 수렴하며, $L-x_n = a_2n^{-2}+a_3n^{-3}+a_4n^{-4}+\cdots$ 이 성립한다고 하자. 이러한 수열에 리차드슨 보외법이 어떻게 사용될 수 있는지 보여라.

17 수열 x_n이 $n\to\infty$일 때 L로 수렴한다고 하자. 만일 $L-x_n$이 $a_3n^{-3}+a_4n^{-4}+\cdots$의 형태로 알려져 있다면(단, 계수들은 알려져 있지 않다) x_n과 x_{n+1}을 결합하여 어떻게 이 수열을 더 빠르게 수렴하도록 할 수 있을까?

18 만약 적분 구간에서 모든 차수의 미분이 연속인 성질을 갖는 함수에 롬베르크 알고리즘을 적용하면, $\left|\int_a^b f(x)dx - R(n,m)\right|$의 값의 한계는 무엇인가($h$로 표현하라)?

19 식 (5)의 정확한 형태가 다음과 같음을 보여라.

$$\int_a^b f(x)dx = R(n,1) - \sum_{j=1}^{\infty}\left(\frac{4^j-1}{3\times 4^j}\right)a_{2j+2}h^{2j+2}$$

20 식 (6)을 유도하고 그 식의 정확한 형태가 다음과 같음을 보여라.

$$\int_a^b f(x)dx = R(n,2) + \sum_{j=2}^{\infty}\left(\frac{4^j-1}{3\times 4^j}\right)\left(\frac{4^{j-1}-1}{15\times 4^{j-1}}\right)a_{2j+2}h^{2j+2}$$

21 식 (3)의 계수가 다음과 같은 형태를 갖는다는 점을 이용하여 f가 $(2m-2)$ 이하 차수의 다항식일 때, $\int_a^b f(x)dx = R(n,m)$임을 증명하라.

$$a_k = c_k[f^{(k-1)}(b) - f^{(k-1)}(a)]$$

22 롬베르크 알고리즘에서 $R(n,0)$은 $\int_a^b f(x)dx$를 $h=\frac{b-a}{2^n}$ 길이의 부분구간들을 사용하여 추정한 값을 나타낸다. 만약 다음 식이 성립한다고 가정하면(실제로는 아니다), 어떻게 롬베르크 알고리즘을 수정해야 할까?

$$\int_a^b f(x)dx = R(n,0) + a_3h^3 + a_6h^6 + \cdots$$

23 다음 사실을 증명하라.

f''이 연속일 때 롬베르크 배열의 첫째 열은 n번째 단계에서의 오차의 절댓값의 크기가 4^{-n}의 상수 배를 넘지 못하는 방식으로 그 적분에 수렴한다.

24 롬베르크 배열의 첫째 열이 $\int_a^b f(x)dx$로 수렴한다고 가정할 때 둘째 열도 같은 값으로 수렴함을 보여라.

25 앞 문제에서 $\lim_{n\to\infty} R(n,0) = \int_a^b f(x)dx$이면 $\lim_{n\to\infty} R(n,1) = \int_a^b f(x)dx$라는 기본적인 성질을 입증하였다. 이제 다음을 보여라.

$$\lim_{n\to\infty} R(n,2) = \lim_{n\to\infty} R(n,3) = \cdots = \lim_{n\to\infty} R(n,n) = \int_a^b f(x)dx$$

26 (a) 공식 (7)을 활용하여 오일러-매클로린 계수가 다음과 같이 재귀적으로 생성될 수 있음을 보여라.

$$A_0 = 1, \quad A_k = -\sum_{j=1}^{k}\frac{A_{k-j}}{(j+1)!}$$

(b) $1\le k\le 6$에 대하여 A_k를 구하라.

27 오일러-매클로린 공식에 대한 정리에서 다음과 같은 특수한 경우에 대해 E를 구하라.

$$a=0,\ b=2\pi,\ f(x)=1+\cos 4x,\ n=4,\ m\text{은 임의의 수}$$

5.2 컴퓨터 연습문제

01 $\int_{1.3}^{2.19} x^{-1}\sin x\,dx$에 대하여 롬베르크 배열의 8개의 행과 열을 계산하라.

02 롬베르크 알고리즘을 사용하는 다음 실험을 설계하고 진행하라.

제안 : 해당 구간에서 연속인 수많은 도함수들을 갖는 함수에 대하여 이 방법으로 좋은 결과를 내야 한다. 우선 그러한 함수들을 시도하라. 만일 다른 방식으로 적분을 계산할 수 있는 함수를 선택한다면 롬베르크 알고리즘의 정확도에 대한 이해를 더 깊게 얻을 수 있을 것이다. 예를 들어 다음 각각에 대한 정적분을 시도하라.

$$\int (1+x)^{-1}dx = \ln(1+x),$$

$$\int e^x dx = e^x, \qquad \int (1+x^2)^{-1} dx = \arctan x$$

03 구간 $[0, 1]$에서의 $\sqrt{x}$와 같은 나쁜bad 함수에 대해 롬베르크 알고리즘을 테스트하라. 왜 이 함수는 나쁠까?

04 초월수transcendental number π는 반지름이 1인 원의 넓이이다. 그림을 활용하여 다음 식이 성립함을 보이고, 롬베르크 방법으로 이 적분을 사용하여 π를 근사하라.

$$8\int_0^{\frac{1}{\sqrt{2}}} (\sqrt{1-x^2} - x)dx = \pi$$

05 $\int_0^{\pi} (2+\sin 2x)^{-1} dx$를 추정하는 데 롬베르크 방법을 적용하라. 배열의 첫째 열에서 (즉 간단한 사다리꼴 추정에 의해) 높은 정확도의 값이 얻어짐을 확인하라.

06 $\int_0^{\pi} x\cos 3x\, dx$를 $n=6$의 롬베르크 알고리즘을 사용하여 계산하라. 정확한 적분값은 무엇인가?

07 $\int_0^{\infty} f(x)dx$ 형태의 적분은 변수 치환을 통해 유한 구간에서의 적분으로 변환할 수 있다. 예를 들어 $x = -\ln y$의 치환으로 $\int_0^{\infty} f(x)dx$가 $\int_0^1 y^{-1}f(-\ln y)dy$로 변환됨을 증명하라. 이 아이디어를 활용하여 적분 $\int_0^{\infty} [e^{-x}/(1+x^2)]dx$를 128번 변환한 함수 계산을 사용하여 롬베르크 알고리즘으로 계산하라.

08 롬베르크 알고리즘으로 다음 적분을 계산하라.

$$\int_0^{\infty} e^{-x}\sqrt{1-\sin x}\, dx$$

09 롬베르크 알고리즘으로 다음 적분을 계산하라.

$$\int_0^1 \frac{\sin x}{\sqrt{x}} dx$$

힌트 : 변수 치환을 고려하라.

10 롬베르크 알고리즘을 적절한 적분에 사용하여 $\log 2$의 값을 계산하라.

11 0차 **베셀 함수**Bessel function는 다음 식으로 정의된다. 이 적분에 롬베르크 알고리즘을 적용하여 $J_0(1)$의 값을 계산하라.

$$J_0(x) = \frac{1}{\pi}\int_0^{\pi} \cos(x\sin\theta)\, d\theta$$

12 모든 사다리꼴 공식의 결과들을 먼저 계산한 후 첫째 열에 저장하도록 롬베르크 프로시저를 다시 작성하라. 그 다음 아래와 같은 독립적인 프로시저에서 리차드슨 보외법을 수행하고, 그 결과를 배열 (r_i)의 하삼각 부분에 저장해야 한다. 본문에 주어진 루틴과 비교했을 때 이 프로시저의 장점과 단점은 무엇인가? 단 한 번의 컴퓨터 실행만을 적용하여 두 적분 $\int_0^4 dx/(1+x)$ 및 $\int_{-1}^1 e^x dx$에 테스트하라.

procedures *Extrapolate*$(n, (r_i))$

13 (**학생 연구 과제**) 수치 구적법인 클렌쇼우-커티스Clenshaw-Curtis method 방법에 대하여 학습한다. 가능하다면 클렌쇼우와 커티스의 원 논문[1960]을 읽은 후, 그 방법을 프로그래밍하라. 프로그래밍이 잘 되었다면 많은 경우에서 이 방법이 롬베르크 알고리즘보다 훨씬 나을 것이다.

14 (**학생 연구 과제**) 수치 적분은 병렬 컴퓨터parallel computer에 활용하기에 이상적인 문제이다. 이는 적분 구간이 더 잘게 부분구간들로 나누어질 수 있으며, 그 각각의 부분구간에서 적분이 동시에 그리고 독립적으로 근사될 수 있기 때문이다. 어떻게 수치 적분이 병렬적으로 수행될 수 있는지 조사하라. 만약 병렬 컴퓨터에 대한 사용 권한이 있거나 여러 대의 컴퓨터로 병렬 컴퓨터를 시뮬레이션할 수 있다면, 다음의 표준적인 예제를 사용하여 π를 근사하는 병렬 프로그램을 작성하라. 여기서 수치 적분법으로는 중점 공식과 같은 기본적인 공식을 사용한다. 사용하는 프로세서의 수나 부분구간의 수를 변화시켜라. 관련 도서나 인터넷 상의 수많은 사이트에서 병렬 컴퓨팅에 관한 자료를 읽어볼 수 있을 것이다.

$$\int_0^1 (1+x^2)^{-1} dx$$

15 기호 연산을 할 수 있는 수학 소프트웨어 시스템을 사용하여 $k=6$에 대하여 A_k와 베르누이 수 사이의 관계를 입증하라.

5.3 심프슨 공식과 뉴턴-코츠 공식

기본 사다리꼴 공식

$\int_a^b f(x)dx$를 근사하기 위한 기본 사다리꼴 공식은 사다리꼴을 사용하여 구간 $[a,b]$에서의 곡선 아래 영역의 넓이를 추정하는 것을 기본으로 한다. 피적분 함수인 $f(x)$는 $f(a)$와 $f(b)$를 잇는 직선으로 여겨진다. 수치 적분 공식은 다음과 같은 형태이다. 여기서 A와 B는 결과적인 적분식이 임의의 선형 함수를 정확하게 적분하는 값을 선택한다.

$$\int_a^b f(x)dx \approx Af(a)+Bf(b)$$

구간 $[a,b]$

이는 두 개의 함수 1과 x에 대하여 정확하게 적분하는 것으로 충분한데, 1차 이하의 다항식은 이러한 두 단항식의 선형 결합이기 때문이다(이 과정은 또한 **미정계수법**method of undetermined coefficients이라 불린다). 계산을 간단히 하기 위하여 $a=0$, $b=1$이라 하고 다음 유형과 같은 식을 찾아보자.

$$\int_0^1 f(x)dx \approx Af(0)+Bf(1)$$

따라서 다음 식들이 만족되어야 한다.

$$f(x)=1:\int_0^1 dx = 1 = A+B$$
$$f(x)=x:\int_0^1 xdx = \frac{1}{2} = B$$

이 방정식의 해는 $A=B=\frac{1}{2}$이므로 적분식은 다음과 같다.

$$\int_0^1 f(x)dx \approx \frac{1}{2}[f(0)+f(1)]$$

구간 $[0,1]$에서 $[a,b]$로 사상mapping하는 선형 함수 $y=(b-a)x+a$을 이용하면, 구간 $[a,b]$에서의 **기본 사다리꼴 공식**basic trapezoid rule은 다음과 같다.

$$\int_a^b f(x)dx \approx \frac{1}{2}(b-a)[f(a)+f(b)] \qquad (1)$$

기본 사다리꼴 공식

그래프는 [그림 5.4]에 나타내었다.

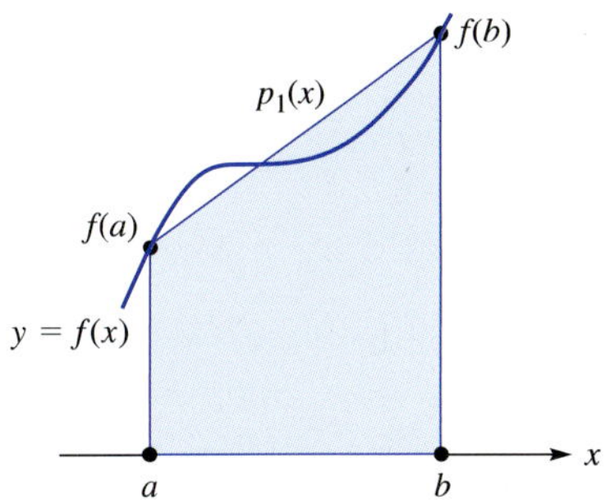

[그림 5.4] 기본 사다리꼴 공식

기본 심프슨 공식

다음으로 할 명백한 일반화는 두 개의 부분구간 $\left[a, \frac{a+b}{2}\right]$와 $\left[\frac{a+b}{2}, b\right]$를 취하고, 피적분 함수인 $f(x)$를 세 점 $f(a)$, $f\left(\frac{a+b}{2}\right)$, $f(b)$를 지나는 이차함수로 간주하여 적분 $\int_a^b f(x)dx$를 근사하는 것이다. 다음과 같은 유형의 수치 적분식을 찾아보자.

$$\int_a^b f(x)dx \approx Af(a) + Bf\left(\frac{a+b}{2}\right) + Cf(b)$$

구간 $\left[a, \frac{a+b}{2}\right]$, $\left[\frac{a+b}{2}, b\right]$

함수 f는 구간 $[a, b]$에서 연속인 것으로 가정한다. f가 2차 다항식일 때 계수 A, B, C는 위 공식이 올바른 적분값을 갖도록 선택한다. 이는 세 개의 함수 1, x, x^2을 정확하게 적분하는 것으로 충분한데, 2차 이하의 다항식은 이 세 단항식의 선형 결합이기 때문이다. 계산을 간단히 하기 위하여 $a = -1$, $b = 1$이라 하고, 다음 공식을 고려하자.

$$\int_{-1}^1 f(x)dx \approx Af(-1) + Bf(0) + Cf(1)$$

따라서 다음 식들을 만족해야 한다.

$$f(x) = 1: \int_{-1}^1 dx = 2 = A + B + C$$

$$f(x) = x: \int_{-1}^1 xdx = 0 = -A + C$$

$$f(x) = x^2: \int_{-1}^1 x^2dx = \frac{2}{3} = A + C$$

해는 $A = \frac{1}{3}$, $C = \frac{1}{3}$, $B = \frac{4}{3}$이다. 따라서 결과적인 식은 다음과 같다.

$$\int_{-1}^1 f(x)\,dx \approx \frac{1}{3}[f(-1) + 4f(0) + f(1)]$$

구간 $[-1, 1]$에서 $[a, b]$로 사상하는 선형 함수 $y = \frac{1}{2}(b-a)x + \frac{1}{2}(a+b)$를 이용하면 구간 $[a, b]$에서의 **기본 심프슨 공식**basic Simpson's rule을 얻을 수 있다.

$$\int_a^b f(x)dx \approx \frac{1}{6}(b-a)\left[f(a)+4f\left(\frac{a+b}{2}\right)+f(b)\right] \qquad (2)$$

기본 심프슨 공식

설명을 위해 [그림 5.5]를 참조하라.

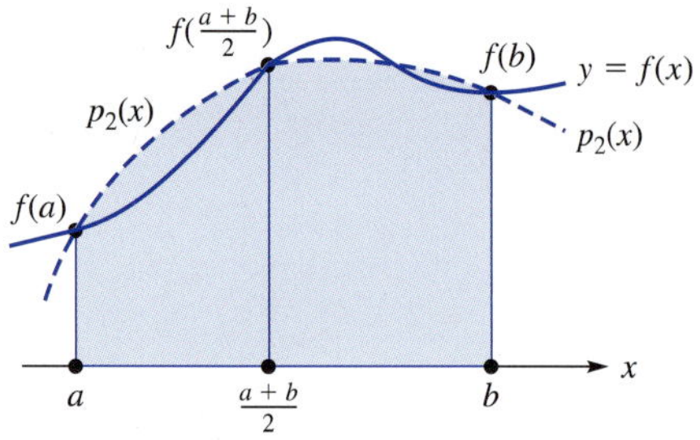

[그림 5.5] 기본 심프슨 공식

[그림 5.6]은 기본 사다리꼴 공식 (1)과 기본 심프슨 공식 (2)의 차이를 그래프적으로 보여주고 있다.

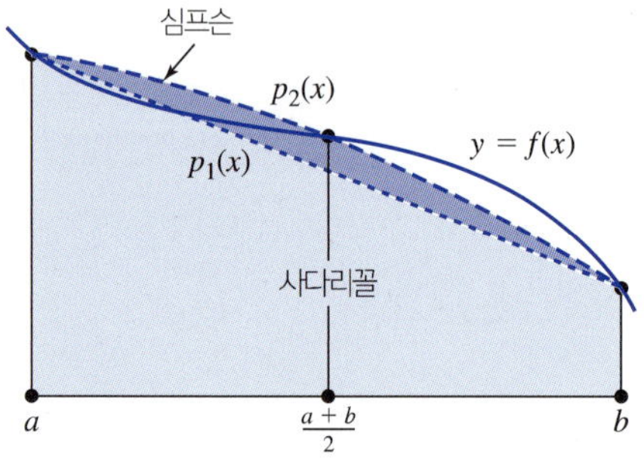

[그림 5.6] 기본 사다리꼴 공식과 기본 심프슨 공식의 예

예제 1 **기본 사다리꼴 공식과 기본 심프슨 공식을 이용하여 다음 적분에 대한 근삿값을 찾아라. 5개의 유효숫자를 갖도록 한다.**

$$\int_0^1 e^{-x^2}dx$$

풀이

$a=0$, $b=1$이라 하자. 기본 사다리꼴 공식 (1)에서 다음을 얻는다.

$$\int_0^1 e^{-x^2}dx \approx \frac{1}{2}[e^0+e^{-1}] \approx 0.5[1+0.36788]=0.68394$$

이 수치는 단지 소수점 아래 유효숫자 한 자리(반올림하였을 때)에서만 정확한 수치이다. 기본 심프슨 공식 (2)에서는 다음을 얻는다.

$$\int_0^1 e^{-x^2}dx \approx \frac{1}{6}[e^0+4e^{-0.25}+e^{-1}]$$
$$\approx 0.16667[1+4(0.77880)+0.36788]=0.7472$$

이 값은 소수점 아래 유효숫자 세 자리까지(반올림하였을 때) 정확한 수치이다. $\int_0^1 e^{-x^2} dx = \frac{1}{2}\sqrt{\pi}\,\mathrm{erf}(1) \approx 0.74682$임을 상기하라.

기본 심프슨 공식 : 등간격

기본 심프슨 공식은 분할점으로 a, $a+h$, $a+2h=b$를 갖는 두 개의 동일한 부분구간에서 널리 사용되는 수치 적분 공식이다.

$$\int_a^{a+2h} f(x)dx \approx \frac{h}{3}[f(a)+4f(a+h)+f(a+2h)] \tag{3}$$

기본 심프슨 공식

심프슨 공식은 구간의 양 끝점과 중점의 총 세 개의 점을 사용하여 폭이 $2h$인 한 구간에서 2차 보간 다항식의 적분을 정확하게 계산한다. 이는 점 $(0, f(0))$, $(h, f(h))$, $(2h, f(2h))$를 지나는 **라그랑주 2차 다항식**Lagrange quadratic polynomial p_2를 구간 $[0, 2h]$에서 적분하여 유도할 수 있다.

$$\int_0^{2h} f(x)dx \approx \int_0^{2h} p_2(x)dx = \frac{h}{3}[f(0)+4f(h)+f(2h)]$$

여기서 $p_2(x)$는 다음과 같다.

$$p_2(x) = \frac{1}{2h^2}(x-h)(x-2h)f(0) - \frac{1}{h^2}x(x-2h)f(h) + \frac{1}{2h^2}x(x-h)f(2h)$$

심프슨 공식에서 오차항은 1.2절의 테일러 급수를 활용하여 구할 수 있다.

$$f(a+h) = f + hf' + \frac{1}{2!}h^2 f'' + \frac{1}{3!}h^3 f''' + \frac{1}{4!}h^4 f^{(4)} + \cdots$$

이때 우변의 함수 $f, f', f'', \cdots$은 모두 a에서 계산한 것이다. 이제 h를 $2h$로 대체하면 다음을 얻는다.

$$f(a+2h) = f + 2hf' + 2h^2 f'' + \frac{4}{3}h^3 f''' + \frac{2^4}{4!}h^4 f^{(4)} + \cdots$$

이 두 급수를 조합하면 다음을 얻을 수 있다.

$$f(a)+4f(a+h)+f(a+2h) = 6f + 6hf' + 4h^2 f'' + 2h^3 f''' + \frac{20}{4!}h^4 f^{(4)} + \cdots$$

따라서 다음이 성립한다.

$$\begin{aligned}\frac{h}{3}[f(a)+4f(a+h)+f(a+2h)] &= 2hf + 2h^2 f' + \frac{4}{3}h^3 f'' \\ &\quad + \frac{2}{3}h^4 f''' + \frac{20}{3\cdot 4!}h^5 f^{(4)} + \cdots\end{aligned} \tag{4}$$

이렇게 해서 식 (3)의 우변에 대한 급수를 구하였다. 이제 좌변에 대한 급수를 찾아보자. $F(a+2h)$에 대한 테일러 급수는 다음과 같다.

$$F(a+2h)=F(a)+2hF'(a)+2h^2F''(a)+\frac{4}{3}h^3F'''(a)+\frac{2}{3}h^4F^{(4)}(a)+\frac{2^5}{5!}h^5F^{(5)}(a)+\cdots$$

$F(x)$를 다음과 같은 형태로 나타내자.

$$F(x)=\int_a^x f(t)dt$$

미적분학의 기본정리에 의하여 $F'=f$이다. $F(a)=0$, $F(a+2h)$는 식 (3)의 좌변의 적분이다. $F''=f'$, $F'''=f''\cdots$이므로 다음을 얻는다.

$$\int_a^{a+2h} f(x)dx=2hf+2h^2f'+\frac{4}{3}h^3f''+\frac{2}{3}h^4f'''+\frac{2^5}{5\cdot 4!}h^5f^{(4)}+\cdots \tag{5}$$

식 (5)로부터 식 (4)를 빼면 다음과 같다.

$$\int_a^{a+2h} f(x)dx=\frac{h}{3}[f(a)+4f(a+h)+f(a+2h)]-\frac{h^5}{90}f^{(4)}-\cdots$$

보다 상세한 한 분석에 따르면 기본 심프슨 공식 (2)의 오차항이 a와 $a+2h$ 사이의 어떤 ξ에 대하여 $h\to 0$일 때 $-(h^5/90)f^{(4)}(\xi)=\mathcal{O}(h^5)$이다. $b=a+2h$로 놓으면 구간 $[a,b]$에서의 **기본 심프슨 공식**은 다음과 같다.

$$\int_a^b f(x)dx\approx\frac{b-a}{6}\left[f(a)+4f\left(\frac{a+b}{2}\right)+f(b)\right]$$

기본 심프슨 공식

이때 오차항은 구간 (a,b)에 속하는 어떤 ξ에 대하여 다음과 같다.

$$-\frac{1}{90}\left(\frac{b-a}{2}\right)^5 f^{(4)}(\xi) \tag{6}$$

오차항

복합 심프슨 공식 Composite Simpson's Rule

구간 $[a,b]$가 짝수 개의 부분구간으로 분할되어 있다고 가정하고, 부분구간의 개수를 n, 각 부분구간의 폭은 $h=\dfrac{b-a}{n}$이라 하자. 그러면 분할점들은 $0\le i\le n$에 대하여 $x_i=a+ih$이며, 이때 n은 2로 나누어진다. 기본 미적분학으로부터 다음이 성립한다.

$$\int_a^b f(x)dx=\sum_{i=1}^{n/2}\int_{a+2(i-1)h}^{a+2ih} f(x)dx \tag{7}$$

구간 $[a,b]$에서 폭이 h인 n(짝수)개의 부분구간들

기본 심프슨 공식을 사용하면 우변을 다음과 같이 변형할 수 있다.

$$\approx \sum_{i=1}^{n/2} \frac{h}{3}\{f(a+2(i-1)h)+4f(a+(2i-1)h)+f(a+2ih)\}$$

$$= \frac{h}{3}\left\{f(a)+\sum_{i=1}^{(n/2)-1} f(a+2ih)+4\sum_{i=1}^{n/2} f(a+(2i-1)h) + \sum_{i=1}^{(n/2)-1} f(a+2ih)+f(b)\right\}$$

따라서 다음을 얻는다.

$$\int_a^b f(x)dx \approx \frac{h}{3}\left\{[f(a)+f(b)]+4\sum_{i=1}^{n/2} f[a+(2i-1)h]+2\sum_{i=1}^{(n-2)/2} f(a+2ih)\right\}$$

복합 심프슨 공식

여기서 $h=\dfrac{b-a}{n}$ 이다. 오차항은 다음과 같다.

$$-\frac{1}{180}(b-a)h^4 f^{(4)}(\xi) \tag{8}$$

오차항

수치 적분을 위한 많은 공식은 피적분 함수의 도함수를 포함한 오차항을 가지고 있다. 흔히 간과되는 중요한 점 하나는 이러한 오차항이 함수가 도함수를 가지는지의 여부에 의존한다는 것이다. 따라서 만일 조각별 함수piecewise function를 적분하는 중이라면 적분 구간이 함수의 매끄러운 영역과 일치하도록 영역을 나누어 수치 적분을 진행해야 한다. 또 다른 중요한 점은, 유한 평면에서는 무한대로 발산하는 다항식이 없기 때문에 추가 작업 없이는 다항식을 사용하여 피적분 함수를 근사하려는 어떠한 적분 기법도 적분 가능한 특이점integrable singularities [15]에서 좋은 결과를 내지 못할 수 있다는 것이다.

주의

15 (옮긴이) $f(x)=\dfrac{1}{\sqrt{x}}$ 는 $x=0$ 에서 정의되지 않으므로 $x=0$은 특이점이지만 $\int_0^1 f(x)dx=[2\sqrt{x}]_0^1 = 2<\infty$ 이므로 적분가능하다.

적응적 심프슨 기법adaptive Simpson's scheme

이제 다음과 같은 적분 $\int_a^b f(x)dx$의 수치적 근삿값을 얻기 위해 심프슨 공식에 기반한 적응적 기법을 개발해 보자. 이 적응적 알고리즘에서 구간 $[a,b]$의 분할은 미리 선택되지 않고 자동적으로 결정된다. 분할이 적응적으로 생성되기 때문에 구간의 어떤 부분에서는 수가 더 많고 폭이 작은 부분구간들이 사용되는 한편, 다른 부분에서는 수는 적지만 폭은 더 큰 부분구간들이 사용된다.

적응적 과정에서는 구간 $[a,b]$를 두 개의 부분구간으로 나눈 후, 각각을 더 많은 부분구간으로 나눌지의 여부를 결정한다. 이러한 과정은 전 구간 $[a,b]$에 걸쳐 특정한 정확도가 얻어질 때까지 계속된다. 구간 $[a,b]$에서 피적분 함수 f의 행동이 다를 수 있으므로 최종적인 분할이 균일하리라고는 기대할 수 없으며 분할점의 밀도도 다를 것으로 예상된다.

부분구간에 대한 적응적 과정

부분구간을 더 나누어야 할지의 여부를 결정하기 위한 테스트를 개발할 필요가 있다. 구간 $[a,b]$에서 심프슨 공식을 한 번 적용하면 다음과 같이 쓸 수 있다.

$$I \equiv \int_a^b f(x)\,dx = S(a,b)+E(a,b)$$

여기서 $S(a, b)$와 $E(a, b)$는 다음과 같다.

$$S(a,b)=\frac{(b-a)}{6}\left[f(a)+4f\left(\frac{a+b}{2}\right)+f(b)\right]$$

$$E(a,b)=-\frac{1}{90}\left(\frac{b-a}{2}\right)^5 f^{(4)}(a)+\cdots$$

$h=b-a$로 놓으면 다음을 얻을 수 있다.

$$I=S^{(1)}+E^{(1)} \tag{9}$$

이때 $S^{(1)}$과 $E^{(1)}$은 다음과 같다.

$$S^{(1)}=S(a,b)$$

$$E^{(1)}=-\frac{1}{90}\left(\frac{h}{2}\right)^5 f^{(4)}(a)+\cdots=-\frac{1}{90}\left(\frac{h}{2}\right)^5 C$$

여기서 $f^{(4)}$가 구간 $[a,b]$ 전체에 걸쳐 상숫값 C로 남아있다고 가정하자. 구간 $[a,b]$에서 심프슨 공식을 두 번 적용하면 다음을 얻을 수 있다.

$$I=S^{(2)}+E^{(2)} \tag{10}$$

여기서 $S^{(2)}=S(a,c)+S(c,b)$이고, [그림 5.7]에서와 같이 $c=\dfrac{a+b}{2}$이다. 따라서 다음과 같다.

$$\begin{aligned}E^{(2)}&=-\frac{1}{90}\left(\frac{h/2}{2}\right)^5 f^{(4)}(a)+\cdots-\frac{1}{90}\left(\frac{h/2}{2}\right)^5 f^{(4)}(c)+\cdots\\&=-\frac{1}{90}\left(\frac{h/2}{2}\right)^5[f^{(4)}(a)+f^{(4)}(c)]+\cdots\\&=-\frac{1}{90}\left(\frac{1}{2^5}\right)\left(\frac{h}{2}\right)^5(2C)\\&=\frac{1}{16}\left[-\frac{1}{90}\left(\frac{h}{2}\right)^5 C\right]\end{aligned}$$

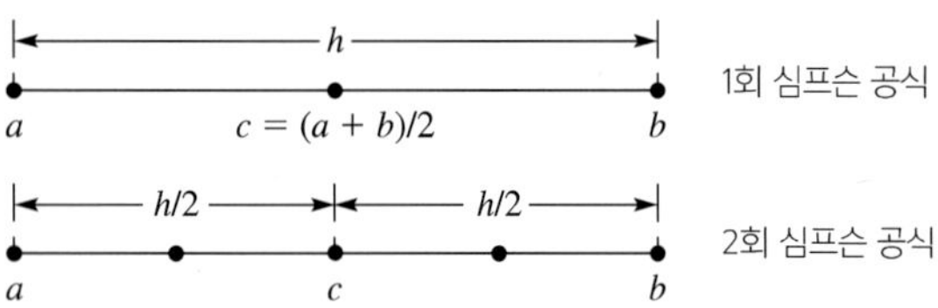

[그림 5.7] 심프슨 공식

다시 $f^{(4)}$이 구간 $[a,b]$ 전체에 걸쳐 상숫값 C라 가정하자. 그러면 다음을 알 수 있다.

$$16E^{(2)}=E^{(1)}$$

식 (9)에서 식 (10)을 빼면 다음과 같다.

$$S^{(2)} - S^{(1)} = E^{(1)} - E^{(2)} = 15E^{(2)}$$

이 식과 식 (10)으로부터 다음을 알 수 있다.

$$I = S^{(2)} + E^{(2)} = S^{(2)} + \frac{1}{15}(S^{(2)} - S^{(1)})$$

$|I - S^{(2)}| < \varepsilon$을 만족하도록 적응적 과정을 이끌어가기 위해 다음 부등식을 이용한다.

중단 테스트

$$\frac{1}{15}|S^{(2)} - S^{(1)}| < \varepsilon \tag{11}$$

재귀 과정

만일 테스트 (11)을 만족하지 않는다면 구간 $[a, b]$는 두 개의 부분구간 $[a, c]$와 $[c, b]$로 나누어진다. 여기서 c는 중점으로 $c = \frac{a+b}{2}$이다. 각각의 부분구간에서 ε을 $\frac{\varepsilon}{2}$로 대체한 테스트 (11)을 다시 사용하여 구간 $[a, b]$ 전체에 걸친 오차의 한계가 ε이 되도록 한다. 이러한 과정은 재귀적인 프로시저로 다루는 게 좋다.

그 이유를 살펴보기 위하여 왼쪽 및 오른쪽 부분구간에서 각각 $\frac{\varepsilon}{2}$을 택한다.

구간 $[a, b]$를 절반으로 분할하기

$$I = \int_a^b f(x)dx = \int_a^c f(x)dx + \int_c^b f(x)dx = I_{\text{왼쪽}} + I_{\text{오른쪽}}$$

만일 S가 $[a, c]$에서의 근삿값 $S^{(2)}_{\text{왼쪽}}$과 $[c, b]$에서의 근삿값 $S^{(2)}_{\text{오른쪽}}$의 합이라면 다음을 얻을 수 있다.

$$\begin{aligned} |I - S| &= |I_{\text{왼쪽}} + I_{\text{오른쪽}} - S^{(2)}_{\text{왼쪽}} - S^{(2)}_{\text{오른쪽}}| \\ &\le |I_{\text{왼쪽}} - S^{(2)}_{\text{왼쪽}}| + |I_{\text{오른쪽}} - S^{(2)}_{\text{오른쪽}}| \\ &= \frac{1}{15}|S^{(2)}_{\text{왼쪽}} - S^{(1)}_{\text{왼쪽}}| + \frac{1}{15}|S^{(2)}_{\text{오른쪽}} - S^{(1)}_{\text{오른쪽}}| \end{aligned}$$ [16]

16 (옮긴이)

$$\begin{aligned} I &= S^{(2)} + E^{(2)} \\ &= S^{(2)} + \frac{1}{15}(S^{(2)} - S^{(1)}) \end{aligned}$$

을 사용한다.

따라서 만일

$$\frac{1}{15}|S^{(2)}_{\text{왼쪽}} - S^{(1)}_{\text{왼쪽}}| < \frac{\varepsilon}{2} \quad \text{및} \quad \frac{1}{15}|S^{(2)}_{\text{오른쪽}} - S^{(1)}_{\text{오른쪽}}| < \frac{\varepsilon}{2}$$

을 요구한다면 전체 구간 $[a, b]$에서 $|I - S| < \varepsilon$이다.

이제 적응적 심프슨 재귀 프로시저에 대하여 설명해 보겠다. 구간 $[a, b]$는 폭이 $\frac{b-a}{4}$인 4개의 부분구간들로 분할된다. 폭이 $\frac{b-a}{2}$인 두 개의 부분구간을 사용한 심프슨 근사와 폭이 $\frac{b-a}{4}$인 네 개의 부분구간을 사용한 심프슨 근사는 다음과 같이 계산한다.

폭이 $\frac{b-a}{4}$인 4개의 부분구간들

1회 심프슨 $\leftarrow \frac{h}{6}\left[f(a) + 4f\left(\frac{a+b}{2}\right) + f(b)\right]$

2회 심프슨 $\leftarrow \frac{h}{12}\left[f(a) + 4f\left(\frac{a+c}{2}\right) + 2f(c) + 4f\left(\frac{c+b}{2}\right) + f(b)\right]$

여기서 $h = b - a$, $c = \frac{a+b}{2}$이다.

부등식 (11)에 따르면, 1회 심프슨과 2회 심프슨이 15ε 이내에서 일치하면 적분 $\int_a^b f(x)dx$에 대한 정확한 근사를 얻기 위하여 구간 $[a,b]$를 더 나눌 필요가 없다. 이 경우 $\frac{16(\text{2회 심프슨}) - (\text{1회 심프슨})}{15}$의 값은 구간 $[a,b]$에 걸친 적분의 근삿값으로 사용된다. 만일 적분에서 원하는 정확도가 얻어지지 않으면 구간 $[a,b]$는 다시 절반으로 나누어진다. 부분구간 $[a,c]$와 $[c,b]$(여기서 $c=\frac{(a+b)}{2}$)를 사용하여 각각 오차의 한계 $\frac{\varepsilon}{2}$를 갖는 적응적 심프슨 프로시저에 재귀적인 호출이 이루어진다. 이 과정은 모든 부분구간이 부등식 (11)을 만족할 때 종료된다. 다른 방법으로 프로시저를 조기에 종료하기 위하여 구간을 나눌 수 있는 최대 허용 수준으로 나누어 사용한다. 재귀적 프로시저는 어떤 부분구간이 허용 오차 테스트를 만족하는지, 또 더 분할되어야 할 필요가 있는지를 추적할 수 있는 우아하고 간단한 방법을 제공한다.

적응적 과정

적응적 심프슨 프로시저 사용의 예

적응적 심프슨 프로시저를 호출하는 메인 프로그램은 구체적 예를 통해 설명하는 것이 가장 좋다. 다음 적분의 근삿값을 정확도 $\frac{1}{2}\times 10^{-3}$으로 구하려고 한다.

$$\int_0^{\frac{5}{4}\pi}\left[\frac{\cos(2x)}{e^x}\right]dx \tag{12}$$

적분 예시

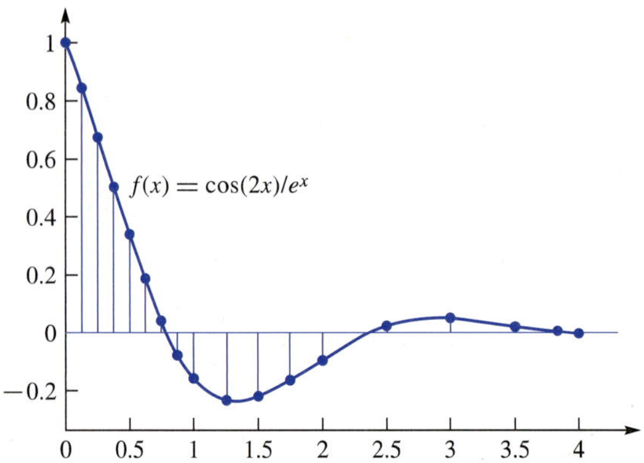

[그림 5.8] $\int_0^{\frac{5}{4}\pi}\cos(2x)/e^x\,dx$의 적응적 적분

피적분 함수의 그래프가 [그림 5.8]에 나타나 있다. 이 함수에는 많은 굴곡이 있기 때문에 곡선 아래의 영역을 정확하게 결정하는 것이 어려울 수 있다. 피적분 함수 계산을 위한 함수 프로시저 f를 작성해 보자. 그 이름은 이 프로시저에서의 첫 번째 변수이며 인터페이스 선언문이 필요할 수 있다. 아래의 유사코드에서 다른 변수들은 적분의 하한 a와 상한 b, 원하는 정확도 ε, 현재 부분구간의 레벨 및 최대 레벨 깊이를 나타내는 값이다.

적응 프로시저

```
recursive real function Simpson(f, a, b, ε, level, level_max)
    result(simpson_result)
integer level, level_max;       real a, b, c, d, e, h
external function f
level ← level + 1
h ← b − a
c ← (a + b)/2
one_simpson ← h[f(a) + 4f(c) + f(b)]/6
d ← (a + c)/2
e ← (c + b)/2
two_simpson ← h[f(a) + 4f(d) + 2f(c) + 4f(e) + f(b)]/12
if level ≧ level_max then
    simpson_result ← two_simpson
    output   "maximum level reached"
else
    if |two_simpson − one_simpson| < 15ε then
        simpson_result ← two_simpson + (two_simpson − one_simpson)/15
    else
        left_simpson ← Simpson(f, a, c, ε/2, level, level_max)
        right_simpson ← Simpson(f, c, b, ε/2, level, level_max)
        simpson_result ← left_simpson + right_simpson
    end if
end if
end function Simpson
```

Simpson 유사코드

이 유사코드에 대한 드라이버 컴퓨터 프로그램을 작성하고 이를 컴퓨터에서 실행하면 적분에 대한 근삿값으로 0.208을 얻을 수 있다. 적응적 심프슨 프로시저는 [그림 5.8]에서와 같이 곡선의 각 부분에서 서로 다른 개수의 구간을 사용한다.

뉴턴-코츠 공식 Newton-Cotes Rules

적분 $\int_a^b f(x)dx$를 근사하기 위한 뉴턴-코츠 구적법 공식은 피적분 함수 $f(x)$를 보간 다항식으로 근사하여 구한다. 공식이 **닫혀있다**closed는 것은 공식이 적분 구간의 양 끝에서의 함숫값을 포함할 때를 말한다. 그렇지 않으면 공식이 **열려있다**open고 한다.

다음 내용에서 $i=0, 1, \cdots, n$에 대하여 $a=x_0$, $b=x_n$, $x_i=x_0+ih$이다. 단, $h=\frac{b-a}{n}$, $f_i=f(x_i)$이고, 오차항에서 $a=x_0<\xi<x_n=b$이다.

닫힌 뉴턴-코츠 공식과 오차항

닫힌 공식들

사다리꼴 공식:

$$\int_{x_0}^{x_1} f(x)dx = \frac{1}{2}h[f_0+f_1] - \frac{1}{12}h^3 f''(\xi)$$

심프슨 $\frac{1}{3}$ 공식:

$$\int_{x_0}^{x_2} f(x)dx = \frac{1}{3}h[f_0+4f_1+f_2] - \frac{1}{90}h^5 f^{(4)}(\xi)$$

심프슨 $\frac{3}{8}$ 공식:

$$\int_{x_0}^{x_3} f(x)dx = \frac{3}{8}h[f_0+3f_1+3f_2+f_3] - \frac{3}{80}h^5 f^{(4)}(\xi)$$

부울[Boole] 공식:

$$\int_{x_0}^{x_4} f(x)dx = \frac{2}{45}h[7f_0+32f_1+12f_2+32f_3+7f_4] - \frac{8}{945}h^7 f^{(6)}(\xi)$$

6개의 점을 이용한 뉴턴-코츠 닫힌 공식:

$$\int_{x_0}^{x_5} f(x)dx = \frac{5}{288}h[19f_0+75f_1+50f_2+50f_3+75f_4+19f_5] - \frac{275}{12096}h^7 f^{(6)}(\xi)$$

열린 뉴턴-코츠 공식과 오차항

열린 공식들

중점 공식:

$$\int_{x_0}^{x_2} f(x)dx = 2hf_1 + \frac{1}{3}h^3 f''(\xi)$$

2개의 점을 이용한 뉴턴-코츠 열린 공식:

$$\int_{x_0}^{x_3} f(x)dx = \frac{3}{2}h[f_1+f_2] + \frac{3}{4}h^3 f''(\xi)$$

3개의 점을 이용한 뉴턴-코츠 열린 공식:

$$\int_{x_0}^{x_4} f(x)dx = \frac{4}{3}h[2f_1-f_2+2f_3] + \frac{28}{90}h^5 f^{(4)}(\xi)$$

4개의 점을 이용한 뉴턴-코츠 열린 공식:

$$\int_{x_0}^{x_5} f(x)dx = \frac{5}{24}h[11f_1 + f_2 + f_3 + 11f_4] + \frac{95}{144}h^5 f^{(4)}(\xi)$$

5개의 점을 이용한 뉴턴-코츠 열린 공식:

$$\int_{x_0}^{x_6} f(x)dx = \frac{6}{20}h[11f_1 - 14f_2 + 26f_3 - 14f_4 + 11f_5] - \frac{41}{140}h^7 f^{(6)}(\xi)$$

수년에 걸쳐 많은 뉴턴-코츠 공식이 유도되었으며, 아브레모위츠Abramowitz와 스테균Stegun의 책[1964]에 이 공식들이 엮여져 있다. 이 책의 내용은 온라인에서 찾아볼 수 있다. 전 구간에 걸쳐 고차의 뉴턴-코츠 공식을 사용하기보다는 낮은 차수의 기본 뉴턴-코츠 공식을 기반으로 한 복합 공식을 사용하는 것이 좋다. 같은 수의 점을 사용하는 닫힌 공식 대신 열린 공식을 사용해도 그 이점은 거의 없다. 그럼에도 불구하고 열린 공식은 양 끝점에서 특이점을 가지는 적분과 7장에서 논의될 상미분방정식의 수치 해법에 응용될 것이다.

비고

컴퓨터가 널리 사용되기 전에 가장 일반적으로 사용되던 구적법이 뉴턴-코츠 공식이었다. 그 이유는 공식이 손으로 계산하기 쉬운 분수를 포함하고 있었기 때문이다. 5.4절의 가우스 구적법은 더 적은 횟수의 함숫값 계산으로 높은 차수의 오차항을 얻어낸다. 무리수가 분할점으로 사용된다는 사실은 현대 컴퓨터에서는 더 이상 단점으로 볼 수 없다.

5.3 요약

- 구간 $[a, b]$에서의 **기본 심프슨 공식**은

$$\int_a^b f(x)dx \approx S(a,b) = \frac{(b-a)}{6}\left[f(a) + 4f\left(\frac{a+b}{2}\right) + f(b)\right]$$

이고, 오차항은 구간 (a, b)의 적당한 ξ에 대하여 $-\frac{1}{90}\left[\frac{1}{2}(b-a)\right]^5 f^{(4)}(\xi)$이다. $h = \frac{b-a}{2}$로 놓으면 다른 형태의 **기본 심프슨 공식**은 $\int_a^{a+2h} f(x)dx \approx \frac{h}{3}[f(a) + 4f(a+h) + f(a+2h)]$이며, 오차항은 $-\frac{1}{90}h^5 f^{(4)}(\xi)$이다.

- n개(짝수)의 부분구간에 대한 **복합 심프슨 $\frac{1}{3}$ 공식**은 다음과 같다.

$$\int_a^b f(x)dx \approx \frac{h}{3}[f(a) + f(b)] + \frac{4h}{3}\sum_{i=1}^{n/2} f[a + (2i-1)h] + \frac{2h}{3}\sum_{i=1}^{(n-2)/2} f(a + 2ih)$$

여기서 $h = (b-a)/n$이고, 일반적인 오차항은 $-\frac{1}{180}(b-a)h^4 f^{(4)}(\xi)$이다.

- 구간 $[a, b]$에서 $c = \frac{1}{2}(a+b)$일 때, 다음 테스트

$$\frac{1}{15}|S(a,c) + S(c,b) - S(a,b)| < \varepsilon$$

는 **적응적 심프슨 알고리즘**에 사용될 수 있다.

- 뉴턴-코츠 구적법 공식은 사다리꼴 공식이나 심프슨 공식, 중점 공식 등과 같은 수많은 일반적인 구적법을 포함한다.

5.3 연습문제

01 세 개의 분할점 $x=0,\ 0.5,\ 1$로 기본 심프슨 공식을 사용하여 $\int_0^1 (1+x^2)^{-1}dx$를 계산하라. 이를 실제 답과 비교하라.

02 적분 $\int_0^1 \sin(\pi x^2/2)\,dx$를 생각하자. 이 적분을 오차의 절댓값이 10^{-3}보다 작도록 수치적으로 근사하려 한다.

(a) 복합 사다리꼴 공식을 사용하려 할 때, 간격 h를 얼마 이하로 정해야 하는가?

(b) 복합 심프슨 공식의 경우는 어떠한가?

(c) 복합 심프슨 $\frac{3}{8}$ 공식의 경우에는 어떠한가?

03 함수 f의 함숫값이 다음 표와 같이 주어져 있다.

x	1	1.25	1.5	1.75	2
$f(x)$	10	8	7	6	5

(a) 심프슨 공식과 $x=1,\ 1.5,\ 2$에서의 함숫값을 사용하여 $\int_1^2 f(x)dx$를 근사하라.

(b) 앞의 과정을 $x=1,\ 1.25,\ 1.5,\ 1.75,\ 2$를 사용하여 반복하라.

(c) (a), (b)에서의 결과 및 오차항을 사용하여 더 개선한 근사를 얻어라.

힌트 : 오차항의 형태를 Ch^4로 가정하라.

(d) 앞의 과정들을 사다리꼴 공식을 사용하여 반복하라. 그 결과들을 심프슨 공식의 결과와 비교하라.

04 $h=0.25$인 복합 심프슨 공식을 사용하여 $\int_1^2 x^{-1}dx$의 근삿값을 찾아라. 오차의 한계를 제시하라.

05 심프슨 공식과 오차 식을 활용하여 3차 다항식과 2차 다항식이 동일한 간격으로 떨어져 있는 3개의 점에서 만나면, 그 그래프로 둘러싸인 두 개의 영역의 넓이가 같음을 증명하라.

06 짝수인 n개의 부분구간에서의 **복합 심프슨 $\frac{1}{3}$ 공식**에 대한 일반적인 다음 오차항을 유도하라. 여기서 $\xi\in(a,b)$인 어떤 수이다.

$$-\frac{1}{180}(b-a)h^4 f^{(4)}(\xi)$$

07 $\int_a^b f(x)dx$를 계산하기 위한 복합 심프슨 공식은 다음과 같이 나타낼 수 있다. 여기서 n은 짝수이며, $0\le i\le n$에 대하여 $x_i=a+ih,\ h=\frac{(b-a)}{n}$이다. 이 공식의 오차는 Ch^4의 형태이다. 어떻게 두 개의 S_k 값을 조합하여 더 정확한 적분 추정값을 얻어낼 수 있는지를 보여라.

$$S_{n-1}=\frac{h}{3}[f(x_0)+4f(x_1)+2f(x_2)+\cdots +4f(x_{n-1})+f(x_n)]$$

08 수치 적분 기법 중 잘 알려지지 않은 것으로 다음과 같이 세 개의 부분구간에 대한 **기본 심프슨 $\frac{3}{8}$ 공식**이 있다. 이 공식에 대한 오차항을 구하고, 왜 이 방법이 심프슨 공식의 그늘에 가려져 있는지를 설명하라.

$$\int_a^{a+3h} f(x)dx\approx\frac{3h}{8}[f(a)+3f(a+h)+3f(a+2h)+f(a+3h)]$$

09 앞 문제를 활용하여 (3으로 나누어떨어지는 수인) n개의 부분구간을 사용하는 복합 심프슨 $\frac{3}{8}$ 공식을 만들고, 일반적인 오차항을 유도하라.

10 심프슨 공식을 유도하는 세부 과정을 기술하라.

11 $f(x)=1,\ f(x)=x^2$에 대해 정확한 값을 주는 다음과 같은 형태의 식을 찾아라. 이 공식은 $f(x)=x$일 때 정확한 값을 주는가?

$$\int_0^1 f(x)dx\approx\alpha f(0)+\beta f(1)$$

12 가능하다면 $f(x)=x,\ x^2,\ x^3$에 대해 정확한 값을 주는 다음 형태의 식을 찾아라. 이 식은 함수 $x\mapsto 1,\ x^4,\ x^5$을 정확하게 적분하는가?

$$\int_{-1}^1 f(x)dx\approx\alpha f(-1)+\beta f(0)+\gamma f(1)$$

13 구간 $[0,1]$에서 $[a,b]$로의 선형 사상mapping 및 $[-1,1]$에서 $[a,b]$로의 선형 사상을 사용하여 일반적인 기초 사다리꼴 공식과 기초 심프슨 공식 각각을 정당화하라.

5.3 컴퓨터 연습문제

01 다음 두 적분에 대한 근삿값을 구하라. $\varepsilon=\frac{1}{2}\times10^{-5}$ 및 $level_max=4$인 재귀 함수 *Simpson*을 사용하라. 각각의 경우에 피적분 함수 $f(x)$의 곡선을 그리고, *Simpson*이 어떻게 해당 구간을 분할하는지 보여라. 함수 *Simpson* 내부에서 *Simpson_result*에 새로운 값이 추가되는 구간을 출력할 수도 있으며, 곡선을 그리기 위하여 전체 구간 $[a, b]$에서의 함숫값을 출력할 수도 있을 것이다.

$$4\int_0^1 \frac{dx}{1+x^2},\ 8\int_0^{1/\sqrt{2}}(\sqrt{1-x^2}-x)dx$$

02 함수 *Simpson*에서 각 분할점에서의 피적분 함수 $f(x)$의 값이 단 한 번씩만 계산되도록 함수의 계산을 저장하는 방법을 찾아라. 수정된 코드를 본문의 예제에 테스트하라. 즉 적분 $\int_0^{2\pi}\cos(2x)e^{-x}dx$를 $\varepsilon=5.0\times10^{-5}$ 및 $level_max=4$로 테스트하라.

03 이 절의 유사코드를 분할점과 함숫값들을 저장하도록 수정하여 테스트하라. 수정한 코드를 활용하여 앞 컴퓨터 연습문제를 반복하여 풀어보고, 결과적인 분할점 및 함숫값들을 그래프로 나타내라.

04 이 절의 코드와 유사하지만 다른 뉴턴-코츠 공식에 기반한 코드를 작성하고 테스트하라.

05 MATLAB, Maple, Mathematica와 같은 수학 소프트웨어를 사용하여 식 (12)로 주어진 적분의 근삿값을 찾기 위한 컴퓨터 프로그램을 작성하고 실행하라. 경고 메시지를 해석하라. 이 프로시저에 추가적인(혹은 선택적인) 매개변수를 사용하여 더 많은 자릿수의 정밀도를 지닌 더 정확한 근삿값을 얻을 수 있는지 시도하라.

06 재귀적 심프슨 알고리즘에 대한 코드를 작성하고 실행하라. 그 테스트에 적분 (12)를 사용하라.

07 다음 적분을 생각하자. 이 피적분 함수는 구간 $[-1, 1]$의 양 끝점에서 특이점을 가지므로 닫힌 공식이 사용될 수 없다. 모든 열린 뉴턴-코츠 공식을 적용하라. 이 수치 결과들을 참값인 $\int_{-1}^{1}(1-x^2)^{-1/2}dx=\arcsin x|_{-1}^{1}=\pi$와 비교하고 설명하라.

$$\int_{-1}^{1}\frac{1}{\sqrt{1-x^2}}dx$$

5.4 가우스 구적법

설명

대부분의 수치 적분 공식은 다음 형태를 보인다.

$$\int_a^b f(x)dx \approx A_0 f(x_0)+A_1 f(x_1)+\cdots+A_n f(x_n) \qquad (1)$$

분할점과 가중치

이러한 공식을 사용하려면 노드node, 즉 **분할점**[17] $x_0, x_1, \cdots, x_n$과 **가중치**weights $A_0, A_1, \cdots, A_n$을 알아야 한다. 중요하면서도 특수한 경우들에서의 분할점과 가중치에 대한 수치표도 있다.

17 (옮긴이) 가우스 구적법에서 노드node는 분할점을 의미한다.

식 (1)과 같은 공식은 어디서 나온 것일까? 주요 출처 중 하나는 4장에 제시된 다항식의 보간 이론이다. 만일 분할점들이 고정된 경우 이에 해당하는 라그랑주 보간 공식은 다음과 같다.

$$p(x)=\sum_{i=0}^{n}f(x_i)\ell_i(x) \qquad \left(단,\ \ell_i(x)=\prod_{\substack{j=0\\ j\neq i}}^{n}\left(\frac{x-x_j}{x_i-x_j}\right)\right)$$

이 식(4.1절의 식 (1)과 (2))은 분할점들에서 f를 보간하는, 즉 $0 \le i \le n$에 대하여 $p(x_i) = f(x_i)$인 최대 n차 이하의 다항식 p를 준다. 상황이 좋다면 p는 f의 좋은 근사이며 $\int_a^b p(x)dx$는 $\int_a^b f(x)dx$의 좋은 근사일 것이다. 따라서 다음을 얻는다.

$$\int_a^b f(x)dx \approx \int_a^b p(x)dx = \sum_{i=0}^{n} f(x_i)\int_a^b \ell_i(x)dx = \sum_{i=0}^{n} A_i f(x_i) \qquad (2)$$

여기서 A_i를 다음과 같이 놓는다.

가중치 적분

$$A_i = \int_a^b \ell_i(x)dx$$

식 (2)가 도출된 방식으로부터 식 (2)가 최대 n차 이하의 모든 다항식의 적분에 대해 정확한 값을 준다는 사실을 알 수 있다.

예제 1 구간이 $[-2,2]$, 분할점이 -1, 0, 1일 때, (1)의 구적법 공식에서 가중치를 결정하라.

풀이

함수 ℓ_i들은 위와 같이 주어지므로 다음을 얻는다.

$$\ell_0(x) = \prod_{j=1}^{2}\left(\frac{x-x_j}{x_0-x_j}\right) = \frac{1}{2}x(x-1)$$

같은 방법으로 $\ell_1(x) = -(x+1)(x-1)$, $\ell_2(x) = \frac{1}{2}x(x+1)$이다. 가중치는 이 함수들을 적분함으로써 얻을 수 있다. 예를 들면 다음과 같다.

$$A_0 = \int_{-2}^{2} \ell_0(x)dx = \frac{1}{2}\int_{-2}^{2}(x^2-x)dx = \frac{8}{3}$$

마찬가지로 $A_1 = -\frac{4}{3}$, $A_2 = \frac{8}{3}$을 얻는다. 따라서 구적법 식은 다음과 같다.

$$\int_{-2}^{2} f(x)dx \approx \frac{8}{3}f(-1) - \frac{4}{3}f(0) + \frac{8}{3}f(1)$$

이 계산에 대한 검토 작업으로 식이 세 개의 단항식 $f(x) = 1, x, x^2$에 대하여 정확한 값을 주는지 확인해 볼 수 있다. 적분의 선형성에 의해 이 식은 임의의 2차 다항식에 대하여 정확한 값을 제공한다.

구간 변환

수치 적분을 위한 가우스 공식Gaussian rules은 대개 $[0,1]$ 또는 $[-1,1]$과 같은 구간에서 주어진다. 우리는 이 공식들을 다른 구간에서도 사용할 수 있기를 원한다. 선형 변수 변환을 통하여 어떤 다른 구간에 대한 공식도 도출할 수 있다. 첫 번째 수식이 첫 구간에서 특정 차수의 다항식에 대하여 정확하다면 두 번째 구간에 대해서도 마찬가지가 성립한다. 이것이 어떤 방식으로 이루어지는지 살펴보자.

다음과 같은 수치 적분 공식이 주어져 있다고 하자.

$$\int_c^d f(t)dt \approx \sum_{i=0}^{n} A_i f(t_i) \tag{3}$$

$[c, d]$에서의 구적법 공식

이 식이 최대 m차 이하의 다항식에 대해 정확하다고 가정하자. 어떤 다른 구간 $[a, b]$에 대한 공식이 필요하다면 t가 구간 $[c, d]$를 움직일 때 $\lambda(t)$가 구간 $[a, b]$를 움직이도록 t에 대한 1차 함수 λ를 정의한다. 함수 λ는 다음과 같이 분명하게 주어진다.

$$x = \lambda(t) = \left(\frac{b-a}{d-c}\right)t + \left(\frac{ad-bc}{d-c}\right) \tag{4}$$

선형 변환

이제 적분 $\int_a^b f(x)dx$에서 변수를 $x = \lambda(t)$로 바꾼다. 그러면 $dx = \lambda'(t)\,dt = (b-a)(d-c)^{-1}dt$이므로 다음을 얻는다.

$$\begin{aligned}\int_a^b f(x)dx &= \left(\frac{b-a}{d-c}\right)\int_c^d f(\lambda(t))dt \\ &\approx \left(\frac{b-a}{d-c}\right)\sum_{i=0}^{n} A_i f(\lambda(t_i))\end{aligned}$$

따라서 다음과 같다.

$$\int_a^b f(x)dx \approx \left(\frac{b-a}{d-c}\right)\sum_{i=0}^{n} A_i f\left(\left(\frac{b-a}{d-c}\right)t_i + \left(\frac{ad-bc}{d-c}\right)\right) \tag{5}$$

$[a, b]$에서의 구적법 공식

λ가 선형이기 때문에 f가 다항식일 때 $f(\lambda(t))$는 t에 대한 다항식이고, 그 차수는 동일하다. 따라서 새 공식은 최대 m차 이하의 다항식에 대해 정확하다.

예를 들면 공식 (3), (4), (5)를 사용하여 구간 $[-1, 1]$을 $[a, b]$로 바꿀 수 있다. 변환 $x = \frac{1}{2}(b-a)t + (a+b)$를 사용하면 다음 형태의 구적법 공식 $\int_{-1}^{1} f(t)dt \approx \sum_{i=0}^{n} A_i f(t_i)$를 구간 $[a, b]$에서 사용할 수 있다.

$$\int_a^b f(x)dx = \frac{1}{2}(b-a)\int_{-1}^{1} f\left[\frac{1}{2}(b-a)t + \frac{1}{2}(b+a)\right]dt$$

가우스 구적법 공식

이전 논의에서 분할점은 임의의 점이었으나, 실용적인 이유로 적분이 수행되는 구간에 분할점이 속해야 한다. 위대한 수학자인 가우스[Karl Friedrich Gauss(1777-1855)]는 분할점을 특수하게 정함으로써 수치 적분 과정의 정확성이 크게 향상될 수 있음을 발견했다. 다음이 가우스의 놀라운 결과물이다!

1 정리 가우스 구적법 정리

q가 0이 아닌nontrivial $(n+1)$차의 다음과 같은 다항식이라 하자.

$$\int_a^b x^k q(x)dx = 0 \qquad (0 \le k \le n)$$

$x_0, x_1, \cdots, x_n$이 q의 근이라 할 때, x_i들을 분할점으로 갖는 다음 공식은 최대 $(2n+1)$차의 모든 다항식에 대하여 정확하다.

$$\int_a^b f(x)dx \approx \sum_{i=0}^{n} A_i f(x_i)$$

$$(\text{단, } A_i = \int_a^b \ell_i(x)dx,\ \ell_i(x) = \prod_{\substack{j=0 \\ j\ne i}}^{n} \frac{x-x_j}{x_i-x_j}) \qquad (6)$$

또한 분할점들은 열린 구간 (a,b)에 속한다.

증명

(여기서는 첫 번째 주장만 증명한다) f를 $2n+1$ 이하 차수의 다항식이라 하자. f를 q로 나누면 몫 p와 나머지 r을 얻을 수 있고, 이들은 n 이하의 차수를 갖는다.

$$f = pq + r$$

가정에 의하여 $\int_a^b q(x)p(x)dx = 0$이다. 게다가 각각의 x_i가 q의 근이기 때문에 $f(x_i) = p(x_i)q(x_i) + r(x_i) = r(x_i)$이다. 마지막으로 r의 차수가 최대 n이므로 공식 (3)은 $\int_a^b r(x)dx$의 값을 정확하게 준다. 따라서 다음을 얻는다.

$$\int_a^b f(x)dx = \int_a^b p(x)q(x)dx + \int_a^b r(x)dx = \int_a^b r(x)dx$$

$$= \sum_{i=0}^{n} A_i r(x_i) = \sum_{i=0}^{n} A_i f(x_i)$$

요약

임의의 분할점으로 계산했을 때, 식 (6)은 n 이하 차수의 모든 다항식에 대해 정확하다. 가우스 분할점으로 계산했을 때 식 (6)은 $2n+1$ 이하 차수의 모든 다항식에 대해 정확하다.

이 정리를 적용하여 도출한 구적법 공식을 **가우스 공식**Gaussian rules 또는 **가우스-르장드르 구적법 공식**Gauss-Legendre quadrature rules이라 부른다. 각 구간 $[a,b]$ 및 각 n의 값에 대하여 각기 다른 공식이 있다. 또한, 다음과 같은 적분의 근삿값을 구하기 위한 좀 더 일반적인 가우스 공식도 있다.

$$\int_0^\infty f(x)e^{-x}dx,\quad \int_{-1}^1 f(x)(1-x^2)^{1/2}dx,\quad \int_{-\infty}^\infty f(x)e^{-x^2}dx,\quad \cdots$$

우선 그렇게 복잡하지 않은 가우스 공식을 도출해 보자.

예제 2 **3개의 가우스 분할점 및 3개의 가중치를 가지는 다음 적분에 대한 가우스 구적법 공식을 구하라.**

$$\int_{-1}^{1} f(x)\,dx$$

풀이

가우스 구적법 정리에서 언급된 다항식 q를 찾아내어 그 근을 계산해야 한다. q의 차수는 3이므로 다음과 같은 형태를 갖는다.

$$q(x) = c_0 + c_1 x + c_2 x^2 + c_3 x^3$$

3차 다항식의 근 찾기

q가 만족해야 하는 조건은

$$\int_{-1}^{1} q(x)dx = \int_{-1}^{1} xq(x)dx = \int_{-1}^{1} x^2 q(x)dx = 0$$

이다. 만일 $c_0 = c_2 = 0$이라면 $q(x) = c_1 x + c_3 x^3$이다. 따라서 다음이 성립한다.

$$\int_{-1}^{1} q(x)dx = \int_{-1}^{1} x^2 q(x)dx = 0$$

왜냐하면 0을 기준으로 대칭적인 구간에서 짝함수$^{\text{even function}}$의 적분은 0이기 때문이다. c_1과 c_3을 얻기 위하여 다음 조건을 부여한다.

$$\int_{-1}^{1} x(c_1 x + c_3 x^3)dx = 0$$

이 식의 간단한 해는 $c_1 = -3$ 및 $c_3 = 5$이다(이 방정식이 동차^{homogeneous} 방정식이기 때문에 해의 임의의 실수배는 또 다른 해가 된다. 그중 절댓값이 가장 작은 정수해를 취하였다). 따라서 다음을 얻는다.

$$q(x) = 5x^3 - 3x$$

q의 근은 $-\sqrt{3/5}$, 0, $\sqrt{3/5}$이다. 이 근들이 구하려는 구적법 공식의 가우스 분할점이 된다.

가중치 A_0, A_1, A_2를 구하기 위하여 **미정계수법**이라는 과정을 사용해 보자. f가 $ax^2 + bx + c$의 형태일 때, 다음 공식의 근사 기호($\approx$)가 등호 (=)가 되는 A_0, A_1, A_2의 값을 선택하려고 한다.

$$\int_{-1}^{1} f(x)dx \approx A_0 f\left(-\sqrt{\frac{3}{5}}\right) + A_1 f(0) + A_2 f\left(\sqrt{\frac{3}{5}}\right) \quad (7)$$

미정계수법

적분은 선형 과정이므로 식 (7)이 세 개의 단항식 1, x, x^2에 대하여 정확하면, 모든 2차 이하의 다항식에 대해서도 정확하다. 표 형식으로 이 계산을 정리하였다.

f	좌변	우변
1	$\int_{-1}^{1} dx = 2$	$A_0 + A_1 + A_2$
x	$\int_{-1}^{1} x\,dx = 0$	$-\sqrt{\frac{3}{5}}A_0 + \sqrt{\frac{3}{5}}A_2$
x^2	$\int_{-1}^{1} x^2 dx = \frac{2}{3}$	$\frac{3}{5}A_0 + \frac{3}{5}A_2$

A_0, A_1, A_2가 다음 방정식

$$\begin{cases} A_0 + A_1 + A_2 = 2 \\ A_0 \qquad\quad - A_2 = 0 \\ A_0 \qquad\quad + A_2 = 10/9 \end{cases}$$

을 만족할 때, 모든 이차 다항식에 대하여 식 (7)의 좌변은 우변과 같다. 따라서 가중치는 $A_0 = A_2 = \frac{5}{9}$, $A_1 = \frac{8}{9}$이다. 그러므로 최종 공식은 다음과 같다.

$$\int_{-1}^{1} f(x)dx \approx \frac{5}{9}f\left(-\sqrt{\frac{3}{5}}\right) + \frac{8}{9}f(0) + \frac{5}{9}f\left(\sqrt{\frac{3}{5}}\right) \tag{8}$$

이 식은 5차 다항식을 포함한 모든 차수의 다항식을 정확히 적분한다. 예를 들면 $\int_{-1}^{1} x^4 dx = \frac{2}{5}$인데, 위의 공식 역시 이 다항식에 대하여 $\frac{2}{5}$의 값을 준다.

예제 3 **식 (3), (5), (8)을 활용하여 다음 적분을 근사하라.**

$$\int_0^1 e^{-x^2}dx$$

풀이

$a=0$, $b=1$이므로 다음과 같다.

$$\begin{aligned}\int_0^1 f(x)dx &= \frac{1}{2}\int_{-1}^{1} f\left(\frac{1}{2}t + \frac{1}{2}\right)dt \\ &\approx \frac{1}{2}\left[\frac{5}{9}f\left(\frac{1}{2} - \frac{1}{2}\sqrt{\frac{3}{5}}\right) + \frac{8}{9}f\left(\frac{1}{2}\right) + \frac{5}{9}f\left(\frac{1}{2} + \frac{1}{2}\sqrt{\frac{3}{5}}\right)\right]\end{aligned}$$

$f(x) = e^{-x^2}$이라 놓으면

$$\begin{aligned}\int_0^1 e^{-x^2}dx &\approx \frac{5}{18}e^{-0.112701665^2} + \frac{4}{9}e^{-0.5^2} + \frac{5}{18}e^{-0.887298335^2} \\ &\approx 0.746814584\end{aligned}$$

를 얻는다. 실제 해인 $\frac{1}{2}\sqrt{\pi}\,\mathrm{erf}(1) \approx 0.7468241330$과 비교해 보면 계산한 해의 오차가 대략 10^{-5}임을 알 수 있다. 단지 세 번의 함숫값 계산만이 있었음을 고려하면 이는 아주 훌륭한 근삿값이다.

르장드르 다항식

가우스 구적법 공식에 대해 좀 더 말해 보자. 구적법 공식에서 분할점으로 사용될 근들을 가진 특수한 다항식들을 생성하기 위한 특히 효율적인 방법이 있다. 만일 다음 적분

$$\int_{-1}^{1} f(x)dx$$

을 계산하는 문제로 논의를 한정하고 q_n을 표준화하여 $q_n(1)=1$이 되도록 했을 때, 이 다항식들을 **르장드르 다항식**Legendre polynomials이라 부른다. 따라서 르장드르 다항식의 근은 구간 $[-1,1]$에서의 가우스 구적법의 분할점이다. 처음 몇 개의 르장드르 다항식은 다음과 같다.

처음 3개의 르장드르 다항식

$$\begin{aligned} q_0(x) &= 1 \\ q_1(x) &= x \\ q_2(x) &= \frac{3}{2}x^2 - \frac{1}{2} \\ q_3(x) &= \frac{5}{2}x^3 - \frac{3}{2} \\ &\vdots \end{aligned}$$

이 식들은 다음의 3항 점화식에 의해 생성될 수 있다.

점화식

$$q_n(x) = \left(\frac{2n-1}{n}\right) x q_{n-1}(x) - \left(\frac{n-1}{n}\right) q_{n-2}(x) \qquad (n \ge 2) \tag{9}$$

새로운 아이디어 없이도 다음과 같은 형태의 적분을 다룰 수 있다.

$$\int_a^b f(x)w(x)dx$$

여기서 $w(x)$는 (a,b)에서 양수 값을 가지는 고정된 함수여야 하며, 적분 $\int_a^b x^n w(x)dx$가 $n=0,\ 1,\ 2,\cdots$에 대하여 존재해야 한다. 구간 $[-1,1]$에서의 중요한 예는 다음과 같다.

$$w(x) = (1-x^2)^{-1/2}, \quad w(x) = (1-x^2)^{1/2}$$

이에 대응하는 정리를 살펴보자.

2 정리 가중치가 있는 가우스 구적법 정리

q는 0이 아닌 $(n+1)$차의 다항식으로 다음을 만족한다고 하자.

$$\int_a^b x^k q(x)w(x)dx = 0 \qquad (0 \leq k \leq n)$$

$x_0, x_1, \cdots, x_n$을 q의 근이라 하면, 이 공식은 다음과 같다.

$$\int_a^b f(x)w(x)dx \approx \sum_{i=0}^{n} A_i f(x_i)$$

여기서

$$\ell_i(x) = \prod_{\substack{j=0 \\ j \neq i}}^{n} \frac{x - x_j}{x_i - x_j} \quad \text{및} \quad A_i = \int_a^b \ell_i(x)w(x)dx$$

이다. 이때 f가 최대 $(2n+1)$차 이하의 다항식이면 위 식은 정확하다.

가우스 구적법의 분할점과 가중치

다음 가우스 구적법 공식

$$\int_{-1}^{1} f(x)dx \approx \sum_{i=0}^{n} A_i f(x_i)$$

에서의 여러 n값에 대한 분할점과 가중치가 [표 5.1]에 주어져 있다. 이러한 분할점과 가중치는 대부분 무리수이므로 손으로 하는 직접 계산에서는 정수와 유리수만을 포함하는 간단한 공식만큼 많이 활용되지는 않는다. 그러나 컴퓨터 프로그램에서는 적분 공식이 우아한 형태인지의 여부는 중요하지 않다.

보통 가우스 구적법 공식은 더 적은 횟수의 함수 계산으로 더 높은 정확도의 결과를 준다. 어떤 구적법 공식을 선택할 것인지는 고려해야 할 상황에 따라 다르며, 독자들은 이러한 지침에 대하여 더 상세한 참고 도서들을 참조해야 한다.

[표 5.1] 가우스 구적법의 분할점과 가중치

n	분할점 x_i	가중치 A_i
1	$-\sqrt{\frac{1}{3}}$	1
	$+\sqrt{\frac{1}{3}}$	1
2	$-\sqrt{\frac{3}{5}}$	$\frac{5}{9}$
	0	$\frac{8}{9}$
	$+\sqrt{\frac{3}{5}}$	$\frac{5}{9}$

n	분할점 x_i	가중치 A_i
3	$-\sqrt{\frac{1}{7}(3-4\sqrt{0.3})}$	$\frac{1}{2}+\frac{1}{12}\sqrt{\frac{10}{3}}$
	$-\sqrt{\frac{1}{7}(3+4\sqrt{0.3})}$	$\frac{1}{2}-\frac{1}{12}\sqrt{\frac{10}{3}}$
	$+\sqrt{\frac{1}{7}(3-4\sqrt{0.3})}$	$\frac{1}{2}+\frac{1}{12}\sqrt{\frac{10}{3}}$
	$+\sqrt{\frac{1}{7}(3+4\sqrt{0.3})}$	$\frac{1}{2}-\frac{1}{12}\sqrt{\frac{10}{3}}$
4	$-\sqrt{\frac{1}{9}\left(5-2\sqrt{\frac{10}{7}}\right)}$	$0.3\left(\frac{-0.7+5\sqrt{0.7}}{-2+5\sqrt{0.7}}\right)$
	$-\sqrt{\frac{1}{9}\left(5+2\sqrt{\frac{10}{7}}\right)}$	$0.3\left(\frac{0.7+5\sqrt{0.7}}{2+5\sqrt{0.7}}\right)$
	0	$\frac{128}{225}$
	$+\sqrt{\frac{1}{9}\left(5-2\sqrt{\frac{10}{7}}\right)}$	$0.3\left(\frac{-0.7+5\sqrt{0.7}}{-2+5\sqrt{0.7}}\right)$
	$+\sqrt{\frac{1}{9}\left(5+2\sqrt{\frac{10}{7}}\right)}$	$0.3\left(\frac{0.7+5\sqrt{0.7}}{2+5\sqrt{0.7}}\right)$

특이점을 포함한 적분

만일 적분 구간이 유한하지 않거나 피적분 함수가 유한하지 않을 때 적분에 대한 정확한 근삿값을 얻기 위해서는 반드시 특별한 절차가 필요하다.

피적분 함수의 특이점을 다루기 위한 한 가지 접근법은 특이점을 제거하기 위해 변수를 치환한 다음 표준적인 근사 방법을 사용하는 것이다. 예를 들어 $x=t^2$을 사용하여 다음과 같이 적분식을 변형할 수 있다.

특이점 제거

$$\int_0^1 \frac{dx}{e^x\sqrt{x}} = 2\int_0^1 \frac{dt}{e^{t^2}}$$

$$\int_0^{\pi/2} \frac{\cos x}{\sqrt{x}}dx = 2\int_0^{\sqrt{\pi/2}} \cos t^2\, dt$$

다른 유용한 변환으로 다음과 같은 식들을 생각해 볼 수 있다.

$$x=-\log t,\ x=t/(1-t),\ x=\tan t,\ x=\sqrt{(1+t)/(1-t)}$$

가우스 공식이 강점을 보이는 중요한 경우가 바로 구간의 한쪽 끝에서 무한대가 되는 함수를 적분할 때이다. 이러한 강점은 가우스 구적법에서의 분할점이 항상 구간의 내부 점이라는 사실에서 나온다. 예를 들어 다음 적분

특이점을 포함한 적분

$$\int_0^1 \frac{\sin x}{x}dx$$

를 계산할 때, 가우스 공식에서는 $x=0$에서의 함숫값이 요구되지 않으므로 유사코드의 선언문 $y \leftarrow \frac{\sin x}{x}$를 안전하게 사용할 수 있다. 더 어려운 적분인

$$\int_0^1 \frac{\sqrt[3]{x^2-1}}{\sqrt{\sin(e^x-1)}}dx$$

도 0에서의 특이점의 존재에도 불구하고 가우스 공식을 사용하여 직접 계산할 수 있다. 물론 우리는 특이점이 존재하더라도 유한하며 잘 정의되는 적분만을 언급하고 있다. 전형적인 경우로 다음과 같은 예를 들 수 있다.

$$\int_0^1 \frac{dx}{\sqrt{x}}$$

5.4 요약

- **분할점(노드)** x_i 및 **가중치** A_i가 포함된 **가우스 구적법 공식**은 다음의 형태이다.

$$\int_a^b f(x)dx \approx \sum_{i=0}^{n} A_i f(x_i)$$

여기서 가중치는 $A_i = \int_a^b \ell_i(x)dx,\ \ell_i(x) = \prod_{\substack{j=0\\ j\neq i}}^{n}\left(\frac{x-x_j}{x_i-x_j}\right)$이다. 만일 q가 0이 아닌 $(n+1)$차 다항식으로 $\int_a^b x^k q(x)dx = 0$ $(0 \le k \le n)$이면 분할점 $x_0, x_1, \cdots, x_n$은 q의 근이다. 또한 분할점들은 열린 구간 (a, b)에 있다. 이 공식은 $(2n+1)$차 이하의 모든 다항식에 대해 정확하다.

- 구간을 $[c, d]$에서 $[a, b]$로 바꾸기 위하여 변환 $x = \lambda(t) = \left(\frac{b-a}{d-c}\right)t + \left(\frac{ad-bc}{d-c}\right)$를 사용한다. 수치 적분 공식 $\int_c^d f(t)dt \approx \sum_{i=0}^{n} A_i f(t_i)$는 다음과 같이 변형된다.

$$\int_a^b f(x)dx \approx \left(\frac{b-a}{d-c}\right)\sum_{i=0}^{n} A_i f(\lambda(t_i))$$

따라서 구간 $[c, d]$에서 $[a, b]$로 적분 공식을 변형할 때, 다음 공식을 사용한다.

$$\int_a^b f(x)dx \approx \left(\frac{b-a}{d-c}\right)\sum_{i=0}^{n} A_i f\left(\left(\frac{b-a}{d-c}\right)x_i + \left(\frac{ad-bc}{d-c}\right)\right)$$

- 대표적인 가우스 적분 공식은 다음과 같다.

$$\int_{-1}^{1} f(x)dx \approx f\left(-\frac{1}{\sqrt{3}}\right) + f\left(\frac{1}{\sqrt{3}}\right)$$

$$\int_{-1}^{1} f(x)dx \approx \frac{5}{9}f\left(-\sqrt{\frac{3}{5}}\right) + \frac{8}{9}f(0) + \frac{5}{9}f\left(\sqrt{\frac{3}{5}}\right)$$

- **가중치가 부여된 가우스 구적법**은 다음의 형태이다.

$$\int_a^b f(x)w(x)dx \approx \sum_{i=0}^{n} A_i f(x_i)$$

여기서 가중치는 $A_i = \int_a^b \ell_i(x)w(x)dx$이다. 만일 q가 0이 아닌 $(n+1)$차의 다항식으로 다음 $\int_a^b x^k q(x)w(x)dx = 0 (0 \le k \le n)$을 만족할 때, 분할점 $x_0, x_1, \cdots, x_n$은 q의 근이다. 이 공식은 f가 $(2n+1)$차 이하의 모든 다항식일 때 정확하다.

- 만일 구간 $[-1, 1]$에서 다음과 같은 기본 수치 적분 공식이 있다면

$$\int_{-1}^{1} f(t)dt \approx \sum_{i=0}^{m} A_i f(t_i)$$

이는 변수 치환을 통해 임의의 구간 $[c, d]$에서도 사용될 수 있다. 구간을 $[c, d]$로 바꾸기 위하여 변수를 $x = \beta t + \alpha$로 쓴다. 여기서 $\alpha = \frac{1}{2}(c+d)$, $\beta = \frac{1}{2}(d-c)$이다. $t=-1$이면 $x=c$, $t=1$이면 $x=d$임을 주목하라. 또한 $dx = \beta dt$를 활용한다. 이 변환식들을 이용하면 다음 공식을 얻을 수 있다.

$$\int_c^d f(x)dx = \beta\int_{-1}^1 f(\beta t+\alpha)dt \approx \beta\sum_{i=0}^m A_i f(\beta t_i+\alpha)$$

만일 기본 공식을 $\frac{n}{2}$번 적용하는 구간 $[a, b]$에 대한 복합 공식을 찾고 싶다면 다음의 식 $\int_a^b f(x)dx = \sum_{j=1}^{n/2}\int_{x_{2(j-1)}}^{x_{2j}} f(x)dx$를 이용하여 다음과 같이 결정한다.

$$\int_a^b f(x)dx \approx h\sum_{j=1}^{n/2}\sum_{i=0}^m A_i f[ht_i+t_{2j-1}]$$ [18]

여기서 $h = t_{2j}-t_{2j-1} = t_{2j-1}-t_{2j-2}$이다.

5.4 연습문제

01 구간 $[-1, 1]$에 대한 가우스 구적법 공식은 적절한 선형 변환을 적용함으로써 구간 $[a, b]$에서 사용될 수 있다. 다음 적분 $\int_0^2 e^{-x^2}dx$을 [표 5.1]에서 $n=1$일 때의 변환 공식을 사용하여 계산하라.

02 n의 값이 다음과 같은 경우에 [표 5.1]을 활용하여 가우스 구적법 공식이 다항식 $1, x, x^2, \cdots, x^{2n+1}$에 대하여 정확하다는 것을 직접 보여라.

(a) $n=1$　　(b) $n=3$

(c) $n=4$

03 공식 (8)은 얼마나 높은 차수의 다항식까지 정확한가? 식이 만족되지 않을 때까지 미정계수법을 계속 사용하여 여러분의 답을 입증하라.

04 다음의 n 각각에 대하여 구간 $[-1, 1]$에서의 가우스 구적법 공식을 유도하기 위해 q_n의 근을 찾고, 미정계수법을 사용함으로써 [표 5.1]의 각 부분을 증명하라.

(a) $n=1$　　(b) $n=3$

(c) $n=4$

05 모든 2차 이하의 다항식에 대하여 정확한 값을 주는 다음 형태의 공식을 만들어라. 즉 α, β, γ의 값을 구하라.

$$\int_{-1}^1 f(x)dx \approx \alpha f\left(-\frac{1}{2}\right)+\beta f(0)+\gamma f\left(\frac{1}{2}\right)$$

힌트 : 1, x, x^2에 대하여 이 관계식을 정확하게 하고 그 결과 도출되는 방정식의 근을 찾아라. 만약 이 공식이 앞의 세 개의 다항식에 대하여 정확하다면, 이 공식은 모든 2차 이하의 다항식에 대하여 정확하다.

06 가능한 한 높은 차수의 다항식들에 대하여 정확한 값을 주도록 다음과 같은 형태의 수치 적분 공식을 만들어라.

$$\int_a^b f(x)dx \approx Af(a)+Bf'(b)$$

07 $\int_a^{a+h} f(x)dx$를 함숫값 계산 $f(a)$, $f(a+h)$, $f(a+2h)$로 나타내는 공식을 유도하라. 단, 이 공식은 가능한 한 높은 차수의 다항식들에 대하여 정확한 값을 줄 수 있어야 한다.

힌트 : 다항식 1, $x-a$, $(x-a)^2$ 등을 사용하라.

08 가능한 한 높은 차수의 다항식들에 대하여 정확하도록 다음과 같은 형태의 수치 적분 공식을 유도하라.

$$\int_a^b f(x)dx \approx w_0 f(a)+w_1 f(b)+w_2 f'(a)+w_3 f'(b)$$

---

18 (옮긴이) 주어진 적분 공식을 임의의 구간으로 바꾼다는 점에서 중요한 식이고 그 자세한 유도 과정은 다음과 같다.

$$\begin{aligned}\int_a^b f(x)dx &= \sum_{j=1}^{n/2}\int_{x_{2(j-1)}}^{x_{2j}} f(x)dx = \sum_{j=1}^{n/2}\beta_j\int_{-1}^1 f(\beta_j t+\alpha_j)dt \\ &\approx \sum_{j=1}^{n/2}\beta_j\left[\sum_{i=0}^m A_i f(\beta_j t_i+\alpha_j)\right] = h\sum_{j=1}^{n/2}\sum_{i=0}^m A_i f(ht_i+t_{2j-1})\end{aligned}$$

여기서 등간격의 분할점을 가정하였고, $\beta_j = \frac{1}{2}(x_{2j}-x_{2j-2}) = h$, $\alpha_j = \frac{1}{2}(x_{2j-2}+x_{2j}) = x_{2j-1}$을 사용하였다.

09 가능한 한 높은 차수의 다항식들에 대하여 정확하도록 다음과 같은 형태의 가우스 구적법 공식을 유도하라. 즉 α, a, b, c의 값을 구하라.

$$\int_{-1}^{1} f(x)x^2 dx \approx af(-\alpha)+bf(0)+cf(\alpha)$$

10 가능한 한 높은 차수의 다항식들에 대하여 정확하도록 다음과 같은 형태의 식을 유도하라.

$$\int_{0}^{h} f(x)dx \approx w_0 f(0)+w_1 f(h)+w_2 f''(0)+w_3 f''(h)$$

11 동일한 간격 h로 떨어져 있는 점 x_{n-1}, x_n, x_{n+1}에 대한 다음과 같은 형태의 수치 적분 식을 유도하라(단, 이 공식은 가능한 한 높은 차수의 다항식들에 대하여 정확한 값을 주어야 한다).

$$\int_{x_{n-1}}^{x_{n+1}} f(x)dx \approx Af(x_n)+Bf'(x_{n-1})+Cf''(x_{n+1})$$

힌트 : 다음을 생각하라.

$$\int_{-h}^{h} f(x)dx \approx Af(0)+Bf'(-h)+Cf''(h)$$

12 미정계수법을 사용하여 다음과 같은 형태를 갖는 수치적분 식을 유도하라. 즉 이 공식은 2차 이하의 모든 다항식에 대하여 정확하다. 그러면 이 공식은 2차보다 높은 차수의 다항식에도 정확한가?

$$\int_{-2}^{+2} |x| f(x)dx \approx Af(-1)+Bf(0)+Cf(1)$$

13 다음과 같은 형태의 공식이 가능한 한 높은 차수의 다항식들에 대하여 정확하도록 A, B, C, D의 값을 구하라.

$$Af(-h)+Bf(0)+Cf(h)=hDf'(h)+\int_{-h}^{h} f(x)dt$$

14 다음 수치 적분 공식은 모든 n차 이하의 다항식에 대하여 정확하다. 이 주장이 참이 되기 위한 가장 큰 n의 값을 구하라.

$$\int_{0}^{3h} f(x)dx \approx \frac{3h}{8}[f(0)+3f(h)+3f(2h)+f(3h)]$$

15 (**애덤스-배쉬포스-몰튼 공식**) 다음 수치 적분 공식들이 3차 다항식에 대하여 정확함을 입증하라.

(a) $$\int_{t}^{t+h} g(s)ds \approx \frac{h}{24}[55g(t)-59g(t-h) +37g(t-2h)-9g(t-3h)]$$

(b) $$\int_{t}^{t+h} g(s)ds \approx \frac{h}{24}[9g(t+h)+19g(t) -5g(t-h)+g(t-2h)]$$

참고 : 이 두 공식들은 2개의 피적분 함수 g를 4.1절의 2개의 보간 다항식(각각 노드 $(t, t-h, t-2h, t-3h)$ 및 노드 $(t+h, t, t-h, t-2h)$를 사용한다)으로 대체해서도 얻을 수 있다.

16 구적법 공식이 다음과 같은 형태로 주어져 있다고 하자. 적분 $\int_0^1 f(x)dx$에 대응하는 공식은 무엇일까?

$$\int_{-1}^{1} f(x)dx \approx \sum_{i=1}^{n} w_i f(x_i)$$

17 [표 5.1]의 규칙을 사용하여 $\int_a^b f(x)dx$ 형태의 적분을 근사하기 위한 일반적인 법칙을 구하라.

5.4 컴퓨터 연습문제

01 공식 (8)을 사용하여 적분 $\int_a^b f(x)dx$를 계산하는 프로그램을 작성하라.

02 앞 컴퓨터 연습문제와 동일한 프로그램을 사용하여 다음 적분의 근삿값을 계산하라.

(a) $\int_0^1 dx/\sqrt{x}$ (b) $\int_0^2 e^{-\cos^2 x} dx$

03 가우스 구적법 공식 (8)을 적절히 수정하여 $\int_0^1 x^{-1}\sin x\, dx$를 계산하라.

04 $\int_a^b f(x)dx$를 계산하는 프로시저를 작성하라. 우선 해당 구간을 등간격인 n개의 부분구간들로 나눈 후, n개의 서로 다른 부분구간들에 적용할 수 있도록 수정한 3개의 점에 가우스 구적법 공식을 사용한다. 함수 f와 정수 n의 값은 프로시저에 주어질 것이다.

05 앞의 컴퓨터 문제에서 작성한 프로시저들을 다음 예제들에 테스트하라.

(a) $\int_0^1 x^5 dx \qquad (n=1, 2, 10)$

(b) $\int_0^1 x^{-1}\sin x\, dx \qquad (n=1, 2, 3, 4)$

06 복합 사다리꼴 공식, 복합 중점 공식, 복합 2점 가우스 구적법 공식, 복합 심프슨 $\frac{1}{3}$ 공식을 각각 사용하여 다음 적분을 근사하고 그 결과를 비교하라(단, 각 기초 공식을 32번 적용하라).

$$\int_0^{2\pi} e^{-x}\cos x\, dx \approx 0.499066278634$$

07 다음 적분을 근사하기 위한 **적응적 2개 점 가우스 적분** 프로시저를 코딩하고 테스트하라.

$$\int_1^3 100x^{-1}\sin(10x^{-1})dx \approx -18.79829\,68367\,8703$$

배정밀도를 적용하여 다음의 세 가지 프로시저를 작성하라. 이 절차에서 각 부분구간에 대한 근삿값이 받아들여질 수 있는 각 부분구간과 깊이가 어떻게 선택되는지를 출력하라. 단, 최대 깊이에서 총 부분구간의 개수가 100개를 넘지 않도록 하고 허용오차가 10^{-7}보다 작아졌을 때 부분구간 나누기를 중단한다.

(a) 2점 가우스 구적법

procedure ***Gauss(f, a, b)***

(b) 변수 *sum*과 *depth*를 0으로 초기화하고, (c)의 프로시저를 호출하는 비재귀적 2점 가우스 구적법

procedure ***Adaptive_Initial(f, a, b)***

(c) 재귀적 2점 가우스 구적법

recursive procedure ***Adaptive(f, sum, a, b, depth)***

이 프로시저는 최대 깊이가 초과되었는지의 여부를 확인하기 위한 절차이다. 만일 초과되었다면 에러 메시지를 출력하고 프로그램을 중단한다. 반면 초과되지 않았다면 계속 구간 $[a, b]$를 절반으로 나누고, 프로시저 *Gauss*를 좌측, 우측의 부분구간 및 전체 구간에 대해 호출하여, 허용 오차 테스트를 통과하는지 확인한다. 이 테스트를 통과한다면 이 프로시저는 전체 구간에 대한 근삿값을 변수 *sum*에 추가한다. 반대로 통과하지 못한다면 *depth* 변수의 값을 증가시키며 재귀적 프로시저 *Adaptive*를 좌측 및 우측의 부분구간에 대해 호출한다. 허용 오차 테스트는 전체 구간에 대한 근삿값과 좌측 및 우측 부분구간에 대한 근삿값의 합 간의 차의 절댓값이 변수 *tolerance* 보다 작은지를 확인한다.

08 이 장에서 언급된 적분들과 다음 적분들의 값을 계산하라. 계산된 결과가 정확한지를 판단하기 위하여 MATLAB, Maple, Mathematica 중 두 개의 서로 다른 프로그램을 사용하여 이 계산을 수행하라.

(a) $\int_0^1 \frac{dx}{\sqrt{\sin x}}$ (b) $\int_0^\infty e^{-x^3}dx$

(c) $\int_0^1 x|\sin(1/x)|dx$

09 적분 $\int_0^1 x|\sin(1/x)|dx$를 계산하기 위한 또 다른 접근법은 변수 치환이다. 주어진 적분을 $\int_1^\infty [|\sin(t)|/t^3]dt$로 변형한 후 이를 1부터 π까지, π부터 2π까지 또는 $k=1, 2, 3, \cdots$에 대하여 $2k\pi$부터 $2(k+1)\pi$까지의 적분의 합으로 표현한다. 소수점 아래 12자리의 정확도를 얻기 위하여 k의 값이 112,536이 될 때까지 계산한다. 적분의 각 부분들을 작은 것부터 큰 것의 순서로 합쳐야 반올림 오차가 줄어들 것이다. 10,000번의 단계를 거치면 기계 시간으로 몇분이 소요될 것이나 오차는 절대로 소수점 아래 두 자리 이상이 되어서는 안 된다. 첫 두 항의 적분은 루프 밖에서 계산되어야 하며 마지막에 최종 합에 더해져야 한다. MATLAB 프로그램 **quad** 를 사용하여 원래의 적분을 계산하고 이 대안적인 접근법을 프로그래밍하라.

10 가우스 구적법 공식을 사용하여 다음 경우들을 테스트하라. 이 문제들은 적분 구간의 한 끝점에 특이점이 있는 경우이다. 이 적분들은 가우스 구적법을 활용하면 수치적으로 계산될 수 있다. 알려진 값들을 참조하여 이 과정을 테스트하라.

(a) $\int_0^1 \frac{\log(1-x)}{x}dx = -\frac{\pi^2}{6}$

(b) $\int_0^1 \frac{\log(1+x)}{x}dx = \frac{\pi^2}{12}$

(c) $\int_0^1 \frac{\log(1+x^2)}{x}dx = \frac{\pi^2}{24}$

11 $\int_a^b f(x)dx$를 계산하려고 한다. 구간 $[a, b]$를 등간격 $h=\frac{(b-a)}{n}$를 가진 n개의 부분구간들로 나눈다. 이때 n은 짝수이다. 분할점(노드)들을 $0 \le i \le n$에 대하여 $x_i = a+ih$라 하고 다음의 수치 적분 공식들을 생각하자. $n=120$으로 각 공식을 사용하여 적분 $\int_0^{2\pi}[\cos(2x)/e^x]dx$에 대한 수치 근삿값을 얻기 위한 컴퓨터 프로그램을 작성하고 실행하라. 배정밀도로 계산된 참값 $\frac{1}{5}(1-e^{-2\pi})$을 사용하여 이 결과들에 대한 절대오차를 계산하라.

(a) 복합 사다리꼴 공식

$$\int_a^b f(x)dx \approx \frac{1}{2}h[f(a)+f(b)]+h\sum_{i=1}^{n-1} f(x_i)$$

(b) (n이 짝수일 때의) 복합 심프슨 $\frac{1}{3}$ 공식

$$\int_a^b f(x)dx \approx \frac{1}{3}h[f(a)+f(b)]+\frac{4}{3}hf(b-h)$$

$$+\frac{2}{3}h\sum_{i=1}^{\frac{1}{2}n-1}[2f(x_{2i-1})+f(x_{2i})]$$

(c) (n이 짝수일 때의) 복합 가우스 3점 공식

$$\int_a^b f(x)dx \approx h\sum_{i=1}^{n/2}\left[\frac{5}{9}f\left(x_{2i-1}-h\sqrt{\frac{3}{5}}\right)+\frac{8}{9}f(x_{2i-1})\right.$$

$$\left.+\frac{5}{9}f\left(x_{2i-1}+h\sqrt{\frac{3}{5}}\right)\right]$$

12 앞의 컴퓨터 연습문제를 [표 5.1]의 공식 중 일부를 사용하여 반복하고 그 결과들을 비교하라.

13 (학생 연구 과제) 실용적인 관점에서 클렌쇼우Clenshaw와 커티스Curtis[1960], 크론로드Kronrod[1964] 및 패터슨Patterson[1968]의 이름과 관련된 수치 적분에 대해 몇몇 새로운 알고리즘들을 조사하라. 이들 중 마지막 2개는 크론로드 점들에서의 결과를 계산하고 재사용하는 방식에 기반하여 오차 추정값을 제공하는 적응적 가우스 구적법이다.

14 다음 적분을 생각하자. 이 피적분 함수는 구간 $[-1, 1]$의 양 끝점에서 특이점을 가지므로 닫힌 공식이 사용될 수 없다.

$$\int_{-1}^{1}\frac{1}{\sqrt{1-x^2}}dx$$

[표 5.1]의 가우스 구적법 공식 중 일부 열린 공식을 적용한다. 그 수치 결과들을 참값인 $\int_{-1}^{1}(1-x^2)^{-1/2}dx = \arcsin x|_{-1}^{1} = \pi$와 비교하고 설명하라.

15 수치 적분을 활용하여 다음 각각의 추정값들에 대해 입증하거나 반박하라.

(a) $\int_0^1 \frac{4}{1+x^2}dx = \pi$

(b) $\int_0^1 \sqrt{x}\log(x)dx = -\frac{4}{9}$

(c) $\int_0^1 \sqrt{x^3}\,dx = \frac{2}{5}$

(d) $\int_0^1 \frac{1}{1+10x^2}dx = \frac{4}{5}$

(e) $\int_{-9}^{100} \frac{1}{\sqrt{|x|}}dx = 26$

(f) $\int_0^{10} 25e^{-25x}dx = 1$

(g) $\int_0^1 \log(x)dx = -1$

6장 스플라인 함수

Spline Functions

에어포일airfoil 1은 풍동wind tunnel 실험을 통해 시행착오를 거쳐 원하는 특성을 가지게끔 만들어진다. 이렇게 만들어진 에어포일의 단면은 좌표 용지에 하나의 곡선으로 그려진다([그림 6.1] 참조). 에어포일을 분석적인 방법으로 연구하거나 제작하기 위해서는 이 곡선을 나타내는 관계식을 반드시 알아야 한다. 그러한 식을 얻기 위해 우선 곡선 위의 유한한 점의 집합을 얻는다. 그런 다음 **삼차 보간 스플라인**cubic interpolation spline이라고 부르는 부드러운 곡선을 이 데이터 점들과 일치하도록 구성한다. 이 장에서는 일반적인 다항식 스플라인 함수에 대해서 논의할 것이다. 또 방금 소개했던 데이터 피팅data-fitting 문제와 같은 다양한 수치 문제에 스플라인 함수가 어떻게 사용되는지에 대해서도 살펴볼 것이다.

1 (옮긴이) 에어포일은 양력을 최대화하고 항력을 최소화하도록 효율적으로 만든 유선형의 날개 단면을 말한다.

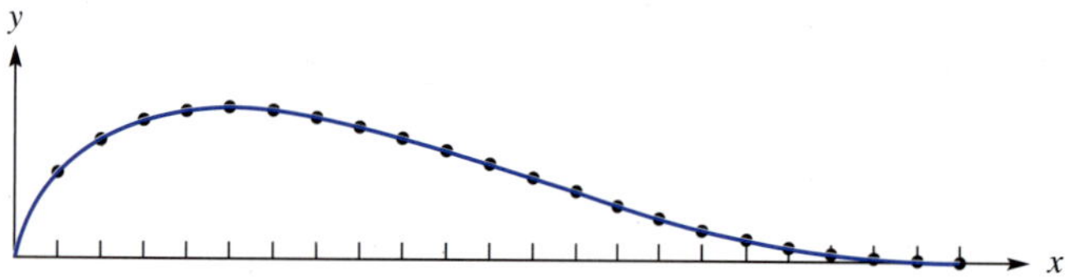

[그림 6.1] 에어포일의 단면

6.1 1차 및 2차 스플라인

스플라인의 역사 개요

스플라인 함수의 역사는 제도공들의 작업에 그 뿌리를 두고 있다. 제도공들은 종종 도면에서 여러 점들 사이를 부드럽게 회전하는 곡선을 그려야 했다. 이 과정을 **페어링**fairing이라고 부르는데, 이는 **곡선자**French curve와 같은 임시 기구를 통해 수행할 수 있다. 플라스틱으로 제작되는 곡선자는 제도공들이 선택할 수 있도록 다양한 곡률의 수많은 곡선들을 제공한다. 긴 목재 막대도 종종 사용되었다. 이 목재 막대들은 제도공의 테이블에 놓인 추에 부착되어 있으며 이 추에 의해 막대가 **제어점**control point을 통과하게 된다. 1891년이라는 이른 시기 그 추는 **덕**duck이라 불렸고, 목재 막대는 **스플라인**spline이라 불렸다. 목재 막대의 탄성으로는 막대가 조금밖에 안 구부러졌기 때문에 막대는 여전히 제어점을 지났다. 사실상 그 목재는 미분방정식의 해에 따라 변형 에너지를 최소화한 것이다. 이 미분방정식의 해는 단순한 곡률 함수로 알려져 있다. 이 곡선들에 관한 수학적 이론은 초기 연구자들 특히 1940년대와 1950년대의 아이작 쇤베르크Isaac Schoenberg과 같은 이들에게 많은 영향을 주었다. 이 주제의 초기 발전(1964년)에 관련된 또 다른 중요한 이름들은 개릿 버코프Garrett Birkhoff와 칼 드 부어C.de Boor, 알버그J.H.Ahlberg, 닐슨E.N.Nilson, 가라베디안H.Garabedian, 존슨R.S.Johnson, 랜디스F.Landis, 휘트니A.Whitney, 월시J.L.Walsh, 홀라데이J.C.Holladay이다. 스플라인 이론의 체계적인 논리를 제시한 첫 번째 책은 알버그, 닐슨, 월시에 의해 발표되었다(1967년).

1차 스플라인

스플라인 함수spline function는 어떤 매끄러운smoothness 조건을 가진 다항식의 조각들로 이루어진 함수이다. 간단한 예가 **다변형**polygonal 함수(또는 1차 스플라인)인데, 이는 [그림 6.2]와 같이 각 조각들이 연속성을 갖고 서로 연결되는 선형 다항식이다. 스플라인 이론에서는 함수의 성질이 바뀌는 점인 $t_0, t_1, \cdots, t_n$을 **절점**knot이라 지칭한다. 따라서 [그림 6.2]의 스플라인 함수는 8개의 절점을 가지고 있다.

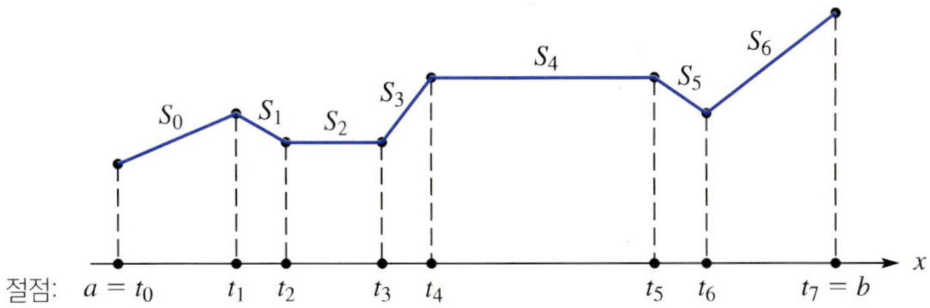

[그림 6.2] 1차 스플라인 함수

이러한 함수를 정확한 수학적 용어로 정의해 보면 그 표현은 다소 복잡하게 나타난다. 우리는 다음과 같이 나타낼 수밖에 없다.

$$S(x) = \begin{cases} S_0(x), & x \in [t_0, t_1] \\ S_1(x), & x \in [t_1, t_2] \\ \vdots & \vdots \\ S_{n-1}(x), & x \in [t_{n-1}, t_n] \end{cases} \tag{1}$$

$S(x)$ 구간별 선형

여기서

$$S_i(x) = a_i x + b_i \tag{2}$$

인데, 이는 $S(x)$의 각 조각이 선형 다항식이기 때문이다. 이러한 함수 $S(x)$를 **구간별 선형**piecewise linear 함수라고 한다. 만약 절점 $t_0, t_1, \cdots, t_n$들이 주어져 있고, 계수들 $a_0, b_0, a_1, b_1, \cdots, a_{n-1}, b_{n-1}$이 모두 알려져 있다면 특정 x에서의 함숫값 $S(x)$는 우선 x를 포함한 구간을 결정한 후에 그 구간에서의 적절한 선형 함수를 사용해서 구할 수 있다.

식 (1)에서 정의한 함수 S가 연속이면 이 함수를 **1차 스플라인**first-degree spline이라고 부른다. 이는 다음의 3가지 성질을 통해 특징지어진다.

1차 스플라인

> **1 정의 1차 스플라인**
>
> 다음을 만족하는 함수 S를 **1차 스플라인**이라고 부른다.
>
> 1. S의 정의역은 구간 $[a, b]$이다.
> 2. S는 $[a, b]$에서 연속이다.
> 3. 각 부분구간 $[t_i, t_{i+1}]$에서 S가 선형 다항식임을 만족하는 구간의 분할 $a = t_0 < t_1 < \cdots < t_n = b$가 존재한다.

일반적으로 구간 $[a, b]$의 외부에서 $S(x)$는 a의 왼쪽 영역에서는 가장 왼쪽의 부분구간 $[t_0, t_1]$의 함수로 정의하고, b의 오른쪽 영역에서는 가장 오른쪽의 부분구간 $[t_{n-1}, t_n]$의 함수로 정의한다. 즉 $x < a$일 때 $S(x) = S_0(x)$, $x > b$일 때 $S(x) = S_{n-1}(x)$이다.

점 s에서 함수 f의 **연속**continuity은 다음의 조건으로 정의한다.

$$\lim_{x\to s^+} f(x) = f(s) = \lim_{x\to s^-} f(x)$$

연속 조건

여기서 $\lim_{x\to s^+}$는 x가 s보다 큰 값으로부터 s로 수렴할 때의 값을 극한값으로 택하겠다는 말이다. 이때 $(x-s)$는 모든 x값에 대해서 양수이다. 비슷하게 $\lim_{x\to s^-}$는 x가 s보다 작은 값으로부터 s로 수렴할 때의 값을 극한값으로 택하겠다는 의미이다.

예제 1 주어진 함수가 1차 스플라인 함수인지 아닌지를 결정하라.

$$S(x) = \begin{cases} x, & x \in [-1, 0] \\ 1-x, & x \in (0, 1) \\ 2x-2, & x \in [1, 2] \end{cases}$$

풀이

이 함수는 명백하게 구간별로 선형적이지만 1차 스플라인은 아니다. 왜냐하면 $x=0$에서의 불연속성 때문이다. $\lim_{x\to 0^+} S(x) = \lim_{x\to 0} (1-x) = 1$이지만 $\lim_{x\to 0^-} S(x) = \lim_{x\to 0} x = 0$임을 주목하라.

1차 스플라인 함수는 보간에도 사용될 수 있다. 다음의 함숫값 표가 주어졌다고 가정하자.

보간하는 스플라인

x	t_0	t_1	$\cdots$	t_n
y	y_0	y_1	$\cdots$	y_n

$t_0 < t_1 < \cdots < t_n$이라고 가정해도 일반화에 전혀 손실이 없다. 이는 그 순서가 단지 절점들을 표시하는 문제이기 때문이다.

이 표는 평면에서 $(n+1)$개의 점들의 세트 $(t_0, y_0), (t_1, y_1), \cdots, (t_n, y_n)$을 나타내며, 이 점들은 서로 다른 x좌표를 가지고 있다. 따라서 우리는 수직 부분segment을 그리지 않은 채로 이 점들을 지나는 다변형 직선을 그릴 수 있다. 이 다변형 직선이 함수의 그래프이며 이 함수는 명백히 1차 스플라인이다. 이 그래프를 구성하는 각각의 선분의 식은 무엇인가?

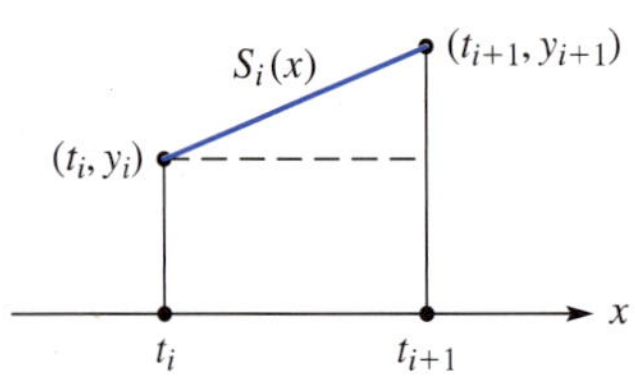

[그림 6.3] 1차 스플라인 부분 : 선형 $S_i(x)$

[그림 6.3]을 참조하여 직선의 점-기울기 형태를 사용하면 구간 $[t_i, t_{i+1}]$에서 다음을 얻는다.

$$S_i(x) = y_i + m_i(x - t_i) \tag{3}$$

스플라인 부분

여기서 m_i는 직선의 기울기이며 이 기울기는 다음의 식으로 주어진다.

$$m_i = \frac{y_{i+1} - y_i}{t_{i+1} - t_i}$$

우리가 만든 함수 S가 $2n$개의 변수를 가지고 있음을 주목하자. 바로 식 (2)에서 n개의 계수 a_i와 n개의 상수 b_i이다. 한편 정확히 $2n$개의 조건이 부여되는데 이는 각 구성 함수 S_i가 반드시 부분구간의 양 끝점에서의 데이터를 보간하기 때문이다. 따라서 변수의 수와 조건의 수가 같다. 더 높은 차수의 스플라인에서는 이 두 숫자가 일치하지 않는 상황을 만나게 될 것이다. k차 스플라인은 $(k-1)$개의 자유 변수들을 가지고 있으며 우리는 이들을 절점에서의 보간 문제를 풀 때처럼 사용할 것이다.

조건의 개수

실제로 $S(x)$의 함숫값을 계산할 때에는 식 (3)의 형태가 식 (2)보다 더 좋다. 왜냐하면 x가 어떤 부분구간에 포함되는지를 결정해야 하는 상황이라면 언제나 몇몇 $(x-t_i)$의 값을 반드시 계산해야 하기 때문이다. 만약 $t_0 \le x \le t_n$이면 x를 포함하는 구간 $[t_i, t_{i+1}]$는 $x-t_i$가 $x-t_{n-1}$, $x-t_{n-2}, \cdots, x-t_0$ 중 처음으로 음이 아닌 값이라는 사실로 특징지어진다.

다음은 선형 배열 (t_i)와 (y_i)로 이루어진 $(n+1)$개의 표의 값 (t_i, y_i)를 사용하는 함수 프로시저이다. 여기서 $a = t_0 < t_1 < \cdots < t_n = b$라 가정한다. 주어진 x값에 대해 이 루틴은 식 (1)과 (3)을 사용하여 $S(x)$값을 출력한다. $x < t_0$일 때 $S(x) = y_0 + m_0(x - t_0)$, $x > t_n$이면 $S(x) = y_{n-1} + m_{n-1}(x - t_{n-1})$이다.

Spline1 유사코드

```
real function Spline1(n, (t_i), (y_i), x)
integer i, n;   real x;   real array (t_i)_{0:n}, (y_i)_{0:n}
for i = n − 1 to 0 step −1
    if x − t_i ≥ 0 then exit loop
end for
Spline1 ← y_i + (x − t_i)[(y_{i+1} − y_i)/(t_{i+1} − t_i)]
end function Spline1
```

연속계수

1차 스플라인을 통해 함수를 보간할 때 그 적합성을 평가하기 위해 함수 f의 연속계수 modulus of continuity라는 것을 정의할 필요가 있다. 함수 f가 구간 $[a, b]$에서 정의된다고 가정하자. f의 연속계수는 다음과 같다.

$$\omega(f; h) = \sup\{|f(u) - f(v)| : a \le u \le v \le b, |u - v| \le h\}$$

적합성

여기서 sup는 상한supremum으로 주어진 실수 집합의 상계upper bound를 의미한다. $\omega(f; h)$는 폭 h의 작은 구간에서 f가 얼마나 많이 변하는지를 측정하는 양이다. 만약 f가 구간 $[a, b]$에서 연속이면 f는 균등 연속uniformly continuous이고, h가 0에 가까이 감에 따라 $\omega(f; h)$도 0에 가까이 간다. f가 연속이 아니면 $\omega(f; h)$는 0에 가까이 가지 않는다.

만약 f가 (a, b)에서 미분 가능하고(추가적으로 $[a,b]$에서 연속이고), $f'(x)$가 (a, b)에서 유계이면 연속계수의 추정값을 얻는 데 평균값 정리를 사용할 수 있다. 만약 u와 v가 $\omega(f;h)$의 정의에서 설명한 대로라면 다음이 성립한다.

$$|f(u)-f(v)|=|f'(c)(u-v)| \le M_1|u-v| \le M_1 h$$

여기서 M_1은 x가 (a,b)에 포함될 때 $|f'(x)|$의 최댓값이다. 예를 들어 $f(x)=x^3$이고 $[a,b]=[1,4]$이면 $\omega(f;h) \le 48h$를 얻을 수 있다.

1 정리 1차 다항식 정확도 정리

p가 구간 $[a, b]$의 양 끝점에서 함수 f를 보간하는 1차 다항식이고 $h=b-a$일 때, 다음을 얻는다.

$$|f(x)-p(x)| \le \omega(f;h) \qquad (a \le x \le b)$$

증명

선형 함수 p는 명시적으로 다음과 같은 식으로 주어진다.

$$p(x)=\left(\frac{x-a}{b-a}\right)f(b)+\left(\frac{b-x}{b-a}\right)f(a)$$

따라서 $f(x)-p(x)=\left(\frac{x-a}{b-a}\right)[f(x)-f(b)]+\left(\frac{b-x}{b-a}\right)[f(x)-f(a)]$이다. 그러면 다음 부등식을 얻을 수 있다.

$$\begin{aligned}|f(x)-p(x)| &\le \left(\frac{x-a}{b-a}\right)|f(x)-f(b)|+\left(\frac{b-x}{b-a}\right)|f(x)-f(a)| \\ &\le \left(\frac{x-a}{b-a}\right)\omega(f;h)+\left(\frac{b-x}{b-a}\right)\omega(f;h) \\ &= \left[\left(\frac{x-a}{b-a}\right)+\left(\frac{b-x}{b-a}\right)\right]\omega(f;h)=\omega(f;h)\end{aligned}$$

이 기본적인 결과로부터 각 부분구간에 기본 부등식을 적용하여 다음을 쉽게 증명할 수 있다.

2 정리 1차 스플라인 정확도 정리

p가 절점 $a=x_0<x_1<\cdots<x_n=b$를 가지는 1차 스플라인이라고 하자. 만약 p가 이 절점들에서 함수 f를 보간한다면 $h=\max_i(x_i-x_{i-1})$일 때 다음을 얻는다.

$$|f(x)-p(x)| \le \omega(f;h) \qquad (a \le x \le b)$$

만약 f' 또는 f''이 존재하고 이들이 연속이라면 다음의 부등식이 성립한다.

$$|f(x)-p(x)| \le M_1\frac{h}{2} \qquad (a \le x \le b)$$

상계

$$|f(x)-p(x)| \le M_2\frac{h^2}{8} \qquad (a \le x \le b)$$

이 추정값들에서 M_1은 주어진 구간에서 $|f'(x)|$의 최댓값, M_2는 $|f''(x)|$의 최댓값이다. 첫 번째 정리로부터 최대 간격 h가 0으로 가도록 더 많은 절점들을 추가하면 이에 상응하

는 1차 스플라인이 균등하게 f로 수렴한다는 것을 알 수 있다. 이러한 형태의 결과는 다항식 보간 이론으로는 현저히 부족한 것임을 상기하자. 이러한 경우에는 차수를 높이고 구간 안에 노드들을 채워 넣는다고 해도 반드시 임의의 연속 함수에 대한 수렴이 보장되지는 않는다(6.2절 참조).

2차 스플라인

이제 2차 스플라인을 시작해 보자. 1차 더 높아진 스플라인은 좀 더 복잡하다. 문자 Q를 사용하여 우리가 구간별 2차 함수를 고려하고 있음을 상기한다. 다음의 성질을 갖는 함수 Q를 2차 스플라인second-degree spline이라고 한다.

2 정의 2차 스플라인

다음을 만족하는 함수 Q를 2차 스플라인이라고 부른다.

1. Q의 정의역은 구간 $[a, b]$이다.
2. Q와 Q'은 $[a, b]$에서 연속이다.
3. $a = t_0 < t_1 < \cdots < t_n = b$인 점들 t_i(절점이라 불림)가 존재하고, Q는 각 부분구간 $[t_i, t_{i+1}]$에서 최대 2차의 다항식이다.

요약하자면 2차 스플라인은 구간별로 미분 가능하고 연속인 2차 함수이다. 여기서 2차 함수는 기본 단항식들 $x \mapsto 1$, x, x^2의 모든 선형 결합을 포함한다. 2차 스플라인

예제 2 다음의 함수가 2차 스플라인인지 아닌지를 결정하라.

$$Q(x) = \begin{cases} x^2 & (-10 \le x \le 0) \\ -x^2 & (0 \le x \le 1) \\ 1 - 2x & (1 \le x \le 20) \end{cases}$$

풀이

이 함수는 명백히 구간별로 2차이다. Q와 Q'이 내부 절점에서 연속인지는 다음과 같이 결정된다.

$$\lim_{x \to 0^-} Q(x) = \lim_{x \to 0^-} x^2 = 0, \qquad \lim_{x \to 0^+} Q(x) = \lim_{x \to 0^+} (-x^2) = 0$$

$$\lim_{x \to 1^-} Q(x) = \lim_{x \to 1^-} (-x^2) = -1, \qquad \lim_{x \to 1^+} Q(x) = \lim_{x \to 1^+} (1 - 2x) = -1$$

$$\lim_{x \to 0^-} Q'(x) = \lim_{x \to 0^-} 2x = 0, \qquad \lim_{x \to 0^+} Q'(x) = \lim_{x \to 0^+} (-2x) = 0$$

$$\lim_{x \to 1^-} Q'(x) = \lim_{x \to 1^-} (-2x) = -2, \qquad \lim_{x \to 1^+} Q'(x) = \lim_{x \to 1^+} (-2) = -2$$

결과적으로 $Q(x)$는 2차 스플라인이다.

보간하는 2차 스플라인

2차 스플라인은 6.2절에서 도출될 자연 3차 스플라인만큼 응용분야에서 자주 사용되지는 않는다. 하지만 보간하는 2차나 3차 스플라인의 유도 과정이 상당히 비슷하기 때문에 간단한 2차 스플라인 이론을 이해함으로써 더 복잡한 3차 스플라인 이론을 쉽게 이해할 수 있게 된다. 2차 스플라인은 보간 목적으로는 거의 사용되지 않으며 여기에서의 논의는 많은 응용분야에서 사용되는 높은 차수의 스플라인을 공부하기 위한 준비로 제공된다.

이제 보간 문제로 나아가 보자. 다음 표가 주어졌다고 가정하자.

보간하는 2차 스플라인

x	t_0	t_1	t_2	$\cdots$	t_n
y	y_0	y_1	y_2	$\cdots$	y_n

점 $t_0, t_1, \cdots, t_n$을 보간 문제에서의 **노드**들로 여길 수도 있지만 동시에 구성하려는 스플라인 함수의 **절점**이라고 가정하자. 나중에 보간의 노드들과는 다른 절점들로 구성하는 다른 2차 스플라인에 대해서도 논의할 것이다.

방금 설명했던 대로 2차 스플라인은 n개의 서로 다른 2차 함수 $x \mapsto a_i x^2 + b_i x + c_i$로 구성되어 있고, 각각의 부분구간은 $(n+1)$개의 절점으로 만들어진다. 이제 $3n$개의 계수부터 계산을 시작해 보자. 각 부분구간 $[t_i, t_{i+1}]$에서 2차 스플라인 함수 Q_i는 보간 조건 $Q_i(t_i) = y_i$, $Q_i(t_{i+1}) = y_{i+1}$을 만족해야 한다. 이러한 부분구간이 총 n개 있으므로 이로부터 $2n$개의 조건이 생성된다. Q의 연속성은 다른 어떤 조건을 추가하지 않는다(왜 그럴까?). 하지만 각 내부 절점에서의 Q'의 연속성이 $(n-1)$개의 조건을 추가한다. 따라서 $2n + n - 1 = 3n - 1$개의 조건, 즉 $3n$개의 조건에서 하나가 모자란 수의 조건이 발생한다. 이러한 추가 조건을 부여하는 방법은 여러 가지가 있다. 예를 들면 $Q'(t_0) = 0$ 또는 $Q_0'' = 0$이다.

계산 조건

이제 보간하는 2차 스플라인 $Q(x)$의 식을 유도해 보자. $Q'(t_0)$의 값은 추가 조건에 의해서 미리 결정되어 있다. 다음과 같이 구간별로 2차 함수를 구해 보자.

$$Q(x) = \begin{cases} Q_0(x) & (t_0 \le x \le t_1) \\ Q_1(x) & (t_1 \le x \le t_2) \\ \vdots & \vdots \\ Q_{n-1}(x) & (t_{n-1} \le x \le t_n) \end{cases} \tag{4}$$

구간별 2차 함수

여기서 $Q(x)$는 전체 구간 $[t_0, t_n]$에서 연속이고 미분 가능하며 표를 보간한다. 즉 모든 $0 \le i \le n$에 대해서 $Q(t_i) = y_i$이다.

Q'이 연속이므로 $z_i \equiv Q'(t_i)$로 두자. 현재 우리는 z_i의 정확한 값을 모른다. 그럼에도 불구하고 Q_i의 식은 다음과 같은 형태여야 한다.

$$Q_i(x) = \frac{z_{i+1} - z_i}{2(t_{i+1} - t_i)}(x - t_i)^2 + z_i(x - t_i) + y_i \tag{5}$$

$Q_i(x)$ 선형 방정식

이 식이 정확한지를 보기 위해 $Q_i(t_i) = y_i$, $Q_i'(t_i) = z_i$, $Q_i'(t_{i+1}) = z_{i+1}$임을 확인한다. 식 (5)에 주어진 대로 이 세 조건들은 구간 $[t_i, t_{i+1}]$에서 함수 Q_i를 유일하게 정의한다.

연속이면서 데이터 표를 보간하는 2차 스플라인 함수 Q의 경우 식 (5)에서 $i=0, 1, \cdots, n-1$에 대하여 $Q_i(t_{i+1})=y_{i+1}$은 필요충분조건이다. 이 식을 상세하게 풀어본 후 정리하면 그 결과는 다음과 같다.

$$z_{i+1} = -z_i + 2\left(\frac{y_{i+1}-y_i}{t_{i+1}-t_i}\right) \qquad (0 \le i \le n-1) \tag{6}$$

이 식은 임의의 값 z_0으로부터 시작해서 벡터 $[z_0, z_1, \cdots, z_n]^T$를 얻는 데 사용될 수 있다. 앞의 내용을 하나의 알고리즘으로 요약해 보자.

알고리즘 절점에서의 2차 스플라인 보간

1. 임의의 z_0를 선택하고 식 (6)으로부터 재귀적으로 $z_1, z_2, \cdots, z_n$을 계산해서 $[z_0, z_1, \cdots, z_n]^T$를 결정한다.
2. 2차 스플라인 보간 함수 Q는 식 (4)와 (5)에 의해 주어진다.

예제 3 5개의 점 $(0,8), (1,12), (3,2), (4,6), (8,0)$에 대해 선형 스플라인 S와 2차 스플라인 Q를 구성하라.

풀이

[그림 6.4]는 이 낮은 차수의 스플라인 곡선 2개를 그래프로 보여주고 있다. 이들은 [그림 4.6]에 주어져 있는 보간 다항식보다 진동 현상을 줄여준다는 점에서 더 적합하다.

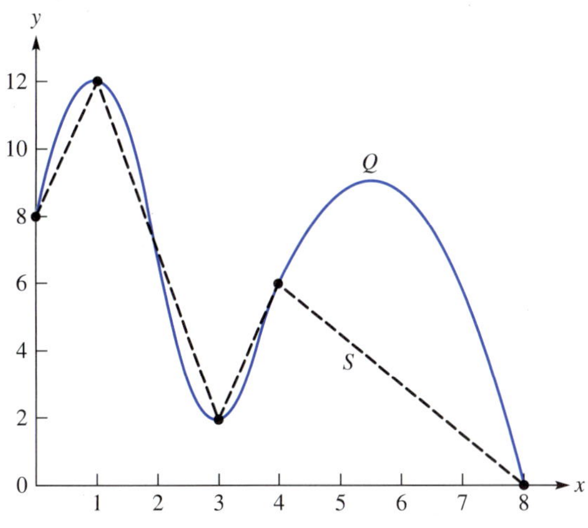

[그림 6.4] 1차 및 2차 스플라인 함수

서보틴 이차 스플라인 Subbotin quadratic spline

서보틴 Subbotin 에 의해 최초로 제안된 어떤 유용한 근사 과정은 2차 스플라인들로 구성되어 있다. 이 방법에서는 첫 번째와 마지막 절점, 그리고 이 두 절점의 중점을 보간에 사용할 노드로 택한다. 스플라인 함수의 형태가 한 다항식에서 다른 다항식으로 변하는 점들을 **절점**으로 정의했음을 상기하자. **노드**는 스플라인의 값이 정확하게 주어진 점들이다. 서보틴

계산 조건

2차 스플라인 함수에는 $(n+2)$개의 보간 조건과 Q 및 Q'의 연속성으로부터 얻어지는 $2(n-1)$개의 조건들이 있다. 따라서 2차 스플라인 함수를 완전하게 정의하는 데 필요한 $3n$개라는 정확한 수의 조건이 주어진 것이다.

여기서는 이 이론을 개괄적으로만 소개하고 세부 내용은 스스로 채울 수 있도록 남겨두겠다. 절점 $a=t_0<t_1<\cdots<t_n=b$가 특정되었다고 가정하고 노드는 다음의 점들로 정의한다.

$$\begin{cases} \tau_0 = t_0, & \tau_{n+1}=t_n \\ \tau_i = \dfrac{1}{2}(t_i+t_{i-1}) & (1 \le i \le n) \end{cases}$$

노드

이제 [그림 6.5]와 같이 절점이 주어져 있고, 노드들에서의 값도 이미 알려져 있는 2차 스플라인 함수 Q를 찾아야 한다.

$$Q(\tau_i)=y_i \quad (0 \le i \le n+1)$$

절점

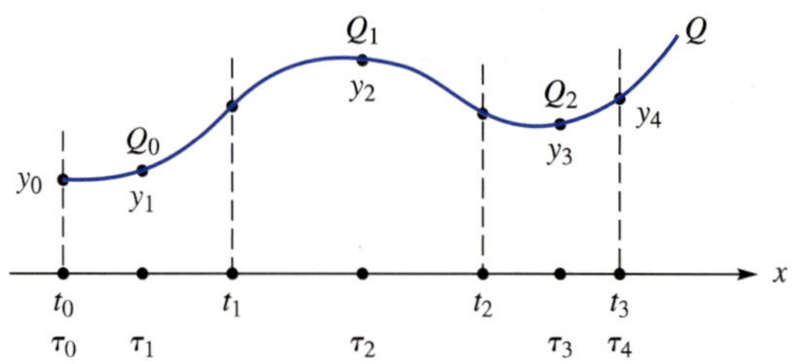

[그림 6.5] 서보틴 2차 스플라인($t_0=\tau_0$, $t_3=\tau_4$)

절점들은 n개의 부분구간을 만들고, 각 구간에서 Q는 서로 다른 2차 다항식일 수 있다. $[t_i, t_{i+1}]$에서 Q는 2차 다항식 Q_i와 같다고 하자. Q는 2차 스플라인이므로 이 함수와 그 1차 도함수는 반드시 연속이어야 한다. 따라서 아직 그 값은 알지 못하지만 $z_i \equiv Q'(t_i)$는 잘 정의된다. $[t_i, t_{i+1}]$에서 우리의 2차 다항식을 다음과 같은 형태로 쉽게 정리하여 나타낼 수 있다.

$$Q_i(x)=y_{i+1}+\frac{1}{2}(z_{i+1}+z_i)(x-\tau_{i+1})+\frac{1}{2h_i}(z_{i+1}-z_i)(x-\tau_{i+1})^2 \tag{7}$$

$Q_i(x)$ 부분

여기서 $h_i=t_{i+1}-t_i$이다. 식 (7)의 정확성을 입증하기 위해서는 $Q_i(\tau_{i+1})=y_{i+1}$과 $Q_i'(t_i)=z_i$, $Q_i'(t_{i+1})=z_{i+1}$를 반드시 확인해야 한다. Q를 구성하기 위해 다항식 조각 $Q_0, Q_1, \cdots, Q_{n-1}$들을 합치면 그 결과는 불연속적일 수 있다. 따라서 내부 절점에 다음과 같은 연속 조건을 부여해야 한다.

$$\lim_{x\to t_i^-} Q_{i-1}(x)=\lim_{x\to t_i^+} Q_i(x) \qquad (1 \le i \le n-1)$$

직접 이러한 분석을 해 보길 바란다. 그 결과는 다음과 같다.

$$h_{i-1}z_{i-1}+3(h_{i-1}+h_i)z_i+h_iz_{i+1}=8(y_{i+1}-y_i) \quad (1 \le i \le n-1) \tag{8}$$

첫 번째와 마지막 보간 조건도 다음과 같이 부과되어야 한다.

$$Q(\tau_0) = y_0, \quad Q(\tau_{n+1}) = y_{n+1}$$

이 두 식으로부터 다음 결과를 얻을 수 있다.

$$\begin{aligned} 3h_0 z_0 + h_0 z_1 &= 8(y_1 - y_0) \\ h_{n-1} z_{n-1} + 3h_{n-1} z_n &= 8(y_{n+1} - y_n) \end{aligned}$$

그러면 벡터 $\boldsymbol{z} = [z_0, z_1, \cdots z_n]^T$에 적용되는 연립방정식은 다음과 같이 행렬 형태로 나타낼 수 있다.

$$\begin{bmatrix} 3h_0 & h_0 & & & & \\ h_0 & 3(h_0+h_1) & h_1 & & & \\ & h_1 & 3(h_1+h_2) & h_2 & & \\ & & \ddots & \ddots & \ddots & \\ & & & h_{n-2} & 3(h_{n-2}+h_{n-1}) & h_{n-1} \\ & & & & h_{n-1} & 3h_{n-1} \end{bmatrix} \begin{bmatrix} z_0 \\ z_1 \\ z_2 \\ \vdots \\ z_{n-1} \\ z_n \end{bmatrix} = 8 \begin{bmatrix} y_1 - y_0 \\ y_2 - y_1 \\ y_3 - y_2 \\ \vdots \\ y_n - y_{n-1} \\ y_{n+1} - y_n \end{bmatrix}$$

3중 대각 선형 시스템

$(n+1)$개의 미지수가 포함된 $(n+1)$개의 관계식으로 이루어진 이 시스템은 2.3절의 *Tri* 프로시저를 통해 편리하게 풀 수 있다. $\boldsymbol{z}$ 벡터를 얻으면, $Q(x)$의 값은 식 (7)로부터 계산할 수 있다. 이 보간법을 수행하는 적절한 코드 작성은 프로그래밍 연습으로 남겨둔다.

6.1 요약

- 구간 $[a, b]$에서 서로 다른 **절점** $a = t_0 < t_1 < \cdots < t_{n-1} < t_n = b$인 $(n+1)$개의 점들의 순서쌍 (t_i, y_i)가 주어져 있다. **1차 스플라인 함수** S는 구간 $[a, b]$에서 연속이 되게끔 정의한 구간별 선형 다항식이다. 이 함수는 다음과 같은 형태를 가진다.

$$S(x) = \begin{cases} S_0(x), & x \in [t_0, t_1] \\ S_1(x), & x \in [t_1, t_2] \\ \vdots & \vdots \\ S_{n-1}(x), & x \in [t_{n-1}, t_n] \end{cases}$$

이때 구간 $[t_i, t_{i+1}]$에서 $S_i(x) = y_i + \left(\dfrac{y_{i+1} - y_i}{t_{i+1} - t_i}\right)(x - t_i)$이다. $S(x)$는 확실히 연속인데, $1 \le i \le n$에 대해 $S_{i-1}(t_i) = S_i(t_i) = y_i$이기 때문이다.

- **2차 스플라인 함수** Q는 구간별 2차 다항식으로 구간 $[a, b]$에서 Q와 Q'이 연속이다. 이 함수는 다음과 같은 형태를 가진다.

$$Q(x) = \begin{cases} Q_0(x), & x \in [t_0, t_1] \\ Q_1(x), & x \in [t_1, t_2] \\ \vdots & \vdots \\ Q_{n-1}(x), & x \in [t_{n-1}, t_n] \end{cases}$$

이때 구간 $[t_i, t_{i+1}]$에서 $Q_i(x) = \left(\dfrac{z_{i+1} - z_i}{2(t_{i+1} - t_i)}\right)(x - t_i)^2 + z_i(x - t_i) + y_i$이다. z_0을 선택하고 다음의 재귀적 관계식을 이용하면 계수 $z_0, z_1, \cdots, z_n$들을 구할 수 있다.

$$z_{i+1} = -z_i + 2\left(\frac{y_{i+1} - y_i}{t_{i+1} - t_i}\right) \quad (0 \le i \le n-1)$$

- **서보틴 2차 스플라인 함수** Q는 구간 $[a, b]$에서 Q와 Q'이 연속인 구간별 2차 다항식이고, 구간 $[a, b]$의 양 끝점과 부분구간의 중점들에서 보간 조건을 가지는 함수이다. 즉, $0 \le i \le n+1$에서 $Q(\tau_i) = y_i$이다. 여기서 $\tau_0 = t_0$, $\tau_i = \frac{1}{2}(t_i + t_{i-1})$ $(1 \le i \le n)$, $\tau_{n+1} = t_n$이 성립한다. 이 함수는 다음과 같은 형태를 가진다.

$$Q_i(x) = y_{i+1} + \frac{1}{2}(z_{i+1} + z_i)(x - \tau_{i+1}) + \frac{1}{2h_i}(z_{i+1} - z_i)(x - \tau_{i+1})^2$$

여기서 $h_i = t_{i+1} - t_i$이다. 계수 z_i는 2.3절에서 언급했던 다음의 3중 대각 시스템을 풀어서 얻을 수 있다.

$$\begin{cases} 3h_0 z_0 + h_0 z_1 = 8(y_1 - y_0) \\ h_{i-1} z_{i-1} + 3(h_{i-1} + h_i) z_i + h_i z_{i+1} = 8(y_{i+1} - y_i) & (1 \le i \le n-1) \\ h_{n-1} z_{n-1} + 3h_{n-1} z_n = 8(y_{n+1} - y_n) \end{cases}$$

6.1 연습문제

01 다음에 주어진 함수가 1차 스플라인인지 아닌지를 결정하라.

$$S(x) = \begin{cases} x & (-1 \le x \le 0.5) \\ 0.5 + 2(x - 0.5) & (0.5 \le x \le 2) \\ x + 1.5 & (2 \le x \le 4) \end{cases}$$

02 가장 간단한 형태의 스플라인 함수는 구간별 상수 함수로, 다음과 같이 정의될 수 있다. 이와 같은 함수의 부정적분이 다변형 함수임을 보여라. 구간별 상수 함수와 수치 적분의 직사각형 공식 사이에는 어떤 관계가 있는가([연습문제 5.1.34] 참조)?

$$S(x) = \begin{cases} c_0 & (t_0 \le x < t_1) \\ c_1 & (t_1 \le x < t_2) \\ \vdots & \vdots \\ c_{n-1} & (t_{n-1} \le x \le t_n) \end{cases}$$

03 p가 a와 b에서 f를 보간하는 선형 다항식일 때 구간 (a, b) 내의 어떤 ξ에 대해서 $f(x) - p(x) = \frac{1}{2} f''(\xi)(x-a)(x-b)$가 성립함을 보여라.

힌트 : 4.2절의 결과를 사용하라.

04 구간 (a, b)에서 $|f''(x)| \le M$일 때 $|f(x) - p(x)| \le \frac{1}{8} M\ell^2$임을 보여라. 여기서 $\ell = b - a$이다.

05 다음을 보여라.

$$f(x) - p(x) = \frac{(x-a)(x-b)}{b-a}\left[\frac{f(x) - f(b)}{x-b} - \frac{f(x) - f(a)}{x-a}\right]$$

06 구간 (a, b)에서 $|f'(x)| \le C$일 때, $|f(x) - p(x)| \le C\ell/2$임을 보여라.

힌트 : 앞 문제의 결과에 평균값 정리를 적용하라.

07 S가 $t_0, t_1, \cdots, t_n$에서 f를 보간하는 1차 스플라인 함수라고 하고 $t_0 < t_1 < \cdots < t_n$, $\delta = \max_{0 \le i \le n-1}(t_{i+1} - t_i)$로 놓자. 그러면 (t_0, t_n)에서의 $|f'(x)|$의 상계 C에 대해 $|f(x) - S(x)| \le C\delta/2$임을 보여라.

08 f가 $[a, b]$에서 연속이라고 하자. 주어진 $\varepsilon > 0$에 대해 δ가 $|x - y| < \delta$를 만족할 때 $|f(x) - f(y)| < \varepsilon$을 만족한다(균등 연속 원리). $n > 1 + (b-a)/\delta$라고 할 때 구간 $[a, b]$에서 $|f(x) - S(x)| < \varepsilon$을 만족하는 n개의 절점을 가진 1차 스플라인 S가 존재함을 보여라.

힌트 : [연습문제 6.1.5]를 활용하고, 절점들이 등간격으로 놓여있다고 가정한다.

09 함수 $f(x) = \sin(100x)$가 구간 $[0, \pi]$에서 1차 보간 스플라인에 의해 근사되었다면, $|S(x) - f(x)| < 10^{-8}$을 보장하기 위해서는 얼마나 많은 수의 절점이 필요한가(등간격으로 놓인 절점들을 사용하라)?

힌트 : [연습문제 6.1.7]을 활용하라.

10 $t_0 < t_1 < \cdots < t_n$이라 하자. 1차 스플라인 함수 $G_0, G_1, \cdots, G_n$을 구성하는데 이 함수들은 $t_0, t_1, \cdots, t_{i-1}, t_{i+1}, \cdots, t_n$에서는 G_i값이 사라진다. 하지만 $G_i(t_i) = 1$이어야 한다는 조건을 만족해야 한다. $t_0, t_1, \cdots, t_n$에서 f를 보간하는 1차 스플라인 함수가 $\sum_{i=0}^{n} f(t_i) G_i(x)$임을 증명하라.

11 f를 1차 스플라인 S로 근사한 후, 다음과 같은 식을 사용하여 수치 적분에 대한 사다리꼴 공식(5.1절)을 유도할 수 있음을 보여라.

$$\int_a^b f(x)dx \approx \int_a^b S(x)dx$$

12 2차 스플라인의 미분이 1차 스플라인임을 증명하라.

13 절점 t_i들이 정수 $0, 1, \cdots, n$에 위치한다면 $t_i \le x \le t_{i+1}$을 만족하는 첨자 i를 결정하는 좋은 방법을 찾아라.

주의 : 이 문제에는 속임수가 들어있다. 왜냐하면 '좋은'이라는 단어는 다른 의미일 수 있기 때문이다.

14 1차 스플라인의 부정적분이 2차 스플라인임을 보여라.

15 $x<0$일 때 $f(x)=0$, $x\geq 0$일 때 $f(x)=x^2$이라 정의하자. f와 f'이 연속임을 보여라. 절점 $t_0, t_1, \cdots, t_n$ 을 가지는 임의의 2차 스플라인이 다음과 같은 형태임을 보여라.

$$ax^2+bx+c+\sum_{i=1}^{n-1} d_i f(x-t_i)$$

16 함수 g를 다음 식으로 정의하자.

$$g(x)=\begin{cases} 0 & (t_0 \leq x \leq 0) \\ x & (0 \leq x \leq t_n) \end{cases}$$

$t_0, t_1, \cdots, t_n$ 을 절점으로 가지는 모든 1차 스플라인 함수는 다음과 같은 형태로 나타낼 수 있음을 증명하라.

$$ax+b+\sum_{i=1}^{n-1} c_i g(x-t_i)$$

17 다음 데이터들의 2차 스플라인 보간 다항식을 찾아라. $z_0=0$이라 가정한다.

x	-1	0	$\frac{1}{2}$	1	2	$\frac{5}{2}$
y	2	1	0	1	2	3

18 앞 문제의 표를 보간하면서 $Q'(t_0)=Q'(t_5)$를 만족하는 2차 스플라인 Q는 존재하지 않음을 보여라.

19 2차 스플라인 함수 Q가 절점 $t_0, t_1, \cdots, t_n$ 을 가질 때, $0\leq i\leq n-1$에 대하여 점 $\frac{1}{2}(t_i+t_{i+1})$에서 함수 Q가 어떤 특정한 값이 되도록 하려면 어떤 방정식을 풀어야 하는가?

20 이 함수들은 2차 스플라인인가? 왜 그런지 혹은 왜 아닌지를 설명하라.

(a) $Q(x)=\begin{cases} 0.1x^2 & (0\leq x\leq 1) \\ 9.3x^2-18.4x+9.2 & (1\leq x\leq 1.3) \end{cases}$

(b) $Q(x)=\begin{cases} -x^2 & (-100\leq x\leq 0) \\ x & (0\leq x\leq 100) \end{cases}$

(c) $Q(x)=\begin{cases} x & (-50\leq x\leq 1) \\ x^2 & (1\leq x\leq 2) \\ 4 & (2\leq x\leq 50) \end{cases}$

21 $S(x)=|x|$는 1차 스플라인인가? 그 이유는 무엇인가?

22 식 (5)가 세 가지 성질 $Q_i(t_i)=y_i$, $Q'_i(t_i)=z_i$, $Q_i'(t_{i+1})=z_{i+1}$을 만족함을 입증하라.

23 Q에 연속 조건을 부여하고 식 (6)의 시스템을 유도하라.

24 식 (5)와 함께 점화식 (6)이 2차 스플라인 보간 함수를 생성함을 귀납법으로 보여라.

25 본문에서 서보틴의 스플라인 보간 과정과 관련한 여러 식의 정확성을 확인하라.

26 서보틴의 보간법을 다음의 대안적인 방법으로 분석하라. 우선 $v_i=Q(t_i)$로 놓고 다음이 성립함을 보여라.

$$Q_i(x)=A_i(x-t_i)^2+B_i(x-t_{i+1})^2+C_i$$

여기서 각 계수는 다음과 같다.

$$C_i=2y_i-\frac{1}{2}v_i-\frac{1}{2}v_{i+1}, \quad B_i=\frac{v_i-C_i}{h_i^2}$$

$$A_i=\frac{v_{i+1}-C_i}{h_i^2}, \quad h_i=t_{i+1}-t_i$$

힌트 : $Q_i(t_i)=v_i$, $Q_i(t_{i+1})=v_{i+1}$, $Q_i(\tau_i)=y_i$임을 보여라.

27 Q'에 연속 조건이 부과되었을 때 $i=1,2,\cdots,n-1$에 대해 그 결과가 다음과 같은 식으로 표현됨을 보여라.

$$h_iv_{i-1}+3(h_i+h_{i+1})v_i+h_{i-1}v_{i+1}=4h_{i-1}y_i+4h_iy_{i-1}$$

28 (학생 연구 프로젝트) 매끄러운 구간별 다항식 근사와 연관되어 사용되는 스플라인이라는 단어가 수학적으로 최초로 사용된 문헌은 일반적으로 쇤베르크Schoenberg의 논문[1946]이라고 알려져 있다. 하지만 스플라인이라는 단어는 적어도 1890년대부터 제도사들이 얇은 나무 막대를 일컫는 말로 사용되었다. 스플라인 이론에서 사용되는 수많은 아이디어들의 뿌리는 스플라인이 광범위하게 사용되는 비행기나 자동차 및 선박의 제작과 같은 다양한 산업 분야에서 수행된 연구에 있다. 스플라인의 역사에 관해 연구하고 논문을 작성하라(자동차 산업에서의 스플라인의 수학적 역사를 살펴보라).

6.1 컴퓨터 연습문제

01 프로시저 *Spline1*을 감소하는 부분구간이 아닌 증가하는 부분구간[2]을 고려해서 다시 작성하라. 15개의 균일하지 않은 간격으로 놓인 데이터 점들의 표에서 작성한 코드를 테스트하라.

02 **2진 검색**binary search을 사용하여 적절한 구간을 찾도록 프로시저 *Spline1*을 재작성하라. 수정된 코드를 테스트하라. 본문에서 소개된 프로시저와 비교했을 때 2진 검색의 장점과 단점은 무엇인가? 2진 검색은 $k=\frac{i+j}{2}$ 또는 $k=\frac{i+j+1}{2}$인 t_k를 선택한 후, x가 $[t_i, t_k]$ 또는 $[t_k, t_j]$ 중 어디에 있는지를 결정한다는 점에서 이분법과 유사하다.

03 사각형 격자에서 구체화된 점 (x, y)를 보간하는 **구간별 2차 선형 다항식**piecewise bilinear polynomial은 다음과 같이 주어진다. 여기서 $\ell_{ij}=(x_i-x)(y_j-y)$, $x_i \le x \le x_{i+1}$, $y_j \le y \le y_{j+1}$이다.

$$p(x,y)=\frac{(\ell_{ij}z_{i+1,j+1}+\ell_{i+1,j+1}z_{ij})}{(x_{i+1}-x_i)(y_{j+1}-y_j)} - \frac{(\ell_{i+1,j}z_{i,j+1}+\ell_{i,j+1}z_{i+1,j})}{(x_{i+1}-x_i)(y_{j+1}-y_j)}$$

주어진 격자 (x_i, y_j)는 각각 길이가 n, m인 단순 증가하는 배열 (x_i), (y_j)들에 의해 지정된다. 격자점 (x_i, y_j)에서의 주어진 값 z_{ij}는 $n\times m$ 배열 (z_{ij})에 포함되고 이는 다음 그림에 나타나 있다.

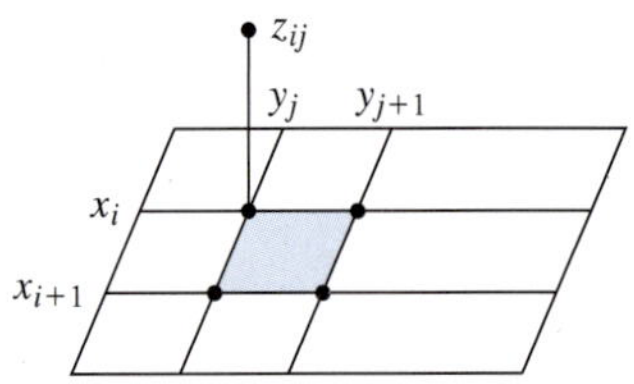

$p(x, y)$의 값을 계산하는 다음과 같은 코드를 작성하라. 이 루틴을 5×10개의 불균일 간격의 데이터점들의 집합에 대해 테스트하라. 4개의 격자점과 5개의 격자가 아닌 점에서 *Bi_Linear*를 계산하라.

real function *Bi_Linear*$((x_i), n, (y_j), m, (z_{ij}), x, y)$

04 적응적adaptive 스플라인 보간 프로시저를 작성하라. 입력은 함수 f, 구간 $[a, b]$, 허용오차 ε이어야 한다. 출력은 $0\le i\le n-1$과 $0\le j\le 9$에 대해 x가 임의의 점 $x_{ij}=t_i+\frac{j(t_{i+1}-t_j)}{10}$일 때, 1차 스플라인 보간 함수 S가 $|S(x)-f(x)|\le\varepsilon$을 만족하는 절점 $a=t_0<t_1<\cdots<t_n=b$의 집합과 함숫값 $y_i=f(t_i)$들의 집합이어야 한다.

05 2차 스플라인 보간 과정(절점에서의 보간)에서 배열 (z_i)를 계산하는 컴퓨터 코드를 작성하라.

procedure *Spline2_Coef*$(n, t, (y_i), (z_i))$

그 다음으로 $Q(x)$의 값을 계산하는 다음 코드를 작성하라.

real function *Spline2_Eval*$(n, (t_i), (y_i), (z_i), x)$

06 앞의 컴퓨터 문제의 프로그래밍 과제를 서보틴 2차 스플라인에 대해 수행하라.

---

2 (옮긴이) 여기서 증가하는 부분구간이란 *Spline1* 유사코드에서 $i=1:n-1$일 때의 부분구간을 의미한다.

6.2 자연 3차 스플라인

소개

이전 절에서 논의했던 1차 및 2차 스플라인들은 일부 응용 분야에서는 유용할지라도 명백히 불완전하다. 그들의 낮은 차수의 미분은 불연속이기 때문이다. 1차 스플라인(또는 다변형 직선)일 때 그 그래프가 매끄럽지 않다는 건 바로 알 수 있다. 각 절점에서 한 값에서 다른 값으로 갈 때 스플라인의 기울기가 갑자기 변하기 때문이다. 2차 스플라인의 경우에는 불연속이 2차 미분에서 생기기 때문에 그 불연속이 그렇게 분명하게 보이지는 않는다. 하지만 각 절점에서 **곡률**curvature이 갑자기 변하기 때문에 곡선이 우리 눈에 그리 매끄럽게 보이지는 않을 것이다.

임의의 차수의 스플라인 함수에 대한 일반적인 정의는 다음과 같다.

정의 k차 스플라인

다음을 만족하는 함수 S를 **k차 스플라인**이라고 부른다.

1. S의 정의역은 구간 $[a, b]$이다.
2. $S,\ S',\ S'', \cdots, S^{(k-1)}$은 모두 $[a, b]$에서 연속이다.
3. $a = t_0 < t_1 < \cdots < t_n = b$이고 S가 각 부분구간 $[t_i, t_{i+1}]$에서 최대 k차 다항식인 점 t_i(S의 절점)들이 존재한다.

스플라인 함수의 정의에서는 보간에 관한 어떤 언급도 없음을 주의하자. 사실 스플라인은 보간 말고도 수많은 응용분야를 가진 다재다능한 함수다.

함수의 근사에서 매끄러움smoothness이 더 필요할 때마다 더욱 높은 차수의 스플라인이 사용된다. k차 스플라인 함수의 정의로부터 그러한 함수는 연속이며 연속적인 도함수 S', S'', $\cdots, S^{(k-1)}$을 가짐을 알 수 있다. 만약 연속인 m계 도함수를 갖는 근사적인 스플라인을 구하려 한다면 적어도 $(m+1)$차 스플라인을 선택해야 한다. 그 이유를 살펴보기 위해 절점 $t_0 < t_1 < \cdots < t_n$가 주어져 있는 상황을 생각해 보자. m차 구간별 다항식이 정의되었다고 가정했을 때 이 다항식은 결과적으로 얻어진 스플라인 S가 연속적인 m차 미분을 가지게끔 구간들이 절점에서 연결되어 있다. 전형적인 내부의 절점 t에서는 다음과 같은 상황들이 펼쳐친다. t의 왼쪽에서는 $S(x) = p(x)$이다. t의 오른쪽에서는 $S(x) = q(x)$이다. 여기서 p와 q는 m차 다항식들이다. m계 도함수 $S^{(m)}$의 연속성은 그보다 낮은 차수의 도함수들 $S^{(m-1)}, S^{(m-2)}, \cdots, S', S$의 연속성을 보장한다. 따라서 절점 t에서

(k − 1)차의 연속적인 미분을 갖는 구간별 연속 다항식 찾기

$$\lim_{x \to t^-} S^{(k)}(x) = \lim_{x \to t^+} S^{(k)}(x) \qquad (0 \le k \le m)$$

이고, 이로부터 다음과 같이 결론내릴 수 있다.

$$\lim_{x \to t^-} p^{(k)}(x) = \lim_{x \to t^+} q^{(k)}(x) \qquad (0 \le k \le m) \tag{1}$$

p와 q는 다항식이므로 그들의 모든 차수의 도함수들은 연속이다. 따라서 식 (1)은 다음과 동일한 의미이다.

$$p^{(k)}(t) = q^{(k)}(t) \qquad (0 \le k \le m)$$

이 조건으로부터 테일러 정리에 의해 다음과 같이 p와 q를 동일한 다항식으로 만들 수 있다.

$$p(x) = \sum_{k=0}^{m} \frac{1}{k!} p^{(k)}(t)(x-t)^k = \sum_{k=0}^{m} \frac{1}{k!} q^{(k)}(t)(x-t)^k = q(x)$$

이 논의는 각 내부 절점 $t_1, t_2, \cdots, t_{n-1}$에 적용할 수 있으므로 S가 간단히 t_0에서 t_n까지의 구간 전체에서 하나의 다항식임을 알 수 있다. 따라서 구간 전체에서 단 하나의 다항식이 아닌 스플라인 함수를 가지기 위해서는 최대 m차의 연속적인 도함수를 가지는 $(m+1)$차 구간별 다항식이 필요하다(우리는 이미 일반적인 다항식이 대개 곡선 맞춤[curve fitting]을 잘 수행하지 못한다는 것을 알고 있다. 4.2절을 참조하라).

스플라인 함수에서 가장 흔히 선택되는 차수는 3이다. 그 결과로 얻어지는 스플라인을 **3차 스플라인**[cubic spline]이라고 부른다. 이 경우 모든 구간에서 결과적인 스플라인 함수가 두 개의 연속적인 도함수를 가지게끔 3차 다항식을 연결한다. 각 절점에서 3개의 연속 조건이 부여된다. S, S', S''이 연속이므로 함수의 그래프는 매끄럽게 보일 것이다. 물론 3차 미분에서 불연속점이 나타날 수도 있지만 이는 눈으로 쉽게 관찰할 수 없다. 이것이 3차를 선택하는 이유 중 하나이다. 게다가 경험에 의하면 3차보다 높은 차수의 스플라인을 사용해도 좀처럼 다른 이점이 없었다. 또한 기술적인 이유로 봤을 때 홀수 차수의 스플라인이 짝수 차수의 스플라인보다 (절점에서 보간할 때) 다루기 더 수월하다. 마지막으로 차후에 증명하게 될 아주 우아한 정리에 따르면 어떤 정밀한 관점에서는 사용 가능한 보간 함수 중 3차 보간 스플라인 함수가 가장 좋다는 것을 볼 수 있을 것이다. 따라서 3차 스플라인을 강조하는 것은 당연한 일이다.

3차 스플라인의 장점

자연 3차 스플라인

이번에는 주어진 표의 독립 변수의 값과 절점이 일치하는 3차 스플라인으로 함수의 표를 보간하는 법을 살펴보자. 이전과 마찬가지로 다음 표에서부터 시작해 보자.

보간하는 3차 스플라인

x	t_0	t_1	$\cdots$	t_n
y	y_0	y_1	$\cdots$	y_n

t_i는 절점이고 이 절점들은 올림차순으로 배열되었다고 가정하자.

구하고자 하는 함수 S는 n개의 3차 다항식 조각들로 이루어져 있다.

$$S(x) = \begin{cases} S_0(x) & (t_0 \le x \le t_1) \\ S_1(x) & (t_1 \le x \le t_2) \\ \vdots & \vdots \\ S_{n-1}(x) & (t_{n-1} \le x \le t_n) \end{cases}$$

이 식에서 S_i는 부분구간 $[t_i, t_{i+1}]$에서 사용할 3차 다항식을 의미한다. 보간 조건들은 다음과 같다.

$$S(t_i) = y_i \qquad (0 \le i \le n)$$ 보간 조건

연속 조건들은 오직 내부 절점 $t_1, t_2, \cdots, t_{n-1}$에만 부여된다(왜 그럴까?). 이 조건들은 다음과 같이 나타낼 수 있다.

$$\lim_{x \to t_i^-} S^{(k)}(t_i) = \lim_{x \to t_i^+} S^{(k)}(t_i) \qquad (k = 0, 1, 2)$$ 연속 조건

사용 가능한 차수의 모든 자유도를 사용하기 위해서는 두 개의 조건이 더 필요하다는 것이 밝혀졌다. 2개의 추가 조건은 다음으로 선택한다.

$$S''(t_0) = S''(t_n) = 0 \tag{2}$$ 2개의 추가 조건들

그 결과로 얻은 스플라인 함수를 **자연 3차 스플라인**[natural cubic spline]이라고 부른다.

다른 형태의 스플라인

스플라인 계수에 대한 연립방정식을 완전하게 하는 다른 방법들로 **주기적 3차 스플라인**[periodic cubic spline]과 **고정적 3차 스플라인**[clamped cubic spline]이 있다. 고정적 스플라인은 양 끝점에서 기울기가 $S'(t_0) = d_0$와 $S'(t_n) = d_n$처럼 고정된 스플라인 곡선이다. 주기적 3차 스플라인은 $S(t_0) = S(t_n)$, $S'(t_0) = S'(t_n)$, $S''(t_0) = S''(t_n)$을 만족한다. 모든 연속적인 미분 가능 함수에 대해 고정적 또는 주기적 3차 스플라인은 보간하는 함수 f에 대해 최소 진동을 발생시킨다.

계산 조건

이제 조건의 수가 사용 가능한 계수의 수와 같음을 확인해 보자. $(n+1)$개의 절점이 있으므로 n개의 부분구간이 존재한다. 각 부분구간에서 서로 다른 3차 다항식이 존재할 것이다. 3차 다항식에는 4개의 계수가 있으므로 총 $4n$개의 계수가 사용 가능하다. 주어진 조건에 대해 살펴보자면 각 구간 내에서 보간한 다항식이 2개의 점을 통과해야 한다고 규정되었으므로 이로부터 $2n$개의 조건이 도출된다. 1계 및 2계 도함수들은 $(n-1)$개의 내부 점에서 연속이어야 하므로 $2(n-1)$개의 조건이 더 추가된다. 양 끝점에서 2계 도함수가 사라져야 하므로 총 $2n + 2(n-1) + 2 = 4n$개의 조건을 얻는다.

예제 1 **다음 표를 보간하는 자연 3차 보간 스플라인의 식을 유도하라.**

x	-1	0	1
y	1	2	-1

풀이

우리의 접근 방법은 다음 형태의 $S(x)$가 자연 3차 스플라인이 되게끔 변수 a, b, c, d, e, f, g, h를 정하는 것이다.

$$S(x) = \begin{cases} S_0(x) = ax^3 + bx^2 + cx + d, & x \in [-1, 0] \\ S_1(x) = ex^3 + fx^2 + gx + h, & x \in [0, 1] \end{cases}$$

여기서 $S_0(x)$와 $S_1(x)$는 3차 다항식이다. 위의 보간 조건들로부터 $S(-1) = S_0(-1) = -a + b - c + d = 1$, $S(0) = S_0(0) = d = 2$, $S(0) = S_1(0) = h = 2$, $S(1) = S_1(1) = e + f + g + h = -1$을 얻는다. 1차 미분하면 다음과 같다.

$$S'(x) = \begin{cases} S_0'(x) = 3ax^2 + 2bx + c \\ S_1'(x) = 3ex^2 + 2fx + g \end{cases}$$

S' 의 연속성 조건으로부터 $S_0'(0) = S_1'(0)$ 이므로 $c = g$ 를 얻는다. 다음으로 2차 미분하면 다음을 얻을 수 있다.

$$S''(x) = \begin{cases} S_0''(x) = 6ax + 2b \\ S_1''(x) = 6ex + 2f \end{cases}$$

S'' 의 연속성 조건으로부터 $S_0''(0) = S_1''(0)$ 이므로 $b = f$ 를 얻는다. S가 자연 3차 스플라인이 되기 위해서는 $S_0''(-1) = 0$과 $S_1''(1) = 0$이어야 한다. 여기서 $3a = b$, $3e = -f$를 도출할 수 있다. 위의 모든 방정식으로부터 $a = -1$, $b = -3$, $c = -1$, $d = 2$, $e = 1$, $f = -3$, $g = -1$, $h = 2$를 얻는다.

자연 3차 스플라인을 위한 알고리즘

이전 예제로부터 주어진 보간값 표에 대해 자연 3차 스플라인의 식을 결정하는 체계적인 프로시저의 개발이 필요하다는 것을 분명히 알 수 있었다. 이것이 다음 몇 쪽의 내용에서 다룰 우리의 목표이다.

S'' 가 연속이므로 다음의 수는 모호함 없이 정의된다.

$$z_i \equiv S''(t_i) \quad (0 \le i \le n)$$

아직 $z_1, z_2, \cdots, z_{n-1}$의 값은 모르지만 식 (2)에 의해서 $z_0 = z_n = 0$임을 알 수 있다.

만약 z_i들을 알고 있다면 지금 소개할 방법으로 S를 구성할 수 있다. 구간 $[t_i, t_{i+1}]$에서 S'' 은 양 끝점에서 값 z_i와 z_{i+1}을 취하는 선형 다항식이다. 따라서 다음을 얻는다.

$$S_i''(x) = \frac{z_{i+1}}{h_i}(x - t_i) + \frac{z_i}{h_i}(t_{i+1} - x) \tag{3}$$

$S_i''(x)$ 선형 방정식

여기서 $0 \le i \le n-1$에 대해 $h_i = t_{i+1} - t_i$이다. 식 (3)이 맞는지를 확인하기 위해 $S_i''(t_i) = z_i$, $S_i''(t_{i+1}) = z_{i+1}$이고 S_i'' 가 x에 대해서 선형임에 주목하라. 이를 두 번 적분하면 S_i 자체를 얻을 수 있다.

$$S_i(x) = \frac{z_{i+1}}{6h_i}(x - t_i)^3 + \frac{z_i}{6h_i}(t_{i+1} - x)^3 + cx + d$$

여기서 c와 d는 적분 상수이다. 적분 상수들을 조정함으로써 다음과 같이 다루기 쉬운 형태의 S_i를 얻을 수 있다.

$$S_i(x) = \frac{z_{i+1}}{6h_i}(x - t_i)^3 + \frac{z_i}{6h_i}(t_{i+1} - x)^3 + C_i(x - t_i) + D_i(t_{i+1} - x) \tag{4}$$

여기서 C_i와 D_i는 상수이다. 식 (4)를 두 번 미분하면 식 (3)이 나온다.

C_i와 D_i의 적절한 값을 결정하기 위해 보간 조건 $S_i(t_i)=y_i$와 $S_i(t_{i+1})=y_{i+1}$을 부여할 수 있다. 이를 직접 계산해 보고([연습문제 6.2.27]) 그 결과가 다음과 같음을 확인해 보자.

$$S_i(x)=\frac{z_{i+1}}{6h_i}(x-t_i)^3+\frac{z_i}{6h_i}(t_{i+1}-x)^3+\left(\frac{y_{i+1}}{h_i}-\frac{h_i}{6}z_{i+1}\right)(x-t_i)+\left(\frac{y_i}{h_i}-\frac{h_i}{6}z_i\right)(t_{i+1}-x) \tag{5}$$

$S_i(x)$ 3차 방정식

값 $z_0, z_1, \cdots, z_n$이 결정되면 위와 같은 형태의 $S_0(x), S_1(x), \cdots, S_{n-1}(x)$ 식으로부터 스플라인 함수 $S(x)$가 얻어진다.

$1 \le i \le n-1$의 내부 절점 t_i에서 [그림 6.6]과 같이 $S_{i-1}(t_i)=S_i(t_i)$를 만족해야 한다.

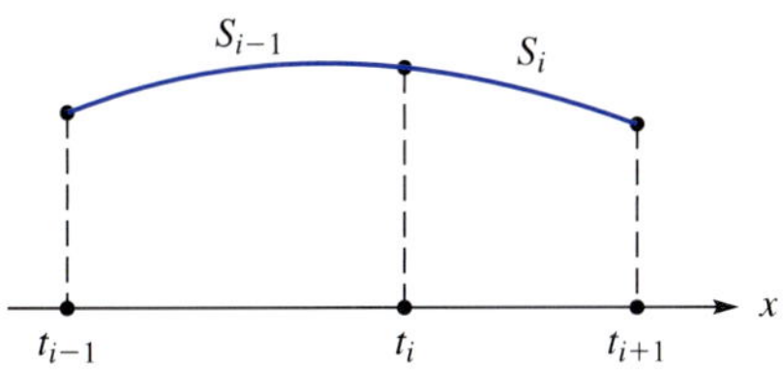

[그림 6.6] 3차 스플라인: 이웃한 조각들인 S_{i-1}과 S_i

이제 z_i를 어떻게 결정하는지 살펴보자. 부여되어야 할 한 개의 조건이 남았다. 이름하여 S'의 연속성이다. 식 (5)를 미분하면 다음과 같다.

$$S_i'(x)=\frac{z_{i+1}}{2h_i}(x-t_i)^2-\frac{z_i}{2h_i}(t_{i+1}-x)^2+\frac{y_{i+1}}{h_i}-\frac{h_i}{6}z_{i+1}-\frac{y_i}{h_i}+\frac{h_i}{6}z_i$$

$S_i'(x)$ 2차 방정식

이로부터 다음을 얻을 수 있다.

$$S_i'(t_i)=-\frac{h_i}{6}z_{i+1}-\frac{h_i}{3}z_i+b_i \tag{6}$$

여기서

$$b_i=\frac{1}{h_i}(y_{i+1}-y_i) \tag{7}$$

이다. 비슷하게 다음을 얻을 수 있다.

$$S_{i-1}'(t_i)=\frac{h_{i-1}}{6}z_{i-1}+\frac{h_{i-1}}{3}z_i+b_{i-1}$$

이 식들이 서로 같다고 하면 $1 \le i \le n-1$에 대해서 결과로 나오는 식이 다음과 같이 재배열될 수 있다.

$$h_{i-1}z_{i-1}+2(h_{i-1}+h_i)z_i+h_iz_{i+1}=6(b_i-b_{i-1})$$

다음과 같이 설정하면

$$u_i = 2(h_{i-1} + h_i) \qquad (8)$$
$$v_i = 6(b_i - b_{i-1})$$

선형 방정식의 3중 대각 연립방정식을 얻을 수 있다.

$$\begin{cases} z_0 = 0 \\ h_{i-1}z_{i-1} + u_i z_i + h_i z_{i+1} = v_i & (1 \le i \le n-1) \\ z_n = 0 \end{cases} \qquad (9)$$

3중 대각 시스템

이 연립방정식을 풀어서 z_i들을 구한다. 첫 번째와 마지막 방정식의 단순함은 자연 3차 스플라인의 조건인 $S''(t_0) = S''(t_n) = 0$의 결과이다.

예제 2 **점 $(-1, 1)$, $(0, 2)$, $(1, -1)$에서 자연 3차 스플라인 알고리즘을 이용하여 [예제 1]을 반복하라. 또한 스플라인 곡선을 시각화하기 위해 그 결과를 그래프로 나타내라.**

풀이

주어진 값으로부터 $t_0 = -1$, $t_1 = 0$, $t_2 = 1$, $y_0 = 1$, $y_1 = 2$, $y_2 = -1$을 얻을 수 있다. 결과적으로 $h_0 = t_1 - t_0 = 1$, $h_1 = t_2 - t_1 = 1$, $b_0 = (y_1 - y_0)/h_0 = 1$, $b_1 = (y_2 - y_1)/h_1 = -3$, $u_1 = 2(h_0 + h_1) = 4$, $v_1 = 6(b_1 - b_0) = -24$를 구할 수 있다. 그러면 식 (9)의 3중 대각 연립방정식은

$$\begin{cases} z_0 = 0 \\ z_0 + 4z_1 + z_2 = -24 \\ z_2 = 0 \end{cases}$$

이다. 따라서 명백하게 해 $z_0 = 0$, $z_1 = -6$, $z_2 = 0$을 얻을 수 있다. 식 (5)로부터

$$S(x) = \begin{cases} S_0(x) = -(x+1)^3 + 3(x+1) - x & x \in [-1, 0] \\ S_1(x) = -(1-x)^3 - x + 3(1-x) & x \in [0, 1] \end{cases}$$

또는

$$S(x) = \begin{cases} S_0(x) = -x^3 - 3x^2 - x + 2 & x \in [-1, 0] \\ S_1(x) = x^3 - 3x^2 - x + 2 & x \in [0, 1] \end{cases}$$

을 얻는다. 이는 [예제 1]의 결과와 일치한다. 주어진 점을 통과하는 자연 스플라인 곡선은 [그림 6.7]에 나타나 있다.

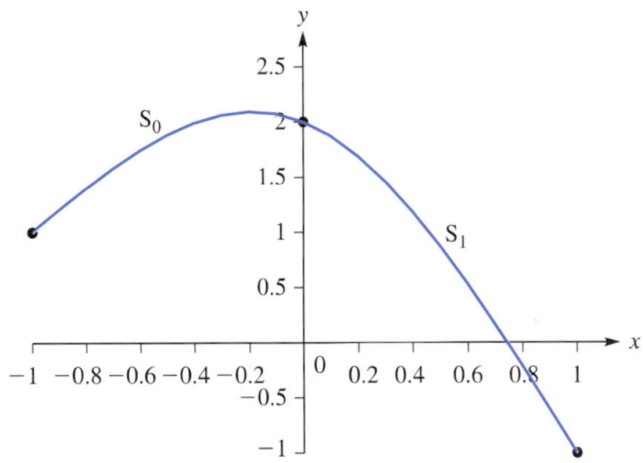

[그림 6.7] [예제 1]과 [예제 2]의 자연 3차 스플라인

3중 대각 시스템을 풀기 위한 알고리즘

이제 다음과 같은 행렬 형태의 시스템 (9)를 생각해 보자.

$$\begin{bmatrix} 1 & 0 & & & & \\ h_0 & u_1 & h_1 & & & \\ & h_1 & u_2 & h_2 & & \\ & & \ddots & \ddots & \ddots & \\ & & & h_{n-2} & u_{n-1} & h_{n-1} \\ & & & & 0 & 1 \end{bmatrix} \begin{bmatrix} z_0 \\ z_1 \\ z_2 \\ \vdots \\ z_{n-1} \\ z_n \end{bmatrix} = \begin{bmatrix} 0 \\ v_1 \\ v_2 \\ \vdots \\ v_{n-1} \\ 0 \end{bmatrix}$$

첫 번째와 마지막 식을 소거함으로써 다음의 $(n-1)$차 대칭 3중 대각 시스템을 얻는다.

$$\begin{bmatrix} u_1 & h_1 & & & \\ h_1 & u_2 & h_2 & & \\ & \ddots & \ddots & \ddots & \\ & & h_{n-3} & u_{n-2} & h_{n-2} \\ & & & h_{n-2} & u_{n-1} \end{bmatrix} \begin{bmatrix} z_1 \\ z_2 \\ \vdots \\ z_{n-2} \\ z_{n-1} \end{bmatrix} = \begin{bmatrix} v_1 \\ v_2 \\ \vdots \\ v_{n-2} \\ v_{n-1} \end{bmatrix} \tag{10}$$

대칭 3중 대각 시스템

이 시스템을 풀기 위해 2.3절에서 개발한 프로시저 *Tri*를 사용할 수 있다. 혹은 (2.3절의 아이디어에 기반을 두고) 이를 풀기에 더 나은 알고리즘을 디자인할 수도 있다. 피벗팅이 없는 가우스 소거법에서 전진 소거 과정에 의해 u_i와 v_i는 다음과 같이 변경된다.

$$\begin{cases} u_i \leftarrow u_i - \dfrac{h_{i-1}^2}{u_{i-1}} \\ v_i \leftarrow v_i - \dfrac{h_{i-1}v_{i-1}}{u_{i-1}} \quad (i=2, 3, \cdots, n-1) \end{cases}$$

전진 소거

역대입 과정에서는 z값들을 계산한다.

$$\begin{cases} z_{n-1} \leftarrow \dfrac{v_{n-1}}{u_{n-1}} \\ z_i \leftarrow \dfrac{v_i - h_i z_{i+1}}{u_i} \quad (i=n-2, n-3, \cdots, 1) \end{cases}$$

역대입

이를 모두 합하면 다음의 알고리즘을 얻는다. 이는 특히 3중 대각 시스템 (10)을 위해 고안된 것이다.

알고리즘 자연 3차 스플라인 3중 대각 시스템을 직접적으로 풀기

1. $i=0,1,\cdots,n$에서 주어진 보간 점들 (t_i, y_i)에 대해서 $i=0,1,\cdots,n-1$일 때 다음을 계산한다.

$$\begin{cases} h_i = t_{i+1} - t_i \\ b_i = \dfrac{1}{h_i}(y_{i+1} - y_i) \end{cases}$$

2. $\begin{cases} u_1 = 2(h_0 + h_1) \\ v_1 = 6(b_1 - b_0) \end{cases}$ 으로 놓은 후 $i=2,3,\cdots,n-1$에 대해서 귀납적으로 다음을 계산한다.

$$\begin{cases} u_i = 2(h_i + h_{i-1}) - \dfrac{h_{i-1}^2}{u_{i-1}} \\ v_i = 6(b_i - b_{i-1}) - \dfrac{h_{i-1}v_{i-1}}{u_{i-1}} \end{cases}$$

3. $\begin{cases} z_n = 0 \\ z_0 = 0 \end{cases}$으로 놓은 후 $i=n-1, n-2, \cdots, 1$에 대해서 귀납적으로 다음을 계산한다.

$$z_i = \frac{v_i - h_i z_{i+1}}{u_i}$$

이 알고리즘은 어쩌면 실패할 수도 있다. 그 이유는 2단계와 3단계에서 분모가 0이 될 수 있기 때문이다. 따라서 모든 i에 대해서 $u_i \neq 0$임을 증명해야 한다. $u_1 > h_1 > 0$임은 명백하다. 만약 $u_{i-1} > h_{i-1}$이면 $u_i > h_i$이다. 왜냐하면

$$u_i = 2(h_i + h_{i-1}) - \frac{h_{i-1}^2}{u_{i-1}} > 2(h_i + h_{i-1}) - h_{i-1} > h_i$$

이기 때문이다. 따라서 귀납법에 의해서 $i=1,2,\cdots,n-1$에 대해서 $u_i > 0$이다.

식 (5)가 3차 다항식 $S_i(x)$의 값을 구하는 가장 최선의 계산 형태는 아니다. 다음의 형태를 더 선호하는 이유는 축소곱셈법을 사용할 수 있기 때문이다.

$$S_i(x) = A_i + B_i(x - t_i) + C_i(x - t_i)^2 + D_i(x - t_i)^3 \tag{11}$$

식 (11)이 점 t_i에서의 S_i의 테일러 전개임을 주목하자. 따라서 다음을 얻는다.

$$A_i = S_i(t_i), \ B_i = S_i'(t_i), \ C_i = \frac{1}{2}S_i''(t_i), \ D_i = \frac{1}{6}S_i'''(t_i)$$

그러므로 $A_i = y_i$와 $C_i = \dfrac{z_i}{2}$이다. 식 (11)에서 x^3의 계수는 D_i인데 식 (5)에서 x^3의 계수는 $(z_{i+1} - z_i)/6h_i$이다. 따라서

$$D_i = \frac{1}{6h_i}(z_{i+1} - z_i)$$

를 얻는다. 마지막으로 식 (6)은 $S_i'(t_i)$의 값을 주므로 다음을 얻는다.

$$B_i = -\frac{h_i}{6}z_{i+1} - \frac{h_i}{3}z_i + \frac{1}{h_i}(y_{i+1} - y_i)$$

따라서 축소형의 $S_i(x)$는 다음과 같다.

$$S_i(x) = y_i + (x - t_i)\left(B_i + (x - t_i)\left(\frac{z_i}{2} + \frac{1}{6h_i}(x - t_i)(z_{i+1} - z_i)\right)\right) \tag{12}$$

$S_i(x)$ 3차 방정식(축소곱셈법)

자연 3차 스플라인의 유사코드

이제 수치 표에 기반을 둔 자연 3차 스플라인을 결정하고 주어진 값에서의 함숫값을 계산하는 루틴을 작성할 것이다. 우선 3중 대각 시스템 (10)을 직접적으로 푸는 알고리즘 1을 사용할 것이다. *Spline3_Coef*이라고 불리는 이 프로시저는 배열 (t_i)와 (y_i)로 $(n+1)$개의 표의 수치 (t_i, y_i)를 입력 변수로 취하고 z_i를 계산해서 배열 (z_i)에 저장한다. 중간 과정에는 (작업 중인) 배열 (h_i), (b_i), (u_i), (v_i)가 필요하다.

Spline3_Coef 유사코드

```
procedure Spline3_Coef(n, (t_i), (y_i), (z_i))
integer i, n;   real array (t_i)_{0:n}, (y_i)_{0:n}, (z_i)_{0:n}
allocate real array (h_i)_{0:n-1}, (b_i)_{0:n-1}, (u_i)_{1:n-1}, (v_i)_{1:n-1}
for i = 0 to n - 1
    h_i ← t_{i+1} - t_i
    b_i ← (y_{i+1} - y_i)/h_i
end for
u_1 ← 2(h_0 + h_1)
v_1 ← 6(b_1 - b_0)
for i = 2 to n - 1
    u_i ← 2(h_i + h_{i-1}) - h_{i-1}^2/u_{i-1}
    v_i ← 6(b_i - b_{i-1}) - h_{i-1}v_{i-1}/u_{i-1}
end for
z_n ← 0
for i = n - 1 to 1 step -1
    z_i ← (v_i - h_i z_{i+1})/u_i
end for
z_0 ← 0
deallocate array (h_i), (b_i), (u_i), (v_i)
end procedure Spline3_Coef
```

이제 주어진 x에서 식 (12)의 자연 3차 스플라인 함수 $S(x)$를 계산하는 *Spline3_Eval*이라 불리는 프로시저를 작성해보자. 프로시저 *Spline3_Eval*에서는 우선 x를 포함하는 구간 $[t_i, t_{i+1}]$을 결정한 후 3차 다항식의 축소형을 사용하여 $S_i(x)$의 값을 계산한다.

Spline3_Eval 유사코드

```
real function Spline3_Eval(n, (t_i), (y_i), (z_i), x)
integer i;   real h, tmp
real array (t_i)_{0:n}, (y_i)_{0:n}, (z_i)_{0:n}
for i = n - 1 to 0 step -1
    if x - t_i ≧ 0 then exit loop
```

(계속)

```
end for
h ← t_{i+1} − t_i
tmp ← (z_i/2) + (x − t_i)(z_{i+1} − z_i)/(6h)
tmp ← −(h/6)(z_{i+1} + 2z_i) + (y_{i+1} − y_i)/h + (x − t_i)(tmp)
Spline3_Eval ← y_i + (x − t_i)(tmp)
end function Spline3_Eval
```

함수 *Spline3_Eval*는 *Spline3_Coef* 프로시저에 한번 호출된 후에도 서로 다른 x값에 대해 반복적으로 사용될 수 있다. 예를 들면 자연 3차 스플라인 곡선을 그릴 때 사용되는 프로시저가 될 수 있다. 프로시저 *Spline3_Coef*는 배열 (z_i)에 특정한 스플라인 함수에 상응하는 3중 대각 시스템의 해를 저장하기 때문에 인수 n, (t_i), (y_i), (z_i)는 *Spline3_Eval*의 반복 사용 중에 반드시 수정되어야 할 필요는 없다.

보간 및 곡선 맞춤에 유사코드 사용하기

자연 3차 스플라인 루틴인 *Spline3_Coef*와 *Spline3_Eval*의 사용법을 설명하기 위해 4.1절의 [예제 3]을 다시 진행해 보자.

예제 3 **구간 $[0, 1.6875]$에서 균등 분할한 10개의 절점에서 $\sin x$를 보간하는 자연 3차 스플라인을 구하려고 한다. 그러한 스플라인을 결정하는 프로그램을 위한 유사코드를 작성하라. 같은 구간에서 각각의 부분구간들을 다시 4개로 균등 분할하고 $|\sin x - S(x)|$의 값이 가장 큰 점을 찾아라.**

풀이

다음은 *Spline3_Coef*과 *Spline3_Eval*를 사용하는 적절한 유사코드 메인 프로그램이다.

Test_Spline3 유사코드

```
program Test_Spline3
integer i;   real e, h, x
real array (t_i)_{0:n}, (y_i)_{0:n}, (z_i)_{0:n}
integer n ← 9
real a ← 0, b ← 1.6875
h ← (b − a)/n
for i = 0 to n
    t_i ← a + ih
    y_i ← sin(t_i)
end for
call Spline3_Coef(n, (t_i), (y_i), (z_i))
temp ← 0
for j = 0 to 4n
    x ← a + jh/4
    e ← |sin(x) − Spline3_Eval(n, (t_i), (y_i), (z_i), x)|
    if e > temp then temp ← e
    output j, x, e
end for
end Test_Spline3
```

그 결과는 $j=19$, $x=0.890625$, $d=0.930\times10^{-5}$이다.

수학 소프트웨어를 사용하면 이 데이터의 3차 스플라인 곡선을 그래프로 나타낼 수 있다.

수학 소프트웨어

주의 : MATLAB 루틴 `spline`은 절점이 없는[not-a-knot] 끝 조건을 사용한다!

이는 S''' 가 처음 두 부분구간에서 하나의 상수이고 마지막 두 부분구간에서 또 다른 상수라는 것을 의미한다. 우선 원래의 데이터가 생성된 후 x축 위에 구간 $[a, b]$의 조밀한 하위 분할이 만들어지고 그에 대응하는 y값들이 프로시저 `spline`을 통해 얻어진다. 마지막으로 원래 데이터 점들과 스플라인 곡선이 그래프로 그려진다.

다른 수많은 컴퓨터 소프트웨어 패키지 및 프로그램과 마찬가지로 3차 스플라인 곡선을 그리는 데 Mathematica와 Maple이 사용될 수도 있다.

이제 데이터 집합에 곡선을 맞추는 데 스플라인 함수를 사용하는 방법을 알아보자. 다음의 표를 살펴보자.

샘플 데이터 집합

x	0.0	0.6	1.5	1.7	1.9	2.1	2.3	2.6	2.8	3.0	3.6	4.7	5.2	5.7	5.8	6.0	6.4	6.9	7.6	8.0
y	−0.8	−0.34	0.59	0.59	0.23	0.1	0.28	1.03	1.5	1.44	0.74	−0.82	−1.27	−0.92	−0.92	−1.04	−0.79	−0.06	1.0	0.0

이 20개의 점들은 그래프 종이에 들쭉날쭉 자유롭게 그려진 곡선으로부터 선택된 것이다. 여기에서는 의도적으로 곡선이 날카롭게 구부러질 때의 점을 더 선택했다. 시각적으로 편안한 곡선은 3차 스플라인 루틴 *Spline3_Coef*과 *Spline3_Eval*를 사용하여 얻을 수 있으며 그 결과로 얻어진 자연 3차 스플라인 곡선을 그래프로 그릴 수도 있다([그림 6.8] 참조).

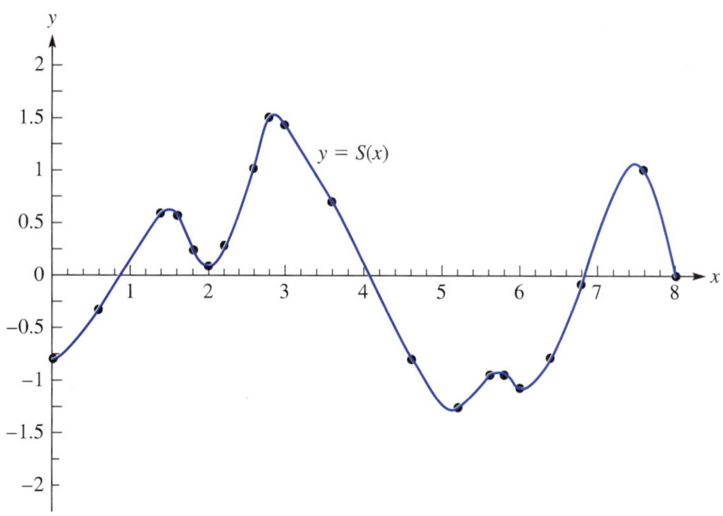

[그림 6.8] 자연 3차 스플라인 곡선

다른 대안으로 이 표의 3차 스플라인 함수를 MATLAB, Maple, Mathematica와 같은 수학 소프트웨어를 이용해서 그릴 수도 있다.

공간 곡선 space curve

2차원에서 휘어지고 꼬이는 복잡한 곡선의 **매개변수 표현**을 2개의 3차 스플라인 함수를 이용해 만들 수 있다. 곡선 위의 점들을 선택하고, 각각에 $t = 0, 1, \cdots, n$으로 이름을 붙인다. 각 t값에 대해 점의 x좌표와 y좌표를 읽으면 다음의 표를 만들 수 있다.

2차원 매개변수 3차 스플라인

t	0	1	$\cdots$	n
x	x_0	x_1	$\cdots$	x_n
y	y_0	y_1	$\cdots$	y_n

이제 $x = S(t)$와 $y = \overline{S}(t)$를 맞춘다. 여기서 S와 $\overline{S}$는 자연 3차 스플라인 보간 함수들이다. 이 두 함수 S와 $\overline{S}$는 곡선의 매개변수 표현을 제공한다([컴퓨터 연습문제 6.2.6] 참조).

예제 4 **다음의 잘 알려진 밤 모양의 곡선** serpentine curve**에서 13개의 점을 선택한다.**

$$y = \frac{x}{1/4 + x^2}$$

이 절점들이 등간격으로 놓여있지 않을 때 이 곡선을 매개변수 형태로 다음과 같이 나타낸다.

$$\begin{cases} x = \dfrac{1}{2}\tan\theta \\ y = \sin 2\theta \end{cases}$$

그리고 $i = -6, -5, \cdots, 5, 6$일 때 $\theta = i(\pi/14)$로 취한다. 자연 3차 스플라인 곡선과 보간 다항식을 그래프로 그리고 그 둘을 서로 비교하라.

풀이

이 문제는 4장의 다항식 보간 루틴 *Coef*와 *Eval*과 3차 스플라인 루틴 *Spline3_Coef*와 *Spline3_Eval*을 사용한 곡선 맞춤의 예다.

[그림 6.9]는 결과로 얻어진 3차 스플라인 곡선과 높은 차수의 다항식 곡선(점선)을 보여준다. 다항식은 원점에서부터 4번째 절점을 지난 후 매우 이상하고 거칠게 진동하는 반면 스플라인은 거의 완벽하게 곡선을 맞추고 있다.

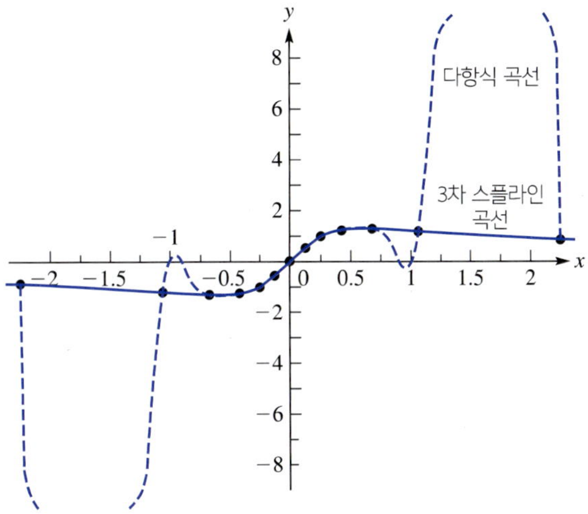

[그림 6.9] 뱀 모양의 곡선

예제 5 **3차 스플라인 함수를 사용하여 다음 데이터를 위한 곡선을 생성하라. 곡선은 연속이지만 그 기울기는 연속이 아님이 알려져 있다.**

t	0	1	2	3	4	5	6	7
y	1.0	1.5	1.6	1.5	0.9	2.2	2.8	3.1

풀이

3차 스플라인 함수를 하나 사용하는 것은 적절하지 않다. 대신 두 개의 3차 스플라인 보간 함수를 사용할 것이다. 첫 번째는 $0, 1, 2, 3, 4$를 절점으로 가지고, 두 번째는 $4, 5, 6, 7$을 절점으로 가진다. 두 개의 독립된 스플라인 보간 프로시저를 수행함으로써 점 $(4, 0.9)$에서 만나는 두 개의 3차 스플라인 곡선을 얻을 수 있다. 이 점에서 두 곡선은 서로 다른 기울기를 가진다. 결과로 얻어진 곡선은 [그림 6.10]에서 볼 수 있다.

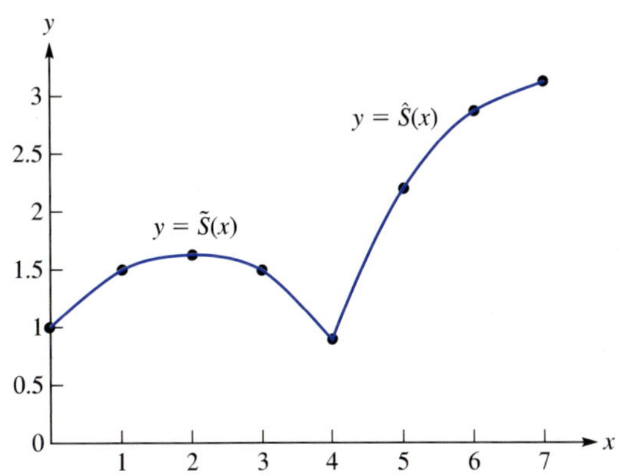

[그림 6.10] 두 개의 3차 스플라인

매끄러움의 성질

왜 스플라인 함수가 보통의 다항식보다 데이터 맞춤 요구에 적합할까? 이 질문에 답하기 위해서는 다항식이 거친 **진동**을 나타낼 수 있기 때문에 높은 차수의 다항식으로 보간하는 것이 종종 불만족스러울 수 있다는 점을 이해해야 한다. 모든 차수의 미분이 연속적이라는 기술적인 관점에서 다항식은 매끄럽지만 스플라인 함수는 매끄럽지 않다.

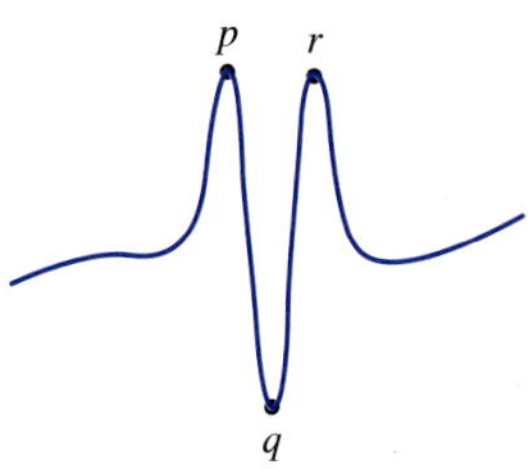

[그림 6.11] 거칠게 진동하는 함수

함수에서의 거친 진동은 함수의 미분값이 크기 때문에 나타난다. [그림 6.11]과 같은 그래프의 함수를 생각해 보자. 점 p와 q를 잇는 현의 기울기의 크기는 매우 크다. 평균값 정리에 의해 이 현의 기울기는 p와 q 사이의 어떤 점에서의 미분값과 같다. 따라서 이 도함수는 반드시 큰 값들을 포함해야 한다. 사실 p와 q 사이의 곡선 어딘가에 $f'(x)$의 절댓값이 크면서 음수인 점이 존재한다. 마찬가지로 q와 r 사이에 $f'(x)$의 절댓값이 크고 양수인 점이 존재한다. 따라서 점 p와 r 사이의 곡선에 $f''(x)$가 큰 점이 존재한다. 진동 현상이 더 있을 경우 이러한 결과는 더 높은 차수의 미분에서도 계속 나타날 수 있다. 이는 스플라인 함수에서는 나타나지 않는 행동양상이다. 사실 다음의 결과는 특정 관점에서 자연 3차 스플라인이 곡선 맞춤에 사용되는 함수 중 최고라는 점을 보여준다.

자연 3차 스플라인과 거친 진동 피하기

정리 3차 스플라인 매끄러움 정리

절점 $a = t_0 < t_1 < \cdots < t_n = b$에서 두 번 미분 가능하며 일계 및 이계 도함수가 연속인 함수 f를 보간하는 자연 3차 스플라인 함수 S가 다음을 만족한다.

$$\int_a^b [S''(x)]^2 dx \le \int_a^b [f''(x)]^2 dx$$

증명

$[S''(x)]^2$에 대한 주장을 확인하기 위해 다음과 같이 놓는다.

$$g(x) = f(x) - S(x)$$

단, $0 \le i \le n$에 대해 $g(t_i) = 0$이 되어야 한다. 또한 다음이 성립한다.

$$f'' = S'' + g''$$

이제 다음을 얻는다.

$$\int_a^b (f'')^2 dx = \int_a^b (S'')^2 dx + \int_a^b (g'')^2 dx + 2\int_a^b S'' g'' dx$$

만약 마지막 적분이 0이라면 증명이 완료된 셈이다. 왜냐하면

$$\int_a^b (f'')^2 dx = \int_a^b (S'')^2 dx + \int_a^b (g'')^2 dx \geq \int_a^b (S'')^2 dx$$

이기 때문이다. 여기에 부분 적분법[3]을 이용해서 마지막 적분이 0임을 보일 수 있다. 즉 다음과 같다.

3 부분 적분법의 공식은 다음과 같다.

$$\int u dv = uv - \int v du$$

$$\int_a^b S'' g'' dx = S'' g' \Big|_a^b - \int_a^b S''' g' dx = -\int_a^b S''' g' dx$$

여기서 S가 자연 3차 스플라인이라는 사실을 이용하였다. 즉 $S''(a) = 0$, $S''(b) = 0$이다. 계속해서 다음을 얻는다.

$$\int_a^b S''' g' dx = \sum_{i=0}^{n-1} \int_{t_i}^{t_{i+1}} S''' g' dx$$

각 구간 $[t_i, t_{i+1}]$에서 S는 3차 다항식이므로 S의 3차 도함수는 상수이다. 이 상수를 c_i라 하자. 그러면 다음을 얻을 수 있다.

$$\int_a^b S''' g' dx = \sum_{i=0}^{n-1} c_i \int_{t_i}^{t_{i+1}} g' dx = \sum_{i=0}^{n-1} c_i [g(t_{i+1}) - g(t_i)] = 0$$

왜냐하면 g가 모든 절점에서 사라지기 때문이다. ☒

이 정리에서 적분 부등식의 해석은 다음과 같다. 구간 $[a, b]$에서 $[S''(x)]^2$의 평균값은 각 절점에서 S와 일치하는 연속 함수 f의 2차 미분으로 표현되는 평균값보다 절대로 더 클 수 없다. $[f''(x)]^2$이라는 값은 함수 f의 곡률과 밀접한 관련이 있다.

6.2 요약

- 구간 $[a, b]$에서 서로 다른 절점 $a = t_0 < t_1 < \cdots < t_{n-1} < t_n = b$에서의 $(n+1)$개의 순서쌍 (t_i, y_i)이 주어졌다고 하자. **k차 스플라인 함수**는 $[a, b]$에서 $S, S', S'', \cdots, S^{(k-1)}$이 모두 연속 함수이고, S가 각 부분구간 $[t_i, t_{i+1}]$에서 최대 k차 다항식인 구간별 다항함수이다.

- **자연 3차 스플라인 함수** S는 구간 $[a, b]$에서 정의한 구간별 3차 다항함수로 S, S', S''이 연속이고 $S''(t_0) = S''(t_n) = 0$을 만족한다. 이는 다음과 같은 형태로 나타낼 수 있다.

$$S(x) = \begin{cases} S_0(x), & x \in [t_0, t_1] \\ S_1(x), & x \in [t_1, t_2] \\ \vdots & \vdots \\ S_{n-1}(x), & x \in [t_{n-1}, t_n] \end{cases}$$

이때 구간 $[t_i, t_{i+1}]$에서

$$S_i(x) = \frac{z_{i+1}}{6h_i}(x - t_i)^3 + \frac{z_i}{6h_i}(t_{i+1} - x)^3 + \left(\frac{y_{i+1}}{h_i} - \frac{h_i}{6} z_{i+1}\right)(x - t_i) + \left(\frac{y_i}{h_i} - \frac{h_i}{6} z_i\right)(t_{i+1} - x)$$

이고, $h_i = t_{i+1} - t_i$이다. 명백히 $S(x)$는 연속인데 이는 $1 \leq i \leq n$에 대해서 $S_{i-1}(t_i) = S_i(t_i) = y_i$이기 때문이다. $1 \leq i \leq n$에 대해 $S'_{i-1}(t_i) = S'_i(t_i)$, $S''_{i-1}(t_i) = S''_i(t_i) = z_i$임은 쉽게 확인할 수 있다. 효율적인 함숫값 계산을 위해 다음과 같은 축소형의 $S_i(x)$를 사용할 수 있다. 여기서 $B_i = -\frac{h_i}{6} z_{i+1} - \frac{h_i}{3} z_i + \frac{1}{h_i}(y_{i+1} - y_i)$이다.

$$S_i(x) = y_i + (x - t_i)\left(B_i + (x - t_i)\left(\frac{z_i}{2} + \frac{1}{6h_i}(x - t_i)(z_{i+1} - z_i)\right)\right)$$

$b_i = \dfrac{(y_{i+1} - y_i)}{h_i}$, $u_i = 2(h_{i-1} + h_i)$, $v_i = 6(b_i - b_{i-1})$로 놓고 다음의 3중 대각 선형 연립방정식을 풀면 계수 $z_0, z_1, \cdots, z_n$를 구할 수 있다.

$$\begin{cases} z_0 = 0 \\ h_{i-1}z_{i-1} + u_i z_i + h_i z_{i+1} = v_i \ (1 \le i \le n-1) \\ z_n = 0 \end{cases}$$

이는 다음을 사용하여 효율적으로 계산할 수 있다.

$$\text{전진 소거}: \begin{cases} u_i \leftarrow u_i - \dfrac{h_{i-1}^2}{u_{i-1}} \\ v_i \leftarrow v_i - \dfrac{h_{i-1}v_{i-1}}{u_{i-1}} \quad (i = 2, 3, \cdots, n-1) \end{cases}$$

$$\text{역대입}: \begin{cases} z_{n-1} \leftarrow \dfrac{v_{n-1}}{u_{n-1}} \\ z_i \leftarrow \dfrac{v_i - h_i z_{i+1}}{u_i} \quad (i = n-2, n-3, \cdots, 1) \end{cases}$$

6.2 연습문제

01 다음과 같은 함수가 절점 $-1, 0, 1$에서 절댓값 함수 $|x|$와 일치하는 자연 3차 스플라인 함수일 수 있는 a, b, c, d가 존재하는가?

$$S(x) = \begin{cases} ax^3 + x^2 + cx & (-1 \le x \le 0) \\ bx^3 + x^2 + dx & (0 \le x \le 1) \end{cases}$$

02 다음과 같은 함수가 자연 3차 스플라인 함수이도록 하는 a, b, c, d가 존재하는가?

$$S(x) = \begin{cases} -x & (-10 \le x \le -1) \\ ax^3 + bx^2 + cx + d & (-1 \le x \le 1) \\ x & (1 \le x \le 10) \end{cases}$$

03 구간 $[0, 2]$의 절점 $0, 1, 2$를 사용하여 함수 $f(x) = x^6$을 보간하는 자연 3차 스플라인을 구하라.

04 다음의 S가 자연 3차 스플라인 함수가 되도록 하는 변수 a, b, c, d, e를 구하라.

$$S(x) = \begin{cases} a + b(x-1) + c(x-1)^2 + d(x-1)^3 & (x \in [0, 1]) \\ (x-1)^3 + ex^2 - 1 & (x \in [1, 2]) \end{cases}$$

05 f가 3차 스플라인이고 $\int_0^2 [f''(x)]^2 dx$의 값이 최소가 되도록 a, b, c, d의 값을 구하라.

$$f(x) = \begin{cases} 3 + x - 9x^3 & (0 \le x \le 1) \\ a + b(x-1) + c(x-1)^2 + d(x-1)^3 & (1 \le x \le 2) \end{cases}$$

06 f가 절점으로 $-1, 0, 1, 2$를 가진 3차 스플라인인지 아닌지를 결정하라.

$$f(x) = \begin{cases} 1 + 2(x+1) + (x+1)^3 & (-1 \le x \le 0) \\ 3 + 5x + 3x^2 & (0 \le x \le 1) \\ 11 + (x-1) + 3(x-1)^2 + (x-1)^3 & (1 \le x \le 2) \end{cases}$$

07 다음의 함수들이 자연 3차 스플라인이 아니게 되는 모든 방식을 열거하라.

(a) $S(x) = \begin{cases} x + 1 & (-2 \le x \le -1) \\ x^3 - 2x + 1 & (-1 \le x \le 1) \\ x - 1 & (1 \le x \le 2) \end{cases}$

(b) $f(x) = \begin{cases} x^3 + x - 1 & (-1 \le x \le 0) \\ x^3 - x - 1 & (0 \le x \le 1) \end{cases}$

08 $S(x)$를 구간 $[a, b]$ 전체에 있는 $(n+1)$개의 절점 $a = t_0 < t_1 < \cdots < t_n = b$에서 보간하는 m차 스플라인 함수라고 하자.

(a) $[a, b]$에서 $S(x)$가 유일하게 정의되려면 몇 개의 조건이 필요한가?

(b) 절점들에서의 보간 조건에 의해 몇 개의 조건이 정의되는가?

(c) 미분의 연속성에 의해 정의되는 조건은 몇 개인가?

(d) 총 개수가 문제 (a)의 수와 같기 위해서는 몇 개의 추가 조건이 더 필요한가?

09 다음 함수가 자연 3차 스플라인 함수임을 보여라.

$$S(x) = \begin{cases} 28 + 25x + 9x^2 + x^3 & (-3 \le x \le -1) \\ 26 + 19x + 3x^2 - x^3 & (-1 \le x \le 0) \\ 26 + 19x + 3x^2 - 2x^3 & (0 \le x \le 3) \\ -163 + 208x - 60x^2 + 5x^3 & (3 \le x \le 4) \end{cases}$$

10 절점 $0, 1, 2, 3$에서는 3차, $[0, 1]$에서는 2차, $[1, 2]$에서는 3차, $[2,3]$에서는 2차 스플라인인 예를 하나 제시하라.

11 절점 $0, 1, 2, 3$에서는 3차 스플라인, $[0, 1]$에서는 선형이지만 다른 두 구간에서는 3차인 3차 스플라인 함수 S의 예를 하나 제시하라.

12 다음 함수 S가 3차 스플라인이 되도록 a, b, c를 구하라.

$$S(x) = \begin{cases} x^3 & (0 \le x \le 1) \\ \frac{1}{2}(x-1)^3 + a(x-1)^2 + b(x-1) + c & (1 \le x \le 3) \end{cases}$$

13 다음 함수가 자연 3차 스플라인이기 위한 계수가 존재하는가? 그 이유는 무엇인가?

$$f(x) = \begin{cases} x+1 & (-2 \le x \le -1) \\ ax^3 + bx^2 + cx + d & (-1 \le x \le 1) \\ x-1 & (1 \le x \le 2) \end{cases}$$

14 다음 함수가 $x=1$일 때 함숫값이 2인 3차 스플라인이 되도록 계수를 구하라.

$$S(x) = \begin{cases} x^3 - 1 & (-9 \le x \le 0) \\ ax^3 + bx^2 + cx + d & (0 \le x \le 5) \end{cases}$$

15 다음 함수가 3차 스플라인이고 $S_1'''(x) = 12$를 만족하도록 계수를 구하라.

$$S(x) = \begin{cases} x^2 + x^3 & (0 \le x \le 1) \\ a + bx + cx^2 + dx^3 & (1 \le x \le 2) \end{cases}$$

16 $a = x_0 < x_1 < \cdots < x_m = b$라 가정하자. $0 \le i \le m$에서 (x_i, y_i) 값들의 표를 보간하는 함수 f에 대해 $\int_a^b |f'(x)|dx$의 값이 최소일 때의 함수 f를 묘사하라.

17 n개의 절점에서 4차 스플라인을 유일하게 정하기 위해서는 몇 개의 추가 조건이 더 필요한가?

18 절점이 $t_0 < t_1 < \cdots < t_n$이고, 수 y_i, z_i가 주어졌다고 가정하자. 주어진 절점에서 $f(t_i) = y_i \, (0 \le i \le n)$, $\lim_{x \to t_i^+} f''(x) = z_i \, (0 \le i \le n-1)$, $\lim_{x \to t_i^-} f''(x) = z_i \, (1 \le i \le n)$을 만족하는 구간별 3차 함수 f의 식을 구하라. 왜 f는 일반적으로 3차 스플라인이 아닌가?

19 함수 f를 아래와 같이 정의한다. 이때 $\lim_{x \to 0^+} f(x) = \lim_{x \to 0^-} f(x)$, $\lim_{x \to 0^+} f''(x) = \lim_{x \to 0^-} f''(x)$임을 보여라. f와 f''은 연속인가? 이 사실로부터 f는 3차 스플라인인지 설명하라.

$$f(x) = \begin{cases} x^3 + x - 1 & (-1 \le x \le 0) \\ x^3 - x - 1 & (0 \le x \le 1) \end{cases}$$

20 절점 $t_0 < t_1 < \cdots < t_n$에서 보간 데이터 $S(t_i) = y_i \, (0 \le i \le n)$와 두 경계조건 $S'(t_0) = S'(t_n) = 0$을 만족하는 3차 스플라인 S가 유일하게 존재함을 보여라.

21 다음과 같이 오직 두 개의 성분만으로 이루어진 표를 보간하는 자연 3차 스플라인을 명확하게 설명하라. 그에 대한 식을 제시하라. 여기서 t_0과 t_1은 절점이다.

x	t_0	t_1
y	y_0	y_1

22 $f(0) = 0$, $f(1) = 1.1752$, $f'(0) = 1$, $f'(1) = 1.5431$이라 가정하자. 이 데이터에 대한 3차 보간 다항식 $p_3(x)$를 구하라. 이 다항식은 자연 3차 스플라인인가?

23 절점 $t_0, t_1, \cdots, t_n$을 갖는 **주기적 3차 스플라인**은 $S(t_0) = S(t_n)$, $S'(t_0) = S'(t_n)$, $S''(t_0) = S''(t_n)$인 3차 스플라인 함수 $S(x)$로 정의된다. 이 스플라인은 주기적이라고 알려진 데이터를 맞춤할 때 사용될 수 있다. 다음의 표를 보간하는 주기 3차 스플라인을 얻는 데 필요한 분석을 수행하라. 여기서 $y_n = y_0$라 가정한다.

x	t_0	t_1	$\cdots$	t_n
y	y_0	y_1	$\cdots$	y_n

24 다항식의 미분과 적분은 다항식이다. 스플라인 함수에서 비슷한 결과가 도출됨을 설명하고 증명하라.

25 주어진 미분 가능한 함수 f와 절점 $t_0 < t_1 < \cdots < t_n$에 대하여 절점들에서 f를 보간하고 경계조건 $S'(t_0) = f'(t_0)$, $S'(t_n) = f'(t_n)$을 만족하는 3차 스플라인 S를 어떻게 얻을 수 있는지를 보여라.

주의 : 이 프로시저는 응용에서 f의 보간에 더 적합하다. f'이 주어지지 않았다면 $f'(t_0)$와 $f'(t_n)$의 유한차분 근사가 사용될 수 있다.

26 S를 절점 $t_0 < t_1 < \cdots < t_n$을 갖는 3차 스플라인이라고 하자. 두 구간 $[t_0, t_1]$, $[t_2, t_3]$에서 S가 선형 다항식으로 축소된다고 가정하자. $[t_1, t_2]$에서는 S가 어떻게 되는가?

27 3차 보간 스플라인의 구성에서 상수 C_i와 D_i 값의 계산을 수행하고 그로부터 식 (5)를 정당화하라.

28 S_i를 다음과 같은 형태로도 나타낼 수 있음을 보여라.

$$S_i(x) = y_i + A_i(x - t_i) + \frac{1}{2} z_i (x - t_i)^2 + \frac{z_{i+1} - z_i}{6h_i}(x - t_i)^3$$

여기서 A_i는 다음과 같다.

$$A_i = -\frac{h_i}{3}z_i - \frac{h_i}{6}z_{i+1} - \frac{y_i}{h_i} + \frac{y_{i+1}}{h_i}$$

29 식 (5)에서 시작하여 식 (9)를 유도하는 세부 과정을 수행하라.

30 배열 (z_i)가 식 (9)를 만족하는지 여부를 보임으로써 배열 (z_i)를 계산하는 알고리즘의 정확함을 입증하라. 그러면 이는 알고리즘의 3단계 방정식을 만족한다.

31 3차 스플라인 보간 다항식을 결정하는 알고리즘에서 $u_i > 2h_i + \frac{3}{2}h_{i-1}$임을 증명하라.

32 손으로 직접 계산하여 다음 표를 보간하는 자연 3차 스플라인을 찾아라.

x	1	2	3	4	5
y	0	1	0	1	0

33 절점 $-1, 0, 1$에서 $S''(-1) = S''(1) = 0$, $S(-1) = S(1) = 0$, $S(0) = 1$의 조건들을 만족하는 3차 스플라인을 구하라.

34 이 문제와 다음 두 문제는 등간격으로 절점들이 놓인 상황에서 자연 3차 스플라인 보간 다항식에 대한 더욱 효율적인 알고리즘을 제공한다. 식 (5)에서 $h_i = h$로 놓고 변수 z_i를 $q_i = h^2 z_i/6$로 대체하라. 그런 후 식 (5)의 새로운 형태가 다음과 같음을 보여라.

$$S_i(x) = q_{i+1}\left(\frac{x-t_i}{h}\right)^3 + q_i\left(\frac{t_{i+1}-x}{h}\right)^3 + (y_{i+1} - q_{i+1})\left(\frac{x-t_i}{h}\right) + (y_i - q_i)\left(\frac{t_{i+1}-x}{h}\right)$$

35 다음의 새로운 연속 조건을 확립하라.

$$\begin{cases} q_0 = q_n = 0 \\ q_{i-1} + 4q_i + q_{i+1} = y_{i+1} - 2y_i + y_{i-1} & (1 \le i \le n-1) \end{cases}$$

36 변수 q_i를 다음과 같은 역 귀납법backward recursion으로 구할 수 있음을 보여라.

$$\begin{cases} q_n = 0, \ q_{n-1} = \beta_{n-1} \\ q_i = \alpha_i q_{i+1} + \beta_i & (i = n-2, n-3, \cdots, 0) \end{cases}$$

여기서 계수 α_i와 β_i는 다음의 오름차순 귀납적 정의로부터 생성된다(이 안정적이고 효율적인 알고리즘은 매클라우드MacLeod [1973]의 덕분이다).

$$\begin{cases} \alpha_0 = 0, \ \alpha_i = -(\alpha_{i-1} + 4)^{-1} & (1 \le i \le n) \\ \beta_0 = 0, \ \beta_i = -\alpha_i(y_{i+1} - 2y_i + y_{i-1} - \beta_{i-1}) & (1 \le i \le n) \end{cases}$$

37 $[a, b]$에서 $S(x)$가 k차 스플라인이라면 $S'(x)$는 $(k-1)$차 스플라인임을 보여라.

38 $(n+1)$개의 절점에서 구간별 4차 함수를 정의하기 위해서는 몇 개의 계수들이 필요한가? 구간별 4차 함수가 4차 스플라인이려면 얼마나 많은 조건들이 부과되어야 하는가? 당신의 답을 논리적으로 설명하라.

39 다음 함수가 자연 3차 스플라인인지 아닌지를 결정하라.

$$S(x) = \begin{cases} x^3 + 3x^2 + 7x - 5 & (-1 \le x \le 0) \\ -x^3 + 3x^2 + 7x - 5 & (0 \le x \le 1) \end{cases}$$

40 다음 함수가 절점 0, 1, 2를 갖는 자연 3차 스플라인인지 아닌지를 결정하라.

$$f(x) = \begin{cases} x^3 + x - 1 & (0 \le x \le 1) \\ -(x-1)^3 + 3(x-1)^2 + 4(x-1) + 1 & (1 \le x \le 2) \end{cases}$$

41 점 $(0, 1)$, $(1, 2)$, $(2, 3)$, $(3, 4)$, $(4, 5)$를 통과하는 자연 3차 스플라인은 반드시 $y = x + 1$임을 보여라(주어진 데이터 집합을 보간하는 자연 3차 스플라인은 유일하다. 왜냐하면 2.3절에서 증명했던 것처럼 식 (10)의 행렬이 대각 지배 행렬이고, 역행렬이 존재하기 때문이다).

6.2 컴퓨터 연습문제

01 2.3절의 *Tri* 프로시저를 사용해 프로시저 *Spline3_Coef*를 다시 작성하고 테스트하라. $(n-1) \times (n-1)$ 3중 대각 시스템의 대칭성을 활용하라.

02 자연 3차 스플라인 3중 대각 시스템을 푸는 알고리즘의 1단계에서 요구되는 추가 저장 공간은 적은 양의 추가 계산 비용만으로 직접 제거될 수 있다. 즉 전진 소거 단계(2단계)와 역대

입 단계(3단계)에서 t_i, y_i들로부터 h_i, b_i들을 직접 계산하는 것이다. 이 아이디어를 이용하여 프로시저 *Spline3_Coef*를 다시 작성하고 테스트하라.

03 20개 이하의 절점과 3차 스플라인 루틴 *Spline3_Coef*와 *Spline3_Eval*을 사용하여 컴퓨터 플로터[plotter]에 다음을 그려라.

(a) 학교 마스코트

(b) 서명

(c) 프로필

04 구간 $[-5, 5]$에 동일한 간격으로 놓인 41개의 절점에서 $f(x) = (x^2+1)^{-1}$을 보간하는 3차 스플라인 함수를 S라 하자. 구간 $[0, 5]$에서 등간격으로 놓인 101개의 점에서 $S(x)-f(x)$의 값을 계산하라.

05 그래프 용지에 자유로운 형태의 곡선을 그린 후 그 곡선이 어떤 함수의 그래프인지를 확인하라. 그 다음으로 이 함수에서 적절한 개수의 점, 예를 들어 10~50개 정도의 점에서 함숫값을 읽고 이 값들을 취하는 3차 스플라인 함수를 계산하라. 자유롭게 그렸던 처음 곡선과 3차 스플라인의 그래프를 서로 비교하라.

06 나선(또는 하나의 함수가 아닌 다른 형태의 곡선)을 그리고, 매개변수 스플라인 함수를 사용하여 그 곡선을 재생성하라(다음 그림을 참조하라).

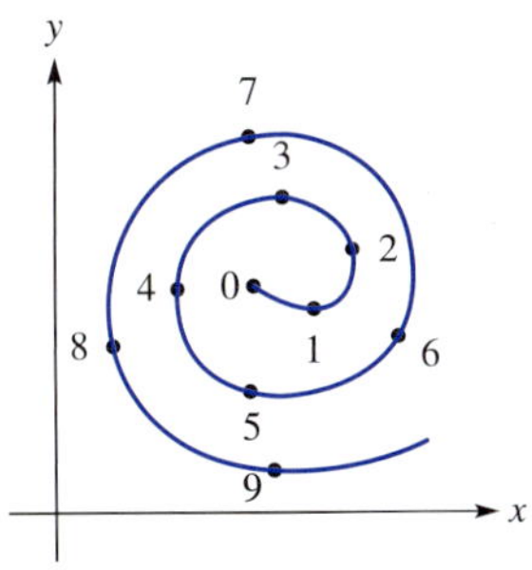

07 균일한 간격으로 놓인 절점들에서 자연 3차 스플라인 보간을 수행하는 최대한 간단한 프로시저를 작성하고 테스트하라.

힌트 : [연습문제 6.2.34]~[연습문제 6.2.36]을 참조하라.

08 사전에 정해진 절점들 $a=t_0<t_1<\cdots<t_n=b$에서의 f의 함숫값만 알고 있다고 가정할 때, $\int_a^b f(x)dx$를 근사하는 프로그램을 작성하라. 우선 f를 3차 보간 스플라인으로 근사하고 식 (5)를 이용하여 이 근사의 적분을 계산하라.

09 $[a, b]$의 임의의 x에 대해 $f'(x)$를 추정하는 프로시저를 작성하라. 단, 절점 $a=t_0<t_1<\cdots<t_n=b$에서의 f의 함숫값만은 알고 있다고 가정한다.

10 균일한 간격으로 놓인 절점의 수를 증가시키면서 4.2절의 룽게 함수 $f(x)=1/(1+x^2)$을 사용하면 보간 다항식은 더 안 좋아지지만, 곡선 맞춤 측면에서 자연 3차 스플라인 곡선은 더욱 개선됨을 관찰하라.

11 MATLAB, Maple, Mathematica와 같은 수학 소프트웨어를 사용하여 [예제 2]에서의 스플라인 함수를 생성하고 그 그래프를 그려라.

12 MATLAB, Maple, Mathematica에서 찾을 수 있는 컴퓨터 그래픽을 사용하여 다음에 해당하는 3차 스플라인 함수의 그래프를 그리는 법을 배우고 연습하라.

(a) [그림 6.7]　　(b) [그림 6.8]

(c) [그림 6.9]　　(d) [그림 6.10]

6.3 B 스플라인 : 보간과 근사

소개

이 장에서는 B 스플라인B spline 이론을 소개할 것이다. B 스플라인은 수치 작업에 잘 활용되며 데이터를 근사하는 실제 프로그램에서 자주 사용되는 특수한 스플라인 함수이다. 따라서 현명한 라이브러리 코드 사용자라면 B 스플라인과 어느 정도는 친숙해져야 한다. B 스플라인이라는 이름은 이 함수들이 모든 스플라인 집합의 기저basis가 됨을 의미한다(B 스플라인의 특징적인 형태 때문에 **벨 스플라인**bell spline이라는 다소 낭만적인 용어가 선호되기도 한다).

이 절 전체에 걸쳐 절점의 무한 집합 $\{t_i\}$는 다음과 같이 정의한다.

$$\begin{cases} \cdots < t_{-2} < t_{-1} < t_0 < t_1 < t_2 < \cdots \\ \lim\limits_{i\to\infty} t_i = \infty = -\lim\limits_{i\to\infty} t_{-i} \end{cases} \tag{1}$$

비록 앞의 B 스플라인의 표기에서는 그 의존성을 확인할 수 없지만 여기서 정의할 B 스플라인은 이 절점들의 집합에 의존한다.

B_i^0 스플라인

0차 B 스플라인은 다음과 같이 정의한다.

$$B_i^0(x) = \begin{cases} 1\,, & t_i \le x < t_{i+1} \\ 0\,, & \text{그 외} \end{cases} \tag{2}$$

$B_i^0(x)$ 스플라인

B_i^0의 그래프는 [그림 6.12]와 같다.

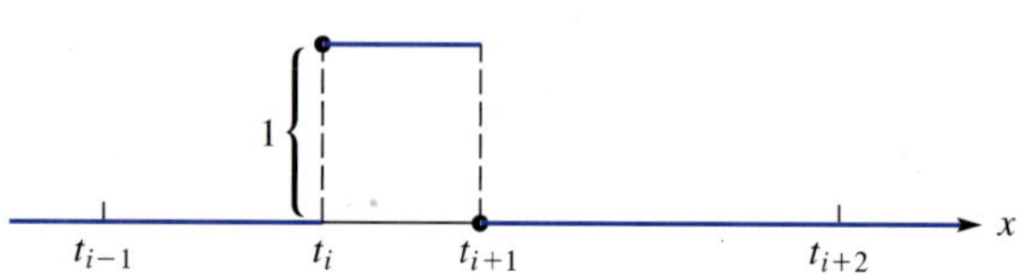

[그림 6.12] B_i^0 스플라인

명백하게 B_i^0은 불연속 함수이다. 하지만 모든 점, 심지어 도약jump이 발생한 점조차 그 오른쪽부터는 연속이다. 따라서 다음을 얻는다.

$$\lim_{x\to t_i^+} B_i^0(x) = 1 = B_i^0(t_i), \quad \lim_{x\to t_{i+1}^+} B_i^0(x) = 0 = B_i^0(t_{i+1})$$

만약 함수 f의 **받침**support을 $f(x) \neq 0$인 점 x들의 집합이라고 정의하면, B_i^0의 받침은 반열린 구간 $[t_i, t_{i+1})$이다. B_i^0은 구간별 상수 함수이므로 0차 스플라인이다. 성질

두 가지 사항을 더 살펴보자.

$$\begin{cases} B_i^0(x) \geq 0 & (\text{모든 } x \text{ 와 모든 } i \text{ 에 대하여}) \\ \displaystyle\sum_{i=-\infty}^{\infty} B_i^0(x) = 1 & (\text{모든 } x \text{ 에 대하여}) \end{cases}$$

위의 두 번째 성질은 무한급수를 포함하고 있지만 이 급수에서 각 x에 대해 0이 아닌 항은 오직 한 개의 항뿐이므로 수렴성에 대한 의문을 가질 필요가 없다. 사실 고정한 x에 대해 $t_m \leq x < t_{m+1}$인 유일한 정수 m이 존재하므로 다음을 만족한다.

$$\sum_{i=-\infty}^{\infty} B_i^0(x) = B_m^0(x) = 1$$

이제 식 (2)로 B_i^0을 정의하는 이유를 살펴보자.

이러한 0차 B 스플라인과 관련해서 마지막으로 주목해야 할 점이 있다. 오른쪽으로부터 연속이고 절점 (1)에 기반을 두고 있는 모든 0차 스플라인은 B 스플라인 B_i^0의 선형 결합으로 나타낼 수 있다. 실제로 S가 그러한 함수라면 다음과 같은 법칙에 의해서 특징지어질 수 있다.

$$S(x) = b_i, \quad \text{단}, \ t_i \leq x < t_{i+1} \qquad (i = 0, \pm 1, \pm 2, \cdots)$$

그러면 S는 다음과 같이 나타낼 수 있다.

$$S = \sum_{i=-\infty}^{\infty} b_i B_i^0$$

B_i^1과 B_i^k 스플라인

함수 B_i^0을 시작점으로 다음의 간단한 재귀적 정의에 의해 더 높은 차수의 모든 B 스플라인을 만들 수 있다.

$$B_i^k(x) = \left(\frac{x - t_i}{t_{i+k} - t_i}\right) B_i^{k-1}(x) + \left(\frac{t_{i+k+1} - x}{t_{i+k+1} - t_{i+1}}\right) B_{i+1}^{k-1}(x) \quad (k \geq 1) \tag{3}$$

k차 B 스플라인의 재귀적 관계

여기서 $k = 1, 2, \cdots$, $i = 0, \pm 1, \pm 2, \cdots$이다.

식 (3)을 설명하기 위해 대체 형태로 B_i^1을 결정해 보자.

$B_i^1(x)$ 스플라인

$$B_i^1(x) = \left(\frac{x - t_i}{t_{i+1} - t_i}\right) B_i^0(x) + \left(\frac{t_{i+2} - x}{t_{i+2} - t_{i+1}}\right) B_{i+1}^0(x)$$
$$= \begin{cases} 0 & (x \geq t_{i+2} \text{ 또는 } x \leq t_i) \\ \dfrac{x - t_i}{t_{i+1} - t_i} & (t_i \leq x < t_{i+1}) \\ \dfrac{t_{i+2} - x}{t_{i+2} - t_{i+1}} & (t_{i+1} \leq x < t_{i+2}) \end{cases}$$

B_i^1의 그래프는 [그림 6.13]에 나타나 있다. 이 함수들은 종종 **모자 함수**hat function 또는 chapeau function(프랑스어에서 유래)라고 불리는데, 이는 이 함수들이 신문으로 만드는 삼각 모자와 닮았기 때문이다. B_i^1의 받침은 열린 구간 (t_i, t_{i+2})이다. 다소 명백하지는 않지만

$$\sum_{i=-\infty}^{\infty} B_i^1(x) = 1 \qquad (\text{모든 } x\text{에 대해})$$

은 참이며, 절점 (1)을 기반으로 한 모든 1차 스플라인들은 B_i^1의 선형 결합이다.

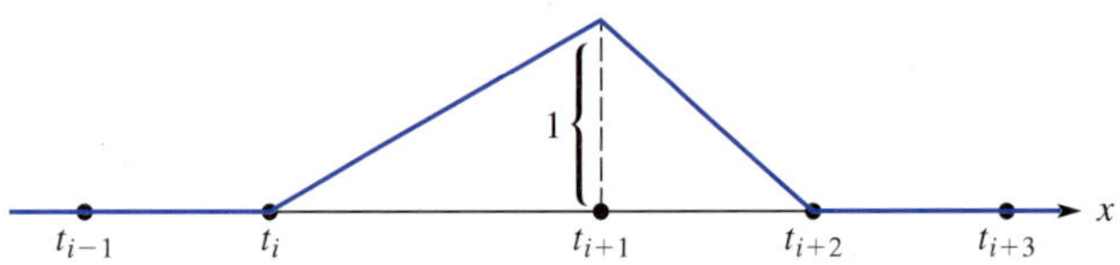

[그림 6.13] B_1^1 스플라인

식 (3)에서 정의한 함수 B_i^k를 **k차 B 스플라인**이라 부른다. 각각의 B_i^k는 B_i^{k-1}과 B_{i+1}^{k-1}에 선형 인자를 적용해 얻은 것이므로 각 단계에서 실제로 차수가 1씩 증가함을 알 수 있다. 따라서 B_i^1은 구간별로 선형이고 B_i^2는 구간별로 이차이며 그 외에도 이런 식으로 계속된다.

수학적 귀납법에 의해 다음을 쉽게 유도할 수 있다.

$$B_i^k(x) = 0, \quad x \notin [t_i, t_{i+k+1}) \qquad (k \geq 0)$$

이를 증명하기 위해 정의 (2)에 의해 $k=0$일 때 위 식이 참이라는 사실로부터 시작하자. 만약 첨자가 $(k-1)$일 때 위 식이 참이라면 다음의 이유에 의해 첨자가 k일 때도 참이다. 귀납적 가정에 의해 x가 $[t_i, t_{i+k})$ 외부에 있으면 $B_i^{k-1}(x) = 0$, x가 $[t_{i+1}, t_{i+k+1})$ 외부에 있으면 $B_{i+1}^{k-1}(x) = 0$이라는 것을 알 수 있다. 만약 x가 앞의 두 구간 외부에 있으면 x는 두 구간의 합집합 $[t_i, t_{i+k+1})$의 외부에 있다. 그러면 식 (3)의 우변의 모든 항은 0이다. 따라서 $[t_i, t_{i+k+1})$ 외부에서 $B_i^k(x) = 0$이다. $B_i^k(t_i) = 0$은 식 (3)으로부터 직접적으로 얻을 수 있다. 따라서 $k \geq 1$에 대해서 (t_i, t_{i+k+1}) 외부의 모든 x에서 $B_i^k(x) = 0$임을 알 수 있다.

방금 증명했던 성질을 보충하는 의미로 다시 한번 수학적 귀납법으로 다음을 보일 수 있다.

$$B_i^k(x) > 0 \quad x \in (t_i, t_{i+k+1}) \quad (k \geq 0)$$

식 (2)에 의해 $k=0$일 때 위의 명제는 참이다. 만약 첨자가 $(k-1)$일 때 이 명제가 참이라면 (t_i, t_{i+k})에서 $B_i^{k-1}(x) > 0$, (t_{i+1}, t_{i+k+1})에서 $B_{i+1}^{k-1}(x) > 0$이다. 식 (3)에서 $B_i^{k-1}(x)$와 $B_{i+1}^{k-1}(x)$에 곱해지는 인자들은 $t_i < x < t_{i+k+1}$일 때 양수이다. 따라서 이 구간에서 $B_i^k(x) > 0$이다.

[그림 6.14]는 같은 축에 그려진 처음 4개의 B_i^k 스플라인 그래프를 보여준다.

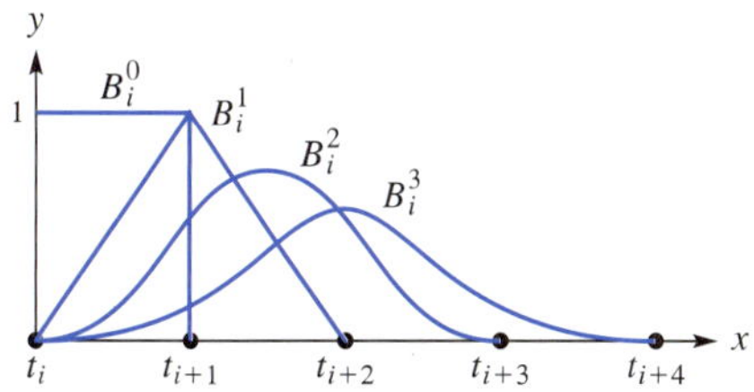

[그림 6.14] 처음 4개의 B_i^k 스플라인

B_i^k 스플라인의 선형 결합

B 스플라인 $B_i^k(i=0, \pm 1, \pm 2, \cdots)$는 같은 절점 열을 갖는 모든 k차 스플라인들의 집합의 기저로 주로 사용된다. 따라서 다음과 같은 선형 결합은 중요한 연구 대상이다(우리는 고정된 k에 대해 c_i를 사용하고 상응하는 k차 B 스플라인을 강조하기 위해 C_i^k를 사용할 것이다).

$$\sum_{i=-\infty}^{\infty} c_i B_i^k$$

우리의 첫 번째 과제는 (절점 열 t_i뿐만 아니라) 계수 C_i^k가 주어졌다는 가정 하에 다음과 같은 형태의 함수를 계산하는 효율적인 방법을 개발하는 것이다.

$$f(x) = \sum_{i=-\infty}^{\infty} C_i^k B_i^k(x) \tag{4}$$

식 (3)과 몇 가지 간단한 급수 계산을 이용하면 다음을 얻는다.

$$\begin{aligned} f(x) &= \sum_{i=-\infty}^{\infty} C_i^k \left[\left(\frac{x-t_i}{t_{i+k}-t_i}\right) B_i^{k-1}(x) + \left(\frac{t_{i+k+1}-x}{t_{i+k+1}-t_{i+1}}\right) B_{i+1}^{k-1}(x)\right] \\ &= \sum_{i=-\infty}^{\infty} \left[C_i^k \left(\frac{x-t_i}{t_{i+k}-t_i}\right) + C_{i-1}^k \left(\frac{t_{i+k}-x}{t_{i+k}-t_i}\right)\right] B_i^{k-1}(x) \\ &= \sum_{i=-\infty}^{\infty} C_i^{k-1} B_i^{k-1}(x) \end{aligned} \tag{5}$$

이때 C_i^{k-1}은 식 (5) 이전의 행에서의 적절한 상수로 정의한다.

이 산술 계산은 $B_i^k(x)$의 선형 결합이 $B_i^{k-1}(x)$의 선형 결합으로 어떻게 표현될 수 있는지를 보여준다. 이 과정을 $(k-1)$번 반복하면 결과적으로 $f(x)$를 다음의 형태로 표현할 수 있다.

$$f(x) = \sum_{i=-\infty}^{\infty} C_i^0 B_i^0(x) \tag{6}$$

만약 $t_m \le x < t_{m+1}$이면 $f(x) = C_m^0$이다. 계수 C_i^{j-1}을 얻을 수 있는 식은 다음과 같다.

$$C_i^{j-1} = C_i^j\left(\frac{x-t_i}{t_{i+j}-t_i}\right) + C_{i-1}^j\left(\frac{t_{i+j}-x}{t_{i+j}-t_i}\right) \tag{7}$$

C_i^{j-1} 계수들의 귀납적 관계

식 (4)의 좋은 점은 $t_m \le x < t_{m+1}$일 때 $f(x)$를 계산하는 데 $(k+1)$개의 계수 C_m^k, $C_{m-1}^k, \cdots, C_{m-k}^k$만이 필요하다는 것이다([연습문제 6.3.6] 참조). 따라서 만약 식 (4)에 의해 f가 정의되고 $f(x)$를 계산하고 싶다면 식 (7)을 이용해서 다음의 삼각 배열의 성분들을 계산해야 한다.

$$\begin{array}{llll} C_m^k & C_m^{k-1} & \cdots & C_m^0 \\ C_{m-1}^k & C_{m-1}^{k-1} & \iddots & \\ \vdots & \iddots & & \\ C_{m-k}^k & & & \end{array}$$

비록 표기에서는 나타나지 않았지만 식 (4)에서의 계수는 x에 독립적인 반면 식 (7)에 의해서 계산되는 C_i^{j-1}들은 x에 의존한다.

이제 입증해야 할 간단한 문제는 다음과 같다.

$$\sum_{i=-\infty}^{\infty} B_i^k(x) = 1 \qquad (\text{모든 } x \text{와 모든 } k \ge 0\text{에 대해})$$

$k=0$일 때 우리는 이미 위 식이 성립함을 알고 있다. 만약 $k>0$이라면 모든 i에 대해 식 (4)에서 $C_i^k=1$임을 사용하자. 식 (7)에 의해 줄줄이 얻어지는 모든 계수 C_i^k, C_i^{k-1}, $C_i^{k-2}, \cdots, C_i^0$들은 역시 1과 같다(여기서 귀납법이 필요하다). 그러므로 결국에는 $C_i^0=1$과 함께 식 (6)은 참이고 $f(x)=1$이다. 따라서 식 (4)로부터 k차의 모든 B 스플라인의 합은 1이다.

B 스플라인 B_i^k의 매끄러움의 정도는 첨자 k와 함께 증가한다. 사실 B_i^k가 연속적인 $(k-1)$계 도함수를 가진다는 것을 귀납법으로 보일 수 있다.

많은 수학적 상황에서 B 스플라인은 복잡한 함수의 대체재로 사용될 수 있다. 미분과 적분이 중요한 예제들이다.

B 스플라인 미분

B 스플라인 미분의 기본적인 결과는 다음과 같다.

$$\frac{d}{dx}B_i^k(x) = \left(\frac{k}{t_{i+k}-t_i}\right)B_i^{k-1}(x) - \left(\frac{k}{t_{i+k+1}-t_{i+1}}\right)B_{i+1}^{k-1}(x) \tag{8}$$

미분 성질 I

이 식은 귀납적인 식 (3)을 사용해서 귀납법으로 증명할 수 있다. 우선 식 (8)이 성립한다고 하면 다음의 유용한 식을 얻을 수 있다.

$$\frac{d}{dx}\sum_{i=-\infty}^{\infty} c_i B_i^k(x) = \sum_{i=-\infty}^{\infty} d_i B_i^{k-1}(x) \tag{9}$$

미분 성질 II

여기서

$$d_i = k\left(\frac{c_i - c_{i-1}}{t_{i+k} - t_i}\right)$$

이다. 이를 다음과 같이 증명해 보자. 식 (8)에 의해서 다음을 얻는다.

$$\begin{aligned}
\frac{d}{dx}\sum_{i=-\infty}^{\infty} c_i B_i^k(x) &= \sum_{i=-\infty}^{\infty} c_i \frac{d}{dx} B_i^k(x) \\
&= \sum_{i=-\infty}^{\infty} c_i \left[\left(\frac{k}{t_{i+k} - t_i}\right) B_i^{k-1}(x) - \left(\frac{k}{t_{i+k+1} - t_{i+1}}\right) B_{i+1}^{k-1}(x)\right] \\
&= \sum_{i=-\infty}^{\infty} \left[\left(\frac{c_i k}{t_{i+k} - t_i}\right) - \left(\frac{c_{i-1} k}{t_{i+k} - t_i}\right)\right] B_i^{k-1}(x) \\
&= \sum_{i=-\infty}^{\infty} d_i B_i^{k-1}(x)
\end{aligned}$$

B 스플라인 적분

수치 적분에서도 B 스플라인의 사용이 권장된다. 특히 부정적분의 계산에서 그렇다. 적분에 필요한 기본 결과식은 다음과 같다.

$$\int_{-\infty}^{x} B_i^k(s)\,ds = \left(\frac{t_{i+k+1} - t_i}{k+1}\right) \sum_{j=i}^{\infty} B_j^{k+1}(x) \tag{10}$$

적분 성질 I

이 식은 양변을 x에 대해서 미분하고 식 (9)를 이용해 정리하여 증명할 수 있다. 식 (10)의 양변이 상수 차이밖에 나지 않는다는 점을 확실히 하기 위해 어떤 $x < t_i$에 대해서 양변이 0이 된다는 사실에 주목하자.

기본 결과식 (10)으로부터 다음의 유용한 식을 얻을 수 있다.

$$\int_{-\infty}^{x} \sum_{i=-\infty}^{\infty} c_i B_i^k(s)\,ds = \sum_{i=-\infty}^{\infty} e_i B_i^{k+1}(x) \tag{11}$$

적분 성질 II

여기서

$$e_i = \frac{1}{k+1} \sum_{j=-\infty}^{i} c_j (t_{j+k+1} - t_j)$$

이다. 어떠한 함수의 부정적분을 B 스플라인의 선형 결합으로 표현할 수 있다는 사실은 강조할 만하다. 어떤 부정적분은 특정한 x의 값을 선택함으로써 구할 수 있다. 예를 들어 x가 하나의 절점, 즉 $x = t_m$이라 하면 다음이 성립한다.

$$\int_{-\infty}^{t_m} \sum_{i=-\infty}^{\infty} c_i B_i^k(s) ds = \sum_{i=-\infty}^{\infty} e_i B_i^{k+1}(t_m) = \sum_{i=m-k-1}^{m} e_i B_i^{k+1}(t_m)$$

MATLAB은 칼 드 부어Carl de Boor에 의해 개발된 *Spline* 툴박스를 가지고 있으며 이를 이용해 스플라인이 포함된 다양한 작업을 할 수 있다. 예를 들면 다양한 경계 조건을 가진 스플라인으로 데이터를 보간하는 루틴과 데이터에 최소 제곱 맞춤을 하는 루틴이 있다. 툴박스 안의 많은 예시 루틴들이 MATLAB M-파일 프로그래밍을 위한 모델을 제공하고 그래프를 보여준다. 이 예제들은 스플라인 이론, 특히 B 스플라인의 개념을 이해하고 시각화하는 데 상당히 유익하다.

수학적 소프트웨어

Maple은 주어진 절점 목록(이 목록에 다수의 절점이 포함될 수도 있다.)으로부터 k차 B 스플라인 기저 함수들을 생성하는 `BSpline` 패키지를 가지고 있다. 이 방식은 바텔스Bartels, 비티Beatty, 바스키Barsky[1987]에 의해 발견된 차분 실행divided-difference implementation에 기반을 두고 있다.

Mathematica 역시 스플라인 패키지를 보유하고 있다.

B 스플라인에 의한 보간과 근사

지금까지 B 스플라인의 많은 성질들을 살펴봤고 다양한 수치 작업에서 B 스플라인이 어떻게 사용되는지를 보았다. 그렇지만 주어진 함수의 B 스플라인 표현을 얻는 문제는 논의되지 않았다. 여기서는 데이터 표를 보간하는 문제를 생각해볼 것이다. 나중에는 보간 방법이 아닌 근사법을 살펴볼 것이다.

기본적인 질문 하나는 다음 표현

$$S(x) = \sum_{i=-\infty}^{\infty} A_i B_{i-k}^k(x) \tag{12}$$

기본 성질

에서 결과적인 스플라인 함수 $S(x)$가 다음의 주어진 표를 보간하도록 식 (12)의 계수들을 어떻게 결정하는가이다.

x	t_0	t_1	$\cdots$	t_n
y	y_0	y_1	$\cdots$	y_n

여기서 보간한다interpolate는 말은 다음이 성립한다는 의미이다.

$$S(t_i) = y_i \quad (0 \leq i \leq n) \tag{13}$$

보간 조건

자연스러운 시작점은 $k = 0$에 해당하는 가장 단순한 스플라인이다.

$$B_i^0(t_j) = \delta_{ij} = \begin{cases} 1 & (i = j) \\ 0 & (i \neq j) \end{cases}$$

이므로 주어진 문제에 대한 답은 바로 나온다. 즉 $0 \leq i \leq n$에 대해서 $A_i = y_i$로 설정하면 된다. 식 (12)의 모든 다른 계수들은 임의로 결정된다. 특히 계수들이 0이 될 수도 있다.

따라서 우리는 다음의 결과, 즉 0차 B 스플라인

$$S(x) = \sum_{i=0}^{n} y_i B_i^0(x)$$

0차 B 스플라인

가 보간 성질 (13)을 만족한다는 사실을 알 수 있다.

다음의 $k=1$인 경우도 마찬가지로 간단한 해를 가진다. 다음의 사실을 이용해 보자.

$$B_{i-1}^1(t_j) = \delta_{ij}$$

따라서 다음과 같은 1차 B 스플라인

$$S(x) = \sum_{i=0}^{n} y_i B_{i-1}^1(x)$$

1차 B 스플라인

가 보간 성질 (13)을 만족한다는 건 참이다. 따라서 다시 한번 $A_i = y_i$이다.

예를 들어 데이터 표가 4칸이라면($n=3$) B_{-1}^1, B_0^1, B_1^1, B_2^1을 사용한다. 결국 이들은 정의에 의해 절점 $t_{-1}, t_0, t_1, \cdots, t_4$를 필요로 한다. 절점 t_{-1}과 t_4는 임의의 값이다. [그림 6.15]는 4개의 B^1 스플라인의 그래프를 보여준다. 이러한 문제에서 t_{-1}과 t_4가 미리 정해져 있지 않을 때 t_0이 구간 $[t_{-1}, t_1]$의 중점이 되고, t_3이 $[t_2, t_4]$의 중점이 되도록 t_{-1}과 t_4를 정의하는 게 자연스럽다.

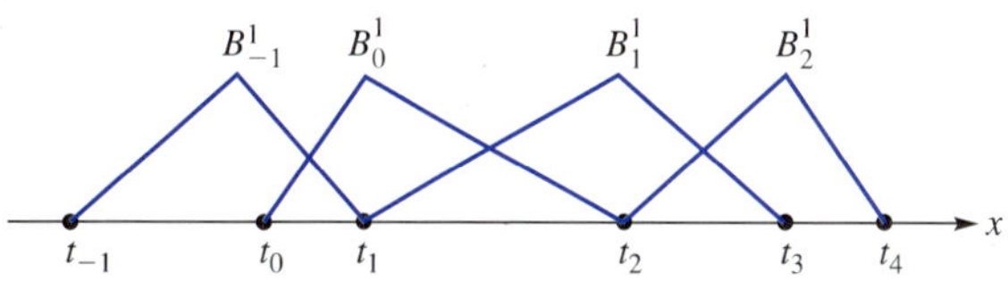

[그림 6.15] B_i^1 스플라인

여기서 고려했던 두 가지의 기본적인 사례에서 식 (12)의 미지의 계수들인 $A_0, A_1, \cdots, A_n$은 보간 조건 (13)에 의해 유일하게 결정된다. 만약 식 (12)의 항들이 구간 $\{0, 1, \cdots, n\}$의 외부에 존재하는 i값에 해당한다면, 그들은 $t_0, t_1, \cdots, t_n$에서 $S(x)$의 값에 어떠한 영향도 주지 않을 것이다.

더 높은 차수의 B 스플라인

더 높은 차수의 스플라인에서 계수 선택에 몇몇 임의성이 존재함을 살펴볼 것이다. 사실 어떤 계수도 보간 조건에 의해서 유일하게 결정되지 않는다. 이 사실은 해의 다른 성질이 필요한 경우에 유용할 수 있다. 2차인 경우는 다음 식에서부터 시작한다.

$$\sum_{i=-\infty}^{\infty} A_i B_{i-2}^2(t_j) = \frac{1}{t_{j+1} - t_{j-1}} [A_j(t_{j+1} - t_j) + A_{j+1}(t_j - t_{j-1})] \tag{14}$$

2차인 경우

이 식의 유도는 [연습문제 6.3.26]으로 남겨두겠다. 이제 보간 조건 (13)을 부여하면 다음의 연립방정식을 얻을 수 있다. 이 방정식들은 계수들에 대한 필요충분조건을 준다.

$$A_j(t_{j+1}-t_j)+A_{j+1}(t_j-t_{j-1})=y_j(t_{j+1}-t_{j-1}) \quad (0 \le j \le n) \tag{15}$$

이 시스템은 $(n+2)$개의 미지수 $A_0, A_1, \cdots, A_{n+1}$과 $(n+1)$개의 선형 방정식으로 이루어져 있다.

식 (15)를 푸는 한 가지 방법은 A_0에 아무 값이나 할당한 후 식 (15)를 이용해서 $A_1, A_2, \cdots, A_{n+1}$을 귀납적으로 결정하는 것이다. 이를 위해 식 (15)를 다음과 같이 변형한다.

$$A_{j+1}=\alpha_j+\beta_j A_j \qquad (0 \le j \le n) \tag{16}$$

이때 다음과 같은 축약형들이 사용되었다.

$$\begin{cases} \alpha_j = y_j\left(\dfrac{t_{j+1}-t_{j-1}}{t_j-t_{j-1}}\right) \\ \beta_j = \dfrac{t_j-t_{j+1}}{t_j-t_{j-1}} \end{cases} \qquad (0 \le j \le n)$$

이 계수들의 크기를 작게 유지하기 위해 다음의 표현이 최소가 되도록 A_0를 선택하길 권한다.

$$\Phi = \sum_{i=0}^{n+1} A_i^2$$

A_0의 값을 결정하기 위해 다음과 같이 진행해 보자. 우선 식 (16)을 이용한 계속적인 대입을 통해 다음을 보일 수 있다.

$$A_{j+1}=\gamma_j+\delta_j A_0 \quad (0 \le j \le n) \tag{17}$$

여기서 계수 γ_j와 δ_j는 다음 알고리즘에 의해 귀납적으로 구할 수 있다.

$$\begin{cases} \gamma_0=\alpha_0 & \delta_0=\beta_0 \\ \gamma_j=\alpha_j+\beta_j\gamma_{j-1}, & \delta_j=\beta_j\delta_{j-1} \quad (1 \le j \le n) \end{cases} \tag{18}$$

그러면 Φ는 다음과 같이 A_0의 2차 함수이다.

$$\begin{aligned} \Phi &= A_0^2+A_1^2+\cdots+A_{n+1}^2 \\ &= A_0^2+(\gamma_0+\delta_0 A_0)^2+(\gamma_1+\delta_1 A_0)^2+\cdots+(\gamma_n+\delta_n A_0)^2 \end{aligned}$$

Φ의 최솟값을 찾기 위해 A_0로 미분하고 그 미분값을 0으로 놓는다.

$$\frac{d\Phi}{dA_0}=2A_0+2(\gamma_0+\delta_0A_0)\delta_0+2(\gamma_1+\delta_1A_0)\delta_1+\cdots+2(\gamma_n+\delta_nA_0)\delta_n=0$$

이는 $qA_0+p=0$과 같은 형태로 q와 p는 다음과 같다.

$$\begin{cases} q=1+\delta_0^2+\delta_1^2+\cdots+\delta_n^2 \\ p=\gamma_0\delta_0+\gamma_1\delta_1+\cdots+\gamma_n\delta_n \end{cases}$$

유사코드 및 곡선 맞춤 예제

이제 이전에 소개되었던 방법으로 계수 A_0, A_1, $\cdots$, A_{n+1}을 계산하는 프로시저를 알아보자. 프로시저의 호출 수열에서 $(t_i)_{0:n}$은 절점 배열, $(y_i)_{0:n}$은 횡좌표 배열, $(a_i)_{0:n+1}$은 A_i 계수들의 배열, $(h_i)_{0:n+1}$은 $h_i=t_i-t_{i-1}$을 만족하는 배열이다. 오직 n과 (t_i), (y_i)만이 입력값이다. 이 값들은 루틴이 끝날 때까지 변하지 않는 변수들이다. 배열 (a_i)와 (h_i)는 계산되어 출력값으로 사용 가능하다.

BSpline2_Coef 유사코드

```
procedure BSpline2_Coef(n, (t_i), (y_i), (a_i), (h_i))
integer i, n;   real δ, γ, p, q
real array (a_i)_{0:n+1}, (h_i)_{0:n+1}, (t_i)_{0:n}, (y_i)_{0:n}
for i = 1 to n
    h_i ← t_i − t_{i−1}
end for
h_0 ← h_1
h_{n+1} ← h_n
δ ← −1
γ ← 2y_0
p ← δγ
q ← 2
for i = 1 to n
    r ← h_{i+1}/h_i
    δ ← −rδ
    γ ← −rγ + (r + 1)y_i
    p ← p + γδ
    q ← q + δ^2
end for
a_0 ← −p/q
for i = 1 to n + 1
    a_i ← [(h_{i−1} + h_i)y_{i−1} − h_i a_{i−1}]/h_{i−1}
end for
end procedure BSpline2_Coef
```

다음으로 $S(x)=\sum_{i=0}^{n+1} A_iB_{i-2}^2(x)$로 주어진 2차 스플라인의 값을 계산하는 프로시저 함수 *BSpline2_Eval*를 제시한다. 그 호출 수열들은 앞의 유사코드처럼 동일한 변수들을 일부 갖고 있다. 입력변수 x는 t_0과 t_n 사이에 존재하는 실수이다. [연습문제 6.3.26]의 결과가 사용되었다.

```
real function BSpline2_Eval(n, (t_i), (a_i), (h_i), x)
integer i, n;    real d, e, x;    real array (a_i)_{0:n+1}, (h_i)_{0:n+1}, (t_i)_{0:n}
for i = n − 1 to 0 step −1
    if x − t_i ≧ 0 then exit loop
end for
i ← i + 1
d ← [a_{i+1}(x − t_{i−1}) + a_i(t_i − x + h_{i+1})]/(h_i + h_{i+1})
e ← [a_i(x − t_{i−1} + h_{i−1}) + a_{i−1}(t_{i−1} − x + h_i)]/(h_{i−1} + h_i)
BSpline2_Eval ← [d(x − t_{i−1}) + e(t_i − x)]/h_i
end function BSpline2_Eval
```

BSpline2_Eval 유사코드

6.2절의 20개의 점이 있는 표를 사용하여 자연 3차 스플라인 곡선과 *BSpline2_Coef*와 *BSpline2_Eval* 프로시저를 통해 얻은 2차 스플라인의 결과를 비교할 수 있다. 이 곡선들 중 첫 번째 곡선은 [그림 6.8]에 있고, 두 번째 곡선은 [그림 6.16]에 있다. 후자가 합리적이지만 전자에 비해 매끈해 보이지는 않는다. 이 곡선들은 자연 3차 스플라인이 곡선 맞춤에 있어서 간단하고 우아한 함수임을 다시 한번 보여준다.

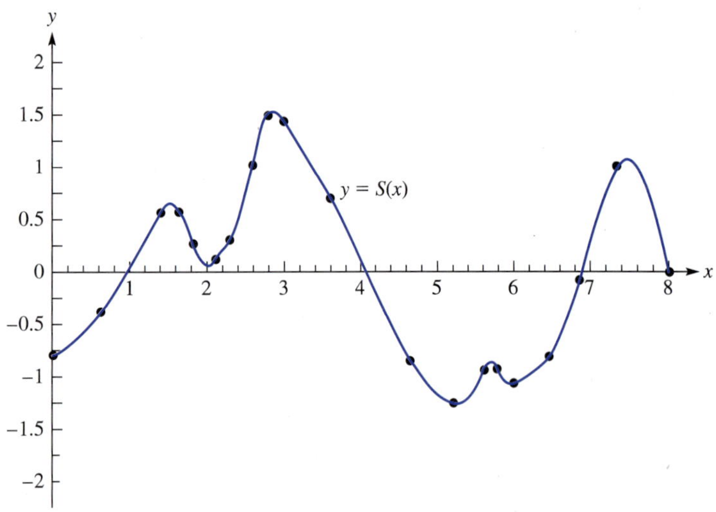

[그림 6.16] 2차 보간 스플라인

쇤베르크 과정Schoenberg's process

쇤베르크에 의해 개발된 한 과정을 통해 주어진 함수에 대한 B 스플라인 근사를 효율적으로 얻을 수 있다. 이 방법의 2차 과정은 다음과 같이 정의된다.

$$S(x) = \sum_{i=-\infty}^{\infty} f(\tau_i) B_i^2(x) \quad (\text{단, } \tau_i = \frac{1}{2}(t_{i+1} + t_{i+2})) \tag{19}$$

2차인 경우

물론 여기서 절점들은 $\{t_i\}_{i=-\infty}^{\infty}$이고, f의 값은 절점의 중점들에서 계산되어야 한다.

식 (19)는 f를 근사하는 2차 스플라인 함수를 생성하는 데 유용하다. 이 과정에서 가장 두드러지는 성질은 다음과 같다.

성질 쇤베르크 과정

1. $f(x)=ax+b$이면 $S(x)=f(x)$이다.
2. 모든 점에서 $f(x)\geq 0$이면, 모든 점에서 $S(x)\geq 0$이다.
3. $\max_x|S(x)|\leq \max_x|f(x)|$
4. f가 $[a,b]$에서 연속이고 $\delta=\max_i|t_{i+1}-t_i|$일 때 $\delta<b-a$라면 $[a,b]$에서 x에 대해 다음이 성립한다.

$$|S(x)-f(x)|\leq \frac{3}{2}\max_{a\leq u\leq v\leq u+\delta\leq b}|f(u)-f(v)|$$

5. 평면에서 f의 그래프가 만나는 직선의 수보다 S의 그래프가 만나는 직선의 수가 더 작거나 같다.

이 성질들 중 일부는 기초적인 것이지만 다른 것들은 다소 난해하다. 성질 1은 [연습문제 6.3.29]에 소개되어있다. 성질 2는 명백한데 이는 모든 x에 대해 $B_i^2(x)\geq 0$이기 때문이다. 성질 3은 식 (19)로부터 쉽게 유도할 수 있다. $|f(x)|\leq M$일 때 다음이 성립하기 때문이다.

$$|S(x)|\leq\left|\sum_{i=-\infty}^{\infty}f(\tau_i)B_i^2(x)\right|\leq\sum_{i=-\infty}^{\infty}|f(\tau_i)|B_i^2(x)\leq M\sum_{i=-\infty}^{\infty}B_i^2(x)=M$$

성질 4와 5는 증명 없이 받아들이기로 한다. 하지만 절대로 그 중요성을 간과해서는 안 된다. 성질 4에 의해 메쉬 크기 mesh size δ를 작게 함으로써 함수 S를 간단하게 연속함수 f에 가깝게 만들 수 있다. 이는 간단히 부등식 $|u-v|\leq\delta$를 부과함으로써 $f(u)-f(v)$를 우리가 원하는 만큼 작게 만들 수 있기 때문이다(균등 연속 성질). 성질 5는 근사 과정의 형태-보존 양상으로 해석될 수 있다. 대충 계산한 근사에서는 S가 f보다 기복이 심하지 않다.

유사코드 : 쇤베르크 과정

쇤베르크 과정을 통해서 스플라인 근사를 얻는 유사코드를 여기서 소개한다. f가 구간 $[a,b]$에서 정의되었고 같은 구간에서 식 (19)의 스플라인 근사를 하려 한다고 가정하자. $h=\dfrac{(b-a)}{n}$일 때 노드 $\tau_i=a+ih$를 정의하자. 여기서 i는 어떤 정수도 될 수 있지만 $[a,b]$에서의 노드들은 오직 $\tau_0,\tau_1,\cdots,\tau_n$만 가능하다. $\tau_i=\dfrac{1}{2}(t_{i+1}+t_{i+2})$를 얻기 위해 절점을 $t_i=a+\left(i-\dfrac{3}{2}\right)h$로 정의한다. 식 (19)에서, 구간 $[a,b]$에서 활성화된 B 스플라인 B_i^2은 $B_{-1}^2,B_0^2,\cdots,B_{n+1}^2$뿐이다. 따라서 우리의 목적을 위해 식 (19)를 다음과 같이 표현한다.

$$S(x)=\sum_{i=-1}^{n+1}f(\tau_i)B_i^2(x) \tag{20}$$

따라서 $\tau_{-1},\tau_0,\cdots,\tau_{n+1}$에서 f의 값이 필요하다. 이 노드들 중 두 점은 구간 $[a,b]$ 외부에 위치한다. 따라서 다음과 같이 정의함으로써 코드에서 선형 보외값을 제시한다.

$$\begin{cases}f(\tau_{-1})=2f(\tau_0)-f(\tau_1)\\ f(\tau_{n+1})=2f(\tau_n)-f(\tau_{n-1})\end{cases}$$

보외 값

[연습문제 6.3.26]에서 이 식을 사용하기 위해 다음과 같이 나타낸다.

$$S(x)=\sum_{i=1}^{n+3} D_i B_{i-2}^2(x) \qquad [D_i = f(\tau_{i-2})]$$

이제 $D_1, D_2, \cdots, D_{n+3}$을 계산하는 유사코드를 소개한다. 프로시저 *Schoenberg_Coef*에 대한 호출 수열에서 f는 외부 함수이다. 실행 후 구하고자 하는 $(n+3)$개의 계수들은 (d_i) 배열 내에 있다.

Schoenberg_Coef 유사코드

```
procedure Schoenberg_Coef(f, a, b, n, (d_i))
integer i;   real a, b, h;   real array (d_i)_{1:n+3}
external function f
h ← (b − a)/n
for i = 2 to n + 2
      d_i ← f(a + (i − 2)h)
end for
d_1 ← 2d_2 − d_3
d_{n+3} ← 2d_{n+2} − d_{n+1}
end procedure Schoenberg_Coef
```

방금 소개한 프로시저를 통해 계수 D_i를 얻은 후 식 (20)에서 스플라인 $S(x)$의 값을 결정할 수 있다. 여기서 [연습문제 6.3.26]의 알고리즘을 사용한다. 주어진 x에 대해 그 x가 절점들 사이에서 어디에 위치하는지를 우선 알아야 한다. $t_{k-1} \le x \le t_k$를 만족하도록 k를 결정하기 위해서는 k가 $t_{k-1} \le x$를 만족하는 가장 큰 정수여야 한다는 점을 주의하자. 이 부등식은 부등식 $k \le \dfrac{5}{2} + \dfrac{(x-a)}{h}$와 동치로 이는 쉽게 확인할 수 있다. 그 과정은 유사코드에서의 k의 계산 과정을 설명해 준다. x의 위치는 [그림 6.17]에 표시되어 있다. 함수 *Schoenberg_Eval*의 호출 수열에서 a와 b는 구간의 양 끝점, x는 $S(x)$의 값을 얻고자 하는 위치의 점이다. 이 프로시저는 이전 프로시저에서 등간격으로 놓인 점 τ_i들이 $\tau_i = \dfrac{1}{2}(t_{i+1} + t_{i+2})$를 만족하도록 절점 t_i를 결정한다.

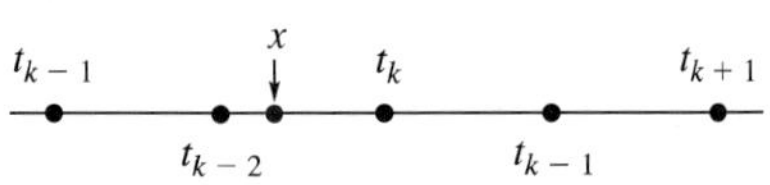

[그림 6.17] x의 위치

Schoenberg_Eval 유사코드

```
real function Schoenberg_Eval(a, b, n, (d_i), x)
integer k:   real c, h, p, w;   real array (d_i)_{1:n+3}
h ← (b − a)/n
k ← integer[(x − a)/h + 5/2]
p ← x − a − (k − 5/2)h
c ← [d_{k+1} p + d_k(2h − p)]/(2h)
e ← [d_k(p + h) + d_{k−1}(h − p)]/(2h)
Schoenberg_Eval ← [cp + e(h − p)]/h
end function Schoenberg_Eval
```

베지에 곡선

컴퓨터 지원 설계에서 몇몇의 **제어점**control point을 통과하는(또는 근처를 통과하는) 곡선이나 형태를 원하는 대로 쉽게 조작할 수 있는 곡선을 생성하는 프로시저는 상당히 유용하다. 일반적으로 고차 다항식 보간은 이런 종류의 작업에 적합하지 않다. 이는 앞에서 논의했던 고차 다항식 보간의 부정적인 결과들 때문이라고 추측할 수 있을 것이다. 경험에 비춰보면 다항식이 반드시 지나야 하는 다수의 제어점을 특정한다면 결과적인 곡선의 전체 형태는 정말 실망스러울 가능성이 높다. 제어점

하지만 다항식은 **베지에 곡선**Bézier curve과 같이 다른 방식으로도 사용될 수 있다. 베지에 곡선은 손으로 직접 계산하던 작업에서 빌려온 특수한 다항식 집합을 Π_n 공간(모든 다항식의 차수가 n을 넘지 않는 공간)에 대한 기저로 사용한다. 구간 $[0,1]$로 표준화하고 n의 값을 고정하자. 그 다음으로 기본 다항 함수를 정의하자.

$$\varphi_{ni}(x) = \binom{n}{i} x^i (1-x)^{n-i} \qquad (0 \le i \le n)$$

기본 다항 함수

다항식 φ_{ni}는 **번스타인 다항식**Bernstein polynomial의 구성성분이다. $[0,1]$에서 정의한 연속 함수 f에 대해서 번스타인은 1912년에 다음의 다항 수열이 f에 균등하게 수렴함을 증명했다.

$$p_n(x) = \sum_{i=0}^{n} f\left(\frac{i}{n}\right) \varphi_{ni}(x) \qquad (n \ge 1)$$

번스타인 다항식

이는 바이어슈트라스Weierstrass 근사 이론에 매우 매력적인 증명 논리를 제공한다.

몇 개의 다항식 φ_{ni}의 그래프가 [그림 6.18]에 나타나 있다. 여기서 $n=7$, $i=0$, 1, 5가 사용됐다. 번스타인 기본 다항식은 Maple, Mathematica, MATLAB과 같은 수학 소프트웨어 시스템에서 찾아볼 수 있다.

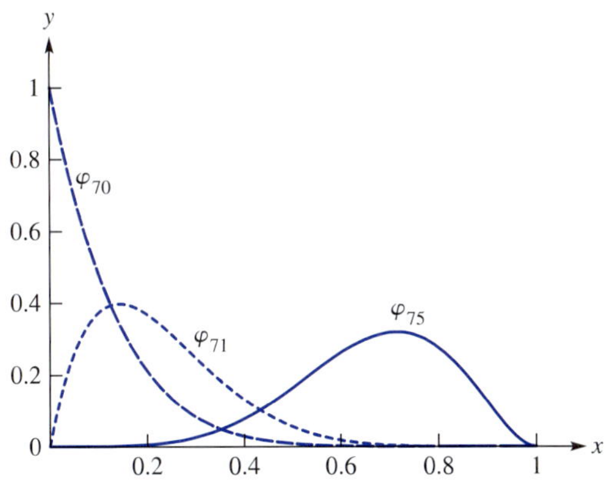

[그림 6.18] 처음 몇 개의 번스타인 기본 다항식

번스타인 다항식은 다음과 같은 두드러진 특성 두 가지를 가지고 있다.

성질 번스타인 다항식

$0 \le x \le 1$을 만족하는 모든 x에 대해서 다음이 성립한다.

1. $\varphi_{ni}(x) \ge 0$
2. $\sum_{i=0}^{n} \varphi_{ni}(x) = 1$

이 두 성질을 가진 모든 함수의 집합을 구간 $[0,1]$에서의 **1의 분할** partition of unity이라고 부른다. 두 번째 식이 실제로 모든 실수 x에 대해서 성립함을 주의 깊게 보자. 집합 $\{\varphi_{n0}, \varphi_{n1}, \cdots, \varphi_{nn}\}$은 공간 Π_n의 기저들이다. 결과적으로 최대 n차 이하의 모든 다항식은 $\sum_{i=0}^{n} a_i \varphi_{ni}(x)$ 표현으로 나타낼 수 있다.

만약 $0 \le i \le n$에서 보간값 $\left(\frac{i}{n}, y_i\right)$에 근접하는 다항식을 생성하려면 우선 $\sum_{i=0}^{n} y_i \varphi_{ni}$로 시작해서 결과로 나온 곡선들을 실험해 본 후 곡선의 형태를 변경할 수 있도록 계수들을 조정해야 한다. 이것이 컴퓨터 지원 설계에서 사용할 수 있는 방법이다. y_i의 값을 변화시킴으로써 $\frac{i}{n}$ 근처에서 곡선을 변화시킬 수 있다. 이는 기본 다항식 φ_{ni}의 국소적 성질 때문이다. 이 다항식들이 활용되는 또 다른 경우는 간단한 함수 f의 그래프가 아닌 곡선을 생성할 때이다. 여기서는 제시한 프로시저의 벡터 형태를 적용하여 살펴보자. 예를 들어 $\mathbb{R}^2$나 $\mathbb{R}^3$의 공간에서 $(n+1)$개의 벡터 $v_0, v_1, \cdots, v_n$이 주어져 있다면 표현 $u(t) = \sum_{i=0}^{n} \varphi_{ni}(t) v_i$ $(0 \le t \le 1)$은 이치에 맞다. 이는 위 식의 우변이 (각각의 t에 대한) 벡터 v_i들의 선형 결합이기 때문이다. t가 구간 $[0,1]$에서 움직임에 따라 벡터 $u(t)$는 벡터 v_i가 위치한 공간에 존재하는 곡선 하나를 묘사한다. 이 곡선은 벡터 v_i의 **볼록한 덮개** convex hull 안에 놓여있다. 왜냐하면 $u(t)$가 v_i들의 볼록한 선형 결합이기 때문이다. 이는 앞에서 언급했던 φ_{ni}의 두 가지 성질을 요구하는 것이다.

이 프로시저를 묘사하기 위해 평면에 7개의 점을 선택하고, 주어진 식에 의해 생성된 닫힌 곡선, 즉 벡터 $u(t)$에 의한 곡선을 그린다. [그림 6.19]에 그 결과로 얻어진 곡선과 **제어점**들이 나타나 있다. 여기서 제어점은 다변형의 꼭짓점들이다. Maple, Mathematica, MATLAB과 같은 수학 소프트웨어 시스템을 통해 이를 수행할 수 있다.

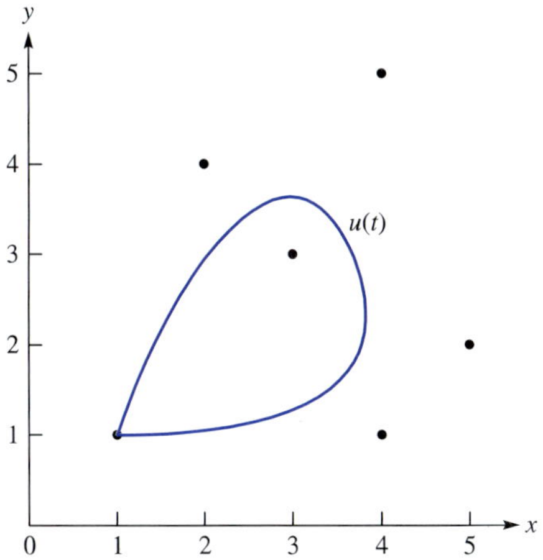

[그림 6.19] 제어점을 이용한 곡선

[그림 6.18]을 살짝만 봐도 B 스플라인이 번스타인 함수 φ_{ni}의 역할을 대신할 수 있음을 짐작할 수 있을 것이다. 실제로 그렇다. 대부분의 컴퓨터 지원 설계 관련 프로그램에서 B 스플라인을 사용하고 있다. 따라서 점 (t_i, y_i)들의 집합에 근접하는 곡선을 얻기 위해 절점 t_i를 가진 B 스플라인(예를 들어 3차 B 스플라인)들의 시스템을 구성할 수 있다. 그런 후 선형 결합 $\sum_{i=0}^{n} y_i B_i^3$으로 그것이 원하는 형태인지 아닌지를 시험해 볼 수 있다. 여기서 물론 B_i^3은 받침이 구간 (t_i, t_{i+4})인 3차 B 스플라인이다.

벡터의 경우는 함수 φ_{ni}를 B_i^3으로 대체하는 것 말고는 이전의 설명과 같다. 또한 절점들을 정수로 설정하고 t를 0부터 n까지 변화시키는 것이 더 쉽다. φ_{ni}의 성질 1과 2는 B 스플라인도 공유하는 성질이다.

6.3 요약

• **0차 B 스플라인**은 다음과 같다.

$$B_i^0(x) = \begin{cases} 1 & (t_i \le x < t_{i+1}) \\ 0 & (\text{그 외}) \end{cases}$$

고차 B 스플라인은 다음과 같이 귀납적으로 정의된다.

$$B_i^k(x) = \left(\frac{x - t_i}{t_{i+k} - t_i}\right) B_i^{k-1}(x) + \left(\frac{t_{i+k+1} - x}{t_{i+k+1} - t_{i+1}}\right) B_{i+1}^{k-1}(x)$$

여기서 $k = 1, 2, \cdots$, $i = 0, \pm 1, \pm 2, \cdots$이다.

• 일부 성질은 다음과 같다.

$$\begin{cases} B_i^k(x) = 0, & x \notin [t_i, t_{i+k+1}) \\ B_i^k(x) > 0, & x \in (t_i, t_{i+k+1}) \end{cases}$$

다음 형태의 함수 $f(x) = \sum_{i=-\infty}^{\infty} C_i^k B_i^k(x)$의 함숫값을 계산하는 효율적인 방법은 다음 식을 사용하는 것이다.

$$C_i^{j-1} = C_i^j \left(\frac{x - t_i}{t_{i+j} - t_i}\right) + C_{i-1}^j \left(\frac{t_{i+j} - x}{t_{i+j} - t_i}\right)$$

• **B 스플라인의 미분**은 다음과 같다.

$$\frac{d}{dx} B_i^k(x) = \left(\frac{k}{t_{i+k} - t_i}\right) B_i^{k-1}(x) - \left(\frac{k}{t_{i+k+1} - t_{i+1}}\right) B_{i+1}^{k-1}(x)$$

유용한 식 하나가 $\frac{d}{dx} \sum_{i=-\infty}^{\infty} c_i B_i^k(x) = \sum_{i=-\infty}^{\infty} d_i B_i^{k-1}(x)$이고, 여

기서 $d_i = k(c_i - c_{i-1})/(t_{i+k} - t_i)$이다. 적분에 필요한 기본적인 결과는 $\int_{-\infty}^{x} B_i^k(s)ds = \left(\frac{t_{i+k+1}-t_i}{k+1}\right)\sum_{j=i}^{\infty} B_j^{k+1}(x)$이다. 이 결과로부터 얻을 수 있는 유용한 식 하나는 다음과 같다.

$$\int_{-\infty}^{x} \sum_{i=-\infty}^{\infty} c_i B_i^k(s)ds = \sum_{i=-\infty}^{\infty} e_i B_i^{k+1}(x)$$

이때 $e_i = \frac{1}{(k+1)} \sum_{j=-\infty}^{i} c_j(t_{j+k+1} - t_j)$이다.

- 어떤 표가 주어졌을 때 $S(x) = \sum_{i=-\infty}^{\infty} A_i B_{i-k}^2(x)$가 그 표를 보간하는 결과적인 스플라인 함수가 되게끔 계수를 결정하기 위해 다음 조건을 사용한다.

$$A_j(t_{j+1} - t_j) + A_{j+1}(t_j - t_{j-1}) = y_j(t_{j+1} - t_{j-1}) \quad (0 \le j \le n)$$

이 시스템은 $(n+2)$개의 미지수 $A_0, A_1, \cdots, A_{n+1}$과 $(n+1)$개의 선형 방정식으로 이루어져 있으며 귀납적으로 풀 수 있다.

- **쇤베르크 과정**은 주어진 함수의 B 스플라인 근사를 얻는 효율적인 과정이다. 2차 과정은 다음과 같이 정의된다.

$$S(x) = \sum_{i=-\infty}^{\infty} f(\tau_i) B_i^2(x)$$

이때 $\tau_i = \frac{1}{2}(t_{i+1} + t_{i+2})$, 절점들은 $\{t_i\}_{i=-\infty}^{\infty}$이다. f의 값이 계산되어야 할 위치인 점 τ_i는 절점들의 중점이다.

- **베지에 곡선**은 제어점을 지나는(또는 그 근처의) 곡선, 또는 원하는 형태를 쉽게 줄 수 있는 곡선을 생성하는 용도로 컴퓨터 지원 설계에 사용된다. 베지에 곡선은 **번스타인 다항식**을 사용한다. $[0, 1]$에서 정의한 연속 함수 f에 대해 번스타인 다항식 수열

$$p_n(x) = \sum_{i=0}^{n} f\left(\frac{i}{n}\right)\varphi_{ni}(x) \qquad (n \ge 1)$$

은 f에 균등하게 수렴한다. 다항식 φ_{ni}는 다음과 같다.

$$\varphi_{ni}(x) = \binom{n}{i} x^i (1-x)^{n-i} \qquad (0 \le i \le n)$$

6.3 연습문제

01 함수 $f_n(x) = \cos nx$가 다음의 귀납적 정의에 의해 생성됨을 보여라.

$$\begin{cases} f_0(x) = 1, \quad f_1(x) = \cos x \\ f_{n+1}(x) = 2f_1(x)f_n(x) - f_{n-1}(x) \quad (n \ge 1) \end{cases}$$

02 다음 귀납적 정의에 의해 생성되는 함수는 무엇인가?

$$\begin{cases} f_0(x) = 1, \quad f_1(x) = x \\ f_{n+1}(x) = 2xf_n(x) - f_{n-1}(x) \quad (n \ge 1) \end{cases}$$

03 $B_i^2(x)$에 대한 표현을 찾고 이것이 구간별 2차 함수임을 입증하라. $B_i^2(x)$가 다음을 제외한 모든 절점에서 0임을 보여라.

$$B_i^2(t_{i+1}) = \frac{t_{i+1} - t_i}{t_{i+2} - t_i}, \qquad B_i^2(t_{i+2}) = \frac{t_{i+3} - t_{i+2}}{t_{i+3} - t_{i+1}}$$

04 식 (5)를 증명하라.

05 $\sum_{i=-\infty}^{\infty} f(t_i) B_{i-1}^1(x)$가 모든 절점에서 f를 보간하는 1차 스플라인임을 보여라. 이 역할을 하는 0차 스플라인은 무엇인가?

06 $t_m \le x < t_{m+1}$일 때 다음이 성립함을 보여라.

$$\sum_{i=-\infty}^{\infty} c_i B_i^k(x) = \sum_{i=m-k}^{m} c_i B_i^k(x)$$

07 $h_i = t_{i+1} - t_i$라 하자. 모든 i에 대해

$$S(x) = \sum_{i=-\infty}^{\infty} c_i B_i^2(x)$$
$$c_{i-1}h_{i-1} + c_{i-2}h_i = y_i(h_i + h_{i-1})$$

이면, 모든 m에 대해서 $S(t_m) = y_m$임을 보여라.

힌트 : [연습문제 6.3.3]을 활용하라.

08 식 (7)에서 생성한 계수 C_i^{j-1}이 조건 $\min_i C_i^{j-1} \le f(x) \le \max_i C_i^{j-1}$을 만족함을 보여라.

09 균일한 간격으로 놓인 절점들에 대해 $k(k+1)^{-1}B_i^k(x)$가 $B_i^{k-1}(x)$와 $B_{i+1}^{k-1}(x)$를 양 끝점으로 하는 구간 안에 놓여있음을 보여라.

10 실수축real line에서 절점들이 정수일 때(즉 $t_i=i$), $B_i^k(x)=B_0^k(x-t_i)$임을 보여라.

11 다음을 보여라.

$$\int_{-\infty}^{\infty} B_i^k(x)dx = \frac{t_{i+k+1}-t_i}{k+1}$$

12 $x_0, x_1, \cdots, x_n$을 절점으로 갖는 모든 m차 스플라인 함수류는 m차 다항식류를 포함함을 보여라.

13 귀납법으로 식 (8)을 유도하라.

14 어떤 B 스플라인 B_i^k가 구간 (t_n, t_m)에서 0이 아닌 값을 가지는지 설명하라.

15 $[t_i, t_{i+1}]$에서 다음이 성립함을 입증하라.

$$B_i^k(x)=\frac{(x-t_i)^k}{(t_{i+1}-t_i)(t_{i+2}-t_i)\cdots(t_{i+k}-t_i)}$$

16 $S(x)=\sum_{i=-\infty}^{\infty} c_iB_i^k(x)$ 형태의 스플라인은 유한한 보간 조건 $S(t_i)=y_i\ (0\le i\le n)$ 집합에 의해 유일하게 결정되는가? 그 이유는 무엇인가?

17 스플라인 함수 $S(x)=\sum_{i=-\infty}^{\infty} c_iB_i^k(x)$가 각 절점에서 0이라면 이 함수는 모든 값에서 0인가? 그 이유는 무엇인가?

18 $\sum_{i=-\infty}^{\infty} c_iB_i^k=0$이기 위한 계수의 필요충분조건은 무엇인가? 이를 설명하고 증명하라.

19 함수 $f(x)=x$를 무한급수 $\sum_{i=-\infty}^{\infty} c_iB_i^1$로 전개하라.

20 식 (9)를 사용하여 $\sum_{i=-\infty}^{\infty} B_i^k$가 상수 함수임을 증명하라.

21 $k\ge 2$일 때 다음이 성립함을 보여라.

$$\frac{d^2}{dx^2}\sum_{i=-\infty}^{\infty} c_iB_i^k = k(k-1)\sum_{i=-\infty}^{\infty}\left[\frac{c_i-c_{i-1}}{(t_{i+k}-t_i)(t_{i+k-1}-t_i)}\right] - \left[\frac{c_{i-1}-c_{i-2}}{(t_{i+k-1}-t_{i-1})(t_{i+k-1}-t_i)}\right]B_i^{k-2}$$

22 절점들을 정수로 놓으면 다음이 성립함을 증명하라.

$$B_{-1}^1(x)=\max\{0, 1-|x|\}$$

23 절점들을 정수로 놓으면 다음이 성립함을 보여라.

$$B_0^2(x)=\begin{cases} 0 & (x<0) \\ \frac{1}{2}x^2 & (0\le x<1) \\ \frac{1}{2}(6x-3-2x^2) & (1\le x<2) \\ \frac{1}{2}(3-x)^2 & (2\le x<3) \\ 0 & (x\ge 3) \end{cases}$$

24 다음 식을 유도하라. 여기서 $h_i=t_{i+1}-t_i$이다.

$$B_{i-1}^2(t_i)=\frac{t_i-t_{i-1}}{t_{i+1}-t_{i-1}}=\frac{h_{i-1}}{h_i+h_{i-1}}$$

$$B_{i-2}^2(t_i)=\frac{t_{i+1}-t_i}{t_{i+1}-t_{i-1}}=\frac{h_i}{h_i+h_{i-1}}$$

25 귀납법에 의해 $j=2, 3, \cdots, n+1$일 때

$$A_j=\frac{1}{t_{j-1}-t_{j-2}}[y_{j-1}(t_j-t_{j-2})-A_{j-1}(t_j-t_{j-1})]$$

이면 다음이 성립함을 증명하라.

$$\sum_{i=0}^{n+1} A_iB_{i-2}^2(t_j)=y_j \quad (0\le j\le n)$$

26 $S(x)=\sum_{i=-\infty}^{\infty} A_iB_{i-2}^2(x)$, $t_{j-1}\le x\le t_j$이면

$S(x)=\frac{1}{t_j-t_{j-1}}[d(x-t_{j-1})+e(t_j-x)]$임을 보여라. 여기서 d와 e는 다음과 같다.

$$d=\frac{1}{t_{j+1}-t_{j-1}}[A_{j+1}(x-t_{j-1})+A_j(t_{j+1}-x)]$$

$$e=\frac{1}{t_j-t_{j-2}}[A_j(x-t_{j-2})+A_{j-1}(t_j-x)]$$

27 식 (16)을 사용하여 식 (17)과 (18)을 귀납법으로 증명하라.

28 점 $\tau_0<\tau_1<\cdots<\tau_n$이 주어져 있다면 $t_i<t_{i+1}$, $\tau_i=\frac{1}{2}(t_{i+1}+t_{i+2})$인 점 t_i를 항상 결정할 수 있는가? 그 이유는 무엇인가?

29 $f(x)=x$일 때 쇤베르크 과정이 $S(x)=x$를 생성함을 보여라.

30 $x^2=\sum_{i=-\infty}^{\infty} t_{i+1}t_{i+2}B_i^2(x)$임을 보여라.

31 $f(x)=x^2$이라 하자. 모든 i에 대해 $t_{i+1}-t_i \le \delta$라 가정한다. 식 (19)에서 주어진 f의 2차 스플라인 근사와 f 간의 차가 $\delta^2/4$을 넘지 않음을 보여라.

힌트 : 앞 문제와 $\sum_{i=-\infty}^{\infty} B_i^2 \equiv 1$이라는 사실을 활용하라.

32 $k>0$에 대해 $B_i^k(t_j)=0$의 필요충분조건은 $j \le i$ 또는 $j \ge i+k+1$임을 증명하라.

33 B_i^2의 최댓값은 무엇이고 이 값은 어디서 발생하는가?

34 절점들이 정수라 할 때 다음을 증명하라.

$$B_0^3(x)=\begin{cases} 0 & (x<0) \\ \frac{1}{6}x^3 & (0 \le x<1) \\ \frac{1}{6}(4-3x(x-2)^2) & (1 \le x<2) \\ \frac{1}{6}(4+3(x-4)(x-2)^2) & (2 \le x<3) \\ \frac{1}{6}(4-x)^3 & (3 \le x<4) \\ 0 & (x \ge 4) \end{cases}$$

35 베지에 곡선 이론에서 번스타인 기본 다항식을 사용하여 베지에 곡선이 첫 번째 점 v_0을 통과하여 지나감을 보여라.

36 정수 절점을 가진 **선형 B 스플라인**이 다음과 같은 행렬 형태로 표현됨을 보여라.

$$S(x)=[x \;\; 1]\begin{bmatrix} -1 & 1 \\ 2 & 0 \end{bmatrix}\begin{bmatrix} c_1 \\ c_0 \end{bmatrix}=b_{10}c_0+b_{11}c_1$$

여기서 다음이 성립한다.

$$B_0^1(x)=\begin{cases} b_{10}=x & (0 \le x<1) \\ b_{11}=2-x & (1 \le x<2) \\ 0 & (\text{그 외}) \end{cases}$$

37 정수 절점을 가진 **2차 B 스플라인**이 다음과 같은 행렬 형태로 표현됨을 보여라.

$$\begin{aligned} S(x)&=\frac{1}{2}[x^2 \;\; x \;\; 1]\begin{bmatrix} 1 & -2 & 1 \\ -6 & 6 & 0 \\ 9 & -3 & 0 \end{bmatrix}\begin{bmatrix} c_2 \\ c_1 \\ c_0 \end{bmatrix} \\ &=b_{20}c_0+b_{21}c_1+b_{22}c_2 \end{aligned}$$

여기서 다음이 성립한다.

$$B_0^2(x)=\begin{cases} b_{20} & (0 \le x<1) \\ b_{21} & (1 \le x<2) \\ b_{22} & (2 \le x<3) \\ 0 & (\text{그 외}) \end{cases}$$

힌트 : [연습문제 6.3.23]을 참조하라.

38 정수 절점을 가진 **3차 B 스플라인**이 다음과 같이 표현됨을 보여라.

$$\begin{aligned} S(x)&=\frac{1}{6}[x^3 \; x^2 \; x \; 1]\begin{bmatrix} -1 & 3 & -3 & 1 \\ 12 & -24 & 12 & 0 \\ -48 & 60 & -12 & 0 \\ 64 & -44 & 4 & 0 \end{bmatrix}\begin{bmatrix} c_3 \\ c_2 \\ c_1 \\ c_0 \end{bmatrix} \\ &=b_{30}c_0+b_{31}c_1+b_{32}c_2+b_{33}c_3 \end{aligned}$$

여기서 다음이 성립한다.

$$B_0^3(x)=\begin{cases} b_{30} & (0 \le x<1) \\ b_{31} & (1 \le x<2) \\ b_{32} & (2 \le x<3) \\ b_{33} & (3 \le x<4) \\ 0 & (\text{그 외}) \end{cases}$$

힌트 : [연습문제 6.3.34]를 참조하라.

6.3 컴퓨터 연습문제

01 자동 플로터를 이용하여 $k=0,1,2,3,4$일 때 B_0^k의 그래프를 그려라. 구간 $[0,5]$에서의 정수 절점 $t_i=i$를 사용하라.

02 $t_i=i$라 하자(따라서 절점들은 실수축 상의 정수 점들이다). 구간 $[6,14]$에서 함수 $3B_7^1+6B_8^1-4B_9^1+2B_{10}^1$의 값 100개를 표로 출력하고 플로터를 이용하여 주어진 구간에서 이 함수의 그래프를 그려라.

03 함수 $3B_7^2+6B_8^2-4B_9^2+2B_{10}^2$에 대해 앞의 과정을 반복하라.

04 $S(x)=\sum_{i=0}^{n} c_i B_i^k(x)$라 가정했을 때 특정한 점 x에서 $S'(x)$를 계산하는 프로시저를 작성하라. 입력값은 $n, k, x, t_0, \cdots, t_{n+k+1}$과 $c_0, c_1, \cdots, c_n$이다.

05 $S(x)=\sum_{i=0}^{n} c_i B_i^k(x)$라는 가정을 적용하여 $\int_a^b S(x)dx$를 계산하는 프로시저를 작성하라. 입력값은 $n, k, a, b, c_0, c_1, \cdots, c_n, t_0, \cdots, t_{n+k+1}$이다.

06 (**B 스플라인의 행진**) x축을 가로질러 행진하는 동일한 차수의 몇몇 B 스플라인의 그래프를 그려라. MATLAB, Maple, Mathematica와 같은 수학 소프트웨어를 사용하라.

07 역사학자들은 스페인 통치하의 네덜란드 플랑드르에서 스페인 군대의 규모를 다음과 같이 추정했다. 2차 B 스플라인으로 위의 표를 맞춤하고 주어진 기간 동안의 군대의 평균 규모를 구하는 데 그 곡선을 사용하라(평균은 적분으로 정의한다).

날짜	1572년 9월	1573년 12월	1574년 3월	1575년 1월
인원수	67,259	62,280	62,350	59,250
날짜	1576년 5월	1578년 2월	1580년 9월	1582년 10월
인원수	51,457	27,603	45,435	61,162
날짜	1588년 4월	1591년 11월	1607년 3월	
인원수	63,455	62,164	41,471	

08 배열 (h_i)가 사용되지 않게끔 프로시저 *BSpline2_Coef*와 *BSpline2_Eval*을 다시 작성하라.

09 균일한 간격으로 놓인 절점들이라는 특수한 경우에 대해 프로시저 *BSpline2_Coef*와 *BSpline2_Eval*을 다시 작성하라. 이때 코드를 가능한 한 단순화하라.

10 $F(x)=\int_a^x f(t)dt$에 대한 스플라인 근사를 생성하는 프로시저를 작성하라. $a \le x \le b$라 가정한다. n개의 점 $t_i=a+i(b-a)/n$에서 f의 2차 스플라인 보간을 찾는 것에서부터 시작하라. 다음 함수에 대해 작성한 프로그램을 테스트하라.

(a) $f(x)=\sin x$ $\quad (0 \le x \le \pi)$

(b) $f(x)=e^x$ $\quad (0 \le x \le 4)$

(c) $f(x)=(x^2+1)^{-1}$ $\quad (0 \le x \le 2)$

11 주어진 구간 $[a,b]$에서 주어진 함수 f에 대해 $f'(x)$를 근사하는 스플라인 함수를 생성하는 프로시저를 작성하라. $[a,b]$에서 끝점들을 포함하여 등간격으로 놓인 $(n+1)$개의 점들에서 2차 스플라인 보간을 찾는 것에서부터 시작하자. 작성한 프로시저를 앞의 컴퓨터 연습문제에서 제시한 함수에 테스트하라.

12 f를 $[0,6]$에서 $(0,0)$, $(1,2)$, $(3,3)$, $(5,3)$, $(6,0)$의 점들을 잇는 다변형 선으로 정의한다. 쇤베르크 과정과 7, 13, 19, 25, 31개의 절점을 사용해서 f의 스플라인 근사를 구하라.

13 $s_i=\frac{1}{2}(t_{i+1}+t_{i+2})$일 때 $\sum_{i=-\infty}^{\infty} f(s_i)B_i^2(x)$를 계산하는 적절한 코드를 작성하라. f는 $[a,b]$에서 정의되어 있고 x는 $[a,b]$ 내에 놓여있다고 가정한다. 또한 $t_1<a<t_2$, $t_{n+1}<b<t_{n+2}$라고 가정한다(절점 사이의 간격에 대해서는 어떠한 가정도 없다).

14 아래의 근사 기법을 수행하는 프로시저를 작성하라. 여기서 τ_i는 다음과 같다. f는 $[a,b]$에서 정의되어 있고 $0 \le i \le n$에 대해 $\tau_i=a+ih$라 가정한다. 여기서 $h=(b-a)/n$이다.

$$S(x)=\sum_{i=-\infty}^{\infty} f(\tau_i)B_i^3(x)$$

$$\tau_i=\frac{1}{3}(t_{i+1}+t_{i+2}+t_{i+3})$$

15 B 스플라인 루틴을 갖고 있는 MATLAB, Maple, 또는 Mathematica와 같은 수학 소프트웨어를 사용하여 6.2절의 20개의 데이터 점들에 기반한 [그림 6.16]의 스플라인 곡선을 계산하고 그려라. B 스플라인의 차수를 $0,1,2,3$에서 4까지 변화시키면서 그 결과 곡선을 관찰하라.

16 B 스플라인을 사용하여 절점 $t_0<t_1<\cdots<t_n$에서 자연 3차 스플라인 보간을 수행하는 프로그램을 작성하라.

17 널리 사용되고 있는 문서 준비 시스템 LaTeX는 베지에 곡선과 같은 몇몇 간단한 곡선을 그릴 수 있는 도구를 포함하고 있

다. 이 시스템을 이용하여 다음 그림을 그려라.

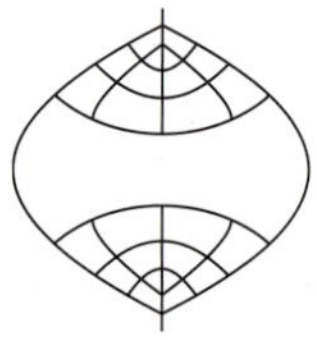

18 MATLAB, Maple, Mathematica와 같은 수학 소프트웨어를 사용하여 어떻게 다음에 대응하는 함수를 그릴 수 있는지 보여라.

(a) [그림 6.14] (b) [그림 6.15]

(c) [그림 6.18] (d) [그림 6.19]

19 (**컴퓨터가 지원하는 기하 디자인**) 2차원 베지에 스플라인 곡선을 그릴 수 있는 수학 소프트웨어로 스플라인 점들과 제어점(control point)들을 이용해서, 아래의 스크립트 숫자 5를 그려라.

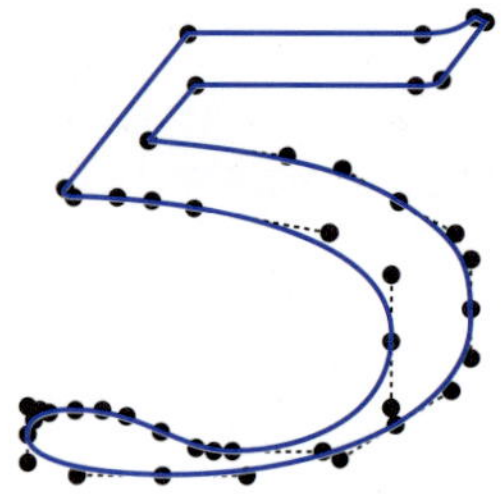

7장 초깃값 문제

Initial Values Problems

간단한 전기회로에서 암페어 단위로 나타낸 전류 I는 시간의 함수 $I(t)$이다. 함수 $I(t)$는 다음과 같은 형태의 상미분방정식ordinary differential equation, ODE을 만족한다.

$$\frac{dI}{dt} = f(t, I)$$

여기서 우변은 t와 I의 함수로 이 함수는 회로 및 회로에 공급되는 기전력의 성질에 의존한다.

포식자-먹이 모델predator-prey model은 때때로 서로 다른 두 동물 종이 상호작용하는 방식을 설명하기 위한 모델이다. $u(t)$를 포식자 종의 개체 수, $v(t)$를 먹이 종의 개체 수라 하자. 상황을 단순화하는 적합한 가정들 하에서 상수 a, b, c, d를 적절히 도입하면 다음이 성립한다.

$$\begin{cases} \dfrac{du}{dt} = a(v+b)u \\ \dfrac{dv}{dt} = c(u+d)v \end{cases}$$

이는 시간에 대한 함수로 표현되는 두 종의 개체 수에 적용되는 한 쌍의 비선형 상미분방정식이다.

이러한 문제들을 해결하기 위해 여러 수치적 절차들이 개발되었다.

7.1 테일러 급수법

우선 상미분방정식과 그 해에 대한 일반적인 논의부터 시작해 보자.

초깃값 문제 : 해석 해와 수치 해 비교

상미분방정식ordinary differential equation(ODE)은 미지의 함수의 1계 또는 그 이상의 n계 도함수를 포함하는 방정식이다. 미분방정식의 **해**solution는 그 방정식을 만족시키는 특정한 함수이다. 몇몇 미분방정식과 그 해를 예로 들어 살펴보자. 각각의 경우에서 t는 독립변수, x는 종속변수이다. 따라서 x는 독립변수 t에 대한 미지의 함수를 나타낸다.

상미분방정식의 예

방정식	해
$x' - x = e^t$	$x(t) = te^t + ce^t$
$x'' + 9x = e^t$	$x(t) = c_1 \sin 3t + c_2 \cos 3t$
$x' + (1/2)x = 0$	$x(t) = \sqrt{c - t}$

이 세 가지 예에서 문자 c는 임의의 상수를 나타낸다. 이러한 상수가 해에 등장한다는 것은 일반적으로 미분방정식의 해가 단 하나의 함수로 유일하게 결정되지 않음을 의미한다. 과학적인 문제에 등장하는 미분방정식에는 미지의 함수를 정확하게 특정해줄 수 있는 보조 조건이 함께 주어진다.

이 장에서는 한 가지 유형의 미분방정식과 한 가지 유형의 보조 조건, 즉 1차 미분방정식에 대한 **초깃값 문제**initial-value problem(IVP)에 초점을 맞추려 한다. 초깃값 문제의 표준형은 다음과 같다.

$$\begin{cases} x' = f(t, x) \\ x(a) \end{cases} \tag{1}$$

초깃값 문제의 표준형

x는 t의 함수로 상정되므로 더 자세하게 미분방정식을 기술하면 다음과 같다.

$$\frac{dx(t)}{dt} = f(t, x(t))$$

t를 시간으로 해석할 수 있고 $t=a$를 초기 순간으로 간주할 수 있기 때문에 문제 (1)을 초깃값 문제라고 부른다. 여기서 우리는 a의 전이나 후, 어떤 시각 t에서 x의 값을 결정하려 하는 것이다.

다음은 초깃값 문제의 몇 가지 예와 그 해이다.

초깃값 문제의 예

방정식	초깃값	해
$x' = x+1$	$x(0)=0$	$x = e^t - 1$
$x' = 6t-1$	$x(1)=6$	$x = 3t^2 - t + 4$
$x' = t/(x+1)$	$x(0)=0$	$x = \sqrt{t^2+1} - 1$

미분방정식의 해석 해를 얻기 위한 방법은 많이 있지만 각 방법들의 쓰임은 주로 몇몇 특수한 미분방정식으로만 한정된다. 적용 가능한 경우에는 앞의 예와 같이 수식의 형태로 해를 생성한다. 그러나 실제 문제에서는 특수한 방법으로도 해를 구할 수 없는 미분방정식이 흔하기 때문에 이런 경우에는 수치 해를 모색해야 한다. 특히 구한 해가 매우 복잡한 식으로 표현되는 경우에는 수치 해가 더 바람직할 수 있다. 미분방정식의 수치 해는 대개 표의 형태로 얻어진다. 이런 경우 어떤 특정한 식의 형태를 미분방정식의 해로 고려하는 한, 해의 함수 형태는 알 수 없는 상태로 남아있게 된다.

여기서 소개할 미분방정식의 형태에 의하면 함수 f는 t와 x에 대한 함수일 수 있다. 만일 앞의 두 번째 예처럼 f에 x가 포함되어 있지 않다면 미분방정식은 직접적인 부정적분 과정으로 풀 수 있다. 예를 들어 다음의 초깃값 문제를 고려해 보자.

$$\begin{cases} x' = 3t^2 - 4t^{-1} + (1+t^2)^{-1} \\ x(5) = 17 \end{cases} \tag{2}$$

부정적분을 적용한 직접적인 접근법

이 미분방정식을 적분하여 다음을 얻을 수 있다.

$$x(t) = t^3 - 4\ln t + \arctan t + C$$

상수 C는 $x(5)=17$이 되도록 선택한다. MATLAB, Maple, Mathematica와 같은 수학 소프트웨어 시스템을 사용하여 이 미분방정식을 직접 풀어 보면 상수 C의 값을 $C=4\ln(5) - \arctan(5) - 108$로 구할 수 있다.

우리는 종종 미분방정식에 대해 수치 해를 원한다. 이는 닫힌 형태closed form의 해[1]가 매우 복잡하고 계산하기 어려울 것으로 예측되거나 다른 선택지가 없기 때문이다(즉 닫힌 형태

1 (옮긴이) 닫힌 형태의 해라고 함은 $x=e^t$, $x=3t^2+2t$와 같이 독립 변수 t의 함수로 표현된 해를 말한다.

의 해를 찾을 수 없기 때문이다). 예를 들어 다음과 같은 미분방정식

$$x' = e^{-\sqrt{t^2 - \sin t}} + \ln|\sin t + \tanh t^3| \quad (3)$$

닫힌 형태의 해가 존재하지 않는 경우

의 해는 우변을 적분하거나 역도함수를 취함으로써 구할 수 있다. 그 과정은 이론적으로는 가능하나 실제로는 가능하지 않다. $\frac{dx}{dt}$가 식 (3)의 우변인 함수 x가 존재하긴 하겠지만 그 $x(t)$를 친숙한 함수들로 표현할 수는 없기 때문이다.

컴퓨터로 상미분방정식을 풀려면 크기가 작은 단계들이 수없이 많이 필요할 수 있으므로 상당한 양의 반올림 오차가 누적될 수 있다. 따라서 작은 워드 길이의 컴퓨터에서는 다중 정밀도 계산이 필요할 수 있다.

실제적인 문제의 예시

역학에서 수많은 실제적 문제들이 뉴턴의 세 가지 **운동 법칙**laws of motion, 특히 제2법칙을 포함한다. 이 법칙은 기호로 $F = ma$로 표현된다. 여기서 F는 질량 m인 물체에 작용하는 힘, a는 그 힘으로 인해 결과적으로 물체에 발생하는 가속도이다. 이때 가속도 a는 속도의 도함수, 속도는 위치의 도함수이므로 뉴턴의 제2법칙이 미분방정식이 아닌 것처럼 보일지라도 실제로는 미분방정식이다. 시각 $t = 0$에 발사한 로켓의 단순화 모형을 통해 이를 설명해 보자. 로켓은 수직 방향으로 올라가며 그 고도는 변수 x로 측정된다. 추진력은 일정한 값으로 5370이다(단위는 계산상 서로 잘 부합하도록 선택한다). 공기 저항으로 인한 운동 방향에 반대 방향으로 작용하는 힘은 크기 $v^{3/2}/\ln(2+v)$로 주어진다. 여기서 v는 로켓의 속도이다. 연료의 연소로 인해 로켓의 질량은 일정한 비율로 감소하여 시간 t에서의 질량은 $321 - 24t$가 된다. 독립변수는 시간 t이다. 연료는 시간 $t = 10$일 때 완전히 소비된다. 중력으로 인해 수직 아래 방향으로 981의 힘이 작용한다. 이 모든 항을 방정식 $F = ma$에 넣으면 다음을 얻을 수 있다.

로켓의 단순화 모형

$$5370 - 981 - v^{3/2}/\ln(2+v) = (321 - 24t)v' \quad (4)$$

초기 조건은 $t = 0$에서 $v = 0$이다.

다음 절에서는 이러한 미분방정식의 해법을 개발할 것이다. 또한 이러한 문제를 풀기 위해 수학 소프트웨어 시스템을 호출할 수도 있다.

상미분방정식을 푸는 컴퓨터 코드는 이산적인 값들의 표를 생성하는 데 반해 수학적 해는 연속적인 함수이다. 그래프 그리기plotting와 같은 다양한 목적을 위하여 어떤 구간 내에서 추가적인 값이 필요할 수 있다. 보간 절차를 사용하면 주어진 구간 내에서 근사적인 모든 수치 해의 값을 구할 수 있다. 예를 들어 조각별 다항식 보간 방법을 통해 해가 연속이며, 해의 미분과 일치하면서 연속인 1계 도함수를 갖는 수치 해를 얻어낼 수 있다. 어떤 상미분방정식 솔버solver [2]를 사용하더라도 $x'(t)$에 대한 근사는 다음 식으로부터 얻을 수 있다.

상미분방정식에 컴퓨터 코드 활용하기

$$x'(t) = f(t, x)$$

상미분방정식을 풀기 위한 수학 패키지에는 자동 그래프 그리기 기능이 포함되어 있을 수 있다. 수치 해로 반환될 수 있는 많은 양의 데이터를 이해하는 가장 좋은 방법은 해가 나타내는 곡선을 모니터에 출력해보거나 종이에 그려보는 것이기 때문이다.

2 (옮긴이) 솔버는 특정 계산 모델을 푸는 프로그램을 말한다. 여기서는 상미분방정식 문제를 해결해 주는 프로그램을 의미한다.

미분방정식의 풀이와 적분

미분방정식을 푸는 것과 적분 사이에는 밀접한 관련이 있다. 다음의 미분방정식을 고려해 보자.

$$\begin{cases} \dfrac{dx}{dr} = f(r,x) \\ x(a) = s \end{cases}$$

t부터 $t+h$까지 적분하면 $\int_t^{t+h} x'\,dx = \int_t^{t+h} f(r,x(r))dr$이므로 다음을 얻는다.

$$x(t+h) = x(t) + \int_t^{t+h} f(r,x(r))dr$$

이 적분을 5장의 수치 적분 규칙 중 하나로 대체하면 미분방정식을 푸는 공식을 하나 얻을 수 있다. 예를 들어 식 (6)의 오일러의 방법Euler's method은 좌측 직사각형으로 적분값을 근사함으로써 얻을 수 있다([연습문제 5.2.33] 참조).

적분 규칙으로부터 도출된 상미분방정식의 해법

$$\int_t^{t+h} f(r,x(r))dr \approx hf(t,x(t))$$

다음의 사다리꼴 공식 $\int_t^{t+h} f(r,x(r))dr \approx \frac{h}{2}[f(t,x(t)) + f(t+h,x(t+h))]$으로부터 다음 공식을 얻을 수 있다.

$$x(t+h) = x(t) + \frac{h}{2}[f(t,x(t)) + f(t+h,x(t+h))]$$

$x(t+h)$가 이 식의 양변에 나타나기 때문에 이 식은 **음함수 공식**implicit formula 3이라 부른다. 만일 오일러의 방법

$$x(t+h) = x(t) + hf(t,x(t))$$

을 우변의 $x(t+h)$에 사용하면 7.2절의 식 (10)인 2차 룽게-쿠타 공식Runge-Kutta formula을 얻는다.

미적분학의 기본 정리를 사용하면 다음의 $x(b)$에 대한 초깃값 문제를 풀어냄으로써 적분 $\int_a^b f(r,x(r))dr$의 수치 근삿값을 계산할 수 있음을 쉽게 보일 수 있다.

적분과 초깃값 문제 풀기 비교

$$\begin{cases} \dfrac{dx}{dr} = f(r,x) \\ x(a) = 0 \end{cases}$$

3 (옮긴이) 수학에서 양함수explicit function란 종속변수 없이 독립변수들의 식만으로 표현되는 함수를 말한다. 독립변수가 하나일 때 양함수는 $y = f(x)$와 같은 형태가 된다. 역으로 음함수implicit function는 종속변수가 독립변수와 분리되지 않은 하나의 관계식으로 주어진 함수이다. 독립변수가 하나일 때 음함수는 $P(x,y) = 0$과 같은 형태가 된다.

벡터장

정해진 초기 조건을 갖는 다음의 일반적인 1계 미분방정식을 고려해 보자.

$$\begin{cases} x'(t) = f(t, x(t)) \\ x(a) = b \end{cases}$$

일반적인 1계 상미분방정식

이와 같은 초깃값 문제를 수치적으로 푸는 방법을 묻는 질문을 다루기 전에 방정식의 직관적인 의미에 대해 생각해 보는 것이 도움이 된다. 함수 f는 tx 평면에서 해를 나타내는 함수의 기울기를 제공한다. $f(t,x)$가 정의되는 모든 점에서 그 점을 통과하면서 정해진 기울기를 갖는 짧은 선분을 상상해 볼 수 있다. 이러한 짧은 선분 모두를 그래프로 나타낼 수는 없지만 해 함수 $x(t)$가 모든 점에서 각 점에 그려진 선분의 기울기와 같은 기울기를 유지하면서 이 선분들의 숲을 가로질러 어떻게 움직이는지를 이해하기 위하여 원하는 만큼 선분을 많이 그릴 수 있다. 이러한 선분들의 그림은 소위 말하는 미분방정식의 **벡터장**vector field을 이산적으로 보여준다.

예를 들어 초깃값이 $x(0) = 0$인 다음 방정식을 고려해 보자.

$$x' = \sin(x + t^2)$$

MATLAB과 같은 수학 소프트웨어를 사용하면 부등식 $-4 \le x \le 4$ 및 $-4 \le t \le 4$로 정해지는 직사각형에서 미분방정식에 의해 생성되는 벡터장의 그림을 얻을 수 있다. 창 환경 명령어[4]를 사용하여 직사각형에 미분방정식이 표시되어 있는 하나의 창을 불러온다. 그 이면에서는 수학 소프트웨어가 이 미분방정식의 벡터장을 제공하고 이를 디스플레이하면서 정확하게 라벨을 붙여 표시하기 위해 방대한 계산을 수행한다. 도표의 어떤 지점을 통과하는 해를 보려면 마우스를 사용하여 포인터를 해당 점에 놓기만 하면 된다. 마우스 왼쪽 버튼을 클릭하면 소프트웨어가 그 구하고자 하는 해를 표시해 준다. 이러한 소프트웨어 도구를 사용하면 초기 조건의 변경이 야기하는 효과를 즉시 볼 수 있다. 위 문제에 대한 (각각 다른 초깃값에 대응하는) 여러 해의 곡선이 [그림 7.1]에 나와 있다.

4 (옮긴이) 해를 살펴보기 위해서는 사용하는 수학 소프트웨어에서 결과를 표시할 '창'을 띄우게 되는데, 이와 관련한 명령어들을 일반적으로 창 환경 명령어라고 칭한다.

첫 번째 벡터장의 예

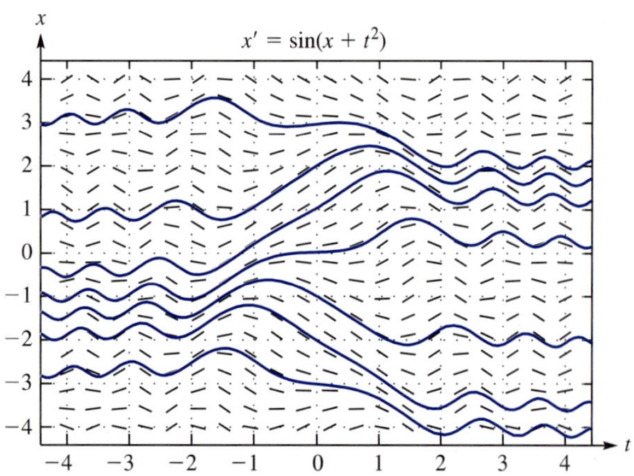

[그림 7.1] $x' = \sin(x + t^2)$에 대한 벡터장과 몇몇 해의 곡선

또 다른 예로 앞과 동일한 방식으로 다루어지는 다음 미분방정식을 살펴보자.

$$x' = x^2 - t$$

2차 장의 예

[그림 7.2]는 이 방정식에 대한 벡터장과 몇몇 해를 보여준다. 동일한 초기 조건에서 발생하는 것처럼 보이지만 서로 매우 다른 많은 곡선들이 나타나는 현상을 주목하라. 여기서 무슨 일이 일어나고 있는 걸까? 이는 초기 조건에 매우 민감한 해를 갖는 미분방정식의 극단적인 예이다. $t = -2$에서 초기 조건이 주어진 이러한 미분방정식을 풀 때 문제가 발생할 것으로 예상된다.

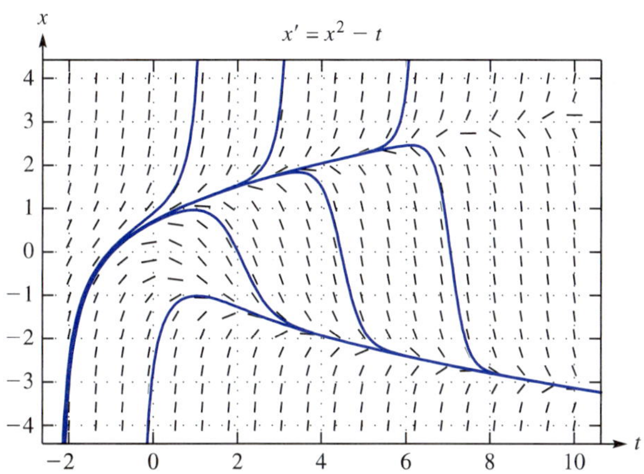

[그림 7.2] $x' = x^2 - t$에 대한 벡터장과 몇몇 해의 곡선

초깃값 $x(t_0) = x_0$이 주어졌을 때 미분방정식 $x' = x^2 - t$가 유일한 해를 갖는다는 것을 어떻게 알 수 있을까? 미분방정식에서 이러한 해의 존재성과 유일성에 대한 질문을 고려하는 정리들이 많이 있다. 그중 가장 활용하기 쉬운 것 하나가 다음의 정리이다.

정리 초깃값 문제에서의 해의 유일성

f와 $\dfrac{\partial f}{\partial x}$가 $|t - t_0| < \alpha$ 및 $|x - x_0| < \beta$로 정의되는 직사각형에서 연속이면 초깃값 문제 $x' = f(t, x)$, $x(t_0) = x_0$는 어떤 구간 $|t - t_0| < \epsilon$에서 연속인 유일한 해를 갖는다.[5]

5 (옮긴이) α, β, ϵ에 대한 언급이 없지만 이 정리는 (t_0, x_0)의 근방에서 함수 f와 $\dfrac{\partial f}{\partial x}$가 연속이면 $t = t_0$ 근방에서 초깃값 문제가 유일한 해를 갖는다는 것이다.

이 정리로부터 문제의 해가 $|t - t_0| < \beta$에 대하여 정의되었다고 결론지을 수는 없다. 하지만 위 정리에서 ϵ의 값은 적어도 $\dfrac{\beta}{M}$이다. 여기서 M은 원래의 직사각형 내에서 $|f(t, x)|$의 상한값이다.

테일러 급수법

이 절에서 소개할 수치적 방법은 가장 널리 사용되는 방법은 아니지만 자연스럽고 높은 정밀도를 보여준다. 이 방법의 원리는 미분방정식의 해를 국소적으로 테일러 급수의 몇 개 항으로 표현하는 것이다.

이어질 논의에서는 해 함수 x가 다음과 같이 테일러 급수[6]로 표현된다고 가정한다.

$$x(t+h)=x(t)+hx'(t)+\frac{1}{2!}h^2x''(t)+\frac{1}{3!}h^3x'''(t)$$
$$+\frac{1}{4!}h^4x^{(4)}(t)+\frac{1}{5!}h^5x^{(5)}(t)+\cdots+\frac{1}{m!}h^mx^{(m)}(t)+\cdots \quad (5)$$

테일러 급수

6 e^{-1/x^2}과 같은 몇몇 함수들은 무한 번 미분 가능하지만 원점에서 테일러 급수에 의한 표현이 불가능함을 상기하라.

수치적인 목적에 의해 $(m+1)$항 이후를 잘린 테일러 급수는 h가 작고 $x(t), x'(t), x''(t), \cdots, x^{(m)}(t)$가 알려져 있을 때 $x(t+h)$를 보다 정확히 계산할 수 있게 해준다. $h^mx^{(m)}(t)/m!$까지의 항만이 테일러 급수에 포함되었을 때 이로부터 도출되는 방법을 **m차 테일러 급수법**Taylor series method of order m이라 부른다. $m=1$인 경우부터 시작해 보자.

오일러의 방법과 유사코드

1차 테일러 급수법은 **오일러의 방법**Euler's method으로 알려져 있다. 구간 $[a,b]$에서 다음 초깃값 문제

$$\begin{cases} x' &= f(t,x(t)) \\ x(a) &= x_a \end{cases}$$

에 대한 해의 근삿값을 찾기 위하여 테일러 급수 (5)의 처음 두 항을 이용한다.

$$x(t+h)\approx x(t)+hx'(t)$$

따라서 공식

$$x(t+h)=x(t)+hf(t,x(t)) \quad (6)$$

오일러의 방법

를 이용하여 크기 $h=\dfrac{b-a}{n}$의 n단계로 $t=a$부터 $t=b$까지 진행할 수 있다.
오일러의 방법의 유사코드는 다음과 같다. 여기서 n, a, b, x_a는 미리 주어진 값이다.

Euler 유사코드

```
program Euler
integer k;  real h, t;  integer n ← 100
external function f
real a ← 1, b ← 2, x ← −4
h ← (b − a)/n
t ← a
output 0, t, x
for k = 1 to n
    x ← x + hf(t, x)
    t ← t + h
    output k, t, x
end for
end program Euler
```

이 프로그램을 사용하기 위해서는 [예제 1]과 같이 $f(t,x)$에 대한 코드가 필요하다.

예제 1 오일러의 방법을 사용하여 초깃값이 $x(1) = -4$인 미분방정식 $x' = 1 + x^2 + t^3$에 대한 $x(2)$의 근삿값을 100단계를 적용하여 계산하라.

풀이

앞의 유사코드를 주어진 초깃값과 함께 사용하고 다음 함수와 결합시킨다.

```
real function f(t, x)
real t, x
f ← 1 + x^2 + t^3
end function
```

계산한 값은 $x(2) \approx 4.23585$이다.

다음의 간단한 문제에 오일러의 방법을 실행하기 위한 컴퓨터 프로그램을 작성해 보자.

$$\begin{cases} x'(t) = x \\ x(0) = 1 \end{cases}$$

그 결과로 $x(2) \approx 7.3891$을 얻을 수 있다. 코드에 의해 생성된 그래프가 [그림 7.3]에 나와 있다. 해 $x(t) = e^t$는 실선으로 그려진 곡선이며 오일러의 방법으로 생성한 근사 해는 점으로 표시되어 있다. 왜 점들이 항상 곡선 아래에 있는지를 이해할 수 있는가?

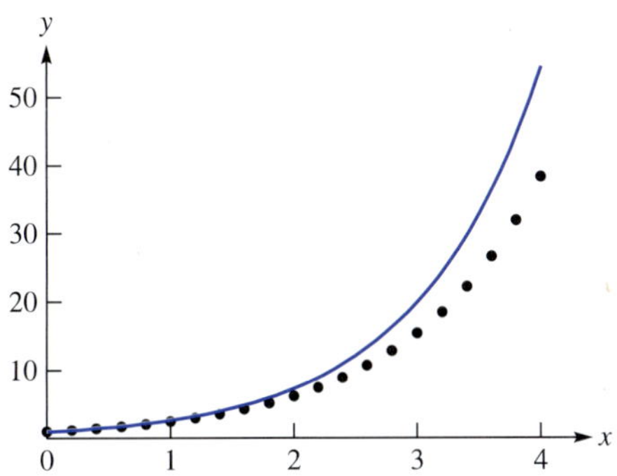

[그림 7.3] 오일러의 방법에 의한 곡선

이러한 결과를 받아들이고 계속 나아가기 전에 다음과 같은 몇 가지 질문을 제기해 보아야 한다. 답은 얼마나 정확한가? 고차 테일러 급수법이 필요하긴 한가? 안타깝게도 오일러의 방법은 테일러 급수 (5)의 두 항만을 사용하기 때문에 그다지 정확하지는 않다. 결과적인 절단오차는 $\mathcal{O}(h^2)$이다.

중요한 질문

고차 테일러 급수법

[예제 1]은 고차 테일러 급수법을 설명하는 데에도 활용할 수 있다. 또 다시 다음 초깃값 문제를 생각해 보자.

$$\begin{cases} x' = 1 + x^2 + t^3 \\ x(1) = -4 \end{cases} \tag{7}$$

초깃값 문제 예

미분방정식의 함수들을 t에 대해 여러 번 미분하면 그 결과는 다음과 같다(x에 대한 함수를 t에 대하여 미분할 때에는 연쇄 법칙chain rule을 사용해야 함을 기억하라).

$$\begin{aligned} x' &= 1 + x^2 + t^3 \\ x'' &= 2xx' + 3t^2 \\ x''' &= 2xx'' + 2x'x' + 6t \\ x^{(4)} &= 2xx''' + 6x'x'' + 6 \end{aligned} \tag{8}$$

t와 $x(t)$의 수치가 알려져 있다면 이 4개의 식들을 순서대로 적용하여 $x'(t)$, $x''(t)$, $x'''(t)$, $x^{(4)}(t)$를 얻을 수 있다. 따라서 이 작업으로부터 테일러 급수 식 (5)의 처음 5개 항을 사용할 수 있다. $x(1) = -4$이므로 적절한 시작점이 주어진 셈이며 $n = 100$으로 택하여 h를 결정한다. 그 다음으로 식 (5)와 (8)로부터 $x(a+h)$에 대한 근사를 계산할 수 있다. 같은 과정을 반복하여 $x(a+h), x'(a+h), \cdots, x^{(4)}(a+h)$를 사용하여 $x(a+2h)$를 계산한다.

유사코드와 결과

다음은 앞의 예의 유사코드이다.

Taylor 유사코드

```
program Taylor
integer k;   real h, t, x, x', x'', x''', x^(iv)
integer n ← 100
real a ← 1, b ← 2, x ← −4
h ← (b − a)/n
t ← a
output 0, t, x
for k = 1 to n
    x' ← 1 + x^2 + t^3
    x'' ← 2xx' + 3t^2
    x''' ← 2xx'' + 2(x')^2 + 6t
    x^(iv) ← 2xx''' + 6x'x'' + 6
    x ← x + h [x' + (1/2)h [x'' + (1/3)h [x''' + (1/4)h [x^(iv)]]]]
    t ← a + kh
    output k, t, x
end for
end program Taylor
```

여기서 약간의 설명이 도움이 될 것이다. 이 예에서는 구간 $a = 1 \le t \le 2 = b$에서 100단계를 사용하여 미분방정식의 해를 계산하였다. 각 단계마다의 t값은 단계 크기 h의 정수배이다. x', x'', x''', $x^{(4)}$을 정의하는 선언문은 단순히 식 (8)에 따라 미분 계산을 수행하고 있다. 마지막 계산은 식 (5)의 다섯 개 항을 사용하여 테일러 급수 계산을 수행한다. 이 식은 h에 대한 다항식이므로 축소곱셈법을 사용하면 가장 효율적으로 계산할 수 있다.

이는 유사코드에서 x에 대한 공식을 설명해 준다. 계산 $t \leftarrow t+h$에 의해 t값에 소량의 반올림 오차가 누적될 수 있다. 이 오차는 $t \leftarrow a+kh$를 사용함으로써 최소화할 수 있다.

예상할 수 있듯이 테일러 급수에서 두 개의 항만을 사용(오일러의 방법)한 결과는 다섯 개의 항을 사용한 경우만큼 정확하지 않다.

오일러의 방법	테일러 급수법(4차)
$x(2) \approx 4.2358541$	$x(2) \approx 4.3712096$

컴퓨터 결과

추가 분석을 통해 더 많은 유효숫자를 지니는 정확한 값이 $x(2) \approx 4.371221866$임을 보일 수 있다. 앞의 두 결과의 차이가 정밀도 부족으로 인한 것이 아님을 보이기 위해 여기서는 보다 높은 정밀도로 계산을 수행하였다.

오차의 종류

앞에서 설명한 유사코드를 프로그래밍하여 컴퓨터에서 실행할 때 어느 정도의 정확도를 기대할 수 있을까? 기계에서 출력한 변수 x값에 대한 모든 자릿수가 정확할까? 당연히 아닐 것이다! 하지만 얼마나 많은 자릿수를 신뢰할 수 있는지를 말하기는 쉽지 않다. 다음은 대략적인 평가법이다. 테일러 급수에서 $\frac{1}{24}h^4x^{(4)}(t)$까지의 항을 계산에 포함했기 때문에 테일러 급수에 포함되지 않는 첫 항은 $\frac{1}{120}h^5x^{(5)}(t)$이다. 오차가 이보다 더 클 수도 있지만 $h^5=(10^{-2})^5 \approx 10^{-10}$은 소수점 아래 10자리에만 영향을 준다. 출력한 해는 아마도 소수점 아래 8자리까지 정확할 것이다. 다리나 비행기를 이런 조악한 분석 하에서 만들어서는 안 되지만 현재 우리는 미분방정식을 푸는 프로시저의 일반적인 형태에 관심을 집중하고 있다.

실제로 고려해야 할 오차는 두 종류이다. 각 단계에서 $x(t)$가 알려져 있고 $x(t+h)$가 테일러 급수의 처음 몇 개의 항으로부터 계산된다면 한 오차는 테일러 급수를 잘랐기 때문에 발생한다. 이 오차를 **절단오차**라 하는데 보다 정확하게는 **국소 절단오차**local truncation error라고 한다. 앞 예제에서 국소 절단오차는 대략 $\frac{1}{120}h^5x^{(5)}(\xi)$이다. 이러한 상황에서는 국소 절단오차가 h^5의 차수order를 갖는다고 일컬어진다. 이를 축약하여 $\mathcal{O}(h^5)$로 표기한다.

국소 절단오차

명백히 존재하는 두 번째 종류의 오차는 모든 국소 절단오차들이 누적된 영향으로 인해 나타나는 것이다. (이전의 절단오차로 인해) 이미 $x(t)$가 잘못되었는데, $x(t+h)$를 테일러 급수를 사용하여 계산할 때 또 다른 국소 절단오차가 발생하기 때문에 $x(t+h)$의 계산값 역시 오차를 포함하고 있다.

완전한 이론이라면 추가적인 오차의 근원도 고려해야 한다. 그 하나는 **반올림 오차**이다. 해를 구하는 프로시저의 단계 하나에서는 오차가 심각하지 않다 하더라도 수백 또는 수천 단계가 지나면 누적된 오차가 계산된 해를 심각하게 오염시킬 수 있다. 특정 단계에서 만들어진 오차는 이후의 모든 단계로 옮겨 넘어감을 기억해야 한다. 미분방정식과 이를 풀기 위해 사용되는 방법에 따라 이러한 오차는 후속 단계를 거치며 더욱 커질 수 있다.

반올림 오차

기호 계산을 사용한 테일러 급수법

다소 복잡한 식의 미분 및 적분을 포함한 수치 및 비수치 유형의 다양한 통상적인 수학 계산들은 이제 컴퓨터의 몫이 될 수 있다. 물론 이러한 계산들은 한정된 부류의 함수에만 적용되지만 이러한 함수들의 집합은 전형적인 미적분 교재에 등장하는 모든 함수를 포함할 만큼 충분히 광범위하다. 기호 계산symbolic computation을 위한 프로그램을 사용하면 고차 테일러 급수법도 어려움 없이 수행할 수 있다. MATLAB, Maple, Mathematica와 같은 수학 소프트웨어의 대수적 조작 기능algebraic manipulation potentiality들을 사용하여 초깃값 문제 (7)을 푸는 코드를 작성할 수 있다. 최종 결과는 $x(2) \approx 4.37121005224969227234569$이다.

7.1 요약

- 구간 $[a, b]$에서 단계의 크기로 $h = \dfrac{b-a}{n}$을 사용하여 다음과 같은 1차 초깃값 문제를 풀고자 한다.

$$\begin{cases} x'(t) = f(t, x(t)) \\ x(a) = x_a \end{cases}$$

- **m차 테일러 급수법**은 다음과 같다.

$$\begin{aligned} x(t+h) &= x(t) + hx'(t) + \frac{1}{2!}h^2x''(t) + \frac{1}{3!}h^3x'''(t) \\ &\quad + \frac{1}{4!}h^4x^{(4)}(t) + \frac{1}{5!}h^5x^{(5)}(t) + \cdots \\ &\quad + \frac{1}{m!}h^m x^{(m)}(t) \end{aligned}$$

여기서 모든 미분 $x'', x''', \cdots, x^{(m)}$은 해석적으로 결정되어야 한다.

- **오일러의 방법**은 1차 테일러 급수법으로 다음과 같이 나타낼 수 있다.

$$x(t+h) = x(t) + hf(t,\ x(t))$$

테일러 급수에서 처음 2개의 항만 사용했기 때문에 절단오차가 크며 결과도 높은 정확성을 보이지는 않는다. 따라서 고차 테일러 급수법이 가장 많이 쓰인다. 물론 이 방법은 더 많은 미분을 구해야 하기 때문에 수학적인 오차가 발생할 가능성이 더욱 커진다.

7.1 연습문제

01 다음 미분방정식의 해를 구하라.

(a) $x' = t^3 + 7t^2 - t^{1/2}$　(b) $x' = x$

(c) $x' = -x$　(d) $x'' = -x$

(e) $x'' = x$　(f) $x'' + x' - 2x = 0$

힌트 : $x = e^{at}$를 시도하라.

02 다음 초깃값 문제들의 해를 구하라.

(a) $x' = t^2 + t^{1/3}, \quad x(0) = 7$

(b) $x' = 2x, \quad x(0) = 15$

(c) $x'' = -x, \quad x(\pi) = 0, \quad x'(\pi) = 3$

03 다음 미분방정식을 풀어라.

(a) $x' = 1 + x^2$　힌트 : $1 + \tan^2 t = \sec^2 t$

(b) $x' = \sqrt{1 - x^2}$　힌트 : $\sin^2 t + \cos^2 t = 1$

(c) $x' = t^{-1}\sin t$　힌트 : [컴퓨터 연습문제 5.1.2] 참조

(d) $x' + tx = t^2$　힌트 : 방정식에 $f(t) = \exp(t^2/2)$을 곱하

여 좌변이 $(xf)'$이 되도록 한다.

04 [연습문제 7.1.3]의 (b)에 멱급수 $x(t)=\sum_{n=0}^{\infty} a_n t^n$을 대입한 후 적절한 계수 값을 넣어 풀어라.

05 $x'=xt^2+x^3+e^x t$일 때, x''을 구하라.

06 $p-p'=t^3+t^2-2t$를 만족하는 다항식 p를 찾아라.

07 일반적인 1차 선형 미분방정식은 $x'+px+q=0$이다. 여기서 p와 q는 t에 대한 함수이다. 이 미분방정식의 해가 $x=-y^{-1}(z+c)$임을 보여라. 여기서 y와 z는 다음과 같이 구한다. 우선 u를 p의 역도함수라 놓는다. $y=e^u$라 하면 z는 yq의 역도함수이다.

08 $x'=x^{1/3}$, $x(0)=0$은 두 개의 해를 갖는 초깃값 문제이다. 두 개의 해 중 하나는 $x_1(t)=0$, 다른 하나는 $t\ge 0$에 대하여 $x_2(t)=\left(\frac{2}{3}t\right)^{3/2}$임을 입증하라. 테일러 급수법을 적용하면 어떤 결과가 나오는가?

09 미분방정식 문제 $x'=x$를 생각하자. 초기 조건이 $x(0)=c$이면 이 미분방정식의 해는 $x(t)=ce^t$이다. 만일 c의 값을 컴퓨터로 읽어 들이는 과정에서 ε만큼의 반올림 오차가 발생한다면 $t=10$인 점에서의 해는 어떤 영향이 있겠는가? $t=20$일 때는 어떠한가? $x'=-x$에 대해서도 동일한 질문을 하고 답하라.

10 만약 테일러 급수법이 초깃값 문제 $x'=t^2+x^3, x(0)=0$에 사용되고 x의 미분을 $x^{(4)}$까지 사용한다면 반드시 프로그래밍되어야 할 5가지의 주요 방정식은 무엇인가?

11 다음 미분방정식을 n차 테일러 급수법을 사용하여 푼다면 이 알고리즘에서의 주요 방정식은 무엇이겠는가?

(a) $x'=x+e^x,\ \ n=4$

(b) $x'=x^2-\cos x,\ \ n=5$

12 다음 상미분방정식에 3차 테일러 급수법의 1단계를 사용하여 $x(0.1)$의 근삿값을 계산하라.

$$\begin{cases} x''=x^2e^t+x' \\ x(0)=1,\ \ x'(0)=2 \end{cases}$$

13 구간 $[a,b]$에서 미분방정식이 수치적으로 풀리며 국소적 절단오차는 ch^p라 가정하자. 만약 모든 절단오차가 같은 부호를 가지면(가능한 경우 중 가장 좋지 않은 경우) 총 절단오차가 $(b-a)ch^{p-1}$임을 보여라. 여기서 $h=\frac{b-a}{n}$이다.

14 테일러 급수법을 h^{20}항까지 사용하기로 계획했다면 $\sum_{n=0}^{20} x^{(n)}(t)h^n/n!$의 계산을 어떻게 수행해야 할까(단, $x(t)$, $x^{(1)}(t), x^{(2)}(t), \cdots, x^{(20)}(t)$의 값은 쓸 수 있다고 가정한다)?

힌트 : 단지 몇몇 선언문만으로 충분하다.

15 다음의 사다리꼴 공식에 기반한 상미분방정식 해법을 어떻게 사용할지를 설명하라. 이 방법은 **개선한 오일러의 방법** 또는 **호인 방법**Heun's method이라 불린다. 여기서 $\hat{x}(t+h)$는 오일러의 방법으로 계산된 것이다.

$$\hat{x}(t+h)=x(t)+hf(t,x(t))$$

$$x(t+h)=x(t)+\frac{h}{2}[f(t,x(t))+f(t+h,\hat{x}(t+h))]$$

16 개선한 오일러의 방법을 사용하여 구간 $[0,1]$에서 단계 크기 $h=0.1$을 적용하여 다음 미분방정식을 풀어라.

$$\begin{cases} x'=-x+t+\frac{1}{2} \\ x(0)=1 \end{cases}$$

17 다음 초깃값 문제를 생각하자. 개선한 오일러의 방법에서 $\hat{x}(t+h)$를 $x(t+h)$로 대체하고 단계 크기는 $h=0.1$로 한 단계 계산하라. 어떤 일이 일어나는지 설명하고 $x=(a+bt)^c$에 대입하여 a,b,c를 구함으로써 닫힌 형태의 해를 구하라.

$$\begin{cases} x'=-100x^2 \\ x(0)=1 \end{cases}$$

7.1 컴퓨터 연습문제

01 다음 초깃값 문제에 테일러 급수법을 적용하는 프로그램을 작성하고 테스트하라. 해를 구간 $[1, 2.77]$에서 생성하라. 테일러 급수에서 $x^{(5)}$까지의 미분을 사용하고 $h=\frac{1}{100}$을 사용하라. 비교를 위해 실제 해인 $x(t)=\frac{e^t}{16-e^t}$의 값을 출력하라. 이 해가 실제 해임을 입증하라.

$$\begin{cases} x' = x + x^2 \\ x(1) = \dfrac{e}{16-e} = 0.20466341728915526943 \end{cases}$$

02 다음의 각 문제를 주어진 구간에서 풀기 위한 프로그램을 작성하라. $h = \dfrac{1}{100}$인 테일러 급수법을 사용하고 h^3항까지 포함하라. 어떠한 어려움이 있는지 설명하라.

(a) $[0,\ 0.09]$에서 $\begin{cases} x' = t + x^2 \\ x(0) = 1 \end{cases}$

(b) $[1,\ 1.75]$에서 $\begin{cases} x' = x - t \\ x(1) = 1 \end{cases}$

(c) $[2,\ 5]$에서 $\begin{cases} x' = tx + t^2x^2 \\ x(2) = -0.6396625333 \end{cases}$

03 구간 $[0, 10]$에서 테일러 급수법을 사용하여 초깃값이 $x(0) = 1$로 주어진 미분방정식 $x' = x$를 풀어라. 실제 해인 $x(t) = e^t$와 그 결과를 비교하라. 10차 항까지의 미분을 사용하고 단계 크기로는 $h = \dfrac{1}{100}$을 적용한다.

04 다음 각 식에서 $x(1)$의 값을 구하라. $h = \dfrac{1}{100}$인 5차 테일러 급수법을 사용하고 실제 해와 비교하라(단, 각 문제의 실제 해는 각각 $\tan t$와 $1+t$이다).

(a) $x' = 1 + x^2,\ \ x(0) = 0$

(b) $x' = (1+t)^{-1}x,\ \ x(0) = 1$

05 구간 $[0, 1]$에서 초기 조건이 $x(1) = 1$인 초깃값 문제 $x' = t + x + x^2$을 풀어라. 5차 테일러 급수법을 사용하라.

06 구간 $[0, 1]$에서 $x(0) = -1$인 초깃값 문제 $x' = (x+t)^2$을 4계 미분까지 사용한 테일러 급수법을 적용하여 풀어라. 이 결과를 1차, 2차, 3차 테일러 급수법의 결과와 비교하라.

07 구간 $[0, 1]$에서 다음의 초깃값 문제를 20차 테일러 급수법을 사용하여 푸는 프로그램을 작성하라. 즉 테일러 급수에서 h^{20}까지의 항이 포함되어야 한다. $n = 1, 2, \cdots, 20$에 대하여 간단한 점화식을 통해 $x^{(n)}$을 구할 수 있음을 관찰하라.

$$\begin{cases} x' = tx \\ x(0) = 1 \end{cases}$$

08 테일러 급수법을 사용하여 초깃값 문제 $x' = \sin x + \cos t$를 푸는 프로그램을 작성하라. $x(2) = 0.32$에서 시작하여 $t = 2$부터 $t = 5$까지 이 해법을 계속 적용하라. h^3까지의 항을 포함하도록 한다.

09 테일러 급수법을 사용하여 구간 $[0, 2]$에서 초깃값 문제 $x' = e^t x,\ x(2) = 1$을 풀기 위한 프로그램을 작성하라. h^4까지의 항을 포함해야 한다.

10 구간 $0 \le t \le 5$에서 초깃값 문제 $x' = tx + t^4,\ x(5) = 3$을 풀기 위한 프로그램을 작성하라. h^4까지의 항을 포함하는 테일러 급수법을 사용하라.

11 [예제 1]의 초깃값 문제를 구간 $[1, 3]$에서 풀기 위한 프로그램을 작성하고 이를 설명하라.

12 다음 **도슨 적분**Dawson integral의 값을 구간 $[0, 2]$에 균일한 간격으로 놓인 101개의 점에서 표로 구하라. 이때 적당한 차수의 테일러 급수법을 사용하여 해가 f인 초깃값 문제를 수치적으로 풀어야 한다. 표의 값들이 소수점 아래 8자리까지 정확하도록 만들고 소수점 아래 8자리까지만 출력하라.

$$f(x) = \exp(-x^2)\int_0^x \exp(t^2)\,dt$$

힌트 : $f'(x)$와 $xf(x)$ 사이의 관계를 찾아라. 미적분학의 기본 정리가 유용할 것이다.

확인해 볼 값들 : $f(1) = 0.5380795069,\ \ f(2) = 0.3013403889$

13 4차 테일러 급수법을 사용하여 구간 $0 \le t \le 3$에서 $x(3) = 7.4$로 주어진 초깃값 문제 $x' = t^3 + e^x$를 풀어라.

14 Maple과 같은 기호 조작 패키지를 사용하여 [예제 1]의 미분방정식을 4차 테일러 급수법으로 풀어라(단, 24자리를 갖는 높은 정밀도를 사용하라).

15 유사코드 *Euler*와 *Taylor*를 프로그래밍하고 그 수치 결과를 본문에 주어진 결과와 비교하라.

16 MATLAB, Maple, Mathematica와 같은 수학 소프트웨어 시스템의 상미분방정식 솔버solver 루틴을 직접 호출하여 앞의 문제를 반복하라.

17 MATLAB, Maple, Mathematica와 같은 수학 소프트웨어를 사용하여 다음의 상미분방정식들에 대하여 해석 해 또는 수치 해를 찾아라.

(a) 상미분방정식 (2)

(b) 상미분방정식 (3)

(c) 상미분방정식 (4)

18 다음 그림들을 다시 만들어내기 위한 컴퓨터 프로그램을 작성하라.

(a) [그림 7.1]

(b) [그림 7.2]

(c) [그림 7.3]

7.2 룽게-쿠타법 Runge-Kutta method

도입

칼 룽게 Carl Runge와 빌헬름 쿠타 Wilhelm Kutta의 이름을 따서 명명된 이 방법은 원래의 미분방정식을 해석적으로 미분하지 않으면서 테일러 급수법을 모방하여 고안된 것이다. 다음의 초깃값 문제

$$\begin{cases} x' &= f(t,x) \\ x(a) &= x_a \end{cases} \tag{1}$$

에 테일러 급수법을 사용할 때 함수 f를 미분함으로써 $x'', x''', \cdots$을 얻어낼 필요가 있음을 상기하자. 이러한 요구는 이 방법을 사용하는 데 심각한 장애물이 될 수 있다. 이 방법의 사용자는 컴퓨터 프로그램을 작성하기 전에 사전 분석 작업을 수행해야 한다. 이론상으로 방정식 (1)을 푸는 수치적 방법은 f를 계산하기 위한 코드 이외에는 포함해서는 안 된다. 룽게-쿠타법은 이를 달성한 방법이다.

미분 없이 상미분방정식 풀기

정확도가 낮아서 실제 과학 계산에서는 잘 사용되지 않는 2차 룽게-쿠타법이 설명을 위해 제시되어 있다. 나중에 4차 룽게-쿠타법이 유도 과정 없이 주어질 것이다. 이 4차 룽게-쿠타법이 일반적으로 사용되는 방법이다. 2차 룽게-쿠타 과정은 소형 컴퓨터의 실시간 계산 정도에만 활용된다. 예를 들어 이 과정은 몇몇 항공기 기내의 미니 컴퓨터에서 사용되고 있다.

초깃값 문제를 푸는 모든 방법의 핵심은 한 번에 한 단계씩 함수를 개선해 나가는 과정에 있다. 즉 $x(t+h)$에 대한 식이 알려진 양들로 주어져야 한다. 해가 수많은 단계를 거쳐 구해진 알려진 양의 예로 $x(t), x(t-h), x(t-2h), \cdots$ 등을 들 수 있다. 처음에는 $x(a)$만이 알려져 있다. 물론 $f(t,x)$를 임의의 점 (t,x)에 대해 계산할 수 있다고 가정한다.

$f(x,y)$에 대한 테일러 급수

2차 룽게-쿠타법을 설명하기 전에 **이변수 테일러 급수**를 소개한다. 무한급수로 다음과 같이 나타낼 수 있다.

$$f(x+h, y+k) = \sum_{i=0}^{\infty} \frac{1}{i!}\left(h\frac{\partial}{\partial x} + k\frac{\partial}{\partial y}\right)^i f(x,y) \tag{2}$$

이변수 테일러 급수

이 급수는 1.2절의 식 (11)로 주어졌던 일변수 테일러 급수와 유사하다. 식 (2)에서 낯설게 보이는 항들은 다음과 같이 해석할 수 있다.

$$\begin{aligned}
\left(h\frac{\partial}{\partial x} + k\frac{\partial}{\partial y}\right)^0 f(x,y) &= f \\
\left(h\frac{\partial}{\partial x} + k\frac{\partial}{\partial y}\right)^1 f(x,y) &= h\frac{\partial f}{\partial x} + k\frac{\partial f}{\partial y} \\
\left(h\frac{\partial}{\partial x} + k\frac{\partial}{\partial y}\right)^2 f(x,y) &= h^2\frac{\partial^2 f}{\partial x^2} + 2hk\frac{\partial^2 f}{\partial x \partial y} + k^2\frac{\partial^2 f}{\partial y^2} \\
&\vdots
\end{aligned}$$

여기서 f 및 모든 편미분은 (x, y)에서 계산된다. 일변수의 경우와 마찬가지로 테일러 급수가 잘렸을 때 급수 양변의 상등 관계를 복원하기 위해서는 오차항 또는 나머지 항이 필요하다. 다음은 이를 적절하게 표현한 식이다.

$$f(x+h, y+k) = \sum_{i=0}^{n-1} \frac{1}{i!}\left(h\frac{\partial}{\partial x} + k\frac{\partial}{\partial y}\right)^i f(x, y) + \frac{1}{n!}\left(h\frac{\partial}{\partial x} + k\frac{\partial}{\partial y}\right)^n f(\bar{x}, \bar{y}) \tag{3}$$

오차항을 포함한 테일러 급수

점 $(\bar{x}, \bar{y})$는 평면에서 (x, y)와 $(x+h, y+k)$를 연결한 선분 위에 있는 점이다.

테일러 급수를 적용할 때 편미분을 나타내기 위하여 첨자를 사용한다. 예를 들면 다음과 같이 정의한다.

$$f_x = \frac{\partial f}{\partial x}, \quad f_t = \frac{\partial f}{\partial t}, \quad f_{xx} = \frac{\partial^2 f}{\partial x^2}, \quad f_{xt} = \frac{\partial^2 f}{\partial t\, \partial x} \tag{4}$$

우리가 다루는 함수들에서 이런 첨자들의 순서는 중요하지 않다. 예를 들면 $f_{xt} = f_{tx}$이다. 따라서 다음이 성립한다.

$$\begin{aligned} f(x+h, y+k) &= f + (hf_x + kf_y) \\ &+ \frac{1}{2!}(h^2 f_{xx} + 2hkf_{xy} + k^2 f_{yy}) \\ &+ \frac{1}{3!}(h^3 f_{xxx} + 3h^2 k f_{xxy} + 3hk^2 f_{xyy} + k^3 f_{yyy}) \\ &+ \cdots \end{aligned}$$

테일러 급수의 처음 몇 개의 항

특수한 경우로 다음 식을 주의 깊게 살펴보자.

$$f(x+h, y) = f + hf_x + \frac{h^2}{2!} f_{xx} + \frac{h^3}{3!} f_{xxx} + \cdots$$

$$f(x, y+k) = f + kf_y + \frac{k^2}{2!} f_{yy} + \frac{k^3}{3!} f_{yyy} + \cdots$$

특수한 경우

2차 룽게-쿠타법

2차 룽게-쿠타법에서는 다음과 같이 특수한 형태의 두 함수의 계산이 포함된 식을 택한다.

$$\begin{cases} K_1 = hf(t, x) \\ K_2 = hf(t + \alpha h, x + \beta K_1) \end{cases}$$

$(t+h)$에서의 값을 얻기 위해 이들의 선형 조합을 t에서의 x의 값에 더한다.

$$x(t+h) = x(t) + w_1 K_1 + w_2 K_2$$

이 식은 다음 식과 동치이다.

$$x(t+h) = x(t) + w_1 hf(t, x) + w_2 hf(t + \alpha h, x + \beta hf(t, x)) \tag{5}$$

이제 목표는 식 (5)가 가능한 한 정확하도록 상수 w_1, w_2, α, β를 정하는 것이다. 분명한 점은 다음의 테일러 급수에서 최대한 많은 항을 다시 만들어내야 한다는 것이다.

$$x(t+h)=x(t)+hx'(t)+\frac{1}{2!}h^2x''(t)+\frac{1}{3!}h^3x'''(t)$$
$$+\frac{1}{4!}h^4x^{(4)}(t)+\frac{1}{5!}h^5x^{(5)}(t)+\cdots \tag{6}$$

이제 식 (5)와 식 (6)을 비교해 보자. $x'=f$이므로 h까지의 항이 일치하도록 만드는 한 가지 방법은 $w_1=1$, $w_2=0$로 설정하는 것이다. 그러나 이는 단순히 오일러의 방법(앞 절에서 설명)을 다시 불러온 것에 지나지 않으며 정확도의 차수는 1차에 불과하다. 더 교묘하게 매개변수를 선택하면 h^2까지의 항을 일치시킬 수 있다. 그 방법을 알아보기 위해 식 (5)의 마지막 항에 이변수 테일러 급수를 적용해 보자. 식 (3)으로 주어지는 이변수 테일러 급수에서 $n=2$를 사용하여 t, αh, x, βhf가 각각 x, h, y, k의 역할을 하도록 한다.

2차 룽게-쿠타법의 유도

$$f(t+\alpha h,x+\beta hf)=f+\alpha hf_t+\beta hff_x+\frac{1}{2}\left(\alpha h\frac{\partial}{\partial t}+\beta hf\frac{\partial}{\partial x}\right)^2 f(\bar{x},\bar{y})$$

이 식을 사용하면 다음과 같이 식 (5)의 새로운 형태를 얻을 수 있다.

$$x(t+h)=x(t)+(w_1+w_2)hf+\alpha w_2h^2f_t+\beta w_2h^2ff_x+\mathcal{O}(h^3) \tag{7}$$

또한 식 (6)은 미분방정식 (1)을 사용하여 새로운 형태로 나타낼 수 있다. $x'=f$이므로, 다음을 얻는다.

$$x''=\frac{dx'}{dt}=\frac{df(t,x)}{dt}=\left(\frac{\partial f}{\partial t}\right)\left(\frac{dt}{dt}\right)+\left(\frac{\partial f}{\partial x}\right)\left(\frac{dx}{dt}\right)=f_t+f_xf$$

따라서 식 (6)은 다음을 의미한다.

$$x(t+h)=x+hf+\frac{1}{2}h^2f_t+\frac{1}{2}h^2ff_x+\mathcal{O}(h^3) \tag{8}$$

다음 관계식을 규정함으로써 식 (7)과 (8)을 서로 일치시킬 수 있다.

$$w_1+w_2=1, \qquad \alpha w_2=\frac{1}{2}, \qquad \beta w_2=\frac{1}{2} \tag{9}$$

식 (9)의 간단한 해는 다음과 같다.

$$\alpha=1, \quad \beta=1, \quad w_1=\frac{1}{2}, \quad w_2=\frac{1}{2}$$

그 결과로 도출되는 **2차 룽게-쿠타법**은 식 (5)로부터

$$x(t+h)=x(t)+\frac{h}{2}f(t,x)+\frac{h}{2}f(t+h,x+hf(t,x))$$

2차 룽게-쿠타법

이다. 또한 이 식은 다음 식과 동치이다.

$$x(t+h) = x(t) + \frac{1}{2}(K_1 + K_2) \qquad (10)$$

여기서 K_1과 K_2는 다음과 같다.

$$\begin{cases} K_1 = hf(t, x) \\ K_2 = hf(t+h, x+K_1) \end{cases}$$

식 (10)은 함수 f를 두 번 계산하여 $(t+h)$에서의 해 함수를 구할 수 있음을 보여준다. 비선형 시스템 (9)에 대해 다른 해도 가능할 수 있다는 점을 주목해야 한다. 예를 들어 α는 임의의 값[7]을 가질 수 있으므로 다음이 성립한다.

7 (옮긴이) 정확하게 말하자면 '0을 제외한 임의의 값'이다.

$$\beta = \alpha, \qquad w_1 = 1 - \frac{1}{2\alpha}, \qquad w_2 = \frac{1}{2\alpha}$$

2차 룽게-쿠타법에 대한 오차항이 다음과 같음을 보일 수 있다([연습문제 7.2.10] 참조).

오차항

$$\frac{h^3}{4}\left(\frac{2}{3} - \alpha\right)\left(\frac{\partial}{\partial t} + f\frac{\partial}{\partial x}\right)^2 f + \frac{h^3}{6} f_x \left(\frac{\partial}{\partial t} + f\frac{\partial}{\partial x}\right) f \qquad (11)$$

$\alpha = \frac{2}{3}$일 때의 방법이 특히 흥미로움을 주목하자. 하지만 어떠한 2차 룽게-쿠타법이라도 오차의 차수가 $\mathcal{O}(h^3)$에 불과하기 때문에 대형 컴퓨터에서는 널리 쓰이지 않는다.

4차 룽게-쿠타법

초깃값 문제 (1)에 흔히 사용되는 알고리즘은 고전적인 **4차 룽게-쿠타법**이다. 그 공식은 다음과 같다.

$$x(t+h) = x(t) + \frac{1}{6}(K_1 + 2K_2 + 2K_3 + K_4) \qquad (12)$$

여기서

4차 룽게-쿠타법

$$\begin{cases} K_1 = hf(t, x) \\ K_2 = hf\left(t + \frac{1}{2}h, x + \frac{1}{2}K_1\right) \\ K_3 = hf\left(t + \frac{1}{2}h, x + \frac{1}{2}K_2\right) \\ K_4 = hf(t+h, x+K_3) \end{cases}$$

이다. 4차 룽게-쿠타법 공식의 유도는 상당히 지루하여 그 세부 과정을 제시하는 교재는 거의 없다. 더 높은 차수의 룽게-쿠타법 공식도 존재하지만 이들은 유도하기는 쉽지 않다. 하지만 MATLAB, Maple, Mathematica와 같은 기호 조작 소프트웨어 패키지를 사용하면 그러한 공식을 개발할 수 있다.

앞에서 보였듯이 $x(t+h)$에서의 해는 함수 f를 네 번 계산하여 구할 수 있다. 최종 공식은 테일러 전개에서 h^4을 포함한 항까지 일치한다. 따라서 오차항은 h^5를 포함하지만, 이보다 낮은 지수의 h항은 포함하지 않는다. 오차항에서 h^5의 계수를 모르면 국소 절단오차를 정확히 알 수 없게 된다.

유사코드

다음은 고전적인 4차 룽게-쿠타법을 구현하는 유사코드이다.

RK4 유사코드

```
procedure RK4(f, t, x, h, n)
integer j, n;      real K_1, K_2, K_3, K_4, h, t, t_a, x
external function f
output 0, t, x
t_a ← t
for j = 1 to n
    K_1 ← hf(t, x)
    K_2 ← hf(t + (1/2)h, x + (1/2)K_1)
    K_3 ← hf(t + (1/2)h, x + (1/2)K_2)
    K_4 ← hf(t + h, x + K_3)
    x ← x + (1/6)(K_1 + 2K_2 + 2K_3 + K_4)
    t ← t_a + jh
    output j, t, x
end for
end procedure RK4
```

위 유사코드의 사용법을 설명하기 위해 다음 초깃값 문제를 고려해 보자.

$$\begin{cases} x' &= 2+(x-t-1)^2 \\ x(1) &= 2 \end{cases} \tag{13}$$

이 식의 실제 해는 $x(t)=1+t+\tan(t-1)$이다. 구간 $[1, 1.5625]$에서 룽게-쿠타법으로 이 문제를 푸는 유사코드는 다음과 같다. 필요한 단계의 크기는 구간의 폭을 단계 수(예를 들면 $n=72$)로 나눈 값이다.

Test_RK4 유사코드

```
program Test_RK4
real h, t;      external function f
integer n ← 72
real a ← 1, b ← 1.5625, x ← 2
h ← (b − a)/n
t ← a
call RK4(f, t, x, h, n)
end program Test_RK4
real function f(t, x)
real t, x
f ← 2 + (x − t − 1)^2
end function f
```

프로시저 f가 *RK4*의 인수 목록argument list에서 전달되기 때문에 메인 프로그램과 프로시저 *RK4* 모두에 외부 함수 선언문이 포함되었다. 계산한 수치 해의 최종 값은 $x(1.5625)=$

3.192937699이다.

룽게-쿠타 알고리즘을 통합한 범용 루틴은 일반적으로 절단오차를 모니터링하고 해가 향상됨에 따라 단계 크기를 필요한 만큼 조정하는 추가적인 프로그래밍을 포함한다. 일반적으로 단계의 크기는 해가 천천히 변할 때에는 커질 수 있지만 급격히 변할 때는 작아져야 한다. 그러한 프로그램이 7.3절에 제시되어 있다.

7.2 요약

- **2차 룽게-쿠타법**은

$$x(t+h) = x(t) + \frac{1}{2}(K_1 + K_2)$$

이다. 이때 K_1과 K_2는 다음과 같다.

$$\begin{cases} K_1 = hf(t, x) \\ K_2 = hf(t+h, x+K_1) \end{cases}$$

이 방법은 각 단계마다 두 번의 함수 f의 계산이 필요하다. 이는 2차 테일러 급수법과 동치인 방법이다.

- 상미분방정식을 푸는 데 가장 많이 쓰이는 단일 단계 방법 중 하나는 **4차 룽게-쿠타법**이다.

$$x(t+h) = x(t) + \frac{1}{6}(K_1 + 2K_2 + 2K_3 + K_4)$$

$$\begin{cases} K_1 = hf(t, x) \\ K_2 = hf\left(t + \frac{1}{2}h, x + \frac{1}{2}K_1\right) \\ K_3 = hf\left(t + \frac{1}{2}h, x + \frac{1}{2}K_2\right) \\ K_4 = hf(t+h, x+K_3) \end{cases}$$

이 방법은 한 단계당 네 번의 함수 f의 계산을 필요로 한다. 이는 4차 테일러 급수법과 같기 때문에 $\mathcal{O}(h^5)$의 절단오차를 갖는다. 이 방법은 적은 수의 함수 계산과 더 높은 차수의 절단오차 덕분에 널리 쓰인다.

7.2 연습문제

01 4차 테일러 급수법을 미분방정식 $x' = tx^2 + x - 2t$에 적용하는 데 필요한 식들을 유도하라. 복잡도의 관점에서 그 식들을 4차 룽게-쿠타법에 요구되는 식들과 비교하라.

02 다음 미분방정식들을 룽게-쿠타법을 통해 얻어지는 수치 해의 적합한 형태로 표현하라.

(a) $x + 2xx' - x' = 0$

(b) $\log x' = t^2 - x^2$

(c) $(x')^2(1-t^2) = x$

03 다음 미분방정식을 $t = -0.2$에서 2차 테일러 급수법 한 단계와 2차 룽게-쿠타법 한 단계를 사용하여 소수점 아래 두 자리까지 정확하게 풀어라.

$$\begin{cases} \dfrac{dx}{dt} = -tx^2 \\ x(0) = 2 \end{cases}$$

04 다음 상미분방정식을 생각하자. $h = 0.1$로 2차 테일러 급수법 한 단계를 사용한 후 2차 룽게-쿠타법을 사용하여 $x(1.1)$을 다시 계산하라. 두 답을 비교하라.

$$\begin{cases} x' = (tx)^3 - (x/t)^2 \\ x(1) = 1 \end{cases}$$

05 룽게-쿠타 프로시저를 사용하여 다음 미분방정식을 풀 때 함수 $f(t, x)$에 대한 코드를 작성할 필요가 있다. 다음에 대하여 이를 수행하라.

(a) $x' = t^2 + tx' - 2xx'$

(b) $x' = e^t + x' \cos x + t^2$

06 상미분방정식 $x' = t^3x^2 - 2x^3/t^2, x(1) = 1$을 생각하자. 3차 테일러 급수법 및 4차 룽게-쿠타법을 적용할 때 사용할 식을 구하라.

07 다음의 **3차 룽게-쿠타법**을 생각하자.

$$x(t+h) = x(t) + \frac{1}{9}(2K_1 + 3K_2 + 4K_3)$$

여기서 K값들은 다음과 같다.

$$\begin{cases} K_1 = hf(t, x) \\ K_2 = hf\left(t + \frac{1}{2}h, x + \frac{1}{2}K_1\right) \\ K_3 = hf\left(t + \frac{3}{4}h, x + \frac{3}{4}K_2\right) \end{cases}$$

(a) 이 방법이 미분방정식 $x' = x + t$와 같은 차수의 테일러 급수법을 사용하는 방식과 일치함을 보여라.

(b) 어떠한 미분방정식도 이 3차 룽게-쿠타법을 적용하면 그 해의 테일러 급수의 h^3항까지는 그대로 구할 수 있음을 증명하라.

08 단위 구간에 균일한 간격으로 놓인 100개의 점에서 다음 함수에 대한 수치 표를 만들어내는 데 4차 룽게-쿠타법이 어떻게 쓰일 수 있는지 설명하라.

$$f(x) = \int_0^x e^{-t^2} dt$$

힌트 : 해가 f가 되는 적절한 초깃값 문제를 찾아라.

09 4차 룽게-쿠타 공식이 다음과 같은 형태의 상미분방정식에 적용되었을 때, 단순한 형태로 축소될 수 있음을 보여라.

$$x' = f(t)$$

10 2차 룽게-쿠타법에 대한 오차항 (11)을 유도하라.

11 어떤 컴퓨터에서 4차 룽게-쿠타법을 구간 $[a, b]$에서 $h = \frac{b-a}{n}$로 사용했을 때, 반올림으로 인한 총 오차는 대략 $36n2^{-50}$, 총 절단오차는 $9nh^5$임을 알게 되었다. 여기서 n은 총 단계 수, h는 단계의 크기이다. 최적의 h값은 무엇일까?

힌트 : 총 오차를 최소화하라. 총 오차는 반올림 오차와 절단오차의 합이다.

12 다음 초깃값 문제를 구간 $[0, 1]$에서 소수점 아래 10자리, 즉 10^{-10}의 정확도로 풀어야 한다면 어떻게 해야 할까? 컴퓨터가 적절한 정밀도를 가진다고 가정하고 4차 룽게-쿠타법은 $100h^5$ 크기의 절단오차를 수반한다고 가정하자.

$$\begin{cases} x' = \sin x + \sin t \\ x(0) = 0 \end{cases}$$

13 미적분학의 주요 정리 중 하나는 식 $f_{tx} = f_{xt}$가 참임을 말해준다. 단, 여기서 두 편미분 중 적어도 하나는 존재하며 연속이어야 한다. 이 식을 몇몇 함수들, 예를 들어 함수 $f(t, x) = xt^2 + x^2t + x^3t^4$, $\log(x - t^{-1})$, $e^x \sinh(t+x) + \cos(2x - 3t)$에 테스트하라.

14 (a) 만일 $x' = f(t, x)$이면 다음이 성립한다.

$$x'' = Df, \quad x''' = D^2f + f_x Df f$$

여기서

$$D = \frac{\partial}{\partial t} + f\frac{\partial}{\partial x}, \quad D^2 = \frac{\partial^2}{\partial t^2} + 2f\frac{\partial^2}{\partial x \partial t} + f^2\frac{\partial^2}{\partial x^2}$$

이다. 이 식들을 증명하라.

(b) $x^{(4)}$를 유사한 형태로 구하라.

15 일변수 함수 $\phi(t) = f(x + th, y + tk)$를 고려하여 이를 테일러 정리로 전개함으로써 일변수 형태로부터 이변수 형태의 테일러 급수를 유도하라.

16 두 개의 변수 x와 y에 대하여 (a, b)를 기준점으로 하는 테일러 급수 전개는 다음과 같이 주어진다. 변수 치환을 통하여 이 형태로부터 공식 (2)가 얻어질 수 있음을 보여라.

$$f(x, y) = \sum_{i=0}^{\infty} \frac{1}{i!}\left((x-a)\frac{\partial}{\partial x} + (y-b)\frac{\partial}{\partial y}\right)^i f(a, b)$$

17 앞 문제에서 주어진 형태를 활용하여 $f(x, y) = \sin x + \cos y$이고 $(0, 0)$을 기준점으로 하는 테일러 급수의 0이 아닌 처음 네 항을 구하라. 그 결과를 $\sin x$ 및 $\cos y$의 알려진 급수와 비교하라. 특별한 형태 $f(x, y) = g(x) + h(y)$를 갖는 함수들의 테일러 급수에 대한 가설을 세워라.

18 함수 $f(x, y) = y^2 - 3\ln x$에 대하여 $f(1+h, 0+k)$일 때 테일러 급수의 처음 여섯 개의 항을 써라.

19 $(1, 1)$을 기준으로 하는 잘린 테일러 급수를 사용하여 $e^{(1-xy)}$에 대한 3항 근사를 구하라.

힌트 : [연습문제 7.2.16]을 사용하라.

20 함수 $f(x, y) = xe^y$는 이변수 테일러 급수에 의해 $f(x+h, y+k) \approx (Ax + B)e^y$로 근사될 수 있다. 이계 편미분 항까지 사용되었을 때 A와 B를 구하라.

21 함수 $f(x, y) = (y - x)^{-1}$에 대하여 테일러 급수는 다음과 같

이 나타낼 수 있다. 여기서 $f=f(x,y)$이다. 계수 A, B, C를 구하라.

$$f(x+h, y+k) = Af + Bf^2 + Cf^3 + \cdots$$

22 함수 e^{x^2+y}를 생각하자. 이계 편미분 항까지 사용하였을 때 $(0,1)$을 기준으로 하여 이 함수의 테일러 급수를 구하라. 이 결과를 사용하여 $f(0.001, 0.998)$에 대한 근삿값을 구하라.

23 개선한 오일러의 방법이 2차 룽게-쿠타법임을 보여라.

7.2 컴퓨터 연습문제

01 룽게-쿠타법을 설명하기 위해 미분방정식 (13)에 대해 본문에 주어진 샘플 유사코드를 실행하라.

02 초깃값 문제 $x' = \frac{x}{t} + t\sec\frac{x}{t}$, $x(0)=0$을 4차 룽게-쿠타법으로 풀어라. 단계 크기로 $h=2^{-7}$을 적용하여 $t=1$까지 해를 계속 구하라. 이 수치 해를 실제 해, 즉 $x(t) = t\arcsin t$와 비교하라. $f(0,0)=0$으로 정의한다. 여기서 $f(t,x) = \frac{x}{t} + t\sec\frac{x}{t}$이다.

03 다음 초깃값 문제 중 하나를 택하여 4차 룽게-쿠타 공식과 4차 테일러 급수법으로 얻은 수치 해를 비교하라. $n=2, 3, \cdots, 7$로 다양한 값의 $h=2^{-n}$을 사용하여 구간 $[1,2]$에서의 해를 계산하라.

(a) $x' = 1 + x/t, \;\; x(1) = 1$

(b) $x' = 1/x^2 - xt, \;\; x(1) = 1$

(c) $x' = 1/t^2 - x/t - x^2, \;\; x(1) = -1$

04 프로그램 라이브러리에서 룽게-쿠타 루틴을 선택한 다음 초깃값 문제 $x' = (2-t)x$, $x(2)=1$에 이를 테스트하라. 실제 해인 $x = \exp\left[-\left(\frac{1}{2}\right)(t-2)^2\right]$과 비교하라.

05 (**나쁜 조건의 상미분방정식**) 초깃값이 $x(0)=0$인 상미분방정식 $x' = 10x + 11t - 5t^2 - 1$을 풀어라. 4차 룽게-쿠타법을 사용하여 $h=2^{-8}$ 간격으로 $t=0$부터 $t=3$까지의 해를 구하라. 매 10단계마다 수치 해와 실제 해인 $(t^2/2 - t)$를 출력하고 두 해의 그래프를 그려라. 초깃값이 $x(0)=\varepsilon$인 동일한 미분방정식의 해가 $\varepsilon e^{10t} + t^2/2 - t$임을 입증하라. 결론적으로 원래 문제의 수치 해와 실제 해 사이의 차이를 설명하라.

06 초깃값 문제 $x' = x\sqrt{x^2-1}$, $x(0)=1$을 구간 $0 \le t \le 1.6$에서 룽게-쿠타법을 사용하여 풀고 그 과정 중에 어떤 어려움이 있는지 설명하라. 그 다음으로 음수인 h를 사용하여 동일한 미분방정식을 초깃값 $x(1.6)=1.0$으로 풀어라.

07 다음의 괴상한 예는 달퀴스트[Dahlquist]와 비요르크[Björck][1974]에 의해 제시되었다. 미분방정식 $x' = 100(\sin t - x)$와 그 초깃값 $x(0)=0$을 생각하자. 구간 $[0,3]$에서 이 방정식을 $h = 0.015, 0.020, 0.025, 0.030$의 단계 크기로 4차 룽게-쿠타법을 사용하여 풀어라. 수치적 불안정성을 관찰하라!

08 다음 미분방정식을 생각하자. 구간 $[-1,1]$에서 룽게-쿠타 프로시저 *RK4* (단계 크기 $h=0.1$)를 사용하여 이 문제를 풀어라. 그 후 $h=0.09$를 풀어라. 어떤 수치 해가 더 정확한가? 그 이유는 무엇인가?

$$\begin{cases} x' = \begin{cases} x+t, & -1 \le t \le 0 \\ x-t, & 0 \le t \le 1 \end{cases} \\ x(-1) = 1 \end{cases}$$

힌트 : 이 방정식의 실제 해는 $t \le 0$에서 $x = e^{(t+1)} - (t+1)$, $t \ge 0$에서 $x = e^{(t+1)} - 2e^t + (t+1)$로 주어진다.

09 $t - x' + 2xt = 0$, $x(0)=0$을 구간 $[0,10]$에서 $h=0.1$인 룽게-쿠타 공식을 활용하여 풀어라. 이 방정식의 실제 해인 $\frac{1}{2}(e^{t^2}-1)$과 비교하라. 이 해의 그래프를 그려라. 그런 후 해의 로그값의 그래프를 그려라.

10 룽게-쿠타 프로시저 *RK4*를 사용하여 구간 $1 \le t \le 7$에서 $x' = \sin(xt) + \arctan t$, $x(2)=4$를 푸는 프로그램을 작성하라.

11 2차 룽게-쿠타법의 일반적인 형태는 식 (5)로 주어진다. 몇 가지로 주어지는 α의 값에 따라 단계 크기 h와 초기 조건 t, x로 n번의 단계를 수행하기 위해 프로시저 *RK2*(f, t, x, h, α, n)을 작성하고 테스트하라.

12 다음 미분방정식을 $x(5)$에서 단계 크기 0.5로 풀려 한다. 다음 두 가지 방법으로 이 미분방정식을 풀어라.

$$\begin{cases} x' = e^t x^2 + e^3 \\ x(2) = 4 \end{cases}$$

(a) 필요한 함수 $f(t, x)$를 코딩하고 프로시저 *RK4* 를 사용하라.

(b) h^4 항까지 포함하는 테일러 급수법을 사용하여 짧은 프로그램을 작성하라.

13 미분방정식 (13)에 대한 해의 그래프를 그려라.

14 해가 알려진 미분방정식을 선택하고 고전적인 4차 룽게-쿠타법과 다음 중 하나 또는 둘 모두의 방법과 비교하라. 각 단계마다 오차를 출력하라. 각 단계마다 두 오차의 비는 일정한 상수인가? 각 방법의 장점과 단점은 무엇인가?

(a) 고전적 4차 룽게-쿠타법과 비슷한 **4차 룽게-쿠타법**은 $x(t+h) = x(t) + \frac{1}{6}(K_1 + 4K_3 + K_4)$과 같이 주어진다. 여기서 K값들은 다음과 같다.

$$\begin{cases} K_1 = hf(t, x) \\ K_2 = hf\left(t + \frac{1}{2}h, x + \frac{1}{2}K_1\right) \\ K_3 = hf\left(t + \frac{1}{2}h, x + \frac{1}{4}K_1 + \frac{1}{4}K_2\right) \\ K_4 = hf(t+h, x - K_2 + 2K_3) \end{cases}$$

(b) 또 다른 **4차 룽게-쿠타법**은 $x(t+h) = x(t) + w_1K_1 + w_2K_2 + w_3K_3 + w_4K_4$과 같이 주어진다. 여기서

$$\begin{cases} K_1 = hf(t, x) \\ K_2 = hf\left(t + \frac{2}{5}h, x + \frac{2}{5}K_1\right) \\ K_3 = hf\left(t + \frac{1}{16}(14 - 3\sqrt{5})h, x + c_{31}K_1 + c_{32}K_2\right) \\ K_4 = hf(t+h, x + c_{41}K_1 + c_{42}K_2 + c_{43}K_3) \end{cases}$$

이고 적합한 상수들은 다음과 같다.

$$c_{31} = \frac{3(-963 + 476\sqrt{5})}{1024}, \quad c_{32} = \frac{5(757 - 324\sqrt{5})}{1024}$$

$$c_{41} = \frac{-3365 + 2094\sqrt{5}}{6040}, \quad c_{42} = \frac{-975 - 3046\sqrt{5}}{2552}$$

$$c_{43} = \frac{32(14595 + 6374\sqrt{5})}{240845}$$

$$w_1 = \frac{263 + 24\sqrt{5}}{1812}, \qquad w_2 = \frac{125(1 - 8\sqrt{5})}{3828}$$

$$w_3 = \frac{1024(3346 + 1623\sqrt{5})}{5924787}, \quad w_4 = \frac{2(15 - 2\sqrt{5})}{123}$$

참고 : 임의의 차수를 갖는 룽게-쿠타법은 무수히 많다. 차수가 더 높을수록 공식은 더 복잡해진다. 식 (12)에 의해 주어지는 룽게-쿠타법은 $\mathcal{O}(h^5)$의 오차를 가진 다소 단순한 방식이기 때문에 가장 널리 쓰이는 4차 룽게-쿠타법이다. (b) 문제의 오차항도 $\mathcal{O}(h^5)$이다. 이는 어떤 면에서는 최적의 오차이다.

15 **5차 룽게-쿠타법**은 다음과 같이 주어진다.

$$x(t+h) = x(t) + \frac{1}{24}K_1 + \frac{5}{48}K_4 + \frac{27}{56}K_5 + \frac{125}{336}K_6$$

여기서

$$\begin{cases} K_1 = hf(t, x) \\ K_2 = hf\left(t + \frac{1}{2}h, x + \frac{1}{2}K_1\right) \\ K_3 = hf\left(t + \frac{1}{2}h, x + \frac{1}{4}K_1 + \frac{1}{4}K_2\right) \\ K_4 = hf(t+h, x - K_2 + 2K_3) \\ K_5 = hf\left(t + \frac{2}{3}h, x + \frac{7}{27}K_1 + \frac{10}{27}K_2 + \frac{1}{27}K_4\right) \\ K_6 = hf\Big(t + \frac{1}{5}h, \\ \qquad x + \frac{28}{625}K_1 - \frac{1}{5}K_2 + \frac{546}{625}K_3 + \frac{54}{625}K_4 - \frac{378}{625}K_5\Big) \end{cases}$$

이다. 이 공식을 사용하는 프로시저를 작성하고 테스트하라.

16 (a) Maple, Mathematica와 같은 기호 조작 패키지를 사용하여 일반적인 2차 룽게-쿠타법을 찾아라.

(b) 차수 3에 대하여 위의 과정을 반복하라.

17 (**지연 상미분방정식**) 다음 식과 같이 상수 지연이 있는 상미분방정식의 수치 해를 구하기 위한 프로시저들을 조사하라. 여기서 구간은 $0 \le t \le 1000$이며 $t \le 0$일 때 $x(t) = \sin\left(\frac{t}{20}\right)$로 주어진다. 20보다 작거나 같은 단계 크기를 사용하여 어떠한 중첩도 일어나지 않도록 한다. 실제 해인 $x(t) = \sin\frac{t}{20}$과 비교하라.

$$x'(t) = -x(t) + x(t-20) + \frac{1}{20}\cos\left(\frac{t}{20}\right) + \sin\left(\frac{t}{20}\right) - \sin\left(\frac{t}{20} - 1\right)$$

18 프로그램 *Test_RK4* 및 루틴 *RK4*에 대한 소프트웨어를 작성하고 본문에 주어진 수치 결과들을 검증하라.

7.3 적응적 룽게-쿠타법 및 다단계법

적응적 룽게-쿠타-펠버그 방법adaptive Runge-Kutta-Fehlberg method

초깃값 문제의 수치 해가 관련된 현실적인 상황에서는 항상 계산에서 얻어지는 정밀도를 예측할 필요가 있다. 일반적으로 허용오차는 미리 정해져 있으며 수치 해는 실제 해로부터 이런 허용오차 이상을 벗어나지 않아야 한다. 일단 해법이 선택되면 허용오차가 허용 가능한 최대 단계 크기를 결정한다. 국소 절단오차만을 고려할지라도 적절한 단계 크기를 결정하는 건 어려울 수 있다. 게다가 해 곡선의 어떤 부분에서는 종종 작은 단계 크기가 필요한 반면 다른 부분에서는 큰 단계 크기로도 충분할 수 있다.

이러한 이유로 초깃값 문제에 대한 알고리즘에서 단계 크기를 자동으로 조정하기 위한 다양한 방법들이 개발되어 왔다. 하나의 간단한 절차를 설명해 보자. 7.2절에서 논의한 고전적인 4차 룽게-쿠타법을 생각해 보자. 해 곡선을 t에서 $(t+h)$까지 전진시키기 위해 한 단계의 크기가 h인 룽게-쿠타 공식을 사용할 수 있다. 또는 $(t+h)$에 도달하기 위해 $h/2$ 크기의 두 단계를 수행할 수도 있다. 절단오차가 없다면 수치 해 $x(t+h)$의 값은 두 절차 모두에서 동일할 것이다. 수치 결과의 차이는 국소 절단오차의 추정치로 간주할 수 있다. 따라서 실제적으로 이 차이가 사전에 정해진 허용오차 이내이면 현재의 단계 크기 h로 만족할 수 있다. 만일 이 차이가 허용오차를 초과한다면 단계 크기를 절반으로 줄인다. 만일 이 차이가 허용오차에 비해 매우 작다면 단계 크기를 두 배로 늘린다.

단계 크기 자동 조절 방법

방금 설명한 절차는 쉽게 프로그래밍될 수 있지만 계산 시간의 측면에서는 다소 낭비가 있기 때문에 그다지 권장되는 방법은 아니다. 더욱 정교한 방법이 펠버그Fehlberg에 의해 개발되었다. **4차 룽게-쿠타-펠버그법**은 다음과 같다.

$$x(t+h) = x(t) + \frac{25}{216}K_1 + \frac{1408}{2565}K_3 + \frac{2197}{4104}K_4 - \frac{1}{5}K_5 \tag{1}$$

이때 K들은 다음과 같다.

$$\begin{cases} K_1 = hf(t, x) \\ K_2 = hf\left(t+\frac{1}{4}h, x+\frac{1}{4}K_1\right) \\ K_3 = hf\left(t+\frac{3}{8}h, x+\frac{3}{32}K_1+\frac{9}{32}K_2\right) \\ K_4 = hf\left(t+\frac{12}{13}h, x+\frac{1932}{2197}K_1-\frac{7200}{2197}K_2+\frac{7296}{2197}K_3\right) \\ K_5 = hf\left(t+h, x+\frac{439}{216}K_1-8K_2+\frac{3680}{513}K_3-\frac{845}{4104}K_4\right) \end{cases}$$

4차 룽게-쿠타-펠버그법

이 방법은 고전적인 4차 룽게-쿠타법보다 한 번의 함수 계산이 더 필요하기 때문에 이 자체로는 어떤 가치가 있을지 의문일 수 있다. 하지만 다음과 같은 한 번의 추가적인 함수 계산

$$K_6 = hf\left(t+\frac{1}{2}h, x-\frac{8}{27}K_1+2K_2-\frac{3544}{2565}K_3+\frac{1859}{4104}K_4-\frac{11}{40}K_5\right) \tag{2}$$

으로 다음과 같은 **5차 룽게-쿠타법**을 얻을 수 있다.

$$x(t+h)=x(t)+\frac{16}{135}K_1+\frac{6656}{12825}K_3+\frac{28561}{56430}K_4-\frac{9}{50}K_5+\frac{2}{55}K_6 \qquad (3)$$ 5차 룽게-쿠타법

4차와 5차의 절차로부터 얻은 $x(t+h)$값의 차이는 4차 절차에서의 국소 절단오차의 추정값이다. 따라서 여섯 번의 함수 계산은 5차 근삿값 및 오차 추정값을 제공한다!

유사코드

룽게-쿠타-펠버그법(RKF)에 대한 유사코드가 *RK45* 프로시저에 주어져 있다.

RK45 유사코드

```
procedure RK45(f, t, x, h, ε)
real ε, K1, K2, K3, K4, K5, K6, h, t, x, x4
external function f
real c20 ← 0.25, c21 ← 0.25
real c30 ← 0.375, c31 ← 0.09375, c32 ← 0.28125
real c40 ← 12./13., c41 ← 1932./2197.
real c42 ← −7200./2197., c43 ← 7296./2197.
real c51 ← 439./216., c52 ← −8.
real c53 ← 3680./513., c54 ← −845./4104.
real c60 ← 0.5, c61 ← −8./27., c62 ← 2.
real c63 ← −3544./2565., c64 ← 1859./4104.
real c65 ← −0.275
real a1 ← 25./216., a2 ← 0., a3 ← 1408./2565.
real a4 ← 2197./4104., a5 ← −0.2
real b1 ← 16./135., b2 ← 0., b3 ← 6656./12825.
real b4 ← 28561./56430., b5 ← −0.18
real b6 ← 2./55.
K1 ← hf(t, x)
K2 ← hf(t + c20h, x + c21K1)
K3 ← hf(t + c30h, x + c31K1 + c32K2)
K4 ← hf(t + c40h, x + c41K1 + c42K2 + c43K3)
K5 ← hf(t + h, x + c51K1 + c52K2 + c53K3 + c54K4)
K6 ← hf(t + c60h, x + c61K1 + c62K2 + c63K3 + c64K4 + c65K5)
x4 ← x + a1K1 + a3K3 + a4K4 + a5K5
x ← x + b1K1 + b3K3 + b4K4 + b5K5 + b6K6
t ← t + h
ε ← |x − x4|
end procedure RK45
```

물론 프로그래머는 사용하는 컴퓨터의 정밀도에 상응하는 소수점 표현으로 수치를 계수에 할당하는 것과 같은 다양한 최적화 기술을 고려할 수 있다. 이를 통해 프로시저로의 각각의 호출에서 분수를 다시 계산할 필요가 없도록 할 수 있다.

RK45 프로시저를 다음 테스트 프로그램에서와 같이 비적응적 방식으로도 사용할 수 있다.

Test_RK45 유사코드

```
program Test_RK45
integer k;   real t, h, ε;   external function f
integer n ← 72
real a ← 1.0, b ← 1.5625, x ← 2.0
```

(계속)

```
h ← (b − a)/n
t ← a
output 0, t, x
for k = 1 to n
    call RK45(f, t, x, h, ε)
    output k, t, x, ε
end for
end program Test_RK45

real function f(t, x)
real t, x
f ← 2.0 + (x − t − 1.0)^2
end function f
```

여기에서는 각 단계에서의 오차 추정치를 출력하였다. 오차 추정치 ε이 단일 단계 오차를 제어하기 위해 언제 단계 크기를 조정해야 하는지를 알려줄 수 있기 때문에 오차 추정치를 적응적 프로시저에 사용할 수 있다.

간단한 적응적 프로시저

이제 간단한 적응적 프로시저를 설명해 보자. *RK45* 프로시저에서 $x(t+h)$에 대한 4차 및 5차 근삿값을 x_4, x_5라 하면 이들은 6번의 함수 계산을 통해 계산되며 그 오차 추정치는 $\varepsilon=|x_4-x_5|$라고 알려져 있다. 허용 가능한 오차 추정치에 대한 사용자 지정 한계 $(\varepsilon_{\min} \le \varepsilon \le \varepsilon_{\max})$로부터 단계 크기 h는 ε을 이 한계 내에 유지하기 위해 필요에 따라 두 배가 되거나 절반이 된다. 허용 가능한 단계 크기 h의 범위$(h_{\min} \le |h| \le h_{\max})$도 사용자가 지정한다. 사용자는 적응적 프로시저가 무한 루프에 빠지지 않도록 주의하여 한계 $(\varepsilon_{\min}, \varepsilon_{\max}, h_{\min}, h_{\max})$를 설정해야 한다. 또한 사용자는 주어진 미분방정식에 대해 지나치게 제한적인 오차의 한계를 충족하기 위해 동일한 점에서부터 단계 크기를 반으로 줄이거나 두 배로 늘이는 것을 반복하여 시도하여야 한다.

기본적으로 적응적 과정은 다음과 같다.

알고리즘 적응적 과정의 개요

1. *RK45* 루틴이 주어진 단계 크기 h와 초깃값 $x(t)$에 대하여 $x(t+h)$값과 오차 추정치 ε을 계산한다.
2. $\varepsilon_{\min} \le \varepsilon \le \varepsilon_{\max}$이면 단계 크기 h는 변하지 않으며 다음 단계는 단계 1을 초깃값 $x(t+h)$로 반복하여 수행한다.
3. $\varepsilon < \varepsilon_{\min}$, $|2h| \le h_{\max}$일 때 h를 $2h$로 대체한다.
4. $\varepsilon > \varepsilon_{\max}$, $|h/2| \ge h_{\min}$일 때 h를 $h/2$로 대체한다.
5. $h_{\min} \le |h| \le h_{\max}$이면 $x(t)$와 새로운 h의 값을 가지고 단계 1로 돌아감으로써 그 단계를 반복한다.

이 적응적 방식에 대한 프로시저는 *RK45_Adaptive*이다. 유사코드의 매개변수 목록에서 f는 미분방정식의 함수 $f(t,x)$로 t와 x는 초깃값을 포함하며 h는 첫 단계 크기, t_b는 t의 최종 값이다. 또한 *itmax*는 $a=t_a$부터 $b=t_b$까지 진행할 때 선택할 수 있는 최대 단계 수, $\varepsilon_{\min}$과 $\varepsilon_{\max}$는 허용 오차 추정치 ε의 하한과 상한, $h_{\min}$과 $h_{\max}$는 단계 크기 h의 하한과 상한이다. 그리고 *iflag*는 오차 플래그[error flag]로 다음 중 하나의 값을 반환한다.

iflag	의미
0	t_a부터 t_b까지 성공적 진행
1	도달한 최대 반복 횟수

반환되는 변수들에서 t와 x는 최종 반환값, h는 고려되거나 사용된 최종 단계 크기이다.

RK45_Adaptive 유사코드

```
procedure RK45_Adaptive(f, t, x, h, t_b, itmax, ε_max, ε_min, h_min, h_max, iflag)
integer iflag, itmax, n;   external function f
real ε, ε_max, ε_min, d, h, h_min, h_max, t, t_b, x, x_save, t_save
real δ ← (1/2) × 10^-5
output 0, h, t, x
iflag ← 1
k ← 0
while k ≦ itmax
    k ← k + 1
    if |h| < h_min then h ← sign(h)h_min
    if |h| > h_max then h ← sign(h)h_max
    d ← |t_b − t|
    if d ≦ |h| then
        iflag ← 0
        if d ≦ δ · max{|t_b|, |t|} then exit loop
        h ← sign(h)d
    end if
    x_save ← x
    t_save ← t
    call RK45(f, t, x, h, ε)
    output n, h, t, x, ε
    if iflag = 0 then exit loop
    if ε < ε_min then h ← 2h
    if ε > ε_max then
        h ← h/2
        x ← x_save
        t ← t_save
        k ← k − 1
    end if
end while
end procedure RK45_Adaptive
```

RK4 대신에 단계 크기를 바꿀 수 있는 *RK45_Adaptive*를 사용하여 이전 절의 컴퓨터 예제를 반복해서 풀어 보라. 계산한 두 해의 정확도를 비교해 보라([컴퓨터 연습문제 7.4.22] 참조).

이 유사코드에서 마지막 단계의 크기를 결정하기 위해 여러 조건을 검토해야 함을 주의한다. 왜냐하면 부동 소수점 연산이 포함되어 있고 단계 크기가 변하기 때문이다.

산업에서의 예

산업 화학 공정의 모델링에 나오는 1계 미분방정식은 다음과 같다.

$$\begin{cases} x' = a + b\sin t + cx \\ x(0) = 0 \end{cases} \tag{4}$$

여기서 $a=3$, $b=5$, $c=0.2$는 상수이다. 이 방정식은 미적분학의 해를 구하는 기법, 특히 적분 인자 integrating factor를 사용하여 수정할 수 있다. 그러나 해석 해는 복잡하며 수치해가 더 바람직할 수 있다.

이 문제를 적응적 룽게-쿠타 공식을 사용하여 수치적으로 해결하기 위해서는 이 문제의 일반적인 표현에 나타나 있는 함수 f를 확인(하고 프로그래밍)한다. 이 문제에서는 $f(t,x) = 3 + 5\sin t + 0.2x$이다. 다음은 루틴 *RK45_Adaptive*에서 매개변수에 특정한 값을 할당하여 구간 $[0, 10]$에서 이 방정식을 풀기 위한 간단한 유사코드이다.

Test_RK45_Adaptive 유사코드

```
program Test_RK45_Adaptive
integer iflag;     real t, x, h, t_b;    external function f
integer itmax ← 1000
real ε_max ← 10^-5, ε_min ← 10^-8, h_min ← 10^-6, h_max ← 1.0
t ← 0.0;   x ← 0.0;   h ← 0.01;   t_b ← 10.0
call RK45_Adaptive(f, t, x, h, t_b, itmax, ε_max, ε_min, h_min, h_max, iflag)
output itmax, iflag
end program Test_RK45_Adaptive

real function f(t, x)
real t, x
f ← 3 + 5 sin(t) + 0.2x
end function f
```

그 결과로 근삿값 $x(10) \approx 135.917$을 얻을 수 있다. 코드의 출력물은 그래프 그리기 루틴으로 만들 수 있는 값들의 표이다. 이러한 결과 그래프는 사용자가 해 곡선을 시각화하는 데 도움이 된다.

애덤스-배쉬포스-몰튼 공식 Adams-Bashforth-Moulton formula

이제 하나의 1차 상미분방정식을 풀기 위해 수치 구적법을 사용하는 전략을 소개한다. 모델 방정식은 다음과 같다.

$$x'(t) = f(t, x(t))$$

미지의 함숫값이 t의 왼쪽에 있는 몇 개의 점, 즉 $t, t-h, t-2h, \cdots, t-(n-1)h$에서 계산되었다고 가정한다. 이때 $x(t+h)$를 계산하려 한다. 미적분학의 정리에 의해 다음과 같이 쓸 수 있다.

$$\begin{aligned} x(t+h) &= x(t) + \int_t^{t+h} x'(s)\,ds \\ &= x(t) + \int_t^{t+h} f(s, x(s))\,ds \end{aligned}$$

$$\approx x(t) + \sum_{j=1}^{n} c_j f_j$$

여기서 $f_j = f(t-(j-1)h, x(t-(j-1)h))$로 축약하여 표현하였다. 위 식의 마지막 줄에 적절한 수치 적분 공식을 도입하였다. 구간 $[0,1]$에 대한 수치 적분 공식 중 가장 간단한 **애덤스-배쉬포스 공식**Adams-Bashforth formula의 경우 점 $0, -1, -2, \cdots, 1-n$에서의 피적분 함수의 값을 활용한다. 일단 이런 기본 공식이 있으면 변수 변환을 통해 등간격으로 분할된 다른 임의의 구간에 대한 공식도 만들 수 있다.

다음과 같은 형태의 공식을 찾아보자.

$$\int_0^1 F(r)dr \approx c_1 F(0) + c_2 F(-1) + \cdots + c_n F(1-n)$$

이 표현에는 n개의 계수 c_j가 있다. 보간 이론으로부터 차수가 $(n-1)$인 모든 다항식에 대하여 이 공식을 정확하게 만들 수 있음을 알 수 있다. 이는 각각의 함수 $1, r, r^2, \cdots, r^{n-1}$을 정확히 적분하는 것으로 충분하다.

따라서 적절한 방정식을 다음과 같이 나타낼 수 있다.

$$\int_0^1 r^{i-1} dt = \sum_{j=1}^{n} c_j (1-j)^{i-1} \qquad (1 \le i \le n)$$

이 식은 n개의 미지수가 있는 식이 존재하는 선형 시스템 $\boldsymbol{A}\boldsymbol{c} = \boldsymbol{b}$이다. 행렬 $\boldsymbol{A} = (A_{ij})$의 성분은 $A_{ij} = (1-i)^j$, 우변 $\boldsymbol{b} = (b_i)$은 $b_i = \dfrac{1}{i}$이다.

이 프로그램이 실행될 때 출력은 계수 벡터 $\left(\dfrac{55}{24}, -\dfrac{59}{24}, \dfrac{37}{24}, -\dfrac{3}{8}\right)$이다. 물론 더 높은 차수의 공식은 코드에서 n의 값을 바꾸어 얻을 수 있다. **애덤스-몰튼 공식**Adams-Moulton formula을 얻기 위해 다음과 같은 형태의 구적법quadrature rule에서부터 시작하자.

$$\int_0^1 G(r)dr \approx \sum_{j=1}^{n} C_j G(2-j)$$

이와 유사한 프로그램의 결과로 계수 $\left(\dfrac{9}{24}, \dfrac{19}{24}, -\dfrac{5}{24}, \dfrac{1}{24}\right)$을 얻었다. 두 구적법을 살펴보면 하나는 1에서의 피적분 함수의 값을 사용하지만 다른 하나는 그렇지 않다는 점에서 차이가 있다.

앞에서 완료한 작업으로부터 어떻게 $\displaystyle\int_t^{t+h} g(s)ds$에 대한 공식을 유도할 수 있을까? s에서 σ로의 변수 변환 $s = h\sigma + t$를 사용하자. 이때 t는 상수로 생각한다. 새로 얻어지는 적분식은 $h\displaystyle\int_0^1 g(h\sigma + t)d\sigma$이고 이 식에 구간 $[0,1]$에서 이미 만들어 놓은 두 공식 중 하나를 적용할 수 있다. 예를 들면 다음과 같다.

$$\begin{aligned} \int_t^{t+h} F(r)dr &\approx \frac{h}{24}[55F(t) - 59F(t-h) + 37F(t-2h) - 9F(t-3h)] \\ \int_t^{t+h} G(r)dr &\approx \frac{h}{24}[9G(t+h) + 19G(t) - 5G(t-h) + G(t-2h)] \end{aligned} \qquad (5)$$

애덤스-배쉬포스 구적법

구적법 규칙을 얻기 위해 여기에 사용한 미정계수법 그 자체는 우리가 원하던 오차항을 제공하지 않는다. 여기서 고려된 방법은 보간 다항식을 적분한 것에서 나온 것이기 때문에 보간 이론으로 오차에 대한 평가가 가능하다. 더 높은 수준의 책들에서 그 세부 내용을 찾아볼 수 있다. [컴퓨터 연습문제 7.3.2] 및 [컴퓨터 연습문제 7.3.4]에서 애덤스-배쉬포스-몰튼 공식으로 실험해볼 수 있을 것이다. 이 방법들은 7.5절에서 다시 다루어진다.

안정성 분석

이제 다음의 초깃값 문제

$$\begin{cases} x' = f(t, x) \\ x(a) = s \end{cases} \tag{6}$$

의 수치 해에서 필연적으로 발생하는 오차에 대한 논의를 다시 시작하자.

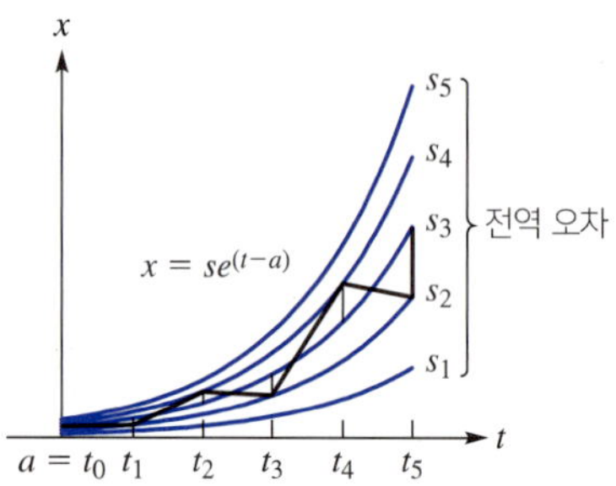

[그림 7.4] $x' = x$ 및 $x(a) = s$에 대한 해 곡선들

실제 해는 함수 $x(t)$이다. 이는 초깃값 s에 의존하며 이를 나타내기 위해 $x(t, s)$라 표기하자. 따라서 미분방정식은 매개변수 s의 각각의 값에 대응하는 해 곡선의 모임을 만든다. 예를 들어 다음의 미분방정식

$$\begin{cases} x' = x \\ x(a) = s \end{cases}$$

발산하는 해 곡선들의 예

은 초깃값 $x(a) = s$에서 서로 다른 해 곡선의 모임 $x = se^{(t-a)}$를 만든다. 이러한 곡선의 일부가 [그림 7.4]에 나와 있다. t가 증가함에 따라 그림의 곡선들이 서로 발산한다는 사실에는 중요한 수치적 의미가 있다. 예를 들어 초깃값 s가 약간의 반올림 오차를 가진 채 컴퓨터에 읽힌다고 가정하자. 그러면 모든 후속 계산이 정확하고 절단오차가 발생하지 않았다 하더라도 계산한 해는 여전히 잘못된 값이다! 처음에 발생한 오차는 모든 해의 곡선 모임 중에서 잘못된 곡선을 선택하도록 하는 효과가 있다. 이 곡선들은 서로 발산하기 때문에 초기에 만들어진 모든 사소한 오차가 결과적으로 엄청난 정확성 손실을 초래한다. 이 현상은 첫 단계에서 만들어진 오차에만 국한되는 것도 아니다. 수치 해의 각 점이 이후 이어질 점의 초깃값으로 해석될 수 있기 때문이다.

이러한 어려움이 발생하지 않는 예로 다음을 생각해 보자.

$$\begin{cases} x' = -x \\ x(a) = s \end{cases} \tag{7}$$

수렴하는 해 곡선들의 예

이 방정식의 해는 $x = se^{-(t-a)}$이다. t가 증가함에 따라 [그림 7.5]와 같이 이 곡선들은 서로 더 가까워진다. 따라서 수치 해에서 만들어지는 오차가 여전히 잘못된 곡선을 선택하도록 하더라도 곡선이 서로 합쳐지기 때문에 그 효과는 그리 심하지 않다.

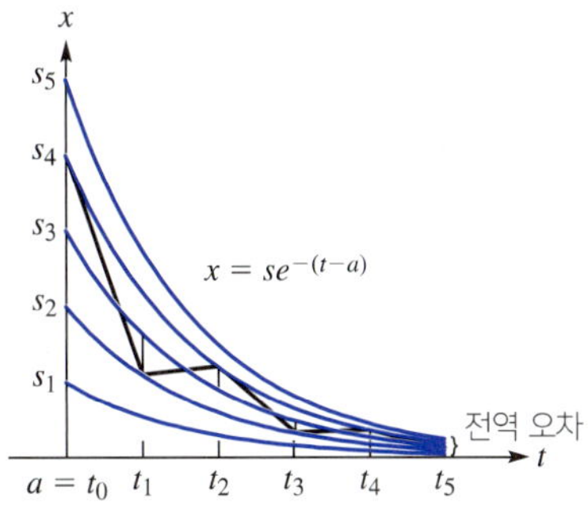

[그림 7.5] $x' = -x$ 및 $x(a) = s$에 대한 해 곡선들

주어진 단계에서 어떤 상미분방정식의 근사 해의 전역 오차 global error는 그 단계에서의 국소 오차와 그 이전의 모든 단계에서 누적된 모든 국소 오차의 효과를 둘 다 포함한다. 발산하는 해 곡선일 때 각 단계에서의 국소 오차는 시간이 지남에 따라 커지며, 전역 오차는 모든 국소 오차의 합보다 클 수도 있다. [그림 7.4]와 [그림 7.5]에서 수치 해의 여러 단계들은 점들로 표시되어 있고, 그 점은 검은 선으로 연결되어 있다. 또한 국소 오차는 작은 수직 막대, 전역 오차는 곡선의 오른쪽 끝에 수직 막대로 표시되어 있다.

곡선의 수렴 또는 발산 조건

수렴하는 해 곡선일 때 각 단계에서의 국소 오차는 시간이 지남에 따라 감소하고, 전역 오차는 모든 국소 오차의 합보다 작을 수 있다. 일반적인 미분방정식 (6)에 대하여 방금 논의한 두 모드의 움직임을 어떻게 구별할 수 있을까? 그 방법은 간단하다. 만약 어떤 양수 δ에 대하여 $f_x > \delta$이면 곡선들은 **발산한다**. 그러나 $f_x < -\delta$이면 곡선들은 **수렴한다**. 그 까닭을 알아보기 위해 초깃값 s와 $(s+h)$에 대응하는 두 개의 이웃한 해 곡선을 살펴보자. 테일러 급수에 의하여 다음을 얻는다.

$$x(t, s+h) = x(t, s) + h\frac{\partial}{\partial s}x(t, s) + \frac{1}{2}h^2\frac{\partial^2}{\partial s^2}x(t, s) + \cdots$$

$$x(t, s+h) - x(t, s) \approx h\frac{\partial}{\partial s}x(t, s)$$

따라서 곡선들이 발산한다는 것은 $\lim_{t\to\infty}|x(t, s+h) - x(t, s)| = \infty$를 의미하며, 이는 다음과 같이 나타낼 수 있다.

$$\lim_{t\to\infty}\left|\frac{\partial}{\partial s}x(t, s)\right| = \infty$$

이 편미분을 계산하기 위하여 $x(t, s)$를 만족하는 다음의 미분방정식에서부터 시작하자.

$$\frac{\partial}{\partial t}x(t, s) = f(t, x(t, s))$$

이 식을 s에 대하여 편미분하면 $\frac{\partial}{\partial s}\frac{\partial}{\partial t}x(t, s) = \frac{\partial}{\partial s}f(t, x(t, s))$이다. 따라서 다음을 얻

는다.

$$\frac{\partial}{\partial t}\frac{\partial}{\partial s}x(t,s) = f_x(t,x(t,s))\frac{\partial}{\partial s}x(t,s) + f_t(t,x(t,s))\frac{\partial t}{\partial s} \tag{8}$$

그러나 s와 t가 독립변수이므로(s의 변화가 t에 어떠한 변화도 일으키지 않는다) $\partial t/\partial s = 0$이다. 이제 s를 고정시키고 $u(t) = (\partial/\partial s)x(t,s)$, $q(t) = f_x(t,x(t,s))$라 놓으면 식 (8)은 다음과 같다.

$$u' = qu \tag{9}$$

이 식은 $u(t) = ce^{Q(t)}$를 해로 가지는 선형 미분방정식이다. 여기서 Q는 q의 부정적분(역도함수)이다. 조건 $\lim_{t\to\infty}|u(t)| = \infty$는 $\lim_{t\to\infty}Q(t) = \infty$이면 충족된다. 이러한 상황은 $q(t)$가 양수이면서 상한이 존재하고 0에서 멀리 떨어진 곳에 경계가 존재하는 함수일 때 발생한다. 이는 $t\to\infty$일 때 $f_x = q > \delta > 0$이면 다음 식이 성립하기 때문이다.

$$Q(t) = \int_a^t q(\theta)\,d\theta > \int_a^t \delta\,d\theta = \delta(t-a) \to \infty$$

설명을 위해 미분방정식 $x' = t + \tan x$를 생각해 보자. $f_x(t,x) = \sec^2 x > 1$이므로 $t\to\infty$일 때 해 곡선들은 서로 발산한다.

7.3 요약

- **룽게-쿠타-펠버그법**은 다음과 같다.

$$\tilde{x}(t) = x(t) + \frac{25}{216}K_1 + \frac{1408}{2565}K_3 + \frac{2197}{4104}K_4 - \frac{1}{5}K_5$$

$$x(t+h) = x(t) + \frac{16}{135}K_1 + \frac{6656}{12825}K_3 + \frac{28561}{56430}K_4 - \frac{9}{50}K_5 + \frac{2}{55}K_6$$

이때 K값들은

$$K_1 = hf(t,x)$$
$$K_2 = hf\left(t + \frac{1}{4}h, x + \frac{1}{4}K_1\right)$$
$$K_3 = hf\left(t + \frac{3}{8}h, x + \frac{3}{32}K_1 + \frac{9}{32}K_2\right)$$
$$K_4 = hf\left(t + \frac{12}{13}h, x + \frac{1932}{2197}K_1 - \frac{7200}{2197}K_2 + \frac{7296}{2197}K_3\right)$$
$$K_5 = hf\left(t + h, x + \frac{439}{216}K_1 - 8K_2 + \frac{3680}{513}K_3 - \frac{845}{4104}K_4\right)$$
$$K_6 = hf\left(t + \frac{1}{2}h, x - \frac{8}{27}K_1 + 2K_2 - \frac{3544}{2565}K_3 + \frac{1859}{4104}K_4 - \frac{11}{40}K_5\right)$$

이다. $\varepsilon = |x(t+h) - \tilde{x}(t+h)|$는 적응적 단계 크기 프로시저에 사용된다.

- 4차 다단계법으로는 다음과 같은 **애덤스-배쉬포스-몰튼법**이 있다.

$$\tilde{x}(t+h) = x(t) + \frac{h}{24}[55f(t,x(t)) - 59f(t-h,x(t-h)) + 37f(t-2h,x(t-2h)) - 9f(t-3h,x(t-3h))]$$

$$x(t+h) = x(t) + \frac{h}{24}[9f(t+h,\tilde{x}(t+h)) + 19f(t,x(t)) - 5f(t-h,x(t-h)) + f(t-2h,x(t-2h))]$$

$\tilde{x}(t+h)$는 **예측값**, $x(t+h)$는 **수정한 값**corrected value이다. 이 두 공식에 대한 절단오차는 $\mathcal{O}(h^5)$이다. $x(a)$의 값이 주어지므로 $x(a+h)$, $x(a+2h)$, $x(a+3h)$, $x(a+4h)$의 값은 4차 룽게-쿠타법과 같은 몇몇 단일 단계 방법들을 사용하여 계산한다.

7.3 연습문제

01 사다리꼴 법칙을 사용하여 다음 문제를 풀어라. $t=1$에서의 실제 해와 n단계를 통해 얻어진 근사 해를 비교하라. 예를 들어 $n=5$에 대하여 그 오차가 0.00123임을 보여라.

$$\begin{cases} x' &= -x \\ x(0) &= 1 \end{cases}$$

02 상미분방정식 $x'=f$를 수치적으로 풀기 위해 균등한 간격으로 놓인 점 $x(t-h)$, $x(t)$, $x(t+h)$를 포함하는 심프슨 법칙에 기반한 음함수적[implicit] 다단계 공식을 유도하라.

03 눈치가 빠른 학생이라면 애덤스-배쉬포스 공식에서의 계수의 합이 1이 됨을 알아차렸을 것이다. 왜 그럴까?

04 가능한 한 높은 차수의 다항식에 대하여 정확한 값을 갖도록 다음 형태의 공식을 유도하라.

$$\begin{aligned} x(t+h) &= ax(t)+bx(t-h) \\ &\quad + h[cx'(t+h)+dx''(t)+ex'''(t-h)] \end{aligned}$$

힌트 : 다항식 $1,\ t,\ t^2\cdots$을 사용하라.

05 가능한 한 높은 차수의 다항식에 대하여 정확한 값을 갖도록 다음과 같은 형태의 음함수적 단일 단계 상미분방정식의 계수를 구하라. 오차항의 차수는 얼마인가?

$$x(t+h)=ax(t)+bx'(t)+cx'(t+h)$$

06 적응적 룽게-쿠타 프로그램을 설명하기 위해 사용한 미분방정식은 적분 인자[integrating factor]를 사용하여 풀 수 있다. 이를 수행하라.

07 식 (9)를 증명하라.

08 초깃값 문제 $x'=(1+t^2)x,\ x(0)=1$을 구간 $[0,9]$에서 풀고자 한다. 초깃값 $x(0)$의 미세한 변화에 대해 $x(9)$는 얼마나 민감한가?

09 다음 각각의 미분방정식에 대하여 t가 증가함에 따라 해 곡선이 서로 발산하는 영역을 구하라.

(a) $x'=\sin t+e^x$

(b) $x'=x+te^{-t}$

(c) $x'=xt$

(d) $x'=x^3(t^2+1)$

(e) $x'=\cos t-e^x$

(f) $x'=(1-x^3)(1+t^2)$

10 미분방정식 $x'=t(x^3-6x^2+15x)$에 대하여 $t\to\infty$일 때 해 곡선이 서로 발산하는지의 여부를 결정하라.

11 미분방정식 $x'=(1+t^2)^{-1}x$에 대하여 $t\to\infty$일 때 해 곡선이 서로 발산하는지의 여부를 결정하라.

7.3 컴퓨터 연습문제

01 수학 소프트웨어를 사용하여 그 해가 각각 다음과 같은 선형 연립 방정식을 풀어라.

(a) 애덤스-배쉬포스 계수들

(b) 애덤스-몰튼 계수들

02 **2차 애덤스-배쉬포스-몰튼법**은 다음과 같이 주어진다. 단일 단계의 오차는 대략적으로 $\varepsilon\equiv K|x(t+h)-\tilde{x}(t+h)|$이며 여기서 $K=\dfrac{1}{6}$이다. 상미분방정식을 하나 선택한 후 다음 공식을 사용하여 상미분방정식을 풀기 위한 적응적 프로시저를 작성하고 테스트하라. 동시에 ε을 사용하여 수렴성을 관찰하라.

$$\tilde{x}(t+h)=x(t)+\frac{h}{2}[3f(t,x(t))-f(t-h,x(t-h))]$$

$$x(t+h)=x(t)+\frac{h}{2}[f(t+h,\tilde{x}(t+h))+f(t,x(t))]$$

03 다음 **3차 애덤스-배쉬포스-몰튼법**에 대하여 앞 컴퓨터 연습문제의 지시 사항을 수행하라. 이때 단일 단계의 오차 표현에서 $K=\dfrac{1}{10}$이다.

$$\begin{aligned} \tilde{x}(t+h) &= x(t)+\frac{h}{12}[23f(t,x(t)) \\ &\quad -16f(t-h,x(t-h))+5f(t-2h,x(t-2h))] \end{aligned}$$

$$x(t+h)=x(t)+\frac{h}{12}[5f(t+h,\tilde{x}(t+h))+8f(t,x(t)) -f(t-h,x(t-h))]$$

04 (**예측자-수정자법**predictor-corrector scheme) **4차 애덤스-배쉬포스-몰튼법**을 사용하여 다음 식으로 주어지는 예측자-수정자법을 유도하라. 애덤스-배쉬포스-몰튼법에 대한 프로시저를 작성하고 테스트하라.

$$\tilde{x}(t+h)=x(t)+\frac{h}{24}[55f(t,x(t))-59f(t-h,x(t-h)) +37f(t-2h,x(t-2h))-9f(t-3h,x(t-3h))]$$

$$x(t+h)=x(t)+\frac{h}{24}[9f(t+h,\tilde{x}(t+h))+19f(t,x(t)) -5f(t-h,x(t-h))+f(t-2h,x(t-2h))]$$

참고 : 이 과정은 일종의 다단계 과정이다. 왜냐하면 t, $t-h$, $t-2h$, $t-3h$에서의 x값을 사용하여 예측한 값 $\tilde{x}(t+h)$를 구한 후, t, $t-h$, $t-2h$에서의 x값을 사용하여 수정한 값 $x(t+h)$를 구하기 때문이다. 이 식들에 대한 오차항은 각각 $\left(\frac{251}{720}\right)h^5f^{(4)}(\xi)$, $-\left(\frac{19}{720}\right)h^5f^{(4)}(\eta)$이다(이 방법들에 대한 추가적인 논의는 7.5절을 참조하라).

05 프로시저 *RK45_Adaptive*를 활용하여 소수점 아래 9자리까지 정확한 해를 구할 수 있도록 $x\left(\frac{1}{2}\right)$에서 다음 식을 풀어라.

$$\begin{cases} x'=\dfrac{3x}{t}+\dfrac{9}{2}t-13 \\ x(3)=6 \end{cases}$$

다음과 같이 주어지는 실제 해와 비교하라.

$$x=t^3-\frac{9}{2}t^2+\frac{13}{2}t$$

06 앞 문제를 $x\left(-\frac{1}{2}\right)$에 대해 반복하라.

07 7.2절의 식 (12)로 표현되는 4차 룽게-쿠타법이 $\mathcal{O}(h^5)$의 국소적 절단오차를 가진다. 이 사실을 테스트하기 위한 수치 실험을 고안하고 수행하라.

제안 : 해가 이미 알려져 있는 자명하지 않은nontrivial [8] 미분방정식을 하나 택하여 이 방정식의 수치 해에서 딱 한 단계만을 진행시킨다. 그러나 h의 값을 다양하게 사용해야 한다(예를 들어 $1\le n\le 24$일 때 2^{-n} 등으로). $h\to 0$으로 갈 때 h^5에 대한 오차 비율이 유계인지를 테스트하라. 다중 정밀도의 계산이 필요할 수도 있다. 표시한 비율의 값을 출력하라.

08 다음 미분방정식의 수치 해를 $x_{n+1}=x_{n-1}+2hx_n{}'$의 **중점법**midpoint method을 사용하여 구하라. 단, $x_0=1$, $x_1=-h+\sqrt{1+h^2}$ 이다. 이 문제에서 이 방법을 사용하는 데 어떠한 어려움이 있는가? 이 방법의 안정성에 대하여 분석하라.

$$\begin{cases} x' &=-x \\ x(0)=1 \end{cases}$$

힌트 : 고정된 h를 고려하고 $x_n=\lambda^n$이라 가정한다.

09 구간 $[0,e]$에서 함수 $[1-\ln v(x)]v(x)$의 값을 표로 나타내고 그래프를 그려라. 여기서 $v(x)$는 다음 초깃값 문제의 해다.

$$(dv/dx)[\ln v(x)]=2x,\ v(0)=1$$

확인해볼 값 : $v(1)=e$

10 다음 식 $2\pi\int_4^5\frac{e^s}{s}ds$의 수치 계산값을 적분 풀기[9], 상미분방정식, 정확한 공식 활용하기의 세 가지 방법으로 구하라.

11 다음 함수 $f(\phi)=\int_0^\phi\sqrt{1-\frac{1}{4}\sin^2\theta}\,d\theta$의 값에 대한 표를 적절한 초깃값 문제를 풀어 계산하고 그 결과를 출력하라. 구간 $[0°, 90°]$를 $1°$ 간격의 단계들로 커버하고 4차 룽게-쿠타법을 사용하라.

확인해 볼 값들 : $f(30°)=0.51788193$, $f(90°)=1.46746221$을 사용하라.

참고 : 이 적분은 제2종 타원 적분의 예로 수많은 공학 문제 및 타원의 호의 길이를 구하는 문제에 등장한다.

12 적절한 초깃값 문제를 풀어서 구간 $[0,1]$에서 다음 함수 $f(x)=\int_{1/x}^\infty\frac{dt}{te^t}$에 대한 표를 구하라. 함수 f가 $xe^{-1/x}$에 의하여 얼마나 잘 근사되는지를 보여라.

힌트 : $t=-\ln s$로 놓는다.

13 적절한 초깃값 문제를 풀어서 구간 $0\le x\le 2$에서 다음 함수 $f(x)=\frac{2}{\sqrt{\pi}}\int_0^x e^{-t^2}dt$에 대한 표를 구하라. $f(x)$가 이 구간에서 함수 $g(x)=1-(ay+by^2+cy^3)\frac{2}{\sqrt{\pi}}e^{-x^2}$에 의하여 얼마나 정확하게 근사되는지를 보여라. 이때 다음이 성립한다.

$$\begin{cases} a=0.3084284, & b=-0.0849713 \\ c=0.6627698, & y=(1+0.47047x)^{-1} \end{cases}$$

14 룽게-쿠타법을 사용하여 다음을 계산하라.

---

8 (옮긴이) 항등적으로 0인 함수가 미분방정식의 해일 때 이 해를 미분방정식의 자명한 해trivial solution라 부른다. 자명하지 않은 미분방정식은 자명한 해 외의 다른 해가 존재하는 미분방정식을 의미한다.

9 (옮긴이) 적분에 대한 수치 근사를 사용하라는 의미이다.

$$\int_0^1 \sqrt{1+s^3}\,ds$$

15 **사인 적분** $\mathrm{Si}(x) = \int_0^x \frac{\sin r}{r}\,dr$에 대한 정확한 표를 출력하는 프로그램을 작성하고 실행하라. 이 표는 구간 $0 \le x \le 1$을 0.01 크기의 단계들로 커버해야 한다($\sin(0)/0 = 1$, [컴퓨터 연습문제 5.1.9] 참조).

16 함수 $\mathrm{Shi}(x) = \int_0^x \frac{\sinh t}{t}\,dt$를 만족하는 초깃값 문제를 찾아 풀어 이 함수에 대한 표를 계산하라. 계산한 표는 거의 머신 정밀도에 가까운 값을 보여주어야 한다($\sinh(0)/0 = 1$).

17 초깃값 문제에서의 약간의 교란이 수치 해에 재앙과도 같은 큰 오류를 일으킬 수 있음을 입증하는 수치 실험을 설계하고 수행하라.

참고 : **초깃값 문제**는 오직 초기 점에만 한정하여 조건이 부여되는 상미분방정식이다(이를 11장의 경계값 문제와 비교하라).

18 식 (4)에서 산업적인 예제를 풀기 위한 예시 프로그램을 실행하라. 해들을 비교하고 그 그래프를 생성하라.

19 잉글랜드[England][1969]에 의해 또 다른 적응적 룽게-쿠타법이 개발되었다. **룽게-쿠타-잉글랜드법**은 4차 룽게-쿠타 공식과 5차 룽게-쿠타 공식을 결합시켰다는 측면에서 룽게-쿠타-펠버그법과 유사하다. 함수 계산의 횟수를 줄이기 위하여 일부 동일한 함수 계산이 공식의 각 쌍에 사용되도록 공식이 유도되었다(4차 룽게-쿠타 식은 적어도 4번의 함수 계산, 5차 룽게-쿠타법은 적어도 6번의 계산을 필요로 한다) 룽게-쿠타-잉글랜드법은 [컴퓨터 연습문제 7.2.14] (a)의 4차 룽게-쿠타법을 사용하며 $x\left(t+\frac{1}{2}h\right) = x(t) + \frac{1}{6}(K_1 + 4K_3 + K_4)$과 같이 두 번의 1/2단계[half-step]를 거친다. 여기서 다음이 성립한다.

$$\begin{cases} K_1 = \frac{1}{2}hf(t, x(t)) \\ K_2 = \frac{1}{2}hf\left(t+\frac{1}{4}h, x(t)+\frac{1}{2}K_1\right) \\ K_3 = \frac{1}{2}hf\left(t+\frac{1}{4}h, x(t)+\frac{1}{4}K_1+\frac{1}{4}K_2\right) \\ K_4 = \frac{1}{2}hf\left(t+\frac{1}{2}h, x(t)-K_2+2K_3\right) \end{cases}$$

또한 다음 식도 성립한다.

$$x(t+h) = x\left(t+\frac{1}{2}h\right) + \frac{1}{6}(K_5 + 4K_7 + K_8)$$

$$\begin{cases} K_5 = \frac{1}{2}hf\left(t+\frac{1}{2}h, x\left(t+\frac{1}{2}h\right)\right) \\ K_6 = \frac{1}{2}hf\left(t+\frac{3}{4}h, x\left(t+\frac{1}{2}h\right)+\frac{1}{2}K_5\right) \\ K_7 = \frac{1}{2}hf\left(t+\frac{3}{4}h, x\left(t+\frac{1}{2}h\right)+\frac{1}{4}K_5+\frac{1}{4}K_6\right) \\ K_8 = \frac{1}{2}hf\left(t+h, x\left(t+\frac{1}{2}h\right)-K_6+2K_7\right) \end{cases}$$

이 두 번의 1/2단계를 통한 충분한 함수 계산이 있었기에 다음과 같은 단 한 번의 계산만 더 하면

$$K_9 = \frac{1}{2}hf(t+h, x(t) - \frac{1}{12}(K_1 + 96K_2 - 92K_3 + 121K_4 - 144K_5 - 6K_6 + 12K_7)$$

다음의 5차 룽게-쿠타법을 얻는다.

$$\hat{x}(t+h) = x(t) + \frac{1}{90}(14K_1 + 64K_3 + 32K_4 - 8K_5 + 64K_7 + 15K_8 - K_9)$$

두 값 $x(t+h)$와 $\hat{x}(t+h)$에 기반한 오차 추정을 사용함으로써 적응적 프로시저를 개발할 수 있다. 그러한 프로시저를 프로그래밍하고 테스트하라.

20 다음 초깃값 문제의 수치 해를 조사하라. $x(t) = \cos t$, $x(t) = 1$이 모두 해이기 때문에 이 문제는 나쁜 조건의 상미분방정식이다.

$$\begin{cases} x' = -\sqrt{1-x^2} \\ x(0) = 1 \end{cases}$$

21 (**학생 연구 과제**) 대수적 미분방정식에 대해 학습하고 보고서를 작성하라.

22 다음 유사코드들을 실행하는 소프트웨어를 쓰고, 7.2절의 초깃값 문제 (13) 및 이 절의 초깃값 문제 (4)에 주어진 수치 결과를 입증하라.

(a) *Test_RK4* 및 *RK4*

(b) *Test_RK45* 및 *RK45*

(c) *Test_RK45_Adaptive* 와 *RK45_Adaptive*

7.4 1차 및 고차 미분방정식 시스템에 대한 방법

지금까지 공부해온 상미분방정식의 수치해법에서는 보조 조건이 함께 주어진 한 개의 1차 미분방정식만 제한적으로 살펴보았다. 그러나 과학 및 기술 분야의 문제들은 종종 더 복잡한 상황으로 진행되곤 한다. 그 다음으로 복잡한 문제는 여러 개의 1차 미분방정식의 시스템에서 등장한다.

분리한 시스템uncoupled system과 결합한 시스템coupled system

태양과 9개의 행성은 뉴턴의 중력 법칙 하에서 움직이는 입자particle 시스템을 형성한다. 행성의 위치 벡터는 27개의 함수 시스템을 구성하고 뉴턴의 운동 법칙은 54개의 1차 상미분방정식 시스템으로 나타낼 수 있다. 원칙적으로 행성의 과거 및 미래의 위치는 이 방정식을 수치적으로 풀어냄으로써 얻을 수 있다.

좀 더 평범한 예로 두 개의 보조 조건을 가진 두 개의 방정식을 생각해 보자. x와 y를 각각 t에 대한 함수로 놓고, x와 y가 다음 시스템과 초기 조건을 만족한다고 하자. 이는 두 개의 1차 미분방정식을 포함하는 초깃값 문제의 예이다.

$$\begin{cases} x'(t) = x(t) - y(t) + 2t - t^2 - t^3 \\ y'(t) = x(t) + y(t) - 4t^2 + t^3 \end{cases} \qquad \begin{cases} x(0) = 1 \\ y(0) = 0 \end{cases} \tag{1}$$

결합한 상미분방정식 시스템의 예

주어진 예에서 x'에 대한 첫 번째 식은 미지의 함수 y를 포함하고, y'에 대한 두 번째 식은 미지의 함수 x를 포함하기 때문에 두 개의 미분방정식 중 하나만 풀 수는 없음을 주목해야 한다. 이러한 상황을 두 개의 미분방정식이 **결합되었다**coupled라고 한다.

해석 해는 다음과 같음을 확인할 수 있다.

$$\begin{cases} x(t) = e^t\cos(t) + t^2 = \cos(t)[\cosh(t) + \sinh(t)] + t^2 \\ y(t) = e^t\sin(t) - t^3 = \sin(t)[\cosh(t) + \sinh(t)] - t^3 \end{cases}$$

해석 해

표면적으로는 첫 번째 예와 비슷하지만 실제로는 더 단순한 다른 예를 살펴보자.

$$\begin{cases} x'(t) = x(t) + 2t - t^2 - t^3 \\ y'(t) = y(t) - 4t^2 + t^3 \end{cases} \tag{2}$$

분리한 상미분방정식 시스템의 예

이때 초기 조건은 다음과 같다.

$$\begin{cases} x(0) = 1 \\ y(0) = 0 \end{cases}$$

이 두 방정식은 결합되어 있지 않기 때문에 (예를 들어 7.1~7.3절의 방법을 사용하여) 두 개의 서로 관련 없는 초깃값 문제로 분리하여 풀 수 있다. 결합한 시스템을 푸는 방법으로 분리한 시스템도 풀 수 있지만 자연스럽게 결합한 시스템에 더 관심이 간다. 그 해법은 결합한 또는 분리한 모든 시스템으로 확장될 수 있다.

테일러 급수법

시스템 (1)에 대한 테일러 급수법Taylor series method을 설명해 보자. 우선 시스템 (1)을 구성하는 방정식들을 미분하는 것에서부터 시작하자.

$$\begin{cases} x' = x - y + 2t - t^2 - t^3 \\ y' = x + y - 4t^2 + t^3 \end{cases}$$

$$\begin{cases} x'' = x' - y' + 2 - 2t - 3t^2 \\ y'' = x' + y' - 8t + 3t^2 \end{cases}$$

$$\begin{cases} x''' = x'' - y'' - 2 - 6t \\ y''' = x'' + y'' - 8 + 6t \end{cases}$$

$$\begin{cases} x^{(4)} = x''' - y''' - 6 \\ y^{(4)} = x''' + y''' + 6 \end{cases}$$

$$\begin{cases} x^{(5)} = x^{(4)} - y^{(4)} \\ y^{(5)} = x^{(4)} + y^{(4)} \end{cases}$$

$$\vdots$$

$x(t)$부터 $x(t+h)$까지, $y(t)$부터 $y(t+h)$까지 진행하는 프로그램은 다양한 미분식과 함께 테일러 급수의 처음 몇 항을 사용함으로써 다음과 같이 쉽게 작성될 수 있다.

$$x(t+h) = x + hx' + \frac{h^2}{2}x'' + \frac{h^3}{6}x''' + \frac{h^4}{24}x^{(4)} + \frac{h^5}{120}x^{(5)} + \cdots$$

$$y(t+h) = y + hy' + \frac{h^2}{2}y'' + \frac{h^3}{6}y''' + \frac{h^4}{24}y^{(4)} + \frac{h^5}{120}y^{(5)} + \cdots$$

$x(t+h)$와 $y(t+h)$에 대한 테일러 급수

여기서 x, y의 모든 미분은 t의 함수이다. 즉 $x = x(t)$, $y = y(t)$, $x' = x'(t)$, $y'' = y''(t)$ 등이다.

0에서 1까지 100단계로 수치 해를 생성하고 출력하는 유사코드 프로그램은 다음과 같다. 이때 테일러 급수에서 h^4까지의 항이 사용되었다.

Taylor_System1 유사코드

```
program Taylor_System1
integer k;   real h, t, x, y, x′, y′, x″, y″, x‴, y‴, x^(iv), y^(iv)
integer nsteps ← 100;   real a ← 0, b ← 1
x ← 1;   y ← 0;   t ← a
output 0, t, x, y
h ← (b − a)/nsteps
for k = 1 to nsteps
    x′ ← x − y + t(2 − t(1 + t))
    y′ ← x + y + t²(−4 + t)
    x″ ← x′ − y′ + 2 − t(2 + 3t)
    y″ ← x′ + y′ + t(−8 + 3t)
    x‴ ← x″ − y″ − 2 − 6t
    y‴ ← x″ + y″ − 8 + 6t
    x^(iv) ← x‴ − y‴ − 6
    y^(iv) ← x‴ + y‴ + 6
    x^(v) ← x^(iv) − y^(iv)
    y^(v) ← x^(iv) + y^(iv)
```

(계속)

```
    x ← x + h [x' + ½h [x'' + ⅓h [x''' + ¼h [x^(iv)]]]]
    y ← y + h [y' + ½h [y'' + ⅓h [y''' + ¼h [y^(iv)]]]]
    t ← t + h
    output k, t, x, y
end for
end program Taylor_System1
```

벡터 표기법

시스템 (1)과 초기 조건을 벡터 표기법으로 나타내면 다음과 같다.

$$\begin{bmatrix} x' \\ y' \end{bmatrix} = \begin{bmatrix} x-y+2t-t^2-t^3 \\ x+y-4t^2+t^3 \end{bmatrix} \tag{3}$$

$$\begin{bmatrix} x(0) \\ y(0) \end{bmatrix} = \begin{bmatrix} 1 \\ 0 \end{bmatrix}$$

이 문제는 다음과 같이 표현할 수 있는 보다 일반적인 문제의 특수한 경우라 할 수 있다.

$$\begin{cases} \boldsymbol{X}' &= \boldsymbol{F}(t, \boldsymbol{X}) \\ \boldsymbol{X}(a) &= \boldsymbol{S} \end{cases} \tag{4}$$

여기서 $\boldsymbol{X}=\begin{bmatrix} x \\ y \end{bmatrix}$, $\boldsymbol{X}' = \begin{bmatrix} x' \\ y' \end{bmatrix}$이며 $\boldsymbol{F}$는 식 (1)의 우변에 의해 그 두 성분이 주어지는 벡터이다. $\boldsymbol{F}$는 t와 $\boldsymbol{X}$에 의존하므로 $\boldsymbol{F}(t, \boldsymbol{X})$로 표시한다.

상미분방정식 시스템

n개의 연립 1차 미분방정식을 다루기 위해 이 아이디어를 계속 이어나갈 수 있다. 우선 n개의 미분방정식을 다음과 같이 써 보자.

1차 상미분방정식

$$\begin{cases} x'_1 &= f_1(t, x_1, x_2, \cdots, x_n) \\ x'_2 &= f_2(t, x_1, x_2, \cdots, x_n) \\ &\vdots \\ x'_n &= f_n(t, x_1, x_2, \cdots, x_n) \\ x_1(a) = s_1, & x_2(a) = s_2, \cdots, x_n(a) = s_n \end{cases}$$

이때,

$$\boldsymbol{X}=\begin{bmatrix} x_1 \\ x_2 \\ \vdots \\ x_n \end{bmatrix}, \quad \boldsymbol{X}'=\begin{bmatrix} x'_1 \\ x'_2 \\ \vdots \\ x'_n \end{bmatrix}, \quad \boldsymbol{F}=\begin{bmatrix} f_1 \\ f_2 \\ \vdots \\ f_n \end{bmatrix}, \quad \boldsymbol{S}=\begin{bmatrix} s_1 \\ s_2 \\ \vdots \\ s_n \end{bmatrix}$$

으로 놓으면 식 (4)를 얻을 수 있다. 이는 벡터 표기법으로 나타낸 상미분방정식이다.

테일러 급수법 : 벡터 표현

m차 테일러 급수법은 다음과 같이 나타낼 수 있다.

$$X(t+h) = X + hX' + \frac{h^2}{2}X'' + \frac{h^3}{3!}X''' + \frac{h^4}{4!}X^{(4)} + \frac{h^5}{5!}X^{(5)} + \cdots + \frac{h^m}{m!}X^{(m)} \quad (5)$$

$$X = X(t),\ X' = X'(t),\ X'' = X''(t),\ X''' = X'''(t),\ \cdots$$

m차 테일러 급수법

앞의 문제에 적용한 4차 테일러 급수법에 대한 유사코드는 간단한 변수 변경과 배열 및 내부 루프의 도입을 통해 쉽게 다시 작성할 수 있다.

Taylor_System2 유사코드

```
program Taylor_System2
integer i, k;   real h, t;   real array (x_i)_{1:n}, (d_ij)_{1:n×1:4}
integer n ← 2, nsteps ← 100
real a ← 0, b ← 1
t ← 0;   (x_i) ← (1, 0)
output 0, t, (x_i)
h ← (b − a)/nsteps
for k = 1 to nsteps
    d_11 ← x_1 − x_2 + t(2 − t(1 + t))
    d_21 ← x_1 + x_2 + t^2(−4 + t)
    d_12 ← d_11 − d_21 + 2 − t(2 + 3t)
    d_22 ← d_11 + d_21 + t(−8 + 3t)
    d_13 ← d_12 − d_22 − 2 − 6t
    d_23 ← d_12 + d_22 − 8 + 6t
    d_14 ← d_13 − d_23 − 6
    d_24 ← d_13 + d_23 + 6
    for i = 1 to n
        x_i ← x_i + h [d_i1 + (1/2)h [d_i2 + (1/3)h [d_i3 + (1/4)h [d_i4]]]]
    end for
    t ← t + h
    output k, t, (x_i)
end for
end program Taylor_System2
```

여기서 2차원 배열은 모든 다른 미분변수 대신 사용된다. 즉 $d_{ij} \leftrightarrow x_i^{(j)}$이다. 사실상 컴퓨터 언어가 벡터 연산을 지원한다면 이 방법과 이 장의 다른 방법들을 특히 쉽게 프로그래밍할 수 있다.

룽게-쿠타법

룽게-쿠타법은 연립 미분방정식에도 확장하여 적용할 수 있다. 시스템 (4)에 대한 고전적인 4차 룽게-쿠타법은 다음 공식을 사용한다.

$$X(t+h) = X + \frac{h}{6}(K_1 + 2K_2 + 2K_3 + K_4) \quad (6)$$

벡터 형태의 4차 룽게-쿠타법

$$\begin{cases} \boldsymbol{K}_1 = \boldsymbol{F}(t, \boldsymbol{X}) \\ \boldsymbol{K}_2 = \boldsymbol{F}\left(t + \frac{1}{2}h,\ \boldsymbol{X} + \frac{1}{2}h\boldsymbol{K}_1\right) \\ \boldsymbol{K}_3 = \boldsymbol{F}\left(t + \frac{1}{2}h,\ \boldsymbol{X} + \frac{1}{2}h\boldsymbol{K}_2\right) \\ \boldsymbol{K}_4 = \boldsymbol{F}(t + h,\ \boldsymbol{X} + h\boldsymbol{K}_3) \end{cases}$$

$\boldsymbol{X} = \boldsymbol{X}(t)$이며 변수 t와 h를 제외한 모든 양들은 n개의 성분을 가진 벡터이다.

유사코드

다음은 룽게-쿠타 프로시저를 수행하는 프로시저이다. 풀어야 할 시스템이 식 (4)의 형태이고 시스템에 n개의 방정식이 있다고 가정한다. 사용자는 t와 $\boldsymbol{X}$의 초깃값, 단계 크기 h, 단계 수 *nsteps*를 제공해야 한다. 또한 주어진 배열 (x_i)값에 대해 방정식 (4)의 우변을 계산하고 그 결과를 배열 (f_i)에 저장할 프로시저 *XP_System*$(n, t, (x_i), (f_i))$가 필요하다(이 이름 *XP_System2*는 시스템에서 $\boldsymbol{X}'$의 약어로 선택되었다).

RK4_System1 유사코드

```
procedure RK4_System1(n, h, t, (x_i), nsteps)
integer i, j, n;   real h, t;   real array (x_i)_1:n
allocate real array (y_i)_1:n, (K_i,j)_1:n×1:4
output 0, t, (x_i)
for j = 1 to nsteps
    call XP_System(n, t, (x_i), (K_i,1))
    for i = 1 to n
        y_i ← x_i + (1/2)hK_i,1
    end for
    call XP_System(n, t + h/2, (y_i), (K_i,2))
    for i = 1 to n
        y_i ← x_i + (1/2)hK_i,2
    end for
    call XP_System(n, t + h/2, (y_i), (K_i,3))
    for i = 1 to n
        y_i ← x_i + hK_i,3
    end for
    call XP_System(n, t + h, (y)_i, (K_i,4))
    for i = 1 to n
        x_i ← x_i + (1/6)h[K_i,1 + 2K_i,2 + 2K_i,3 + K_i,4]
    end for
    t ← t + h
    output j, t, (x_i)
end for
deallocate array (y_i), (K_i,j)
end procedure RK4_System1
```

이 프로시저의 사용법을 설명하기 위해 시스템 (1)을 다시 예로 들어 보자. 물론 시스템 (1)은 식 (4)의 형태로 다시 작성되어야 한다. 적절한 메인 프로그램과 식 (4)의 우변을 계산하기 위한 프로시저는 다음과 같다.

Test_RK4_System1 유사코드

```
program Test_RK4_System1
integer n ← 2, nsteps ← 100
real a ← 0, b ← 1
real h, t;   real array (x_i)_{1:n}
t ← 0
(x_i) ← (1, 0)
h ← (b − a)/nsteps
call RK4_System1(n, h, t, (x_i), nsteps)
end program Test_RK4_System1

procedure XP_System(n, t, (x_i), (f_i))
real array (x_i)_{1:n}, (f_i)_{1:n}
integer n
real t
f_1 ← x_1 − x_2 + t(2 − t(1 + t))
f_2 ← x_1 + x_2 − t^2(4 − t)
end procedure XP_System
```

테일러 급수법과 룽게-쿠타법의 결과를 시스템 (1)의 해석 해와 비교하기 위한 수치 실험을 해 보자. $t=1.0$인 점에서의 결과는 다음과 같다.

컴퓨터 결과

테일러 급수법	룽게-쿠타법	해석 해
$x(1.0) \approx 2.4686940$	2.4686942	2.4686939399
$y(1.0) \approx 1.2873546$	1.2873561	1.2873552872

MATLAB, Maple, Mathematica에서 찾을 수 있는 수학 소프트웨어 루틴을 사용하여 상미분방정식 시스템 (1)의 수치 해를 구할 수 있다. 구간 $[0,1]$에 속하는 t에 대해 $x(0)=1$, $y(0)=0$인 $t=0$부터 $x(1)=2.468693912$, $y(1)=1.287355325$인 $t=1$까지 진행하기 위해 상미분방정식 프로시저를 호출한다.

구간 $[1,1.5]$에 속하는 t에 대하여 정의한 상미분방정식의 수치 해를 얻기 위하여 $x(1)=2$, $y(1)=-2$인 $t=1$부터 $x(1.5)\approx 15.5028$, $y(1.5)\approx 6.15486$인 $t=1.5$까지 진행하는 상미분방정식 풀이 프로시저를 호출한다.

자율 상미분방정식autonomous ODE

미분방정식 시스템을 다음과 같이 벡터 형태로 나타낼 때,

$$\boldsymbol{X}' = \boldsymbol{F}(t, \boldsymbol{X})$$

변수 t가 다른 변수들로부터 명시적으로 분리되어 다르게 취급된다고 가정하였다. 하지만 그럴 필요는 없다. 실제로 t가 위장한 새로운 변수 x_0와 새 미분방정식 $x'_0=1$을 추가할 수 있다. 새로운 초기 조건 $x_0(a)=a$도 추가되어야 한다. 이런 식으로 미분방정식의 수를 n에서 $(n+1)$로 증가시키면 다음과 같이 더욱 우아한 형태의 벡터 시스템을 얻을 수 있다.

$$\begin{cases} \boldsymbol{X}' = \boldsymbol{F}(\boldsymbol{X}) \\ \boldsymbol{X}(a) = \boldsymbol{S} \end{cases}$$

식 (1)에 의해 주어진 두 연립 방정식을 생각해보자. 다음과 같이 변수를 치환하여 앞의 연립방정식을 3변수 시스템으로 나타낸다.

$$x_0 = t, \qquad x_1 = x, \qquad x_2 = y$$

따라서 다음을 얻는다.

$$\begin{bmatrix} x'_0 \\ x'_1 \\ x'_2 \end{bmatrix} = \begin{bmatrix} 1 \\ x_1 - x_2 + 2x_0 - x_0^2 - x_0^3 \\ x_1 + x_2 - 4x_0^2 + x_0^3 \end{bmatrix}$$

벡터 $\boldsymbol{X}$에 대한 보조 조건은 $\boldsymbol{X}(0) = [0, 1, 0]^T$이다.

앞 내용의 결과로 다음과 같은 $(n+1)$개의 1차 미분방정식 시스템을 고려하여도 일반성이 상실되지는 않는다.

$$\begin{cases} x'_0 & = f_0(x_0, x_1, x_2, \cdots, x_n) \\ x'_1 & = f_1(x_0, x_1, x_2, \cdots, x_n) \\ x'_2 & = f_2(x_0, x_1, x_2, \cdots, x_n) \\ & \vdots \\ x'_n & = f_n(x_0, x_1, x_2, ..., x_n) \\ x_0(a) = s_0, x_1(a) = s_1, x_2(a) = s_2, \cdots, x_n(a) = s_n \end{cases}$$

이 시스템을 일반적인 벡터 표기법으로 다음과 같이 표현할 수 있다.

$$\begin{cases} \boldsymbol{X}' = \boldsymbol{F}(\boldsymbol{X}) \\ \boldsymbol{X}(a) = \boldsymbol{S} \end{cases} \tag{7}$$

자율형 초깃값 문제의 벡터형

$$\boldsymbol{X} = \begin{bmatrix} x_0 \\ x_1 \\ x_2 \\ \vdots \\ x_n \end{bmatrix}, \quad \boldsymbol{X}' = \begin{bmatrix} x'_0 \\ x'_1 \\ x'_2 \\ \vdots \\ x'_n \end{bmatrix}, \quad \boldsymbol{F} = \begin{bmatrix} f_0 \\ f_1 \\ f_2 \\ \vdots \\ f_n \end{bmatrix}, \quad \boldsymbol{S} = \begin{bmatrix} s_0 \\ s_1 \\ s_2 \\ \vdots \\ s_n \end{bmatrix}$$

t 변수가 명시적으로 드러나지 않은 미분방정식 시스템을 **자율**autonomous 시스템이라 부른다. 앞에서 논의한 수치적 방법들은 조건 $x_0 = t$ 또는 $f_0 = 1$, $s_0 = a$를 요구하지 않는다.

자율 시스템에서 시스템 (6)에 대한 고전적인 **4차 룽게-쿠타법**은 다음과 같은 공식을 사용한다.

$$\boldsymbol{X}(t+h) = \boldsymbol{X} + \frac{h}{6}(\boldsymbol{K}_1 + 2\boldsymbol{K}_2 + 2\boldsymbol{K}_3 + \boldsymbol{K}_4) \tag{8}$$

$$\begin{cases} \boldsymbol{K}_1 = \boldsymbol{F}(\boldsymbol{X}) \\ \boldsymbol{K}_2 = \boldsymbol{F}\left(\boldsymbol{X} + \frac{1}{2}h\boldsymbol{K}_1\right) \\ \boldsymbol{K}_3 = \boldsymbol{F}\left(\boldsymbol{X} + \frac{1}{2}h\boldsymbol{K}_2\right) \\ \boldsymbol{K}_4 = \boldsymbol{F}(\boldsymbol{X} + h\boldsymbol{K}_3) \end{cases}$$

4차 룽게-쿠타 방법

이때 $\boldsymbol{X} = \boldsymbol{X}(t)$이며 변수 h를 제외한 모든 양들은 $(n+1)$개의 성분을 가진 벡터이다.

앞의 예에서 프로시저 *RK4_System1*은 1이 아닌 0으로 배열을 시작하고 변수 t를 생략하도록 수정되어야 할 필요가 있다(이를 *RK4_System2*라 부르며 [컴퓨터 연습문제 7.4.4]로 남겨둔다). 이때 호출 프로그램은 다음과 같다.

Test_RK4_System2 유사코드

```
program Test_RK4_System2
real h, t;   real array (x_i)_{0:n}
integer n ← 2, nsteps ← 100
real a ← 0, b ← 1
(x_i) ← (0, 1, 0)
h ← (b − a)/nsteps
call RK4_System2(n, h, (x_i), nsteps)
end program Test_RK4_System2

procedure XP_System(n, (x_i), (f_i))
real array (x_i)_{0:n}, (f_i)_{0:n}
integer n
f_0 ← 1
f_1 ← x_1 − x_2 + x_0(2 − x_0(1 + x_0))
f_2 ← x_1 + x_2 − x_0^2(4 − x_0)
end procedure XP_System
```

수학 소프트웨어 라이브러리에 있는 다른 프로그램처럼 상미분방정식 솔버[solver]에서는 사용자가 비자율 형식으로 서브프로그램을 작성하여 접근하는 것이 일반적이다. 즉 상미분방정식 솔버는 독립변수 및 종속변수를 모두 입력 받아 상미분방정식의 우변의 값을 반환한다. 결과적으로 비자율 형식의 프로그래밍이 소프트웨어 패키지를 사용하는 사람들에게 더 자연스럽게 보일 수 있다.

상미분방정식의 해를 포함하여 자신의 연구 분야 또는 직업에서 실제적인 적용 방법을 찾아보는 것은 유용한 일일 수 있다. 적절한 수치 방법을 결정하고 사용 가능한 소프트웨어와 호환되는 형식으로 문제를 변형하여 실제 문제를 분석하고 해결하는 건 유익한 일이다.

고차 미분방정식과 시스템

차수가 1보다 큰 상미분방정식의 초깃값 문제를 고려하자. n차 미분방정식에는 일반적으로 n개의 보조 조건이 수반된다. 이 많은 초기 조건은 미분방정식의 해를 정확하게 한정시키기 위해 필요하다(또한 특정한 매끄러움에 관한 조건이 존재한다고 가정한다). 예를 들어 다음의 특수한 2차 초깃값 문제를 생각해 보자.

$$\begin{cases} x''(t) = -3\cos^2(t) + 2 \\ x(0) = 0, \quad x'(0) = 0 \end{cases} \tag{9}$$

2차 초깃값 문제의 예

보조 조건이 없다면 해석 해는 $x(t) = \dfrac{1}{4}t^2 + \dfrac{3}{8}\cos(2t) + c_1 t + c_2$이다. 이때 c_1, c_2는 임의의 상수이다. 하나의 특정한 해를 선택하려면 c_1과 c_2가 정해져야 한다. 두 개의 초기 조건이 이를 정해준다. 실제로 $x(0) = 0$으로부터 $c_2 = -\dfrac{3}{8}$, $x'(0) = 0$으로부터 $c_1 = 0$이 된다.

고차 미분방정식

일반적으로 고차 문제는 앞의 간단한 예제보다 훨씬 더 복잡할 수 있다. 왜냐하면 시스템 (9)는 미분방정식 우변의 함수에 x를 포함하지 않는다는 특징을 가지고 있기 때문이다. 우리가 고려해야 할 초기 조건을 가진 상미분방정식의 가장 일반적인 형태는 다음과 같다.

$$\begin{cases} x^{(n)} = f(t, x, x', x'', \cdots, x^{(n-1)}) \\ x(a), x'(a), x''(a), \cdots, x^{(n-1)}(a) \end{cases} \tag{10}$$

초깃값 문제

이 식은 연립 1차 미분방정식으로 바꾸어 수치적으로 풀 수 있다. 그렇게 하기 위해 새로운 변수 $x_1, x_2, \cdots, x_n$을 다음과 같이 정의한다.

$$x_1 = x,\ x_2 = x',\ x_3 = x'',\ \cdots,\ x_{n-1} = x^{(n-2)},\ x_n = x^{(n-1)}$$

결과적으로 원래의 초깃값 문제 (10)은 다음 식과 동치이다.

$$\begin{cases} x'_1 = x_2 \\ x'_2 = x_3 \\ \quad\vdots \\ x'_{n-1} = x_n \\ x'_n = f(t, x_1, x_2, \cdots, x_n) \\ x_1(a), x_2(a), \cdots, x_n(a) \end{cases}$$

또는 벡터 표기법으로 다음과 같이 나타낼 수 있다.

$$\begin{cases} \boldsymbol{X}' = \boldsymbol{F}(t, \boldsymbol{X}) \\ \boldsymbol{X}(a) = \boldsymbol{S} \end{cases} \tag{11}$$

초깃값 문제의 벡터형

여기서 각 벡터는 다음과 같다.

$$\begin{aligned} \boldsymbol{X} &= [x_1, x_2, \cdots, x_n]^T \\ \boldsymbol{X}' &= [x'_1, x'_2, \cdots, x'_n]^T \\ \boldsymbol{F} &= [x_2, x_3, x_4, \cdots, x_n, f]^T \\ \boldsymbol{X}(a) &= [x_1(a), x_2(a), \cdots, x_n(a)] \end{aligned}$$

새로운 변수를 도입하여 문제를 변형해야 할 때마다 새 변수와 이전 변수 간의 관계를 보여주는 **사전**dictionary을 제공하는 것이 좋다. 이와 동시에 이 정보와 미분방정식 및 초깃값을 표로 나타낼 수 있다. 이러한 체계적인 기록은 복잡한 상황에서 도움이 될 수 있다.

설명을 위하여 다음의 초깃값 문제를 룽게-쿠타 프로시저로 풀기에 적합한 형태로 바꾸어 보겠다.

$$\begin{cases} x''' = \cos x + \sin x' - e^{x''} + t^2 \\ x(0) = 3,\ x'(0) = 7,\ x''(0) = 13 \end{cases} \tag{12}$$

3차 초깃값 문제의 예

바꾼 문제를 요약한 표는 다음과 같다.

이전 변수	새 변수	초깃값	미분방정식
x	x_1	3	$x'_1 = x_2$
x'	x_2	7	$x'_2 = x_3$
x''	x_3	13	$x'_3 = \cos x_1 + \sin x_2 - e^{x_3} + t^2$

따라서 이에 대응하는 1차 시스템은

$$\boldsymbol{X}' = \begin{bmatrix} x_2 \\ x_3 \\ \cos x_1 + \sin x_2 - e^{x_3} + t^2 \end{bmatrix}$$

이며 $\boldsymbol{X}(0) = [3, 7, 13]^T$이다.

더 높은 차수의 연립 미분방정식

새로운 변수를 체계적으로 도입함으로써 다양한 차수의 연립 미분방정식을 더 큰 연립 1차 방정식으로 변환할 수 있다. 예를 들어 다음의 시스템

$$\begin{cases} x'' = x - y - (3x')^2 + (y')^3 + 6y'' + 2t \\ y''' = y'' - x' + e^x - t \\ x(1) = 2,\ x'(1) = -4,\ y(1) = -2,\ y'(1) = 7,\ y''(1) = 6 \end{cases} \tag{13}$$

5차 초깃값 문제의 예

을 우선 다음 표의 정보대로 변환하면 룽게-쿠타 프로시저로 위의 시스템을 풀 수 있다.

이전 변수	새 변수	초깃값	미분방정식
x	x_1	2	$x'_1 = x_2$
x'	x_2	-4	$x'_2 = x_1 - x_3 - 9x_2^2 + x_4^3 + 6x_5 + 2t$
y	x_3	-2	$x'_3 = x_4$
y'	x_4	7	$x'_4 = x_5$
y''	x_5	6	$x'_5 = x_5 - x_2 + e^{x_1} - t$

따라서 다음이 성립한다.

$$\boldsymbol{X}' = \begin{bmatrix} x_2 \\ x_1 - x_3 - 9x_2^2 + x_4^3 + 6x_5 + 2t \\ x_4 \\ x_5 \\ x_5 - x_2 + e^{x_1} - t \end{bmatrix}$$

$$\boldsymbol{X}(1) = [2, -4, -2, 7, 6]^T$$

자율 상미분방정식 시스템 autonomous ODE system

식 (11)의 우변에 t가 있으므로 식 $x_0 = t$, $x'_0 = 1$을 도입하면 벡터 표기법으로 상미분방정식의 자율 시스템 형태를 만들 수 있다. 식 (10)의 형태를 갖는 고차 연립 미분방정식을 다음과 같은 벡터 표기법으로 나타낼 수 있음은 쉽게 보일 수 있다.

$$\begin{cases} \boldsymbol{X}' = \boldsymbol{F}(\boldsymbol{X}) \\ \boldsymbol{X}(a) = \boldsymbol{S} \end{cases}$$

초깃값 문제의 벡터형

여기서 각 벡터는 다음과 같다.

$$\boldsymbol{X} = [x_0, x_1, x_2, \cdots, x_n]^T$$

$$\boldsymbol{X}' = [x_0{}', x_1{}', x_2{}', \cdots, x_n{}']^T$$

$$\boldsymbol{F} = [\,1, x_2, x_3, x_4, ..., x_n, f\,]^T$$

$$\boldsymbol{X}(a) = [a, x_1(a), x_2(a), \cdots, x_n(a)\,]^T$$

한 예로 식 (13)의 연립 상미분방정식은 다음과 같이 자율형으로 나타낼 수 있다.

$$\boldsymbol{X}' = \begin{bmatrix} 1 \\ x_2 \\ x_1 - x_3 - 9x_2^2 + x_4^3 + 6x_5 + 2x_0 \\ x_4 \\ x_5 \\ x_5 - x_2 + e^{x_1} - x_0 \end{bmatrix}$$

자율형 초깃값 문제의 예

$$\boldsymbol{X}(1) = [1, 2, -4, -2, 7, 6]^T$$

7.4 요약

- **연립 상미분방정식**

$$\begin{cases} x'_1 &= f_1(t, x_1, x_2, \cdots, x_n) \\ x'_2 &= f_2(t, x_1, x_2, \cdots, x_n) \\ &\vdots \\ x'_n &= f_n(t, x_1, x_2, \cdots, x_n) \\ x_1(a) = s_1, & x_2(a) = s_2, \;\cdots,\; x_n(a) = s_n \end{cases}$$

은 벡터 표기법으로 다음과 같이 나타낼 수 있다.

$$\begin{cases} \boldsymbol{X}' = \boldsymbol{F}(t, \boldsymbol{X}) \\ \boldsymbol{X}(a) = \boldsymbol{S} \end{cases}$$

여기서 다음과 같은 n개의 성분을 가진 벡터들을 정의한다.

$$\begin{cases} \boldsymbol{X} = [x_1, x_2, \cdots, x_n]^T \\ \boldsymbol{X}' = [x'_1, x'_2, \cdots, x'_n]^T \\ \boldsymbol{F} = [f_1, f_2, \cdots, f_n]^T \\ \boldsymbol{X}(a) = [x_1(a), x_2(a), \cdots, x_n(a)]^T \end{cases}$$

- **m차 테일러 급수법**은

$$\boldsymbol{X}(t+h) = \boldsymbol{X} + h\boldsymbol{X}' + \frac{h^2}{2}\boldsymbol{X}'' + \frac{h^3}{3!}\boldsymbol{X}''' + \cdots + \frac{h^m}{m!}\boldsymbol{X}^{(m)}$$

이며,

$$\boldsymbol{X} = \boldsymbol{X}(t),\ \boldsymbol{X}' = \boldsymbol{X}'(t),\ \boldsymbol{X}'' = \boldsymbol{X}''(t),\ \boldsymbol{X}''' = \boldsymbol{X}'''(t)$$

등이다.

- **4차 룽게-쿠타법**은 다음과 같다.

$$\boldsymbol{X}(t+h) = \boldsymbol{X} + \frac{h}{6}(\boldsymbol{K}_1 + 2\boldsymbol{K}_2 + 2\boldsymbol{K}_3 + \boldsymbol{K}_4)$$

$$\begin{cases} \boldsymbol{K}_1 = \boldsymbol{F}(t, \boldsymbol{X}) \\ \boldsymbol{K}_2 = \boldsymbol{F}\left(t + \frac{1}{2}h,\ \boldsymbol{X} + \frac{1}{2}h\boldsymbol{K}_1\right) \\ \boldsymbol{K}_3 = \boldsymbol{F}\left(t + \frac{1}{2}h,\ \boldsymbol{X} + \frac{1}{2}h\boldsymbol{K}_2\right) \\ \boldsymbol{K}_4 = \boldsymbol{F}(t+h,\ \boldsymbol{X} + h\boldsymbol{K}_3) \end{cases}$$

이때 $\boldsymbol{X} = \boldsymbol{X}(t)$이다. 변수 t와 h를 제외한 모든 양들은 n개의 성분을 가진 벡터이다.

• $x_0 = t$로 놓음으로써 t 변수를 벡터로 흡수시킬 수 있다. 이때 **벡터 표기법으로 연립 상미분 방정식**의 자율형은 다음과 같이 나타낼 수 있다.

$$\begin{cases} \boldsymbol{X}' = \boldsymbol{F}(\boldsymbol{X}) \\ \boldsymbol{X}(a) = \boldsymbol{S} \end{cases}$$

여기서 벡터들은 $(n+1)$개의 성분을 가지도록 다음과 같이 정의된다.

$$\begin{cases} \boldsymbol{X} = [x_0, x_1, x_2, \cdots, x_n]^T \\ \boldsymbol{X}' = [x'_0, x'_1, x'_2, \cdots, x'_n]^T \\ \boldsymbol{F} = [1, f_1, f_2, \cdots, f_n]^T \\ \boldsymbol{X}(a) = [a, x_1(a), x_2(a), \cdots, x_n(a)]^T \end{cases}$$

• 자율형 연립 상미분방정식에 대한 **4차 룽게-쿠타법**은 다음과 같다. 이때 $\boldsymbol{X} = \boldsymbol{X}(t)$ 이고 변수 t와 h를 제외한 모든 양 $\boldsymbol{F}$, $\boldsymbol{K}_i$는 $(n+1)$개의 성분을 가진 벡터들이다.

$$\boldsymbol{X}(t+h) = \boldsymbol{X} + \frac{h}{6}(\boldsymbol{K}_1 + 2\boldsymbol{K}_2 + 2\boldsymbol{K}_3 + \boldsymbol{K}_4)$$

$$\begin{cases} \boldsymbol{K}_1 = \boldsymbol{F}(\boldsymbol{X}) \\ \boldsymbol{K}_2 = \boldsymbol{F}\left(\boldsymbol{X} + \frac{1}{2}h\boldsymbol{K}_1\right) \\ \boldsymbol{K}_3 = \boldsymbol{F}(\boldsymbol{X} + \frac{1}{2}h\boldsymbol{K}_2) \\ \boldsymbol{K}_4 = \boldsymbol{F}(\boldsymbol{X} + h\boldsymbol{K}_3) \end{cases}$$

• **초깃값이 주어진 n차 단일 상미분방정식**은 다음과 같은 형태를 갖는다.

$$\begin{cases} x^{(n)} = f(t, x, x', x'', \cdots, x^{(n-1)}) \\ x(a), x'(a), x''(a), \cdots, x^{(n-1)}(a) \end{cases}$$

이 방정식은 다음과 같은 형태의 연립 1차 상미분방정식으로 바꿀 수 있다.

$$\begin{cases} \boldsymbol{X}' = \boldsymbol{F}(t, \boldsymbol{X}) \\ \boldsymbol{X}(a) = \boldsymbol{S} \end{cases}$$

$$\begin{cases} \boldsymbol{X} = [x_1, x_2, \cdots, x_n]^T \\ \boldsymbol{X}' = [x'_1, x'_2, \cdots, x'_n]^T \\ \boldsymbol{F} = [x_2, x_3, x_4, \cdots, x_n, f]^T \\ \boldsymbol{X}(a) = [x_1(a), x_2(a), \cdots, x_n(a)]^T \end{cases}$$

• $x_0 = t$로 놓고, 벡터들을 $(n+1)$의 길이로 확장함으로써 변수 t를 벡터로 흡수할 수 있다. 이때 **단일 n차 상미분방정식**은 다음과 같이 나타낼 수 있다.

$$\begin{cases} \boldsymbol{X}' = \boldsymbol{F}(\boldsymbol{X}) \\ \boldsymbol{X}(a) = \boldsymbol{S} \end{cases}$$

$$\begin{cases} \boldsymbol{X} = [x_0, x_1, x_2, \cdots, x_n]^T \\ \boldsymbol{X}' = [x'_0, x'_1, x'_2, \cdots, x'_n]^T \\ \boldsymbol{F} = [1, x_2, x_3, x_4, \cdots, x_n, f]^T \\ \boldsymbol{X}(a) = [a, x_1(a), x_2(a), \cdots, x_n(a)]^T \end{cases}$$

7.4 연습문제

01 다음 미분방정식을 생각하자. 5차 테일러 급수법에 사용할 식들을 미분을 포함하지 않는 형태로 써라.

$$\begin{cases} x' = y, \ x(0) = -1 \\ y' = x, \ y(0) = 0 \end{cases}$$

02 다음 연립 미분방정식을 수치적으로 어떻게 풀 것인가?

$$\begin{cases} x'_1 = x_1^2 + e^t - t^2 \\ x'_2 = x_2 - \cos t \\ x_1(0) = 0, \ x_2(1) = 0 \end{cases}$$

03 만일 하나의 미지 함수 $x = x(t)$를 포함하는 $x' = f(t, x)$ 형태의 초깃값 문제를 풀기 위한 컴퓨터 프로그램이 사용 가능하다면 다음 초깃값 문제를 어떻게 풀 것인가?

$$\begin{cases} x'_1(t) = x_1(t)e^t + \sin t - t^2 \\ x'_2(t) = [x_2(t)]^2 - e^t + x_2(t) \\ x_1(1) = 2, \qquad x_2(1) = 4 \end{cases}$$

04 다음 식과 동치이나 t가 우변에 나타나지 않는 연립 1차 미분방정식을 써라.

$$\begin{cases} x' = x^2 + \log(y) + t^2 \\ y' = e^y - \cos(x) + \sin(tx) - (xy)^7 \\ x(0) = 1, \qquad y(0) = 3 \end{cases}$$

05 다음 미분방정식을 룽게-쿠타법을 적용하기에 적합한 1차 연립방정식으로 바꿔라.

$$\begin{cases} x''' = 2x' + \log(x'') + \cos(x) \\ x(0) = 1,\ x'(0) = -3,\ x''(0) = 5 \end{cases}$$

06 (a) 식 (11)의 형태로 주어진 초깃값 문제를 푸는 프로그램이 사용 가능하다고 가정하면 다음 미분방정식을 풀 때 그 프로그램을 어떻게 사용할 수 있을까?

$$\begin{cases} x''' = t + x + 2x' + 3x'' \\ x(1) = 3,\ x'(1) = -7,\ x''(1) = 4 \end{cases}$$

(b) 만약 초기 조건이 $x(1) = 3,\ x'(1) = -7,\ x'''(1) = 0$이라면 이 문제를 어떻게 풀 수 있는가?

07 다음 미분방정식 문제를 수치적으로 어떻게 풀 것인가?

$$\begin{cases} x''_1 = x'_1 + x_1^2 - \sin t \\ x''_2 = x_2 - (x'_2)^{1/2} + t \end{cases}$$

이때 초기 조건은 다음과 같다.

$$x_1(0) = 1,\ x_2(1) = 3,\ x_1{}'(0) = 0,\ x_2{}'(1) = -2$$

08 다음 궤도 방정식[orbital equation]을 연립 1차 방정식으로 바꿔라.

$$\begin{cases} x'' + x(x^2 + y^2)^{-3/2} = 0 \\ y'' + y(x^2 + y^2)^{-3/2} = 0 \end{cases}$$

이때 초기 조건은 다음과 같다.

$$x(0) = 0.5,\ \ x'(0) = 0.75,\ \ y(0) = 0.25,\ \ y'(0) = 1.0$$

09 다음 방정식을 우변에 t가 나타나지 않는 연립 1차 미분방정식으로 바꿔서 표현하라.

$$\begin{cases} x^{(4)} = (x''')^2 + \cos(x'x'') - \sin(tx) + \log\left(\dfrac{x}{t}\right) \\ x(0) = 1,\ x'(0) = 3,\ x''(0) = 4,\ x'''(0) = 5 \end{cases}$$

10 다음의 연립 상미분방정식을 연립 1차 상미분방정식으로 표현하라.

$$\begin{cases} \dfrac{d^2z}{dt^2} - 2t\dfrac{dz}{dt} = 2te^{xz} \\ \dfrac{d^2x}{dt^2} - 2xz\dfrac{dx}{dt} = 3x^2yt^2 \\ \dfrac{d^2y}{dt^2} - e^y\dfrac{dy}{dt} = 4xt^2z \\ z(1) = x''(1) = y'(1) = 2 \\ z'(1) = x(1) = y(1) = 3 \end{cases}$$

11 다음 각각의 미분방정식과 동치인 연립 1차 미분방정식을 구하라.

(a) $x''' + x''\sin x + tx' + x = 0$

(b) $x^{(4)} + x''\cos x' + txx' = 0$

(c) $\begin{cases} x'' = 3x^2 - 7y^2 + \sin t + \cos(x'y') \\ y''' = y + x^2 - \cos t - \sin(xy'') \end{cases}$

12 다음 미분방정식을 생각하자. 이와 관련 있는 연립 1차 미분방정식 및 그 미분방정식의 초기 조건을 구하라.

$$\begin{cases} x'' = x' - x \\ x(0) = 0,\ x'(0) = 1 \end{cases}$$

13 다음 문제는 5개의 1차 방정식으로 구성된 자율형 시스템의 형태로 나타낼 수 있다. 그 결과 시스템과 적절한 초깃값을 제시하라.

$$\begin{cases} x''(t) = x + y - 2x' + 3y' + \log t \\ y''(t) = 2x - 3y + 5x' + ty' - \sin t \\ x(0) = 1,\ \ x'(0) = 2 \\ y(0) = 3,\ \ y'(0) = 4 \end{cases}$$

14 4차 룽게-쿠타 루틴인 *RK4_System1*을 함께 사용하여 다음 미분방정식을 푸는 프로시저 *XP_System*을 작성하라.

$$\begin{cases} x''' = 10e^{x''} - x''' \sin(x'x) - (xt)^{10} \\ x(2) = 6.5,\ \ x'(2) = 4.1,\ \ x''(2) = 3.2 \end{cases}$$

15 다음 초깃값 문제를 룽게-쿠타 공식을 사용하여 풀고자 한다. 그러면 이 문제를 어떻게 변형해야 하는가?

$$\begin{cases} x''' = x' - tx'' + x + \ln t \\ x(1) = x'(1) = x''(1) = 1 \end{cases}$$

16 미분방정식들을 포함하고 있는 다음 문제를 1차 미분방정식으로 구성된 자율형 시스템으로 변형하라(초기 조건도 함께 제시하라).

$$\begin{cases} 3x' + \tan x'' - x^2 = \sqrt{t^2 + 1} + y^2 + (y')^2 \\ -3y' + \cot y'' + y^2 = t^2 + (x+1)^{1/2} + 4x' \\ x(1) = 2,\ \ x'(1) = -2,\ \ y(1) = 7,\ \ y'(1) = 3 \end{cases}$$

17 앞 문제의 지시 사항을 다음 예제에 수행하라.

$$\begin{cases} txyz + x'y'/t = tx^2 + x/y'' + z \\ t^2x/z + y'z't = y^2 - (z'')^2x + x'y' \\ tyz - x'z'y' = z^2 - zx'' - (yz)' \\ x(3) = 1,\ \ y(3) = 2,\ \ z(3) = 4 \\ x'(3) = 5,\ \ y'(3) = 6,\ \ z'(3) = 7 \end{cases}$$

18 다음 한 쌍의 미분방정식을 x만을 포함하는 2차 미분방정식으로 변형하라.

$$\begin{cases} x' = -x + axy \\ y' = 3y - xy \end{cases}$$

7.4 컴퓨터 연습문제

01 연립 미분방정식 (1)을 이 절에서 소개한 서로 다른 두 가지 방법을 사용하여 풀고 해석 해와 그 결과들을 비교하라.

02 구간 $[0, 0.38]$에서 $h=\frac{1}{128}$로 테일러 급수법을 사용하여 다음 초깃값 문제를 풀어라. x와 y에 대한 3차 미분항까지 포함하라. 계산한 함숫값은 얼마나 정확한가?

$$\begin{cases} x' = t + x^2 - y \\ y' = t^2 - x + y^2 \\ x(0) = 3, \quad y(0) = 2 \end{cases}$$

03 구간 $0 \le t \le 4$에서 다음 미분방정식을 풀기 위한 룽게-쿠타 프로시저를 작성하라. 해를 그래프로 그려라.

$$\begin{cases} x'_1 = -3x_2 \\ x'_2 = \frac{1}{3}x_1 \\ x_1(0) = 0, \quad x_2(0) = 1 \end{cases}$$

04 식 (2)로 주어지는 연립 상미분방정식을 풀기 위한 드라이버 프로그램 및 프로시저 *RK4_System2*를 작성하라. $h=-10^{-2}$을 사용하고 x_0, x_1, x_2의 값과 함께 구간 $[-1, 0]$에서의 실제 해를 출력하라. 실제 해가 $x(t) = e^t + 6 + 6t + 4t^2 + t^3$, $y(t) = e^t - t^3 + t^2 + 2t + 2$임을 증명하라.

05 룽게-쿠타 프로시저를 사용하여 구간 $0 \le t \le 2\pi$에서 다음 초깃값 문제를 풀어라. 결과 곡선 $(x_1(t), x_2(t))$과 $(x_3(t), x_4(t))$를 그래프로 그려라. 그 곡선들은 원이어야 한다.

$$\begin{cases} \boldsymbol{X}' = \begin{bmatrix} x_3 \\ x_4 \\ -x_1(x_1^2 + x_2^2)^{-3/2} \\ -x_2(x_1^2 + x_2^2)^{-3/2} \end{bmatrix} \\ \boldsymbol{X}(0) = [1, 0, 0, 1]^T \end{cases}$$

06 구간 $-1 \le t \le 2$ 및 룽게-쿠타법을 사용하여 다음 문제를 풀어라.

$$\begin{cases} x'_0 = 1 \\ x'_1 = -x_2 + \cos x_0 \\ x'_2 = x_1 + \sin x_0 \\ x_0(1) = 1, \; x_1(1) = 0, \; x_2(1) = -1 \end{cases}$$

07 구간 $[5, 6]$에서 $h=10^{-3}$을 사용하여 다음 시스템을 5차 테일러 급수법으로 푸는 프로그램을 작성하고 테스트하라. x와 y의 값을 0.1 단계마다 출력하라.

$$\begin{cases} x' = tx - y^2 + 3t \\ y' = x^2 - ty - t^2 \\ x(5) = 2, \quad y(5) = 3 \end{cases}$$

08 다음 시스템을 수치적으로 풀어서 구간 $\left[0, \frac{\pi}{2}\right]$에서 $\sin t$ 및 $\cos t$의 값을 표로 출력하라.

$$\begin{cases} x' = y \\ y' = -x \\ x(0) = 0, \quad y(0) = 1 \end{cases}$$

09 구간 $[0, 0.75]$에서 $h=0.01$을 사용하여 다음 시스템을 3차 테일러 급수법으로 푸는 프로그램을 작성하라.

$$\begin{cases} x' = tx + y' - t^2 \\ y' = ty + 3t \\ z' = tz - y' + 6t^3 \\ x(0) = 1, \quad y(0) = 2, \quad z(0) = 3 \end{cases}$$

10 구간 $[2, 5]$에서 $h=0.25$로 다음 연립 미분방정식을 풀기 위한 짧은 프로그램을 작성하고 테스트하라. 4차 테일러 급수법을 사용하라.

$$\begin{cases} y' = x^3 - t^2y - t^2 \\ x' = tx^2 - y^4 + 3t \\ y(2) = 5, \quad x(2) = 3 \end{cases}$$

11 벡터 연산을 지원하는 컴퓨터 언어를 사용하여 프로시저 *RK4_System2*를 재작성하고 테스트하라.

12 프로그램 *Test_RK4_System1* 및 *RK4_System2*로부터 연립 미분방정식 (1)에 대하여 본문에 주어진 수치 결과들을 입증하라.

13 MATLAB, Maple, Mathematica와 같은 기호 조작 기능을 포함하고 있는 수학 소프트웨어를 사용하여 연립 미분방정식 (1)의 해석 해를 증명하라.

14 MATLAB, Maple, Mathematica에 있는 수학 소프트웨어 루틴들을 활용하여 본문에 주어진 수치 결과들을 입증하라. 그 결과로 얻어진 해 곡선을 그래프로 그려라. 이를 프로그램 *Test_RK4_System1* 및 *Test_RK4_System2*의 결과들과 비교하라.

15 *RK4_System1*을 사용하여 구간 $0 \le t \le 1$에서 다음 각 미분방정식을 풀어라. $k=5, 6, 7$에 대하여 $h=2^{-k}$를 사용하고 그 결과들을 비교하라.

(a) $\begin{cases} x'' = 2(e^{2t} - x^2)^{1/2} \\ x(0) = 0, \quad x'(0) = 1 \end{cases}$

(b) $\begin{cases} x'' = x^2 - y + e^t \\ y'' = x - y^2 - e^t \\ x(0) = 0, \quad x'(0) = 0 \\ y(0) = 1, \quad y'(0) = -2 \end{cases}$

16 구간 $[0, 4.5]$에서 룽게-쿠타법을 사용하여 다음 **에어리 미분방정식**Airy differential equation을 풀어라.

$$\begin{cases} x'' = tx \\ x(0) = 0.355028053887817 \\ x'(0) = -0.258819403792807 \end{cases}$$

확인해 볼 값 : $x(4.5) = 0.0003302503$이 옳은 답이다.

17 구간 $[0, 3]$에서 어떤 편리한 방법이든 써서 다음 미분방정식을 풀어라. 만약 플로터를 사용할 수 있다면 그 해의 그래프를 그려라.

$$\begin{cases} x'' + x' + x^2 - 2t = 0 \\ x(0) = 0, \quad x'(0) = 0.1 \end{cases}$$

18 다음 미분방정식을 구간 $[-2, 0]$에서 풀어라.

$$\begin{cases} x'' = 2x' - 5x \\ x(0) = 0, \quad x'(0) = 0.4 \end{cases}$$

19 다음 연립 상미분방정식들에 대한 수치 해를 찾기 위해 본문에 주어진 유사코드에 기반을 둔 컴퓨터 프로그램을 작성하라.

(a) 초깃값 문제 (9)

(b) 초깃값 문제 (12)

(c) 초깃값 문제 (13)

20 MATLAB, Maple, Mathematica와 같은 기호 조작 기능을 갖고 있는 수학 소프트웨어를 사용하여 앞의 연립 상미분방정식들의 해석 해를 구하라.

21 MATLAB, Maple, Mathematica에 들어있는 수학 소프트웨어 루틴들을 활용하여 앞의 연립 상미분방정식들의 수치 해를 입증하라. 그 결과로 얻은 해 곡선을 그래프로 그려라.

7.5 애덤스-배쉬포스-몰튼법

예측자-수정자법

지금까지 설명한 프로시저는 다음의 초깃값 문제를 **단일 단계**single-step 수치 방법을 사용하여 풀었다.

$$\begin{cases} \boldsymbol{X}' = \boldsymbol{F}(\boldsymbol{X}) \\ \boldsymbol{X}(a) = \boldsymbol{S} \end{cases} \tag{1}$$

다시 말해 해 $\boldsymbol{X}(t)$를 특정한 점 t에서 알고 있을 때, t보다 이전의 점들에서의 해에 대한 정보 없이 $\boldsymbol{X}(t+h)$를 계산할 수 있다는 것이다. 룽게-쿠타법 및 테일러 급수법은 $\boldsymbol{X}(t+h)$를 $\boldsymbol{X}(t)$ 및 다양한 값의 $\boldsymbol{F}$의 관점에서 계산한다.

여러 값 $\boldsymbol{X}(t)$, $\boldsymbol{X}(t-h)$, $\boldsymbol{X}(t-2h), \cdots$이 $\boldsymbol{X}(t+h)$의 계산에 사용되면 더 효율적인 방법이 고안될 수 있다. 이러한 방법을 **다단계법**multi-step method이라 한다. 이 방법들은 해를 구하는 수치 작업 초기에 $\boldsymbol{X}$의 이전 값들을 전혀 사용할 수 없다는 명백한 단점을 갖고 있다. 따라서 룽게-쿠타 프로시저와 같은 단일 단계 방법으로 수치 해 작업을 시작한 후 충분한 시작 값들이 계산되는 즉시 다단계 프로시저로 전환하는 것이 일반적이다.

단일 단계 방법과 다단계법 비교

다단계 공식의 한 예가 **애덤스-배쉬포스 공식**Adams-Bashforth formula(7.3절 및 [컴퓨터 연습문제 7.3.2]~[컴퓨터 연습문제 7.3.4] 참조)이다. 이 공식은 다음과 같다.

$$\widetilde{\boldsymbol{X}}(t+h)=\boldsymbol{X}(t)+\frac{h}{24}\{55\boldsymbol{F}[\boldsymbol{X}(t)]-59\boldsymbol{F}[\boldsymbol{X}(t-h)]+37\boldsymbol{F}[\boldsymbol{X}(t-2h)]-9\boldsymbol{F}[\boldsymbol{X}(t-3h)]\} \tag{2}$$

애덤스-배쉬포스 예측자 단계

여기서 $\widetilde{\boldsymbol{X}}(t+h)$는 식 (2)를 사용하여 계산한 $\boldsymbol{X}(t+h)$의 예측값이다. 만일 해 $\boldsymbol{X}$가 네 개의 점 t, $t-h$, $t-2h$, $t-3h$에서 계산되었다면 식 (2)를 사용하여 $\widetilde{\boldsymbol{X}}(t+h)$를 계산할 수 있다. 이러한 과정이 체계적으로 행해지면 각 단계마다 단 한 번의 $\boldsymbol{F}$ 계산만이 필요하다. 이 방법은 4차 룽게-쿠타 프로시저에 비해 상당한 계산시간 절감 효과를 준다. 4차 룽게-쿠타 프로시저는 각 단계마다 네 번의 $\boldsymbol{F}$ 계산이 필요하기 때문이다(물론 절단오차와 안정성의 측면에서는 룽게-쿠타법이 더 큰 단계 크기를 허용하기 때문에 룽게-쿠타법이 훨씬 더 큰 경쟁력을 지니고 있다).

실제로 식 (2)는 결코 단독으로 사용되지 않는다. 대신 이 식은 예측자[predictor]로 사용되며, 또 다른 식은 수정자[corrector]로 사용된다. 보통 공식 (2)와 함께 사용되는 수정자는 **애덤스-몰튼 공식**[Adams-Moulton formula]이다.

$$\boldsymbol{X}(t+h)=\boldsymbol{X}(t)+\frac{h}{24}\{9\boldsymbol{F}[\widetilde{\boldsymbol{X}}(t+h)]+19\boldsymbol{F}[\boldsymbol{X}(t)]-5\boldsymbol{F}[\boldsymbol{X}(t-h)]+\boldsymbol{F}[\boldsymbol{X}(t-2h)]\} \tag{3}$$

애덤스-몰튼 수정자 단계

따라서 식 (2)는 $\boldsymbol{X}(t+h)$의 임시 값을 예측하고, 식 (3)은 이 $\boldsymbol{X}$의 값을 보다 정확하게 계산한다. 두 공식의 조합의 결과가 **예측자-수정자법**[predictor-corrector scheme]이다.

a에서 특정된 $\boldsymbol{X}$의 초깃값을 사용하여 세 단계의 룽게-쿠타법을 실행하면 애덤스-배쉬포스-몰튼 프로시저가 시작하기에 충분한 $\boldsymbol{X}$값을 구할 수 있다. 4차 룽게-쿠타법으로 시작한 4차 애덤스-배쉬포스 및 애덤스-몰튼 공식은 **애덤스-몰튼법**[Adams-Moulton method]이라 일컬어진다. 단 한 번의 수정자 공식 적용이 필요하도록 동일한 차수의 예측자 및 수정자 공식이 사용된다. 어떤 이들은 수정자 공식을 반복 적용하길 제안했지만 종합적으로 가장 좋은 접근법은 단계당 단 한 번만 적용하는 방식이라는 게 경험적으로 입증되었다.

애덤스-몰튼(예측자-수정자)법

유사코드

일반적으로 애덤스-몰튼법에서 이전 단계의 근사 해를 저장하는 방법은 취할 단계의 총 수보다 큰 차원의 배열에 저장하거나 각 단계 후에 데이터를 물리적으로 이동(가장 오래된 데이터를 버리고 그곳에 최신 데이터를 저장한다)시키는 것이다. 만약 적응적 과정이 사용된다면 취할 단계의 총 수를 미리 결정할 수 없다. 데이터의 물리적 이동은 고정된 크기의 저장공간 배열의 인덱스를 순환시킴으로써 제거될 수 있다. 애덤스-몰튼법의 경우 $t=a, a+h, a+2h, a+3h, a+4h, a+5h, a+6h, \cdots$ 각각에 대하여 $\boldsymbol{X}(t)$에 대한 x_i 데이터는 위치 $m=1,2,3,4,5,1,2,\cdots$에서 성분 z_{im}을 가지는 2차원 배열에 저장된다. [그림 7.6]은 처음 몇 개의 t값과 이에 대응하는 m값, 그리고 사용된 수식의 약어들을 보여준다.

체계가 작동하는 방법

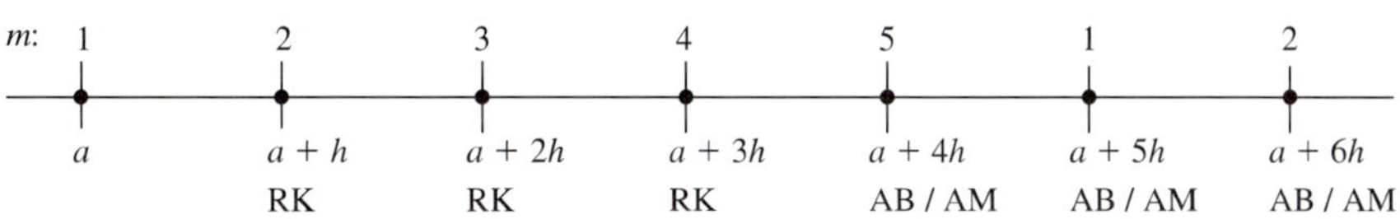

[그림 7.6] RK와 AB/AM 법의 적용을 위한 시작값들

애덤스-몰튼법의 각 단계 후에는 오차 분석이 수행될 수 있다. 만약 $x_i^{(p)}$가 예측자 식 (2)로부터 얻은 시스템 (1)의 i번째 방정식의 $(t+h)$에서 구한 수치 근사라면, x_i가 수정자 식 (3)으로부터 얻은 동일한 식의 $(t+h)$에서 구한 수치 근사일 때 $(t+h)$에서의 i번째 식에 대한 단일 단계 오차는 대략적으로 다음과 같이 주어짐을 보일 수 있다.

$$\varepsilon_i = \frac{19}{270}\frac{|x_i - x_i^{(p)}|}{|x_i|}$$

따라서 애덤스-몰튼 프로시저 *AM_System*에서는 $(t+h)$에서 최대 단일 단계 오차를 추정하기 위해 다음을 계산한다.

$$\text{est} = \max_{1 \le i \le n} |\varepsilon_i|$$

룽게-쿠타 프로시저를 세 번 호출한 후 남은 단계를 계산하기 위해서는 애덤스-몰튼 예측자-수정자법을 호출하는 제어 프로시저가 필요하다. 고정한 단계 크기 h로 이러한 프로시저를 *nsteps* 단계만큼 수행하는 프로시저는 다음과 같다.

AMRK 유사코드

```
procedure AMRK(n, h, (x_i), nsteps)
integer i, k, m, n;   real est, h;   real array (x_i)_{0:n}
allocate real array (f_ij)_{0:n×0:4}, (z_ij)_{0:n×0:4}
m ← 0
output h
output 0, (x_i)
for i = 0 to n
    z_im ← x_i
end for
for k = 1 to 3
    call RK_System(m, n, h, (z_ij), (f_ij))
    output k, (z_im)
end for
for k = 4 to nsteps
    call AM_System(m, n, h, est, (z_ij), (f_ij), )
    output k, (z_im)
    output est
end for
for i = 0 to n
    x_i ← z_im
end for
deallocate array (f, z)
end procedure AMRK
```

시스템에 대한 애덤스-몰튼법과 단일 단계의 오차 계산은 다음의 유사코드에서 수행된다.

AM_System 유사코드

```
procedure AM_System(m, n, h, est, (z_ij), (f_ij))
integer i, j, k, m, mp1;   real d, d_max, est, h
real array (z_ij)_{0:n×0:4}, (f_ij)_{0:n×0:4}
allocate real array (s_i)_{0:n}, (y_i)_{0:n}
real array (a_i)_{1:4} ← (55, −59, 37, −9)
```

(계속)

```
real array (b_i)_{1:4} ← (9, 19, −5, 1)
mp1 ← (1 + m)mod5
call XP_System(n, (z_im), (f_im))
for i = 0 to n
    s_i ← 0
end for
for k = 1 to 4
    j ← (m − k + 6)mod5
    for i = 0 to n
        s_i ← s_i + a_k f_ij
    end for
end for
for i = 0 to n
    y_i ← z_im + hs_i/24
end for
call XP_System(n, (y_i), (f_i,mp1))
for i = 0 to n
    s_i ← 0
end for
for k = 1 to 4
    j ← (mp1 − k + 6)mod5
    for i = 0 to n
        s_i ← s_i + b_k f_ij
    end for
end for
for i = 0 to n
    z_i,mp1 ← z_im + hs_i/24
end for
m ← mp1
d_max ← 0
for i = 0 to n
    d ← |z_im − y_i|/|z_im|
    if d > d_max then
        d_max ← d
        j ← i
    end if
end for
est ← 19d_max/270
deallocate array (s, y)
end procedure AM_System
```

여기서 함수의 계산값들은 공식 (2)와 (3)에서 사용되기 때문에 f_{im}에 순환적으로 저장된다. 다양한 최적화 기술을 이 유사코드에 적용할 수 있다. 예를 들면 프로그래머는 $\frac{1}{24}h$의 계산을 루프 밖으로 이동시키려 할 수도 있다.

앞의 프로시저와 짝을 이루는 룽게-쿠타 프로시저가 필요하다. 이 프로시저는 7.4절의 프로시저 *RK4_System2*를 수정한 것으로 다음과 같은 형태이다.

```
procedure RK_System(m, n, h, (z_ij), (f_ij))
integer i, m, mp1, n;   real h;   real array (z_ij)_0:n×0:4, (f_ij)_0:n×0:4
allocate real array (g_ij)_0:n×0:3, (y_i)_0:n
mp1 ← (1 + m)mod5
call XP_System(n, (z_im), (f_im))
for i = 0 to n
    y_i ← z_im + (1/2)h f_im
end for
call XP_System(n, (y_i), (g_i,1))
for i = 0 to n
    y_i ← z_im + (1/2)h g_i,1
end for
call XP_System(n, (y_i), (g_i,2))
for i = 0 to n
    y_i ← z_im + h g_i,2
end for
call XP_System(n, (y_i), (g_i,3))
for i = 0 to n
    z_i,mp1 ← z_im + h[f_im + 2g_i,1 + 2g_i,2 + g_i,3]/6
end for
m ← mp1
deallocate array (g_ij), (y_i)
end procedure RK_System
```

RK_System 유사코드

앞과 마찬가지로 프로그래머는 $\frac{1}{6}h$를 루프 밖으로 이동시키길 원할 수 있다.

애덤스-몰튼 유사코드를 사용하기 위해 연립 상미분방정식을 정의하는 *XP_System* 프로시저를 제공하고 *AMRK* 프로시저를 생성하기 위한 호출이 포함된 드라이버 프로그램을 작성해야 한다. 전체 프로그램은 메인 프로그램과 프로시저 *XP_System, AMRK, RK_System, AM_System*의 다섯 부분으로 구성된다.

설명을 위한 예로 7.4절의 초깃값 문제 (12)에 대한 유사코드는 다음과 같다.

```
program Test_AMRK
real h;   real array (x_i)_0:n
integer n ← 5, nsteps ← 100
real a ← 0, b ← 1
(x_i) ← (1, 2, −4, −2, 7, 6)
h ← (b − a)/nsteps
call AMRK(n, h, (x_i), nsteps)
end program Test_AMRK

procedure XP_System(n, (x_i), (f_i))
integer n;   real array (x_i)_0:n, (f_i)_0:n
f_0 ← 1
f_1 ← x_2
f_2 ← x_1 − x_3 − 9x_2^2 + x_4^3 + 6x_5 + 2x_0
f_3 ← x_4
f_4 ← x_5
f_5 ← x_5 − x_2 + e^(x_1) − x_0
end procedure XP_System
```

Test_AMRK 유사코드

여기서는 상미분방정식의 자율형 시스템에 대한 프로시저를 프로그래밍하였다.

적응적 방법 adaptive scheme

애덤스-몰튼법에서 오차 추정치를 얻을 수 있으므로 프로시저 *AMRK*를 적응적 방법, 즉 단계의 크기를 바꿀 수 있는 방법을 활용하는 프로시저로 바꾸는 것이 자연스럽다. 7.3절에서 사용된 것과 유사한 절차를 요약하여 살펴보자. 룽게-쿠타법을 사용하여 처음 세 단계를 계산한 후 애덤스-몰튼법을 사용한다. 만약 애덤스-몰튼법을 사용한 첫 단계에 대한 오차 검사에서 단계 크기를 절반으로 줄이거나 두 배로 늘릴 필요가 있다는 결론이 도출된다면 단계 크기는 절반으로 줄거나 두 배로 늘어나며 전체 과정은 초깃값과 함께 다시 시작된다. 따라서 적어도 한 단계의 애덤스-몰튼법은 반드시 사용된다.

만일 이 과정 중에 오차 검사의 결과가 구간 $[a, b]$ 내의 어떤 점에서 단계 크기를 절반으로 줄여야 한다는 것이라면 단계 크기는 절반으로 줄어든다. 이전 계산값으로 한 번의 후퇴가 일어나고 세 번의 룽게-쿠타 단계가 계산된 후 새로운 단계 크기로 또 다시 애덤스-몰튼법이 사용되면서 이 과정이 계속 진행된다. 즉 오차가 너무 큰 점에 대해서는 룽게-쿠타법이 아닌 애덤스-몰튼법으로 계산되어야 한다는 것이다.

단계 크기가 두 배로 늘어나는 과정 역시 유사한 방식으로 다루어진다. 단계 크기를 두 배로 늘릴 때에는 적절한 수의 이전 값들만 저장하면 된다. 그러나 이전 단계 크기와 함께 두 단계의 값을 항상 백업하고, 이 값을 새로운 단계 크기로 계산할 새로운 초깃값 문제의 시작점으로 함으로써(단계 크기를 절반으로 줄이든 두 배로 늘리든) 이 과정을 간소화할 수 있다. 그 밖에도 보다 복잡한 프로시저가 설계될 수 있으며 수치 실험의 대상이 될 수 있다([컴퓨터 연습문제 7.5.3] 참조).

공학에서의 예

화학공학에서 복잡한 생산 활동에는 유입 및 유출 파이프와 연결된 여러 반응장치가 포함될 수 있다. i번째 반응장치에서 특정 화학 물질의 농도를 미지의 양 x_i라 하자. 각 x_i는 시간의 함수이다. n개의 반응장치가 있다면 전체 공정은 다음과 같은 형태의 n개의 연립 미분방정식에 의해 지배된다.

$$\begin{cases} \boldsymbol{X}' = \boldsymbol{AX} + \boldsymbol{V} \\ \boldsymbol{X}(0) = \boldsymbol{S} \end{cases}$$

여기서 $\boldsymbol{X}$는 미지수 x_i를 포함하는 벡터, $\boldsymbol{A}$는 $n \times n$ 행렬, $\boldsymbol{V}$는 상수 벡터이다. $\boldsymbol{A}$의 성분은 시스템의 여러 반응장치 사이에서 허용되는 유속에 따라 달라진다.

이 문제를 풀기 위한 접근방식은 여러 가지가 있다. 그중 하나는 $\boldsymbol{P}^{-1}\boldsymbol{AP}$가 대각행렬이 되는 정칙행렬 $\boldsymbol{P}$를 찾아 행렬 $\boldsymbol{A}$를 대각화한 후 행렬 지수 함수를 사용하여 시스템을 해석적인 형태로 푸는 것이다. 이런 과정은 수학 소프트웨어가 처리할 수 있는 작업이다. 다른 방법으로는 이 문제를 간단하게 상미분방정식 솔버 solver 로 돌려 수치 해를 얻는 것이다. 이러한 문제에서 항상 얻고자 하는 정보 중 하나는 시스템의 **정상상태** steady state 에 관한 설명이다. 정상상태는 $t = \infty$에서의 모든 변수의 값을 의미한다. 각 함수 x_i는 $\lambda < 0$에 대하여

$t \mapsto e^{\lambda t}$의 형태인 지수 함수의 선형 결합이어야 한다.

다음은 이 모든 것을 보여줄 수 있는 간단한 예이다.

$$\begin{bmatrix} x_1' \\ x_2' \\ x_3' \end{bmatrix} = \begin{bmatrix} -8/3 & -4/3 & 1 \\ -17/3 & -4/3 & 1 \\ -35/3 & 14/3 & -2 \end{bmatrix} \begin{bmatrix} x_1 \\ x_2 \\ x_3 \end{bmatrix} + \begin{bmatrix} 12 \\ 29 \\ 48 \end{bmatrix} \qquad (4)$$

상미분방정식의 예 1

MATLAB, Maple, Mathematica와 같은 수학 소프트웨어를 사용하면 다음과 같은 닫힌 형태의 해를 얻을 수 있다.

$$\begin{cases} x(t) = \dfrac{1}{6}e^{-3t}(6 - 50e^{t} + 10e^{2t} + 34e^{3t}) \\ y(t) = \dfrac{1}{6}e^{-3t}(12 - 125e^{t} + 40e^{2t} + 73e^{3t}) \\ z(t) = \dfrac{1}{6}e^{-3t}(14 - 200e^{t} + 70e^{2t} + 116e^{3t}) \end{cases}$$

컴퓨터 프로그램에서 많은 수의 변수가 있는 연립 상미분방정식일 때 `x(i,t)`와 같은 배열로 변수들을 표현하는 것이 개별적으로 변수 이름을 사용하는 것보다 더 편리할 수 있다. 예를 들어 한 점 $t = 2.5$에서 해석 해의 수치로 $x(2.5) \approx 5.74788$, $y(2.5) \approx 12.5746$, $z(2.5) \approx 20.0677$을 얻는다. 또한 이 문제에 대한 해석 해의 그래프를 생성할 수도 있다. 마지막으로 이 절에 제시한 프로그램을 사용하여 사전에 정해진 수의 점들과 구간에서의 수치 해를 생성할 수 있을 것이다.

경직성 상미분방정식과 예

미분방정식의 많은 응용 분야에는 시간의 함수로 같이 추적해야 하는 여러 함수들이 있다. 상미분방정식 시스템은 물리적 현상을 모델링하는 데 사용될 수 있다. 그러한 상황에서 다른 해 함수(또는 하나의 해 중 다른 성분)가 상당히 다른 양상이어서 수치 해에서의 단계 크기를 선택하는 데 문제가 발생할 수 있다. 예를 들어 함수의 한 성분이 급격히 변하면 수치 해의 단계 크기가 작아야 하는데 다른 성분이 천천히 변하면 작은 단계 크기가 계산에 적합하지 않을 수 있다. 이러한 시스템을 **경직적**stiff이라고 한다. [그림 7.7]은 일시적으로 급격하게 감소하는 다른 해들로 둘러싸인 천천히 변하는 해를 보여준다.

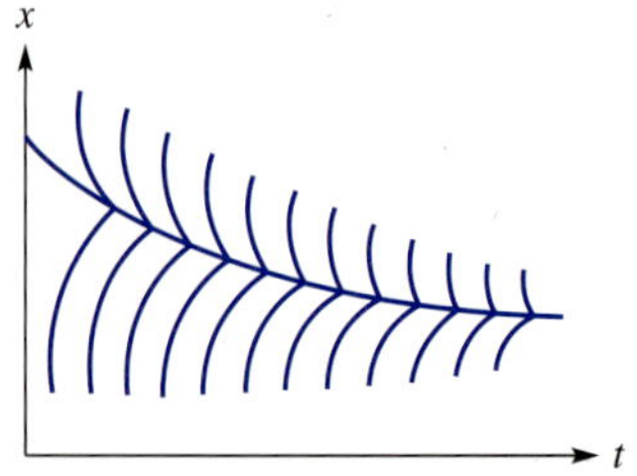

[그림 7.7] 경직성 상미분방정식에 대한 해 곡선들

예를 통해 이러한 가능성을 설명해 보자. 다음 초기 조건을 갖는 두 개의 연립 미분방정식을 생각해보자.

$$\begin{cases} x' = -20x - 19y, & x(0) = 2 \\ y' = -19x - 20y, & y(0) = 0 \end{cases} \quad (5)$$

상미분방정식의 예 2

이 미분방정식의 해가 다음과 같음을 쉽게 알 수 있다.

$$\begin{cases} x(t) = e^{-39t} + e^{-t} \\ y(t) = e^{-39t} - e^{-t} \end{cases}$$

실제 해

성분 e^{-39t}는 0에서 시작하여 t가 증가함에 따라 무시할 수 있을 정도로 빠르게 작아진다. 따라서 해는 근사적으로 $x(t) = -y(t) = e^{-t}$로 주어진다. 이 함수는 완만하게 0으로 감소한다. 거의 모든 수치 해에서 큰 단계 크기가 사용될 수 있을 것처럼 보인다. 그러나 가장 간단한 수치 절차인 **오일러의 방법**을 적용해 보자. 이 방법은 다음과 같은 방정식을 사용하여 해를 구한다.

$$\begin{cases} x_{n+1} = x_n + h(-20x_n - 19y_n), & x_0 = 2 \\ y_{n+1} = y_n + h(-19x_n - 20y_n), & y_0 = 0 \end{cases}$$

차분 방정식

이 차분방정식은 닫힌 형태로 풀 수 있으며 그 해는 다음과 같다.

$$\begin{cases} x_n = (1-39h)^n + (1-h)^n \\ y_n = (1-39h)^n - (1-h)^n \end{cases}$$

닫힌 형태의 해

수치 해가 0으로 수렴(실제 해를 모방하여)하기 위해서는 $h < \dfrac{2}{39}$일 필요가 있다. 만일 해 $x(t) = e^{-t}$를 얻기 위하여 미분방정식 $x' = -x$만을 푼다면 t가 증가할 때 올바른 거동을 얻기 위해 단계 크기가 $h = 2$만큼 커질 수 있다([연습문제 7.5.2] 참조).

수치적 성공(합리적인 단계 크기를 사용할 수 있다는 의미에서)이 사용된 방법에 의존한다는 사실을 확인하기 위해 암시적 오일러의 방법을 생각해 보자. 단일 미분방정식일 때 암시적 오일러의 방법은 다음 식을 사용한다.

$$x_{n+1} = x_n + hf(t_{n+1}, x_{n+1})$$

이 방정식의 양변에 x_{n+1}이 나타나므로 이 방정식은 x_{n+1}에 대해 풀려야 한다. 앞의 예에서 오일러 방정식은 다음과 같다.

$$\begin{cases} x_{n+1} = x_n + h(-20x_{n+1} - 19y_{n+1}) \\ y_{n+1} = y_n + h(-19x_{n+1} - 20y_{n+1}) \end{cases}$$

오일러 방정식

이 방정식 쌍은 $\boldsymbol{X}_{n+1} = \boldsymbol{X}_n + \boldsymbol{A}\boldsymbol{X}_{n+1}$의 형태이다. 여기서 $\boldsymbol{A}$는 이전 방정식 쌍에서의 2×2 행렬, $\boldsymbol{X}_n$은 성분 x_n 및 y_n을 갖는 벡터이다. 이 행렬 방정식은 $(\boldsymbol{I}-\boldsymbol{A})\boldsymbol{X}_{n+1} = \boldsymbol{X}_n$ 또는 $\boldsymbol{X}_{n+1} = (\boldsymbol{I}-\boldsymbol{A})^{-1}\boldsymbol{X}_n$으로 나타낼 수 있다. 결론은 명시적인 해가 $\boldsymbol{X}_n = (\boldsymbol{I}-\boldsymbol{A})^{-n}\boldsymbol{X}_0$이라는 것이다. 여기서 이러한 반복적 과정에 관한 결과를 유념할 필요가 있다. $\boldsymbol{X}_n$이 임의로 선택한 초기 벡터 $\boldsymbol{X}_0$에 대해 모두 0으로 수렴하기 위한 필요충분조건은 $(\boldsymbol{I}-\boldsymbol{A})^{-1}$의 모든 고윳값의 절댓값이 1보다 작아야 한다는 것이다. 다시 말해 $(\boldsymbol{I}-\boldsymbol{A})$의 고윳값의 절댓값이 1보다 커야 한다. 이 이상의 가정 없이도 양수 h에 대해 이 조건이 충족함을 쉬운 계산으로 보일 수 있다. 따라서 암시적 오일러의 방법은 이 문제에 대해 임의의 합리적인

단계 크기와 함께 사용될 수 있다. 경직성 방정식에 관한 여러 문헌에서 훨씬 더 많은 정보를 찾을 수 있으며, 이 주제를 매우 자세히 다루는 책들도 있다.

일반적으로 경직성 상미분방정식은 풀기가 다소 어렵다. 이는 대부분의 경우 수치적으로 풀려고 하는 상미분방정식의 경직성 여부를 미리 알 수 없다는 사실로 인해 더욱 복잡해진다. 소프트웨어 패키지에는 대개 경직성 상미분방정식을 다루도록 특별히 설계된 상미분방정식 솔버가 포함되어 있다. 이러한 프로시저 중 일부는 단계 크기 및 방법의 차수 모두를 조절할 수 있다. 이러한 알고리즘에서 야코비 행렬Jacobian matrix $\dfrac{\partial \boldsymbol{F}}{\partial \boldsymbol{X}}$가 중요한 역할을 할 수 있다. 야코비 행렬을 포함한 선형 시스템을 푸는 일은 코드의 신뢰성과 효율성에 있어 매우 중요하다. 야코비 행렬은 성긴 행렬sparse matrix일 수 있으며, 이는 함수 $\boldsymbol{F}$가 문제의 변수 중 일부에 의존하지 않음을 의미한다.

7.5 요약

• 벡터 표기법을 사용한 자율형 연립 상미분방정식

$$\begin{cases} \boldsymbol{X}' = \boldsymbol{F}(\boldsymbol{X}) \\ \boldsymbol{X}(a) = \boldsymbol{S} \end{cases}$$

에 대한 **4차 애덤스-배쉬포스-몰튼법**은

$$\widetilde{\boldsymbol{X}}(t+h) = \boldsymbol{X}(t) + \frac{h}{24}\{55\boldsymbol{F}[\boldsymbol{X}(t)] - 59\boldsymbol{F}[\boldsymbol{X}(t-h)] + 37\boldsymbol{F}[\boldsymbol{X}(t-2h)] - 9\boldsymbol{F}[\boldsymbol{X}(t-3h)]\}$$

$$\boldsymbol{X}(t+h) = \boldsymbol{X}(t) + \frac{h}{24}\{9\boldsymbol{F}[\widetilde{\boldsymbol{X}}(t+h)] + 19\boldsymbol{F}[\boldsymbol{X}(t)] - 5\boldsymbol{F}[\boldsymbol{X}(t-h)] + \boldsymbol{F}[\boldsymbol{X}(t-2h)]\}$$

이다. 이때 $\widetilde{\boldsymbol{X}}(t+h)$는 **예측자**이며 $\boldsymbol{X}(t+h)$는 **수정자**이다. 애덤스-배쉬포스-몰튼법은 각 단계마다 다섯 번의 $\boldsymbol{F}$ 계산을 필요로 한다. 초기 벡터 $\boldsymbol{X}(a)$가 주어졌을 때, $\boldsymbol{X}(a+h)$, $\boldsymbol{X}(a+2h)$, $\boldsymbol{X}(a+3h)$에 대한 값은 4차 룽게-쿠타법으로 계산된다. 그 후 애덤스-배쉬포스-몰튼법이 반복적으로 사용될 수 있다. 예측값 $\widetilde{\boldsymbol{X}}$는 t, $t-h$, $t-2h$, $t-3h$에서의 4개의 $\boldsymbol{X}$ 값으로부터 계산되며 보정된 값 $\boldsymbol{X}(t+h)$는 예측자 값 $\widetilde{\boldsymbol{X}}(t+h)$와 앞에서 계산된 t, $t-h$, $t-2h$에서의 $\boldsymbol{F}$의 값을 사용하여 계산될 수 있다.

7.5 연습문제

01 다음 시스템의 일반해를 네 개의 식으로 이루어진 1차 연립방정식으로 변환하여 찾아라.

$$\begin{cases} x'' = \alpha y \\ y'' = \beta x \end{cases}$$

02 경직성 방정식 (5)에 대한 논의에서 단계 크기 h에 대해 언급되었던 주장을 입증하라.

03 다음 각각의 연립 1차 미분방정식의 자율형을 써라.

(a) $\begin{cases} y'' + yz = 0 \\ z' + 2yz = 4 \\ y(0) = 1,\ y'(0) = 0,\ z(0) = 3 \end{cases}$

(b) $\begin{cases} x''' - \sin(x'') + e^t x' + 2t\cos x = 25 \\ x(0) = 5,\ x'(0) = 3,\ x''(0) = 7 \end{cases}$

(c) $\begin{cases} x''' - [\sin x'' + e^t x']^2 + \cos x = 0 \\ x(0) = 3,\ x'(0) = 4,\ x''(0) = 5 \end{cases}$

04 다음의 연립 고차 미분방정식을 t가 명시적으로 나타나지 않는 연립 1차 방정식으로 고쳐라.

$$\begin{cases} x''' - 5tx''y'' - \ln(x')z = 0 \\ y'' - \sin(ty) + 7tx'' = 0 \\ z' + 16ty' - e^t zx' = 0 \end{cases}$$

7.5 컴퓨터 연습문제

01 [컴퓨터 연습문제 7.4.2]에 주어진 시스템에 프로시저 *AMRK*를 테스트하라.

02 단일 단계의 오차는 4차 정확도를 가지는 공식을 활용함으로써 작게 조절할 수 있다. 그러나 식 (3) 및 (4)에서의 계산을 수행할 때의 반올림 오차는 아주 클 수 있다. 여기서 **부분적 배정밀도**partial double-precision 연산이라 알려져 있는 다음 과정을 수행하는 게 논리적일 것이다. 함수 $\boldsymbol{F}$는 원하는 점 $\boldsymbol{X}(t+ih)$에서 단정밀도로 계산되지만 선형 결합 $\sum_i c_i \boldsymbol{F}(\boldsymbol{X}(t+ih))$는 배정밀도로 더해진다. 이 결과에 $\boldsymbol{X}(t)$를 더하는 과정 또한 배정밀도로 행해진다. 애덤스-몰튼법을 부분적 배정밀도가 사용되도록 재작성하라. 이 코드를 본문의 해가 알려진 시스템에 대한 코드와 비교하라. 각 단계에서의 반올림 오차의 측면에서 이 코드들을 어떻게 비교할 수 있는가?

03 7.3절의 *RK45_Adaptive*와 유사한 다음과 같은 호출 순서를 갖는 적응적 과정을 작성하고 테스트하라. 이 루틴은 이 절에서 소개한 적응적 프로시저를 수행해야 하며 *AMRK* 프로시저를 대신하여 사용되어야 한다.

Procedure *AMRK_Adaptive*$(n, h, t_a, t_b, (x_i), itmax, \varepsilon_{\min}, \varepsilon_{\max}, h_{\min}, h_{\max}, iflag)$

04 이 장의 도입부에 있는 포식자-먹이 문제를 $a = -10^{-2}$, $b = -\frac{1}{4} \times 10^2$, $c = 10^{-2}$, $d = -10^2$과 초깃값 $u(0) = 80$, $v(0) = 30$을 적용하여 풀어라. 시간 t의 함수로 u(먹이)와 v(포식자)의 값을 그래프로 그려라.

05 MATLAB, Maple, Mathematica와 같은 수학 소프트웨어를 사용하여 식 (4)로 주어지는 연립 상미분방정식을 풀고 그 수치 해를 그래프로 그려라.

06 경직성 상미분방정식을 다루기 위해 특별히 설계된 루틴을 사용하여 식 (5)에 앞 문제의 과정을 반복하라.

07 (a) 다음 테스트 문제를 풀고 해 곡선을 그래프로 그려라. 이 문제는 물체의 궤도가 동일한 평면상에 있는 제한된 삼체 문제three-body problem에서 등장하는 최근에 발견된 안정적인 궤도에 대응하는 문제이다. $j = 1, 2, 3$에 대하여 j번째 물체의 두 공간 좌표는 x_{1j}와 x_{2j}이다. 각각의 6개 좌표는 다음의 2차 미분방정식을 만족한다.

$$x_{ij}'' = \sum_{k=1, k \neq j}^{3} m_k (x_{ik} - x_{ij}) / d_{jk}^3$$

여기서 $k, j = 1, 2, 3$에 대하여 $d_{jk}^2 = \sum_{i=1}^{2} (x_{ij} - x_{ik})^2$이다. 물체들이 같은 질량, 예를 들어 $m_1 = m_2 = m_3 = 1$을 가지고 있고, 적절한 시작 조건을 가정하면 물체들은 주기적인 정상 상태의 해로 8자 모양의 동일한 궤도를 따라 움직이게 된다. 이 시스템을 1차 시스템으로 다시 나타내면 이 문제의 차원dimension은 12가 되며[10] $t = 0$에서의 초기 조건은 다음과 같이 주어진다. 이 문제를 $t \in [0, 20]$에 대해 풀어라.

$$\begin{cases} x_{11} = -0.97000436, & x'_{11} = 0.466203685 \\ x_{21} = 0.24308753, & x'_{21} = 0.43236573 \\ x_{12} = 0.0, & x'_{12} = -0.93240737 \\ x_{22} = 0.0, & x'_{22} = -0.86473146 \\ x_{13} = 0.97000436, & x'_{13} = 0.466203685 \\ x_{23} = -0.24308753, & x'_{23} = 0.43236573 \end{cases}$$

(b) 다음 테스트 문제를 풀고 해 곡선의 그래프를 그려라. 다음의 **로렌츠 문제**Lorenz problem는 널리 알려진 문제로 동역학계에 대한 연구에 등장한다. 이 문제를 $t \in [0, 20]$에 대해 풀어라. 이 문제는 나쁜 조건의 해를 가질 가능성이 있는 것으로 알려져 있다.

$$\begin{cases} vx_1' = 10(x_2 - x_1) \\ x_2' = x_1(28 - x_3) - x_2 \\ x_3' = x_1 x_2 - \frac{8}{3} x_3 \\ x_1(0) = 15, \quad x_2(0) = 15, \quad x_3(0) = 36 \end{cases}$$

10 '차원'은 방정식의 개수를 나타낸다. 즉, 이 시스템은 12개의 식으로 구성된 연립 미분 방정식이 된다.

08 연립 상미분방정식의 수치 해를 찾기 위해 유사코드 *Test_AMRK*에 기반을 둔 컴퓨터 프로그램을 작성하고, MATLAB, Maple, Mathematica에 들어있는 내장 루틴을 사용하여 얻은 결과와 비교하라. 결과로 얻은 해 곡선의 그래프를 그려라.

09 (**타코마 내로스 다리**Tacoma Narrows Bridge) 1940년에 세계에서 세 번째로 긴 현수교가 강한 바람에 붕괴되었다.

다음 연립 미분방정식은 어떻게 비틀림 진동이 증폭되어 그러한 재난을 일으켰는지를 설명하려 한 수학적 모델이다.

$$
\begin{cases}
y'' = -y'd - [K/(ma)][e^{a(y-\ell\sin\theta)} - 1 + e^{a(y+\ell\sin\theta)} - 1] \\
\qquad + 0.2\,W\sin\omega t \\
\theta'' = -\theta y'd + (3\cos\theta/\ell)[K/(ma)][e^{a(y-\ell\sin\theta)} \\
\qquad - e^{a(y+\ell\sin\theta)}]
\end{cases}
$$

y 방정식의 마지막 항은 바람 W에 대한 항으로 다리에 강력한 수직 방향 진동을 추가한다. 여기서 두 개의 매달린 케이블 사이에 걸린 도로 폭은 2ℓ이며, y는 다리가 평형점 아래로 내려갈 때 도로 중심으로부터의 현재 거리이다. θ는 도로가 수평선과 이루는 각도이다. 또한 뉴턴의 법칙 $F = ma$ 및 훅Hooke의 상수 K가 사용되었다. 다양한 매개변수 설정 하에서 수치 궤적을 생성하기 위해 어떻게 상미분방정식 솔버가 사용될 수 있을지 탐구하라. 이 모델 하에서 발생할 수 있는 다양한 종류의 현상에 대하여 설명하라.

8장 선형 시스템에 관한 추가 설명

More on Linear Systems

편미분방정식을 포함한 응용분야에서는 다음과 같이 희박 계수 행렬을 가진 큰 선형 시스템이 등장한다.

$$A=\begin{bmatrix} 4 & -1 & 0 & -1 & 0 & 0 & 0 & 0 & 0 \\ -1 & 4 & -1 & 0 & -1 & 0 & 0 & 0 & 0 \\ 0 & -1 & 4 & 0 & 0 & -1 & 0 & 0 & 0 \\ -1 & 0 & 0 & 4 & -1 & 0 & -1 & 0 & 0 \\ 0 & -1 & 0 & -1 & 4 & -1 & 0 & -1 & 0 \\ 0 & 0 & -1 & 0 & -1 & 4 & 0 & 0 & -1 \\ 0 & 0 & 0 & -1 & 0 & 0 & 4 & -1 & 0 \\ 0 & 0 & 0 & 0 & -1 & 0 & -1 & 4 & -1 \\ 0 & 0 & 0 & 0 & 0 & -1 & 0 & -1 & 4 \end{bmatrix}$$

가우스 소거법은 0인 성분들을 0이 아닌 값들로 채울 수 있다. 반면 반복법^iterative method^은 이 행렬의 희박 구조를 보존한다.

8.1 행렬 분해

LU 분해

$n \times n$ 선형 연립방정식은 행렬 형태로 다음과 같이 나타낼 수 있다.

$$\boldsymbol{Ax}=\boldsymbol{b} \tag{1}$$

여기서 계수 행렬 $\boldsymbol{A}$는 다음의 형태를 갖는다.

$$A=\begin{bmatrix} a_{11} & a_{12} & a_{13} & \cdots & a_{1n} \\ a_{21} & a_{22} & a_{23} & \cdots & a_{2n} \\ a_{31} & a_{32} & a_{33} & \cdots & a_{3n} \\ \vdots & \vdots & \vdots & \ddots & \vdots \\ a_{n1} & a_{n2} & a_{n3} & \cdots & a_{nn} \end{bmatrix}$$

우리의 주요 목표는 $\boldsymbol{A}$에 순수 가우스 알고리즘을 적용함으로써 $\boldsymbol{A}$를 단순한 두 행렬의 곱으로 분해^factorization^할 수 있음을 보이는 것이다. 이 두 행렬 중 하나는 다음의 단위 하삼각 행렬^lower triangular matrix^이다.

$$\boldsymbol{L}=\begin{bmatrix} 1 & & & & \\ \ell_{21} & 1 & & & \\ \ell_{31} & \ell_{32} & 1 & & \\ \vdots & \vdots & \vdots & \ddots & \vdots \\ \ell_{n1} & \ell_{n2} & \ell_{n3} & \cdots & 1 \end{bmatrix}$$

다른 하나는 상삼각행렬^upper triangular matrix^이다.

$$\boldsymbol{U}=\begin{bmatrix} u_{11} & u_{12} & u_{13} & \cdots & u_{1n} \\ & u_{22} & u_{23} & \cdots & u_{2n} \\ & & u_{33} & \cdots & u_{3n} \\ & & & \ddots & \vdots \\ & & & & u_{nn} \end{bmatrix}$$

간단하게 이 과정을 $\boldsymbol{A}$의 *LU* 분해^*LU* factorization^라 부를 것이다. 즉 $\boldsymbol{A}=\boldsymbol{LU}$이다.

수치 예

2.1절의 연립방정식 (2)는 다음의 행렬 형태로 간결하게 나타낼 수 있다.

$$\begin{bmatrix} 6 & -2 & 2 & 4 \\ 12 & -8 & 6 & 10 \\ 3 & -13 & 9 & 3 \\ -6 & 4 & 1 & -18 \end{bmatrix} \begin{bmatrix} x_1 \\ x_2 \\ x_3 \\ x_4 \end{bmatrix} = \begin{bmatrix} 16 \\ 26 \\ -19 \\ -34 \end{bmatrix} \tag{2}$$

4×4 선형 시스템 예

게다가 이 시스템을 2.1절의 식 (5)로 바꾸는 연산, 즉 다음의 시스템

$$\begin{bmatrix} 6 & -2 & 2 & 4 \\ 0 & -4 & 2 & 2 \\ 0 & 0 & 2 & -5 \\ 0 & 0 & 0 & -3 \end{bmatrix} \begin{bmatrix} x_1 \\ x_2 \\ x_3 \\ x_4 \end{bmatrix} = \begin{bmatrix} 16 \\ -6 \\ -9 \\ -3 \end{bmatrix} \tag{3}$$

전진 소거 후

은 적절한 행렬 곱에 의해 영향을 받을 수 있다. 전진 소거 과정은 식 (1)에서 시작해서

$$\boldsymbol{MAx} = \boldsymbol{Mb} \tag{4}$$

로 나아나는 것으로 해석할 수 있다. 여기서 $\boldsymbol{M}$은 $\boldsymbol{MA}$가 식 (3)의 계수 행렬이 되도록 선택한 행렬이다. 따라서 다음과 같은 상삼각행렬을 얻는다.

$$\boldsymbol{MA} = \begin{bmatrix} 6 & -2 & 2 & 4 \\ 0 & -4 & 2 & 2 \\ 0 & 0 & 2 & -5 \\ 0 & 0 & 0 & -3 \end{bmatrix} \equiv \boldsymbol{U}$$

순수 가우스 소거법의 1단계의 결과로 2.1절의 식 (3), 또는 다음의 시스템을 얻는다.

$$\begin{bmatrix} 6 & -2 & 2 & 4 \\ 0 & -4 & 2 & 2 \\ 0 & -12 & 8 & 1 \\ 0 & 2 & 3 & -14 \end{bmatrix} \begin{bmatrix} x_1 \\ x_2 \\ x_3 \\ x_4 \end{bmatrix} = \begin{bmatrix} 16 \\ -6 \\ -27 \\ -18 \end{bmatrix}$$

1단계

이 단계는 식 (1)에 하삼각행렬 $\boldsymbol{M}_1$을 곱함으로써 얻을 수 있다.

$$\boldsymbol{M}_1\boldsymbol{Ax} = \boldsymbol{M}_1\boldsymbol{b}$$

여기서 $\boldsymbol{M}_1$은 다음과 같다.

$$\boldsymbol{M}_1 = \begin{bmatrix} 1 & 0 & 0 & 0 \\ -2 & 1 & 0 & 0 \\ -\frac{1}{2} & 0 & 1 & 0 \\ 1 & 0 & 0 & 1 \end{bmatrix}$$

$\boldsymbol{M}_1$의 특수한 형태에 주목하자. 대각선 성분은 모두 1이고 0이 아닌 성분들은 오직 첫째 열에만 있다. 이 수들은 전진 소거 과정 1단계에서 계수 0들을 생성하는 곳에 있는 곱하는 수들에 −1을 곱한 값이다. 계속 진행해 보면 2단계는 결국 2.1절의 식 (4) 또는 다음의 시스템이 된다.

$$\begin{bmatrix} 6 & -2 & 2 & 4 \\ 0 & -4 & 2 & 2 \\ 0 & 0 & 2 & -5 \\ 0 & 0 & 4 & -13 \end{bmatrix} \begin{bmatrix} x_1 \\ x_2 \\ x_3 \\ x_4 \end{bmatrix} = \begin{bmatrix} 16 \\ -6 \\ -9 \\ -21 \end{bmatrix}$$

2단계

이 식은 $\boldsymbol{M}_2\boldsymbol{M}_1\boldsymbol{A}\boldsymbol{x} = \boldsymbol{M}_2\boldsymbol{M}_1\boldsymbol{b}$과 동치이며 이때 다음과 같다.

$$\boldsymbol{M}_2 = \begin{bmatrix} 1 & 0 & 0 & 0 \\ 0 & 1 & 0 & 0 \\ 0 & -3 & 1 & 0 \\ 0 & \frac{1}{2} & 0 & 1 \end{bmatrix}$$

다시 한번 말하지만, $\boldsymbol{M}_2$는 대각선 아래 두 번째 열에 음수인 곱하는 수들이 존재한다는 점에서 단위행렬과 다르다. 마지막으로 3단계는 시스템 (3)을 주며 이는

$$\boldsymbol{M}_3\boldsymbol{M}_2\boldsymbol{M}_1\boldsymbol{A}\boldsymbol{x} = \boldsymbol{M}_3\boldsymbol{M}_2\boldsymbol{M}_1\boldsymbol{b}$$

3단계

과 동치이다. 여기서

$$\boldsymbol{M}_3 = \begin{bmatrix} 1 & 0 & 0 & 0 \\ 0 & 1 & 0 & 0 \\ 0 & 0 & 1 & 0 \\ 0 & 0 & -2 & 1 \end{bmatrix}$$

이다. 이제 전진 소거 과정이 완료되었으며 다음의 행렬

$$\boldsymbol{M} = \boldsymbol{M}_3\boldsymbol{M}_2\boldsymbol{M}_1 \tag{5}$$

과 함께 상삼각 계수 시스템 (3)을 얻는다.

식 (4)와 (5)를 이용해서 순수 가우스 소거법의 전진 소거 과정을 다르게 해석할 수 있다. 이제 다음을 알 수 있다.

$$\begin{aligned} \boldsymbol{A} &= \boldsymbol{M}^{-1}\boldsymbol{U} \\ &= \boldsymbol{M}_1^{-1}\boldsymbol{M}_2^{-1}\boldsymbol{M}_3^{-1}\boldsymbol{U} \\ &= \boldsymbol{L}\boldsymbol{U} \end{aligned}$$

각각의 $\boldsymbol{M}_k$가 그처럼 특수한 형태를 지니고 있으므로 이들의 역행렬은 간단히 음의 곱하는 수 성분의 부호를 바꿈으로써 얻을 수 있다! 따라서 다음을 얻을 수 있다.

$$\boldsymbol{L} = \begin{bmatrix} 1 & 0 & 0 & 0 \\ 2 & 1 & 0 & 0 \\ \frac{1}{2} & 0 & 1 & 0 \\ -1 & 0 & 0 & 1 \end{bmatrix} \begin{bmatrix} 1 & 0 & 0 & 0 \\ 0 & 1 & 0 & 0 \\ 0 & 3 & 1 & 0 \\ 0 & -\frac{1}{2} & 0 & 1 \end{bmatrix} \begin{bmatrix} 1 & 0 & 0 & 0 \\ 0 & 1 & 0 & 0 \\ 0 & 0 & 1 & 0 \\ 0 & 0 & 2 & 1 \end{bmatrix} = \begin{bmatrix} 1 & 0 & 0 & 0 \\ 2 & 1 & 0 & 0 \\ \frac{1}{2} & 3 & 1 & 0 \\ -1 & -\frac{1}{2} & 2 & 1 \end{bmatrix}$$

단위 하삼각 행렬

$\boldsymbol{L}$이 곱하는 수들로 구성된 단위 하삼각행렬이라는 점은 다소 놀랍다. $\boldsymbol{L}$을 구성할 때 $\boldsymbol{M}$을 먼저 결정한 후 $\boldsymbol{M}^{-1} = \boldsymbol{L}$을 계산하지 않았다는 사실에 주목하라(왜 그럴까?).

다음을 쉽게 확인할 수 있다.

$$LU = \begin{bmatrix} 1 & 0 & 0 & 0 \\ 2 & 1 & 0 & 0 \\ \frac{1}{2} & 3 & 1 & 0 \\ -1 & -\frac{1}{2} & 2 & 1 \end{bmatrix} \begin{bmatrix} 6 & -2 & 2 & 4 \\ 0 & -4 & 2 & 2 \\ 0 & 0 & 2 & -5 \\ 0 & 0 & 0 & -3 \end{bmatrix} \begin{bmatrix} 6 & -2 & 2 & 4 \\ 12 & -8 & 6 & 10 \\ 3 & -13 & 9 & 3 \\ -6 & 4 & 1 & -18 \end{bmatrix} = A$$

LU 분해

따라서 A가 단위 하삼각행렬 L과 상삼각행렬 U로 **인수분해**factored 또는 **분해**decomposed되었음을 알 수 있다. 행렬 L은 A에서 사라진 성분들의 위치에 놓인 곱하는 수, 단위 대각 성분, 그리고 0인 상삼각 성분들로 이루어져 있다. 사실 우리는 이제 L의 일반적인 형태를 알고 있다. M_k와 M_k^{-1}들을 만들지 않고도 곱하는 수만을 사용해 직접 L을 적을 수 있다. 행렬 U는 상삼각행렬(일반적으로 단위 대각 성분을 가지지 않는다)로 전진 소거 과정이 마무리된 후의 최종적인 계수 행렬이다.

2.1절의 유사코드 *Naive_Gauss*가 원래의 계수 행렬을 그것의 LU 분해로 대체하고 있음을 주목해야 한다. U의 성분은 대각선을 포함한 (a_{ij}) 배열의 상삼각 부분에 놓여있다. L의 주대각선 아래의 성분들(즉 곱하는 수들)은 (a_{ij}) 배열의 주대각선 아래에서 찾을 수 있다. L이 단위 대각 성분을 가지고 있다고 알려져 있으므로 1들을 저장하지 않아도 손해 보는 건 없다(사실 (a_{ij}) 배열을 저장할 남은 공간도 없다!).

정식 유도 과정

(순수한 형태의) 가우스 소거법이 어떻게 LU 분해로 이어지는지를 정식으로 알아보기 위해서는 알고리즘에서 사용된 각각의 행 연산이 A와 A의 왼쪽에 놓인 기초 행렬elementary matrix[1]의 곱에 영향을 받는다는 것을 보일 필요가 있다. 특히 q행에서 p행의 λ배를 빼려 한다면 우선 이 연산을 $n \times n$ 단위행렬에 적용해서 기초 행렬 M_{qp}를 만든다. 그런 후 행렬의 곱셈 $M_{qp}A$를 수행한다.

1 (옮긴이) 기초 행렬이란 단위행렬과 비슷하지만 행렬들의 열이나 행을 교환할 수 있게 고안된 행렬을 말한다.

계속 진행하기 전에 행렬 A의 q행에서 p행의 λ배를 빼면 $M_{qp}A$를 얻을 수 있음을 증명해 보자. 먼저 $p < q$라고 가정하자(순수 알고리즘의 경우에 이는 항상 참이다). 그러면 $M_{qp} = (m_{ij})$의 성분들은 다음과 같다.

$$m_{ij} = \begin{cases} 1 & (i = j\text{일 때}) \\ -\lambda & (i = q,\ j = p\text{일 때}) \\ 0 & (\text{그 외}) \end{cases}$$

따라서 $M_{qp}A$의 성분들은 다음과 같이 주어진다.

$$(M_{qp}A)_{ij} = \sum_{s=1}^{n} m_{is} a_{sj} = \begin{cases} a_{ij} & (i \neq q\text{일 때}) \\ a_{qj} - \lambda a_{pj} & (i = q\text{일 때}) \end{cases}$$

$M_{qp}A$의 q행이 A의 q행과 A의 p행의 $(-\lambda)$배의 합이므로 이로써 증명이 완료되었다.

가우스 소거법의 k단계는 행렬 M_k에 대응하며 이는 다음과 같이 $(n-k)$개의 기초 행렬들의 곱이다.

$$M_k = M_{nk}M_{n-1,k}\cdots M_{k+1,k}$$

여기서 $i > k$이므로 각각의 기초 행렬 M_{ik}가 하삼각행렬이라는 점을 주목하자. 따라서 M_k도 하삼각행렬이다. 만약 가우스 전진 소거 과정을 A에 실행하면 그 결과는 상삼각행렬 U가 될 것이다. 한편 이 결과는 A의 왼쪽에 M_k와 같이 연속적으로 행렬들을 곱함으로써 얻을 수 있다. 따라서 전체 과정은 다음과 같이 요약할 수 있다.

$$M_{n-1}\cdots M_2M_1A = U$$

각각의 M_k는 역행렬을 가지므로 다음이 성립한다.

$$A = M_1^{-1}M_2^{-1}\cdots M_{n-1}^{-1}U$$

각각의 M_k는 주대각 성분들이 1인 하삼각행렬(단위 하삼각행렬)이다. 각각의 역행렬 M_k^{-1}과 그들의 곱도 같은 성질을 갖는다. 따라서 행렬

$$L = M_1^{-1}M_2^{-1}\cdots M_{n-1}^{-1} \tag{6}$$

은 단위 하삼각행렬이고 다음을 얻을 수 있다.

$$A = LU$$

이것이 바로 A의 *LU* 분해이다. *LU* 분해 구조는 알고리즘에서 0으로 나누는 경우가 없다는 점에 의존한다. *LU* 분해를 갖지 않는 행렬의 예를 제시하는 것은 쉽다. 가장 간단한 예 중 하나는 다음과 같다. 또한 [연습문제 8.1.4]를 참조하라.

$$A = \begin{bmatrix} 0 & 1 \\ 1 & 1 \end{bmatrix}$$

정리 *LU* 분해 정리

$A = (a_{ij})$를 $n \times n$ 행렬이라 하자. A에 순수 가우스 알고리즘의 전진 소거 과정을 적용한다고 가정하자(단, 0으로 나누는 경우는 제외한다). 결과로 얻어진 행렬을 $\tilde{A} = (\tilde{a}_{ij})$로 놓자. 만약

$$L = \begin{bmatrix} 1 & 0 & 0 & \cdots & 0 \\ \tilde{a}_{21} & 1 & 0 & \cdots & 0 \\ \tilde{a}_{31} & \tilde{a}_{32} & 1 & \cdots & 0 \\ \vdots & \vdots & \ddots & \ddots & \vdots \\ \tilde{a}_{n1} & \tilde{a}_{n2} & \cdots & \tilde{a}_{n,n-1} & 1 \end{bmatrix}, \quad U = \begin{bmatrix} \tilde{a}_{11} & \tilde{a}_{12} & \tilde{a}_{13} & \cdots & \tilde{a}_{1n} \\ 0 & \tilde{a}_{22} & \tilde{a}_{23} & \cdots & \tilde{a}_{2n} \\ 0 & 0 & \tilde{a}_{33} & \cdots & \tilde{a}_{3n} \\ \vdots & \vdots & \ddots & \ddots & \vdots \\ 0 & 0 & \cdots & 0 & \tilde{a}_{nn} \end{bmatrix}$$

라면 다음이 성립한다.

$$A = LU$$

증명

가우스 알고리즘을 다음과 같이 정식으로 정의해 보자. $\boldsymbol{A}^{(1)}=\boldsymbol{A}$라 하자. 그러면 다음 식을 따르는 순수 가우스 알고리즘을 이용해 $\boldsymbol{A}^{(2)}, \boldsymbol{A}^{(3)}, \cdots, \boldsymbol{A}^{(n)}$을 귀납적으로 계산할 수 있다.

$$a_{ij}^{(k+1)}=a_{ij}^{(k)} \qquad (i \leq k \text{ 또는 } j<k\text{일 때}) \tag{7}$$

$$a_{ij}^{(k+1)}=\frac{a_{ik}^{(k)}}{a_{kk}^{(k)}} \qquad (i>k\text{이고 } j=k\text{일 때}) \tag{8}$$

$$a_{ij}^{(k+1)}=a_{ij}^{(k)}-\left(\frac{a_{ik}^{(k)}}{a_{kk}^{(k)}}\right)a_{kj}^{(k)} \qquad (i>k\text{이고 } j>k\text{일 때}) \tag{9}$$

이 식들은 순수 가우스 소거법 알고리즘의 전진 소거 과정을 정확한 형태로 묘사한다. 예를 들어 식 (7)은 $\boldsymbol{A}^{(k)}$에서 $\boldsymbol{A}^{(k+1)}$로 진행할 때 행 $1, 2, \cdots, k$ 또는 열 $1, 2, \cdots, k-1$을 교환하지 않는다는 것을 말해준다. 식 (8)은 $\boldsymbol{A}^{(k)}$에서 $\boldsymbol{A}^{(k+1)}$로 진행할 때 어떻게 곱하는 수를 계산하고 저장하는지를 보여준다. 마지막으로 식 (9)는 $\boldsymbol{A}^{(k)}$로부터 $\boldsymbol{A}^{(k+1)}$을 생성할 때 k행의 상수 배를 행 $k+1, k+2, \cdots, n$에서 어떻게 빼는지를 보여준다.

$\boldsymbol{A}^{(n)}$이 이 과정의 최종 결과임을 주목하자($\boldsymbol{A}^{(n)}$은 이 정리의 명제에서 $\widetilde{A}$로 언급되었다). 따라서 $\boldsymbol{L}=(\ell_{ik})$와 $\boldsymbol{U}=(u_{kj})$의 정식 정의는 다음과 같다.

$$\begin{cases} \ell_{ik}=1 & (i=k) \qquad (10) \\ \ell_{ik}=a_{ik}^{(n)} & (k<i) \qquad (11) \\ \ell_{ik}=0 & (k>i) \qquad (12) \end{cases}$$

$$\begin{cases} u_{kj}=a_{kj}^{(n)} & (j \geq k) \qquad (13) \\ u_{kj}=0 & (j<k) \qquad (14) \end{cases}$$

이제 이 식들로부터 몇 가지 결과들을 도출해 보자.

우선 식 (7)로부터 즉시 다음을 얻을 수 있다.

$$a_{ij}^{(i)}=a_{ij}^{(i+1)}=\cdots=a_{ij}^{(n)} \tag{15}$$

마찬가지로 식 (7)로부터 다음을 얻는다.

$$a_{ij}^{(j+1)}=a_{ij}^{(j+2)}=\cdots=a_{ij}^{(n)} \qquad (j<n) \tag{16}$$

이제 식 (16)과 (8)로부터

$$a_{ij}^{(n)}=a_{ij}^{(j+1)}=\frac{a_{ij}^{(j)}}{a_{jj}^{(j)}} \qquad (j<n) \tag{17}$$

을 얻는다. 식 (17)과 (11)로부터 다음이 도출된다.

$$\ell_{ik}=a_{ik}^{(n)}=\frac{a_{ik}^{(k)}}{a_{kk}^{(k)}} \qquad (k<i) \tag{18}$$

식 (13)과 (15)로부터 다음을 얻을 수 있다.

$$u_{kj}=a_{kj}^{(n)}=a_{kj}^{(k)} \qquad (k \leq j) \tag{19}$$

이 모든 식의 도움으로 드디어 $\boldsymbol{LU}=\boldsymbol{A}$를 증명할 수 있다. 우선 $i \leq j$인 경우를 생각해 보자. 그러면 다음이 성립한다.

$$\begin{aligned}
(LU)_{ij} &= \sum_{k=1}^{n} \ell_{ik} u_{kj} && \text{[곱셈의 정의]} \\
&= \sum_{k=1}^{i} \ell_{ik} u_{kj} && \text{[식 (12)에 의해]} \\
&= \sum_{k=1}^{i-1} \ell_{ik} u_{kj} + u_{ij} && \text{[식 (10)에 의해]} \\
&= \sum_{k=1}^{i-1} \left[\frac{a_{ik}^{(k)}}{a_{kk}^{(k)}} \right] a_{kj}^{(k)} + a_{ij}^{(i)} && \text{[식 (18)과 식 (19)에 의해]} \\
&= \sum_{k=1}^{i-1} \left[a_{ij}^{(k)} - a_{ij}^{(k+1)} \right] + a_{ij}^{(i)} && \text{[식 (9)에 의해]} \\
&= a_{ij}^{(1)} = a_{ij}
\end{aligned}$$

그 외의 경우인 $i > j$에 대해서는 다음이 성립한다.

$$\begin{aligned}
(LU)_{ij} &= \sum_{k=1}^{n} \ell_{ik} u_{kj} && \text{[곱셈의 정의]} \\
&= \sum_{k=1}^{j} \ell_{ik} u_{kj} && \text{[식 (14)에 의해]} \\
&= \sum_{k=1}^{j} \left[\frac{a_{ik}^{(k)}}{a_{kk}^{(k)}} \right] a_{kj}^{(k)} && \text{[식 (18)과 식 (19)에 의해]} \\
&= \sum_{k=1}^{j-1} \left[\frac{a_{ik}^{(k)}}{a_{kk}^{(k)}} \right] a_{kj}^{(k)} + a_{ij}^{(j)} \\
&= \sum_{k=1}^{j-1} \left[a_{ij}^{(k)} - a_{ij}^{(k+1)} \right] + a_{ij}^{(j)} && \text{[식 (9)에 의해]} \\
&= a_{ij}^{(1)} = a_{ij}
\end{aligned}$$

유사코드

다음은 LU 분해를 수행하는 유사코드로 **둘리틀 분해**Doolittle factorization라고도 불린다.

둘리틀 분해 유사코드

```
integer i, k, n;   real array (a_ij)_{1:n×1:n}, (ℓ_ij)_{1:n×1:n}, (u_ij)_{1:n×1:n}
for k = 1 to n
    ℓ_kk ← 1
    for j = k to n
        u_kj ← a_kj − Σ_{s=1}^{k−1} ℓ_ks u_sj
    end for
    for i = k + 1 to n
        ℓ_ik ← (a_ik − Σ_{s=1}^{k−1} ℓ_is u_sk) / u_kk
    end for
end for
```

LU 분해를 이용한 선형 시스템 풀이

일단 A의 LU 분해를 사용할 수 있다면 시스템 $Ax = b$를 다음과 같이 써서 풀 수 있다.

$$LUx = b$$

그러면 다음의 두 개의 삼각 시스템triangular system을 풀어야 한다. 우선 z에 대한 식

$$Lz = b \tag{20}$$

단위 하삼각 시스템

와 x에 대한 식

$$Ux = z \tag{21}$$

상삼각 시스템

를 푼다. 이 방법은 계수 행렬 A는 동일한데 우변 벡터 b는 다른 형태를 가진 문제를 풀 때 특히 유용하다.

L은 단위 하삼각행렬이므로 z는 다음의 유사코드를 통해 얻을 수 있다.

전진 치환 유사코드

integer i, n; **real array** $(b_i)_{1:n}, (\ell_{ij})_{1:n\times 1:n}, (z_i)_{1:n}$
$z_1 \leftarrow b_1$
for $i = 2$ **to** n
$\quad z_i \leftarrow b_i - \sum_{j=1}^{i-1} \ell_{ij} z_j$
end for

마찬가지로 x는 다음의 유사코드를 통해 얻을 수 있다.

역대입 유사코드

integer i, n; **real array** $(u_{ij})_{1:n\times 1:n}, (x_i)_{1:n}, (z_i)_{1:n}$
$x_n \leftarrow z_n / u_{nn}$
for $i = n - 1$ **to** 1 **step** -1
$\quad x_i \leftarrow \left(z_i - \sum_{j=i+1}^{n} u_{ij} x_j\right) \Big/ u_{ii}$
end for

이 두 알고리즘의 시작은 우변 벡터 b에 가우스 소거법의 전진 과정을 적용하는 것이다(ℓ_{ij} 들이 배열 (a_{ij})에 저장된 곱하는 수들이라는 점을 상기하라).

이 주장을 확인하는 가장 쉬운 방법은 식 (6)을 사용해서 다음 식을 그 아래 식의 형태로 나타내는 것이다.

$$Lz = b$$
$$M_1^{-1} M_2^{-1} \cdots M_{n-1}^{-1} z = b$$

이로부터 즉시 다음을 얻을 수 있다.

$$z = M_{n-1} \cdots M_2 M_1 b$$

따라서 A를 U로 축소하기 위해 사용한 연산이 z를 생성하기 위해 b에 동일하게 사용되었다.

식 (20)을 푸는 또 다른 방법은 다음 형태를 만들어내는 것이다.

$$M_{n-1}M_{n-2}\cdots M_2M_1b$$

이는 오직 배열 (b_i)만 사용하여 그 결과를 다시 b에 대입함으로써 구할 수 있다. 즉 다음과 같다.

$$b \leftarrow M_k b$$

우리는 M_k가 어떤 형태인지 알고 있다. 왜냐하면 M_k가 배열 (a_{ij})에 저장된 음의 곱하는 수로 이루어져 있기 때문이다. 결과적으로 다음을 얻을 수 있다.

$$M_k b = \begin{bmatrix} 1 & & & & & & & \\ & \ddots & & & & & & \\ & & 1 & & & & & \\ & & -a_{k+1,k} & 1 & & & & \\ & & \vdots & & \ddots & & & \\ & & -a_{ik} & & & 1 & & \\ & & \vdots & & & & \ddots & \\ & & -a_{nk} & & & & & 1 \end{bmatrix} \begin{bmatrix} b_1 \\ \vdots \\ b_k \\ b_{k+1} \\ \vdots \\ b_i \\ \vdots \\ b_n \end{bmatrix}$$

이 곱셈에서 성분 b_1에서 b_k까지는 변하지 않는 반면, b_i(단, $i \ge k+1$)는 $(-a_{ik}b_k + b_i)$로 대체된다. 따라서 다음의 유사코드는 배열 a의 저장된 곱하는 수를 기반으로 배열 (b_i)를 업데이트한다.

우변 b를 업데이트하는 유사코드

```
integer i, k, n;   real array (a_ij)_{1:n×1:n}, (b_i)_{1:n}
for k = 1 to n − 1
    for i = k + 1 to n
        b_i ← b_i − a_ik b_k
    end for
end for
```

이 유사코드는 아마 친숙할 것이다. 이는 2.2절에서 b를 업데이트하는 과정이다.

식 (21)을 푸는 알고리즘은 순수 가우스 소거법 과정의 역대입 과정이다.

LDL^T 분해

LDL^T 분해에서 L은 단위 하삼각행렬, D는 대각행렬이다. A가 대칭적이고 보통의 LU 분해를 가질 때(단, L은 단위 하삼각행렬이다) 이 분해가 수행될 수 있다. 이를 확인하기 위해 다음과 같이 시작해 보자.

$$LU = A = A^T = (LU)^T = U^TL^T$$

L은 단위 하삼각행렬이므로 역행렬을 가지며 $U = L^{-1}U^TL^T$로 쓸 수 있다. 그러면 $U(L^T)^{-1} = L^{-1}U^T$이다. 이 식의 우변은 하삼각행렬, 좌변은 상삼각행렬이므로 양변은

모두 대각행렬이다. 이 대각행렬을 $\boldsymbol{D}$라 하자. 식 $\boldsymbol{U}(\boldsymbol{L}^T)^{-1} = \boldsymbol{D}$로부터 $\boldsymbol{U} = \boldsymbol{DL}^T$와 $\boldsymbol{A} = \boldsymbol{LU} = \boldsymbol{LDL}^T$를 얻는다.

이제 $\boldsymbol{L}$이 단위 하삼각행렬, $\boldsymbol{D}$가 대각행렬일 때 대칭행렬 $\boldsymbol{A}$의 $\boldsymbol{LDL}^T$ 분해를 얻는 유사코드를 유도해 보자. 이 분석에서 $\boldsymbol{A}$의 성분들을 a_{ij}, $\boldsymbol{L}$의 원소들을 ℓ_{ij}로 쓴다. $\boldsymbol{D}$의 대각 성분은 d_{ii} 또는 d_i로 표기한다. 식 $\boldsymbol{A}=\boldsymbol{LDL}^T$로부터 다음을 얻을 수 있다.

$$\begin{aligned} a_{ij} &= \sum_{\nu=1}^{n}\sum_{\mu=1}^{n} \ell_{i\nu}\, d_{\nu\mu}\, \ell_{\mu j}^T \\ &= \sum_{\nu=1}^{n}\sum_{\mu=1}^{n} \ell_{i\nu}\, d_{\nu}\delta_{\nu\mu}\, \ell_{j\mu} \\ &= \sum_{\nu=1}^{n} \ell_{i\nu} d_{\nu} \ell_{j\nu} \qquad (1 \le i, j \le n) \end{aligned}$$

$j > i$일 때 $\ell_{ij} = 0$, $\ell_{ii} = 1$이라는 사실을 이용해서 계속 진행해 보면 다음을 얻을 수 있다.

$$a_{ij} = \sum_{\nu=1}^{\min(i,j)} \ell_{i\nu} d_{\nu} \ell_{j\nu} \qquad (1 \le i, j \le n)$$

이제 $j \le i$라 가정하자. 그러면 다음이 성립한다.

$$\begin{aligned} a_{ij} &= \sum_{\nu=1}^{j} \ell_{i\nu} d_{\nu} \ell_{j\nu} \\ &= \sum_{\nu=1}^{j-1} \ell_{i\nu} d_{\nu} \ell_{j\nu} + \ell_{ij} d_j \ell_{jj} \\ &= \sum_{\nu=1}^{j-1} \ell_{i\nu} d_{\nu} \ell_{j\nu} + \ell_{ij} d_j \qquad (1 \le j \le i \le n) \end{aligned}$$

특히 $j = i$라 하면 다음을 얻는다.

$$a_{ii} = \sum_{\nu=1}^{i-1} \ell_{i\nu} d_{\nu} \ell_{i\nu} + d_i \qquad (1 \le i \le n)$$

같은 방식으로 다음을 얻는다.

$$d_i = a_{ii} - \sum_{\nu=1}^{i-1} d_{\nu} \ell_{i\nu}^2 \qquad (1 \le i \le n)$$

이 중 특별한 경우들은 다음과 같다.

$$\begin{cases} d_1 = a_{11} \\ d_2 = a_{22} - d_1 \ell_{21}^2 \\ d_3 = a_{33} - d_1 \ell_{31}^2 - d_2 \ell_{32}^2 \\ \qquad\qquad \vdots \end{cases}$$

이제 $1 \le j < i \le n$인 경우로만 관심을 제한해 보자. 그러면 다음이 성립한다.

$$a_{ij}=\sum_{\nu=1}^{j-1}\ell_{i\nu}d_\nu\ell_{j\nu}+\ell_{ij}d_j \qquad (1\le j<i\le n)$$

ℓ_{ij}에 대해 풀어 보면 다음과 같다.

$$\ell_{ij}=\left[a_{ij}-\sum_{\nu=1}^{j-1}\ell_{i\nu}d_\nu\ell_{j\nu}\right]\Big/ d_j \qquad (1\le j<i\le n)$$

몇 가지 검토를 해보자. $j=1$로 놓으면

$$\ell_{i1}=a_{i1}/d_1 \qquad (2\le i\le n)$$

이다. 이 식은 $\boldsymbol{L}$의 첫 번째 열을 생성한다. $j=2$로 두면 다음을 얻는다.

$$\ell_{i2}=(a_{i2}-\ell_{i1}d_1\ell_{21})/d_2 \qquad (3\le i\le n)$$

이 식은 $\boldsymbol{L}$의 2열을 생성한다.

$\boldsymbol{LDL}^T$ 분해를 위한 정식 알고리즘은 다음과 같다.

LDL^T 분해 유사코드

integer i, j, n, ν; **real array** $(a_{ij})_{1:n\times 1:n}, (\ell_{ij})_{1:n\times 1:n}, (d_i)_{1:n}$
for $j=1$ **to** n
  $\ell_{jj}=1$
  $d_j=a_{jj}-\sum_{\nu=1}^{j-1}d_\nu\ell_{j\nu}^2$
  for $i=j+1$ **to** n
    $\ell_{ji}=0$
    $\ell_{ij}=\left(a_{ij}-\sum_{\nu=1}^{j-1}\ell_{i\nu}d_\nu\ell_{j\nu}\right)\Big/ d_j$
  end for
end for

예제 1 **다음 행렬의 LDL^T 분해를 구하라.**

$$A=\begin{bmatrix}4&3&2&1\\3&3&2&1\\2&2&2&1\\1&1&1&1\end{bmatrix}$$

풀이

우선 $\boldsymbol{LU}$ 분해를 구하자.

$$\boldsymbol{A}=\begin{bmatrix}1&0&0&0\\ \frac{3}{4}&1&0&0\\ \frac{1}{2}&\frac{2}{3}&1&0\\ \frac{1}{4}&\frac{1}{3}&\frac{1}{2}&1\end{bmatrix}\begin{bmatrix}4&3&2&1\\0&\frac{3}{4}&\frac{1}{2}&\frac{1}{4}\\0&0&\frac{2}{3}&\frac{1}{3}\\0&0&0&\frac{1}{2}\end{bmatrix}=\boldsymbol{LU}$$

그런 다음 U의 대각 성분을 추출하고 그것들을 대각행렬 D에 위치시키면 다음을 얻는다.

$$U = \begin{bmatrix} 4 & 0 & 0 & 0 \\ 0 & \frac{3}{4} & 0 & 0 \\ 0 & 0 & \frac{2}{3} & 0 \\ 0 & 0 & 0 & \frac{1}{2} \end{bmatrix} \begin{bmatrix} 1 & \frac{3}{4} & \frac{1}{2} & \frac{1}{4} \\ 0 & 1 & \frac{2}{3} & \frac{1}{3} \\ 0 & 0 & 1 & \frac{1}{2} \\ 0 & 0 & 0 & 1 \end{bmatrix} = DL^T$$

따라서 $A = LDL^T$를 얻을 수 있다.

촐레스키 분해

L이 단위 하삼각행렬일 때 LU 분해가 가능한 임의의 대칭행렬은 LDL^T 분해를 갖는다. A가 대칭행렬이고 양의 정부호행렬positive definite matrix일 때 촐레스키 분해 $A = LL^T$는 LU 분해의 간단한 결과이다.

다음과 같은 분해에서 행렬 L이 하삼각행렬, 행렬 U가 상삼각행렬이라 가정하자.

$$A = LU$$

L이 단위 하삼각행렬일 때 **둘리틀 분해**라 불린다. U가 단위 상삼각행렬일 때 이 분해의 이름은 **크라우트 분해**Crout factorization라 한다. A가 대칭 양의 정부호행렬이고 $U = L^T$일 때, 이는 **촐레스키 분해**Cholesky factorization라 불린다. 수학자 앙드레 루이 촐레스키André Louis Cholesky는 다음의 결과를 증명했다.

분해

---

2 정리 LL^T 분해에서의 촐레스키 정리

A가 실수로 이루어진 대칭 행렬이자 양의 정부호행렬이면 A는 유일한 분해

$$A = LL^T$$

를 갖는다. 여기서 L은 양수인 대각 성분을 가진 하삼각행렬이다.

$A = A^T$이고 모든 0이 아닌 벡터 x에 대해 $x^TAx > 0$을 만족할 때, 행렬 A를 **대칭 양의 정부호행렬**이라 부른다는 것을 상기하자. A는 정칙행렬임을 알 수 있는데, A가 임의의 0이 아닌 벡터를 0으로 사상mapping할 수 없는 것이 명백하기 때문이다. 게다가 특별한 형태의 벡터 $x = (x_1, x_2, \cdots, x_k, 0, 0, \cdots, 0)^T$를 고려해 보면 A의 맨 앞부분의 주요 소행렬 또한 양의 정부호행렬임을 알 수 있다. 정리 1은 A가 LU 분해를 가진다는 것을 내포한다. 따라서 A의 대칭성에 의해 앞의 논의로부터 다음을 알 수 있다.

$$A = LDL^T$$

D가 양의 정부호행렬임을 증명할 수 있으므로 그 성분 d_{ii}는 양수이다. $D^{1/2}$을 대각 성분이 $\sqrt{d_{ii}}$인 대각행렬로 정의하면 $\tilde{L} \equiv LD^{1/2}$이라 할 때 다음이 성립한다.

$$A = \tilde{L}\tilde{L}^T$$

이는 촐레스키 분해이다. 직접 유일성에 대한 증명을 해 보길 바란다.

촐레스키 분해에 대한 알고리즘은 일반적인 $\boldsymbol{LU}$ 분해 알고리즘의 특수한 경우이다. 만약 $\boldsymbol{A}$가 실수로 이루어진 대칭행렬이자 양의 정부호행렬이면 정리 2에 의해 다음과 같은 형태의 유일한 분해를 가진다.

$$\boldsymbol{A} = \boldsymbol{L}\boldsymbol{L}^T$$

여기서 $\boldsymbol{L}$은 양수인 대각 성분을 가지는 하삼각행렬이다. 따라서 식 $\boldsymbol{A} = \boldsymbol{LU}$에서 반드시 $\boldsymbol{U} = \boldsymbol{L}^T$여야만 한다. 일반적인 알고리즘의 k번째 단계에서 대각 성분은 다음과 같이 계산된다.

$$\ell_{kk} = \left(a_{kk} - \sum_{s=1}^{k-1} \ell_{ks}^2 \right)^{1/2} \tag{22}$$

촐레스키 분해에 대한 알고리즘은 다음과 같다.

촐레스키 분해 유사코드

```
integer i, k, n, s;    real array (a_ij)_{1:n×1:n}, (ℓ_ij)_{1:n×1:n}
for k = 1 to n
    ℓ_kk ← ( a_kk − Σ_{s=1}^{k−1} ℓ_ks^2 )^{1/2}
    for i = k + 1 to n
        ℓ_ik ← ( a_ik − Σ_{s=1}^{k−1} ℓ_is ℓ_ks ) / ℓ_kk
    end for
end for
```

정리 2는 $\ell_{kk} > 0$을 보장한다. 식 (22)가 다음과 같은 제한을 가하는 모습을 관찰해 보자.

$$a_{kk} = \sum_{s=1}^{k} \ell_{ks}^2 \geq \ell_{kj}^2 \qquad (j \leq k)$$

이로부터 다음의 결론을 얻는다.

$$|\ell_{kj}| \leq \sqrt{a_{kk}} \qquad (1 \leq j \leq k)$$

따라서 $\boldsymbol{L}$의 임의의 성분은 그에 상응하는 $\boldsymbol{A}$의 대각 성분의 제곱근 값에 의해 한정된다. 이는 $\boldsymbol{L}$의 성분들이 어떠한 피벗팅pivoting[2] 없이도 $\boldsymbol{A}$에 비해 커지지 않음을 의미한다. 촐레스키 알고리즘(그리고 둘리틀 알고리즘)에서 벡터의 내적은 반올림 오차의 발생을 피하기 위해 배정밀도double precision로 계산되어야 한다.

2 (옮긴이) 이 피벗팅은 2장에서의 피벗팅과 일맥상통한다.

예제 2 [예제 1]의 행렬의 촐레스키 분해를 구하라.

풀이

[예제 1]의 결과를 활용하여 $\boldsymbol{A}=\boldsymbol{LDL}^T=(\boldsymbol{LD}^{1/2})(\boldsymbol{D}^{1/2}\boldsymbol{L}^T)=\widetilde{L}\widetilde{L}^T$과 같이 쓸 수 있다. 여기서

$$\widetilde{\boldsymbol{L}}=\boldsymbol{LD}^{1/2}=\begin{bmatrix}1&0&0&0\\ \frac{3}{4}&1&0&0\\ \frac{1}{2}&\frac{2}{3}&1&0\\ \frac{1}{4}&\frac{1}{3}&\frac{1}{2}&1\end{bmatrix}\begin{bmatrix}2&0&0&0\\ 0&\frac{1}{2}\sqrt{3}&0&0\\ 0&0&\sqrt{\frac{2}{3}}&0\\ 0&0&0&\frac{1}{\sqrt{2}}\end{bmatrix}$$

$$=\begin{bmatrix}2&0&0&0\\ \frac{3}{2}&\frac{1}{2}\sqrt{3}&0&0\\ 1&\frac{1}{3}\sqrt{3}&\sqrt{\frac{2}{3}}&0\\ \frac{1}{2}&\frac{1}{6}\sqrt{3}&\frac{1}{2}\sqrt{\frac{2}{3}}&\frac{1}{\sqrt{2}}\end{bmatrix}=\begin{bmatrix}2.0000&0&0&0\\ 1.5000&0.8660&0&0\\ 1.0000&0.5774&0.8165&0\\ 0.5000&0.2887&0.4082&0.7071\end{bmatrix}$$

이다. 다음의 촐레스키 분해에서 $\widetilde{\boldsymbol{L}}$은 명백히 하삼각행렬이다.

$$\boldsymbol{A}=\widetilde{\boldsymbol{L}}\widetilde{\boldsymbol{L}}^T$$

다수의 우변

선형 시스템을 푸는 많은 소프트웨어 패키지들은 다수의 우변 입력을 허용한다. $n\times m$ 행렬 $\boldsymbol{B}$가 다음과 같이 주어졌다고 가정해 보자.

$Ax=B$ 풀기

$$\boldsymbol{B}=[\boldsymbol{b}^{(1)},\boldsymbol{b}^{(2)},\cdots,\boldsymbol{b}^{(m)}]$$

여기서 각 열들은 $1\le j\le m$에 대해 다음과 같은 m개의 선형 시스템

$$\boldsymbol{Ax}^{(j)}=\boldsymbol{b}^{(j)}$$

의 우변에 대응한다. 따라서 다음과 같이 나타낼 수 있다.

$$\boldsymbol{A}[\boldsymbol{x}^{(1)},\boldsymbol{x}^{(2)},\cdots,\boldsymbol{x}^{(m)}]=[\boldsymbol{b}^{(1)},\boldsymbol{b}^{(2)},\cdots,\boldsymbol{b}^{(m)}]$$

이는 간단하게 다음 식으로 표현할 수 있다.

$$\boldsymbol{AX}=\boldsymbol{B}$$

2.2절의 프로시저 *Gauss*는 $\boldsymbol{A}$의 분해를 생성하는 데 한 번만 사용될 수 있다. 프로시저 *Solve*는 $1\le j\le m$에 대해 m개의 해 벡터 $\boldsymbol{x}^{(j)}$를 찾는 데 우변 벡터 $\boldsymbol{b}^{(j)}$와 함께 m번 사용될 수 있다.

분해 과정에 $\frac{1}{3}n^3$번의 긴 연산이 필요할 뿐만 아니라 각각의 역대입 과정에도 n^2번의 긴 연산이 필요하기 때문에 이 전체 과정에는 $\left(\frac{1}{3}n^3+mn^2\right)$번의 긴 연산이 요구된다. 이는 m개의 선형 시스템을 개별적으로 풀 때 필요한 연산 횟수인 $m\left(\frac{1}{3}n^3+n^2\right)$번보다는 훨씬 적은 수이다.

연산 횟수

A^{-1} 계산하기

통계와 같은 몇몇의 응용분야에서 행렬 $\boldsymbol{A}$의 역행렬을 계산하고, 정확히 그것을 $\boldsymbol{A}^{-1}$로 표현해야 할 수도 있다. $n\times n$ 행렬 $\boldsymbol{A}$가 역행렬을 가진다면 그것은 다음과 같은 성질을 가진 $n\times n$ 행렬 $\boldsymbol{X}$이다.

$$\boldsymbol{AX}=\boldsymbol{I} \tag{23}$$

A의 역행렬 계산

여기서 $\boldsymbol{I}$는 단위행렬이다. $\boldsymbol{x}^{(j)}$가 $\boldsymbol{X}$의 j번째 열, $\boldsymbol{I}^{(j)}$가 $\boldsymbol{I}$의 j번째 열을 나타낸다면 행렬의 식 (23)은 다음과 같이 나타낼 수 있다.

$$\boldsymbol{A}[\boldsymbol{x}^{(1)},\boldsymbol{x}^{(2)},\cdots,\boldsymbol{x}^{(n)}]=[\boldsymbol{I}^{(1)},\boldsymbol{I}^{(2)},\cdots,\boldsymbol{I}^{(n)}]$$

이는 다음과 같은 형태의 n개의 선형 연립방정식으로 나타낼 수 있다.

$$\boldsymbol{Ax}^{(j)}=\boldsymbol{I}^{(j)} \qquad (1\le j\le n)$$

이 식은 2.2절의 프로시저 *Gauss*와 *Solve*를 이용해 풀 수 있다. 프로시저 *Gauss*를 한 번 사용해서 $\boldsymbol{A}$의 분해를 만들고 $1\le j\le n$에 대해서 우변 벡터 $\boldsymbol{I}^{(j)}$와 함께 프로시저 *Solve*를 n번 사용한다. 이는 $\boldsymbol{A}^{-1}$의 열들에 대해 한 번에 하나씩 푸는 방식과 완전히 동일한 것으로 그 열들이 $\boldsymbol{x}^{(j)}$이다. 따라서 다음을 얻을 수 있다.

$$\boldsymbol{A}^{-1}=[\boldsymbol{x}^{(1)},\boldsymbol{x}^{(2)},\cdots,\boldsymbol{x}^{(n)}]$$

행렬의 역행렬 계산에 관하여 주의할 점이 있다. 선형 시스템 $\boldsymbol{Ax}=\boldsymbol{b}$를 풀 때 $\boldsymbol{A}^{-1}$를 결정한 후에 행렬과 벡터의 곱 $\boldsymbol{x}=\boldsymbol{A}^{-1}\boldsymbol{b}$를 계산하는 방식은 바람직하지 않다. 왜냐하면 그 방식이 $\boldsymbol{x}$에 대해 $\boldsymbol{Ax}=\boldsymbol{b}$를 직접 푸는 방식에 비해 불필요한 계산을 많이 요구하기 때문이다.

주의

소프트웨어 패키지를 이용한 예제

치환행렬permutation matrix은 단위행렬에서 각 행의 순서를 바꾼 $n\times n$ 행렬 $\boldsymbol{P}$이다. 어떤 $n\times n$ 행렬 $\boldsymbol{A}$의 왼쪽에 $\boldsymbol{P}$를 곱하면 $\boldsymbol{A}$의 행의 순서를 바꿀 수 있다. 모든 치환행렬은 역행렬을 갖는데 이는 각 행들이 여전히 $\mathbb{R}^n$의 기저basis를 이루기 때문이다. 행 피벗팅과 함께 가우스 소거법을 행렬 $\boldsymbol{A}$에 적용할 때 그 결과는 다음과 같이 표현될 수 있다.

$$\boldsymbol{PA}=\boldsymbol{LU}$$

$\boldsymbol{PA}=\boldsymbol{LU}$를 이용해서 $\boldsymbol{Ax}=\boldsymbol{b}$ 풀기

여기서 $\boldsymbol{L}$은 하삼각행렬, $\boldsymbol{U}$는 상삼각행렬이다. 행렬 $\boldsymbol{PA}$는 $\boldsymbol{A}$의 행을 재배열한 행렬이다.

만약 우리가 PA의 LU 분해를 갖고 있다면 시스템 $Ax = b$는 어떻게 풀 것인가? 우선 $PAx = Pb$과 같이 쓰면 $LUx = Pb$를 얻는다. $y = Ux$라 하면 우리의 문제는 이제 다음과 같이 나타낼 수 있다.

$$\begin{cases} Ly = Pb \\ Ux = y \end{cases}$$

첫 번째 식은 y에 대해 쉽게 풀 수 있고, 두 번째 식은 x에 대해 쉽게 풀 수 있다. MATLAB, Maple, Mathematica와 같은 수학 소프트웨어 시스템들은 커맨드[command]를 통해서 $PA = LU$ 형태의 분해를 생성한다.

예제 3 **Maple, MATLAB, Mathematica의 수학 소프트웨어를 사용하여 다음 행렬의 LU 분해를 찾아라.**

$$A = \begin{bmatrix} 6 & -2 & 2 & 4 \\ 12 & -8 & 6 & 10 \\ 3 & -13 & 9 & 3 \\ -6 & 4 & 1 & -18 \end{bmatrix} \tag{24}$$

풀이

우선 Maple을 사용해서 다음의 분해를 찾는다.

Maple

$$A = LU = \begin{bmatrix} 1 & 0 & 0 & 0 \\ 2 & 1 & 0 & 0 \\ \frac{1}{2} & 3 & 1 & 0 \\ -1 & -\frac{1}{2} & 2 & 1 \end{bmatrix} \begin{bmatrix} 6 & -2 & 2 & 4 \\ 0 & -4 & 2 & 2 \\ 0 & 0 & 2 & -5 \\ 0 & 0 & 0 & -3 \end{bmatrix}$$

다음으로 MATLAB을 사용하여 또 다른 분해를 찾는다.

$$PA = \hat{L}\,\hat{U}$$

MATLAB

$$\hat{L} = \begin{bmatrix} 1.0000 & 0 & 0 & 0 \\ 0.2500 & 1.0000 & 0 & 0 \\ -0.5000 & 0 & 1.0000 & 0 \\ 0.5000 & -0.1818 & 0.0909 & 1.0000 \end{bmatrix}$$

$$\hat{U} = \begin{bmatrix} 12.0000 & -8.0000 & 6.0000 & 10.0000 \\ 0 & -11.0000 & 7.5000 & 0.5000 \\ 0 & 0 & 4.0000 & -13.0000 \\ 0 & 0 & 0 & 0.2727 \end{bmatrix}$$

$$P = \begin{bmatrix} 0 & 1 & 0 & 0 \\ 0 & 0 & 1 & 0 \\ 0 & 0 & 0 & 1 \\ 1 & 0 & 0 & 0 \end{bmatrix}$$

여기서 P는 사용한 피벗팅 전략에 대응하는 치환행렬이다. 최종적으로 Mathematica를 사용해 이 LU 분해를 생성해 보자.

$$\begin{bmatrix} 3 & -13 & 9 & 3 \\ -2 & -22 & 19 & -12 \\ 2 & -\frac{12}{11} & \frac{52}{11} & -\frac{166}{11} \\ 4 & -2 & \frac{22}{13} & -\frac{6}{13} \end{bmatrix}$$

Mathematica

출력은 하나의 행렬에 하삼각행렬과 상삼각행렬을 모두 포함하는 작은 저장 체계로 나타난다. 하지만 해를 찾는 과정을 수치적으로 안정화하기 위해 노력하면서 분해하다 보면 보통 행의 순서가 바뀌기 때문에 저장 배열이 복잡해질 수 있다. 이러한 분해가 3, 4, 1, 2 순으로 행렬 A의 치환에 대응한다는 것을 확인해 보자.

8.1 요약

- $A=(a_{ij})$를 $n \times n$ 행렬이라 하자. 0으로 나누는 경우는 없고, 순수 가우스 알고리즘의 전진소거 과정을 A에 적용한다고 하자. 그 결과로 얻어진 행렬을 $\tilde{A}=(\tilde{a}_{ij})$로 표기한다. 그러면 다음과 같다.

$$\boldsymbol{L}=\begin{bmatrix} 1 & 0 & 0 & \cdots & 0 \\ \tilde{a}_{21} & 1 & 0 & \cdots & 0 \\ \tilde{a}_{31} & \tilde{a}_{32} & 1 & \cdots & 0 \\ \vdots & \vdots & \ddots & \ddots & \vdots \\ \tilde{a}_{n1} & \tilde{a}_{n2} & \cdots & \tilde{a}_{n,n-1} & 1 \end{bmatrix}$$

$$\boldsymbol{U}=\begin{bmatrix} \tilde{a}_{11} & \tilde{a}_{12} & \tilde{a}_{13} & \cdots & \tilde{a}_{1n} \\ 0 & \tilde{a}_{22} & \tilde{a}_{23} & \cdots & \tilde{a}_{2n} \\ 0 & 0 & \tilde{a}_{33} & \cdots & \tilde{a}_{3n} \\ \vdots & \vdots & \ddots & \ddots & \vdots \\ 0 & 0 & \cdots & 0 & \tilde{a}_{nn} \end{bmatrix}$$

  이것이 $\boldsymbol{A}$의 **$\boldsymbol{LU}$ 분해**, $\boldsymbol{A}=\boldsymbol{LU}$이다. 이때 $\boldsymbol{L}$은 단위 하삼각행렬, $\boldsymbol{U}$는 상삼각행렬이다. $\boldsymbol{A}$에 가우스 전진 소거법 과정을 실행하면, 그 결과는 상삼각행렬 $\boldsymbol{U}$이다. 행렬 $\boldsymbol{L}$은 단위 하삼각행렬로 $\boldsymbol{L}$의 성분들은 선형 시스템의 계수를 0으로 만들어 주는 위치에서 곱하는 수에 -1을 곱하는 값이다.

- 다음과 같이 정식으로 설명할 수 있다. 행렬 $\boldsymbol{U}$는 $\boldsymbol{A}$의 왼쪽에 행렬 $\boldsymbol{M}_k$를 연속적으로 적용함으로써 구할 수 있다. 가우스 소거법의 k번째 단계는 단위 하삼각행렬 $\boldsymbol{M}_k$에 대응하는데, 이는 $(n-k)$개의 기초 행렬들의 곱으로 다음과 같다.

$$\boldsymbol{M}_k=\boldsymbol{M}_{nk}\boldsymbol{M}_{n-1,k}\cdots\boldsymbol{M}_{k+1,k}$$

  여기서 각 **기초 행렬** $\boldsymbol{M}_{ik}$는 단위 하삼각행렬이다. 만약 $\boldsymbol{M}_{qp}\boldsymbol{A}$가 $p<q$일 때 행렬 A의 q행에서 p행의 λ배를 빼서 얻은 결과라면 $\boldsymbol{M}_{qp}=(m_{ij})$의 성분은 다음과 같다.

$$m_{ij}=\begin{cases} 1 & (i=j\text{일 때}) \\ -\lambda & (i=q,\ j=p\text{일 때}) \\ 0 & (\text{그 외}) \end{cases}$$

  전체적인 가우스 소거법은 다음과 같이 요약될 수 있다.

$$\boldsymbol{M}_{n-1}\cdots\boldsymbol{M}_2\boldsymbol{M}_1\boldsymbol{A}=\boldsymbol{U}$$

  각각의 $\boldsymbol{M}_k$는 역행렬을 가지므로 다음이 성립한다.

$$\boldsymbol{A}=\boldsymbol{M}_1^{-1}\boldsymbol{M}_2^{-1}\cdots\boldsymbol{M}_{n-1}^{-1}\boldsymbol{U}$$

  각각의 $\boldsymbol{M}_k$는 단위 하삼각행렬, 각각의 역행렬 $\boldsymbol{M}_k^{-1}$도 역시 단위 하삼각행렬이므로 그들의 곱도 역시 단위 하삼각행렬이다. 따라서 다음 행렬도 단위 하삼각행렬이다.

$$\boldsymbol{L}=\boldsymbol{M}_1^{-1}\boldsymbol{M}_2^{-1}\cdots\boldsymbol{M}_{n-1}^{-1}$$

- 대칭행렬에 대해서는 $\boldsymbol{LDL}^T$ 분해가 가능하며, 대칭 양의 정부호 행렬에 대해서는 $\boldsymbol{LL}^T$분해가 가능하다. $\boldsymbol{LL}^T$ 분해는 촐레스키 분해로도 알려져 있다.

- $\boldsymbol{A}$의 $\boldsymbol{LU}$ 분해가 가능하다면 다음의 시스템 $\boldsymbol{Ax}=\boldsymbol{b}$를 다음의 두 삼각 시스템을 풀어서 해결할 수 있다.

$$\begin{cases} \boldsymbol{Ly}=\boldsymbol{b} & (\boldsymbol{y}\text{에 대해}) \\ \boldsymbol{Ux}=\boldsymbol{y} & (\boldsymbol{x}\text{에 대해}) \end{cases}$$

  이는 동일한 계수 행렬 $\boldsymbol{A}$와 함께 수많은 서로 다른 우변 행렬

b를 포함하는 문제에 유용한 방법이다. 예를 들어 $n\times m$ 행렬 $\boldsymbol{B}$가 다음의 형태를 가진다고 하자.

$$\boldsymbol{B}=[\boldsymbol{b}^{(1)}, \boldsymbol{b}^{(2)}, \cdots, \boldsymbol{b}^{(m)}]$$

여기서 각 열들은 다음과 같이 m개의 선형 시스템의 우변에 대응한다.

$$\boldsymbol{A}\boldsymbol{x}^{(j)}=\boldsymbol{b}^{(j)} \quad (1\le j\le m)$$

따라서 다음과 같이 나타낼 수 있다.

$$\boldsymbol{A}[\boldsymbol{x}^{(1)}, \boldsymbol{x}^{(2)}, \cdots, \boldsymbol{x}^{(m)}]=[\boldsymbol{b}^{(1)}, \boldsymbol{b}^{(2)}, \cdots, \boldsymbol{b}^{(m)}]$$
$$\boldsymbol{AX}=\boldsymbol{B}$$

이 식의 특수한 경우로 역행렬을 갖는 $n\times n$ 행렬 $\boldsymbol{A}$의 역행렬 계산을 생각해 볼 수 있다. $\boldsymbol{I}$를 단위행렬이라 할 때 다음과 같이 나타낼 수 있다.

$$\boldsymbol{AX}=\boldsymbol{I}$$

만약 $x^{(j)}$가 $\boldsymbol{X}$의 j번째 열, $\boldsymbol{I}^{(j)}$가 $\boldsymbol{I}$의 j번째 열을 나타낸다면, 위 식은 다음과 같이 표현될 수 있다.

$$\boldsymbol{A}[\boldsymbol{x}^{(1)}, \boldsymbol{x}^{(2)}, \cdots, \boldsymbol{x}^{(n)}]=[\boldsymbol{I}^{(1)}, \boldsymbol{I}^{(2)}, \cdots, \boldsymbol{I}^{(n)}]$$

또는 다음과 같은 형태의 n개의 선형 연립방정식으로 나타낼 수 있다.

$$\boldsymbol{A}\boldsymbol{x}^{(j)}=\boldsymbol{I}^{(j)} \qquad (1\le j\le n)$$

$\boldsymbol{LU}$ 분해를 이용하면 이 n개의 선형 시스템을 효율적으로 풀 수 있으며 그 결과는 다음과 같다.

$$\boldsymbol{A}^{-1}=[\boldsymbol{x}^{(1)}, \boldsymbol{x}^{(2)}, \cdots, \boldsymbol{x}^{(n)}]$$

- 행 피벗팅을 취하는 가우스 소거법을 행렬 $\boldsymbol{A}$에 적용했을 때 그 결과는 다음과 같이 표현될 수 있다.

$$\boldsymbol{PA}=\boldsymbol{LU}$$

여기서 $\boldsymbol{P}$는 **치환행렬**, $\boldsymbol{L}$은 하삼각행렬, $\boldsymbol{U}$는 상삼각행렬이다. 행렬 $\boldsymbol{PA}$는 $\boldsymbol{A}$의 행의 순서를 바꿔놓은 행렬이다. 시스템 $\boldsymbol{A}x=b$은 다음을 해결함으로써 풀 수 있다.

$$\begin{cases}\boldsymbol{L}y=\boldsymbol{P}b & (y\text{에 대해})\\ \boldsymbol{U}x=y & (x\text{에 대해})\end{cases}$$

8.1 연습문제

01 순수 가우스 소거법을 사용해서 다음의 행렬들을 $\boldsymbol{A}=\boldsymbol{LU}$ 형태로 분해하라. 여기서 $\boldsymbol{L}$은 단위 하삼각행렬이고, $\boldsymbol{U}$는 상삼각행렬이다.

(a) $\boldsymbol{A}=\begin{bmatrix}3 & 0 & 3\\ 0 & -1 & 3\\ 1 & 3 & 0\end{bmatrix}$

(b) $\boldsymbol{A}=\begin{bmatrix}1 & 0 & \frac{1}{3} & 0\\ 0 & 1 & 3 & -1\\ 3 & -3 & 0 & 6\\ 0 & 2 & 4 & -6\end{bmatrix}$

(c) $\boldsymbol{A}=\begin{bmatrix}-20 & -15 & -10 & -5\\ 1 & 0 & 0 & 0\\ 0 & 1 & 0 & 0\\ 0 & 0 & 1 & 0\end{bmatrix}$

02 다음 행렬을 보라.

$$\boldsymbol{A}=\begin{bmatrix}1 & 0 & 0 & 2\\ 0 & 3 & 0 & 0\\ 0 & 9 & 4 & 0\\ 5 & 0 & 8 & 10\end{bmatrix}$$

(a) $\boldsymbol{MA}=\boldsymbol{U}$를 만족하는 단위 하삼각행렬 $\boldsymbol{M}$과 상삼각행렬 $\boldsymbol{U}$를 구하라.

(b) $\boldsymbol{A}=\boldsymbol{LU}$를 만족하는 단위 하삼각행렬 $\boldsymbol{L}$과 상삼각행렬 $\boldsymbol{U}$를 구하라. $\boldsymbol{ML}=\boldsymbol{I}$이므로 $\boldsymbol{L}=\boldsymbol{M}^{-1}$임을 보여라.

03 다음 행렬을 보라.

$$\boldsymbol{A}=\begin{bmatrix}25 & 0 & 0 & 0 & 1\\ 0 & 27 & 4 & 3 & 2\\ 0 & 54 & 58 & 0 & 0\\ 0 & 108 & 116 & 0 & 0\\ 100 & 0 & 0 & 0 & 24\end{bmatrix}$$

(a) $\boldsymbol{MA}=\boldsymbol{U}$를 만족하는 단위 하삼각행렬 $\boldsymbol{M}$과 상삼각행렬

$\boldsymbol{U}$를 구하라.

(b) $\boldsymbol{A}=\boldsymbol{LU}$를 만족하는 $\boldsymbol{M}^{-1}=\boldsymbol{L}$을 구하라.

04 다음 행렬을 보라.

$$\boldsymbol{A}=\begin{bmatrix}2&2&1\\1&1&1\\3&2&1\end{bmatrix}$$

(a) $\boldsymbol{A}$는 단위 하삼각행렬과 상삼각행렬의 곱으로 분해될 수 없음을 보여라.

(b) $\boldsymbol{A}$의 행의 위치를 서로 바꿔서 그것이 가능하게 하라.

05 다음 행렬을 보라.

$$\boldsymbol{A}=\begin{bmatrix}a&0&0&z\\0&b&0&0\\0&x&c&0\\w&0&y&d\end{bmatrix}$$

(a) $\boldsymbol{MA}=\boldsymbol{U}$를 만족하는 단위 하삼각행렬 $\boldsymbol{M}$과 상삼각행렬 $\boldsymbol{U}$를 구하라.

(b) $\boldsymbol{A}=\boldsymbol{L}'\boldsymbol{U}'$을 만족하는 하삼각행렬 $\boldsymbol{L}'$과 단위 상삼각행렬 $\boldsymbol{U}'$을 구하라.

06 행렬 $\boldsymbol{A}$를 다음의 방법으로 분해하라.

$$\boldsymbol{A}=\begin{bmatrix}4&-1&-1&0\\-1&4&0&-1\\-1&0&4&-1\\0&-1&-1&4\end{bmatrix}$$

(a) $\boldsymbol{A}=\boldsymbol{LU}$. 여기서 $\boldsymbol{L}$은 단위 하삼각행렬, $\boldsymbol{U}$는 상삼각행렬이다.

(b) $\boldsymbol{A}=\boldsymbol{LDU}'$. 여기서 $\boldsymbol{L}$은 단위 하삼각행렬, $\boldsymbol{D}$는 대각행렬, $\boldsymbol{U}'$은 단위 상삼각행렬이다.

(c) $\boldsymbol{A}=\boldsymbol{L}'\boldsymbol{U}'$. 여기서 $\boldsymbol{L}'$은 하삼각행렬, $\boldsymbol{U}'$은 단위 상삼각행렬이다.

(d) $\boldsymbol{A}=(\boldsymbol{L}'')(\boldsymbol{L}'')^T$. 여기서 $\boldsymbol{L}''$는 하삼각행렬이다.

(e) $\boldsymbol{A}$의 행렬식을 계산하라.

힌트 : $\det(\boldsymbol{A})=\det(\boldsymbol{L})\det(\boldsymbol{D})\det(\boldsymbol{U}')=\det(\boldsymbol{D})$

07 다음의 3×3 힐베르트 행렬을 사용하여 앞의 문제를 반복하라.

$$A=\begin{bmatrix}1&\frac{1}{2}&\frac{1}{3}\\\frac{1}{2}&\frac{1}{3}&\frac{1}{4}\\\frac{1}{3}&\frac{1}{4}&\frac{1}{5}\end{bmatrix}$$

08 다음 행렬의 $\boldsymbol{LU}$ 분해를 찾아라. 단, $\boldsymbol{L}$은 단위 하삼각행렬이다.

$$\boldsymbol{A}=\begin{bmatrix}1&0&0&1\\1&1&0&-1\\-1&1&1&1\\1&-1&1&-1\end{bmatrix}$$

09 다음 행렬을 보라.

$$\boldsymbol{A}=\begin{bmatrix}2&-1&2\\2&-3&3\\6&-1&8\end{bmatrix}$$

(a) 행렬 분해 $\boldsymbol{A}=\boldsymbol{LDU}'$을 구하라. 여기서 $\boldsymbol{L}$은 단위 하삼각행렬, $\boldsymbol{D}$는 대각행렬, $\boldsymbol{U}'$은 상삼각행렬이다.

(b) 이 $\boldsymbol{A}$의 분해를 이용해 $\boldsymbol{Ax}=\boldsymbol{b}$를 풀어라. 여기서 $\boldsymbol{b}=[-2,-5,0]^T$이다.

10 앞의 문제를 다음 행렬에 대해 반복하라.

$$\boldsymbol{A}=\begin{bmatrix}-2&1&-2\\-4&3&-3\\2&2&4\end{bmatrix},\quad \boldsymbol{b}=\begin{bmatrix}1\\4\\4\end{bmatrix}$$

11 다음 연립방정식을 보라.

$$\begin{cases}6x_1=12\\6x_2+3x_1=-12\\7x_3-2x_2+4x_1=14\\21x_4+9x_3-3x_2+5x_1=-2\end{cases}$$

(a) 전진 대입을 이용하여 x_1, x_2, x_3, x_4에 대해 (순서대로) 풀어라.

(b) 이 시스템을 행렬 표기법을 사용하여 $\boldsymbol{Ax}=\boldsymbol{b}$로 써라. 여기서 $\boldsymbol{x}=[x_1,x_2,x_3,x_4]^T$이다. $\boldsymbol{LU}$ 분해 $\boldsymbol{A}=\boldsymbol{LU}$를 구하라. 여기서 $\boldsymbol{L}$은 단위 하삼각행렬, $\boldsymbol{U}$는 상삼각행렬이다.

12 다음 행렬이 주어졌을 때, $j=1,2,3$에 대해 $\boldsymbol{UX}^{(j)}=\boldsymbol{L}^{-1}\boldsymbol{I}^{(j)}$를 풀어서 $\boldsymbol{A}$의 역행렬을 구하라.

$$\boldsymbol{A}=\begin{bmatrix}3&2&-1\\5&3&2\\-1&1&-3\end{bmatrix}$$

$$\boldsymbol{L}^{-1}=\begin{bmatrix}1&0&0\\-\frac{5}{3}&1&0\\-8&5&1\end{bmatrix},\quad \boldsymbol{U}=\begin{bmatrix}3&2&-1\\0&-\frac{1}{3}&\frac{11}{3}\\0&0&15\end{bmatrix}$$

13 식 (2)의 시스템을 사용하여 $\boldsymbol{M}=\boldsymbol{M}_3\boldsymbol{M}_2\boldsymbol{M}_1$을 형성하고 $\boldsymbol{M}^{-1}$을 구하라. $\boldsymbol{M}^{-1}=\boldsymbol{L}$임을 증명하라. 일반적으로 이는 왜 좋은 방법이 아닌가?

14 $a_{ii}\neq0$인 행렬 $\boldsymbol{A}=\text{Tridiagonal}(a_{i,i-1},a_{ii},a_{i,i+1})$을 고려하자. 여기에서는 4×4인 경우를 다룬다.

(a) $\boldsymbol{A}=\boldsymbol{LU}$를 만족하는 하 lower 이중 대각행렬 $\boldsymbol{L}=(\ell_{ij})$와

단위 상 upper 이중 대각행렬 $U=(u_{ij})$의 성분들을 결정하는 다음 알고리즘을 구성하라.

```
integer i
real array (a_ij)_1:n×1:n, (ℓ_ij)_1:n×1:n, (u_ij)_1:n×1:n
ℓ_11 ← a_11
for i = 2 to 4
    ℓ_i,i−1 ← a_i,i−1
    u_i−1,i ← a_i−1,i / ℓ_i−1,i−1
    ℓ_i,i ← a_i,i − ℓ_i,i−1 u_i−1,i
end for
```

(b) $A=LU$를 만족하는 단위 하 이중 대각행렬 $L=(\ell_{ij})$와 상 이중 대각행렬 $U=(u_{ij})$의 성분들을 결정하는 다음 알고리즘을 구성하라. 루프를 확장함으로써 이 알고리즘을 $n\times n$ 삼각행렬에 일반화할 수 있다.

```
integer i;
real array (a_ij)_1:n×1:n, (ℓ_i,j)_1:n×1:n, (u_i,j)_1:n×1:n
u_11 ← a_11
for i = 2 to 4
    u_i−1,i ← a_i−1,i
    ℓ_i,i−1 ← a_i,i−1 / u_i−1,i−1
    u_i,i ← a_i,i − ℓ_i,i−1 u_i−1,i
end for
```

15 비례 조정 부분 피벗팅을 이용한 가우스 소거법으로 식 $Ax=B$를 $(n^3/3)+mn^2+\mathcal{O}(n^2)$번의 곱셈과 나눗셈 안에서 풀 수 있음을 보여라. 여기서 A, X, B는 각각 $n\times n$, $n\times m$, $n\times m$이다. 따라서 B가 $n\times n$이라면 $n\times n$ 해 행렬 X는 비례 조정 부분 피벗팅을 이용한 가우스 소거법으로 $\frac{4}{3}n^3+\mathcal{O}(n^2)$번의 곱셈과 나눗셈 안에서 풀 수 있다.

힌트 : $X^{(j)}$와 $B^{(j)}$가 각각 X와 B의 j번째 열이라면 $AX^{(j)}=B^{(j)}$이다.

16 $\mathcal{X}$가 다음 형태의 정사각행렬이라 하자. 여기서 A와 D는 정사각행렬이고 $\mathcal{X}^{-1}$가 존재한다. $\mathcal{X}^{-1}$가 존재할 필요충분조건은 $(D-CA^{-1}B)^{-1}$이 존재하는 것이라 알려져 있다.

$$\mathcal{X}=\begin{bmatrix} A & B \\ C & D \end{bmatrix}$$

$\mathcal{X}^{-1}$은 다음의 형태로 주어짐을 증명하라.

$$\mathcal{X}^{-1}=\begin{bmatrix} I & -A^{-1}B \\ 0 & I \end{bmatrix}\begin{bmatrix} A^{-1} & 0 \\ 0 & (D-CA^{-1}B)^{-1} \end{bmatrix} \times\begin{bmatrix} I & 0 \\ -CA^{-1} & I \end{bmatrix}$$

이를 응용한 예로 다음 행렬의 역행렬을 구하라.

(a) $$\mathcal{X}=\left[\begin{array}{cc|cc} 1 & 0 & 0 & 1 \\ 0 & 1 & 1 & 0 \\ \hline 1 & 0 & 1 & 2 \\ 0 & 0 & 0 & 1 \end{array}\right]$$

(b) $$\mathcal{X}=\left[\begin{array}{ccc|c} 1 & 0 & 0 & 1 \\ 0 & 1 & 0 & 1 \\ 0 & 0 & 1 & 1 \\ \hline 1 & 1 & 1 & 2 \end{array}\right]$$

17 A가 역행렬이 존재하는 $n\times n$ 복소 행렬이라 하자. 다음을 증명하라. 여기서 $\overline{A}$는 A의 켤레 복소수이다. 즉 $A=(a_{ij})$일 때 $\overline{A}=(\overline{a}_{ij})$이다. a, b가 실수일 때 복소수 $z=a+bi$, $\overline{z}=a-bi$임을 상기하라.

$$\begin{bmatrix} A & \overline{A} \\ -Ai & -\overline{A}i \end{bmatrix}^{-1}=\frac{1}{2}\begin{bmatrix} A^{-1} & A^{-1}i \\ \overline{A}^{-1} & -\overline{A}^{-1}i \end{bmatrix}$$

18 다음 행렬의 LU 분해를 찾아라.

$$A=\begin{bmatrix} 2 & 2 & 1 \\ 4 & 7 & 2 \\ 2 & 11 & 5 \end{bmatrix}$$

19 (a) 두 하삼각행렬의 곱이 하삼각행렬임을 증명하라.

(b) 두 단위 하삼각행렬의 곱이 단위 하삼각행렬임을 증명하라.

(c) 단위 하삼각행렬의 역행렬이 단위 하삼각행렬임을 증명하라.

(d) 전치 연산자를 사용하여 앞의 모든 결과들이 상삼각행렬에 대해서도 참임을 증명하라.

20 L을 하삼각행렬, U를 상삼각행렬, D를 대각행렬이라 하자.

(a) L과 U가 모두 단위 삼각행렬, LDU가 대각행렬이면 L과 U는 대각행렬인가?

(b) LDU가 정칙행렬이자 대각행렬이면 L과 U는 대각행렬인가?

(c) L과 U가 모두 단위 삼각행렬, LDU가 대각행렬이면 $L=U=I$인가?

21 다음 행렬에 대해 LDL^T 분해를 구하라.

$$A=\begin{bmatrix} 1 & 2 & -1 & 1 \\ 2 & 3 & -4 & 3 \\ -1 & -4 & -1 & 3 \\ 1 & 3 & 3 & 0 \end{bmatrix}$$

22 다음 행렬의 촐레스키 분해를 구하라.

$$A=\begin{bmatrix} 4 & 6 & 10 \\ 6 & 25 & 19 \\ 10 & 19 & 62 \end{bmatrix}$$

23 다음 시스템을 고려하자. 전체 시스템을 사용하기 보다는 부분 행렬들을 사용해서 이 시스템을 어떻게 더욱 쉽게 풀 수 있는지를 보여라. 새로운 접근방식과 예전 방식 모두에 대해 계산 비용의 추정값을 제시하라. 이 문제는 특수한 구조의 블록 선형 시스템을 푸는 방법을 묘사한다.

$$\begin{bmatrix} A & 0 \\ B & C \end{bmatrix}\begin{bmatrix} x \\ y \end{bmatrix} = \begin{bmatrix} b \\ d \end{bmatrix}$$

24 다음 행렬의 $\boldsymbol{LDL}^T$ 분해를 구하라. 이 행렬의 촐레스키 분해를 찾을 수 있는가?

$$\boldsymbol{A} = \begin{bmatrix} 5 & 35 & -20 & 65 \\ 35 & 244 & -143 & 461 \\ -20 & -143 & 73 & -232 \\ 65 & 461 & -232 & 856 \end{bmatrix}$$

25 (**희박 분해**sparse factorization) 0이 아닌 성분은 ×로, 0인 성분은 빈칸으로 표시되는 0이 아닌 패턴으로 이루어진 다음의 희박 대칭행렬을 보라. 촐레스키 분해일 때 행렬 L에서 0이 아닌 패턴을 보여라. 여기서 원래 0이었던 성분이 0이 아닌 성분으로 채워질 때, +로 표시하라.

(a) $$\boldsymbol{A} = \left[\begin{array}{ccc|ccc|ccc} \times & \times & & \times & & & & & \\ \times & \times & \times & & \times & & & & \\ & \times & \times & & & \times & & & \\ \hline \times & & & \times & \times & & \times & & \\ & \times & & \times & \times & \times & & \times & \\ & & \times & & \times & \times & & & \times \\ \hline & & & \times & & & \times & & \\ & & & & \times & & \times & \times & \times \\ & & & & & \times & & \times & \times \end{array}\right]$$

(b) $$\boldsymbol{A} = \left[\begin{array}{ccc|ccc|ccc} \times & & & & \times & & \times & & \\ & \times & & & \times & & & \times & \\ & & \times & & & \times & \times & & \\ \hline & & & \times & & \times & & \times & \\ \times & \times & & & \times & & & & \times \\ & & \times & \times & & \times & & & \times \\ \hline \times & & \times & & & & \times & & \times \\ & \times & & \times & & & & \times & \times \\ & & & & \times & \times & \times & \times & \times \end{array}\right]$$

(c) $$\boldsymbol{A} = \left[\begin{array}{ccc|ccc|ccc} \times & & \times & & & & \times & & \\ & \times & \times & & & & & & \times \\ \times & \times & \times & & & & & \times & \\ \hline & & & \times & & \times & \times & & \\ & & & & \times & \times & & & \times \\ & & & \times & \times & \times & & \times & \\ \hline \times & & & \times & & & \times & \times & \\ & & \times & & & \times & \times & \times & \times \\ & \times & & & \times & & & \times & \times \end{array}\right]$$

8.1 컴퓨터 연습문제

01 [연습문제 8.1.14]의 알고리즘을 수행하는 프로시저를 작성하고 테스트하라.

02 $\boldsymbol{L} = (\ell_{ij})$가 하삼각행렬, $\boldsymbol{U} = (u_{ij})$가 상삼각행렬인 $n \times n$ 분해 $\boldsymbol{A} = \boldsymbol{LU}$는 다음의 알고리즘으로 직접 계산될 수 있다(0으로 나누는 일은 없다고 가정한다). ℓ_{11}이나 u_{11} 중 어느 하나를 구체화하고 나머지 하나는 $\ell_{11}u_{11} = a_{11}$과 같이 계산한다. $\boldsymbol{L}$의 첫 번째 열을

$$\ell_{i1} = \frac{a_{i1}}{u_{11}} \quad (1 \le i \le n)$$

으로 계산하고, $\boldsymbol{U}$의 첫 번째 행을

$$u_{1j} = \frac{a_{1j}}{\ell_{11}} \quad (1 \le j \le n)$$

과 같이 계산한다. 이제 $\boldsymbol{L}$의 $1, 2, \cdots, (k-1)$열과 $\boldsymbol{U}$의 $1, 2, \cdots, (k-1)$행이 계산되었다고 가정하자. k번째 단계에서 ℓ_{kk} 또는 u_{kk}를 명확히 구하고,

$$\ell_{kk}u_{kk} = a_{kk} - \sum_{m=1}^{k-1} \ell_{km}u_{mk}$$

를 계산하라. $\boldsymbol{L}$의 k번째 열을

$$\ell_{ik} = \frac{1}{u_{kk}}\left(a_{ik} - \sum_{m=1}^{k-1} \ell_{im}u_{mk}\right) \quad (k \le i \le n)$$

으로 계산하고, $\boldsymbol{U}$의 k번째 행을

$$u_{kj} = \frac{1}{\ell_{kk}}\left(a_{kj} - \sum_{m=1}^{k-1} \ell_{km}u_{mj}\right) \quad (k \le j \le n)$$

으로 계산하라. 이 알고리즘은 $\boldsymbol{U}$와 $\boldsymbol{L}$의 모든 성분이 결정될 때까지 계속된다. $\ell_{ii} = 1\,(1 \le i \le n)$일 때 이 프로시저는 **두리틀 분해**, $u_{jj} = 1\,(1 \le j \le n)$일 때는 **크라우트 분해**로 알려져 있다. 다음의 테스트 행렬을 정의하자.

$$A = \begin{bmatrix} 5 & 7 & 6 & 5 \\ 7 & 10 & 8 & 7 \\ 6 & 8 & 10 & 9 \\ 5 & 7 & 9 & 10 \end{bmatrix}$$

위의 알고리즘을 사용하여 $\boldsymbol{L}$과 $\boldsymbol{U}$의 대각성분이 다음과 같은 형태가 되도록 분해를 계산하고 출력하라. 여기서 물음표는 계산되어야 할 성분들이다. $\boldsymbol{L}$과 $\boldsymbol{U}$를 함께 곱한 결과를 검토하는 코드를 작성하라.

diag($\boldsymbol{L}$)	diag($\boldsymbol{U}$)	
[1, 1, 1, 1]	[?, ?, ?, ?]	두리틀
[?, ?, ?, ?]	[1, 1, 1, 1]	크라우트
[1, ?, 1, ?]	[?, 1, ?, 1]	
[?, 1, ?, 1]	[1, ?, 1, ?]	
[?, ?, 7, 9]	[3, 5, ?, ?]	

03 $y_k = p_k(\boldsymbol{A}) = c_0\boldsymbol{I} + c_1\boldsymbol{A} + c_2\boldsymbol{A}^2 + \cdots + c_k\boldsymbol{A}^k$과 같은 배열 (y_{ij})에 저장된 $n \times n$ 행렬 $p_k(\boldsymbol{A})$를 계산하는 프로시저

procedure *Poly*$(n, (a_{ij}), (c_i), k, (y_{ij}))$

를 작성하라. 여기서 $\boldsymbol{A}$는 $n \times n$ 행렬, p_k는 k차 다항식, $0 \le i \le k$에 대해서 (c_i)는 실수이자 상수이다. 축소곱셈법을 사용하여 효율적인 코드를 작성하라. 프로시저 *Poly*를 다음 데이터들에 대해 테스트하라.

(a) $\boldsymbol{A} = \boldsymbol{I}_5,\ p_3(x) = 1 - 5x + 10x^3$

(b) $\boldsymbol{A} = \begin{bmatrix} 1 & 2 \\ 3 & 4 \end{bmatrix},\ p_2(x) = 1 - 2x + x^2$

(c) $\boldsymbol{A} = \begin{bmatrix} 0 & 2 & 4 \\ 0 & 0 & 8 \\ 0 & 0 & 0 \end{bmatrix},\ p_3(x) = 1 + 3x - 3x^2 + x^3$

(d) $\boldsymbol{A} = \begin{bmatrix} 2 & -1 & 0 & 0 \\ -1 & 2 & -1 & 0 \\ 0 & -1 & 2 & -1 \\ 0 & 0 & -1 & 2 \end{bmatrix},$

$p_5(x) = 10 + x - 2x^2 + 3x^3 - 4x^4 + 5x^5$

(e) $\boldsymbol{A} = \begin{bmatrix} -20 & -15 & -10 & -5 \\ 1 & 0 & 0 & 0 \\ 0 & 1 & 0 & 0 \\ 0 & 0 & 1 & 0 \end{bmatrix},$

$p_4(x) = 5 + 10x + 15x^2 + 20x^3 + x^4$

(f) $\boldsymbol{A} = \begin{bmatrix} 5 & 7 & 6 & 5 \\ 7 & 10 & 8 & 7 \\ 6 & 8 & 10 & 9 \\ 5 & 7 & 9 & 10 \end{bmatrix},$

$p_4(x) = 1 - 100x + 146x^2 - 35x^3 + x^4$

04 주어진 n차 정사각행렬 $\boldsymbol{A}$에 대해서 $\boldsymbol{A}^{-1}$을 구하는 프로시저를 작성하고 테스트하라. 작성한 프로시저는 프로시저 *Gauss*와 *Solve*를 사용해야 한다.

05 시스템 $\boldsymbol{AX} = \boldsymbol{B}$를 푸는 프로시저를 작성하고 테스트하라. 여기서 $\boldsymbol{A}$, $\boldsymbol{X}$, $\boldsymbol{B}$는 각각 $n \times n$, $n \times m$, $n \times m$ 행렬이다. 이 프로시저가 몇몇 테스트 사례에서 제대로 작동하는지 확인하라. 이 중 하나는 $\boldsymbol{B} = \boldsymbol{I}$일 때이다. 이 때의 해 $\boldsymbol{X}$는 $\boldsymbol{A}$의 역행렬이다.

힌트 : [연습문제 8.1.15] 참조

06 삼중대각행렬의 역행렬을 직접 계산하는 프로시저를 작성하고 테스트하라. 피벗팅은 필요하지 않다고 가정한다.

07 앞의 컴퓨터 연습문제의 프로시저를 다음의 10차 대칭 삼중대각행렬 $\boldsymbol{A}$에 대해 테스트하라.

$$\boldsymbol{A} = \begin{bmatrix} -2 & 1 & & & & \\ 1 & -2 & 1 & & & \\ & 1 & -2 & 1 & & \\ & & \ddots & \ddots & \ddots & \\ & & & 1 & -2 & 1 \\ & & & & 1 & -2 \end{bmatrix}$$

이 행렬의 역행렬은 다음과 같이 알려져 있다.

$$(\boldsymbol{A}^{-1})_{ij} = (\boldsymbol{A}^{-1})_{ji} = \frac{-i(n+1-j)}{(n+1)} \quad (i \le j)$$

08 다음 행렬의 역행렬을 구할 때 등장하는 수치적 어려움에 대해 조사하라.

$$\boldsymbol{A} = \begin{bmatrix} -0.0001 & 5.096 & 5.101 & 1.853 \\ 0. & 3.737 & 3.740 & 3.392 \\ 0. & 0. & 0.006 & 5.254 \\ 0. & 0. & 0. & 4.567 \end{bmatrix}$$

09 다음의 두 테스트 행렬을 보라. 첫 번째 행렬의 촐레스키 분해에서는 해의 모든 성분이 정수임을 보여라. 반면 두 번째 행렬의 촐레스키 분해에서는 마지막 단계 직전까지는 모두 정수이지만 마지막에 제곱근이 존재함을 보여라.

$$\boldsymbol{A} = \begin{bmatrix} 4 & 6 & 10 \\ 6 & 25 & 19 \\ 10 & 19 & 62 \end{bmatrix}, \quad \boldsymbol{B} = \begin{bmatrix} 4 & 6 & 10 \\ 6 & 13 & 19 \\ 10 & 19 & 62 \end{bmatrix}$$

(a) 촐레스키 알고리즘을 프로그래밍하라.

(b) MATLAB, Maple, Mathematica를 사용하여 위 행렬들의 촐레스키 분해를 구하라.

10 $\boldsymbol{A}$가 실수로 이루어져 있으며 대칭행렬이자 양의 정부호행렬이라 하자. $\boldsymbol{A}$의 첫 번째 행과 첫 번째 열을 제거해서 얻은 행렬도 마찬가지의 성질을 가지는가?

11 단위 하삼각행렬의 역행렬을 구하는 코드를 생각하라. 작성한

코드를 다음 행렬에 테스트하라.

$$\begin{bmatrix} 1 & 0 & 0 & 0 \\ 3 & 1 & 0 & 0 \\ 5 & 2 & 1 & 0 \\ 7 & 4 & -3 & 1 \end{bmatrix}$$

12 [예제 1]을 MATLAB, Maple, Mathematica를 사용해 증명하라.

13 [예제 3]에서의 행렬 $\boldsymbol{A}$의 분해를 MATLAB, Maple, Mathematica를 사용하여 확인하라.

14 다음 행렬의 $\boldsymbol{PA} = \boldsymbol{LU}$ 분해를 찾아라. 이는 윌킨슨Wilkinson [1965]에 의해 연구되었다.

$$\boldsymbol{A} = \begin{bmatrix} -0.05811 & -0.11696 & 0.51004 & -0.31330 \\ -0.04291 & 0.56850 & 0.07041 & 0.68747 \\ -0.01652 & 0.38953 & 0.01203 & -0.52927 \\ -0.06140 & 0.32179 & -0.22094 & 0.42448 \end{bmatrix}$$

8.2 고윳값과 고유벡터

v의 Av 스칼라 곱

$\boldsymbol{A}$를 $n \times n$ 행렬이라 하자. 우리는 $\boldsymbol{A}$에 관해서 다음과 같은 질문을 자연스럽게 할 수 있다. $\boldsymbol{Av}$가 $\boldsymbol{v}$의 스칼라 곱이 되는 0이 아닌 벡터 $\boldsymbol{v}$가 존재하는가? 우리는 이 질문을 순수한 호기심에서 제기하지만 과학적 계산이 수행되는 수많은 상황에서 이 질문이 등장한다.

우리의 질문에 대한 답은 조건부로 '그렇다'이다! 우리는 복소수 성분을 가진 벡터뿐만 아니라 복소수 범위의 스칼라까지도 기꺼이 고려해야 한다. 이처럼 우리의 관점을 확대하면 그러한 벡터는 항상 존재한다. 여기에 두 개의 예제를 소개한다. 첫 번째는 상황을 묘사하는 데 복소수가 필요치 않을 때, 두 번째는 벡터와 스칼라 요소들이 반드시 모두 복소수일 때이다.

예제 1 $\boldsymbol{A} = \begin{bmatrix} 3 & 2 \\ 7 & -2 \end{bmatrix}$**라 하자. $\boldsymbol{Av}$가 $\boldsymbol{v}$의 상수배가 되게 하는 0이 아닌 벡터 $\boldsymbol{v}$를 찾아라.**

풀이

다음을 쉽게 확인할 수 있을 것이다.

$$\boldsymbol{A}\begin{bmatrix} 1 \\ 1 \end{bmatrix} = \begin{bmatrix} 5 \\ 5 \end{bmatrix} = 5\begin{bmatrix} 1 \\ 1 \end{bmatrix}$$

$$\boldsymbol{A}\begin{bmatrix} 2 \\ -7 \end{bmatrix} = \begin{bmatrix} -8 \\ 28 \end{bmatrix} = -4\begin{bmatrix} 2 \\ -7 \end{bmatrix}$$

우리는 두 개의 서로 다른 답을 얻었다(하지만 이들을 어떻게 찾았는지는 밝히지 않았다).

예제 2 **앞의 예제를 행렬 $\boldsymbol{A} = \begin{bmatrix} 1 & 1 \\ -2 & 3 \end{bmatrix}$에 대해 반복하라.**

풀이

[예제 1]과 같이 다음을 쉽게 확인할 수 있을 것이다.

$$\boldsymbol{A}\begin{bmatrix} 1 \\ 1+i \end{bmatrix} = (2+i)\begin{bmatrix} 1 \\ 1+i \end{bmatrix}$$

$$A\begin{bmatrix}1\\1-i\end{bmatrix}=(2-i)\begin{bmatrix}1\\1-i\end{bmatrix}$$

이 식에서 $i=\sqrt{-1}$ 이다. 놀랍게도 주어진 행렬에 어떤 복소수도 포함되어 있지 않았음에도 불구하고 복소수가 포함된 답이 나왔다!

식 $\boldsymbol{Ax}=\lambda\boldsymbol{x}$가 유효하고 $\boldsymbol{x}$가 0이 아닐 때, λ를 $\boldsymbol{A}$의 **고윳값** eigenvalue, $\boldsymbol{x}$를 그에 상응하는 **고유벡터** eigenvector라 부른다. 따라서 [예제 1]에 주어진 행렬은 고윳값 5와 그에 상응하는 고유벡터 $[1,1]^T$, 또 다른 고윳값 -4와 그에 상응하는 고유벡터 $[2,-7]^T$를 갖는다. [예제 2]는 실수 행렬이 복소수 고윳값과 복소수 고유벡터를 가질 수 있음을 강조하고 있다. 식 $\boldsymbol{A0}=\lambda\boldsymbol{0}$과 $\boldsymbol{A0}=0\boldsymbol{x}$는 $\boldsymbol{A}$의 고윳값과 고유벡터에 관한 어떤 유용한 정보도 주지 않는다는 점을 주목하자. 고윳값과 고유벡터

과학 분야의 수많은 문제에 고윳값 문제가 등장한다. 이때 주요한 질문은 보통 다음과 같다. 주어진 행렬의 고윳값은 무엇이고, 그에 상응하는 고유벡터는 무엇인가? 고윳값과 고유벡터의 진가는 선형 미분 연립방정식에서의 활용에서 드러난다. 이는 후에 논의될 것이다.

$\boldsymbol{Ax}=\lambda\boldsymbol{x}$, $\boldsymbol{x}\neq\boldsymbol{0}$이면 $\boldsymbol{x}$의 0이 아닌 모든 상수 배는(같은 고윳값을 갖는) 고유벡터라는 사실을 주목해야 한다. λ가 $n\times n$ 행렬 $\boldsymbol{A}$의 고윳값이라면 집합 $\{\boldsymbol{x}:\boldsymbol{Ax}=\lambda\boldsymbol{x}\}$는 **고유공간**eigenspace이라 불리는 $\mathbb{R}^n$의 부분공간이다. 고유공간은 적어도 1차원 이상이어야 한다. 고유공간

고윳값과 고유벡터 계산

주어진 정사각행렬 $\boldsymbol{A}$에 대해 고윳값을 어떻게 구할 수 있을까? 식 $\boldsymbol{Ax}=\lambda\boldsymbol{x}$가 $(\boldsymbol{A}-\lambda\boldsymbol{I})\boldsymbol{x}=\boldsymbol{0}$과 동치라는 사실로부터 시작해 보자. 우리는 이 식의 0이 아닌 해에 관심이 있으므로 행렬 $(\boldsymbol{A}-\lambda\boldsymbol{I})$는 역행렬을 가지지 않아야 한다. 따라서 $\mathrm{Det}(\boldsymbol{A}-\lambda\boldsymbol{I})=0$이어야 한다. 이것이 (원칙적으로) $\boldsymbol{A}$의 모든 고윳값들을 찾는 방법이다. 특히 다음과 같이 정의한 함수

$$p(\lambda)=\mathrm{Det}(\boldsymbol{A}-\lambda\boldsymbol{I})$$

특성 다항식

를 만들고 p의 근을 찾는다. 모든 복소수 근을 허용하고 중복근의 개수도 일일이 센다면, p는 n차 다항식이므로 n개의 근을 갖는다. 행렬 $\boldsymbol{A}$가 실수 행렬이라도 복소수 고윳값도 예상하고 있어야 한다. 앞의 다항식은 행렬 $\boldsymbol{A}$의 **특성 다항식**characteristic polynomial이라 불린다. 이 다항식이 $(\lambda-3)^k$와 같은 중복된 인수를 갖는다면, 3을 **중복도**multiplicity k인 근이라 부른다. 이러한 근도 여전히 고윳값이지만 $k>1$일 때에는 이들이 골칫거리가 될 수 있다.

고윳값의 계산을 설명하기 위해 [예제 1]의 행렬을 사용해 보자.

$$\boldsymbol{A}=\begin{bmatrix}3&2\\7&-2\end{bmatrix}$$

고윳값 계산

특성 다항식은 다음과 같다.

$$\begin{aligned}p(\lambda)=\mathrm{Det}(\boldsymbol{A}-\lambda\boldsymbol{I})&=\mathrm{Det}\begin{bmatrix}3-\lambda&2\\7&-2-\lambda\end{bmatrix}=(3-\lambda)(-2-\lambda)-14\\&=\lambda^2-\lambda-20=(\lambda-5)(\lambda+4)\end{aligned}$$

따라서 고윳값은 5와 −4이다.

이러한 계산은 MATLAB, Maple, Mathematica에서 하나 또는 두 개의 명령어로 수행할 수 있다. 이를 통해 특성 다항식을 결정할 수 있고, 그 다항식의 근들도 계산할 수 있다. 그 계산으로 특성 다항식의 두 근을 구하면 두 근은 고윳값인 5와 −4이다. 수학 소프트웨어 시스템은 단 하나의 명령어로 고윳값의 리스트를 생성하며 이를 가능한 최선의 방법으로 계산한다. 그런데 그 방법은 일반적으로 특성 다항식을 결정하고 그 근을 계산하는 방법이 아니다! 수학 소프트웨어

일반적으로 $n\times n$ 행렬은 n차 특성 다항식을 가지며 그 근은 $\boldsymbol{A}$의 고윳값이다. 불안정하지 않을 때 다항식의 근을 계산하는 일은 수치적으로 도전적인 일이기 때문에 이 직접적인 방법은 권장되지 않는다(이 상황에 관한 실험은 [컴퓨터 연습문제 8.2.2]를 참조하라). 하지만 작은 n값에 대해서는 직접 계산이 매우 만족스러울 수 있다. 이러한 방법을 고윳값을 계산하는 **직접적인 방법**direct method이라 부른다.

일단 행렬 $\boldsymbol{A}$의 고윳값 λ가 결정되면 고유벡터는 시스템 $(\boldsymbol{A}-\lambda\boldsymbol{I})\boldsymbol{x}=\boldsymbol{0}$을 풀어서 계산할 수 있다. 따라서 [예제 1]에서는 $(\boldsymbol{A}-5\boldsymbol{I})\boldsymbol{x}=\boldsymbol{0}$, 즉 다음 식을 풀어야 한다.

$$\begin{bmatrix} -2 & 2 \\ 7 & -7 \end{bmatrix}\begin{bmatrix} x_1 \\ x_2 \end{bmatrix} = \begin{bmatrix} 0 \\ 0 \end{bmatrix}$$

고유벡터 계산

물론 이 행렬은 특이행렬로 동차식homogeneous equation은 $[1, 1]^T$와 같은 자명하지 않은 해nontrivial solution를 가진다. 다른 고윳값도 같은 방식으로 다뤄지며 그 결과로 고유벡터 $[2, -7]^T$를 얻을 수 있다. 고유벡터의 임의의 상수 배 역시 고유벡터이다.

행렬 $(\boldsymbol{A}-\lambda\boldsymbol{I})$의 영공간null space을 통해 각각의 고윳값 λ에 대한 고유벡터를 찾는 수학 소프트웨어를 사용해서 이 작업을 할 수 있다. 또한 단일 명령어를 사용하여 모든 고윳값을 직접적으로 구하거나 모든 고윳값과 고유벡터를 한 번에 계산하게 할 수도 있다. MATLAB 명령어 `[V, D] = eig(A)`는 두 배열 `V`와 `D`를 생성한다. 배열 `V`는 $\boldsymbol{A}$의 고유벡터를 자신의 열로 가지고 배열 `D`는 $\boldsymbol{A}$의 모든 고윳값을 자신의 대각선에 담고 있다. 이 프로그램은 $[0.7071, 0.7071]^T$와 같이 단위 길이의 벡터를 반환한다. 이 벡터는 그 자체로 $(\boldsymbol{A}-5\boldsymbol{I})$의 영공간의 기저를 제공한다(Maple, Mathematica도 고윳값과 고유벡터를 계산하는 명령어를 가지고 있다). 소프트웨어 사용

고윳값-고유벡터 문제가 비선형이라는 점에 주목해 보자. 방정식

$$\boldsymbol{A}\boldsymbol{x} = \lambda\boldsymbol{x}$$

는 λ와 $\boldsymbol{x}$의 두 개의 미지수를 가지고 있다. 이들은 식에서 서로 곱한 채로 나타난다. $\boldsymbol{x}$나 λ 중 어느 하나를 안다면 다른 하나를 찾는 일은 선형 문제가 되므로 매우 쉬워진다.

수학 소프트웨어

MATLAB과 같은 보편적이고 일반적인 수학 소프트웨어를 사용하면 다음 행렬

$$\boldsymbol{A} = \begin{bmatrix} 1 & 3 & -7 \\ -3 & 4 & 1 \\ 2 & -5 & 3 \end{bmatrix} \tag{1}$$

MATLAB 사용하기

의 고윳값과 고유벡터는 다음과 같은 명령어로 계산할 수 있을 것이다.

```
[V,D] = eig(A)
```

MATLAB은 고유벡터로 이루어진 배열 V와 고윳값으로 이루어진 대각 배열 D를 가지고 즉시 응답한다. 실수 고윳값은 0.0214, 켤레 복소수 고윳값은 $3.9893 \pm 5.5601i$이다. 이면에서는 더 복잡한 계산들이 이뤄지고 있을 것이다! 일반적인 프로시저는 다음의 구성요소들을 갖는다. 첫째, 유사성 변환similarity transformation을 이용하여 $\boldsymbol{A}$를 하위 헤센버그lower Hessenberg 형태로 변환한다. 이는 첫 번째 부대각선 아래의 모든 성분이 0이라는 것을 의미한다. 따라서 새로운 행렬 $\boldsymbol{A}=(a_{ij})$는 $i>j+1$일 때 $a_{ij}=0$을 만족한다. 유사성 변환은 고윳값이 변하지 않음을 보장한다. $\boldsymbol{A}$가 실수 행렬이라면 추가적인 유사성 변환은 $\boldsymbol{A}$를 대각행렬과 거의 유사한 각 대각 성분이 실수인 행렬로 변화시키거나, 고윳값이 한 쌍의 켤레 복소수인 2×2 실수 행렬로 변화시킨다. 대각선 바로 아래에 추가적인 0을 생성하는 일은 어떤 반복적인 과정을 필요로 한다. 이는 결국 실제로는 다항식의 근을 계산하는 것이기 때문이다. 이 반복 과정은 8.3절에서 설명할 누승법power method을 연상시킨다.

Maple도 고윳값과 고유벡터를 계산하는 데 사용될 수 있다. 이 양들은 정확한 산술계산으로 계산되며 부동소수점으로 변환된다. MATLAB의 몇몇 버전에서는 기호 계산이 가능하다. Mathematica에서는 수치적으로 또는 기호 명령어를 이용해 비슷한 결과를 얻을 수 있다.

도전적인 고윳값 문제에 직면한 사람에게 최고의 조언은 패키지 LAPACK의 소프트웨어를 사용하라는 것이다. 이 소프트웨어에서는 다양한 유형의 행렬을 위한 특수한 고윳값 알고리즘을 사용할 수 있다. 예를 들어 당면한 문제의 행렬이 실수이고 대칭행렬이면 그 경우를 위해 고안된 알고리즘을 사용하면 된다. LAPACK에는 선택할 수 있는 카테고리가 약 10개 이상 있다. MATLAB 그 자체도 LAPACK의 루틴 일부를 차용했다. LAPACK

고윳값의 성질

다음은 행렬의 고윳값을 계산하는 데 영향을 줄 수 있는 행렬의 특수한 성질들을 요약해 놓은 정리이다.

1 정리 행렬의 고윳값 성질

다음 명제들은 임의의 정사각행렬 $\boldsymbol{A}$에 대해서 참이다.

1. λ가 $\boldsymbol{A}$의 고윳값이라면 임의의 다항식 p에 대해서 $p(\lambda)$는 $p(\boldsymbol{A})$의 고윳값이다. 특히 λ^k는 $\boldsymbol{A}^k$의 고윳값이다.
2. $\boldsymbol{A}$가 역행렬을 가지고 λ가 $\boldsymbol{A}$의 고윳값이라면 임의의 다항식 p에 대하여 $p(1/\lambda)$은 $p(\boldsymbol{A}^{-1})$의 고윳값이다. 특히 λ^{-1}은 $\boldsymbol{A}^{-1}$의 고윳값이다.
3. $\boldsymbol{A}$가 실수 행렬이자 대칭행렬이면 이 행렬의 고윳값은 실수이다.
4. $\boldsymbol{A}$가 복소 행렬이자 헤르미트Hermitian 행렬이면 이 행렬의 고윳값은 실수이다.
5. $\boldsymbol{A}$가 헤르미트 행렬이자 양의 정부호행렬이면 이 행렬의 고윳값은 양수이다.
6. $\boldsymbol{P}$가 역행렬을 가지면 $\boldsymbol{A}$와 $\boldsymbol{PAP}^{-1}$은 동일한 특성 다항식(과 동일한 고윳값)을 가진다.

$A = A^T$이면 행렬 A는 대칭symmetric 행렬임을 상기하라. 여기서 $A^T = (a_{ji})$는 $A = (a_{ij})$의 전치transpose행렬이다. 반면에 복소 행렬 A가 $A = A^*$를 만족하면 A는 헤르미트Hermitian 행렬이다. 여기서 $A^* = \overline{A}^T = (\bar{a}_{ji})$는 행렬 A의 켤레 전치conjugate transpose행렬이다. 프로그래밍 용어를 이용하면 $A^T(i,j) = A(j,i)$, $A^*(i,j) = \overline{A}(j,i)$이다. 모든 0이 아닌 벡터 x에 대해서 $x^TAx > 0$이면 A는 양의 정부호positive definite 행렬임도 상기하자.

대칭

헤르미트

켤레 전치

양의 정부호

$B = PAP^{-1}$을 만족하면서 역행렬을 갖는 P가 존재하면 두 행렬 A, B가 서로 유사similar하다고 한다. 유사 행렬들은 같은 특성 다항식을 갖는다.

유사 행렬

$$\begin{aligned}\mathrm{Det}(B-\lambda I) &= \mathrm{Det}(PAP^{-1}-\lambda I)\\ &= \mathrm{Det}(P(A-\lambda I)P^{-1})\\ &= \mathrm{Det}(P)\cdot\mathrm{Det}(A-\lambda I)\cdot\mathrm{Det}(P^{-1})\\ &= \mathrm{Det}(A-\lambda I)\end{aligned}$$

따라서 다음의 중요한 정리를 얻는다.

> **2 정리 유사 행렬의 고윳값**
>
> 유사 행렬들은 동일한 고윳값을 갖는다.

이 정리는 A의 고윳값을 찾는 전략을 제시해 준다. 유사성 변환 $B = PAP^{-1}$을 통해서 행렬 A를 특별한 구조를 가지는 행렬 B로 변환하고 행렬 B의 고윳값을 찾는 것이다. 특히 B가 삼각행렬이거나 대각행렬이면 B의 고윳값(이자 A의 고윳값)은 간단히 B의 대각선 성분들이 된다.

어떤 유니터리 행렬 U에 대해 $B = U^*AU$이면 행렬 A와 B는 서로 유니터리 닮음unitarily similar이라 부른다. $UU^* = I$이면 행렬 U를 유니터리unitary 행렬이라 부른다는 것을 기억할 것이다. 이 정의로부터 자연스럽게 중요한 정리 하나와 2개의 따름정리가 도출된다.

유니터리 닮음

유니터리

> **3 정리 슈어의 정리Schur's Theorem**
>
> 모든 정사각행렬은 삼각행렬과 유니터리 닮음이다.

이 정리에서 말하는 바는 임의의 $n \times n$ 복소수 행렬 A가 주어져 있을 때, 다음을 만족하는 유니터리 행렬 U가 존재한다는 것이다.

$$UAU^* = T \tag{2}$$

여기서 $UU^* = I$, T는 삼각행렬이다.

> **1 따름정리 삼각행렬과 유사한 행렬**
>
> 모든 정사각 실수 행렬은 삼각행렬과 유사하다.
>
> 따라서 다음과 같은 분해가 가능하다.
>
> $$PAP^{-1} = T$$
>
> 여기서 T는 삼각행렬, P는 역행렬이 존재하는 행렬, A는 실수 행렬이다.

예제 3 다음의 2×2 행렬의 분해를 찾음으로써 슈어의 정리를 설명하라.

$$A=\begin{bmatrix}3 & -2\\ 8 & 3\end{bmatrix}$$

풀이

특성 다항식 $\text{Det}(\boldsymbol{A}-\lambda \boldsymbol{I})=\lambda^2-6\lambda+25=0$으로부터 구한 고윳값은 $3\pm 4i$이다. 각각의 고윳값을 이용해 $\boldsymbol{A}-\lambda\boldsymbol{I}=0$을 풀면 상응하는 고유벡터들은 $\boldsymbol{v}_1=[i,2]^T$, $\boldsymbol{v}_2=[-i,2]^T$이다. 그램-슈미츠 직교화 과정Gram-Schmidt orthogonalization process을 사용하면 $\boldsymbol{u}_1=\boldsymbol{v}_1$, $\boldsymbol{u}_2=\boldsymbol{v}_2-[\boldsymbol{v}_2^*\boldsymbol{u}_1/\boldsymbol{u}_1^*\boldsymbol{u}_1]\boldsymbol{u}_1=[-2,-i]^T$를 얻을 수 있다. 이 벡터들을 정규화normalize하면 다음의 유니터리 행렬을 얻는다.

$$\boldsymbol{U}=\frac{1}{\sqrt{5}}\begin{bmatrix}i & -2\\ 2 & -i\end{bmatrix}$$

이 행렬은 $\boldsymbol{U}\boldsymbol{U}^*=\boldsymbol{I}$를 만족한다. 마지막으로 다음과 같이 슈어의 형태를 얻는다.

$$\boldsymbol{U}\boldsymbol{A}\boldsymbol{U}^*=\begin{bmatrix}3+4i & -6\\ 0 & 3-4i\end{bmatrix}$$

이는 대각 성분이 고윳값인 상삼각행렬이다.

> **2 따름정리 대각행렬과 유니터리 닮음인 헤르미트 행렬**
> 모든 정사각 헤르미트 행렬은 대각행렬과 유니터리 닮음이다.

따름정리 2는 헤르미트 행렬 $\boldsymbol{A}=\boldsymbol{A}^*$가 $\boldsymbol{U}\boldsymbol{A}\boldsymbol{U}^*=\boldsymbol{D}$로 분해될 수 있음을 말해준다. 여기서 $\boldsymbol{D}$는 대각행렬, $\boldsymbol{U}$는 유니터리 행렬이다.

이는 따름정리 1로부터 오는데 헤르미트 행렬($\boldsymbol{A}=\boldsymbol{A}^*$)이 삼각 행렬 $\boldsymbol{T}$와 유니터리 닮음이기 때문이다.

$$\boldsymbol{U}\boldsymbol{A}\boldsymbol{U}^*=\boldsymbol{T}$$

여기서 $\boldsymbol{U}\boldsymbol{U}^*=\boldsymbol{I}$이다. 또한 다음이 성립한다.

$$\boldsymbol{U}^*\boldsymbol{A}^*\boldsymbol{U}=\boldsymbol{T}^*$$

$\boldsymbol{A}=\boldsymbol{A}^*$이므로 $\boldsymbol{T}=\boldsymbol{T}^*$임을 알 수 있다. 따라서 $\boldsymbol{T}$는 반드시 대각행렬일 수밖에 없다.

$n\times n$ 행렬 $\boldsymbol{A}$의 고윳값을 찾는 대부분의 수치 방법들은 이러한 유사성 변환을 결정함으로써 진행된다. 그러고 나서 한 번에 고윳값 하나씩, 즉 λ를 계산한 후, 수축 과정deflation process을 통해 고윳값이 λ를 제외하고는 $\boldsymbol{A}$와 똑같은 $(n-1)\times(n-1)$ 행렬 $\tilde{\boldsymbol{A}}$를 생성한다. 행렬 $\boldsymbol{A}$의 고윳값을 찾기 위해 이 과정을 행렬 $\tilde{\boldsymbol{A}}$에 원하는 만큼 반복할 수 있다. 실제로 이 전략은 조심해서 사용해야 한다. 연속적인 고윳값이 반올림 오차에 의해 오염될 수 있기 때문이다!

게르시고린의 정리 Gershgorin's Theorem

때로는 복소평면 $\mathbb{C}$에 놓여있는 행렬의 고윳값의 위치를 개략적인 방법으로 알아내야 할 필요가 있을 수 있다. 이러한 방법 중 가장 유명한 것이 다음의 **국소화 정리**localization theorem 라고 불리는 것이다.

> **4 정리 게르시고린의 정리**
> $n \times n$ 행렬 $\boldsymbol{A} = (a_{ij})$의 모든 고윳값들은 복소평면에서 n개의 원반disc $C_i = C_i(a_{ii}, r_i)$의 합집합에 속해 있다. 여기서 a_{ii}는 각 원의 중심이고 반지름 r_i는 i번째 행에서 대각 성분을 제외한 성분들의 크기의 합이다.

행렬 $\boldsymbol{A}$는 실수 또는 복소수 성분을 가질 수 있다. $\boldsymbol{A}$의 고윳값을 포함하는 영역은 다음과 같이 나타낼 수 있다.

$$\bigcup_{i=1}^{n} C_i = \bigcup_{i=1}^{n} \{z \in \mathbb{C} : |z - a_{ii}| \le r_i\} \tag{3}$$

수축 과정

여기서 반지름은 $r_i = \sum_{\substack{j=1 \\ j \ne i}}^{n} |a_{ij}|$이다.

특성 다항식이 행렬식을 포함하기 때문에 $\boldsymbol{A}$와 $\boldsymbol{A}^T$의 고윳값은 같다. 이때 원래 행렬과 전치행렬의 행렬식은 같다. 따라서 $\boldsymbol{A}^T$에 게르시고린의 정리를 적용할 수 있으며 그 결과로 다음의 유용한 정리를 얻을 수 있다.

> **3 따름정리 게르시고린 원반에 대한 추가 정리**
> $n \times n$ 행렬 $\boldsymbol{A} = (a_{ij})$의 모든 고윳값들은 복소평면에서 n개의 원반 $D_i = D_i(a_{ii}, s_i)$의 합집합에 속해있다. 여기서 a_{ii}는 각 원의 중심이고, 반지름 s_i는 $\boldsymbol{A}$의 열의 각 성분의 크기의 합으로 주어진다.

결론적으로 $\boldsymbol{A}$의 고윳값을 포함하는 영역은 다음과 같이 나타낼 수 있다.

$$\bigcup_{i=1}^{n} D_i = \bigcup_{i=1}^{n} \{z \in \mathbb{C} : |z - a_{ii}| \le s_i\} \tag{4}$$

여기서 반지름은 $s_i = \sum_{\substack{i=1 \\ i \ne j}}^{n} |a_{ij}|$이다. 마지막으로 $\boldsymbol{A}$의 고윳값을 포함하는 영역은

$$\left(\bigcup_{i=1}^{n} C_i\right) \cap \left(\bigcup_{i=1}^{n} D_i\right) \tag{5}$$

이다. 이는 일부 경우에서 고윳값을 좀 더 엄격히 제한하는 결과로 나타날 수 있다. 또한 유용한 국소화 결과는 다음과 같다.

[4] 따름정리 국소화

행렬 $\boldsymbol{A}$에 대해 남은 $(n-k)$ 원반들과 만나지 않는 k개의 모든 게르시고린 원반들의 합집합은 정확히 k개(중복 고려)의 $\boldsymbol{A}$의 고윳값을 포함한다.

엄격하게 대각 성분이 지배적인 행렬strictly diagonally dominant matrix에 대해 0은 그 행렬의 어떠한 게르시고린 원반 안에도 존재할 수 없으므로 그 행렬은 역행렬을 가져야 한다. 결론적으로 다음의 결과를 얻는다.

[5] 따름정리 엄격하게 대각 성분이 지배적인 행렬

엄격하게 대각 성분이 지배적인 모든 행렬은 역행렬을 갖는다.

예제 4 다음 행렬을 고려하여 게르시고린 원반들을 그려라.

$$\boldsymbol{A}=\begin{bmatrix}4-i & 2 & i\\ -1 & 2i & 2\\ 1 & -1 & -5\end{bmatrix}$$

풀이

$\boldsymbol{A}$의 행들을 이용하면 게르시고린 원반들이 $C_1(4-i,3)$, $C_2(2i,3)$, $C_3(-5,2)$임을 알 수 있다. $\boldsymbol{A}$의 열들을 이용하면 $D_1(4-i,2)$, $D_2(2i,3)$, $D_3(-5,3)$과 같은 게르시고린 원반들을 더 찾을 수 있다. 결과적으로 [그림 8.1]과 같이 $\boldsymbol{A}$의 모든 고윳값들은 세 원 D_1, C_2, C_3 안에 있다. 다른 방법을 통해 $\boldsymbol{A}$의 고윳값들을 계산해보면 $\lambda_1=3.7208-1.05461i$, $\lambda_2=4.5602-0.2849i$, $\lambda_3=-0.1605+2.3395i$이다. [그림 8.1]에서 원반들의 중심은 점 '•'으로 표시되어 있고, 고윳값들은 '*'로 표시되어 있다.

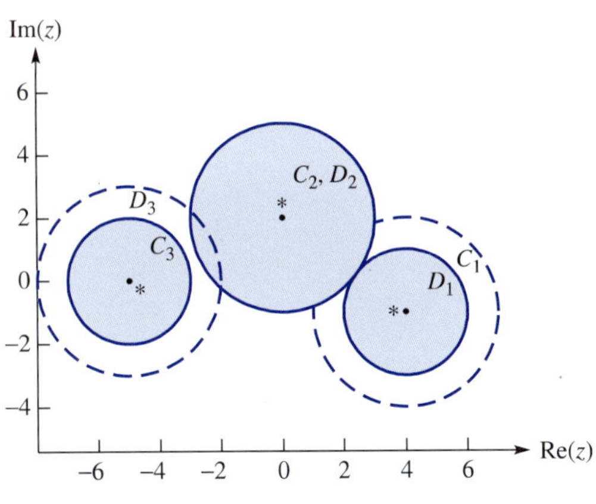

[그림 8.1] 게르시고린 원반

특이값 분해

이 절은 선형 대수학에 대한 좀 더 많은 지식, 특히 대칭행렬의 대각화, 고윳값, 고유벡터, 랭크rank, 열공간column space, 노름norm 등에 대한 지식이 필요하다.

특이값 분해singular value decomposition는 많이 사용되는 도구로 특히 최소 제곱 문제(9장)에서 많이 사용된다. 이 분해는 정사각행렬이든 아니든 상관없이 모든 행렬에 적용할 수 있다. 행렬 $\boldsymbol{A}$의 **특이값**singular value이 $\boldsymbol{A}^T\boldsymbol{A}$의 고윳값의 음이 아닌 제곱근이라는 점에서부터 시작해 보자.

5 정리 행렬 스펙트럼 정리matrix spectral theorem

$\boldsymbol{A}$를 $m \times n$이라 하자. 그러면 $\boldsymbol{A}^T\boldsymbol{A}$는 $n \times n$ 대칭행렬이고 어떤 직교 행렬 $\boldsymbol{Q}$에 의해 다음과 같이 대각화가 가능하다.

$$\boldsymbol{A}^T\boldsymbol{A} = \boldsymbol{QDQ}^{-1}$$

여기서 $\boldsymbol{QQ}^T = \boldsymbol{Q}^T\boldsymbol{Q} = \boldsymbol{I}$, $\boldsymbol{D}$는 $n \times n$ 대각행렬이다.

게다가 대각행렬 $\boldsymbol{D}$는 대각선에 $\boldsymbol{A}^T\boldsymbol{A}$의 고윳값들을 포함하고 있다. 이는 $\boldsymbol{A}^T\boldsymbol{AQ} = \boldsymbol{QD}$라는 사실로부터 알 수 있다. 따라서 $\boldsymbol{Q}$의 열은 $\boldsymbol{A}^T\boldsymbol{A}$의 고유벡터이다. 만약 λ가 $\boldsymbol{A}^T\boldsymbol{A}$의 고윳값, $\boldsymbol{x}$가 그에 상응하는 고유벡터라면 $\boldsymbol{A}^T\boldsymbol{Ax} = \lambda\boldsymbol{x}$, $\|\boldsymbol{Ax}\|^2 = (\boldsymbol{Ax})^T(\boldsymbol{Ax}) = \boldsymbol{x}^T\boldsymbol{A}^T\boldsymbol{Ax} = \boldsymbol{x}^T\lambda\boldsymbol{x} = \lambda\|\boldsymbol{x}\|^2$이 성립한다.

이 식은 λ가 음이 아닌 실수임을 보여준다. 고윳값을 $\lambda_1 \geq \lambda_2 \geq \cdots \geq \lambda_n \geq 0$의 순서로 나열할 수 있다(고윳값의 재배열은 $\boldsymbol{Q}$의 열의 재배열을 요구한다). $\sigma_j = +\sqrt{\lambda_j}$가 바로 A의 **특이값**이다. 특이값

$\boldsymbol{Q}$가 직교 행렬이므로 $\boldsymbol{Q}$의 열은 $\mathbb{R}^n$의 단위 직교 기저를 형성한다. 그것은 $\boldsymbol{A}^T\boldsymbol{A}$의 단위 고유벡터이므로 v_j가 $\boldsymbol{Q}$의 j번째 열이라면 $\boldsymbol{A}^T\boldsymbol{Av}_j = \lambda_j\boldsymbol{v}_j$이다. $\boldsymbol{A}^T\boldsymbol{A}$의 몇몇 고윳값은 0이 될 수 있다. 다음 조건에 따라 r을 정의한다.

$$\lambda_1 \geq \lambda_2 \geq \cdots \geq \lambda_r > 0 = \lambda_{r+1} = \cdots = \lambda_n$$

6 정리 직교 기저 정리

$\boldsymbol{A}$의 랭크가 r이면 $\boldsymbol{A}$의 열공간의 직교 기저는 $\{\boldsymbol{Av}_j : 1 \leq j \leq r\}$이다.

증명

다음을 관찰하자.

$$(\boldsymbol{Av}_k)^T(\boldsymbol{Av}_j) = \boldsymbol{v}_k^T\boldsymbol{A}^T\boldsymbol{Av}_j = \boldsymbol{v}_k^T\lambda_j\boldsymbol{v}_j = \lambda_j\,\delta_{kj}$$

이 식은 집합 $\{\boldsymbol{Av}_j : 1 \leq j \leq n\}$의 직교성을 확립한다. $k=j$로 놓으면 $\|\boldsymbol{Av}_j\|^2 = \lambda_j$를 얻는다. 따라서 $\boldsymbol{Av}_j \neq 0$은 오직 $1 \leq j \leq r$일 때에만 성립한다. 만약 $\boldsymbol{w}$가 $\boldsymbol{A}$의 열공간에 있는 임의의 벡터라면 $\mathbb{R}^n$의 어떤 $\boldsymbol{x}$에 대해서 $\boldsymbol{w} = \boldsymbol{Ax}$이다. $\boldsymbol{x} = \sum_{j=1}^{n} c_j\boldsymbol{v}_j$라 하면 다음과 같다.

$$\boldsymbol{w} = \boldsymbol{Ax} = \sum_{j=1}^{n} c_j \boldsymbol{Av}_j = \sum_{j=1}^{r} c_j \boldsymbol{Av}_j$$

따라서 $\boldsymbol{w}$는 $\{\boldsymbol{Av}_1, \boldsymbol{Av}_2, \cdots, \boldsymbol{Av}_r\}$의 범위[span] 안에 존재한다. ∑

앞의 정리는 수치 행렬의 랭크[rank]를 계산하는 합리적인 방법을 제공한다. 우선 행렬의 특이값을 계산한다. 굉장히 작은 값들은 0으로 간주한다. 나머지 것들은 강력하게 양수이다. 그것들의 개수가 r개라면 우리는 r을 수치적으로 계산한 $\boldsymbol{A}$의 **랭크**라 생각할 수 있다. 랭크

$m \times n$ 행렬 $\boldsymbol{A}$의 **특이값 분해**는 다음과 같은 형태로 $\boldsymbol{A}$를 표현한 것이다. 특이값 분해

$$\boldsymbol{A} = \boldsymbol{UDV}^T \tag{6}$$

여기서 $\boldsymbol{U}$와 $\boldsymbol{V}$는 직교 행렬이다. $\boldsymbol{D}$는 $d_{11} \geq d_{22} \geq \cdots \geq 0$ 순으로 음이 아닌 대각 성분들을 가진 $m \times n$ 대각행렬이다. 그러면 [연습문제 8.2.4]로부터 대각 성분 d_{ii}가 반드시 $\boldsymbol{A}$의 특이값이라는 것을 알 수 있다. 행렬 $\boldsymbol{U}$는 $m \times m$, $\boldsymbol{V}$는 $n \times n$임에 주목하라. 오직 0이 아닌 성분들만이 두 개의 첨자가 같은 성분에 포함될 때, 비정사각행렬 $\boldsymbol{D}$는 **대각**[diagonal]**행렬**이다.

이제 $\boldsymbol{A}$의 특이값 분해(여러 가지가 있다)를 묘사할 수 있다. 벡터 $\boldsymbol{v}_1, \boldsymbol{v}_2, \cdots, \boldsymbol{v}_r$에서부터 시작하자. 벡터 $\boldsymbol{u}_j$를 얻기 위해 벡터 $\boldsymbol{Av}_j$를 정규화하자. 그러면 다음을 얻는다.

$$\boldsymbol{u}_j = \boldsymbol{Av}_j / \| \boldsymbol{Av}_j \| \qquad (1 \leq j \leq r)$$

이 집합을 $\mathbb{R}^m$의 정규 직교 기저로 확장한다. $\boldsymbol{U}$를 $m \times m$ 행렬, 그 열을 $\boldsymbol{u}_1, \boldsymbol{u}_2, \cdots, \boldsymbol{u}_m$이라 하자. 대각 성분이 $\sigma_1, \sigma_2, \cdots, \sigma_r$이고 이를 제외한 나머지 성분들은 모두 0인 $m \times n$ 행렬 $\boldsymbol{D}$를 정의한다. $\boldsymbol{V} = \boldsymbol{Q}$라 하자. 여기서 $\boldsymbol{Q}$는 앞에서 소개했던 행렬이다.

식 $\boldsymbol{A} = \boldsymbol{UDV}^T$를 증명하기 위해 우선 $\sigma_j = \|\boldsymbol{Av}_j\|_2$, $\sigma_j \boldsymbol{u}_j = \boldsymbol{Av}_j$임에 주목하자. 그리고 $\boldsymbol{UD}$를 계산한다. $\boldsymbol{D}$가 대각행렬이므로 쉽게 계산할 수 있고 그 결과로 다음을 얻는다.

$$\begin{aligned} \boldsymbol{UD} &= [\boldsymbol{u}_1, \boldsymbol{u}_2, \cdots, \boldsymbol{u}_m]\, \boldsymbol{D} = [\sigma_1 \boldsymbol{u}_1, \sigma_2 \boldsymbol{u}_2, \cdots, \sigma_r \boldsymbol{u}_r, 0, \cdots, 0] \\ &= [\boldsymbol{Av}_1, \boldsymbol{Av}_2, \cdots, \boldsymbol{Av}_r, \cdots, \boldsymbol{Av}_n] = \boldsymbol{AQ} = \boldsymbol{AV} \end{aligned}$$

이는 다음을 의미한다.

$$\boldsymbol{A} = \boldsymbol{UDV}^T$$

$\boldsymbol{A} = \boldsymbol{UDV}^T$ 증명

행렬의 **조건수**[condition number]는 행렬의 특이값을 사용하여 다음과 같이 표현할 수 있다.

$$\kappa(\boldsymbol{A}) = \sqrt{\frac{\sigma_{\max}}{\sigma_{\min}}} \tag{7}$$

조건수

왜냐하면 $\| \boldsymbol{A} \|_2^2 = \rho(\boldsymbol{A}^T \boldsymbol{A}) = \sigma_{\max}(\boldsymbol{A})$, $\| \boldsymbol{A}^{-1} \|_2^2 = \rho(\boldsymbol{A}^{-T} \boldsymbol{A}^{-1}) = \sigma_{\min}(\boldsymbol{A})$이기 때문이다.

특이값 분해의 수치 예제

특이값 분해의 수치적 결정은 MATLAB, Maple, Mathematica, LAPACK 또는 다른 소프트웨어 패키지와 같은 수학 소프트웨어에 맡기는 것이 가장 좋다. 보통 소프트웨어 패키지들은 수치 작업에 $\boldsymbol{A}^T\boldsymbol{A}$를 형성하지 않는다. 이는 $\boldsymbol{A}^T\boldsymbol{A}$의 조건수가 $\boldsymbol{A}$의 조건수보다 훨씬 더 나쁠 수 있기 때문이다. 이 현상은 다음의 행렬들에 의해 쉽게 묘사될 수 있다.

$$\boldsymbol{A}=\begin{bmatrix}1 & 1 & 1\\ \varepsilon & 0 & 0\\ 0 & \varepsilon & 0\\ 0 & 0 & \varepsilon\end{bmatrix},\ \boldsymbol{A}^T\boldsymbol{A}=\begin{bmatrix}1+\varepsilon^2 & 1 & 1\\ 1 & 1+\varepsilon^2 & 1\\ 1 & 1 & 1+\varepsilon^2\end{bmatrix}$$

$\boldsymbol{A}$는 랭크 3, $\boldsymbol{A}^T\boldsymbol{A}$는 랭크 1(컴퓨터에서)을 가지게 하는 작은 값 ε들이 존재한다.

예제 5 1.1절의 [예제 2]에서 이 행렬을 다루었다. 이 행렬의 고윳값, 특이값, 조건수를 구하라.

$$\boldsymbol{A}=\begin{bmatrix}0.1036 & 0.2122\\ 0.2081 & 0.4247\end{bmatrix}$$

풀이

수학 소프트웨어를 이용하면 고윳값 $\lambda_1(\boldsymbol{A})\approx-0.0003$, $\lambda_2(\boldsymbol{A})\approx 0.5286$을 쉽게 찾을 수 있다. 다음의 행렬

$$\boldsymbol{A}^T\boldsymbol{A}=\begin{bmatrix}0.0540 & 0.1104\\ 0.1104 & 0.2254\end{bmatrix}$$

를 구할 수 있고, 이 행렬의 고윳값인 $\lambda_1(\boldsymbol{A}^T\boldsymbol{A})\approx 0.3025\times 10^{-4}$, $\lambda_2(\boldsymbol{A}^T\boldsymbol{A})\approx 0.2794$를 찾는다. 따라서 특이값은 다음과 같다.

$$\sigma_1(\boldsymbol{A})=\sqrt{|\lambda_1(\boldsymbol{A}^T\boldsymbol{A})|}\approx 0.0003,\qquad \sigma_2(\boldsymbol{A})=\sqrt{|\lambda_2(\boldsymbol{A}^T\boldsymbol{A})|}\approx 0.5286$$

또한 수학 소프트웨어를 이용해 특이값을 $\sigma_1\approx 0.0003$, $\sigma_2\approx 0.5286$으로 직접 얻을 수도 있다. 결과적으로 조건수는 $\kappa(\boldsymbol{A})=\sigma_2/\sigma_1\approx 1747.6$이다. 이 큰 조건수를 보면 왜 이 계수 행렬을 가진 선형 연립방정식이 풀기 어려운지를 이해할 수 있을 것이다!

예제 6 다음 행렬의 특이값 분해를 계산하라.

$$\boldsymbol{A}=\begin{bmatrix}1 & 1\\ 0 & 1\\ 1 & 0\end{bmatrix}\tag{8}$$

풀이

여기서 행렬 $\boldsymbol{A}$는 $m=3$, $n=2$인 $m\times n$ 행렬이다. 우선 다음 행렬

$$\boldsymbol{A}^T\boldsymbol{A}=\begin{bmatrix}2 & 1\\ 1 & 2\end{bmatrix}$$

의 고윳값을 내림차순으로 찾으면 $\lambda_1 = 3$, $\lambda_2 = 1$이다. 따라서 행렬 $\boldsymbol{A}^T\boldsymbol{A}$는 2개의 0이 아닌 고윳값을 가진다. 다음으로 행렬 $\boldsymbol{A}^T\boldsymbol{A}$의 고유벡터를 결정해 보면 $\lambda_1 = 3$에 상응하는 고유벡터는 $[1,1]^T$, $\lambda_2 = 1$에 상응하는 고유벡터는 $[1,-1]^T$이다. 결과적으로 $\boldsymbol{A}^T\boldsymbol{A}$의 정규 직교 고유벡터 집합은 $\lambda_1 = 3$에 상응하는 $\left[\frac{1}{2}\sqrt{2}, \frac{1}{2}\sqrt{2}\right]^T$와 $\lambda_2 = 1$에 상응하는 $\left[\frac{1}{2}\sqrt{2}, -\frac{1}{2}\sqrt{2}\right]^T$이다. 그러면 고유벡터들을 고윳값과 같은 순서로 나열하여 $n \times n$ 행렬 $\boldsymbol{V}$의 열벡터로 만들 수 있다.

$$\boldsymbol{V} = [\boldsymbol{v}_1 \quad \boldsymbol{v}_2] = \begin{bmatrix} \frac{1}{2}\sqrt{2} & \frac{1}{2}\sqrt{2} \\ \frac{1}{2}\sqrt{2} & -\frac{1}{2}\sqrt{2} \end{bmatrix}$$

이제 주대각선에 $\sigma_1 = \sqrt{3}$, $\sigma_2 = 1$을 위치시킴으로써 $m \times n$ 특이값 행렬 $\boldsymbol{D}$를 만들 수 있다.

$$\boldsymbol{D} = \begin{bmatrix} \sqrt{3} & 0 \\ 0 & \sqrt{1} \\ 0 & 0 \end{bmatrix}$$

여기서 주대각선의 성분들은 내림차순의 $\boldsymbol{A}^T\boldsymbol{A}$의 고윳값의 제곱근들이며, 행렬 $\boldsymbol{D}$의 나머지 성분들은 0이다. 다음으로 $i = 1$, 2에 대하여 벡터 $\boldsymbol{u}_i = \sigma_i^{-1}\boldsymbol{A}\boldsymbol{v}_i$를 계산할 수 있다. 이는 $m \times m$ 행렬 $\boldsymbol{U}$의 열벡터를 형성한다. 이 경우에 다음을 구할 수 있다.

$$\boldsymbol{u}_1 = \sigma_1^{-1}\boldsymbol{A}\boldsymbol{v}_1 = \frac{1}{3}\sqrt{3}\begin{bmatrix} 1 & 1 \\ 0 & 1 \\ 1 & 0 \end{bmatrix}\begin{bmatrix} \frac{1}{2}\sqrt{2} \\ \frac{1}{2}\sqrt{2} \end{bmatrix} = \begin{bmatrix} \frac{1}{3}\sqrt{6} \\ \frac{1}{6}\sqrt{6} \\ \frac{1}{6}\sqrt{6} \end{bmatrix}$$

$$\boldsymbol{u}_2 = \sigma_2^{-1}\boldsymbol{A}\boldsymbol{v}_2 = \begin{bmatrix} 1 & 1 \\ 0 & 1 \\ 1 & 0 \end{bmatrix}\begin{bmatrix} \frac{1}{2}\sqrt{2} \\ -\frac{1}{2}\sqrt{2} \end{bmatrix} = \begin{bmatrix} 0 \\ -\frac{1}{2}\sqrt{2} \\ \frac{1}{2}\sqrt{2} \end{bmatrix}$$

마지막으로, 9.2절의 그램-슈미츠[Gram-Schmidt] 대각화 과정을 이용하여 $(m-r)$ 벡터들의 나머지를 행렬 $\boldsymbol{U}$에 추가한다. 그래서 벡터 $\boldsymbol{u}_3$을 $\boldsymbol{u}_1$, $\boldsymbol{u}_2$와 직교하게 만든다.

$$\boldsymbol{u}_3 = \boldsymbol{e}_1 - (\boldsymbol{u}_1^T\boldsymbol{e}_1)\boldsymbol{u}_1 - (\boldsymbol{u}_1^T\boldsymbol{e}_2)\boldsymbol{u}_2 = \begin{bmatrix} \frac{1}{3} \\ -\frac{1}{3} \\ -\frac{1}{3} \end{bmatrix}$$

벡터 $\boldsymbol{u}_3$을 정규화하면 다음을 얻는다.

$$\tilde{\boldsymbol{u}}_3 = \begin{bmatrix} \frac{1}{3}\sqrt{3} \\ -\frac{1}{3}\sqrt{3} \\ -\frac{1}{3}\sqrt{3} \end{bmatrix}$$

따라서 다음 행렬을 구할 수 있다.

$$\boldsymbol{U} = [\boldsymbol{u}_1 \ \ \boldsymbol{u}_2 \ \ \tilde{\boldsymbol{u}}_3] = \begin{bmatrix} \frac{1}{3}\sqrt{6} & 0 & \frac{1}{3}\sqrt{3} \\ \frac{1}{6}\sqrt{6} & \frac{1}{2}\sqrt{2} & -\frac{1}{3}\sqrt{3} \\ \frac{1}{6}\sqrt{6} & -\frac{1}{2}\sqrt{2} & -\frac{1}{3}\sqrt{3} \end{bmatrix}$$

행렬 $\boldsymbol{A}$의 특이값 분해는 다음과 같다.

$$\boldsymbol{A} = \boldsymbol{UDV}^T$$

$$\begin{bmatrix} 1 & 1 \\ 0 & 1 \\ 1 & 0 \end{bmatrix} = \begin{bmatrix} \frac{1}{3}\sqrt{6} & 0 & \frac{1}{3}\sqrt{3} \\ \frac{1}{6}\sqrt{6} & \frac{1}{2}\sqrt{2} & -\frac{1}{3}\sqrt{3} \\ \frac{1}{6}\sqrt{6} & -\frac{1}{2}\sqrt{2} & -\frac{1}{3}\sqrt{3} \end{bmatrix} \begin{bmatrix} \sqrt{3} & 0 \\ 0 & \sqrt{1} \\ 0 & 0 \end{bmatrix} \begin{bmatrix} \frac{1}{2}\sqrt{2} & \frac{1}{2}\sqrt{2} \\ \frac{1}{2}\sqrt{2} & -\frac{1}{2}\sqrt{2} \end{bmatrix}$$

이렇게 특이값 분해를 구하였다! 다행히 이 모든 계산을 즉시 수행해 주는 수학 소프트웨어가 있다. 우변을 분해하여 행렬 A를 계산해봄으로써 이 결과를 검증할 수 있다.

응용 : 선형 미분방정식

여기에서는 선형 연립 미분방정식에 대한 고윳값 이론의 응용을 간단히 소개할 것이다. 하나의 종속 변수 x가 포함된 단일 선형 미분방정식에서부터 시작해 보자. 독립 변수는 t이고 일반적으로 시간을 나타낸다. $x' = ax$ 또는 좀 더 자세히 $(d/dt)x(t) = ax(t)$라 하자. 이 방정식의 해의 모임은 $x(t) = ce^{at}$이다. 여기서 c는 임의의 실수이다. 만약 초깃값 $x(0)$이 주어져 있다면 초깃값에 알맞은 변수 c를 설정해야 한다.

두 종속 변수 x_1, x_2를 포함하는 한 쌍의 **선형 미분방정식**은 다음과 같은 형태이다.

$$\begin{cases} x'_1 = a_{11}x_1 + a_{12}x_2 \\ x'_2 = a_{21}x_1 + a_{22}x_2 \end{cases} \tag{9}$$

상수 계수를 가지는 n개의 선형 1차 연립 미분방정식의 일반적인 형태는 간단하게 $\boldsymbol{x}' = \boldsymbol{Ax}$이다. 여기서 $\boldsymbol{A}$는 $n \times n$ 수치 행렬이고 벡터 $\boldsymbol{x}$는 n개의 성분 x_j를 가지고 있다. x_j는 각각 t의 함수이고, 미분은 t에 대한 미분이다. 이를 풀기 위해 앞에서 언급한 $n=1$인 쉬운 경우를 먼저 생각해 보자. $\boldsymbol{x}(t) = e^{\lambda t}\boldsymbol{v}$를 시도할 것이다. 여기서 $\boldsymbol{v}$는 상수 벡터이다. $\boldsymbol{x}$를 미분하면 $\boldsymbol{x}' = \lambda e^{\lambda t}\boldsymbol{v}$이다. 이제 연립방정식은 $\lambda e^{\lambda t}\boldsymbol{v} = \boldsymbol{A}e^{\lambda t}v$, 즉 $\lambda \boldsymbol{v} = \boldsymbol{Av}$가 된다. 이것이 바로 고윳값이 이 과정에 어떻게 들어가는지를 보여주는 부분이다. 따라서 다

음의 결과가 증명되었다.

> **7 정리 선형 미분방정식**
>
> λ가 행렬 $\boldsymbol{A}$의 고윳값, $\boldsymbol{v}$가 그에 상응하는 고유벡터라면 미분방정식 $\boldsymbol{x}' = \boldsymbol{A}\boldsymbol{x}$의 한 근은 $\boldsymbol{x}(t) = e^{\lambda t}\boldsymbol{v}$이다.

응용 : 진동 문제

고윳값-고유벡터 분석은 다양한 미분방정식에 사용될 수 있다. [그림 8.2]와 같이 두 개의 질량[mass]과 세 개의 용수철로 이루어진 시스템을 생각해 보자. 여기서 질량들은 수평 방향으로만 움직이도록 제한되어 있다.

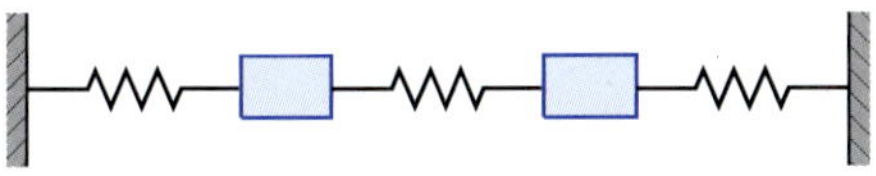

[그림 8.2] 두 개의 질량 진동 문제

이 상황에 대한 운동 방정식을 행렬-벡터 형태로 다음과 같이 나타낼 수 있다.

$$\begin{bmatrix} x''_1 \\ x''_2 \end{bmatrix} = \begin{bmatrix} -\beta & \alpha \\ \alpha & -\beta \end{bmatrix} \begin{bmatrix} x_1 \\ x_2 \end{bmatrix}, \qquad \boldsymbol{x}'' = \boldsymbol{A}\boldsymbol{x} \tag{10}$$

해가 완전하게 진동한다(감쇠[damping]가 없다)는 가정 하에 다음을 얻는다.

$$\boldsymbol{x} = \boldsymbol{v}e^{i\omega t}$$

행렬 형태로 나타내면 다음과 같다.

$$\begin{bmatrix} x_1 \\ x_2 \end{bmatrix} = \begin{bmatrix} v_1 \\ v_2 \end{bmatrix} e^{i\omega t}$$

이를 미분하여 정리하면 다음과 같다.

$$\boldsymbol{x}'' = -\omega^2 \boldsymbol{v}e^{i\omega t} = -\omega^2 \boldsymbol{x}$$

$$\begin{bmatrix} -\beta & \alpha \\ \alpha & -\beta \end{bmatrix} \boldsymbol{x} = -\omega^2 \boldsymbol{x}$$

이는 $\lambda = -\omega^2$인 다음과 같은 고윳값 문제이다.

$$\boldsymbol{A}\boldsymbol{x} = \lambda \boldsymbol{x}$$

고윳값은 다음의 특성 다항식으로부터 구할 수 있다.

$$\mathrm{Det}(\boldsymbol{A} + \omega^2 \boldsymbol{I}) = \det \begin{bmatrix} \omega^2 - \beta & \alpha \\ \alpha & \omega^2 - \beta \end{bmatrix} = 0$$

따라서 다음과 같이 계산할 수 있다.

$$(\omega^2-\beta)^2-\alpha^2=\omega^4-2\beta\omega^2+(\beta^2-\alpha^2)=0$$
$$\omega^2=\frac{1}{2}\left[2\beta\pm\sqrt{4\beta^2-4(\beta^2-\alpha^2)}\,\right]=\beta\pm\alpha$$

상황을 단순화하기 위해 이제 단위 질량과 단위 용수철, 즉 $\beta=2$와 $\alpha=1$로 가정한다. 그러면 다음과 같다.

$$\boldsymbol{A}=\begin{bmatrix}-2 & 1\\ 1 & -2\end{bmatrix}$$

여기서 특성 다항식의 근은 $\omega_1^2=\beta+\alpha=3$, $\omega_2^2=\beta-\alpha=1$이다. 다음으로 고유벡터를 찾을 수 있다. 첫 번째 고윳값에 대해 다음을 얻을 수 있다.

$$(\boldsymbol{A}+\omega_1^2\boldsymbol{I})\,\boldsymbol{v}_1=0 \quad\Rightarrow\quad \begin{bmatrix}1 & 1\\ 1 & 1\end{bmatrix}\begin{bmatrix}v_{11}\\ v_{12}\end{bmatrix}=0$$

$v_{11}=-v_{12}$이므로 고유벡터는

$$\boldsymbol{v}_1=\begin{bmatrix}1\\ -1\end{bmatrix}$$

이다. 두 번째 고유벡터를 구하기 위해 다음과 같이 나타낸다.

$$(\boldsymbol{A}+\omega_2^2\boldsymbol{I})\,\boldsymbol{v}_2=0 \quad\Rightarrow\quad \begin{bmatrix}-1 & 1\\ 1 & -1\end{bmatrix}\begin{bmatrix}v_{21}\\ v_{22}\end{bmatrix}=0$$

$v_{21}=-v_{22}$이므로 고유벡터는

$$\boldsymbol{v}_2=\begin{bmatrix}1\\ 1\end{bmatrix}$$

이다. 따라서 두 질량 시스템의 운동 방정식의 일반해는 다음과 같다.

$$\boldsymbol{x}(t)=c_1\boldsymbol{v}_1e^{i\omega_1 t}+c_2\boldsymbol{v}_1e^{-i\omega_1 t}+c_3\boldsymbol{v}_2e^{i\omega_2 t}+c_4\boldsymbol{v}_2e^{-i\omega_2 t}$$

이 해는 진동수를 제곱한다. 다시 말해 각 진동수는 두 번 사용되었다(한 번은 양수, 한 번은 음수). 미정 계수를 알기 위해서는 초깃값을 사용해야 한다.

8.2 요약

- 고윳값 λ와 고유벡터 x는 식 $\boldsymbol{Ax} = \lambda\boldsymbol{x}$를 만족한다. 고윳값을 계산하는 직접적인 방법은 특성 다항식 $p(\lambda) = \det(\boldsymbol{A} - \lambda\boldsymbol{I}) = 0$의 근을 찾는 것이다. 그런 후, 각각의 고윳값 λ에 대해서 고유벡터는 동차 시스템 $(\boldsymbol{A} - \lambda\boldsymbol{I})x = 0$을 풀어냄으로써 구할 수 있다. 좀 더 세련된 방법으로 고윳값-고유벡터 쌍들을 찾는 여러 소프트웨어 패키지들이 있다.
- 고윳값에 영향을 주는 행렬들의 유용한 성질들이 많이 있다. 예를 들어 $\boldsymbol{A}$가 대칭이거나 헤르미트 행렬일 때 그 고윳값은 실수이다. $\boldsymbol{A}$가 대칭 또는 헤르미트 양의 정부호행렬일 때 그 고윳값은 양수이다.
- 많은 고윳값 프로시저는 삼각 또는 대각행렬을 생성하는 유사성 또는 유니터리 변환을 포함한다.
- 게르시고린 원반은 대략적인 추정값을 찾음으로써 고윳값의 존재 영역을 국소화시키는 데 사용될 수 있다.
- $m \times n$ 행렬 $\boldsymbol{A}$의 **특이값 분해**는 $\boldsymbol{A} = \boldsymbol{UDV}^T$이다. 여기서 $\boldsymbol{D}$는 대각 성분이 특이값인 $m \times n$ 대각행렬, $\boldsymbol{U}$는 $m \times m$ 직교행렬, $\boldsymbol{V}$는 $n \times n$ 직교행렬이다. $\boldsymbol{A}$의 특이값은 $\boldsymbol{A}^T\boldsymbol{A}$의 고윳값의 음이 아닌 제곱근이다.

8.2 연습문제

01 $[i, -1+i]^T$와 $[-i, -1-i]^T$는 [예제 2]의 행렬의 고유벡터인가? 왜 그런지 또는 왜 아닌지를 설명하라.

02 λ가 $\boldsymbol{x}$를 고유벡터로 가지는 실수 행렬의 고윳값이라면 $\bar{\lambda}$도 고유벡터 $\bar{\boldsymbol{x}}$에 대응하는 고윳값임을 보여라(복소수 $z = x + iy$에 대해 그 켤레 복소수는 $\bar{z} = x - iy$로 정의한다.).

03 다음과 같은 행렬을 보라. 행렬 $\boldsymbol{A}$가 벡터를 반시계 방향으로 각 θ만큼 회전시키는 효과를 가지고 있음을 설명하라. 따라서 행렬 $\boldsymbol{A}$는 어떠한 벡터도 그 자신의 상수배로 사상할 수 없음을 설명하라.

$$\boldsymbol{A} = \begin{bmatrix} \cos\theta & -\sin\theta \\ \sin\theta & \cos\theta \end{bmatrix}$$

04 $\boldsymbol{A}$를 $\boldsymbol{A} = \boldsymbol{UDV}^T$와 같은 $m \times n$ 행렬이라 하자. 여기서 $\boldsymbol{U}$와 $\boldsymbol{V}$는 서로 직교한다. $\boldsymbol{D}$는 대각행렬이며 그 성분들은 음수가 아니다. $\boldsymbol{D}$의 대각 성분들이 $\boldsymbol{A}$의 특이값임을 증명하라.

05 $\boldsymbol{A}$, $\boldsymbol{U}$, $\boldsymbol{D}$, $\boldsymbol{V}$는 특이값 분해에서 $\boldsymbol{A} = \boldsymbol{UDV}^T$의 관계를 갖는 행렬들이라 하자. r을 본문과 같이 정의한다. $\boldsymbol{U}_r$은 $\boldsymbol{U}$의 처음 r열로 이루어진 행렬로 정의하자. $\boldsymbol{V}_r$은 $\boldsymbol{V}$의 처음 r열로 이루어진 행렬, $\boldsymbol{D}_r$은 $\boldsymbol{D}$와 동일한 대각 성분을 갖는 $r \times r$ 행렬이라 하자. $\boldsymbol{A} = \boldsymbol{U}_r\boldsymbol{D}_r\boldsymbol{V}_r{}^T$임을 증명하라(이 분해는 특이값 분해의 **경제적인 버전**이라 불린다).

06 $P^2 = P$가 성립할 때 선형 사상 P를 **투영**projection이라 부른다. $n \times n$ 행렬에 대해서도 똑같은 용어를 사용할 수 있다. $\boldsymbol{A}^2 = \boldsymbol{A}$가 투영 성질이다. **피어스 분해**Pierce decomposition $I = A + (I - A)$를 사용하여, $\mathbb{R}^n$의 모든 점이 $\boldsymbol{A}$의 치역range 내의 벡터와 $\boldsymbol{A}$의 영공간null space의 벡터의 합임을 보여라. 투영의 고윳값은 무엇인가?

07 다음 행렬들에 대한 모든 게르시고린 원반을 찾아라. 모든 고윳값을 포함하는 가장 작은 영역을 표시하라.

(a) $\begin{bmatrix} 3 & -1 & 1 \\ 2 & 4 & -2 \\ 3 & -1 & 9 \end{bmatrix}$

(b) $\begin{bmatrix} 3 & 1 & 2 \\ -1 & 4 & -1 \\ 1 & -2 & 9 \end{bmatrix}$

(c) $\begin{bmatrix} 1-i & 1 & i \\ 0 & 2i & 2 \\ 1 & 0 & 2 \end{bmatrix}$

08 (**선다형**) $\boldsymbol{A}$를 $n \times n$의 역행렬을 가지는 (가역) 행렬이라 하자. $\boldsymbol{x}$는 0이 아닌 벡터이며 $\boldsymbol{Ax} = \lambda\boldsymbol{x}$라 가정하자. 다음 중 어떤 식을 이 가정으로부터 얻을 수 없을까?

(a) $\boldsymbol{A}^k\boldsymbol{x} = \lambda^k\boldsymbol{x}$

(b) $k \geq 0$에 대해 $\lambda^{-k}\boldsymbol{x} = (\boldsymbol{A}^{-1})^k\boldsymbol{x}$

(c) 어떤 다항식 p에 대해서도 $p(\boldsymbol{A})\boldsymbol{x} = p(\lambda)\boldsymbol{x}$ 이다.

(d) $\boldsymbol{A}^k\boldsymbol{x} = (1-\lambda)^k\boldsymbol{x}$

09 (선다형) $\boldsymbol{v}$가 단위 길이의 열벡터일 때 어떤 값 s들에 대해 행렬 $\boldsymbol{I} - s\boldsymbol{v}\boldsymbol{v}^*$가 유니터리인가?

(a) $0, 1$ (b) $0, 2$

(c) $1, 2$ (d) $0, \sqrt{2}$

(e) 이 중 어떤 것도 아니다.

10 (선다형) $\boldsymbol{U}$와 $\boldsymbol{V}$는 $n \times n$ 유니터리 행렬이며 복소수일 수도 있다. 다음 중 옳지 않은 결론은 어느 것인가?

(a) $(\boldsymbol{U} + \boldsymbol{V})$는 유니터리이다.

(b) $\boldsymbol{U}^*$는 유니터리이다.

(c) $\boldsymbol{U}\boldsymbol{V}$는 유니터리이다.

(d) $\boldsymbol{v}$가 열벡터, $\|\boldsymbol{v}\| = \sqrt{2}$ 일 때 $\boldsymbol{U} - \boldsymbol{v}\boldsymbol{v}^*$는 유니터리이다.

(e) 이 중 어떤 것도 옳지 않다.

11 (선다형) 어떤 주장이 참인가?

(a) 모든 $n \times n$ 행렬은 n개의 구분된(서로 다른) 고윳값을 갖는다.

(b) 실수 행렬의 고윳값은 실수이다.

(c) $\boldsymbol{U}$가 유니터리 행렬이면 $\boldsymbol{U}^* = \boldsymbol{U}^T$이다.

(d) 정사각행렬과 그 전치행렬은 동일한 고윳값을 갖는다.

(e) 이 중 어떤 것도 옳지 않다.

12 (선다형) 다음 대칭행렬을 보라. 행렬 $\boldsymbol{A}$의 모든 고윳값을 포함하는 가장 작은 구간은 무엇인가? 게르시고린의 정리로부터 유도하라.

$$\boldsymbol{A} = \begin{bmatrix} 1 & 3 & 4 & -1 \\ 3 & 7 & -6 & 1 \\ 4 & -6 & 3 & 0 \\ -1 & 1 & 0 & 5 \end{bmatrix}$$

(a) $[-7, 9]$ (b) $[-7, 13]$

(c) $[3, 7]$ (d) $[-3, 17]$

(e) 이 중 어느 것도 아니다.

13 (참/거짓 문제) 게르시고린의 정리는 $n \times n$ 행렬 $\boldsymbol{A}$의 모든 고윳값이 반드시 다음의 부등식 중 하나를 만족해야 한다고 주장한다.

$$|\lambda - a_{ii}| \leq \sum_{\substack{j=1 \\ j \neq i}}^{n} |a_{ij}| \quad (1 \leq i \leq n)$$

14 (참/거짓 문제) 슈어의 정리의 결론은 모든 정사각행렬 $\boldsymbol{A}$가 $\boldsymbol{A} = \boldsymbol{P}\boldsymbol{T}\boldsymbol{P}^{-1}$로 분해될 수 있다는 것이다. 여기서 $\boldsymbol{P}$는 정칙행렬이고, $\boldsymbol{T}$는 상삼각행렬이다.

15 (참/거짓 문제) 슈어의 정리의 결론은 모든 (실수) 대칭행렬 $\boldsymbol{A}$가 $\boldsymbol{A} = \boldsymbol{P}\boldsymbol{D}\boldsymbol{P}^{-1}$의 형태로 분해될 수 있다는 것이다. 여기서 $\boldsymbol{P}$는 유니터리, $\boldsymbol{D}$는 대각행렬이다.

16 $\boldsymbol{U}^T\boldsymbol{U} = \boldsymbol{I}$일 때 왜 모든 행렬 $\boldsymbol{B}$에 대해서 $\|\boldsymbol{U}\boldsymbol{B}\|_2 = \|\boldsymbol{B}\|_2$인지를 설명하라.

17 다음 행렬을 보라. $\boldsymbol{A}$와 $\boldsymbol{A}^T$의 게르시고린 원반을 복소평면에 그래프로 그리고 고윳값들의 위치를 표시하라.

$$\boldsymbol{A} = \begin{bmatrix} 4 & -\frac{1}{2} & 0 \\ \frac{3}{5} & 5 & -\frac{3}{5} \\ 0 & \frac{1}{2} & 3 \end{bmatrix}$$

18 $\boldsymbol{A}$의 음수 성분들을 양수로 바꾼 행렬을 $\boldsymbol{B}$라 하자. $\boldsymbol{B}$에 대해서 앞 문제와 동일한 과정을 반복하라.

19 다음의 행렬에 대해서 앞의 과정을 반복하라.

$$\boldsymbol{C} = \begin{bmatrix} 4 & 0 & -2 \\ 1 & 2 & 0 \\ 1 & 1 & 9 \end{bmatrix}$$

20 다음 행렬의 슈어 분해를 찾아라.

$$\boldsymbol{A} = \begin{bmatrix} 5 & 7 \\ -2 & -4 \end{bmatrix}$$

8.2 컴퓨터 연습문제

01 MATLAB, Maple, Mathematica 또는 다른 가능한 컴퓨터 프로그램을 사용하여 다음 행렬들의 고윳값과 고유벡터를 구하라.

(a) $A = \begin{bmatrix} 1 & 7 \\ 2 & -5 \end{bmatrix}$

(b) $\begin{bmatrix} 4 & -7 & 3 & 2 & 3 \\ 1 & 6 & 11 & -1 & 2 \\ 5 & -5 & -2 & -4 & 1 \\ 9 & -3 & 1 & 6 & 5 \\ 3 & 2 & 5 & -5 & 1 \end{bmatrix}$

(c) $n = 12$이며 $i \le j$일 때 $a_{ij} = i/j$, $i > j$일 때 $a_{ij} = j/i$라 하자. 고윳값을 구하라.

(d) 3중 대각 구조를 가지며 각 행에 0이 아닌 성분 $(-1, 2, -1)$이 있는 $n \times n$ 행렬을 만들어라. $n = 5$, 20인 경우에 대하여 모든 고윳값을 찾고, 그 고윳값이 $2 - 2\cos(j\pi/(n+1))$임을 확인하라.

(e) 임의의 양의 정수 n에 대해 상삼각 부분이 다음과 같은 형태를 가진 대칭행렬 A를 형성하라. A의 고윳값은 $1/\{2 - 2\cos[(2i-1)\pi/(2n+1)]\}$이다. $n = 30$일 때의 결과를 수치적으로 확인하라.

$$\begin{bmatrix} n & n-1 & n-2 & n-3 & \cdots & 2 & 1 \\ & n-1 & n-2 & n-3 & \cdots & 2 & 1 \\ & & n-2 & n-3 & \cdots & 2 & 1 \\ & & & \ddots & \cdots & \vdots & \vdots \\ & & & & \ddots & 2 & 1 \\ & & & & & 2 & 1 \\ & & & & & & 1 \end{bmatrix}$$

02 컴퓨터에서 MATLAB을 써서 **eig** 명령어를 직접 사용하고, **poly**와 **roots** 명령어를 사용하여 무작위로 생성한 100×100 행렬의 고윳값을 계산하라. 시간 함수timing function를 사용하여 각각의 경우의 CPU 시간을 구하라.

03 다항식 p가 정수 $1, 2, \cdots, 20$을 근으로 가지는 20차 다항식이라 하자. 다음과 같이 이 다항식의 일반적인 거듭제곱 형태를 찾아라. 다음으로 소위 **동반 행렬**companion matrix이라 불리는 행렬을 형성하라. 동반 행렬은 20×20 행렬로 초대각선superdiagonal에 있는 모든 1을 제외한 나머지 부분은 모두 0이고, 계수 $-a_0, -a_1, \cdots, -a_{19}$는 가장 아래의 행에 위치한다. 이 행렬의 고윳값을 찾고 그 과정에서 만나게 되는 어려움들을 설명하라.

$$p(t) = t^{20} + a_{19}t^{19} + a_{18}t^{18} + \cdots + a_0$$

04 (**학생 연구 프로젝트**) 고윳값과 고유벡터를 계산하는 몇 가지 현대적인 방법을 조사하라.

05 (**학생 연구 프로젝트**) 케일리-해밀턴 정리를 실험하라. 이 정리는 모든 정사각행렬이 그 자신의 특성 다항식을 만족한다고 주장한다. 이를 MATLAB 또는 다른 수학 소프트웨어 시스템을 이용하여 수치적으로 확인하라. 사이즈가 3, 6, 9, 12, 15인 행렬들을 사용하고, 어떤 놀라운 점이 있는지 설명하라. 만약 높은 정밀도 계산이 가능하다면 그 방식을 사용하라. MATLAB은 15자리 정확도를 제공한다.

06 (**학생 연구 프로젝트**) QR 알고리즘과 행렬의 특이값 분해를 실험하라(이때, MATLAB과 같은 소프트웨어를 사용하라). 다음과 같이 식 $\boldsymbol{Ax} = \boldsymbol{b}$의 네 가지 유형에 대한 예제를 시도하라.

(a) 시스템이 유일한 해를 갖는다.

(b) 시스템이 수많은 해를 갖는다.

(c) 시스템이 불완전하지만 유일한 최소 제곱 해를 갖는다.

(d) 시스템이 불완전하고 무수히 많은 최소 제곱 해를 갖는다.

07 다음에 주어진 행렬 각각에 대해 MATLAB, Maple, Mathematica와 같은 수학 소프트웨어를 사용해 특성 다항식을 통하여 고윳값을 계산하고, 행렬의 영공간을 통해 고유벡터를 계산하라. 고윳값과 고유벡터를 직접 계산하라.

(a) $\begin{bmatrix} 3 & 2 \\ 7 & -1 \end{bmatrix}$

(b) $\begin{bmatrix} 1 & 3 & -7 \\ -3 & 4 & 1 \\ 2 & -5 & 3 \end{bmatrix}$

08 MATLAB, Maple, Mathematica와 같은 수학 소프트웨어를 사용하여 무작위로 생성된 성분을 지닌 1000×1000 행렬의 모든 고윳값을 계산하는 데 걸리는 실행 시간을 구하라.

09 MATLAB, Maple, Mathematica와 같은 수학 소프트웨어를 사용하여 다음의 복소 행렬의 슈어 분해를 계산하고, 슈어의 정리와 그 따름정리들을 통해 결과를 확인하라.

(a) $\begin{bmatrix} 3-i & 2-i \\ 2+i & 3+i \end{bmatrix}$

(b) $\begin{bmatrix} 2+i & 3+i \\ 3-i & 2-i \end{bmatrix}$

(c) $\begin{bmatrix} 2-i & 2+i \\ 3-i & 3+i \end{bmatrix}$

10 MATLAB, Maple, Mathematica와 같은 수학 소프트웨어를 사용하여 다음 행렬들의 특이값 분해를 계산하고, 각각의 결과들이 식 $A = UDV^T$를 만족함을 확인하라. 대각행렬 $D = U^T AV$를 생성해서 그 결과를 확인하라(항상 이 방법을 추천한다). 혹자는 이 계산에서 반올림 오차의 영향을 볼 수 있을 것이다. 왜냐하면 D의 대각 성분을 제외한 성분들은 이론적으로는 0이기 때문이다.

(a) $\begin{bmatrix} 1 & 1 \\ 0 & 1 \\ 1 & 0 \end{bmatrix}$ (b) $\begin{bmatrix} 1 & 3 & -2 \\ 2 & 7 & 5 \\ -2 & -3 & 4 \\ 5 & -3 & -2 \end{bmatrix}$

11 다음 행렬을 보라. 소프트웨어를 사용하지 않고, 이 행렬의 고윳값과 그에 상응하는 고유벡터를 찾아라. 이 예제는 그레고리 Gregory와 카니 Karney[1969]에서 발췌한 것이다.

$$A = \begin{bmatrix} 5 & 4 & 1 & 1 \\ 4 & 5 & 1 & 1 \\ 1 & 1 & 4 & 2 \\ 1 & 1 & 2 & 4 \end{bmatrix}$$

힌트 : 답은 정수일 수 있다.

12 다음 행렬들의 특이값 분해를 찾아라.

(a) $[2 \;\; 1 \;\; -2]$

(b) $\begin{bmatrix} 3 \\ 4 \end{bmatrix}$

(c) $\begin{bmatrix} -\frac{5}{2}+3\sqrt{3} & \frac{5}{2}\sqrt{3}+3 \end{bmatrix}$

(d) $\begin{bmatrix} 2 & 2 & 2 & 2 \\ \frac{17}{10} & \frac{1}{10} & -\frac{17}{10} & -\frac{1}{10} \\ \frac{3}{5} & \frac{9}{5} & -\frac{3}{5} & -\frac{9}{5} \end{bmatrix}$

(e) $\begin{bmatrix} \frac{7}{2}-\frac{13}{6}\sqrt{6} & \frac{7}{2}+\frac{13}{6}\sqrt{6} \\ -\frac{7}{2}-\frac{13}{6}\sqrt{6} & -\frac{7}{2}+\frac{13}{6}\sqrt{6} \\ -\frac{13}{6}\sqrt{6} & \frac{13}{6}\sqrt{6} \end{bmatrix}$

13 다음 행렬 B의 고윳값과 특이값, 조건수를 찾아라.

$$B = \begin{bmatrix} -149 & -50 & -154 \\ 537 & 180 & 546 \\ -27 & -9 & -25 \end{bmatrix}$$

8.3 누승법

수학적 유도

누승법 power method 이라 불리는 프로시저는 주어진 행렬의 고윳값을 계산하는 데 사용될 수 있다. 이 방법은 제대로 된 환경 하에서 주어진 행렬의 고윳값으로 수렴하는 수열을 생성하는 반복 과정의 한 예이다.

A가 $n \times n$ 행렬이고, 이 행렬의 고윳값(값을 모르는)이 다음의 성질을 가진다고 가정하자.

$$|\lambda_1| > |\lambda_2| \geq |\lambda_3| \geq \cdots \geq |\lambda_n|$$

고윳값

이 가정에서 등호가 없는 첫 번째 부등호에 주목하자. 그것을 제외하고는 절댓값의 내림차순으로 고윳값을 단순하게 배열하였다(이는 단지 표기법의 문제이다). 각각의 고윳값은 0이 아닌 고유벡터 $u^{(i)}$를 가지며,

$$Au^{(i)} = \lambda_i u^{(i)} \qquad (i = 1, 2, \cdots, n) \tag{1}$$

고유벡터

이다. n개의 고유벡터 $\{u^{(1)}, u^{(2)}, \cdots, u^{(n)}\}$으로 이루어진 선형 독립 집합이 있다고 가정하자. 이는 반드시 $\mathbb{C}^n$의 기저이다.

이제 가장 큰 절댓값을 가진 단일한 고윳값(**지배적인 고윳값** dominant eigenvalue)과 그에 상응하는 고유벡터를 계산하려 한다. 임의의 시작 벡터 $x^{(0)} \in \mathbb{C}^n$을 선택하고 이를 고유벡터

$\boldsymbol{u}^{(1)}, \boldsymbol{u}^{(2)}, \cdots, \boldsymbol{u}^{(n)}$의 선형결합으로 나타낸다.

$$\boldsymbol{x}^{(0)} = c_1\boldsymbol{u}^{(1)} + c_2\boldsymbol{u}^{(2)} + \cdots + c_n\boldsymbol{u}^{(n)}$$

선형 결합

이 식에서 반드시 $c_1 \neq 0$이라 가정해야 한다. 계수들이 벡터 $\boldsymbol{u}^{(i)}$에 흡수될 수 있으므로 일반성의 손실 없이 다음과 같이 가정할 수 있다.

$$\boldsymbol{x}^{(0)} = \boldsymbol{u}^{(1)} + \boldsymbol{u}^{(2)} + \cdots + \boldsymbol{u}^{(n)} \tag{2}$$

그러면 반복적으로 행렬-벡터 곱셈을 수행하고, 행렬 $\boldsymbol{A}$를 사용해 벡터 수열을 생성할 수 있다. 특히 다음을 얻을 수 있다.

$$\begin{cases} \boldsymbol{x}^{(1)} = \boldsymbol{A}\boldsymbol{x}^{(0)} \\ \boldsymbol{x}^{(2)} = \boldsymbol{A}\boldsymbol{x}^{(1)} = \boldsymbol{A}^2\boldsymbol{x}^{(0)} \\ \boldsymbol{x}^{(3)} = \boldsymbol{A}\boldsymbol{x}^{(2)} = \boldsymbol{A}^3\boldsymbol{x}^{(0)} \\ \quad\vdots \\ \boldsymbol{x}^{(k)} = \boldsymbol{A}\boldsymbol{x}^{(k-1)} = \boldsymbol{A}^k\boldsymbol{x}^{(0)} \\ \quad\vdots \end{cases}$$

벡터 수열

일반적으로 다음이 성립한다.

$$\boldsymbol{x}^{(k)} = \boldsymbol{A}^k\boldsymbol{x}^{(0)} \qquad (k = 1, 2, 3, \cdots)$$

식 (2)에 $\boldsymbol{x}^{(0)}$을 대입하면 식 (1)을 이용해서

$$\begin{aligned} \boldsymbol{x}^{(k)} &= \boldsymbol{A}^k\boldsymbol{x}^{(0)} \\ &= \boldsymbol{A}^k\boldsymbol{u}^{(1)} + \boldsymbol{A}^k\boldsymbol{u}^{(2)} + \boldsymbol{A}^k\boldsymbol{u}^{(3)} + \cdots + \boldsymbol{A}^k\boldsymbol{u}^{(n)} \\ &= \lambda_1^k\boldsymbol{u}^{(1)} + \lambda_2^k\boldsymbol{u}^{(2)} + \lambda_3^k\boldsymbol{u}^{(3)} + \cdots + \lambda_n^k\boldsymbol{u}^{(n)} \end{aligned}$$

을 얻는다. 이는 다음 형태로 표현될 수 있다.

$$\boldsymbol{x}^{(k)} = \lambda_1^k\left[\boldsymbol{u}^{(1)} + \left(\frac{\lambda_2}{\lambda_1}\right)^k\boldsymbol{u}^{(2)} + \left(\frac{\lambda_3}{\lambda_1}\right)\boldsymbol{u}^{(3)} + \cdots + \left(\frac{\lambda_n}{\lambda_1}\right)^k\boldsymbol{u}^{(n)}\right]$$

$j > 1$일 때 $|\lambda_1| > |\lambda_j|$이므로, $\left|\dfrac{\lambda_j}{\lambda_1}\right| < 1$과 $k \to \infty$일 때 $(\lambda_j/\lambda_1)^k \to 0$을 얻는다. 표기를 단순화하기 위해 앞의 식을 다음과 같은 형태로 쓴다.

$$\boldsymbol{x}^{(k)} = \lambda_1^k\left[\boldsymbol{u}^{(1)} + \boldsymbol{\varepsilon}^{(k)}\right] \tag{3}$$

여기서 $k \to \infty$일 때 $\boldsymbol{\varepsilon}^{(k)} \to 0$이다. φ가 임의의 복소수 값을 가지는 $\mathbb{C}^n$의 선형 함수로 $\varphi(\boldsymbol{u}^{(1)}) \neq 0$을 만족한다고 하자. 스칼라 a, b와 벡터 $\boldsymbol{x}$, $\boldsymbol{y}$에 대해 $\varphi(a\boldsymbol{x} + b\boldsymbol{y}) = a\varphi(\boldsymbol{x}) + b\varphi(\boldsymbol{y})$일 때 φ가 **선형 함수**임을 상기하라. 예를 들면 고정된 $j\,(1 \leq j \leq n)$에 대해서 $\varphi(\boldsymbol{x}) = x_j$는 선형 함수이다. 이제 식 (3)으로 돌아가서 φ를 그 식에 적용하자.

선형 함수

$$\varphi(\boldsymbol{x}^{(k)}) = \lambda_1^k\left[\varphi(\boldsymbol{u}^{(1)}) + \varphi(\boldsymbol{\varepsilon}^{(k)})\right]$$

다음으로 비율 $r_1, r_2, \cdots$를 다음과 같이 형성한다.

$$r_k \equiv \frac{\varphi(\boldsymbol{x}^{(k+1)})}{\varphi(\boldsymbol{x}^{(k)})} = \lambda_1 \left[\frac{\varphi(\boldsymbol{u}^{(1)}) + \varphi(\boldsymbol{\varepsilon}^{(k+1)})}{\varphi(\boldsymbol{u}^{(1)}) + \varphi(\boldsymbol{\varepsilon}^{(k)})} \right] \to \lambda_1 \qquad (k \to \infty \text{일 때})$$

지배적인 고윳값으로 수렴하는 비율

따라서 수열 $\{r_k\}$의 수렴값을 통해 지배적인 고윳값 λ_1을 계산할 수 있다. 조금 더 신경 쓰면, 그에 상응하는 고유벡터도 얻을 수 있다. 식 (2)에서의 벡터 $\boldsymbol{x}^{(k)}$의 정의에는 벡터가 커지거나 0으로 수렴하는 것을 막아주는 어떠한 것도 없었다. 이어서 제시할 유사코드 중 하나에서처럼, 정규화가 이 문제를 해결해 줄 것이다.

누승법 유사코드

여기에 주어진 행렬 A의 지배적인 고윳값과 그에 상응하는 고유벡터를 계산하는 유사코드를 제시한다. 각 알고리즘에서 φ는 사용자에 의해 선택된 선형 함수이다. 예를 들면 $\varphi(x) = x_1$(벡터의 첫 번째 성분)을 사용할 수도 있다.

누승법 유사코드

```
integer k, kmax, n;   real r
real array (A)1:n×1:n, (x)1:n, (y)1:n
external function φ
output 0, x
for k = 1 to kmax
    y ← Ax
    r ← φ(y)/φ(x)
    x ← y
    output k, x, r
end for
```

다음과 같은 간단한 2×2 행렬을 통해 [그림 8.3]과 같이 누승법을 기하학적으로 설명해 보자.

$$\boldsymbol{A} = \begin{bmatrix} 3 & 1 \\ 1 & 3 \end{bmatrix}$$

분명히 고윳값은 $\lambda_1 = 2$, $\lambda_2 = 4$이고, 고유벡터들은 각각 $\boldsymbol{v}^{(1)} = [-1, 1]^T$, $\boldsymbol{v}^{(2)} = [1, 1]^T$이다. $\boldsymbol{x}^{(0)} = [0, 1]^T$에서 시작하면 누승법은 반복적으로 행렬 $\boldsymbol{A}$에 벡터를 곱한다. 이 과정은 벡터 수열 $\boldsymbol{x}^{(1)}$, $\boldsymbol{x}^{(2)}$ 등을 생성하면서 지배적인 고윳값 $\lambda_2 = 4$에 상응하는 고유벡터 $\boldsymbol{v}^{(2)}$의 방향으로 서서히 이동한다.

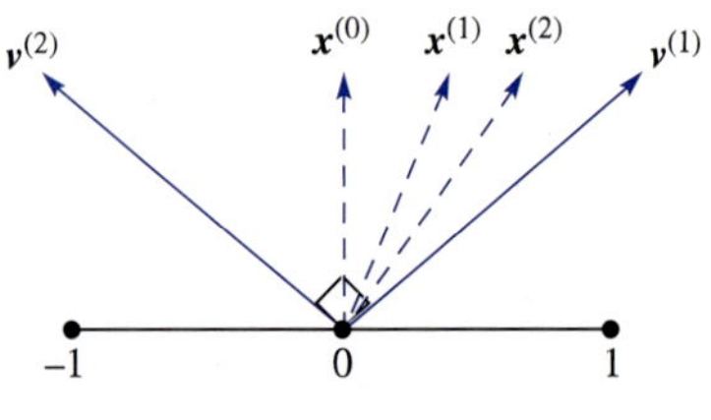

[그림 8.3] 2차원에서의 누승법 설명

다음 코드와 같이 무한 벡터 노름 $\|\boldsymbol{x}\|_\infty = \max_{1\le j\le n}|x_j|$를 사용해서 정규화한 고유벡터를 생성하도록 이 알고리즘을 쉽게 수정할 수 있다.

정규화한 누승법 유사코드

```
integer k, kmax, n;    real r
real array (A)1:n×1:n, (x)1:n, (y)1:n
external function φ
output 0, x
for k = 1 to kmax
    y ← Ax
    r ← φ(y)/φ(x)
    x ← y/||y||∞
    output k, x, r
end for
```

에이트켄 가속

다음의 **에이트켄 가속**Aitken acceleration 공식을 통해 주어진 수열 $\{r_k\}$로부터 또 다른 수열 $\{s_k\}$를 만들 수 있다.

에이트켄 가속

$$s_k = r_k - \frac{(r_k - r_{k-1})^2}{r_k - 2r_{k-1} + r_{k-2}} \qquad (k \ge 3)$$

원래의 수열 $\{r_k\}$가 r로 수렴하고 특정한 다른 조건을 만족한다면, 새로운 수열 $\{s_k\}$는 원래 수열보다 더 빨리 r에 수렴한다. 뺄셈에 의한 상쇄는 최종적으로 결과를 망칠 수 있기 때문에 에이트켄 가속 과정은 값이 명백히 변동이 없는 상태에 도달한 후 바로 멈춰야 한다.

예제 1 **수정한 누승법 알고리즘과 에이트켄 가속을 사용하여 다음과 같이 주어진 행렬 A의 지배적인 고윳값과 고유벡터를 찾아라. 여기서 벡터 $x^{(0)}$와 $\varphi(x)$는 다음과 같이 주어져 있다.**

$$\boldsymbol{A} = \begin{bmatrix} 6 & 5 & -5 \\ 2 & 6 & -2 \\ 2 & 5 & -1 \end{bmatrix}, \quad \boldsymbol{x}^{(0)} = \begin{bmatrix} -1 \\ 1 \\ 1 \end{bmatrix}, \quad \varphi(\boldsymbol{x}) = x_2$$

풀이

에이트켄 가속과 수정한 누승법을 코딩한 후 실행해 보면 다음의 결과들을 얻을 수 있다.

컴퓨터 결과

$\boldsymbol{x}^{(0)} = [-1.0000, 1.0000, 1.0000]^T$

$\boldsymbol{x}^{(1)} = [-1.0000, 0.3333, 0.3333]^T \qquad r_0 = 2.0000$

$\boldsymbol{x}^{(2)} = [-1.0000, -0.1111, -0.1111]^T \qquad r_1 = -2.0000$

$\boldsymbol{x}^{(3)} = [-1.0000, -0.4074, -0.4074]^T \qquad r_2 = 22.0000$

$\boldsymbol{x}^{(4)} = [-1.0000, -0.6049, -0.6049]^T \qquad r_3 = 8.9091 \qquad s_3 = 13.5294$

$$\boldsymbol{x}^{(5)} = [-1.0000, -0.7366, -0.7366]^T \qquad r_4 = 7.3061 \qquad s_4 = 7.0825$$

$$\boldsymbol{x}^{(6)} = [-1.0000, -0.8244, -0.8244]^T \qquad r_5 = 6.7151 \qquad s_5 = 6.3699$$

$$\vdots \qquad\qquad\qquad\qquad \vdots \qquad\qquad \vdots$$

$$\boldsymbol{x}^{(14)} = [-1.0000, -0.9931, -0.9931]^T \qquad r_{13} = 6.0208 \qquad s_{13} = 6.0005$$

에이트켄 가속 수열 s_k는 수열 $\{r_k\}$보다 상당히 빨리 수렴한다. 실제 지배적인 고윳값과 그에 상응하는 고유벡터는 $\lambda_1 = 6$, $\boldsymbol{u}^{(1)} = [1, 1, 1]^T$이다.

수정한 누승법의 코딩은 매우 간단하므로 실제 실행은 연습문제로 남겨둔다. 또한 벡터의 정규화를 위해 무한 노름 infinity-norm을 사용했다. 최종 벡터와 고윳값의 근삿값은 소수점 아래 15자리까지 표시된다.

이러한 문제에서는 계산한 답을 독립적으로 입증할 수 있는 방법을 항상 찾게 된다. 여기서는 간단히 $\boldsymbol{Ax}$를 계산해서 그 값이 $s_{14}\boldsymbol{x}$의 값과 일치하는지를 확인하면 된다. 코드에서 마지막 몇몇 명령어는 이러한 대략적인 확인을 위한 것으로 아마도 이 코드에서는 s_{14}를 고윳값의 가장 좋은 근삿값으로 택하고 마지막 $\boldsymbol{x}$ 벡터를 고유벡터의 가장 좋은 근사로 택한 것이다. 14단계 후의 결과는 그다지 정확하지 않다. 더 나은 정확도를 위해 80단계를 택해 보자!

역누승법 inverse power method

수정한 누승법을 이용하면 행렬의 다른 고윳값도 계산하는 게 가능하다. 예를 들어 $\boldsymbol{A}$가 역행렬을 가진다면 아래의 논리적 동치 조건에 주목함으로써 가장 작은 크기의 고윳값도 계산할 수 있다.

$$\boldsymbol{Ax} = \lambda \boldsymbol{x} \iff \boldsymbol{x} = \boldsymbol{A}^{-1}(\lambda \boldsymbol{x}) \iff \boldsymbol{A}^{-1}\boldsymbol{x} = \frac{1}{\lambda}\boldsymbol{x}$$

따라서 $\boldsymbol{A}$의 가장 작은 크기의 고윳값은 $\boldsymbol{A}^{-1}$의 가장 큰 고윳값의 역수이다. 따라서 $\boldsymbol{A}^{-1}$에 누승법을 적용하여 그 결과에 역수를 취함으로써 이를 계산할 수 있다.

일반적인 순서를 고려하여 $\boldsymbol{A}$가 단일의 가장 작은 고윳값 λ_n를 가진다고 가정하자.

$$|\lambda_1| \geq |\lambda_2| \geq |\lambda_3| \geq \cdots \geq |\lambda_{n-1}| > |\lambda_n| > 0$$

역누승법으로 가장 작은 고윳값 계산하기

이로부터 $\boldsymbol{A}$가 역행렬을 가진다는 사실을 알 수 있다(왜 그럴까?). $\boldsymbol{A}^{-1}$의 고윳값은 $1 \leq j \leq n$에 대해 λ_j^{-1}이다. 그러므로 다음을 얻는다.

$$|\lambda_n^{-1}| > |\lambda_{n-1}^{-1}| \geq \cdots \geq |\lambda_1^{-1}| > 0$$

행렬 $\boldsymbol{A}^{-1}$의 지배적인 고윳값 λ_n^{-1}을 계산하기 위해 $\boldsymbol{A}^{-1}$에 누승법을 사용해 보자. λ_n^{-1}의 역수가 우리가 구하고자 하는 $\boldsymbol{A}$의 고윳값이다. $\boldsymbol{A}^{-1}$를 계산할 필요가 없다는 점을 주목해

야 한다. 왜냐하면 다음의 두 식

$$\begin{aligned} \boldsymbol{x}^{(k+1)} &= \boldsymbol{A}^{-1}x^{(k)} \\ \boldsymbol{A}\boldsymbol{x}^{(k+1)} &= \boldsymbol{x}^{(k)} \end{aligned}$$

이 동치이므로 후자의 선형 시스템을 계산함으로써 벡터 $\boldsymbol{x}^{(k+1)}$을 더 쉽게 계산할 수 있기 때문이다. 이를 위해서는 우선 $\boldsymbol{A}$의 $\boldsymbol{LU}$ 분해인 $\boldsymbol{A}=\boldsymbol{LU}$를 먼저 구한다. 그리고 우변을 반복적으로 업데이트한 후 되돌아와서 다음을 풀어 $\boldsymbol{x}^{(1)}, \boldsymbol{x}^{(2)}, \cdots$를 얻는다.

$$\boldsymbol{U}\boldsymbol{x}^{(k+1)} = \boldsymbol{L}^{-1}\boldsymbol{x}^{(k)}$$

예제 2 **다음 행렬의 가장 작은 고윳값과 그에 상응하는 고유벡터를 계산하라.**

$$\boldsymbol{A} = \frac{1}{3}\begin{bmatrix} -154 & 528 & 407 \\ 55 & -144 & -121 \\ -132 & 396 & 318 \end{bmatrix}$$

이때 다음의 초기 벡터와 선형 함수를 사용하라.

$$\boldsymbol{x}^{(0)} = [1, 2, 3]^T, \qquad \varphi(\boldsymbol{x}) = x_2$$

풀이

연속적인 $\boldsymbol{x}$를 생성하기 위해 쉬운 길을 택해서 $\boldsymbol{A}$의 역행렬을 사용하기로 하자. 실제 구현은 연습으로 남겨둔다. 비율 r_k가 저장되고 일단 계산이 완료되면 에이트켄 가속 값 s_k를 계산한다. 마지막에 이 비율의 극한값의 역수가 필요하다는 점을 유념하자. 따라서 코드의 각 단계에서의 역수를 사용하는 것이 더 쉽다. 그러므로 $r_k = y_2/x_2$가 아닌 $r_k = x_2/y_2$를 보게 될 것이고, 이 비율이 $\boldsymbol{A}$의 가장 작은 고윳값으로 수렴할 것이다. 80단계 후의 최종적인 결과는 다음과 같다.

$$\begin{aligned} \boldsymbol{x} &= [0.26726101285547, -0.53452256017715, 0.80178375118802]^T \\ s_{80} &= 3.33333333343344 \end{aligned}$$

$\boldsymbol{x}$의 각 성분을 첫 번째 성분으로 나누면 그 결과는 다음과 같다.

$$\boldsymbol{x} = [1.0, -2.00000199979120, 3.00000266638827]^T$$

실제 고윳값은 $\frac{10}{3}$, 고유벡터는 $[1, -2, 3]^T$이다. $\boldsymbol{A}\boldsymbol{x}$와 $s_{80}\boldsymbol{x}$ 간의 차이는 약 2.6×10^{-6}이다.

예제 : 역누승법

다음과 같은 간단한 예제

$$A = \begin{bmatrix} 6 & 5 & -5 \\ 2 & 6 & 2 \\ 2 & 5 & -1 \end{bmatrix} \tag{4}$$

에 수학 소프트웨어를 사용하여 $\boldsymbol{A}^{-1}$를 먼저 얻고, 그 다음에 누승법을 사용할 수 있다(다른 문제를 풀기 위해 [예제 1]의 행렬 $\boldsymbol{A}$에서 한 성분을 바꿨다). 코드의 구현은 연습으로 남겨둔다. 코드에서 r은 원래 누승법에서의 r의 역수이다. 따라서 계산의 마지막에서 r은 $\boldsymbol{A}$의 고윳값 중 절댓값이 가장 작은 것이어야 한다. 예정한 30단계 후에 $r = 0.214$, $\boldsymbol{x} = [0.7916, 0.5137, 0.3308]^T$를 구한다. 언제나처럼 이 결과는 $\boldsymbol{Ax}$와 $r\boldsymbol{x}$를 독립적으로 계산해봄으로써 확인할 수 있다(이 두 값이 같아야 한다).

방금 묘사한 이 방법이 바로 **역누승법**이다. 더 큰 예제에서 연속적인 벡터는 $\boldsymbol{A}^{-1}$을 통해서가 아니라, $\boldsymbol{y}$에 대해 식 $\boldsymbol{Ay} = \boldsymbol{x}$를 풀어 계산되어야 한다. MATLAB, Maple, Mathematica와 같은 수학 소프트웨어 시스템에서 이 과정은 단일 명령어로 수행될 수 있다. 대안으로는 $\boldsymbol{A}$의 $\boldsymbol{LU}$ 분해를 얻어서 $\boldsymbol{Lz} = \boldsymbol{x}$와 $\boldsymbol{Uy} = \boldsymbol{z}$를 푸는 방법이 있다.

위 예제에서는 두 개의 고윳값이 복소수이다. 행렬이 실수 행렬이므로 두 고윳값들은 $\alpha + \beta i$와 $\alpha - \beta i$ 형태의 켤레 쌍이어야 한다. 두 고윳값의 절댓값은 같다. 따라서 이는 누승법의 수렴성 증명이 요구하는 $|\lambda_1| > |\lambda_2|$ 가정에 위배된다. $\boldsymbol{A}$에 누승법을 적용하면 어떤 일이 일어날까? k가 26에서 30 사이일 때 r의 값은 0.76, −53.27, 8.86, 2.69, −9.42이다. 컴퓨터를 이용한 코드의 구현은 연습문제로 남겨둔다.

이동한 (역)누승법

행렬의 (최댓값과 최솟값 외의) 다른 고윳값은 다음과 같이 논리적 동치 식들을 활용하여 계산할 수 있다.

$$\boldsymbol{Ax} = \lambda\boldsymbol{x} \;\Leftrightarrow\; (\boldsymbol{A} - \mu\boldsymbol{I})\boldsymbol{x} = (\lambda - \mu)\boldsymbol{x} \;\Leftrightarrow\; (\boldsymbol{A} - \mu\boldsymbol{I})^{-1}\boldsymbol{x} = \frac{1}{\lambda - \mu}\boldsymbol{x}$$

주어진 수 μ에 가까운 $\boldsymbol{A}$의 고윳값을 계산하고자 한다면 $(\boldsymbol{A} - \mu\boldsymbol{I})$에 역누승법을 적용하고 r의 극한값에 역수를 취하면 된다. 이것이 바로 $(\lambda - \mu)$일 것이다.

또한 주어진 수 μ로부터 가장 멀리 떨어진 $\boldsymbol{A}$의 고윳값도 계산할 수 있다. 행렬 $\boldsymbol{A}$의 한 고윳값 λ_j에 대해 다음이 성립한다고 가정하자.

$$|\lambda_j - \mu| > \varepsilon, \quad 0 < |\lambda_i - \mu| < \varepsilon \qquad (\text{모든 } i \neq j\text{에 대해})$$

이동한[shifted] 행렬 $(\boldsymbol{A} - \mu\boldsymbol{I})$를 생각하자. 이동한 행렬 $(\boldsymbol{A} - \mu\boldsymbol{I})$에 누승법을 적용해서 $(\lambda_j - \mu)$에 수렴하는 비율 r_k를 계산한다. 이 과정이 **이동한 누승법**[shifted power method]이라 불리는 방법이다.

만약 주어진 숫자 μ에 가장 가까운 $\boldsymbol{A}$의 고윳값을 구하고자 한다면 위 과정에 약간의 변형이 필요하다. λ_j가 다음을 만족시키는 $\boldsymbol{A}$의 고윳값이라 가정하자.

$$0<|\lambda_j-\mu|<\varepsilon\,,\ |\lambda_i-\mu|>\varepsilon \quad (\text{모든 } i\neq j\text{에 대해})$$

이동한 행렬 $\boldsymbol{A}-\mu\boldsymbol{I}$를 생각하자. 이 행렬의 고윳값은 $\lambda_i-\mu$이다. $\boldsymbol{A}-\mu\boldsymbol{I}$에 역누승법을 적용하면 $(\lambda_j-\mu)^{-1}$의 근삿값을 얻는다. 여기서 $\boldsymbol{A}-\mu\boldsymbol{I}$의 정확한 역행렬을 사용하거나 또는 $\boldsymbol{LU}$ 분해 $\boldsymbol{A}-\mu\boldsymbol{I}=\boldsymbol{LU}$를 사용할 수 있다. 이제 $\boldsymbol{U}\boldsymbol{x}^{(k+1)}=\boldsymbol{L}^{-1}\boldsymbol{x}^{(k)}$를 대신 풀어서 다음 식을 반복적으로 푼다.

$$(\boldsymbol{A}-\mu\boldsymbol{I})\,\boldsymbol{x}^{(k+1)}=\boldsymbol{x}^{(k)}$$

비율 r_k가 $(\lambda_j-\mu)^{-1}$에 수렴하므로 다음을 얻는다.

$$\lambda_j=\mu+\left(\lim_{k\to\infty}r_k\right)^{-1}=\mu+\lim_{k\to\infty}\frac{1}{r_k}$$

이 알고리즘을 **이동한 역누승법**shifted inverse power method이라 부른다.

예제 : 이동한 역누승법

이동한 역누승법을 설명하기 위해 다음 행렬을 고려해 보자.

$$\boldsymbol{A}=\begin{bmatrix}1 & 3 & 7\\ 2 & -4 & 5\\ 3 & 4 & -6\end{bmatrix} \tag{5}$$

여기서 -6과 가장 가까운 고윳값을 계산하는 수학 소프트웨어를 작성한다. 우리가 사용하는 코드는 비율 $\dfrac{y_2}{x_2}$를 사용하므로 이 비율이 $(\lambda+6)$에 수렴할 것으로 기대할 수 있다. 8단계 후에 $r=0.9590$, $\boldsymbol{x}=[-0.7081,\ 0.6145,\ 0.3478]^T$을 얻는다. 따라서 고윳값은 $\lambda=0.9590-6=-5.0410$이어야 한다. MATLAB을 통해 $\boldsymbol{Ax}$와 $\lambda\boldsymbol{x}$ 모두 근사적으로 $[3.57,\ -3.10,\ -1.75]^T$가 됨을 계산함으로써 고윳값과 고유벡터를 확인할 수 있다.

8.3 요약

- 행렬의 고윳값을 계산하는 **누승법**을 살펴보았다. 이 방법에서는 식 $\boldsymbol{x}^{(k+1)}=\boldsymbol{Ax}^{(k)}$를 사용하여 점의 수열을 생성한 후, 선형 함수 φ에 대해 수열 $r_k=\varphi(\boldsymbol{x}^{(k+1)})/\varphi(\boldsymbol{x}^{(k)})$ 를 형성함으로써 가장 큰 고윳값 λ_1을 근사한다. 적절한 환경 하에서 이 수열 r_k는 $\boldsymbol{A}$의 가장 큰 고윳값으로 수렴한다.
- **역누승법**에서는 행렬의 역행렬에 앞의 과정을 적용해서 가장 작은 고윳값을 찾을 수 있다. $\boldsymbol{A}^{-1}$의 가장 큰 고윳값의 역수가 $\boldsymbol{A}$의 가장 작은 고윳값이다. 우리는 이 과정을 $\boldsymbol{Ax}^{(k+1)}=\boldsymbol{x}^{(k)}$ 수열을 계산하는 과정으로 표현할 수 있다.
- **이동한 누승법**에서는 $\boldsymbol{A}-\mu\boldsymbol{I}$의 가장 큰 고윳값을 찾음으로써 주어진 숫자 μ와 가장 먼 고윳값을 찾을 수 있다. 이는 다음 수열을 생성하는 반복과정을 포함한다.

$$x^{(k+1)} = (A - \mu I)x^{(k)}$$

• **이동한 역누승법**에서는 $A - \mu I$에 역누승법을 적용함으로써 μ에 가장 가까운 고윳값을 찾을 수 있다. 이 방법에서는 다음 식을 풀어야 한다.

$$(A - \mu I)x^{(k+1)} = x^{(k)} \qquad (A - \mu I = LU)$$

8.3 연습문제

01 (**선다형**) $A = \begin{bmatrix} 5 & 2 \\ 4 & 7 \end{bmatrix}$이라 하자. 누승법을 행렬 A에 적용하였다. 그 결과는 벡터들의 긴 리스트로 $|h| < 1$인 $[h, 1]^T$ 형태의 벡터로 수렴하는 것처럼 보였다. 가장 큰 고윳값을 h로 대략적으로 나타내면 무엇인가?

(a) $4h+7$ (b) $5h+2$

(c) $1/h$ (d) $5h+4$

(e) 이 중 어느 것도 아니다.

02 (**선다형**) 다음 유사코드의 최종 출력물은 무엇일 것으로 예측되는가? 여기서 y_1과 x_1은 각각 y와 x의 첫 번째 성분이다.

```
integer n, kmax;   real r
real array (A^-1)_1:n×1:n, (x)_1:n, (y)_1:n
for k = 1 to 30
    y ← A^-1 x
    r ← y1/x1
    x ← y/||y||
    output r, x
end for
```

(a) r은 A의 절댓값이 가장 큰 고윳값이고, x는 그 동반 고유벡터이다.

(b) $r = 1/\lambda$이다. 여기서 λ는 A의 가장 작은 고윳값이고, x는 $Ax = \lambda x$를 만족하는 벡터이다.

(c) x는 $Ax = rx$를 만족하는 벡터이다. 여기서 r은 A의 고윳값 중 절댓값이 가장 작은 값이다.

(d) r은 A의 (절댓값이) 가장 큰 고윳값이고, x는 그에 상응하는 A의 고유벡터이다.

(e) 이 중 어느 것도 아니다.

03 다음을 어떻게 계산하는지를 간단히 설명하라.

(a) 지배적인 고윳값과 그에 상응하는 고유벡터

(b) 두 번째로 지배적인 고윳값과 그에 상응하는 고유벡터

(c) 가장 지배력이 낮은 고윳값과 그에 상응하는 고유벡터

(d) 지배적이지 않거나 가장 낮은 지배력을 가진 고윳값과 그에 상응하는 고유벡터

04 $A = \begin{bmatrix} 2 & -1 & 0 \\ -1 & 2 & -1 \\ 0 & -1 & 2 \end{bmatrix}$라 하자. $x^{(0)} = (1, 1, 1)$로 시작하는 누승법을 몇 번 반복하여 실행한다. 이 프로시저의 목적은 무엇인가?

05 $B = A - 4I = \begin{bmatrix} -2 & -1 & 0 \\ -1 & -2 & -1 \\ 0 & -1 & -2 \end{bmatrix}$라 하자. $x^{(0)} = (1, 1, 1)$로 시작하는 누승법을 몇 번 반복하여 실행한다. 이 프로시저의 목적은 무엇인가?

06 $C = A^{-1} = \frac{1}{4}\begin{bmatrix} 3 & 2 & 1 \\ 2 & 4 & 2 \\ 1 & 2 & 3 \end{bmatrix}$이라 하자. $x^{(0)} = (1, 1, 1)$로 시작하는 누승법을 몇 번 반복하여 실행한다. 이 프로시저의 목적은 무엇인가?

07 **래이레이 몫**Rayleigh quotient은 $\langle x, x \rangle_A / \langle x, x \rangle = x^T A x / x^T x$로 표현된다. $Ax = \lambda x$일 때 래이레이 몫은 어떻게 사용될 수 있는가?

8.3 컴퓨터 연습문제

01 누승법, 역누승법 그리고 그들의 이동한 형태와 에이트켄 가속을 같이 사용하여 다음 행렬들의 일부 또는 전체 고윳값을 구하라.

(a) $\boldsymbol{A}=\begin{bmatrix}5 & 4 & 1 & 1\\4 & 5 & 1 & 1\\1 & 1 & 4 & 2\\1 & 1 & 2 & 4\end{bmatrix}$

(b) $\begin{bmatrix}2 & 3 & 4\\7 & -1 & 3\\1 & -1 & 5\end{bmatrix}$

(c) $\begin{bmatrix}-2 & 1 & 0 & 0 & 0\\1 & -2 & 1 & 0 & 0\\0 & 1 & -2 & 1 & 0\\0 & 0 & 1 & -2 & 1\\0 & 0 & 0 & 1 & -2\end{bmatrix}$

02 이 절에 있는 예제들을 MATLAB, Maple, Mathematica 중 하나를 사용해서 다시 풀어라.

03 가장 큰 성분이 무한-노름에서 항상 1이 되게끔 벡터를 정규화하도록 누승법에 대한 유사코드를 수정하고 테스트하라. 이 프로시저는 선형 함수를 계산할 필요 없이 고윳값과 고유벡터를 준다.

04 $\boldsymbol{A}=\begin{bmatrix}-57 & 192 & 148\\20 & -53 & -44\\-48 & 144 & 115\end{bmatrix}$라 하자. $-4,\ 2,\ 8$에 가까운 고윳값을 역누승법을 이용하여 찾아라.

05 MATLAB, Maple, Mathematica와 같은 수학 소프트웨어를 사용하여 8.3절의 방법들을 수행하는 코드를 작성하고 실행하라. 그 결과들이 본문에서 묘사된 바와 일치하는지를 확인하라.

(a) 수정한 누승법을 사용한 [예제 1]

(b) 에이트켄 가속을 통한 역누승법을 사용한 [예제 2]

(c) 역누승법을 사용한 행렬 (4)

(d) 이동한 누승법을 사용한 행렬 (5)

06 다음 행렬을 보라.

$$\boldsymbol{A}=\begin{bmatrix}1 & 1 & \frac{1}{2}\\1 & 1 & \frac{1}{4}\\\frac{1}{2} & \frac{1}{4} & 2\end{bmatrix}$$

(a) $\boldsymbol{x}^{(0)}=[1,1,1]^T$로 시작하는 정규화한 누승법을 사용하여 행렬 $\boldsymbol{A}$의 지배적인 고윳값과 고유벡터를 찾아라.

(b) 초깃값 $\boldsymbol{x}^{(0)}=[-0.64966116,\ 0.74822116,\ 0]^T$에서 시작해서 앞의 과정을 반복하라. 그 결과를 설명하라.

07 $\boldsymbol{A}=\begin{bmatrix}-4 & 14 & 0\\-5 & 13 & 0\\-1 & 0 & 2\end{bmatrix}$라 하자. 다음을 각각 코딩하고 적용하라.

(a) $\boldsymbol{x}^{(0)}=[1,\ 1,\ 1]^T$에서 시작하고, 에이트켄 가속 과정을 적용한 수정한 누승법 알고리즘

(b) 역누승법 알고리즘

(c) 이동한 누승법 알고리즘

(d) 이동한 역누승법 알고리즘

08 $\boldsymbol{B}=\begin{bmatrix}4 & -1 & 1\\-1 & 3 & -2\\1 & -2 & 3\end{bmatrix}$이라 하자. 앞의 연습문제를 $\boldsymbol{x}^{(0)}=[1,0,0]^T$에서 시작해서 반복하라.

09 $\boldsymbol{C}=\begin{bmatrix}-8 & -5 & 8\\6 & 3 & -8\\-3 & 1 & 9\end{bmatrix}$라 하자. $\boldsymbol{x}^{(0)}=[1,1,1]^T$를 사용하라. 이전 연습문제를 $\boldsymbol{x}^{(0)}=[1,0,0]^T$에서 시작해서 반복하라.

10 누승법을 이용하여 다음 행렬들의 고윳값과 그에 상응하는 고유벡터를 찾아라. 주어진 초깃값을 사용하고 정규화 과정을 포함한 프로시저와 정규화 과정을 포함하지 않은 프로시저를 각각 실행하라. 그 결과를 MATLAB, Maple, Mathematica와 같은 수학 소프트웨어를 사용하여 확인하라.

(a) $\begin{bmatrix}0.9901 & 0.002\\-0.0001 & 0.9904\end{bmatrix}$, $\boldsymbol{x}^{(0)}=[1,0.9]^T$

(b) $\begin{bmatrix}8 & -1 & -5\\-4 & 4 & -2\\18 & -5 & -7\end{bmatrix}$, $\boldsymbol{x}^{(0)}=[1,0.8,1]^T$

(c) $\begin{bmatrix}1 & 1 & 3\\1 & -2 & 1\\3 & 1 & 3\end{bmatrix}$, $\boldsymbol{x}^{(0)}=[1,1,1]^T$

(d) $\begin{bmatrix}-2 & -1 & 4\\2 & 1 & -2\\-1 & -1 & 3\end{bmatrix}$, $\boldsymbol{x}^{(0)}=[3,1,2]^T$

11 다음의 행렬들의 모든 고윳값과 그에 상응하는 고유벡터를 누승법과 그 변형법들을 이용해서 찾아라. 그 결과를 MATLAB, Maple, Mathematica와 같은 수학 소프트웨어를 사용하여 확인하라.

(a) $\begin{bmatrix}2 & 1\\4 & 2\end{bmatrix}$

(b) $\begin{bmatrix} 0.4812 & 0.0023 \\ -0.0024 & 0.4810 \end{bmatrix}$

(c) $\begin{bmatrix} 1 & 1 & 0 \\ -1+10^{-8} & 3 & 0 \\ 0 & 1 & 1 \end{bmatrix}$

(d) $\begin{bmatrix} 5 & -1 & -2 \\ -1 & 3 & -2 \\ -2 & -2 & 5 \end{bmatrix}$

(e) $\begin{bmatrix} 0.987 & 0.400 & -0.487 \\ -0.079 & 0.500 & -0.479 \\ 0.082 & 0.400 & 0.418 \end{bmatrix}$

8.4 선형 시스템의 반복법에 의한 해

이 절에서는 정칙nonsingular 선형 시스템

$$Ax = b \tag{1}$$

를 푸는 완전히 다른 전략을 탐구한다. 이 대안적 접근방식은 수치적으로 편미분방정식을 풀 때 발생하는 거대한 문제에 종종 사용된다. 그러한 문제에는 일반적으로 수십만 개의 방정식을 가진 시스템이 등장한다(12.3절 참조).

벡터와 행렬 노름

우선 벡터와 행렬 노름에 관한 짧은 개요를 살펴보겠다. 왜냐하면 그 내용이 오차에 대한 논의와 반복법에 대한 종료 조건에 유용하기 때문이다. 노름은 어떤 벡터 공간에서도 정의될 수 있고, 보통 $\mathbb{R}^n$ 또는 $\mathbb{C}^n$을 사용한다. 벡터 노름 $\| x \|$는 벡터 $x \in \mathbb{R}^n$의 **크기**magnitude 또는 **길이**length로 생각할 수 있다. **벡터 노름**vector norm은 벡터 $x, y \in \mathbb{R}^n$와 스칼라 $\alpha \in \mathbb{R}$에 대해 다음의 세 가지 성질을 따르는 $\mathbb{R}^n$에서 $\mathbb{R}$로의 모든 사상mapping이다.

벡터 노름

$$\begin{aligned} &\| x \| > 0 && (x \neq 0 \text{일 때}) \\ &\| \alpha x \| = |\alpha| \, \| x \| \\ &\| x + y \| \leq \| x \| + \| y \| && (\text{삼각부등식}) \end{aligned}$$

벡터 $x = (x_1, x_2, \cdots, x_n)^T \in \mathbb{R}^n$의 벡터 노름의 예는 다음과 같다.

$\ell_1, \ell_2, \ell_\infty$ - 벡터 노름

$$\begin{aligned} \| x \|_1 &= \sum_{i=1}^{n} |x_i| && (\ell_1 - \text{벡터 노름}) \\ \| x \|_2 &= \left(\sum_{i=1}^{n} x_i^2 \right)^{1/2} && (\text{유클리드}/\ell_2 - \text{벡터 노름}) \\ \| x \|_\infty &= \max_{1 \leq i \leq n} |x_i| && (\ell_\infty - \text{벡터 노름}) \end{aligned}$$

$n \times n$ 행렬에 대해서도 **행렬 노름**matrix norm을 구할 수 있다. 행렬 A, B와 스칼라 α에 대해서 위와 동일한 요구조건을 만족해야 한다.

$$
\begin{aligned}
\| \boldsymbol{A} \| &> 0 \qquad (\boldsymbol{A} \neq 0\text{일 때}) \\
\| \alpha \boldsymbol{A} \| &= |\alpha| \, \| \boldsymbol{A} \| \\
\| \boldsymbol{A} + \boldsymbol{B} \| &\leq \| \boldsymbol{A} \| + \| \boldsymbol{B} \| \quad (\text{삼각부등식})
\end{aligned}
$$

행렬 노름

우리는 보통 벡터 노름과 관련 있는 행렬 노름을 선호한다. 벡터 노름 $\| \cdot \|$에 대해서 **종속된 행렬 노름**subordinate matrix norm은 다음과 같이 정의된다.

$$\| \boldsymbol{A} \| \equiv \sup \{ \| \boldsymbol{A}\boldsymbol{x} \| : \boldsymbol{x} \in R^n, \ \| \boldsymbol{x} \| = 1 \}$$

종속된 행렬 노름

여기서 $\boldsymbol{A}$는 $n \times n$ 행렬이다. 종속된 행렬 노름에 대해 몇몇 추가적 성질은 다음과 같다.

$$
\begin{aligned}
\| \boldsymbol{I} \| &= 1 \\
\| \boldsymbol{A}\boldsymbol{x} \| &\leq \| \boldsymbol{A} \| \, \| \boldsymbol{x} \| \\
\| \boldsymbol{A}\boldsymbol{B} \| &\leq \| \boldsymbol{A} \| \, \| \boldsymbol{B} \|
\end{aligned}
$$

행렬 노름의 성질

기호 $\| \cdot \|_p$에는 두 가지 의미가 있다. 하나는 벡터 노름이고, 다른 하나는 행렬 노름이다. 문맥에 따라 그 의미를 결정해야 한다. $n \times n$ 행렬 $\boldsymbol{A}$에 대해 종속된 행렬 노름의 예는 다음과 같다.

$$\| \boldsymbol{A} \|_1 = \max_{1 \leq j \leq n} \sum_{i=1}^{n} |a_{ij}| \quad (\ell_1-\text{행렬 노름})$$

$$\| \boldsymbol{A} \|_2 = \max_{1 \leq i \leq n} \sqrt{|\sigma_{\max}|} \quad (\text{스펙트럼}/\ell_2-\text{행렬 노름})$$

$$\| \boldsymbol{A} \|_\infty = \max_{1 \leq i \leq n} \sum_{j=1}^{n} |a_{ij}| \quad (\ell_\infty-\text{행렬 노름})$$

$\ell_1, \ell_2, \ell_\infty$ - 행렬 노름

여기서 σ_i는 $\boldsymbol{A}^T\boldsymbol{A}$의 고윳값으로 이를 $\boldsymbol{A}$의 **특이값**이라 부른다. 절댓값이 가장 큰 $\sigma_{\max}$는 $\boldsymbol{A}$의 **스펙트럼 반지름**spectral radius이라 불린다(특이값 논의를 위해서는 7.2절과 9.3절을 참조하라).

특이값/스펙트럼 반지름

조건수와 나쁜 조건

다음의 선형 시스템

$$\boldsymbol{A}\boldsymbol{x} = \boldsymbol{b}$$

조건수

의 수치 해에 어떤 영향을 주는 중요한 양이 **조건수**condition number이다. 조건수의 정의는 다음과 같다.

$$\kappa(\boldsymbol{A}) = \| \boldsymbol{A} \|_2 \| \boldsymbol{A}^{-1} \|_2$$

조건수의 근삿값을 얻기 위해 $\boldsymbol{A}$의 역행렬을 반드시 계산해야 할 필요는 없다는 것이 알려져 있다. 또한 조건수 $\kappa(\boldsymbol{A})$가 행렬 $\boldsymbol{A}$와 벡터 $\boldsymbol{b}$로부터 해 $\boldsymbol{x}$로 이전된 오차를 측정해준다는 것을 보일 수 있다.

> **규칙 경험 규칙**
>
> $\kappa(A)=10^k$라면 시스템 $Ax=b$를 풀 때 적어도 k자리 정확도가 상실되리라는 것을 예측할 수 있다.

선형 시스템이 A나 b 성분의 작은 변화에 민감하다면 이 사실은 A에 반영되어서 A가 큰 조건수를 갖게 된다. 이러한 경우 행렬 A가 **나쁜 조건에 있다**ill-conditioned고 말한다. 간단히 말하면 조건수가 클수록 더 심하게 나쁜 조건의 시스템이다.

나쁜 조건의 행렬

주어진 계수 행렬 A와 우변 벡터 b에 대해서 역행렬을 가지는 선형 연립방정식 $Ax=b$를 풀고자 한다고 가정하자. 그러나 측정에서의 불확실성과 계산에서의 반올림 오차 때문에 데이터 상에 작은 변화가 있다. 우변에 기호 δb에 해당하는 양만큼의 작은 변화가 있고 이에 상응하는 해의 변화를 기호 δx로 표기하기로 하자. 그러면 다음이 성립한다.

$$A(x+\delta x)=Ax+A\delta x=b+\delta b$$
$$A\delta x=\delta b$$

원래의 선형 시스템 $Ax=b$와 노름으로부터 $\|b\|=\|Ax\|\le\|A\|\,\|x\|$를 얻을 수 있다. 이를 정리하면 다음과 같다.

$$\frac{1}{\|x\|}\le\frac{\|A\|}{\|b\|}$$

작은 변화가 있는 선형 시스템 $A\delta x=\delta b$로부터 $\delta x=A^{-1}\delta b$를 얻고, 다음을 알 수 있다.

$$\|\delta x\|\le\|A^{-1}\|\,\|\delta b\|$$

앞의 두 부등식을 합하면 원래의 행렬 A의 조건수를 포함한 다음의 부등식을 얻는다.

$$\frac{\|\delta x\|}{\|x\|}\le\kappa(A)\frac{\|\delta b\|}{\|b\|}$$

조건수 한계

나쁜 조건의 행렬 예로 다음의 힐베르트Hilbert 행렬을 생각해 보자.

$$H_3=\begin{bmatrix}1 & \frac{1}{2} & \frac{1}{3}\\ \frac{1}{2} & \frac{1}{3} & \frac{1}{4}\\ \frac{1}{3} & \frac{1}{4} & \frac{1}{5}\end{bmatrix}$$

3×3 힐베르트 행렬

MATLAB 명령어를 이용해서 행렬을 생성한 후 2-노름을 이용한 조건수와 행렬식을 모두 계산할 수 있다. 그 결과 조건수가 524.0568, 행렬식이 4.6296×10^{-4}임을 구할 수 있다. 선형 시스템을 풀 때 계수 행렬의 조건수는 데이터의 오차에 대한 시스템의 민감도를 측정해 준다. 조건수가 클 때 시스템의 계산된 해는 오차가 위험할 정도로 클 수 있다! 그러므로 해를 정확한 것으로 받아들이기 전에 더 많은 확인이 필요하다. 1 근처의 조건수는 **좋은 조건의 행렬**well-conditioned matrix을 나타내는 반면 큰 값의 조건수는 **나쁜 조건의 행렬**ill-conditioned matrix을 나타낸다. 행렬의 특이성singularity[3]을 확인하는 데 행렬식을 사용하는 것은 오직 행렬

좋은/나쁜 조건의 행렬들

3 (옮긴이) 비가역성과 같은 의미이다.

이 적당한 크기일 때만 적절한 방식이다. 수학 소프트웨어를 사용하면 특이행렬인지 또는 특이행렬에 가까운지를 확인하기 위해 조건수를 계산할 수 있다.

수치적 방법의 연구 목적은 수치 결과가 믿을만한지 또는 의심스러운지(그리고 그에 따라 분석이 더 필요한지)에 대한 지식을 얻는 것이다. 조건수는 이 질문에 대한 일부 근거를 제시해 준다. 세련된 수학 소프트웨어 시스템의 출현으로 인해 종종 조건수의 근삿값이 근사 해와 함께 제시된다. 이를 통해 결과의 신빙성을 판단할 수 있다. 사실 일부 해를 구하는 프로시저에는 추정된 조건수에 의존하는 고급 기능이 포함되어 있다. 이를 바탕으로 해를 구하는 기술을 변환할 수 있다. 예를 들면 이 기준에 따라 나쁜 조건의 시스템에 대하여 해를 구하는 기술이 가우스 소거법의 변형에서 최소 제곱 해로 바뀔 수도 있다.

별 의심 없는 사용자들은 조건수의 근삿값을 포함한 모든 결과를 보지 않는 한 이러한 일이 일어났음을 깨닫지 못할 것이다(또한 조건수는 방정식의 근을 위치시키는 문제와 같은 다른 수치 문제들과도 관련이 있다).

기본 반복법

반복법 전략은 시스템 $\boldsymbol{Ax}=\boldsymbol{b}$의 근사 해 벡터들 $\boldsymbol{x}^{(0)}, \boldsymbol{x}^{(1)}, \boldsymbol{x}^{(2)}, \cdots$의 수열을 생성한다. 원칙적으로 수치적 프로시저는 벡터 수열이 실제 해에 수렴하도록 고안되었다. 이 과정은 충분한 정확도가 얻어지면 멈출 수 있다. 이 방식은 가우스 소거법 알고리즘과 대조적이다. 가우스 소거법 알고리즘은 중간에 멈추는 규정없이 근사 해를 제공하기 때문이다. 시스템 (1)을 푸는 일반적인 반복법 알고리즘은 다음과 같다. 우선 정칙행렬 $\boldsymbol{Q}$를 선택하고 임의의 초기 벡터 $\boldsymbol{x}^{(0)}$를 정한다. 그리고 벡터 $\boldsymbol{x}^{(1)}, \boldsymbol{x}^{(2)}, \cdots$를 다음 식을 통해 재귀적으로 생성한다.

$$\boldsymbol{Qx}^{(k)} = (\boldsymbol{Q}-\boldsymbol{A})\,\boldsymbol{x}^{(k-1)}+\boldsymbol{b} \qquad (k=1,2,\cdots) \tag{2}$$

일반적인 반복법

이 방식이 합리적인지를 살펴보기 위해 수열 $\boldsymbol{x}^{(k)}$가 벡터 $\boldsymbol{x}^*$로 수렴한다고 가정하자. 그 다음으로 시스템 (2)에서 $k\to\infty$일 때로 극한을 취하면 다음을 얻는다.

$$\boldsymbol{Qx}^* = (\boldsymbol{Q}-\boldsymbol{A})\,\boldsymbol{x}^*+\boldsymbol{b}$$

이는 $\boldsymbol{Ax}^*=\boldsymbol{b}$로 이어진다. 따라서 그 수열이 수렴한다면 수열의 극한값은 원래 시스템 (1)의 해이다. 예를 들면 **리처드슨 반복법**Richardson iteration은 $\boldsymbol{Q}=\boldsymbol{I}$를 이용한다.

리처드슨 반복법

일반적인 반복법 프로시저 (2)를 수행하는 유사코드의 개요는 다음과 같다.

일반적인 반복법 유사코드

```
integer k, kmax
real array (x^(0))_1:n, (b)_1:n, (c)_1:n, (x)_1:n, (y)_1:n, (A)_1:n×1:n, (Q)_1:n×1:n
x ← x^(0)
for k = 1 to kmax
    y ← x
    c ← (Q − A)x + b
    solve Qx = c
    output k, x
    if ‖x − y‖ < ε then
```

(계속)

```
            output "convergence"
            stop
        end if
    end for
    output "maximum iteration reached"
```

가역행렬 $\boldsymbol{Q}$를 선택할 때 다음을 고려해야 한다.

- 우변이 알려져 있을 때 시스템 (2)는 $\boldsymbol{x}^{(k)}$에 대해 쉽게 풀 수 있어야 한다.
- 어떤 초기 벡터가 사용되든 상관없이 수열 $\boldsymbol{x}^{(k)}$가 확실히 수렴하게끔 행렬 $\boldsymbol{Q}$를 선택해야 한다. 이상적으로는 이 수렴이 빨라야 한다.

반복법 프로시저를 수행하기 위해 $\boldsymbol{Q}$의 역행렬을 계산해야 한다고 생각해서는 안 된다. 작은 시스템에 대해서는 $\boldsymbol{Q}$의 역행렬을 쉽게 계산할 수 있지만 일반적으로 이 작업은 확실히 완료하기 힘든 일이다! 우리는 $\boldsymbol{Q}$가 계수 행렬인 선형 시스템을 풀고자 한다. 앞에서 언급했듯이 우리는 계수 행렬이 $\boldsymbol{Q}$인 선형 시스템을 풀기 쉽도록 $\boldsymbol{Q}$를 선택하려 한다. 그러한 행렬들로는 대각행렬, 삼각행렬, 밴드 행렬, 하삼각행렬, 상삼각행렬 등이 있다.

이제 시스템 (1)을 상세한 형태로 살펴보자.

$$\sum_{j=1}^{n} a_{ij} x_j = b_i \qquad (1 \le i \le n) \tag{3}$$

i번째 미지의 항에 대해 i번째 방정식을 풀면, 우리는 **야코비법**Jacobi method으로 묘사되는 다음 식을 얻는다.

$$x_i^{(k)} = \left[-\sum_{\substack{j=1 \\ j \ne i}}^{n} (a_{ij}/a_{ii}) x_j^{(k-1)} + (b_i/a_{ii}) \right] \qquad (1 \le i \le n) \tag{4}$$

야코비법

여기서 모든 대각 성분은 0이 아니라고 가정했다(만약 그렇지 않은 경우라면 일반적으로 식들을 재배열해서 그렇게 되게끔 만든다).

위의 야코비법에서는 방정식을 순서대로 푼다. 성분 $x_j^{(k-1)}$와 그에 상응하는 새로운 값 $x_j^{(k)}$는 즉시 제 위치에 대신 사용될 수 있다. 만약 이대로 실행된다면 다음의 **가우스-자이델법**Gauss-Seidel method을 얻는다.

$$x_i^{(k)} = \left[-\sum_{\substack{j=1 \\ j < i}}^{n} (a_{ij}/a_{ii}) x_j^{(k)} - \sum_{\substack{j=1 \\ j > i}}^{n} (a_{ij}/a_{ii}) x_j^{(k-1)} + (b_i/a_{ii}) \right] \tag{5}$$

가우스-자이델법

만약 $x^{(k-1)}$이 저장되지 않는다면 다음과 같이 유사코드에서 위 첨자를 생략할 수 있다.

가우스-자이델 유사코드

```
integer i, j, k, kmax, n;   real array (a_ij)_{1:n×1:n}, (b_i)_{1:n}, (x_i)_{1:n}
for k = 1 to kmax
    for i = 1 to n
        x_i ← [ b_i − Σ_{j=1, j≠i}^{n} a_ij x_j ] / a_ii
    end for
end for
```

$$x_i \leftarrow \left[b_i - \sum_{\substack{j=1 \\ j\neq i}}^{n} a_{ij}x_j \right] \Big/ a_{ii}$$

가우스-자이델법의 가속은 완화계수 ω를 도입함으로써 가능하다. 그 결과가 **연속적인 가속 완화법**successive overrelaxation method(SOR)이다.

$$x_i^{(k)} = \omega\left\{\left[-\sum_{\substack{j=1\\j<i}}^{n}(a_{ij}/a_{ii})x_j^{(k)} - \sum_{\substack{j=1\\j>i}}^{n}(a_{ij}/a_{ii})x_j^{(k-1)} + (b_i/a_{ii})\right]\right\} + (1-\omega)x_i^{(k-1)} \qquad (6)$$

SOR법

$\omega = 1$인 SOR법은 가우스-자이델법으로 축소된다. 이제 야코비, 가우스-자이델, 연속적인 가속 완화와 관련한 반복법을 사용한 수치 예제들을 생각해보자.

예제 1 (야코비 반복법) **다음과 같은 행렬과 벡터를 생각해 보자. 초기 벡터 0에서 시작하여 야코비법을 다수 반복하여 실행하라.**

$$\boldsymbol{A} = \begin{bmatrix} 2 & -1 & 0 \\ -1 & 3 & -1 \\ 0 & -1 & 2 \end{bmatrix}, \quad \boldsymbol{b} = \begin{bmatrix} 1 \\ 8 \\ -5 \end{bmatrix}$$

풀이

식을 다시 쓰면 다음의 야코비법을 얻을 수 있다.

$$x_1^{(k)} = \frac{1}{2}x_2^{(k-1)} + \frac{1}{2}$$

$$x_2^{(k)} = \frac{1}{3}x_1^{(k-1)} + \frac{1}{3}x_3^{(k-1)} + \frac{8}{3}$$

$$x_3^{(k)} = \frac{1}{2}x_2^{(k-1)} - \frac{5}{2}$$

초기 벡터를 $\boldsymbol{x}^{(0)} = [0, 0, 0]^T$로 취함으로써 (컴퓨터 프로그램 또는 프로그래밍이 가능한 계산기의 도움을 받아) 다음을 구할 수 있다.

$$\boldsymbol{x}^{(0)} = [0, 0, 0]^T$$
$$\boldsymbol{x}^{(1)} = [0.5000, 2.6667, -2.5000]^T$$
$$\boldsymbol{x}^{(2)} = [1.8333, 2.0000, -1.1667]^T$$
$$\vdots$$
$$\boldsymbol{x}^{(21)} = [2.0000, 3.0000, -1.0000]^T$$

(소수점 아래 4자리까지 반올림한) 실제 해가 구해졌다.

야코비법에서 $\boldsymbol{Q}$는 $\boldsymbol{A}$의 대각행렬이 되도록 선택되었다.

$$\boldsymbol{Q}=\begin{bmatrix}2 & 0 & 0\\ 0 & 3 & 0\\ 0 & 0 & 2\end{bmatrix}$$

이제 다음이 성립한다.

$$\boldsymbol{Q}^{-1}=\begin{bmatrix}\frac{1}{2} & 0 & 0\\ 0 & \frac{1}{3} & 0\\ 0 & 0 & \frac{1}{2}\end{bmatrix},\quad \boldsymbol{Q}^{-1}\boldsymbol{A}=\begin{bmatrix}1 & -\frac{1}{2} & 0\\ -\frac{1}{3} & 1 & -\frac{1}{3}\\ 0 & -\frac{1}{2} & 1\end{bmatrix}$$

야코비 반복법 행렬과 상수 벡터는 다음과 같다.

야코비 반복법 행렬

$$\boldsymbol{B}=\boldsymbol{I}-\boldsymbol{Q}^{-1}\boldsymbol{A}=\begin{bmatrix}0 & \frac{1}{2} & 0\\ \frac{1}{3} & 0 & \frac{1}{3}\\ 0 & \frac{1}{2} & 0\end{bmatrix},\quad \boldsymbol{h}=\boldsymbol{Q}^{-1}\boldsymbol{b}=\begin{bmatrix}\frac{1}{2}\\ \frac{8}{3}\\ -\frac{5}{2}\end{bmatrix}$$

이 식을 살펴보면 $\boldsymbol{Q}$는 $\boldsymbol{A}$에 가까운 행렬이고, $\boldsymbol{Q}^{-1}\boldsymbol{A}$는 $\boldsymbol{I}$에 가까우며, $\boldsymbol{I}-\boldsymbol{Q}^{-1}\boldsymbol{A}$는 작다는 것을 알 수 있을 것이다. 야코비법을 다음과 같이 쓸 수 있다.

$$\boldsymbol{x}^{(k)}=\boldsymbol{B}\boldsymbol{x}^{(k-1)}+\boldsymbol{h}$$

예제 2 (가우스-자이델 반복법) **[예제 1]을 가우스-자이델법을 사용하여 반복하라.**

풀이

가우스-자이델법의 아이디어는 각각의 벡터를 계산하자마자 결합시킴으로써 수렴을 간단히 가속시키는 것이다. 분명한 것은 예전 값 $x_1^{(k-1)}$ 대신 두 번째 식에서 업데이트된 $x_1^{(k)}$ 값을 사용하는 것이 야코비법에서는 더욱 효율적이라는 것이다. 유사하게 $x_2^{(k)}$는 $x_2^{(k-1)}$ 대신 세 번째 방정식에 사용될 수 있다. 새로운 반복값을 가능한 한 즉시 사용함으로써 다음의 가우스-자이델법을 얻는다.

$$x_1^{(k)}=\frac{1}{2}x_2^{(k-1)}+\frac{1}{2}$$

$$x_2^{(k)}=\frac{1}{3}x_1^{(k)}+\frac{1}{3}x_3^{(k-1)}+\frac{8}{3}$$

$$x_3^{(k)}=\frac{1}{2}x_2^{(k)}-\frac{5}{2}$$

초기의 0벡터에서 시작하여 처음 몇 회의 반복값은 다음과 같다.

$$\boldsymbol{x}^{(0)}=[0,\,0,\,0]^T$$
$$\boldsymbol{x}^{(1)}=[0.5000,\,2.8333,\,-1.0833]^T$$

$$\boldsymbol{x}^{(2)} = [1.9167,\ 2.9444,\ -1.0278]^T$$
$$\vdots$$
$$\boldsymbol{x}^{(9)} = [2.0000,\ 3.0000,\ -1.0000]^T$$

이 예제에서는 가우스-자이델법의 수렴이 야코비법의 수렴보다 약 2배 빠르다.

가우스-자이델이라 이름 붙여진 이 반복법 알고리즘에서 $\boldsymbol{Q}$는 $\boldsymbol{A}$의 대각선을 포함한 하삼각 부분으로 선택된다. 앞 예제의 데이터를 사용해서 이제 다음을 구할 수 있다.

$$\boldsymbol{Q} = \begin{bmatrix} 2 & 0 & 0 \\ -1 & 3 & 0 \\ 0 & -1 & 2 \end{bmatrix}$$

보통의 행 연산을 이용하면 다음과 같다.

$$\boldsymbol{Q}^{-1} = \begin{bmatrix} \frac{1}{2} & 0 & 0 \\ \frac{1}{6} & \frac{1}{3} & 0 \\ \frac{1}{12} & \frac{1}{6} & \frac{1}{2} \end{bmatrix}, \quad \boldsymbol{Q}^{-1}\boldsymbol{A} = \begin{bmatrix} 1 & -\frac{1}{2} & 0 \\ 0 & \frac{5}{6} & -\frac{1}{3} \\ 0 & -\frac{1}{12} & \frac{5}{6} \end{bmatrix}$$

다시 한번, 실제 문제에서 $\boldsymbol{Q}^{-1}$를 계산하지 않았다는 사실을 강조한다. 가우스-자이델 반복법 행렬과 상수 벡터는 다음과 같다.

가우스-자이델 반복법 행렬

$$\mathcal{L} = \boldsymbol{I} - \boldsymbol{Q}^{-1}\boldsymbol{A} = \begin{bmatrix} 0 & \frac{1}{2} & 0 \\ 0 & \frac{1}{6} & \frac{1}{3} \\ 0 & \frac{1}{12} & \frac{1}{6} \end{bmatrix}, \quad \boldsymbol{h} = \boldsymbol{Q}^{-1}\boldsymbol{b} = \begin{bmatrix} \frac{1}{2} \\ \frac{17}{6} \\ -\frac{13}{12} \end{bmatrix}$$

가우스-자이델법을 다음과 같이 쓸 수 있다.

$$\boldsymbol{x}^{(k)} = \mathcal{L}\boldsymbol{x}^{(k-1)} + \boldsymbol{h}$$

예제 3 (SOR 반복법) **앞의 예제를 $\omega = 1.1$인 SOR 반복법을 사용하여 반복하라.**

풀이

완화계수 ω를 가우스-자이델법에 도입함으로써 다음의 SOR법을 쓸 수 있다.

$$x_1^{(k)} = \omega\left[\frac{1}{2}x_2^{(k-1)} + \frac{1}{2}\right] + (1-\omega)x_1^{(k-1)}$$
$$x_2^{(k)} = \omega\left[\frac{1}{3}x_1^{(k)} + \frac{1}{3}x_3^{(k-1)} + \frac{8}{3}\right] + (1-\omega)x_2^{(k-1)}$$
$$x_3^{(k)} = \omega\left[\frac{1}{2}x_2^{(k)} - \frac{5}{2}\right] + (1-\omega)x_3^{(k-1)}$$

$\omega = 1.1$과 초기의 0 벡터에서 시작한 처음 몇 회의 반복값은 다음과 같다.

$$x^{(0)} = [0, 0, 0]^T$$
$$x^{(1)} = [0.5500,\ 3.1350,\ -1.0257]^T$$
$$x^{(2)} = [2.2193,\ 3.0574,\ -0.9658]^T$$
$$\vdots$$
$$x^{(7)} = [2.0000,\ 3.0000,\ -1.0000]^T$$

이 예제에서는 SOR법의 수렴이 가우스-자이델법의 수렴보다 더 빠르다.

연속적인 가속 완화(SOR)라 이름 붙여진 이 반복법 알고리즘에서 Q는 A의 대각선을 포함한 하삼각 부분으로 선택된다. 그러나 각 대각 성분 a_{ij}는 a_{ij}/ω로 대체된다. 여기서 ω는 **완화계수**relaxation factor이다.

앞의 예제로부터 이는 다음을 의미한다.

$$Q = \begin{bmatrix} \frac{20}{11} & 0 & 0 \\ -1 & \frac{30}{11} & 0 \\ 0 & -1 & \frac{20}{11} \end{bmatrix}$$

이제 다음을 얻는다.

$$Q^{-1} = \begin{bmatrix} \frac{11}{20} & 0 & 0 \\ \frac{121}{600} & \frac{11}{30} & 0 \\ \frac{1331}{12000} & \frac{121}{600} & \frac{11}{20} \end{bmatrix}, \quad Q^{-1}A = \begin{bmatrix} \frac{11}{10} & -\frac{11}{20} & 0 \\ \frac{11}{300} & \frac{539}{600} & -\frac{11}{30} \\ \frac{121}{6000} & \frac{671}{12000} & \frac{539}{600} \end{bmatrix}$$

SOR 반복법 행렬과 상수 벡터는 다음과 같다.

$$\mathcal{L}_\omega = I - Q^{-1}A = \begin{bmatrix} -\frac{1}{10} & \frac{11}{20} & 0 \\ -\frac{11}{300} & \frac{61}{600} & \frac{11}{30} \\ -\frac{121}{6000} & -\frac{671}{12000} & \frac{61}{600} \end{bmatrix}, \quad h = Q^{-1}b = \begin{bmatrix} \frac{11}{20} \\ \frac{627}{600} \\ -\frac{4103}{4000} \end{bmatrix}$$

SOR 반복법 행렬

SOR법을 다음과 같이 나타낼 수 있다.

$$x^{(k)} = \mathcal{L}_\omega x^{(k-1)} + h$$

SOR법

유사코드

선형 시스템 (1)이 행렬-벡터 형태로 저장되어 있다고 가정하고, 야코비법, 가우스-자이델법, SOR법의 유사코드를 작성해 보자.

Jacobi 유사코드

```
procedure Jacobi(A, b, x)
real kmax ← 100, δ ← 10^{-10}, ε ← ½ × 10^{-4}
integer i, j, k, kmax, n;   real diag, sum
real array (A)_{1:n×1:n}, (b)_{1:n}, (x)_{1:n}, (y)_{1:n}
n ← size(A)
for k = 1 to kmax
    y ← x
    for i = 1 to n
        sum ← b_i
        diag ← a_ii
        if |diag| < δ then
            output "diagonal element too small"
            return
        end if
        for j = 1 to n
            if j ≠ i then
                sum ← sum − a_ij y_j
            end if
        end for
        x_i ← sum/diag
    end for
    output k, x
    if ‖x − y‖ < ε then
        output k, x
        return
    end if
end for
output "maximum iterations reached"
return
end Jacobi
```

여기서 벡터 $\boldsymbol{y}$는 예전의 반복값들을 담고 있고, 벡터 $\boldsymbol{x}$는 업데이트된 값들을 담고 있다. *kmax*, δ, ε의 값들은 변수 선언 또는 전역 변수로 설정된 값들이다.

프로시저 *Gauss_Seidel*(**A**, **b**, **x**)를 위한 유사코드는 가장 내부에 위치한 j-루프가 다음의 유사코드로 대체되는 것을 제외하고는 야코비 유사코드와 같다.

가우스-자이델 유사코드

```
for j = 1 to i − 1
    sum ← sum − a_ij x_j
end for
for j = i + 1 to n
    sum ← sum − a_ij x_j
end for
```

프로시저 *SOR*(**A**, **b**, **x**, ω)에 대한 유사코드는 j-루프를 다음의 유사코드로 대체하면 가우스-자이델 유사코드와 같다.

$$x_i \leftarrow sum/diag$$
$$x_i \leftarrow \omega x_i + (1-\omega) y_i$$

SOR 유사코드

편미분 방정식의 풀이에서 흔히 특별한 해를 가지는 대형 희박 선형 시스템을 풀 때 반복법이 종종 사용된다. 편미분 방정식은 5, 7, 9개 정도의 상대적으로 적은 수의 점으로 이루어진 스텐실stencil[4]에 의해 근사된다. 이로 인해 선형 시스템의 각 행에 0이 아닌 항이 소수만 존재하게 된다. 이러한 시스템에서 계수 행렬 $\boldsymbol{A}$는 보통 저장되지 않는다. 이는 행렬-벡터 곱이 코드에 직접적으로 들어갈 수 있기 때문이다. 이에 대한 추가적인 세부 내용과 이 내용이 타원형 편미분방정식을 풀 때 어떻게 연관되는지를 보려면 12.3절을 참조하라.

대형 희박 선형 시스템

4 (옮긴이) 스텐실은 유한차분 근사법으로 미분 방정식을 근사했을 때, 계수가 0이 아닌 성분의 첨자들의 구조를 나타내는 것을 스텐실이라 부른다.

수렴 정리

시스템 (2)에 묘사된 방법을 분석하기 위해 다음과 같이 나타내 보자.

$$\begin{aligned} \boldsymbol{x}^{(k)} &= \boldsymbol{Q}^{-1}\left[(\boldsymbol{Q}-\boldsymbol{A})\boldsymbol{x}^{(k-1)}+\boldsymbol{b}\right] \\ \boldsymbol{x}^{(k)} &= \mathcal{G}\boldsymbol{x}^{(k-1)}+\boldsymbol{h} \end{aligned} \tag{7}$$

여기서 반복법 행렬과 벡터는 다음과 같다.

$$\mathcal{G} = \boldsymbol{I}-\boldsymbol{Q}^{-1}\boldsymbol{A}, \qquad \boldsymbol{h} = \boldsymbol{Q}^{-1}\boldsymbol{b}$$

반복법 행렬과 벡터

유사코드에서 $\boldsymbol{Q}^{-1}$을 계산하지 않는다는 점에 주목하자. 행렬 $\boldsymbol{Q}^{-1}$는 분석을 용이하게 하는 데 사용된 것이다. 이제 $\boldsymbol{x}$를 시스템 (1)의 해라고 하자. $\boldsymbol{A}$가 역행렬을 가지므로 $\boldsymbol{x}$는 유일하게 존재한다. 식 (7)로부터 다음을 얻는다.

$$\begin{aligned} \boldsymbol{x}^{(k)}-\boldsymbol{x} &= (\boldsymbol{I}-\boldsymbol{Q}^{-1}\boldsymbol{A})\boldsymbol{x}^{(k-1)}-\boldsymbol{x}+\boldsymbol{Q}^{-1}\boldsymbol{b} \\ &= (\boldsymbol{I}-\boldsymbol{Q}^{-1}\boldsymbol{A})\boldsymbol{x}^{(k-1)}-(\boldsymbol{I}-\boldsymbol{Q}^{-1}\boldsymbol{A})\boldsymbol{x} \\ &= (\boldsymbol{I}-\boldsymbol{Q}^{-1}\boldsymbol{A})(\boldsymbol{x}^{(k-1)}-\boldsymbol{x}) \end{aligned}$$

$\boldsymbol{e}^{(k)} \equiv \boldsymbol{x}^{(k)}-\boldsymbol{x}$는 현재의 **오차 벡터**로 해석할 수 있다. 따라서 다음이 성립한다.

$$\boldsymbol{e}^{(k)} = (\boldsymbol{I}-\boldsymbol{Q}^{-1}\boldsymbol{A})\boldsymbol{e}^{(k-1)} \tag{8}$$

오차 벡터

우리는 k가 증가함에 따라 $\boldsymbol{e}^{(k)}$가 작아지기를 바란다. 식 (8)은 어떤 의미에서 $(\boldsymbol{I}-\boldsymbol{Q}^{-1}\boldsymbol{A})$가 작을 때, $\boldsymbol{e}^{(k)}$가 $\boldsymbol{e}^{(k-1)}$보다 작다는 것을 보여준다. 결국 $\boldsymbol{Q}^{-1}\boldsymbol{A}$는 $\boldsymbol{I}$에, $\boldsymbol{Q}$는 $\boldsymbol{A}$에 가까워야 한다(노름이 '작다'와 '가깝다'를 정확히 활용하게 해준다).

정리 스펙트럼 반지름 정리

초기 벡터 $\boldsymbol{x}^{(0)}$가 무엇으로 선택되었느냐에 상관없이 다음의 점화식

$$\boldsymbol{Q}\boldsymbol{x}^{(k)} = (\boldsymbol{Q} - \boldsymbol{A})\boldsymbol{x}^{(k-1)} + \boldsymbol{b}$$

로부터 생성되는 수열이 수렴하기 위한 필요충분조건은 복소평면 위의 열린 단위 원 $|z| < 1$ 안에 $(\boldsymbol{I} - \boldsymbol{Q}^{-1}\boldsymbol{A})$의 모든 고윳값들이 존재하는 것이다.

이 정리의 결론은 다음과 같이 나타낼 수도 있다.

$$\rho(\boldsymbol{I} - \boldsymbol{Q}^{-1}\boldsymbol{A}) < 1$$

스펙트럼 반지름

이때 ρ는 **스펙트럼 반지름** 함수이다. 스펙트럼 반지름 함수는 고윳값 λ_i를 가지는 임의의 $n \times n$ 행렬 $\boldsymbol{G}$에 대해 다음과 같이 정의한다.

$$\rho(\boldsymbol{G}) = \max_{1 \le i \le n} |\lambda_i|$$

예제 4 [예제 3]까지의 야코비법, 가우스-자이델법, SOR법($\omega = 1.1$)이 모든 초깃값에 대해 수렴하는지를 결정하라.

풀이

야코비법에서 관련 행렬 $\boldsymbol{B}$의 고윳값을 쉽게 계산할 수 있다. 그 단계는

$$\det(\boldsymbol{B} - \lambda\boldsymbol{I}) = \det\begin{bmatrix} -\lambda & \frac{1}{2} & 0 \\ \frac{1}{3} & -\lambda & \frac{1}{3} \\ 0 & \frac{1}{2} & -\lambda \end{bmatrix} = -\lambda^3 + \frac{1}{6}\lambda^2 + \frac{1}{6}\lambda = 0$$

이다. 고윳값은 $\lambda = 0, \pm\sqrt{1/3} \approx \pm 0.5774$이다. 따라서 스펙트럼 반지름 정리에 의해 이 예제에서 야코비 반복법은 임의의 초기 벡터에 대해 언제나 성공한다.

가우스-자이델법의 경우 반복 행렬 $\mathcal{L}$의 고윳값들은 다음 식으로부터 결정된다.

$$\det(\mathcal{L} - \lambda\boldsymbol{I}) = \det\begin{bmatrix} -\lambda & \frac{11}{20} & 0 \\ 0 & \frac{1}{6} - \lambda & \frac{1}{3} \\ 0 & \frac{1}{12} & \frac{1}{6} - \lambda \end{bmatrix} = -\lambda\left(\frac{1}{6} - \lambda\right)^2 + \frac{1}{36}\lambda = 0$$

고윳값은 $\lambda = 0, 0, \frac{1}{3} \approx 0.333$이다. 따라서 가우스-자이델 반복법은 이 예제의 어떠한 초기 벡터에 대해서도 수렴한다.

$\omega = 1.1$인 SOR법의 경우 반복 행렬 $\mathcal{L}_\omega$의 고윳값들은 다음 식에서 결정된다.

$$\det(\mathcal{L}_\omega - \lambda \boldsymbol{I}) = \det\begin{bmatrix} -\frac{1}{10}-\lambda & \frac{11}{20} & 0 \\ -\frac{11}{300} & \frac{61}{600}-\lambda & \frac{11}{30} \\ -\frac{121}{6000} & \frac{671}{12000} & \frac{61}{600}-\lambda \end{bmatrix}$$

$$= \left(-\frac{1}{10}-\lambda\right)\left(\frac{61}{600}-\lambda\right)^2 - \frac{121}{6000}\cdot\frac{11}{30}\cdot\frac{11}{20}$$

$$+\frac{11}{20}\cdot\frac{11}{300}\left(\frac{61}{600}-\lambda\right)-\left(-\frac{1}{10}-\lambda\right)\frac{671}{12000}\cdot\frac{11}{30}$$

$$= -\frac{1}{1000}+\frac{31}{3000}\lambda+\frac{31}{3000}\lambda^2-\lambda^3=0$$

고윳값은 $\lambda \approx 0.1200, 0.0833, -0.1000$이다. 따라서 SOR 반복법은 이 예제의 임의의 초기 벡터에 대해 수렴한다.

수렴 여부를 부등식 $\rho(\boldsymbol{I}-\boldsymbol{Q}^{-1}\boldsymbol{A})<1$보다 더 쉽게 증명할 수 있는 조건은 같은 행에서 대각 성분들이 다른 성분들에 끼치는 지배의 정도이다. 2.3절에서 정의했듯이 다음의 **대각 지배**diagonal dominance 성질을 사용해서 야코비법 및 가우스-자이델법의 수렴 여부를 결정할 수 있다.

대각 지배

$$|a_{ii}| > \sum_{\substack{j=1 \\ j\neq i}}^{n} |a_{ij}|$$

---

[2] 정리 야코비 및 가우스-자이델 수렴 정리

$\boldsymbol{A}$가 대각 지배 행렬이라면 야코비 및 가우스-자이델법은 임의의 초기 벡터 $\boldsymbol{x}^{(0)}$에 대해 수렴한다.

이것은 충분조건이지 필요조건이 아니라는 점을 주의하자. 사실 이 방법들은 수렴하더라도 대각 지배는 아닌 행렬들이 존재한다.

다른 중요한 성질은 다음과 같다.

---

[1] 정의 대칭 양의 정부호행렬

행렬 $\boldsymbol{A}$에 대해 $\boldsymbol{A}=\boldsymbol{A}^T$, 모든 0이 아닌 실수 벡터 $\boldsymbol{x}$에 대해서 $\boldsymbol{x}^T\boldsymbol{A}\boldsymbol{x}>0$을 만족할 때 $\boldsymbol{A}$를 **대칭 양의 정부호**symmetric positive definite(SPD) 행렬이라 부른다.

행렬 $\boldsymbol{A}$가 SPD이기 위한 필요충분조건은 $\boldsymbol{A}=\boldsymbol{A}^T$이면서 $\boldsymbol{A}$의 모든 고윳값이 양수인 것이다.

---

[3] 정리 SOR 수렴 정리

행렬 $\boldsymbol{A}$가 양의 대각 성분들을 가지고 있으며 $0<\omega<2$라 가정하자. SOR법이 임의의 초기 벡터 $\boldsymbol{x}^{(0)}$에 대해 수렴한다는 것은 $\boldsymbol{A}$가 대칭 양의 정부호행렬이란 것과 동치이다.

반복법의 행렬 표기법

반복법의 정식 이론을 다루기 위해 행렬 $\boldsymbol{A}$를 다음과 같이 0이 아닌 대각행렬 $\boldsymbol{D}$와 엄격한 하삼각행렬 $\boldsymbol{C}_L$, 엄격한 상삼각행렬 $\boldsymbol{C}_U$의 합으로 분리하자.

$$\boldsymbol{A} = \boldsymbol{D} - \boldsymbol{C}_L - \boldsymbol{C}_U$$

여기서 $\boldsymbol{D} = \text{diag}(\boldsymbol{A})$, $\boldsymbol{C}_L = (-a_{ij})_{i>j}$, $\boldsymbol{C}_U = (-a_{ij})_{i<j}$이다. 선형 시스템 (3)은 다음과 같이 나타낼 수 있다.

$$(\boldsymbol{D} - \boldsymbol{C}_L - \boldsymbol{C}_U)\boldsymbol{x} = \boldsymbol{b}$$

식 (4)로부터 행렬-벡터 형태의 **야코비법**은

$$\boldsymbol{D}\boldsymbol{x}^{(k)} = (\boldsymbol{C}_L + \boldsymbol{C}_U)\boldsymbol{x}^{(k-1)} + \boldsymbol{b}$$ 야코비법

이다. 이는 $\boldsymbol{Q} = \text{diag}(\boldsymbol{A}) = \boldsymbol{D}$인 식 (2)에 대응한다. 식 (5)로부터 **가우스-자이델법**은 다음과 같은 형태가 된다.

$$(\boldsymbol{D} - \boldsymbol{C}_L)\boldsymbol{x}^{(k)} = \boldsymbol{C}_U\boldsymbol{x}^{(k-1)} + \boldsymbol{b}$$ 가우스-자이델법

이는 $\boldsymbol{Q} = \text{diag}(\boldsymbol{A}) + \text{lower triangular}(\boldsymbol{A}) = \boldsymbol{D} - \boldsymbol{C}_L$인 식 (2)에 상응한다. 식 (6)으로부터 **SOR법**은 다음과 같이 나타낼 수 있다.

$$(\boldsymbol{D} - \omega\boldsymbol{C}_L)\boldsymbol{x}^{(k)} = [\omega\boldsymbol{C}_U + (1-\omega)\boldsymbol{D}]\boldsymbol{x}^{(k-1)} + \omega\boldsymbol{b}$$ SOR법

이는 $\boldsymbol{Q} = (1/\omega)\text{diag}(\boldsymbol{A}) + \text{lower triangular}(\boldsymbol{A}) = (1/\omega)(\boldsymbol{D} - \omega\boldsymbol{C}_L)$인 식 (2)에 대응한다.

요약하면 기본적인 세 개의 반복법(야코비, 가우스-자이델, SOR)의 반복 행렬과 상수 벡터는 이러한 행렬 분리의 방식으로 쓸 수 있다. **야코비법**일 때 $\boldsymbol{Q} = \boldsymbol{D}$이므로 다음과 같다.

$$\boldsymbol{B} = \boldsymbol{I} - \boldsymbol{Q}^{-1}\boldsymbol{A} = \boldsymbol{D}^{-1}(\boldsymbol{C}_L + \boldsymbol{C}_U)$$
$$\boldsymbol{h} = \boldsymbol{Q}^{-1}\boldsymbol{b} = \boldsymbol{D}^{-1}\boldsymbol{b}$$ 야코비 행렬

가우스-자이델법일 때 $\boldsymbol{Q} = \boldsymbol{D} - \boldsymbol{C}_L$을 얻고 다음이 성립한다.

$$\mathcal{L} = \boldsymbol{I} - \boldsymbol{Q}^{-1}\boldsymbol{A} = (\boldsymbol{D} - \boldsymbol{C}_L)^{-1}\boldsymbol{C}_U$$
$$\boldsymbol{h} = \boldsymbol{Q}^{-1}\boldsymbol{b} = (\boldsymbol{D} - \boldsymbol{C}_L)^{-1}\boldsymbol{b}$$ 가우스-자이델 행렬

SOR법일 때 $\boldsymbol{Q} = 1/\omega(\boldsymbol{D} - \omega\boldsymbol{C}_L)$을 얻고 다음이 성립한다.

$$\mathcal{L}_\omega = \boldsymbol{I} - \boldsymbol{Q}^{-1}\boldsymbol{A} = (\boldsymbol{D} - \omega\boldsymbol{C}_L)^{-1}[\omega\boldsymbol{C}_U + (1-\omega)\boldsymbol{D}]$$
$$\boldsymbol{h} = \boldsymbol{Q}^{-1}\boldsymbol{b} = \omega(\boldsymbol{D} - \omega\boldsymbol{C}_L)^{-1}\boldsymbol{b}$$ SOR 행렬

다른 시각으로 바라본 가속 완화법

몇몇 경우에서 기본 반복법 (2)의 수렴속도는 다음과 같이 보조 벡터와 가속 변수 ω를 도입함으로써 향상시킬 수 있다.

$$\begin{aligned} \boldsymbol{Q}\boldsymbol{z}^{(k)} &= (\boldsymbol{Q}-\boldsymbol{A})\boldsymbol{x}^{(k-1)}+\boldsymbol{b} \\ \boldsymbol{x}^{(k)} &= \omega\boldsymbol{z}^{(k)}+(1-\omega)\boldsymbol{x}^{(k-1)} \end{aligned}$$

즉 다음과 같다.

$$\boldsymbol{x}^{(k)}=\omega\{(\boldsymbol{I}-\boldsymbol{Q}^{-1}\boldsymbol{A})\boldsymbol{x}^{(k-1)}+\boldsymbol{Q}^{-1}\boldsymbol{b}\}+(1-\omega)\boldsymbol{x}^{(k-1)}$$ 가속 완화법

변수 ω는 업데이트되는 값에 유리하게 가중치를 부여한다. $\omega=1$이면 이 프로시저는 기본 반복법으로 축소된다. $1<\omega<2$일 때 수렴률이 향상될 수 있는데, 이를 **가속 완화** overrelaxation라 부른다. $\boldsymbol{Q}=\boldsymbol{D}$일 때에는 다음의 **야코비 가속 완화** Jacobi overrelaxation(JOR) 방법을 얻을 수 있다.

$$\boldsymbol{x}^{(k)}=\omega\{\boldsymbol{B}\boldsymbol{x}^{(k-1)}+\boldsymbol{h}\}+(1-\omega)\boldsymbol{x}^{(k-1)}$$ JOR법

가속 완화는 다음과 같이 조금 다른 방식으로 가우스-자이델법에 사용될 때 특히 효과적이다.

$$\begin{aligned} \boldsymbol{D}\boldsymbol{z}^{(k)} &= \boldsymbol{C}_L\boldsymbol{x}^{(k)}+\boldsymbol{C}_U\boldsymbol{x}^{(k-1)}+\boldsymbol{b} \\ \boldsymbol{x}^{(k)} &= \omega\boldsymbol{z}^{(k)}+(1-\omega)\boldsymbol{x}^{(k-1)} \end{aligned}$$

그러므로 다음과 같은 **SOR법**을 얻을 수 있다.

$$\boldsymbol{x}^{(k)}=\mathcal{L}_\omega\boldsymbol{x}^{(k-1)}+\boldsymbol{h}$$ SOR법

공역 구배법

공역 구배법conjugate gradient method(CG)은 희박 선형 시스템을 푸는 가장 유명한 반복법 중 하나이다. 이는 편미분방정식의 수치 해를 구할 때 등장하는 시스템에서 특히 자주 쓰인다 (12.1절 참조).

우선 간략한 정의와 관련 기호의 소개부터 시작하자. $n\times n$ 실수 행렬 A가 **대칭행렬**, 즉 $\boldsymbol{A}^T=\boldsymbol{A}$라 가정하자. 두 벡터 $\boldsymbol{u}=(u_1,u_2,\cdots,u_n)$과 $\boldsymbol{v}=(v_1,v_2,\cdots,v_n)$의 **내적**inner product은 스칼라 합인 $\langle\boldsymbol{u},\boldsymbol{v}\rangle=\boldsymbol{u}^T\boldsymbol{v}=\sum_{i=1}^n u_iv_i$로 나타낸다. $\langle\boldsymbol{u},\boldsymbol{v}\rangle=\langle\boldsymbol{v},\boldsymbol{u}\rangle$임을 유념하자. $\boldsymbol{u}$와 $\boldsymbol{v}$가 서로 직교하면 $\langle\boldsymbol{u},\boldsymbol{v}\rangle=0$이다. 두 벡터 $\boldsymbol{u}$, $\boldsymbol{v}$의 **A-내적**A-inner product은 다음과 같이 정의한다. A-내적

$$\langle\boldsymbol{u},\boldsymbol{v}\rangle_{\boldsymbol{A}}=\langle\boldsymbol{A}\boldsymbol{u},\boldsymbol{v}\rangle=\boldsymbol{u}^T\boldsymbol{A}^T\boldsymbol{v}$$

$\langle\boldsymbol{u},\boldsymbol{v}\rangle_{\boldsymbol{A}}=0$일 때 0이 아닌 두 벡터 $\boldsymbol{u},\boldsymbol{v}$를 **$A$-켤레**$A$-conjugate라 부른다. $n\times n$ 행렬 $\boldsymbol{A}$가 모든 0이 아닌 벡터 $\boldsymbol{x}\in\mathbb{R}^n$에 대해 다음 식을 만족할 때 $\boldsymbol{A}$를 **양의 정부호**positive definite행렬

이라 부른다.

$$\langle \boldsymbol{x}, \boldsymbol{x} \rangle_A > 0$$

일반적으로 $\langle \boldsymbol{u}, \boldsymbol{v} \rangle$나 $\langle \boldsymbol{u}, \boldsymbol{v} \rangle_A$와 같은 표현은 1×1 행렬로 축소되므로 스칼라 값으로 다뤄질 수 있다. 다음 형태의 스칼라 2차 벡터 함수를 **2차 형식**quadratic form이라 부른다.

양의 정부호

2차 형식

$$f(\boldsymbol{x}) = \frac{1}{2}\langle \boldsymbol{x}, \boldsymbol{x} \rangle_A - \langle \boldsymbol{b}, \boldsymbol{x} \rangle + c$$

여기서 $\boldsymbol{A}$는 행렬, $\boldsymbol{x}$와 $\boldsymbol{b}$는 벡터, c는 스칼라 상수이다. 2차 형식의 **기울기**gradient는 다음과 같다.

기울기

$$f'(\boldsymbol{x}) = [\partial f(\boldsymbol{x})/\partial x_1,\ \partial f(\boldsymbol{x})/\partial x_2,\ \cdots,\ \partial f(\boldsymbol{x})/\partial x_n]^T$$

다음을 유도해 보자.

$$f'(\boldsymbol{x}) = \frac{1}{2}\boldsymbol{A}^T\boldsymbol{x} + \frac{1}{2}\boldsymbol{A}\boldsymbol{x} - \boldsymbol{b}$$

만약 $\boldsymbol{A}$가 대칭행렬이라면 이 식은 다음과 같이 간단히 쓸 수 있다.

$$f'(\boldsymbol{x}) = \boldsymbol{A}\boldsymbol{x} - \boldsymbol{b}$$

기울기를 0으로 설정하면 풀고자 하는 선형 시스템 $\boldsymbol{Ax} = \boldsymbol{b}$를 얻을 수 있다. 따라서 $\boldsymbol{Ax} = \boldsymbol{b}$의 해는 $f(\boldsymbol{x})$의 임계점critical point이다. $\boldsymbol{A}$가 대칭이고 양의 정부호행렬이라면 $f(\boldsymbol{x})$는 $\boldsymbol{Ax} = \boldsymbol{b}$의 해에 의해 최소화된다. 따라서 선형 시스템 $\boldsymbol{Ax} = \boldsymbol{b}$를 푸는 다른 방법은 $f(\boldsymbol{x})$를 최소화하는 $\boldsymbol{x}$를 찾는 것이다.

$n \times n$ 행렬 $\boldsymbol{A}$가 대칭행렬이자 양의 정부호행렬일 때, 다음 선형 시스템을 풀어야 한다고 해 보자.

$$\boldsymbol{Ax} = \boldsymbol{b}$$

$\{\boldsymbol{p}^{(1)}, \boldsymbol{p}^{(2)}, \cdots, \boldsymbol{p}^{(k)}, \cdots, \boldsymbol{p}^{(n)}\}$이 n개의 서로 켤레인 **방향 벡터**direction vector로 이루어진 집합이라고 가정하자. 그러면 그들은 $\mathbb{R}^n$ 공간의 기저를 이룬다. 따라서 $\boldsymbol{Ax} = \boldsymbol{b}$의 실제 해 벡터 x^*를 이 기저 벡터들의 선형 결합으로 전개할 수 있다.

방향 벡터

$$\boldsymbol{x}^* = \alpha_1 \boldsymbol{p}^{(1)} + \alpha_2 \boldsymbol{p}^{(2)} + \cdots + \alpha^{(k)} \boldsymbol{p}^{(k)} + \cdots + \alpha_n \boldsymbol{p}^{(n)}$$

여기서 계수들은 다음과 같이 주어진다.

$$\alpha_k = \langle \boldsymbol{p}^{(k)}, \boldsymbol{b} \rangle / \langle \boldsymbol{p}^{(k)}, \boldsymbol{p}^{(k)} \rangle_A$$

이는 선형 시스템 $\boldsymbol{Ax} = \boldsymbol{b}$를 푸는 직접적인 방법으로 볼 수 있다. 우선 n개의 켤레 방향 벡터 $\boldsymbol{p}^{(k)}$ 수열을 찾은 후 계수 α_k를 계산한다. 하지만 컴퓨터의 용량과 시간 소모가 너무 크기 때문에 이 접근법은 실용적이지 않다.

반면에 공역 구배법을 반복법으로 본다면 거대한 희박 선형 시스템을 합리적인 시간과 저장공간을 사용하여 풀 수 있다. 그 핵심은 실제 해 벡터의 좋은 근삿값을 얻기 위해 다 사용할 필요는 없는 켤레 방향 벡터 $\boldsymbol{p}^{(k)}$의 작은 집합을 주의 깊게 선택하는 것이다.

실제 해 $\boldsymbol{x}^*$의 초기 추정 벡터 $\boldsymbol{x}^{(0)}$으로부터 시작하자. 일반성의 손실 없이 $\boldsymbol{x}^{(0)}$을 0 벡터로 가정할 수 있다. 또한 실제 해 $\boldsymbol{x}^*$는 $\boldsymbol{x} \in \mathbb{R}^n$에 대해 다음 식이 최솟값을 갖게 하는 유일한 벡터이다.

$$f(\boldsymbol{x}) = \frac{1}{2}\langle \boldsymbol{x}, \boldsymbol{x} \rangle_{\boldsymbol{A}} - \langle \boldsymbol{x}, \boldsymbol{x} \rangle = \frac{1}{2}\boldsymbol{x}^T \boldsymbol{A}\boldsymbol{x} - \boldsymbol{x}^T \boldsymbol{x}$$

공역 구배법에 관한 논의

이 사실은 첫 번째 기저 벡터 $\boldsymbol{p}^{(1)}$을 $\boldsymbol{x} = \boldsymbol{x}^{(0)}$에서의 f의 기울기(이 값은 $-\boldsymbol{b}$와 같다)로 선택할 것을 제안한다. 이제 기저의 다른 벡터들은 기울기와 켤레 관계이다. 이 때문에 이름이 공역 구배법이 된 것이다. k번째 잔차 벡터는 $\boldsymbol{r}^{(k)} = \boldsymbol{b} - \boldsymbol{A}\boldsymbol{x}^{(k)}$이다. 기울기 감소법gradient descent method은 $\boldsymbol{r}^{(k)}$ 방향으로 움직인다. 방향 벡터 $\boldsymbol{p}^{(k)}$는 서로 켤레이므로 기울기 벡터 $\boldsymbol{r}^{(k)}$에 가장 가까운 방향을 선택한다. 이 모든 것을 종합하면 다음과 같은 표현을 얻을 수 있다.

$$\boldsymbol{p}^{(k+1)} = \boldsymbol{r}^{(k)} - \left[\langle \boldsymbol{p}^{(k)}, \boldsymbol{r}^{(k)} \rangle_{\boldsymbol{A}} / \langle \boldsymbol{p}^{(k)}, \boldsymbol{p}^{(k)} \rangle_{\boldsymbol{A}}\right] \boldsymbol{p}^{(k)}$$

약간의 정리 작업을 거쳐 계수 행렬 $\boldsymbol{A}$가 실수 행렬이면서 대칭행렬, 양의 정부호행렬일 때 선형 시스템 $\boldsymbol{A}\boldsymbol{x} = \boldsymbol{b}$를 푸는 알고리즘을 얻을 수 있다. 입력 벡터 $\boldsymbol{x}^{(0)}$는 0벡터이거나 해의 초기 근삿값이다.

이론적으로는 공역 구배 반복법은 행렬 $\boldsymbol{A}$가 대칭이자 양의 정부호행렬이면 최대 n단계 안에서 n개의 선형 연립방정식을 풀어낸다. 게다가 n번째 반복 벡터 $\boldsymbol{x}^{(n)}$은 다음의 2차 함수를 최소화화는 유일한 벡터이다.

$$q(\boldsymbol{x}) = \frac{1}{2}\boldsymbol{x}^T \boldsymbol{A}\boldsymbol{x} - \boldsymbol{x}^T \boldsymbol{b}$$

2차 함수

헤스텐스Hestenes와 스티펠Stiefel[1952]에 의해 공역 구배법이 소개되었을 때 이 유한-종료 성질이 실제로는 나타나지 않는다는 사실이 발견되자 공역 구배법에 대한 초기 관심은 시들해졌다. 하지만 20년 후 리드Reid[1971]와 다른 사람들에 의해 하나의 반복법으로 검토되면서 이 방법이 다시 관심을 받게 되었다. 실제로는 종종 시스템의 크기에 비해 상당히 적은 수의 단계로 원하는 정확도의 선형 연립방정식의 해를 찾을 수 있다.

공역 구배법 유사코드와 특징

다음은 공역 구배법에 대한 유사코드이다.

공역 구배법 유사코드

```
k ← 0; x ← 0; r ← b − Ax; δ ← ⟨r, r⟩
while (√δ > ε√⟨b, b⟩) and (k < k_max)
    k ← k + 1
    if k = 1 then
        p ← r
    else
        β ← δ/δ_old
        p ← r + βp
    end if
    w ← Ap
    α ← δ/⟨p, w⟩
    x ← x + αp
    r ← r − αw
    δ_old ← δ
    δ ← ⟨r, r⟩
end while
```

여기서 ε은 ($\varepsilon = 10^{-5}$와 같이) 수렴 기준에 사용되는 변수이고, $k_{\max}$는 허용된 최대 반복 횟수이다. 보통은 선형 시스템의 크기보다 훨씬 적은 반복 횟수가 필요하다. δ의 이전 값이 δ_{old}에 저장된다. 만약 해 벡터 x의 좋은 근삿값이 알려져 있다면 0벡터 대신에 그 벡터를 초기 벡터로 사용해야 한다. 변수 ε은 원하는 수렴 허용오차이다. 알고리즘은 해에 수렴하는 벡터 수열 $x^{(i)}$를 생성한다. 또한 직교하는 잔차 벡터 $\boldsymbol{r}^{(i)} = \boldsymbol{b} - \boldsymbol{A}\boldsymbol{x}^{(i)}$ 수열과 방향 검색 벡터 search direction vector [5] $\boldsymbol{p}^{(i)}$의 $\boldsymbol{A}$-직교 수열, 즉 $i \neq j$일 때 $\langle \boldsymbol{r}^{(i)}, \boldsymbol{r}^{(j)} \rangle = 0$, $\langle \boldsymbol{p}^{(i)}, \boldsymbol{A}\boldsymbol{p}^{(j)} \rangle = 0$인 벡터 수열도 생성한다.

5 (옮긴이) 공역 구배법에서는 선형 시스템을 직접 풀기보다는 최적화 문제로 바꾸어서 푼다. 최적화 문제의 해를 찾아가는 방향 벡터를 방향 검색 벡터라 부른다.

공역 구배법의 특징

공역 구배 알고리즘의 주요 계산적 특징을 유도하기는 힘들지만 최종 결론은 각 단계에서 오직 하나의 행렬-벡터 곱셈과 소수의 내적 계산만이 필요하다는 것이다. 이는 거대한 희박 선형 시스템을 풀 때에는 매우 이상적인 특징들이다. 또한 가우스 소거법과는 달리 채움 fill-in이 없어서 컴퓨터 메모리에는 오직 $\boldsymbol{A}$의 0이 아닌 원소들만 저장될 필요가 있다. 일부 편미분방정식 문제에서는 선형 시스템의 식들은 계수 행렬의 0이 아닌 구조를 묘사하는 스텐실로 표현할 수 있다. 때때로 컴퓨터 프로그램에서 계수 행렬의 0이 아닌 성분을 저장하기보다는 이 스텐실을 사용하기도 한다.

예제 5 **다음 선형 시스템을 공역 구배법을 사용하여 풀어라.**

$$\begin{bmatrix} 2 & -1 & 0 \\ -1 & 3 & -1 \\ 0 & -1 & 2 \end{bmatrix} \begin{bmatrix} x_1 \\ x_2 \\ x_3 \end{bmatrix} = \begin{bmatrix} 1 \\ 8 \\ -5 \end{bmatrix}$$

풀이

유사코드를 프로그래밍하면 다음의 반복값들을 얻는다.

$$x^{(0)} = [0.00000, 0.00000, 0.00000]^T$$
$$x^{(1)} = [0.29221, 2.33766, -1.46108]^T$$
$$x^{(2)} = [1.82254, 2.60772, -1.55106]^T$$
$$x^{(3)} = [2.00000, 3.00000, -1.00000]^T$$

3번의 반복 만에 최대 머신 정밀도로 정확한 답을 얻었다! 이는 이 방법의 유한 종료 성질을 보여주는 것이다. 행렬 $\boldsymbol{A}$는 대칭 양의 정부호행렬이고, $\boldsymbol{A}$의 고윳값은 1, 2, 4이다. 이 간단한 예는 약간의 오해를 불러일으킬 수도 있다. 실제 응용문제에서는 이렇게 빠른 수렴을 기대할 수 없기 때문이다(수렴률은 선형 시스템의 다양한 성질에 따라 달라진다). 사실 이 예제는 매우 거대한 희박 시스템에서의 고급 반복법의 강점을 보여주기에는 너무 작다.

행렬 $\boldsymbol{A}$가 나쁜 조건일 때 공역 구배법은 느리게 수렴할 수도 있다. 하지만 **사전 조건 형성** preconditioning이라 불리는 기술을 이용해 수렴을 가속화할 수 있다. 이는 $\boldsymbol{A}$를 근사하는 $\boldsymbol{M}^{-1}$을 포함함으로써 $\boldsymbol{M}^{-1}\boldsymbol{A}$를 좋은 조건으로 만들고, $\boldsymbol{Mx}=\boldsymbol{y}$를 풀기 쉽게 한다. 매우 거대한 수많은 희박 시스템에 대해서 사전에 조건을 형성한 공역 구배법은 현재 가장 우선적으로 사용하는 반복법이 되었다!

사전 조건 형성

8.4 요약

- 선형 시스템 $\boldsymbol{Ax}=\boldsymbol{b}$에 대해 반복법의 일반적인 형태는 다음과 같다.

$$\boldsymbol{x}^{(k)} = \mathcal{G}\boldsymbol{x}^{(k-1)} + \boldsymbol{h}$$

여기서 **반복 행렬**, 벡터, **오차 벡터**는 다음과 같다.

$$\mathcal{G} = \boldsymbol{I} - \boldsymbol{Q}^{-1}\boldsymbol{A} \qquad \boldsymbol{h} = \boldsymbol{Q}^{-1}\boldsymbol{b} \qquad \boldsymbol{e}^{(k)} = (\boldsymbol{I} - \boldsymbol{Q}^{-1}\boldsymbol{A})\boldsymbol{e}^{(k-1)}$$

- 좀 더 자세하게 다음 형태의 선형 시스템을 생각해 보자. 여기서 $a_{ii} \neq 0$이라 가정한다.

$$\sum_{j=1}^{n} a_{ij}x_j = b_i \qquad (1 \le i \le n)$$

- **야코비법**은 다음과 같다.

$$x_i^{(k)} = \left[-\sum_{\substack{j=1 \\ j \neq i}}^{n} (a_{ij}/a_{ii})x_j^{(k-1)} + (b_i/a_{ii})\right] \qquad (1 \le i \le n)$$

- **가우스-자이델법**은 다음과 같다.

$$x_i^{(k)} = \left[-\sum_{\substack{j=1 \\ j < i}}^{n} (a_{ij}/a_{ii})x_j^{(k)} - \sum_{\substack{j=1 \\ j > i}}^{n} (a_{ij}/a_{ii})x_j^{(k-1)} + (b_i/a_{ii})\right]$$

- **SOR법**은 다음과 같다.

$$x_i^{(k)} = \omega\left\{\left[-\sum_{\substack{j=1 \\ j < i}}^{n} (a_{ij}/a_{ii})x_j^{(k)} - \sum_{\substack{j=1 \\ j > i}}^{n} (a_{ij}/a_{ii})x_j^{(k-1)} + (b_i/a_{ii})\right]\right\} + (1-\omega)x_i^{(k-1)}$$

$\omega = 1$이면 SOR법은 가우스-자이델법으로 축소된다.

- 행렬 형태에서 $\boldsymbol{A} = (a_{ij})$를 $\boldsymbol{A} = \boldsymbol{D} - \boldsymbol{C}_L - \boldsymbol{C}_U$과 같이 분리할 수 있다. 여기서 $\boldsymbol{D} = \mathrm{diag}(\boldsymbol{A})$는 0이 아닌 대각행렬, $\boldsymbol{C}_L = (-a_{ij})_{i>j}$는 엄격한 하삼각행렬, $\boldsymbol{C}_U = (-a_{ij})_{i<j}$는 엄격한 상삼각행렬이다.
- 행렬-벡터 형태의 **야코비법**은 $\boldsymbol{Dx}^{(k)} = (\boldsymbol{C}_L + \boldsymbol{C}_U)\boldsymbol{x}^{(k-1)} + \boldsymbol{b}$이다.
- **가우스-자이델법**은 $(\boldsymbol{D} - \boldsymbol{C}_L)\boldsymbol{x}^{(k)} = \boldsymbol{C}_U\boldsymbol{x}^{(k-1)} + \boldsymbol{b}$이다.

- SOR법은 $(\boldsymbol{D}-\omega\boldsymbol{C}_L)\boldsymbol{x}^{(k)}=[\omega\boldsymbol{C}_U+(1-\omega)\boldsymbol{D}]\boldsymbol{x}^{(k-1)}+\omega\boldsymbol{b}$이다. 분리 행렬, 반복 행렬, 상수 벡터들은 다음과 같다.

- 야코비법에 대해 다음이 성립한다.

$$Q=D$$
$$B=D^{-1}(C_L+C_U)$$
$$h=D^{-1}b$$

- 가우스-자이델법에 대해 다음이 성립한다.

$$Q=D-C_L$$
$$\mathcal{L}=(D-C_L)^{-1}C_U$$
$$h=(D-C_L)^{-1}b$$

- SOR법에 대해 다음이 성립한다.

$$Q=\frac{1}{\omega}(D-\omega C_L)$$
$$\mathcal{L}_\omega=(D-\omega C_L)^{-1}[\omega C_U+(1-\omega)D]$$
$$h=\omega(D-\omega C_L)^{-1}b$$

- 특정한 행렬 $\boldsymbol{A}$에 대해 반복법이 수렴하다는 것은 $\rho(\boldsymbol{I}-\boldsymbol{Q}^{-1}\boldsymbol{A})<1$과 동치이다. $\boldsymbol{A}$가 대각 지배 행렬이라면 야코비법과 가우스-자이델법은 임의의 초기 벡터 $\boldsymbol{x}^{(0)}$에 대해 수렴한다. SOR 방법이 $0<\omega<2$일 때 임의의 초기 벡터 $\boldsymbol{x}^{(0)}$에 대해 수렴하는 것은 $\boldsymbol{A}$가 양수인 대각 성분들을 가지는 대칭 양의 정부호행렬이란 것과 동치이다.

8.4 연습문제

01 [예제 4]의 다른 해를 제시하라.

02 가우스-자이델 가속 완화법에 대한 행렬 공식을 써라.

03 (**선다형**) 식 $\boldsymbol{Ax}=\boldsymbol{b}$의 시스템을 풀 때 반복법을 사용하는 게 편리한 경우가 종종 있다. 이 반복법은 해에 수렴하는 수열 $\boldsymbol{x}^{(k)}$ 벡터들을 생성한다. 그 프로세스는 충분한 정확도가 얻어지면 멈춘다. 일반적인 프로시저는 $\boldsymbol{Qx}^{(k)}=(\boldsymbol{Q}-\boldsymbol{A})\boldsymbol{x}^{(k-1)}+\boldsymbol{b}$를 풀어서 $\boldsymbol{x}^{(k)}$를 얻는 것이다. 여기서 $\boldsymbol{Q}$는 $\boldsymbol{A}$와 어떤 식으로든 연관이 있는 행렬이다. 이 프로세스는 임의의 사용가능한 추측 $\boldsymbol{x}^{(0)}$로부터 시작하여 반복된다. 어떤 시작점을 선택하는지에 상관없이 이 방법이 작동하려면 어떤 가정이 보장되어야 하는가?

(a) $\|\boldsymbol{Q}\|<1$　　(b) $\|\boldsymbol{QA}\|<1$

(c) $\|\boldsymbol{I}-\boldsymbol{QA}\|<1$　　(d) $\|\boldsymbol{I}-\boldsymbol{Q}^{-1}\boldsymbol{A}\|<1$

(e) 이 중 어느 것도 아니다.

힌트 : 스펙트럼 반지름은 노름보다 작거나 같다.

04 (**선다형**) 벡터 노름으로부터 종속된 행렬 노름을 생성할 수 있다. 모든 종속된 행렬 노름은 어떤 관계를 만족해야 하는가?

(a) $\|\boldsymbol{Ax}\|\ge\|\boldsymbol{A}\|\,\|\boldsymbol{x}\|$

(b) $\|\boldsymbol{I}\|=1$

(c) $\|\boldsymbol{AB}\|\ge\|\boldsymbol{A}\|\,\|\boldsymbol{B}\|$

(d) $\|\boldsymbol{A}+\boldsymbol{B}\|\ge\|\boldsymbol{A}\|+\|\boldsymbol{B}\|$

(e) 이 중 어느 것도 아니다.

05 (**선다형**) 행렬 $\boldsymbol{A}$의 대각 지배 조건은?

(a) $|a_{ii}|<\sum_{\substack{j=1\\j\ne i}}^{n}|a_{ij}|$　　(b) $|a_{ii}|\ge\sum_{\substack{j=1\\j\ne i}}^{n}|a_{ij}|$

(c) $|a_{ii}|<\sum_{j=1}^{n}|a_{ij}|$　　(d) $|a_{ii}|>\sum_{j=1}^{n}|a_{ij}|$

(e) 이 중 어느 것도 아니다.

06 (**선다형**) 표준 점화식 $\boldsymbol{x}^{(k)}=\mathcal{G}\boldsymbol{x}^{(k-1)}+\boldsymbol{h}$가 식 $(\boldsymbol{I}-\mathcal{G})\boldsymbol{x}=\boldsymbol{h}$의 해에 수렴하는 수열 $\boldsymbol{x}^{(k)}$를 생성하기 위한 필요충분조건은?

(a) $\mathcal{G}$의 스펙트럼 반지름이 1보다 크다.

(b) 행렬 $\mathcal{G}$는 대각 지배이다.

(c) $\mathcal{G}$의 스펙트럼 반지름은 1보다 작다.

(d) $\mathcal{G}$는 정칙행렬이다.

(e) 이 중 어느 것도 아니다.

07 (**선다형**) 선형 시스템 $\boldsymbol{Ax}=\boldsymbol{b}$에 대해 야코비법이 수렴하기 위한 충분조건은?

(a) $\boldsymbol{A}-\boldsymbol{I}$가 대각 지배이다.

(b) $\boldsymbol{A}$가 대각 지배이다.

(c) $\mathcal{G}$가 정칙행렬이다.

(d) $\mathcal{G}$의 스펙트럼 반지름은 1보다 작다.

(e) 이 중 어느 것도 아니다.

08 (선다형) 선형 시스템 $\boldsymbol{Ax}=\boldsymbol{b}$에 대해 가우스-자이델 방법이 작용하기 위한 충분조건은?

(a) $\boldsymbol{A}$가 대각 지배이다.

(b) $\boldsymbol{A}-\boldsymbol{I}$가 대각 지배이다.

(c) $\mathcal{G}$의 스펙트럼 반지름은 1보다 작다.

(d) $\mathcal{G}$가 정칙행렬이다.

(e) 이 중 어느 것도 아니다.

09 (선다형) 선형 시스템 $\boldsymbol{Ax}=\boldsymbol{b}$에 대해 $0<\omega<2$일 때 SOR 방법이 작용하기 위한 필요충분조건은?

(a) $\boldsymbol{A}$가 대각 지배이다.

(b) $\rho(\boldsymbol{A})<1$

(c) $\boldsymbol{A}$는 대칭 양의 정부호행렬이다.

(d) $\boldsymbol{x}^{(0)}=0$

(e) 이 중 어느 것도 아니다.

10 계산하기가 매우 쉽기 때문에 종종 **프로베니우스 노름** Frobenius norm $\|\boldsymbol{A}\|_F=\sqrt{\sum_{i=1}^{n}\sum_{j=1}^{n}|a_{ij}|^2}$ 이 사용된다. 다음 행렬들에 대해서 이 노름의 값을 찾아라.

(a) $\begin{bmatrix}1&2&3\\0&5&4\\2&1&3\end{bmatrix}$

(b) $\begin{bmatrix}0&0&1&2\\3&0&5&4\\1&1&1&2\\1&3&2&2\end{bmatrix}$

(c) $\begin{bmatrix}1&1&1&1&1\\2&3&4&5&6\\0&1&0&1&0\\3&4&3&4&3\\5&5&5&5&5\end{bmatrix}$

(d) $\begin{bmatrix}-3&-1&3&-1\\1&3&1&-3\\3&-1&3&1\\0&3&0&1\end{bmatrix}$

11 다음 행렬들의 조건 $\kappa(\boldsymbol{A})$를 구하라.

(a) $\begin{bmatrix}-2&1&0\\1&-2&1\\0&1&-2\end{bmatrix}$

(b) $\begin{bmatrix}0&0&1\\0&1&0\\1&1&1\end{bmatrix}$

(c) $\begin{bmatrix}3&0&0\\0&2&0\\0&0&1\end{bmatrix}$

(d) $\begin{bmatrix}-2&-1&2&-1\\1&2&1&-2\\2&-1&2&1\\0&2&0&1\end{bmatrix}$

8.4 컴퓨터 연습문제

01 [예제 1]~[예제 5]의 일부 또는 전부를 다음의 계수 행렬과 우변의 벡터 쌍 중 하나와 관련된 선형 시스템을 사용해 다시 풀어라.

(a) $A=\begin{bmatrix}5&-1\\-1&3\end{bmatrix}$, $\quad b=\begin{bmatrix}7\\4\end{bmatrix}$

(b) $A=\begin{bmatrix}5&-1&0\\-1&3&-1\\0&-1&2\end{bmatrix}$, $\quad b=\begin{bmatrix}7\\4\\5\end{bmatrix}$

(c) $A=\begin{bmatrix}2&-1&0\\-1&6&-2\\4&-3&8\end{bmatrix}$, $\quad b=\begin{bmatrix}1\\3\\9\end{bmatrix}$

(d) $A=\begin{bmatrix}7&3&-1\\3&8&1\\-1&1&4\end{bmatrix}$, $\quad b=\begin{bmatrix}3\\-4\\2\end{bmatrix}$

02 야코비, 가우스-자이델, SOR$(\omega=1.1)$ 반복법을 사용하여 다음의 선형 시스템을 소수점 아래 네 자리(반올림)의 정확도까지 푸는 컴퓨터 프로그램을 작성하고 실행하라. 각각의 경우에 필요한 반복수를 비교하라.

$$\begin{bmatrix}7&1&-1&2\\1&8&0&-2\\-1&0&4&-1\\2&-2&-1&6\end{bmatrix}\begin{bmatrix}x_1\\x_2\\x_3\\x_4\end{bmatrix}=\begin{bmatrix}3\\-5\\4\\-3\end{bmatrix}$$

힌트 : 이 방정식의 정확한 근은 $x=(1,-1,1,-1)^T$이다.

03 야코비, 가우스-자이델, SOR$(\omega=1.4)$ 반복법을 사용하여 다음의 선형 시스템을 소수점 아래 네 자리의 정확도까지 푸는 코드를 작성하고 실행하라. 각각의 경우에서의 반복수를 비교하라.

$$\begin{bmatrix}7&3&-1&2\\3&8&1&-4\\-1&1&4&-1\\2&-4&-1&6\end{bmatrix}\begin{bmatrix}x_1\\x_2\\x_3\\x_4\end{bmatrix}=\begin{bmatrix}-1\\0\\-3\\1\end{bmatrix}$$

힌트 : 여기서 이 방정식의 정확한 근은 $x=(-1,1,-1,1)^T$이다.

04 $\omega=1(0.1)2$ 값의 SOR 반복법을 사용하여 앞 컴퓨터 연습문제의 시스템을 풀어라. ω의 값에 대하여 수렴하는 반복수의 그래프를 그려라. 결과적으로 어떤 ω 값에서 가장 빨리 수렴

하는가?

05 [예제 1]의 시스템에 대해 다음과 같이 야코비, 가우스-자이델, SOR법을 프로그래밍하고 실행하라.

(a) 분리 행렬splitting matrix $\boldsymbol{Q}$를 포함한 식을 사용하라.

(b) 행렬-벡터 곱셈을 사용하라.

(c) [예제 1]~[예제 3]의 공식화를 이용하라.

06 [컴퓨터 연습문제 8.4.1]의 하나 또는 그 이상의 시스템을 선택하여 이 프로그램을 다시 실행하라.

07 다음 선형 시스템을 수학 소프트웨어를 사용하여 $x^{(0)} = (0, 0)^T$에서 시작한 야코비 방법과 가우스-자이델 방법으로 풀고 두 방식을 비교하라.

$$\begin{bmatrix} 9 & -3 \\ -2 & 8 \end{bmatrix}\begin{bmatrix} x_1 \\ x_2 \end{bmatrix} = \begin{bmatrix} 6 \\ -4 \end{bmatrix}$$

08 (a) 앞 문제의 행렬의 $(1, 1)$ 성분을 9에서 1로 바꿔서 계수 행렬이 더 이상 대각 지배가 아니게끔 만들라. 그런 후 가우스-자이델 방법이 여전히 작동하는지 살펴보라. 왜 작동하는지 혹은 왜 작동하지 않는지를 설명하라.

(b) 그런 후 $(2, 2)$ 성분을 8에서 1로 바꾸고 다시 테스트하라. 그 결과를 다시 설명하라.

09 공역 구배법을 사용하여 다음 선형 시스템을 풀어라.

$$\begin{bmatrix} 2.0 & -0.3 & -0.2 \\ -0.3 & 2.0 & -0.1 \\ -0.2 & -0.1 & 2.0 \end{bmatrix}\begin{bmatrix} x_1 \\ x_2 \\ x_3 \end{bmatrix} = \begin{bmatrix} 7 \\ 5 \\ 3 \end{bmatrix}$$

10 (**오일러-베르누이 빔**Euler-Bernoulli beam) 장력을 받아 굽은 빔에 대한 간단한 모델은 오일러-베르누이 미분 방정식을 포함한다. 유한차분 이산화는 이를 선형 연립방정식으로 바꾼다. 이산화의 크기가 감소할수록 선형 시스템은 더욱 커지고 시스템의 조건은 더욱 나빠진다.

(a) 양 끝이 고정된 빔에 대해 다음과 같이 밴드의 너비가 5인 밴드 선형 연립방정식을 얻는다.

$$\begin{bmatrix}
12 & -6 & \frac{4}{3} & & & & & & \\
-4 & 6 & -4 & 1 & & & & & \\
1 & -4 & 6 & -4 & 1 & & & & \\
 & 1 & -4 & 6 & -4 & 1 & & & \\
 & & \ddots & \ddots & \ddots & \ddots & \ddots & \ddots & \\
 & & & 1 & -4 & 6 & -4 & 1 & \\
 & & & & 1 & -4 & 6 & -4 & 1 \\
 & & & & & 1 & -4 & 6 & -4 \\
 & & & & & & \frac{4}{3} & -6 & 12
\end{bmatrix}
\times \begin{bmatrix} y_1 \\ y_2 \\ y_3 \\ y_4 \\ \vdots \\ y_{n-3} \\ y_{n-2} \\ y_{n-1} \\ y_n \end{bmatrix} = \begin{bmatrix} b_1 \\ b_2 \\ b_3 \\ b_4 \\ \vdots \\ b_{n-3} \\ b_{n-2} \\ b_{n-1} \\ b_n \end{bmatrix}$$

우변은 빔에 가해지는 힘을 나타낸다. 빔의 중간이 처진 상황처럼 잘 알려진 해가 존재하도록 우변을 설정해야 한다. 반복법을 사용하여 n을 증가시키면서 반복적으로 시스템을 풀어라. n이 증가할수록 해의 오차가 증가하는가? 계수행렬의 조건수를 계산하는 수학 소프트웨어를 사용하여 무슨 일이 일어나는지 설명하라.

(b) 한 끝에서만 자유로운 경계 조건을 가지는 **캔틸레버 빔**cantilever beam의 선형 연립방정식은 다음과 같다. 이 시스템에 대해 수치적 실험을 반복하라.

$$\begin{bmatrix}
12 & -6 & \frac{4}{3} & & & & & & \\
-4 & 6 & -4 & 1 & & & & & \\
1 & -4 & 6 & -4 & 1 & & & & \\
 & 1 & -4 & 6 & -4 & 1 & & & \\
 & & \ddots & \ddots & \ddots & \ddots & \ddots & \ddots & \\
 & & & 1 & -4 & 6 & -4 & 1 & \\
 & & & & 1 & -4 & 6 & -4 & 1 \\
 & & & & & 1 & -\frac{93}{25} & \frac{111}{25} & -\frac{43}{25} \\
 & & & & & & \frac{12}{25} & \frac{24}{25} & \frac{12}{25}
\end{bmatrix}
\times \begin{bmatrix} y_1 \\ y_2 \\ y_3 \\ y_4 \\ \vdots \\ y_{n-3} \\ y_{n-2} \\ y_{n-1} \\ y_n \end{bmatrix} = \begin{bmatrix} b_1 \\ b_2 \\ b_3 \\ b_4 \\ \vdots \\ b_{n-3} \\ b_{n-2} \\ b_{n-1} \\ b_n \end{bmatrix}$$

11 다음의 희박 선형 시스템을 보라. 진짜 해는 $x = [1, 1, 1, \cdots, 1, 1, 1]^T$이다. 반복법을 사용하여 n을 증가시키면서 이 시스템을 풀어라.

$$
\begin{bmatrix}
3 & -1 & & & & & & & & \frac{1}{2} \\
-1 & 3 & -1 & & & & & & \frac{1}{2} & \\
& -1 & 3 & -1 & & & & \frac{1}{2} & & \\
& & \ddots & \ddots & \ddots & \iddots & & & & \\
& & & -1 & 3 & -1 & & & & \\
& & & \iddots & \ddots & \ddots & \ddots & & & \\
& & \frac{1}{2} & & & -1 & 3 & -1 & & \\
& \frac{1}{2} & & & & & -1 & 3 & -1 & \\
\frac{1}{2} & & & & & & & & -1 & 3
\end{bmatrix}
\times
\begin{bmatrix} x_1 \\ x_2 \\ x_3 \\ x_4 \\ \vdots \\ \vdots \\ x_{n-2} \\ x_{n-1} \\ x_n \end{bmatrix}
=
\begin{bmatrix} 2.5 \\ 1.5 \\ 1.5 \\ \vdots \\ 1.0 \\ \vdots \\ 1.5 \\ 1.5 \\ 2.5 \end{bmatrix}
$$

12 다음의 샘플 2차원 선형 시스템을 보라. $c=0$이다.

$$\boldsymbol{A}\boldsymbol{x} = \begin{bmatrix} 3 & 2 \\ 2 & 6 \end{bmatrix}\begin{bmatrix} x_1 \\ x_2 \end{bmatrix} = \begin{bmatrix} 2 \\ -8 \end{bmatrix} = \boldsymbol{b}$$

다음을 보이기 위해 그래프를 그려라.

(a) 해가 두 직선의 교점에 위치한다.

(b) 이차 형식 $\boldsymbol{F}(\boldsymbol{x}) = c + b^T x + \frac{1}{2}\boldsymbol{x}^T \boldsymbol{A}\boldsymbol{x}$의 그래프. 이 그래프는 이 곡면의 최소점이 $\boldsymbol{A}\boldsymbol{x} = \boldsymbol{b}$의 근임을 보여준다.

(c) 각각의 타원 곡선이 상수 값을 갖도록 하는 이차 형식의 등고선.

(d) 이차 형식의 기울기 $F'(\boldsymbol{x})$. 기울기 점은 모든 x에 대해 $F(\boldsymbol{x})$가 가장 가파르게 증가하는 방향에 놓여 있으며 $F'(\boldsymbol{x})$는 $F(\boldsymbol{x}) = 0$을 만족하는 등고선에 수직임을 보여라.

9장 최소 제곱법과 푸리에 급수

Least Squares Methods and Fourier Series

액체의 표면장력 S는 온도 T에 대한 선형 함수라 알려져 있다. 한 특수한 액체에 대해 특정 온도에서 측정된 표면장력은 다음과 같다.

T	0	10	20	30	40	80	90	95
S	68.0	67.1	66.4	65.6	64.6	61.8	61.0	60.0

다음과 같은 방정식

$$S = aT + b$$

에서 가장 그럴듯한 상수들을 어떻게 결정할 수 있을까? 이러한 문제들을 푸는 방법들이 이 장에서 소개될 것이다.

9.1 최소 제곱법 least squares method

선형 최소 제곱법 linear least squares

실험과학, 사회과학, 행동과학에서의 실험 또는 설문 조사는 종종 방대한 양의 데이터를 생성한다. 이 데이터를 해석하기 위해 연구자는 그래프 방식에 의존할 수 있다. 예를 들어 한 물리학 실험에서 다음과 같은 형태의 수치 표를 얻었다고 해보자.

x	x_0	x_1	$\cdots$	x_m
y	y_0	y_1	$\cdots$	y_m

(1)

이 표로부터 $(m+1)$개의 점을 그래프로 나타낼 수 있다. 그 결과로 얻어진 그래프가 [그림 9.1]과 같은 형태라고 가정하자. 합리적이면서도 잠정적인 결론 하나는 데이터에 내재된 함수는 선형적이며 이 직선 위에 정확하게 위치하지 않는 점들은 실험 오차 때문이라는 것이다. 이 가정에 따라 계속 진행해 보면, 또는 이 함수가 실제로 **선형적** linear 이라고 믿을 만한 이론적 근거가 존재한다면 다음에 수행할 단계는 정확한 함수를 결정하는 것이다. 다음과 같은 함수를 가정해 보자.

$(m+1)$개의 데이터 점 (x_i, y_i)

$$y = ax + b$$

선형인 경우

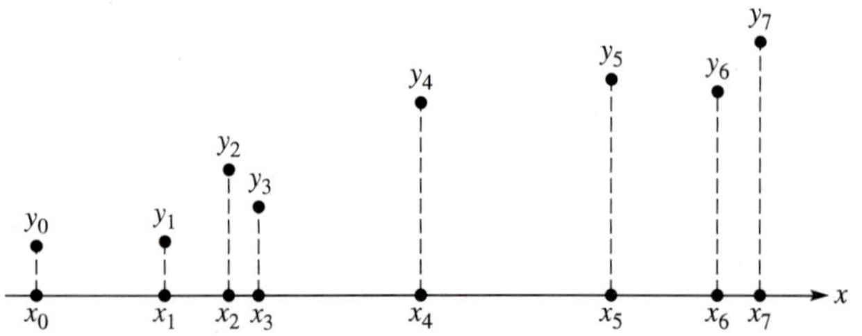

[그림 9.1] 실험 데이터

여기서 계수 a와 상수 b를 찾으려고 한다. 기하학적으로 생각해 보면 다음 질문을 할 수 있다.

그래프상의 여덟 개의 점을 가장 가깝게 지나는 직선은 어떤 직선인가?

이 질문에 답하기 위해 a와 b의 올바른 값을 추정해 본다고 가정하자. 이는 데이터를 나타내는 구체적인 선분을 결정한다는 말과 같은 말이다. 일반적으로 데이터 점들은 직선 $y=ax+b$ 위에 있지 않을 수 있다. 만약 우연히 k번째 데이터가 직선상에 있다면 다음이 성립한다.

$$ax_k+b-y_k=0$$

만약 그렇지 않다면 다음과 같은 크기의 **차이**discrepancy 또는 **오차**error가 존재한다.

$$|ax_k+b-y_k|$$

따라서 모든 $(m+1)$개의 점에 대한 총 절대 오차는 다음과 같다.

$$\sum_{k=0}^{m}|ax_k+b-y_k|$$

이 식은 a와 b의 함수이다. 이 함수가 최소가 되도록 a와 b를 선택하는 것이 합리적일 것이다. 이 문제는 **ℓ_1 근사**approximation의 한 예로 **선형 프로그래밍**linear programming 기술을 이용해서 풀 수 있다(미적분 방법은 이 함수에 적용할 수 없다. 왜냐하면 이 함수는 일반적으로 미분 가능하지 않기 때문이다). ℓ_1 근사

실제로 다음과 같이 a와 b에 대한 또 다른 오차 함수를 최소화하는 것이 일반적이다.

$$\varphi(a,b)=\sum_{k=0}^{m}(ax_k+b-y_k)^2 \tag{2}$$

$\varphi(a,b)$의 최소화

이 함수는 통계적 관점에서 적합하다. 분명한 것은 이 오차가 정규 확률 분포normal probability distribution를 따른다면 φ를 최소화함으로써 a와 b에 대한 가장 좋은 근삿값을 구할 수 있다는 것이다. 이는 **ℓ_2 근사**라 불린다. 또 다른 장점은 식 (2)에 미적분 방법을 사용할 수 있다는 것이다. ℓ_2 근사

ℓ_1 및 ℓ_2 근사는 벡터 $x=[x_1,x_2,\cdots,x_n]^T$에 대하여 다음과 같이 정의한 특수한 경우의 **ℓ_p 노름**norm과 관련이 있다.

$$\|x\|_p=\left\{\sum_{i=1}^{n}|x_i|^p\right\}^{1/p} \qquad (1\le p<\infty)$$

ℓ_p 노름

$\varphi(a,b)$를 최소화해 보자. 미적분에 의해 다음 조건

$$\frac{\partial\varphi}{\partial a}=0 \qquad \frac{\partial\varphi}{\partial b}=0$$

(각각 a와 b에 대한 φ의 편미분)은 최소가 되기 위한 필요조건이다. 식 (2)에 미분을 취하면 다음과 같다.

$$\begin{cases} \sum_{k=0}^{m} 2(ax_k + b - y_k)x_k = 0 \\ \sum_{k=0}^{m} 2(ax_k + b - y_k) = 0 \end{cases}$$

이는 미지수 a와 b를 동시에 만족하는 한 쌍의 선형 연립방정식이다. 이들은 **정규 방정식**normal equation이라 불리며 다음과 같이 쓸 수 있다.

$$\begin{cases} \left(\sum_{k=0}^{m} x_k^2\right) a + \left(\sum_{k=0}^{m} x_k\right) b = \sum_{k=0}^{m} y_k x_k \\ \left(\sum_{k=0}^{m} x_k\right) a + (m+1) b = \sum_{k=0}^{m} y_k \end{cases} \tag{3}$$

정규 방정식

여기서 물론 $\sum_{k=0}^{m} 1 = m+1$이며 이는 데이터 점들의 개수이다. 표기를 단순화하기 위해 다음과 같이 정의한다.

$$p = \sum_{k=0}^{n} x_k, \quad q = \sum_{k=0}^{n} y_k, \quad r = \sum_{k=0}^{n} x_k y_k, \quad s = \sum_{k=0}^{n} x_k^2$$

연립방정식 (3)은 이제 다음과 같이 나타낼 수 있다.

$$\begin{bmatrix} s & p \\ p & m+1 \end{bmatrix} \begin{bmatrix} a \\ b \end{bmatrix} = \begin{bmatrix} r \\ q \end{bmatrix}$$

2×2 선형 시스템

이 한 쌍의 방정식은 가우스 소거법을 이용해 풀 수 있고 다음의 알고리즘을 얻을 수 있다. 다른 방법으로 이 식이 2×2 선형 시스템이므로 크래머의 법칙Cramer's rule [1]을 이용해서 이를 풀 수 있다. 계수 행렬의 행렬식determinant은 다음과 같다.

1 크래머의 법칙은 부록 D에 소개되어 있다.

$$d = \text{Det}\begin{bmatrix} s & p \\ p & m+1 \end{bmatrix} = (m+1)s - p^2$$

크래머의 법칙 적용

게다가 다음을 얻을 수 있다.

$$a = \frac{1}{d}\,\text{Det}\begin{bmatrix} r & p \\ q & m+1 \end{bmatrix} = \frac{1}{d}\,[(m+1)r - pq]$$

$$b = \frac{1}{d}\,\text{Det}\begin{bmatrix} s & r \\ p & q \end{bmatrix} = \frac{1}{d}\,[sq - pr]$$

이를 다음과 같은 알고리즘으로 나타낼 수 있다.

알고리즘 선형 최소 제곱법

$k=0,1,2,\cdots,m$에 대하여 $(m+1)$개의 데이터 점 (x_k, y_k)의 집합을 통과하여 지나는 최소 제곱 직선 $y=ax+b$의 계수는 다음과 같이 (순서대로) 계산될 수 있다.

1. $p=\sum_{k=0}^{m} x_k$
2. $q=\sum_{k=0}^{m} y_k$
3. $r=\sum_{k=0}^{m} x_k y_k$
4. $s=\sum_{k=0}^{m} x_k^2$
5. $d=(m+1)s-p^2$
6. $a=[(m+1)r-pq]/d$
7. $b=[sq-pr]/d$

이 결과를 다른 형태로 표현하면 다음과 같다.

$$a=\frac{1}{d}\left[(m+1)\left(\sum_{k=0}^{m} x_k y_k\right)-\left(\sum_{k=0}^{m} x_k\right)\left(\sum_{k=0}^{m} y_k\right)\right]$$
$$b=\frac{1}{d}\left[\left(\sum_{k=0}^{m} x_k^2\right)\left(\sum_{k=0}^{m} y_k\right)-\left(\sum_{k=0}^{m} x_k\right)\left(\sum_{k=0}^{m} x_k y_k\right)\right] \quad (4)$$

상세한 계수 a와 b

여기서 d는 다음과 같다.

$$d=(m+1)\left(\sum_{k=0}^{m} x_k^2\right)-\left(\sum_{k=0}^{m} x_k\right)^2$$

선형 예제

앞의 분석은 간단한 선형적 경우에서의 **최소 제곱** 과정을 설명한 것이었다.

예제 1 **구체적인 예로 다음 표의 값들에 대한 선형 최소 제곱 해를 찾아라. 원래의 데이터 점들을 그래프로 그리고, 더 조밀한 격자점을 이용하여 해당 직선을 그려라.**

x	4	7	11	13	17
y	2	0	2	6	7

풀이

알고리즘 1에서의 방정식으로부터 다음의 두 연립방정식을 얻을 수 있다.

$$\begin{cases} 644a+52b=227 \\ 52a+5b=17 \end{cases}$$

이 방정식의 해는 $a=0.4864$, $b=-1.6589$이다. 식 (3)에 의해 값 $\varphi(a, b)=10.7810$을 얻는다. [그림 9.2]는 주어진 데이터와 선형 최소 제곱 직선의 그래프를 보여주고 있다.

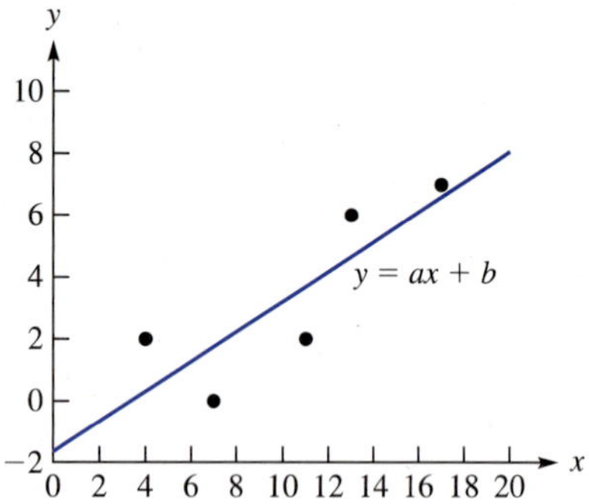

[그림 9.2] 선형 최소 제곱

MATLAB, Maple, Mathematica와 같은 수학 소프트웨어를 사용하면 데이터에 잘 맞는 선형 최소 제곱 다항식을 찾을 수 있고, φ의 값도 확인할 수 있다([컴퓨터 연습문제 9.1.5] 참조).

여기서 무엇이 어떻게 진행되고 있는지를 이해하기 위해 최소 제곱의 관점에서 데이터를 가장 잘 맞춤fitting하는 $y=ax+b$ 형태의 직선 방정식을 결정해 보자. 4개의 데이터 점 (x_i, y_i)와 $i=1,2,3,4$에 대하여 다음과 같이 나타낼 수 있는 4개의 식 $y_i=ax_i+b$가 있다.

4개의 데이터 점

$$\boldsymbol{A x}=\boldsymbol{y}$$

이는 다음과 같다.

$$\begin{bmatrix} x_1 & 1 \\ x_2 & 1 \\ x_3 & 1 \\ x_4 & 1 \end{bmatrix}\begin{bmatrix} a \\ b \end{bmatrix}=\begin{bmatrix} y_1 \\ y_2 \\ y_3 \\ y_4 \end{bmatrix}$$

4×2 선형 시스템

일반적으로 다음과 같은 선형 시스템을 풀어야 한다.

$$\boldsymbol{A x}=\boldsymbol{b}$$

$m \times n$ 선형 시스템

여기서 A는 $m \times n$ 행렬, $m>n$이다. 이 해는 다음과 같은 **정규 방정식**

$$\boldsymbol{A}^T \boldsymbol{A x}=\boldsymbol{A}^T \boldsymbol{b}$$

정규 방정식

의 해와 일치한다. 이는 $\| \boldsymbol{A x}-\boldsymbol{b} \|_2^2$의 최소화에 대응한다.

다항식이 아닌 예제

최소 제곱법은 선형 (1차) 다항식이나 어떤 특별한 함수 형태에 국한되지 않는다. 예를 들어 $k=0,1,\cdots,m$일 때 최소 제곱법의 관점에서 (x_k, y_k) 표를 다음과 같은 형태의 함수로 맞춤한다고 가정해 보자.

$$y=a\ln x+b\cos x+ce^{x}$$

다항식이 아닌 경우

이 문제에서의 미지수는 세 개의 계수 a, b, c이다. 함수

$$\varphi(a,\ b,\ c)=\sum_{k=0}^{m}(a\ln x_k+b\cos x_k+ce^{x_k}-y_k)^2$$

을 고려하여 $\partial\varphi/\partial a=0$, $\partial\varphi/\partial b=0$, $\partial\varphi/\partial c=0$으로 설정하자. 이로부터 다음의 세 개의 정규 방정식을 도출할 수 있다.

$$\begin{cases} a\sum_{k=0}^{m}(\ln x_k)^2 + b\sum_{k=0}^{m}(\ln x_k)(\cos x_k) + c\sum_{k=0}^{m}(\ln x_k)e^{x_k} = \sum_{k=0}^{m}y_k\ln x_k \\ a\sum_{k=0}^{m}(\ln x_k)(\cos x_k) + b\sum_{k=0}^{m}(\cos x_k)^2 + c\sum_{k=0}^{m}(\cos x_k)e^{x_k} = \sum_{k=0}^{m}y_k\cos x_k \\ a\sum_{k=0}^{m}(\ln x_k)e^{x_k} + b\sum_{k=0}^{m}(\cos x_k)e^{x_k} + c\sum_{k=0}^{m}(e^{x_k})^2 = \sum_{k=0}^{m}y_k e^{x_k} \end{cases}$$

3×3 정규 방정식

예제 2 다음 표의 수치를 $y=a\ln x+b\cos x+ce^{x}$ 형태의 함수에 맞춤하라.

x	0.24	0.65	0.95	1.24	1.73	2.01	2.23	2.52	2.77	2.99
y	0.23	−0.26	−1.10	−0.45	0.27	0.10	−0.29	0.24	0.56	1.00

풀이

위의 표와 식을 이용하여 다음의 3×3 시스템을 얻을 수 있다.

$$\begin{cases} 6.79410a-5.34749b+63.25889c=1.61627 \\ -5.34749a+5.10842b-49.00859c=-2.38271 \\ 63.25889a-49.00859b+1002.50650c=26.77277 \end{cases}$$

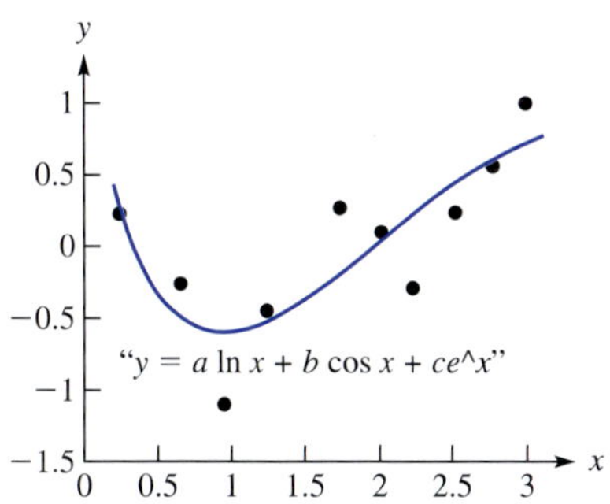

[그림 9.3] 다항식이 아닌 경우의 최소 제곱법

이 방정식의 해는 $a=-1.04103$, $b=-1.26132$, $c=0.03073$이다. 따라서 곡선

$$y=-1.04103\ln x-1.26132\cos x+0.03073e^{x}$$

는 조건에 맞는 형태이며, 최소 제곱법의 관점에서 주어진 표를 맞춤한 것이다. $\varphi(a,\ b,\ c)$

의 값은 0.92557이다. [그림 9.3]은 주어진 데이터와 다항식이 아닌 최소 제곱 곡선을 그래프로 나타낸 것이다.

MATLAB, Maple, Mathematica와 같은 수학 소프트웨어를 사용하면 이 결과들을 확인하고 해 곡선을 그려볼 수 있다([컴퓨터 연습문제 9.1.6] 참조).

기저 함수 $\{g_0, g_1, \cdots, g_n\}$

앞의 간단한 두 예제에서 설명했듯이 최소 제곱의 원리는 어떠한 새로운 개념도 더할 필요 없이 일반적인 선형 함수군으로 확장할 수 있다. 식 (1)에서의 데이터가 다음과 같은 관계식을 따른다고 가정하자.

$$y = \sum_{j=0}^{n} c_j g_j(x) \tag{5}$$

더 일반적인 경우

이때 함수 $g_0, g_1, g_2, \cdots, g_n$(**기저 함수**basis function라 불림)은 알려져 있으며, 형태가 고정되어 있다. 계수 $c_0, c_1, \cdots, c_n$은 최소 제곱의 원리에 의해 결정된다. 다른 말로 하면 다음의 표현

$$\varphi(c_0, c_1, \cdots, c_n) = \sum_{k=0}^{m} \left[\sum_{j=0}^{n} c_j g_j(x_k) - y_k \right]^2 \tag{6}$$

기저 함수

을 정의하고 계수를 가능한 한 작은 값으로 선택한다. 물론 $\varphi(c_0, c_1, \cdots, c_n)$은 주어진 표에서 각각의 성분 (x_k, y_k)와 관련한 오차의 제곱의 합이다.

앞에서와 같이 진행하면 n개의 최소 방정식에 대한 필요조건은 다음과 같다.

$$\frac{\partial \varphi}{\partial c_i} = 0 \qquad (0 \le i \le n)$$

이 편미분들은 식 (7)로부터 얻을 수 있다. 실제로 다음이 성립한다.

$$\frac{\partial \varphi}{\partial c_i} = \sum_{k=0}^{m} 2 \left[\sum_{j=0}^{n} c_j g_j(x_k) - y_k \right] g_i(x_k) \qquad (0 \le i \le n)$$

위 식이 0과 같다고 놓으면 그 결과는 다음과 같이 정리할 수 있다.

$$\sum_{j=0}^{n} \left[\sum_{k=0}^{m} g_i(x_k) g_j(x_k) \right] c_j = \sum_{k=0}^{m} y_k g_i(x_k) \qquad (0 \le i \le n) \tag{7}$$

정규 방정식

이 식은 주어진 상황에서의 **정규 방정식**으로 변수 $c_0, c_1, \cdots, c_n$의 최선의 값을 결정하는 데 활용된다. 정규 방정식은 c_i에 대해 선형적이다. 따라서 원칙적으로 정규 방정식은 가우스 소거법으로 풀 수 있다(2장 참조).

필요조건

실제로 기저 함수 $g_0, g_1, \cdots, g_n$을 신중하게 선택하지 않으면 정규 방정식을 풀기 어려울 수도 있다. 우선 집합 $\{g_0, g_1, \cdots, g_n\}$은 **선형 독립**linearly independent이어야 한다. 이는 어떤 선형

결합 $\sum_{i=0}^{n} c_i g_i$도 0 함수가 되지 않는다는 뜻이다($c_0 = c_1 = \cdots = c_n = 0$인 당연한 경우는 제외한다). 둘째로 함수 $g_0, g_1, \cdots, g_n$은 당면한 문제에 적용하기에 적합해야 한다. 마지막으로 수치 작업에 대해 좋은 조건[well conditioned]을 가진 기저 함수의 집합을 선택해야 한다. 이 문제의 이러한 측면에 대해서는 9.2절에서 살펴볼 것이다.

9.1 요약

- $0 \le i \le m$에 대해 점 (x_i, y_i)의 $(m+1)$개의 쌍을 가장 가깝게 통과하여 지나는 직선 $y = ax + b$를 찾으려 한다고 하자. **ℓ_1 근사**의 한 예는 그러한 모든 점에서 다음과 같은 총 절대오차가 최소가 되게끔 a와 b를 선택하는 것이다.

$$\sum_{k=0}^{m} |ax_k + b - y_k|$$

이는 선형 프로그래밍의 기법을 이용해 풀 수 있다.

- **ℓ_2 근사**는 a와 b에 대한 다른 오차 함수를 최소화한다.

$$\varphi(a, b) = \sum_{k=0}^{m} (ax_k + b - y_k)^2$$

φ의 최소화는 최소 제곱법의 관점에서 a와 b에 대한 가장 좋은 근삿값을 준다. 다음의 **정규 방정식**을 풀어야 한다.

$$\begin{cases} \left(\sum_{k=0}^{m} x_k^2\right) a + \left(\sum_{k=0}^{m} x_k\right) b = \sum_{k=0}^{m} y_k x_k \\ \left(\sum_{k=0}^{m} x_k\right) a + (m+1) b = \sum_{k=0}^{m} y_k \end{cases}$$

- 더 일반적인 경우 데이터 점들은 $y = \sum_{j=0}^{n} c_j g_j(x)$와 같은 관계식을 따른다. 이때 **기저 함수** $g_0, g_1, g_2, \cdots, g_n$는 알려져 있으며 고정되어 있다. 계수 $c_0, c_1, \cdots, c_n$은 최소 제곱의 원리에 의해 결정된다. 이 상황에서의 **정규 방정식**은 다음과 같다.

$$\sum_{j=0}^{n} \left[\sum_{k=0}^{m} g_i(x_k) g_j(x_k) \right] c_j = \sum_{k=0}^{m} y_k \, g_i(x_k) \qquad (0 \le i \le n)$$

이는 원칙적으로 가우스 소거법으로 풀 수 있다. 이로부터 변수 $c_0, c_1, \cdots, c_n$에 대한 최선의 추정 값을 결정할 수 있다.

9.1 연습문제

01 최소 제곱법을 사용하여 다음 데이터를 제일 잘 맞춤하는 상수 함수를 찾아라.

x	-1	2	3
y	$\frac{5}{4}$	$\frac{4}{3}$	$\frac{5}{12}$

02 $(m+1)$개의 데이터 점들의 표에 최소 제곱 이론을 적용해서 생성한 상수 함수 c를 결정하라. 결과로 나온 식이 점 x_k를 어떤 식으로든 포함하는가? 구한 일반적인 식을 앞의 연습문제에 적용하라.

03 최소 제곱의 관점에서 점 $(-1, 0)$, $(0, 1)$, $(1, 2)$를 가장 잘 맞춤하는 $y = ae^{x^2} + bx^3$ 형태의 식을 찾아라.

04 $(m+1)$개의 데이터 점들의 표에서 x 점들이 x축 상에서 0에 대해 대칭적으로 놓여있다고 가정하자. 이때 이 점들을 가장 잘 맞춤하는 매우 단순한 직선 식이 존재한다. 이를 찾아라.

05 다음 데이터를 가장 잘 나타내는 $y = ax^2 + b$ 형태의 포물선의 식을 찾아라. 최소 제곱법을 사용하라.

x	-1	0	1
y	3.1	0.9	2.9

06 $(m+1)$개의 데이터 점들의 표가 $y=x^2-x+c$와 같은 함수와 일치할 것으로 알려져 있다고 가정하자. 최소 제곱 이론에 의해서 얻어지는 c의 값은 무엇인가?

07 $(m+1)$개의 데이터 점들의 표가 $y=c\log x$ 함수로 표현될 것으로 가정하자. 그렇다면 최소 제곱 이론으로부터 발생하는 c의 값은 무엇인가?

08 식 (4)가 식 (3)의 근임을 보여라.

09 약수[divisor] d가 0이 아니라는 사실을 어떻게 알 수 있는가? 실제로 $m\ge 1$에 대해 d가 양수임을 보여라.

힌트 : m에 대한 귀납법으로 다음을 보여라. $d>0$임을 증명하는 데 코시-슈바르츠 부등식이 사용될 수도 있다.

$$d=\sum_{k=0}^{m}\sum_{l=0}^{k-1}(x_k-x_l)^2$$

10 a와 b가 다음과 같이 계산될 수도 있음을 보여라.

$$\hat{x}=\frac{1}{m+1}\sum_{k=0}^{m}x_k,\quad \hat{y}=\frac{1}{m+1}\sum_{k=0}^{m}y_k,$$
$$c=\sum_{k=0}^{m}(x_k-\hat{x})^2,\quad a=\frac{1}{c}\sum_{k=0}^{m}(x_k-\hat{x})(y_k-\hat{y}),$$
$$b=\hat{y}-a\hat{x}$$

힌트 : $d=(m+1)c$임을 보여라.

11 정규 식 (7)을 만족하는 계수 $c_0, c_1, \cdots, c_n$이 식 (6)에서 정의한 함수의 최댓값을 주지 않는다는 것을 어떻게 알 수 있는가?

12 $(m+1)$개의 데이터 점들의 표가 $y=\log(cx)$와 일치한다고 할 때 최소 제곱법에 의해 얻어지는 c의 값은 무엇인가?

13 최소 제곱의 관점에서 어떤 직선이 다음 데이터를 가장 잘 맞춤하는가?

x	1	2	3	4
y	0	1	1	2

14 해석 기하에서 점 (x_0, y_0)로부터 식 $ax+by=c$로 표현되는 직선까지의 거리가 $(ax_0+by_0-c)(a^2+b^2)^{-1/2}$임을 배웠다. $0\le i\le m$에 대해 데이터 점들 (x_i, y_i)의 표를 가장 잘 맞춤하는 직선을 그 점들과 직선 사이의 거리의 제곱의 합이 최소가 되는 방법으로 구하라.

15 만약 어떤 직선이 최소 제곱법에 의해 표 (x_i, y_i)를 가장 잘 맞춤하는 직선이라면 그 직선이 (x^*, y^*)를 지남을 보여라. 여기서 x^*와 y^*는 각각 x_i와 y_i들의 평균이다.

16 액체의 점성 V는 온도 T에 대해 2차 법칙 $V=a+bT+cT^2$을 따라 변한다고 알려져 있다. 다음 표에서 최적의 값 a, b, c를 찾아라.

T	1	2	3	4	5	6	7
V	2.31	2.01	1.80	1.66	1.55	1.47	1.41

17 어떤 실험에 두 개의 독립 변수 x, y와 한 개의 종속 변수 z가 포함된다. 점 (x_k, y_k, z_k)들의 표에 함수 $z=a+bx+cy$를 어떻게 잘 맞춤할 수 있는가? 정규 방정식을 제시하라.

18 다음의 데이터 점들에 (최소 제곱의 관점에서) 가장 잘 맞춤되면서도 $f(x)=a\sin\pi x+b\cos\pi x$ 형태를 가진 함수를 찾아라.

x	-1	$-\frac{1}{2}$	0	$\frac{1}{2}$	1
y	-1	0	1	2	1

19 최소 제곱의 관점에서 다음의 데이터를 가장 잘 맞춤하는 2차 다항식을 찾아라.

x	-2	-1	0	1	2
y	2	1	1	1	2

20 최소 제곱의 관점에서 어떤 직선이 다음 데이터를 가장 잘 나타내는가?

x	0	1	2
y	5	-6	7

21 어떤 상수 c에서 다음 표현이 최소가 되는가?

$$\sum_{k=0}^{m}\left[f(x_k)-ce^{x_k}\right]^2$$

22 $1\le k\le n$인 정수 k에 대해서 데이터 (k, y_k)를 맞춤하는 최적의 직선을 위한 식이 다음과 같음을 보여라.

$$y=ax+b$$

여기서 a, b는 다음과 같다.

$$a=\frac{6}{n(n^2-1)}\left[2\sum_{k=1}^{n}ky_k-(n+1)\sum_{k=1}^{n}y_k\right]$$
$$b=\frac{2}{n(n-1)}\left[(2n+1)\sum_{k=1}^{n}y_k-3\sum_{k=1}^{n}ky_k\right]$$

23 정규 방정식을 세우고 [예제 1]의 결과를 확인하라.

24 벡터 v가 불완전한 시스템 $Ax=b$의 최소 제곱 해로 강력히 예측된다. 최소 제곱 프로시저 전체를 적용해 보지 않고 어떻게 v를 테스트할 수 있는가?

25 다음 데이터 점들을 위한 정규 방정식을 찾아라. 최소 제곱의 관점에서 이 데이터를 가장 잘 맞춤하는 직선을 구하라. 데이터 점과 최소 제곱 직선을 그래프로 그려라.

x	1.0	2.0	2.5	3.0
y	3.7	4.1	4.3	5.0

26 $n=4$인 경우에 대해 데이터 점들 (x_i, y_i)로부터 정규 방정식을 형성함으로써 정리 1의 결과를 얻을 수 있음을 직접 보여라.

9.1 컴퓨터 연습문제

01 식 (7)의 정규 시스템을 설정하는 프로시저를 작성하라. 2.2절의 *Gauss*나 *Solve*와 같은 프로시저와 다른 루틴을 사용하여 이 절의 '다항식이 아닌 예제' 부분에서 $\ln x$, $\cos x$, e^x를 포함한 문제에 제시된 근을 입증하라.

02 표 (1)을 가장 잘 맞춤하는 직선을 찾는 프로시저를 작성하라. 이 프로시저를 사용하여 이 장의 도입부에 있는 표에 대해 식 $S=aT+b$에서 상수를 찾아라. 또한 [예제 1]로부터 얻은 결과를 확인하라.

03 $0 \le i \le m$, $x_0 < x_1 < \cdots < x_m$일 때 평면 위에 $(m+1)$개의 점 (x_i, y_i)들을 선택한다. 최소 제곱법으로 이 점들을 가장 잘 맞춤하는 직선을 계산하는 프로그램을 작성하고 테스트하라. 그런 후 이 프로그램은 선택한 점들과 최소 제곱법에 의해 결정된 최적의 직선의 그래프를 생성해야 한다.

04 미 연방정부의 국세청은 연금 계획의 최소 분배와 관련하여 다음과 같은 수치 표를 공표하였다. 이 데이터를 표현하는 단순한 함수는 무엇인가? 식 (5)를 사용하여 gnuplot과 같은 플로팅plotting 소프트웨어나 Maple, MATLAB, Mathematica와 같은 몇몇 수학 소프트웨어 시스템을 이용하여 데이터와 그 결과를 그래프로 그려라.

x	1	2	3	4	5	6	7	8
y	29.9	29.0	28.1	27.1	26.2	25.3	24.4	23.6
x	9	10	11	12	13	14	15	16
y	22.7	21.8	21.0	20.1	19.3	18.5	17.7	16.9

05 MATLAB, Maple, Mathematica와 같은 수학 소프트웨어를 사용하여 [예제 1]의 데이터를 선형 최소 제곱 다항식에 맞춤하라. 그리고 조밀한 격자점 집합을 이용하여 원래 데이터와 다항식을 그려라.

06 [예제 2]의 결과를 확인하고 그 곡선의 그래프를 그려라.

9.2 직교 시스템과 체비셰프 다항식

직교 기저 함수 $\{g_0, g_1, \cdots, g_n\}$

9.1절의 식 (5)의 함수 $g_0, g_1, \cdots, g_n$가 일단 선택되면 최소 제곱 문제는 다음과 같이 해석될 수 있다. $g_0, g_1, \cdots, g_n$의 선형 결합으로 표현할 수 있는 모든 함수 g의 집합은 벡터 공간 $\mathcal{G}$이다(여기서 이 논의를 이해하는 데 벡터 공간에 대한 이해가 필수적인 것은 아니다). 수학적 기호로 나타내면 다음과 같다.

$$\mathcal{G} = \left\{ g : g(x) = \sum_{j=0}^{n} c_j g_j(x) \text{를 만족하는 } c_0, c_1, \cdots, c_n \text{이 존재한다.} \right\}$$

그러므로 최소 제곱 문제에서 찾는 함수는 벡터 공간 $\mathcal{G}$의 한 원소이다. 함수 $g_0, g_1, \cdots, g_n$은 $\mathcal{G}$의 기저를 형성하므로 이 집합은 선형 종속이 아니다. 그러나 주어진 벡터 공간은 수많은 다른 기저들을 가지며 그들의 수치적 성질은 철저하게 다를 수 있다.

이제 우리의 관심을 주어진 기저 $\{g_0, g_1, \cdots, g_n\}$에서 기저에 의해 생성되는 벡터 공간 $\mathcal{G}$로 돌려보자. $\mathcal{G}$를 변화시킬 필요 없이 다음을 질문해 보자.

수치 작업을 위해서는 $\mathcal{G}$에 대한 어떤 기저를 선택해야 하는가?

현재 문제에서 수치적인 주 작업은 정규 방정식, 즉 9.1절의 식 (7)을 푸는 일이다.

$$\sum_{j=0}^{n} \left[\sum_{k=0}^{m} g_i(x_k) g_j(x_k) \right] c_j = \sum_{k=0}^{m} y_k g_i(x_k) \qquad (0 \le i \le n) \tag{1}$$

정규 방정식

이 시스템의 성격은 분명 기저 $\{g_0, g_1, \cdots, g_n\}$에 달려있다. 우리는 이 방정식들이 쉽게 또는 정확하게 풀리기를 바란다. 이상적인 상황은 식 (1)의 계수 행렬이 단위행렬일 때이다. 이는 기저 $\{g_0, g_1, \cdots, g_n\}$이 다음과 같이 **정규 직교**orthonormality 성질을 가질 때 발생한다.

$$\sum_{k=0}^{m} g_i(x_k) g_j(x_k) = \delta_{ij} = \begin{cases} 1 & i = j \\ 0 & i \neq j \end{cases}$$

정규 직교 성질

이러한 성질이 존재할 때 식 (1)은 다음과 같이 극적으로 단순해진다.

$$c_j = \sum_{k=0}^{m} y_k g_j(x_k) \qquad (0 \le j \le n)$$

이제 식은 풀어야 하는 연립방정식이 아니라 계수 c_j에 대한 명시적인 공식이 되었다.

다소 일반적인 조건하에 공간 $\mathcal{G}$는 방금 앞에서 묘사한 바와 같은 정규 직교 기저를 가진다. 이러한 기저를 얻기 위해 **그램-슈미츠 과정**Gram-Schmidt process이라는 프로시저를 사용할 수 있다. 정규 직교 기저를 얻기 위한 노력이 정당화되는 몇몇 상황들이 있지만 어떤 경우에는 간단한 과정으로 충분하다. 이제 그러한 과정 중 하나를 살펴보자.

우리의 목표가 수치 해를 구하기에 적합하도록 식 (1)을 잘 처리하는 것임을 기억하자. 우리는 **힐베르트 행렬**Hilbert matrix 과 관련하여 마주칠 수 있는 어려움을 포함한 어떠한 계수 행렬도 피하려 한다([컴퓨터 연습문제 2.2.4] 참조). 공간 $\mathcal{G}$의 기저를 잘 선택하면 이 목표를 충족할 수 있다.

이제 최소 제곱 이론에서 중요한 예 중 하나인 n차 이하의 모든 다항식으로 이루어진 공간 $\mathcal{G}$를 고려해 보자. 다음의 $(n+1)$개의 함수를 $\mathcal{G}$에 대한 기저로 사용하는 것이 자연스러워 보일 수 있다.

$$g_0(x) = 1, \;\; g_1(x) = x, \;\; g_2(x) = x^2, \quad \cdots, \quad g_n(x) = x^n$$

기저 함수

이 기저를 사용하면 공간 $\mathcal{G}$의 일반적인 성분을 다음의 형태로 쓸 수 있다.

$$g(x) = \sum_{j=0}^{n} c_j g_j(x) = \sum_{j=0}^{n} c_j x^j = c_0 + c_1 x + c_2 x^2 + \cdots + c_n x^n$$

그러나 자연스러워 보여도 이러한 기저는 대부분의 경우 수치 작업에 있어서 좋지 않은 선택이다. 많은 이유로 (관련 범위에서 적절하게 정의한) 체비셰프 다항식은 좋은 기저를 형성한다. [그림 9.4]는 수치 작업에 있어서 단항식 x^j가 왜 좋은 기저를 형성하지 않는지를 설명해 준다. 이 함수들은 서로 너무 닮았다! 만약 함수 g가 주어져 있고 이를 단항식들의 선형 결합 $g(x) = \sum_{j=0}^{n} c_j x^j$로 표현하려 한다면 계수 c_j를 명확하게 결정하기가 어렵다는 사실을 알게 될 것이다. [그림 9.4]는 몇 개의 체비셰프 다항식도 보여주고 있다. 그들은 서로 매우 다르게 생겼다.

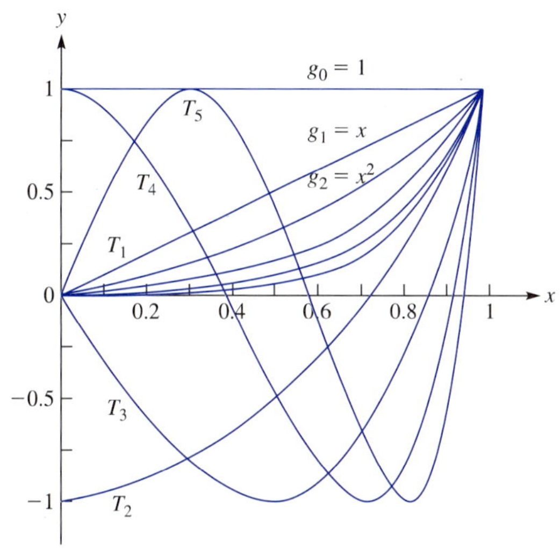

[그림 9.4] 다항식 x^k와 체비셰프 다항식 T_k

단순화하기 위해 최소 제곱 문제에서의 점들이 다음의 성질을 가지고 있다고 가정하자.

$$-1 = x_0 < x_1 < \cdots < x_m = 1$$

그러면 구간 $[-1, 1]$에 대한 **체비셰프 다항식**Chebyshev polynomial을 사용할 수 있다. 관습적인 표현은 다음과 같다.

$$\begin{cases} T_0(x) = 1, & T_1(x) = x, & T_2(x) = 2x^2 - 1 \\ T_3(x) = 4x^3 - 3x, & T_4(x) = 8x^4 - 8x^2 + 1, & \cdots \end{cases}$$

체비셰프 다항식

이 다항식들의 점화식은

$$T_j(x) = 2x T_{j-1}(x) - T_{j-2}(x) \quad (j \geq 2) \tag{2}$$

점화식

이다. 식 $T_0(x) = 1$, $T_1(x) = x$과 함께 식 (2)는 체비셰프 다항식을 정식으로 정의한다.

또는 $T_k(x)=\cos(k\arccos x)$로 쓸 수도 있다.

체비셰프 다항식의 선형 결합은 쉽게 계산될 수 있다. 이는 특수한 축소곱셈법 알고리즘이 적용되기 때문이다. 이 과정을 설명하기 위해 다음과 같은 $T_0, T_1, T_2, \cdots, T_n$의 임의의 선형 결합을 고려해 보자. 체비셰프 다항식의 경우

$$g(x)=\sum_{j=0}^{n} c_j T_j(x)$$

주어진 임의의 x에 대하여 $g(x)$를 계산하는 알고리즘은 다음과 같다.

$$\begin{cases} w_{n+2}=w_{n+1}=0 \\ w_j=c_j+2xw_{j+1}-w_{j+2} \qquad (j=n, n-1, \cdots, 0) \\ g(x)=w_0-xw_1 \end{cases} \tag{3}$$

$g(x)$ 계산

이 알고리즘이 실제로 $g(x)$를 생성하는 모습을 보기 위해 g의 급수를 쓰고 일부 첨자를 바꾼 후 식 (2)와 (3)을 사용해 보자.

$$\begin{aligned} g(x) &= \sum_{j=0}^{n} c_j T_j(x) \\ &= \sum_{j=0}^{n} (w_j-2xw_{j+1}+w_{j+2})\, T_j \\ &= \sum_{j=0}^{n} w_j T_j - 2x\sum_{j=0}^{n} w_{j+1} T_j + \sum_{j=0}^{n} w_{j+2} T_j \\ &= \sum_{j=0}^{n} w_j T_j - 2x\sum_{j=1}^{n+1} w_j T_{j-1} + \sum_{j=2}^{n+2} w_j T_{j-2} \\ &= \sum_{j=0}^{n} w_j T_j - 2x\sum_{j=1}^{n} w_j T_{j-1} + \sum_{j=2}^{n} w_j T_{j-2} \\ &= w_0T_0+w_1T_1+\sum_{j=2}^{n} w_j T_j - 2xw_1T_0 - 2x\sum_{j=2}^{n} w_j T_{j-1} + \sum_{j=2}^{n} w_j T_{j-2} \\ &= w_0+xw_1-2xw_1+\sum_{j=2}^{n} w_j (T_j-2xT_{j-1}+T_{j-2}) \\ &= w_0-xw_1 \end{aligned}$$

일반적으로 모든 가로 좌표 $\{x_i\}$가 구간 $[-1,1]$에 놓이도록 데이터를 배열하는 것이 가장 좋다. 그리고 처음 몇 개의 체비셰프 다항식을 다항식의 기저로 사용하려면 정규 방정식은 합리적으로 좋은 조건이어야 한다. 우리는 이 용어에 대해 전문적인 정의를 내리지는 않았다. 이는 비공식적으로 피벗팅을 사용한 가우스 소거법이 정규 방정식의 정확한 근을 생성한다고 해석될 수 있다.

원래 데이터가 $\min\{x_k\}=-1$과 $\max\{x_k\}=1$을 만족하지 않으면서 다른 구간 $[a,b]$에 놓여있다면, 다음과 같은 변수 변환에 의해 $[-1,1]$에서 움직이는 변수 z로부터 $[a,b]$에서 움직이는 변수 x를 생성한다.

$$x=\frac{1}{2}(b-a)z+\frac{1}{2}(a+b)$$

변수 변환

알고리즘의 개요

앞의 논의에 기반을 둔 한 프로시저의 개요를 소개하겠다. 이 프로시저는 주어진 표의 값 $(x_k, y_k)(0 \le k \le m)$을 가장 잘 맞춤하는 $(n+1)$차 이하의 다항식을 생성한다. 여기서 m은 보통 n보다 크다.

알고리즘 다항식 맞춤 fitting

1. 모든 x_k를 포함한 가장 작은 구간 $[a, b]$를 찾으면 $a = \min\{x_k\}$, $b = \max\{x_k\}$이다.
2. 다음과 같이 정의한 $z_k = \dfrac{2x_k - a - b}{b - a}$ $(0 \le k \le m)$를 통해 주어진 구간을 구간 $[-1, 1]$로 변환한다.
3. 사용할 값 n을 결정한다. 이때 8이나 10은 n치고는 큰 수가 될 것이다.
4. 체비셰프 다항식을 기저로 사용하여 $(n+1) \times (m+1)$ 정규 방정식을 만든다.

$$\sum_{j=0}^{n}\left[\sum_{k=0}^{m} T_i(z_k)\, T_j(z_k)\right] c_j = \sum_{k=0}^{m} y_k T_i(z_k) \qquad (0 \le i \le m) \tag{4}$$

$(n+1) \times (m+1)$ 정규 방정식

5. 방정식 풀이 루틴을 사용하여 정규 방정식을 풀어서 다음 함수의 계수 $c_0, c_1, \cdots, c_n$을 구한다.

$$g(x) = \sum_{j=0}^{n} c_j T_j(x)$$

6. 구하고자 한 다항식은 다음과 같다.

$$g\left(\frac{2x - a - b}{b - a}\right)$$

단계 4의 세부 내용을 살펴보자. 우선 두 개의 첨자를 가진 변수 소개부터 시작한다.

$$t_{jk} = T_j(z_k) \qquad 0 \le k \le m,\ 0 \le j \le n$$

$(n+1) \times (m+1)$ 행렬 $\boldsymbol{T} = (t_{jk})$는 식 (2)의 체비셰프 다항식의 재귀적인 정의를 이용해 효율적으로 계산할 수 있다. 이는 다음의 유사코드 일부에 나타나 있다.

$\boldsymbol{T}$ 행렬의 계산을 위한 유사코드

```
integer j, k, m;   real array (t_ij)_{0:n×0:m}, (z_i)_{0:n}
for k = 0 to m
    t_0k ← 1
    t_1k ← z_k
    for j = 2 to n
        t_jk ← 2 z_k t_{j−1,k} − t_{j−2,k}
    end for
end for
```

정규 방정식은 다음과 같이 주어진 계수 행렬 $\boldsymbol{A} = (a_{ij})_{0:n \times 0:n}$과 우변 $\boldsymbol{b} = (b_i)_{0:n}$을 갖는다.

$$\begin{aligned} a_{ij} &= \sum_{k=0}^{m} T_i(z_k)\, T_j(z_k) = \sum_{k=0}^{m} t_{ik} t_{jk} \qquad (0 \le i, j \le n) \\ b_i &= \sum_{k=0}^{m} y_k T_i(z_k) = \sum_{k=0}^{m} y_k t_{ik} \qquad (0 \le i \le n) \end{aligned} \tag{5}$$

정규 방정식 $\boldsymbol{A} = (a_{ij})$, $\boldsymbol{b} = (b_i)$

A와 b를 계산하는 유사코드는 다음과 같다.

```
real array (a_ij)_0:n×0:n, (b_i)_0:n, (t_ij)_0:n×0:m, (y_i)_0:n
integer i, j, m, n;   real s
for i = 0 to n
    s ← 0
    for k = 0 to m
        s ← s + y_k t_ik
    end for
    b_i ← s
    for j = i to n
        s ← 0
        for k = 0 to m
            s ← s + t_ik t_jk
        end for
        a_ij ← s
        a_ji ← s
    end for
end for
```

A와 b를 계산하는 유사코드

데이터를 다항식에 맞춤하기 위해 주어진 x좌표의 집합에 대한 맞춤형 다항식 시스템을 사용하는 다른 방법도 존재한다. 하지만 위에서 소개한 방법이 단순하고 직접적이다.

매끄러운 데이터화 : 다항식 회귀

최소 제곱 과정의 중요한 응용분야 중 하나는 매끄러운 데이터화이다. 이 문맥에서 **매끄러운**smoothing은 '지저분한noisy' 값(실험 오차를 포함한 값)의 집합에 '매끄러운' 곡선을 맞춤하는 작업을 의미한다. 데이터가 따라가야 하는 함수의 유형을 안다면, 최소 제곱 과정은 함수의 알려지지 않은 변수를 계산하는 데 사용될 수 있다. 이는 앞의 주어진 예제들에서 충분히 설명되었다. 그러나 간단하게 데이터를 임의의 편리한 함수에 맞춤으로써 매끄럽게 하려고 한다면, 좋은 맞춤과 매끄러움 간의 합리적인 균형을 얻을 때까지 다항식의 차수를 높일 수 있다.

이 아이디어는 다음과 같이 20개의 점 (x_i, y_i)로 이루어진 표로 묘사된 실험 데이터를 통해 설명할 수 있다.

20개의 데이터 점 (x_i, y_i)

x	-1.0	-0.92	-0.84	-0.8	-0.72	-0.64	-0.56	-0.48	-0.36
y	4.0	1.0	5.0	7.0	6.0	3.0	2.0	2.0	5.0

-0.24	-0.12	0.0	0.12	0.2	0.32	0.4	0.52	0.64	0.76	0.92
12.0	13.0	10.0	7.0	4.0	-2.0	-6.0	-8.0	-2.0	4.0	9.0

물론 이 점들을 정확하게 지나는 19차 다항식을 결정할 수도 있다. 하지만 이 점들이 실험 오차로 오염되었다면 우리의 목적에는 최소 제곱법의 관점에서 데이터를 근사적으로 맞춤하는 더 낮은 차수의 다항식을 찾는 게 나을 것이다. 통계적인 용어로 말하자면 이는 **곡선 회귀** curvilinear regression 문제다. 좋은 소프트웨어 라이브러리에는 최소 제곱 조건을 사용하여 실험 데이터를 맞춤하는 다항식을 위한 코드가 포함되어 있다. 그러한 프로그램은 최소의

계산 노력과 높은 정확도로 $0, 1, 2, \cdots$차 맞춤 다항식을 결정해 준다. 혹은 비록 전혀 단순화되지 않았지만 이 장에서 이미 소개된 방법을 사용할 수도 있다. 즉 체비셰프 다항식을 기저로 해서 $n = 0, 1, 2, \cdots$에 대한 정규 방정식을 설정하고 풀 수 있고, 그 결과 함수를 그래프로 그려볼 수 있다. 표로 주어진 데이터에 이 방법을 적용하여 얻은 일부 다항식이 [그림 9.5]에 나타나 있다.

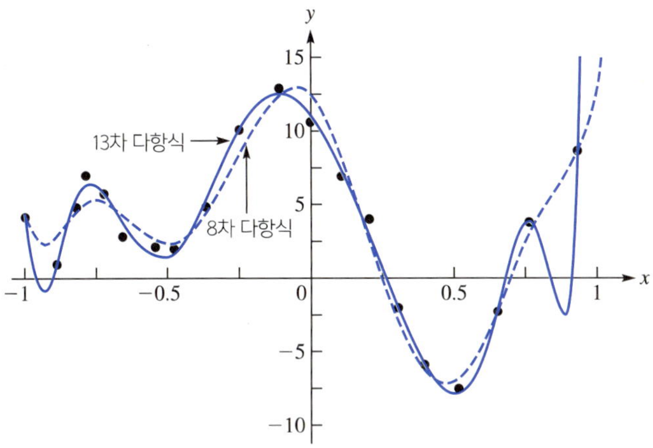

[그림 9.5] 8차 다항식(점선)과 13차 다항식(실선)

다항식 회귀 프로시저

이제 포쉬데[Forsythe]가 소개한 다항식 회귀를 위한 효율적인 프로시저를 설명할 것이다. 이 프로시저는 주어진 문제를 위한 맞춤 직교 다항식 시스템을 사용한다. 다음의 실험값들의 표에서 시작하자.

x	x_0	x_1	$\cdots$	x_m
y	y_0	y_1	$\cdots$	y_m

실험값

궁극적인 목표는 표의 실험 오차가 다소 감소된 적정한 차수의 적합한 다항식으로 이 표를 대체하는 것이다. 어떤 차수의 다항식이 사용되어야 하는지는 알지 못한다.

통계적 목적에서 봤을 때 합리적인 가정은 주어진 표의 경향성을 나타내는 다음의 다항식

$$p_N(x) = \sum_{i=0}^{N} a_i x^i$$

다항식 회귀

이 존재하며 주어진 표의 값에 대해 다음의 식이 성립한다는 것이다.

$$y_i = p_N(x_i) + \varepsilon_i \qquad (0 \le i \le m)$$

이 식에서 ε_i는 y_i에 존재하는 관측 오차를 나타낸다. 더 합리적인 가정은 이러한 오차가 독립적인 임의의[random] 변수이고, 정규 분포를 따른다는 것이다.

고정된 값 n에 대해 최소 제곱법을 이용해서 다항식 p_n을 결정하는 방법은 이미 살펴봤다.

따라서 p_n의 계수를 결정하기 위해 정규 연립방정식을 구성할 수 있다. 일단 이들을 알면 **분산**variance이라 불리는 양을 다음 식을 통해 계산할 수 있다.

$$\sigma_n^2 = \frac{1}{m-n}\sum_{i=0}^{m}[y_i - p_n(x_i)]^2 \qquad (m > n) \tag{6}$$

분산

통계 이론에 따르면, 표의 경향성이 정말로 N차 다항식(그러나 잡음에 의해 오염)이면 다음을 만족한다고 한다.

$$\sigma_0^2 > \sigma_1^2 > \cdots > \sigma_N^2 = \sigma_{N+1}^2 = \sigma_{N+2}^2 = \cdots = \sigma_{m-1}^2$$

이 사실은 N이 알려지지 않은 경우에 사용할 수 있는 전략을 제시한다. $\sigma_0^2, \sigma_1^2, \cdots$을 연속적으로 계산한다. 이 값들이 현저하게 감소하는 한, 계산을 계속한다. $\sigma_N^2 \approx \sigma_{N+1}^2 \approx \sigma_{N+2}^2 \approx \cdots$인 N에 도착하면 계산을 멈추고 p_N이 구하려던 다항식이라고 선언한다.

$\sigma_0^2, \sigma_1^2, \cdots$을 식 (6)의 정의로부터 직접 계산하려면 각각의 다항식 $p_0, p_1, \cdots$이 결정되어야 한다. 다음에서 소개할 프로시저는 구하고자 하는 다항식 외에는 아무것도 결정하지 않을 수 있다.

이후 논의에서 가로축의 x_i는 고정시킨다. 이론적으로는 일부 점이 반복되는 경우까지도 확장될 수 있지만, 여기서는 점들이 서로 구분된다고 가정한다. 만약 f와 g가 점 $\{x_0, x_1, \cdots, x_m\}$을 포함하는 영역에서의 두 함수라면 다음과 같은 표기를 사용할 수 있다.

$$\langle f, g\rangle = \sum_{i=0}^{m} f(x_i)\, g(x_i) \tag{7}$$

내적

이는 f와 g의 내적이라 불린다. 우리의 대부분의 논의는 내적의 정확한 형태에 의존하지는 않지만 내적의 특정한 성질들에는 의존한다. **내적**inner product $\langle \cdot, \cdot \rangle$은 다음과 같은 특성을 갖고 있다.

성질 내적의 특성

1. $\langle f, g\rangle = \langle g, f\rangle$
2. 모든 i에 대해 $f(x_i) = 0$이 아니면 $\langle f, f\rangle > 0$이다.
3. $\langle af, g\rangle = a\langle f, g\rangle$ (단, $a \in \mathbb{R}$)
4. $\langle f, g+h\rangle = \langle f, g\rangle + \langle f, h\rangle$

식 (7)에서 정의된 내적이 위의 성질들을 만족하는지 직접 증명해 보길 바란다.

함수의 집합에서 임의의 서로 다른 두 함수 f와 g가 $\langle f, g\rangle = 0$을 만족할 때, 이 함수 집합은 **직교**orthogonal한다고 한다. 다항식의 한 직교 집합은 다음 식을 통해 재귀적으로 생성될 수 있다.

직교 함수

$$\begin{cases} q_0(x) = 1 \\ q_1(x) = x - \alpha_0 \\ q_{n+1}(x) = xq_n(x) - \alpha_n q_n(x) - \beta_n q_{n-1}(x) \quad (n \ge 1) \end{cases}$$

점화식

여기서 다음이 성립한다.

$$\alpha_n = \frac{\langle xq_n, q_n \rangle}{\langle q_n, q_n \rangle}, \quad \beta_n = \frac{\langle xq_n, q_{n-1} \rangle}{\langle q_{n-1}, q_{n-1} \rangle}$$

이 식에서 'xq_n'은 x에서의 함숫값이 $xq_n(x)$인 함수를 나타낸 것으로 수학적 기호를 조금 남용했다.

어떻게 이 정의가 직교 시스템을 형성하는지 이해하기 위해 몇 가지 경우를 살펴보자. 우선 다음이 성립한다.

$$\langle q_1, q_0 \rangle = \langle x - \alpha_0, q_0 \rangle = \langle xq_0 - \alpha_0 q_0, q_0 \rangle = \langle xq_0, q_0 \rangle - \alpha_0 \langle q_0, q_0 \rangle = 0$$

처음 몇 개의 경우들

앞에서 나열했던 내적의 몇몇 성질들이 여기에 사용되었다는 점을 주목하자. 또한 α_0의 정의가 사용되었다. 또 다른 예의 처음 몇 개의 경우는 다음과 같다.

$$\begin{aligned} \langle q_2, q_1 \rangle &= \langle xq_1 - \alpha_1 q_1 - \beta_1 q_0, q_1 \rangle \\ &= \langle xq_1, q_1 \rangle - \alpha_1 \langle q_1, q_1 \rangle - \beta_1 \langle q_0, q_1 \rangle = 0 \end{aligned}$$

여기서 α_1의 정의가 사용되었을 뿐 아니라, $\langle q_1, q_0 \rangle = 0$이라는 사실(위에서 증명됨)도 사용되었다. 공식적인 증명의 다음 단계는 $\langle q_2, q_0 \rangle = 0$을 확인하는 것이다. 그러면 귀납적 증명에 의해 이 논증이 완성된다.

이 증명의 일부분은 계수 α_n과 β_n이 잘 정의되어 있음을 보이는 것이다. 이는 분모 $\langle q_n, q_n \rangle$이 0이 아니라는 것을 의미한다. 이를 확인하기 위해 $\langle q_n, q_n \rangle = 0$이라 가정하자. 그러면 $\sum_{i=0}^{m} [q_n(x_i)]^2 = 0$이므로 결과적으로 각각의 i값에 대해서 $q_n(x_i) = 0$이다. 이는 다항식 q_n이 $(m+1)$개의 근 $x_0, x_1, \cdots, x_m$을 가짐을 의미한다. 차수 n은 m보다 작기 때문에 우리는 q_n이 0 다항식이라 결론지을 수 있다. 하지만 이는 가능하지 않다. 왜냐하면 명백히

$$\begin{cases} q_0(x) = 1 \\ q_1(x) = x - \alpha_0 \\ q_2(x) = x^2 + (\text{더 낮은 차수의 항들}) \\ \qquad \vdots \end{cases}$$

이기 때문이다. 이 논의에서는 $n < m$이 필요하다는 것을 눈여겨보자.

앞의 알고리즘에 의해 생성된 직교 다항식 시스템 $\{q_0, q_1, \cdots, q_{m-1}\}$은 최대 $(m-1)$차 이하의 모든 다항식으로 이루어진 벡터 공간 Π_{m-1}의 기저이다. 그 알고리즘으로부터 각각의 q_n이 가장 높은 차수의 항인 x^n로 시작한다는 것은 분명하다. 만약 차수가 $n(n \le m-1)$인 주어진 다항식 p를 $q_0, q_1, \cdots, q_n$의 선형 결합으로 표현하고 싶다면 우선 다음과 같이 설정해 보자.

$$p = \sum_{i=0}^{n} a_i q_i \tag{8}$$

우변에서 더해지는 수 중 오직 하나만이 x^n을 포함한다. 그것은 $a_n q_n$이다. 좌변에서도 역시 x^n항은 하나뿐이다. 따라서 우변의 $a_n x^n$이 p에서 그에 상응하는 항과 같도록 a_n을 선택한다. 그러면 다음과 같이 쓸 수 있다.

$$p - a_n q_n = \sum_{i=0}^{n-1} a_i q_i$$

내적 사용

이 식의 양변에는 최대 $(n-1)$차의 다항식들이 존재한다(이는 a_n의 선택 때문이다). 따라서 a_n을 선택한 방법으로 이번에는 a_{n-1}을 선택할 수 있다. 즉 양변의 x^{n-1}항이 똑같도록 a_{n-1}을 선택하는 것이다. 이 방법을 계속하면 계수 a_i가 반드시 가져야 하는 유일한 값을 찾을 수 있다. 이는 $n = 0, 1, \cdots, m-1$에 대해 $\{q_0, q_1, \cdots, q_n\}$가 Π_n의 기저임을 입증한다.

계수 a_i를 결정하는 또 다른 방법은 (일단 우리는 그런 방법들이 존재한다는 사실을 안다!) 식 (8)의 양변에 q_j와의 내적을 취하는 것이다. 그 결과는 다음과 같다.

또 다른 접근법

$$\langle p, q_j \rangle = \sum_{i=0}^{n} a_i \langle q_i, q_j \rangle \quad (0 \le j \le n)$$

$q_0, q_1, \cdots, q_n$ 집합이 직교하므로 j와 다른 각각의 i에 대해서 $\langle q_i, q_j \rangle = 0$이다. 따라서 다음을 얻는다.

$$\langle p, q_j \rangle = a_j \langle q_j, q_j \rangle$$

a_j는 두 내적의 비율이다.

최소 제곱 문제 재고찰

이제 다시 최소 제곱 문제로 돌아오자. F가 n차 다항식 p_n으로 맞춤하려는 함수라 하자. 그러면 다음 식을 최소화하는 다항식을 찾아야 한다.

$$\sum_{i=0}^{m} [F(x_i) - p_n(x_i)]^2$$

최소 제곱 문제

그 해는 다음 식으로 주어진다.

$$p_n = \sum_{i=0}^{n} c_i q_i, \qquad c_i = \frac{\langle F, q_i \rangle}{\langle q_i, q_i \rangle} \tag{9}$$

특히 c_i가 n에 의존하지 않는다는 점을 주목할 필요가 있다. 이는 우리가 찾고 있는 다양한 다항식 p_0, p_1, $\cdots$이 모두 단순하게 한 급수를 절단함으로써, 즉 $\sum_{i=0}^{m-1} c_i q_i$에서 얻어질 수 있음을 암시한다. 식 (9)에 주어진 p_n이 우리의 문제의 답이라는 것을 증명하기 위해 식 (1)의 정규 방정식으로 돌아가야 한다. 이때 사용할 기초 함수[basic function]는 $q_0, q_1, \cdots, q_n$이다. 따라서 정규 방정식은 다음과 같다.

$$\sum_{j=0}^{n} \left[\sum_{k=0}^{m} q_i(x_k) q_j(x_k) \right] c_j = \sum_{k=0}^{m} y_k q_i(x_k) \quad (0 \le i \le n)$$

정규 방정식

내적 표기를 사용하면 다음과 같이 나타낼 수 있다.

$$\sum_{j=0}^{n} \langle q_i, q_j \rangle c_j = \langle F, q_i \rangle \qquad (0 \le i \le n)$$

여기서 F는 $0 \le k \le m$에 대해 $F(x_k) = y_k$와 같은 일부 함수이다. 다음으로 $i \ne j$일 때 $\langle q_i, q_j \rangle = 0$인 직교 성질을 적용하면 그 결과는 다음과 같다.

$$\langle q_i, q_i \rangle c_i = \langle F, q_i \rangle \qquad (0 \le i \le n) \tag{10}$$

결과 $c = (c_i)$

이제 분산 σ_0^2, σ_1^2, $\cdots$로 돌아가서 이들을 어떻게 쉽게 계산할 수 있는지를 살펴보자. 우선 주목해서 봐야 할 중요한 점이 있다. 바로 집합 $\{q_0, q_1, \cdots, q_n, F - p_n\}$이 직교한다는 점이다. 여기서 유일하게 새로운 사실은 $0 \le i \le n$에 대해서 $\langle F - p_n, q_i \rangle = 0$이라는 것이다. 이를 확인하기 위해 다음과 같이 써 보자.

결과 확인

$$\begin{aligned}
\langle F - p_n, q_i \rangle &= \langle F, q_i \rangle - \langle p_n, q_i \rangle \\
&= \langle F, q_i \rangle - \left\langle \sum_{j=0}^{n} c_j q_j, q_i \right\rangle \\
&= \langle F, q_i \rangle - \sum_{j=0}^{n} c_j \langle q_j, q_i \rangle \\
&= \langle F, q_i \rangle - c_i \langle q_i, q_i \rangle = 0
\end{aligned}$$

이 계산에서 식 (9)와 (10)을 사용했다. p_n은 q_0, q_1, $\cdots$, q_n의 선형 결합이므로 그로부터 다음이 성립함을 쉽게 확인할 수 있다.

$$\langle F - p_n, p_n \rangle = 0$$

이제 분산 σ_n^2이 다음과 같이 정의됨을 상기하자.

$$\sigma_n^2 = \frac{\rho_n}{m - n}, \qquad \rho_n = \sum_{i=0}^{m} [y_i - p_n(x_i)]^2$$

ρ_n은 다음과 같이 다른 방식으로 나타낼 수 있다.

$$\begin{aligned}
\rho_n &= \langle F - p_n, F - p_n \rangle \\
&= \langle F - p_n, F \rangle \\
&= \langle F, F \rangle - \langle F, p_n \rangle \\
&= \langle F, F \rangle - \sum_{i=0}^{n} c_i \langle F, q_i \rangle \\
&= \langle F, F \rangle - \sum_{i=0}^{n} \frac{\langle F, q_i \rangle^2}{\langle q_i, q_i \rangle}
\end{aligned}$$

따라서 수 ρ_0, ρ_1, $\cdots$ 은 알고리즘을 통해 재귀적으로 생성될 수 있다.

$$\begin{cases} \rho_0 = \langle F, F \rangle - \dfrac{\langle F, q_0 \rangle^2}{\langle q_0, q_0 \rangle} \\ \rho_n = \rho_{n-1} - \dfrac{\langle F, q_n \rangle^2}{\langle q_n, q_n \rangle} \quad (n \geq 1) \end{cases}$$

ρ_n에 대한 점화식

그램-슈미츠 과정

투영 연산자 projection operator는 다음과 같이 정의된다.

$$\operatorname{proj}_{\boldsymbol{y}} \boldsymbol{x} = \frac{\langle \boldsymbol{x}, \boldsymbol{y} \rangle}{\langle \boldsymbol{y}, \boldsymbol{y} \rangle} \boldsymbol{y}$$

이는 벡터 $\boldsymbol{x}$를 벡터 $\boldsymbol{y}$에 수직으로 투영한 것이다. 그램-슈미츠 과정은 다음과 같이 나타낼 수 있다.

$$\begin{aligned} \boldsymbol{z}_1 &= \boldsymbol{v}_1, & \boldsymbol{q}_1 &= \frac{\boldsymbol{z}_1}{\|\boldsymbol{z}_1\|} \\ \boldsymbol{z}_2 &= \boldsymbol{v}_2 - \operatorname{proj}_{\boldsymbol{z}_1} \boldsymbol{v}_2, & \boldsymbol{q}_2 &= \frac{\boldsymbol{z}_2}{\|\boldsymbol{z}_2\|} \\ \boldsymbol{z}_3 &= \boldsymbol{v}_3 - \operatorname{proj}_{\boldsymbol{z}_1} \boldsymbol{v}_3 - \operatorname{proj}_{\boldsymbol{z}_2} \boldsymbol{v}_3, & \boldsymbol{q}_3 &= \frac{\boldsymbol{z}_3}{\|\boldsymbol{z}_3\|} \end{aligned}$$

일반적으로 k번째 단계는 다음과 같다.

$$\boldsymbol{z}_k = \boldsymbol{v}_k - \sum_{j=1}^{k-1} \operatorname{proj}_{\boldsymbol{v}_j} \boldsymbol{v}_k, \qquad \boldsymbol{q}_k = \frac{\boldsymbol{z}_k}{\|\boldsymbol{z}_k\|}$$

여기서 $\{\boldsymbol{z}_1, \boldsymbol{z}_2, \boldsymbol{z}_3, \cdots, \boldsymbol{z}_k\}$는 직교 집합, $\{\boldsymbol{q}_1, \boldsymbol{q}_2, \boldsymbol{q}_3, \cdots, \boldsymbol{q}_k\}$은 정규 직교 집합이다. 컴퓨터에서 실행될 때 그램-슈미츠 과정은 수치적으로 불안정하다. 왜냐하면 벡터 $\boldsymbol{z}_k$가 반올림 오차에 의해 정확히 직교하지 않을 수 있기 때문이다. 사소한 수정으로 그램-슈미츠 과정은 안정화될 수 있다. 수정한 그램-슈미츠 과정은 위에서처럼 벡터 $\boldsymbol{v}_k$들을 계산하는 대신 한 번에 한 항씩만 계산할 수 있다. **수정한 그램-슈미츠 과정** modified Gram-Schmidt process에 대한 컴퓨터 알고리즘은 다음과 같다.

```
for j = 1 to k
    for i = 1 to j − 1
        s ← ⟨v_j, v_i⟩
        v_j ← v_j − s v_i
    end for
v_i ← v_j/||v_j||
end for
```

여기서 벡터 $\boldsymbol{v}_1, \boldsymbol{v}_2, \cdots, \boldsymbol{v}_k$는 동일한 부분공간을 점유하는 정규 직교 벡터들로 대체되었다. i-루프는 $\boldsymbol{v}_i$ 방향의 성분을 제거한 후 그 벡터를 정규화한다. 정확하게 계산하면 이 계산은 원래 형태와 같은 결과를 준다.

하지만 이는 유한한 정확도를 가진 컴퓨터의 산술 계산에서 더욱 작은 오차를 생성한다.

예제 1 **벡터 $\boldsymbol{v}_1 = (1, \varepsilon, 0, 0)$, $\boldsymbol{v}_2 = (1, 0, \varepsilon, 0)$, $\boldsymbol{v}_3 = (1, 0, 0, \varepsilon)$를 고려하자. ε을 작은 수로 가정한다. 표준적인 그램-슈미츠 과정과 수정한 그램-슈미츠 과정을 수행하라. 결과 벡터들의 직교 조건을 확인하라.**

풀이

고전적인 그램-슈미츠 과정을 사용하면 $\boldsymbol{u}_1 = (1, \varepsilon, 0, 0)$, $\boldsymbol{u}_2 = (0, -1, 1, 0)/\sqrt{2}$, $\boldsymbol{u}_3 = (0, -1, 0, 1)/\sqrt{2}$을 얻는다. 수정한 그램-슈미츠 과정을 사용하면 $\boldsymbol{z}_1 = (1, \varepsilon, 0, 0)$, $\boldsymbol{z}_2 = (0, -1, 1, 0)/\sqrt{2}$, $\boldsymbol{z}_3 = (0, -1, -1, 2)/\sqrt{6}$을 얻는다. 직교성을 확인하기 위해 $\langle \boldsymbol{u}_2, \boldsymbol{u}_3 \rangle = \frac{1}{2}$와 $\langle \boldsymbol{z}_2, \boldsymbol{z}_3 \rangle = 0$을 구해 본다.

9.2 요약

- 다음 점화식으로부터 재귀적으로 생성되는 체비셰프 다항식 $\{T_j\}$을 직교 기저로 사용한다.

$$T_j(x) = 2xT_{j-1}(x) - T_{j-2}(x) \qquad (j \geq 2)$$

여기서 $T_0(x) = 1$, $T_1(x) = x$이다. 정규 방정식의 계수 행렬 $\boldsymbol{A} = (a_{ij})_{0:n \times 0:n}$과 우변 $\boldsymbol{b} = (b_i)_{0:n}$은 다음과 같다.

$$a_{ij} = \sum_{k=0}^{m} T_i(z_k)T_j(z_k) \qquad (0 \leq i, j \leq n)$$

$$b_i = \sum_{k=0}^{m} y_k T_i(z_k) \qquad (0 \leq i \leq n)$$

체비셰프 다항식의 선형 결합

$$g(x) = \sum_{j=0}^{n} c_j T_j(x)$$

는 재귀적으로 계산될 수 있다.

$$\begin{cases} w_{n+2} = w_{n+1} = 0 \\ w_j = c_j + 2xw_{j+1} - w_{j+2} \qquad (j = n, n-1, \cdots, 0) \\ g(x) = w_0 - xw_1 \end{cases}$$

- 다항식 회귀로 데이터를 매끄럽게 하는 방법에 대해 살펴보았다.

9.2 연습문제

01 $i \neq j$일 때 $\sum_{k=0}^{m} g_i(x_k)g_j(x_k) = 0$을 만족하는 함수들의 집합을 $g_0, g_1, \cdots, g_n$이라 하자. 이 함수들의 선형 결합 중 어떤 것이 9.1절의 도입부의 데이터를 가장 잘 맞춤하는가?

02 $g_0(x) = 1$, $g_1(x) = x - 1$, $g_j(x) = 3xg_{j-1}(x) + 2g_{j-2}(x)$에 의해 정의되는 다항식 $g_0, g_1, \cdots, g_n$을 생각하자. 함수 $f(x) = \sum_{j=0}^{n} c_j g_j(x)$의 값을 계산하는 효율적인 알고리즘을 개발하라.

03 $\cos n\theta = 2\cos\theta\cos(n-1)\theta - \cos(n-2)\theta$임을 보여라.

힌트 : 친숙한 등식인 $\cos(A \mp B) = \cos A \cos B \pm \sin A \sin B$를 사용하라.

04 $f_n(x) = \cos(n \arccos x)$이면 $f_0(x) = 1$, $f_1(x) = x$, $f_n(x) = 2xf_{n-1}(x) - f_{n-2}(x)$임을 보여라.

05 체비셰프 다항식의 또 다른 정의가 $-1 \le x \le 1$에서 $T_n(x) = \cos(n \arccos x)$임을 보여라.

06 $T_n(T_m(x)) = T_{nm}(x)$임을 한 줄로 증명하라.

07 x가 구간 $[-1, 1]$에 있을 때, $|T_n(x)| \le 1$임을 보여라.

08 $g_k(x) = T_k\left(\frac{1}{2}x + \frac{1}{2}\right)$로 정의하자. 이 함수들이 만족하는 점화식은 무엇인가?

09 $T_0, T_2, T_4, \cdots$는 짝함수, $T_1, T_3, T_5, \cdots$는 홀함수임을 보여라. 짝함수는 식 $f(x) = f(-x)$를, 홀함수는 식 $f(x) = -f(-x)$를 만족함을 상기하라.

10 $g(x) = \sum_{j=0}^{n} c_j T_j(x)$를 계산하는 데 사용된 알고리즘에 포함된 연산의 횟수를 계산하라.

11 $g(x) = \sum_{j=0}^{n} c_j T_j(x)$를 계산하는 알고리즘이 다음과 같이 변경될 수 있음을 보여라.

$$\begin{cases} w_{n-1} = c_{n-1} + 2xc_n \\ w_k = c_k + 2xw_{k+1} - w_{k-2} \quad (n-2 \ge k \ge 1) \\ g(x) = c_0 + xw_1 - w_2 \end{cases}$$

따라서 w_{n+2}, w_{n+1}, w_0은 필요치 않게 된다.

12 앞 문제에서의 알고리즘의 연산 횟수를 계산하라.

13 $T_6(x)$를 x에 대한 다항식으로 구하라.

14 본문에 나열되었던 내적의 4가지 성질을 정의 (7)을 사용하여 증명하라.

15 다음 식들을 증명하라.

$$p_0(x) = \frac{1}{m+1}\sum_{i=0}^{m} y_i,$$

$$\beta_n = \frac{\langle q_n, q_n \rangle}{\langle q_{n-1}, q_{n-1} \rangle}, \qquad c_n = \frac{\rho_{n-1} - \rho_n}{\langle F, q_n \rangle}$$

16 다항식의 직교 시스템을 생성하는 알고리즘이 작동한다는 증명을 완성하라.

17 $f(0.1) = 6 \times 10^{-13}$과 $f(0.9) = 3 \times 10^{-2}$를 만족하는 다음 형태 $f(x) = \alpha x^{12} + \beta x^{13}$의 함수 f가 존재한다. 이 함수는 무엇인가? α와 β는 $f(x)$의 주어진 두 함숫값에서의 조그만 변화에 민감한가?

18 (**선다형**) $\boldsymbol{x}_1 = [2, 2, 1]^T$, $\boldsymbol{x}_2 = [1, 1, 5]^T$, $\boldsymbol{x}_3 = [-3, 2, 1]^T$라 하자. 그램-슈미츠 과정이 이 벡터들의 질서 있는 집합에 적용되어 정규 직교 집합 $\{\boldsymbol{u}_1, \boldsymbol{u}_2, \boldsymbol{u}_3\}$를 생성한다면 $\boldsymbol{u}_1$은 무엇인가?

(a) $\left[\frac{2}{3}, \frac{2}{3}, \frac{1}{3}\right]^T$

(b) $[2, 2, 1]^T$

(c) $\left[\frac{2}{5}, \frac{2}{5}, \frac{1}{5}\right]^T$

(d) $[1, 0, 0]^T$

(e) 이 중 어느 것도 아니다.

19 (**선다형**) 앞 문제에서 $\boldsymbol{u}_2$는 무엇인가?

(a) $\frac{1}{\sqrt{27}}[1, 1, 5]^T$ (b) $\frac{1}{\sqrt{18}}[-1, -1, 4]^T$

(c) $[2, 2, 1]^T$ (d) $[1, 1, -4]^T$

(e) 이 중 어느 것도 아니다.

9.2 컴퓨터 연습문제

01 매끄러운 데이터화에 관한 실험을 다음과 같이 수행해 보자. 우선 적절한 차수, 예를 들면 7차의 다항식에서부터 시작한다. 구간 $[-1, 1]$ 내의 임의의 여러 점에서 이 다항식의 100개의 값을 계산한다. 작은 구간, 예를 들면 $\left[-\frac{1}{8}, \frac{1}{8}\right]$로부터 선택된 무작위 수를 이 값들에 더해서 그 값에 작은 변화를 일으킨다. 최소 제곱법을 이용해 이 변화된 값들로부터 다항식을 복구하라.

02 $T_n(x)$를 계산하는 **실수 함수** $Cheb(n, x)$를 작성하라. 체비셰프 다항식을 만족하는 점화식을 사용하라. 아래 첨자 변수는 사용하지 않는다. 작성한 프로그램을 주어진 15가지 경우 $(n = 0, 1, 3, 6, 12$ 및 $x = 0, -1, 0.5)$에 대해 테스트하라.

03 $T_0(x), T_1(x), \cdots, T_n(x)$를 계산하고 이 수들을 배열 (y_i)에 저장하는 **실수 함수** $Cheb(n, x, (y_i))$를 작성하라. 적절한 플로

팅 루틴과 함께 작성한 루틴을 사용하여 $[-1, 1]$에서 T_0, T_1, T_2, $\cdots$, T_8의 그래프를 얻어라.

04 $f(x) = \sum_{j=0}^{n} c_j T_j(x)$의 값을 계산하는 **실수 함수** $F(n, (c_i), x)$를 작성하라. $|t| < 1$에서 유효한 식 $\sum_{k=0}^{\infty} t^k T_k(x) = (1-tx)/(1-2tx+t^2)$을 통해 작성한 루틴을 테스트하라. $|t| \le \frac{1}{2}$이라면 최대 머신 정밀도를 얻는 데 오직 급수의 몇 개 항만 있으면 된다. 가장 작은 크기부터 크기순으로 항을 더하라.

05 다음의 아이디어를 이용하여 일부 합리적인 n값에 대해 T_n의 그래프를 구하라. 우선 구간 $[0, \pi]$에서 균등한 간격으로 100개의 각 θ_i를 생성한다. $x_i = \cos\theta_i$와 $y_i = T_n(x_i) = \cos(n \arccos x_i) = \cos n\theta_i$를 정의한다. 점 (x_i, y_i)를 적절한 플로팅 루틴으로 보내라.

06 본문에서 소개된 프로시저는 체비셰프 다항식의 선형 결합으로 주어진 표를 맞춤한다. 이 프로시저를 실행하는 적절한 코드를 작성하라. [컴퓨터 연습문제 9.2.1]에서의 방법으로 우선 교란되지 않은 다항식을 사용하여 작성한 코드를 테스트하라. 반올림 오차가 심각해지기 전에 실험적으로 이 과정에서 n이 얼마나 커지는지를 확인하라.

07 $x_k = \cos[(2k-1)\pi/(2m)]$이라 정의하자. 적절한 값 n과 $m > 2n$을 선택한다. 성분이 다음과 같은 행렬 A를 계산하고 출력하라. 그 결과를 최소 제곱 다항식 맞춤 문제의 관점에서 해석하라.

$$a_{ij} = \sum_{k=0}^{m} T_i(x_k) T_j(x_k) \quad (0 \le i, j \le n)$$

08 다항식 회귀 문제에서 σ_0^2, σ_1^2, $\cdots$를 찾는 알고리즘을 프로그래밍하라.

09 완전한 다항식 회귀 알고리즘을 프로그래밍하라. $0 \le n \le N$에 대해서 출력물은 α_n, β_n, σ_n^2, c_n이어야 한다. 여기서 N은 조건 $\sigma_{N-1}^2 > \sigma_N^2 \approx \sigma_{N+1}^2$에 의해 결정된다.

10 직교 다항식을 이용하여 최소 제곱의 관점에서 다음 데이터를 맞춤하는 2차 다항식을 찾아라.

(a)

x	-1	$-\frac{1}{2}$	0	$\frac{1}{2}$	1
y	-1	0	1	2	1

(b)

x	-2	-1	0	1	2
y	2	1	1	1	2

9.3 최소 제곱 원리의 예제

불완전한 시스템 inconsistent system

최소 제곱의 원리는 다른 상황에서도 사용될 수 있다. 그중 하나로 $m > n$인 다음과 같은 형태의 불완전한 선형 연립방정식을 풀어 보자.

$$\sum_{j=0}^{n} a_{kj} x_j = b_k \qquad (0 \le k \le m) \tag{1}$$

예 : 불완전한 시스템

이 시스템에는 $(m+1)$개의 방정식이 있지만 미지수는 $(n+1)$개밖에 없다. 주어진 $(n+1)$개의 성분을 가진 순서쌍 $(x_0, x_1, \cdots, x_n)$을 좌변에 대입하면, k번째 식의 양변의 차이는 k번째 **잔차** residual 라 불린다. 물론 이상적으로는 모든 잔차가 0이어야 할 것이다. 모든 잔차를 0으로 만드는 $(x_0, x_1, \cdots, x_n)$을 선택할 수 없을 때, 시스템 (1)을 **불완전하다** inconsistent 또는 incompatible[2]고 말한다. 이럴 때 대안은 잔차들의 제곱의 합을 최소화하는 것이다. 따라서 적절한 $(x_0, x_1, \cdots, x_n)$을 선택함으로써 다음의 표현

$$\varphi(x_0, x_1, \cdots, x_n) = \sum_{k=0}^{m} \left(\sum_{j=0}^{n} a_{kj} x_j - b_k \right)^2 \tag{2}$$

2 (옮긴이) 불완전하다기보다는 '부합하지 않다'에 가깝다.

을 최소화해야 한다. 이전과 같이 진행해 보자. x_i에 대해서 편미분하고 그 결과를 0으로 놓으면, 다음과 같은 정규 방정식을 얻을 수 있다.

$$\sum_{j=0}^{n}\left(\sum_{k=0}^{m} a_{ki}a_{kj}\right)x_j = \sum_{k=0}^{m} b_k a_{ki} \qquad (0 \le i \le n) \tag{3}$$

정규 방정식

이는 미지수 $x_0, x_1, \cdots, x_n$을 포함한 $(n+1)$개의 선형 연립방정식일 뿐이다. 원래의 계수 배열의 열벡터가 선형 독립이면 이 시스템이 완전하다 consistent는 것을 보일 수 있다. 예를 들어 시스템 (3)은 가우스 소거법을 이용해서 풀 수 있다. 그러면 시스템 (3)의 해는 최소 제곱법의 관점에서 식 (1)의 가장 좋은 근사 해가 된다.

수정한 그램-슈미트 과정

방금 논의된 문제를 위해 특별한 방법들이 고안되었다. 일반적으로 이 방법들은 위에서 설명한 간단한 접근법보다 더 좋은 정밀도를 보여준다. 시스템 (1)을 푸는 이러한 알고리즘 중 하나의 시작은

$$\boldsymbol{A}\boldsymbol{x} = \boldsymbol{b}$$

를 다음과 같이 분해하는 것이다.

$$\boldsymbol{A} = \boldsymbol{Q}\boldsymbol{R}$$

QR 분해

여기서 행렬 $\boldsymbol{Q}$는 $(m+1)\times(n+1)$ 행렬로, 다음 식

$$\boldsymbol{Q}^T\boldsymbol{Q} = \boldsymbol{I}$$

를 만족한다. 또한 행렬 $\boldsymbol{R}$은 $j<i$일 때 $r_{ii}>0$ 및 $r_{ij}=0$을 만족하는 $(n+1)\times(n+1)$ 행렬이다. 그러면 최소 제곱 해는 **수정한 그램-슈미트 과정**이라 불리는 알고리즘으로 구할 수 있다.

좀 더 정교한 (그리고 좀 더 다용도로 쓰일 수 있는) 알고리즘은 행렬 $\boldsymbol{A}$의 **특이값 분해** singular value decomposition에 의존한다. 이것은 다음과 같은 분해이다.

$$\boldsymbol{A} = \mathrm{U}\Sigma\mathrm{V}^T$$

여기서 $\boldsymbol{U}^T\boldsymbol{U} = \boldsymbol{I}_{m+1}$, $\boldsymbol{V}^T\boldsymbol{V} = \boldsymbol{I}_{n+1}$이며, Σ는 음이 아닌 값을 대각 성분으로 하는 $(m+1)\times(n+1)$ 대각행렬이다.

가중치 함수 $w(x)$의 사용

최소 제곱 원리의 또 다른 중요한 예는 이산 집합보다는 구간에서 함수를 근사하거나 맞춤하는 데에서 발생한다. 예를 들어 구간 $[a, b]$에서 정의된 주어진 함수 f는 다음과 같은 함수로 근사될 수 있다.

$$g(x) = \sum_{j=0}^{n} c_j g_j(x)$$

예 : 구간에서의 함수

그러면 자연스럽게 계수들을 적절히 선택하여 다음 표현을 최소화하려고 시도할 수 있다.

$$\varphi(c_0, c_1, \cdots, c_n) = \int_a^b [g(x) - f(x)]^2 dx \tag{4}$$

φ 최소화

일부 응용분야에서는 그 구간의 특정 부분에서 함수 g와 f를 더 잘 일치시키는 것이 바람직하다. 이를 위해 식 (4)에 양수의 **가중치 함수**weight function $w(x)$가 포함되도록 식 (4)를 수정할 수 있다. 물론 해당 구간의 모든 부분에서 일치하도록 하려면 $w(x) \equiv 1$이다. 그 결과는 다음과 같다.

$$\varphi(c_0, c_1, \cdots, c_n) = \int_a^b [g(x) - f(x)]^2 w(x) dx$$

다시 한번 φ의 최솟값은 각각의 c_i에 대해서 미분하고 편미분 값을 0으로 놓음으로써 구할 수 있다. 그 결과는 다음과 같이 정규 방정식으로 이루어진 시스템이다.

$$\sum_{j=0}^{n} \left[\int_a^b g_i(x) g_j(x) w(x) dx \right] c_j = \int_a^b f(x) g_i(x) w(x) dx \quad (0 \le i \le n) \tag{5}$$

정규 방정식

이는 $(n+1)$개의 미지수 $c_0, c_1, \cdots, c_n$에서 $(n+1)$개의 선형 방정식으로 이루어진 시스템이며 가우스 소거법으로 풀 수 있다. 좋은 기저 선택에 대한 이전 논의는 여기서도 적용된다. 이상적인 상황은 다음의 직교 성질을 갖는 함수 $g_0, g_1, \cdots, g_n$을 선택하는 것이다.

$$\int_a^b g_i(x) g_j(x) w(x) dx = 0 \quad (i \ne j) \tag{6}$$

직교 성질

이러한 수많은 직교 시스템들이 수년에 걸쳐 개발되었다.

예를 들어 **체비셰프 다항식**Chebyshev polynomial은 다음과 같은 하나의 시스템을 형성한다.

$$\int_{-1}^{1} T_i(x) T_j(x) (1 - x^2)^{-1/2} dx = \begin{cases} 0, & i \ne j \\ \dfrac{\pi}{2}, & i = j > 0 \\ \pi, & i = j = 0 \end{cases}$$

체비셰프 다항식

가중치 함수 $(1 - x^2)^{-1/2}$는 구간 $[-1, 1]$의 양끝에 강한 가중치를 부여한다.

만약 식 (6)에 따라 0이 아닌 함수열 $g_0, g_1, \cdots, g_n$이 직교한다면, 다음의 적당한 양의 실수 λ_j에 대해 수열 $\lambda_0 g_0, \lambda_1 g_1, \cdots, \lambda_n g_n$은 정규 직교한다.

$$\lambda_j = \left\{ \int_a^b [g_j(x)]^2 w(x) dx \right\}^{-1/2}$$

비선형 예제

최소 제곱 원리의 또 다른 예로 이번에는 비선형 문제를 살펴보자. 점 (x_k, y_k)의 표가 다음 형태의 함수에 의해 맞춤된다고 가정해 보자.

$$y = e^{cx}$$

예 : $y = e^{cx}$

예전처럼 진행하면 다음과 같이 함수를 최소화해야 하는 문제가 등장한다.

$$\varphi(c) = \sum_{k=0}^{m} (e^{cx_k} - y_k)^2$$

φ 최소화

주어진 함수는 다음을 만족하는 c에서 최소화한다.

$$0 = \frac{\partial \varphi}{\partial c} = \sum_{k=0}^{m} 2(e^{cx_k} - y_k) e^{cx_k} x_k$$

이 식은 c에서 비선형적이다. 뉴턴법이나 할선법을 이용하면 이를 풀 수 있다. 한편 $\varphi(c)$를 최소화하는 문제는 직접 공략할 수도 있다. 정규 방정식에는 다중근이 존재할 수 있고, φ 자체에 국소 최솟값이 있을 수 있기 때문에 φ에 대한 직접적인 최소화가 더 안전할 수 있다. 이러한 유형의 어려움은 **비선형 최소 제곱 문제**nonlinear least-squares problems에서 전형적인 것이다. 결과적으로 값을 모르는 변수들이 문제에서 선형적으로 발생하지 않는다면 종종 다른 곡선 맞춤 방법이 선호될 수 있다.

비선형 최소 제곱 문제

대안으로 이 특수한 예는 $z = \ln y$를 통해 변수를 변환하고, 다음 식을 고려함으로써 선형화될 수 있다.

$$z = cx$$

선형화

다음 함수를 최소화하는 문제는 간단하다.

$$\varphi(c) = \sum_{k=0}^{m} (cx_k - z_k)^2 \qquad z_k = \ln y_k$$

φ 최소화

따라서 다음 식을 얻을 수 있다.

$$c = \sum_{k=0}^{m} z_k x_k \bigg/ \sum_{k=0}^{m} x_k^2$$

이 값 c는 원래 문제의 해는 아니지만 몇몇 응용분야에서는 만족스러울 수 있다.

선형 및 비선형 예제

마지막 예제는 선형 이론과 비선형 이론의 요소를 모두 포함한다.

$(m+1)$개의 성분과 함께 (x_k, y_k) 표가 주어져 있고, 이 데이터들이

$$y = a\sin(bx)$$

예 : $y = a\sin(bx)$

와 같은 함수 관계를 따르는 것처럼 보인다고 가정하자.

변수 a와 b의 근삿값을 얻는 데 최소 제곱 원리가 사용될 수 있는가?

변수 b는 이 함수에 비선형적인 방식으로 도입되었기 때문에 앞으로 보게 될 약간의 어려움을 발생시키고 있다. 최소 제곱 원리에 따라 변수들은 다음과 같은 식

$$\sum_{k=0}^{m}[a\sin(bx_k)-y_k]^2$$

이 최솟값을 갖도록 선택되어야 한다. 최솟값은 이 식을 a와 b에 대해 미분한 후 이들의 편미분값을 0으로 놓음으로써 구할 수 있다. 그 결과는 다음과 같다.

$$\begin{cases}\displaystyle\sum_{k=0}^{m}2[a\sin(bx_k)-y_k]\sin(bx_k) & =0\\ \displaystyle\sum_{k=0}^{m}2[a\sin(bx_k)-y_k]ax_k\cos(bx_k) & =0\end{cases}$$

b가 알려져 있다면 어느 쪽의 방정식으로부터도 a를 얻을 수 있다. b의 정확한 값은 그에 상응하는 두 개의 a값이 동일한 경우의 값이다. 따라서 앞의 각 방정식들을 a에 대해 풀고, 각 결과가 서로 같다고 놓는다. 이러한 과정을 통해 다음의 식을 얻는다.

$$\frac{\displaystyle\sum_{k=0}^{m}y_k\sin bx_k}{\displaystyle\sum_{k=0}^{m}(\sin bx_k)^2}=\frac{\displaystyle\sum_{k=0}^{m}x_k\,y_k\cos bx_k}{\displaystyle\sum_{k=0}^{m}x_k\sin bx_k\cos bx_k}$$

이제 이분법이나 할선법 등을 이용하여 b에 대해서 이 식을 풀 수 있다. 그러면 이 방정식의 어느 한 변을 계산하여 a의 값을 구할 수 있다.

특이값 분해에 대한 추가적인 세부 내용

행렬의 특이값 분해(SVD)는 이를 사용하지 않으면 찾아낼 수 없는 행렬의 중요한 특성을 드러낼 수 있는 분해이다. 예를 들면 정사각 행렬의 SVD 분해로부터 행렬의 거의 비가역성$^{\text{near-singularity}}$과 같은 성질에 대한 경고를 받을 수도 있다. 또는 정사각이 아닌 행렬의 SVD 분해로부터 예상치 못한 랭크의 손실이 드러날 수 있다. 행렬의 SVD 분해는 완전한 직교 분해를 생성하기 때문에 연립방정식에 대한 최소 제곱 해를 계산하는 기술을 제공함과 동시에 오차 벡터의 노름을 생산한다.

주어진 $m\times n$ 행렬이 다음과 같은 분해를 가진다고 가정하자.

$$\boldsymbol{A}=\boldsymbol{UDV}^T$$

SVD 분해

여기서 $\boldsymbol{U}=[\boldsymbol{u}_1,\boldsymbol{u}_2,\cdots,\boldsymbol{u}_m]$은 $m\times m$ 직교 행렬, $\boldsymbol{V}=[\boldsymbol{v}_1,\boldsymbol{v}_2,\cdots,\boldsymbol{v}_n]$은 $n\times n$ 직교 행렬이다. 그리고 $m\times n$ 대각행렬 $\boldsymbol{D}$는 내림차순의 순서로 나열된 $\boldsymbol{A}$의 특이값을 대각 성분으

로 가진 행렬이다. 행렬 $\boldsymbol{A}$의 특이값은 $\boldsymbol{A}^T\boldsymbol{A}$의 고윳값의 양의 제곱근이다. 이들은 $\sigma_1 \geq \sigma_2 \geq \cdots \geq \sigma_r \geq 0$으로 나타낼 수 있다. 자세히 설명하자면 다음이 성립한다.

$$\boldsymbol{U}^T\boldsymbol{A}\boldsymbol{V} = \boldsymbol{D} = \begin{bmatrix} \sigma_1 & & & & & & \\ & \sigma_2 & & & & & \\ & & \ddots & & & & \\ & & & \sigma_r & & & \\ & & & & 0 & & \\ & & & & & \ddots & \\ & & & & & & 0 \\ & & & & & & \end{bmatrix}_{m\times n}$$

여기서 $\boldsymbol{U}^T\boldsymbol{U} = \boldsymbol{I}_m$, $\boldsymbol{V}^T\boldsymbol{V} = \boldsymbol{I}_n$이다(위 행렬에서 빈칸은 0 성분에 해당한다). 게다가 $\boldsymbol{V}$의 i번째 열벡터 $\boldsymbol{v}_i$와 $\boldsymbol{U}$의 i번째 열벡터 $\boldsymbol{u}_i$에 대해 $\boldsymbol{A}\boldsymbol{v}_i = \sigma_i\boldsymbol{u}_i$와 $\sigma_i = \|\boldsymbol{A}\boldsymbol{v}_i\|_2$이다. $\boldsymbol{U}$는 직교행렬이므로 $\boldsymbol{y} = \boldsymbol{V}^T\boldsymbol{x}$, $\boldsymbol{c} = \boldsymbol{U}^T\boldsymbol{b}$일 때 다음을 얻는다.

$$\begin{aligned} \|\boldsymbol{A}\boldsymbol{x} - \boldsymbol{b}\|_2^2 &= \|\boldsymbol{U}^T(\boldsymbol{A}\boldsymbol{x} - \boldsymbol{b})\|_2^2 = \|\boldsymbol{U}^T\boldsymbol{A}\boldsymbol{x} - \boldsymbol{U}^T\boldsymbol{b}\|_2^2 \\ &= \|\boldsymbol{U}^T\boldsymbol{A}(\boldsymbol{V}\boldsymbol{V}^T)\boldsymbol{x} - \boldsymbol{U}^T\boldsymbol{b}\|_2^2 \\ &= \|(\boldsymbol{U}^T\boldsymbol{A}\boldsymbol{V})(\boldsymbol{V}^T\boldsymbol{x}) - \boldsymbol{U}^T\boldsymbol{b}\|_2^2 \\ &= \|(\boldsymbol{D}\boldsymbol{V}^T\boldsymbol{x}) - \boldsymbol{U}^T\boldsymbol{b}\|_2^2 = \|\boldsymbol{D}\boldsymbol{y} - \boldsymbol{c}\|_2^2 \\ &= \sum_{i=1}^{r}(\sigma_i y_i - c_i)^2 + \sum_{i=r+1}^{m} c_i^2 \end{aligned}$$

여기서 $\boldsymbol{y}$는 $y_i = c_i/\sigma_i$, $\boldsymbol{x}$는 $\boldsymbol{x} = \boldsymbol{V}\boldsymbol{y}$로 정의된다. $c_i = \boldsymbol{u}_i^T\boldsymbol{b}$, $\boldsymbol{x} = \boldsymbol{V}\boldsymbol{y}$이므로 $1 \leq i \leq r$에 대해 $y_i = \sigma_i^{-1}c_i$일 때, 최소 제곱 해는 다음과 같다.

$$\boldsymbol{x}_{LS} = \sum_{i=1}^{n} y_i\boldsymbol{v}_i = \sum_{i=1}^{r}\sigma_i^{-1}c_i\boldsymbol{v}_i = \sum_{i=1}^{r}\sigma_i^{-1}(\boldsymbol{u}_i^T\boldsymbol{b})\,\boldsymbol{v}_i$$

$$\|\boldsymbol{A}\boldsymbol{x}_{LS} - \boldsymbol{b}\|_2^2 = \sum_{i=r+1}^{m} c_i^2 = \sum_{i=r+1}^{m}(\boldsymbol{u}_i^T\boldsymbol{b})^2$$

이는 모든 2-노름 최솟값을 주는 값 중에 가장 최소인 값이다.

결론적으로 다음의 정리를 얻는다.

Ⅰ 정리 SVD 최소 제곱 정리

$\boldsymbol{A}$는 랭크가 r인 $m \times n$ 행렬이고 $\boldsymbol{A}$의 SVD 분해를

$$\boldsymbol{A} = \boldsymbol{U}\boldsymbol{D}\boldsymbol{V}^T$$

라 하자. 시스템 $\boldsymbol{A}\boldsymbol{x} = \boldsymbol{b}$의 최소 제곱 해는 $\boldsymbol{x}_{LS} = \sum_{i=1}^{n}(\sigma_i^{-1}c_i)\,\boldsymbol{v}_i$이다. 여기서 $c_i = \boldsymbol{u}_i^T\boldsymbol{b}$이다. 이 시스템에 수많은 최소 제곱 해들이 존재한다면 2-노름의 최소 해는 위에서 묘사한 $\boldsymbol{x}$이다.

예제 1 다음과 같이 정사각 형태가 아닌 시스템

$$\begin{bmatrix} 1 & 1 \\ 0 & 1 \\ 1 & 0 \end{bmatrix}\begin{bmatrix} x \\ y \\ z \end{bmatrix} = \begin{bmatrix} 1 \\ -1 \\ 1 \end{bmatrix}$$

에 대해 다음의 특이값 분해를 이용하여 최소 제곱 해를 구하라.

$$\begin{bmatrix} 1 & 1 \\ 0 & 1 \\ 1 & 0 \end{bmatrix} = \begin{bmatrix} \frac{1}{3}\sqrt{6} & 0 & \frac{1}{3}\sqrt{3} \\ \frac{1}{6}\sqrt{6} & \frac{1}{2}\sqrt{2} & -\frac{1}{3}\sqrt{3} \\ \frac{1}{6}\sqrt{6} & -\frac{1}{2}\sqrt{2} & -\frac{1}{3}\sqrt{3} \end{bmatrix}\begin{bmatrix} \sqrt{3} & 0 \\ 0 & 1 \\ 0 & 0 \end{bmatrix}\begin{bmatrix} \frac{1}{2}\sqrt{2} & \frac{1}{2}\sqrt{2} \\ \frac{1}{2}\sqrt{2} & -\frac{1}{2}\sqrt{2} \end{bmatrix}$$

풀이

$r = \text{rank}(\boldsymbol{A}) = 2$, 특이값은 $\sigma_1 = \sqrt{3}$, $\sigma_2 = 1$이다. 이를 통해

$$c_1 = \boldsymbol{u}_1^T\boldsymbol{b} = \begin{bmatrix} \frac{1}{3}\sqrt{6} & \frac{1}{6}\sqrt{6} & \frac{1}{6}\sqrt{6} \end{bmatrix}\begin{bmatrix} 1 \\ -1 \\ 1 \end{bmatrix} = \frac{1}{3}\sqrt{6}$$

$$c_2 = \boldsymbol{u}_2^T\boldsymbol{b} = \begin{bmatrix} 0 & -\frac{1}{2}\sqrt{2} & \frac{1}{2}\sqrt{2} \end{bmatrix}\begin{bmatrix} 1 \\ -1 \\ 1 \end{bmatrix} = \sqrt{2}$$

를 얻고,

$$x_{LS} = (\sigma_1^{-1}c_1)\boldsymbol{v}_1 + (\sigma_2^{-1}c_2)\boldsymbol{v}_2 = \frac{1}{\sqrt{3}}\left(\frac{1}{3}\sqrt{6}\right)\begin{bmatrix} \frac{1}{2}\sqrt{2} \\ \frac{1}{2}\sqrt{2} \end{bmatrix} + \sqrt{2}\begin{bmatrix} \frac{1}{2}\sqrt{2} \\ -\frac{1}{2}\sqrt{2} \end{bmatrix}$$

$$= \begin{bmatrix} \frac{1}{3} \\ \frac{1}{3} \end{bmatrix} + \begin{bmatrix} 1 \\ 1 \end{bmatrix} = \begin{bmatrix} \frac{4}{3} \\ -\frac{2}{3} \end{bmatrix}$$

를 얻는다. 이 해는 정규 방정식으로부터 얻은 해와 동일하다.

특이값 분해의 사용

이 주제는 8.2절에서 논의했던 특이값 분해에 관한 이론을 필요로 한다.

특이값 분해의 중요한 응용 분야 중 하나는 우리가 다시 되돌아가 살펴볼 행렬 최소 제곱 문제이다. 임의의 선형 연립방정식

$$\boldsymbol{Ax} = \boldsymbol{b}$$

에 대해 유일한 최소 해minimal solution를 정의하려 한다. 이를 설명해 보자. $\boldsymbol{A}$가 $m \times n$ 행렬일 때, 우선 다음을 정의하자.

$$\rho = \inf\left\{\|\boldsymbol{Ax} - \boldsymbol{b}\|_2 : \boldsymbol{x} \in \mathbb{R}^n\right\}$$

최소 해

이 시스템의 최소 해는 집합 $\left\{\boldsymbol{x} : \|\boldsymbol{Ax} - \boldsymbol{b}\|_2 = \rho\right\}$에서 최소 노름인 점으로 선택한다. 만약

시스템이 완전[consistent]하다면 $\rho=0$이고, 단순히 모든 해 중에서 노름이 가장 작은 점을 구하면 된다. 반면 시스템이 불완전[inconsistent]하다면 $\boldsymbol{Ax}$가 $\boldsymbol{b}$에 가능한 한 가까워야 한다. 즉 $\|\boldsymbol{Ax}-\boldsymbol{b}\|_2=\rho$이다. 만약 그러한 점들이 많다면 원점에 가장 가까운 점을 선택한다.

최소 해는 $\boldsymbol{A}$의 유사역행렬을 통해 얻을 수 있다. 이는 8.2절에서 논의한 $\boldsymbol{A}$의 특이값 분해로부터 계산할 수 있다. 우선 다음의 $m\times n$ 대각행렬을 생각해 보자. 이때 σ_j는 양수이다.

$$\boldsymbol{D}=\begin{bmatrix}\sigma_1 &&&&&& \\ & \sigma_2 &&&&& \\ && \ddots &&&& \\ &&& \sigma_r &&& \\ &&&& 0 && \\ &&&&& \ddots & \\ &&&&&& 0 \\ &&&&&& \end{bmatrix}_{m\times n}$$

이 행렬의 유사역행렬 $\boldsymbol{D}^+$는 원 행렬과 동일한 형태로 정의되지만 $n\times m$ 행렬이면서 대각성분이 $1/\sigma_j$로 바뀐 형태이다. 예를 들면 다음과 같다.

$$\boldsymbol{D}=\begin{bmatrix}5 & 0 & 0\\ 0 & 2 & 0\end{bmatrix},\qquad \boldsymbol{D}^+=\begin{bmatrix}\frac{1}{5} & 0\\ 0 & \frac{1}{2}\\ 0 & 0\end{bmatrix}$$

만약 $\boldsymbol{A}$가 임의의 $m\times n$ 행렬이고 $\boldsymbol{UDV}^T$가 이 행렬의 **특이값 분해** 중 하나라면, $\boldsymbol{A}$의 **유사역행렬**[pseudo-inverse]을 다음과 같이 정의할 수 있다.

$$\boldsymbol{A}^+=\boldsymbol{VD}^+\boldsymbol{U}^T$$ 유사역행렬

$\sigma_1\geq\sigma_2\geq\cdots$의 순서를 적용했을 때, $\boldsymbol{A}$의 유사역행렬이 유일하다는 것을 증명하기 위해 계속 진행해 보자.

2 정리 최소 해 정리

$\boldsymbol{A}$가 $m\times n$ 행렬일 때, 선형 연립방정식 $\boldsymbol{Ax}=\boldsymbol{b}$를 고려하자. 이 시스템의 최소 해는 $\boldsymbol{A}^+\boldsymbol{b}$이다.

증명

위에서 정의된 기호를 사용하고, $\boldsymbol{x}$를 $\mathbb{R}^n$에서의 임의의 점이라 하자. $\boldsymbol{y}=\boldsymbol{V}^T\boldsymbol{x}$와 $\boldsymbol{c}=\boldsymbol{U}^T\boldsymbol{b}$를 정의하자. $\boldsymbol{V}$와 $\boldsymbol{U}$의 성질들을 이용하여 다음 식을 얻을 수 있다.

$$\begin{aligned}\rho&=\inf_x\|\boldsymbol{Ax}-\boldsymbol{b}\|_2\\ &=\inf_x\|\boldsymbol{UDV}^T\boldsymbol{x}-\boldsymbol{b}\|_2\\ &=\inf_x\|\boldsymbol{U}^T(\boldsymbol{UDV}^T\boldsymbol{x}-\boldsymbol{b})\|_2\\ &=\inf_x\|\boldsymbol{DV}^T\boldsymbol{x}-\boldsymbol{U}^T\boldsymbol{b}\|_2\\ &=\inf_x\|\boldsymbol{Dy}-\boldsymbol{c}\|_2\end{aligned}$$

D의 특성을 활용하면 다음이 성립한다.

$$\|Dy - c\|_2^2 = \sum_{i=1}^{r}(\sigma_i y_i - c_i)^2 + \sum_{i=r+1}^{m} c_i^2$$

이 마지막 표현을 최소화하기 위해 $1 \le i \le r$에 대해서 $y_i = c_i/\sigma_i$를 정의하자. 다른 성분들은 구하지 않은 채로 남아있다. 하지만 최소 노름의 $\boldsymbol{y}$를 얻기 위해 $r+1 \le i \le m$에 대해 $y_i = 0$을 설정해야 한다. 이는 유사역행렬 $\boldsymbol{D}^+$를 통해 $\boldsymbol{y} = \boldsymbol{D}^+\boldsymbol{c}$로 구할 수 있다. 따라서 다음과 같다.

$$\boldsymbol{x} = \boldsymbol{V}\boldsymbol{y} = \boldsymbol{V}\boldsymbol{D}^+\boldsymbol{c} = \boldsymbol{V}\boldsymbol{D}^+\boldsymbol{U}^T\boldsymbol{b} = \boldsymbol{A}^+\boldsymbol{b}$$

벡터 $\boldsymbol{y}$에서 0인 성분을 활용하여 최소 해를 다른 형태로 표현해 보자. $i > r$일 때 $y_i = 0$이므로 $\boldsymbol{y}$의 처음 r개의 성분들만 필요하다. 이들은 $y_i = c_i/\sigma_i$로 주어진다. 이제 $\boldsymbol{c}$의 처음 r개의 성분만 필요하다는 것이 분명해 보인다. $\boldsymbol{c} = \boldsymbol{U}^T\boldsymbol{b}$이므로 c_i는 $\boldsymbol{U}^T$의 i번째 행과 벡터 $\boldsymbol{b}$와의 내적이다. 이는 $\boldsymbol{U}$의 i번째 열과 $\boldsymbol{b}$와의 내적과 같다. 따라서 다음이 성립한다.

$$\boldsymbol{y}_i = \boldsymbol{u}_i^T\boldsymbol{b}/\sigma_i \quad (1 \le i \le r)$$

그러면 최소 해($\boldsymbol{x}^*$로 표기함)는 다음과 같다.

$$\boldsymbol{x}^* = \boldsymbol{V}\boldsymbol{y} = \sum_{i=1}^{r} y_i \boldsymbol{v}_i$$

사례들

이러한 프로시저의 예는 MATLAB, Maple, Mathematica와 같은 수학 소프트웨어를 통해 수행될 수 있다. 우리는 임의적 프로세스를 통해 3개의 미지수를 가지는 20개의 연립방정식을 만들 수 있다. 이 기술은 소프트웨어를 테스트하는 데 종종 사용된다. 특히 벤치마킹 연구에서는 신중한 타이밍으로 다수의 예제를 실행한다. 그러한 소프트웨어는 무작위 행렬을 생성하는 규칙을 가지고 있다. 컴퓨터 프로그램이 실행되면 우선 무작위 입력이 표시되고, 행렬 $\boldsymbol{A}$의 세 개의 특이값이 표시된다. 그리고 나서 20×3 대각행렬 $\boldsymbol{D}$가 표시된다.

수학 소프트웨어

수치 작업에 대한 검토는 $\boldsymbol{U}\boldsymbol{D}\boldsymbol{V}^T$를 계산함으로써 이뤄지는데 그 값은 $\boldsymbol{A}$와 같아야 한다. 그 후 $\boldsymbol{D}^+$의 유사역행렬이 계산된 다음, $\boldsymbol{A}^+$의 유사역행렬이 계산되어야 한다. 최소 해 $\boldsymbol{x} = \boldsymbol{A}^+\boldsymbol{b}$ 뿐만 아니라 잔차 벡터 $\boldsymbol{r} = \boldsymbol{A}\boldsymbol{A}^+\boldsymbol{b} - \boldsymbol{b}$도 계산된다. 그러고 나서 직교 조건 $\boldsymbol{A}^T\boldsymbol{r} = 0$을 확인한다. 따라서 이 프로그램은 앞에서 설명한 연립방정식의 최소 해를 구하는 모든 단계를 수행한다. 랭크의 손실이 있는 경우에 무슨 일이 일어나는지를 보여주는 다른 예제가 주어져 있다([컴퓨터 연습문제 9.3.10]을 참조하라).

유사역행렬

이러한 유형의 문제에서 사용자는 특이값을 조사하고 0으로 설정해도 될 만큼 충분히 작은 값이 있는지의 여부를 결정해야 한다. 이러한 단계의 필요성은 $\boldsymbol{D}^+$의 정의를 살펴보면 명확해진다. 특이값의 역수가 이 행렬의 주요 구성요소이다. 그러므로 0으로 설정되지 않은 매우 작은 특이값이 이후 계산에 치명적인 결과를 초래할 수 있다. 경험적으로 추천할 수 있는 방법은 계수 행렬에 내재된 정확도의 σ_1배보다 크기가 작은 특이값은 모두 버리라는 것이다. 따라서 데이터가 소수점 아래 3자리 숫자까지 정확하고 $\sigma_1 = 5$라면, 0.005보다 작은 σ_i는 0으로 설정되어야 한다.

이번에는 **거의 결핍상태의 랭크를 가지는**near-deficiency in rank 작은 행렬의 예를 살펴보자. Maple 프로그램에서는 앞의 문단에서 언급한 상대적인 크기 조건을 충족하지 못하면, 특정 특이값을 0으로 설정한다. 또한 일종의 계산상의 검토로, 유사역행렬의 네 가지 **펜로즈 특성**Penrose property에 대한 증명을 추가적으로 살펴보자.

펜로즈 성질

> **3 정리 유사역행렬의 펜로즈 특성**
>
> 행렬 $\boldsymbol{A}$의 유사역행렬 $\boldsymbol{A}^+$는 다음의 네 가지 특성을 갖는다.
>
> $$\boldsymbol{A} = \boldsymbol{A}\boldsymbol{A}^+\boldsymbol{A} \qquad \boldsymbol{A}^+ = \boldsymbol{A}^+\boldsymbol{A}\boldsymbol{A}^+$$
>
> $$\boldsymbol{A}\boldsymbol{A}^+ = (\boldsymbol{A}\boldsymbol{A}^+)^T \qquad \boldsymbol{A}^+\boldsymbol{A} = (\boldsymbol{A}^+\boldsymbol{A})^T$$

MATLAB, Maple, Mathematica와 같은 수학 소프트웨어를 이용하면 랭크에 결핍이 있는 행렬의 유사역행렬을 찾을 수 있다. 예를 들어 다음의 5×3 행렬을 고려하자.

$$A = \begin{bmatrix} -85 & -55 & -115 \\ -35 & 97 & -167 \\ 79 & 56 & 102 \\ 63 & 57 & 69 \\ 45 & -8 & 97.5 \end{bmatrix} \tag{7}$$

한 허용값을 설정하고, 특이값 계산에서 그 크기가 허용값보다 작은 특이값은 0으로 처리한다. 이 행렬에 대해 펜로즈 특성을 입증할 수 있을 것이다([컴퓨터 연습문제 9.3.11]을 참조하라).

직교 행렬과 스펙트럼 정리

다음과 같은 관계식

$$\boldsymbol{Q}\boldsymbol{Q}^T = \boldsymbol{Q}^T\boldsymbol{Q} = \boldsymbol{I}$$

를 만족하는 행렬 $\boldsymbol{Q}$를 **직교 행렬**orthogonal matrix이라 부른다. 이 정의에 따르면 $\boldsymbol{Q}$는 정사각행렬이고 정칙행렬일 수밖에 없다. 게다가 다음이 성립한다.

$$\boldsymbol{Q}^{-1} = \boldsymbol{Q}^T$$

이 개념들을 이용하여 선형 대수학의 핵심 정리 중 하나를 기술할 수 있다. 바로 대칭행렬에 대한 스펙트럼 정리이다.

> **4 정리 대칭행렬에 대한 스펙트럼 정리**
>
> $\boldsymbol{A}$가 실수로 이루어진 대칭행렬이면, $\boldsymbol{Q}^T\boldsymbol{A}\boldsymbol{Q}$가 대각행렬인 직교 행렬 $\boldsymbol{Q}$가 존재한다.

다음의 두 식은 서로 동치이다.

$$\boldsymbol{Q}^T\boldsymbol{A}\boldsymbol{Q} = \boldsymbol{D}$$
$$\boldsymbol{A}\boldsymbol{Q} = \boldsymbol{Q}\boldsymbol{D}$$

만약 $\boldsymbol{D}$가 대각행렬이면 $\boldsymbol{Q}$의 열 $\boldsymbol{v}_i$는 다음 식을 만족한다.

$$\boldsymbol{A}\boldsymbol{v}_i = d_{ii}\boldsymbol{v}_i$$

다른 말로 하자면, $\boldsymbol{Q}$의 열들은 $\boldsymbol{A}$의 고유벡터로 이루어진 정규 직교 시스템을 형성하고, $\boldsymbol{D}$의 대각 성분들은 $\boldsymbol{A}$의 고윳값이다.

9.3 요약

- $m > n$일 때, $(m+1)$개의 방정식이 있지만, 미지수는 $(n+1)$개에 불과한 다음의 **불완전한 시스템**을 풀고자 한다.

$$\sum_{j=0}^{n} a_{kj}x_j = b_k \qquad (0 \le k \le m)$$

잔차의 제곱의 합을 최소화함으로써 다음 식을 최소화한다.

$$\varphi(x_0, x_1, \cdots, x_n) = \sum_{k=0}^{m}\left(\sum_{j=0}^{n} a_{kj}x_j - b_k\right)^2$$

다음의 $(n+1)\times(n+1)$개의 **정규 방정식**으로 이루어진 시스템

$$\sum_{j=0}^{n}\left(\sum_{k=0}^{m} a_{ki}a_{kj}\right)x_j = \sum_{k=0}^{m} b_k a_{ki} \qquad (0 \le i \le n)$$

을 가우스 소거법으로 풀면 그 해는 최소 제곱법의 관점에서 원래 시스템의 가장 적합한 근사 해이다.

9.3 연습문제

01 $y = x^c$ 형태의 함수에 의해 데이터를 맞춤하는 최소 제곱 문제를 분석하라.

02 적분 $\int_0^1 \left[\sum_{j=0}^{n} c_j x^j - f(x)\right]^2 dx$를 최소화할 때, 정규 방정식에 **힐베르트 행렬**([컴퓨터 연습문제 2.2.4])이 등장한다는 것을 보여라.

03 다음의 표를 가장 잘 맞춤하는 $y = e^{cx}$ 형태의 함수를 찾아라.

x	0	1
y	$\frac{1}{2}$	1

04 앞의 문제를 다음 표에 대해 반복하라.

x	0	1
y	a	b

05 앞의 문제를 b가 음수라는 가정 하에서 반복하라.

06 $y = e^{cx}$를 점 $(1, -12)$와 $(2, 7.5)$에 맞춤하는 문제에 대한 정규 방정식이 두 개의 실근 $c = \ln 2$와 $c = 0$을 가짐을 보여라. 어떤 값이 이 맞춤 문제에서 옳은 값인가?

07 불완전한 시스템 (1)을 고려하자. 각 식은 상대적인 중요도 또는 신뢰도를 나타내는 양수 w_i와 관련이 있다고 가정한다. 식 (2)와 (3)은 이를 반영하기 위해 어떻게 수정되어야 하는가?

08 최소 제곱의 관점에서 다음의 불완전한 선형 연립방정식의 최선의 근사 해를 구하라.

$$\begin{cases} 2x + 3y = 1 \\ x - 4y = -9 \\ 2x - y = -1 \end{cases}$$

09 (a) 최소 제곱의 관점에서 봤을 때, 구간 $\left[0, \frac{\pi}{2}\right]$에서 cx가 함

수 $\sin x$에 대한 가장 좋은 근사가 되는 상수 c를 찾아라.

(b) $[0, 1]$에서 e^x에 대해서도 동일한 과정을 진행하라.

10 $(m+1)$개의 점이 표시된 표에 함수 $y=(c-x)^{-1}$을 맞춤하는 문제를 분석하라.

11 $\boldsymbol{Ax}=\boldsymbol{b}$의 최소 제곱 해에 대한 정규 방정식을 $(\boldsymbol{A}^T\boldsymbol{A})\boldsymbol{x}=\boldsymbol{A}^T\boldsymbol{b}$로 나타낼 수 있음을 보여라.

12 시스템 (5)로 주어진 정규 방정식을 유도하라.

13 $k=0, 1, \cdots, m$일 때, (x_k, y_k) 값들의 표는 한 실험을 통해 얻을 수 있다. 반로그semi-log 그래프 용지에 그 점들을 그릴 때, 이 점들이 거의 직선 형태로 놓이면 이는 $y \approx e^{ax+b}$임을 암시한다. 변수 a와 b를 얻기 위한 간단한 프로시저를 제시하라.

14 한 수치 표를 $a+bx^{-1}+cx^{-2}$ 형태의 함수에 맞춤할 때, 각 점들이 최대한 곡선 위에 놓이도록 노력했다고 하자. 그 결과 $0 \le k \le m$에서 $a+bx_k^{-1}+cx_k^{-2}=y_k$를 얻었다. 이와 동치인 식은 $0 \le k \le m$에 대해 $ax_k^2+bx_k+c=y_kx_k^2$이다. 이 연립방정식들에 대한 최소 제곱 문제는 동치인가?

15 (x_k, y_k) 점들의 표가 그려져 있는데 그 점들은 $y=(a+bx)^{-1}$ 형태의 쌍곡선 위에 놓여있는 것처럼 보인다. 최소 제곱의 선형 이론을 어떻게 사용해야 a와 b에 대한 좋은 추정값을 얻을 수 있을까?

16 $[0, \pi]$에서 $f(x)=e^{2x}$를 고려하자. 이 함수를 $p(x)=a+b\cos(x)+c\sin(x)$ 형태의 삼각 다항식으로 근사하고자 한다. f에 대한 p의 최소 제곱 맞춤을 결정하기 위해 풀어야 할 선형 시스템을 결정하라.

17 다음 표현이 최소가 되도록 하는 상수 c를 찾아라.

$$\int_0^1 (e^x - cx)^2 dx$$

18 모든 최소 제곱 행렬 문제에서 정규 방정식이 대칭 계수 행렬을 가짐을 보여라.

19 다음 단계들이 $\boldsymbol{Ax}=\boldsymbol{b}$의 최소 제곱 해를 생성함을 증명하라.

(a) $\boldsymbol{A}=\boldsymbol{QR}$로 분해하라. $\boldsymbol{Q}$와 $\boldsymbol{R}$은 본문에서 묘사한 성질들을 갖는다.

(b) $\boldsymbol{y}=\boldsymbol{Q}^T\boldsymbol{b}$를 정의한다.

(c) 하삼각 시스템 $\boldsymbol{Rx}=\boldsymbol{y}$를 푼다.

20 $0 \le i \le m$에 대해 실험 데이터 (x_i, y_i)의 표를 식 $y=c\sin x$로 표현하기 위해서는 어떤 c값을 사용해야 하는가? c에 대한 명시적이면서도 사용 가능한 식이 요구된다. 최소 제곱의 원리를 적용하라.

21 시스템 $\boldsymbol{Ax}=\boldsymbol{b}$의 최소 해를 이끌어내는 공식을 참조하라. $1 \le i \le r$에 대해 $\boldsymbol{y}$ 벡터가 식 $y_i=\sigma_i^{-2}\boldsymbol{b}^T\boldsymbol{A}\boldsymbol{v}_i$로 주어짐을 증명하라.

22 유사역행렬이 4가지의 펜로스 방정식을 만족함을 증명하라.

23 $a>0$일 때, 4가지 펜로스 특성을 사용하여 행렬 $[a, 0]^T$의 유사역행렬을 찾아라. 유사역행렬이 a에 관한 불연속 함수임을 보여라.

24 앞 문제에서 제시된 기법을 이용하여 '1'들만으로 이루어진 $m \times n$ 행렬의 유사역행렬을 구하라.

25 펜로스 방정식을 이용해 임의의 $1 \times n$ 행렬과 $m \times 1$ 행렬의 유사역행렬을 찾아라.

26 (선다형) $\boldsymbol{A}=\boldsymbol{PDQ}$라 하자. 여기서 $\boldsymbol{A}$는 $m \times n$ 행렬, $\boldsymbol{P}$는 $m \times m$ 유니터리 행렬, $\boldsymbol{D}$는 $m \times n$ 대각행렬, $\boldsymbol{Q}$는 $n \times n$ 유니터리 행렬이다. 이 가정으로부터 어떤 식을 추론할 수 있는가?

(a) $\boldsymbol{A}^*=\boldsymbol{P}^*\boldsymbol{D}^*\boldsymbol{Q}^*$

(b) $\boldsymbol{A}^{-1}=\boldsymbol{Q}^*\boldsymbol{D}^{-1}\boldsymbol{P}^*$

(c) $\boldsymbol{D}=\boldsymbol{PAQ}$

(d) $\boldsymbol{A}^*\boldsymbol{A}=\boldsymbol{Q}^*\boldsymbol{D}^*\boldsymbol{DQ}$

(e) 이 중 어느 것도 아니다.

27 (선다형) 앞 문제의 가설들이 옳다고 가정하자. 기호 $^+$는 유사역행렬을 나타낸다. 옳은 식은 무엇인가?

(a) $\boldsymbol{A}^+=\boldsymbol{PD}^+\boldsymbol{Q}$

(b) $\boldsymbol{A}^*=\boldsymbol{Q}^*\boldsymbol{D}^{-1}\boldsymbol{P}^*$

(c) $\boldsymbol{A}^+=\boldsymbol{Q}^*\boldsymbol{D}^+\boldsymbol{P}^*$

(d) $\boldsymbol{A}^{-1}=\boldsymbol{Q}^*\boldsymbol{D}^+\boldsymbol{P}^*$

(e) 이 중 어느 것도 아니다.

28 (선다형) $\boldsymbol{D}$를 대각선 성분이 $p_1, p_2, \cdots, p_r, 0, 0, \cdots, 0$인 $m \times n$ 대각행렬이라 하자. 여기서 $1 \le i \le r$에 대해서 모든 수 p_i는 양수이다. 어떤 주장이 타당하지 않은가?

(a) $\boldsymbol{D}^+$는 대각선 성분이 $\left(\frac{1}{p_1}, \frac{1}{p_2}, \cdots, \frac{1}{p_r}, 0, 0, \cdots, 0\right)$인 $m \times n$ 대각행렬이다.

(b) $\boldsymbol{D}^+$는 대각선 성분이 $\left(\frac{1}{p_1}, \frac{1}{p_2}, \cdots, \frac{1}{p_r}, 0, 0, \cdots, 0\right)$인 $n \times m$ 대각행렬이다.

(c) $(\boldsymbol{D}^+)^*=(\boldsymbol{D}^*)^+$

(d) $\boldsymbol{D}^{++}=\boldsymbol{D}$

(e) 이 중 어느 것도 아니다.

29 (**선다형**) 불완전한 시스템 $\boldsymbol{Ax}=\boldsymbol{b}$를 고려하자. $\boldsymbol{U}$를 유니터리 행렬이라 하고, $\boldsymbol{E}=\boldsymbol{U}^*\boldsymbol{A}$라 하자. $\boldsymbol{v},\boldsymbol{w},\boldsymbol{z}$를 각각 $\boldsymbol{Uv}=\boldsymbol{Eb}$, $\boldsymbol{Uw}=\boldsymbol{E}^*\boldsymbol{b}$, $\boldsymbol{Ey}=\boldsymbol{U}^*\boldsymbol{b}$, $\boldsymbol{Ex}=\boldsymbol{Ub}$를 만족하는 벡터라 하자. 원래 시스템 $\boldsymbol{Ax}=\boldsymbol{b}$에 대한 최소 제곱 문제를 푸는 벡터는 어느 것인가?

(a) $\boldsymbol{v}$ (b) $\boldsymbol{w}$

(c) $\boldsymbol{y}$ (d) $\boldsymbol{z}$

(e) 이 중 어느 것도 아니다.

9.3 컴퓨터 연습문제

01 본문에서 제안한 방법을 사용하여 다음 표의 데이터를 함수 $y=a\sin bx$에 맞춤하라.

x	0.1	0.2	0.3	0.4
y	0.6	1.1	1.6	1.8

x	0.5	0.6	0.7	0.8
y	2.0	1.9	1.7	1.3

02 (**프로니의 방법**Prony's method, $n=1$) 함수 $y=ab^x$에 다음 형태의 표를 맞춤하기 위한 과정을 다음과 같이 진행해 보자. y가 실제로 ab^x라면 $k=1,2,\cdots,m-1$에 대해 $y_k=ab^k$이고 $y_{k+1}=by_k$이다. 따라서 최소 제곱법을 이용하여 이 연립방정식을 풀어서 b를 결정할 수 있다. b를 찾으면 최소 제곱의 관점에서 식 $y_k=ab^k$를 풀어서 a를 찾는다. 이 프로시저를 수행하는 프로그램을 작성하고 인위적인 예제에 이 프로그램을 테스트하라.

x	1	2	$\cdots$	m
y	y_1	y_2	$\cdots$	y_m

03 앞 컴퓨터 문제의 프로시저를 균일한 간격으로 놓인 모든 경우의 점들도 다룰 수 있도록 수정하라.

04 다음과 같은 $f(x)\approx\dfrac{a+bx}{1+cx}$ 형태의 함수를 맞춤하는 빠른 방법 중 하나는 $(1+cx)f(x)\approx a+bx$ 문제에 최소 제곱법을 적용하는 것이다. 이 기법을 이용하여 다음에 주어진 **세계 인구** 데이터를 맞춤하라(단위는 백만이다). 세계 인구가 무한이 되는 때가 언제인지 결정하라!

연도	인구	연도	인구
1000	0.340	1970	3.65
1650	0.545	1980	4.20
1800	0.907	1990	5.30
1900	1.61	2000	6.12
1950	2.56	2010	6.98
1960	3.15		

05 (**학생 연구 프로젝트**) 최소 제곱법이 예측에 사용되어야 하는지에 관한 질문을 연구하라. 예를 들면 분산을 연구하여 앞 문제에서 어떤 차수의 다항식이 만족스러운지를 결정하라.

06 $(m+1)\times(n+1)$ 행렬 $\boldsymbol{A}$와 $(m+1)$ 벡터 $\boldsymbol{b}$를 입력값으로 하고, 시스템 $\boldsymbol{Ax}=\boldsymbol{b}$의 최소 제곱 해를 출력물로 하는 프로시저를 작성하라.

07 임의의 연립방정식 $\boldsymbol{Ax}=\boldsymbol{b}$의 최소 해를 찾는 Maple 프로그램을 작성하라.

08 앞 문제에서의 작업을 위한 MATLAB 프로그램을 작성하라.

09 불완전한 선형 시스템 $\boldsymbol{Ax}=\boldsymbol{b}$를 푸는 몇몇 새로운 방법을 조사하라. 여기서 $\boldsymbol{Ax}$가 $\boldsymbol{b}$와 얼마나 가까운지를 알려주는 평가 기준은 여러 유용한 노름 중 하나, 예를 들면 최대 노름 $\|x\|_\infty=\max_{1\le i\le n}|x_i|$나 ℓ_1 노름 $\|x\|_1=\sum_{i=1}^{n}|x_i|$이다. 사용 가능한 소프트웨어를 사용하라.

10 MATLAB, Maple, Mathematica와 같은 수학 소프트웨어를 사용해서 난수 발생기로 3개의 미지수와 20개의 식으로 이루어진 시스템을 생성하라. 유사역행렬을 형성하고, 정리 2의 성질들을 증명하라.

11 행렬 (7)을 사용하여 앞 문제를 반복하라.

12 체비셰프 다항식을 사용하여 최소 제곱 곡선 맞춤을 수행하는 컴퓨터 프로그램을 작성하라. 적절한 데이터 집합에 코드를 테스트하고 그 결과를 그래프로 그려라.

9.4 푸리에 급수

도입

푸리에Jean Baptiste Joseph Fourier, 1763-1830에 의해서 소개된 푸리에 급수는 주기 함수를 사인 및 코사인의 선형 결합으로 분해한다.[3] 푸리에 급수가 소개된 이후 이 아이디어는 **푸리에 해석**Fourier analysis이라고 알려진 연구의 전 영역으로 확장되었다. 푸리에 해석은 음향학, 광학, 진동, 양자역학, 신호 처리 및 그 외 많은 분야에 적용되고 있다.

3 1798년에 조셉 푸리에는 프랑스의 이집트 원정 기간 중 나폴레옹의 과학 고문이었다.

최소 제곱 근사

우선 연속함수 f(이때 이 연속함수는 삼각함수 공간에서 구간 $[-\pi, \pi]$ ($T[-\pi, \pi]$라 표기)에서의 주기 함수이다)의 최소 제곱 근사를 규정하고, 그 근사가 다음의 직교 집합

$$W=\{1, \cos x, \sin x, \cos 2x, \sin 2x, \cdots, \cos Nx, \sin Nx\}$$

에 의해 선형 결합으로 표현될 수 있음을 보여야 한다. 이때 N은 양의 정수이다. 이 공간은 기하학적으로 **내적**inner product을 이용하여 정의된다.

$$\langle f, g\rangle=\int_{-\pi}^{\pi} f(x)g(x)dx \tag{1}$$

내적

구간 $[-\pi, \pi]$에서의 임의의 연속함수는 집합 W의 원소들의 선형 결합으로 근사할 수 있는데, 되도록이면 충분히 큰 N값이 필요하다. 이 절 전체에서 n, m, j, k, N 등은 모두 정수이다.

W의 벡터들은 서로 직교이고 $n \neq 0$인 정수에 대해

$$\|1\|_2^2=\langle 1, 1\rangle=2\pi$$
$$\|\cos nx\|_2^2=\langle \cos nx, \cos nx\rangle=\pi$$
$$\|\sin nx\|_2^2=\langle \sin nx, \sin nx\rangle=\pi$$

이다([예제 1] 참조). 또한 정규 직교 기저는 다음과 같다.

$$\begin{aligned}U&=\{g_0, g_1, g_2, \cdots, g_{2N-1}, g_{2N}\}\\ &=\left\{\frac{1}{\sqrt{2\pi}}, \frac{1}{\sqrt{\pi}}\cos x, \frac{1}{\sqrt{\pi}}\sin x, \frac{1}{\sqrt{\pi}}\cos 2x, \frac{1}{\sqrt{\pi}}\sin 2x,\right.\\ &\qquad \left.\cdots, \frac{1}{\sqrt{\pi}}\cos Nx, \frac{1}{\sqrt{\pi}}\sin Nx\right\}\end{aligned}$$

정규 직교 기저

U와 다음 식

$$\begin{aligned}g(x)=\mathrm{Proj}_T f&=\langle f, g_0\rangle g_0+\langle f, g_1\rangle g_1+\langle f, g_2\rangle g_2+\\ &\cdots+\langle f, g_{2N-1}\rangle g_{2N-1}+\langle f, g_{2N}\rangle g_{2N}\end{aligned}$$

을 사용하여 일반적인 형태로 f에 관한 g의 최소 제곱 근사를 찾는다.

$$g(x)=\left\langle f, \frac{1}{\sqrt{2\pi}}\right\rangle\frac{1}{\sqrt{2\pi}}+\left\langle f, \frac{1}{\sqrt{\pi}}\cos x\right\rangle\frac{1}{\sqrt{\pi}}\cos x+\left\langle f, \frac{1}{\sqrt{\pi}}\sin x\right\rangle\frac{1}{\sqrt{\pi}}\sin x$$
$$+\cdots+\left\langle f, \frac{1}{\sqrt{\pi}}\cos Nx\right\rangle\frac{1}{\sqrt{\pi}}\cos Nx+\left\langle f, \frac{1}{\sqrt{\pi}}\sin Nx\right\rangle\frac{1}{\sqrt{\pi}}\sin Nx$$

다음과 같은 편리한 표기법을 소개한다.

$$\frac{1}{2}a_0=\left\langle f, \frac{1}{\sqrt{2\pi}}\right\rangle\frac{1}{\sqrt{2\pi}}=\frac{1}{2\pi}\int_{-\pi}^{\pi}f(x)dx$$
$$a_n=\left\langle f, \frac{1}{\sqrt{\pi}}\cos nx\right\rangle\frac{1}{\sqrt{\pi}}=\frac{1}{\pi}\int_{-\pi}^{\pi}f(x)\cos nx\,dx \quad (1\le n\le N)$$
$$b_n=\left\langle f, \frac{1}{\sqrt{\pi}}\sin nx\right\rangle\frac{1}{\sqrt{\pi}}=\frac{1}{\pi}\int_{-\pi}^{\pi}f(x)\sin nx\,dx \quad (1\le n\le N)$$

계수 a_0, a_n, b_n

직교 성질들

다음의 삼각 공식들은 특히 푸리에 급수에서 유용한 식들이다. 이 공식들이 사인과 코사인의 곱을 합으로 표현하기 때문이다.

$$\cos mx\cos nx=\frac{1}{2}[\cos[(m+n)x]+\cos[(m-n)x]]$$
$$\sin mx\sin nx=\frac{1}{2}[\cos[(m-n)x]-\cos[(m+n)x]]$$
$$\sin mx\cos nx=\frac{1}{2}[\sin[(m-n)x]+\sin[(m+n)x]]$$

삼각 공식

다음의 **직교 성질**orthogonality property을 확인하자.

$$\langle\cos mx, \cos nx\rangle=\pi\delta_{mn}=\begin{cases}0, & (m\ne n)\\ \pi, & (m=n\ne 0)\end{cases}$$
$$\langle\sin mx, \sin nx\rangle=\pi\delta_{mn}=\begin{cases}0, & (m\ne n)\\ \pi, & (m=n\ne 0)\end{cases}$$
$$\langle\cos mx, \sin nx\rangle=0$$

직교 성질

여기서 δ_{mn}은 **크로네커 델타**Kronecker delta이다. 이 성질들은 W가 직교 집합이고 U가 정규직교 집합임을 입증하는 데 사용될 수 있다.

예제 1 $m\ne n$일 때, 위의 두 번째 성질을 입증하라(나머지는 연습문제로 남겨둔다).

풀이

$$\langle\sin mx, \sin nx\rangle=\int_{-\pi}^{\pi}\sin mx\sin nx\,dx$$
$$=\frac{1}{2}\int_{-\pi}^{\pi}[\cos[(m-n)x]-\cos[(m+n)x]]\,dx$$
$$=\frac{1}{2}\left[\frac{1}{m-n}\sin[(m-n)x]-\frac{1}{m+n}\sin[(m+n)x]\right]_{-\pi}^{\pi}=0$$

표준 적분

푸리에 급수의 계산은 정수 $m \neq 0$, $n \neq 0$에 대해 아래의 표준 적분 공식들에 바탕을 두고 있다.

$$\int_{-\pi}^{\pi} \cos mx\, dx = 0$$

적분 공식

$$\int_{-\pi}^{\pi} \sin mx\, dx = 0$$

$$\int_{-\pi}^{\pi} \sin mx \cos nx\, dx = 0$$

$$\int_{-\pi}^{\pi} \cos mx \cos nx\, dx = \pi\delta_{mn} = \begin{cases} 0, & m \neq n \\ \pi, & m = n \end{cases}$$

$$\int_{-\pi}^{\pi} \sin mx \sin nx\, dx = \pi\delta_{mn} = \begin{cases} 0, & m \neq n \\ \pi, & m = n \end{cases}$$

다른 유용한 표준 적분 공식들은 다음과 같다.

$$\int x\cos mx dx = \frac{1}{m}x\sin mx + \frac{1}{m^2}\cos mx + C \qquad (2)$$

유용한 적분

$$\int x\sin mx dx = -\frac{1}{m}x\cos mx + \frac{1}{m^2}\sin mx + C \qquad (3)$$

이 식들은 **부분 적분**integration by parts을 통해 얻을 수 있다.

$$\int u\, dv = uv - \int v\, du$$

부분 적분

예를 들어 식 (2)에서 $u = x$, $dv = \cos mx\, dx$로 둘 수 있다.

삼각 다항식

다음과 같은 형태의 N차 **삼각 다항식**trigonometric polynomial을 고려해 보자.

$$\begin{aligned} p_N(x) &= \frac{1}{2}a_0 + a_1\cos x + b_1\sin x + \cdots + a_N\cos Nx + b_N\sin Nx \\ &= \frac{1}{2}a_0 + \sum_{n=1}^{N}[a_n\cos nx + b_n\sin nx] \end{aligned} \qquad (4)$$

여기서 $a_N \neq 0$ 또는 $b_N \neq 0$이다. 함수를 멱급수가 아닌 삼각급수로 표현하는 게 때로는 더 편리할 수 있다. 예를 들어 일부 자연현상은 주기 함수로 표현하는 게 합리적이다. 함수 f의 테일러 급수가 다음과 같이 **N차 다항식 근사**N-th degree polynomial approximation로 표현될 수 있음을 상기하자.

$$f(x) \approx \sum_{n=1}^{N} c_n (x-c)^k$$

여기서 $c_n = f^{(n)}(c)/n!$이다. 푸리에 급수일 때 급수의 계수는 f의 미분 대신 f의 적분을 통해 찾을 수 있다.

집합 W의 원소들이 퍼져있는spanned 구간 $[-\pi, \pi]$에서 연속함수의 부분공간을 고려해 보자. W에서의 함수들에 의한 f의 가장 좋은 근사는 $[-\pi, \pi]$에서 f의 **N차 푸리에 근사**N-th order Fourier approximation이다. 이는 W로의 직교 투영orthogonal projection에 의해 얻어진다. 이는 이 집합의 함수들이 직교하기 때문이다. 직교 투영의 일반적인 식은 다음과 같다.

$$a_n = \frac{\langle f, \cos nx \rangle}{\langle \cos nx, \cos nx \rangle} \quad (n \geq 0)$$

$$b_n = \frac{\langle f, \sin nx \rangle}{\langle \sin nx, \sin nx \rangle} \quad (n \geq 1)$$

$\langle \sin nx, \sin nx \rangle = \pi$와 $\langle \cos nx, \cos nx \rangle = \pi$, 내적 식 (1)을 이용하면 다음을 얻을 수 있다.

$$a_n = \frac{1}{\pi}\int_{-\pi}^{\pi} f(x)\cos nx\, dx \quad (n \geq 0)$$

푸리에 계수

$$b_n = \frac{1}{\pi}\int_{-\pi}^{\pi} f(x)\sin nx\, dx \quad (n \geq 1)$$

상수 함수 $f(x) = 1$과 직교 투영을 통해 a_0를 확인할 수 있다.

$$\frac{\langle f, 1 \rangle}{\langle 1, 1 \rangle} = \left[\int_{-\pi}^{\pi} f(x) \cdot 1dx\right] \Big/ \left[\int_{-\pi}^{\pi} 1 \cdot 1dx\right] = \frac{1}{2\pi}\int_{-\pi}^{\pi} f(x)dx = \frac{1}{2}a_0$$

a_0를 풀면 다음을 얻을 수 있다.

$$a_0 = \frac{1}{\pi}\int_{-\pi}^{\pi} f(x)dx$$

명백히 a_n에 대한 식은 $n = 0$일 때 성립한다. 이는 $\cos 0 = 1$이기 때문이다. 종종 명확히 하기 위해 a_0에 대한 식을 a_n에 대한 식에서 분리해서 쓰기도 한다.

푸리에 계수 Fourier coefficients a_0, a_n, b_n을 사용한 $f(x)$의 **N차 푸리에 근사**는 식 (4)의 합으로 나타낼 수 있다. N이 커질수록 $\|f - p_N\|$이 더 작아지기 때문에 푸리에 근사는 점점 더 좋아진다. 이때 $\|f - p_N\|$을 근사에서의 **평균 제곱 오차**means square error라고 한다. 구간 $[-\pi, \pi]$에서의 f의 **푸리에 급수**Fourier series는 다음과 같이 무한 합으로 표현할 수 있다.

$$f(x) = \frac{1}{2}a_0 + \sum_{n=1}^{\infty}[a_n \cos nx + b_n \sin nx] \qquad (5)$$

f의 푸리에 급수

푸리에 급수가 **조각별로 연속인 함수**piecewise continuous function(즉 $f(x)$가 유한개의 이동 가능한 또는 도약하는 불연속적인 점들을 제외하고 연속)와 같이 좀 더 넓은 범위의 함수에 대해서도 성립한다는 것을 입증할 수 있다. 다음은 연속함수 및 조각별 연속함수에 대한 푸리에 급수의 일반적인 정리이다.

> **1 정리 푸리에 수렴 정리**
> f가 $[-\pi, \pi]$에서 주기가 2π인 연속적인 주기 함수이거나 f와 f'이 조각별로 연속일 경우에 푸리에 급수 (5)가 수렴한다. f가 연속일 때 푸리에 급수의 합은 모든 수 c에서의 $f(c)$와 같다. f가 점 c에서 불연속일 때 푸리에 급수의 합은 좌극한과 우극한의 평균이다. 즉 $f(c^+)=\lim_{x\to c^+} f(x)$, $f(c^-)=\lim_{x\to c^-} f(x)$일 때, 푸리에 급수의 합은 $\frac{1}{2}[f(c^+)+f(c^-)]$이다.

디리클레 조건 Dirichlet condition은 실변수 주기 함수 $f(x)$가 연속인 점에서는 푸리에 급수와 같고, 불연속인 점에서는 앞서 설명한 바대로 푸리에 급수의 거동을 보일 충분조건이다. **깁스 현상**Gibbs phenomenon은 단순한 불연속에서 푸리에 급수 근사의 비정상적인 행동을 묘사한다. 비록 도약 근처에서 큰 진동이 있을 수 있더라도 이 오버슛overshoot(**울림**ringing)은 진동수가 증가함에 따라 사라지지는 않아도 유한한 극한 값에 접근한다.

요약하면 $[-\pi, \pi]$에서 주기적인 연속함수 $f(x)$의 푸리에 급수는 다음과 같다.

$$f(x)=\frac{1}{2}a_0+\sum_{n=1}^{\infty}[a_n\cos nx+b_n\sin nx] \tag{6}$$

f의 푸리에 급수

이때 푸리에 계수는 다음과 같다.

$$a_0=\frac{1}{\pi}\int_{-\pi}^{\pi}f(x)dx \tag{7}$$

푸리에 계수

$$a_n=\frac{1}{\pi}\int_{-\pi}^{\pi}f(x)\cos nx dx \quad (n\geq 1) \tag{8}$$

$$b_n=\frac{1}{\pi}\int_{-\pi}^{\pi}f(x)\sin nx dx \quad (n\geq 1) \tag{9}$$

만약 f가 x에서 연속이면 푸리에 급수 (6)은 $f(x)$에 수렴하고, 등호 $=$가 사용된다. 반면에 f가 x에서 불연속이면 푸리에 급수 (6)은 $f(x)$에 수렴하지 않을 수 있으며, 근사 기호 $\approx$가 사용된다. 후자일 때 푸리에 급수는 **도약의 중점**midpoint of the jump으로 수렴한다.

코사인 급수와 사인 급수

함수 $f(x)$가 수직축이나 원점에 대해 대칭일 때 이러한 대칭성은 푸리에 계수와 급수를 찾기 위한 계산량을 줄이는 데 사용될 수 있다.

짝함수even function $f_e(x)$는 수직축($x=0$)에 대해 대칭이고 다음을 만족한다.

$$f_e(-x)=f_e(x) \tag{10}$$

짝함수

홀함수odd function $f_o(z)$는 원점에 대해서 대칭이고, 다음을 만족한다.

$$f_o(-x)=-f_o(x) \tag{11}$$

홀함수

이러한 특성에 기초하여 다음과 같은 결과를 얻을 수 있다.

만약 $f_e(x)$가 **짝함수**라면 $f_e(x)\sin nx$는 홀함수이고, 푸리에 계수 b_n은

$$b_n = 0 \quad (n \geq 1)$$

이다. 따라서 다음과 같은 **코사인 급수**cosine series를 얻을 수 있다.

$$f_e(x) = \frac{1}{2}a_0 + \sum_{n=1}^{\infty} a_n \cos nx \tag{12}$$

코사인 급수

여기서 계수는 다음과 같다.

$$a_0 = \frac{2}{\pi}\int_0^{\pi} f_e(x)\,dx$$

$$a_n = \frac{2}{\pi}\int_0^{\pi} f_e(x)\cos nx\,dx \quad (n \geq 1)$$

만약 $f_o(x)$가 **홀함수**라면 $f_o(x)\cos nx$는 홀함수이고, 푸리에 계수 a_n은

$$a_n = 0 \quad (n \geq 0)$$

이다. 따라서 **사인 급수**sine series는 다음과 같다.

$$f_o(x) = \sum_{n=1}^{\infty} b_n \sin nx \tag{13}$$

사인 급수

여기서 계수는 다음과 같다.

$$b_n = \frac{2}{\pi}\int_0^{\pi} f_o(x)\sin nx\,dx \quad (n \geq 1)$$

$[-\pi, \pi]$에서의 톱니파 함수

예제 2 다음의 주기적인 톱니파 함수sawtooth wave function**에 대한 푸리에 급수의 N차 다항식 근사를 결정하라.**

$$f(x) = x \text{ 이고, } (-\pi, \pi) \text{ 에서 } f(-\pi) = 0 = f(\pi) \text{ 이다.}$$

$[-\pi, \pi]$에서의 톱니파 함수

풀이

$f(x) = x$는 $(-\pi, \pi)$에서 홀함수이므로 즉시 다음을 얻을 수 있다.

$$a_n = 0 \quad (n \geq 0)$$

a_0의 계수에 대해 이를 확인해 보자.

$$a_0 = \frac{1}{\pi}\int_{-\pi}^{\pi} x\,dx = \frac{1}{\pi}\left.\frac{x^2}{2}\right|_{-\pi}^{\pi} = 0$$

따라서 결과적으로 b_n 계수만 결정하면 된다.

$$
\begin{aligned}
b_n &= \frac{1}{\pi}\int_{-\pi}^{\pi} x\sin nx dx = \frac{2}{\pi}\int_{0}^{\pi} x\sin nx dx \\
&= \frac{2}{\pi}\left[-\frac{1}{n}x\cos nx + \frac{1}{n^2}\sin nx\right]_0^{\pi} \\
&= -\frac{2}{n}\cos n\pi + \frac{2}{\pi n^2}\sin n\pi \\
&= 2(-1)^{n+1}\frac{1}{n} \qquad (n \geq 1)
\end{aligned}
$$

여기서 적분 식 (3)을 사용했을 뿐만 아니라 $\cos n\pi = (-1)^n$, $\sin n\pi = 0$을 사용했다. 따라서 다음이 성립한다.

$$f(x) \approx p_N(x) = 2\sum_{n=1}^{N}(-1)^{n+1}\frac{1}{n}\sin nx \tag{14}$$

좀 더 자세하게 나타내면 다음과 같다.

$$p_N(x) = 2\left[\sin x - \frac{1}{2}\sin 2x + \frac{1}{3}\sin 3x - \frac{1}{4}\sin 4x + \cdots + (-1)^{N+1}\frac{1}{N}\sin Nx\right]$$

톱니파 다항식 p_N

홀함수에 대해 기대한 바대로 이는 사인 급수이다. 또한, 모든 정수 n에 대해서 $f(0)=0$이고 $f(n\pi)=0$이다. 따라서 불연속 점 $x=n\pi$에서 푸리에 급수는 0에 수렴하는데 이는 도약jump[4]의 중점이다. [그림 9.6]을 참조하자.

4 (옮긴이) 여기서 도약이란 함수 값이 급격하게 변하는 점을 의미한다.

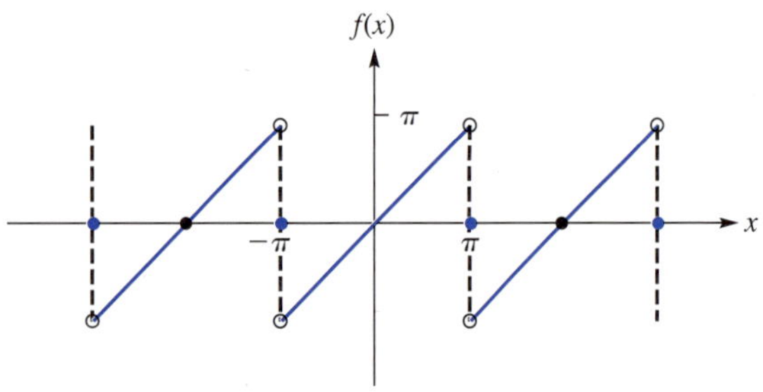

[그림 9.6] $[-\pi, \pi]$에서의 톱니파 함수

무한 푸리에 급수

$[-\pi, \pi]$에서 연속 주기 함수 $f(x)$가 식 (6)과 같이 수렴하는 무한한 사인 및 코사인 급수로 표현된다고 가정하자. 계수 a_0, a_n, b_n의 식은 각각 식 (7)~(9)에서 주어진 식과 같음을 알 수 있다.

여기서 구간 $[-\pi, \pi]$에서 연속인 함수 f에 대해 사인 및 코사인의 무한삼각급수가 존재하고, 각 항별로 적분이 가능하다고 가정하자.

$$
\begin{aligned}
\int_{-\pi}^{\pi} f(x)dx &= \frac{1}{2}\int_{-\pi}^{\pi} a_0 dx + \int_{-\pi}^{\pi}\sum_{n=1}^{\infty}\left[a_n\cos nx + b_n\sin nx\right]dx \\
&= \frac{1}{2}(2\pi)a_0 + \sum_{n=1}^{\infty}a_n\int_{-\pi}^{\pi}\cos nx dx + \sum_{n=1}^{\infty}b_n\int_{-\pi}^{\pi}\sin nx dx
\end{aligned}
$$

표준 적분 식들을 사용하면 위의 두 적분은 0의 값을 가지며 a_0에 대한 식 (7)을 얻는다. $f(x)$의 무한 합 (6)에 $\cos nx$를 곱하고 각 항별로 적분하면 a_n에 대한 식 (8)을 얻을 수 있다. 비슷하게 b_n의 식 (9)를 결정할 수 있다. a_n과 b_n을 확인하는 작업은 연습문제로 남겨둔다.

$[-P/2, P/2]$에서 주기적인 함수

변수 변환 $x_{\text{new}} = [P/2\pi]x_{\text{old}}$을 통해 구간을 $[-\pi, \pi]$에서 $[-P/2, P/2]$로 변환할 수 있다. 결론적으로 $[-P/2, P/2]$에서 주기 P의 주기 함수 $f(x)$에 대해 다음과 같은 푸리에 급수를 나타낼 수 있다.

$$f(x) = \frac{1}{2}a_0 + \sum_{n=1}^{\infty}\left[a_n\cos\left(\frac{2\pi n}{P}x\right) + b_n\sin\left(\frac{2\pi n}{P}x\right)\right] \tag{15}$$

여기서 계수들은 다음과 같다.

$$a_0 = \frac{2}{P}\int_{-P/2}^{P/2} f(x)\,dx$$

$$a_n = \frac{2}{P}\int_{-P/2}^{P/2} f(x)\cos\left(\frac{2\pi n}{P}x\right)dx \qquad (n \geq 1)$$

$$b_n = \frac{2}{P}\int_{-P/2}^{P/2} f(x)\sin\left(\frac{2\pi n}{P}x\right)dx \qquad (n \geq 1)$$

명백히 $P = 2\pi$는 특수한 경우인 $[-\pi, \pi]$가 되며, 이때의 푸리에 급수는 식 (6)~(9)로 주어진다.

$[-L, L]$에서 주기적인 함수

다음으로 주기가 $P = 2L$이고, $[-L, L]$에서 정의된 함수에 대한 푸리에 급수를 다음과 같이 구할 수 있다.

$$f(x) = \frac{1}{2}a_0 + \sum_{n=1}^{\infty}\left[a_n\cos\left(\frac{\pi n}{L}x\right) + b_n\sin\left(\frac{\pi n}{L}x\right)\right] \tag{16}$$

여기서 계수들은 다음과 같다.

$$a_0 = \frac{1}{L}\int_{-L}^{L} f(x)\,dx$$

$$a_n = \frac{1}{L}\int_{-L}^{L} f(x)\cos\left(\frac{\pi n}{L}x\right)dx \qquad (n \geq 1)$$

$$b_n = \frac{1}{L}\int_{-L}^{L} f(x)\sin\left(\frac{\pi n}{L}x\right)dx \qquad (n \geq 1)$$

다시 한번 $L = \pi$는 $[-\pi, \pi]$인 특수한 경우이다.

[0, 2*L*]에서 주기적인 함수

비슷하게 주기가 $P=2L$이고, $[0, 2L]$에서 정의된 주기 함수에 대해 푸리에 급수는 다음과 같다.

$$f(x)=\frac{1}{2}a_0+\sum_{n=1}^{\infty}\left[a_n\cos\left(\frac{\pi n}{L}x\right)+b_n\sin\left(\frac{\pi n}{L}x\right)\right] \tag{17}$$

여기서 계수들은 다음과 같다.

$$a_0=\frac{1}{L}\int_0^{2L}f(x)\,dx$$
$$a_n=\frac{1}{L}\int_0^{2L}f(x)\cos\left(\frac{n\pi}{L}x\right)dx \quad (n\geq 1)$$
$$b_n=\frac{1}{L}\int_0^{2L}f(x)\sin\left(\frac{n\pi}{L}x\right)dx \quad (n\geq 1)$$

명백히 $[0, 2\pi]$는 $L=\pi$인 특수한 경우이다. 게다가 임의의 범위 $[x_0, x_0+2L]$은 주기가 $P=2L$인 주기 함수인 경우로 사용될 수 있다.

푸리에 급수와 음악

푸리에 급수는 악기의 소리를 분석하거나 다른 소리와 합성할 때 사용될 수 있다. 파면wavefront 사이의 차이는 다음과 같은 푸리에 급수로 표현될 수 있다.

$$p_N(x)=a_0+\sum_{n=1}^{N}\left[a_n\cos\left(\frac{\pi}{L}x\right)+b_n\sin\left(\frac{\pi}{L}x\right)\right]$$

소리는 순수한 단음simple sound들의 합으로 표현될 수 있기 때문에 두 악기 간의 차이는 이러한 각각의 파면으로부터의 푸리에 계수의 상대적인 크기에서 기인할 수 있다. 푸리에 급수에서의 N번째 항은 p_N의 **N번째 조화**harmonic라고 불린다. 이때 **진폭**amplitude은 $A_N=\sqrt{a_N^2+b_N^2}$이고, 그 **에너지**energy는 A_N^2이다.

[0, 2*L*]에서의 톱니파 함수

예제 3 **다음 톱니파 함수의 N차 푸리에 급수 근사를 찾고, 함수 f뿐 아니라 푸리에 급수 근사의 그래프를 그려라.**

$$(0, 2L)\text{에서 } f(x)=\frac{1}{2L}x\text{이고, } f(0)=\frac{1}{2}=f(2L)$$

[0, 2*L*]에서의 톱니파 함수

풀이

톱니파는 톱날의 이빨과 닮았다. 이 파면은 바이올린, 첼로와 같은 현악기를 합성할 때 제일 좋은 파면이다.

예를 들어 왼쪽 끝은 고정되어 있고, 오른쪽 끝에서 잡아당기고 있는 길이 $2L$의 줄을 고려하고, 우선 다음을 계산한다.

$$a_0 = \frac{1}{L}\int_0^{2L}\frac{x}{2L}dx$$
$$= \frac{1}{4L^2}x^2\Big|_0^{2L} = 1$$

다음으로 a_n을 계산한다.

$$a_n = \frac{1}{L}\int_0^{2L}\frac{1}{2L}x\cos\left(\frac{n\pi}{L}x\right)dx$$
$$= \frac{1}{2L^2}\left[\frac{L}{n\pi}x\sin\left(\frac{n\pi}{L}x\right) + \frac{L^2}{n^2\pi^2}\cos\left(\frac{n\pi}{L}x\right)\right]_0^{2L}$$
$$= \frac{1}{2L^2}\left[\frac{2L^2}{n\pi}\sin 2n\pi + \frac{L^2}{n^2\pi^2}\cos 2n\pi - \frac{L^2}{n^2\pi^2}\right] = 0 \quad (n \geq 1)$$

여기서 부분적분 식 (2)와 $\sin 2n\pi = 0$, $\cos 2n\pi = -1$을 적용했다. 마지막으로 다음을 얻는다.

$$b_n = \frac{1}{L}\int_0^{2L}\frac{1}{2L}x\sin\left(\frac{n\pi}{L}x\right)dx = \frac{1}{2L^2}\left[-\frac{L}{n\pi}x\cos\left(\frac{n\pi}{L}x\right) + \frac{L^2}{n^2\pi^2}\sin\left(\frac{n\pi}{L}x\right)\right]_0^{2L}$$
$$= \frac{1}{2L^2}\left[-\frac{2L^2}{n\pi}\cos 2n\pi + \frac{L}{n^2\pi^2}\sin 2n\pi\right]$$
$$= -\frac{1}{n\pi} \quad (n \geq 1)$$

여기서는 적분 식 (3)과 $\cos 2n\pi = 1$, $\sin 2n\pi = 0$을 적용했다.

톱니 함수 f의 N차 푸리에 급수 근사는 다음과 같다.

$$f(x) \approx p_N(x) = \frac{1}{2} - \frac{1}{\pi}\sum_{n=1}^{N}\frac{1}{n}\sin\left(\frac{n\pi}{L}x\right) \tag{18}$$

$L = \pi$일 때, $[0, 2\pi]$에서의 근사는 다음과 같다.

$$p_N(x) = \frac{1}{2} - \frac{1}{\pi}\left[\sin x + \frac{1}{2}\sin 2x + \frac{1}{3}\sin 3x + \cdots + \frac{1}{N}\sin Nx\right]$$

푸리에 급수의 예

$P = 2L$이고 $[0, 2L]$에서 주기적인 대표적인 푸리에 급수들 중 일부를 여기서 살펴보자(근사 p_2, p_6, p_{10}과 함께 $[0, 2\pi]$에서의 [그림 9.7~9.9]를 참조하라).

톱니파 $$ST(x) = \frac{1}{2} - \frac{1}{\pi}\sum_{n=1}^{\infty}\frac{1}{n}\sin\left(\frac{n\pi}{L}x\right) \tag{19}$$

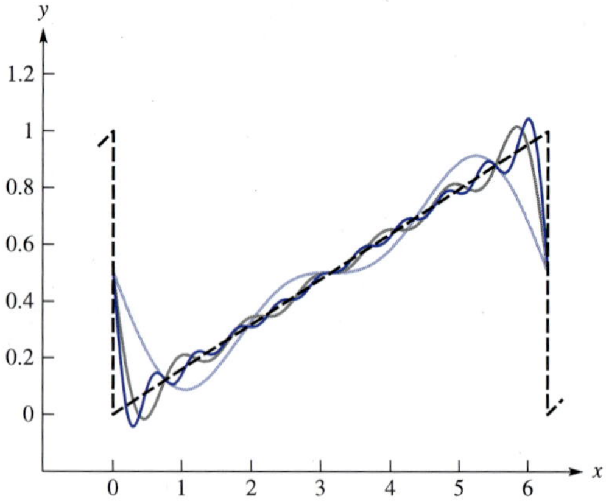

[그림 9.7] 근사 p_2, p_6, p_{10}과 함께 표시된 $[0,\ 2\pi]$에서의 톱니파

$$\text{사각파}^{\text{square wave}} \qquad SW(x) = \frac{4}{\pi} \sum_{n=1,3,5,\ldots}^{\infty} \frac{1}{n} \sin\left(\frac{n\pi}{L} x\right) \tag{20}$$

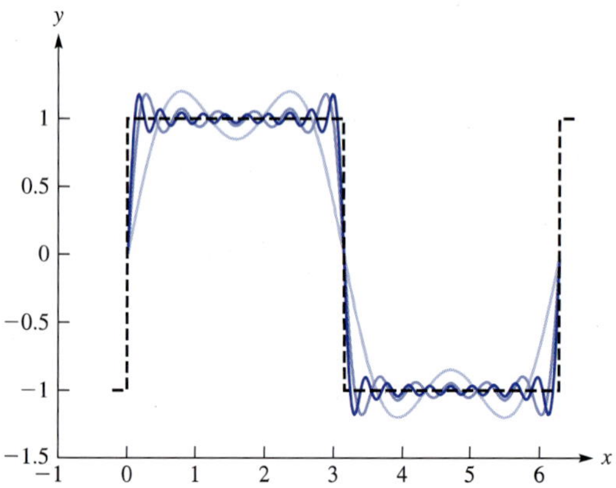

[그림 9.8] 근사 p_2, p_6, p_{10}과 함께 표시된 $[0,\ 2\pi]$에서의 사각파

$$\text{삼각파}^{\text{triangle wave}} \qquad TW(x) = \frac{8}{\pi^2} \sum_{n=1,3,5,\ldots}^{\infty} (-1)^{(n-1)/2} \frac{1}{n^2} \sin\left(\frac{n\pi}{L} x\right) \tag{21}$$

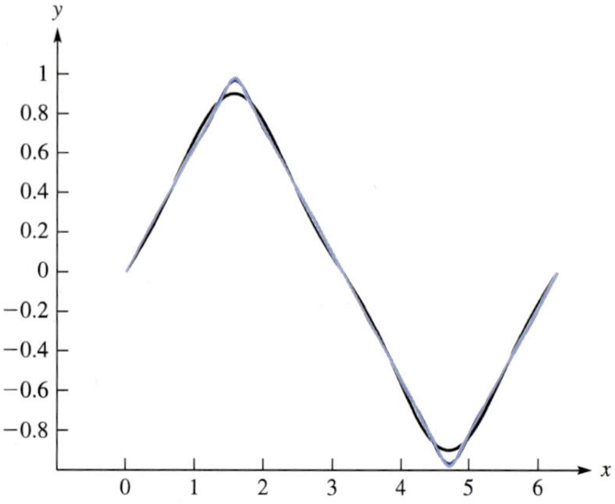

[그림 9.9] 근사 p_2, p_6, p_{10}과 함께 표시된 $[0,2\pi]$에서의 삼각파

오일러와 드 무아브르 공식

복소평면 $\mathbb{C}^n$에서 $i = \sqrt{-1}$이고, 다음과 같은 **오일러 공식**Euler's equation을 사용할 수 있다.

$$e^{i\theta} = \cos\theta + i\sin\theta$$
$$e^{-i\theta} = \cos\theta - i\sin\theta$$

오일러 공식

이로부터 다음 식을 얻을 수 있다.

$$\cos\theta = \frac{1}{2}(e^{i\theta} + e^{-i\theta})$$
$$\sin\theta = \frac{1}{2i}(e^{i\theta} - e^{-i\theta})$$

한편 **드 무아브르 공식**de Moivre's formula은 다음과 같다.

$$(\cos\theta + i\sin\theta)^k = \cos k\theta + i\sin k\theta$$

드 무아부르 공식

또한 다음과 같은 유명한 관계식들을 얻을 수 있다.

$$e^{i2\pi} = \cos 2\pi + i\sin 2\pi = 1$$
$$e^{i2\pi k} = \cos 2\pi k + i\sin 2\pi k = 1$$

크기 r과 **각** θ를 통해 복소수 x를 극형식 (r, θ)로 다음과 같이 표현할 수 있다.

$$x = re^{i\theta} = r(\cos\theta + i\sin\theta)$$

따라서 다음을 얻는다.

$$x^k = r^k(\cos k\theta + i\sin k\theta)$$

복소 푸리에 급수

함수 $f(x)$가 구간 $[-P/2, P/2]$에서 주기 P를 갖는다고 가정하자. 실함수(사인 및 코사인)를 포함하는 푸리에 급수를 다음과 같은 형태의 지수 함수의 합으로 표현하는 게 편리한 때가 있다.

$$f(x) = \sum_{n=-\infty}^{\infty} \alpha_n e^{in\omega_0 x} \tag{22}$$

여기서 $\omega_0 = 2\pi/P$는 **진동수**frequency(예 : 초당 라디안)이다. 여기서 α_n은 복소 푸리에 계수이다.

구간 $[-P/2, P/2]$에서 주기 P를 갖는 주기 함수 $f(x)$의 푸리에 급수인 식 (15)를 상기하자. 다음 공식

$$\cos(n\omega_0 x) = \frac{1}{2}[e^{in\omega_0 x} + e^{-in\omega_0 x}]$$

$$\sin(n\omega_0 x) = \frac{1}{2i}[e^{in\omega_0 x} - e^{-in\omega_0 x}]$$

들을 대입함으로써 삼각함수와 지수 형태의 급수 사이의 관계를 찾을 수 있다.

$$\begin{cases} \alpha_n = \frac{1}{2}(a_n + ib_n) & n < 0 \\ \alpha_0 = \frac{1}{2}a_0 & n = 0 \\ \alpha_n = \frac{1}{2}(a_n - b_n) & n > 0 \end{cases} \tag{23}$$

따라서 다음을 얻는다.

$$f(x) = \alpha_0 + \sum_{n=1}^{\infty}[\alpha_n e^{in\omega_0 x} + \alpha_{-n} e^{-in\omega_0 x}]$$

α_{-n}은 α_n의 켤레 복소수라는 점을 주목하자([연습문제 9.4.16] 참조). 계수 α_n를 찾기 위해 급수 (22)의 양변에 $e^{-im\omega_0 x}$를 곱하고 $[-P/2, P/2]$에서 적분하면, 그 결과는 다음과 같다.

$$\int_{-P/2}^{P/2} f(x) e^{-im\omega_0 x} dx = \sum_{n=-\infty}^{\infty} \int_{-P/2}^{P/2} \alpha_n e^{i(n-m)\omega_0 x} dx$$

우변의 적분에서 $m = n$을 제외한 모든 항은 0이다. 다른 지수를 가진 항들은 서로 직교하기 때문이다. 결과적으로 다음을 얻는다.

$$\int_{-P/2}^{P/2} f(x) e^{-im\omega_0 x} dx = \alpha_n \int_{-P/2}^{P/2} dx = \alpha_n P$$

따라서 모든 정수 n에 대해 다음이 성립한다.

$$\alpha_n = \frac{1}{P}\int_{-P/2}^{P/2} f(x) e^{-in\omega_0 x} dx$$

1의 제곱근

1의 제곱근roots of unity은 다음 다항식의 복소근을 찾을 때 발생한다.

$$x^n = 1$$

(n차 다항식은 n개의 복소근을 가짐을 상기하자.) $r = 1$인 극형식polar form으로 $x = re^{i\theta}$를 표현한다. 그러면 $1 = x^n = r^n e^{in\theta} = e^{in\theta}$이다. $k \geq 0$에 대해서 $1 = e^{i2\pi k}$이므로 앞의 식은 $e^{in\theta} = e^{i2\pi k}$와 같다. 양변에 자연 로그를 취하면 $in\theta = i2\pi k$이므로 $\theta = 2\pi(k/n)$를 얻는다. 따라서 $x^n = 1$의 근은 $k = 0, 1, 2, \cdots, n-1$에 대해 $x = e^{i2\pi(k/n)}$으로 주어진다. 각각의 $k = 0, 1, 2, \cdots, n-1$은 서로 다른 θ값을 주지만, $k \geq n$이면 그 값들이 반복되기 시작한다. 따라서 $x^n = 1$의 근은 다음과 같이 주어진다.

$$x = e^{i2\pi(k/n)} = \cos\left(2\pi\frac{k}{n}\right) + i\sin\left(2\pi\frac{k}{n}\right) \qquad (k = 0, 1, 2, \cdots, n-1)$$

1의 모든 제곱근은 복소평면에서 단위 원 위에 있다. 근들은 복소평면 위의 정n각형의 꼭짓점이다. $n \geq 1$에 대해서 1의 n 제곱근들의 합은 0이다.

주어진 양의 정수 n에 대해 **원분 방정식**cyclotomic equation $x^n = 1$의 근은 n개로 다음과 같다.

$$x = \sqrt[n]{1} = e^{i2\pi(k/n)} \qquad (0 \leq k \leq n-1)$$

이를 **1의 n 제곱근** 또는 **드 무아브르 수**de moivre number라고 부른다. 게다가 1의 n 제곱근은 다음과 같이 표현될 수 있다.

1의 n 제곱근

$$w_n^k = e^{i2\pi(k/n)} = \begin{cases} \cos 0 + i\sin 0 = 1 & (k = 0) \\ \cos\left(2\pi\dfrac{k}{n}\right) + i\sin\left(2\pi\dfrac{k}{n}\right) \neq 1 & (1 \leq k \leq n-1) \end{cases}$$

이 근 중 첫 번째 근($k=0$)을 **1의 원시 n제곱근**primitive n-th root of unity이라 부른다.

처음 몇 개의 1의 n 제곱근은 다음과 같다.

w_n^k의 예

n	$k=0$	$k=1$	$k=2$	$k=3$
1	$\omega_1^0 = e^{i2\pi(0/1)} = 1$			
2	$\omega_2^0 = e^{i2\pi(0/2)} = 1$	$\omega_2^1 = e^{i2\pi(1/2)} = -1$		
3	$\omega_3^0 = e^{i2\pi(0/3)} = 1$	$\omega_3^1 = e^{i2\pi(1/3)} = -\frac{1}{2} + i\frac{1}{2}\sqrt{3}$	$\omega_3^2 = e^{i2\pi(2/3)} = -\frac{1}{2} - i\frac{1}{2}\sqrt{3}$	
4	$\omega_4^0 = e^{i2\pi(0/4)} = 1$	$\omega_4^1 = e^{i2\pi(1/4)} = i$	$\omega_4^2 = e^{i2\pi(2/4)} = -1$	$\omega_4^3 = e^{i2\pi(3/4)} = -i$

[그림 9.10]에 세 가지 경우가 표현되어 있다.

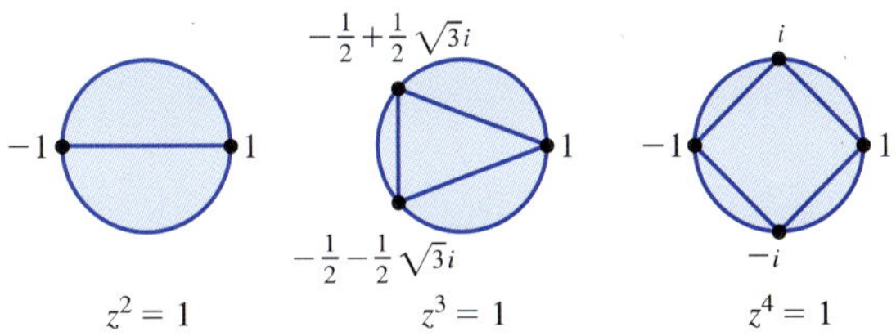

[그림 9.10] 1의 n제곱근

이산 푸리에 변환

$y = [y_0, y_1, y_2, \cdots, y_{n-1}]^T$로의 벡터 $x = [x_0, x_1, x_2, \cdots, x_{n-1}]^T$의 **이산 푸리에 변환**discrete Fourier transform(DFT)은 다음 수열로 주어진다.

$$y_j = \sum_{k=0}^{n-1} \omega_n^{jk} x_k \qquad (0 \leq j \leq n-1)$$

행렬 표기로 **DFT**는 다음과 같이 나타낼 수 있다.

$$\boldsymbol{y}=\boldsymbol{F}_n\boldsymbol{x}$$ DFT의 행렬 형태

여기서 $\boldsymbol{x}$는 원래의 입력 신호이고, $\boldsymbol{y}$는 그 신호의 DFT이다. 또한 DFT들은 다른 것들 중에서 삼각 보간에 사용된다. 그 변환 행렬은 다음과 같이 정의된다.

$$\boldsymbol{F}_n=(F_{jk})_{n\times n}=(\omega_n^{jk})_{0\le j\le n-1,\,0\le k\le n-1}$$ 푸리에 행렬

이는 1의 제곱근 ω_n^k의 **푸리에 행렬**Fourier matrix로 알려져 있다. 행렬을 유니터리로 만들기 위해 정규화 요소 $1/\sqrt{n}$을 $\boldsymbol{F}_n$에 곱한다.

이 패턴이 다음과 같은 형태를 가짐을 주목하라.

$$\boldsymbol{F}_1=\omega_1^0=1,\qquad \boldsymbol{F}_2=\begin{bmatrix}\omega_2^0 & \omega_2^0\\ \omega_2^0 & \omega_2^1\end{bmatrix}=\begin{bmatrix}1 & 1\\ 1 & -1\end{bmatrix}$$

$$\boldsymbol{F}_4=\begin{bmatrix}\omega_4^0 & \omega_4^0 & \omega_4^0 & \omega_4^0\\ \omega_4^0 & \omega_4^1 & \omega_4^2 & \omega_4^3\\ \omega_4^0 & \omega_4^2 & \omega_4^4 & \omega_4^6\\ \omega_4^0 & \omega_4^3 & \omega_4^6 & \omega_4^9\end{bmatrix}=\begin{bmatrix}1 & 1 & 1 & 1\\ 1 & -i & -1 & i\\ 1 & -1 & 1 & -1\\ 1 & i & -1 & -i\end{bmatrix}$$

$n=4$에 대해 다음을 얻는다.

$$\boldsymbol{y}=\begin{bmatrix}y_0\\ y_1\\ y_2\\ y_3\end{bmatrix}=\begin{bmatrix}1 & 1 & 1 & 1\\ 1 & \omega_4^1 & \omega_4^2 & \omega_4^3\\ 1 & \omega_4^2 & \omega_4^4 & \omega_4^6\\ 1 & \omega_4^3 & \omega_4^6 & \omega_4^9\end{bmatrix}\begin{bmatrix}x_0\\ x_1\\ x_2\\ x_3\end{bmatrix}=\boldsymbol{F}_4\boldsymbol{x}$$

여기서 다음과 같다.

$$\boldsymbol{F}_4=\left[\begin{array}{cc|cc}1 & 1 & 1 & 1\\ 1 & -i & -1 & i\\ \hline 1 & -1 & 1 & -1\\ 1 & i & -1 & -i\end{array}\right]$$

역 DFTinverse DFT는 다음의 수열이다.

$$x_k=\frac{1}{n}\sum_{j=0}^{n-1}\omega_n^{-jk}y_j\qquad(0\le k\le n-1)$$

행렬 표기로 DFT의 역은 다음과 같다.

$$\boldsymbol{x}=\boldsymbol{F}_n^{-1}\boldsymbol{y}$$ 역 DFT 행렬의 형태

여기서

$$\boldsymbol{F}_n^{-1}=\frac{1}{n}\boldsymbol{F}_n^*$$

이고, $\boldsymbol{F}^*$는 $\boldsymbol{F}$의 켤레 전치이다. $n=4$일 때를 예로 들면 다음을 얻을 수 있다.

$$F_4^{-1} = \frac{1}{4}\begin{bmatrix} 1 & 1 & 1 & 1 \\ 1 & \omega_4^{-1} & \omega_4^{-2} & \omega_4^{-3} \\ 1 & \omega_4^{-2} & \omega_4^{-4} & \omega_4^{-6} \\ 1 & \omega_4^{-3} & \omega_4^{-6} & \omega_4^{-9} \end{bmatrix} = \frac{1}{4}\left[\begin{array}{cc|cc} 1 & 1 & 1 & 1 \\ 1 & i & -1 & -i \\ \hline 1 & -1 & 1 & -1 \\ 1 & -i & -1 & i \end{array}\right]$$

또한, 다음을 보일 수 있다.

$$F_4 P_4 = \left[\begin{array}{cc|cc} 1 & 1 & 1 & 1 \\ 1 & -1 & -i & i \\ \hline 1 & 1 & -1 & -1 \\ 1 & -1 & i & -i \end{array}\right] = \begin{bmatrix} F_2 & D_2 F_2 \\ F_2 & -D_2 F_2 \end{bmatrix}$$

따라서 F_4는 대각선으로 비례 조정한 F_2 블록으로 재배열될 수 있다. 이는 모든 짝수 n에 대해 성립한다. 여기서 다음과 같은 순열 행렬과 대각행렬을 사용했다.

$$P_4 = [e_1 \;\; e_3 \;\; e_2 \;\; e_4] = \begin{bmatrix} 1 & 0 & 0 & 0 \\ 0 & 0 & 1 & 0 \\ 0 & 1 & 0 & 0 \\ 0 & 0 & 0 & 1 \end{bmatrix}$$

$$D_2 = \begin{bmatrix} \omega_4^0 & 0 \\ 0 & \omega_4^1 \end{bmatrix} = \begin{bmatrix} 1 & 0 \\ 0 & -i \end{bmatrix}$$

일반적으로 P_n은 짝수 번째 열과 홀수 번째 열을 그룹화하는 순열 행렬이고, 대각행렬은

$$D_{n/2} = \mathrm{Diag}\,(1,\, \omega_n,\, \omega_n^2,\, \cdots,\, \omega_n^{(n/2)-1})$$

이다. $F_{n/2}$를 짝수 번째 및 홀수 번째 부분순열에 적용함으로써 F_n을 찾을 수 있다. 그런 후에 필요하다면 그 결과를 $\pm D_{n/2}$로 비례 조정한다. 이 재귀적인 DFT는 **고속 푸리에 변환** fast Fourier transform(FFT)이라 불린다.

네 개의 점 문제의 DFT 계산은 두 점 짝수 및 홀수 번째 부분 수열의 DFT 계산으로 축소된다.

> **2 정리 DFT의 재귀적 계산**
> n개의 점수열의 이산 푸리에 변환은 두 $n/2$개의 이산 푸리에 변환을 통해 계산할 수 있다(n은 짝수).

고속 푸리에 변환

DFT를 직접 계산할 때에는 $\mathcal{O}(n^2)$의 연산이 필요하지만 고속 푸리에 변환(FFT)의 효율성을 활용하면 이 연산은 $\mathcal{O}(n\log_2 n)$으로 줄어들 수 있다. 이러한 경우는 n이 2의 거듭제곱일 때, 즉 $n=2^r$일 때 가장 많이 사용된다. FFT를 찾기 위한 총 계산량을 줄이기 위해 복소 지수 함수의 주기성을 활용하고, 수식을 영리하게 재배열하여 계산한다.

변환 성분과 그 합의 첨자들의 범위는 모두 0부터 $(n-1)$까지이다. j의 정확한 값은 이진수 형태로 $j = 2^{r-1}j_r + \cdots + 2^2 j_3 + 2j_2 + j_1$로 나타낼 수 있다. 여기서 각각의 숫자 j_1, j_2,

$\cdots, j_r$은 0 또는 1이다. j값과 관련된 k값의 재배열은 **비트 반전**bit reversal으로 알려져 있다. 이는 FFT 계산에서 가장 영리한 점 중 하나이다.

비트 반전

쿨리-터키 Cooley-Tukey **고속 푸리에 알고리즘**은 입력값을 비트 반전 순서에 따라 재배열하고, 출력 변환을 생성한다. 그 기본 아이디어는 다음의 관계식을 이용해서 길이가 N인 변환을 길이가 $N/2$인 두 개의 변환으로 쪼개는 것이다.

$$\begin{aligned}\sum_{n=0}^{N-1} a_n e^{-i2\pi nk/N} &= \sum_{n=0}^{N/2-1} a_{2n} e^{-i2\pi(2n)k/N} + \sum_{n=0}^{N/2-1} a_{2n+1} e^{-i2\pi(2n+1)k/N} \\ &= \sum_{n=0}^{N/2-1} a_n^{\text{짝}} e^{-i2\pi nk/(N/2)} + e^{-i2\pi k/N} \sum_{n=0}^{N/2-1} a_n^{\text{홀}} e^{-i2\pi nk/(N/2)}\end{aligned}$$

다니엘슨-란크조 공식

이는 또한 **다니엘슨-란크조 정리**Danielson-Lanczo lemma라 불린다. 이 정리는 다음과 같이 **푸리에 행렬**을 통해 시각화할 수 있다.

$$\boldsymbol{F}_n = (F_{jk})_{n\times n}$$

푸리에 행렬

이 행렬의 성분은 다음과 같다.

$$F_{jk} = e^{i2\pi(jk)/n} \equiv w_n^{jk} \qquad (0 \le j \le n-1,\ 0 \le k \le n-1)$$

여기서 $w_n = e^{(i2\pi)/n}$이다. $1/\sqrt{n}$을 곱함으로써 유니터리 행렬을 만들 수 있다.

예를 들면 다음을 살펴보자.

$$\boldsymbol{F}_4 = \begin{bmatrix} 1 & 1 & 1 & 1 \\ 1 & i & -1 & -i \\ 1 & -1 & 1 & -1 \\ 1 & -i & -1 & -i \end{bmatrix} = \left[\begin{array}{cc|cc} 1 & 0 & 1 & 0 \\ 0 & 1 & 0 & i \\ \hline 1 & 0 & -1 & 0 \\ 0 & 1 & 0 & -i \end{array}\right] \left[\begin{array}{cc|cc} 1 & 1 & 0 & 0 \\ 1 & i^2 & 0 & 0 \\ \hline 0 & 0 & 1 & 1 \\ 0 & 0 & 1 & i^2 \end{array}\right] \begin{bmatrix} 1 & 0 & 0 & 0 \\ 0 & 0 & 1 & 0 \\ 0 & 1 & 0 & 0 \\ 0 & 0 & 0 & 1 \end{bmatrix}$$

행렬 형태로 다음과 같이 쓸 수 있다.

$$\boldsymbol{F}_4 = \begin{bmatrix} \boldsymbol{I}_2 & \boldsymbol{D}_2 \\ \boldsymbol{I}_2 & -\boldsymbol{D}_2 \end{bmatrix} \begin{bmatrix} \boldsymbol{F}_2 & 0 \\ 0 & \boldsymbol{F}_2 \end{bmatrix} \begin{bmatrix} \text{짝}-\text{홀} \\ \text{섞음} \end{bmatrix}$$

여기서 $\boldsymbol{F}_2$는 다음과 같다.

$$\boldsymbol{F}_2 = \begin{bmatrix} 1 & 1 \\ 1 & i^2 \end{bmatrix} = \begin{bmatrix} 1 & 1 \\ 1 & -1 \end{bmatrix}$$

따라서 일반적으로 다음을 얻을 수 있다.

$$\boldsymbol{F}_{2n} = \begin{bmatrix} \boldsymbol{I}_n & \boldsymbol{D}_n \\ \boldsymbol{I}_n & -\boldsymbol{D}_n \end{bmatrix} \begin{bmatrix} \boldsymbol{F}_n & 0 \\ 0 & \boldsymbol{F}_n \end{bmatrix} \begin{bmatrix} \text{짝}-\text{홀} \\ \text{섞음} \end{bmatrix}$$

이 과정을 반복하면 다음을 얻을 수 있다.

$$\begin{bmatrix} \boldsymbol{F}_n & 0 \\ 0 & \boldsymbol{F}_n \end{bmatrix} = \left[\begin{array}{cc|cc} \boldsymbol{I}_{n/2} & \boldsymbol{D}_{n/2} & 0 & 0 \\ \boldsymbol{I}_{n/2} & -\boldsymbol{D}_{n/2} & 0 & 0 \\ \hline 0 & 0 & \boldsymbol{I}_{n/2} & \boldsymbol{D}_{n/2} \\ 0 & 0 & \boldsymbol{I}_{n/2} & -\boldsymbol{D}_{n/2} \end{array}\right] \left[\begin{array}{cc|cc} \boldsymbol{F}_{n/2} & 0 & 0 & 0 \\ 0 & \boldsymbol{F}_{n/2} & 0 & 0 \\ \hline 0 & 0 & \boldsymbol{F}_{n/2} & 0 \\ 0 & 0 & 0 & \boldsymbol{F}_{n/2} \end{array}\right] \left[\begin{array}{c} \text{섞음:} \\ \text{짝}-\text{홀} \\ 0, 2(\text{mod}4) \\ \hline \text{짝}-\text{홀} \\ 1, 3(\text{mod}4) \end{array}\right]$$

수학 소프트웨어

MATLAB, Maple, Mathematica와 같은 수학 소프트웨어 시스템은 푸리에 급수를 계산하고, 그 그래프를 그리는 루틴을 가지고 있다. 이러한 패키지와 관련된 웹 페이지들은 특히 유용하다. 또한 푸리에 급수를 다루기 위한 특수 소프트웨어 패키지도 있다.

9.4 요약

- 함수 f와 g의 **직교 투영**에 대한 식은

$$a_n = \frac{\langle f, \cos nx \rangle}{\langle \cos nx, \cos nx \rangle} \quad (n \geq 0)$$
$$b_n = \frac{\langle f, \sin nx \rangle}{\langle \sin nx, \sin nx \rangle} \quad (n \geq 1)$$

이다. 여기서 f와 g의 **내적**은 다음과 같다.

$$\langle f, g \rangle = \int_{-\pi}^{\pi} f(x)g(x)dx$$

- $[-\pi, \pi]$에서 주기적인 함수 $f(x)$의 **N차 푸리에 근사**는

$$p_N(x) = \frac{1}{2}a_0 + \sum_{n=1}^{N} [a_n \cos nx + b_n \sin nx]$$

이다. 여기서 **푸리에 계수**는 다음과 같다.

$$a_n = \frac{1}{\pi}\int_{-\pi}^{\pi} f(x)\cos nx\, dx \quad (0 \leq n \leq N)$$
$$b_n = \frac{1}{\pi}\int_{-\pi}^{\pi} f(x)\sin nx\, dx \quad (1 \leq n \leq N)$$

- 구간 $[-\pi, \pi]$에서 주기적인 $f(x)$에 대한 푸리에 급수와 그 계수는 다음과 같다.

$$f(x) = \frac{1}{2}a_0 + \sum_{n=1}^{\infty} [a_n \cos nx + b_n \sin nx]$$
$$a_n = \frac{1}{\pi}\int_{-\pi}^{\pi} f(x)\cos nx\, dx \qquad (n \geq 0)$$
$$b_n = \frac{1}{\pi}\int_{-\pi}^{\pi} f(x)\sin nx\, dx \qquad (n \geq 1)$$

- **짝함수** f는 수직축$(x=0)$에 대해 대칭이고, 다음을 만족한다.

$$f(-x) = f(x)$$

- **홀함수** f는 원점에 대해 대칭이고, 다음을 만족한다.

$$f(-x) = -f(x)$$

- 만약 $f_e(x)$가 **짝함수**라면 **코사인 급수**와 그 계수는 다음과 같다.

$$f_e(x) = \frac{1}{2}a_0 + \sum_{n=1}^{\infty} a_n \cos nx$$
$$a_n = \frac{2}{\pi}\int_0^{\pi} f_e(x)\cos nx\, dx \qquad (n \geq 0)$$

- 만약 $f_o(x)$가 **홀함수**라면 **사인 급수**와 그 계수는 다음과 같다.

$$f_o(x) = \sum_{n=1}^{\infty} b_n \sin nx$$
$$b_n = \frac{2}{\pi}\int_0^{\pi} f_o(x)\sin nx\, dx \qquad (n \geq 1)$$

- $[-\pi, \pi]$에서의 **톱니파** 푸리에 급수는 다음과 같다.

$$f(x) \approx p_N(x) = 2\sum_{n=1}^{N} (-1)^{n+1}\frac{1}{n}\sin nx$$

- 주기가 P인 $[-P/2, P/2]$에서의 주기 함수 $f(x)$의 푸리에 급수와 그 계수는 다음과 같다.

$$f(x) = \frac{1}{2}a_0 + \sum_{n=1}^{\infty}\left[a_n \cos\left(\frac{2\pi n}{P}x\right) + b_n \sin\left(\frac{2\pi n}{P}x\right)\right]$$
$$a_n = \frac{2}{P}\int_{-P/2}^{P/2} f(x)\cos\left(\frac{2\pi n}{P}x\right)dx \qquad (n \geq 1)$$
$$b_n = \frac{2}{P}\int_{-P/2}^{P/2} f(x)\sin\left(\frac{2\pi n}{P}x\right)dx \qquad (n \geq 1)$$

- $[-L, L]$에서 정의된 주기 함수 $f(x)$에 대해 푸리에 급수와 그 계수는 다음과 같다.

$$f(x) = \frac{1}{2}a_0 + \sum_{n=1}^{\infty}\left[a_n \cos\left(\frac{n\pi}{L}x\right) + b_n \sin\left(\frac{n\pi}{L}x\right)\right]$$
$$a_n = \frac{1}{L}\int_{-L}^{L} f(x)\cos\left(\frac{n\pi}{L}x\right)dx \qquad (n \geq 1)$$
$$b_n = \frac{1}{L}\int_{-L}^{L} f(x)\sin\left(\frac{n\pi}{L}x\right)dx \qquad (n \geq 1)$$

- $[0, 2L]$에서 정의된 주기 함수 $f(x)$는 다음 형태의 푸리에 급수로 근사되며 그 계수는 다음과 같다.

$$f(x)=\frac{1}{2}a_0+\sum_{n=1}^{\infty}\left[a_n\cos\left(\frac{n\pi}{L}x\right)+b_n\sin\left(\frac{n\pi}{L}x\right)\right]$$

$$a_n=\frac{1}{L}\int_0^{2L}f(x)\cos\left(\frac{n\pi}{L}x\right)dx \qquad (n\ge 1)$$

$$b_n=\frac{1}{L}\int_0^{2L}f(x)\sin\left(\frac{n\pi}{L}x\right)dx \qquad (n\ge 1)$$

- $[0, 2L]$에서 주기적인 일부 함수들의 푸리에 급수는 다음과 같다.

톱니파 $ST(x)=\frac{1}{2}-\frac{1}{\pi}\sum_{n=1}^{\infty}\frac{1}{n}\sin\left(\frac{n\pi}{L}x\right)$

사각파 $SW(x)=\frac{4}{\pi}\sum_{n=1,3,5,\ldots}^{\infty}\frac{1}{n}\sin\left(\frac{n\pi}{L}x\right)$

삼각파 $TW(x)=\frac{8}{\pi^2}\sum_{n=1,3,5,\ldots}^{\infty}(-1)^{(n-1)/2}\frac{1}{n^2}\sin\left(\frac{n\pi}{L}x\right)$

- 구간 $[-P/2, P/2]$에서 주기 P를 가지는 함수 $f(x)$의 **복소 푸리에 급수**와 그 계수는 다음과 같다.

$$f(x)=\sum_{n=-\infty}^{\infty}\alpha_n e^{in\omega_0 x}$$

$$\alpha_n=\int_{-P/2}^{P/2}f(x)e^{-in\omega_0 x}dx$$

- **오일러 공식**은 다음과 같다.

$$e^{\pm i\theta}=\cos\theta\pm i\sin\theta$$

- **드 무아브르 공식**은 다음과 같다.

$$(\cos\theta+i\sin\theta)^k=\cos k\theta+i\sin k\theta$$

- **1의 n 제곱근**의 k번째 근 또는 **드 무아브르 수**는 다음과 같다.

$$x=\sqrt[n]{1}=e^{i2\pi(k/n)} \qquad (0\le k\le n-1)$$

- 1의 n 제곱근은 다음과 같이 주어진다.

$$w_n^k=e^{i2\pi(k/n)}=\begin{cases}\cos 0+i\sin 0=1 & (k=0)\\ \cos\left(2\pi\frac{k}{n}\right)+i\sin\left(2\pi\frac{k}{n}\right)\ne 1 & (1\le k\le n-1)\end{cases}$$

- 벡터 $\boldsymbol{x}=[x_0, x_1, x_2, \cdots, x_{n-1}]^T$의 $\boldsymbol{y}=[y_0, y_1, y_2, \cdots, y_{n-1}]^T$로의 **이산 푸리에 변환(DFT)**은 다음의 행렬-벡터 형태로 주어진다.

$$\boldsymbol{y}=\boldsymbol{F}_n\boldsymbol{x}$$

여기서 $\boldsymbol{F}_n$은 다음과 같이 1의 제곱근의 **푸리에 행렬**이다.

$$\boldsymbol{F}_n=(F_{jk})_{n\times n}=(\omega_n^{jk})_{0\le j\le n-1,\,0\le k\le n-1}$$

- 행렬 벡터 형태의 **역 DFT**는 $\boldsymbol{x}=\boldsymbol{F}_n^{-1}\boldsymbol{y}$이다. 여기서 $\boldsymbol{F}_n^{-1}$은 다음과 같다.

$$\boldsymbol{F}_n^{-1}=\frac{1}{n}\boldsymbol{F}_n^{*}$$

- **고속 푸리에 변환**에서 다음이 성립한다.

$$\boldsymbol{F}_{2n}=\begin{bmatrix}\boldsymbol{I}_n & \boldsymbol{D}_n\\ \boldsymbol{I}_n & -\boldsymbol{D}_n\end{bmatrix}\begin{bmatrix}\boldsymbol{F}_n & 0\\ 0 & \boldsymbol{F}_n\end{bmatrix}\begin{bmatrix}\text{짝}-\text{홀}\\ \text{섞음}\end{bmatrix}$$

9.4 연습문제

01 직교 성질들을 증명하라.

02 다음 성질들을 증명하라.

(a) 두 짝함수의 곱은 짝함수다.

(b) 두 홀함수의 곱은 짝함수다.

(c) 짝함수와 홀함수의 곱은 홀함수다.

03 톱니파에서 [예제 2]와 [예제 3]의 결과가 어떻게 연관이 있는지를 보여라. 즉 식 (14)와 (18)의 관계를 보여라.

04 구간 $[-\pi, \pi]$에서 주기적인 연속 함수 $f(x)$에 대해 항별 적분을 사용하여 푸리에 급수 (6)의 계수 a_0, a_n, b_n을 위한 식 (7), (8), (9)를 결정하라.

05 구간 $[-1, 1]$에서 주기가 2인 $f(x)=x^2$에 대해 푸리에 급수를 결정하라. $\frac{\pi^2}{6}=\sum_{n=1}^{\infty}\frac{1}{n^2}$임을 보여라.

06 식 (6)~(9)와 $[-\pi, \pi]$에서 주기 함수 f의 푸리에 급수로 시작하여, 다음 구간에서 변수 치환과 대입 법칙을 이용하여 푸리

에 급수 식이 변화하는 과정을 상세하게 써라.

(a) $[-L, L]$, 식 (16)　(b) $[-P/2, P/2]$, 식 (15)

(c) $[0, 2L]$, 식 (17)　(d) $[x_0, x_0+2L]$

07 구간이 다음과 같이 주어지고 주기가 2π인 주기함수들의 푸리에 급수를 찾아라.

(a) $f(x)=\begin{cases} \dfrac{x}{L}, & 0 \le x < L \\ 2-\dfrac{x}{L}, & L \le x < 2L \end{cases}$

(b) $f(x)=\begin{cases} x+L/2 & -L \le x \le 0 \\ -x+L/2 & 0 \le x \le L \end{cases}$

(c) $f(x)=\begin{cases} 0, & -\pi \le x \le 0 \\ \sin x, & 0 < x \le \pi \end{cases}$

(d) $f(x)=\begin{cases} -1, & -\pi < x < -\dfrac{\pi}{2} \\ 0, & -\dfrac{\pi}{2} \le x \le \dfrac{\pi}{2} \\ 1, & \dfrac{\pi}{2} < x < \pi \end{cases}$

08 $[-L, L]$에서 주기가 $P=2L$인 주기 함수 $f(x)$가 다음 조건을 가질 때 푸리에 급수를 써라.

(a) $f(x)$는 짝함수이다.

(b) $f(x)$는 홀함수이다.

09 [예제 3]에서 $a_0 \neq 0$에 대해 $f(-x)=-f(x)$가 왜 가능한지 설명하라.

10 주기 $P=2L$의 주기 함수가 주어졌지만 그 함수 $f(x)$는 구간 $[0, L]$에서만 정의되어 있다고 가정하자. 다음 조건 하에서 이를 어떻게 구간 $[-L, L]$로 확장할 수 있는지 보여라.

(a) $f(x)$가 짝함수이다.

(b) $f(x)$가 홀함수이다.

11 (a) 복소수 z가 복소평면에서 서로 다른 n개의 n제곱근을 가진다고 가정하자. 따라서 $z=r(\cos\theta+i\sin\theta)$는 0이 아닌 수 a에 대해 다음 식을 만족한다.

$$z^n = a$$

a의 n제곱근을 어떻게 결정하는지 보여라.

(b) 2의 4개의 서로 다른 4제곱근은 무엇인가?

12 $+1$은 항상 1의 n제곱근이지만, -1은 n이 짝수일 때만 1의 n제곱근임을 보여라.

13 다음의 아름다운 관계식을 증명하라.

(a) $e^{i2\pi}=1,\ e^{i\pi}+1=0$

(b) $ix=\ln(\cos x+i\sin x)$

14 $[-\pi, \pi]$에서 주기가 2π인 주기함수에 대해 다음의 푸리에 급수를 유도하라.

(a) $x=-2\sum_{n=1}^{\infty}(-1)^n\dfrac{1}{n}\sin nx$

(b) $x^2=\dfrac{\pi^2}{3}-4\sum_{n=1}^{\infty}(-1)^n\dfrac{1}{n^2}\cos nx$

(c) $x^3=-2\sum_{n=1}^{\infty}(-1)^n\dfrac{1}{n^3}(-6+n^2\pi^2)\sin nx$

15 ω_n^k의 켤레 복소수를 결정하라.

16 (23)을 입증하라. 이는 복소 표현에서의 푸리에 계수 α_n과 실수 사인 및 코사인 표현에서의 계수 a_n과 b_n 간의 관계이다.

17 $n=4$일 때, DFT의 효율적인 계산을 위해 대칭의 장점을 어떻게 살릴 수 있는지를 보여라.

18 다음과 같이 주기가 2π인 주기적인 불연속 톱니 함수를 고려하자.

$$f(x)=\begin{cases} 0, & -\pi < x \le 0 \\ x, & 0 \le x < \pi \end{cases}$$

(a) 푸리에 급수의 계수 $\frac{1}{2}a_0$, a_n, b_n을 결정하라. 이때 식 $\cos n\pi=(-1)^n$을 사용하여 계수 표현을 간단히 정리하라.

(b) 연속이고 등호가 성립하는 $f(x)$의 급수의 몇몇 항을 써라.

(c) 불연속 점, 즉 예를 들면 $x=n\pi$ 등에서의 급수의 값을 찾아라. 이를 설명하라.

(d) 함수와 푸리에 급수 근사 p_N을 $n=5, 10, 15, 20$일 때 각각 그려라.

9.4 컴퓨터 연습문제

01 수학 소프트웨어를 사용하여 주어진 구간에서 다음의 주기 함수 $f(x)$를 풀어라. 우선 $f(x)$의 푸리에 계수를 계산한다. 두 번째로 $f(x)$의 푸리에 급수를 계산하라. 다음으로 $f(x)$와 p_2, p_4, p_6과 같은 몇몇 근사를 그래프로 그려라. 간단하게 그 결과

를 설명하라.

(a) $f(x)=\begin{cases}0, & -\pi \le x < 0 \\ 1, & 0 \le x < \pi\end{cases}$ (단, $f(x+2\pi)=f(x)$)

(b) 그 결과를 이용하여 다음을 보여라.

$$\frac{\pi}{4}=1-\frac{1}{3}+\frac{1}{5}-\frac{1}{7}+\cdots$$

(c) $-1 \le x \le 1$에서 $f(x)=|x|$이다. 단, $f(x+2)=f(x)$이다.

(d) 그 결과를 이용하여 다음을 보여라.

$$\frac{\pi^2}{8}=1+\frac{1}{3^2}+\frac{1}{5^2}+\frac{1}{7^2}+\cdots$$

02 식 $x^n=1$에 대해 1의 n제곱근을 구하기 위한 다음의 유사코드를 고려하자.

```
for k = 1 to n
    omega(k) = exp(i * 2 * pi * (k/n))
end for
```

(a) MATLAB이나 다른 소프트웨어 시스템 또는 프로그래밍 언어를 이용해 이 근을 계산하라.

(b) 다음을 확인하라.

```
omega(k)* * n = 1
```

(c) 다음의 성분별 계산의 결과를 결정하라.

```
sum(omega);   sum(omega.* * 2);   prod(omega)
```

(d) 다양한 정수 n값에 대해 다음 행렬의 행렬식을 계산하라. 여기서 $k=0, 1, 2, \cdots, n-1$에 대해 $x=\omega_k$이다.

$$\begin{bmatrix} 1 & 1 & 1 & 1 & 1 \\ 1 & x & x^2 & \cdots & x^{n-1} \\ 1 & x^2 & x^4 & \cdots & x^{2(n-1)} \\ 1 & x^3 & x^6 & \cdots & x^{3(n-1)} \\ \vdots & \vdots & \vdots & \cdots & \vdots \\ 1 & x^{n-1} & x^{2(n-1)} & \cdots & x^{(n-1)^2} \end{bmatrix}$$

(e) 이 행렬의 행렬식을 구하기 위한 식을 결정하라.

03 다음 행렬을 유도하라.

$$F_4=\begin{bmatrix} 1 & 1 & 1 & 1 \\ 1 & i & i^2 & i^3 \\ 1 & i^2 & i^4 & i^6 \\ 1 & i^3 & i^6 & i^9 \end{bmatrix}$$

수학 소프트웨어를 사용하여 이를 확인하라.

04 앞 문제에 이어 수학 소프트웨어를 사용하여 다음을 직접 계산하라.

(a) $\boldsymbol{F}_4$, $\boldsymbol{F}_4^{-1}$, $\boldsymbol{F}_8$, $\boldsymbol{F}_8^{-1}$.

(b) $\boldsymbol{F}_4$, $\boldsymbol{F}_8$에 대해서

$$F_{2n}=\begin{bmatrix} I_n & D_n \\ I_n & -D_n \end{bmatrix}\begin{bmatrix} F_n & 0 \\ 0 & F_n \end{bmatrix}\begin{bmatrix} \text{짝}-\text{홀} \\ \text{섞음} \end{bmatrix}$$

05 수학 소프트웨어를 사용해 다양한 진폭 A, 주기 $P=2L$, $[-\pi, \pi]$, $[-L, L]$, $[0, 2L]$와 같은 구간이 주어진 다음 함수와 이 함수들의 푸리에 급수의 근사 일부를 그래프로 그려라.

(a) 톱니파, 식 (19)

(b) 사각파, 식 (20)

(c) 삼각파, 식 (21)

06 진폭이 $A=10$이고, 주기는 $P=10$인 **사각파**는 $f(x)=f(x+P)$인 주기 함수

$$f(x)=\begin{cases}-A, & -P/2 < x < 0 \\ A, & 0 < x < P/2\end{cases}$$

이다. 푸리에 급수의 계수와 간단히 표현된 삼각 다항식을 계산하라. 이 함수와 5, 10, 15, 20개의 항을 사용한 푸리에 급수 근사의 그래프를 그려라.

07 앞의 예제를 복소 푸리에 급수를 사용하여 다시 반복하라. 이는 계수의 크기에 관심이 있을 때 좋은 방법일 수 있다.

08 다음과 같이 정의된 주기 함수를 고려하자. 수학 소프트웨어를 사용하여 푸리에 급수의 첫 10개 항의 계수를 계산하라. 그리고 그 함수와 그 근사의 그래프를 그려라.

(a) $-2 < x < 2$에서 $f(x)=2+x$

(b) $-1 < x < 1$에서 $f(x)=x^2$

09 주기가 2π인 다음의 주기 함수를 고려하자.

$$f(x)=\begin{cases}0, & -\pi < x < 0 \\ x, & 0 < x < \pi\end{cases}$$

푸리에 계수와 급수의 경우 간단하게 정리된 형태로 삼각 다항식을 계산한다. 이 함수와 5, 10, 15, 20개의 항의 푸리에 급수의 근사를 그려라.

힌트 : 등식 $\cos n\pi=(-1)^n$과 이 급수가 불연속점 $x=n\pi$에서 $\pi/2$에 수렴한다는 사실을 활용한다.

10장 몬테카를로법과 시뮬레이션

Monte Carlo Methods and Simulation

고속도로 엔지니어가 주요 고속도로 교차로의 제안된 설계에 대해 교통 흐름을 시뮬레이션하려고 한다. 획득된 정보는 대기차선storage lane[1](여기서는 차들이 정확한 차선으로 들어가기 위해 반드시 속도를 줄여야 한다)의 수용력을 결정하는 데 사용될 것이다. 교차로는 [그림 10.1]에 표시된 형태로 화살표가 그려진 지점에 다양한 자동차의 흐름(분당 자동차의 대수)이 가정된다. 시뮬레이션 프로그램을 작성하고 실행함으로써 엔지니어는 다양한 제한 속도의 영향을 연구하고, 어떤 흐름이 교통 체증(병목 현상)으로 이어지는지 등을 결정할 수 있다. 이러한 프로그램을 구성하는 몇 가지 기술이 이 장에서 개발된다.

1 (옮긴이) 'storage lane'은 교통 용어로 교차로를 지나기 위해 기다리는 차선을 말한다. 여기서는 대기차선이라 번역했다.

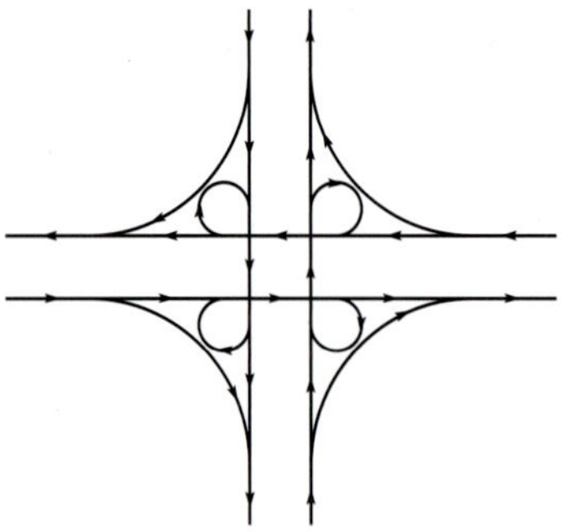

[그림 10.1] 교통 흐름

10.1 난수

이 장의 관점은 다른 대부분의 장과 다르다. 명쾌한 수학적 문제를 다루는 대신 복잡한 과정이나 현상을 시뮬레이션하는 방법을 개발하려 한다. 만일 컴퓨터가 어떤 실험이나 과정을 모방하도록 하면 다양한 데이터로 컴퓨터 시뮬레이션을 반복함으로써 통계적 결론을 도출할 수 있다. 이러한 접근법으로 얻은 결론은 고도의 수학적 정밀도가 부족할 수 있지만 시뮬레이션 되고 있는 과정을 이해할 수 있을 만큼은 충분히 정확하다.

특히 우리는 컴퓨터 시뮬레이션에 우연적인 요소가 포함되는 문제에 중점을 둔다. 다소 엉뚱하게 들리는 몬테카를로법Monte Carlo Method [2]이라는 이름은 몇 년 전에 스타니슬라프 울람Stanislaw M. Ulam, 1909-1984이 컴퓨터로 현실을 모방하는 이 방법에 붙인 이름이다. 우연성chance 또는 무작위성randomness이 이 방법의 일부이므로, **난수**random number라는 규정하기 힘든 개념에서부터 시작해 보자.

2 (옮긴이) 몬테카를로법의 명칭은 모나코의 '몬테카를로' 카지노에서 유래한 것으로 여기에는 엉뚱한 비하인드 스토리가 있다.

난수

모든 수가 단위 구간 $(0, 1)$에 있는 실수 $x_1, x_2, \cdots$의 수열을 고려하자. 수열이 **랜덤**random하다는 것은 간단히 말하자면 수들이 구간 전체에 아무렇게나 분포되어 있는 것처럼 보이고, $x_1, x_2, \cdots$의 진행에 패턴이 없는 것처럼 보일 때를 말한다. 예를 들어 소수점 아래의 모든 수가 숫자 3으로 시작하면 이 수들은 부분구간 $0.3 \le x < 0.4$에 모여 있는 것이므로 $(0, 1)$에 랜덤하게 분포하고 있지 않다. 또한 수들이 단조증가하고 있다면 이는 랜덤하지 않다. 만약 각 x_i가 그 이전의 수에 간단한 연속 함수를 적용하여 얻어진다면, 즉 $x_i = f(x_{i-1})$이라면 이 수열은 (비록 랜덤인 듯이 보일지라도) 랜덤이 아니다.

랜덤성randomness에 대한 정확한 정의는 공식화하기 매우 어렵다. 따라서 적어도 입문서에서

랜덤성

는 어떤 구간에서의 수들의 랜덤 수열에 대한 개념을 직관적으로 받아들이고, 랜덤성이 약하거나 또는 강한 수열을 만드는 특정 알고리즘들을 받아들이는 것이 최선으로 보인다.

난수 알고리즘과 난수 생성기

대부분의 컴퓨터 시스템에는 **난수 생성기**random-number generator [3]가 있다. 이 생성기는 각 호출마다 하나의 난수 또는 난수 배열 전체를 생성하는 프로시저이다. 이 장에서는 이러한 프로시저를 *Random*이라 칭한다. 독자들은 자신의 컴퓨터 시스템이나 사용 중인 컴퓨터 언어의 난수 생성기 또는 이후에 설명할 난수 생성기 중 하나를 사용할 수 있다. 예를 들어 난수 생성기는 MATLAB, Maple, Mathematica와 같은 수학 소프트웨어 시스템뿐만 아니라 많은 컴퓨터 프로그래밍 언어에 들어 있다. 이러한 난수 프로시저는 입력 인수가 스칼라 변수인지 배열인지에 따라 단위 구간 $(0, 1)$에서 균일하게 분포된 유사난수 또는 그 배열을 반환한다. 랜덤 시드seed 프로시저는 유사난수 생성기를 다시 동작시키거나 쿼리query한다. 적어도 이론적으로 난수 생성기는 생성을 반복하기 전에 수십만 개의 유사난수를 생성할 수 있다.

3 (옮긴이) 난수 발생기 또는 난수 생성기, 난수 발생 프로그램 등 다양한 용어로 사용된다.

난수 생성기

이 장의 문제들에 대해서는 구간 $(0, 1)$에 균일하게 분포하는 난수를 제공하는 루틴을 선택한다. 수열은 구간 $(0, 1)$에 균일하게 분포한다. 수열이 구간 $(0, 1)$에 **균일하게 분포한다**uniformly distributed는 것은 구간의 어떤 부분집합도 그 집합에 할당된 몫 이상의 수를 포함하지 않음을 말한다. 특히 수열에서 뽑은 원소 x가 부분구간 $[a, a+h]$에 있을 확률은 h여야 하므로 이 값은 a와 무관하다. 이와 유사하게 $p_i = (x_i, y_i)$가 평면상의 어떤 직사각형에 균일하게 분포된 임의의 점이라 하자. 넓이 k의 작은 정사각형 내부에 놓이는 점의 개수는 k에만 의존해야 하며, 직사각형 내의 정사각형의 위치에는 의존하지 않아야 한다.

균일한 분포

컴퓨터 코드에 의해 생성된 난수는 그 생성 방식이 완전히 결정적deterministic, 즉 우연의 요소가 실제로는 전혀 존재하지 않으므로 진정한 랜덤 방식이라 볼 수 없다. 그러나 이러한 루틴에 의해 생성된 수열은 랜덤한 것처럼 보이며 실제로 랜덤성에 대한 특정 검사를 통과하기도 한다. 일부 저자는 컴퓨터에 의해 생성되는 이러한 수열을 **유사난수**pseudo-random number라고 부름으로써 이러한 점을 강조하고 싶어 한다.

유사난수

만약 직접 난수 생성기를 프로그래밍하고자 한다면 32비트 워드 길이의 컴퓨터에서 아래의 유사코드로 충분할 것이다. 이 알고리즘은 다음의 재귀적 유사코드를 통해 열린 구간 $(0, 1)$에 균일하게 분포된 n개의 난수 $x_1, x_2, \cdots, x_n$을 생성한다.

재귀적 난수 유사코드

integer array $(\ell_i)_{0:n}$; **real array** $(x_i)_{1:n}$
$\ell_0 \leftarrow$ any integer such that $1 < \ell_0 < 2^{31} - 1$
for $i = 1$ **to** n
  $\ell_i \leftarrow$ remainder when $7^5 \ell_{i-1}$ is divided by $2^{31} - 1$
  $x_i \leftarrow \ell_i / (2^{31} - 1)$
end for

여기서 모든 ℓ_i는 $1 < \ell_i < 2^{31} - 1$의 범위에 있는 정수이다. 첫 정수 ℓ_0는 수열의 **시드**seed라 불리며, 1과 메르센 소수Mersenne prime number $2^{31} - 1 = 2147483647$ 사이의 어떤 정수로 선택된다.

매 호출마다 유사난수의 새로운 배열을 생성하는 외부 함수 프로시저는 다음 유사코드를 기반으로 작동할 수 있다.

Random 유사코드

```
real procedure Random((x_i))
integer seed, i, n;   real array (x_i)_{1:n}
integer k ← 16807, j ← 2147483647
seed ← select initial value for seed
n ← size((x_i))
for i = 1 to n
    seed ← mod(k · seed, j)
    x_i ← real(seed)/real(j)
end for
end procedure Random
```

프로시저 *Random*에 포함된 수를 적절하게 표현하기 위해서는 32비트 컴퓨터에서 배정밀도 또는 확장된 정밀도를 사용하여 프로시저가 작성되어야 한다. 그렇지 않으면 유사코드가 난수가 아닌 수를 생성하게 된다.

이 책에서든 다른 곳에서든 $\mathrm{mod}(n, m)$이 n을 m으로 나누었을 때의 나머지 값임을 상기하자. 즉 이 값은 $n-[\mathrm{integer}(n/m)]m$이다. 여기서 $\mathrm{integer}(n/m)$은 n/m의 소수점 이하를 버리고 얻은 정수이다. 따라서 $\mathrm{mod}(44, 7)$은 2이며 $\mathrm{mod}(3, 11)$은 3, 그리고 n이 m으로 균등하게 나뉠 때 $\mathrm{mod}(n, m)$은 0이다. 또한 $x \equiv y \bmod(z)$는 $x-y$가 z로 나누어떨어짐을 의미한다.

다른 두 개의 난수 생성 알고리즘의 개요는 다음과 같다.

알고리즘 모든 유사난수 생성기의 어머니

x_0, x_1, x_2, x_3 및 c를 시드 값에 따라 난수로 초기화한다.

$s = 2111111111x_{n-4} + 1492x_{n-3} + 1776x_{n-2} + 5115x_{n-1} + c$로 놓고 $n \geq 4$에 대하여 $x_n = s \bmod(2^{32})$와 $c = [s/2^{32}]$를 계산한다.

이 알고리즘은 조지 마사글리아[George Marsaglia]에 의해 창안되었다.

알고리즘 유닉스에서의 `rand ( )`

x_0를 시드의 값에 따라 난수로 초기화한다.

$n \geq 1$에 대하여 $x_{n+1} = (1103515245x_n + 12345) \bmod(2^{31})$을 계산한다.

이러한 알고리즘은 일부 응용에는 적합하지만 고품질의 랜덤성을 생성하지 않을 수 있어 정확한 통계학 또는 암호가 필요한 응용에는 적합하지 않을 수 있다. 인터넷에서 새로우면서도 더 개선된 유사난수 생성기를 찾아볼 수 있다. 이들은 놀랄만한 주기와 특수한 분포를 가진 고품질의 난수를 빠르게 생성하도록 고안되었다(예를 들어 `www.gnu.org/software/gsl/`에서 GNU 과학 도서관(GSL)을 참조하라).

유의할 점

컴퓨팅 시스템의 난수 생성기에 대하여 몇 가지 주의사항이 요구된다. 이러한 프로그램에서 만들어진 수열이 진정한 무작위 수열이 아니라는 사실은 이미 지적되었다. 일부 시뮬레이션에서는 랜덤성의 실패가 결론을 잘못된 방향으로 이끌 수 있다. 기억해야 할 세 가지 구체적인 사항과 예를 살펴보자.

> **성질 난수 알고리즘의 특징**
>
> 1. 이 책에서 설명된 *Random* 및 위와 같은 유형의 알고리즘은 **주기적인** 수열을 생성한다. 즉 수열이 결국 반복된다(그 주기는 *Random*의 경우에 2^{30} 정도로 매우 큰 편이다).
> 2. 난수 생성기가 n차원 공간에서 랜덤하게 점을 생성하는 데 사용된다면 이 점들은 상대적으로 적은 수의 평면 또는 초평면hyperplane에 놓인다(마사글리아Marsaglia는 48비트의 정수 저장 공간을 가진 컴퓨터일 때 3차원 공간에서 앞의 방식으로 점을 생성하면 그 점들은 불과 119086개의 평면 집합에 속한다고 보고하였다. 10차원 공간에서 생성된 점들은 매우 적은 개수인 126개의 평면 집합에 놓여 있었다).
> 3. *Random*과 같은 루틴에 의해 생성된 난수를 구성하는 각 자리의 숫자들은 일반적으로 독립적인 임의의 숫자가 아니다(예를 들어 숫자 3이 숫자 5 다음에 이어서 나오는 횟수가 예상보다 많거나 적을 수 있다).

예시

다음은 프로시저 *Random*을 사용하여 10개의 난수를 계산하고 출력하는 유사코드의 예이다.

Test_Random 유사코드

```
program Test_Random
real array (x_i)_{1:n};   integer n ← 10
call Random((x_i))
output (x_i)
end program Test_Random
```

다음은 이 유사코드를 실행하였을 때의 전형적인 컴퓨터 결과이다.

0.3185229, 0.5326059, 0.5067622, 0.1527148, 0.6768793,
0.3106789, 0.5796366, 0.9533168, 0.3958457, 0.9787935

MATLAB, Maple, Mathematica와 같은 수학 소프트웨어 시스템에는 다양한 분포의 난수 생성기들이 있다. 예를 들어 구간 $(0,1)$에서 균일하게 분포하는 유사난수를 생성할 수 있다. 또한 이 시스템들은 1차원 및 2,3차원의 영역 내에서 생성된 무작위 점들을 표시하고 보여주는 데 특히 유용하다.

난수 생성기를 대략적으로 점검하여 난수들의 긴 수열을 계산하고 그중 얼마만큼의 비율이 구간 $\left(0, \frac{1}{2}\right]$에 포함되어 있는지를 구해 보자. 계산된 답은 약 50%여야 할 것이다. 수열의 길이를 바꾸어 가며 그 결과를 도표화한다. 다음은 이 실험을 수행하기 위한 유사코드이다.

Coarse_Check 유사코드

```
program Coarse_Check
integer i, m;   real per;   real array (r_i)_{1:n}
integer n ← 10000
m ← 0
call Random((r_i))
for i = 1 to n
    if r_i ≦ 1/2 then m ← m + 1
    if mod(i, 1000) = 0 then
        per ← 100 real(m)/real(i)
        output i, per
    end if
end for
end program Coarse_Check
```

이 유사코드에서는 10000개의 난수열이 생성된다. 도중에 1000번째 단계에서 1/2보다 작은 난수들의 현재까지의 비율이 계산된다. 그 이후에는 단계 수가 1000의 배수일 때마다 그 비율을 계산한다. 컴퓨터의 일부 실험 결과를 보면 그 값은 49.5, 50.2, 51.0, 50.625이다.

앞에서 설명한 실험은 동전 던지기의 컴퓨터 시뮬레이션으로도 해석될 수 있다. 동전을 한 번 던지는 일은 구간 $(0, 1)$에서 난수 x를 선택하는 일과 같다. 동전의 앞면이 나올 때를 사건 $0 < x \le \frac{1}{2}$로 생각하고, 동전의 뒷면이 나올 때를 사건 $\frac{1}{2} < x < 1$로 임의로 연결지어 보자. 동전을 1000번 던지는 일은 난수 1000개를 선택하는 일에 해당한다. 그 결과는 동전 던지기를 반복하였을 때 앞면이 나온 비율을 보여준다. 동전 던지기를 시뮬레이션하는 데에 정수 난수가 사용될 수도 있다.

(적어도 이 실험에서는) 합리적인 정밀도가 오직 적당한 크기의 난수 개수(4000)에 이르러서야 비로소 달성되었음을 관찰할 수 있었다. 이 실험을 10000번 반복해도 정밀도에는 거의 영향을 미치지 않는다. 물론 이론상으로는 난수가 정말로 무작위라면 사용하는 난수의 개수를 무제한으로 증가시킬 때 정확히 50%로 수렴할 것이다.

이 유사코드 및 이 장의 다른 유사코드에서 모든 난수는 초기에 생성되어 배열에 저장되었다가 필요에 따라 나중에 프로그램에서 사용된다. 이러한 방식은 프로시저 호출 횟수를 최소화하기 때문에 난수를 얻기에 효율적인 방법이지만 저장 공간에 대한 비용이 든다. 만약 메모리 공간이 최우선 고려대상이라면 난수 생성기에 대한 호출을 난수 사용 시점 가까이로 (루프 내부로) 옮겨서 각 호출마다 하나의 난수를 반환하도록 할 수 있다.

균일하게 분포된 난수 점들

이제 다양한 기하학적 구성 하에서 난수 점 생성에 관한 몇 가지 기본적인 질문들을 고려해 보자. 프로시저 *Random*이 구간 $[0, 1]$에서 난수 r을 얻기 위해 사용된다고 가정해 보자.

첫째로 어떤 구간 (a, b)에서 균일하게 분포된 난수 점들이 필요할 때 다음 선언문이 이를 달성해 준다.

$$x \leftarrow (b-a)r + a$$

(a, b)에 분포

둘째로 다음 유사코드는 집합 $\{0, 1, \cdots, n\}$에서 정수 난수들을 생성한다.

$$i \leftarrow \text{integer}\ ((n+1)r)$$

$\{0, 1, \cdots, n\}$에 분포

셋째로 j부터 k까지의$(j \leq k)$ 정수 난수를 생성하기 위해서는 다음 선언문을 사용한다.

$$i \leftarrow \text{integer}\ ((k-j+1)r + j)$$

j부터 k까지의 정수로 분포

마지막으로 다음 선언문은 난수의 처음 네 자리 숫자를 얻기 위해 사용될 수 있다.

```
integer array (m_i)_1:n;   integer i;   real r, x
integer n ← 4
call Random(r)
for i = 1 to n
    x ← 10r
    m_i ← integer(x)
    x ← x − real(m_i)
end for
output (m_i)
```

난수의 처음 네 자리 숫자 유사코드

유사코드 *Random*의 사용

이제 균일하게 분포한 점들을 생성하기 위한 프로시저 *Random*의 올바른 사용법과 잘못된 사용법을 모두 살펴볼 것이다.

타원 $x^2 + 4y^2 = 4$의 내부에 균일하게 분포된 1000개의 난수 점을 생성하는 문제를 고려해 보자.

이렇게 하기 위한 한 가지 방법은 직사각형 $-2 \leq x \leq 2,\ -1 \leq y \leq 1$에 난수 점을 생성한 후 타원 안에 있지 않은 점들을 버리는 것이다([그림 10.2] 참조).

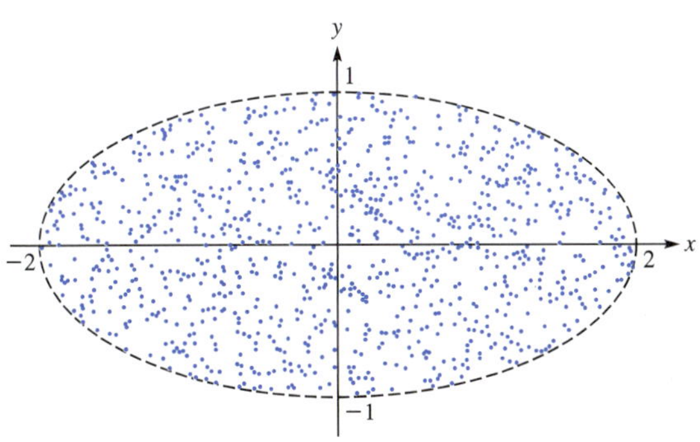

[그림 10.2] 타원 $x^2 + 4y^2 = 4$ 안에 균일하게 분포한 난수 점들

```
program Ellipse
integer i, j;   real u, v;   real array (x_i)_{1:n}, (y_i)_{1:n}, (r_ij)_{1:npts×1:2}
integer n ← 1000, npts ← 2000
call Random((r_ij))
j ← 1
for i = 1 to npts
    u ← 4r_{i,1} − 2
    v ← 2r_{i,2} − 1
    if u^2 + 4v^2 ≦ 4 then
        x_j ← u
        y_j ← v
        j ← j + 1
    if j = n then exit loop i
    end if
end for
end program Ellipse
```

Ellipse 유사코드

낭비를 줄이기 위해 다음 유사코드에서와 같이 $|y|$의 값을 $\frac{1}{2}\sqrt{4-x^2}$보다 작아지도록 강제할 수 있다. 하지만 그러한 유사코드는 잘못된 결과를 발생시킨다([그림 10.3] 참조).

```
program Ellipse_Erroneous
integer i;   real array (x_i)_{1:n}, (y_i)_{1:n}, (r_ij)_{1:n×1:2}
integer n ← 1000
call Random((r_ij))
for i = 1 to n
    x_i ← 4r_{i,1} − 2
    y_i ← [(2r_{i,2} − 1)/2]√(4 − x_i^2)
end for
end program Ellipse_Erroneous
```

Ellipse_Erroneous 유사코드

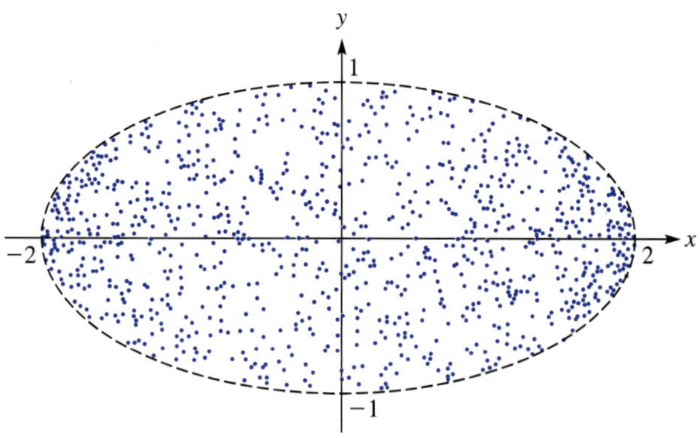

[그림 10.3] 타원 $x^2+4y^2=4$ 안에 비균일하게 분포한 난수 점들

이 유사코드는 타원 내부에 균일하게 분포된 점들을 생성하지 않는다. 이를 확인하기 위하여 타원 내부에 선택된 두 개의 수직 띠 영역을 고려해 보자([그림 10.4] 참조).

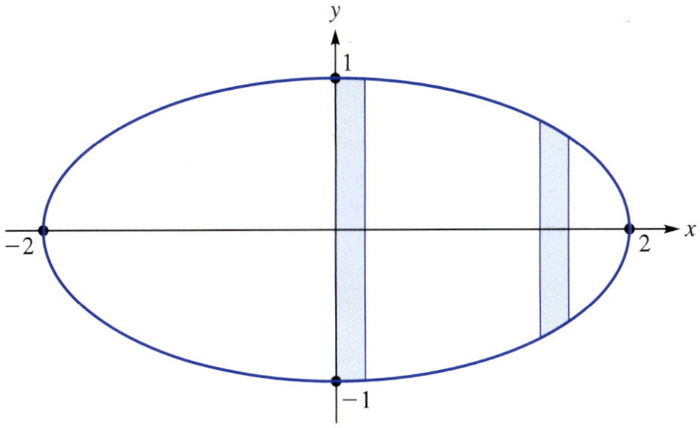

[그림 10.4] 비균일하게 분포된 점들을 포함하는 수직 띠 영역들

만일 각 띠의 폭이 h라면 대략 $1000(h/4)$개의 난수 점들이 각 띠에 들어있어야 한다. 왜냐하면 랜덤 변수 x가 $(-2, 2)$에 균일하게 분포하고, 프로그램에 의해 (x, y)가 타원 내부에 있도록 각 x에 대응하는 y가 생성되기 때문이다. 그러나 표시된 두 개의 띠의 면적이 동일하지 않기 때문에 거의 같은 수의 점을 포함해서는 안 된다. *Ellipse_Erroneous* 프로그램에 의해 생성된 점은 [그림 10.3]의 타원의 왼쪽 및 오른쪽의 양끝에 무리를 이루어 모이는 경향이 있다.

같은 이유로 다음 유사코드는 원 $x^2+y^2=1$ 안에 균일하게 분포된 난수 점을 생성하지 않는다([그림 10.5] 참조).

Circle_Erroneous 유사코드

```
program Circle_Erroneous
integer i;   real array (x_i)_{1:n}, (y_i)_{1:n}, (r_{ij})_{1:n×1:2}
integer n ← 1000
call Random((r_{ij}))
for i = 1 to n
    x_i ← r_{i,1} cos(2π r_{i,2})
    y_i ← r_{i,1} sin(2π r_{i,2})
end for
end program Circle_Erroneous
```

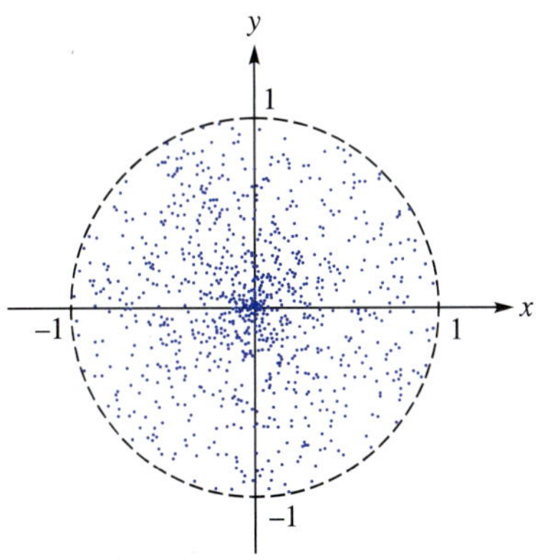

[그림 10.5] 원 $x^2+y^2=1$ 안에 비균일하게 분포하는 난수 점들

이 유사코드에서 $2\pi r_{i,2}$는 구간 $(0, 2\pi)$에서 균일하게 분포하고 $r_{i,1}$은 구간 $(0, 1)$에서 균일하게 분포한다. 그러나 극좌표에서 직각 좌표로의 변환에서 변환식 $x = r_{i,1}\cos(2\pi r_{i,2})$ 및 $y = r_{i,1}\sin(2\pi r_{i,2})$에 의해 이 균일성이 상실된다. 난수 점들은 [그림 10.5]와 같이 원점 근처에 강하게 밀집해 있다.

난수 생성기는 $[0, 1)$과 같은 특정 구간에 걸쳐 균일하게 분포하도록 무작위로 수열을 생성한다. 수열에서 이전의 수들을 안다고 해도 다음 수를 예측할 수는 없다. 이러한 수열을 적절히 뒤섞음shuffle으로써 수열의 랜덤성을 늘릴 수 있다. 이 아이디어는 난수 생성기로부터 만들어진 수로 배열을 채운 다음 생성기를 다시 사용하여 그 배열의 수 중 어느 것을 새로운 수열의 다음 수로 선택할지를 무작위로 고르기 위한 것이다. 이때 우리는 새 수열이 원래 수열보다 더 무작위적이기를 바란다. 예를 들어 수들을 뒤섞음으로써 수열의 어떤 수와 그에 인접한 수 사이의 상관관계를 제거할 수 있다.

난수 수열에 실행할 수 있는 통계 테스트들이 존재한다. 비록 이러한 테스트들이 수열의 랜덤성을 증명해 주지는 않지만 응용 분야에서는 이런 테스트들이 특히 중요하다. 예를 들어 그런 테스트는 다양한 난수 생성기 중 하나를 선택할 때 유용하므로 사용하는 난수 생성기가 이러한 테스트를 통과했는지의 여부를 확인하는 것이 좋다. 난수 생성기가 진정한 랜덤성에 대한 엄격한 테스트를 통과하지 못한 경우에도 난수 생성기가 여전히 유용한 상황도 존재한다. 예를 들어 선형 대수 코드를 테스트하기 위해 임의의 행렬을 생성할 때 엄격한 무작위성이 중요하지 않을 수 있다. 반면 몬테카를로 적분 및 기타 응용에서는 엄격한 랜덤성이 필수적이다. 엄격한 랜덤성이 중요할 때 큰 워드 크기의 머신장치와 알려진 통계 특성을 가진 난수 생성기를 사용하는 것이 좋다.

준랜덤quasi-random 또는 낮은 차이의 수열low-discrepancy sequence은 실제로는 랜덤하지 않더라도 알맞게 랜덤해 보이는 형태를 유지하며 어떤 영역 또는 부피를 균일하게 채우도록 구성된다. 준랜덤

소수prime number는 1보다 큰 정수로 약수가 오직 1과 자기 자신뿐인 수를 말한다. 소수는 수학의 기본 구성 요소 중 하나이다. 큰 소수를 찾고자 하는 연구는 길고도 흥미로운 역사를 가지고 있다. 1644년 메르센Mersenne은 $1 \le n \le 257$인 n에 대하여 $2^n - 1$이 $n = 2, 3, 5, 7, 13, 17, 19, 31, 67, 127, 257$일 때만 소수이고 다른 n에 대해서는 소수가 아닐 것으로 추측하였다. 1876년 루카스Lucas는 $2^{127} - 1$이 소수임을 증명하였다. 그러나 1937년에 레머Lehmer는 $2^{257} - 1$은 소수가 아님을 입증하였다. 1952년까지는 $2^{127} - 1$이 알려진 가장 큰 소수였다. 그 후에 $2^{521} - 1$이 소수임이 밝혀졌다. 소수의 간략한 역사

새로운 컴퓨터 시스템을 테스트하기 위해 더 큰 메르센 소수를 찾으려는 연구가 계속되었다. 사실 더 큰 소수를 찾는 연구의 중요성은 암호학에서 소수가 사용되면서 점점 커져왔다. 1992년 크레이Cray 2 슈퍼컴퓨터는 루카스-레머 테스트를 사용하여 19시간의 계산 후에 $2^{756839} - 1$이 소수임을 밝혀냈다. 이 수는 무려 227,832자리의 수이다! 그 이전에 알려진 가장 큰 메르센 소수는 1985년에 발견된 $2^{216091} - 1$이었다. 현재까지 알려진 가장 큰 소수인 $2^{32582657} - 1$이 2006년에 인터넷 시설 GIMPSGreat Internet Mersenne Prime Search를 사용하여 발견되었다. 이 수는 980만 자리의 수였다. 수천 명의 개개인들이 GIMPS 데이터베이스를 사용하여 큰 소수에 대한 연구를 도왔으며 데이터베이스와의 상호 작용은 사람의 개입 없이 자동으로 수행되었다. 큰 소수에 대한 더 자세한 정보 및 현재 알려진 가장 큰 소 메르센 소수

수에 대한 기록을 찾으려면 http://www.mersenne.org/를 참조하거나 온라인에서 검색해 보라.

10.1 요약

• **유사난수**의 배열 (r_i)를 생성하기 위한 알고리즘은 다음과 같다.

```
integer ℓ;   real array (x_i)_{1:n}
ℓ ← an integer between 1 and 2^31 − 1
for i = 1 to n
    ℓ ← mod(7^5 ℓ, 2^31 − 1)
    x_i ← ℓ/(2^31 − 1)
end for
```

• 만약 [0, 1]에서 생성된 (r_i)가 난수의 배열이면 다음을 사용하여 구간 (a, b)에서의 난수 점을 생성한다.

$$x \leftarrow (b - a)r_i + a$$

집합 $\{0, 1, \cdots, n\}$에서 정수 난수를 생성하기 위해서는 다음을 사용한다.

$$i \leftarrow \text{integer}\ ((n + 1)r_i)$$

그리고 j부터 k까지($j \le k$)의 정수 난수를 얻기 위해서는 다음을 사용한다.

$$i \leftarrow \text{integer}\ ((k - j + 1)r_i + j)$$

10.1 연습문제

01 시드를 123456으로 선택하여 프로시저 *Random*에 의하여 생성되는 처음 세 개의 난수를 손으로 직접 계산하라.

02 시드 ℓ이 12777보다 작거나 같으면 프로시저 *Random*에 의하여 생성되는 첫 난수가 $\frac{1}{10}$보다 작음을 보여라.

03 프로시저 *Random*에 의하여 생성되는 수들과 $(2^{31} - 1)$의 곱이 정수이기 때문에 프로시저 *Random*에 의하여 생성되는 수들이 난수가 아님을 보여라.

04 다음의 난수 생성 알고리즘이 어떠한 점에서 프로시저 *Random*과 다른지 설명하라.

$$\begin{cases} x_0\text{는 } (0, 1)\text{내의 임의의 수} \\ x_i = (7^5 x_{i-1}\text{의 소수 부분}) \quad (i \ge 1) \end{cases}$$

10.1 컴퓨터 연습문제

01 심장형 곡선 cardioid $r = 2 - \cos\theta$ 내에 균일하게 분포하는 1000개의 난수 점을 생성하는 프로그램을 작성하라.

02 프로시저 *Random*을 사용하여 점 $(1, 3)$, $(2, 5)$, $(4, 3)$, $(3, 5)$로 만들어지는 사다리꼴의 내부 또는 그 경계 상에 유사난수 점 (x, y)를 생성하는 프로시저 *Random_Trapezoid* (x, y)에 대한 코드를 작성하라.

03 어떠한 프로시저도 사용하지 않고 $(0, 1)$에서 균일하게 분포하는 100개의 난수를 생성하고 출력하는 프로그램을 작성하라. 8개의 선언문만으로 충분하다.

04 인터넷 상의 수학 소프트웨어에서 찾을 수 있는 몇몇 난수 생성기를 테스트하라.

05 다음 방법으로 당신의 컴퓨터 시스템에 있는 난수 생성기를 테스트하라. 1000개의 난수 $x_1, x_2, \cdots, x_{1000}$을 생성하라.

(a) 폭 h인 어떠한 작은 구간에 대해서도 대략 $1000h$개의 x_i들이 그 구간 내에 있어야 한다. $n = 1, 2, \cdots, 10$일 때 10개의 구간 $[(n-1)/10, n/10]$ 각각에 대해 난수의 개수를 카운트하라.

(b) 부등식 $x_i < x_{i+1}$은 대략 500번 일어나야 한다. 당신의 샘플에서 이 횟수를 세어 보라.

06 각 호출마다 $\boldsymbol{x} = [x_1, x_2, \cdots, x_{20}]^T$ 형태의 랜덤 벡터를 생성하는 프로시저를 작성하라. 이때 각 x_i는 1부터 100까지의 정수이며 $\boldsymbol{x}$의 어떠한 두 성분도 같지 않아야 한다.

07 다음 각각의 영역에 균일하게 분포하는 $n = 1000$개의 난수 점을 생성하는 프로그램을 작성하고 난수 점 (x_i, y_i)를 배열 $(x_i)_{1:n}$ 및 $(y_i)_{1:n}$에 저장하라.

(a) 다음 그림과 같은 정삼각형

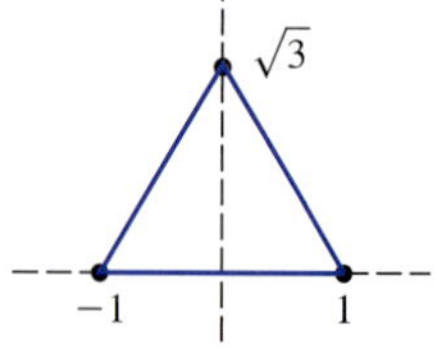

(b) 다음 그림과 같은 다이아몬드 형태

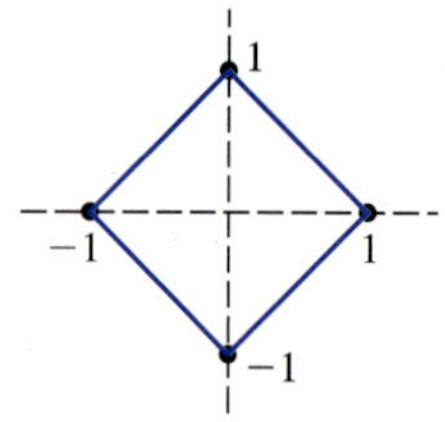

08 $x_1, x_2, \cdots$이 구간 $(0, 1)$에 균일하게 분포하는 난수열이라면 부등식 $40x^2 + 7 > 43x$를 만족하는 수의 비율은 얼마일 것으로 예상되는가? 이를 1000개의 난수에 대하여 테스트하는 프로그램을 작성하라.

09 원 $(x-3)^2 + (y+1)^2 \le 9$의 내부에 균일하면서도 랜덤하게 분포하는 1000개의 점을 생성하고 출력하는 프로그램을 작성하라.

10 구간 $(0, 1)$에서 균일 분포를 따르는 1000개의 난수를 생성하라. 구간 $(0, 1)$에서 함수 $f(t)$는 $x_1, x_2, \cdots, x_{1000}$ 중 t보다 작은 난수의 개수로 정의된다. $(0, 1)$에 균일하게 분포하는 200개의 점 t에 대하여 $f(t)/1000$을 계산하라. $f(t)/1000$은 어떤 값을 가질 것으로 예상되는가? 이 예상값은 실험에 의해 뒷받침될 수 있는가? 만약 플로터 plotter를 사용할 수 있다면 $f(t)/1000$의 그래프를 그려라.

11 $n_i\,(1 \le i \le 1000)$는 정수의 수열로 $0 \le n_i \le 9$를 만족한다고 하자. 주어진 수열이 주기적인지를 테스트하는 프로그램을 작성하라(수열이 **주기적**이라는 것은 모든 i에 대하여 $n_i = n_{i+k}$인 정수 k가 존재한다는 것이다).

12 컴퓨터로 구간 $(0, 1)$에 1000개의 난수를 생성하라. 그 난수들을 출력하고 그 수들이 무작위적이지 않은 거동을 보이는 증거를 조사하라.

13 당신의 컴퓨터에서 1000개의 난수 $x_i\,(1 \le i \le 1000)$를 생성하라. n_i는 x_i에서 소수점 아래 8번째 자리의 숫자를 나타낸다. 1000개의 n_i 중 $0, 1, \cdots, 9$가 몇 개씩 있는지 세어 보라. 각각이 몇 개씩 있을 것으로 예상되는가? 이 코드는 9개의 선언문으로 작성될 수 있다.

14 난수 생성기를 이용하여 1000개의 난수를 생성하고 소수점 아래 j번째 자리에서 숫자 i가 몇 번 나타나는지를 세어라. 이 값들에 대한 표를 출력하라. 즉 소수점 아래 특정 자리에 등장

하는 숫자의 빈도를 표로 나타내라. 이 표를 살펴봄으로써 소수점 아래의 어떤 자리가 난수 숫자를 가장 균등한 분포로 생성하는지를 결정하라.

힌트 : [컴퓨터 연습문제 1.1.7]을 사용하여 표의 수치들에 대한 산술 평균, 분산, 표준 편차를 계산하라.

15 정수 난수를 사용하여 다섯 명의 사람이 동전 던지기를 하였을 때 같은 면이 나오는 상황을 시뮬레이션하는 짧은 프로그램을 작성하라. 동전을 125회 던졌을 때 다섯 명의 사람이 던진 동전이 같은 면이 나오는 비율을 출력하라.

16 $x^2+y^2+z^2 \le 1$로 정의되는 구 내부에 균일하게 분포하는 1600개의 난수 점을 생성하는 프로그램을 작성하라. 제1팔분공간^the first octant 4에 속하는 난수 점의 개수를 세어라.

17 세 개의 동전을 1000번 동시에 던지기를 시뮬레이션하는 프로그램을 작성하라. 세 개의 동전 중 두 개의 동전이 앞면이 나오는 횟수를 출력하라.

18 균일 분포로부터 추출된 3개의 난수 1000쌍을 계산하라. 각각의 쌍 (x, y, z)에 대하여 곱 xyz의 첫 유효숫자를 계산하라(첫 유효숫자는 1, 2, ⋯, 9 중 하나일 것이다). 1000가지 경우에서 1에서 9까지의 숫자가 나타나는 빈도를 구하라. 이 숫자들이 동일한 빈도로 나타나지 않는다는 사실을 설명하라(예를 들면 1은 9보다 대략 7배 정도 자주 나타난다).

19 이 절의 예제 프로그램들을 실행해 보고, 당신의 컴퓨터에서 비슷한 결과가 얻어지는지를 확인하라.

20 다음 그림으로 주어지는 영역의 내부에 다음의 **지수 분포**exponential distribution를 따르는 1000개의 유사난수를 생성하고 그 그래프를 그리는 프로그램을 작성하라.

$\lambda = 1/30$이고, $r \in [0, 1)$에 대해 $x = -\ln(1-r)/\lambda$이다.

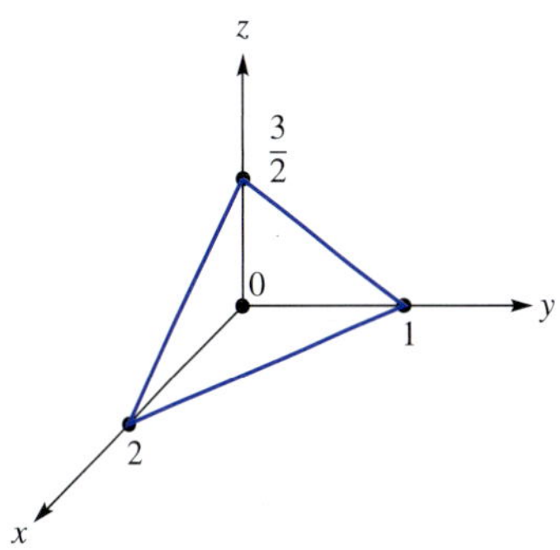

21 2개 대신 10개 또는 100개의 버킷bucket을 사용하여 프로그램 *Coarse_Check*을 향상시켜라.

22 (**학생 연구 과제**) 난수 생성기에 대한 최근의 일부 발전 현황에 대하여 조사하고, 병렬 난수 생성기에 대해 탐구하라. 균일 분포가 아닌 다른 분포의 난수도 종종 필요하다. 따라서 여기에는 통계적인 관점이 포함되어 있다.

10.2 몬테카를로 기법을 이용한 넓이 및 부피 추정

수치 적분

이제 첫 번째 응용으로 몬테카를로법을 이용하여 정적분의 근삿값을 구해 보자. 만약 구간 $(0, 1)$의 난수열로부터 처음 n개의 원소 $x_1, x_2, \cdots, x_n$을 택한다면 다음이 성립한다.

$$\int_0^1 f(x)dx \approx \frac{1}{n}\sum_{i=1}^{n} f(x_i)$$

n개의 수의 평균

여기서 적분은 n개의 수 $f(x_1)$, $f(x_2)$, ⋯, $f(x_n)$의 평균으로 근사된다. 이러한 근사가 실제로 수행되면 그 오차는 $1/\sqrt{n}$의 차수를 보인다. 이를 롬베르크 방법과 같은 좋은 알고리즘과 비교하면 경쟁력이 전혀 없다. 그러나 더 높은 차원에서는 몬테카를로법이 상당히 매력적일 수 있다. 예를 들어 삼중 적분을 다음과 같이 나타낼 수 있다.

4 (옮긴이) 제1팔분공간은 3차원 좌표공간의 점 (x, y, z) 중 $x>0$, $y>0$, $z>0$을 만족하는 점들로 이루어진 공간을 말한다.

$$\int_0^1\int_0^1\int_0^1 f(x, y, z)\,dx\,dy\,dz \approx \frac{1}{n}\sum_{i=1}^{n} f(x_i, y_i, z_i)$$

난수 점의 수열 이용

여기서 (x_i, y_i, z_i)는 단위 정육면체 $0 \le x \le 1$, $0 \le y \le 1$, $0 \le z \le 1$ 안의 n개의 난수 점의 수열이다. 정육면체 내에서 난수 점들을 얻기 위하여 $(0, 1)$ 내에 난수열을 가정하고, 이를 $\xi_1, \xi_2, \xi_3, \xi_4, \xi_5, \xi_6, \cdots$으로 표시하자. 정육면체 내에서 첫 번째 난수 점 p_1을 얻으려면 그냥 $p_1 = (\xi_1, \xi_2, \xi_3)$이라 놓으면 된다. 두 번째 점은 물론 $p_2 = (\xi_4, \xi_5, \xi_6)$이며 다른 점들도 유사하게 정한다.

(1차원 적분에서) 만약 구간의 길이가 1이 아닌 일반적인 (a, b)일 때 (a, b) 구간에서 n개의 난수 점 전체에 대하여 구한 f의 평균은 단순히 그 함수의 적분에 대한 근사가 아니라 다음 적분에 대한 근사이다.

$$\frac{1}{b-a}\int_a^b f(x)dx$$

이 적분은 함수 $f(x) = 1$의 평균이 실제로 1이라는 우리의 의도와 부합한다. 이와 유사하게 더 높은 차원에서도 한 영역 전체에서의 f의 평균은 함수를 적분한 다음 그 영역의 넓이나 부피 또는 측도measure [5]로 나눔으로써 구할 수 있다. 예를 들어 다음 적분

$$\frac{1}{8}\int_1^3\int_{-1}^1\int_0^2 f(x, y, z)\,dx\,dy\,dz$$

는 세 부등식 $0 \le x \le 2$, $-1 \le y \le 1$, $1 \le z \le 3$에 의해 정의되는 평행육면체 전체에서의 f의 평균이다.

5 (옮긴이) 수학에서 측도는 공간의 특정 부분 집합에 대해 '크기'를 부여하는 함수이다. 측도는 유한 집합의 원소의 수, 실수 구간의 길이, 평면 도형의 넓이, 3차원 입체의 부피의 개념을 임의의 공간으로 일반화하는 개념이다.

각 변수에 따른 적분 구간을 정확하게 지키기 위해 다음 두 식을 상기하자.

적분 순서

$$\int_a^b\int_c^d f(x, y)dxdy = \int_a^b\left[\int_c^d f(x, y)dx\right]dy$$

$$\int_{a_1}^{a_2}\int_{b_1}^{b_2}\int_{c_1}^{c_2} f(x, y, z)\,dx\,dy\,dz = \int_{a_1}^{a_2}\left\{\int_{b_1}^{b_2}\left[\int_{c_1}^{c_2} f(x, y, z)dx\right]dy\right\}dz$$

따라서 (x_i, y_i)가 적절한 균일 분포를 갖는 난수 점들을 나타낼 때 다음의 예들로 몬테카를로 기법을 설명할 수 있다.

예시 적분들

$$\int_0^5 f(x)dx \approx \frac{5}{n}\sum_{i=1}^{n} f(x_i)$$

$$\int_2^5\int_1^6 f(x, y)\,dx\,dy \approx \frac{15}{n}\sum_{i=1}^{n} f(x_i, y_i)$$

각각의 경우에 난수 점은 해당 영역에 균일하게 분포해야 한다.

일반적으로 다음이 성립한다.

$$\int_A f \approx (A\text{의 측도}) \times (A\text{에 속하는 } n\text{개의 난수 점 전체에서 구한 } f\text{의 평균})$$

일반적인 경우

여기서는 어떤 집합에서의 함수의 평균이 집합 전체에서의 함수의 적분을 집합의 측도로 나눈 값과 같다는 사실을 이용하였다.

예제와 유사코드

xy공간에서 부등식으로 정의된 원반 형태의 영역

$$\Omega = \left\{(x, y) : \left(x - \frac{1}{2}\right)^2 + \left(y - \frac{1}{2}\right)^2 \le \frac{1}{4}\right\}$$

에서 다음 적분의 값을 구하는 문제를 생각해 보자.

$$\iint_\Omega \sin\sqrt{\ln(x+y+1)}\,dxdy = \iint_\Omega f(x, y)\,dx\,dy$$

난수를 이용한 $\iint_\Omega f(x, y)dx\,dy$ 근사

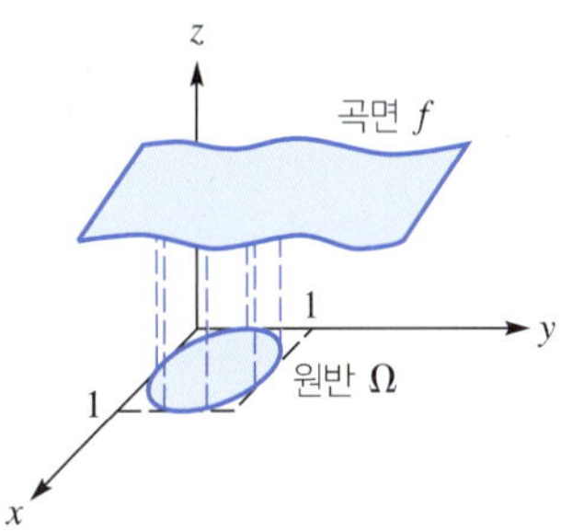

[그림 10.6] 원반 Ω 위에 있는 곡면 $f(x, y)$에 대한 개략적인 그림

[그림 10.6]에 정의역과 그 위의 곡면이 나와 있다. 정사각형에서 난수 점을 생성한 후 원반 안에 있지 않은 점들을 버리는 방식으로 진행한다. 원반에서 $n=5000$개의 점을 취한다. 만일 점들이 $p_i=(x_i, y_i)$라면 적분은 다음과 같이 추정된다.

$$\begin{aligned}\iint_\Omega f(x,y)dx\,dy &\approx (\text{원반 } \Omega\text{의 넓이}) \times (n\text{개 난수 점 전체에서의 } f\text{의 평균 높이})\\ &= (\pi r^2)\left[\frac{1}{n}\sum_{i=1}^{n} f(p_i)\right]\\ &= \frac{\pi}{4n}\sum_{i=1}^{n} f(p_i)\end{aligned}$$

일반적인 경우

이 예에 대한 유사코드는 다음과 같다. 적분에 대한 중간 추정값은 n이 1000의 배수일 때 출력된다. 이 값들은 평균화 과정에서 정확한 적분값에 어떻게 접근해야 하는지에 대한 몇몇 아이디어를 제공한다.

```
program Double_Integral
integer i, j:   real sum, vol, x, y;   real array (r_ij)_{1:n×1:2}
integer n ← 5000, iprt ← 1000;   external function f
call Random((r_ij))
j ← 0;   sum ← 0
for i = 1 to n
    x = r_{i,1}; y = r_{i,2}
    if (x − 1/2)^2 + (y − 1/2)^2 ≦ 1/4 then
        j ← j + 1
        sum ← sum + f(x, y)
        if mod(j, iprt) = 0 then
            vol ← (π/4)sum/real(j)
            output j, vol
        end if
    end if
end for
vol ← (π/4)sum/real(j)
output j, vol
end program Double_Integral

real function f(x, y)
real x, y
f ← sin(√(ln(x + y + 1)))
end function
```

Double_Integral 유사코드

이 적분에 대한 근삿값으로 0.57을 얻을 수 있다.

부피 계산

3차원 공간에서의 복잡한 영역의 부피는 몬테카를로 기법을 사용하여 계산할 수 있다. 단순한 사례로 다음 부등식을 만족하는 점이 속하는 영역의 부피를 구해보자.

$$\begin{cases} 0 \le x \le 1,\ 0 \le y \le 1,\ 0 \le z \le 1 \\ x^2 + \sin y \le z \\ x - z + e^y \le 1 \end{cases}$$

3차원에서의 복잡한 영역

첫 번째 행은 부피가 1인 정육면체를 정의한다. 따라서 주어진 부등식으로 정의된 모든 영역은 이 정육면체의 부분집합이다. 이 정육면체에 n개의 난수 점을 생성하였을 때 그중 m개가 남은 두 개의 부등식을 만족한다면, 구하고자 하는 영역의 부피는 대략 m/n이다. 이 과정을 수행하는 유사코드는 다음과 같다.

Volume_Region 유사코드

```
program Volume_Region
integer i, m;   real array (r_ij)_{1:n×1:3};   real vol, x, y, z
integer n ← 5000, iprt ← 1000
call Random((r_ij))
for i = 1 to n
    x ← r_{i,1}
    y ← r_{i,2}
    z ← r_{i,3}
    if x^2 + sin y ≦ z, x − z + e^y ≦ 1 then m ← m + 1
    if mod(i, iprt) = 0 then
        vol ← real(m)/real(i)
        output i, vol
    end if
end for
end program Volume_Region
```

1000, 2000, ⋯, 5000번째 점에 도달했을 때 출력되는 중간 추정값을 주의 깊게 관찰하라. 이 영역의 부피는 대략 0.14라는 근삿값으로 결정된다.

아이스크림 콘 예제

[그림 10.7]과 같이 원뿔 $z^2 = x^2 + y^2$의 위쪽과 구 $x^2 + y^2 + (z-1)^2 = 1$의 내부로 둘러싸인 영역의 부피를 찾는 문제를 생각해 보자.

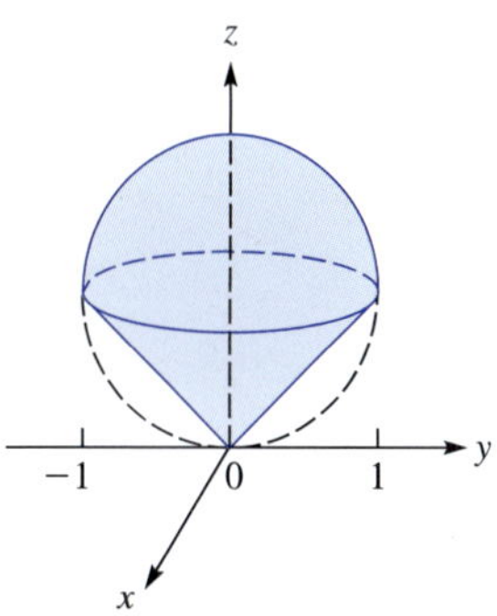

[그림 10.7] 아이스크림 콘 영역

이 영역은 부피가 8인 상자 $-1 \le x \le 1$, $-1 \le y \le 1$, $0 \le z \le 2$ 내부에 들어 있다. 따라서 이 상자 내에 난수 점들을 생성하고, 생성한 점의 전체 개수에 대한 구하고자 하는 영역에 속하는 점 개수의 비율에 8을 곱한다. 이를 수행하는 유사코드는 다음과 같다.

```
program Cone
integer i, m;   real vol, x, y, z;   real array (r_ij)_1:n×1:3
integer n ← 5000, iprt ← 1000;   m ← 0
call Random((r_ij))
for i = 1 to n
    x ← 2r_i,1 − 1; y ← 2r_i,2 − 1; z ← 2r_i,3
    if x^2 + y^2 ≦ z^2, x^2 + y^2 ≦ z(2 − z) then m ← m + 1
    if mod(i, iprt) = 0 then
        vol ← 8 real(m)/real(i)
        output i, vol
    end if
end for
end program Cone
```

Cone 유사코드

콘의 부피는 대략 3.3이다.

10.2 요약

• **면적과 부피를 추정하는 데 몬테카를로법**을 사용해서 적분을 근사할 수 있다.

$$\int_0^1 f(x)\,dx \approx \frac{1}{n}\sum_{i=1}^{n} f(x_i)$$

$$\int_0^1\int_0^1\int_0^1 f(x,\ y,\ z)\,dx\,dy\,dz \approx \frac{1}{n}\sum_{i=1}^{n} f(x_i,\ y_i,\ z_i)$$

여기서 $\{x_i\}$는 단위 구간에서의 난수열이며, $(x_i,\ y_i,\ z_i)$는 단위 정육면체에서의 n개의 난수 점 수열이다.

• 일반적으로 다음이 성립한다.

$$\int_A f \approx (A\text{의 측도}) \times (A\text{에 속하는 } n\text{개의 난수 점 전체에서 구한 } f\text{의 평균})$$

10.2 연습문제

01 몬테카를로법을 사용하여 π를 계산하는 방법이 제안되었다. 반지름이 1인 원이 한 변의 길이가 2인 정사각형 내부에 있다. 정사각형 내부의 m개의 난수 점들 중 몇 개의 점이 원 안에 있는지를 세어 보라. 오차는 $1/\sqrt{m}$이라고 가정한다. π를 소수점 아래 세 자리의 숫자까지 (예를 들면 3.142와 같이) 정확하게 얻기 위해서는 몇 개의 점을 선택해야 하는가?

02 **적분의 평균값 정리** mean-value theorem for integral에 의하면 구간 $[a,\ b]$에서 연속인 함수 $f(x)$에 대하여 다음 식을 만족하는 c(단, $a<c<b$)가 존재한다.

$$\int_a^b f(x)dx = (b-a)f(c)$$

결과적으로 이 계산은 곡선 아래의 면적이 가로 폭$(b-a)$와 평균 높이 $f(c)$의 곱과 같음을 보여준다. 여기서 $f(x)=\sin x+\frac{1}{3}\sin 3x$라 하자. 다음 식을 만족하는 c를 찾아라.

$$\int_0^\pi \left[\sin x + \frac{1}{3}\sin 3x\right] dx = \pi f(c)$$

03 곡선 아래의 면적을 구하는 한 직관적인 방법은 부분구간 $[a=x_0,\ x_1]$, $[x_1,\ x_2]$, $\cdots$, $[x_{n-1},\ x_n=b]$ 각각에 걸쳐 놓여 있는 일련의 직사각형들로 면적을 근사하는 것이다. 여기서 구

간 $[a, b]$는 동일한 폭 $h=(b-a)/n$를 갖는 n개의 부분구간으로 나누어진다. $k=1, 2, \cdots, n$에 대하여 동일한 간격으로 노드 $c_k = a+(k-t)h$를 형성한다. n개의 부분구간에 대한 **복합 중점 공식**composite midpoint rule은 다음과 같다.

$$\int_a^b f(x)dx = h\sum_{k=1}^{n} f(c_k)$$

이 적분을 다음과 같이 근사할 수 있음을 보여라.

$$\int_a^b f(x)dx \approx (b-a)\hat{f} \quad (\text{단, } \hat{f} = \frac{1}{n}\sum_{k=1}^{n} f(c_k)\text{이다.})$$

이는 $h=(b-a)/n$일 때 $k=1, 2, \cdots, n$에 대하여 n개의 동일한 간격의 점 $c_k = a+\left(k-\frac{1}{2}\right)h$에서 $f(x)$의 값을 추출한 것이다.

10.2 컴퓨터 연습문제

01 이 절에 주어진 코드들을 컴퓨터에서 실행시켜 보고 그 결과들이 합리적임을 보여라.

02 적분 $\int_0^1 e^x dx$를 몬테카를로법으로 계산하는 프로그램을 작성하고 테스트하라. 이때 $n=25, 50, 100, 200, 400, 800, 16000, 32000$을 사용하라. 32,000개의 난수가 필요하다는 점과, 각 경우의 작업이 그 다음 경우에 쓰일 수 있음을 관찰하라. 정확한 답을 출력하라. 또한 증가율을 살펴보기 위해 그 결과들을 로그 스케일로 그려라.

03 다음 식을 수치적으로 입증하기 위한 프로그램을 작성하라. 2500개의 난수와 몬테카를로법을 사용하라.

$$\pi = \int_0^2 (4-x^2)^{1/2} dx$$

04 몬테카를로법을 사용하여 다음 적분을 근사하라. 그 결과를 정확한 답과 비교하라.

$$\int_{-1}^1\int_{-1}^1\int_{-1}^1 (x^2+y^2+z^2)\,dx\,dy\,dz$$

05 다음 식의 값을 추정하기 위한 프로그램을 작성하라.

$$\int_0^2\int_3^6\int_{-1}^1 (yx^2+z\log y+e^x)\,dx\,dy\,dz$$

06 몬테카를로 기법을 사용하여 다음 적분을 근사하기 위한 유사코드를 작성하라. 여기서 Ω는 높이가 3, 밑면이 원 $x^2+y^2 \le 4$로 주어지는 원기둥이다.[6]

$$\iiint_\Omega (e^x \sin y \log z)\,dx\,dy\,dz$$

07 곡선 $y=e^{-(x+1)^2}$ 아래 부분과 세 꼭짓점이 $(1, 0), (0, 1), (-1, 0)$인 삼각형의 내부의 교집합으로 주어지는 영역의 넓이를 추정하는 짧은 프로그램을 작성하고 테스트하라.

08 몬테카를로 접근법을 사용하여 다음과 같이 정의되는 불규칙적인 그림의 넓이를 구하라.

$$\begin{cases} 1 \le x \le 3, \quad -1 \le y \le 4 \\ x^3+y^3 \le 29 \\ y \ge e^x - 2 \end{cases}$$

09 몬테카를로법을 사용하여 점 (x, y, z)가 다음 조건을 만족하는 입체의 부피를 추정하라.

$$\begin{cases} 0 \le x \le y, \quad 1 \le y \le 2, \quad -1 \le z \le 3 \\ e^x \le y \\ (\sin z)y \ge 0 \end{cases}$$

10 몬테카를로 기법을 사용하여 부등식 $0 \le x \le 1$, $10 \le y \le 13$, $y \ge 12\cos x$, $y \ge 10+x^3$으로 주어지는 영역의 면적을 추정하라. 중간 과정의 결과들을 출력하라.

11 몬테카를로법을 사용하여 다음 적분들을 근사하라.

(a) $\int_{-1}^1\int_{-1}^1\int_{-1}^1 (x^2-y^2-z^2)\,dx\,dy\,dz$

(b) $\int_1^4\int_2^5 (x^2-y^2+xy-3)\,dx\,dy$

(c) $\int_2^3\int_{1+y}^{\sqrt{y}} (x^2y+xy^2)\,dx\,dy$

---

6 (옮긴이) 정확히 말하자면 이 문제에서 원기둥 Ω의 밑면은 두 개의 식 $x^2+y^2 \le 4$ 및 $z=0$으로 정의한다.

(d) $\int_0^1 \int_{y^2}^{\sqrt{y}} \int_0^{y+z} xy\,dx\,dy\,dz$

12 구면좌표계 상의 적분 $\int_0^{\pi/4} \int_0^{2\cos\phi} \int_0^{2\pi} \rho^2 \sin\phi\, d\theta\, d\rho\, d\phi$의 값은 원뿔 $z^2 = x^2 + y^2$의 윗부분과 구 $x^2 + y^2 + (z-1)^2 = 1$의 내부의 교집합으로 주어지는 영역의 부피이다. 몬테카를로법을 사용하여 이 적분을 근사하고 본문의 예제에서의 결과와 비교하라.

13 xy평면에서 영역 R은 다음 부등식에 의하여 정의된다.

$$\begin{cases} \dfrac{1}{3} \le 3x \le 9 - y \\ \sqrt{x} \le y \le 3 \end{cases}$$

다음 적분을 추정하라.

$$\iint_R (e^x + \cos xy)\, dx\, dy$$

14 몬테카를로 기법을 사용하여 부등식 $4x^2 + 9y^2 \le 36$ 및 $y \le \arctan(x+1)$로 정의되는 영역의 넓이를 추정하라.

15 다음 부등식에 의하여 정의되는 영역의 넓이를 추정하는 프로그램을 작성하라.

$$\begin{cases} x^2 + y^2 \le 4 \\ |y| \le e^x \end{cases}$$

16 x_i가 난수가 아니더라도 $\int_0^1 f(x)dx \approx \frac{1}{n}\sum_{i=1}^n f(x_i)$에 의해 적분값을 추정할 수 있다. 실제로는 난수가 아닌 수열들이 더 나을 수도 있다. 수열 $x_i =(i\sqrt{2}$의 소수 부분)을 사용하여 이에 대응하는 수치 적분 기법을 테스트하라. $\int_0^1 e^x dx$ 및 $\int_0^1 (1+x^2)^{-1} dx$와 같은 간단한 몇몇 적분을 사용하여 추정값의 수렴 비율이 $\frac{1}{n}$인지 또는 $\frac{1}{\sqrt{n}}$인지를 테스트하라.

17 다음 타원체를 고려하자.

$$\frac{x^2}{4} + \frac{y^2}{16} + \frac{z^2}{4} = 1$$

(a) 이 타원체의 제1팔분공간 부분에 균일하게 분포하는 5000개의 난수 점을 생성하고 저장하는 프로그램을 작성하라.

(b) 제1팔분공간에서의 이 타원체의 부피를 추정하기 위한 프로그램을 작성하라.

18 $f(x) \ge 0$일 때 $\int_a^b f(x)dx$를 추정하기 위한 몬테카를로법은 다음과 같다. 우선 $c \ge \max_{a \le x \le b} f(x)$라 하자. 그리고 직사각형 $a \le x \le b,\ 0 \le y \le c$에서 n개의 난수 점 (x, y)를 생성한다. $y \le f(x)$를 만족하는 난수 점 (x, y)의 개수 k를 센다. 그러면 다음이 성립한다.

$$\int_a^b f(x)dx \approx kc(b-a)/n$$

이를 증명하고 이 방법을 적분 $\int_1^2 x^2 dx$, $\int_0^1 (2x^2 - x + 1)dx$, $\int_0^1 (x^2 + \sin 2x)dx$에 테스트하라.

19 앞 문제의 방법을 이용하여 다음 값을 추정하라. $0 \le x \le 1$, $0 \le y \le 1$에서 난수 점을 생성한다. $n = 1000, 2000, \cdots, 10000$을 사용하고 그 오차가 $1/\sqrt{n}$처럼 행동하는지를 결정하라.

$$\pi = 4\int_0^1 \sqrt{1-x^2}\, dx$$

20 f가 구간 $[a, b]$에서 양수, 음수 두 값을 모두 가질 경우를 다룰 수 있도록 18번 컴퓨터 연습문제에 주어진 방법을 수정하라. 수정한 방법을 $\int_{-1}^1 x^3 dx$에 테스트하라.

21 $\int_a^b f(x)dx$를 계산하기 위한 또 다른 몬테카를로법은 다음과 같다. (a, b)에서 홀수 개의 난수를 생성하고 이 점들을 $a < x_1 < x_2 < \cdots < x_n < b$로 재정렬한다. 이제 다음을 계산한다.

$$f(x_1)(x_2 - a) + f(x_3)(x_4 - x_2) + f(x_5)(x_6 - x_4) + \cdots + f(x_n)(b - x_{n-1})$$

이 방법을 다음 적분들에 테스트하라.

$$\int_0^1 (1+x^2)^{-1}\, dx,\ \int_0^1 (1-x^2)^{-1/2}\, dx,\ \int_0^1 x^{-1} \sin x\, dx$$

22 꼭짓점이 $(0, 0, 0)$, $(0, 1, 0)$, $(0, 0, 1)$, $(1, 0, 0)$인 사면체의 내부에 랜덤하게 선택된 네 개의 점에 의해 형성되는 사면체의 부피의 기댓값은 얼마인가(이 문제에 대한 정확한 정답은 알려져 있지 않다!)?

23 곡선 $y = \sin x$의 아랫부분과 곡선 $y = \ln(x+2)$의 윗부분의 교집합으로 이루어진 영역의 면적을 계산하는 프로그램을 작성하라. 몬테카를로법을 사용하고 그 중간 과정의 결과들을 출력하라.

24 몬테카를로법으로 다음 적분을 추정하라.

$$\int_{3.2}^{5.9} \left(\frac{e^{\sin x + x^2}}{\ln x} \right) dx$$

25 다음과 같은 방식으로 당신이 사용할 수 있는 난수 생성기를 테스트하라. 우선 구간 $[0, 1]$에 균일하게 분포하는 N개의 난

수 목록 r_k를 생성하는 일에서부터 시작하자. $1 \le k \le N$에 대하여 $10r_k$의 정수부분을 추출하여 정수 난수의 목록 n_k를 만든다. 그 다음으로 10×10 행렬 (m_{ij})의 성분들을 계산한다. m_{ij}는 (n_k)의 목록에서 j 다음에 숫자 i가 나오는 횟수이다. 기초 확률 이론에 의해 예측되는 값들과 그 횟수들을 비교하라. 가능하면 m_{ij}의 값들을 그림으로 나타내라.

26 (**학생 연구 과제**) 다변수 적분에서 몬테카를로법의 최근 발전 상황에 대하여 조사하라.

27 몬테카를로법을 사용하여 다음 적분들에 대한 근삿값을 계산하라.

(a) $\int_0^4 \sqrt{x}\, dx$

(b) $\int_0^1 \frac{4}{1+x^2}\, dx$

(c) $\int_0^1 \sqrt{x+\sqrt{x}}\, dx$

(d) $\int_0^{\frac{5}{4}} \int_0^{\frac{5}{4}} (4-x^2-y^2)\, dx\, dy$

(e) $\int_0^{\frac{5}{4}} \int_0^{\frac{5}{4}} \sqrt{4-x^2-y^2}\, dx\, dy$

(f) $\int_0^{0.9} \int_0^{1} \int_0^{1.1} (4-x^2-y^2-z^2)\, dx\, dy\, dz$

(g) $\int_0^{0.8} \int_0^{0.9} \int_0^{1} \int_0^{1.1} (5-x^2-y^2-z^2-u^2)\, dx\, dy\, dz\, du$

(h) $\int_0^{0.7} \int_0^{0.8} \int_0^{0.9} \int_0^{1} \int_0^{1.1}$
$\sqrt{6-x^2-y^2-z^2-u^2-w^2}\, dx\, dy\, dz\, du\, dw$

10.3 시뮬레이션

다음으로 시뮬레이션simulation의 아이디어를 설명해 보자. 우연적인 요소가 포함되어 있는 물리적인 상황을 고려하여 컴퓨터로 그 상황을 모방하려 한다. 실험을 여러 번 수행하면 통계적 결론을 도출할 수 있다. 응용 예로써 은행이나 상점과 같은 비즈니스에서 발생할 수 있는 종업원, 고객 및 대기 행렬 시뮬레이션을 들 수 있다.

시뮬레이션

속임수 주사위 문제loaded die problem

시뮬레이션 문제에서 종종 사전에 정해진 분포를 갖는 확률 변수random variable를 생성해야 할 때가 있다. 예를 들어 속임수 주사위loaded die[7] 던지기를 시뮬레이션하려고 할 때, 주사위를 던져 나올 수 있는 다양한 결과의 확률이 다음 표와 같이 결정되어 있다고 가정하자.

7 (옮긴이) 주사위의 눈이 나오는 확률을 특정하게 조작하기 위한 처리를 한 주사위(예를 들어 자석을 설치하거나 무게를 다르게 하는 등)를 'loaded die'라고 한다.

속임수 주사위의 예

결과	1	2	3	4	5	6
확률	0.2	0.14	0.22	0.16	0.17	0.11

확률 변수 x가 구간 $(0, 1)$에 균일하게 분포되어 있다면 이 구간을 위 표에 주어진 길이대로 6개의 부분구간들로 분리함으로써 이 속임수 주사위 던지기를 시뮬레이션할 수 있다. 예를 들어 x가 $(0, 0.2)$에 속하면 주사위 눈이 1을, x가 $[0.2, 0.34)$에 속하면 주사위 눈이 2를 나타내는 것 등이다. 이 주사위를 5000회 던졌을 때의 결과를 세고 그 확률을 계산하기 위한 유사코드는 다음과 같이 나타낼 수 있다.

Loaded_Die 유사코드

```
program Loaded_Die
integer i, j;    real array (y_i)_{1:6}, (m_i)_{1:6}, (r_i)_{1:n}
real n ← 5000
(y_i)_6 ← (0.2, 0.34, 0.56, 0.72, 0.89, 1.0)
(m_i)_6 ← (0.0, 0.0, 0.0, 0.0, 0.0, 0.0)
call Random((r_i))
for i = 1 to n
    for j = 1 to 6
        if r_i < y_j then
            m_j ← m_j + 1
            exit loop j
        end if
    end for
end for
output real(m_i)/real(n)
end program Loaded_Die
```

그 결과는 0.2024, 0.1344, 0.2252, 0.1600, 0.1734, 0.1046으로 표의 확률에 대한 합리적인 근삿값을 보여주고 있다.

생일 문제

생일 문제

시뮬레이션을 사용하여 해결할 수 있는 흥미로운 문제로 그 유명한 **생일 문제**[birthday problem]를 들 수 있다. n명이 있는 방에서 한 해의 365일 각각이 누군가의 생일일 가능성이 똑같다고 가정하자. 직관과는 반대로 확률 이론을 통해 적어도 그들 중 2명의 생일이 같을 확률이 50% 이상이기 위해서는 단지 23명이 필요함을 보일 수 있다(이 실험을 큰 모임 또는 학급에서 시도하여 실제로 그런지 확인해 보는 건 항상 재미있는 일이다)!

많은 사람들이 이 결론을 뒷받침하는 이론적인 추론을 궁금해 하므로 시뮬레이션 문제를 해결하기 전에 이를 간단히 논의하도록 하겠다. 어떤 한 사람의 생일이 밝혀진 후 그 다음으로 생일을 밝힐 사람이 앞 사람과 같은 생일을 가지지 않을 확률은 364/365이다. 세 번째 사람의 생일이 앞 두 사람과 같지 않을 확률은 363/365이다. 두 개의 독립 사건이 연속적으로 발생할 확률은 개별 사건의 확률의 곱이다(순차적으로 설명이 이루어진다는 것이 이들 사건이 서로 종속적임을 의미하는 것은 아니다). 일반적으로 n번째로 생일을 밝히는 사람이 그 이전에 생일을 밝힌 사람들과 다른 생일을 가질 확률은 다음과 같다.

$$\left(\frac{365}{365}\right)\left(\frac{364}{365}\right)\left(\frac{363}{365}\right)\cdots\left(\frac{365-(n-1)}{365}\right)$$

n번째로 생일을 밝힌 사람이 이전 사람들 중 한 명과 생일이 일치할 확률은 1에서 위의 값을 뺀 값이다. $1-(365)(364)\cdots[365-(n-1)]/365^n$의 값에 대한 표를 살펴보면 23명일 때 이 확률이 50.7%, 55명 이상이면 98.6%이다. 즉 거의 이론적으로는 55명 중 적어도 2명 이상이 같은 생일을 가질 것이라 확신할 수 있다([표 10.1] 참조).

[표 10.1] 생일 문제

n	이론값	시뮬레이션 결과
5	0.027	0.028
10	0.117	0.110
15	0.253	0.255
20	0.411	0.412
22	0.476	0.462
23	0.507	0.520
25	0.569	0.553
30	0.706	0.692
35	0.814	0.819
40	0.891	0.885
45	0.941	0.936
50	0.970	0.977
55	0.986	0.987

확률 이론을 사용하지 않고 난수 생성기를 사용하여 n명의 모임에 대해 이러한 확률을 근사적으로 계산하는 루틴을 작성할 수 있다. 집합 $\{1, 2, 3, \cdots, 365\}$에서 n개의 난수 정수를 선택한 후 일치하는 숫자가 있는지의 여부를 어떻게든 조사해 보기만 하면 되는 것이다. 이 실험을 많이 반복함으로써 어떠한 n명의 모임에서도 적어도 두 명의 생일이 일치할 확률을 계산할 수 있다.

생일 문제를 시뮬레이션하기 위한 루틴을 작성하는 한 가지 방법을 제시하겠다. 이 방법에서는 날짜가 겹치는지의 여부를 확인하기 위해 달력에서 날짜를 확인하는 접근방식을 사용한다. 물론 이 문제에 접근하는 다른 방법들도 많이 있다.

함수 프로시저 *Probably*는 반복되는 생일의 확률을 계산한다.

Probably 유사코드

```
real function Probably(n, npts)
integer i, npts;    logical Birthday;    real sum ← 0
for i = 1 to npts
    if Birthday (n) then sum ← sum + 1
end for
Probably ← sum/real(npts)
end function Probably
```

논리형 함수 *Birthday*는 n개의 난수를 생성하고 그들을 비교한다. 이 수 중에 같은 수가 적어도 한 번 반복되면 `true`를 반환하고, n개의 수가 모두 다르면 `false`를 반환한다.

Birthday 유사코드

```
logical function Birthday(n)
integer i, n, number;    logical array (days_i)_1:365
real array (r_i)_1:n
call Random((r_i))
for i = 1 to 365
    days(i) ← false
end for
Birthday ← false
for i = 1 to n
    number ← integer (365r_i + 1)
    if days(number) then
```

(계속)

```
            Birthday ← true
            exit loop i
        end if
        days(number) ← true
    end for
end function Birthday
```

이론 계산 및 시뮬레이션 결과는 [표 10.1]에 제시되어 있다.

뷔퐁의 바늘 문제

다음 시뮬레이션 예제는 **뷔퐁의 바늘 문제** Buffon's needle problem 로 알려진 매우 오래된 문제이다. 단위 길이의 바늘이 1단위 간격으로 평행선들이 그어져 있는 용지에 떨어졌다고 상상해보자. 바늘이 평행선들 중 하나와 교차할 확률은 얼마일까? 뷔퐁의 바늘 문제

문제를 정확히 하기 위해 바늘의 중심이 두 선 사이의 임의의 점에 떨어졌다고 가정하자. 또한 평행선에 대한 바늘의 각도는 또 다른 확률 변수로 가정한다. 마지막으로 두 확률 변수들이 균일 분포를 따른다고 가정한다. [그림 10.8]은 이 상황을 그림으로 나타낸 것이다.

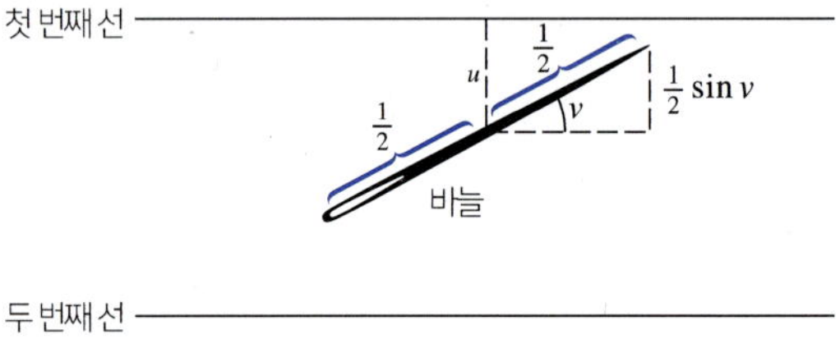

[그림 10.8] 뷔퐁의 바늘 문제

바늘의 중심에서 두 선 중 더 가까운 쪽까지의 거리를 u라 하고, 수평선으로부터의 각도를 v라 하자. 여기서 u와 v는 두 개의 확률 변수이다.

바늘은 오직 $u \le \frac{1}{2}\sin v$인 경우에만 두 선 중 하나와 교차한다. 이 실험을 수없이 많이, 예를 들어 5000번 수행한다고 해 보자. 문제의 대칭성에 의해 u를 구간 $\left(0, \frac{1}{2}\right)$의 균일 분포에서 택하고, v를 구간 $(0, \pi/2)$의 균일 분포에서 택한다. 그런 후 $2u \le \sin v$를 만족하는 횟수가 몇 번인지를 결정한다. 여기서 $w = 2u$로 하면 w는 구간 $(0, 1)$에서의 확률 변수이므로 $w \le \sin v$를 테스트한다. 이 프로그램의 진행 상황을 관찰할 수 있도록 중간 결과를 출력한다. 또한 이론적인 답인 $t = 2/\pi \approx 0.63662$도 비교를 위해 출력한다.

Needle 유사코드

```
program Needle
integer i, m;   real prob, v, w;   real array (r_ij)_{1:n×1:2}
integer n ← 5000, iprt ← 1000
m ← 0
call Random((r_ij))
for i = 1 to n
    w ← r_i1
    v ← (π/2)r_{i,2}
    if w ≦ sin v then m ← m + 1
    if mod(i, iprt) = 0 then
        prob ← real(m)/real(i)
        output i, prob, (2/π)
    end if
end for
end program Needle
```

두 개의 주사위 문제 two dice problem

두 개의 주사위 문제

다음 예제는 해석적인 답도 가지고 있다. 우리는 몬테카를로 시뮬레이션의 결과를 이론적인 답과 비교해 볼 수 있길 바라기 때문에 이는 우리에게 유리한 상황이다. 두 개의(속임수가 없는) 주사위를 던지는 실험을 고려해 보자. 주사위는 1, 2, 3, 4, 5, 6의 눈이 동등한 확률로 나오게 된다. 이때 우리의 질문은 다음과 같다. 두 개의 주사위를 24번 던질 때 12가 나올(즉 두 주사위가 각각 6이 나올) 확률은 얼마인가?

각 주사위마다 6가지 결과가 가능하므로 총 36가지의 조합이 가능하다. 이 조합 중 하나만 6의 눈이 2개 나오므로 36개의 조합 중 35개의 조합은 원치 않는 조합이다. 따라서 24번을 던졌을 때 원치 않는 결과를 얻을 확률은 $(35/36)^{24}$이다. 따라서 $1-(35/36)^{24}=0.49140$이 답이 된다. 이러한 유형의 모든 문제를 이러한 방식으로 분석할 수 있는 것은 아니므로 이 상황을 난수 생성기를 사용하여 모델링하려 한다.

이 과정을 시뮬레이션한다면 한 번의 실험은 두 개의 주사위를 24번 던지는 행위로 구성되며 이 실험을 1000번 정도의 많은 횟수로 반복해야 한다. 한 개의 주사위를 던졌을 때의 결과를 위해 집합 $\{1, 2, 3, 4, 5, 6\}$에서 균일하게 분포하는 난수 정수가 필요하다. 만약 x가 $(0, 1)$에서의 확률 변수이면 $6x+1$은 $(1, 7)$에서의 확률 변수이고, 이 확률 변수의 정수 부분은 $\{1, 2, 3, 4, 5, 6\}$에 속하는 난수 정수이다. 다음은 유사코드이다.

Two_Dice 유사코드

```
program Two_Dice
integer i, j, i_1, i_2, m;   real prob;   real array (r_ijk)_{1:n×1:24×1:2}
integer n ← 5000, iprt ← 1000
call Random((r_ijk))
m ← 0
for i = 1 to n
    for j = 1 to 24
        i_1 ← integer(6r_ij1 + 1)
        i_2 ← integer(6r_ij2 + 1)
```

(계속)

```
        if i1 + i2 = 12 then
            m ← m + 1
            exit loop j
        end if
    end for
    if mod(i, 1000) = 0 then
        prob ← real(m)/real(i)
        output i, prob
    end if
end for
end program Two_Dice
```

이 프로그램은 두 개의 주사위를 24번 던졌을 때 단 한 번 12가 나올 확률을 대략 절반, 즉 0.487로 계산한다.

중성자 차폐 문제 neutron Shielding problem

마지막 예는 중성자 차폐에 관한 것이다. 납으로 이루어진 벽을 관통하는 중성자에 대한 간단한 모델을 택한다. 각 중성자는 납 벽에 수직으로 관통해 들어가며 한 단위 거리를 직진한다. 그런 다음 중성자는 납 원자와 충돌하고 임의의 방향으로 튕겨나간다. 다시 중성자는 다른 납 원자와 충돌하기 전까지 한 단위 거리를 이동한다. 중성자 차폐 문제

중성자는 또 다시 임의의 방향으로 튕겨나가고 이런 동작이 반복된다. 8회의 충돌 후에는 중성자의 모든 에너지가 소모된다고 가정하자. 또한 납 벽은 x방향으로 5단위의 두께이며, y방향으로는 무한히 두껍다고 가정하자. 여기서 질문은 다음과 같다. 납 벽의 반대편으로 전체 중성자의 몇 퍼센트가 나올 것으로 예상되는가([그림 10.9] 참조)?

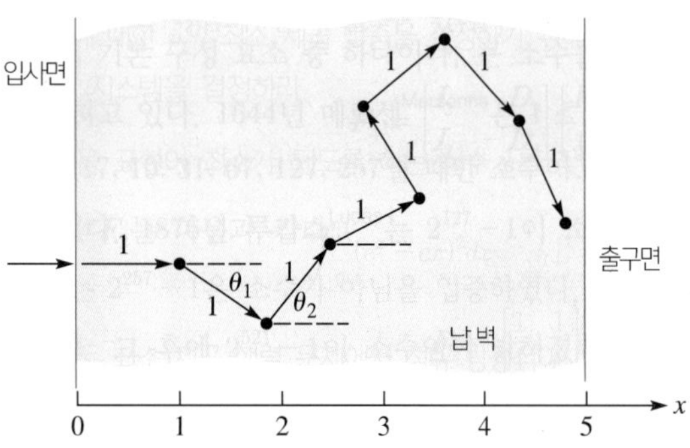

[그림 10.9] 중성자 차폐 실험

중성자가 입사한 처음 표면으로부터 측정된 거리를 x라 하자. 삼각함수에 의해 빗변이 1인 직각삼각형에서 한 변의 길이가 $\cos\theta$임을 상기하자.

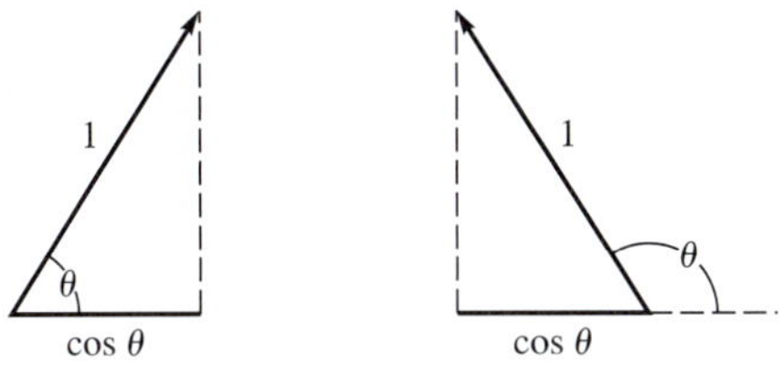

[그림 10.10] 빗변의 길이가 1인 직각삼각형

또한 $\pi/2 \le \theta \le \pi$일 때([그림 10.10] 참조) $\cos\theta \le 0$임에 유의하자. 첫 번째 충돌은 $x=1$인 지점에서 발생한다. 두 번째 충돌은 $x=1+\cos\theta_1$, 세 번째 충돌은 $x=1+\cos\theta_1 + \cos\theta_2$인 지점에서 발생하며 이런 식으로 반복된다. 만약 $x \ge 5$이면 중성자는 납 벽을 빠져나오게 된다. 만일 모든 '8번의 충돌'에 대해 $x<5$일 때 이 벽은 중성자로부터 이 영역을 차폐할 것이다. 몬테카를로 시뮬레이션의 경우 대칭성에 의해 구간 $(0, \pi)$에서 난수 각도 θ_i를 사용할 수 있다. 따라서 시뮬레이션 프로그램은 다음과 같다.

Shielding 유사코드

```
program Shielding
integer i, j, m;   real x, per;   real array (r_ij)_1:n×1:7
integer n ← 5000, iprt ← 1000
m ← 0
call Random((r_ij))
for i = 1 to n
    x ← 1
    for j = 1 to 7
        x ← x + cos(π r_ij)
        if x ≦ 0 then exit loop j
        if x ≧ 5 then
            m ← m + 1
            exit loop j
        end if
    end for
    if mod(i, iprt) = 0 then
        per ← 100 real(m)/real(i)
        output i, per
    end if
end for
end program Shielding
```

이 프로그램을 실행하면 약 1.85%의 중성자가 납 벽을 관통하여 나타날 것으로 예상할 수 있다.

10.3 요약

- 난수 생성기는 우연적인 요소가 있는 물리적 상황의 **시뮬레이션**에 사용된다. 수치 실험을 많은 횟수에 걸쳐 반복 수행하면 이로부터 통계적 결론을 도출할 수 있다.

10.3 컴퓨터 연습문제

01 부등식 $|a| \le 1$ 및 $|b| \le 2$로 정의된 직사각형 내부에서 한 점 (a, b)가 랜덤하게 선택된다. 이로부터 얻어지는 이차방정식 $ax^2 + bx + 1 = 0$이 실근을 가질 확률은 얼마인가? 그 답을 해석적인 방법과 몬테카를로법 모두를 써서 구하라.

02 원 $x^2 + y^2 = 1$에 있는 두 점 사이의 평균 거리를 계산하라. 이 문제를 풀기 위하여 N개의 난수 점의 순서쌍 (x_i, y_i) 및 (v_i, w_i)를 원 내에서 생성한 후 다음을 계산하라.

$$N^{-1} \sum_{i=1}^{N} [(x_i - v_i)^2 + (y_i - w_i)^2]^{1/2}$$

03 (**프랑스 철도 시스템**) 평면상의 두 점 (x_1, y_1) 및 (x_2, y_2)에 대해 두 점이 원점을 지나는 한 직선 위에 있다면 두 점 사이의 거리는 다음과 같이 정의된다.

$$\sqrt{(x_2 - x_1)^2 + (y_2 - y_1)^2}$$

그렇지 않은 다른 모든 경우는 $\sqrt{x_1^2 + y_1^2} + \sqrt{x_2^2 + y_2^2}$으로 정의하자. 이를 설명하는 그림을 그려라. 원점을 중심으로 하는 단위원에서 랜덤하게 선택된 두 점 사이의 평균 거리를 계산하라.

04 반지름이 1인 원을 고려하자. 원의 내부에서 한 점을 랜덤하게 선택하고, 선택한 점을 중점으로 갖는 현을 하나 추출한다. 이 현의 길이가 $\frac{3}{2}$보다 클 확률은 얼마인가? 이 문제를 해석적으로 풀고, 몬테카를로법으로도 풀어라.

05 원의 원주에서 두 개의 점이 랜덤하게 선택된다. 이 두 점의 중점으로부터 원의 중심까지의 평균 거리는 얼마인가?

06 **심장형 곡선**cardioid $(x^2 + y^2 + x)^2 = (x^2 + y^2)$을 고려하자. 이 곡선 내부에서 랜덤하게 선택한 두 점 사이의 평균 거리를 찾는 프로그램을 작성하라. 1000개의 점을 사용하고 중간 추정값을 출력하라.

07 극좌표로 주어진 식이 $r^2 = \cos 2\theta$인 **염주형 곡선**lemniscate의 길이를 찾아라.

힌트 : 극좌표계에서는 $ds^2 = dr^2 + r^2 d\theta^2$이다.

08 주사위를 던졌을 때 여섯 개의 면이 나올 확률이 동등하지 않은 속임수 주사위가 있다고 가정하자. 여섯 개의 면이 나올 확률은 다음과 같다. 이 주사위를 1500번 던졌을 때를 시뮬레이션하는 프로그램을 작성하고 실행하라.

결과	1	2	3	4	5	6
확률	0.15	0.2	0.25	0.15	0.1	0.15

09 본문에서 설명했던 방식대로의 속임수 주사위 한 쌍을 생각하자. 몬테카를로 시뮬레이션을 사용하여 주사위 한 쌍을 25번 던졌을 때, 두 주사위의 눈의 합으로 12가 딱 한 번 나올 확률을 구하라.

10 본문에 언급된 중성자 차폐 문제와 유사하면서도 다른 다음 문제를 생각하자. 중성자 빔이 바닥(들어온 면)으로부터 위쪽으로 1단위 거리에 있는 납 벽에 부딪히는 상황을 상상해 보자. 납 벽은 매우 두꺼울 수 있다. 중성자는 윗면을 통해서는 벗어날 수 없다. 하지만 납 벽의 반대편 출구면과 아래 면으로는 벗어날 수 있다. 이때 탈출하는 중성자의 비율을 찾아라.

11 생일 문제에 대한 루틴(들)을, 생일 날짜가 일치하는지의 여부를 결정하는 다른 기법을 사용하여 재작성하라.

12 정사각형의 임의의 세 개의 변에서 각각 하나씩 랜덤하게 선택된 점이 둔각 삼각형을 이룰 확률을 추정하기 위한 프로그램을 작성하라(다음 그림 참조).

힌트 : 코사인 법칙 $\cos\theta = (b^2 + c^2 - a^2)/2bc$을 사용하라.

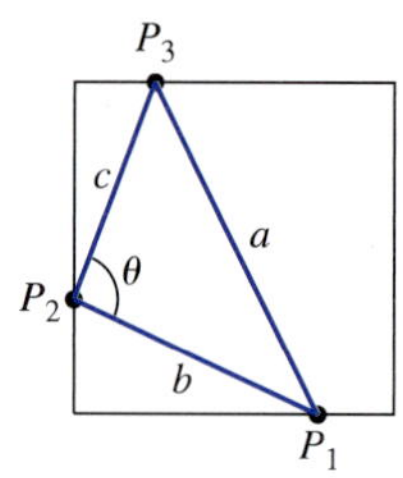

13 **히스토그램**histogram은 높이가 빈도수에 비례하는 직사각형을 사용하여 빈도수를 표시하는 시각적 수단이다. 예를 들어 두 개의 주사위를 3600번 던질 때, 두 주사위 눈의 합 $2, 3, \cdots, 12$는 다음 히스토그램에 나타낸 것과 가까운 빈도수로 발생해야 한다. 몬테카를로 시뮬레이션을 사용하여 1000개의 난수에서 나타나는 각 자리의 숫자 $0, 1, \cdots, 9$의 빈도에 대한 히스토그램을 얻어라.

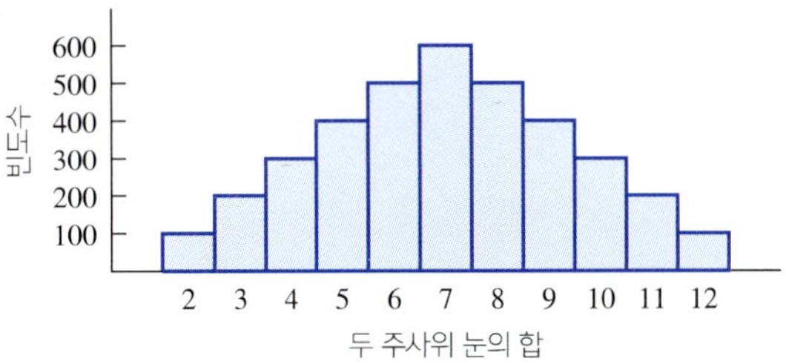

14 지름이 20킬로미터인 원형의 도시를 고려하자(다음 그림 참조). 중심으로부터 36개의 직선 도로가 각각 $10°$의 간격을 이루며 방사상으로 뻗어나가고 있다. 또한 중심으로부터 1킬로미터 간격으로 총 20개의 원형 도로가 있다. 도시 내부에서 길들이 교차하는 점들 간의 평균 거리는 얼마이겠는가(단, 이 거리는 도시의 도로를 따라 측정되어야 한다)?

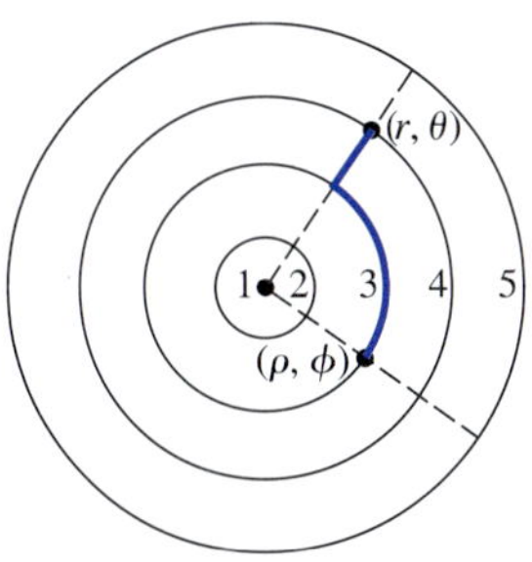

15 회전하는 플라이휠flywheel의 임의의 점에서 한 입자가 튕겨나간다. 다음 그림을 참조하여 튕겨나간 입자가 창에 부딪힐 확률을 구하라. 실험적 방식으로 확률을 계산하기 위해 몬테카를로 시뮬레이션을 수행하라.

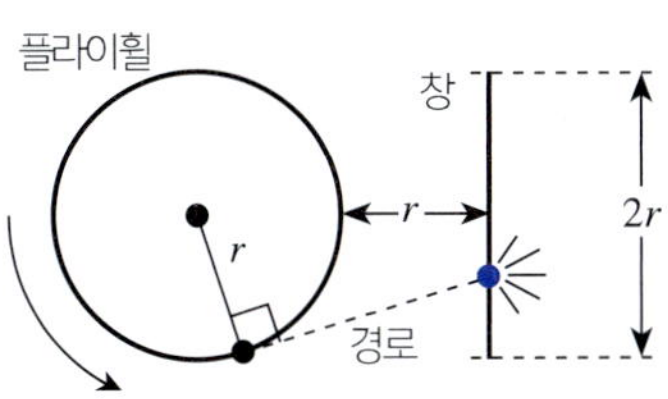

16 다음 현상을 시뮬레이션하기 위한 프로그램을 작성하라. 한 입자가 xy평면상에서 랜덤한 힘의 영향을 받으며 움직이고 있다. 입자는 $(0, 0)$에서 출발한다. 각 초마다 입자는 랜덤한 방향으로 1단위씩 움직인다. 1000초까지 매 초마다 입자의 위치를 표로 기록하라.

17 (**임의보행**random walk) 바람이 부는 밤에 한 주정뱅이가 2차원 좌표계의 원점에서 걷기 시작한다. 그의 한 걸음의 폭은 1단위이며 다음과 같은 방식으로 랜덤하게 움직인다. $\frac{1}{6}$의 확률로 동쪽으로 한 걸음, $\frac{1}{4}$의 확률로 북쪽으로 한 걸음, $\frac{1}{4}$의 확률로 남쪽으로 한 걸음, $\frac{1}{3}$의 확률로 서쪽으로 한 걸음 내딛는다. 그가 50걸음을 걸은 후 원점으로부터 20단위 이상 떨어져 있을 확률은 얼마이겠는가? 이 문제를 시뮬레이션하기 위한 프로그램을 작성하라.

18 (**다른 형태의 임의보행**) 정사각형 $0 \le x \le 6$, $0 \le y \le 6$ 내부의 격자점(각 좌표가 모두 정수인 점)들을 생각하자. 한 입자가 $(4, 4)$에서 시작하여 다음과 같은 방식으로 움직인다. 각 단계마다 입자는 자신과 인접한 네 개의 격자점 중 하나로 동일한 확률로 이동한다. 이 입자가 처음으로 사각형의 경계에 도달했을 때, 그 경계가 사각형의 아랫변일 확률은 얼마인가? 몬테카를로 시뮬레이션을 활용하라.

19 20세대 이내에 Kzovck 성이 없어질 확률은 얼마일까? 다음 데이터를 사용하라. 첫 세대에는 단 한 명의 Kzovck 성을 가진 남성이 있다. 각 이어지는 세대마다 한 명의 Kzovck 성을 가진 남성이 단 한 명의 아들을 가질 확률은 $4/11$이며, 두 명의 아들을 가질 확률은 $1/11$, 세 명 이상의 아들을 가질 확률은 0이다.

20 '52개의 카드 덱을 랜덤하게 뒤섞기'를 시뮬레이션하는 프로그램을 작성하라.

21 총 24마리의 목마를 가진 회전목마가 계속 천천히 회전하는 동안 아이들이 세 개의 게이트에서 탑승하여 하나의 게이트로 내린다. 아이들이 랜덤하게 탑승하고 내린다면(단, 한 게이트 당 한 명씩만) 어떤 아이가 회전목마에 탑승하기 전에 회전목마가 한 바퀴 이상 회전하길 기다려야 할 시점까지 회전목마는 몇 바퀴를 회전하겠는가? 한 아이가 회전목마에 탑승하거나 내릴 확률은 $1/2$로 가정하라.

22 이 절에 주어진 프로그램들을 실행해 보고 그 결과들이 합리적인지를 결정하라.

23 단위 정육면체 $\{(x, y, z) : 0 \le x \le 1,\ 0 \le y \le 1,\ 0 \le z \le 1\}$ 내에서 두 개의 점을 랜덤하게 선택한다면 그 두 점 사이 거리의 기댓값은 얼마인가?

24 xy평면에서 각 좌표가 정수인 점들로 격자점을 정의한다. 지름이 1.5인 원이 이 평면으로 낙하한다. 낙하한 원의 중심이 사각형 $0 \le x \le 1$, $0 \le y \le 1$에서 균일 분포를 갖도록 랜덤하게 원이 떨어진다. 2개 이상의 격자점이 낙하한 원 내부에 있을 확률은 얼마인가? 몬테카를로 시뮬레이션을 사용하여 답의 근삿값을 계산하라.

25 이 장의 도입부에서 다룬 예제와 유사한 교통 흐름 문제를 시뮬레이션하는 프로그램을 작성하라.

26 크기가 큰 배열이 사용되지 않도록 이 절의 프로그램들을 수정하여 다시 실행해볼 수 있겠는가?

27 (**학생 연구 과제**) 베이어Bayer와 디아코니스Diaconis[1992]는 카드 덱을 랜덤화하기 위해서는 7번의 **리플 뒤섞음**riffle shuffle이 필요함을 보였다. 그린바움Greenbaum[2002]은 이를 확률 전이 행렬과 관련된 다양한 차수의 다항식 수치 껍질hull의 응용 예제에 적용하였다. 이 예제는 마르코프 프로세스Markov process [8]에서 종종 관찰되는 단절 현상에 관한 것이다.

이 주제에 대해 더 알아보기 위하여 **카드 섞기에서의 증가 수열**rising sequence in card shuffle에 대하여 온라인으로 검색해 보자.

다음 질문 중 일부에 대하여 조사하라.

- 카드의 순서가 충분히 랜덤하기 전까지 카드 덱을 몇 번 섞어야 할까?
- 카드 덱이 순서대로 있지 않거나 또는 예측 불가능하기 위해 필요한 뒤섞음 횟수의 최솟값이 존재할까?
- 이 이상 카드 덱을 섞는 것이 카드 덱을 덜 예측 가능하도록 만드는 데 아무런 도움이 되지 않는 지점이 있을까?

---

8 **마르코프 체인**Markov chains은 시스템의 행동이 그 이전 상태에만 의존하는 시스템을 모델링하는 데 사용될 수 있다. 마르코프 체인은 **전이 행렬** $\boldsymbol{P} = (P_{ij})$를 포함하는데 이 행렬의 성분은 j상태에서 i상태로 갈 확률을 나타낸다.

11장 경곗값 문제

Boundary-Value Problems

피벗pivot이나 베어링bearing을 설계하다 보면 기계 공학자는 다음과 같은 문제와 만나게 된다. [그림 11.1]과 같이 피벗의 단면은 두 고정된 점 $(0, 1)$과 $(1, a)$를 반드시 지나는 곡선 $y=y(x)$에 의해 결정된다. 게다가 최상의 성능(주로 낮은 마찰력)을 위해 미지의 함수는 다음의 적분값을 최소화해야 한다.

$$\int_0^1 [y(y')^2 + b(x)y^2]dx$$

여기서 $b(x)$는 알려진 함수이다. 이로부터 (소위 **오일러 방정식**Euler equation이라 불리는) y에 대한 2차 미분방정식을 얻을 수 있다. 초깃값과 최종값을 포함한 미분방정식은 다음과 같다.

$$\begin{cases} -(y')^2 - 2b(x)y + 2yy'' = 0 \\ y(0) = 1 \quad y(1) = a \end{cases}$$

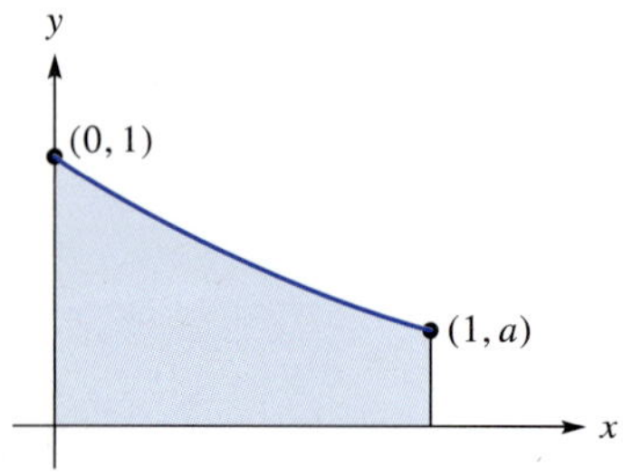

[그림 11.1] 피벗의 단면

이는 비선형 두 점 경곗값 문제로 이에 대한 수치적 해법을 이 장에서 소개하려 한다.

11.1 사격법

소개

7장에서 상미분방정식의 초깃값 문제를 다루었다. 이번에는 상미분방정식을 포함한 다른 형태의 수치 문제를 고려해 보자. **경곗값 문제**boundary-value problem의 한 예는 2차 상미분방정식으로 살펴볼 수 있다. 관심 구간의 양 끝점에서의 해 함수의 값은 사전에 주어져 있다. 그러한 문제의 한 예로 다음을 살펴보자. 경곗값 문제

$$\begin{cases} x'' = -x \\ x(0) = 1 \quad x\left(\dfrac{\pi}{2}\right) = -3 \end{cases}$$

이 미분방정식의 일반해는 2개의 임의의 변수를 포함한다고 하자. 특수해particular solution를 구체화하기 위해서는 두 가지 조건이 주어져야 한다. 만약 이 문제가 초깃값 문제였다면 x와 x'은 어떤 초깃값으로 특정되어야 한다. 하지만 이 문제에서 해 곡선이 지나는 두 점

은 $(t, x(t))$ 형태이다. 즉 $(0, 1)$과 $(\pi/2, -3)$으로 주어져 있다. 위 미분방정식의 일반해는 $x(t) = c_1 \sin(t) + c_2 \cos(t)$이다. 경곗값boundary value이라 불리는 두 조건으로부터 $c_1 = -3$, $c_2 = 1$을 결정할 수 있다.

이제 앞 문제와 유사하지만 일반해를 결정할 수 없는 문제가 있다고 가정하자. 다음 **경곗값 문제**(BVP)를 우리의 모델로 선택해 보자.

$$\begin{cases} x''(t) = f(t, x(t), x'(t)) \\ x(a) = \alpha, \ x(b) = \beta \end{cases} \tag{1}$$

BVP 모델

7장의 방법을 통해 구했던 문제 (1)의 단계별 해는 두 개의 초기 조건을 필요로 하지만 문제 (1)에서는 $t = a$에서의 조건 하나만 주어져 있다. 이러한 사실은 (1)과 같은 문제를 초깃값 문제보다 훨씬 더 어렵게 만든다. 이를 공략하는 몇 가지 방법을 이 장에서 고려해 볼 것이다.

사격법

문제 (1)을 푸는 방법 중 하나는 $x'(a)$를 추측하여 결과적인 초깃값 문제 풀이를 b에 대해서까지 수행한 후 계산된 값이 β와 같아 $x(b) = \beta$이기를 바라는 것이다. 만약 그렇지 않다면(이럴 가능성이 높다), 다시 되돌아가서 $x'(a)$에 대한 추측값을 수정한다. 이러한 과정을 반복하면서 목표인 β에 도달할 때까지의 다양한 시도로부터 뭔가를 배울 수 있을 것이다. 이러한 정보를 활용하는 체계적인 방법들이 여러 가지 있다. 그 결론적인 방법이 **사격법**shooting method이다.

앞에서 초깃값 문제의 해의 최종값 $x(b)$가 $x'(a)$에 대한 추측에 의존함을 살펴보았다. 이 문제에서 다른 모든 것은 고정되어 있다. 즉 미분방정식 $x'' = f(t, x, x')$과 처음의 초깃값 $x(a) = \alpha$는 변하지 않는다. 만약 실종된 초기 조건에 실수값 z를 다음과 같이 할당하면

$$x'(a) = z$$

초깃값 문제를 수치적으로 풀 수 있다. b에서의 값 x는 이제 z의 함수이고, 이는 $\varphi(z)$로 표현할 수 있다. 달리 말하면 선택된 각각의 z에 대해 새로운 값의 $x(b)$를 얻을 수 있고, φ는 이러한 거동을 지닌 함수의 이름이라는 것이다. 우리가 $\varphi(z)$에 관해 아는 것은 거의 없지만 이 함수를 계산하거나 평가할 수 있다. 그러나 이 함수는 계산하기엔 값비싼 함수이다. 왜냐하면 각각의 $\varphi(z)$ 값은 초깃값 문제를 풀어야만 얻을 수 있기 때문이다!

$\varphi(z)$

강조할 점은 사격법이 초깃값 문제를 푸는 어떤 한 알고리즘과 함수의 근을 찾는 어떤 다른 알고리즘이 합쳐진 방식이라는 것이다. 이 두 알고리즘의 선택에는 풀고자 하는 문제의 성격이 반영되어야만 한다.

사격법의 기본 아이디어는 [그림 11.2]에 묘사되어 있다. 해 곡선뿐만 아니라 다른 초기 기울기를 사용한 두 개의 경로도 함께 표시되어 있다. 우리의 최종 목표는 각 시도를 통해 초기의 목표를 계속 조정해 나가는 것이다.

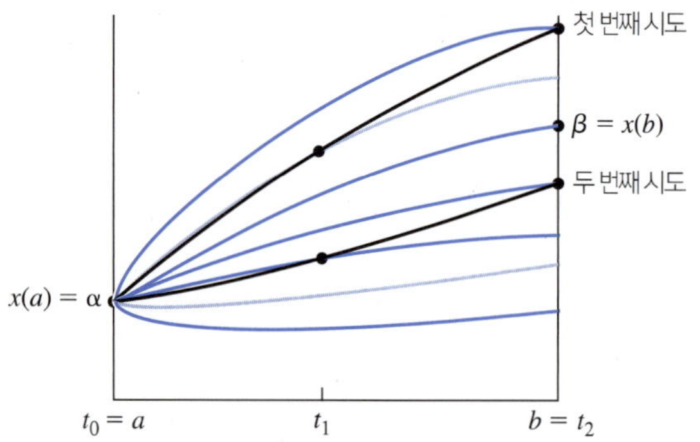

[그림 11.2] 사격법 묘사

사격법 알고리즘

요약하면 함수 $\varphi(z)$는 다음과 같이 계산된다. 우선 구간 $[a, b]$에서 다음의 초깃값 문제(IVP)를 푼다.

$$\begin{cases} x''(t) = f(t, x(t), x'(t)) \\ x(a) = \alpha, \ x'(a) = z \end{cases}$$

IVP 모델

다음과 같이 정의한다.

$$\varphi(z) = x(b)$$

우리의 목표는 다음 식

$$\varphi(z) = \beta$$

선형 보간 전략

를 만족하는 값을 찾을 때까지 z를 조정하는 것이다. 이를 위한 한 가지 방법은 초기 조건 $x'(a)$에 대한 두 추측값인 z_1와 z_2에서의 $\varphi(z_1)$과 $\varphi(z_2)$ 사이에 선형 보간법을 적용하는 것이다. 즉 주어진 두 φ값에 대해 φ가 선형 함수^linear function^라 가정하고, 이 가정을 기반으로 적절한 z의 값을 결정한다. z와 $\varphi(z)$의 대략적인 그림은 [그림 11.3]처럼 보일 것이다. 방금 소개한 전략은 $\varphi(z) - \beta$의 근을 찾는 할선법에서 사용된 방식과 같다.

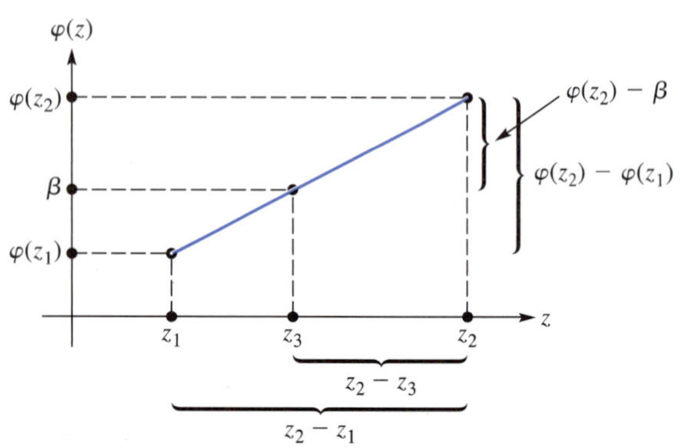

[그림 11.3] φ 선형 함수

그 다음 값 z_3에 대한 추정 식을 얻기 위해 z_1과 z_2에서의 값 $\varphi(z_1)$과 $\varphi(z_2)$를 각각 계산한다.

삼각형의 닮음에 의해 다음을 얻을 수 있다.

$$\frac{z_3 - z_2}{\beta - \varphi(z_2)} = \frac{z_2 - z_1}{\varphi(z_2) - \varphi(z_1)}$$

이를 정리하면 다음과 같다.

$$z_3 = z_2 + [\beta - \varphi(z_2)]\left[\frac{z_2 - z_1}{\varphi(z_2) - \varphi(z_1)}\right]$$

이 과정을 반복함으로써 다음의 수열을 생성할 수 있다.

$$z_{n+1} = z_n + [\beta - \varphi(z_n)]\left[\frac{z_n - z_{n-1}}{\varphi(z_n) - \varphi(z_{n-1})}\right] \quad (n \geq 2) \qquad (2)$$

z_{n+1} 점화식

모든 값은 두 개의 시작점인 z_1과 z_2에 기반을 두고 있다.

다음의 **두 점 경곗값 문제**two-point boundary-value problem를 푸는 과정을 살펴보자.

$$\begin{cases} x''(t) = f(t, x, x') \\ x(a) = \alpha, \quad x(b) = \beta \end{cases} \qquad (3)$$

BVP

우선 다음의 **초깃값 문제**initial-value problem

$$\begin{cases} x''(t) = f(t, x, x') \\ x(a) = \alpha, \quad x'(a) = z \end{cases} \qquad (4)$$

IVP

를 $t = a$부터 $t = b$까지 풀고, b에서의 해를 $\varphi(z)$로 둔다. 이를 서로 다른 두 개의 z, 즉 z_1과 z_2에 대해 두 번 반복하고 $\varphi(z_1)$과 $\varphi(z_2)$를 계산한다. 이제 새로운 z값, 즉 z_3을 식 (2)를 통해 계산한다. 그 후 (4)를 풀어서 $\varphi(z_3)$을 계산한다. 같은 방법으로 z_2와 z_3으로부터 z_4를 얻고, 이런 과정을 계속 반복한다. 이 과정을 계속 진행해야 할지를 판단하기 위해

$$\varphi(z_{n+1}) - \beta$$

의 값을 조사한다. 이 값이 만족스러울 만큼 충분히 작아지면 반복 과정을 멈춘다. 이러한 과정을 **사격법**이라 부른다. $a \leq t_i \leq b$에 대해 수치적으로 얻어진 값 $x(t_i)$는 더 좋은 값(최종값 $x(b)$가 현재 값보다 β에 더 가까운 값)이 얻어질 때까지 저장되어야 한다. 왜냐하면 문제 (3)의 목표가 a와 b 사이의 t에 대한 $x(t)$를 얻는 데 있기 때문이다.

관련된 초깃값 문제가 작은 단계 크기 h를 포함할 때 사격법은 매우 시간이 오래 걸리는 방법일 수 있다. 결론적으로 $|\varphi(z_{n+1}) - \beta|$가 충분히 작아질 때까지는 상대적으로 큰 h 값을 사용하고 그 후에는 필요한 정확도를 얻기 위해 h를 줄인다.

단계의 크기 h

예제 1 다음의 두 점 경곗값 문제에서의 함수 φ는 무엇인가?

$$\begin{cases} x'' = x \\ x(0)=1, \quad x(1)=7 \end{cases}$$

풀이

이 미분방정식의 일반해는 $x(t)=c_1e^t+c_2e^{-t}$이다. 초깃값 문제

$$\begin{cases} x'' = x \\ x(0)=1, \quad x'(0)=z \end{cases}$$

의 해는 $x(t)=\frac{1}{2}(1+z)e^t+\frac{1}{2}(1-z)e^{-t}$이다. 따라서 다음을 얻는다.

$$\varphi(z)=x(1)=\frac{1}{2}(1+z)e+\frac{1}{2}(1-z)e^{-1}$$

수정과 개선

많은 수정과 개선이 가능하다. 한 예로 $\varphi(z_{n+1})$이 β 근처일 때, z_i의 연속적인 값을 추정하기 위해 고차 보간 식을 사용할 수도 있다. 예를 들어 z_3을 얻기 위해 두 값 $\varphi(z_1)$과 $\varphi(z_2)$를 사용하는 대신 z_5값을 추정하기 위해 다음 네 개의 값을 사용할 수 있다.

$$\varphi(z_1),\ \varphi(z_2),\ \varphi(z_3),\ \varphi(z_4)$$

다음 데이터

z_1	z_2	z_3	z_4
$\varphi(z_1)$	$\varphi(z_2)$	$\varphi(z_3)$	$\varphi(z_4)$

(5) 3차 보간

에 대한 3차 보간 다항식 p_3을 설정하고 z_5를 구하기 위해 다음을 푼다.

$$p_3(z_5)=\beta$$

p_3이 3차이므로 이 계산은 약간의 추가 작업을 필요로 할 것이다. 더 나은 방법은 다음의 데이터

$\varphi(z_1)$	$\varphi(z_2)$	$\varphi(z_3)$	$\varphi(z_4)$
z_1	z_2	z_3	z_4

(6) 역보간

를 보간하는 다항식 $\hat{p}_3$을 설정하고 z_5의 추정값으로 $\hat{p}_3(\beta)$를 사용하는 것이다. 이 과정은 **역보간**inverse interpolation으로 알려져 있다(4.1절 참조).

사격법에 대한 추가 설명은 다른 대안적인 과정에 대한 논의 후에 11.2절에서 이뤄질 것이다.

11.1 요약

- 구간 $[a, b]$에서의 일반적인 **두 점 경곗값 문제**는 다음과 같다.

$$\begin{cases} x''(t) = f(t, x(t), x'(t)) \\ x(a) = \alpha, \ x(b) = \beta \end{cases}$$

이와 관련된 **초깃값 문제**

$$\begin{cases} x''(t) = f(t, x(t), x'(t)) \\ x(a) = \alpha, \ x'(a) = z \end{cases}$$

가 있다. 초깃값 문제의 계산된 해가 두 점 경곗값 문제의 해가 되도록 하는 z를 찾아야 한다. 함수 $\varphi(z)$를 정의하자. 이 함수의 값은 $t=b$에서의 초깃값 문제의 계산된 해이다. 즉 $\varphi(z) = x(b)$이다. 이때 x는 초깃값 문제를 푸는 해이다. $\varphi(z) = \beta$를 만족하는 값을 찾을 때까지 반복하여 z를 조정한다. 만약 z_1과 z_2가 초기 조건 $x'(a)$의 두 추측값이라면 향상된 z값을 찾기 위해 $\varphi(z_1)$과 $\varphi(z_2)$ 사이에 선형 보간을 사용할 수 있다. 이는 z_1과 z_2에 대해 초깃값 문제를 두 번 풀어서 수행할 수 있고, 이로부터 $\varphi(z_1)$과 $\varphi(z_2)$를 계산한다. 이제 새로운 z_3을 다음 식을 사용해서 계산할 수 있다.

$$z_{n+1} = z_n + [\beta - \varphi(z_n)]\left[\frac{z_n - z_{n-1}}{\varphi(z_n) - \varphi(z_{n-1})}\right] \quad (n \geq 2)$$

그리고 초깃값 문제를 다시 풀어서 $\varphi(z_{n+1})$을 계산한다. $\varphi(z_{n+1}) - \beta$의 값이 충분히 작아질 때까지 이 값을 추적하며 조사하고, 충분히 작아지면 멈춘다. 이 과정을 **사격법**이라 부른다.

- 사격법의 개선 및 개량은 **3차 다항식 보간** 또는 **역보간**의 적용을 포함한다.

11.1 연습문제

01 $x = (2t+1)e^t$가 다음 문제들의 해임을 입증하라.

$$\begin{cases} x'' = x + 4e^t \\ x(0) = 1, \ x\left(\dfrac{1}{2}\right) = 2e^{1/2} \end{cases}$$

$$\begin{cases} x'' = x' + x - (2t-1)e^t \\ x(1) = 3e, \ x(2) = 5e^2 \end{cases}$$

02 적절한 c_1과 c_2의 값이 선택되었을 때, $x = c_1e^t + c_2e^{-t}$가 다음의 경곗값 문제의 해임을 증명하라.

$$\begin{cases} x'' = x \\ x(0) = 1, \ x(1) = 2 \end{cases}$$

03 미분방정식의 일반해를 조정하여 다음의 경곗값 문제를 풀어라.

(a) $x'' = x, \ x(0) = 0, \ x(\pi) = 1$

(b) $x'' = t^2, \ x(0) = 1, \ x(1) = -1$

04 (a) 다음 문제가 하나의 해를 갖도록 하는 모든 (α, β) 쌍을 구하라.

$$\begin{cases} x'' = -x \\ x(0) = \alpha, \ x\left(\dfrac{\pi}{2}\right) = \beta \end{cases}$$

(b) (a) 문제를 $x(0) = \alpha, \ x(\pi) = \beta$에 대해 반복하라.

05 (a) 본문에서 제시된 역보간 기법에 대한 다음 알고리즘을 확인하라. 여기서 $\varphi_i = \varphi(z_i)$이다.

$$\begin{cases} u = \dfrac{z_2 - z_1}{\varphi_2 - \varphi_1}, \quad v = \dfrac{s - u}{\varphi_3 - \varphi_1}, \quad s = \dfrac{z_3 - z_2}{\varphi_3 - \varphi_2} \\ r = \dfrac{e - s}{\varphi_4 - \varphi_2}, \quad e = \dfrac{z_4 - z_3}{\varphi_4 - \varphi_3}, \quad w = \dfrac{r - v}{\varphi_4 - \varphi_1} \end{cases}$$

$$z_5 = z_1 + (\beta - \varphi_1)\{u + (\beta - \varphi_2)[v + w(\beta - \varphi_3)]\}$$

(b) 세 점에 대해 유사한 식을 찾아라.

06 x가 다음 초깃값 문제의 해일 때, $\varphi(z)$를 $x(\pi/2)$로 두자. $\varphi(z)$는 무엇인가?

$$\begin{cases} x'' = -x \\ x(0) = 0, x'(0) = z \end{cases}$$

07 다음의 두 점 경곗값 문제의 경우에서 함수 φ를 명시적으로 정확히 구하라.

$$\begin{cases} x'' = -x \\ x(0) = 1, \ x\left(\dfrac{\pi}{2}\right) = 3 \end{cases}$$

08 앞 문제를 $x(1)=3$, $x(2)=5$인 $x''=-(x')^2/x$에 대해서 반복하라. 이 결과를 이용해 경곗값 문제를 풀어라.

힌트 : 이 미분방정식의 일반해는 $x(t)=c_1\sqrt{c_2+t}$ 이다.

09 다음의 두 점 경곗값 문제의 경우에 함수 φ를 명시적으로 정확히 구하라.

$$\begin{cases} x'' = x \\ x(-1) = e, \ x'(1) = \dfrac{1}{2}e \end{cases}$$

10 경곗값 문제는 차수가 2차 이상인 미분방정식을 포함할 수도 있다. 예를 들면 다음과 같다. 사격법을 이용하여 이 문제를 풀 수 있는 방법에 대해서 논의하라.

$$\begin{cases} x''' = f(t, x, x', x'') \\ x(a) = \alpha, \ x'(a) = \gamma, \ x(b) = \beta \end{cases}$$

11 다음의 세 점 경곗값 문제를 해석적으로 풀어라.

$$\begin{cases} x''' = -e^t + 4(t+1)^{-3} \\ x(0) = -1, \ x(1) = 3 - e + 2\ln 2 \\ x(2) = 6 - e^2 + 2\ln 3 \end{cases}$$

12 다음 식을 해석적으로 풀고, 풀 때의 어려움을 분석하라.

$$\begin{cases} x'' = -x \\ x(0) = 2, \ x(\pi) = 3 \end{cases}$$

13 한 문제의 해로부터 다른 문제의 해를 쉽게 얻을 수 있다는 점에서 다음에 주어진 두 문제가 서로 동치임을 보여라.

$$\begin{cases} y'' = f(t, y) \\ y(0) = \alpha, \ y(1) = \beta \end{cases}$$

$$\begin{cases} z'' = f(t, z + \alpha - \alpha t + \beta t) \\ z(0) = 0, \ z(1) = 0 \end{cases}$$

14 다음의 두 점 경곗값 문제의 수치 해의 일반항에 대해 논의하라. 각 문제에 대해 어떤 특별한 구조의 장점을 활용할 수 있도록 구체적인 방법을 추천한다.

(a) $\begin{cases} x'' = \sin t + (e^t\sqrt{t^2+1})x + (\cos t)x' \\ x(0) = 0, \ x(1) = 5 \end{cases}$

(b) $\begin{cases} x_1' = x_1^2 + (t-3)x_1 + \sin t \\ x_2' = x_2^3 + \sqrt{t^2+1} + (\cos t)x_1 \\ x_1(0) = 1, \ x_2(2) = 3 \end{cases}$

15 다음 경곗값 문제의 경우에서 $\varphi(z)$는 무엇인가? 그 의미를 설명하라.

$$\begin{cases} x'' = -x \\ x(0) = 1, \ x(\pi) = 3 \end{cases}$$

16 다음의 두 점 경곗값 문제에서 함수 φ를 명시적으로 구하라.

$$\begin{cases} x'' = e^{-2t} - 4x - 4x' \\ x(0) = 1, \ \ x(2) = 0 \end{cases}$$

어떤 초깃값 문제의 해가 이 경곗값 문제를 풀 때, 그 초깃값 문제는 무엇인가?

힌트 : $x(t) = q(t)e^{-2t}$ 형태의 해를 찾아라. 여기서 q는 이차 다항식이다.

11.1 컴퓨터 연습문제

01 다음의 비선형 두 점 경곗값 문제

$$\begin{cases} x'' = e^x \\ x(0) = \alpha, \ x(1) = \beta \end{cases}$$

가 닫힌 형태의 해

$$x = \ln c_1 - 2\ln\left\{\cos\left[\left(\frac{1}{2}c_1\right)^{1/2} t + c_2\right]\right\}$$

를 갖는다. 여기서 c_1과 c_2는 다음 방정식의 해다.

$$\begin{cases} \alpha = \ln c_1 - 2\ln\cos c_2 \\ \beta = \ln c_1 - 2\ln\left\{\cos\left[\left(\dfrac{1}{2}c_1\right)^{1/2} + c_2\right]\right\} \end{cases}$$

$\alpha = \beta = \ln 8\pi^2$일 때 사격법을 사용해 이 문제를 풀어라. $z_1 = -\dfrac{25}{2}$와 $z_2 = -\dfrac{23}{2}$에서부터 시작하라. 진짜 해와 비교하기 위해 c_1과 c_2를 구하라.

주의 : 다음 절에서 소개될 이에 상응하는 이산화 방법은 닫힌 형태의 해가 없는 비선형 연립방정식을 포함한다.

02 특정한 a와 $b(x)$, 예를 들어 $a = \dfrac{1}{4}$, $b(x) = x^2$에 대해 이 장의 도입부에 있는 예제를 푸는 프로그램을 작성하라.

11.2 이산화법

유한차분 근사 finite-difference approximation

이제 두 점 경곗값 문제를 푸는 완전히 다른 접근법을 살펴보자. 이 방법은 미분방정식의 직접적인 **이산화** discretization 에 기반을 두고 있다. 우리가 풀고자 하는 문제는 다음과 같다.

BVP 모델

$$\begin{cases} x'' = f(t, x, x') \\ x(a) = \alpha, \ x(b) = \beta \end{cases} \tag{1}$$

구간 $[a, b]$에서 다음과 같이 균등한 간격으로 분배된 점 $t_0, t_1, \cdots, t_n$의 집합을 선택하자.

$$t_i = a + ih, \quad \text{단,} \quad h = \frac{b-a}{n} \quad (0 \le i \le n)$$

미분 근사

다음으로 4.3절의 일반적인 중심차분 central difference 공식 (5)와 (20)을 이용하여 미분을 근사한다.

$$x'(t) \approx \frac{1}{2h}[x(t+h) - x(t-h)]$$

$$x''(t) \approx \frac{1}{h^2}[x(t+h) - 2x(t) + x(t-h)] \tag{2}$$

중심차분 공식

$x(t_i)$의 근삿값을 x_i로 쓰자. 그러면 위 문제는 다음과 같이 표현할 수 있다.

$$\begin{cases} x_0 = \alpha \\ \dfrac{1}{h^2}(x_{i-1} - 2x_i + x_{i+1}) = f\left(t_i, x_i, \dfrac{1}{2h}(x_{i+1} - x_{i-1})\right) \ (1 \le i \le n-1) \\ x_n = \beta \end{cases} \tag{3}$$

대개 이러한 식은 $(n-1)$개의 미지수 $x_1, x_2, \cdots, x_{n-1}$로 이뤄진 **비선형 연립방정식**이다. 왜냐하면 f에 x_i들이 일반적으로 비선형적인 방식으로 포함되어 있기 때문이다. 이러한 시스템의 해는 좀처럼 구하기 쉽지 않지만 3장의 방법들을 사용해서 접근해 볼 수는 있다.

선형적인 경우

몇몇 경우에는 시스템 (3)이 선형적이다. 그러한 상황은 식 (1)의 f가 정확히 다음 형태일 때 일어난다.

$$f(t, x, x') = u(t) + v(t)x + w(t)x' \tag{4}$$

이와 같이 특수한 경우에 시스템 (3)의 주요 방정식은 다음과 같다.

$$\frac{1}{h^2}(x_{i-1} - 2x_i + x_{i+1}) = u(t_i) + v(t_i)x_i + w(t_i)\left[\frac{1}{2h}(x_{i+1} - x_{i-1})\right]$$

이를 정리하면 다음과 같다.

$$-\left(1+\frac{h}{2}w_i\right)x_{i-1}+(2+h^2v_i)x_i-\left(1-\frac{h}{2}w_i\right)x_{i+1}=-h^2u_i \qquad (5)$$

여기서 $u_i=u(t_i)$, $v_i=v(t_i)$, $w_i=w(t_i)$이다. 이제 다음과 같이 정의하자.

$$\begin{cases} a_i=-\left(1+\frac{h}{2}w_i\right) \\ d_i=2+h^2v_i \\ c_i=-\left(1-\frac{h}{2}w_i\right) \\ b_i=-h^2u_i \end{cases} \qquad (1\le i\le n-1)$$

그러면 주요 방정식 (5)는

전형적 방정식

$$a_ix_{i-1}+d_ix_i+c_ix_{i+1}=b_i$$

가 된다. x_0와 x_n을 알고 있기 때문에 $i=1$과 $i=n-1$에 대응하는 식들이 서로 다르다. 따라서 이 시스템은 다음과 같이 나타낼 수 있다.

$$\begin{cases} d_1x_1+c_1x_2=b_1-a_1\alpha \\ a_ix_{i-1}+d_ix_i+c_ix_{i+1}=b_i \qquad (2\le i\le n-2) \\ a_{n-1}x_{n-2}+d_{n-1}x_{n-1}=b_{n-1}-c_{n-1}\beta \end{cases} \qquad (6)$$

행렬 형태로 나타내면 시스템 (6)은 다음과 같다.

3중 대각 시스템

$$\begin{bmatrix} d_1 & c_1 & & & & \\ a_2 & d_2 & c_2 & & & \\ & a_3 & d_3 & c_3 & & \\ & & \ddots & \ddots & \ddots & \\ & & & a_{n-2} & d_{n-2} & c_{n-2} \\ & & & & a_{n-1} & d_{n-1} \end{bmatrix} \begin{bmatrix} x_1 \\ x_2 \\ x_3 \\ \vdots \\ x_{n-2} \\ x_{n-1} \end{bmatrix} = \begin{bmatrix} b_1-a_1\alpha \\ b_2 \\ b_3 \\ \vdots \\ b_{n-2} \\ b_{n-1}-c_{n-1}\beta \end{bmatrix}$$

이 시스템은 3중 대각 형태이므로 2.3절에서 개발한 3중 시스템에 대한 특수 프로시저 *Tri*로 풀어볼 수 있다. 이 프로시저는 피벗팅을 포함하지 않기 때문에 일부 경우에는 실패할 수도 있다. 그러나 비례 조정 부분 피벗팅을 가지는 프로시저 *Gauss*는 성공할 것이다(연습문제 11.2.5 참조).

수치 예제 및 유사코드

방금 설명한 아이디어를 이제 구체적인 테스트 사례에 대한 프로그램을 작성하는 데 적용해 보자. 문제는 식 (4)와 같이 f가 선형 함수인 형태 (1)이다.

경곗값 문제 예

$$\begin{cases} x''=e^t-3\sin(t)+x'-x \\ x(1)=1.09737491,\ x(2)=8.63749661 \end{cases} \qquad (7)$$

이미 알려진 이 방정식의 해 $x(t)=e^t-3\cos(t)$는 컴퓨터로 계산된 해를 점검하는 데 사용될 수 있다. 그 결과로 얻어진 선형 시스템을 풀기 위해 앞에서 묘사했던 이산화 기법과 프로시저 *Tri*를 사용한다.

우선 양 끝점 $a=1$과 $b=2$를 포함해서 100개의 점들을 사용하기로 결정한다. 따라서 $n=99$, $h=\frac{1}{99}$, $0 \le i \le 99$에 대해서 $t_i = 1+ih$이다. 그러면 $t_0=1$, $x_0 = x_0(t_0) = 1.09737491$, $t_{99}=2$, $x_{99} = x(t_{99}) = 8.63749661$을 얻는다. 이 문제에서 미지수는 남은 x_i의 값들, 즉 $x_1, x_2, \cdots, x_{98}$이다. 중심차분 공식 (2)를 사용해서 미분의 이산화를 적용하면 (3) 형태의 선형 시스템을 얻는다. 우리의 주요 방정식은 (5) 형태로

$$-\left(1+\frac{h}{2}\right)x_{i-1} + (2-h^2)x_i - \left(1-\frac{h}{2}\right)x_{i+1} = -h^2[e^{t_i} - 3\sin(t_i)]$$

이다. 이는 $u(t) = e^t - 3\sin t$, $v(t) = -1$, $w(t) = 1$이기 때문이다.

유사코드

약간의 변경만으로 (4) 형태의 우변을 가진 임의의 (1) 형태의 두 점 경곗값 문제에 유사코드를 적용할 수 있도록 유사코드를 일반화해 보자. 여기서 $u(x), v(x), w(x)$는 선언 함수 statement function이다.

BVP1 유사코드

```
program BVP1
integer i;   real error, h, t, u, v, w, x
real array (a_i)_1:n, (b_i)_1:n, (c_i)_1:n, (d_i)_1:n, (y_i)_1:n
integer n ← 99
real t_a ← 1, t_b ← 2, α ← 1.09737491, β ← 8.63749661
u(x) = e^x − 3 sin(x)
v(x) = −1
w(x) = 1
h ← (t_b − t_a)/n
for i = 1 to n − 1
    t ← t_a + ih
    a_i ← −[1 + (h/2)w(t)]
    d_i ← 2 + h^2 v(t)
    c_i ← −[1 − (h/2)w(t)]
    b_i ← −h^2 u(t)
end for
b_1 ← b_1 − a_1 α
b_{n−1} ← b_{n−1} − c_{n−1} β
for i = 1 to n − 1
    a_i ← a_{i+1}
end for
call Tri(n − 1, (a_i), (d_i), (c_i), (b_i), (y_i))
error ← e^{t_a} − 3 cos(t_a) − α
output t_a, α, error
for i = 1 to n − 1 step 9
    t ← t_a + ih
    error ← e^t − 3 cos(t) − y_i
    output t, y_i, error
end for
error ← e^{t_b} − 3 cos(t_b) − β
output b, β, error
end program BVP1
```

컴퓨터 결과는 다음과 같다.

t값	해	오차
1.0000000	1.0973749	0.00
1.0909091	1.5920302	-8.83×10^{-5}
1.1818182	2.1227417	-1.74×10^{-4}
1.2727273	2.6898086	-2.56×10^{-4}
1.3636364	3.2936704	-3.28×10^{-4}
1.4545455	3.9349453	-3.76×10^{-4}
1.5454545	4.6144910	-4.06×10^{-4}
1.6363636	5.3334317	-4.13×10^{-4}
1.7272727	6.0931959	-3.89×10^{-4}
1.8181818	6.8955722	-3.16×10^{-4}
1.9090910	7.7427778	-1.88×10^{-4}
2.0000000	8.6374969	0.00

컴퓨터 결과

선형인 경우의 사격법

바로 앞에서 이 이산화법(**유한차분법**finite-difference method이라고도 불림)이 다음과 같은 선형 두 점 경곗값 문제에서 더 단순함을 보았다.

$$\begin{cases} x'' = u(t) + v(t)x + w(t)x' \\ x(a) = \alpha, \quad x(b) = \beta \end{cases} \tag{8}$$

BVP 모델

사격법도 이 경우에는 특히 간단하다. 사격법에 따르면 다음의 초깃값 문제

$$\begin{cases} x'' = u(t) + v(t)x + w(t)x' \\ x(a) = \alpha, \; x'(a) = z \end{cases} \tag{9}$$

IVP 모델

를 풀어야 하고, 최종값 $x(b)$를 z의 함수로 해석한다는 점을 상기하자. 함수 φ를 호출하고, $\varphi(z) = \beta$인 z의 값을 구한다. 선형 문제 (9)에 대해 φ는 z에 대한 선형 함수이다. 따라서 11.1절의 [그림 11.3]이 실제로 현실화된다. 결론적으로 함수를 정확히 결정하기 위해서는 문제 (9)만 두 개의 z값에 대해 풀면 된다. 이 사실들을 입증하기 위해 조금 더 분석해 보자.

문제 (9)를 특별한 값 z_1과 z_2에 대해 두 번 풀었다고 가정하자. 그렇게 얻어진 해들을 $x_1(t)$, $x_2(t)$로 표기하면 다음 함수

$$g(t) = \lambda x_1(t) + (1-\lambda)x_2(t) \tag{10}$$

가 다음의 성질을 가진다고 주장할 수 있다.

$$\begin{cases} g'' = u + vg + wg' \\ g(a) = \alpha \end{cases}$$

이에 대한 증명은 [연습문제 11.2.6]으로 남겨둔다(이 분석에서의 λ값은 상수이지만 완전히 임의적인 값이다).

함수 g는 두 점 경곗값 문제 (8)을 거의 푼 셈이다. 함수 g는 마음대로 할 수 있는 변수 λ를 가지고 있다. 조건 $g(b) = \beta$를 부과하면 다음을 얻을 수 있다.

$$\lambda x_1(b)+(1-\lambda)x_2(b)=\beta$$

이로부터 다음이 성립한다.

$$\lambda=\frac{\beta-x_2(b)}{x_1(b)-x_2(b)}$$

이 아이디어를 실행할 수 있는 가장 간단한 방법은 다음의 두 초깃값 문제를 푸는 것일 것이다.

$$\begin{cases} x''=u(t)+v(t)x+w(t)x' \\ x(a)=\alpha,\ x'(a)=0 \end{cases}$$

$$\begin{cases} y''=u(t)+v(t)y+w(t)y' \\ y(a)=\alpha,\ y'(a)=1 \end{cases}$$

그러면 원래의 두 점 경곗값 문제 (8)의 해는

$$\lambda x(t)+(1-\lambda)y(t) \qquad \left(\text{단, } \lambda=\frac{\beta-y(b)}{x(b)-y(b)}\right) \tag{11}$$ 해

이다. 이 프로시저를 컴퓨터에서 구현할 때 해 곡선 x와 y 전체를 저장해야 한다. 그 값들은 배열 (x_i)와 (y_i)에 저장된다.

수치 예제 재검토

사격법의 한 예로 식 (7)의 문제를 고려해 보자. 다음과 같은 두 개의 초깃값 문제

$$\begin{cases} x''=e^t-3\sin(t)+x'-x \\ x(1)=1.09737491 \\ x'(1)=0 \end{cases} \qquad \begin{cases} y''=e^t-3\sin(t)+y'-y \\ y(1)=1.09737491 \\ y'(1)=1 \end{cases} \tag{12}$$ 2개의 IVP

을 4차 룽게-쿠타법을 사용하여 푼다. 이를 위해 아래의 변수를 도입한다.

$$x_0=t,\ x_1=x,\ x_2=x'$$

그러면 첫 번째 초깃값 문제는 다음과 같다.

$$\begin{bmatrix} x_0' \\ x_1' \\ x_2' \end{bmatrix}=\begin{bmatrix} 1 \\ x_2 \\ e^{x_0}-3\sin(x_0)+x_2-x_1 \end{bmatrix} \qquad \begin{bmatrix} x_0(1) \\ x_1(1) \\ x_2(1) \end{bmatrix}=\begin{bmatrix} 1 \\ 1.09737491 \\ 0 \end{bmatrix}$$

이제 다음과 같이 정의하자.

$$y_0=t,\ y_1=y,\ y_2=y'$$

우리가 풀어야 하는 두 번째 초깃값 문제는 초기 벡터를 수정한 부분을 제외하고는 위와 비슷하다.

$$\begin{bmatrix} y_0' \\ y_1' \\ y_2' \end{bmatrix} = \begin{bmatrix} 1 \\ y_2 \\ e^{y_0} - 3\sin(y_0) + y_2 - y_1 \end{bmatrix} \qquad \begin{bmatrix} y_0(1) \\ y_1(1) \\ y_2(1) \end{bmatrix} = \begin{bmatrix} 1 \\ 1.09737491 \\ 1 \end{bmatrix}$$

이 두 문제는 단일 시스템으로 함께 푸는 것이 더 효율적이다. 다음 변수

$$x_3 = y,\ x_4 = y'$$

을 첫 번째 시스템에 도입하면 다음을 얻을 수 있다.

$$\begin{bmatrix} x_0' \\ x_1' \\ x_2' \\ x_3' \\ x_4' \end{bmatrix} = \begin{bmatrix} 1 \\ x_2 \\ e^{x_0} - 3\sin(x_0) + x_2 - x_1 \\ x_4 \\ e^{x_0} - 3\sin(x_0) + x_4 - x_3 \end{bmatrix} \qquad \begin{bmatrix} x_0(1) \\ x_1(1) \\ x_2(1) \\ x_3(1) \\ x_4(1) \end{bmatrix} = \begin{bmatrix} 1 \\ 1.09737491 \\ 0 \\ 1.09737491 \\ 1 \end{bmatrix}$$

명백히 각각의 t에서 해 벡터의 $x_1(t)$와 $x_3(t)$ 성분은 첫 번째와 두 번째 문제를 각각 만족한다. 결론적으로 해는 다음과 같다.

$$\lambda x_1(t_i) + (1-\lambda)x_3(t_i) \quad (1 \le i \le n-1)$$

여기서

$$\lambda = \frac{8.63749661 - x_3(2)}{x_1(2) - x_3(2)}$$

이다. 이 문제에서 이전처럼 100개의 점을 사용했으므로 $n = 99$이다.

유사코드

BVP2 유사코드

```
program BVP2
integer i;   real array (x_i)_{0:m}, (x1_i)_{0:n}, (x3_i)_{0:n};   real error, h, p, q, t
integer n ← 99, m ← 4
real a ← 1, b ← 2, α ← 1.09737491, β ← 8.63749661
x ← (1, α, 0, α, 1)
h ← (b − a)/n
for i = 1 to n
    call RK4_System2(m, h, (x_i), 1)
    (x1)_i ← x_1
    (x3)_i ← x_3
end for
p ← [β − (x3)_n]/[(x1)_n − (x3)_n]
q ← 1 − p
for i = 1 to n
    (x1)_i ← p (x1)_i + q (x3)_i
end for
error ← e^a − 3 cos(a) − α
output a, α, error
```

(계속)

```
for i = 9 to n step 9
    t ← a + ih
    error ← e^t − 3cos(t) − (x1)_i
    output t, (x1)_i, error
end for
end program BVP2

procedure XP_System(m, (x_i), (f_i))
real array (x_i)_0:m, (f_i)_0:m
f_0 ← 1
f_1 ← x_2
f_2 ← e^(x_0) − 3sin(x_0) + x_2 − x_1
f_3 ← x_4
f_4 ← e^(x_0) − 3sin(x_0) + x_4 − x_3
end procedure XP_System
```

최종 컴퓨터 결과는 다음과 같다.

컴퓨터 결과

t값	해	오차
1.0000000	1.0973749	0.00
1.0909091	1.5919409	9.54×10^{-7}
1.1818182	2.1225657	1.91×10^{-6}
1.2727273	2.6895509	1.43×10^{-6}
1.3636364	3.2933426	2.38×10^{-7}
1.4545455	3.9345679	9.54×10^{-7}
1.5454545	4.6140857	-4.77×10^{-7}
1.6363636	5.3330178	4.77×10^{-7}
1.7272727	6.0928054	1.91×10^{-6}
1.8181818	6.8952556	9.54×10^{-7}
1.9090910	7.7425890	9.54×10^{-7}
2.0000000	8.6374969	0.00

같은 문제에 대해 근사 방법으로 얻은 결과보다 오차들이 더 작아졌음에 주목하자(왜 그럴까?).

수학 소프트웨어

MATLAB, Maple, Mathematica에서 찾을 수 있는 수학 소프트웨어를 이용하면 이 문제를 다양한 방법으로 풀 수 있다. MATLAB과 Mathematica에 내장된 루틴은 이 경곗값 문제의 수치 해를 구하고, 해 곡선을 그리는 데 사용될 수 있다. 반면 Maple은 (12)의 두 미분방정식을 풀고, 그 결과로 나온 두 해를 적절한 λ값을 통해 앞에서 설명한 방법으로 결합시킨다. 또한 예를 들어 이 코드는 1, 1.5, 2에서의 해를 계산할 수 있다. 이 결과가 해석적인 해임에 주목해야 한다. 이러한 수학 소프트웨어 시스템들은 해를 즉각적으로 생성해서 보여주지는 않는다. 무대 뒤편에서 엄청난 양의 계산이 진행되고 있기 때문이다.

해의 존재 가능성

두 점 경곗값 문제에 대한 짧은 논의에서 우리는 **해의 존재 가능성**에 관한 어려운 질문은 건드리지 않았다. 때때로 경곗값 문제가 매끄러운 계수들을 가짐에도 불구하고 해가 전혀 없는 경우들이 있다. 이와 관련된 예는 [연습문제 11.1.4(b)]에 주어져 있다. 이러한 거동은 초깃값 문제와 크게 대조된다.

11.2 요약

• 다음과 같은 **두 점 경곗값 문제**에 대해

$$\begin{cases} x''(t) = f(t,\ x(t),\ x'(t)) \\ x(a) = \alpha,\ \ x(b) = \beta \end{cases}$$

구간 $[a, b]$ 전체에 걸쳐 $0 \le i \le n$에서의 $(n+1)$개의 점(즉 $t_i = a + ih$ 및 $h = (b-a)/n$)을 이용한 유한차분을 사용한다. $x_0 = \alpha,\ x_n = \beta$를 얻고 다음이 성립한다.

$$\frac{1}{h^2}(x_{i-1} - 2x_i + x_{i+1}) = f\left(t_i,\ x_i,\ \frac{1}{2h}(x_{i+1} - x_{i-1})\right)$$
$$(1 \le i \le n-1)$$

이 문제에서 우변이 다음과 같은 형태일 때 **선형적인 상황**이 나타난다.

$$f(t,\ x,\ x') = u(t) + v(t)x + w(t)x'$$

이 경우에 주요 방정식은 $\frac{1}{h^2}(x_{i-1} - 2x_i + x_{i+1}) = u(t_i) + v(t_i)x_i + w(t_i)\left[\frac{1}{2h}(x_{i+1} - x_{i-1})\right]$이 된다. 그러면 계산한 형태는 다음과 같다.

$$-\left(1 + \frac{h}{2}w_i\right)x_{i-1} + (2 + h^2 v_i)x_i - \left(1 - \frac{h}{2}w_i\right)x_{i+1} = -h^2 u_i$$

여기서 $u_i = u(t_i),\ v_i = v(t_i),\ w_i = w(t_i)$이다. 이는 삼중 대각 선형 시스템 풀기로 귀결된다.

• 다음의 **선형 두 점 경곗값 문제**

$$\begin{cases} x'' = u(t) + v(t)x + w(t)x' \\ x(a) = \alpha,\ \ x(b) = \beta \end{cases}$$

와 이에 상응하는 **초깃값 문제**

$$\begin{cases} x'' = u(t) + v(t)x + w(t)x' \\ x(a) = \alpha,\ \ x'(a) = z \end{cases}$$

를 생각해 보자. x_1과 x_2가 각각 z_1과 z_2에 대한 초깃값 문제의 두 해 곡선이라고 가정하면 두 점 경곗값 문제의 해는 다음과 같다.

$$g(t) = \lambda x_1(t) + (1-\lambda)x_2(t)$$
$$\lambda = \frac{\beta - x_2(b)}{x_1(b) - x_2(b)}$$

그러면 다음이 성립한다.

$$\begin{cases} g'' = u + vg + wg' \\ g(a) = \alpha \qquad g(b) = \lambda x_1(b) + (1-\lambda)x_2(b) = \beta \end{cases}$$

이를 해결하는 간단한 방법은 다음의 두 초깃값 문제를 푸는 것이다.

$$\begin{cases} x'' = u(t) + v(t)x + w(t)x' \\ x(a) = \alpha,\ \ x'(a) = 0 \end{cases}$$
$$\begin{cases} y'' = u(t) + v(t)y + w(t)y' \\ y(a) = \alpha,\ \ y'(a) = 1 \end{cases}$$

그러면 원래의 두 점 경곗값 문제의 해는 다음과 같다.

$$\lambda x(t) + (1-\lambda)y(t) \quad \left(\text{단, } \lambda = \frac{\beta - y(b)}{x(b) - y(b)}\right)$$

11.2 연습문제

01 미분에 대한 표준적인 유한차분 근사를 이용해 두 점 경곗값 문제 $x'' = t + 2x - x'$을 푼다면 그 결과로 나온 선형 연립방정식의 전형적인 식은 무엇일까?

02 다음의 두 점 경곗값 문제를 생각하자. $h = \frac{1}{4}$일 때, 유한차분법으로부터 얻는 3중 대각 시스템을 설정하고 풀어라. $x\left(\frac{1}{4}\right) \approx 0.29401,\ x\left(\frac{1}{2}\right) \approx 0.56975,\ x\left(\frac{3}{4}\right) \approx 0.81006$에서 이 해석적인 해와의 차를 설명하라.

$$\begin{cases} x'' = -x \\ x(0) = 0,\ \ x(1) = 1 \end{cases}$$

03 식 (11)이 경곗값 문제 (8)의 해로 주어짐을 확인하라.

04 다음의 두 점 경곗값 문제를 생각하자.

$$\begin{cases} x'' = x^2 - t + tx \\ x(0) = 1, \ \ x(1) = 3 \end{cases}$$

다음의 두 초깃값 문제를 수치적으로 풀고, 최종값 $u(1) = 2$와 $v(1) = 3.5$를 얻었다고 가정하자. 원래의 두 점 경곗값 문제를 풀기 위해 다음으로 시도해야 할 합리적인 초깃값 문제는 무엇인가?

$$\begin{cases} u'' = u^2 - t + tu \\ u(0) = 1, \ \ u'(0) = 1 \end{cases} \qquad \begin{cases} v'' = v^2 - t + tv \\ v(0) = 1, \ \ v'(0) = 2 \end{cases}$$

05 3중 대각 시스템 (6)을 생각하자. $v_i > 0$이면, 행렬이 대각 지배가 되는 어떤 h가 존재함을 보여라.

06 식 (10)에서 함수 g에 대해 주장된 성질들을 증명하라.

07 다음의 간단한 문제

$$\begin{cases} x'' = -x \\ x(a) = \alpha, \ \ x(b) = \beta \end{cases}$$

에 대해 풀어야 할 3중 대각 시스템을 다음과 같이 나타낼 수 있음을 보여라.

$$\begin{cases} (2-h^2)x_1 - x_2 = \alpha \\ -x_{i-1} + (2-h^2)x_i - x_{i+1} = 0 \qquad (2 \le i \le n-2) \\ -x_{n-2} + (2-h^2)x_{n-1} = \beta \end{cases}$$

08 다음 식을 풀기 위해 보통의 2차 중심차분 근사를 적용하면 그 결과로 연립방정식 $\boldsymbol{Ax} = \boldsymbol{b}$를 얻을 수 있다. 이 식을 써라.

$$\begin{cases} x'' = (1+t)x \\ x(0) = 0, \ \ x(1) = 1 \end{cases}$$

09 u가 다음의 초깃값 문제의 해라고 하자.

$$\begin{cases} u'' = e^t u + t^2 u' \\ u(1) = 0, \ \ u'(1) = 1 \end{cases}$$

u를 활용하여 다음의 두 점 경곗값 문제를 어떻게 풀 수 있는가?

$$\begin{cases} x'' = e^t x + t^2 x' \\ x(1) = 0, \ \ x(2) = 7 \end{cases}$$

10 a, b, A, B, C가 주어진 실수일 때, 다음 문제는 어떻게 풀어야 하는가(단, A와 B는 둘 다 0이 아니라고 가정한다)?

$$\begin{cases} x' = f(t, x) \\ Ax(a) + Bx(b) = C \end{cases}$$

11 다음의 두 점 경곗값 문제에 사격법을 사용하면 어떤 일이 일어나는지를 설명하라.

$$\begin{cases} x'' = -x \\ x(0) = 3, \ \ x(\pi) = 7 \end{cases}$$

이 문제는 컴퓨터나 계산기를 사용하지 않고도 해석적으로 풀 수 있다.

11.2 컴퓨터 연습문제

01 다음의 두 점 경곗값 문제를 유한차분법을 이용하여 풀기 위한 프로그램을 구성하는 데 들어가야 할 주요 단계들을 설명하라. 프로그래밍 이전에 진행되어야 할 모든 예비 작업을 보이고, 이 미분방정식의 선형성에 대해서 조사하라. 서로 다른 n값, 예를 들어 $n = 10, \ 100, 1000$ 등을 사용해서 프로그래밍하고 그 결과들을 비교하라.

$$\begin{cases} x'' = x\sin t + x'\cos t - e^t \\ x(0) = 0, \ \ x(1) = 1 \end{cases}$$

02 다음의 두 점 경곗값 문제를 수치적으로 풀어라. 비교를 위해 실제 근들이 주어져 있다.

(a) $\begin{cases} x'' = \dfrac{(1-t)x+1}{(1+t)^2} \\ x(0) = 1, \ x(1) = 0.5 \end{cases}$

(b) $\begin{cases} x'' = \dfrac{1}{3}[(2-t)e^{2x} + (1+t)^{-1}] \\ x(0) = 0, \ x(1) = -\log 2 \end{cases}$

03 이산화를 이용해 다음의 경곗값 문제를 풀어라. 그 결과를 실제 근인 $x(t) = t + 2\sin t$와 비교하라.

$$\begin{cases} x'' = -x + tx' - 2t\cos t + t \\ x(0) = 0, \ x(\pi) = \pi \end{cases}$$

04 이산화 방법을 이용해 [컴퓨터 연습문제 11.1.2]를 반복하라.

05 다음을 수행하는 컴퓨터 프로그램을 작성하라.

(a) **program** *BVP1* (b) **program** *BVP2*

06 MATLAB, Maple, Mathematica와 같은 수학 소프트웨어 시스템의 내장 루틴을 사용하여 다음에 부합하는 경곗값 문제를 풀고 그 해 곡선을 그려라.

(a) **program** *BVP1* (b) **program** *BVP2*

07 비선형 방정식인 다음의 **도전적인 테스트 문제들**에 대한 수치 해 계산을 조사하라.

(a) $\begin{cases} x'' = e^x \\ x(0) = 0, \ x(1) = 0 \end{cases}$

(b) $\begin{cases} \varepsilon x'' + (x')^2 = 1 \\ x(0) = 0, \ x(1) = 1 \end{cases}$

$\varepsilon = 10^{-1}, \ 10^{-2}, \ 10^{-3}, \ \cdots$ 으로 변화시키며 $t = 0.745$에서 코너[corner]를 가지는 진짜 해 $x(t) = 1 + \varepsilon \ln \cosh((t - 0.745)/\varepsilon)$와 비교하라.

(c) **트로치의 문제**[Troesch's problem] : $\mu = 50$을 사용하여 다음을 풀어라.

$$\begin{cases} x'' = \mu \sinh(\mu x) \\ x(0) = 0, \ x(1) = 1 \end{cases}$$

(d) **브라투의 문제**[Bratu's problem] : $\lambda = 3.55$를 사용하여 다음을 풀어라. 만약 $\lambda^* = 3.51383 \cdots$라면 $\lambda < \lambda^*$일 때는 두 개, $\lambda = \lambda^*$일 때는 한 개의 해가 존재하고, $\lambda > \lambda^*$일 때는 해가 존재하지 않는다.

$$\begin{cases} x'' + \lambda e^x = 0 \\ x(0) = 0, \ x(1) = 0 \end{cases}$$

(e) $\varepsilon = 10^{-8}$을 사용하여 다음을 풀어라. 진짜 해인 $x(t) = 1 + \text{erf}(t/\sqrt{2\varepsilon})/\text{erf}(1/\sqrt{2\varepsilon})$과 비교하라.

$$\begin{cases} \varepsilon x'' + t x' = 0 \\ x(-1) = 0, \ x(1) = 2 \end{cases}$$

08 (**원형 고리 압축 프로젝트**) 모든 방향으로부터 정수압 p를 받는 상황 하에서 압축률[compressibility]이 c인 원형 고리의 모델은 다음의 7개의 미분 연립방정식을 포함한 경곗값 문제로 주어진다.

$$\begin{cases} y_1' = -1 - cy_5 + (c+1)y_7 \\ y_2' = [1 + c(y_5 - y_7)]\cos y_1 \\ y_3' = [1 + c(y_5 - y_7)]\sin y_1 \\ y_4' = 1 + c(y_5 - y_7) \\ y_5' = y_6[-1 - cy_5 + (c+1)y_7] \\ y_6' = y_5 y_7 - [1 + c(y_5 - y_7)](y_5 + p) \\ y_7' = [1 + c(y_5 - y_7)]y_6 \end{cases}$$

여기서 $y_1(0) = \pi/2, \ y_1(\pi/2) = 0, \ y_2(\pi/2) = 0, \ y_3(0) = 0, \ y_4(0) = 0, \ y_5(0) = 0, \ y_6(\pi/2) = 0$이다. 다양한 단순화 작업이 **원형 고리의 압축 또는 파괴**에 대한 연구에 유용하다. 대칭성을 활용하여 원의 4분의 1만 생각해 보자(그림 (a) 참조). 압력이 증가함에 따라 원의 반지름은 감소하고, **분기 또는 상태의 변화**가 발생한다(그림 (b) 참조).

좀 더 높은 수준의 수치 방법과 함께 사격법이 이 문제를 푸는 데 사용될 수 있다. 그러한 방법들 중 일부를 조사하라.

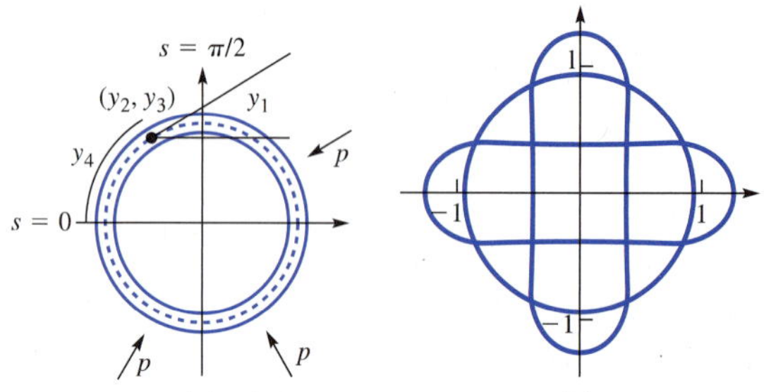

(a) (b)

09 열 보존 법칙을 이용하여 가늘고 긴 막대의 열평형을 결정할 수 있다. 막대가 길이 방향으로 절연되어 있지 않고 시스템이 평형상태에 도달했다고 가정하자.

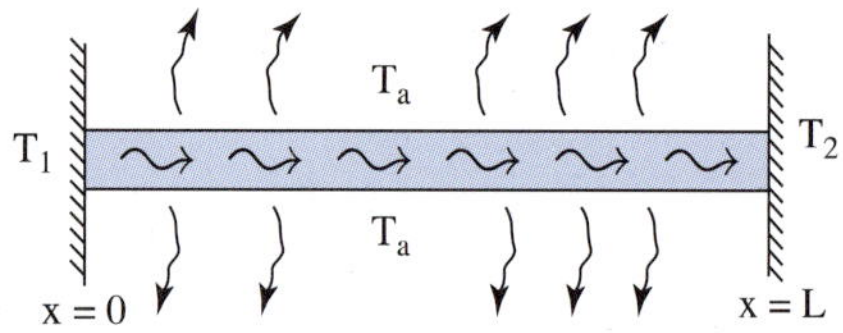

그림처럼 서로 다른 일정한 온도를 가진 두 물체 사이에 절연되어 있지 않은 균일한 막대가 위치한다. 이때 $T_1 > T_2$, $T_2 > T_a$라 하자. 그 결과로 얻어지는 미분방정식은

$$\frac{d^2 T}{dx^2} + \alpha(T_a - T) = 0$$

이다. 여기서 T_a는 주변 공기의 온도, α는 주변 공기로 방열되는 비율에 대한 복사 열 손실 계수이다. 간단한 경우로 양끝의 온도가 $T(0) = T_1$, $T(L) = T_2$로 고정된 10미터 막대를 고려해 보자. $T_a = 20$, $T_1 = T(0) = 40$, $T_2 = T(10) = 200$, $\alpha = 10^{-2}$의 값들이 주어졌을 때, 이 문제를 다음의 접근법으로 풀어라.

(a) 미적분을 이용하여 해석적인 해를 구하라.

(b) 사격법을 사용하라.

(c) 유한차분법을 사용하라.

두 번째 단계에서 $x = 0$부터 $x = 10$까지의 값에서 정확한 해석적 해와 사격법과 유한차분법을 비교한 결과 표를 컴퓨터로 생성하라. 수치 방법에 사용된 단계의 크기를 줄임으로써 오차를 줄일 수 있음을 보여라.

12장 편미분방정식

Partial Differential Equations

탄성 이론에서 비틀림을 받는 원통형 기둥의 응력은 다음의 푸아송 방정식Poission equation

$$\frac{\partial^2 u}{\partial x^2}+\frac{\partial^2 u}{\partial y^2}+2=0$$

을 만족하는 함수 $u(x,y)$로부터 유도될 수 있다. 단면이 $|x| \leq 1$, $|y| \leq 1$로 정의되는 정사각기둥의 경우, 함수 u는 단면인 정사각형 내부에서 푸아송 방정식을 만족해야 하며, 정사각형 둘레의 각 점에서는 0이어야 한다. 이 장에서 배울 방법을 사용하면, $u(x,y)$의 근삿값에 대한 표를 만들 수 있다.

12.1 포물형 문제

어려운 문제들

미분방정식을 통해 수많은 물리적 현상들을 수학적으로 모델링할 수 있다. 연구 대상인 함수가 두 개 이상의 독립 변수를 포함할 때, 그 미분방정식은 대개 편미분방정식이다. 다변수 함수는 일변수 함수보다 본질적으로 더 복잡하기 때문에 편미분방정식partial differential equation(PDE)은 가장 어려운 수치 문제로 이어질 수 있다. 실제로 이러한 문제에 대한 수치적 해를 찾는 일은, 가장 빠르고 가장 비싼 컴퓨팅 시스템의 자원조차 쉽게 과부하가 걸릴 정도의 과학적 계산이다. 나중에 왜 그런지 살펴볼 것이다.

응용문제에서 등장하는 편미분방정식들

몇몇 중요한 편미분방정식과, 그 방정식들이 적용되는 물리적 현상들을 나열해 보겠다.
3개의 공간 변수 (x, y, z) 및 시간 변수 t가 포함된 **파동 방정식**wave equation은 다음과 같다.

파동 방정식

$$\frac{\partial^2 u}{\partial t^2}=\frac{\partial^2 u}{\partial x^2}+\frac{\partial^2 u}{\partial y^2}+\frac{\partial^2 u}{\partial z^2}$$

함수 u는 정지해 있을 때의 위치가 (x, y, z)인 입자의 시간 t에서의 변위displacement를 나타낸다. 적절한 경계 조건이 주어지면, 이 식은 3차원 탄성체의 진동을 지배하는 방정식이 된다.

열 방정식heat equation은 다음과 같다.

열 방정식

$$\frac{\partial u}{\partial t}=\frac{\partial^2 u}{\partial x^2}+\frac{\partial^2 u}{\partial y^2}+\frac{\partial^2 u}{\partial z^2}$$

함수 u는 좌표가 (x, y, z)인, 물체의 한 점에서 시간 t일 때의 온도를 나타낸다.

라플라스 방정식 Laplace's equation은 다음과 같다.

라플라스 방정식

$$\frac{\partial^2 u}{\partial x^2}+\frac{\partial^2 u}{\partial y^2}+\frac{\partial^2 u}{\partial z^2}=0$$

이 방정식은 물체에서 열 또는 전하의 정상상태 분포를 지배하는 방정식이다. 라플라스 방정식은 또한 중력 및 전자기 퍼텐셜potential과, 비압축성 유체의 무회전 흐름에서의 속도 퍼텐셜을 설명한다. 위에 주어진 라플라스 방정식의 형태는 직교 좌표계에 적용된 것이다. 원기둥 좌표계 및 구면 좌표계에서 라플라스 방정식은 각각 다음과 같은 형태를 갖는다.

$$\frac{\partial^2 u}{\partial r^2}+\frac{1}{r}\frac{\partial u}{\partial r}+\frac{1}{r^2}\frac{\partial^2 u}{\partial \theta^2}+\frac{\partial^2 u}{\partial z^2}=0$$

$$\frac{1}{r}\frac{\partial^2}{\partial r^2}(ru)+\frac{1}{r^2\sin\phi}\frac{\partial}{\partial \phi}\left(\sin\phi\frac{\partial u}{\partial \phi}\right)+\frac{1}{r^2\sin^2\phi}\frac{\partial^2 u}{\partial \theta^2}=0$$

쌍조화 방정식biharmonic equation은 다음과 같다.

$$\frac{\partial^4 u}{\partial x^4}+2\frac{\partial^4 u}{\partial x^2\partial y^2}+\frac{\partial^4 u}{\partial y^4}=0$$

쌍조화 방정식

이 식은 탄성 응력 연구에 등장하는데, 이 방정식의 해로부터 탄성체에 대한 전단 응력과 정상 응력을 유도할 수 있다.

나비에-스토크스 방정식 Navier-Stokes equation은 다음과 같다.

$$\frac{\partial u}{\partial t}+u\frac{\partial u}{\partial x}+v\frac{\partial u}{\partial y}+\frac{\partial p}{\partial x}=\frac{\partial^2 u}{\partial x^2}+\frac{\partial^2 u}{\partial y^2}$$

$$\frac{\partial v}{\partial t}+u\frac{\partial v}{\partial x}+v\frac{\partial v}{\partial y}+\frac{\partial p}{\partial y}=\frac{\partial^2 v}{\partial x^2}+\frac{\partial^2 v}{\partial y^2}$$

나비에-스토크스 방정식

여기에서 u와 v는 유체의 흐름에서 속도 벡터의 성분들이다. 함수 p는 압력이고, 유체는 비압축성이지만 점성이 있다고 가정한다.

3차원에서 표준적인 수많은 편미분방정식을 기술할 때, 다음 연산자들이 유용하게 쓰인다.

$$\nabla=\left(\frac{\partial}{\partial x},\frac{\partial}{\partial y},\frac{\partial}{\partial z}\right)$$

$$\nabla^2=\frac{\partial^2}{\partial x^2}+\frac{\partial^2}{\partial y^2}+\frac{\partial^2}{\partial z^2}$$ (**라플라시안 연산자**Laplacian operator)

연산자들

예를 들면 다음과 같다.

연산자를 사용한 고전적인 편미분방정식

열 방정식	$\frac{1}{k}\frac{\partial u}{\partial t}=\nabla^2 u$
확산 방정식	$\frac{\partial u}{\partial t}=\nabla\cdot(d\nabla u)+\rho$
파동 방정식	$\frac{1}{\nu^2}\frac{\partial^2 u}{\partial t^2}=\nabla^2 u$
라플라스 방정식	$\nabla^2 u=0$
푸아송 방정식	$\nabla^2 u=-4\pi\rho$
헬름홀츠Helmholtz **방정식**	$\nabla^2 u=-k^2 u$

열전달이 확산 과정이기 때문에 확산 상수 d를 갖는 **확산 방정식**diffusion equation은 열 방정식과 구조가 같다. 일부 저자들은 $\Delta u = \texttt{curl}(\texttt{grad}(u)) = \nabla^2 u$와 같은 다른 표기법을 사용하기도 한다.

양자역학, 전자기학, 유체역학, 탄성 등에 관한 예시들을 추가적으로 제시할 수도 있지만, 앞에서 소개한 5개의 편미분방정식만으로도 엄청난 다양성을 볼 수 있다. 특히 나비에-스토크스 방정식은 한 쌍의 비선형 연립 편미분방정식으로 매우 복잡한 문제를 보여준다.

편미분방정식에 대한 유일한 해를 찾으려면, 해 함수에 추가적인 조건이 부과되어야 한다. 일반적으로 이러한 조건은 해를 찾고자 하는 영역의 경계 전체 혹은 일부에서 사전에 규정된 경곗값이라는 형태로 나타난다. 경계 및 경곗값들의 특성은 대개 근사 해를 구하기 위한 적절한 수치 체계를 설정하는 결정 요인이다. 경계 조건

MATLAB에는 편미분방정식에 대한 PDE 툴박스Toolbox가 포함되어 있다. 이 툴박스에는 방정식의 정의역을 묘사하거나, 격자를 생성하고, 수치 해를 계산하고, 그래프를 그리는 것과 같은 작업에 대한 많은 명령어가 포함되어 있다. MATLAB에서 명령어 `pdetool`은 편미분방정식을 풀 수 있는 독립적인 그래픽 환경인 그래픽 사용자 인터페이스graphical user interface를 호출한다. 사용자는 정의역을 그려 경계를 표시하고, 문제 및 세부 경계 조건에 대한 메뉴 칸을 채워 넣은 다음, 문제를 해결하고 결과를 그래프로 표시해주는 버튼을 선택한다. 이 인터페이스가 편리한 작업 환경을 제공할 수 있지만, 추가적인 유연성을 위해 명령-행 함수command-line function들이 필요한 상황이 있다. 데모 및 도움말 파일 모음은 이러한 방법을 찾는 데 도움이 될 것이다. 예를 들어 이 소프트웨어는 다음과 같은 유형의 편미분방정식을 다룰 수 있다. 수학 소프트웨어

여러 유형의 편미분방정식 예

포물형 편미분방정식	$b\dfrac{\partial u}{\partial t} - \nabla\cdot(c\nabla u) + au = f$
쌍곡형 편미분방정식	$b\dfrac{\partial^2 u}{\partial t^2} - \nabla\cdot(c\nabla u) + au = f$
타원형 편미분방정식	$-\nabla\cdot(c\nabla u) + au = f$

여기서 변수 x, y는 문제의 2차원 정의역인 Ω 내에 위치한다. 정의역의 경계에서 다음과 같은 경계 조건들이 다루어질 수 있다.

경계 조건

디리클레Dirichlet	$hu = r$
일반화된 노이만generalized Neumann	$\vec{n}\cdot(c\nabla u) + qu = g$
혼합형	디리클레/노이만의 조합

여기서 $\vec{n} = du/d\nu$은 단위 길이의 **법선도함수**normal derivative이다. 편미분방정식은 대화 상자를 통해 입력할 수 있지만, 경계 조건 및 편미분방정식의 계수 a, c, d는 다양한 방법으로 입력할 수 있다. 정의역의 기하학적 형태는 중첩 및 이동, 회전이 가능한 원이나 다각형, 직사각형, 타원과 같은 입체 도형들이 될 수 있다. 또한, Maple이나 Mathematica 및 특화된 소프트웨어 패키지를 사용하여 다양한 편미분방정식을 풀 수 있다. 단위 법선도함수

열 방정식 모델 문제

이제 적절한 범위의 모델 문제 하나를 고려해 보면서 몇 가지 필수적인 아이디어를 소개하고자 한다. 기술적인 이유로 이 모델 문제가 **포물형**이라 하자. 다음과 같이 특정한 물리적 현상에 적합한 경계 조건을 수반하는, 1차원 공간에서의 열 방정식을 생각해보자.

$$\begin{cases} \dfrac{\partial^2}{\partial x^2}u(x,t) = \dfrac{\partial}{\partial t}u(x,t) \\ u(0,t) = u(1,t) = 0 \\ u(x,0) = \sin \pi x \end{cases} \tag{1}$$

이 방정식은 양 끝의 온도가 0으로 유지되는 길이가 1인 가는 막대에서의 온도 $u(x,t)$를 나타낸다. 단, 막대의 초기 온도는 함수 $\sin \pi x$로 주어진다고 가정한다([그림 12.1] 참조). xt 평면에서 해를 구하는 영역은 부등식 $0 \leqq x \leqq 1$ 및 $t \geqq 0$으로 표시된다. [그림 12.2]에 색칠되어 있는 영역의 경계에서는 u값이 미리 주어져 있다.

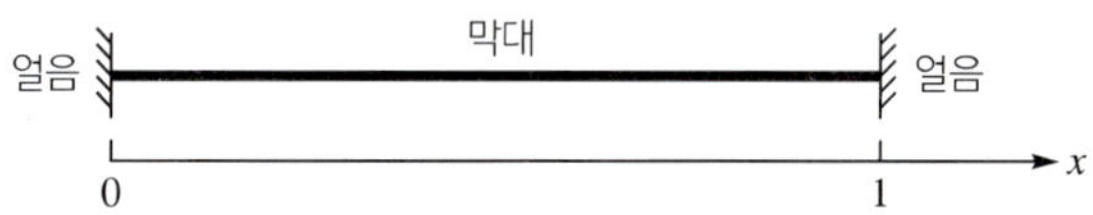

[그림 12.1] 가열된 막대

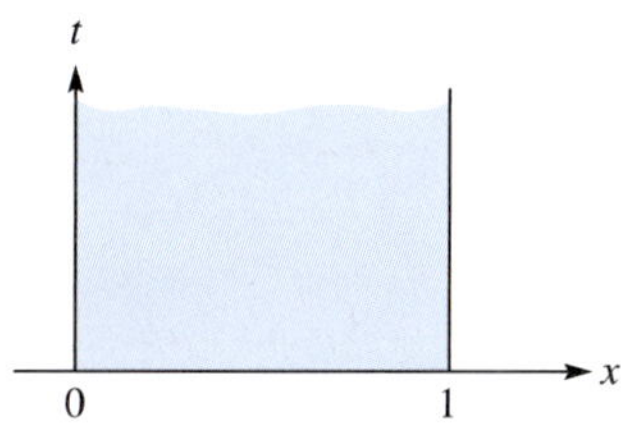

[그림 12.2] 열 방정식 : xt 평면

유한차분법

이러한 문제의 수치 해에 대한 주요 접근법 하나는 **유한차분법**finite-difference method이다. 이 방법은 방정식에 있는 미분을 유한차분으로 대체함으로써 진행된다. 이러한 맥락에서 4.3절의 다음 두 공식이 유용하다.

f'과 f''의 유한차분 근사

$$f'(x) \approx \frac{1}{h}[f(x+h) - f(x)]$$

$$f''(x) \approx \frac{1}{h^2}[f(x+h) - 2f(x) + f(x-h)]$$

서로 다를 것으로 예상되는 단계 길이 h와 k를 사용하여 이 식들을 미분방정식 (1)에 적용하면 그 결과는 다음과 같다.

$$\frac{1}{h^2}[u(x+h,t) - 2u(x,t) + u(x-h,t)] = \frac{1}{k}[u(x,t+k) - u(x,t)] \tag{2}$$

이 방정식은 이제 변수 t에 대하여 해를 단계적으로 전진시키는 수단으로 해석된다. 즉 만일 $0 \le x \le 1$ 및 $0 \le t \le t_0$에서 $u(x,t)$의 값을 안다면, 식 (2)로부터 $t=t_0+k$에서의 해를 계산할 수 있다.

방정식 (2)는 다음과 같은 형태로 나타낼 수 있다.

$$u(x,t+k)=\sigma u(x+h,t)+(1-2\sigma)u(x,t)+\sigma u(x-h,t) \tag{3}$$

여기서 σ는 다음과 같은 값이다.

$$\sigma=\frac{k}{h^2}$$

(4개의 점으로 구성된 명시적) 스텐실

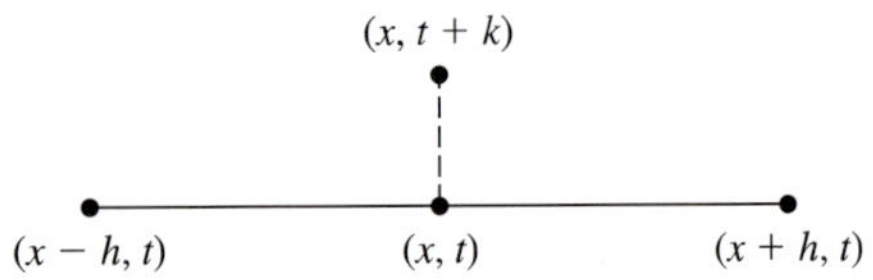

[그림 12.3] 열 방정식 : 명시적 스텐실 explicit stencil

이 방정식에 포함된 4개의 점의 위치를 나타내는 그림이 [그림 12.3]이다. 그 해는 이 영역의 경계에서 주어져 있으므로, 식 (3)을 체계적으로 사용하여 해당 영역 내부의 근사 해를 계산할 수 있다. 식 (2)가 식 (1)을 유한차분과 유사한 형태로 표현한 것이기 때문에 이 해는 물론 근사 해이다.

컴퓨터에서 근사 해를 구하기 위하여 h와 k의 값을 선택하고 식 (3)을 사용한다. 이 과정에 대한 분석(이 분석은 이 책의 범위를 벗어난다)을 시행해 보면, 식 (3)의 계수 $(1-2\sigma)$가 음의 값이 아니어야만 계산의 안정성이 확보됨을 입증할 수 있다(만일 이 조건이 만족되지 않는다면, 어떤 한 단계에서 발생한 오류가 후속 단계들에서 증폭되어 결국 극도로 해를 손상시킨다). 이 알고리즘을 사용하여 오직 t의 예전 값들만을 포함하는 계산을 통해 변수 t에 대해 해를 계속 계산할 수 있다. 이것이 **전진 문제** marching problem 또는 **전진 기법** marching method의 한 예이다.

전진 기법

명시적 기법에 대한 유사코드

최대한으로 단순한 상황을 만들기 위해 $h=0.1$ 및 $k=0.005$를 선택하였다. 계수 σ는 이제 0.5이다. 이 선택으로 계수 $(1-2\sigma)$는 0이 된다. 우리의 유사코드는 우선 $0 \le i \le 10$에 대하여 $u(ih,0)$을 출력하는데, 이는 이 값들이 알려진 경곗값들이기 때문이다. 그런 다음 방정식 (3)과 경곗값 $u(0,t)=u(1,t)=0$을 사용하여 $0 \le i \le 10$에 대한 $u(ih,k)$를 계산하고 출력한다. 이 과정은 t의 값이 0.1에 도달할 때까지 계속된다. 하나의 첨자를 가지는 배열 (u_i) 및 (v_i)는 각각 t와 $t+k$에서 근사 해의 값을 저장하는 데 사용된다. 이 문제의 해석적인 해는

$$u(x,t)=e^{-\pi^2 t}\sin \pi x$$

로 주어지므로([연습문제 12.1.3] 참조) 각 단계마다 오차를 출력할 수 있다.

앞서 설명된 프로시저는 **명시적 기법**explicit method의 한 예이다. $u(x,t+k)$의 근삿값은 $u(x,t)$에 관하여 명시적으로 계산된다. 이러한 상황은 이례적일뿐만 아니라, 안정성을 고려하면 이 문제에서는

명시적 기법

$$k \le \frac{1}{2}h^2$$

을 택해야 하기 때문에 프로시저의 속도가 다소 느리다. 유한차분 공식으로 미분을 정확하게 나타내기 위해서는 h가 작아야 하므로, 그에 대응하는 k 역시 극도로 작아야 한다. $h=0.1$과 $k=0.005$, 그리고 $h=0.01$과 $k=0.00005$와 같은 값들이 대표적이다. 이와 같이 작은 k값을 사용하면, 변수 t에 대하여 많은 진행을 이루기 위해 엄청난 양의 계산이 필요하게 된다.

Parabolic1 유사코드

```
program Parabolic1
integer i, j;   real array (u_i)_{0:n}, (v_i)_{0:n}
integer n ← 10, m ← 20
real h ← 0.1, k ← 0.005
real u_0 ← 0, v_0 ← 0, u_n ← 0, v_n ← 0
for i = 1 to n − 1
    u_i ← sin(πih)
end for
output (u_i)
for j = 1 to m
    for i = 1 to n − 1
        v_i ← (u_{i−1} + u_{i+1})/2
    end for
    output (v_i)
    t ← jk
    for i = 1 to n − 1
        u_i ← e^{−π²t} sin(πih) − v_i
    end for
    output (u_i)
    for i = 1 to n − 1
        u_i ← v_i
    end for
end for
end program Parabolic1
```

크랭크-니콜슨법 Crank-Nicolson method

음함수적implicit 유형의 다른 대안 과정 하나가 이 과정의 발명자인 존 크랭크John Crank와 필리스 니콜슨Phyllis Nicolson의 이름을 따서 명명되었다. 이 과정은 식 (2)를 간단하게 변형한 형태를 기반으로 한다.

$$\frac{1}{h^2}[u(x+h,t)-2u(x,t)+u(x-h,t)] = \frac{1}{k}[u(x,t)-u(x,t-k)] \tag{4}$$

만약 격자점 $x=ih$, $t=jk$에서의 수치 해가 변수 t에 대해 특정 단계까지 얻어졌다면, 식 (4)는 그 다음 t 단계에서 u의 값을 지배한다. 따라서 식 (4)는 다음과 같이 나타낼 수 있다.

$$-u(x-h,t)+ru(x,t)-u(x+h,t)=su(x,t-k) \tag{5}$$

(4개의 점으로 구성된 음함수적 방법의) 스텐실

여기서

$$r=2+s \text{ 및 } s=\frac{h^2}{k}$$

이다. 이 식에서 네 개의 점의 위치는 [그림 12.4]에 나타나 있다.

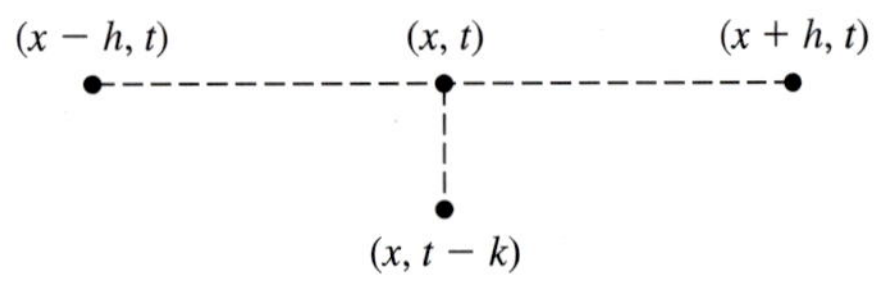

[그림 12.4] 크랭크-니콜슨법 : 음함수적 스텐실

t단계에서의 u는 알 수 없지만, $(t-k)$단계에서의 u는 알 수 있다. 따라서 우리는 미지수 $u_i=u(ih,t)$와 알려진 값 $b_i=su(ih,t-k)$를 도입하여, 식 (5)를 다음과 같은 행렬 형태로 쓸 수 있다.

$$\begin{bmatrix} r & -1 & & & & \\ -1 & r & -1 & & & \\ & -1 & r & -1 & & \\ & & \ddots & \ddots & \ddots & \\ & & & -1 & r & -1 \\ & & & & -1 & r \end{bmatrix}\begin{bmatrix} u_1 \\ u_2 \\ u_3 \\ \vdots \\ u_{n-2} \\ u_{n-1} \end{bmatrix}=\begin{bmatrix} b_1 \\ b_2 \\ b_3 \\ \vdots \\ b_{n-2} \\ b_{n-1} \end{bmatrix} \tag{6}$$

3중 대각 지배 시스템

$u(0,t)=u(1,t)=0$이라는 단순화 가정이 여기서 사용되었으며, $h=1/n$이다. $|r|=2+h^2/k>2$이므로 이 연립 방정식은 **3중 대각** 시스템이면서, **대각 지배** 시스템이다. 따라서 이 문제는 2.3절의 효율적인 방법을 사용하여 풀 수 있다.

안정성

기초적인 논의를 통해 이 방법이 **안정적**stable임을 보일 수 있다. 초깃값 $u(x,0)$가 구간 $[\alpha,\beta]$에 속하면, 식 (5)를 통해 계산되는 일련의 값들 역시 $[\alpha,\beta]$에 속하게 되어 어떠한 불안정한 성장도 배제됨을 보일 것이다. 그 해는 똑같은 방식으로 행마다 계산되어 축적되므로[1], 첫 번째 계산된 행인 $u(x,k)$의 값만 $[\alpha,\beta]$ 내에 존재함을 보이면 된다. 이러한 행 $t=k$에서 등장하는 가장 큰 u_i의 첨자를 j로 두면 다음을 얻는다.

1 (옮긴이) 매 시점 t 마다 그 시점의 해는 이전 시점인 $(t-k)$ 시점의 해를 이용하여 같은 방식을 통해 순차적으로 계산된다는 뜻이다.

$$-u_{j-1}+ru_j-u_{j+1}=b_j$$

u_j가 u_i들 중 가장 큰 값이므로 $u_{j-1}\le u_j$ 및 $u_{j+1}\le u_j$이다. 따라서 다음을 얻는다.

$$ru_j=b_j+u_{j-1}+u_{j+1}\le b_j+2u_j$$

$r=2+s$이고, $b_j=su(jh,0)$이므로, 위의 부등식은 다음을 의미한다.

$$u_j \le u(jh,0) \le \beta$$

u_j는 u_i들 중 가장 큰 값이므로, 모든 i에 대하여 다음이 성립한다.

$$u_i \le \beta$$

같은 방식으로 모든 i에 대하여

$$u_i \ge \alpha$$

가 성립한다. 따라서 우리의 주장이 증명되었다.

크랭크-니콜슨법에 대한 유사코드

이제 모델 문제에서 크랭크-니콜슨법을 수행하기 위한 유사코드를 제시한다. 이 유사코드에서 $h=0.1$이고 $k=h^2/2$이며, $t=0.1$까지 해가 계산된다. r의 값은 4이며, $s=2$이다. 각 수평선[2]의 내부 점에서의 u값만 계산하고 출력하는 것이 더 쉽다. 경계점에서 $u(0,t)=u(1,t)=0$이다. 이 프로그램은 2.3절의 프로시저 *Tri*를 호출한다.

2 (옮긴이) 각 수평선은 일정한 t단계를 의미한다.

Parabolic2 유사코드

```
program Parabolic2
integer i, j;   real array (c_i)_{1:n−1}, (d_i)_{1:n−1}, (u_i)_{1:n−1}, (v_i)_{1:n−1}
integer n ← 10, m ← 20
real h ← 0.1, k ← 0.005
real r, s, t
s ← h^2/k
r ← 2 + s
for i = 1 to n − 1
    d_i ← r
    c_i ← −1
    u_i ← sin(πih)
end for
output (u_i)
for j = 1 to m
    for i = 1 to n − 1
        d_i ← r
        v_i ← su_i
    end for
    call Tri(n − 1, (c_i), (d_i), (c_i), (v_i), (v_i))
    output (v_i)
    t ← jk
    for i = 1 to n − 1
        u_i ← e^{−π^2 t} sin(πih) − v_i
    end for
    output (u_i)
    for i = 1 to n − 1
        u_i ← v_i
    end for
end for
end program Parabolic2
```

두 방법(명시적 기법 및 크랭크-니콜슨법)에 대한 유사코드에서 동일한 h와 k의 값을 사용하여 결과를 공정하게 비교할 수 있도록 하였다. 크랭크-니콜슨법이 안정적이므로 훨씬 더 큰 k의 값을 사용할 수 있었다.

또 다른 대안적 버전의 크랭크-니콜슨법

크랭크-니콜슨법의 또 다른 버전은 식 (4)에서 $\left(x, t-\frac{1}{2}k\right)$에서의 중심차분central difference을 활용하여 다음과 같이 얻어진다.

$$\frac{1}{h^2}\left[u\left(x+h, t-\frac{1}{2}k\right)-2u\left(x,t-\frac{1}{2}k\right)+u\left(x-h,t-\frac{1}{2}k\right)\right]$$
$$=\frac{1}{k}[u(x,t)-u(x,t-k)]$$

t값이 k의 정수배인 곳에서의 u값만을 알고 있기 때문에, $u\left(x, t-\frac{1}{2}k\right)$와 같은 항은 인접한 격자점에서의 u값의 평균으로 대체된다. 즉 다음이 성립한다.

$$u\left(x,t-\frac{1}{2}k\right) \approx \frac{1}{2}[u(x,t)+u(x,t-k)]$$

따라서 다음을 얻는다.

$$\frac{1}{2h^2}[u(x+h,t)-2u(x,t)+u(x-h,t)+u(x+h,t-k)$$
$$-2u(x,t-k)+u(x-h,t-k)]=\frac{1}{k}[u(x,t)-u(x,t-k)]$$

이 방정식의 계산 형태는 다음과 같다.

(6개의 점으로 구성된 음함수적) 스텐실

$$-u(x-h,t)+2(1+s)u(x,t)-u(x+h,t)$$
$$=u(x-h,t-k)+2(s-1)u(x,t-k)+u(x+h,t-k) \tag{7}$$

여기서

$$s=\frac{h^2}{k}\equiv\frac{1}{\sigma}$$

이다. 이 식에 포함된 6개의 점은 [그림 12.5]에 표시되어 있다. 이 방정식은 $r=2(1+s)$와 다음 식을 갖는 3중 대각 시스템 (6)의 형태로 이어진다.

$$b_i=u((i-1)h,t-k)+2(s-1)u(ih,t-k)+u((i+1)h,t-k)$$

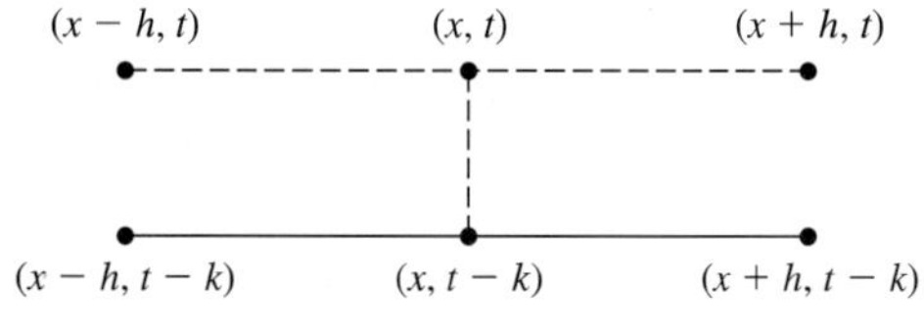

[그림 12.5] 크랭크-니콜슨법 : 다른 스텐실

안정성stability

명시적 기법의 핵심은 식 (3)이다. 이 식은 $(t+k)$에서의 u값이 이전 시간 단계 t에서의 u값에 어떻게 의존하는지를 보여준다. 격자 위의 u의 값들을 $u_{ij}=u(ih, jk)$로 표기하면, 하나의 t단계에 대한 모든 u값을 다음과 같이 하나의 벡터 $\boldsymbol{v}^{(j)}$로 모을 수 있다.

$$\boldsymbol{v}^{(j)}=[u_{0j}, u_{1j}, u_{2j}, \dots, u_{nj}]^T$$

이제 식 (3)은 다음과 같은 형태로 나타낼 수 있다.

$$u_{i,j+1}=\sigma u_{i+1,j}+(1-2\sigma)u_{ij}+\sigma u_{i-1,j}$$

이 식은 $\boldsymbol{v}^{(j+1)}$이 $\boldsymbol{v}^{(j)}$로부터 어떻게 얻어지는지를 보여준다. 그 관계는 단순하게

$$\boldsymbol{v}^{(j+1)}=\boldsymbol{A}\boldsymbol{v}^{(j)}$$

행렬 형태(명시적 기법)

이다. 여기서 $\boldsymbol{A}$는 다음과 같은 성분을 갖는 행렬이다.

$$\begin{bmatrix} 1-2\sigma & \sigma & & & & \\ \sigma & 1-2\sigma & \sigma & & & \\ & \sigma & 1-2\sigma & \sigma & & \\ & & \ddots & \ddots & \ddots & \\ & & & \sigma & 1-2\sigma & \sigma \\ & & & & \sigma & 1-2\sigma \end{bmatrix}$$

앞의 식들로부터 다음을 얻을 수 있다.

$$\boldsymbol{v}^{(j)}=\boldsymbol{A}\boldsymbol{v}^{(j-1)}=\boldsymbol{A}^2\boldsymbol{v}^{(j-2)}=\boldsymbol{A}^3\boldsymbol{v}^{(j-3)}=\cdots=\boldsymbol{A}^j\boldsymbol{v}^{(0)}$$

물리적으로 고찰해 보면, 막대의 온도는 0에 점점 가까워져야 한다. 결국 열은 온도 0이 유지되고 있는 막대 끝을 통해 손실되기 때문이다. 따라서 $\boldsymbol{A}^j\boldsymbol{v}^{(0)}$은 $j\to\infty$일 때 0으로 수렴해야만 한다.

이 시점에서 선형 대수학의 한 정리가 필요하다. (임의의 행렬 $\boldsymbol{A}$에 대하여) 모든 벡터 $\boldsymbol{v}$에 대해 $j\to\infty$일 때 $\boldsymbol{A}^j\boldsymbol{v}\to 0$이기 위한 필요충분조건은 $\boldsymbol{A}$의 모든 고윳값이 $|\lambda_i|<1$을 만족하는 것이다. 현재 분석하고 있는 행렬 $\boldsymbol{A}$의 고윳값은 다음과 같다고 알려져 있다.

$$\lambda_i=1-2\sigma(1-\cos\theta_i) \qquad \left(\text{단}, \theta_i=\frac{i\pi}{n+1}\right)$$

따라서 이 문제에서는 반드시 다음이 성립해야 한다.

$$-1<1-2\sigma(1-\cos\theta_i)<1$$

이 식으로부터 $0<\sigma\le\frac{1}{2}$을 얻을 수 있다. 이는 θ_i가 π에 임의로 가까워질 수 있기 때문이다. 이로부터 다음과 같은 **단계 크기 조건**step-size condition을 얻는다.

$$k\le\frac{1}{2}h^2$$

단계 크기 조건

MATLAB이나 Maple, 또는 Mathematica와 같은 수학 소프트웨어 시스템은 편미분방정식 수학 소프트웨어
을 푸는 루틴을 갖고 있다. 예를 들어 Maple과 Mathematica에서는 일반적인 해석적 해를 검증하는 명령을 호출할 수 있다([연습문제 12.1.3]을 참조하라). MATLAB에는 앞의 열 방정식 모델 문제를 수치적으로 푸는 샘플 프로그램이 있다. [그림 12.6]에 열 방정식을 푼 후, 해 곡면의 3차원 플롯을 생성하고, 2차원 등고선 플롯을 나타낸 그림이 나와 있다. 다양한 등고선은 색을 달리하여 표현하였다.

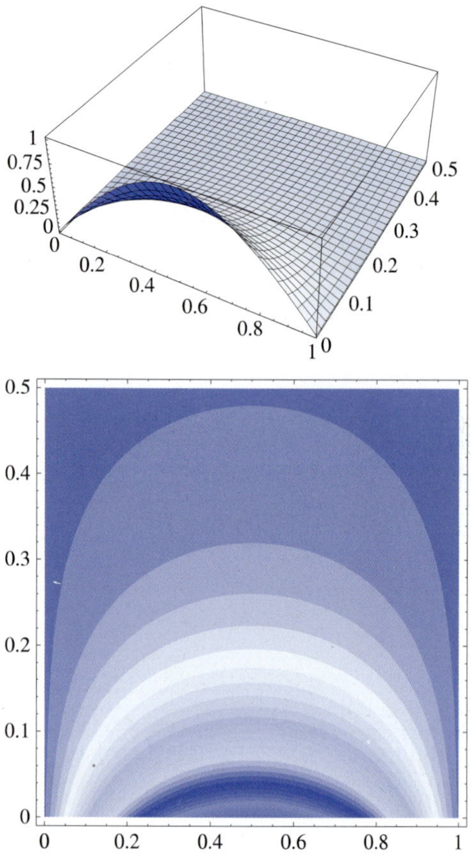

[그림 12.6] 열 방정식 : (a) 해 곡면, (b) 등고선 플롯

MATLAB의 PDE 툴박스는 스칼라 편미분방정식 문제의 유한요소[finite-element] 공식을 사용 PDE 툴박스
하여 편미분방정식의 해를 생성한다(유한요소법에 대한 추가 논의는 12.3절을 참조하라). 이 소프트웨어 라이브러리에는 정의역을 묘사하고, 그 정의역 위에 삼각형 격자를 생성하며, 격자상에서 편미분방정식을 이산화하고, 방정식 시스템을 구축하며, 해에 대한 수치 근삿값을 구하고, 그 결과를 시각화하는 그래픽 툴을 갖는 그래픽 사용자 인터페이스가 포함되어 있다.

특히 MATLAB은 포물형 편미분방정식을 해결하기 위한 함수 `parabolic`을 내장하고 있다. 이를 통해 다음과 같은 2차원 열 방정식

$$\frac{\partial u}{\partial t} = \nabla^2 u$$

를 정사각형 $-1 \le x, y \le 1$ 상에서 풀 수 있다. $u=0$이라는 디리클레 경계 조건이 존재하며, 다음과 같은 불연속적인 초기 조건이 주어져 있다.

$$u(x,y,0) = \begin{cases} 1 & \left(x^2+y^2 < \dfrac{2}{5}\right) \\ 0 & \left(x^2+y^2 \ge \dfrac{2}{5}\right) \end{cases}$$

12.1 요약

- 앞에서 다음과 같은 포물형 편미분방정식을 포함한 모델 문제를 고려하였다.

$$\frac{\partial^2}{\partial x^2}u(x,t) = \frac{\partial}{\partial t}u(x,t)$$

x방향으로 단계 크기 h, t방향으로 단계 크기 k를 갖는 유한차분을 사용하여 다음을 얻는다.

$$\frac{1}{h^2}[u(x+h,t)-2u(x,t)+u(x-h,t)] = \frac{1}{k}[u(x,t+k)-u(x,t)]$$

이 식의 계산 형태는 다음과 같다.

$$u(x,t+k) = \sigma u(x+h,t) + (1-2\sigma)u(x,t) + \sigma u(x-h,t)$$

여기서 $\sigma = k/h^2$이다. 다른 접근법으로 우변에 대한 다른 유한차분에 기반을 둔, 다음의 **크랭크-니콜슨법**이 있다.

$$\frac{1}{h^2}[u(x+h,t)-2u(x,t)+u(x-h,t)] = \frac{1}{k}[u(x,t)-u(x,t-k)]$$

이 식의 계산 형태는 다음과 같다.

$$-u(x-h,t)+ru(x,t)-u(x+h,t) = su(x,t-k)$$

여기서 $r=2+s$ 및 $s=h^2/k$이다. 크랭크-니콜슨법의 또 다른 변형은 다음 유한차분에 기반을 두고 있다.

$$\frac{1}{h^2}\left[u\left(x+h,t-\frac{1}{2}k\right)-2u\left(x,t-\frac{1}{2}k\right)+u\left(x-h,t-\frac{1}{2}k\right)\right] = \frac{1}{k}[u(x,t)-u(x,t-k)]$$

이때, 다음 식

$$u\left(x,t-\frac{1}{2}k\right) \approx \frac{1}{2}[u(x,t)+u(x,t-k)]$$

을 사용하면, 다음과 같은 계산 형태를 얻는다.

$$-u(x-h,t)+2(1+s)u(x,t)-u(x+h,t) = u(x-h,t-k)+2(s-1)u(x,t-k)+u(x+h,t-k)$$

여기서 $s=h^2/k$이다. 그 결과로 3중 대각 연립방정식을 풀어야 한다.

12.1 연습문제

01 2개의 변수를 가지는 선형 2차 미분방정식은 다음과 같은 형태이다.

$$A\frac{\partial^2 u}{\partial x^2} + B\frac{\partial^2 u}{\partial x \partial y} + C\frac{\partial^2 u}{\partial y^2} + \cdots = 0$$

여기서 A, B, C는 x와 y에 대한 함수이며, 더 낮은 차수의 항은 쓰지 않았다. 이 방정식은 B^2-4AC가 음수인지, 0인지, 혹은 양수인지에 따라 각각 점 (x,y)에서 **타원형**, **포물형**, **쌍곡형** 방정식이라 일컬어진다. 다음 각각의 방정식을 이러한 방식으로 분류하라.

(a) $u_{xx} + u_{yy} + u_x + \sin x u_y - u = x^2 + y^2$

(b) $u_{xx} - u_{yy} + 2u_x + 2u_y + e^x u = x - y$

(c) $u_{xx} = u_y + u - u_x + y$

(d) $u_{xy} = u - u_x - u_y$

(e) $3u_{xx} + u_{xy} + u_{yy} = e^{xy}$

(f) $e^x u_{xx} + \cos y u_{xy} - u_{yy} = 0$

(g) $u_{xx} + 2u_{xy} + u_{yy} = 0$

(h) $xu_{xx} + yu_{xy} + u_{yy} = 0$

02 극 좌표계에서 라플라스 방정식의 2차원 형태를 유도하라.

03 다음 함수

$$u(x,t) = \sum_{n=1}^{N} c_n e^{-(n\pi)^2 t} \sin n\pi x$$

가 열전도 문제 $u_{xx} = u_t$의 해이며, 다음 경계 조건을 만족함을 보여라.

$$u(0,t) = u(1,t) = 0$$

$$u(x,0) = \sum_{n=1}^{N} c_n \sin n\pi x \qquad (\text{단, 모든 } N \geq 1\text{에서 성립함})$$

04 이 절에서 수치적으로 풀었던 모델 문제를 참고하여, 만일 반올림 오차가 없다면 식 (3)을 이용하여 얻은 근사 해의 값이 구간 $[0, 1]$에 속함을 보여라(단, $1 \geq 2k/h^2$을 가정하라).

05 $u(x,t) = a^t \sin \pi x$ 형태를 가지는 식 (3)의 해를 찾아라. 단, a는 상수이다.

06 식 (5)를 사용할 때, 만약 경계 조건이 $c_0 \neq 0, c_n \neq 0$에 대하여 $u(0,t) = c_0$ 및 $u(1,t) = c_n$으로 주어지면, 선형 연립방정식 (6)은 어떻게 수정되어야 하는가? 식 (7)을 사용할 때는 어떠한가?

07 경계 조건이 $u(0,t) = q(t), u(1,t) = g(t)$ 및 $u(x,0) = f(x)$로 주어진 식 (1)을 시스템 (6)을 사용하여 수치적으로 어떻게 풀 수 있는지 자세히 설명하라. 여기서 q, g, f는 알려져 있는 함수이다.

08 방정식 $\partial^2 u/\partial x^2 = \partial u/\partial t + \partial u/\partial x$를 수치 작업을 통해 풀 때, 이 방정식을 대체할 적절한 유한차분 방정식은 무엇인가?

09 영역 $[0, 1] \times [0, \infty]$에서 주어진 $u = u(x, t)$에 대한 편미분방정식 $\partial u/\partial x + \partial u/\partial t = 0$을 고려하자. 경계 조건들로는 $u(0,t) = 0$ 및 특정한 값의 $u(x, 0)$가 주어져 있다. 고정된 t에 대하여 $i = 1, 2, \ldots, n-1$일 때 $(u_{i+1} - u_{i-1})/(2h)$와 $(u_n - u_{n-1})/h$을 이용하여 오직 첫 항만을 이산화하자. 여기서 $h = 1/n$이고, 고정된 t에 대하여 $u_i = u(x_i, t)$, $x_i = ih$이다. 이러한 방식으로 원래의 문제는 다음과 같은 1차 초깃값 문제로 고려될 수 있다.

$$\frac{dy}{dx} + \frac{1}{2h} \boldsymbol{A} \boldsymbol{y} = 0$$

여기서

$$\boldsymbol{y} = [u_1, u_2, \ldots, u_n]^T, \ \frac{d\boldsymbol{y}}{dx} = [u_1', u_2', \ldots, u_n']^T, \ u_i' = \frac{\partial u_i}{\partial t}$$

이다. $n \times n$ 행렬 $\boldsymbol{A}$를 결정하라.

10 크랭크-니콜슨 프로시저의 안정성에 대한 논의를 참고하여 부등식 $u_i \geq \alpha$를 증명하라.

11 $k = h^2$일 때 시스템 (6)에는 어떤 일이 일어나는가?

12 (**선다형**) 영역 $t \geq 1$ 및 $0 \leq x \leq 1$에서 열 방정식 $u_{xx} = u_t$를 풀 때, **명시적 방법**을 사용할 수 있다. 하나의 수평선에서(즉, t가 고정되어 있을 때)의 근사 해가 벡터 $\boldsymbol{V}_j$라 가정하자. 그러면 전체 과정은 다음 식에 의하여 설명될 수 있다.

$$\boldsymbol{V}_{j+1} = \boldsymbol{A} \boldsymbol{V}_j$$

여기서 $\boldsymbol{A}$는 삼중대각행렬로, 주대각 성분이 $1 - 2\sigma$이다. 이때 주대각선 바로 위, 아래의 대각선의 성분이 σ이다. $\sigma = k/h^2$이며, k는 시간 간격, h는 x의 간격이다. 수치 해의 안정성을 위해서는 어떠한 조건이 요구되는가?

(a) $\sigma = \frac{1}{2}$

(b) $\boldsymbol{A}$의 모든 고윳값들이 $|\lambda| < 1$을 만족한다.

(c) $k \geq h^2/2$

(d) $h = 0.01$ 및 $k = 5 \times 10^{-3}$

(e) 이 중 어느 것도 아니다.

13 (**선다형**) 열전도 문제를 풀기 위한 **완전한 음함수적 방법**은 각 단계마다 다음 방정식의 해를 구해야 한다.

$$\boldsymbol{A} \boldsymbol{V}_j = \boldsymbol{V}_{j-1}$$ [3]

---

3 (옮긴이) 원문의 식은 $\boldsymbol{A} \boldsymbol{V}_{j-1} = \boldsymbol{V}_j$인데, 이는 오타로 보인다. 음함수적 방법을 사용하고 있으므로 매 단계마다 연립 방정식을 풀어야 하는데, 원문대로라면 명시적 방법[explicit method]과 차이가 없기 때문이다.

여기서 $\boldsymbol{A}$는 앞 문제와 똑같지는 않지만 유사한 형태의 삼중 대각행렬로, 주대각 성분이 $1+2\sigma$, 주대각선 바로 위, 아래의 대각선의 성분이 $-\sigma$이다. 행렬 $\boldsymbol{A}$의 고윳값에 대하여 무엇을 알 수 있는가?

힌트 : 이 문제는 $\boldsymbol{A}^{-1}$이 아닌 $\boldsymbol{A}$의 고윳값을 고려하는 것이다.

(a) 고윳값은 모두 음수이다.

(b) 고윳값은 모두 열린 구간 $(0,1)$에 있다.

(c) 고윳값은 모두 1보다 크다.

(d) 고윳값은 모두 구간 $(-1,0)$에 있다.

(e) 이 중 어느 것도 아니다.

12.1 컴퓨터 연습문제

01 본문에서와 같은 열전도 문제를 $h=2^{-4}, k=2^{-10}$, $u(x,0)=x(1-x)$로 풀어라. 해를 $t=0.0125$가 될 때까지 구하라.

02 본문의 크랭크-니콜슨 코드를 수정하여, 이 코드가 다른 대인적인 방법인 (7)을 사용하도록 하라. 같은 문제에 동일한 공간 간격을 사용하여 두 프로그램을 비교하라.

03 벡터 연산을 지원하는 컴퓨터 언어를 사용하여 이 절의 유사코드들을 다시 작성하고 테스트하라.

04 h와 k의 값들을 다르게 선택하여 크랭크-니콜슨 코드를 실행해보라. 특히 k를 훨씬 큰 값으로 설정한다. 예를 들면, $k=h$를 시도해보라.

05 MATLAB이나 Maple, Mathematica와 같은 수학 소프트웨어에서 특별한 명령 혹은 프로시저를 활용하여 수치 예제 (1)을 풀어라.

06 MATLAB이나 Maple, Mathematica의 기호 조작 기능을 사용하여 편미분방정식 (1)의 일반적인 해석적 해를 입증하라.

힌트 : [연습문제 12.1.3]을 참조하라.

12.2 쌍곡형 문제

파동 방정식 모델 문제

1개의 공간 변수를 가지는 **파동 방정식**wave equation

$$\frac{\partial^2 u}{\partial t^2}=\frac{\partial^2 u}{\partial x^2} \tag{1}$$

파동 방정식

은 현의 진동(평면에서의 가로 진동) 또는 막대의 진동(세로 진동)을 설명한다. 이 방정식은 쌍곡형 2차 선형 미분방정식의 예이다. 만일 식 (1)이 진동하는 현을 묘사하는 경우, $u(x,t)$는 현이 정지했을 때의 좌표가 x인 현 위의 한 지점의 시간 t에서의 변위를 나타낸다.

모델 문제

모델 문제를 좀 더 명확히 하기 위해 현 위의 점들이 구간 $0 \le x \le 1$에서 좌표 x를 갖는다고 가정한다([그림 12.7] 참조). 시간 $t=0$에서의 변위는 방정식 $u(x,0)=f(x)$와 $u_t(x,0)=0$을 만족한다고 가정하자. 또한 현의 양 끝점은 고정되어 있다고 가정한다. 즉 $u(0,t)=u(1,t)=0$이다. 이제 완벽히 정의된 **경곗값 문제**(BVP)는 다음과 같다.

$$\begin{cases} u_{tt} - u_{xx} = 0 \\ u(x,0) \;\; = f(x) \\ u_t(x,0) \;\; = 0 \\ u(0,t) \;\; = u(1,t) = 0 \end{cases} \tag{2}$$

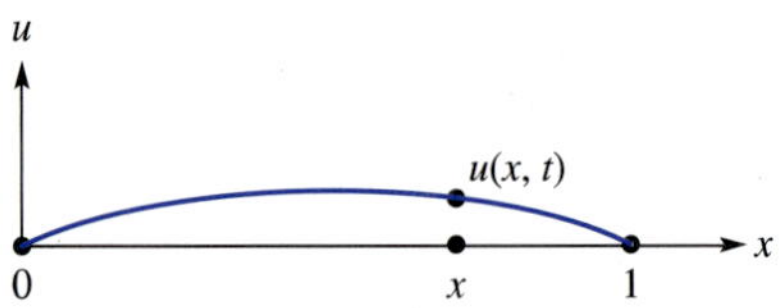

[그림 12.7] 진동하는 현

해를 구하고자 하는 xt평면의 영역은 부등식 $0 \le x \le 1$ 및 $t \ge 0$으로 정의되는 반-무한 semi-infinite 띠이다. 12.1절의 열전도 문제에서와 같이, 표시된 영역의 경계에서의 함수의 값은 사전에 주어진다([그림 12.8] 참조).

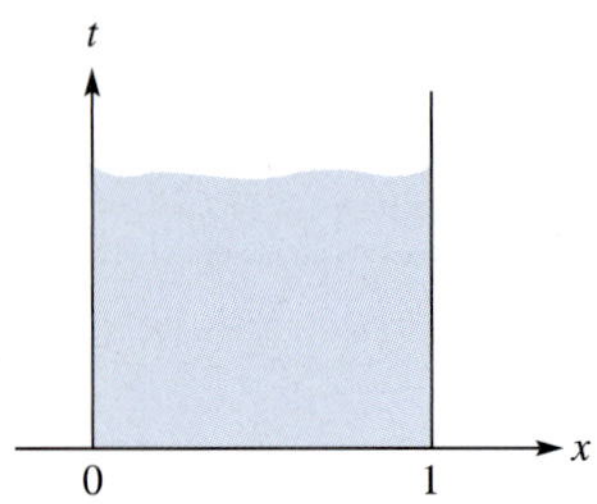

[그림 12.8] xt평면에서의 파동 방정식

해석적 해

모델 문제 (2)는 아주 간단하기 때문에 즉시 풀 수 있다. 실제로 그 해는 다음과 같다.

$$u(x,t) = \frac{1}{2}[f(x+t) + f(x-t)] \tag{3}$$

해

여기서 f는 이계도함수를 갖는 함수여야 하며, 다음과 같이 정의된 확장 조건에 따라 실수 전체로 확장된 것이어야 한다.

$$f(-x) = -f(x), \qquad f(x+2) = f(x)$$

확장 조건

식 (3)이 해임을 입증하기 위해 연쇄 법칙을 사용하여 미분을 계산해 보자.

$$u_x = \frac{1}{2}[f'(x+t) + f'(x-t)], \qquad u_t = \frac{1}{2}[f'(x+t) - f'(x-t)]$$

$$u_{xx} = \frac{1}{2}[f''(x+t) + f''(x-t)], \qquad u_{tt} = \frac{1}{2}[f''(x+t) + f''(x-t)]$$

명백하게 다음 두 식을 얻을 수 있다.

$$u_{tt} = u_{xx}$$
$$u(x,0) = f(x)$$

또한, 다음이 성립한다.

$$u_t(x,0) = \frac{1}{2}[f'(x) - f'(x)] = 0$$

끝점에 대한 조건을 확인하기 위해 f를 확장할 때의 공식을 사용한다.

$$u(0,t) = \frac{1}{2}[f(t) + f(-t)] = 0$$

$$\begin{aligned} u(1,t) &= \frac{1}{2}[f(1+t) + f(1-t)] \\ &= \frac{1}{2}[f(1+t) - f(t-1)] \\ &= \frac{1}{2}[f(1+t) - f(t-1+2)] = 0 \end{aligned}$$

원래의 영역에서 실수 전체로 f를 확장하면, f는 **홀함수**odd function이자 **주기함수**가 되며 그 주기는 2이다. 홀함수라는 것은 다음을 의미한다.

$$f(x) = -f(-x)$$ 홀함수

그리고 **주기성**periodicity은 모든 x에 대하여 다음이 성립하는 것이다.

$$f(x+2) = f(x)$$ 주기함수

$u(x,t)$를 계산하기 위해서는 [그림 12.9]와 같이 x축 위의 두 점 $(x+t)$와 $(x-t)$에서의 f의 함숫값을 알기만 하면 된다.

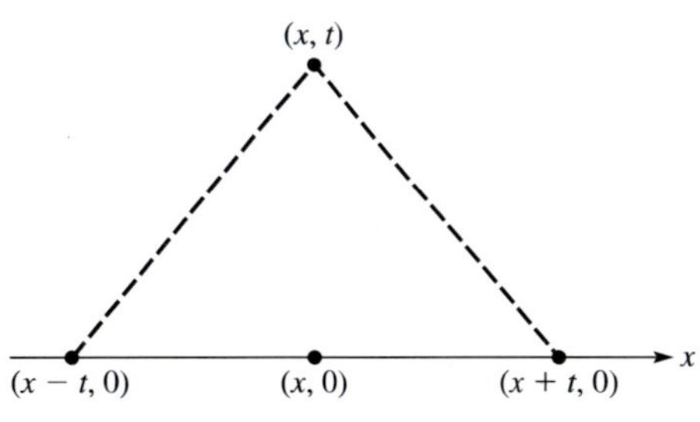

[그림 12.9] 파동 방정식 : f의 스텐실

수치 해

수치 해법의 원리를 설명하기 위해 앞의 모델 문제를 다시 사용해 보자. x와 t에 대한 단계 크기 h와 k를 각각 선택하고 미분에 대해 익숙한 근사를 사용하면, 식 (1)로부터 다음을 얻을 수 있다.

$$\frac{1}{h^2}[u(x+h,t)-2u(x,t)+u(x-h,t)]$$
$$=\frac{1}{k^2}[u(x,t+k)-2u(x,t)+u(x,t-k)]$$

이 식을 정리하면 다음과 같다.

$$u(x,t+k)=\rho u(x+h,t)+2(1-\rho)\,u(x,t)+\rho u(x-h,t)-u(x,t-k) \tag{4}$$ 기본 기법

여기서 다음과 같이 정의하였다.

$$\rho=\frac{k^2}{h^2}$$

[그림 12.10]은 점 $(x,t+k)$ 및 그 근처의 점들 중 식 (4)에 들어가는 점들을 보여주고 있다.

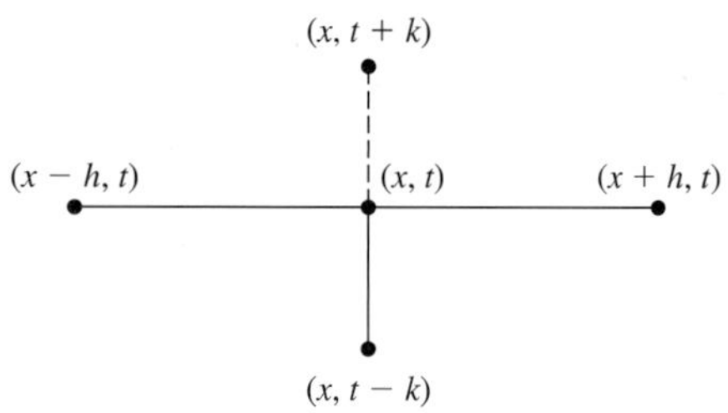

[그림 12.10] 파동 방정식 : 명시적 스텐실

문제 (2)의 경계 조건은 다음과 같이 나타낼 수 있다.

$$\begin{cases} u(x,0) = f(x) \\ \dfrac{1}{k}[u(x,k)-u(x,0)] = 0 \\ u(0,t)=u(1,t)=0 \end{cases} \tag{5}$$ 경계 조건

식 (4)와 (5)에 의해 정의된 문제는 u값이 알려져 있는 직선 $t=0$부터 시작하여 한 번에 하나의 행 $t=k$, $t=2k$, $t=3k,\cdots$를 진행해 나가면서 풀 수 있다. 식 (5)에 의해 구하고자 하는 근사 해는 다음을 만족한다.

$$u(x,k)=u(x,0)=f(x) \tag{6}$$

u_t에 대한 $\mathcal{O}(k)$ 근삿값을 사용했다는 점 때문에 모델 문제 (2)에 대해 계산된 수치 해의 정확도가 낮아지는 일이 발생한다. 격자점 $(x,-k)$의 한 열이 있다고 가정해 보자. 식 (4)에서 $t=0$이라 하면 다음을 얻는다.

$$u(x,k) = \rho u(x+h,0) + 2(1-\rho)u(x,0) + \rho u(x-h,0) - u(x,-k)$$

이제 다음 식에 중앙차분 근사를 활용하면, 그 아래의 식을 얻을 수 있다.

$$u_t(x,0) = 0$$

$$\frac{1}{2k}[u(x,k) - u(x,-k)] = 0$$

이 식은 가상의 격자점 $(x,-k)$를 제거한다. $u(x,0) = f(x)$이므로 방정식 (6) 대신에 다음 식을 사용한다.

$$u(x,k) = \frac{1}{2}\rho[f(x+h) + f(x-h)] + (1-\rho)f(x) \tag{7}$$

수정된 방법

결과적으로 이제 $n \geq 2$에 대하여 $u(x,nk)$의 값을 식 (4)로부터 계산할 수 있다.

유사코드

이러한 수치적 과정을 수행하기 위한 유사코드가 다음에 소개된다. 단순화를 위해 3개의 1차원 배열 $(u_i), (v_i), (w_i)$를 사용하였다. (u_i)는 새로운 t행에서 계산되는 해를 나타내며 (v_i)와 (w_i)는 그 이전 두 t행에서의 해를 나타낸다.

Hyperbolic 유사코드

```
program Hyperbolic
integer i, j;   real t, x, ρ;   real array (u_i)_{0:n}, (v_i)_{0:n}, (w_i)_{0:n}
integer n ← 10, m ← 20
real h ← 0.1, k ← 0.05
u_0 ← 0; v_0 ← 0; w_0 ← 0; u_n ← 0; v_n ← 0; w_n ← 0
ρ ← (k/h)^2
for i = 1 to n − 1
    x ← ih
    w_i ← f(x)
    v_i ← (1/2)ρ[f(x − h) + f(x + h)] + (1 − ρ)f(x)
end for
for j = 2 to m
    for i = 1 to n − 1
        u_i ← ρ(v_{i+1} + v_{i−1}) + 2(1 − ρ)v_i − w_i
    end for
    output j, (u_i)
    for i = 1 to n − 1
        w_i ← v_i
        v_i ← u_i
        t ← jk
        x ← ih
        u_i ← True_Solution(x, t) − v_i
    end for
    output j, (u_i)
end for
end program Hyperbolic
```

(계속)

```
real function f(x)
real x
f ← sin(πx)
end function f

real function True_Solution(x, t)
real t, x
True_Solution ← sin(πx) cos(πt)
end function True_Solution
```

이 유사코드는 $f(x)$ 값과 실제 해를 계산하기 위해 부수적인 함수를 필요로 한다. 이 예에서는 $f(x)=\sin(\pi x)$를 선택하였다. x의 구간은 $[0,1]$로 가정했으나, h나 n이 바뀔 때 그 구간은 $[0,b]$가 될 수 있다. 이때 $nh=b$이다. 수치 해는 시간 $1k, 2k, \cdots, mk$에 대응하는 t행에 출력된다.

더 높은 수준의 이론에 의하면, 유한차분 방정식의 해가 $k \to 0$ 및 $h \to 0$일 때 해당 미분 문제의 해로 수렴한다면 다음 비율

$$\rho = \frac{k^2}{h^2}$$

이 1을 초과해서는 안 된다는 것을 알 수 있다. $\rho > 1$이면 한 단계 계산에서 발생하는 반올림 오차가 이후 단계에서 증폭되어 수치 해를 파괴할 수 있다.

MATLAB의 PDE 툴박스는 스칼라 편미분방정식 문제의 유한요소 공식을 활용하여 쌍곡형 문제의 해를 생성하는 기능을 가지고 있다. 한 가지 예는, 정사각형 $-1 \le x,\ y \le 1$에서 다음 2차원 파동 전파 문제의 수치 해를 찾는 것이다. 수학 소프트웨어

$$\frac{\partial^2 u}{\partial t^2} = \nabla^2 u$$

이 문제의 왼쪽과 오른쪽 경계 $x = \pm 1$에는 $u = 0$인 디리클레 경계 조건이 주어지며, 위쪽과 아래쪽 경계는 법선도함수 0의 값을 갖는다. 또한, $y = \pm 1$에는 법선도함수 $\frac{\partial u}{\partial \nu} = 0$인 노이만 경계 조건이 주어져 있다.

초기 조건으로 $u(0) = \arctan\left(\cos\left(\frac{\pi}{2}x\right)\right)$와 $du(0)/dt = 3\sin(\pi x)\exp\left(\sin\left(\frac{\pi}{2}y\right)\right)$를 선택하여 더 높은 진동 모드로 너무 많은 에너지가 가지 않도록 한다.

이류 방정식

이번에는 다음의 **이류 방정식**advection equation에 초점을 맞춰 보자.

$$\frac{\partial u}{\partial t} = -c\frac{\partial u}{\partial x}$$

이류 편미분방정식

여기서 $u = u(x,t)$ 및 $c = c(x,t)$이며 x는 공간, t는 시간으로 간주할 수 있다. 이류 방정식은 쌍곡형 편미분방정식으로, 알려진 속도장velocity field에 의해 보존된 채로 운반되는 스칼라의 운동을 설명하는 방정식이다. 예를 들어 이류 방정식은 물에 녹은 소금의 이동에 적용된다. 일차원 공간과 일정한 속도 하에서도 이 시스템을 풀기는 여전히 어렵다. 이류 방정식은 수치적으로 풀기가 어렵기 때문에, 관심은 보통 불연속적인 쇼크 해를 찾는 것에 집중된다. 이러한 해는 여러 수치적 방법으로 다루기 어렵다는 점에서 악명이 높다.

시간에 대해 전진차분 근사를 사용하고, 공간에 대해 중심차분 근사를 사용하면, 다음을 얻을 수 있다.

$$\frac{1}{k}[u(x,t+k) - u(x,t)] = -c\frac{1}{2h}[u(x+h,t) - u(x-h,t)]$$

이 식은 다음과 같이 정리할 수 있다.

중심 차분 기법

$$u(x,t+k) = u(x,t) - \frac{1}{2}\sigma[u(x+h,t) - u(x-h,t)]$$

여기서 $\sigma = (k/h)c(x,t)$이다. 모든 시간 단계 k에서 모든 수치 해의 크기가 증가한다. 푸리에 안정성 분석에 따르면, 모든 $\sigma > 0$에 대하여 이 기법이 불안정하다.

랙스법

앞의 중심차분 기법에서 우변의 $u(x,t)$ 항을 $\frac{1}{2}[u(x+h,t)+u(x-h,t)]$로 대체하면 다음을 얻는다.

랙스법

$$\begin{aligned} u(x,t+k) &= \frac{1}{2}[u(x+h,t) + u(x-h,t)] - \frac{1}{2}\sigma[u(x+h,t) - u(x-h,t)] \\ &= \frac{1}{2}(1+\sigma)u(x-h,t) + \frac{1}{2}(1-\sigma)u(x+h,t) \end{aligned}$$

이것이 **랙스법**Lax method이다. 이러한 단순한 수정으로 얻어진 랙스법은 조건부로 안정적인 방법이 된다.

역풍법upwind method

안정된 방법론을 얻기 위한 또 다른 방법은 역풍 방향을 택하여 이류 방정식의 u_x항에 대한 단방향 근사one-sided approximation를 사용하는 것이다. 만일 $c > 0$이면 이동은 오른쪽으로 행해진다. 이는 속도 c의 바람이 해를 왼쪽에서 오른쪽으로 보내는 것으로 해석할 수 있다. 따라서 역풍 방향은 $c > 0$의 경우 왼쪽이고, $c < 0$인 경우 오른쪽이다. 따라서 역풍 차분 근사는 다음과 같다.

$$u_x(x,t) \approx \begin{cases} -c[u(x,t) - u(x-h,t)]/h & (c > 0) \\ -c[u(x+h,t) - u(x,t)]/h & (c < 0) \end{cases}$$

이때 이류 방정식에 대한 역풍 기법은 다음과 같다.

$$u(x,t+k)=u(x,t)-\sigma\begin{cases}-c[u(x,t)-u(x-h,t)]/h & (c>0)\\ -c[u(x+h,t)-u(x,t)]/h & (c<0)\end{cases}$$ 역풍 기법

랙스-웬드로프법[Lax-Wendroff method]

랙스-웬드로프법은 시간과 공간에 대하여 2차의 정확도를 갖는 방법이다. 다음은 이 방법의 여러 가능한 형태 중 하나이다. 한 시간 단계에 대한 테일러 급수 전개로부터 시작해 보자.

$$u(x,t+k)=u(x,t)+ku_t(x,t)+\frac{1}{2}k^2u_{tt}(x,t)+\mathcal{O}(k^3)$$ 테일러 급수 전개

이제 이류 방정식을 사용하여 우변의 시간에 관한 편미분을 공간 편미분으로 대체한다.

$$\begin{aligned}u_t&=-cu_x\\ u_{tt}&=(-cu_x)_t\\ &=-c_tu_x-c(u_x)_t\\ &=-c_tu_x-c(u_t)_x\\ &=-c_tu_x+c(cu_x)_t\end{aligned}$$

여기서 $c=c(x,t)$로 놓되, c를 상수라고 가정하지는 않는다. u_t와 u_{tt}를 대입하면 다음을 얻는다.

$$u(x,t+k)=u(x,t)-cku_x+\frac{1}{2}k^2[-c_tu_x+c(cu_x)_x]+\mathcal{O}(k^3)$$

여기서 우변의 모든 항은 (x,t)에서 계산된다. 공간 미분을 2차 정확도의 차분으로 근사한다면, 우리는 공간과 시간 모두에 대해 2차 정확도를 갖는 기법을 얻는다.

$$\begin{aligned}u(x,t+k)\approx{}&u(x,t)-ck\frac{1}{2h}[u(x+h,t)-u(x-h,t)]\\ &+\frac{1}{2}k^2\left[-c_t\frac{1}{2h}[u(x+h,t)-u(x-h,t)]+c(cu_x)_x\right]\end{aligned}$$ 2차 기법

c가 공간에 의존할 때, 그리고 위 식의 마지막 항을 계산해야 할 때 이 기법이 지닌 어려움이 드러난다. c가 상수인 경우에는 다음을 얻는다.

$$\begin{aligned}c(cu_x)_x&=c^2u_{xx}\\ &\approx\frac{c^2}{h^2}[u(x+h,t)-2u(x,t)+u(x-h,t)]\end{aligned}$$

랙스-웬드로프 기법은 다음과 같다.

$$u(x,t+k) = u(x,t) - \frac{1}{2}\sigma[u(x+h,t) - u(x-h,t)] + \frac{1}{2}\sigma^2[u(x+h,t) - 2u(x,t) + u(x-h,t)]$$

랙스-웬드로프 기법

여기서 $\sigma = c(k/h)$이다. 랙스법에서와 같이, 이 방법을 사용하면 수치적 소실(진폭 손실)이 발생한다. 하지만 그 손실 정도는 랙스법에 비해 상대적으로 덜한 편이다.

12.2 요약

- 이 절에서는 다음의 **쌍곡형 편미분방정식**을 포함하는 모델 문제를 고려하였다.

$$\frac{\partial^2 u}{\partial t^2} = \frac{\partial^2 u}{\partial x^2}$$

유한차분을 사용하여 이 방정식을 다음과 같이 근사할 수 있다.

$$\frac{1}{h^2}[u(x+h,t) - 2u(x,t) + u(x-h,t)] = \frac{1}{k^2}[u(x,t+k) - 2u(x,t) + u(x,t-k)]$$

이 식의 계산 형태는 다음과 같다.

$$u(x,t+k) = \rho u(x+h,t) + 2(1-\rho)u(x,t) + \rho u(x-h,t) - u(x,t-k)$$

여기서 $\rho = k^2/h^2 < 1$이다. $t=0$에서는 다음 식을 사용한다.

$$u(x,k) = \frac{1}{2}\rho[f(x+h) + f(x-h)] + (1-\rho)f(x)$$

12.2 연습문제

01 $x=0.3$, $t=4$인 점에서 다음 경곗값 문제의 해는 무엇인가?

$$u_{tt} = u_{xx}, \quad u(x,0) = x(1-x), \quad u_t(x,0) = 0, \quad u(0,t) = u(1,t) = 0$$

02 함수 $u(x,t) = f(x+at) + g(x-at)$가 파동 방정식 $u_{tt} = a^2 u_{xx}$를 만족함을 보여라.

03 앞 문제의 아이디어를 활용하여 다음 경곗값 문제를 풀어라.

$$u_{tt} = u_{xx}, \quad u(x,0) = F(x), \quad u_t(x,0) = G(x), \quad u(0,t) = u(1,t) = 0$$

04 다음 경곗값 문제

$$u_{tt} = u_{xx}, \quad u(x,0) = 2f(x), \quad u_t(x,0) = 2g(x)$$

가 다음과 같은 해를 가짐을 보여라.

$$u(x,t) = f(x+t) + f(x-t) + G(x+t) - G(x-t)$$

여기서 G는 g의 역도함수(부정적분)이다. 또한, $-\infty < x < \infty$ 및 $t \geq 0$이라고 가정한다.

05 앞 문제를 유한한 x의 구간, 예를 들면 $0 \leq x \leq 1$에서 풀어라. 추가되는 경계 조건은 $u(0,t) = u(1,t) = 0$이다. 이 경우에 f와 g는 $0 \leq x \leq 1$에서만 정의된다.

12.2 컴퓨터 연습문제

01 구간 [0,1]에서 정의된 함수 $f(x)$가 주어져 있을 때, 식 $f(-x)=-f(x)$ 및 $f(x+2)=f(x)$를 만족하도록 확장된 f를 계산하는 함수를 작성하고 테스트하라.

02 주어진 점 (x,t)에서 식 (2)의 경곗값 문제의 해 $u(x,t)$를 계산하는 프로그램을 작성하라.

03 본문의 컴퓨터 프로그램에서 먼저 식 (6)을 사용한 후 식 (7)을 사용해 보고 계산된 해의 정확도를 비교하라.

04 본문의 프로그램을 사용하여 경곗값 문제 (2)를 다음 조건과 함께 풀어라.

$$f(x)=\frac{1}{4}\left(\frac{1}{2}-\left|x-\frac{1}{2}\right|\right),\ \ h=\frac{1}{16},\ \ k=\frac{1}{32}$$

05 $u_t(x,0)=g(x)$일 때, 경곗값 문제 (2)를 풀 수 있도록 본문의 코드를 수정하라.

힌트 : 식 (5)와 (7)이 약간 달라질 것이다(이는 프로그램의 초기 루프에만 영향을 준다).

06 앞 컴퓨터 문제에서 작성한 프로그램을 사용하여 다음 경곗값 문제를 풀어라.

$$\begin{cases} u_{tt}=u_{xx} & (0\le x\le 1, t\ge 0) \\ u(x,0)=\sin(\pi x) \\ u_t(x,0)=\dfrac{1}{4}\sin(2\pi x) \\ u(0,t)=u(1,t)=0 \end{cases}$$

07 *Hyperbolic* 유사코드를 수정하여 다음 경곗값 문제를 풀어라.

$$\begin{cases} u_{tt}=u_{xx} & (-1\le x\le 1, t\ge 0) \\ u(x,0)=|x|-1 \\ u_t(x,0)=0 \\ u(-1,t)=u(1,t)=0 \end{cases}$$

08 (v_i) 및 (u_i) 배열의 저장을 피하도록 본문의 코드를 수정하라.

09 $\rho=1$인 특별한 경우에 대하여 본문의 코드를 단순화하라. $\rho=1$ 및 $\rho\neq 1$인 문제에 대하여 같은 격자점에서의 수치 해를 비교하라.

10 MATLAB이나 Maple, Mathematica와 같은 수학 소프트웨어를 사용하여 파동 방정식 (2)를 풀고, 해 곡면과 등고선의 그래프를 그려라.

11 MATLAB이나 Maple, Mathematica의 기호 조작 기능을 사용하여 식 (3)이 파동 방정식의 일반적인 해석적 해임을 입증하라.

12.3 타원형 문제

수리 물리학 및 공학에서 가장 중요한 편미분방정식 중 하나는 **라플라스 방정식**으로, 이는 두 개의 변수를 가진 다음과 같은 형태의 방정식이다.

$$\nabla^2 u\equiv\frac{\partial^2 u}{\partial x^2}+\frac{\partial^2 u}{\partial y^2}=0$$

라플라스 방정식

이 방정식은 다음의 **푸아송 방정식**과 밀접한 관련이 있다.

$$\nabla^2 u=g(x,y)$$

푸아송 방정식

이들은 **타원형** 방정식의 예들이다(방정식의 분류에 관하여서는 [연습문제 12.1.1]을 참조하라). 일반적으로 타원형 방정식과 관련된 경계 조건은 포물형 및 쌍곡형 방정식의 경계 조건과 다르다. 종종 사용되는 수치적 프로시저를 설명하기 위해 한 모델 문제를 고려해 보자.

헬름홀츠 방정식

이변수 함수 $u=u(x,y)$가 어떤 물리적 문제에 대한 해라고 가정하자. 이 함수가 무엇인지는 모르지만, 이론적으로 이 함수를 유일하게 결정해주는 몇 가지 특성이 있다. xy평면상에 주어진 영역 R에서 다음을 가정하자.

$$\begin{cases}\nabla^2 u+fu=g \\ u(x,y) \qquad (R\text{의 경곗값은 알려져 있다.})\end{cases} \tag{1}$$

모델 문제

여기서 $f=f(x,y)$ 및 $g=g(x,y)$는 R에서 정의된 연속함수로, 사전에 주어진 함수이다. 경곗값들은 R의 경계에서 다음과 같은 세 번째 함수 q로 주어진다.

$$u(x,y)=q(x,y)$$

f가 상수 함수인 경우, 이 편미분방정식을 **헬름홀츠 방정식**Helmholtz equation이라 부른다. 이 방정식은 파동 방정식의 진동하는 해를 찾는 문제에서 등장한다.

헬름홀츠 방정식

유한차분법

이전과 마찬가지로 유한차분법을 통해 이러한 문제에 대한 근사 해를 찾는다. 첫 번째 단계는 문제에 포함된 미분에 대한 근사 공식을 선택하는 것이다. 현재 상황에서는 4.3절에서 유도된 다음의 표준 공식을 사용한다.

$$f''(x)\approx\frac{1}{h^2}[f(x+h)-2f(x)+f(x-h)] \tag{2}$$

f''에 대한 중심차분 근사

이 공식을 이변수 함수에 사용하면, 다음과 같은 라플라스 방정식에 대한 **5점 공식**five-point formula 근사를 얻을 수 있다.

$$\nabla^2 u\approx\frac{1}{h^2}[u(x+h,y)+u(x-h,y)+u(x,y+h)+u(x,y-h)-4u(x,y)] \tag{3}$$

5점 공식

이 공식은 [그림 12.11]에 표시된 5개의 점을 포함한다.

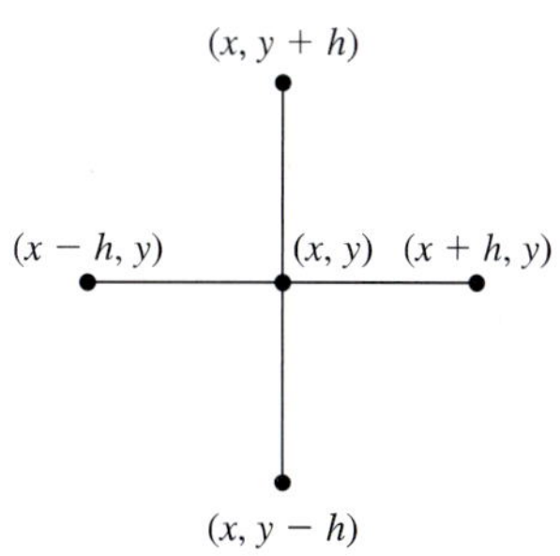

[그림 12.11] 라플라스 방정식 : 5점 스텐실

5점 공식에 내재된 국소적 오차는 다음과 같다.

$$-\frac{h^2}{12}\left[\frac{\partial^4 u}{\partial x^4}(\xi, y)+\frac{\partial^4 u}{\partial y^4}(x, \eta)\right] \tag{4}$$

오차항

이러한 이유로 공식 (3)은 $\mathcal{O}(h^2)$ 차수의 근사를 제공한다고 일컬어진다. 다시 말해, 만일 격자를 점점 더 좁은 간격으로, 즉 $h \to 0$으로 사용하면 $\nabla^2 u$를 유한차분 근사로 대체함으로써 발생하는 오류는 h^2이 0으로 수렴하는 만큼 빠르게 0으로 수렴한다. 식 (3)은 **5점 공식**이라 불린다. 왜냐하면 이 공식이 (x, y)에서의 u값과 그 주변에서 가장 가까운 격자점 네 개에서의 u값을 포함하기 때문이다.

미분 방정식 (1)을 유사한 유한차분으로 대체하는 행위로 인해 원래의 문제가 변형되어 버렸다는 사실을 반드시 유념해야 한다. 유사한 유한차분 문제를 완전한 정밀도로 푼다고 하더라도 그 해는 원래 문제를 모사한 문제의 해에 불과할 뿐이다. 이와 같이 어떤 문제에서 다른 문제로의 시뮬레이션은 h가 0으로 감소함에 따라 점점 더 개선되지만 계산량은 불가피하게 증가하게 된다.

문제 시뮬레이션

또한 미분에 대한 다른 표현들이 사용될 수 있음을 유의해야 한다. 예를 들어 **9점 공식** nine-point formula은 다음과 같다.

$$\begin{aligned}\nabla^2 u \approx \frac{1}{6h^2}[&4u(x+h, y)+4u(x-h, y)+4u(x, y+h)+4u(x, y-h)\\ &+u(x+h, y+h)+u(x-h, y+h)+u(x+h, y-h)\\ &+u(x-h, y-h)-20u(x, y)]\end{aligned} \tag{5}$$

9점 공식

이 공식은 $\mathcal{O}(h^2)$의 차수를 보인다. u가 **조화 함수** harmonic function(라플라스 방정식의 해를 의미한다)인 특수한 경우, 9점 공식은 $\mathcal{O}(h^6)$의 차수를 보인다. 따라서 g가 조화 함수인 경우, 유한차분법을 사용하여 푸아송 방정식 $\nabla^2 u = g$를 풀면, 9점 공식은 매우 정확한 근사가 된다. 보다 일반적인 문제의 경우, 9점 공식 (5)는 5점 공식 (3)과 동일한 오차항의 차수($\mathcal{O}(h^2)$)를 가지므로 이는 5점 공식을 개선한 것으로 볼 수 없다.

만약 격자 간격이 일정하지 않은 경우(편의상 h_1, h_2, h_3, h_4를 각각 왼쪽, 아래쪽, 오른쪽, 위쪽 간격이라고 하자), (x, y)에서의 **비정칙 5점 공식** irregular five-point formula이 다음과 같음을 어렵지 않게 보일 수 있다.

$$\begin{aligned}\nabla^2 u \approx &\frac{1}{\frac{1}{2}h_1h_3(h_1+h_3)}[h_1u(x+h_3, y)+h_3u(x-h_1, y)]\\ &+\frac{1}{\frac{1}{2}h_2h_4(h_2+h_4)}[h_2u(x, y+h_4)+h_4u(x, y-h_2)]\\ &-2\left(\frac{1}{h_1h_3}+\frac{1}{h_2h_4}\right)u(x, y)\end{aligned} \tag{6}$$

비정칙 5점 공식

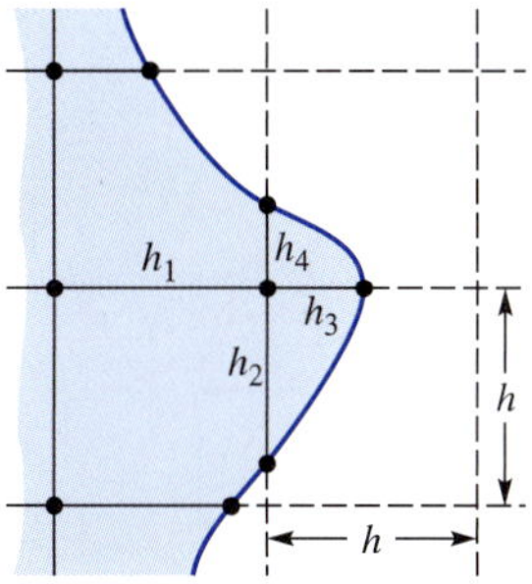

[그림 12.12] 비정칙 격자 간격을 가지는 경계 지점

이 공식은 $0 < \alpha_i < 1$에 대하여 $h_i = \alpha_i h$일 때 오직 h의 차수만을 가진다. 이 공식은 일반적으로 [그림 12.12]와 같이 경계 지점 근처에서 사용된다. 그러나 만약 격자가 작다면 (6)의 사용을 피하기 위해 경계 지점을 약간 이동시킬 수 있다. 영역 R의 미세한 변화(h가 아주 작은 대부분의 경우)는 비정칙 기법 (6)을 사용하여 발생하는 오차보다 더 크지 않은 오차를 생성한다.

모델 문제 (1)로 돌아가서 영역 R에 다음 격자점들을 배치하도록 하자.

$$x_i = ih, \quad y_j = jh, \quad (i, j \geq 0) \tag{7}$$

이때 다음과 같은 축약 표현을 도입하는 것이 편리하다.

$$u_{ij} = u(x_i, y_j), \quad f_{ij} = f(x_i, y_j), \quad g_{ij} = g(x_i, y_j) \tag{8}$$

이 표현을 사용하면, 점 (x_i, y_j)에서의 5점 공식은 다음의 간단한 형태로 나타낼 수 있다.

$$(\nabla^2 u)_{ij} \approx \frac{1}{h^2}(u_{i+1,j} + u_{i-1,j} + u_{i,j+1} + u_{i,j-1} - 4u_{i,j}) \tag{9}$$

이 근사가 편미분방정식 (1)에서 유도된 것이라면, 그 결과는 다음과 같다(반드시 이를 검증해 보길 바란다).

$$-u_{i+1,j} - u_{i-1,j} - u_{i,j+1} - u_{i,j-1} + (4 - h^2 f_{ij})u_{ij} = -h^2 g_{ij} \tag{10}$$

전형적인 선형 방정식

이 방정식의 계수는 [그림 12.13]과 같은 5점 '스타[star]'로 나타낼 수 있다. 이때 5점 스타의 각 점은 격자점에서의 u의 계수에 대응한다([그림 12.13] 참조).

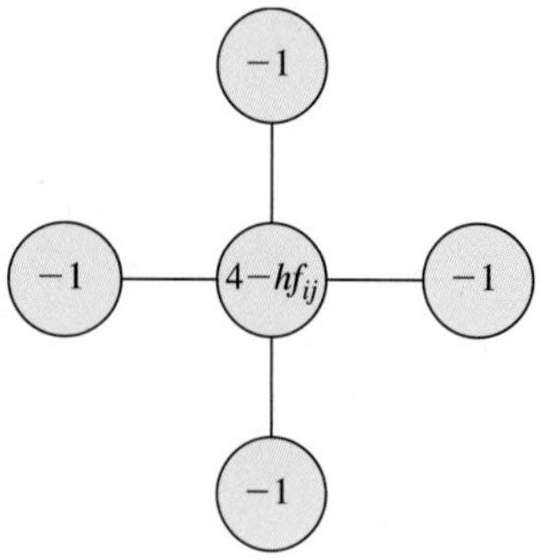

[그림 12.13] 5점 스타

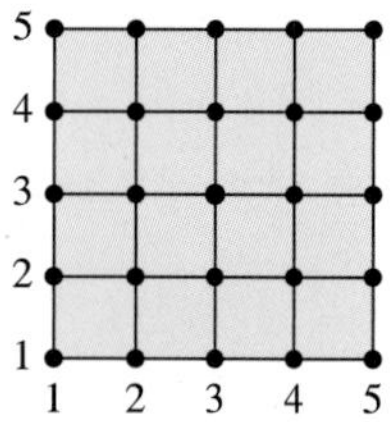

[그림 12.14] 균일한 격자 간격

구체적으로 영역 R이 단위 정사각형이고, 격자는 $h=\dfrac{1}{4}$의 간격을 갖는다고 가정하자([그림 12.14] 참조). 9개의 내부 격자점 각각에 대해 형태 (10)과 같은 하나의 선형 방정식을 얻을 수 있다. 이 9개의 선형 방정식은 다음과 같다.

$$
\begin{cases}
-u_{21}-u_{01}-u_{12}-u_{10}+(4-h^2f_{11})u_{11}=-h^2g_{11}\\
-u_{31}-u_{11}-u_{22}-u_{20}+(4-h^2f_{21})u_{21}=-h^2g_{21}\\
-u_{41}-u_{21}-u_{32}-u_{30}+(4-h^2f_{31})u_{31}=-h^2g_{31}\\
-u_{22}-u_{02}-u_{13}-u_{11}+(4-h^2f_{12})u_{12}=-h^2g_{12}\\
-u_{32}-u_{12}-u_{23}-u_{21}+(4-h^2f_{22})u_{22}=-h^2g_{22}\\
-u_{42}-u_{22}-u_{33}-u_{31}+(4-h^2f_{32})u_{32}=-h^2g_{32}\\
-u_{23}-u_{03}-u_{14}-u_{12}+(4-h^2f_{13})u_{13}=-h^2g_{13}\\
-u_{33}-u_{13}-u_{24}-u_{22}+(4-h^2f_{23})u_{23}=-h^2g_{23}\\
-u_{43}-u_{23}-u_{34}-u_{32}+(4-h^2f_{33})u_{33}=-h^2g_{33}
\end{cases}
$$

이 연립 방정식은 가우스 소거법을 통해 해결할 수 있지만, 이 식들을 조금 더 자세히 살펴보도록 하자. 이 방정식에는 45개의 계수가 있다. 경계 지점에서의 u가 알려져 있으므로, 그 12개의 항을 우변으로 이동시킨 후 9×9 시스템에서 81개 항 중 0이 아닌 항 33개만을 남긴다. 표준적인 가우스 소거법은 전진 소거 과정에서 이들 중 많은 부분을 채우게 된다. 즉 행렬에서 0이었던 성분이 0이 아닌 값으로 변경된다는 뜻이다. 따라서 이 시스템의 희박[sparse] 구조를 유지할 수 있는 방법을 모색해야 한다.

이 방정식 시스템이 얼마나 희박한 구조인지를 설명하기 위해 다음과 같이 행렬 표기법으로 써보자.

$$\boldsymbol{A}\boldsymbol{u}=\boldsymbol{b} \tag{11}$$

미지수의 순서를 다음과 같이 왼쪽에서 오른쪽, 아래에서 위쪽으로 정렬한다고 가정하자.

$$\boldsymbol{u} = [u_{11}, u_{21}, u_{31}, u_{12}, u_{22}, u_{32}, u_{13}, u_{23}, u_{33}]^T \tag{12}$$

이를 **자연스런 순서**natural ordering라고 부른다. 이때 계수 행렬은 다음과 같다.

성긴 행렬

$$\boldsymbol{A} = \begin{bmatrix} 4-h^2f_{11} & -1 & 0 & -1 & 0 & 0 & 0 & 0 & 0 \\ -1 & 4-h^2f_{21} & -1 & 0 & -1 & 0 & 0 & 0 & 0 \\ 0 & -1 & 4-h^2f_{31} & 0 & 0 & -1 & 0 & 0 & 0 \\ -1 & 0 & 0 & 4-h^2f_{12} & -1 & 0 & -1 & 0 & 0 \\ 0 & -1 & 0 & -1 & 4-h^2f_{22} & -1 & 0 & -1 & 0 \\ 0 & 0 & -1 & 0 & -1 & 4-h^2f_{32} & 0 & 0 & -1 \\ 0 & 0 & 0 & -1 & 0 & 0 & 4-h^2f_{13} & -1 & 0 \\ 0 & 0 & 0 & 0 & -1 & 0 & -1 & 4-h^2f_{23} & -1 \\ 0 & 0 & 0 & 0 & 0 & -1 & 0 & -1 & 4-h^2f_{33} \end{bmatrix}$$

또한 우변은 다음과 같이 주어진다.

$$\boldsymbol{b} = \begin{bmatrix} -h^2g_{11}+u_{10}+u_{01} \\ -h^2g_{21}+u_{20} \\ -h^2g_{31}+u_{30}+u_{41} \\ -h^2g_{12}+u_{02} \\ -h^2g_{22} \\ -h^2g_{32}+u_{42} \\ -h^2g_{13}+u_{14}+u_{03} \\ -h^2g_{23}+u_{24} \\ -h^2g_{33}+u_{34}+u_{43} \end{bmatrix}$$

만약 $f(x,y) < 0$이면, $\boldsymbol{A}$가 대각 지배 행렬이 됨을 주목하자.

가우스-자이델 반복법

방정식들의 형태가 유사하기 때문에 이러한 희박한 구조의 시스템을 푸는 데에 반복법이 종종 사용된다. 방정식 (10)으로부터 대각선의 미지수에 대해 식을 풀면, 다음과 같은 **가우스-자이델법**Gauss-Seidel method 혹은 **가우스-자이델 반복법**Gauss-Seidel iteration을 얻는다.

가우스-자이델 반복법

$$u_{ij}^{(k+1)} = \frac{1}{4-h^2f_{ij}}\left(u_{i+1,j}^{(k)} + u_{i-1,j}^{(k+1)} + u_{i,j+1}^{(k)} + u_{i,j-1}^{(k+1)} - h^2g_{ij}\right)$$

각 격자점에서 미지수의 근삿값을 알고 있다면, 이 식을 사용하여 새로운 값을 생성할 수 있다. $u^{(k)}$를 k번째 반복에서의 미지수의 현재 값이라 하고, $u^{(k+1)}$을 다음 반복에서의 미지수의 값이라 하자. 또한 이 새로운 값은 이 방정식에서 사용될 수 있게 되는 즉시 사용된다. 가우스-자이델법은 8.4절에서 논의된 여러 반복법들 중 하나였다.

직사각형에 이 방법을 적용하는 유사코드는 다음과 같다.

Seidel 유사코드

```
procedure Seidel(a_x, a_y, n_x, n_y, h, itmax, (u_ij))
integer i, j, k, n_x, n_y, itmax
real a_x, a_y, x, y;   real array (u_ij)_{0:n_x,0:n_y}
for k = 1 to itmax
    for j = 1 to n_y − 1
        y ← a_y + jh
        for i = 1 to n_x − 1
            x ← a_x + ih
            v ← u_{i+1,j} + u_{i−1,j} + u_{i,j+1} + u_{i,j−1}
            u_ij ← (v − h^2 g(x, y))/(4 − h^2 f(x, y))
        end for
    end for
end for
end procedure Seidel
```

이 프로시저를 사용할 때, 사용자는 계산될 반복 단계의 횟수 *itmax*를 결정해야 한다. 직사각형의 왼쪽 하단 모서리의 좌표 (a_x, a_y)와 단계 크기 h도 규정되어야 한다. x 격자점의 수는 n_x이고, y 격자점의 수는 n_y이다.

수치 예제와 유사코드

다음 경곗값 문제에 대한 이 프로시저를 설명해 보겠다.

$$\begin{cases} \nabla^2 u - \dfrac{1}{25}u = 0 & (\text{단위 정사각형 } R\text{의 내부에서}) \\ u = q & (R\text{의 경계에서}) \end{cases} \tag{13}$$

여기서 $q = \cosh\left(\frac{1}{5}x\right) + \cosh\left(\frac{1}{5}y\right)$이다. 이 문제의 알려진 해는 $u = q$이다. $u = 1$로 시작하여 20회의 반복을 수행하는 가우스-자이델 프로시저에 대한 한 드라이버[driver] 유사코드가 다음에 주어진다. $h = \frac{1}{8}$인 경우 49×49 선형 시스템을 반복적으로 푸는 데 배열에서 단지 81워드의 저장 공간만이 필요하다는 점을 주목하자.

Elliptic 유사코드

```
program Elliptic
integer i, j;   real h, x, y;   real array (u_ij)_{0:n_x,0:n_y}
integer n_x ← 8, n_y ← 8, itmax ← 20
real a_x ← 0, b_x ← 1, a_y ← 0, b_y ← 1
h ← (b_x − a_x)/n_x
for j = 0 to n_y
    y ← a_y + jh
    u_0j ← Bndy(a_x, y)
    u_{n_x,j} ← Bndy(b_x, y)
end for
for i = 0 to n_x
    x ← a_x + ih
    u_i0 ← Bndy(x, a_y)
    u_{i,n_y} ← Bndy(x, b_y)
end for
```

(계속)

```
for j = 1 to n_y − 1
    y ← a_y + jh
    for i = 1 to n_x − 1
        x ← a_x + ih
        u_ij ← Ustart(x, y)
    end for
end for
output 0, Norm((u_ij), n_x, n_y)
call Seidel(a_x, a_y, n_x, n_y, h, itmax, (u_ij))
output itmax, Norm((u_ij), n_x, n_y)
for j = 0 to n_y
    y ← a_y + jh
    for i = 0 to n_x
        x ← a_x + ih
        u_ij ← |True_Solution(x, y) − u_ij|
    end for
end for
output itmax, Norm((u_ij), n_x, n_y)
end program Elliptic
```

이 모델 문제의 경우, 부수적인 함수들은 다음과 같이 주어진다.

부수적인 함수들에 대한 유사코드

```
real function f(x, y)
real x, y
f ← −0.04
end function f

real function g(x, y)
real x, y
g ← 0
end function g

real function Bndy(x, y)
real x, y
Bndy ← True_Solution(x, y)
end function Bndy

real function Ustart(x, y)
real x, y
Ustart ← 1
end function Ustart

real function True_Solution(x, y)
real x, y
True_Solution ← cosh(0.2x) + cosh(0.2y)
end function True_Solution

real function Norm((u_ij), n_x, n_y)
real array (u_ij)_{0:n_x, 0:n_y}
t ← 0
for i = 1 to n_x − 1
for j = 1 to n_y − 1
    t ← t + u_ij^2
    end for
end for
Norm ← √t
end function Norm
```

75회의 반복 후, 49개의 내부 격자점에서 계산된 값은 다음과 같다.

2.0000	2.0003	2.0013	2.0028	2.0050	2.0078	2.0113	2.0154	2.0201
2.0003	2.0006	2.0016	2.0031	2.0053	2.0081	2.0116	2.0157	2.0204
2.0013	2.0016	2.0025	2.0041	2.0062	2.0091	2.0125	2.0166	2.0213
2.0028	2.0031	2.0041	2.0056	2.0078	2.0106	2.0141	2.0182	2.0229
2.0050	2.0053	2.0062	2.0078	2.0100	2.0128	2.0163	2.0204	2.0251
2.0078	2.0081	2.0091	2.0106	2.0128	2.0156	2.0191	2.0232	2.0279
2.0113	2.0116	2.0125	2.0141	2.0163	2.0191	2.0225	2.0266	2.0313
2.0154	2.0157	2.0166	2.0182	2.0204	2.0232	2.0266	2.0307	2.0354
2.0201	2.0204	2.0213	2.0229	2.0251	2.0279	2.0313	2.0354	2.0401

경곗값 문제 (13)에서 계산된 값과 알려진 해 간의 차에 대한 유클리드 노름 $\|u\|_2^2 = \sum_{i=1}^{n_x-1}\sum_{j=1}^{n_y-1} u_{ij}^2$을 계산하면 약 0.47×10^{-4}이다.

이 예제는 해결된 수치 문제가 선형 연립 방정식 (11)이라는 사실을 보여주는 좋은 예이다. 식 (11)은 연속적인 경곗값 문제 (13)에 대한 이산적 근사이다. 식 (13)의 진짜 해와 이 시스템에서 계산된 해를 비교할 때, 근사 과정에서 포함된 이산화discretization 오차를 기억하라. 이 오차는 $\mathcal{O}(h^2)$이다. h가 $h=\frac{1}{8}$ 정도로 큰 경우, 계산된 해의 대부분의 오차는 이산화 오차로 인한 것이다! 이산화 문제와 연속 문제 간에 더 나은 일치를 얻으려면 훨씬 작은 격자 크기를 선택해야 한다. 물론 그 결과적인 선형 시스템의 계수 행렬은 매우 크고 성길 것이다. 반복법은 편미분방정식에서 발생하는 이러한 시스템을 해결하는 데 이상적이다.

공학 및 응용과학 분야에서 MATLAB은 타원형 편미분방정식의 수치 해를 구할 수 있는 PDE 툴박스를 보유하고 있다. 이 편미분방정식은 두 개의 공간 변수와 한 개의 시간 변수를 갖고 있을 수 있다. 비정렬 격자unstructured mesh에서 방정식을 이산화한 후 이 소프트웨어는 편미분방정식을 풀기 위해 유한요소를 적용하고, 그 결과를 시각화하기 위한 항목들을 제공한다. 첫 번째 예는 단위원에서 경계 조건이 주어진 다음과 같은 푸아송 방정식이다.

$$\begin{cases} \nabla^2 u = -1 & (x^2+y^2<1) \\ u=0 & (x^2+y^2=1) \end{cases}$$

유한요소법으로 얻은 해와 실제 해의 비교가 이루어질 것이다. 다음은 유한요소법을 다룬다.

유한요소법

유한요소법finite-element method은 편미분방정식을 푸는 주요 전략 중 하나가 되었다. 이 방법은 이 장에서 지금까지 논의한 유한차분법의 대안을 제공한다.

실례로 다음 푸아송 방정식에 대한 유한요소법의 한 버전을 개발해 보자.

$$\nabla^2 u \equiv u_{xx} + u_{yy} = r$$

푸아송 방정식

여기서 r은 상수 함수이다. 이 편미분방정식은 2차원 평면상의 특정한 영역 R에서 성립한다. 푸아송 방정식을 푼다는 것은 다음 식을 최소화하는 일과 동치이다.

$$J(u) = \iint_R \left[\frac{1}{2}\left(u_x^2 + u_y^2\right) + ru \right] dxdy$$

이는 함수 u가 위 식을 최소화한다면, u가 푸아송 방정식을 만족함을 의미한다. 필요에 따라 근사를 사용하여 해당 영역 R을 삼각형들로 나눈다고 가정하자. 함수 u는 평면 삼각형 요소들의 복합체인 함수 φ를 통해 근사되며 각 요소들은 R을 구성하는 삼각형 한 조각 전체에서 정의된다. 이어서 다음과 같이 주어지는 합

$$\sum_e J_e(\varphi^{(e)})$$

를 최소화하는 대체 문제를 고려해 보자. 여기서 급수의 각 항은 아래에 설명되듯이 각각의 기저 삼각형base triangle T 전체에 걸쳐 계산된다(이러한 이론을 신뢰를 갖고 받아들임으로써 유한요소법의 일반적인 아이디어를 이해할 수 있어야 한다).

한 기저 삼각형의 세 꼭짓점이 $(x_i, y_i), (x_j, y_j), (x_k, y_k)$라고 가정하자. 이 삼각형 위의 해곡면은 한 **평면 삼각형 요소**plane triangular element로 근사되는데, 이를 $\varphi^{(e)}(x, y)$로 표시하자. 이때 위 첨자는 이 요소를 의미한다. **노드**node라고 불리는 삼각형의 세 꼭짓점에서 그 평면까지의 거리를 z_i, z_j, z_k 라 하자. $L_i^{(e)}$를 노드 i에서 1이고, 노드 j와 k에서 0인 함수라고 하자. 유사하게 $L_j^{(e)}$는 노드 j에서 1이고, 노드 i와 k에서는 0인 함수이며, $L_k^{(e)}$는 노드 k에서 1이고 노드 i와 j에서 0인 함수라고 하자. 평면 삼각형 요소

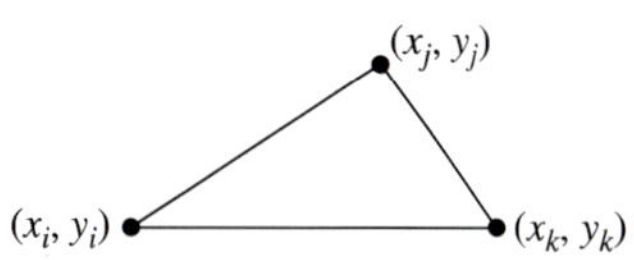

[그림 12.15] 기저 삼각형

[그림 12.15]에서 볼 수 있듯이, 기저 삼각형의 넓이($\triangle_e$로 표시)는 다음과 같이 주어진다. 기저 삼각형의 넓이

$$\begin{aligned}\triangle_e &= \frac{1}{2}\text{Det}\begin{bmatrix}1 & x_i & y_i \\ 1 & x_j & y_j \\ 1 & x_k & y_k\end{bmatrix} \\ &= x_j y_k + x_i y_j + x_k y_i - x_j y_i - x_i y_k - x_k y_j\end{aligned}$$

결론적으로 다음을 얻을 수 있다.

$$\begin{aligned}L_i^{(e)} &= \frac{1}{2}\triangle_e^{-1}\text{Det}\begin{bmatrix}1 & x & y \\ 1 & x_j & y_j \\ 1 & x_k & y_k\end{bmatrix} \\ &= \frac{1}{2}\triangle_e^{-1}[(x_j y_k - x_k y_j) + (y_j - y_k)x + (x_k - x_j)y] \\ &\equiv \frac{1}{2}\triangle_e^{-1}(a_i^{(e)} + b_i^{(e)}x + c_i^{(e)}y)\end{aligned}$$

$L_i^{(e)}$

여기서 계수 $a_i^{(e)}, b_i^{(e)}, c_i^{(e)}$를 정의하였다. 마찬가지로 다음이 성립한다.

$$L_j^{(e)} = \frac{1}{2}\Delta_e^{-1}\text{Det}\begin{bmatrix}1 & x & y\\ 1 & x_k & y_k\\ 1 & x_i & y_i\end{bmatrix}$$

$$= \frac{1}{2}\Delta_e^{-1}[(x_k y_i - x_i y_k) + (y_k - y_i)x + (x_i - x_k)y] \qquad L_j^{(e)}$$

$$\equiv \frac{1}{2}\Delta_e^{-1}(a_j^{(e)} + b_j^{(e)}x + c_j^{(e)}y)$$

$$L_k^{(e)} = \frac{1}{2}\Delta_e^{-1}\text{Det}\begin{bmatrix}1 & x & y\\ 1 & x_i & y_i\\ 1 & x_j & y_j\end{bmatrix}$$

$$= \frac{1}{2}\Delta_e^{-1}[(x_i y_j - x_j y_i) + (y_i - y_j)x + (x_j - x_i)y] \qquad L_k^{(e)}$$

$$\equiv \frac{1}{2}\Delta_e^{-1}(a_k^{(e)} + b_k^{(e)}x + c_k^{(e)}y)$$

마지막으로 다음을 얻는다.

$$\varphi^{(e)} = L_i^{(e)}z_i + L_j^{(e)}z_j + L_k^{(e)}z_k$$

따라서 다음과 같다.

$$J_e(\varphi^{(e)}) = \iint_T \left[\frac{1}{2}\left(\left(\varphi_x^{(e)}\right)^2 + \left(\varphi_y^{(e)}\right)^2\right) + r\varphi^{(e)}\right] dx\,dy \equiv F(z_i, z_j, z_k)$$

이 최소화 문제를 풀기 위하여 적절한 미분값을 0으로 놓고, 각 요소에 대한 미분을 계산해야 한다. 다음 두 식을 주목하자.

$$\varphi_x^{(e)} = \frac{1}{2}\Delta_e^{-1}\left(b_i^{(e)}z_i + b_j^{(e)}z_j + b_k^{(e)}z_k\right)$$

$$\varphi_y^{(e)} = \frac{1}{2}\Delta_e^{-1}\left(c_i^{(e)}z_i + c_j^{(e)}z_j + c_k^{(e)}z_k\right)$$

이제 다음과 같이 미분을 수행한다.

$$\partial F/\partial z_i = \iint_T (\varphi_x^{(e)}\varphi_{xz_i}^{(e)} + \varphi_y^{(e)}\varphi_{yz_i}^{(e)} + r\varphi_{z_i}^{(e)})dxdy$$

$$= \iint_T \left(\varphi_x^{(e)}\frac{1}{2}\Delta_e^{-1}b_i^{(e)} + \varphi_y^{(e)}\frac{1}{2}\Delta_e^{-1}c_i^{(e)} + rL_i^{(e)}\right)dxdy$$

$$= \frac{1}{4}\Delta_e^{-1}\left[((b_i^{(e)})^2 + (c_i^{(e)})^2)z_i + (b_i^{(e)}b_j^{(e)} + c_i^{(e)}c_j^{(e)})z_j\right.$$

$$\left.+ (b_i^{(e)}b_k^{(e)} + c_i^{(e)}c_k^{(e)})z_k\right] + r\frac{1}{3}\Delta_e$$

여기서 각 적분은 간단한 계산을 통해 바로 얻어진다. 또한, 다음이 성립한다.

$$\iint_T L_i^{(e)} dxdy = \iint_T L_j^{(e)} dxdy = \iint_T L_k^{(e)} dxdy = \frac{1}{3}\Delta_e$$

이때 Δ_e는 각 삼각형 T의 면적이다. $\partial F/\partial z_j$ 및 $\partial F/\partial z_k$에 대해서도 유사한 결과를 얻을 수 있다. 이제

$$\begin{bmatrix} \partial F/\partial z_i \\ \partial F/\partial z_j \\ \partial F/\partial z_k \end{bmatrix} = \begin{bmatrix} 0 \\ 0 \\ 0 \end{bmatrix}$$

이라 하면, 최종적으로 다음을 얻는다.

$$\begin{bmatrix} (b_i^{(e)})^2 + (c_i^{(e)})^2 & b_i^{(e)} b_j^{(e)} + c_i^{(e)} c_j^{(e)} & b_i^{(e)} b_k^{(e)} + c_i^{(e)} c_k^{(e)} \\ b_i^{(e)} b_j^{(e)} + c_i^{(e)} c_j^{(e)} & (b_j^{(e)})^2 + (c_j^{(e)})^2 & b_j^{(e)} b_k^{(e)} + c_j^{(e)} c_k^{(e)} \\ b_i^{(e)} b_k^{(e)} + c_i^{(e)} c_k^{(e)} & b_j^{(e)} b_k^{(e)} + c_j^{(e)} c_k^{(e)} & (b_k^{(e)})^2 + (c_k^{(e)})^2 \end{bmatrix} \begin{bmatrix} z_1 \\ z_2 \\ z_3 \end{bmatrix} = -\frac{4}{3} r \Delta_e^2 \begin{bmatrix} 1 \\ 1 \\ 1 \end{bmatrix}$$

이 행렬 방정식은 편미분들을 조합하는 데 필요한 모든 요소를 담고 있다[4]. 특정 문제에서는 적절한 조합 과정이 필요할 수 있다. 각 성분 $\varphi^{(e)}$에 대하여 활성 노드active node i, j, k는 0이 아닌 값을 제공하는 노드이다. 이러한 기여는 z_i, z_j, z_k와 그 외 변수들 중 대응하는 변수와 관련된 편미분에 반영된다.

4 (옮긴이) 이 말은, 각각의 편미분이 0 이 되는 모든 식을 포함하고 있다는 의미이다.

유한요소법에 대한 추가 내용

우선, 이 주제에 대해 매우 일반적인 접근법을 취해 보자. 선형 변환 $\boldsymbol{A}$가 있고 $\boldsymbol{b}$가 주어져 있을 때 다음 방정식을 $\boldsymbol{u}$에 관하여 풀고자 한다.

$$\boldsymbol{A}\boldsymbol{u} = \boldsymbol{b}$$

이 방정식에는 명백히 $\boldsymbol{A}$가 $m \times n$ 행렬이고, $\boldsymbol{b}$가 m개의 성분을 가진 벡터인 경우가 포함된다. 하지만 같은 틀에 부합하는 복잡한 문제들이 많이 존재한다.

예를 들어 $\boldsymbol{A}$는 선형 미분 연산자일 수 있으며, 그 미분 연산자를 포함한 다음과 같은 2점 경곗값 문제를 풀어야 할 수 있다.

$$\begin{cases} u''(t) + 2u(t) = t^2 \ (0 \le t \le 1) \\ u(0) = u(1) = 0 \end{cases}$$

여기서 $\boldsymbol{A}$는 함수에 작용하며 식 $\boldsymbol{A}\boldsymbol{u} = \boldsymbol{u}'' + 2\boldsymbol{u}$에 의해 정의된다.

아주 중요한 다른 예로는 모델 문제 방정식 (1)을 들 수 있다. 이 경우에 $\boldsymbol{A}$는 라플라시안 미분 연산자이다.

방정식 $\boldsymbol{A}\boldsymbol{u} = \boldsymbol{b}$를 풀기 위한 유한요소법의 기본 전략은, 기초 함수basic function $\boldsymbol{v}_1, \boldsymbol{v}_2, \ldots, \boldsymbol{v}_n$을 선택하고, 이러한 기초 함수의 선형 결합을 통해 방정식을 풀어 보는 것이다. $\boldsymbol{A}$를 선형 변환으로 가정하였기 때문에 다음을 얻을 수 있다.

기초 함수

$$Au = A\sum_{j=1}^{n} c_j v_j = \sum_{j=1}^{n} c_j (Av_j) = b$$

이제 이 문제의 미지수는 계수 c_j들이다. b가 함수의 집합 $\{Av_1, Av_2, \dots, Av_n\}$의 선형 결합에 포함되지 않기 때문에 일반적으로 위의 방정식은 해가 없을[inconsistent] 수도 있다. 이러한 경우, 연립 방정식에 대한 근사 해를 타협안으로 생각하고 이를 해로 받아들여야 한다. 수많은 다양한 전략을 사용하여 이 문제에 대한 근사 해를 얻을 수 있다. 예를 들어 포함된 선형 공간이 내적 $\langle \cdot, \cdot \rangle$을 가지고 있는 경우, 최소 제곱 접근법을 사용할 수 있다. 이때 계수 c_j는 다음의 직교 조건이 충족되도록 선택되어야 한다.

$$\sum_{j=1}^{n} c_j Av_j - b \quad \perp \text{ Span}\{v_1, v_2, \dots, v_n\}$$

이는 다음의 **정규 방정식**[normal equation]으로 이어진다.

$$\sum_{j=1}^{n} \langle Av_j, v_i \rangle c_j = \langle b, v_i \rangle \quad (1 \le i \le n)$$ 정규 방정식

미지의 계수 c_j에 관한 이 방정식은 (맥락에 따라) **갤러킨 방정식**[Galerkin equation]으로 불리기도 한다. 이들은 n개의 미지수를 가진 n개의 선형 연립방정식을 형성한다.

이 과정을 다음의 2차 상미분방정식을 포함하는 2점 경곗값 문제를 통해 설명해 보자.

$$\begin{cases} u''(t) + g(t)u(t) = f(t) \\ u(0) = a, \quad u(1) = b \end{cases}$$

앞의 논의에서 알 수 있듯이 일반적으로 유한요소법은 기초 함수로 국소적인 함수를 사용한다. 이는 짧은 구간을 제외한 다른 곳에서는 각 기초 함수의 값이 0이어야 함을 의미한다. B 스플라인이 이러한 특성을 갖고 있기 때문에 유한요소법에서 종종 사용된다. 지금 다루는 문제에서는 이차 미분까지 연속인 B 스플라인을 사용하려고 한다. 왜냐하면 미분 연산자 A가 다음과 같이 정의될 것이기 때문이다.

$$Au = u'' + gu$$

따라서 이로부터 삼차 스플라인을 쓰는 것이 바람직하다. 절점[knot] $t_i = ih$를 정의하자. 단, h는 선택된 단계 크기이다(이 예에서는 h의 역수가 정수여야 한다). B_j^3을 주어진 절점에 대응하는 3차 B 스플라인이라고 하자. 6장에서 논의했듯이, 이것은 B 스플라인의 무한 리스트이다. 이들 중 유한개의 스플라인을 제외한 모든 스플라인은 구간 $[0,1]$에서 0의 값을 가진다. 구간 $[0,1]$에서 항등적으로 0이 아닌 것들을 $v_1, v_2, \dots, v_n$으로 다시 표기하자. 이들이 우리의 테스트 함수[test function]들이다. 이전과 같은 방식으로 n개의 미지수를 가지는 n개의 선형 방정식 집합을 얻을 수 있다. 더 자세히 알아보려면 6장의 B 스플라인 공식들을 사용하여 함수 Av_j들을 찾아야 한다. 하지만 이는 매우 지루하며 교육적으로 유익한 일도 아니다.

주어진 영역에서의 라플라스 방정식에 대해서도 비슷한 접근 방식을 고려할 수 있다. 이를 설명하기 위해 정의역을 한 변의 길이가 2인 정사각형 $0 \le x,\ y \le 2$로 택하고 정사각형의 경계에서 $u(x, y) = \sin(xy)$를 만족한다고 하자. 이러한 문제를 **디리클레 문제**Dirichlet problem라 부른다. 기초 함수로는 이미 이 문제의 동차 부분homogeneous part을 만족하는 각각의 함수 v_j를 사용한다. 즉 각 v_j가 정사각형 영역의 내부에서 라플라스 방정식을 만족해야 한다는 것이다. 라플라스 방정식을 만족하는 함수를 **조화 함수**harmonic function라 한다. 해석적 함수의 실수부 및 허수부는 조화적이라는 사실을 이용할 수 있다. 따라서 $z = x + iy$로 두고 z^k을 계산하면, 다항식 형태의 조화 함수들을 구할 수 있다. 다음은 $0 \le j \le 6$에 대해 몇몇 조화 다항식들을 나열한 것이다.

조화 다항식

$$
\begin{aligned}
&z = 1, && v_0(x,y) = 1, && \\
&z = x + iy, && v_1(x,y) = x, && v_2(x,y) = y \\
&z^2 = (x+iy)^2, && v_3(x,y) = x^2 - y^2, && v_4(x,y) = 2xy \\
&z^3 = (x+iy)^3, && v_5(x,y) = x^3 - 3xy^2, && v_6(x,y) = 3x^2y - y^3
\end{aligned}
$$

이 7개의 함수를 사용하여 $u = \sum_{j=0}^{6} c_j v_j$를 만든다. 이때 u는 라플라스 방정식을 만족하므로, 정사각형의 경계에서 지정된 경곗값 $\sin(xy)$에 u를 가깝게 만드는 일에 집중할 수 있다. 진행할 수 있는 방법은 많지만 우선 **선점법**collocation이라 불리는 방법을 택한다. 이 과정에서는 경계에서 많은 점을 선택한 후 그 각각의 점에서 $\sum_{j=0}^{6} c_j v_j$의 값이 사전에 지정된 값과 같다는 식을 적는다. 만약 기저 함수의 개수가 점의 개수와 같다면 고전적인 선점법에 해당한다. 여기에서는 8개의 점을 택했지만, 실제 식에는 7개의 함수와 7개의 계수만 있다. 따라서 최소 제곱법의 해를 찾아야 한다. 이른바 **선점된 점**collocation point이라고 불리는 점들로 $(0, 2), (1, 2), (2, 2), (2, 1), (2, 0), (1, 0), (0, 0), (0, 1)$을 택한다. 이로부터 다음과 같은 8개의 연립 방정식이 나온다.

$$
\begin{bmatrix}
1 & 0 & 2 & -4 & 0 & 0 & -8 \\
1 & 1 & 2 & -3 & 4 & -11 & -2 \\
1 & 2 & 2 & 0 & 8 & -16 & 16 \\
1 & 2 & 1 & 3 & 4 & 2 & 11 \\
1 & 2 & 0 & 4 & 0 & 8 & 0 \\
1 & 1 & 0 & 1 & 0 & 1 & 0 \\
1 & 0 & 0 & 0 & 0 & 0 & 0 \\
1 & 0 & 1 & -1 & 0 & 0 & -1
\end{bmatrix}
\begin{bmatrix} c_0 \\ c_1 \\ c_2 \\ c_3 \\ c_4 \\ c_5 \\ c_6 \\ c_7 \end{bmatrix}
=
\begin{bmatrix} 0 \\ \sin(2) \\ \sin(4) \\ \sin(2) \\ 0 \\ 0 \\ 0 \\ 0 \end{bmatrix}
$$

이 시스템의 최소 제곱 해는 다음과 같은 성분을 갖는 $\boldsymbol{c}$ 벡터이다.

$$
\boldsymbol{c} = [0.3219,\ -0.8585,\ -0.8585,\ 0,\ 1.1931,\ 0.2146,\ -0.2146]^T
$$

잔차 함수residual function는 $\sum_{j=0}^{6} c_j \boldsymbol{v}_j - \boldsymbol{b}$이며, 이때 $\boldsymbol{b}_i(x, y) = \sin(xy)$이다. 선점된 8개의 각 점에서 잔차의 절댓값은 0.3219이다. 정확도를 높이기 위해서는 더 많은 개수의 기초 함수와 선점된 점을 사용해야 한다.

유한요소법에서 종종 사용되는 또 다른 기법은 미분방정식을 최적화 문제로 대체하는 것이다. 이는 다음과 같은 2점 경곗값 문제를 통해 설명할 수 있다.

$$\begin{cases}(hu')' - gu = f \\ u(a) = \alpha, \quad u(b) = \beta\end{cases}$$

여기서 u는 미지의 함수이며, h, g, f는 사전에 주어진 함수로, 모두 구간 $[a,b]$에서 정의되어 있다. 이 문제는 **스투름-리우빌 문제**Sturm-Liouville problem라 불린다. 이 문제에는 범함수functional[5]가 존재하는데, 그 범함수는 다음과 같이 정의된다.

5 (옮긴이) 함수를 정의역의 원소로 갖는 함수를 말한다.

$$\Phi(u) = \int_a^b [(u')^2 h + u^2 g + 2uf]\, dx$$

범함수와 2점 경곗값 문제는 여러 정리에 의해 연결된다. 그중 하나는, 만일 부수적인 조건 $u(a) = \alpha$ 및 $u(b) = \beta$를 만족하는 범함수 $\Phi(u)$가 있을 때, 이 $\Phi(u)$를 최소화하는 함수 u를 찾는다면, 경곗값 문제의 해를 얻을 수 있음을 대략적으로 말해준다. 미분방정식에서는 두 번 미분 가능한 함수를 요구하는 반면, $\Phi(u)$는 u가 미분 가능한 함수이기만 하면 정의된다는 사실을 이용할 수 있다. 실제로 범함수의 경우에는 u가 조각별로 미분 가능하기만 하면 되며, 이러한 성질은 0차 및 1차 스플라인 함수들이 가지고 있는 특성이다. 이러한 아이디어는 두 개나 그 이상의 변수를 가진 함수로 확장되며, 낮은 차수의 스플라인 함수를 사용하여 둘 또는 그 이상의 변수를 가진 미분방정식의 해를 근사할 수 있다. 이러한 점들이 유한요소법의 주요 특징이다.

12.3 요약

- 이 절에서는 주어진 영역 전체에 걸쳐 있는 다음과 같은 타원형 편미분방정식을 포함한 모델 문제를 살펴보았다.

$$\nabla^2 u + fu = g$$

이때 영역의 경계에서는 u의 값이 주어져 있다. 첫 번째 항은 다음과 같은 **라플라시안 연산자** ∇^2이다.

$$\nabla^2 u \equiv \frac{\partial^2 u}{\partial x^2} + \frac{\partial^2 u}{\partial y^2}$$

두 방향 모두로 균일한 간격 h를 갖도록 영역 전체에 걸쳐 격자를 배치하면, 라플라시안 항은 다음과 같은 **5점 유한 차분**을 통해 근사될 수 있다.

$$\nabla^2 u \approx \frac{1}{h^2}[u(x+h, y) + u(x-h, y) + u(x, y+h) + u(x, y-h) - 4u(x, y)]$$

각 내부 격자점에서 $u_{ij} = u(x_i, y_j) = u(ih, jh)$라고 쓰면, 우리의 **모델 문제에 대한 방정식**은 다음과 같다.

$$-u_{i+1,j} - u_{i-1,j} - u_{i,j+1} - u_{i,j-1} + (4 - h^2 f_{ij})u_{ij} = -h^2 g_{ij}$$

일반적으로 그 결과로 얻어지는 선형 연립 방정식이 크고 성기기 때문에, 이를 푸는 데 반복법이 사용될 수 있다.

- 예를 들어 선형 시스템에 대한 **가우스-자이델 반복법**은 다음과 같다.

$$u_{ij}^{(k+1)} = \frac{1}{4 - h^2 f_{ij}}(u_{i+1,j}^{(k)} + u_{i-1,j}^{(k+1)} + u_{i,j+1}^{(k)} + u_{i,j-1}^{(k+1)} - h^2 g_{ij})$$

격자점들은 자연스런 순서 또는 빨강-검정 순서red-black ordering 등과 같이 다른 방식으로 정렬될 수 있다. 어떤 순서를 사용하느냐에 따라 반복법의 수렴 속도가 영향을 받을 수 있다.

• 유한요소법의 뚜렷한 특징은 $\boldsymbol{u}=\sum_{j=1}^{n} c_j \boldsymbol{v}_j$로 두어 방정식 $\boldsymbol{Au}=\boldsymbol{b}$를 근사적으로 푼다는 것이다. 여기서 $\boldsymbol{v}_1, \boldsymbol{v}_2, \ldots, \boldsymbol{v}_n$은 사용자가 선택한다. 미정계수 c_j는 $\boldsymbol{u}=\sum_{j=1}^{n} c_j \boldsymbol{A}\boldsymbol{v}_j$가 가능한 한 $\boldsymbol{b}$에 가까워지도록 계산된다. 일반적으로 편미분방정식에서 함수 $\boldsymbol{v}_j$는 다차원 스플라인 함수가 된다.

12.3 연습문제

01 다음 공식들에서 오차에 대한 식들을 유도하라.

(a) 5점 공식에서 식 (3)

(b) 9점 공식에서 식 (5)

02 비정칙 5점 공식 (6)과 그 공식의 오차항을 입증하라.

03 미지수들이 벡터 $\boldsymbol{u}=[u_{11}, u_{31}, u_{22}, u_{13}, u_{33}, u_{21}, u_{12}, u_{32}, u_{23}]^T$에 따라 정렬되어 있을 때, 식 (11)에 등장하는 행렬을 적어라. 이러한 순서를 **빨강-검정 순서** 혹은 **체커보드 순서**checkerboard ordering라 한다.

04 (a) 식 (10)을 입증하라.

(b) 식 (13)의 해가 본문에 주어진 것과 같음을 입증하라.

05 u값이 경계에서 주어진 영역 R에서 다음 미분방정식을 푸는 문제를 고려하자. 일부 내부의 점 (x_i, y_j)에서 이 방정식에 대응하는 차수 $\mathcal{O}(h^2)$의 5점 유한차분식을 유도하라.

$$20u_{xx}-30u_{yy}+\frac{5}{x+y}u_x+\frac{1}{y}u_y=69$$

06 다음 경곗값 문제를 풀어 $u\left(\frac{1}{2}, \frac{1}{2}\right)$ 및 $u\left(0, \frac{1}{2}\right)$을 추정하라.

$$\begin{cases} \nabla^2 u = 0, & (x,y)\in R \\ u = x, & (x,y)\in \partial R \end{cases}$$

여기서 경계 ∂R을 가진 R은 다음 그림과 같이 주어진다(호는 원의 일부이다). $h=\frac{1}{2}$을 사용하라.

참고 : 이 문제는 (그리고 본문의 다른 많은 문제들도) 물리적인 용어로 표현할 수 있다. 예를 들어 이 문제에서는 단면이 R로 주어진 빔에서 빔의 표면 온도가 $u(x,y)=x$로 유지되는 경우의 정상 상태의 온도를 찾는다.

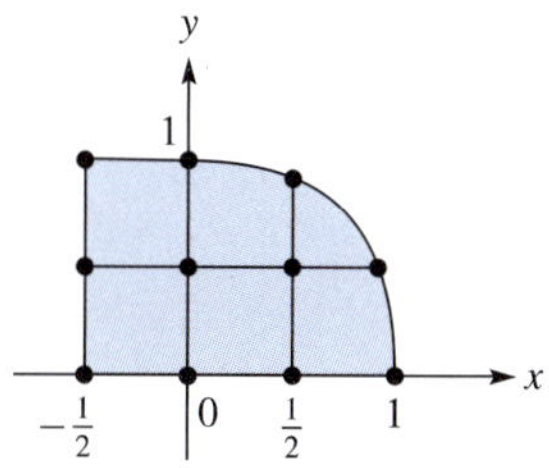

07 다음 경곗값 문제를 아래 그림과 같이 단위 정사각형의 영역에서 $h=\frac{1}{3}$로 고려하자. 여기서 ∂R은 R의 경계이며, $\partial R_2=\left\{(x,y)\in\partial R\colon \frac{2}{3}\le x<1, \frac{2}{3}\le y<1\right\}$이고, $\partial R_1=\partial R-\partial R_2$이다. 격자점에서 $u(x,y)$의 근삿값을 얻기 위한 선형 연립방정식을 결정하라. 연립방정식을 $\boldsymbol{Au}=\boldsymbol{b}$의 형태로 써라.

$$\begin{cases} \nabla^2 u = 9(x^2+y^2), & (x,y)\in R \\ u = x-y, & (x,y)\in \partial R_1 \end{cases}$$

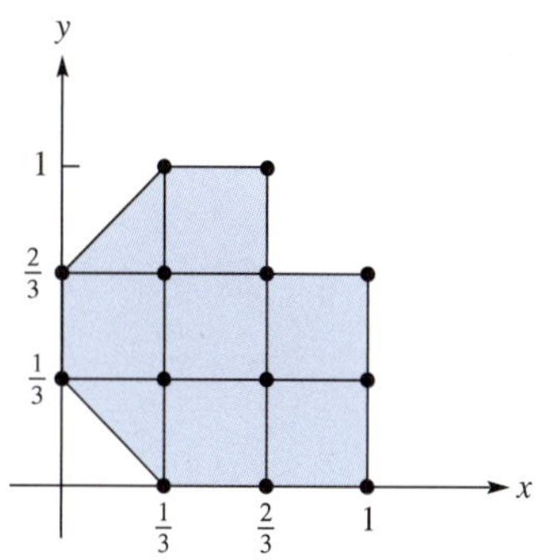

08 9점 공식 (5)가 식 (1) 문제에 근사로 사용되는 경우에 풀어야 할 선형 시스템을 결정하라. 각 행의 미지수가 함께 그룹화된 경우, 5점 및 9점 공식에서의 계수 행렬의 패턴을 파악하라($\boldsymbol{A}$에 점선을 그려 넣어 3×3 부분행렬들을 형성하라).

09 식 (11)에서 $f(x,y) \le 0$인 경우, $\boldsymbol{A}$가 대각 지배 행렬임을 보여라.

10 만약 다음과 같은 대안적인 **9점 공식**이 사용된다면, 그 선형 연립 방정식은 무엇인가?

$$\begin{aligned}\nabla^2 u \approx \frac{1}{12h^2}[&16u(x+h, y)+16u(x-h, y)\\ &+16u(x, y+h)+16u(x, y-h)\\ &-u(x+2h, y)-u(x-2h, y)\\ &-u(x, y+2h)-u(x, y-2h)\\ &-60u(x, y)]\end{aligned}$$

이 공식을 사용할 때의 장점과 단점은 무엇인가?

힌트 : 이 방법은 $\mathcal{O}(h^4)$의 정확도를 가진다.

11 (**선다형**) 세 개의 변수를 가지는 라플라스 방정식은 다음 중 무엇인가?

(a) $u-x+u_y+u_z=0$

(b) $u_{xx}+u_{yy}=0$

(c) $u_{xx}+u_{yy}+u_{zz}=0$

(d) $u_{xx}+u_{yy}=yu_t$

(e) 이 중 어느 것도 아니다.

12 (**선다형**) 다음 중 (x,y)에 대한 조화 함수가 아닌 것은 무엇인가?

(a) x^2-y^2 (b) $2xy$

(c) x^3y-xy^3 (d) x^3-xy^3

(e) 이 중 어느 것도 아니다.

13 (**선다형**) $0<x<1$ 및 $0<y<1$인 단위 정사각형에서 디리클레 문제를 풀려고 할 때, 단계 크기를 $h=1/100$로 선택했다고 가정하자. 이 문제를 이렇게 이산화한 경우, 알지 못하는 함숫값 $u(x,y)$가 몇 개이겠는가? $0 \le i \le n+1$에 대하여 $x_i=ih$인 경우를 고려해 보고, y_i에 대해서도 비슷하게 고려해 보라. 또한 $x_0=0$ 및 $x_{n+1}=1$이고, y에 대하여서도 마찬가지이다.

힌트 : 정사각형의 둘레에 대한 경곗값은 주어져 있으며, 그 값들은 미지수가 아니다.

(a) $9801=99^2$ (b) $10000=100^2$

(c) $10404=102^2$ (d) $10201=101^2$

(e) 이 중 어느 것도 아니다.

14 $z^n=u_n+iv_n$이라 하자. u_n과 v_n이 다음 알고리즘에 의하여 결정될 수 있음을 입증하라.

$$u_0=1,\ v_0=0,\ u_{n+1}=xu_n-yv_n,\ v_{n+1}=xv_n+yu_n$$

12.3 컴퓨터 연습문제

01 식 (13)을 $h=\frac{1}{4}$ 및 $\frac{1}{8}$로 풀기 위한 선형 연립방정식을 출력하라. 2장의 프로시저 *Gauss*와 *Solve*를 사용하여 이 연립방정식들을 풀어라.

02 다음 문제에 가우스-자이델 루틴을 시도해보라.

$$\begin{cases}\nabla^2 u = 2e^{x+y}, & (x, y) \in R\\ u=e^{x+y}, & (x, y) \in \partial R\end{cases}$$

여기서 R은 다음 그림과 같은 직사각형이다.

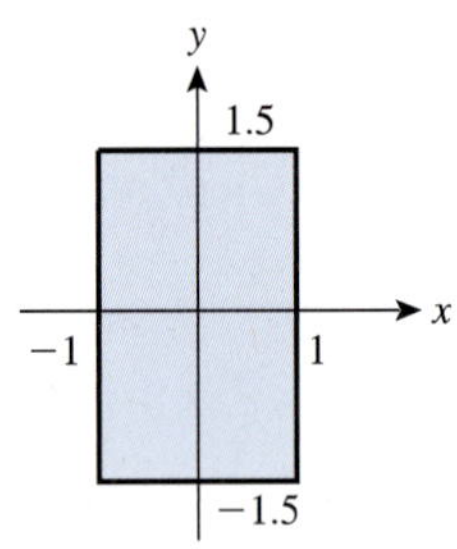

초깃값과 격자 크기는 다음 표에 제시되어 있다. *itmax* 번의 반복 후에 수치 해와 정확한 해를 비교하라.

초깃값	h	$itmax$
$u=xy$	0.1	15
$u=0$	0.2	20
$u=(1+x)(1+y)$	0.25	40
$u=\left(1+x+\frac{1}{2}x^2\right)\left(1+y+\frac{1}{2}y^2\right)$	0.05	100
$u=1+xy$	0.25	200

03 빨강-검정 순서를 다룰 수 있도록 가우스-자이델 프로시저를 수정하라. 앞 컴퓨터 문제를 이 순서를 사용하여 다시 해 보라. 이 순서를 사용함으로써 발생하는 차이점이 있는가([연습문제 12.3.3]을 참조하라)?

04 어떤 순서가 주어지더라도 다룰 수 있도록 가우스-자이델 유사코드를 다시 작성하라. 즉 순서 배열 (l_i)를 도입하라. 여러 다른 순서들(자연스런 순서, 빨강-검정 순서, 나선형 순서, 대각선 순서)을 시도해 보라.

05 다음 그림과 같은 비정형 영역에서의 열전도 문제를 고려해 보자.

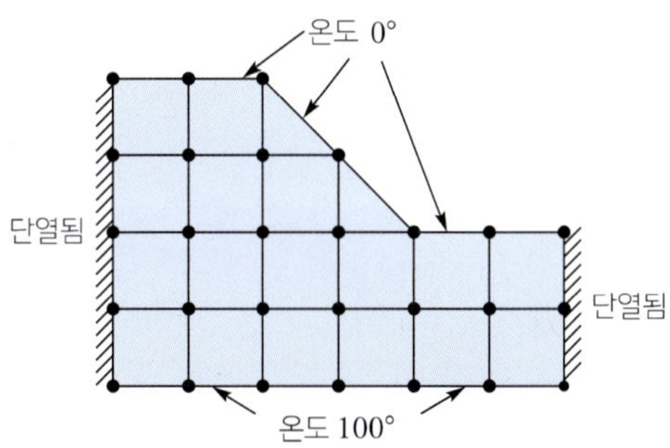

이 문제를 수학적으로 기술하면 다음과 같다.

$$\begin{cases} \dfrac{\partial^2 u}{\partial x^2}+\dfrac{\partial^2 u}{\partial y^2}=0 & (\text{영역 내부}) \\ \dfrac{\partial u}{\partial x}=0 & (\text{양 옆의 벽}) \\ u=0 & (\text{위쪽}) \\ u=100 & (\text{아래쪽}) \end{cases}$$

여기서 편미분 $\partial u/\partial x$는 유한차분 공식을 통해 근사될 수 있다. 단열된 경계가 거울과 같이 행동하므로, 인접한 내부 격자점에서 온도가 같다고 가정할 수 있음을 설명하라. 관련된 선형 시스템을 결정하고, 온도 $u_i\,(1 \le i \le 10)$에 대하여 풀어라.

06 *Seidel* 프로시저를 수정하여 9점 공식 (5)를 사용할 수 있도록 하라. 모델 문제 (13)을 다시 풀고, 그 결과를 비교하라.

07 이 장의 도입부의 예제를 $h=\frac{1}{9}$로 풀어라.

08 다음 경곗값 문제를 풀어라.

$$\begin{cases} \nabla^2 u+2u=g & (R\text{의 내부}) \\ u=0 & (R\text{의 경계에서}) \end{cases}$$

여기서 $g(x,y)=(xy+1)(xy-x-y)+x^2+y^2$이고, R은 단위 정사각형이다. 이 문제의 알려진 해는 $u=\frac{1}{2}xy(x-1)(y-1)$이다. $u=xy$에서 시작하여 가우스-자이델 프로시저 *Seidel*을 사용하고, 30번의 반복을 시행하라.

09 9점 공식 (5)를 이용한 [컴퓨터 연습문제 12.3.6]의 수정된 프로시저 *Seidel*을 사용하여 이 문제를 다시 풀어라. 그 결과를 비교하고, 차이를 설명하라.

10 타원형 편미분방정식 문제 (13)에 대하여 Maple이나 Mathematica, MATLAB을 사용하여 선형 시스템 (11)의 수치해를 찾아라. 이때 $h=\frac{1}{4}$이고, 7×7 계수 행렬 및 1×7 우변 벡터에서 $f_{ij}=\frac{1}{25}, g_{ij}=0$이다. 그 결과 해를 경곗값 문제의 정확한 해인 다음 식과 비교하라. 또한, 이 결과를 본문의 예제에서 $h=\frac{1}{8}$로 가우스-자이델 방법을 사용하여 얻은 결과와 비교해 보라. 어떤 결론을 이끌어낼 수 있는가?

$$u_{ij}=\cosh\left(\frac{1}{5}ih\right)+\cosh\left(\frac{1}{5}jh\right)$$

11 정의역이 원형 $x^2+y^2<1$이고, 경계 원상에서 $\sin 3\theta$의 값을 갖는 조화 함수를 근사적으로 찾아라. 여기서 θ는 극좌표로 주어진 점의 각도 성분이다. 이 절의 예제에서 사용된 7개의 기본적인 조화 함수를 사용하라. 원주 상에서 100개의 동일한 간격의 점을 사용하고, 선형 연립방정식의 최소 제곱 해가 계산될 수 있는 (확장된) 선점법을 사용하라.

12 본문의 선점법 예제에서의 디리클레 문제를 풀되 경곗값을 x^3-x^2으로 대체하라.

13 MATLAB이나 Maple, Mathematica와 같은 수학 소프트웨어의 특수 명령이나 프로시저를 활용하여 수치 예제 (13)을 풀어라.

14 MATLAB이나 Maple, Mathematica의 기호 조작 기능을 사용하여 식 (13)이 일반해임을 입증하라.

15 경계 조건 $u(x, y) = x^2 + y^2$인 푸아송 방정식 $u_{xx} + u_{yy} = 4$를, 아래 그림과 같이 잘게 자른 삼각형들로 형성된 9개의 노드를 사용하는 유한요소법을 통해 푸는 컴퓨터 프로그램을 작성하라.

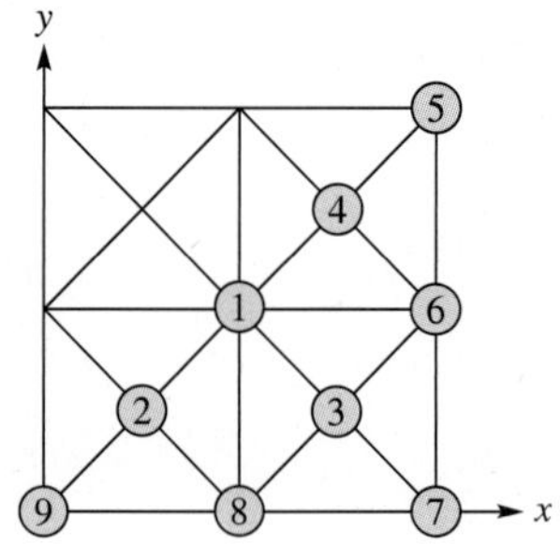

부록

- A 좋은 프로그래밍 습관에 대한 조언
- B 다양한 진법에서의 수 표현
- C IEEE 부동소수점 연산에 대한 추가 내용
- D 선형 대수의 개념과 표기법
- E 기본 공식

A 좋은 프로그래밍 습관에 대한 조언

수치적 기법에서 프로그래밍은 수치 기법을 이해하는 데 필수적이므로, 좋은 프로그래밍에 관한 조언들 몇 마디를 제시한다.

프로그래밍 제안

여기서 주어진 제안과 기법들은 맥락에 맞게 고려되어야 한다. 이들은 완전한 것이 아니며, 논의의 간략화를 위해 좋은 프로그래밍에 대한 일부 제안은 생략했다. 우리의 목적은 독자가 효율성과 경제성, 가독성, 반올림 오차에 대한 고려에 주의를 기울이도록 장려하는 것이다. 물론, 일부 제안과 충고들은 사용하는 특정 수학 소프트웨어 시스템이나 프로그래밍 언어에 따라 달라질 수 있다.

주의 깊게, 그리고 정확하게 하라

프로그램을 신중하고 정확하게 작성하려고 노력하라. 이것이 가장 중요하다.

유사코드를 사용하라

코딩을 시작하기 전에 이 책에서 사용된 것과 같은 유사코드에 적용될 수학적 알고리즘을 자세히 작성하라. 유사코드는 수학과 컴퓨터 프로그램을 서로 이어주는 다리의 역할을 한다. 이는 컴퓨터 언어처럼 정식으로 정의될 필요는 없지만 구현이 바로 될 수 있을 정도로 충분한 세부 사항을 포함해야 한다. 유사코드를 작성할 때에는 쉽게 읽히고 이해할 수 있는 스타일을 사용해야 한다. 유지 보수를 위해서는 코드에 친숙하지 않은 사람도 이 유사코드가 무엇을 하는지를 읽고 이해할 수 있을 정도로 코드가 쉬워야 한다.

확인하고 재확인하라

컴퓨터 창에서 편집을 시작하기 전에 코드의 오류나 누락에 대해 철저히 확인해야 한다. 프로그램을 실행하고 출력을 확인해봤다가 오류를 발견하고 오류를 수정하는 이 지겨운 프로세스의 반복을 피하기 위해서는 코드를 실행하기 전에 이를 점검하는 데 시간을 들여야 한다.[1]

현대의 계산 환경은 사용자가 이 프로세스를 단 몇 초안에 완료할 수 있게 해준다. 하지만 단순한 테스트에서는 작동해도 더 복잡한 테스트에서는 작동하지 않을 수 있는 프로그램을 작성하는 일이 위험할 정도로 쉽기 때문에 이 조언은 여전히 유효하다. 어떤 기능키나 마우스도 무엇이 잘못되었는지를 우리에게 말해줄 수는 없다!

테스트 케이스들을 사용하라

유사코드를 작성한 후, 전형적이지만 단순한 예제 하나를 연필과 종이만으로 계산해 보면서 이 코드를 점검하고 추적하라. 루프에서 첫 번째, 두 번째 반복값이나 데이터 구조에서 첫 번째와 마지막 성분의 처리와 같은 경계 상황을 확인해봄으로써 성가신 오류들이 겉으로 드러나도록 하라. 이러한 동일한 샘플 케이스들은 컴퓨터의 첫 번째 테스트 케이스들의 집합으로 사용될 수 있다.

1 1962년, 금성으로 매리너[Mariner] 1호 우주 탐사선을 운반하던 로켓이 비행 시작 5분 만에 파괴되었다. 조사 결과, 포트란[Fortran] 코드 단 한 줄에 있었던 오류가 이 재난의 원인이라는 사실이 밝혀졌다. 코드 `DO 5 I=1,3`에서 쉼표 대신 마침표가 입력되었고 이로 인해 이 루프는 세 번 반복하는 대신 한 번만 실행되었던 것이다. 이 딱 한 글자의 오자가 미국 항공 우주국에 1,850만 달러의 비용을 쓰게 만든 것으로 추정된다!

코드를 모듈화하라

일련의 세그먼트segment (서브프로그램이나 프로시저, 함수)를 작성하고 테스트하여 단계 별로 프로그램을 작성한다. 즉 독립적인 하위 작업subtask을 별개의 분리된 루틴으로 작성하라. 이러한 프로그램 세그먼트들을 가능한 한 한 페이지 또는 컴퓨터 화면보다 더 작게 유지해서, 이를 읽고 디버깅하기 더 쉽게 만들어라.

약간의 일반화를 하라

코드가 조금 더 일반적인 상황을 다루도록 작성될 수 있다면 그렇게 하라. 대체로 그런 추가적인 노력을 들일 만한 가치가 있다. 어떤 특정한 수들의 집합만을 위해 작성된 프로그램은 다른 집합에 대해서는 완전히 다시 작성되어야 할 수도 있기 때문이다. 예를 들면, 단계의 크기가 수치적으로 고정된 프로그램과 비교하여 임의의 단계 크기를 가진 프로그램에서는 단지 몇 줄의 추가 선언문만이 필요할 뿐이다. 그러나 코드에 너무 많은 일반화를 도입하지 않도록 주의해야 한다. 단순한 프로그래밍 작업이 과도하게 복잡해질 수 있기 때문이다.

중간 결과를 확인하라

프로그램의 작동을 디버깅하고 그 이해를 도와주는 중간 결과 및 진단 메세지를 출력하거나 표시해야 한다. 대용량 데이터와 같이 입력 데이터의 출력이 실용적이지 않은 경우가 아니면 입력 데이터를 항상 표시하거나 출력하라. 간단한 읽기 및 인쇄 커맨드의 사용을 통해 프로그래머는 데이터의 정렬 불량과 관련된 오류를 방지할 수 있다. 화려한 출력 형식은 필요하지 않지만 출력물에 간단한 라벨을 붙일 것을 추천한다.

경고 메시지를 포함시켜라

견고한 프로그램은 처리 방식이 미리 설계되어 있지 않은 상황이 발생하면 이를 사용자에게 항상 경고한다. 일반적으로 피할 수 없는 버그가 등장했을 때 그것을 쉽게 디버그할 수 있도록 프로그램을 작성하라.

의미 있는 변수 이름을 사용하라

변수에 의미 있는 이름을 부여하는 게 종종 도움이 된다. 그들이 더 큰 니모닉mnemonic 값[2]을 가질 수 있기 때문이다. 기호 O(문자 '오')와 0(숫자 영), 그리고 l(문자 '엘')과 1(숫자 일) 사이에는 지속적으로 혼동이 발생한다.

2 (옮긴이) 여기서 니모닉이란 기억을 돕는 연상기호를 의미한다. 따라서 큰 니모닉 값을 가진다는 말은 기호 자체가 기억을 돕는 역할이 크다는 말이다.

모든 변수를 선언하라

모든 변수는 각 프로그램 또는 프로그램 세그먼트의 타입 선언에 나열되어야 한다. 사용될 모든 변수가 선언문에 포함되어 있을 때는 묵시적 타입 선언을 무시할 수 있다. 역사적으로 봤을 때, 포트란에서 `I/i`, `J/j`, `K/k`, `L/l`, `M/m`, `N/n`으로 시작하는 변수들은 정수 변수이고 다른 문자로 시작하는 변수들은 부동점 실수 변수들이다. 타입 선언에서 변수를 검색해 보지 않고도 변수의 타입을 즉시 인식하려면 이 방식을 따르는 것이 좋다. 그렇지만 유사코드로 표현된 알고리즘들이 항상 이 충고를 따라야 하는 건 아니다.

주석을 포함시켜라

루틴 내의 주석은 나중에 프로그램이 하는 일이 무엇인지를 나타내는 데 도움이 된다. 과도한 주석은 필요치 않지만, 각각의 프로그램 또는 서브프로그램의 목적이나 입출력 변수, 사용된 알고리즘을 설명하고 코드의 주요 세그먼트 사이에 약간의 코멘트를 제공하는 서문을 주석으로 포함시키기를 추천한다. 가독성을 향상시키기 위해 일정한 간격의 공간을 두고 코드의 각 블록을 들여 써라. 빈 주석과 빈 공간을 삽입하는 것도 코드의 가독성을 크게 증가시킬 수 있을 것이다. 이 책에서는 공간을 절약하기 위해 유사코드에 어떠한 주석도 포함시키지 않았다.

깔끔한 루프를 사용하라

절대로 루프 안에 불필요한 선언문을 넣지 마라. 변수들과 표현이 루프와 관련이 없거나 루프 안에서 변하지 않으면, 그 변수들과 표현은 루프 안에서 밖으로 이동시켜야 한다. 또한 루프의 들여쓰기는 코드의 가독성을 증가시킬 수 있는데, 특히 중복된 루프인 경우가 이에 해당한다. 루프의 종료점으로 실행되지 않는 선언문을 사용해서 코드를 쉽게 변경할 수 있게 하라.

변하지 않는 상수를 선언하라

주요 상수 값을 지정하는 데 변수 선언문을 사용하라. 상수에 해당하는 변수 값들은 루틴을 도는 동안 변하지 않는다. 다른 변수를 통해 프로그램을 다시 실행해야 할 때, 이러한 변수 선언문은 쉽게 바꿀 수 있다. 또한 그들은 코드에서의 주요 상수의 역할을 명확히 하고 루틴의 가독성을 증대시키며 루틴을 이해하기 쉽게 만든다.

적절한 데이터 구조를 사용하라

직면한 문제에 자연스럽게 맞는 데이터 구조를 사용하라. 만약 해당 문제가 몇 개의 1차원 배열보다 3차원 배열에 보다 쉽게 적용되는 경우 당연히 3차원 배열을 사용해야 한다.

모든 타입의 배열을 사용하라

1차원, 2차원, 또는 그 이상의 차원을 지닌 배열의 성분들은 보통 연속된 메모리 워드에 저장된다. 컴파일러는 2개 이상의 첨자 배열에 대한 인덱스의 값을 저장소에서 성분의 위치를 결정하는 일종의 포인터[pointer]로 사용되는 단일 첨자의 값으로 사상[mapping]할 수 있기 때문에 2차원이나 그 이상의 차원을 지닌 배열은 사용자의 표기상의 편의를 위해 사용된다고 생각할 수 있다. 하지만 1차원 배열만 사용하여 복잡한 첨자 계산을 수행할 때 얻을 수 있는 이점은 미미하다. 이러한 문제는 컴파일러에 맡기는 것이 가장 좋다.

내장 함수를 사용하라

과학 프로그래밍 언어에서는 *sin*, *log*, *exp*, *arcsin* 등과 같은 일반적인 함수의 경우 내장된 수많은 수학 함수들을 사용할 수 있다. 또한 타입 변환의 경우, 일반적으로 *integer*, *real*, *complex*, *imaginary*와 같은 수 함수들도 사용 가능하다. 이 함수들이나 다른 함수들을 가능한 한 많이 사용해야 한다. 이런 본질적인 함수들 중 일부는 하나 이상의 타입을 입력 변수로 받고 입력 변수에서 사용된 타입에 따라 타입이 바뀐 결과를 반환한다. 이러한 함수들은 관련된 함수들의 전체 집합을 표현하기 때문에 **총칭 함수**[generic function]라 불린다. 물론 잘못된 타입의 입력 변수를 사용하지 않도록 주의해야 한다.

프로그램 라이브러리를 사용하라

가능하다면 프로그래밍 프로젝트를 스스로 작성하기 전에 수학 소프트웨어 시스템이나 컴퓨터 프로그램 라이브러리의 사전 프로그래밍된 루틴을 사용해야 한다. 그러한 루틴들은 최첨단 기술의 소프트웨어로, 테스트가 잘 되어 있고 물론 디버깅도 완벽하게 되어 있을 것이다.

지나친 최적화는 하지 마라

학생들은 원하는 결과를 정확히 계산하면서도 읽기 쉬운 코드를 작성하는 데 우선적으로 관심을 기울여야 한다. 코드를 더욱 빠르고 효율적으로 돌리는 수많은 요령이 있다. 나중에 프로그래밍 작업에 사용할 수 있도록 그러한 요령들을 습득해야 한다. 우리는 우선적으로 다양한 수치 방법들을 이해하고 테스트하는 데 관심이 있다. 코드의 실행 속도를 높인다고 프로그램의 명확성을 희생해서는 안 된다. 두 가지 조건(최적화와 명확성)이 충돌할 때는 코드의 최적화보다 코드의 명확성이 우선시되어야 한다.

사례 연구

도움이 될 만한 몇 가지 사례 연구를 제시한다.

합 계산하기

길이가 긴 부동소수점 수들을 컴퓨터에서 더할 때, 수의 크기가 커지는 순서로 수를 더하면 반올림 오차를 줄일 수 있다(반올림 오차는 1.4절에서 자세하게 논의된다).

수학 상수

많은 프로그래밍 언어에서 컴퓨터가 π나 e와 같은 공통적인 수학 상수의 값을 자동적으로 알지 못하며 컴퓨터에 그 값이 무엇인지 정확히 알려줘야 한다는 점은 놀라운 일일 수 있다. 자리수가 긴 수학 상수는 잘못 입력하기 쉬운데, 실수 π가 다음과 같이 코딩되는 것이 한 예이다.

$$pi \leftarrow 3.141592653589793$$

수학적인 함수를 포함하는 단순한 계산을 사용하길 추천한다. 예를 들어 실수 π나 e는 다음과 같은 표준 내장 함수들을 사용하여 거의 최대 머신 정밀도로 쉽고 안전하게 도입할 수 있다.

$$\begin{aligned} pi &\leftarrow 4.0 \text{ arctan}(1.0) \\ e &\leftarrow \text{exp}(1.0) \end{aligned}$$

이 조언을 하는 또 다른 이유는, 제한된 정밀도의 컴퓨터에서 $pi \leftarrow 3.14159$와 같은 짧은 근삿값을 사용했다가 나중에 더 좋은 정밀도의 컴퓨터로 그 코드를 옮겼을 때 발생하는 문제를 피하기 위함이다. 만약 당신이 이 대입문의 수정을 간과한다면 이 값과 관련된 모든 결과들의 정확도가 원래 도출되어야 하는 값보다 떨어질 것이다.

지수

컴퓨터 코딩에서 지수를 포함한 선언문을 작성할 때는 주의를 기울여야 한다. y가 정수가 아닐 때 일반 함수 x^y는 많은 컴퓨터에서 $\exp(y \ln x)$로 계산된다. 때때로 이런 계산은 불필요하게 복잡하고 반올림 오차를 양산할 수 있다. 예를 들면, 5.0보다 5와 같은 정수 지수로 코드를 작성하는 방식이 선호된다. 이와 유사하게 $\frac{1}{2}$이나 0.5와 같은 지수를 사용하는 것도 권장되지 않는다. 왜냐하면 내장함수 *sqrt*[3]를 사용할 수 있기 때문이다. $j \leftarrow (-1)^k$와 같은 계산은 거의 필요가 없다. 같은 결과를 얻을 수 있는 더 좋은 방법이 있기 때문이다. 예를 들면 루프의 시작 전에 $j \leftarrow 1$을 쓰고 루프 내에서 $j \leftarrow -j$로 쓸 수 있다.

3 (옮긴이) 일반적으로 제곱근을 출력하는 함수이다.

혼재된 모드mixed mode를 피하라

일반적으로 컴퓨터 코드에서 실수와 정수가 혼재된 표현은 피해야 한다. 혼재된 표현이란 다른 타입의 상수와 변수가 함께 등장하는 식이다. 정수 변수의 부동점 표현이 필요할 때는 *real*과 같은 함수를 사용한다. 이와 유사하게 *integer*와 같은 함수는 일반적으로 실수 변수의 정수 부분을 얻을 때 사용된다. 달리 말하면, 복소수에서 실수로, 실수에서 정수로, 또는 그 반대로의 변환마다 본래 내장된 타입의 변환 함수를 사용하라는 것이다. 예를 들어 부동점 계산에서 m과 n이 정수 변수일 때 올바른 실수 값 m/n을 계산하기 위해 m/n은 $\text{real}(m)/\text{real}(n)$으로 계산되어야 한다. 비슷하게 $1/m$은 $1.0/\text{real}(m)$으로, 1/2은 0.5 등으로 계산되어야 한다.

정밀도

컴퓨터에서 수를 표현하는 일반적인 모드에서 1워드를 저장하는 저장소는 각각의 숫자를 저장하는 데 사용된다. 이러한 표현 방식을 **단정밀도**single precision라 부른다. 더 좋은 정밀도(**배정밀도**double precision 또는 **확장된 정밀도**extended precision)가 요구되는 계산에서는, 각 숫자당 두 개 또는 그 이상의 워드를 저장하는 저장소가 할당된다. 32비트 컴퓨터에서 단정밀도에서는 대략적으로 6자리의 정밀도를, 배정밀도에서는 대략적으로 15자리의 정밀도를 얻을 수 있다. 단정밀도가 제공할 수 있는 정밀도보다 더 높은 정밀도가 필요하다면, 배정밀도나 확장된 정밀도를 사용해야 한다[4]. 이는 특히 긴 계산에 걸쳐 반올림 오차가 빠르게 누적되고 정밀도가 3자리나 4자리 정도까지 줄어들 수 있는 32비트 컴퓨터와 같은 제한된 정밀도의 컴퓨터에서 적용되는 사실이다(이 주제는 1.3절에서 논의된다).

4 64비트 마이크로프로세서의 확산과 함께, 결과적으로 성능이 향상되고 정밀도가 높아진 64비트 계산이 더욱 보편화되고 있다. 단정밀도와 배정밀도의 의미는 변하고 있다!

보통 복소수의 실수 부분과 허수 부분을 저장하는 데에는 2워드를 저장하는 메모리가 사용된다. 복소 변수와 배열은 복소수 타입이라고 명시적으로 선언되어야 한다. 복소수 타입의 변수 및 상수를 포함한 표현은 복소수 연산의 일반적인 법칙에 의해 계산된다. 실수와 복소수 타입 간의 변환에서는 *complex*, *real*, *imaginary*와 같은 내장 함수들이 사용되어야 한다.

메모리 인출fetch

루프를 사용할 때, 메모리에서 인접한 워드들로부터 값들을 꺼내올 수 있도록 코드를 작성하라. 이를 묘사하기 위해 각 열의 성분이 연속적인 메모리 위치에 저장된 2차원 배열 (a_{ij})에 여러 값들을 저장하려 한다고 가정하자. i번째 루프가 가장 안쪽인 i, j 루프를 사용함으로써 성분들을 열의 아래 방향으로 처리한다[5]. 몇몇 수학 소프트웨어 시스템과 컴

5 (옮긴이) 예를 들어 $\{i, j: 1, 2, 3\}$인 배열 a_{ij}를 생각해 보자. i, j 루프의 안쪽이 $i=1$이라면 $i=1$로 고정하고 $j=1,2,3$의 열들을 업데이트함으로써 행들을 먼저 채우고 다음 행으로 내려간다. 이것이 열의 아래 방향이다.

퓨터 프로그래밍 언어에서는 이 세부 사항들이 단지 부차적인 관심사에 지나지 않을 수 있다. 하지만 어떤 컴퓨터는 한 번에 메모리의 오직 한 부분 또는 수 페이지에만 즉각적으로 접근할 수 있다. 이러한 경우 한 배열의 성분들을 처리하는 방식이 좋다. 그럼으로써 그 성분들을 인접한 또는 근처의 메모리 위치에서 가져오거나 그곳에 저장할 수 있다.

배열을 피해야 할 때

어떤 알고리즘의 수학적 설명은 수치 수열 계산법을 알려주면서 배열[array]의 필요성을 암시하는 듯하지만, 가끔 배열을 피하는 게 가능한 경우도 있다(이는 오직 수열의 마지막 값만 필요할 때 특히 참이 되는 사실이다). 예를 들면, 뉴턴법(3.2절)의 이론적인 설명은

$$x_{n+1} = x_n - \frac{f(x_n)}{f'(x_n)}$$

을 해석하는 것이지만 유사코드는 다음과 같이 간단한 루프로 나타낼 수 있다.

```
for n = 1 to 10
    x ← x − f(x)/f′(x)
end for
```

여기서 x는 실변수이고, f와 f'에 대한 함수 프로시저가 쓰여 있다. 이러한 대입문은 자동적으로 예전의 x값을 새로운 $x-f(x)/f'(x)$의 값으로 대체하는 효과가 있다.

제한된 반복

반복 알고리즘에서는 제어 변수가 있는 루프를 사용하여 허용 가능한 단계의 수를 항상 제한해야 한다. 이는 프로그래밍 오차와 반올림 오차와 같은 예상치 못한 문제로 인해 발생하는 무한 순환을 방지한다. 예를 들면, 뉴턴법의 유사코드에서 $x \leftarrow x-f(x)/f'(x)$는 다음과 같이 대체될 수도 있다.

```
d ← f(x)/f′(x)
while |d| > ½ × 10^−6
    x ← x − d
    output x
    d ← f(x)/f′(x)
end while
```

만약 이 함수가 어떤 이상한 행동을 보인다면 이는 반복 횟수를 제한하지 않았기 때문이다. 제한 변수를 사용한 다음의 루프를 사용하는 것이 좋다.

```
for n = 1 to n_max
    d ← f(x)/f′(x)
    x ← x − d
    output n, x
    if |d| ≦ ½ × 10^−6 then exit loop
end for
```

여기서 n과 n_max는 정수 변수들이고, n_max의 값은 원하는 반복 횟수의 상한이다. 다른 모든 변수들은 실수이다.

부동점 등식

루틴에서의 일련의 여러 단계들은 두 개의 부동소수점 수가 같은지 여부에 따라 달라져서는 안 된다. 대신 부동소수점 연산의 반올림 오차를 허용하는 합리적인 허용오차가 사용되어야 한다. 예를 들어 x와 y의 크기가 1과 비교 가능하다고 가정하면, n자리 정밀도에 대한 적합한 분기문[branching statement]은 다음과 같다

if $|x - y| < \varepsilon$ **then** . . . **end if**

여기서 x, y, ε은 실수이고, $\varepsilon = \frac{1}{2} \times 10^{-n}$이다. 이는 x와 y 사이의 절대오차가 ε보다 작아야 함을 의미한다. 하지만 x와 y가 매우 크거나 매우 작은 크기를 갖고 있다면, 다음의 분기문처럼 x와 y 사이의 상대오차가 필요할 것이다.

if $|x - y| < \varepsilon \max\{|x|, |y|\}$ **then** . . . **end if**

균등한 부동소수점 단계

어떤 특정 상황에서, 특히 미분방정식을 풀 때(7장 참조) 변수 t가 실수축을 따라 균일한 간격 h로 놓인 값들의 연속이라 가정한다. 이를 코딩하는 한 가지 방법은 다음과 같다.

```
t ← t0
output 0, t
for i = 1 to n
    ⋮
    t ← t + h
    output i, t
end for
```

여기서 i와 n은 정수 변수들이고, t_0, t, h는 실변수들이다. 다른 방법도 있다.

```
for i = 0 to n
    ⋮
    t ← t0 + real(i)h
    output i, t
end for
```

첫 번째 유사코드에서는 n번의 덧셈이 발생하는데, 각각의 덧셈에는 반올림 오차의 가능성이 존재한다. 두 번째 유사코드에서는 이 상황은 피했지만, n번의 곱셈이라는 추가 비용이 발생했다. 어떤 방법이 더 좋은지는 주어진 상황에 따라 달라진다.

함숫값 계산

프로그램에서 임의의 점에서의 함숫값이 필요할 때, 이를 코딩하는 몇 가지 방법이 있다. 예를 들어 함수

$$f(x) = 2x + \ln x - \sin x$$

의 값이 필요하다고 하자. 간단한 접근법은 프로그램 내의 적절한 위치에 다음과 같은 대입문을 사용하는 것이다.

$$y \leftarrow 2x + \ln(x) - \sin(x)$$

여기서 x와 y는 실변수이다. 동일하게, 유사코드

$$f(x) \leftarrow 2x + \ln(x) - \sin(x)$$

에 상응하는 내부 함수 프로시저를 사용해서 2.5에서의 함숫값을

$$y \leftarrow f(2.5)$$

의 방법으로 계산하거나 다른 x값에 대해서도 계산할 수 있다. 마지막으로, 함수 서브프로그램은 다음의 유사코드에서처럼 사용될 수 있다.

real function $f(x)$
real x
    $f \leftarrow 2x + \ln(x) - \sin(x)$
end function f

어떤 실행법이 가장 좋은가?

이는 주어진 상황에 따라 다르다. 대입문은 단순하고 안전하다. 내부 또는 외부 함수 프로시저는 코드의 복제를 피하는 데 사용될 수 있다. 별도의 외부 함수 서브프로그램은 다른 사람의 프로그램에 코드를 삽입해야 할 때 의도치 않게 발생하는 문제점들을 피하는 가장 좋은 방법이다. 프로그램 라이브러리 루틴을 사용할 때, 사용자는 함숫값을 라이브러리 루틴에 전달하기 위해 외부 함수 프로시저를 제공해야 할 수도 있다. 만약 외부 함수 프로시저 f가 다른 프로시저의 입력변수로 전달된다면 그것을 외부 함수로 지정하기 위해서는 특별한 인터페이스를 사용해야 한다.

수학 소프트웨어를 개발 중인 경우

프레드 크로크[Fred Krogh]는 제트추진연구소[Jet Propulsion Laboratory]에 재직하면서 응용 프로그램 패키지에 사용되는 수학 소프트웨어의 개발 및 작성을 포함한 자신의 경력에서 배운 것들 중 일부를 정리하고 나열하여 논문으로 작성했다. 코드 개발에서 기억해야 할, 도움이 될 만한 힌트들과 여러 생각들 중 일부를 소개해 보겠다.

- 당신의 알고리즘이 무엇을 하고 있는지를 보기 위해 내부 출력물을 포함하라.
- 인터페이스에 출력물을 포함시킴으로써 디버깅을 지원하라.
- 세부적인 에러 메시지를 제공하라.
- 코드를 미세 조정하라.
- 이해할 만한 테스트 케이스를 제공하라.
- 결과를 신중히 검토하라.
- 실수를 이용하라.
- 단위의 일관성을 유지하라.
- 극단적인 경우를 테스트하라.
- 알고리즘이 중요하다.
- 작동하는 것에 대해 작업하라.
- 작동하지 않는 것은 버려라.
- 당신의 코드를 향상시키거나 디버깅하는 방법에 대한 아이디어를 너무 빨리 포기하지 마라.
- 당신의 잠재의식은 강력한 도구이다. 그 사용법을 배워라.
- 당신의 가정들을 테스트해 보라.
- 주석에 알파벳 순서로 적은 변수 목록을 적고 이를 그대로 유지해야 한다. 코드를 작성한 몇 년 후에 그 코드를 다시 봤을 때 이 목록이 매우 도움이 되기 때문이다.
- 사용자 문서를 먼저 작성하라.
- 어떤 성과를 기대해야 하는지를 알아야 한다.
- 다른 것들에 너무 많은 관심을 기울이지 말라. 딱 적당히만 관심을 기울여야 한다.
- 좌절을 학습의 기회 및 더욱 분발하기 위한 단계로 보라.
- 코드를 비교할 때, 공정한 비교를 위해 코드의 특성이나 기능들을 변경하지 마라. 당신이 다른 사람의 코드를 완전히 이해하지 못할 수도 있기 때문이다.
- 작업 목록을 유지하라.
- 코드를 기능별로 분류하라.
- 뭐든지 그룹으로 묶어 정리하라.
- 코드의 체계화는 개발자가 내리는 가장 중요한 결정 중 하나일지도 모른다.
- 응용 프로그램 패키지에서 코드의 선형 대수 부분은 분리하여 사용자가 수정할 수 있도록 하라.
- 역방향 의사소통(reverse communication)은 사용자가 코드를 떠나 자신의 데이터 구조를 사용하여 행렬-벡터 연산을 수행할 수 있게 해주는 유용한 기능이다.
- 사용자가 코드를 종료하고 돌아올 수 있게 되었을 때 변수를 저장하고 복원하라.
- 휴대성은 효율성보다 더 중요하다.

이 내용들은 그의 통찰 중 일부를 무작위로 추출한 것이다. 당신에게 적합한 조언을 사용하라!

B 다양한 진법에서의 수 표현

이 부록에서는 다양한 진법에서의 수 표현에 대한 몇 가지 기본 개념을 복습한다.

다양한 진법에서의 수 표현

우선 일반적인 수 표현에 대한 논의에서 시작하여 컴퓨터 연산에서 중요하게 사용되는 2진법, 8진법, 16진법으로 빠르게 넘어가 보자.

가장 친숙한 10진법 표기는 숫자 0, 1, 2, 3, 4, 5, 6, 7, 8, 9를 사용한다. 37294와 같은 전체 수를 쓸 때, 각각의 숫자는 다음과 같이 10의 거듭제곱의 계수로 나타낼 수 있다.

$$\begin{aligned}37294 &= 4+90+200+7000+30000\\ &= 4\times 10^0+9\times 10^1+2\times 10^2+7\times 10^3+3\times 10^4\end{aligned}$$

따라서 일반적으로 숫자들의 묶음, 즉 숫자열은 다음과 같은 식에 의해 하나의 수로 표현된다.

$$(a_n a_{n-1}\cdots a_2 a_1 a_0)_{10} = a_0\times 10^0 + a_1\times 10^1+\cdots+a_{n-1}\times 10^{n-1}+a_n\times 10^n$$

10진법 정수 부분

이는 양의 정수만을 고려한다. 0과 1 사이의 수는 소수점 오른쪽에 놓이는 숫자열로 표현된다. 예를 들면 다음과 같다.

$$\begin{aligned}0.7215 &= \frac{7}{10}+\frac{2}{100}+\frac{1}{1000}+\frac{5}{10000}\\ &= 7\times 10^{-1}+2\times 10^{-2}+1\times 10^{-3}+5\times 10^{-4}\end{aligned}$$

일반적으로 다음 식이 성립한다.

$$(0.b_1 b_2 b_3\cdots)_{10} = b_1\times 10^{-1}+b_2\times 10^{-2}+b_3\times 10^{-3}+\cdots$$

10진법 소수 부분

소수점 오른쪽의 숫자열이 무한할 수 있음을 주목하라. 사실 어떤 몇몇 수들을 표현하려면 반드시 무한 문자열이 있어야 한다. 예를 들면 다음을 주의 깊게 살펴보자.

$$\begin{aligned}\sqrt{2} &= 1.41421356237309504880168872420969\cdots\\ e &= 2.71828182845904523536028747135266\cdots\\ \pi &= 3.14159265358979323846264338327950\cdots\\ \ln 2 &= 0.69314718055994530941723212145817\cdots\\ \frac{1}{3} &= 0.33333333333333333333333333333333\cdots\end{aligned}$$

무한한 숫자열

다음과 같은 형태의 실수

$$(a_n a_{n-1}\cdots a_1 a_0.b_1 b_2 b_3\cdots)_{10} = \sum_{k=0}^{n} a_k 10^k + \sum_{k=1}^{\infty} b_k 10^{-k}$$

10진법의 일반적인 표현

에 대해 **정수 부분**은 전개식에서 첫 번째 합기호 부분이고, **소수 부분**은 두 번째 합기호 부분이다. 헷갈릴 수 있는 경우엔 β진법으로 표시된 수를 괄호로 묶고, β를 아래 첨자로 추가하여 나타낸다.

β진법의 수

앞의 논의는 보통의 10진법 수 표현에 대한 것이다. 물론 다른 진법도 사용되는데, 이는 특히 컴퓨터에서 두드러진다. 예를 들면, **2진 시스템**binary system은 2진법을 사용하고, **8진 시스템**octal system은 8진법을, **16진 시스템**hexadecimal system은 16진법을 사용한다.

수의 8진법 표현에서 사용되는 숫자는 0, 1, 2, 3, 4, 5, 6, 7이다. 따라서 다음이 성립한다.

$$\begin{aligned}(21467)_8 &= 7+6\times 8+4\times 8^2+1\times 8^3+2\times 8^4\\ &= 7+8(6+8(4+8(1+8(2))))\\ &= 9015\end{aligned}$$

8진법 정수 예

8진법으로 표현된 0과 1 사이의 수는 8^{-1}, 8^{-2} 등의 조합으로 표현된다. 즉 다음과 같다.

$$\begin{aligned}(0.36207)_8 &= 3\times 8^{-1}+6\times 8^{-2}+2\times 8^{-3}+0\times 8^{-4}+7\times 8^{-5}\\ &= 8^{-5}(3\times 8^4+6\times 8^3+2\times 8^2+7)\\ &= 8^{-5}(7+8^2(2+8(6+8(3))))\\ &= \frac{15495}{32768}\\ &= 0.47286987\cdots\end{aligned}$$

8진법 소수 예

여기서 공통분모를 찾을 필요 없이 10진법으로 쉽게 변환하는 방법을 알아 보자.

만약 다른 진법, 즉 β진법을 사용한다면 β-시스템에서 표현되는 수는 다음과 같은 형태일 것이다.

$$(a_n a_{n-1}\cdots a_1 a_0.b_1 b_2 b_3\cdots)_\beta = \sum_{k=0}^{n} a_k\beta^k + \sum_{k=1}^{\infty} b_k\beta^{-k}$$

일반적인 β진법 표현

이 표현에서 사용하는 숫자들은 $0, 1, \cdots, \beta-2, \beta-1$이다. 만약 $\beta>10$이면 $10, 11, \cdots, \beta-1$의 기호를 소개할 필요가 있다. 정수 부분과 소수 부분을 구분하는 점을 **기수점**radix point이라 부른다. **소수점**decimal point는 10진법 수에서 쓰인 점을 일컫는다.

정수 부분의 변환

이제 한 진법에서 다른 진법으로 변환하는 과정을 공식화해 보자. 수의 정수 부분과 소수 부분을 별도로 고려하는 것이 좋다. 그러면 γ진법의 수 체계에서 양의 정수 N을 고려해 보자.

$$N = (a_n a_{n-1}\cdots a_1 a_0)_\gamma = \sum_{k=0}^{n} a_k\gamma^k$$

γ진법 정수를 β진법으로 변환

이 수를 β진법의 수 체계로 변환하고 관련 계산들도 β진법 하에서 이뤄지기를 바란다고 가정하자. N을 축소형으로 쓰면 다음과 같다.

$$N = a_0 + \gamma(a_1 + \gamma(a_2 + \cdots + \gamma(a_{n-1} + \gamma(a_n))\cdots))$$

이제 우변 각각의 수를 β진법의 수로 대체한다. 다음으로 β진법에서 계산을 실행한다. a_k들과 γ를 β진법의 수로 대체하기 위해서는 숫자 $0, 1, \cdots, \gamma-1$이 β시스템에서 어떻게 변환되는지를 보여주는 표가 필요하다. 또한 β진법의 곱셈표도 필요할 수 있다.

이 과정을 설명하기 위해 10진법 숫자 3781을 2진법 형태로 변환하는 과정을 고려해 보자. 10진-2진 변환식과 2진법에서의 긴 곱셈을 사용하면 다음을 얻을 수 있다.

10진법 정수를 2진법으로 변환

$$\begin{aligned}(3781)_{10} &= 1 + 10(8 + 10(7 + 10(3)))\\ &= (1)_2 + (1010)_2((1000)_2 + (1010)_2((111)_2 + (1010)_2(11)_2))\\ &= (111011000101)_2\end{aligned}$$

이 2진법 산술 계산은 2진 컴퓨터에게는 쉽지만 인간에게는 참으로 귀찮은 일이다!

손으로 계산할 때는 또 다른 과정 하나가 사용되어야 한다. 구하고자 하는 숫자 $c_0, c_1, \ldots, c_m$을 포함하는 식을 다음과 같이 적는다.

$$N = (c_m c_{m-1} \cdots c_1 c_0)_\beta = c_0 + \beta(c_1 + \beta(c_2 + \cdots + \beta(c_m)\cdots))$$

다음으로 N을 β로 나누면 이 나눗셈에서 **나머지**는 c_0이고, 그 **몫**은

$$c_1 + \beta(c_2 + \cdots + \beta(c_m)\cdots)$$

임을 알 수 있을 것이다. 만약 이 수를 β로 나누면 나머지는 c_1일 것이고, 이와 유사한 과정이 반복될 것이다. 따라서 β로 반복적으로 나누면서 나머지 $c_0, c_1, \cdots, c_m$과 몫을 저장한다.

예제 1 나눗셈 알고리즘을 사용하여 10진법 수 3781을 2진법 형태로 변환하라.

풀이

위에서 설명한 바와 같이 2로 반복적으로 나누고 나머지들을 순서대로 저장한다. 그 작업은 다음과 같다.

몫	나머지
2) 3781	
2) 1890	$1 = c_0$ ↓
2) 945	$0 = c_1$
2) 472	$1 = c_2$
2) 236	$0 = c_3$
2) 118	$0 = c_4$
2) 59	$0 = c_5$
2) 29	$1 = c_6$
2) 14	$1 = c_7$
2) 7	$0 = c_8$
2) 3	$1 = c_9$
2) 1	$1 = c_{10}$
0	$1 = c_{11}$

여기서 기호 ↓는 숫자 c_i를 2진수 옆의 숫자로부터 시작하여 얻을 수 있음을 상기시켜 준다. 따라서 다음 결과를 얻을 수 있다.

$$(3781.)_{10} = (111011000101.)_2$$

반대 방향으로 만든 수 $(101000110111.)_2 = (2615)_{10}$는 틀린 값이다.

예제 2 축소곱셈법을 통해 숫자 $N=(111011000101)_2$를 10진법 형태로 변환하라.

풀이

$$\begin{aligned} N &= 1\times2^0+0\times2^1+1\times2^2+0\times2^3+0\times2^4+0\times2^5 \\ &\quad +1\times2^6+1\times2^7+0\times2^8+1\times2^9+1\times2^{10}+1\times2^{11} \\ &= 1+2(0+2(1+2(0+2(0+2(0+2(1+2(1+2(0 \\ &\quad +2(1+2(1+2(1))))))))))) \\ &= 3781 \end{aligned}$$

반복적인 곱셈과 덧셈을 통한 **축소곱셈법**은 휴대용 계산기를 사용하여 이전의 거듭제곱 꼴일 때보다 좀 더 쉽게 수행될 수 있다.

또 다른 변환 문제는 γ진법으로 계산할 때 γ진법의 정수에서 β진법의 정수로 변환하는 과정에서 등장한다. 이전과 같이, 다음 식

$$N=c_0+c_1\beta+c_2\beta^2+\cdots+c_m\beta^m$$

에서 미지의 계수는 연속적인 나눗셈 과정으로 결정되고 이러한 계산들은 γ-시스템에서 수행된다. 결국 숫자 c_k들은 γ진법의 수이며 $\gamma-\beta$ 변환표가 사용된다.

예를 들어 2진수 $(1010)_2$(이는 $(10)_{10}$과 같다)은 연속적인 나눗셈을 통해 10진수의 형태로 변환할 수 있다. 여기서의 나눗셈은 2진법 연산으로 이루어져야 한다. 2진-10진 변환표는 마지막 단계에서 사용된다. 그러나 2진 나눗셈은 컴퓨터에게만 쉬운 일이기 때문에, 우리는 다른 프로시저를 개발해야 한다.

소수 부분의 변환

다음과 같은 직접적이지만 고지식한 접근법을 이용하여 $(0.372)_{10}$과 같은 소수를 2진수로 변환해 보자.

10진수 소수를 2진수로 변환

$$\begin{aligned} (0.372)_{10} &= 3\times10^{-1}+7\times10^{-2}+2\times10^{-3} \\ &= \frac{1}{10}\left(3+\frac{1}{10}\left(7+\frac{1}{10}(2)\right)\right) \\ &= \frac{1}{(1010)_2}\left((011)_2+\frac{1}{(1010)_2}\left((111)_2+\frac{1}{(1010)_2}(010)_2\right)\right) \end{aligned}$$

2진법에서의 나눗셈은 간단하지 않으므로, 이 변환을 좀 더 쉽게 할 수 있는 방법을 찾고자 한다.

x가 구간 $0<x<1$에 있고, 다음 표현

$$x=\sum_{k=1}^{\infty}c_k\beta^{-k}=(0.c_1c_2c_3\cdots)_\beta$$

에서의 숫자 c_k를 결정해야 한다고 가정하자. 다음 식을 관찰해 보자.

$$\beta x = (c_1.c_2c_3c_4\cdots)_\beta$$

이는 오직 기수 β를 곱할 때만 기수점이 이동해야 할 필요가 있기 때문이다.

따라서 미지의 숫자 c_1은 βx의 **정수 부분**으로 설명될 수 있다.

이를 $\mathcal{I}(\beta x)$로 표시하자. **소수 부분**인 $(0.c_2c_3c_4\cdots)_\beta$는 $\mathcal{F}(\beta x)$로 표시한다. 이 프로세스는 다음과 같은 패턴으로 반복된다.

$$\begin{array}{lll} d_0 = x & & \\ d_1 = \mathcal{F}(\beta d_0) & c_1 = \mathcal{I}(\beta d_0) & \downarrow \\ d_2 = \mathcal{F}(\beta d_1) & c_2 = \mathcal{I}(\beta d_1) & \\ & \vdots & \end{array}$$

이 알고리즘에서 산술 연산은 10진법으로 수행된다.

예제 3 **앞의 알고리즘을 사용하여 10진수 $x = (0.372)_{10}$을 2진수의 형태로 변환하라.**

풀이

이 알고리즘은 반복적으로 2를 곱하고 정수 부분을 제거하는 방식으로 이루어져 있다. 그 과정은 다음과 같다.

$$\begin{array}{rr} & 0.372 \\ \downarrow \quad c_1 = & \underline{\times\quad 2} \\ & \boxed{0}.744 \\ & \underline{\quad 2} \\ c_2 = & \boxed{1}.488 \\ & \underline{\quad 2} \\ c_3 = & \boxed{0}.976 \\ & \underline{\quad 2} \\ c_4 = & \boxed{1}.952 \\ & \underline{\quad 2} \\ c_5 = & \boxed{1}.904 \\ & \underline{\quad 2} \\ c_6 = & \boxed{1}.808 \\ & \vdots \end{array}$$

따라서 $(0.372)_{10} = (0.010111\cdots)_2$를 얻는다.

진수 변환 $10 \leftrightarrow 8 \leftrightarrow 2$

대부분의 컴퓨터는 내부적 수 표현에 2진 시스템(2진법)을 사용한다. 8진 시스템(8진법)은 10진 시스템(10진법)을 2진 시스템으로 변환하거나, 혹은 그 반대로 변환할 때 특히 유용하다. 8진법에서 수의 위치 값 positional value은 $8^0 = 1, 8^1 = 8, 8^2 = 64, 8^3 = 512, 8^4 = 4096$ 등이다. 따라서 예를 들면 다음과 같이 변환할 수 있다.

$$\begin{aligned}(26031)_8 &= 2 \times 8^4 + 6 \times 8^3 + 0 \times 8^2 + 3 \times 8 + 1 \\ &= ((((2)8+6)8+0)8+3)8+1 \\ &= 11289\end{aligned}$$

8진법에서 10진법으로의 변환 예

$$
\begin{aligned}
(7152.46)_8 &= 7\times 8^3+1\times 8^2+5\times 8+2+4\times 8^{-1}+6\times 8^{-2} \\
&= (((7)8+1)8+5)8+2+8^{-2}[(4)8+6] \\
&= 3690+\frac{38}{64} \\
&= 3690.59375
\end{aligned}
$$

손으로 10진수와 2진수 간의 변환을 계산할 때 중간 단계로 8진 표현을 사용하는 것이 편리하다. 8진 시스템에서 기수는 8이고 물론 숫자 8과 9는 사용되지 않는다. 8진과 10진 사이의 변환은 앞에서 언급했던 원칙에 따라 진행된다. 8진과 2진 사이의 변환은 특히 간단하다. 세 개의 2진수 그룹은 다음 표에 따라 직접적으로 8진수로 변환될 수 있다.

2진수	000	001	010	011	100	101	110	111
8진수	0	1	2	3	4	5	6	7

2진-8진 표

이러한 그룹화 grouping는 2진수에서 시작하며 양방향으로 진행이 가능하다. 따라서 다음이 성립한다.

$$(101\,101\,001.110\,010\,100)_2 = (551.624)_8$$

이러한 교묘한 기법을 정당화하기 위해 2진법으로 표현된 다음의 소수를 예를 들어 고려해 보자.

$$
\begin{aligned}
x &= (0.b_1b_2b_3b_4b_5b_6\cdots)_2 \\
&= b_12^{-1}+b_22^{-2}+b_32^{-3}+b_42^{-4}+b_52^{-5}+b_62^{-6}+\cdots \\
&= (4b_1+2b_2+b_3)8^{-1}+(4b_4+2b_5+b_6)8^{-2}+\cdots
\end{aligned}
$$

이 식의 마지막 줄에서 괄호는 집합 $\{0,1,2,3,4,5,6,7\}$의 숫자를 포함하는데, 이는 b_i들이 0 아니면 1이기 때문이다. 따라서 이는 x의 8진 표현이어야 한다.

8진수를 2진수로 변환하려면 비슷한 과정을 역순으로 하면 된다. 이건 정말 쉽다! 각각의 8진 숫자들을 그에 상응하는 3개의 2진 숫자들로 대체하면 된다. 따라서 한 예로 다음이 성립한다.

$$(5362.74)_8 = (101\,011\,110\,010.111\,100)_2$$

예제 4 $(2576.35546875)_{10}$**은 8진법 및 2진법 형태로 무엇인가?**

풀이

우선 원래의 10진수를 8진수로 변환하고 그 다음으로 2진수로 변환한다. 정수 부분을 구하기 위해 반복적으로 8로 나눈다.

$$
\begin{array}{rrl}
8\,)\,\underline{2576} & & \\
8\,)\,\underline{322} & 0 & \downarrow \\
8\,)\,\underline{40} & 2 & \\
8\,)\,\underline{5} & 0 & \\
0 & 5 &
\end{array}
$$

2진 숫자 그룹화를 사용하여 다음을 얻는다.

$$2576. = (5020.)_8 = (101\,000\,010\,000.)_2$$

소수 부분을 구하기 위해 반복적으로 8을 곱하면 다음과 같다.

$$\begin{array}{r} 0.35546875 \\ 8 \\ \hline \boxed{2}.84375000 \\ 8 \\ \hline \boxed{6}.75000000 \\ 8 \\ \hline \boxed{6}.00000000 \end{array} \quad \downarrow$$

$$0.35546875 = (0.266)_8 = (0.010\,110\,110)_2$$

마지막으로 다음의 결과를 얻을 수 있다.

$$2576.35546875 = (101\,000\,010\,000.010\,110\,110)_2$$

비록 이 예제에서는 이러한 접근법이 더 오래 걸릴지 몰라도, 일반적으로 이 방법이 더 쉽고 오차를 덜 생성한다. 왜냐하면 대부분의 경우, 단일 숫자들로 계산하기 때문이다.

16진법

워드 길이가 4의 배수인 몇몇 컴퓨터는 **16진 시스템**(16진법)을 사용한다. 아래의 변환표에 주어진 것처럼 A, B, C, D, E, F는 각각 10, 11, 12, 13, 14, 15를 나타낸다.

16진-2진 표

16진수	0	1	2	3	4	5	6	7
2진수	0000	0001	0010	0011	0100	0101	0110	0111

16진수	8	9	A	B	C	D	E	F
2진수	1000	1001	1010	1011	1100	1101	1110	1111

2진수와 16진수 간의 변환은 특히 쉽다. 3개의 2진 숫자 그룹을 4개의 2진 숫자 그룹으로 재그룹화하는 작업만이 필요하다. 예를 들면 다음이 성립한다.

$$(010\,101\,110\,101\,101)_2 = (0010\,1011\,1010\,1101)_2 = (2BAD)_{16}$$

$$\begin{aligned} &(111\,101\,011\,110\,010.110\,010\,011\,110)_2 \\ &\qquad = (0111\,1010\,1111\,0010.1100\,1001\,1110)_2 = (7AF2.C9E)_{16} \end{aligned}$$

더 많은 예제들

더 많은 예제를 계속 접해보기 위해 $(0.276)_8$, $(0.C8)_{16}$, $(492)_{10}$을 다른 수 체계로 변환해 보자. 이 책에서는 각각의 수에 대해 한 방향으로의 변환만을 보이겠다. 역방향 변환의 세부 과정은 독자들이 직접 계산해 보고 변환한 답이 원래 진법의 수로 돌아오는지를 확인해 보라.

$$
\begin{aligned}
(0.276)_8 &= 2\times 8^{-1}+7\times 8^{-2}+6\times 8^{-3}\\
&= 8^{-3}[((2)8+7)8+6]\\
&= (0.37109375)_{10}
\end{aligned}
$$

$$
\begin{aligned}
(0.C8)_{16} &= (0.110010)_2\\
&= (0.62)_8\\
&= 6\times 8^{-1}+2\times 8^{-2}\\
&= 8^{-2}[(6)8+2]\\
&= (0.78125)_{10}
\end{aligned}
$$

더 많은 예제들

$$
\begin{aligned}
(492)_{10} &= (754)_8\\
&= (111\,101\,100)_2\\
&= (1EC)_{16}
\end{aligned}
$$

이는 다음이 성립하기 때문이다.

```
8) 492
 8) 61  4  ↓
  8) 7  5
     0  7
```

B 요약

수 체계 간의 변환에 몇 가지 다른 절차가 존재하는 것처럼 보일 수 있지만, 실제로는 오직 두 가지의 기본 기법만이 있다. 수 $(N)_\gamma$를 β진법으로 바꾸는 첫 번째 절차는 개략적으로 다음과 같이 진행된다.

- γ의 거듭제곱을 사용하여 $(N)_\gamma$를 축소형으로 표현한다.
- 각 숫자를 그에 상응하는 β진법 수로 대체한다.
- β진법에서 지시된 산술연산을 수행한다.

이 개요는 N이 정수이든 소수이든 유효하다. 두 번째 절차는 정수 N에 대해서 β로 나누기 및 **나머지-몫-분리**remainder-quotient-split 과정이거나, 소수 N에 대해서 β로 곱하기 및 **정수-소수-분리**integer-fraction-split 과정 중 하나이다. 첫 번째 절차는 $\gamma<\beta$일 때 선호되고 두 번째 절차는 $\gamma>\beta$일 때 선호된다. 물론, 가능한 한 $10\leftrightarrow 8\leftrightarrow 2\leftrightarrow 16$진법 변환 절차를 사용해야 한다. 왜냐하면 이 방법이 10진법, 8진법, 2진법, 16진법 간의 수 변환에서 가장 쉬운 방법이기 때문이다.

B 연습문제

01 2진법 표현을 찾고 10진법 표현으로 다시 변환해서 확인하라.

(a) $e\approx(2.718)_{10}$ (b) $\frac{7}{8}$ (c) $(592)_{10}$

02 다음의 10진수들을 8진수들로 변환하라.

(a) 27.1 (b) 12.34 (c) 3.14

(d) 23.58 (e) 75.232 (f) 57.321

03 다음 수를 16진수로, 8진수로, 그런 후에는 10진수로 변환하라.

(a) $(110111001.101011101)_2$

(b) $(1001100101.01101)_2$

04 다음 수들을 변환하라.

(a) $(100101101)_2 = (\quad)_8 = (\quad)_{10}$

(b) $(0.782)_{10} = (\quad)_8 = (\quad)_2$

(c) $(47)_{10} = (\quad)_8 = (\quad)_2$

(d) $(0.47)_{10} = (\quad)_8 = (\quad)_2$

(e) $(51)_{10} = (\quad)_8 = (\quad)_2$

(f) $(0.694)_{10} = (\quad)_8 = (\quad)_2$

(g) $(110011.1110101101101)_2 = (\quad)_8 = (\quad)_{10}$

(h) $(361.4)_8 = (\quad)_2 = (\quad)_{10}$

05 $(45653.127664)_8$를 2진수와 10진수로 변환하라.

06 $(0.4)_{10}$을 우선 8진수로 변환하고, 그 다음으로 2진수로 변환하라.

확인 : 2진수로 직접 변환하라.

07 10진수 $\frac{1}{5}$은 2진법에서 유한한 전개로 나타낼 수 없음을 보여라.

08 당신의 컴퓨터가 무한대의 정밀도로 $3 \times \frac{1}{3}$을 계산할 수 있으리라 기대하는가? $2 \times \frac{1}{2}$ 또는 $10 \times \frac{1}{10}$은 어떠한가?

09 2진법으로 계산한다고 가정할 때, 10진법의 정수를 2진수로 변환하는 알고리즘을 설명하라. $(479)_{10}$을 2진수로 변환하는 과정을 통해 설명하라.

10 재그룹화 regrouping에 의한 2진수와 16진수 간의 변환을 수학적으로 정당화하라.

11 정수에 대해서 8진수와 2진수 사이의 변환에 주어진 법칙을 정당화하라.

12 실수가 2진법 수 체계에서 유한한 표현을 가진다는 말이 그 정수가 $\pm m/2^n$의 형태라는 말과 동치임을 증명하라. 여기서 n과 m은 양의 정수들이다.

13 2진 시스템에서 유한한 표현을 가진 수는 10진 시스템에서도 유한한 표현을 가짐을 보여라.

14 일부 국가에서 온도를 화씨(F)로 측정하는 반면 다른 국가들은 섭씨(C)를 사용한다. 이와 유사하게 거리에 대해서도, 어떤 국가는 마일을 사용하고 다른 국가들은 킬로미터를 사용한다. 자주 여행하는 사람이라면 암산으로도 가능한 개략적이고 신속한 변환식이 필요할 수 있다.

(a) 화씨와 섭씨는 식 $F = 32 + (9/5)C$로 연관되어 있다. 다음의 간단한 변환식을 통해 섭씨를 화씨로 변환할 수 있음을 증명하라. 개략적인 근사는 섭씨 온도를 2배한 후 32를 더하는 것이다. 당신의 근삿값을 구체화하려면, 소수점의 위치를 2배한 수($2C$)의 왼쪽으로 이동시킨 후 이전에 얻은 근삿값에서 이 값을 뺀다.

$$F = [(2C) + 32] - (2C)/10$$

(b) 화씨에서 섭씨로 변환하는 간단한 식을 구하라.

(c) 마일에서 킬로미터로 변환하는 간단한 식을 구하라.

(d) 킬로미터에서 마일로 변환하는 간단한 식을 구하라.

15 $\frac{1}{3}$이나 $\frac{1}{11}$과 같은 분수들을 2진 표현으로 변환하라.

16 (**마야인의 진법**) 중앙아메리카의 마야 문명(기원전 2600년부터 서기 1200년)은 수많은 다른 문명들보다 수백 년 전에 0의 개념을 이해했다. 그들의 계산에서는 10진 시스템(10진법)이 아닌 20진 시스템(20진법)이 사용되었다. 따라서 1, 10, 100, 1000, 10000 대신에 그들은 1, 20, 400, 8000, 16000을 사용했다. 그들은 1은 점으로, 5는 선으로, 0은 조개 기호로 표시했다. 예를 들어 계산식

$$11131 + 7520 = 18651, \quad 11131 - 7520 = 3611$$

들을 다음과 같이 계산했다.

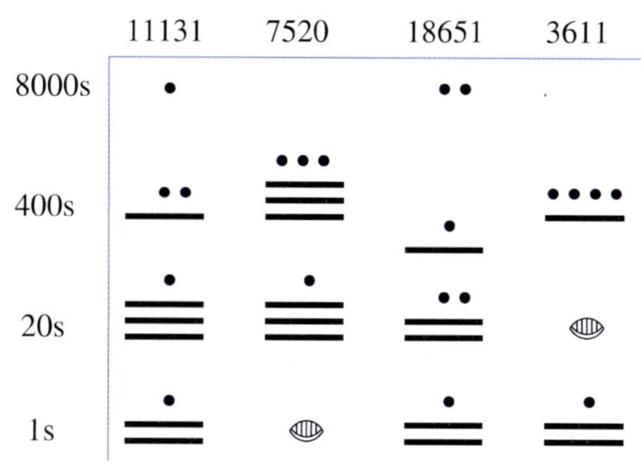

위의 표에서 몇몇 10진수들은 보조 역할로 포함되었다. 왼쪽에는 사용된 거듭제곱이 표시되어 있고, 맨 위에는 열이 나타내는 수가 적혀 있다.

다음 계산들을 마야인의 기호와 산술연산을 사용하여 실행하라.

(a) $92819 + 56313 = 149132, \quad 92819 - 56313 = 36506$

(b) $3296+853=4149$, $\quad 3296-853=2443$

(c) $2273+729=1544$, $\quad 2273-729=1544$

(d) 마야인들이 자신들의 수 체계에서 곱셈과 나눗셈을 어떻게 했는지를 조사하라. 간단한 몇 가지 예제들로 연습해 보라.

17 (**바빌로니아인의 진법**) 고대 메소포타미아(지금의 이라크)의 바빌로니아인들은 10진 시스템(10진법)이 포함된 60진법 위치 수 체계 positional number system를 사용했다. 바빌로니아인의 수 체계는 오직 두 개의 기호에 기반을 둔 것이었다! 바빌로니아인의 진법의 영향은 현재까지도 여전히 우리에게 남아있다. 1시간은 60분으로 이루어져있고, 1분은 60초로 나누어지며, 원은 360도로 측정된다. 숫자들은 종종 '자릿수 digit'라 불리는데, 이 말은 '손가락'을 뜻하는 라틴어 단어에서 온 것이다. 10진 및 20진 시스템은 10개의 손가락과 10개의 발가락이 숫자를 세는 데 사용되었다는 사실에서 유래된 것으로 보인다. 수의 초기 역사와 다양한 수 체계의 산술 계산법을 조사하라.

B 컴퓨터 연습문제

01 $x=1.1$(10진법)을 당신의 컴퓨터에 읽어 들이고, 몇 가지 다른 포맷으로 그것을 출력하라. 그 결과를 설명하라.

02 $e^{\pi\sqrt{163}}$이 다음의 18자리 정수와 매우 가까움을 보여라.

$$262537412640768744$$

힌트 : 어떠한 차이를 확인하기 위해서는 30자리 이상이 필요할 것이다.

03 정수를 8진 및 2진 형태로 변환하는 루틴을 작성하고 테스트하라.

04 10진 소수를 8진 및 2진 형태로 변환하는 루틴을 작성하고 테스트하라.

05 앞의 문제들의 두 가지 루틴을 사용하여 10진수를 읽고, 읽은 수의 10진, 8진, 2진 표현을 출력하는 프로그램을 작성하고 테스트하라.

06 $(0.1)_{10}$에 대해 당신의 컴퓨터가 얼마나 많은 2진 자릿수를 가지는지 확인하라.

07 몇몇 수학 소프트웨어 시스템은 2진, 10진, 16진, 8진 간의 수 변환 및 그 역변환을 위한 커맨드를 가지고 있다. 다양한 수치 값을 사용해서 이 커맨드들을 연구하라. 또한 정밀도(한 수에서 유효숫자의 개수)와 정확도(수에서 소수점 오른쪽의 유효숫자의 개수)를 결정하는 커맨드가 있는지를 확인하라.

08 1.9 근처의 여러 x값, 즉 구간 $[0.1, 2.5]$ 전체에 걸쳐 0.1씩 증가하는 x값에 대해 다음 식을 계산해서 나온 결과를 확인하는 컴퓨터 프로그램을 작성하라. 이 값들에 대해 f의 근삿값과 실제로 계산된 값, 또 그들 사이의 절대오차를 계산하라. 단정밀도와 배정밀도 계산이 필요할 수도 있다.

$$f(x)=x-\sin x$$

C IEEE 부동소수점 연산에 대한 추가 내용

이 부록에서는 IEEE 표준 부동소수점 연산의 몇 가지 추가적인 특징을 요약해 본다.

IEEE 표준 부동소수점 연산에 대한 추가 내용

1980년대 초, IEEE Institute for Electrical and Electronics Engineers(국제전기전자공학회)의 운영위원회는 현재 **IEEE 부동소수점 표준** IEEE floating-point standard **(IEEE-754)**으로 알려져 있는 컴퓨터용 표준 부동소수점 연산 시스템을 구축했다. 이전에는 다양한 컴퓨터 제조업체들이 각자 자체적으로 내부 부동소수점 수 시스템을 개발하였다. 이로 인해 IBM 컴퓨터에서 크레이 Cray 컴퓨터로 소스 코드를 포팅 porting 하는 경우와 같이, 코드를 한 머신에서 다른 머신으로 옮길 때 수치적인 결과에서 불일치가 발생하였다. IEEE 부동소수점 표준을 채택한 모든 컴퓨터에 대한 주요 요구 사항 중 일부에는 다음 내용이 포함된다.

- 정확하게 반올림된 수
- 머신 간의 부동소수점 수 표현의 일관성
- 예외적인 상황에 대한 일관적이고 합리적인 처리

IEEE 표준 부동소수점 연산에 32비트 컴퓨터를 사용한다고 가정하자. 단정밀도의 정규화된 수의 소수 부분에는 정확히 23비트의 정밀도가 존재한다. 숨겨진 비트까지 포함하면 유효한 자리는 24비트까지이며, **단위 반올림 오차**는 $u=2^{-24}$이다. 단정밀도에서는 $1+2^{-23}$이 1보다 큰 첫 번째 단정밀도수이기 때문에 **머신 엡실론**은 $\varepsilon_{single}=2^{-23}$이다. $2^{-23}\approx 1.19\times 10^{-7}$이므로, 출력에서 약 6자리만 정확한 자릿수로 기대할 수 있다. 이러한 정확도는 연산에서의 반올림 오차, 사용된 공식에서의 절단오차 등과 같은 다양한 유형의 오차에 의해 더 감소될 수 있다.

예를 들어 π에 대해 단정밀도 근사를 계산해보면, 3.14159로 6개의 정확한 자릿수를 얻을 수 있다. 24비트의 2진수를 변환하여 인쇄하면, 그 수는 0이 아닌 6자리 이상의 자릿수를 가진 10진수가 되지만, 그 수의 처음 6자리만이 π에 대한 정확한 근삿값으로 간주된다.

1보다 큰 첫 번째 배정밀도 수는 $1+2^{-52}$이다. 따라서 배정밀도에서의 **머신 엡실론**은 $\varepsilon_{double}=2^{-52}$이다. $2^{-52}\approx 2.22\times 10^{-16}$이므로, 다른 오차가 없다면 출력에서 약 15자리가 정확한 10진수 자리이다. 소수 부분은 정확히 52비트의 정밀도를 가지므로 숨겨진 비트를 포함하면 유효숫자는 총 53비트가 된다.

예를 들어 π를 배정밀도로 근사하는 경우 3.14159 26535 8979로 15개의 정확한 자릿수를 얻는다. 단정밀도의 경우와 마찬가지로 54비트의 유효숫자를 가진 2진수를 변환하여 출력하면 15자리 이상의 수가 되지만 처음 15자리만이 π에 대한 정확한 근삿값이다.

IEEE 표준에는 몇몇 유용한 특수 숫자들이 있다. 0이 아닌 수를 0으로 나눌 때 오버플로로 종료하는 대신 ∞에 대한 머신 표현이 저장된다. 이는 수학적으로 합리적인 처리 방식이다. 숨겨진 비트 표현 때문에 0을 저장하기 위한 특별한 기법이 필요하다. 소수 부분(가수)의 모든 0은 0.0이 아닌 1.0을 나타냄을 주의하자. 또한 동일한 수 0에 대하여 +0과

-0의 서로 다른 두 가지 표현이 있다. 한편, 무한대에 대한 두 가지 서로 다른 표현법이 있는데 각각은 상당히 다른 수인 $+\infty$와 $-\infty$에 대응한다. NaN은 'Not a Number'의 약자로, 수가 아닌 오류 패턴이다.

IEEE 표준 부동소수점 형식에서 가장 작은 정규화 부동소수점 수 2^{-126}보다 더 작은 수를 표현할 수 있을까?

그렇다! 만약 지수 부분의 비트열이 모두 0이고, 소수 부분에 0이 아닌 비트열이 포함되어 있다면, 이러한 수의 표현을 **부정규화 수**[subnormal number]라고 부른다. 부정규화 수들은 정규화될 수 없다. 정규화로 인해 지수 부분의 형식에 맞지 않는 지수가 생성되기 때문이다. 이러한 부정규화 수들은 0이 아닌 비트의 소수 부분에 작은 공간을 가지고 있기 때문에 정규화된 수들에 비하여 부정확하다.

다양한 시스템 조회 함수[system inquiry function](포트란[Fortran]에서는 [표 C.1]과 같은 함수)를 사용하면 32비트 IEEE 표준 부동소수점 연산을 사용하는 일반적인 컴퓨터에서의 부동소수점 수 체계의 일부 특성을 결정할 수 있다. [표 C.2]에 그 결과가 나와 있다. 대부분의 경우, 간단한 프로그램을 작성하여 이 값들을 결정할 수 있다.

[표 C.1] 포트란에서의 일부 수치 조회 함수들

EPSILON(X)	머신 엡실론(1에 비해 거의 무시할 수 있는 수)
TINY(X)	가장 작은 양수
HUGE(X)	가장 큰 수
PRECISION(X)	십진법 정밀도(출력에서 십진수의 유효숫자 개수)

[표 C.2] 32비트 컴퓨터에서의 IEEE 표준 부동소수점 결과

	X 단정밀도	X 배정밀도
EPSILON(X)	$1.192\times10^{-7}\approx2^{-23}$	$2.220\times10^{-16}\approx2^{-52}$
TINY(X)	$1.175\times10^{-38}\approx2^{-126}$	$2.225\times10^{-308}\approx(2-2^{-23})\times2^{-1023}$
HUGE(X)	$3.403\times10^{38}\approx2^{128}$	$1.798\times10^{308}\approx2^{1024}$
PRECISION(X)	6	15

[표 C.3]은 지수 부분과 그에 대응하는 가능한 단정밀도 32비트 부동소수점 수 사이의 관계를 보여준다. 이 표에서 처음과 마지막 행을 제외한 모든 행은 정규화된 부동소수점 수이다. 첫 행은 모든 비트 $b_i=0$인 경우에 0이 $+0$으로 표현되고 $b_1=1$을 제외한 모든 비트가 0인 경우에는 0이 -0으로 표현됨을 보여준다. 마지막 행은 $+\infty$와 $-\infty$에서 부호 비트를 제외한 지수 부분의 비트는 모두 1이며 가수 부분의 모든 비트는 0임을 보여준다.

[표 C.3] 부호 비트가 +인 경우 $b_1 = 0$이고, −인 경우 $b_1 = 1$인 단정밀도의 32비트 워드

$b_1\ b_2b_3b_4 \cdots b_9\ b_{10}b_{11} \cdots b_{32}$

$(b_2b_3 \cdots b_9)_2$ 지수 부분	수치 표현
$(00000000)_2 = (0)_{10}$	± 0 ($b_{10} = b_{11} = \cdots = b_{32} = 0$인 경우) 부정규화 수 (그 외의 경우)
$(00000001)_2 = (1)_{10}$	$\pm(1.b_{10}b_{11}b_{12} \cdots b_{32})_2 \times 2^{-126}$
$(00000010)_2 = (2)_{10}$	$\pm(1.b_{10}b_{11}b_{12} \cdots b_{32})_2 \times 2^{-125}$
$(00000011)_2 = (3)_{10}$	$\pm(1.b_{10}b_{11}b_{12} \cdots b_{32})_2 \times 2^{-124}$
$(00000100)_2 = (4)_{10}$	$\pm(1.b_{10}b_{11}b_{12} \cdots b_{32})_2 \times 2^{-123}$
⋮	⋮
$(01111101)_2 = (125)_{10}$	$\pm(1.b_{10}b_{11}b_{12} \cdots b_{32})_2 \times 2^{-2}$
$(01111110)_2 = (126)_{10}$	$\pm(1.b_{10}b_{11}b_{12} \cdots b_{32})_2 \times 2^{-1}$
$(01111111)_2 = (127)_{10}$	$\pm(1.b_{10}b_{11}b_{12} \cdots b_{32})_2 \times 2^{0}$
$(10000000)_2 = (128)_{10}$	$\pm(1.b_{10}b_{11}b_{12} \cdots b_{32})_2 \times 2^{1}$
$(10000001)_2 = (129)_{10}$	$\pm(1.b_{10}b_{11}b_{12} \cdots b_{32})_2 \times 2^{2}$
⋮	⋮
$(11111011)_2 = (251)_{10}$	$\pm(1.b_{10}b_{11}b_{12} \cdots b_{32})_2 \times 2^{124}$
$(11111100)_2 = (252)_{10}$	$\pm(1.b_{10}b_{11}b_{12} \cdots b_{32})_2 \times 2^{125}$
$(11111101)_2 = (253)_{10}$	$\pm(1.b_{10}b_{11}b_{12} \cdots b_{32})_2 \times 2^{126}$
$(11111110)_2 = (254)_{10}$	$\pm(1.b_{10}b_{11}b_{12} \cdots b_{32})_2 \times 2^{127}$
$(11111111)_2 = (255)_{10}$	$\pm\infty$ ($b_{10} = b_{11} = \cdots = b_{32} = 0$인 경우) NAN (그 외의 경우)

IEEE 부동소수점 표준에서 round(x)로 표기되는 실수 x에 **가장 가깝거나** 혹은 **정확하게 반올림된** 수는 다음과 같이 정의된다. 우선 x_+는 x보다 크면서도 x에 가장 가까운 부동소수점 수라 하고, x_-는 x보다 작으면서 x에 가장 가까운 부동소수점 수라고 하자. 만약 x가 부동소수점 수이면 round$(x) = x$이다. 그렇지 않다면 round(x)의 값은 선택된 **반올림 모드**rounding mode에 따라 달라진다.

반올림 모드

- **가장 가깝게 반올림** : round(x)는 x_- 또는 x_+ 중 x에 가까운 쪽이다(만일 두 수가 x와 같은 거리에 있다면, 가장 낮은 자릿수의 유효비트가 0인 것을 선택한다).
- **0을 향해 반올림** : round(x)는 x_- 또는 x_+ 중 0과 x 사이인 수이다.
- **$-\infty$를 향해 반올림/아래로 반올림** : round$(x) = x_-$
- **$+\infty$를 향해 반올림/위로 반올림** : round$(x) = x_+$

가장 가깝게 반올림하는 방식이 가장 유용하면서도 x과 가장 가까운 부동소수점 수를 제공하기 때문에 거의 항상 사용된다.

D 선형 대수의 개념과 표기법

이 부록에서는 선형 대수의 몇몇 기본 개념과, 선형 대수학에서 사용하는 표준적인 표기법을 복습한다.

기본 개념

선형 대수학에서 우리가 가장 큰 관심을 갖는 두 가지 개념은 벡터와 행렬이다. 복잡한 표현을 간결한 표기법으로 압축하는 데 유용하기 때문이다. 이 교재에서 벡터와 행렬은 실수로 구성되어 있기 때문에 대부분 실벡터 및 실수 행렬이다. 이러한 개념은 복소 벡터와 복소 행렬로 쉽게 일반화된다.

벡터

벡터vector $\boldsymbol{x} \in \mathbb{R}^n$은 1차원의 숫자 배열로 생각될 수 있으며 다음과 같이 나타낸다.

$$\boldsymbol{x} = \begin{bmatrix} x_1 \\ x_2 \\ \vdots \\ x_n \end{bmatrix}$$

열벡터

여기서 x_i는 ***i* 번째 원소**element나 **성분**component 또는 entry으로 불린다. 유사코드에서 유용한 다른 표기법은 $\boldsymbol{x} = (x_i)_n$이다. 때때로 위에 표시된 벡터 $\boldsymbol{x}$는 다음과 같이 표기되는 **행벡터** $\boldsymbol{y}$와 구분하기 위해 **열벡터**라 부른다.

$$\boldsymbol{y} = [y_1, y_2, \cdots, y_n]$$

행벡터

예로 벡터 몇 개를 제시하겠다.

$$\begin{bmatrix} \frac{1}{5} \\ \frac{3}{5} \\ -\frac{6}{2} \\ 7 \end{bmatrix}, \quad [\pi,\ e,\ 5,\ -4], \quad \begin{bmatrix} \frac{1}{2} \\ \frac{1}{3} \end{bmatrix}$$

공간을 절약하기 위해 열벡터 $\boldsymbol{x}$는 다음과 같이 행벡터로 나타낼 수 있다.

$$\boldsymbol{x} = [x_1, x_2, \cdots, x_n]^T \quad \text{혹은} \quad \boldsymbol{x}^T = [x_1, x_2, \cdots, x_n]$$

전치

여기서 행 혹은 열벡터를 교환하거나 전치하는 것을 나타내기 위해 T(transpose의 약자)를 추가하여 표현한다. 예를 들어 다음이 성립한다.

$$[1\ \ 2\ \ 3\ \ 4]^T = \begin{bmatrix} 1 \\ 2 \\ 3 \\ 4 \end{bmatrix}$$

열벡터

벡터를 포함하는 많은 연산은 **성분별 연산**component-by-component operation이다. 벡터 $\boldsymbol{x}, \boldsymbol{y}$에 대하여

$$\boldsymbol{x} = \begin{bmatrix} x_1 \\ x_2 \\ \vdots \\ x_n \end{bmatrix}, \quad \boldsymbol{y} = \begin{bmatrix} y_1 \\ y_2 \\ \vdots \\ y_n \end{bmatrix}$$

다음 정의가 적용된다.

등식 $\boldsymbol{x} = \boldsymbol{y}$일 필요충분조건은 $1 \le i \le n$인 모든 i에 대하여 $x_i = y_i$인 것이다.

부등식 $\boldsymbol{x} < \boldsymbol{y}$일 필요충분조건은 $1 \le i \le n$인 모든 i에 대하여 $x_i < y_i$인 것이다.

덧셈/뺄셈 $\boldsymbol{x} \pm \boldsymbol{y} = \begin{bmatrix} x_1 \pm y_1 \\ x_2 \pm y_2 \\ \vdots \\ x_n \pm y_n \end{bmatrix}$

스칼라곱 상수 또는 스칼라량 α에 대하여 $\alpha \boldsymbol{x} = \begin{bmatrix} \alpha x_1 \\ \alpha x_2 \\ \vdots \\ \alpha x_n \end{bmatrix}$

다음은 예시이다.

$$\begin{bmatrix} 2 \\ 4 \\ 6 \\ 8 \end{bmatrix} = 2 \begin{bmatrix} 0 \\ 2 \\ 0 \\ 4 \end{bmatrix} + \begin{bmatrix} 2 \\ 0 \\ 6 \\ 0 \end{bmatrix}$$

$y = ax + b$

m개의 벡터 $\boldsymbol{x}^{(1)}, \boldsymbol{x}^{(2)}, \cdots, \boldsymbol{x}^{(m)}$ 및 m개의 스칼라량 $\alpha_1, \alpha_2, \cdots, \alpha_m$에 대하여 **선형 결합**linear combination은 다음과 같이 정의된다.

$$\sum_{i=1}^{m} \alpha_i \boldsymbol{x}^{(i)} = \alpha_1 \boldsymbol{x}^{(1)} + \alpha_2 \boldsymbol{x}^{(2)} + \cdots + \alpha_m \boldsymbol{x}^{(m)} = \begin{bmatrix} \sum_{i=1}^{m} \alpha_i x_1^{(i)} \\ \sum_{i=1}^{m} \alpha_i x_2^{(i)} \\ \vdots \\ \sum_{i=1}^{m} \alpha_i x_n^{(i)} \end{bmatrix}$$

선형 결합

특수한 벡터들로는 다음과 같은 표준 **단위 벡터**unit vector가 있다.

$$\boldsymbol{e}^{(1)} = \begin{bmatrix} 1 \\ 0 \\ 0 \\ \vdots \\ 0 \end{bmatrix}, \quad \boldsymbol{e}^{(2)} = \begin{bmatrix} 0 \\ 1 \\ 0 \\ \vdots \\ 0 \end{bmatrix}, \quad \cdots, \quad \boldsymbol{e}^{(n)} = \begin{bmatrix} 0 \\ 0 \\ 0 \\ \vdots \\ 1 \end{bmatrix}$$

단위 벡터

명백히 다음을 얻을 수 있다.

$$\sum_{i=1}^{n}\alpha_i \boldsymbol{e}^{(i)} = \begin{bmatrix}\alpha_1\\ \alpha_2\\ \vdots\\ \alpha_n\end{bmatrix}$$

단위 벡터 사용하기

그러므로 임의의 벡터 $\boldsymbol{x}$는 표준 단위 벡터들의 선형 결합으로 표현될 수 있다.

$$\boldsymbol{x} = x_1\boldsymbol{e}^{(1)} + x_2\boldsymbol{e}^{(2)} + \cdots + x_n\boldsymbol{e}^{(n)} = \sum_{i=1}^{n} x_i\boldsymbol{e}^{(i)}$$

다음 예들을 주목하라.

$$\begin{bmatrix}1\\2\\3\\4\end{bmatrix} = \begin{bmatrix}1\\0\\0\\0\end{bmatrix} + 2\begin{bmatrix}0\\1\\0\\0\end{bmatrix} + 3\begin{bmatrix}0\\0\\1\\0\end{bmatrix} + 4\begin{bmatrix}0\\0\\0\\1\end{bmatrix}$$

두 벡터 $\boldsymbol{x}, \boldsymbol{y}$의 **내적**dot product 또는 inner product은 다음과 같은 수이다.

$$\boldsymbol{x}^T\boldsymbol{y} = [x_1, x_2, \cdots, x_n]\begin{bmatrix}y_1\\ y_2\\ \vdots\\ y_n\end{bmatrix} = \sum_{i=1}^{n} x_i y_i$$

내적

한 예로 다음이 성립한다.

$$[1,\ 1,\ 1,\ 1]\begin{bmatrix}1\\1\\1\\1\end{bmatrix} = 4$$

행렬

행렬matrix은 수들의 2차원 배열로, 다음과 같이 쓸 수 있다.

$$\boldsymbol{A} = \begin{bmatrix} a_{11} & a_{12} & \cdots & a_{1m}\\ a_{21} & a_{22} & \cdots & a_{2m}\\ \vdots & \vdots & \ddots & \vdots\\ a_{n1} & a_{n2} & \cdots & a_{nm}\end{bmatrix}$$

$m \times n$ 행렬

여기서 a_{ij}는 i행 j열의 **원소**element 혹은 **성분**entry이라 불린다. 또 다른 표기법으로 $\boldsymbol{A} = (a_{ij})_{n\times m}$이 있다. 열벡터도 $n\times 1$ 행렬이며 행벡터도 $1\times m$ 행렬이다. 예를 들어 다음은 세 개의 행렬이다.

$$\begin{bmatrix} \frac{1}{5} & \frac{2}{7} & -1\\ 3 & 2 & \frac{1}{8}\\ -\frac{5}{6} & \frac{2}{5} & 3\end{bmatrix},\quad \begin{bmatrix}1 & 6 & \frac{9}{8} & -5\end{bmatrix},\quad \begin{bmatrix}\frac{11}{2} & \frac{4}{9}\\ \frac{2}{3} & -\frac{7}{8}\\ \pi & e\\ \frac{1}{\pi} & \frac{1}{e}\end{bmatrix}$$

$\boldsymbol{A}$의 성분들은 열벡터로 묶일 수 있다.

$$\boldsymbol{A}=\left[\begin{bmatrix}a_{11}\\a_{21}\\\vdots\\a_{n1}\end{bmatrix}\begin{bmatrix}a_{12}\\a_{22}\\\vdots\\a_{n2}\end{bmatrix}\cdots\begin{bmatrix}a_{1m}\\a_{2m}\\\vdots\\a_{nm}\end{bmatrix}\right]=[\boldsymbol{a}^{(1)}\ \ \boldsymbol{a}^{(2)}\ \ \cdots\ \ \boldsymbol{a}^{(m)}]$$

열벡터로 이루어진 행렬

여기서 $\boldsymbol{a}^{(j)}$는 j번째 열벡터이다. 또한 $\boldsymbol{A}$는 행벡터로 묶을 수 있다.

$$\boldsymbol{A}=\begin{bmatrix}[a_{11}\ \ a_{12}\ \ \cdots\ \ a_{1m}]\\ [a_{21}\ \ a_{22}\ \ \cdots\ \ a_{2m}]\\ \vdots\\ [a_{n1}\ \ a_{n2}\ \ \cdots\ \ a_{nm}]\end{bmatrix}=\begin{bmatrix}\boldsymbol{A}^{(1)}\\\boldsymbol{A}^{(2)}\\\vdots\\\boldsymbol{A}^{(n)}\end{bmatrix}$$

행벡터로 이루어진 행렬

여기서 $\boldsymbol{A}^{(i)}$는 i번째 행벡터이다. 다음을 주의 깊게 살펴보자.

$$\begin{bmatrix}1&5&9&13\\2&6&10&14\\3&7&11&15\\4&8&12&16\end{bmatrix}=\left[\begin{bmatrix}1\\2\\3\\4\end{bmatrix}\begin{bmatrix}5\\6\\7\\8\end{bmatrix}\begin{bmatrix}9\\10\\11\\12\end{bmatrix}\begin{bmatrix}13\\14\\15\\16\end{bmatrix}\right]=\begin{bmatrix}[1\ \ 5\ \ 9\ \ 13]\\ [2\ \ 6\ \ 10\ \ 14]\\ [3\ \ 7\ \ 11\ \ 15]\\ [4\ \ 8\ \ 12\ \ 16]\end{bmatrix}$$

$\boldsymbol{I}$로 표기되는 **항등행렬**identity matrix은 특별한 중요성을 갖는 $n\times n$ 행렬로, 1로 이루어진 주대각선 외에는 모두 0으로 구성된 행렬이다.

$$\boldsymbol{I}=\begin{bmatrix}1&0&\cdots&0\\0&1&\cdots&0\\\vdots&\vdots&\ddots&\vdots\\0&0&\cdots&1\end{bmatrix}=[\boldsymbol{e}^{(1)}\,\boldsymbol{e}^{(2)}\cdots\,\boldsymbol{e}^{(n)}]$$

항등행렬

일반적인 형태는 항등행렬과 동일하지만 주대각선 성분이 d_i인 행렬을 **대각행렬**diagonal matrix이라 하며 다음과 같이 나타낸다.

$$\boldsymbol{D}=\begin{bmatrix}d_1&&&\\&d_2&&\\&&\ddots&\\&&&d_n\end{bmatrix}=\mathrm{Diag}(d_1,d_2,\cdots,d_n)$$

대각행렬

여기서 빈자리는 해당 성분들이 0임을 나타낸다. **삼중대각행렬**tridiagonal matrix은 다음과 같은 형태의 정사각행렬이다.

$$\boldsymbol{T}=\begin{bmatrix}d_1&c_1&&&&\\a_1&d_2&c_2&&&\\&a_2&d_3&c_3&&\\&&\ddots&\ddots&\ddots&\\&&&a_{n-2}&d_{n-1}&c_{n-1}\\&&&&a_{n-1}&d_n\end{bmatrix}$$

삼중 대각행렬

여기서 대각 성분들 $\{a_i\},\{d_i\},\{c_i\}$는 각각 **부대각선**subdiagonal, **주대각선**main diagonal, **초대각선**superdiagonal이라 부른다.

일반적인 $n\times n$ 행렬 $\boldsymbol{A}=(a_{ij})$에서 $i\neq j$일 때 $a_{ij}=0$인 경우에 $\boldsymbol{A}$는 대각행렬이며,

$|i-j| \geq 2$일 때 $a_{ij}=0$인 경우에 $\boldsymbol{A}$는 삼중대각행렬이다. 행렬 $\boldsymbol{A}$가 모든 $i<j$에 대하여 $a_{ij}=0$이면 $\boldsymbol{A}$를 **하삼각행렬**lower triangular matrix이라 하고, 모든 $i>j$에 대하여 $a_{ij}=0$이면 $\boldsymbol{A}$를 **상삼각행렬**upper triangular matrix이라 한다. 항등행렬, 대각행렬, 삼중대각행렬, 하삼각행렬, 상삼각행렬 각각의 예시는 다음과 같다.

$$\begin{bmatrix} 1 & 0 & 0 & 0 \\ 0 & 1 & 0 & 0 \\ 0 & 0 & 1 & 0 \\ 0 & 0 & 0 & 1 \end{bmatrix}, \quad \begin{bmatrix} 3 & 0 & 0 & 0 \\ 0 & 5 & 0 & 0 \\ 0 & 0 & 7 & 0 \\ 0 & 0 & 0 & 9 \end{bmatrix}, \quad \begin{bmatrix} 5 & 3 & 0 & 0 & 0 \\ 2 & 5 & 3 & 0 & 0 \\ 0 & 2 & 9 & 2 & 0 \\ 0 & 0 & 3 & 7 & 2 \\ 0 & 0 & 0 & 3 & 7 \end{bmatrix}$$

$$\begin{bmatrix} 6 & 0 & 0 & 0 \\ 3 & 6 & 0 & 0 \\ 4 & -2 & 7 & 0 \\ 5 & -3 & 9 & 21 \end{bmatrix}, \quad \begin{bmatrix} 1 & -1 & 2 & 1 \\ 0 & 5 & -5 & 1 \\ 0 & 0 & 9 & -3 \\ 0 & 0 & 0 & 2 \end{bmatrix}$$

벡터와 마찬가지로 행렬이 포함된 많은 연산들은 각 성분의 연산에 대응된다. 행렬 $\boldsymbol{A}$와 $\boldsymbol{B}$를 다음과 같이 표시하자.

$$\boldsymbol{A}=\begin{bmatrix} a_{11} & a_{12} & \cdots & a_{1m} \\ a_{21} & a_{22} & \cdots & a_{2m} \\ \vdots & \vdots & \ddots & \vdots \\ a_{n1} & a_{n2} & \cdots & a_{nm} \end{bmatrix}, \quad \boldsymbol{B}=\begin{bmatrix} b_{11} & b_{12} & \cdots & b_{1m} \\ b_{21} & b_{22} & \cdots & b_{2m} \\ \vdots & \vdots & \ddots & \vdots \\ b_{n1} & b_{n2} & \cdots & b_{nm} \end{bmatrix}$$

여기서 다음과 같이 정의한다.

등식 $\boldsymbol{A}=\boldsymbol{B}$일 필요충분조건은 모든 $i(1 \leq i \leq n)$와 모든 $j(1 \leq j \leq m)$에 대하여 $a_{ij}=b_{ij}$인 것이다.

부등식 $\boldsymbol{A}<\boldsymbol{B}$일 필요충분조건은 모든 $i(1 \leq i \leq n)$ 및 모든 $j(1 \leq j \leq m)$에 대하여 $a_{ij}<b_{ij}$인 것이다.

덧셈/뺄셈 $$\boldsymbol{A} \pm \boldsymbol{B}=\begin{bmatrix} a_{11} \pm b_{11} & a_{12} \pm b_{12} & \cdots & a_{1m} \pm b_{1m} \\ a_{21} \pm b_{21} & a_{22} \pm b_{22} & \cdots & a_{2m} \pm b_{2m} \\ \vdots & \vdots & \ddots & \vdots \\ a_{n1} \pm b_{n1} & a_{n2} \pm b_{n2} & \cdots & a_{nm} \pm b_{nm} \end{bmatrix}$$

스칼라곱 상수 α에 대하여 $$\alpha\boldsymbol{A}=\begin{bmatrix} \alpha a_{11} & \alpha a_{12} & \cdots & \alpha a_{1m} \\ \alpha a_{21} & \alpha a_{22} & \cdots & \alpha a_{2m} \\ \vdots & \vdots & \ddots & \vdots \\ \alpha a_{n1} & \alpha a_{n2} & \cdots & \alpha a_{nm} \end{bmatrix}$$

한 예로 다음이 성립한다.

$$\begin{bmatrix} \frac{1}{5} & \frac{7}{5} & -1 \\ -3 & 2 & -8 \\ \frac{6}{5} & \frac{2}{5} & -3 \end{bmatrix}=\frac{1}{5}\begin{bmatrix} 1 & 7 & 0 \\ 0 & 10 & 0 \\ 6 & 2 & 0 \end{bmatrix}-\begin{bmatrix} 0 & 0 & 1 \\ 3 & 0 & 8 \\ 0 & 0 & 3 \end{bmatrix}$$

행렬-벡터의 곱

$n \times m$ 행렬 $\boldsymbol{A}$와 $m \times 1$ 벡터 $\boldsymbol{b}$의 곱에 특별히 관심이 갈 수 있다. 행렬 $\boldsymbol{A}$를 열의 관점으

로 고려하면 다음을 얻을 수 있다.

$$\begin{aligned} \boldsymbol{Ab} &= [\boldsymbol{a}^{(1)} \ \ \boldsymbol{a}^{(2)} \ \ \cdots \ \ \boldsymbol{a}^{(m)}] \begin{bmatrix} b_1 \\ b_2 \\ \vdots \\ b_m \end{bmatrix} \\ &= b_1 \boldsymbol{a}^{(1)} + b_2 \boldsymbol{a}^{(2)} + \cdots + b_m \boldsymbol{a}^{(m)} \\ &= \sum_{i=1}^{m} b_i \boldsymbol{a}^{(i)} \end{aligned}$$

$\boldsymbol{A}$의 열로 표현한 행렬-벡터 곱

따라서 $\boldsymbol{Ab}$는 벡터로, $\boldsymbol{b}$의 성분을 계수로 한 $\boldsymbol{A}$의 열벡터들의 선형 결합으로 생각할 수 있다. 행렬 $\boldsymbol{A}$를 행의 관점에서 고려하면 다음을 얻는다.

$$\boldsymbol{Ab} = \begin{bmatrix} \boldsymbol{A}^{(1)} \\ \boldsymbol{A}^{(2)} \\ \vdots \\ \boldsymbol{A}^{(n)} \end{bmatrix} \boldsymbol{b} = \begin{bmatrix} \boldsymbol{A}^{(1)}\boldsymbol{b} \\ \boldsymbol{A}^{(2)}\boldsymbol{b} \\ \vdots \\ \boldsymbol{A}^{(n)}\boldsymbol{b} \end{bmatrix}$$

$\boldsymbol{A}$의 행으로 표현한 행렬-벡터 곱

따라서 $\boldsymbol{Ab}$의 j번째 성분은 $\boldsymbol{A}$의 j번째 행벡터와 벡터 $\boldsymbol{b}$의 내적으로 볼 수 있다.

행렬의 곱

행렬 $\boldsymbol{A} = (a_{ij})_{n \times m}$과 행렬 $\boldsymbol{B} = (b_{ij})_{m \times r}$의 곱은 다음을 만족하는 행렬 $\boldsymbol{C} = (c_{ij})_{n \times r}$이다.

$$\boldsymbol{AB} = \boldsymbol{C}$$

행렬-행렬 곱

여기서 c_{ij}는 다음과 같다.

$$c_{ij} = a_{i1}b_{1j} + a_{i2}b_{2j} + \cdots + a_{im}b_{mj} = \sum_{k=1}^{m} a_{ik}b_{kj} \quad (1 \le i \le n, 1 \le j \le r)$$

성분 c_{ij}는 $\boldsymbol{A}$의 i번째 행벡터

$$\boldsymbol{A}^{(i)} = [a_{i1}, a_{i2}, \cdots, a_{im}]$$

행벡터

와 $\boldsymbol{B}$의 j번째 열벡터

$$\boldsymbol{b}^{(j)} = \begin{bmatrix} b_{1j} \\ b_{2j} \\ \vdots \\ b_{mj} \end{bmatrix}$$

열벡터

의 내적이다. 즉 다음과 같다.

$$c_{ij} = \boldsymbol{A}^{(i)} \boldsymbol{b}^{(j)}$$

이와 유사하게 행렬의 곱 $\boldsymbol{AB}$는 다음과 같이 두 가지의 다른 방법으로 생각할 수 있다.

$$\boldsymbol{AB} = \boldsymbol{A}[\boldsymbol{b}^{(1)} \ \boldsymbol{b}^{(2)} \cdots \boldsymbol{b}^{(r)}] \quad (1)$$

행렬-행렬 곱 : 후위곱 post-multiplication

$$= \left[Ab^{(1)}\ Ab^{(2)} \cdots Ab^{(r)} \right]$$
$$= C$$

$$AB = \begin{bmatrix} A^{(1)} \\ A^{(2)} \\ \vdots \\ A^{(n)} \end{bmatrix} B = \begin{bmatrix} A^{(1)}B \\ A^{(2)}B \\ \vdots \\ A^{(n)}B \end{bmatrix} = C \qquad (2)$$

행렬-행렬 곱 : 전위곱 pre-multiplication

식 (1)은 $C = AB$ 의 j번째 열이

$$c^{(j)} = Ab^{(j)}$$

후위곱

임을 의미한다. 즉 C의 각 열은 B의 j번째 열의 **좌측**에 A를 곱하여 얻어진 결과이다. 다시 말해 C의 각 열은 B의 한 열을 A의 모든 행과 내적함으로써 얻을 수 있다.

$$c^{(j)} = Ab^{(j)} = \begin{bmatrix} \leftarrow \\ \leftarrow \\ \vdots \\ \leftarrow \end{bmatrix} \begin{bmatrix} b_{1j} \\ b_{2j} \\ \vdots \\ b_{mj} \end{bmatrix} = \begin{bmatrix} c_{1j} \\ c_{2j} \\ \vdots \\ c_{nj} \end{bmatrix}$$

왼쪽으로 향하는 긴 화살표는 내적이 행의 성분들을 따라 시행됨을 의미한다. 즉 $c_{ij} = \sum_{k=1}^{n} a_{ik} b_{kj}$이다. 식 (2)는 A에 B를 곱한 결과인 C의 i번째 행이

$$C^{(i)} = A^{(i)}B$$

전위곱

임을 의미한다. 즉 C의 각 행은 A의 i번째 행의 **우측**에 B를 곱하여 얻어진 결과이다. 다시 말해 C의 각 행은 A의 한 행을 B의 모든 열과 내적함으로써 얻어진다.

$$C^{(i)} = A^{(i)}B = \begin{bmatrix} a_{i1} & a_{i2} & \cdots & a_{im} \end{bmatrix} \begin{bmatrix} \uparrow & \uparrow & \cdots & \uparrow \end{bmatrix}$$
$$= \begin{bmatrix} c_{i1} & c_{i2} & \cdots & c_{ir} \end{bmatrix}$$

위로 향하는 긴 화살표는 내적이 열의 성분들을 따라 시행됨을 의미한다. 즉 $c_{ij} = \sum_{k=1}^{n} a_{ik} b_{kj}$이다.

한 예로, 행렬의 곱을 **열 별로** columnwise 다음과 같이 구할 수 있다.

$$\begin{bmatrix} 3 & 1 & 7 \\ 2 & 4 & -5 \\ 1 & -3 & 2 \end{bmatrix} \begin{bmatrix} -1 & -3 & 2 \\ 1 & 1 & 1 \\ -3 & -2 & 1 \end{bmatrix} = \begin{bmatrix} c^{(1)} & c^{(2)} & c^{(3)} \end{bmatrix}$$

예 : 열 별로 곱하기

여기서

$$c^{(1)} = \begin{bmatrix} 3 & 1 & 7 \\ 2 & 4 & -5 \\ 1 & -3 & 2 \end{bmatrix} \begin{bmatrix} -1 \\ 1 \\ -3 \end{bmatrix} = \begin{bmatrix} -23 \\ 17 \\ -10 \end{bmatrix}$$

$$c^{(2)} = \begin{bmatrix} 3 & 1 & 7 \\ 2 & 4 & -5 \\ 1 & -3 & 2 \end{bmatrix} \begin{bmatrix} -3 \\ 1 \\ -2 \end{bmatrix} = \begin{bmatrix} -22 \\ 8 \\ -10 \end{bmatrix}$$

$$c^{(3)} = \begin{bmatrix} 3 & 1 & 7 \\ 2 & 4 & -5 \\ 1 & -3 & 2 \end{bmatrix} \begin{bmatrix} 2 \\ 1 \\ 1 \end{bmatrix} = \begin{bmatrix} 14 \\ 3 \\ 1 \end{bmatrix}$$

이다. 또는 행렬의 곱을 **행 별로**rowwise 다음과 같이 구할 수도 있다.

$$\begin{bmatrix} 3 & 1 & 7 \\ 2 & 4 & -5 \\ 1 & -3 & 2 \end{bmatrix} \begin{bmatrix} -1 & -3 & 2 \\ 1 & 1 & 1 \\ -3 & -2 & 1 \end{bmatrix} = \begin{bmatrix} \boldsymbol{C}^{(1)} \\ \boldsymbol{C}^{(2)} \\ \boldsymbol{C}^{(3)} \end{bmatrix}$$

예 : 행 별로 곱하기

여기서 $\boldsymbol{C}$의 각 행은 다음과 같다.

$$\boldsymbol{C}^{(1)} = [3 \;\; 1 \;\; 7] \begin{bmatrix} -1 & -3 & 2 \\ 1 & 1 & 1 \\ -3 & -2 & 1 \end{bmatrix} = [-23 \;\; -22 \;\; 14]$$

$$\boldsymbol{C}^{(2)} = [2 \;\; 4 \;\; -5] \begin{bmatrix} -1 & -3 & 2 \\ 1 & 1 & 1 \\ -3 & -2 & 1 \end{bmatrix} = [17 \;\; 8 \;\; 3]$$

$$\boldsymbol{C}^{(3)} = [1 \;\; -3 \;\; 2] \begin{bmatrix} -1 & -3 & 2 \\ 1 & 1 & 1 \\ -3 & -2 & 1 \end{bmatrix} = [-10 \;\; -10 \;\; 1]$$

기타 개념들

$\boldsymbol{A}^T$로 표시되는 $n \times m$ 행렬 $\boldsymbol{A}$의 **전치**transpose 행렬은 $\boldsymbol{A} = (a_{ij})_{n \times m}$의 행과 열을 교환하여 다음과 같이 얻어진다.

$$\boldsymbol{A}^T = \begin{bmatrix} \boldsymbol{A}^{(1)} \\ \boldsymbol{A}^{(2)} \\ \vdots \\ \boldsymbol{A}^{(n)} \end{bmatrix}^T = \left[\boldsymbol{A}^{(1)^T} \boldsymbol{A}^{(2)^T} \cdots \boldsymbol{A}^{(n)^T}\right]$$

행을 통한 행렬 전치

$$\boldsymbol{A}^T = \left[\boldsymbol{a}^{(1)} \boldsymbol{a}^{(2)} \cdots \boldsymbol{a}^{(m)}\right]^T = \begin{bmatrix} \boldsymbol{a}^{(1)^T} \\ \boldsymbol{a}^{(2)^T} \\ \vdots \\ \boldsymbol{a}^{(m)^T} \end{bmatrix}$$

열을 통한 행렬 전치

따라서 $\boldsymbol{A}^T$는 다음과 같은 $m \times n$ 행렬이다.

$$\boldsymbol{A}^T = \begin{bmatrix} a_{11} & a_{21} & \cdots & a_{n1} \\ a_{12} & a_{22} & \cdots & a_{n2} \\ \vdots & \vdots & \ddots & \vdots \\ a_{1m} & a_{2m} & \cdots & a_{nm} \end{bmatrix} = (a_{ji})_{m \times n}$$

한 예로 다음이 성립한다.

$$\begin{bmatrix} 2 & 4 & 9 \\ 5 & 7 & 3 \\ 10 & 6 & 2 \end{bmatrix}^T = \begin{bmatrix} 2 & 5 & 10 \\ 4 & 7 & 6 \\ 9 & 3 & 2 \end{bmatrix}$$

$n \times n$ 행렬 $\boldsymbol{A}$가 모든 $i(1 \le i \le n)$ 및 모든 $j(1 \le j \le n)$에 대하여 $a_{ij} = a_{ji}$를 만족하면, $\boldsymbol{A}$를 **대칭행렬**symmetric matrix이라 한다. 즉 $\boldsymbol{A} = \boldsymbol{A}^T$인 경우에 $\boldsymbol{A}$는 대칭행렬이다.

연산이 잘 정의될 수 있는 적절한 크기의 행렬에 대한 몇 가지 유용한 성질은 다음과 같다.

성질 **정의로부터 도출되는 기본적인 결론들**

1. 일반적으로 $AB \neq BA$이다.
2. $AI = IA = A$
3. $A0 = 0A = 0$[6]
4. $(A^T)^T = A$
5. $(A+B)^T = A^T + B^T$
6. $(AB)^T = B^T A^T$

6 (옮긴이) 여기서 $\mathbf{0}$은 모든 성분이 0인 영행렬을 나타낸다.

만일 A와 B가 정사각행렬로서 다음 식

역행렬

$$AB = BA = I$$

을 만족하면, B를 A의 **역행렬**inverse matrix이라 말하며, A^{-1}로 표기한다.

성질 1, 즉 행렬 곱에 대한 교환법칙이 성립하지 않음을 관찰하기 위해 다음 곱셈을 살펴보자.

행렬 곱에 대한 교환법칙이 성립하지 않는 예

$$AB = \begin{bmatrix} 3 & 1 & 7 \\ 2 & 4 & -5 \\ 1 & -3 & 2 \end{bmatrix}\begin{bmatrix} -1 & -3 & 2 \\ 1 & 1 & 1 \\ -3 & -2 & 1 \end{bmatrix} = \begin{bmatrix} -23 & -22 & 14 \\ 17 & 8 & 3 \\ -10 & -10 & 1 \end{bmatrix}$$

$$BA = \begin{bmatrix} -1 & -3 & 2 \\ 1 & 1 & 1 \\ -3 & -2 & 1 \end{bmatrix}\begin{bmatrix} 3 & 1 & 7 \\ 2 & 4 & -5 \\ 1 & -3 & 2 \end{bmatrix} = \begin{bmatrix} -7 & -19 & 12 \\ 6 & 2 & 4 \\ -12 & -14 & -9 \end{bmatrix}$$

또한, $AA^{-1} = A^{-1}A = I$임을 다음 행렬로 확인해 볼 수 있을 것이다.

역행렬의 예

$$A = \begin{bmatrix} 1 & 1 & 1 \\ -1 & 3 & 2 \\ 2 & 1 & 1 \end{bmatrix}$$

$$A^{-1} = \begin{bmatrix} -1 & 0 & 1 \\ -5 & 1 & 3 \\ 7 & -1 & -4 \end{bmatrix}$$

마지막 예로, 행렬과 벡터의 곱 및 두 행렬의 곱을 실행해 보자.

$$Ax = \begin{bmatrix} 3 & 2 & -1 \\ 5 & 3 & 2 \\ -1 & 1 & -3 \end{bmatrix}\begin{bmatrix} x_1 \\ x_2 \\ x_3 \end{bmatrix} = \begin{bmatrix} 3x_1 + 2x_2 - x_3 \\ 5x_1 + 3x_2 + 2x_3 \\ -x_1 + x_2 - 3x_3 \end{bmatrix}$$

$$L^{-1}A = \begin{bmatrix} 1 & 0 & 0 \\ -\frac{5}{3} & 1 & 0 \\ -8 & 5 & 1 \end{bmatrix}\begin{bmatrix} 3 & 2 & -1 \\ 5 & 3 & 2 \\ -1 & 1 & -3 \end{bmatrix} = \begin{bmatrix} 3 & 2 & -1 \\ 0 & -\frac{1}{3} & \frac{11}{3} \\ 0 & 0 & 15 \end{bmatrix} = U$$

위 식들이 순수 가우스 소거법(2.1절 및 8.1절 참조)을 사용한 선형 시스템 풀기와 어떻게 연관이 되는지를 보일 수 있어야 한다.

$$\begin{cases} 3x_1 + 2x_2 - x_3 = 7 \\ 5x_1 + 3x_2 + 2x_3 = 4 \\ -x_1 + x_2 - 3x_3 = -1 \end{cases} \quad (Ax = b)$$

그 다음으로, 아래에 표시된 곱들을 계산하고 그 값들을 이 문제와 연관시켜 보자.

$$\boldsymbol{L}^{-1}\boldsymbol{b} = \begin{bmatrix} 1 & 0 & 0 \\ -\frac{5}{3} & 1 & 0 \\ -8 & 5 & 1 \end{bmatrix} \begin{bmatrix} 7 \\ 4 \\ -1 \end{bmatrix} = \boldsymbol{y}$$

$$\boldsymbol{U}^{-1}\boldsymbol{U} = \begin{bmatrix} \frac{1}{3} & 2 & -\frac{7}{15} \\ 0 & -3 & \frac{11}{15} \\ 0 & 0 & \frac{1}{15} \end{bmatrix} \begin{bmatrix} 3 & 2 & -1 \\ 0 & -\frac{1}{3} & \frac{11}{3} \\ 0 & 0 & 15 \end{bmatrix} = \boldsymbol{I}$$

$$\boldsymbol{U}^{-1}\boldsymbol{y} = \begin{bmatrix} \frac{1}{3} & 2 & -\frac{7}{15} \\ 0 & -3 & \frac{11}{15} \\ 0 & 0 & \frac{1}{15} \end{bmatrix} \begin{bmatrix} 7 \\ -\frac{23}{3} \\ -37 \end{bmatrix} = \boldsymbol{x}$$

크래머의 공식 Cramer's rule

다음과 같은 형태의 2×2 선형 시스템

$$\begin{bmatrix} a & c \\ b & d \end{bmatrix} \begin{bmatrix} x \\ y \end{bmatrix} = \begin{bmatrix} f \\ g \end{bmatrix}$$

2×2 시스템 풀기

의 해는 다음과 같이 주어진다.

$$x = \frac{1}{D}\text{Det}\begin{bmatrix} f & c \\ g & d \end{bmatrix} = \frac{1}{D}(fd - gc)$$

$$x = \frac{1}{D}\text{Det}\begin{bmatrix} a & f \\ b & g \end{bmatrix} = \frac{1}{D}(ag - bf)$$

$$D = \text{Det}\begin{bmatrix} a & c \\ b & d \end{bmatrix} = ad - bc \neq 0$$

한 예로 다음 선형 시스템을 고려하자.

$$\begin{bmatrix} -1 & 1 \\ 2 & 1 \end{bmatrix} \begin{bmatrix} x \\ y \end{bmatrix} = \begin{bmatrix} 1 \\ 4 \end{bmatrix}$$

2×2 시스템 예

크래머의 공식을 사용하면 다음을 구할 수 있다.

$$D = \text{Det}\begin{bmatrix} -1 & 1 \\ 2 & 1 \end{bmatrix} = (-1)(1) - (2)(1) = -3$$

$$x = -\frac{1}{3}\text{Det}\begin{bmatrix} 1 & 1 \\ 4 & 1 \end{bmatrix} = -\frac{1}{3}[(1)(1) - (4)(1)] = 1$$

$$y = -\frac{1}{3}\begin{bmatrix} -1 & 1 \\ 2 & 4 \end{bmatrix} = -\frac{1}{3}[(-1)(4) - (2)(1)] = 2$$

E 기본 공식

대수 공식

$$1+r+r^2+\cdots+r^{n-1}=\frac{r^n-1}{r-1}$$

$$\log_a x=(\log_a b)(\log_b x)$$

$$1+2+3+\cdots+n=\tfrac{1}{2}n(n+1)$$

$$|x|-|y|\leqq|x\pm y|\leqq|x|+|y|$$

$$1^2+2^2+3^2+\cdots+n^2=\tfrac{1}{6}n(n+1)(2n+1)$$

코시-슈바르츠 부등식

$$\left(\sum_{i=1}^{n}x_i y_i\right)^2\leqq\left(\sum_{i=1}^{n}x_i^2\right)\left(\sum_{i=1}^{n}y_i^2\right)$$

기하 공식

원의 면적 $A=\pi r^2$ $(r=\text{반지름})$

원의 둘레 $C=2\pi r$

사다리꼴의 면적 $A=\frac{1}{2}h(a+b)$ $(h=$ 높이, a와 b는 밑변과 윗변$)$

삼각형의 면적 $A=\frac{1}{2}bh$ $(b=$ 밑변, $h=$ 높이$)$

삼각법 공식

$$\sin^2 x+\cos^2 x=1$$

$$\sin\left(\tfrac{\pi}{2}-x\right)=\cos x$$

$$1+\tan^2 x=\sec^2 x$$

$$\cos\left(\tfrac{\pi}{2}-x\right)=\sin x$$

$$\sin x=1/\csc x$$

$$\sin(x+y)=\sin x\cos y+\cos x\sin y$$

$$\cos x=1/\sec x$$

$$\cos(x+y)=\cos x\cos y-\sin x\sin y$$

$$\tan x=1/\cot x$$

$$\sin x+\sin y=2\sin\left[\tfrac{1}{2}(x+y)\right]\cos\left[\tfrac{1}{2}(x-y)\right]$$

$$\tan x=\sin x/\cos x$$

$$\cos x+\cos y=2\cos\left[\tfrac{1}{2}(x+y)\right]\cos\left[\tfrac{1}{2}(x-y)\right]$$

$$\sin x=-\sin(-x)$$

$$\sinh x=\tfrac{1}{2}(e^x-e^{-x})$$

$$\cos x=\cos(-x)$$

$$\cosh x=\tfrac{1}{2}(e^x+e^{-x})$$

그래프

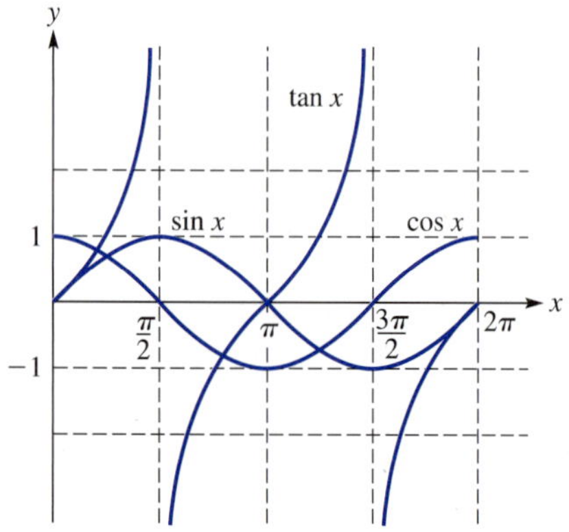

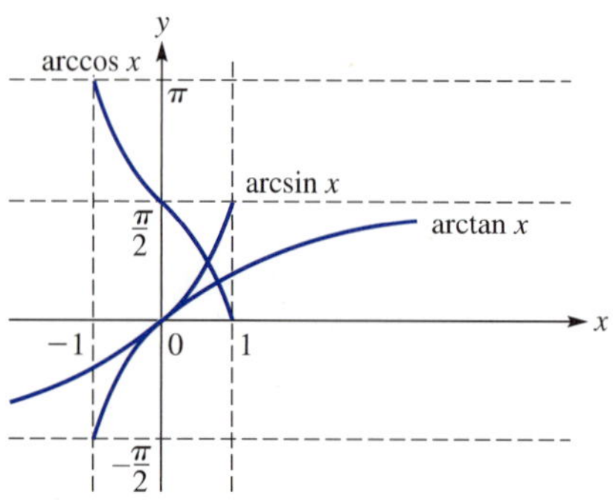

해석기하학 공식

두 점 (x_1, y_1)과 (x_2, y_2)를 지나는 직선의 기울기 $m = \dfrac{y_2 - y_1}{x_2 - x_1}$

직선 방정식 $y - y_1 = m(x - x_1)$

거리 공식 $d = \sqrt{(x_2 - x_1)^2 + (y_2 - y_1)^2}$

원 $(x - x_0)^2 + (y - y_0)^2 = r^2$ ($r=$ 반지름, (x_0, y_0) 중심)

타원 $\dfrac{(x - x_0)^2}{a^2} + \dfrac{(y - y_0)^2}{b^2} = 1$ (a와 b는 반축)

미적분학의 정의

극한limit $\lim_{x \to a} f(x) = L$은 임의의 $\varepsilon > 0$에 대하여 $\delta > 0$이 존재하여 $0 < |x - a| < \delta$이면 항상 $|f(x) - L| < \varepsilon$임을 뜻한다.

$\lim_{h \to 0} f(x+h) = f(x)$일 때 함수 f는 x에서 **연속**continuous이다.

$\lim_{h \to 0} \frac{1}{h}[f(x+h) - f(x)]$가 존재하면 $f'(x)$ 또는 $\frac{d}{dx}f(x)$로 표시되고, 이를 f의 x에서의 **도함수**derivative라고 한다.

미분 공식

$(f \pm g)' = f' \pm g'$

$(fg)' = fg' + f'g$

$\left(\dfrac{f}{g}\right)' = \dfrac{gf' - fg'}{g^2}$

$(f \circ g)' = (f' \circ g)g'$

$\dfrac{d}{dx}x^a = a\,x^{a-1}$

$\dfrac{d}{dx}e^x = e^x$

$\dfrac{d}{dx}e^{ax} = ae^{ax}$

$\dfrac{d}{dx}a^x = a^x \ln a$

$\dfrac{d}{dx}x^x = x^x(1 - \ln x)$

$\dfrac{d}{dx}\ln x = x^{-1}$

$\dfrac{d}{dx}\log_a x = x^{-1}\log_a e$

$\dfrac{d}{dx}\sin x = \cos x$

$\dfrac{d}{dx}\cos x = -\sin x$

$\dfrac{d}{dx}\tan x = \sec^2 x$

$\dfrac{d}{dx}\cot x = -\csc^2 x$

$\dfrac{d}{dx}\sec x = \tan x \sec x$

$\dfrac{d}{dx}\csc x = -\cot x \csc x$

$\dfrac{d}{dx}\arcsin x = \dfrac{1}{\sqrt{1 - x^2}}$

$\dfrac{d}{dx}\arccos x = \dfrac{-1}{\sqrt{1 - x^2}}$

$\dfrac{d}{dx}\arctan x = \dfrac{1}{1 + x^2}$

$\dfrac{d}{dx}\operatorname{arccot} x = \dfrac{-1}{1 + x^2}$

$\dfrac{d}{dx}\operatorname{arcsec} x = \dfrac{1}{x\sqrt{x^2 - 1}}$

$\dfrac{d}{dx}\operatorname{arccsc} x = \dfrac{-1}{x\sqrt{x^2 - 1}}$

$\dfrac{d}{dx}\sinh x = \cosh x$

$\dfrac{d}{dx}\cosh x = \sinh x$

$\dfrac{d}{dx}\tanh x = \operatorname{sech}^2 x$

$\dfrac{d}{dx}\coth x = -\operatorname{csch}^2 x$

$\dfrac{d}{dx}\operatorname{sech} x = -\operatorname{sech} x \tanh x$

$\dfrac{d}{dx}\operatorname{csch} x = -\operatorname{csch} x \coth x$

적분 공식

$$\int x^a\,dx = \frac{x^{a+1}}{(a+1)} + C \qquad (a \neq -1)$$

$$\int e^x\,dx = e^x + C$$

$$\int e^{ax}\,dx = \frac{1}{a}e^{ax} + C$$

$$\int xe^{ax}\,dx = \frac{1}{a^2}e^{ax}(ax-1) + C$$

$$\int x^{-1}\,dx = \ln|x| + C$$

$$\int \ln x\,dx = x\ln|x| - x + C$$

$$\int x\ln x\,dx = \frac{x^2}{2}\ln|x| - \frac{x^2}{4} + C$$

$$\int \frac{dx}{a+bx} = \frac{1}{b}\ln|a+bx| + C$$

$$\int \frac{dx}{(a+bx)^2} = \frac{-1}{b(a+bx)} + C$$

$$\int \frac{dx}{x(ax+b)} = \frac{1}{b}\ln\left|\frac{x}{ax+b}\right| + C$$

$$\int \frac{dx}{a+bx^2} = \frac{1}{\sqrt{ab}}\arctan\left(\frac{1}{a}x\sqrt{ab}\right) + C$$

$$\int \frac{dx}{a^2+x^2} = \frac{1}{a}\arctan\left(\frac{x}{a}\right) + C \qquad (a \neq 0)$$

$$\int \frac{dx}{\sqrt{a^2-x^2}} = \arcsin\left(\frac{x}{a}\right) + C \qquad (a \neq 0)$$

$$\int \frac{1}{\sqrt{x^2+a^2}}\,dx = \ln\left|\sqrt{x^2+a^2}+x\right| + C$$

$$\int \sqrt{x^2 \pm a^2}\,dx = \frac{x}{2}\sqrt{x^2 \pm a^2} \pm \frac{a^2}{2}\ln\left|x+\sqrt{x^2 \pm a^2}\right| + C$$

$$\int \sin x\,dx = -\cos x + C$$

$$\int \cos x\,dx = \sin x + C$$

$$\int \tan x\,dx = \ln|\sec x| + C$$

$$\int \sec x\,dx = \ln|\sec x + \tan x| + C$$

$$\int x\sin x\,dx = \sin x - x\cos x + C$$

$$\int \sec^2 x\,dx = \tan x + C$$

$$\int \sec x\tan x\,dx = \sec x + C$$

$$\int \sinh x\,dx = \cosh x + C$$

$$\int \cosh x\,dx = \sinh x + C$$

$$\int \tanh x\,dx = \ln|\cosh x| + C$$

$$\int \coth x\,dx = \ln|\sinh x| + C$$

$$\int \sin^2 x\,dx = \frac{x}{2} - \frac{1}{4}\sin 2x + C$$

$$\int \cos^2 x\,dx = \frac{x}{2} + \frac{1}{4}\sin 2x + C$$

$$\int \arcsin x\,dx = x\arcsin x + \sqrt{1-x^2} + C$$

$$\int \arccos x\,dx = x\arccos x - \sqrt{1-x^2} + C$$

$$\int \arctan x\,dx = x\arctan x - \frac{1}{2}\ln\left(1+x^2\right) + C$$

$$\int F'(g(x))g'(x)\,dx = F(g(x)) + C$$

미적분학의 기본정리

$$\frac{d}{dx}\int_a^x f(t)\,dt = f(x)$$

부분 적분

$$\int u\,dv = uv - \int v\,du$$

적분에 관한 평균값 정리

$$\int_a^b f(x)g(x)\,dx = f(\xi)\int_a^b g(x)\,dx \qquad (g(x) \geq 0)$$

급수

$$e^x = 1 + x + \frac{x^2}{2!} + \frac{x^3}{3!} + \frac{x^4}{4!} + \frac{x^5}{5!} + \frac{x^6}{6!} + \cdots = \sum_{k=0}^{\infty} \frac{x^k}{k!} \qquad (|x| < \infty)$$

$$a^x = 1 + x \ln a + \frac{(x \ln a)^2}{2!} + \frac{(x \ln a)^3}{3!} + \cdots = \sum_{k=0}^{\infty} \frac{(x \ln a)^k}{k!} \qquad (|x| < \infty)$$

$$\sin x = x - \frac{x^3}{3!} + \frac{x^5}{5!} - \frac{x^7}{7!} + \frac{x^9}{9!} - \frac{x^{11}}{11!} + \cdots = \sum_{k=0}^{\infty} (-1)^k \frac{x^{2k+1}}{(2k+1)!} \qquad (|x| < \infty)$$

$$\cos x = 1 - \frac{x^2}{2!} + \frac{x^4}{4!} - \frac{x^6}{6!} + \frac{x^8}{8!} - \frac{x^{10}}{10!} + \cdots = \sum_{k=0}^{\infty} (-1)^k \frac{x^{2k}}{(2k)!} \qquad (|x| < \infty)$$

$$\tan x = x + \frac{x^3}{3} + \frac{2x^5}{15} + \frac{17x^7}{315} + \frac{62x^9}{2835} + \cdots \qquad \left(x^2 < \tfrac{\pi^2}{4}\right)$$

$$\arcsin x = x + \frac{x^3}{6} + \frac{1}{2}\frac{3}{4}\frac{x^5}{5} + \frac{1}{2}\frac{3}{4}\frac{5}{6}\frac{x^7}{7} + \cdots \qquad (x^2 < 1)$$

$$\arctan x = x - \frac{x^3}{3} + \frac{x^5}{5} - \frac{x^7}{7} + \cdots = \sum_{k=0}^{\infty} (-1)^k \frac{x^{2k+1}}{(2k+1)} \qquad (x^2 < 1)$$

$$\ln(1 + x) = x - \frac{x^2}{2} + \frac{x^3}{3} - \frac{x^4}{4} + \cdots = \sum_{k=1}^{\infty} (-1)^{k-1} \frac{x^k}{k} \qquad (-1 < x \leqq 1)$$

$$\ln\left(\frac{1+x}{1-x}\right) = 2\left[x + \frac{x^3}{3} + \frac{x^5}{5} - \frac{x^7}{7} + \cdots\right] = 2\sum_{k=1}^{\infty} \frac{x^{2k-1}}{2k-1} \qquad (|x| < 1)$$

$$(x + y)^n = x^n + nx^{n-1}y + \frac{n(n-1)}{2!}x^{n-2}y^2 + \frac{n(n-1)(n-2)}{3!}x^{n-3}y^3 + \cdots = \sum_{k=0}^{n} \binom{n}{k} x^{n-k}y^k$$

$$\frac{1}{1-x} = 1 + x + x^2 + x^3 + x^4 + x^5 + \cdots = \sum_{k=0}^{\infty} x^k \qquad (|x| < 1)$$

C를 기준점으로 전개한 f의 테일러 급수

$$f(x) \sim f(c) + f'(c)(x - c) + \frac{f''(c)}{2!}(x - c)^2 + \frac{f'''(c)}{3!}(x - c)^3 + \cdots = \sum_{k=0}^{\infty} \frac{f^{(k)}(c)}{k!}(x - c)^k$$

$f(x)$에 대한 테일러 급수

$$f(x) = \sum_{k=0}^{n} \frac{f^{(k)}(c)}{k!}(x - c)^k + E_{n+1} \qquad \text{이때} \qquad E_{n+1} = \frac{f^{(n+1)}(\xi)}{(n+1)!}(x - c)^{n+1}$$

$f(x+h)$에 대한 테일러 급수

$$f(x + h) = \sum_{k=0}^{n} \frac{f^{(k)}(x)}{k!}h^k + E_{n+1} \qquad \text{이때} \qquad E_{n+1} = \frac{f^{(n+1)}(\xi)}{(n+1)!}h^{n+1}$$

교대 급수

모든 n에 대하여 $a_1 \geqq a_2 \geqq \cdots \geqq a_n \geqq \cdots \geqq 0$이고 $\lim_{n\to\infty} a_n = 0$이면

$$\sum_{k=1}^{\infty} (-1)^{k-1}a_k = \lim_{n\to\infty} \sum_{k=1}^{n} (-1)^{k-1}a_k = \lim_{n\to\infty} S_n = S$$ 이다. 또한 모든 n에 대하여 $|S - S_n| \leqq a_{n+1}$ 이다.

평균값 정리

(a, b) 내의 어떤 ξ에 대하여 $f(b) = f(a) + (b - a)f'(\xi)$

유사코드 찾아보기

ㄱ~ㅎ

A

B

C

D

E

F

유사코드 찾아보기

찾아보기

찾아보기

ㅇ

찾아보기

찾아보기

E

F

G

H

I

찾아보기

찾아보기

T

U

V

W

Z